"十三五"国家重点出版物出版规划项目
国家科技基础性工作专项重点项目
国家社会公益研究专项项目
中国农业科学院科技创新工程

中国土壤剖面数据集

·吉林卷

主　编　张维理

本卷主编　王立春　杨　鹏　徐爱国　蔡红光

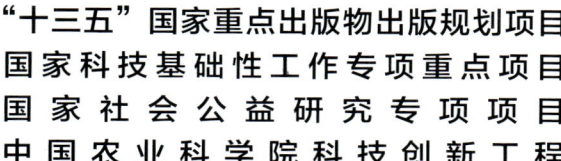

浙江科学技术出版社·杭州

版权所有　侵权必究

图书在版编目（CIP）数据

中国土壤剖面数据集. 吉林卷 / 张维理主编；王立春等本卷主编. -- 杭州：浙江科学技术出版社，2024.6. -- ISBN 978-7-5739-1282-4

Ⅰ．S152.2

中国国家版本馆CIP数据核字第2024D708Q2号

书　　名	中国土壤剖面数据集·吉林卷	
主　　编	张维理	
本卷主编	王立春　杨　鹏　徐爱国　蔡红光	
出版发行	浙江科学技术出版社	
	杭州市拱墅区环城北路177号　邮政编码：310006	
	办公室电话：0571-85152719	
	销售部电话：0571-85176040	
排　　版	杭州万方图书有限公司	
印　　刷	浙江新华数码印务有限公司	
经　　销	全国各地新华书店	
开　　本	787 mm×1092 mm　1/8	印　张　43
字　　数	760千字	
版　　次	2024年6月第1版	印　次　2024年6月第1次印刷
书　　号	ISBN 978-7-5739-1282-4	定　价　340.00元
地图审核号	GS浙（2024）312号	

策划组稿	詹　喜　章建林	**责任编辑**	詹　喜　周乔俐	**文字编辑**	汪哲远
责任校对	陈宇珊	**责任美编**	金　晖	**责任印务**	吕　琰

如发现印、装问题，请与承印厂联系。电话：0571-85155604

《中国土壤剖面数据集》
编委会

主　　任　赵其国

副 主 任　张维理

委　　员（按姓氏笔画排序）

　　　　　毛达如　　史学正　　刘　旭　　刘先林　　刘更另
　　　　　孙　睿　　孙九林　　孙铁珩　　杨　鹏　　张洪江
　　　　　张维理　　周健民　　赵其国　　陶　澍　　黄鸿翔
　　　　　黄德明　　傅伯杰

《中国土壤剖面数据集·吉林卷》
编写人员

主　　编　张维理

本卷主编　王立春　　杨　鹏　　徐爱国　　蔡红光

本卷编委（按姓氏笔画排序）

　　　　　王　蒙　　王立春　　龙怀玉　　朱健菲　　李德忠
　　　　　杨　鹏　　辛景树　　张认连　　张继宗　　张维理
　　　　　张惠琳　　陈佑启　　范　围　　徐爱国　　黄　健
　　　　　梁　尧　　雷秋良　　蔡红光　　冀宏杰

土壤大数据整合与数字制图

设　　计　张维理

制　　作　徐爱国　　张认连　　冀宏杰

程序编制　贾　萌　　吴章生　　严　豪

地图编辑　中国地图出版社集团有限公司

内容提要

本数据集以分县主要土壤类型与土壤剖面点分布图、土壤剖面理化性状表的形式，提供了我国各地详尽的土壤资源与质量的科学数据。全集共 25 卷，收录了全国 2200 多个县（市、区）的分县土壤图和 6 万多个土壤剖面的分层理化性状数据。根据各省级行政区土壤剖面数量和地域关联特征，既有一个省（自治区）的单卷，也有多个省（自治区、直辖市、特别行政区）的合订卷。各卷内容包含分县主要土类说明、主要土壤类型与土壤剖面点分布图、中心区气候特征图表，还含有全国和各卷所涉省级行政区的土壤图、土壤有机质含量图与地势图，以便读者在全国、省级和县级不同视角和尺度上，了解土壤资源与质量状况及其空间分布特征，以及土壤类型、土壤肥力与气候条件、地势、地貌之间的相互关联。

吉林省位于我国东北地区中部，地处东北亚地理中心位置。其地势由东南向西北倾斜，呈现出东南高、西北低的特征，以中部大黑山为界，可分为东部山地和中西部平原两大地貌。地貌类型主要有火山地貌、侵蚀剥蚀地貌、冲洪积地貌和冲积平原地貌。主要平原以松辽分水岭为界，以北为松嫩平原，以南为辽河平原。吉林省属温带大陆性季风气候。主要土壤类型有暗棕壤、草甸土、黑钙土、白浆土、黑土、风沙土、水稻土、碱土、沼泽土、棕色针叶林土、栗钙土、棕壤、泥炭土、草甸盐土、潮土、新积土、火山灰土、黑毡土、石质土等 19 个土类。本卷收录了吉林省 40 个县（市、区）1988 个典型土壤剖面的分层理化性状数据，便于读者了解吉林省主要土壤类型的分布特征及剖面特征，可作为农业、林业、环境、气象、国土、水利、经济等领域的科研、管理、技术人员的工具书和参考书，也适合高等院校研究生参考使用。

序

万物土中生，有土斯有粮。土为万物之本，土壤的重要性是怎么强调都不为过的。现在，土壤相关数据已成为农业、林业、环境、气象、国土、水利等各部门、各行业的基础数据。土壤研究最基础、最重要的表现形式是土壤剖面数据，其反映了不同层次的土壤理化性状。然而，长期以来，我国一直缺乏一套完整的系统性表现全国各区域土壤性状的剖面数据。

中华人民共和国成立以来，我国曾开展了两次全国性土壤普查，其中20世纪70年代末开始的全国第二次土壤普查是迄今为止最完整的。当时全国挖掘了550余万个剖面，各地分县完成了大比例尺土壤图，数据完整且可靠性高；然而，限于种种因素，当时仅完成了全国范围小比例尺土壤类型图和养分图的汇总，未及时完成全国土壤剖面库的整理。这些纸质资料散落于各地，并且年代久远，面临丢失、损毁的风险。这些宝贵数据具有时空尺度的唯一性，一旦出现问题，将对国家和社会各层面造成无法挽回的损失。

自2001年起，在国家社会公益研究专项项目资助下，张维理研究员带领团队，在全国范围开始对分散存留各地的土壤调查资料进行抢救性收集和整理。2006年，科技部启动了国家科技基础性工作专项项目，"我国1∶5万土壤图籍编撰及高精度数字土壤构建"项目被列入首批重点项目并连续获得两期资助。该项目由中国农业科学院农业资源与农业区划研究所牵头，全国近20个科研单位（两期）共同承担任务，极大地加快了土壤数据抢救的进程，为编制本数据集奠定了基础。在参与本数据集编制的土壤科技工作者20年的持续努力下，在2019年度国家出版基金的资助下，在中国农业科学院科技创新工程的持续支持下，本数据集终于得以面世。

本数据集以涵盖全国2200多个县的土壤剖面分层数据为主体，首次同时展示了分县土壤图与典型土壤剖面分布图，描述了影响土壤发生的气候特征、主要土类的性状等，内容丰富，兼具专业性和科普性。全集共25卷，既有一个省、自治区的单卷，也有多个省、自治区、直辖市、特别行政区的合订卷。鉴于其数据的完整性、系统性、科学性，本数据集可成为我国资源环境领域的必备工具书之一。

本数据集至少可以应用于以下几个方面：

第一，直接服务于农业生产，保障粮食安全和食品安全。全国分县的不同土壤类型分层养分数据、土壤质地信息，可为科学施肥、土壤培肥与耕作措施的制定提供决策依据。

第二，为水利、环境、建筑、旅游等行业提供便捷、直观的土壤分层次基础信息。信息后标有剖面点经纬度，便于查询获取。

第三，对于土壤质量演变、耕地地力演变、碳储量、面源污染、气候变化等多学科研究具有土壤科学起始点数据意义。

我国疆域辽阔，编制本数据集需要对各地分县完成的大比例尺土壤图和土壤调查资料进行数字化整合，创建覆盖我国全域的高精度数字土壤，再进行分县土壤剖面表的提取与分县土壤图的缩编。本数据集的总数据处理量达到 TB 级且数据来源多而复杂、专业性强、处理难度大，按常规方法，需数万人历时多年方能处理完成。张维理研究员创造性地将数据科学、人工智能与人机交互设计原理引入土壤学范畴，首创土壤大数据方法，以土壤科学需求设计统领其他各层级设计，以智能化、自动化、人机交互式的数据分析流程替代人工流程，高效、精准地完成了土壤大数据的时空整合和表达，这一巨著才得以面世。作为两期项目的专家组组长，我亲历了整个项目的全过程，对张维理研究员勇于创新、踏实、勤奋、务实、敬业、有担当的优秀品质印象深刻，也深感钦佩！

本数据集的完成前后历时 20 年之久，直接参与数据收集、编撰人数近百人，涉及我国各省（自治区、直辖市）的土壤肥料相关单位。正是他们的付出和努力，才使得本数据集得以面世。衷心希望本数据集能在农业、林业、环境、气象、国土、水利以及肥料工业等领域发挥积极作用，更好地服务于我国经济和社会发展。

中国科学院院士 赵其国

2021 年 12 月

前 言

土壤是农业的基础，是陆地生态系统生命过程的基础，也是维持地球上能量与水的交换、生命元素循环的重要基础。《中国土壤剖面数据集》首次以分县土壤图和土壤剖面理化性状表的形式，提供了我国陆域全覆盖的土壤资源与质量的科学数据，为农业、林业、环境、气象、国土、水利等部门和相关行业精准了解各地土壤资源分布与质量状况，科学利用土壤资源，发展绿色农业、特色农业和节水农业，进行耕地保育、科学施肥、面源污染防治和基本农田保护等提供了科学依据；也为农业科学、环境科学及地学、气象、测绘、水利等多个学科领域的科研工作者研究陆地生态系统生产力演变、地球物质循环、气候与环境变化提供了基础数据。

编入本数据集的分县土壤图和土壤剖面理化性状表主要源于对全国第二次土壤普查（以下简称"二普"）调查资料的收集、整理、提取与汇总。二普是我国现代规模最大的以查清土壤资源和土壤肥力为主要目标的土壤资源综合调查，既完成了我国迄今为止最详尽的土壤分类调查，也首次在全国范围进行了较高密度的土壤采样化验，开启了我国用土壤理化性状量化指标描述土壤资源与土壤质量状况的时代。二普地面调查采样实施于1979—1987年，通过550万个土壤剖面观测和采样，分县完成了1∶5万比例尺土壤图绘制和10万余个土壤剖面的分层采样、化验、记录，其中的土壤质量稳定性要素，如土体构造、质地、母质、成土条件、土壤类型等时效性长，CRT值（土壤特性响应时间，characteristic response time）达上千年，可长久使用；土壤有机质含量，氮、磷、钾含量，酸碱度，耕层厚度等土壤质量变化性要素为了解土壤与环境质量演变提供了重要信息。无论从数量还是质量上看，二普获取的土壤科学数据至今都是我国最详尽、最有价值的土壤资源基础数据，其精度与质量超过许多发达国家的土壤资源基础数据。

20世纪末期以来，全球性人口和经济快速增长导致的人均土地资源与水资源紧缺、环境污染、气候变化、粮食安全危机，使科学界对土壤及其形成过程的关注度不断提高，关注重点也从了解土壤与环境质量现状转变为弄清演变趋势、引致变化的内在机理和驱动因素。土壤圈处于地球大气圈、水圈、生物圈和岩石圈的交会处。土壤层中的生物过程和物质循环过程既活跃，又具有一定的稳定性，能较好地反映地球水圈、土壤圈、大气圈、生物圈及岩石圈五大圈层动态交互作用的结果。只要对近年来国际上关于碳足迹、气候变化的研究进展稍加关注，就可知晓具有时空维度的土壤科学数据对于阐明土壤与环境过程并弄清其驱动因素、预测未来土壤与环境质量变化具有无可替代的作用。本数据集编入的土壤质量数据既是我国在全国范围内首次完成的土壤理化性状的科学记载，也是40多年前对我国土壤质量变化性要素的客观记录，能帮助我们了解改革开放以来经济、农业高速发展以及农用化学品投入量高速增长对土壤与环境质量的影响，对了解我国土壤与环境质量时空演变亦具有起始点土壤科学数据的意义。本数据集编入的起始点数据使我们对全国土壤及相关过程的认识延伸了40多年。历史上的土壤调查结果不能被新的调查结果替代，这一不可替代性使得本数据集将成为我国农业与环境领域最具影响力的工具书和参考书之一。

本数据集既是我国老一辈土壤与农业科研工作者在全国土壤普查工作中取得的成果，也是数据集编制人员长期以来默默耕耘的结晶。二普完成的大比例尺土壤图件和土壤剖面理化性状主要为手绘纸质图件和非正式出版的铅印或油印资料，份数少且由各地自行保存。二普结束后，随着各地机构调整与人员变动，土壤调查资料被损毁或丢失严重，难以发挥作用。在我国多位知名科学家的倡议和推动下，"十一五"期间，"我国1∶5万土壤图籍编撰及高精度数字土壤构建"项目（2006—2017）被列为国家科技基础性工作专项重点项目。其目的是对各地宝贵的土壤科学数据进行抢救性收集、数字化和整合，提升我国科学研究与管理基础数据的条件。为实现这一目标，项目组研究人员首先对各地分散存留的纸质分县土壤调查资料进行了全面的收集、修复和整理。针对国际范围内缺少对异源、异质、异构、异形土壤大数据的提取、整合方法的难题，项目组研究人员积极探索、勇于创新，融合应用土壤学、地理信息系统技术、数据科学、人工智能、人机交互设计方法，创建了土壤大数据方法，以层级化的流程设计实现土壤科学层面的需求设计统领体系架构、数据流程及模块设计，以独立于数据流程的监控设计实现土壤科学家对全流程的掌控和人工干预，以智能化、人机交互式数据流程替代人工流程，优质、高效地完成了对各地异源土壤资料的审核、提取、过滤、分类、整合与表达，完成了覆盖我国全陆域的1∶5万比例尺土壤图绘制与土壤剖面点空间数据库建设工作。为满足各行各业准确了解我国各地土壤资源与质量状况的广泛需求，编者通过对1∶5万比例尺土壤图数据的缩编表达与10万余个土壤剖面理化性状数据的进一步提取，最终完成了本数据集的编制。

本数据集共25卷，收录了全国2200多个县（市、区）的分县土壤图和6万多个土壤剖面的理化性状数据。根据各省级行政区土壤剖面数量的多寡和地域关联特征，既有一个省（自治区）的单卷，也有多个省（自治区、直辖市、特别行政区）的合订卷。为便于读者了解全国及各省级行政区土壤资源与质量的分布特征，特别编制了全国及各省级行政区土壤图、土壤有机质含量图与地势图三个序图，读者可以方便地查询全国及各省级行政区任何地区拥有的主要土壤类型，了解其土壤有机质含量及地势、地貌特征。在各分卷中，分县土壤资源与土壤质量性状由主要土类说明、中心区气候特征图表、分县主要土壤类型与土壤剖面点分布图以及土壤剖面理化性状表共同呈现。

本数据集既可作为工具书、参考书，供农业、林业、环境、气象、国土、水利、经济等领域的管理人员和技术人员使用，也适合高等院校相关专业研究生参考使用。

我国幅员辽阔，从收集、整理全国分县土壤调查资料，到完成覆盖我国全境的1∶5万比例尺土壤图籍，再到完成本数据集的编制，来自全国近20家研究机构的科研人员组成项目组，辛苦工作了20多年。其间，本项工作得到了国家社会公益研究专项项目、国家科技基础性工作专项重点项目的长期、连续资助和在项目实施年限上给予的充分理解，同时得到了中国农业科学院科技创新工程的资助，全国50多家国家级及省级土壤、测绘、农业科研与管理机构的大力支持以及我国老一辈土壤科学家自始至终的关心和鼓励。在整个项目实施期间，有9位院士和7位长期从事土壤科学、农业资源环境研究的专家给予了直接和全程的指导。近20年间，项目组研究人员一方面要承担艰难而繁重的科研任务，另一方面要顶着多年没有科研产出的压力，没有他们的坚持和付出，就没有本数据集的面世。在此，谨向所有参加数据集编制的科研人员及对本项工作给予支持的部门和人员一并表示衷心的感谢！

由于本数据集包含的数据量庞大，且不限于土壤学本身，尽管我们在编撰过程中极尽斟酌，仍难免存在不足之处，敬请读者批评指正，以便今后修订完善。

中国农业科学院研究员 张维理

2021年12月

目 录

第一编　编制说明与序图

编制说明

编制目的 …………………………………………………………… 002
土壤数据基础知识 ………………………………………………… 002
数据集内容 ………………………………………………………… 005
土壤数据来源 ……………………………………………………… 005
编制方法——土壤大数据方法 …………………………………… 006
中国土壤图、中国土壤有机质含量图与中国地势图编制 ……… 007
分省土壤图、分省土壤有机质含量图与分省地势图编制 ……… 009
县域中心区气候特征图表编制 …………………………………… 011
分县主要土壤类型与土壤剖面点分布图编制 …………………… 012
分县土壤剖面理化性状表编制 …………………………………… 012
土壤专题图与土壤剖面数据可靠性检验 ………………………… 017
参编单位 …………………………………………………………… 019

序　　图

中国土壤图 ………………………………………………………… 020
中国土壤有机质含量图 …………………………………………… 022
中国地势图 ………………………………………………………… 024
吉林省土壤图 ……………………………………………………… 026
吉林省土壤有机质含量图 ………………………………………… 028
吉林省地势图 ……………………………………………………… 030

第二编　分县土壤图与土壤剖面数据

长　春　市

市辖区	034	榆树市	075
九台区	048	德惠市	083
农安县	055	公主岭市	090

吉　林　市

市辖区	097	桦甸市	115
永吉县	101	舒兰市	123
蛟河市	107	磐石市	130

四　平　市

市辖区	138	双辽市	153
梨树县	141		

辽　源　市

市辖区	160	东丰县	172

通　化　市

辉南县	180	柳河县	187

白　山　市

市辖区	190	靖宇县	198
抚松县	193	长白朝鲜族自治县	206

松　原　市

前郭尔罗斯蒙古族自治县	211	乾安县	223
长岭县	214	扶余市	228

白 城 市

市辖区	242	洮南市	257
镇赉县	245	大安市	261
通榆县	251		

延边朝鲜族自治州

延吉市	265	龙井市	286
图们市	269	和龙市	291
敦化市	273	汪清县	298
珲春市	281	安图县	304

附 录

附录1 吉林省县级行政区及分县主要土壤类型与土壤剖面点分布图地域名对照表 ····· 312

附录2 专题图基础地理要素图例 ····· 314

附录3 土壤图土类图例 ····· 315

附录4 中国主要土壤类型简表 ····· 317

附录5 吉林省主要土壤类型表 ····· 322

附录6 分省土壤有机质含量图有机质含量分级图例 ····· 323

附录7 吉林省典型剖面0—20cm土层土壤理化性状中位数与平均数 ····· 324

附录8 吉林省主要土地利用类型0—30cm土层土壤有机质含量 ····· 325

附录9 吉林省耕地、园地、林地和草地中主要土壤类型占比 ····· 326

附录10 《中国土壤剖面数据集》参编单位 ····· 327

参考文献 ····· 329

第一编 | 编制说明与序图

编 制 说 明

编制目的

土壤是农业的基础，也是维持地球碳、氮、硫、磷等重要生命元素正常循环的基础。肥沃的土壤促进了人类文明的诞生和繁荣。科学研究表明，地球上种类繁多、形态各异的土壤是在气候、生物、地形、时间、成土母质五大成土因素共同作用下形成的。北京社稷坛铺设的青、白、红、黑、黄五种不同颜色的土壤（五色土），分别代表我国东、西、南、北、中五大区域的典型土壤。不同类型的土壤性状差别很大。例如，南方红壤呈酸性，易缺乏钾离子、钙离子、镁离子等阳离子，农业生产上要注意调酸和补充富含钾、钙、镁的肥料；而西部土壤有机质含量低，施用有机肥料和秸秆还田对提高地力至关重要。我国人均土地资源紧缺，要实现粮食安全、环境安全和可持续发展，需要精准掌握各地土壤资源与质量状况，做到因土制宜，科学管理。

《中国土壤剖面数据集》是国家自然资源基本资料之一，其首次以分县土壤图和土壤剖面理化性状表的形式，提供了我国各地详尽的土壤资源与质量科学数据，为农业、林业、环境、气象、国土、水利等部门了解各地土壤质量状况，科学利用土壤资源，发展绿色农业、特色农业和节水农业，进行耕地保育、科学施肥、面源污染防治和基本农田保护提供了基础数据，也为农业科学、环境科学及地学、气象、测绘、水利多个学科领域的科研工作者研究陆地生态系统生产力及其演变、地球物质循环、气候与环境变化提供了科学依据。

本数据集编入的土壤质量数据亦是我国在全国范围内首次完成的土壤理化性状的科学记载，对了解我国土壤与环境质量时空演变具有起始点数据的意义。通过这些数据，科研工作者可以追溯我国全国范围土壤与环境相关过程至20世纪80年代，分析和了解导致土壤质量变化的环境和人为因素，并对土壤与环境质量演变趋势进行预报与预警。历史上的土壤调查结果不能被新的调查结果替代，这一不可替代性使得本数据集将成为我国农业与环境领域最具影响力的工具书和参考书之一。

土壤数据基础知识

本数据集收录的土壤数据源于土壤调查。为便于读者了解和应用这些数据，本节对土壤调查的目标、内容与主要方法，土壤数据的时空维度特征，土壤数据的应用领域与时效性做一简要介绍。

（一）土壤调查的目标、内容与主要方法

土壤调查的主要目标是查清一个区域内土壤资源与质量状况及其空间分布特征。19世纪末期至20世纪中后期，各国土壤调查的主要目标是查清土壤类型及分布特征[1-2]。由于不同土壤类型最典型的区别是成土过程中形成的土壤剖面特征，因而在传统的土壤调查中，需要在调查区域内进行多点采样，并在每个采样点对0—1—2m深土体的土壤剖面进行分层采样、观测、理化性状分析，记录剖面各分层土壤理化性状，据此进行土壤

分类、命名，并最终依据多点调查结果完成土壤图的绘制。

20世纪末期以来，全球人口及经济快速增长导致人均土地资源和水资源紧缺、环境污染、气候变化与粮食安全危机，不同行业及学科领域对土壤生产功能和环境功能的关注度不断提高，土壤调查的核心内容也逐步从查清土壤类型分布特征转为土壤功能调查。土壤功能调查的目标是了解土壤生产力、土壤环境质量和土壤健康质量等。例如，为了耕地保育和科学施肥，需要进行土壤有效养分含量状况、土壤障碍因素调查；为了了解环境质量，需要进行土壤污染状况、土壤环境容量调查；为了发展节水农业，需要进行土壤保水性状调查；为了控制水污染，需要进行流域农田土壤氮、磷流失特征与风险调查。土壤功能调查的内容主要为可量化的，或含义单一且明确、易于被其他学科和行业认知的土壤功能性指标，如土壤有机碳含量、土壤重金属含量、土壤质地类型、耕层厚度等。在土壤功能调查中，也需要在调查区进行多点采样，并根据调查目标的不同，选择适宜的采样深度。例如，当调查目标是了解土壤有效养分供应量或农田土壤污染物含量时，通常仅对耕层土壤进行采样；当调查目标是了解土壤保水性能、土壤水土流失与养分流失性状时，则需要对较深的土壤剖面进行分层采样和观测。

较早的土壤调查主要通过地面多点采样来了解一个区域土壤资源与质量性状的空间分布特征。近年来，随着遥感技术、地理信息系统（GIS）技术、模拟技术与大数据技术的发展，土壤质量相关数据（如数字高程、土地覆盖、植被数据等）产生量急剧增长，这使得在大区域尺度内通过多类型相关信息精确地捕捉和表达土壤质量性状以及相关过程成为可能。在国际上，地面采样调查与辅助信息结合的方法——数字土壤制图方法（digital soil mapping）已成为土壤调查的重要方法[3]。该方法能利用采样设计、辅助信息、推理模型与地统计检验，大幅度减少地面采样和土壤理化性状测试分析的工作量。与传统方法相比，采用数字土壤制图方法进行土壤调查，可缩短调查周期，降低调查成本，提高用土壤专题地图表征土壤资源与土壤质量性状空间分布特征的可靠性和精度，从而提高土壤调查的效率与质量。

（二）土壤数据的时空维度特征

在现代社会，农业、环境等领域的专业工作者要了解最新的土壤调查结果，更需要掌握未来土壤质量变化趋势，以便根据变化趋势、自然与人为要素对土壤质量的影响，制定具有针对性的政策与技术措施，实现高产、稳产和环境安全。要精确进行土壤与环境质量预测和预警，就需要对重要的土壤质量性状进行周期性的采样、调查、记录，构建具有时空维度的土壤质量数据。这意味着历史上完成的土壤调查不能被新的调查所替代，所以其结果十分宝贵。

土壤数据最重要的特征之一是时空维度特征。通过历史上的土壤调查结果记录，构建具有时间序列的土壤质量科学数据，能将土壤质量现状与土壤质量演变过程相关联，并以此对土壤质量演变趋势和导致其变化的因素进行分析、预测。而土壤数据标有空间坐标，便于科研工作者将土壤调查结果与其他类别的要素和过程，如与气候、地形、土地利用情况有关的变化信息，以及随施肥投入农田的碳、氮、硫、磷数据等相关联，从而进一步提高分析的精度和预测、预报的可靠性。

土壤圈处于地球大气圈、水圈、生物圈和岩石圈的交会处。土壤层中的生物过程和物质循环过程既活跃，又具有一定的稳定性，能较好地反映地球水圈、土壤圈、大气圈、生物圈及岩石圈五大圈层动态交互作用的结果。具有时空维度的土壤科学数据对于阐明土壤与环境过程并弄清其驱动因素、预测未来土壤与环境质量变化具有不可替代的作用。

近年来，具有地理坐标的土壤剖面点数据受到科学界的广泛关注。剖面数据记载了土体构造、剖面分层土壤理化性状，是了解成土过程的基础，也是构建推理模型，量化表征区域尺度土壤过程、流域水土流失与氮磷流失特征、碳氮循环与环境质量演变的基础。在过去的半个世纪中，尽管完成了大量的土壤剖面调查，但由于在较早的土壤调查中尚未使用全球定位系统（GPS）设备，各国在构建地理坐标的土壤剖面点数据库上差别较大。目前，美国完成了约2万个有地理位点标识的土壤剖面数据[4]，澳大利亚已完成约16万个有地理坐标的土壤剖面数据[5]，欧盟各成员国共享使用的土壤剖面数据库含4000个剖面的分层土壤理化性状数据[6]。本数据集则汇集了我国总计6万多个有地理坐标的土壤剖面数据。

（三）土壤数据的应用领域与时效性

表1汇总了本数据集编入的土壤理化性状及其主要影响因素与过程、时间变化特征、所关联的土壤质量性状和应用领域。

表1　土壤理化性状及其主要影响因素与过程、时间变化特征、所关联的土壤质量性状和应用领域

土壤理化性状	主要影响因素与过程	时间变化特征	所关联的土壤质量性状	应用领域
土壤类型	成土过程	变化慢	土壤肥力与环境质量	农业、水利、环境、建筑、肥料工业等
剖面深度（指剖面各土层厚度的总和）	成土过程	变化慢	土壤肥力、土壤环境容量、土壤保水和保肥性能、土壤持水性能	农业、环境等
土体构造（指土壤剖面各发生层有规律的组合，是土壤剖面最重要的特征）	成土过程	变化慢	土壤肥力、土壤环境容量、土壤保水和保肥性能、土壤持水性能、土壤透水性能	农业、水利、环境等
母质	成土因素	变化慢	土壤肥力、土壤矿物组成、矿质养分含量、土壤质地	农业、水利、环境、肥料工业等
质地	成土过程、母质	变化慢	土壤肥力、土壤环境容量、土壤持水性能、土壤耕性、土壤有机碳与养分含量、土壤重金属吸附性能等	农业、水利、环境、建筑等
颜色	土壤氧化还原、淋溶等成土过程，土壤有机质累积过程	变化较慢	土壤肥力、土壤有机碳与养分含量	农业
土壤结构	成土过程、耕作措施	耕层：变化快；深层：变化慢	土壤水分、通气与养分供应状况，土壤持水性能、土壤透水性能、土壤阳离子交换量、土壤孔隙度、土壤松紧度、土壤耕性等多个土壤肥力相关性状	农业
有机质含量	成土过程、质地、土地利用、施肥、轮作等	变化较慢	与多项土壤肥力与环境指标密切相关，是土壤肥力最重要的指标	农业、环境、肥料工业等
全氮含量	成土过程、土地利用、施肥、轮作等	变化较慢	土壤肥力、土壤供氮性能	农业、环境等
全磷含量	成土过程、母质等	变化较慢	土壤肥力、土壤供磷性能	农业、环境等
全钾含量	成土过程、母质等	变化较慢	土壤肥力、土壤供钾性能	农业、环境等
pH	成土过程、酸雨、土壤调理剂施用等	变化快	土壤肥力、土壤养分有效性、土壤结构及重金属吸附性能	农业、环境、肥料工业等
碱解氮含量	土地利用、施肥等	变化快	土壤供氮性能、土壤氮素流失特征	农业、环境、肥料工业等
有效磷含量	土地利用、施肥等	变化快	土壤供磷性能、土壤磷素流失特征	农业、环境、肥料工业等
速效钾含量	土地利用、施肥等	变化快	土壤供钾性能、土壤钾素流失特征	农业、环境、肥料工业等
阳离子交换量	成土过程、黏粒、有机质含量、盐分含量	变化较慢	土壤供肥和保肥性能、土壤重金属吸附性能	农业、环境等

在表1中，主要影响因素与过程指对某项理化性状起主要作用的过程和因素。例如，土壤类型、土壤剖面深度、土体构造、母质、土壤质地类型主要由成土过程或成土条件决定；土壤有机质含量和土壤全氮含量则受成土过程、施肥及轮作等农业技术措施的共同影响；在耕地土壤上，施肥等农业技术措施对土壤碱解氮、有效磷、速效钾等土壤有效养分含量的影响很大。

土壤理化性状的现势性主要取决于其影响因素与过程的时间尺度。自然条件下，成土过程通常需要数万年。受成土过程影响的土壤类型、土层厚度、土体构造、土壤质地类型、母质等土壤理化性状变化很慢，CRT值（土壤特性响应时间，characteristic response time）达上千年，可称为土壤稳定性要素或慢变化性状，其相关数据时效性很长，可长久使用。而农田土壤有效养分含量、酸碱度、耕层厚度等土壤质量性状受施肥和耕作等农业措施影响大，变化较快。例如，农田土壤有效磷、速效钾养分含量，在大量施用磷、钾肥条件下，10余年后可成倍提升。这些土壤理化性状亦可称为土壤变化性要素或快变化性状。

不同土壤理化性状的应用范围既取决于其现势性、时空维度特征，又取决于其所关联的土壤质量性状。土壤剖面深度、土体构造、质地、有机质含量等与土壤持水、保肥、通气和透水性能密切相关，可供农业、水利、环境、金融等行业用于农田稳产、高产性能，农田排灌设施规划与灌溉定额编制，农田水土流失风险分级，流域农田蓄水容量与降雨后流失水量分级，农田水、旱灾害风险分级，农田环境容量测算等各方面的地力评价。土壤有效养分含量、pH 与土壤需肥性状和调酸性状密切相关，可供农业、肥料生产和销售部门用于科学施肥和土壤改良。土体构造和质地、土壤结构、土壤有效养分含量还影响流域农田土壤养分流失特征，农业和环境部门在进行农业面源污染防控时，可利用这些土壤性状与其他要素共同编制流域污染源解析与控制类型区分布图，以便对农业面源污染采取分类型、分区段的源头控制措施。土壤有机质含量变化也是了解气候变化和碳减排措施效果的基础，对于环境管控和环境外交具有重要意义。

数据集内容

本数据集全集共 25 卷，收录了我国 2200 多个县（市、区）的分县土壤图和 6 万多个土壤剖面的理化性状数据。根据各省级行政区土壤剖面数量的多寡和地域关联特征，既有一个省（自治区）的单卷，也有多个省（自治区、直辖市、特别行政区）的合订卷。

为便于读者了解各地土壤资源与质量分布概况及其主要特征，编者为各分卷编制了省级行政区的土壤图、土壤有机质含量图与地势图三图。读者可通过分省三图查询各省级行政区任何地区拥有的主要土壤类型，了解其土壤有机质含量及其地势、地貌特征。此外，编者还编制了全国土壤图、土壤有机质含量图与地势图三图附于各分卷，供读者比较和了解各省级行政区土壤资源及质量特征同全国其他地区的区别和关联。

各分卷的第二部分为分县土壤图与土壤剖面数据。在每个省级行政区内，各分县按四部分展示土壤及其相关信息，即分县主要土类说明、本区域中心区气候特征、主要土壤类型与土壤剖面点分布图以及土壤剖面理化性状表。在本卷目录中，分县按民政部于 2022 年 3 月发布的《2021 年中华人民共和国行政区划代码》中的地级、县级行政区顺序排列。各分卷目录中仅收录了县域内有土壤剖面数据的县级行政区，无土壤剖面数据的县级行政区未纳入分卷目录中，并在附录 1 中对其进行了标注。

土壤数据来源

编入数据集的分县土壤图与土壤剖面理化性状数据主要源于全国第二次土壤普查（以下简称"二普"）。二普是我国现代规模最大的、以查清土壤类型和土壤肥力为主要目标的土壤资源综合调查。二普之前，我国土壤调查以观测性调查和定性评价为主，很少有采样化验。在总结之前国内外土壤调查经验的基础上，二普不仅完成了我国迄今为止最为详尽的土壤分类调查，也首次在全国范围进行了高密度土壤采样化验，开启了我国用土壤理化性状量化指标描述土壤资源与土壤质量状况的时代。

二普地面采样调查实施于 1979—1987 年，调查区域基本覆盖我国全陆域。二普不仅地面采样密度高，科学性和系统性也比较突出。全国百余名长期从事土壤研究的科研工作者共同制定了全国土壤分类系统和统一的土壤调查技术规程[7]。在地面调查中，各地以 1∶1 万比例尺地形图作为工作底图，以乡为调查单元进行野外采样作业，全国共挖取土壤观察剖面 550 余万个，记录了 1—2m 深土体各发生层形态和特征，并根据土壤分类标准对土壤进行了分类和命名。对边远区、高寒区和无人区应用遥感解译方法，填补了之前土壤调查及成图中上述地区土壤数据的空白。在大量剖面土体观测和采样调查的基础上，完成了全国绝大部分分县 1∶5 万比例尺土壤图的绘制，牧区和边疆地区完成了 1∶20 万—1∶10 万比例尺土壤图的绘制。二普还完成了 10 余万个典型剖面的分层采样，化验分析了剖面分层质地，有机质含量，大量、中量和微量元素含量，pH，阳离子交换量，土壤矿物组成等多项土壤理化性状，编制了分县土壤志。二普通过野外实地调查、采样和测试获取的土壤科学数据，至今仍是我国最详尽、最有实用价值的土壤资源基础数据，其精度与质量超过许多发达国家的土壤资源基础数据[8]。

如图 1 所示，收录于本数据集的土壤质量数据是对我国 40 多年前土壤质量状况的客观记录，亦是我国在全国范围内首次完成的土壤理化性状的科学记载，其中的土壤稳定性要素现势性较长，可在今后若干年间长期使用；而土壤变化性要素对了解我国土壤与环境过程的作用亦不可替代。这些数据使我们用现代科学手段研究各地土壤及相关过程的历史可上溯至 20 世纪 80 年代。

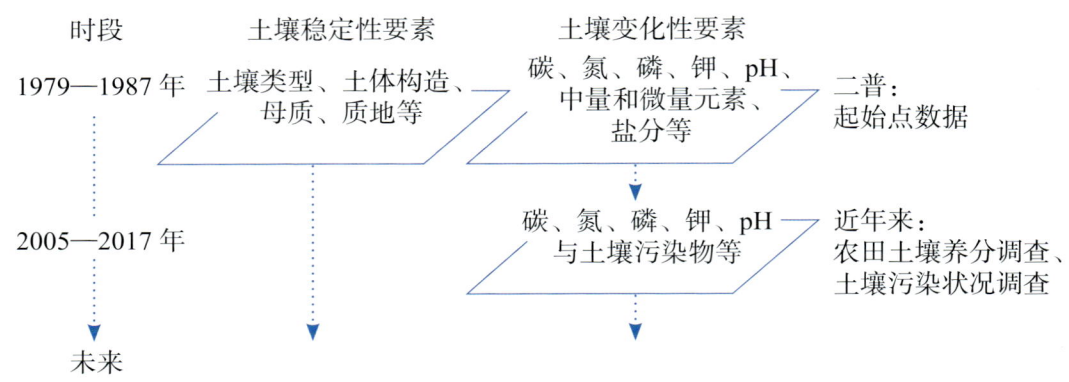

图 1　全国性土壤调查所覆盖的时段

受历史条件限制，二普完成的大比例尺土壤图和土壤剖面理化性状主要为手绘纸质图件、非正式出版的铅印或油印资料，份数少且由各地自行保存。二普结束后，随着各地机构调整与人员变动，土壤调查资料被损毁或丢失严重。2000 年以来，编者开始对各地分散存留的纸质分县土壤调查资料进行系统性收集、修复与整理，通过对宝贵的土壤科学数据的提取、整合和表达，我国科学研究与管理基础数据的水平得到了提升。本数据集收录的分县土壤图和剖面数据主要源于对全国分县土壤图、分县土种志和分省土种志的整理、提取、汇总与表达（表 2）。

表 2　数据集主要土壤资料与数据来源

资料类型	资料名称及数量
土壤图（纸质）	1∶5 万分县土壤图，总计约 1600 个县
	1∶100 万—1∶50 万省级土壤图，总计 570 个县
土壤剖面资料（纸质）	分县土种志：约 2200 册，计约 2200 个县；分省土种志：28 册
土壤有机质含量图（纸质）	全国、分省土壤有机质含量图
农区土壤耕层采样数据（电子）	2005—2017 年在全国农区采集的、含 GPS 坐标定位的 1000 万个采样点耕层有机质含量数据

为编制全国与分省土壤有机质含量分布图，本数据集还使用了我国于二普期间完成的全国、分省土壤有机质含量图纸质图件和于 2005—2017 年在全国采集的 1000 万个具有 GPS 坐标定位的采样点耕层有机质含量数据[9]。

编制方法——土壤大数据方法

我国幅员辽阔，不同地区土壤的土壤类型及其质量状况和分布特征差别较大，各地土壤调查技术条件和水平差别也较大，因此各地分县完成的图件和剖面资料在形式和内容上有较大差异。在用异源土壤数据生成新数据时，新数据的科学性既取决于各异源数据本身的科学性和可靠性，也取决于数据整合采用方法的科学性和可靠性。例如，对分县剖面资料进行整合时，对国标上未出现过的土壤类型名进行归并需要有土壤分类学上的依据；用新的土壤调查数据对原有土壤有机质含量图进行更新，也需要有进行合并表达的科学依据。编制本数据集需要对海量异源数据进行提取、分析、整合、缩编与表达，数据分析流程复杂。同时，在数据分析过程中，土壤专业问题，非标准化数据问题，计算机硬、软件平台系统问题和数据分析员、程序员疏漏问题等可能引致多类别数据分析错误。若既要准确无误地完成各项数据分析技术任务，又要在繁复的数据分析流程中有效贯彻科学原则、实现数据分析科学目标，这就需要一套科学的方法体系。为此，本数据集编者通过研究异源非标准土壤数据特征，融合应用土壤学、数据科学、人工智能、人机交互设计方法与地理信息系统技术，创建了土壤大数据方法[10-11]。

土壤大数据方法是专门供土壤科研工作者使用的一种设计方法，是对经典土壤学研究方法的补充，主要适用于对海量异源土壤数据信息的提取、筛选、分析与表达。通过土壤大数据方法的使用，科研工作者能够分析、认识和阐明土壤性状及相关过程和规律。土壤大数据方法的主要设计规则为以层级化的流程设计实现土壤科学层面的需求设计统领体系架构设计，界定各分段流程目标和关联，部署低层级分段流程、模型和功能模块；以独立于数据流程的监控设计实现土壤科学家对全流程的掌控和人工干预。土壤大数据方法的设计内容包括数据科学分析目标与科学基础界定，数据流程体系架构，流程及软件工具设计，数据流程监控设计。设计中，所有节点均采用双命名制命名，对流程中各节点数据同时进行土壤科学内涵命名和函数代码命名。应用以上设计方法编制设计文档，能在庞杂的异源、异质、异形、异构大数据分析中，实现以科学目标引领数据分析流程，以自动化、人工智能、人机交互式的数据流程替代人工流程，提高大数据分析效率。

在本数据集编制过程中，编者需要完成图件与资料数字化、矢量化，元数据构建，信息提取、过滤、分类、赋码、土壤空间数据逻辑结构、存储结构归一化，统计检验，数据整合，缩编表达，输出等多项数据分析任务，分段流程达1500余个，需要存储的重要节点数据超过2000个，数据量超过20TB。采用土壤大数据方法，编者自主设计和完成了6个土壤大数据分析工具软件包，其中包含157个功能模块（表3），设计文档的科学和工程目标实现率超过99%，为准确、高效完成数据集编制提供了保障，也为土壤学研究提供了新的方法。

表3 系列化土壤大数据分析软件包及其主要功能与模块数

软件包	主要功能	模块数/个
IMAT2.0（intelligent mapping tools）智能化制图工具	异源土壤空间数据的要素提取、过滤、分类、赋码、坐标转换，空间库要素与字段的编辑，图幅与图层的编辑，土壤要素空间库外挂属性表编辑与管理等	35
IMAT-big（intelligent mapping tools for big data）智能化大数据制图工具	超大土壤及相关要素空间数据的要素筛选、图层拆分、数据整合、节点监控、逻辑结构重组等分析	37
IMAP（intelligent map presentation）智能化地图表达工具	土壤大数据地图制图表达与输出	30
ISPA（intelligent soil profile data analysis）智能化土壤剖面数据分析	异源土壤剖面数据的信息提取、过滤、赋码、坐标匹配、检验、整合与统计等	22
ISPP（intelligent soil profile presentation）智能化土壤剖面表达	土壤剖面图表及辅助信息的表达	12
IMAT-SOM（intelligent mapping tools-SOM）土壤有机质图制图工具	异源土壤有机质数据整合与表达	21

中国土壤图、中国土壤有机质含量图与中国地势图编制

编制全国三图的目的是便于读者在全国视角和尺度上了解我国各地区土壤资源与质量状况空间分布特征，土壤类型和土壤肥力与地势、地貌之间的相互关联。其中，土壤图用于展示土壤资源分布状况及与成土过程相关的土壤质量状况；土壤有机质含量图用于直观反映土壤肥力情况；地势图便于读者了解不同类型和肥力水平土壤的地势、地貌特征。全国三图的制图比例尺为1∶1300万。

全国三图中采用的境界、城市等基础地理信息要素源于中国地图出版社出版的《第一次全国地理国情普查地图集》[12]和《中国地图集》[13]。全国三图中，境界、水系、居民地、地级以上城市等基础地理信息要素的图示与图例表达见附录2。

（一）中国土壤图

由于制图比例尺小，中国土壤图是在二普完成的1∶400万比例尺全国土壤图的基础上进行矢量化和缩编表达获得的。在缩编表达过程中，土壤类型仅保留了我国土壤分类系统中的第三层级——土类。

在土壤图中，土类颜色主要根据不同土类在其成土因素、发育程度下形成的典型颜色进行设计（附录3）。红色系供土壤富铝化程度高的土壤选用，如红壤、砖红壤、赤红壤等；黄色系、棕色系供干旱区发育程度低的土壤选用，如黄绵土、灰漠土、灰棕漠土等。受灌水、耕作和地下水影响大的土壤采用绿色系，如水稻土、灌淤土、潮土、草甸土等，表示土壤肥力较高，绿色植物生长茂盛；黑土、黑钙土、栗钙土、棕壤、褐土、黄棕壤、紫色土等分别选用深棕色系、褐色系、紫色系；盐土、碱土、沼泽土等植物生长有障碍的土类采用暗色系，如暗紫色系、灰褐色系、青灰色系等，表示土壤生产力低下，植物生长较差。这一颜色设计与国标相关规定一致[14]。

在图例中，按照我国主要土壤类型从南到北、从东向西的地带性分布规律对土类进行排序，附录4所列中国主要土壤类型的排序也按此规则编排。

（二）中国土壤有机质含量图

土壤有机质含量是指土壤中各种含碳有机物质的总和。土壤有机质主要包括土壤腐殖质、半分解的动植物残体、与土壤黏粒和细粉粒紧密结合的有机物质、土壤微生物体所含的有机物质等。以动植物残体形式进入土壤的有机物质成为土壤生物的食物，供养土壤生物的生命活动；在土壤生物，特别是土壤微生物作用下生成的土壤腐殖质，能够促进土壤团聚体形成，提高土壤保水、保肥、供水、供肥性能，提高土壤肥力，并大幅度提高耕地土壤高产、稳产性能。因此，土壤有机质含量是最重要的土壤质量指标之一。土壤有机质碳量是大气总碳量的2倍，是地球植被总碳量的3倍，参与地球陆域碳循环总碳量中80%的碳以土壤有机质碳的形式存在。研究显示，土壤有机质含量实质上是土壤有机碳投入和分解之间动态平衡的表现，影响这一平衡的主要因素为气候、土壤质地与土地利用方式，施肥和耕作等农业技术措施对其影响则相对较小。当影响平衡的主要因素未发生变化时，土壤有机质含量也比较稳定[15]。

中国土壤有机质含量图由各分省土壤有机质含量图（0—30cm土层）合并编制生成。制图用源数据和编制方法在分省土壤有机质含量图编制说明中加以叙述。

为展示全国范围的土壤有机质含量空间分布特征，编者在中国土壤有机质含量图的图示和图例表达中采用了有机质含量范围的非等距划分分级方式，将我国土壤有机质含量分为7个等级（表4），各分级所占我国陆域面积的比例也列于表中。其中，占我国陆域面积29%的"很低"和"低"两个分级的土壤（有机质含量小于10g/kg）主要分布于西北干旱地区，而"较高""高""很高"三个分级的土壤（有机质含量大于25g/kg）主要分布于东北、西南地区，这些地区森林覆盖率较高，雨量充沛，温度适宜，有利于土壤有机质的累积。

表4 中国土壤有机质含量（0—30cm土层）分级

分级	分级释义	有机质含量/（g/kg）	换算系数	有机碳含量/（g/kg）	占陆域面积/%
1	很低	≤5	1.724	≤2.9	5
2	低	5—10（含）	1.724	2.9—5.8（含）	24
3	较低	10—15（含）	1.724	5.8—8.7（含）	18
4	中	15—25（含）	1.724	8.7—14.5（含）	19
5	较高	25—35（含）	1.724	14.5—20.3（含）	9
6	高	35—45（含）	1.724	20.3—26.1（含）	16
7	很高	>45	1.724	>26.1	6

（三）中国地势图

地势图是表示制图区域地貌特征的专题地图，强调表现地面的高低起伏、倾斜程度及其区域对比关系，以及与地形密切相关的河流、湖泊等水系要素分布特征，显示出制图区域山河分布的脉络体系、结构形式、各种地貌类型的形态特征。地势是影响土壤类型的重要因素，地势图也是编制土壤图、气候图、植被图等的基础。

中国地势图的地貌晕渲图采用 SRTM3 DEM（shuttle radar topography mission, digital elevation model, 2003）数据，考虑我国地势呈三级阶梯状分布的特点，按 0—50—100—200—500—800—1000—1200—1500—2000—2500—3000—3500—5000m 及以上设计高度表，以深绿色—黄绿色—棕色—紫色色调的象征色表示海拔由低向高过渡。其他矢量数据来源于中国地图出版社编制的 1∶400 万《中国地形图》[16]。河流参照中国地图出版社编制的《中国河流、水运资料图》进行选取、表达，三级及以上河流全部选取，二级及以上河流标注名称，低级别河流适当选取以反映区域水系特点；成图面积 4mm² 以上湖泊和水库全部表示，但仅标注大型湖泊名称，小面积湖泊适当选取以反映区域特点，如青藏高原湖泊群分布；山脉、山峰参照中国地图出版社编制的《中国山脉资料图》选取，三级及以上山脉全部选取、表达，二级山脉主峰及知名山峰标注名称和高程，我国主要高原、平原、盆地和沙漠均选取、表达；自然地理要素分级参考中国地图出版社采用的地图编制分级系统；根据版面载负量情况选取省会、部分地级市和少量县级居民点（主要位于西部地区），居民地主要用于定位参照。

分省土壤图、分省土壤有机质含量图与分省地势图编制

编制分省土壤图、分省土壤有机质含量图与分省地势图三图的主要目的是使读者了解各省级行政区内不同地区土壤类型、土壤肥力与地貌的主要分布特征及其相互关联。其中，土壤图用于展示土壤资源分布状况及与成土过程相关的土壤质量状况；土壤有机质含量图用于直观反映土壤肥力情况；地势图便于读者了解不同类型和肥力水平土壤的地势、地貌特征。为便于比较，每个省级行政区的分省三图采用的比例尺相同，制图则采用幅面固定、各省级行政区制图比例尺自适应方法。

分省三图中采用的境界、城市等基础地理信息要素源于中国地图出版社出版的《第一次全国地理国情普查地图集》[12] 和《中国地图集》[13]。分省三图中，境界、水系、居民地、地级以上城市等基础地理信息要素的图示与图例表达见附录2。

（一）分省土壤图

为编制数据集用分省土壤图，编者对二普完成的纸质分省土壤图（原图比例尺主要为 1∶50 万）进行了地理校正、空间要素提取、图层与分级码标准化、土壤学专业校正、属性表制作、挂接和专题图缩编表达。在缩编表达过程中，制图比例尺一般在 1∶200 万—1∶100 万之间。由于制图比例尺较小，土壤类型仅保留了我国土壤分类系统中的第三层级——土类。各土类颜色与中国土壤图中采用的土类颜色相同（附录3）。在分省土壤图中，按照我国主要土壤类型从南到北、自东向西的分布规律对图例中的土壤类型进行排序。附录4所列中国主要土壤类型的排序也按此规则编排。附录5列出了吉林省主要土壤类型及其占省级行政区域面积百分比。

（二）分省土壤有机质含量图

1. 数据源说明

本数据集中，土壤剖面理化性状表给出了有确切时间和空间坐标的剖面信息。分省土壤有机质含量图的主要作用是便于读者直观了解各省级行政区最重要的土壤肥力指标——土壤有机质含量的空间分布特征。

二普中，受当时技术条件限制，全国仅完成了比例尺为1∶400万的纸质土壤有机质含量分布图的绘制，19个省、自治区、直辖市完成了比例尺为1∶250万—1∶50万的纸质分省土壤有机质含量分布图的绘制。直接采用小比例尺纸质图矢量化生成的土壤有机质含量等级划线图作为分省土壤有机质含量图，存在有机质含量分级的级差大、信息均化、图斑大、制图精度不够等问题，难以精细表现一个省级行政区域内土壤有机质含量的空间分布特征。

2005—2017年，我国在农区进行了测土施肥，农田耕层采样点达到1000万个。这批数据的主要优点是采样密度大且有空间坐标，通过对这批数据进行空间插值分析，可较精细地展示各地农田土壤有机质含量分布特征；其缺点是采样点主要集中于占陆域面积不到20%的农田，仅采用这批数据难以绘制覆盖全域的土壤有机质含量分布图。考虑到土壤，尤其是林地、草地土壤的有机质含量变化较慢，在制图中采用了混合时段数据合并表达的方式。对无测土数据的林地、草地等，仍然采用从小比例尺土壤有机质含量等级划线图中提取的数据；对有测土数据的农田，则采用2005—2017年间耕层采样数据，对原有数据进行了更新。通过对两源数据的提取、土层转换、合并、插值，最终生成各省级行政区土壤有机质含量分布图（土层厚度0—30cm），这样既可较精细展示出各省级行政区土壤有机质含量的空间分布特征，也能保证所做专题图有很强的现势性。

三个数据源制图表达结果比较显示，采用异源数据合并表达的方式制图，各分省图展示的有机质含量空间分布特征与二普小比例尺图相近，但制图精度有较大改进，一个省级行政区域内土壤有机质含量的空间分布特征更为清晰（表5）。

表5　三个数据源制图表达结果比较

数据源	土壤有机质含量图制图表达效果	
	优点	存在问题
采用二普完成的手绘图	小比例尺手绘图中，土壤有机质含量地带性分布特征十分明显；基本无数据空区	局部地区图斑大，制图精度不够
采用新的测土数据插值生成	有数据的区域制图精度高	占陆域面积约80%的林地、草地和一些县域无新的测土数据，难以通过采样点插值生成覆盖全域的有机质含量图
异源数据合并表达	基本无数据空区；制图精度有较大改进；小比例尺图中土壤有机质含量的地带性分布特征被保留	用混合时段数据表达全陆域土壤有机质含量分布状况，其中林地、草地数据主要源于20世纪80年代采样数据，农田数据更新至2017年

表6汇总了分省土壤有机质含量图的主要制图信息。制图采用异源数据合并表达的方式，生成的分省土壤有机质含量图所代表的时间段为1979—2017年，图中核算土壤有机质含量的土层厚度为0—30cm。

表6　分省土壤有机质含量图制图信息

制图数据	异源数据合并表达
采样时间	草地、林地及其他非农田土壤采样时间段为1979—1987年，农田土壤采样时间段为2005—2017年
土层厚度	0—30cm（对采样深度不足0—30cm的耕层采样数据，用剖面数据进行了土层厚度转换，统一转换为0—30cm）
制图方法	普通克利金插值（ordinary Kriging）
网格尺寸	200m

2. 制图表达说明

我国地域辽阔，各地土壤有机质含量差异极大。西北部地区降水量少，土壤粗砂粒含量高，风沙土、漠土大量分布，占我国陆域总面积的12.6%，其0—30cm土层内有机质平均含量不到10g/kg；东北部地区雨量充沛，气候、植被有利于土壤有机碳累积，其0—30cm土层有机质平均含量在40g/kg以上。另外，一些省级行政区的土壤有机质含量变化范围很宽，如内蒙古土壤有机质含量主要为4—70g/kg；而北京、山东等地土壤有机质含量变化范围很窄，为7—17g/kg。

为使各省级行政区域内土壤有机质含量空间分布特征均能得到充分展示，编者在分省土壤有机质含量图的图示和图例表达中对有机质含量范围进行等距划分分级，根据各省级行政区土壤有机质含量分布特征，将有机质含量分为7—14个等级。各分级的颜色设计及其RGB与CMYK色码见附录6。

（三）分省地势图

根据各省级行政区的成图比例尺和地形特点，选取合适精度的数字高程模型（DEM）栅格数据，确定设色原则和色层表进行分层设色，编制彩色晕渲的分省地势图。图中的河流水系及山峰、山脉等地理要素基于中国地图出版社研制的多尺度中国地图数据库选取，按各省级行政区地图设定的投影参数和比例尺投影转换后进行数据融合处理，再进行图形化编辑和地图整饰，最后输出成图。各省级行政区的彩色地貌晕渲图，按0—50—200—500—1000—1500—2000—3000—4000—5000—6000m及以上设计统一的高度表，但对一些低海拔平原地区，如天津、山东、上海等省、直辖市，则增添了20m等高距。确定统一的设色原则，建立色层表，以深绿色—黄绿色—棕色—紫色色调的象征色过渡方式表示海拔由低向高过渡，低海拔地区以绿色为主，中海拔地区以棕色为主，高海拔地区的高寒地带则用冷色调紫色。地势图中的其他地理要素，地级市及以上级别居民地全部选取，县级居民地根据图面载负量情况酌情选取；河流按等级选取以反映地域水系结构特点，主要河流加注名称；成图面积4mm²以上的湖泊和水库全部选取，大型湖泊、水库加注名称，适当选取小面积湖泊以反映区域分布特点；山脉按等级选取，仅标注主要山脉主峰和知名山峰。

县域中心区气候特征图表编制

气候是五大成土因素之一，也是土壤质量的重要影响因素。为便于读者了解各地土壤资源与质量状况及其与气候特征的关联，编者编制了各县域中心区（位于各县域中心点、代表面积约为400km²的区域）气候特征值表、月平均气温与月平均降水量分布图。各县域中心区气候特征值是通过对160个中国地面国际交换站的气象年值、月值以及日值数据的计算和空间分析获得的。气象数据的相关用语也采用中国地面国际交换站所用的表达方式。鉴于各地气候特征值需要依据多年气象观测数据分析和提取，而二普采样时段为1979—1987年，因此采用了1971—2000年共计30年的年值、月值和日值气象数据，气象数据时段覆盖二普采样时段。

在分县气候特征值编制过程中，先从相应的各数据源中提取出各站点年值、月值以及日值数据，再按照表7所示计算方法，计算160个站点的各项气候特征值并对其分别进行插值计算，获得覆盖我国全域、网格尺寸约为20km的网格化气候特征年值与月值数据，最后再与县域中心点图层叠加，提取出各县中心区气候特征值。各县所处气候带则是通过县域中心点图层与中国气候区划图叠加后提取获得的[17]。

表7 县域中心区气候特征值的计算方法与数据来源

县域中心区气候特征	计算方法	气象数据来源
年平均气温 /℃	30年的年值平均	中国地面国际交换站气候标准值年值数据集（160个站点，1971—2000年）
年平均最高气温 /℃		
年平均最低气温 /℃		
年降水量 /mm		
年平均相对湿度 /%		
年日照时数 /h		
月平均气温 /℃	30年的月值平均	中国地面国际交换站气候标准值月值数据集（160个站点，1971—2000年）
月平均降水量 /mm		
≥10℃的积温 /℃	一年中日平均气温≥10℃的温度值加和	中国地面国际交换站气候资料日值数据集（160个站点，1971—2000年）
干燥度	修正的谢良尼诺夫公式：$$\text{干燥度} = 0.16 \times \frac{\text{全年} \geq 10℃\text{的积温}}{\text{全年} \geq 10℃\text{期间的降水量}}$$	
气候带	提取	1:3200万中国气候区划图

分县主要土壤类型与土壤剖面点分布图编制

编制分县主要土壤类型与土壤剖面点分布图的主要目的是使读者在一个较小的图幅上也能大致了解一个县域内主要土壤类型概况。编者通过对全国1∶5万土壤图的缩编表达，为有土壤剖面数据的县级行政区编制了分县主要土壤类型图。受地图幅面限制，在分县土壤图中，仅保留了我国土壤分类系统中的第三层级——土类，通过缩编滤掉了亚类、土属、土种信息。

各分县主要土壤类型与土壤剖面点分布图的制图采用幅面固定、制图比例尺自适应的方法，制图比例尺一般为1∶35万—1∶20万，自适应制图由编制者自行设计的软件模块自动完成。

在分县主要土壤类型与土壤剖面点分布图中，各土类颜色与中国土壤图中采用的土类颜色相同（附录3）。图中各土类在图例中的排序则按各土类占本县县域面积比例从大到小的顺序排列，便于读者了解本县内主要土壤类型的分布。

在分县主要土壤类型与土壤剖面点分布图中，为便于读者查找，剖面点按照其在图面的位置，先左后右、先上后下顺序编码，编码过程也由ISPP软件包（表3）中的模块自动完成。

分县主要土壤类型与土壤剖面点分布图中的基础地理底图来源于国家基础地理信息中心提供的1∶25万DLG（公众版）数据（使用许可协议编号：非2011-1011），基础地理信息要素的图示与图例表达主要参照相关国标（详见附录2）。为保证本数据集中主要土壤类型与土壤剖面点分布图的内容和土壤剖面数据表对应，分县主要土壤类型与土壤剖面点分布图中的市级界线、县级界线均采用二普时的普查界线，并以此作为分县主要土壤类型与土壤剖面点分布图的分幅标准。为兼顾地名位置定位准确性和图书实用性，地图中乡镇级及以上居民地分别根据新版《中华人民共和国行政区划简册》和各省级行政区地图册进行了更新，现势性截至2021年12月。为更好地表现全书的系统性与协调性，在地图下方加注说明县级行政区划变更情况，部分市辖区图幅的图名根据图上县级居民点进行了更新。

二普后，随着城市化的加快，城市周边土地利用情况变化很大，居民地面积大幅增加，导致一些分县土壤图中的土壤面积占县域面积比例和分县主要土类说明中的一些土类面积占县域面积比例较二普时均有下降。在一些大城市周边县（市、区），土地利用情况的变化使各类土壤总面积不到县域面积的60%。

二普时，分县完成了1∶5万比例尺土壤图编绘后，还通过省级汇总和缩编制图，完成了1∶50万比例尺省级土壤图。在省级汇总中，对一些分县土壤图中原有土壤类型名进行了修订。例如，浙江在进行省级汇总时，将分县土壤图中原命名为侵蚀型红壤亚类的大部分土属划归粗骨土类；安徽、湖北等省在省级汇总时将黏盘黄棕壤亚类改为黄褐土类。在对二普调查成果的数字整合中，编者仅收集到约1600个县的大比例尺土壤图（表2）。对大比例尺图数据缺失的县，则以省级土壤图裁切方式进行了补全。这种补全虽有利于完成覆盖我国全域的高、中精度土壤图，但也引起了在一个省级行政区里源于分县和分省的两类土壤图中土壤分类命名不统一的问题，编者在尽量保持调查资料原始记载的前提下，对这类问题进行了力所能及的修订。

分县土壤剖面理化性状表编制

分县土壤剖面理化性状表是本数据集的主体内容。前文已对各项土壤理化性状应用范围以及从分县纸质土种志中进行信息提取、表达和制作的方法做了说明，本节仅对土壤理化性状测试方法、剖面点坐标匹配方法与土壤剖面分类名的修订加以说明。

（一）土壤理化性状测定方法

本数据集所列土壤理化性状的测定方法见表8。其中，土壤有机质含量，土壤氮、磷、钾全量与有效态含量，pH，土壤阳离子交换量的测定方法以及土壤分类方法均为国标方法。剖面理化性状表中的土壤全氮、全磷、全钾、碱解氮、有效磷、速效钾含量均以N、P、K纯养分量计。

在二普中，我国大多数地区土壤质地分级采用了卡庆斯基制，仅极少数地区采用了国际制。其中，卡庆斯基制采用了简制，将土壤质地分为3组9种类型；国际制将土壤质地分为12种类型（表9）。由于两种分级制中的质地分级名并无重复，因此在分县土壤剖面理化性状表中未对两种分级制的分级名进行合并。

表8　土壤理化性状的测定方法

土壤理化性状	测定方法
有机质	湿灰化或干灰化消化后，重铬酸钾滴定法测定（丘林法）
全氮	凯氏定氮法测定
全磷	酸溶或碱熔消化后，钼锑抗比色法测定
全钾	碱熔或酸溶消化后，火焰光度法或四苯硼钠比浊法测定
pH	水浸提法，水土比为5∶1或2∶1
碱解氮	扩散吸收法（康惠法）测定
有效磷	中性及石灰性土壤：Olsen法测定；酸性土壤：Bray法测定
速效钾	醋酸铵浸提后，火焰光度法或四苯硼钠比浊法测定
阳离子交换量	醋酸铵法测定

表9　卡庆斯基制与国际制土壤质地分级名

等级序号	卡庆斯基制[1] 土壤质地分级名	等级序号	国际制[2] 土壤质地分级名
1	松砂土	1	砂土
2	紧砂土	2	壤质砂土
		3	砂质壤土
3	砂壤土	4	壤土
4	轻壤土	5	粉砂质壤土
		6	砂质黏壤土
5	中壤土	7	黏壤土
6	重壤土	8	粉砂质黏壤土
7	轻黏土	9	砂质黏土
		10	壤质黏土
8	中黏土	11	粉砂质黏土
9	重黏土	12	黏土

注：1）卡庆斯基制指按卡庆斯基粒径分级的质地分类。该分类制有简制和详制两种。简制有3组9种质地，其主要特点是将土粒分为物理性黏粒和物理性砂粒两级；按物理性黏粒或物理性砂粒的数量进行质地分类，而不是按照砂粒、粉粒、黏粒三个粒级的质量比分组。详制是在简制的基础上，把9种质地进一步细分为39种质地类别，把含量最多和次多的粒组作为冠词，顺序放在简制名称前面，主要用于土壤基层分类及大比例尺制图。卡庆斯基还提出根据石砾含量而定的附加分类，也可作为质地分类的冠词，主要应用于山地土壤的质地分类。
2）国际制土壤质地分类在第二届国际土壤学会上通过，根据砂粒（粒径0.02—2mm）、粉粒（粒径0.002—0.02mm）、黏粒（粒径小于0.002mm）三粒组含量的比例，通过国际制土壤质地分类三角图，以黏粒含量为主要标准，小于15%者为砂土质地组和壤土质地组，15%—25%者为黏壤组，黏粒含量大于25%者为黏土组，划定12种质地类别。

（二）土壤剖面点的坐标匹配

含地理坐标的剖面数据可直观展示该土壤剖面点所代表土壤的土层厚度、土体构造及理化性状等特征，也是构建推理模型，进行土壤及其理化性状数字制图的基础。

二普完成的分县土种志中虽无典型剖面地理坐标记载，却有关于剖面采样地点、景观和土壤剖面分类命名的详细记录，如乡镇名、村名、高程和土类、亚类、土属、土种名等。从1∶5万土壤类型图与1∶5万基础地理信息数据库中也能提取出上述信息。在1:5万比例尺空间数据库中，空间对象分辨率可达到100m×100m精度，折合为1hm²。在全国性土壤调查中，对于选择、确定典型剖面采样点点位，通常要求其所代表的土壤类型在面积上能代表采样点周围100亩（1亩 ≈ 666.7m²）以上的土壤，通过这种匹配方法获得的点位对实际采样点点位有较高的代表性。

为了使分县土种志中记载的剖面数据获得坐标，编者构建了多要素土壤剖面点坐标匹配模型，无空间坐标的土壤剖面从1:5万土壤类型图和基础地理信息数据库中获得空间坐标。坐标匹配模型工作机制如图2所示。首先，从分县土种志中提取出A源数据，即每个剖面隶属的土类、亚类、土属、土种名及剖面采样点地名、采样点高程等多要素信息；然后，用分县1:5万土壤图与多要素基础地理信息数据库叠加，生成含土类、亚类、土属、土种名和村名、乡镇名、高程等要素信息的空间数据，即B源数据；最后，利用多要素匹配模型，逐县对A、B两源数据进行匹配。当A源数据中某剖面点土类、亚类、土属、土种名和采样点地名、高程与B源数据中某土壤要素空间对象的四个土壤分类名、地名、高程等多要素信息一致时，该剖面点获得B源数据中土壤要素空间对象中心点坐标。若一个县域内，某剖面点与B源数据中多个空间对象存在配对关系，则取其中面积最大的空间对象的中心点坐标。

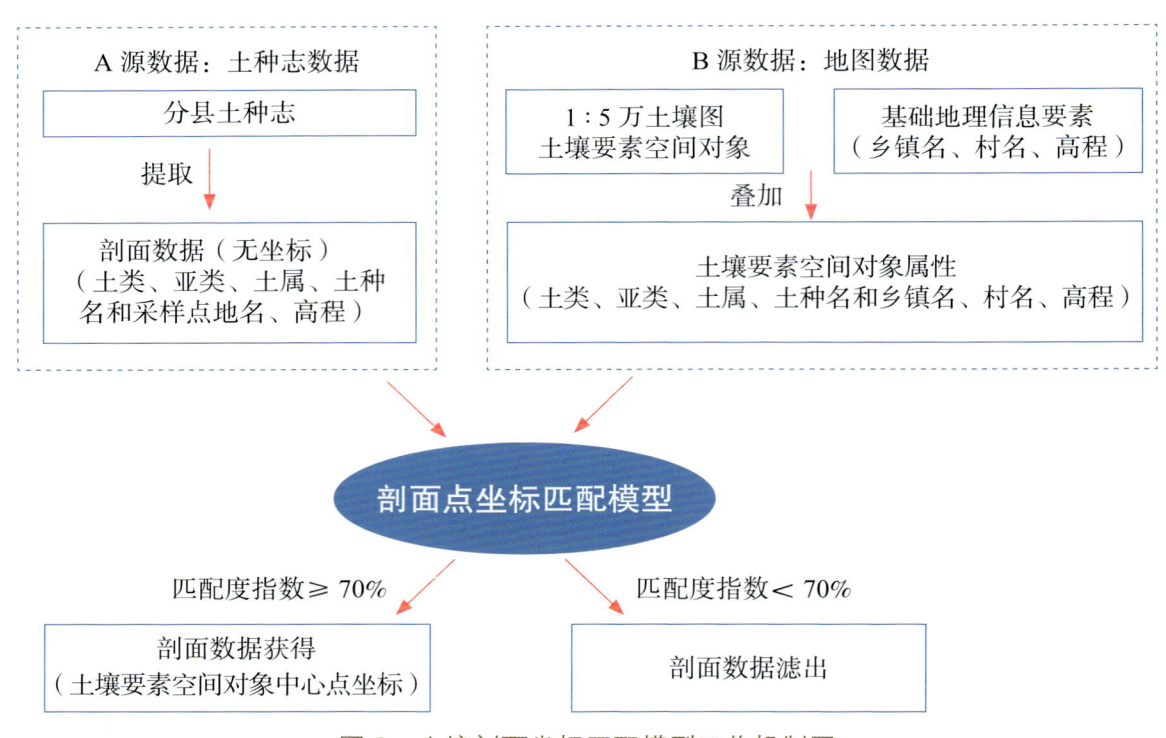

图2 土壤剖面坐标匹配模型工作机制图

为衡量每个土壤剖面坐标匹配的质量，在匹配模型中植入了匹配度评价模型，分析和提取每个土壤剖面点坐标匹配中多要素信息的吻合度。匹配度指数较高，代表两源数据中的土类、亚类、土属、土种名和地名、高程等多要素信息一致性高；匹配度指数较低，代表A、B两源多要素信息存在一些不一致性；匹配度指数小于70%的剖面数据会被滤出，该剖面也会从分县土壤剖面理化性状表中删除（表10）。利用坐标匹配模型，从分县土种志中提取出的10万余个剖面数据中，有6万多个获得了地理坐标并被收录于本数据集的分县土壤剖面理化性状表中，有约3万个由于匹配度指数较低被滤出。

表10 坐标匹配的匹配度指数及释义

匹配度指数 / %	释义
90—100	匹配度高：A（分县土种志）、B（地图）两源数据中乡镇名、村名和三个以上土壤分类名（土类、亚类、土属、土种）、高程均一致
80—90	匹配度较高：A、B两源数据中乡镇名、村名和两个土壤分类名（土类、亚类）、高程一致
70—80	具有一定匹配度：A、B两源数据中乡镇名、村名、土类名、高程一致
< 70	匹配度较低：A、B两源数据中地名和土类名不能全匹配

为检验通过匹配模型获得地理坐标的剖面对当地土壤类型是否具有代表性，编者自2008年以来，在河北、

山东、黑龙江、宁夏、海南等地挖取了300余个校验剖面，进行了比对研究。比对研究结果显示，校验剖面与二普完成的剖面记载在土壤类型、土体构造、母质、质地等土壤质量慢变化性状上都有很好的一致性。

（三）土壤剖面分类名的修订

分县土壤剖面理化性状表列出了每个土壤剖面的分类名。土壤分类名是对某一类土壤资源的抽象概括和表达，表述了各类土壤的主要成土过程以及各类土壤综合性的典型特征。如黑土是指在温带半湿润地区草甸草原植被条件下形成的具有深厚均匀腐殖质层的土壤，呈黑色，富含有机质和各种养分；褐土是指在暖温带半湿润地区形成的具有弱腐殖质表层和黏化层的土壤，盐基饱和度较高，呈棕褐色。土壤分类名既具有典型性，又具有综合性，是土壤最基本的属性。

二普中，我国基于全国第一次土壤普查经验制定了六等级土壤分类系统，这也是目前的国标系统。该系统中的六等级分别为土纲、亚纲、土类、亚类、土属和土种，从高级到低级，不同层级之间为隶属关系。其中，土纲用于界定水、温等主要的土壤成土条件，亚纲用来进一步区分土纲内成土条件与过程的差异，土类反映成土条件引致的最典型土壤特征，亚类反映土类内成土条件引致剖面特征的进一步分异，土属反映母质等成土条件引致亚类剖面的分异，土种反映同一土属中土壤的分异或当地群众对该土壤的命名。

在对各地土壤调查数据进行全国汇总时，编者发现，从全国2200多个分县土壤剖面资料中提取出的土壤分类名与我国在1998—2009年发布的三版《中国土壤分类与代码》国标差异较大[18-20]。国标发布的土类、亚类、土属、土种名数量分别为60个、229个、663个和3246个，而从2200多个分县土壤图件与剖面资料中提取出的土类、亚类、土属、土种名数量分别为312个、1520个、12150个和43200个。对国标上从未出现的土壤类型名进行审核和归并需要有土壤分类学上的依据。通过对俄罗斯、美国、加拿大、澳大利亚、德国、英国等各国土壤分类研究及发展状况的研究，编者总结了我国和其他世界各国过去半个世纪中在土壤分类方面的经验，确定了土壤剖面分类名的修订原则[1]。

研究显示，我国国标分类系统中的第三层级——土类（附录4），能很好地反映我国主要土壤类型形态上的典型特征。通过土类及其隶属的12大土纲可清晰展现出我国60个土类受温度、海拔、降雨、土壤发育度、地下水盐运动、耕种垦殖等主要成土条件影响而形成的地带性分布特征。另外，土类本身属于高层级分类，数目有限，命名符合汉语语言特征，易于专业及非专业人员掌握。通过土类名，读者能够辨识各种土壤类型，了解其成土过程、土壤质量与肥力特征。因此，在土壤剖面分类名的修订中，应重视维护土类名的稳定性。根据这一原则，在对分县资料中土壤分类名的编审中，编者将国标发布的60个土类名进行了归并，对亚类及以下的中、低级分类名称则在尽量保留现场获取的一手土壤调查信息的前提下进行适度归并与整合。

为便于读者了解我国目前采用的土壤分类名与国际土壤学会推荐的土壤分类名（world reference base for soil resources，WRB）[21]之间的关联，附录4中还给出了由史学正研究员通过剖面比对建立的WRB土组名与我国60个土类名的关联及WRB土组名对我国土类名的最大可参比性[22]。

（四）剖面土层代码

在形成过程中，由于物质迁移和转化，土壤会分化成一系列组成、性质和形态各不相同的层次，称为发生层或土层。土壤剖面各土层的顺序和变化情况，反映了土壤形成过程及土壤性质。

目前各国尚无统一的土层命名。1967年国际土壤学会提出将土壤剖面划分成O层（有机层）、A层（腐殖质层）、E层（淋溶层）、B层（淀积层）、C层（母质层）和R层（基岩）等6个主要土层。全国土壤普查办公室编制出版的《中国土种志》（6卷）[23-28]、《中国土壤》[29]则将自然土壤剖面划分成O层（凋落物有机质层）、A层（表层）、B层（淀积层）、C层（母质层）、D层（岩石碎屑层）和R层（坚硬岩石层）等6个主要土层；将旱地农田土壤划分成A（耕层）、C_1（心土层）和C_2（底土层）等几个主要土层；将水田土壤划分成Aa（耕作层）、Ap（犁底层）、P（渗育层）、W（潴育层）和G（潜育层）等5个主要土层。

由于分县土种志中，土层代码和释义与以上文献给出的土层码不尽相同，因此在数据集编制中，编者主要保留了2200多个分县土种志中实际采用的土层代码和释义（表11）。为便于读者参考，编者在附录4中列出了引自《中国土壤》部分土类典型剖面的土体构造及其关联的土层代码[29]。

表 11 土壤剖面土层代码和释义[1]

代码		释义
自然土壤与旱地土壤	Ao	位于土表的枯枝落叶层
	A	自然土壤指表土层，耕地土壤指耕作层
	B	心土层，受成土作用形成的淋溶淀积层
	C	底土层，受成土作用少的母质层，较紧实，通常不受耕作、施肥影响
	D	未风化的母岩层，岩石碎屑层
水田土壤	A	耕作层，亦称淹育层和作物栽培层
	P	犁底层，位于耕作层下，经机械耕作和黏粒淀积，结构较为紧实
	W[2]	潴育层，位于犁底层下，水田在干湿交替作用下，铁、锰淋溶淀积形成斑纹层，使水稻土有较好的通透性，渗水而不漏水，渍水而不滞水
	G	潜育层，存在于水稻土、沼泽土和泥炭土中。土体长期积水，通透性不良，在还原状态下形成青灰色土层又叫青泥层，作物受还原性物质危害。若在其他土层出现，可用 g 表示，如 Pg、Wg
	E	漂洗层，侧渗作用下黏粒、有机质被淋洗，铁质溶脱，形成灰白色或白色漂洗层

注：1）表中土层代码和释义主要根据全国各分县土种志中实际采用代码和释义进行综合与汇总。土体构造中，两个字母并列表示过渡层土壤，例如 AB 层、BC 层等。

2）一些地区将潴育层细分为 W_1（渗育层）和 W_2（淀积层）两层。渗育层指有明显水化铁层，多见黄色锈斑；淀积层指明显有铁锰淀斑或铁锰结核的土层。

（五）其他

分县土壤剖面理化性状表中，空格代表本项无数据。

若土壤剖面的土层码为数字，则表示调查中未对该剖面的各分层进行土层代码赋码。对这类剖面，编者按从地表至底土顺序赋土层序号 1、2、3……。土层序号不具有土壤发生学上的含义，仅表达每一土层的顺序。

分县土壤剖面理化性状表中土层厚度的上、下边界表示该土层采样范围。例如：土层厚度为 0—17cm，表示土层采自剖面 0—17cm 部位；土层厚度为 50—100cm 表示采自剖面 50—100cm 部位。一些剖面底土的土层厚度仅有上界而无下界。例如：85—，表示该土层采自剖面 85cm 至更深部位。

个别剖面上、下土层的上、下边界相互不衔接，例如：两个土层厚度分别为 0—10cm、30—35cm，表示该剖面的采样为不连贯采样，每个土层只选取了该土层的代表性层段。

一些剖面分层样本上、下土层的上、下边界相互不衔接，例如：按从地表至底土顺序，6 个土层采样范围分别为 0—13cm、13—18cm、18—40cm、18—32cm、32—100cm、50—100cm，其中第三个土层 18—40cm 为额外增加的采样层。在土壤调查中，当调查者认为需要对某些区域或土类的特定土层进行单独采样和分析时，往往会出现这一情形。为了最大限度保持第一手调查资料的完整性，编者将这类土层也编入了分县土壤剖面理化性状表中。

本卷收录的吉林省典型土壤剖面共计 1988 个。通过对剖面数据的土层厚度转换，附录 7 给出了这些典型剖面 0—20cm 土层土壤理化性状中位数与平均数。二普剖面采样为典型土类采样，而非网格化采样。0—20cm 土层土壤理化性状中位数与平均数不代表本省土壤理化性状平均状况。但二普是我国最早的大样本量调查，附录 7 所示的 0—20cm 土层土壤理化性状中位数与平均数对了解吉林省 20 世纪 80 年代土壤肥力性状具有一定参考价值。

附录 8 列出了吉林省耕地、园地、林地、草地和湿地 0—30cm 土层土壤有机质含量的平均值。该值由吉林省土壤有机质含量图和自然资源部土地科学数据中心编制的 2019 年 1∶100 万比例尺全国土地利用缩编图通过叠加、计算生成。其中，耕地包括水田、水浇地、旱地三种土地利用类型；园地包括果园、茶园和其他园地三种土地利用类型；林地包括有林地、灌木林地和其他林地三种土地利用类型；草地包括天然牧草地、人工牧草地和其他草地三种土地利用类型；湿地包括沼泽地、沿海滩涂和内陆滩涂三种土地利用类型。鉴于吉林省土壤有机质含量图源于大样本量地面采样，土壤有机质含量亦为变化较慢的土壤质量性状[15]，附录 8 对了解吉林省耕地、园地、林地、草地和湿地的土壤有机质含量状况及演变具有较高的参考价值。为便于读者了解吉林省耕地、园地、林地和草地四种土地利用类型中受成土过程影响而形成的各主要土壤类型及其在各土地利用类型中的占比情况，附录 9 给出了主要土壤类型在这四种土地利用类型中的占比。

土壤专题图与土壤剖面数据可靠性检验

该检验目的是对数据集中的土壤专题图和土壤剖面数据能否真实反映土壤资源与土壤理化性状及其空间分布特征给出科学、客观的评价。另外，数据集中的土壤专题图和土壤剖面数据主要源于 1979—1987 年的二普和 2005—2017 年在全国测土配方施肥项目中的土壤养分调查，因此，该检验也是对我国两次全国性土壤调查所获成果的质量评估。

对土壤专题图及含地理坐标的剖面数据的检验涉及地图制图学、测绘科学、土壤学、地统计学等多学科内容，而对于不同的学科，数据检验的目标和内容也不同。对于地图制图，精度检验十分重要；而在土壤学范畴，可靠性检验更为重要。精度检验方面，本数据集剖面坐标是通过 1∶5 万比例尺地图数据匹配获得，匹配用地图精度直接影响剖面数据坐标精度。可靠性检验方面，土壤专题图和土壤剖面数据均属于土壤学范畴，还需要从土壤学角度给出科学评价。借助目前仍在发展中的地统计方法，编者最终给出了合理的可靠性检验方法。为便于读者理解，本节将重点说明两点：一是地图精度与土壤专题图制图的关联；二是土壤专题图和剖面数据的地统计检验结果。

在地图制图中，地图精度用于衡量某一地物点或地物轮廓点的平面位置和高程位置偏离其真实位置的平均误差。这里的地物点或地物轮廓点可以是测量控制点、水准点、道路交叉点、境界线方向变化点、山脚点、山顶等。地图精度与地图投影、比例尺、制作方法和工艺有关。地图比例尺不同，误差控制要求也不同。一般来说，地图比例尺越大，误差越小，精度越高。换言之，地图精度或比例尺主要反映对地图中基础地理信息要素，如测量控制点、河流、道路、等高线、境界的误差控制要求。

在土壤专题图制图中，需要用基础地理信息要素标识土壤要素空间位置。在较早的土壤调查中，没有 GPS 设备，通常用纸质地形图为底图标识采样点位置。地面土壤采样调查完成后，根据底图标记的采样点位置和实测获得的土壤要素值，由经验丰富的土壤科学家依据土壤及相关要素的空间分布、空间相关性和空间依赖性规律进行人工综合判图，在底图上手工完成土壤专题图的勾绘和制图。我国的二普与欧美各国在 20 世纪 80 年代之前进行的全国性土壤调查基本均采用这一方法进行土壤专题图编绘。二普为大样本量土壤调查，采样密度高，采用 1∶1 万大比例尺地形图为工作底图，全国共挖取土壤观察剖面 550 余万个，采集 0—20cm 土壤表层样本 200 余万个，通过综合判图和人工勾绘，最终完成分县 1∶5 万比例尺土壤图和各类土壤养分含量图的编制。土壤专题图比例尺不代表地图中对土壤要素的误差控制要求，客观上，地面采样中应用大比例尺的工作底图，采样密度高，土壤采样点均衡分布于调查区域中，以此为依据编制的土壤专题图能精细地表达调查区域内土壤要素的空间变化特征。采样密度低的土壤调查结果则不适合编制大比例尺土壤专题图。

近年来，随着 GPS 和 GIS 技术的发展，地统计方法已较多用于反映和研究土壤要素的空间变化规律。地统计方法不仅提供了利用含地理坐标的土壤采样点数据制作土壤专题图的地统计模型，还提供了对模拟结果进行不确定性检验的方法。地统计检验的主要目的是了解模拟结果对真实情况反演的客观性和可靠性，而不是评价地图中土壤要素的精度或误差控制。检验结果既受地面采样原则、采样量的影响，也受所选模型类型、建模过程中是否引入协变量等因素的影响。

由于二普完成的土壤图和养分含量图中没有采样点标注，难以对其进行地统计检验。为此，编者同时对我国在全国测土配方施肥项目中完成的有 GPS 定位坐标的农田耕层土壤有机质含量数据进行了地统计分析和检验。与二普相似，全国测土配方施肥项目也按网格化均匀分布原则进行大样本量、高密度土壤采样，全国总计完成 1000 万个农田土壤耕层样本的采集。

检验方法为：首先，在我国东、南、西、北、中不同地域选取 7 个代表性片区，每片区包含地域相连、域内无大面积剖面点缺失的多个行政县，且含土壤剖面点 500 个以上。其次，提取 7 个片区源于二普剖面 0—20cm 土层和源于 2005—2017 年 0—20cm 农田耕层采样的土壤有机质含量数据。二普剖面数据的采样特征为在优先选取典型土壤类型的前提下,尽量均衡分布;样本量较小,全国有6万多个具有匹配坐标的剖面。2005—2017年农田养分调查数据为网格化均衡分布的大样本量,全国完成了1000万个有GPS定位坐标的耕层样本。最后,用普通克利金插值(ordinary Kriging)方法进行地统计分析和检验。在每片区剖面点和耕层采样点的数据中分别随机选取80%作为训练样本集,20%作为验证样本集,同时进行建模;将验证样本预测值与实测值进行线性回归,计算R^2(决定系数)和RMSE(均方根误差),以此评价两组数据表达土壤要素空间分布特征的可靠性和误差。选择土壤有机质含量作为检验指标的原因为该指标是最重要的土壤质量性状之一,且可量化表达,便于进行地统计检验。

二普剖面数据的检验结果显示,在7个代表性片区,剖面点数据表达的有机质含量分布状况可靠性均达极显著水平(表12)。这表明,尽管二普典型剖面数据为非网格化采样,含地理坐标样本量较少,需采用匹配坐标替代原点坐标,但在一个由多县组成的片区内,当剖面样本量达到一定数量后,即使未引入可极大改进R^2的地形、土地利用类型等辅助变量,用普通克利金插值仍然能比较真实、可靠地反演土壤要素空间分布特征。2005—2017年耕层采样点数据的检验结果显示,与二普剖面点数据相比,大部分片区的有机质含量分布数据R^2更大(达到中等相关至强相关),RMSE更小,可靠性和预测精度明显更优,这说明就表征土壤要素空间分布特征而言,网格化均衡分布的大样本量采样得到的数据可靠性和精度相对较高。这为二普大比例尺土壤专题图数据(土壤图和土壤pH、有机质、氮、磷、钾养分含量图)的地统计检验特征提供了佐证。二普大比例尺土壤专题图数据均源于网格化均衡分布的大样本量地面调查,其可靠性和精度应优于二普剖面点数据。

两组数据地统计检验结果还显示,尽管相隔近30年,两时段调查的土壤有机质含量也有一定变化,但各片区土壤有机质含量的空间分布规律总体相近。图3展示了东北片区两组数据通过普通克利金插值获得的土壤有机质含量分布图。可以看出,尽管二普土壤剖面样本数(546)远少于农田耕层土壤样本数(45182),20%校验集所获R^2较低,预测值与实测值偏差较大,但两组数据展示的土壤有机质含量空间分布格局相近,均为东北角最高,西南角最低。另外,该片区2005—2017年的农田耕层有机质含量均值为36.41g/kg,低于1979—1987年间的二普采样结果(40.53g/kg),这一结果与东北地区所做长期定位试验结论一致。这表明,本数据集剖面数据可为了解土壤质量时空演变规律提供可靠的数据支持[9]。

表12 二普典型土壤剖面数据和2005—2017年耕层采样点数据的地统计检验结果

编号	片区名	县数	面积/km²	二普剖面土壤有机质含量[1]			耕层土壤有机质含量[2]		
				样本量	R^2[3]	RMSE[3]	样本量	R^2[3]	RMSE[3]
1	东北片区	19	72353	546	0.329**	14.77	45182	0.689**	6.32
2	冀鲁豫片区	64	50071	881	0.363**	5.65	256341	0.429**	3.47
3	江浙片区	53	63003	1312	0.334**	8.83	51759	0.666**	4.05
4	湖北片区	10	21044	515	0.286**	20.21	60545	0.281**	11.09
5	四川片区	39	98052	1283	0.380**	9.20	206682	0.344**	7.08
6	粤闽赣片区	27	58745	801	0.223**	13.33	51759	0.285**	6.42
7	陕甘片区	47	109010	990	0.296**	7.20	256341	0.558**	2.48

注:1)数据源于二普土壤剖面(1979—1987年采样,0—20cm土层)数据库,土壤有机质含量单位为g/kg。
2)数据源于2005—2017年农田耕层(0—20cm)土壤养分调查数据库,土壤有机质含量单位为g/kg。
3)20%验证样本所获预测值与实测值的线性回归R^2(决定系数,其中**表示1%水平显著)和RMSE(均方根误差)。

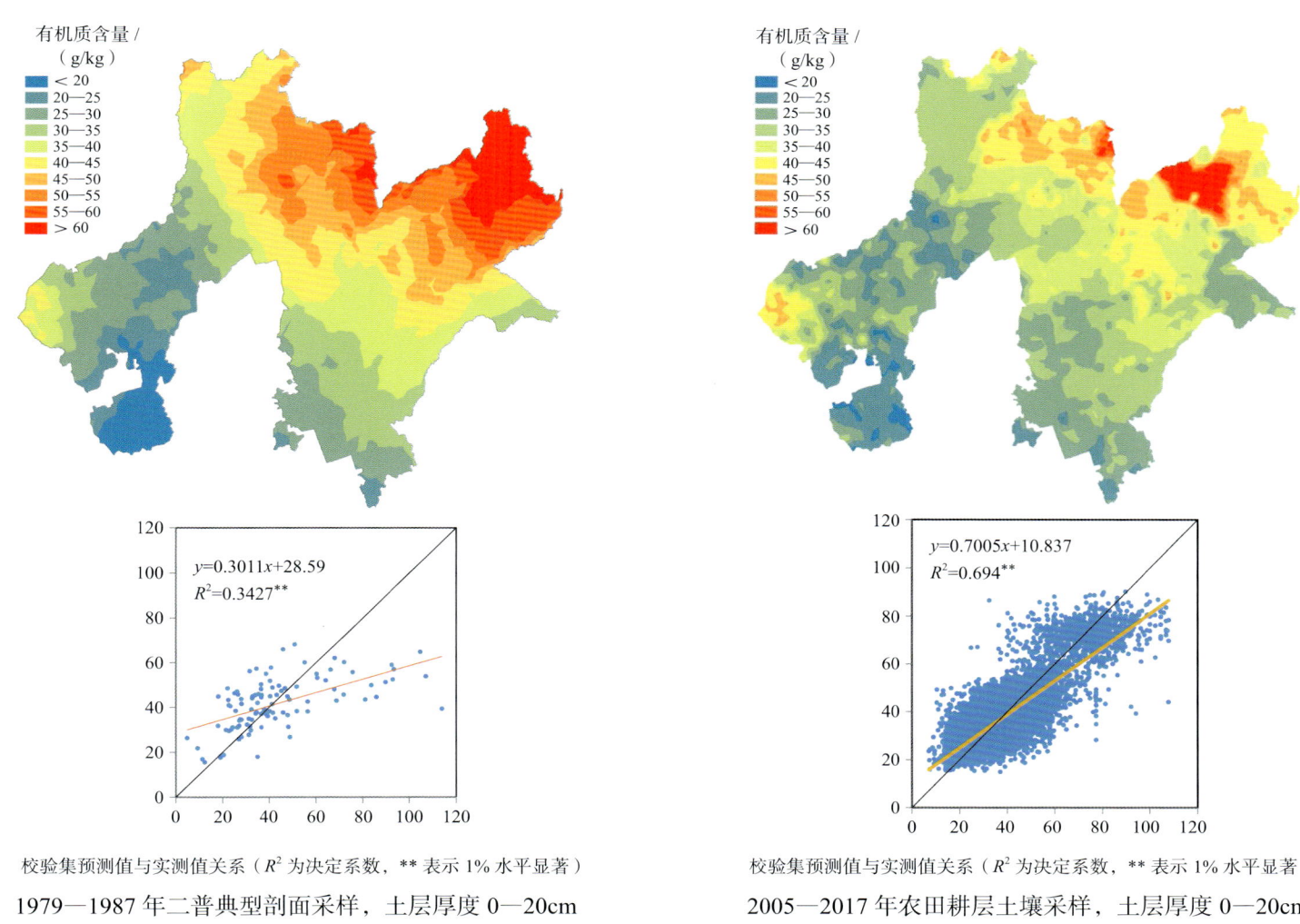

图 3　东北片区土壤有机质含量分布图及地统计检验结果

参编单位

《中国土壤剖面数据集》的编制工作始于 1998 年。其编制过程主要分为以下两个阶段：

第一阶段为全国 1∶5 万土壤图编制和中国剖面数据库构建阶段。20 世纪末，随着现代科学研究与管理对土壤时空信息的迫切需要和大数据技术的发展，利用土壤调查结果构建我国土壤资源与质量时空数据库日益显现出可行性和必要性。1998 年，我国土壤科技工作者开始对二普分县土壤图件和资料进行系统收集和整理，这项工作曾得到国家社会公益性研究专项的资助。"十一五"期间，"我国 1∶5 万土壤图籍编撰及高精度数字土壤构建"被列为国家科技基础性工作专项重点项目。在全国各地农业、国土、档案等多家单位的大力配合和各地土壤科技工作者的支持下，项目组汇聚全国土壤科学、农业、测绘与环境领域多家专业科研院所的科研力量，深入 31 个省、自治区、直辖市以及数百个县的原始图件与资料存放部门，完成了 2200 多个县的分县大比例尺纸质土壤图与土种志的收集。同时，项目组还收集了 31 个省、自治区、直辖市的分省土壤图、土壤有机质含量图等多类别土壤专题图和分省土壤调查资料，并在此基础上，项目组研究人员通过融合多学科方法创建土壤大数据方法，以方法创新带动异源非标准海量土壤信息的时空整合与表达，至 2017 年，完成了我国 1∶5 万土壤图的整合表达和中国土壤剖面数据库的构建，为编制《中国土壤剖面数据集》奠定了科学基础、方法基础和数据基础。

第二阶段为《中国土壤剖面数据集》编制阶段。为满足我国农业、林业、环境、气象、国土、水利等各部门对公众版土壤资源与质量信息的迫切需求，项目组于 2017 年启动了数据集编制工作。在数据集编制过程中，项目组一方面利用土壤大数据方法进行数据的审核、土壤专题图的缩编与剖面数据表的表达等多项工作，另一方面组织了各省级土壤专业科研院所参与各分卷内容的审核和修订工作。数据集的编制还得到了中国农业科学院科技创新工程的资助。

本数据集的最终面世离不开多家科研单位在过去 20 多年时间里的共同付出。这些单位包括国家科技基础性工作专项重点项目"我国 1∶5 万土壤图籍编撰及高精度数字土壤构建""我国 1∶5 万土壤图籍编撰及高精度数字土壤构建二期工程"主持与参加单位、参加数据集各分卷审核和修订工作的土壤专业科研单位以及参与分县大比例尺纸质土壤图与土种志收集的各地相关管理与科研部门（附录 10）。

（张维理、徐爱国、张认连、冀宏杰）

序图

中国土壤图
1 : 13 000 000

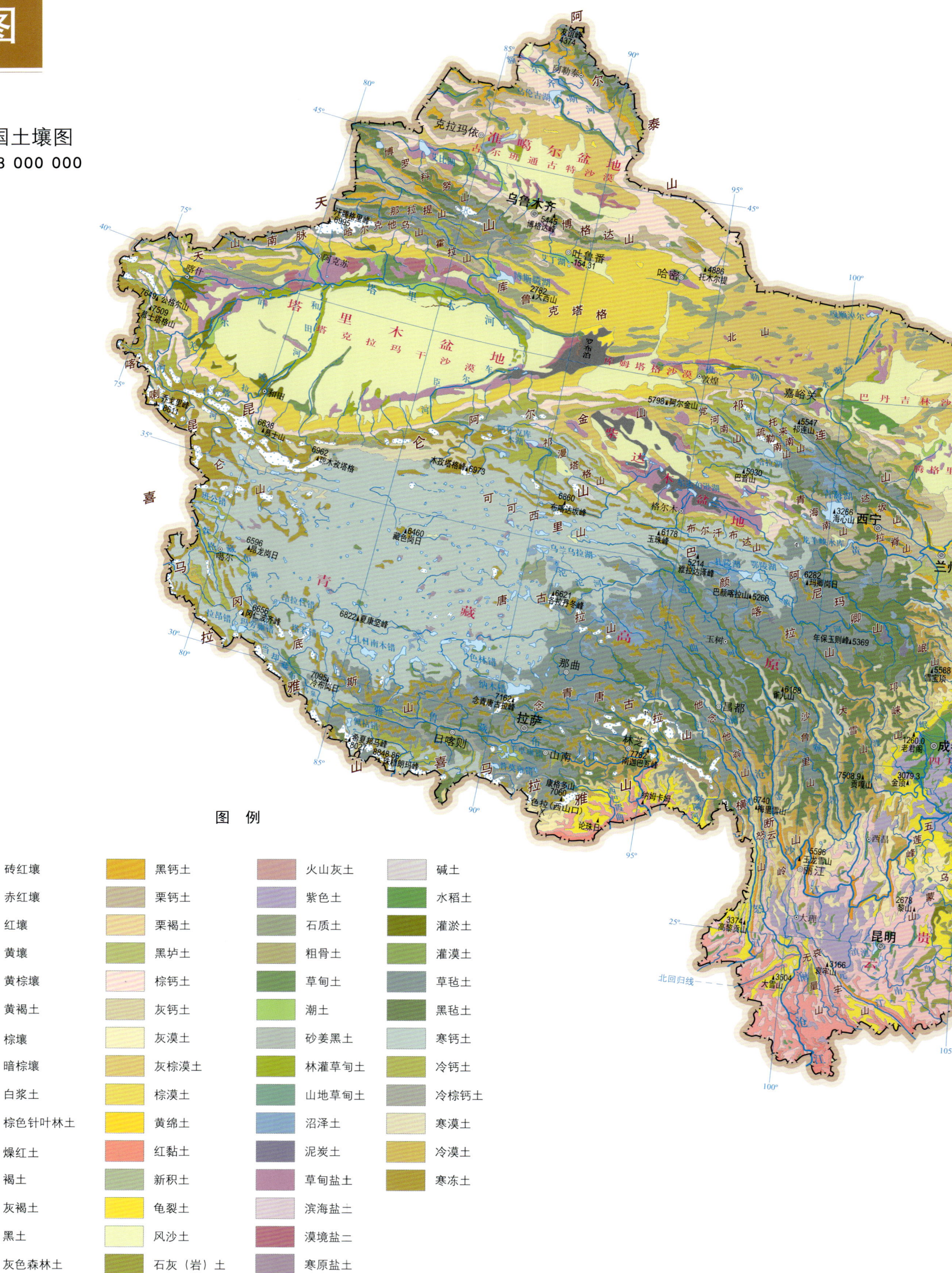

白卡鲁山
1396
大
兴
安
岭
小
黑河
呼伦贝尔
呼伦湖
呼 伦 贝 尔 高 原
太平岭
1711
齐齐哈尔
平顶山
1429
佳木斯
哈尔滨
牡丹江
长春
1404
南楼山
张
广
才
岭
长
白
山
锡林浩特
2036
黄岗梁
二连浩特
浑 善 达 克 沙 地
科 尔 沁 沙 地
通辽
沈阳
通化
赤峰
七
老
图
山
努
鲁
儿
虎
山
锦州
承德
营口
丹东
千
山
辽东湾
大连
内
蒙
古
高
原
阴
山
包头
大
青
山
呼和浩特
张家口
2116
雾灵山
北京
2882
小五台山
大同
2016.1
天峰岭
3061.1
北台叶斗峰
库 布 齐 沙 漠
天津
保定
渤海湾
渤
海
成山角
烟台
莱州湾
榆林
太原
石家庄
德州
济南
吕梁
2346
霍山
1132.7
巨峰
1532.7
玉皇顶
青岛
延安
临汾
安阳
庆阳
1687
子午岭
黄
海
临沂
海州湾
连云港
郑州
1491.7
峻极峰
宝鸡
2154.9
南峰
3767
太白山
西安
徐州
汉中
南阳
蚌埠
安康
信阳
合肥
南京
崇明岛
长江口
上海
3106.2
神农顶
襄阳
1774
白马尖
宜昌
武汉
安庆
杭州湾
舟山群岛
杭州
宁波
286.3
普陀山
东
海
1864.8
莲花峰
黄山
1473.4
汉阳峰
南昌
衢州
1108.0
百岗尖齿山
247.4
龙虎峰
鹰潭
温州
长沙
2493
梵净山
铜仁
遵义
1300.2
祝融峰
衡阳
吉安
1597.6
五指峰
南平
福州
钓鱼岛
赤尾屿
2178
雷公山
2141
猫儿山
赣州
1856
戴云山
台北
桂林
留关
厦门
台
湾
海
峡
北回归线
柳州
梧州
广州
汕头
澎湖列岛
台湾岛
莲花山
1336
南宁
1139
大云雾山
澳门
香港
北海
湛江
东 沙 群 岛
钦州湾
北 部 湾
海口
海南岛
1867
五指山
三亚
南
海

南宁
广州
北回归线
澎湖列岛
台湾岛
澳门
香港
东 沙 群 岛
北 部 湾
海口
海南岛
西 沙 群 岛
三沙
中 沙 群 岛
黄岩岛
南 沙 群 岛
曾母暗沙
南海诸岛
1 : 26 000 000

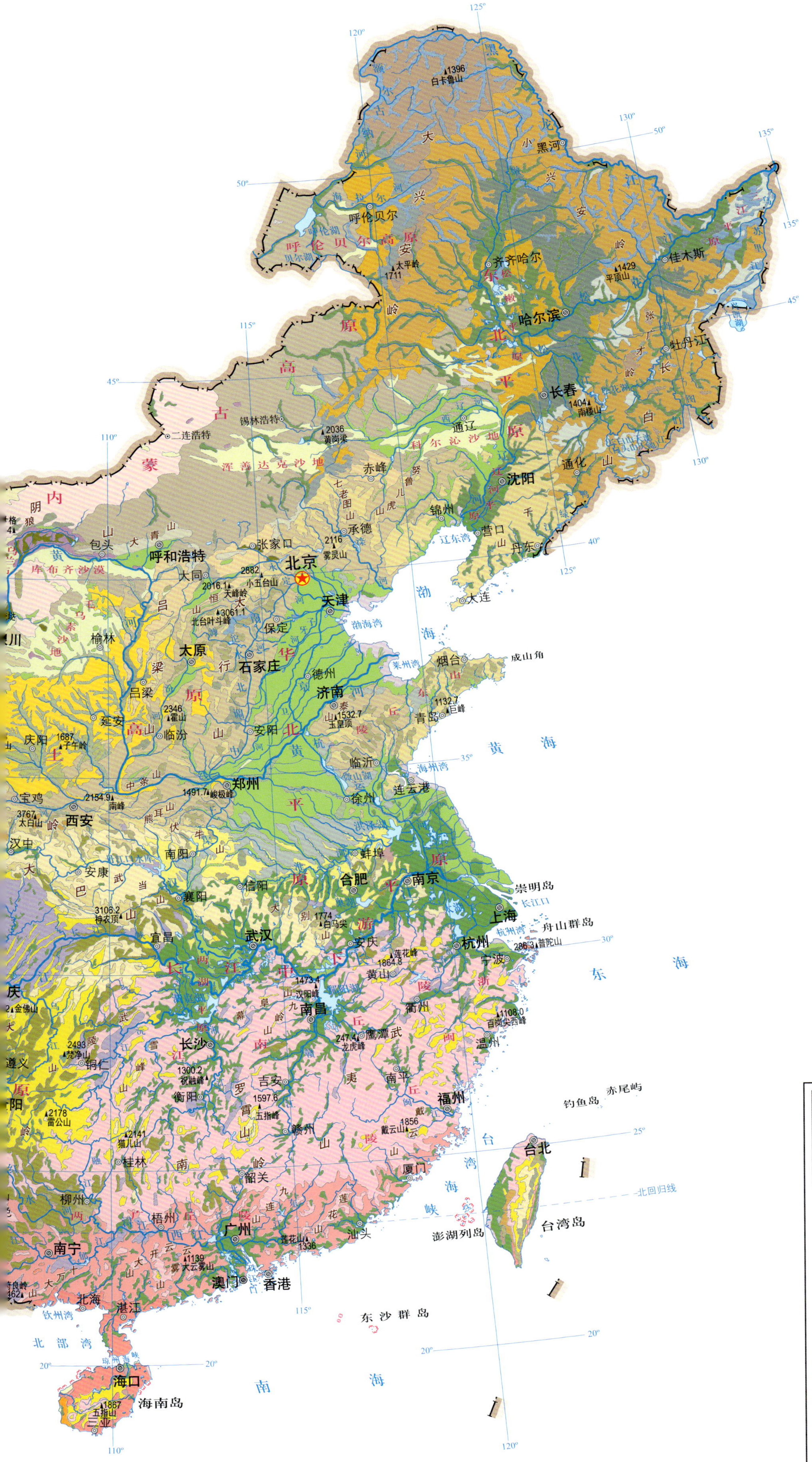

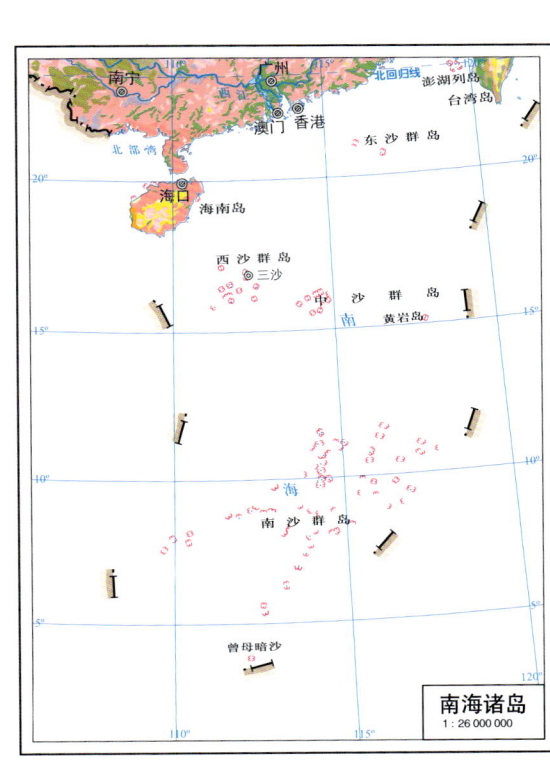

中国土壤有机质含量图
1 : 13 000 000

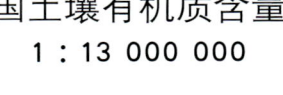

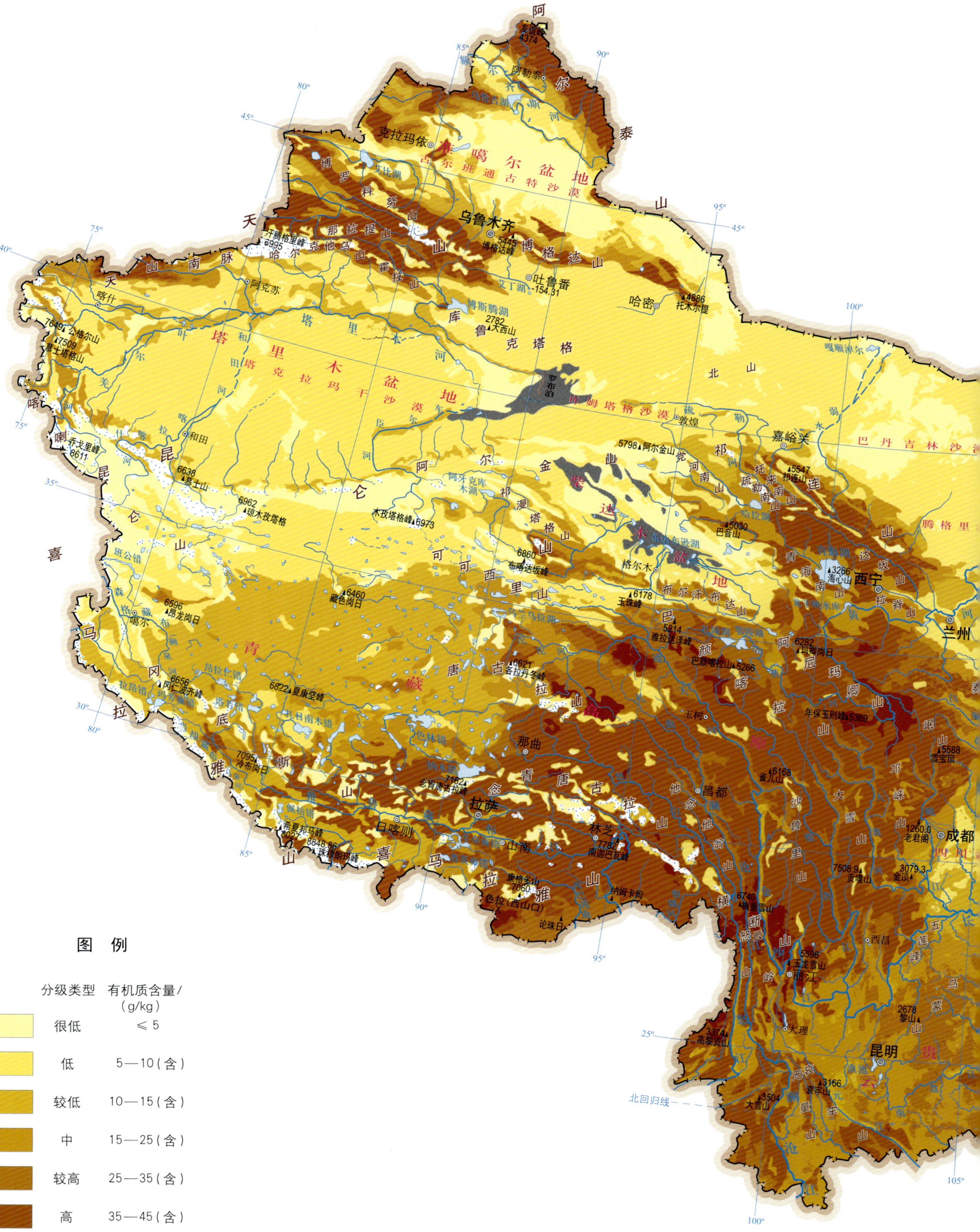

图例

分级类型	有机质含量/(g/kg)
很低	≤ 5
低	5—10（含）
较低	10—15（含）
中	15—25（含）
较高	25—35（含）
高	35—45（含）
很高	> 45

注：土层厚度为 0—30cm。

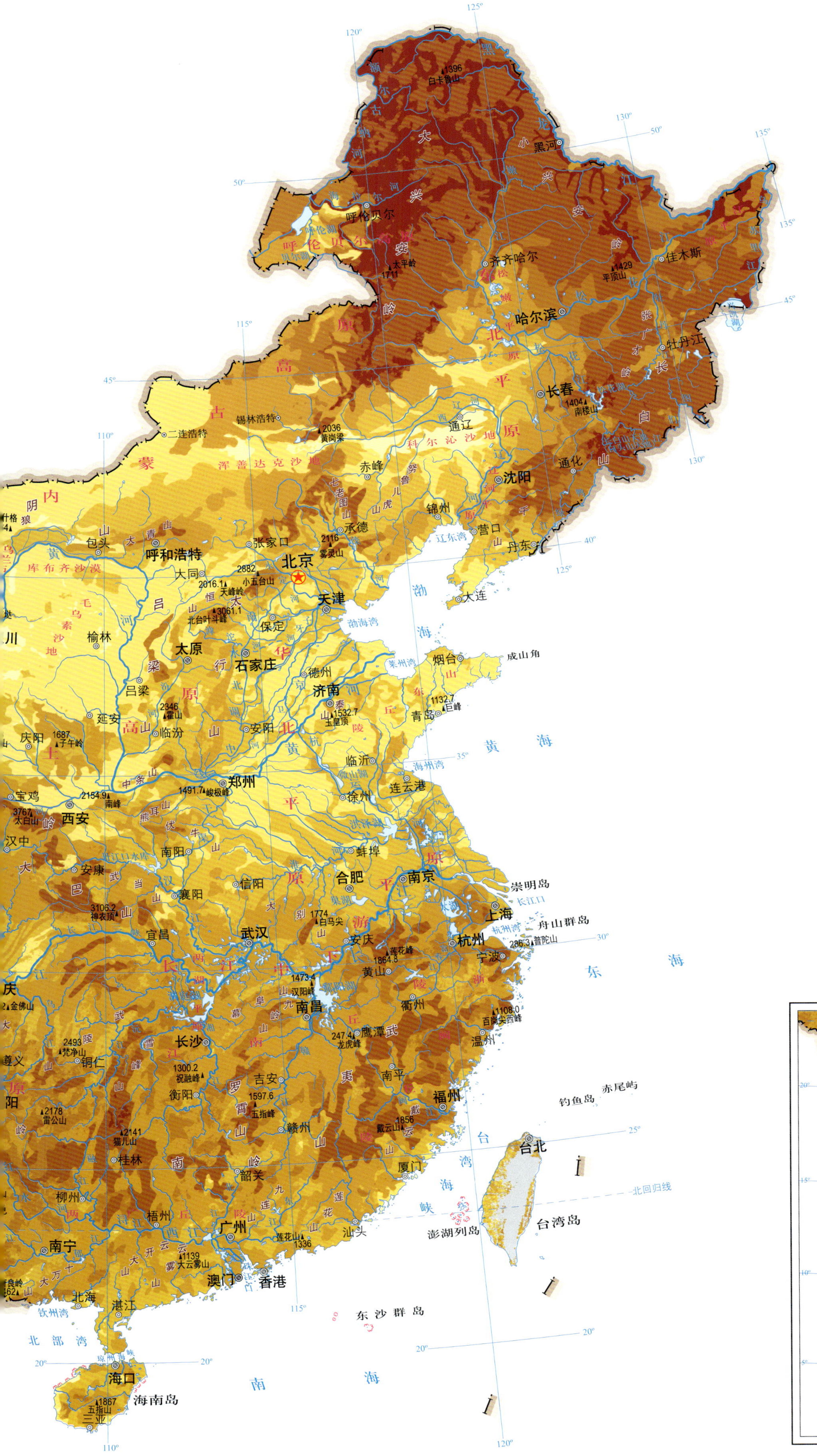

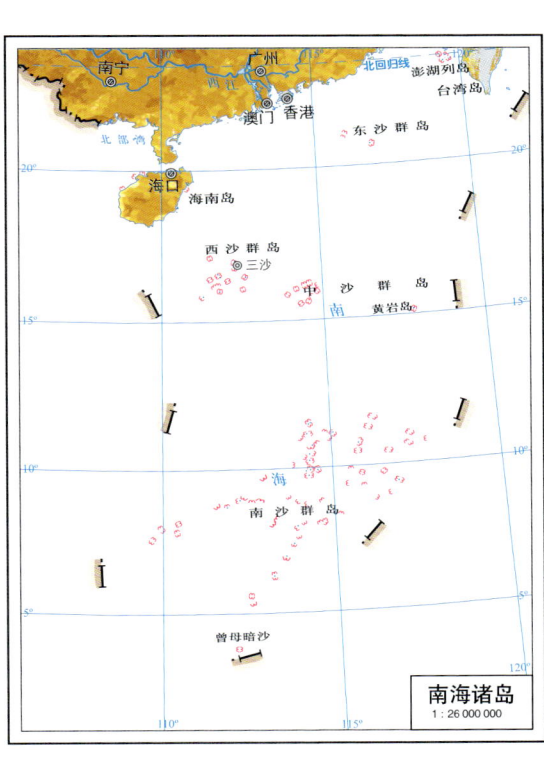

中国地势图
1∶13 000 000

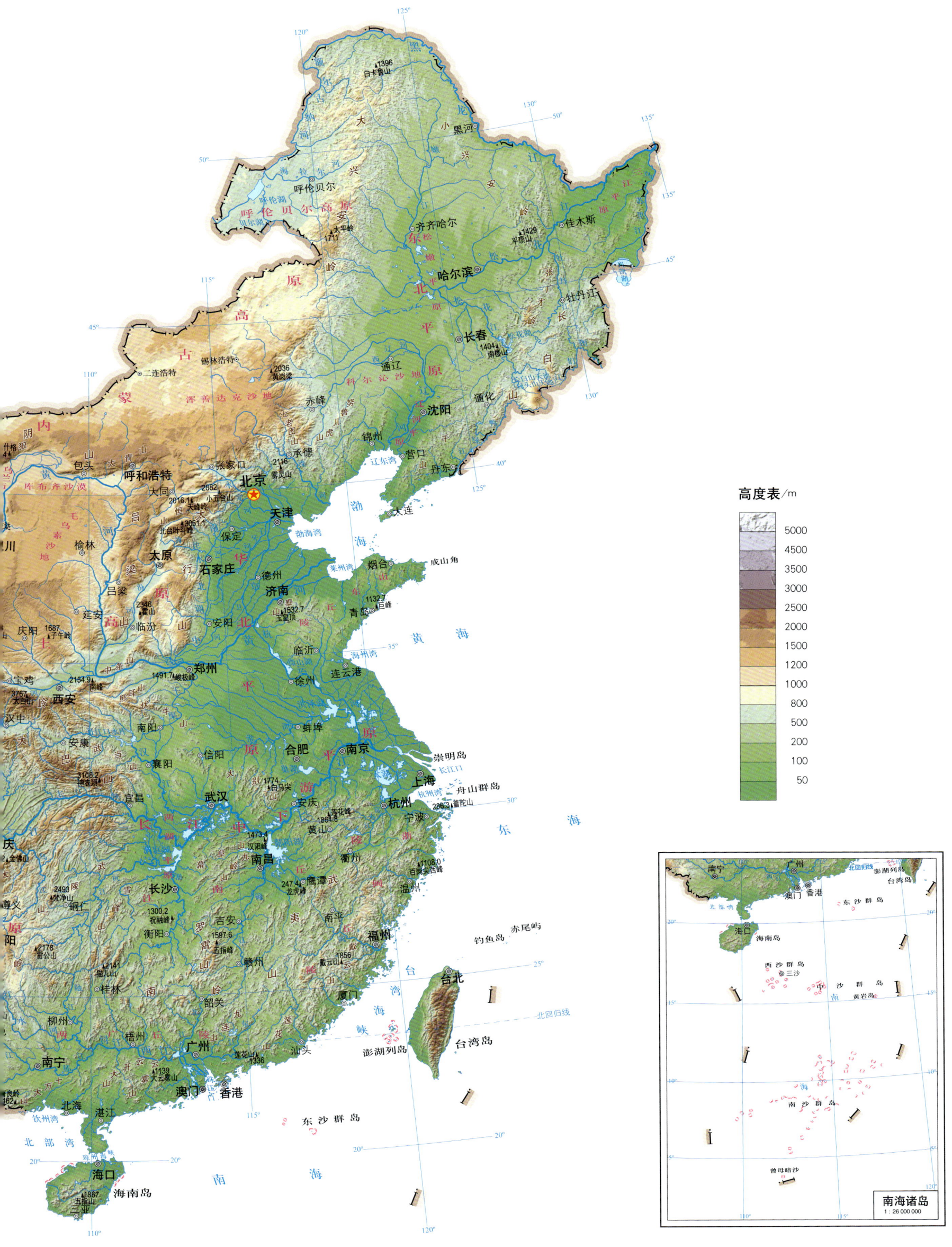

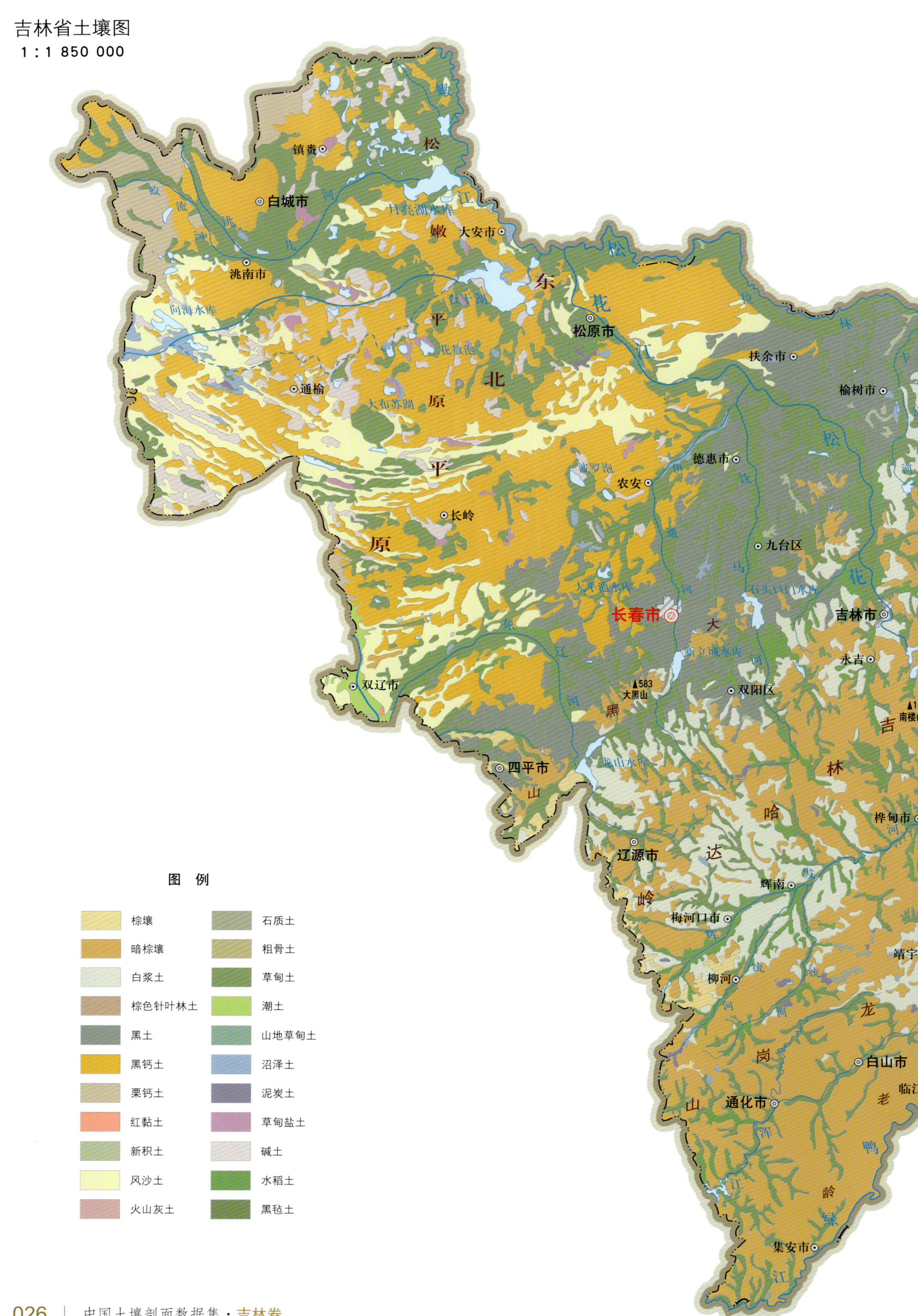

吉林省土壤有机质含量图
1 : 1 850 000

注：土层厚度为0—30cm。

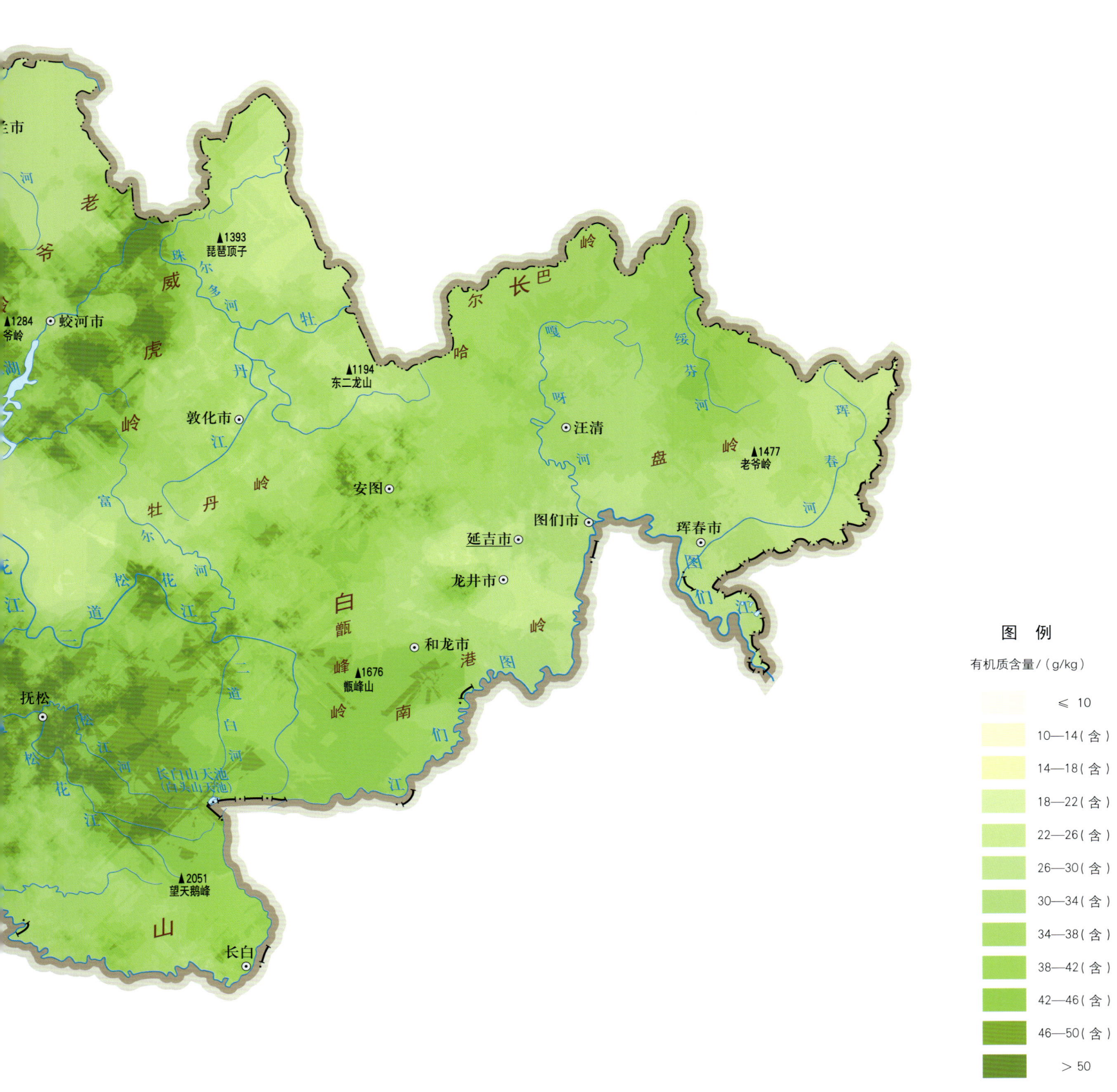

吉林省地势图
1∶1 850 000

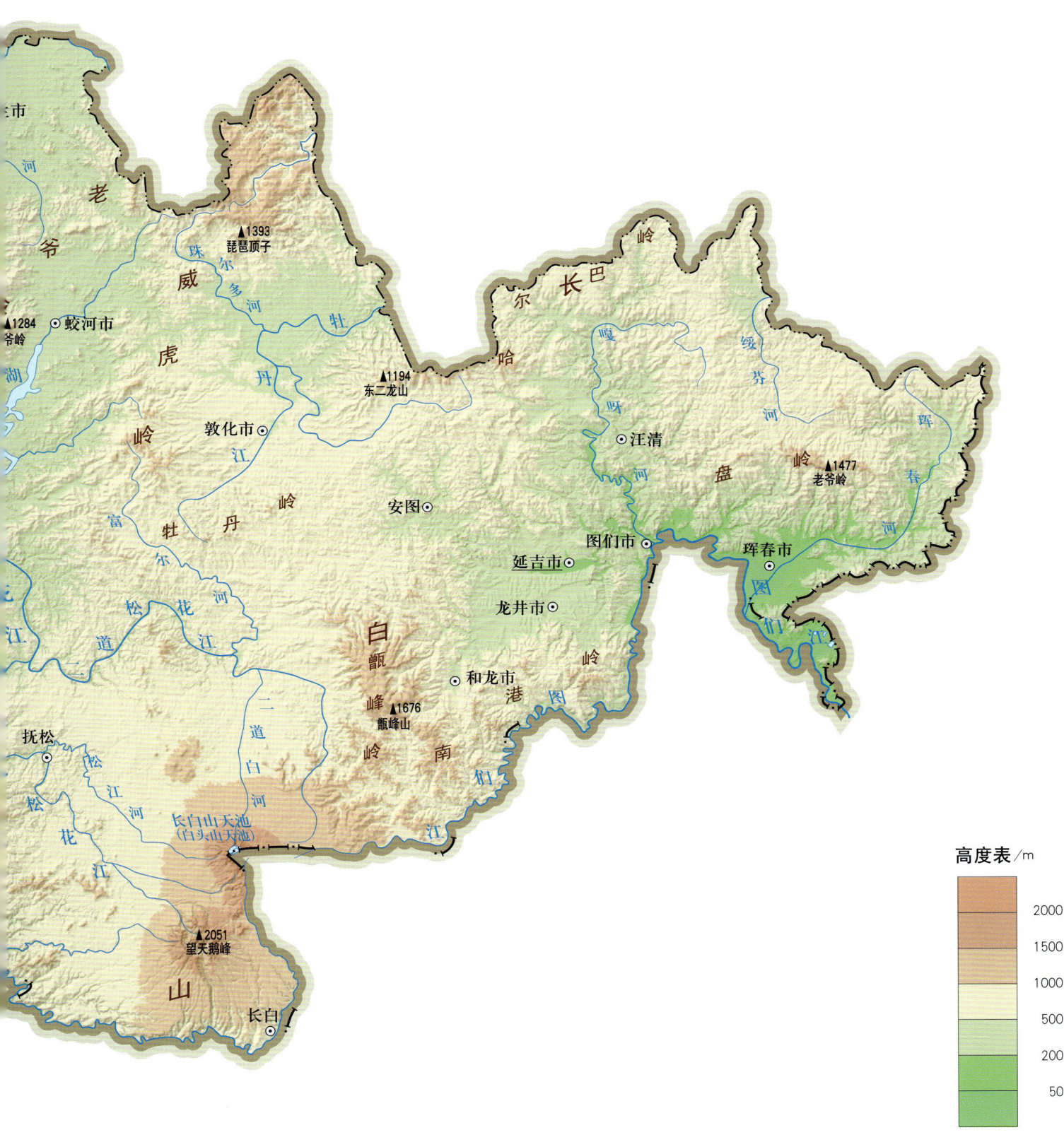

第二编 | 分县土壤图与土壤剖面数据

长 春 市

市 辖 区

主要土类说明

黑土是长春市主要土壤类型，占本市地域面积的41%。黑土是具深厚均腐殖质层的无石灰性黑色土壤。该土壤均腐殖质层厚30—60cm，底层具轻度滞水还原淋溶特征，见硅粉。土壤呈弱酸性，pH为6.5—7.0，盐基饱和度在80%以上。本市黑土地处本省黑土带中部，土壤有机质含量在20g/kg左右。

草甸土是长春市第二大土壤类型，占本市地域面积的20%，占耕地面积的28%，分布在远河低平处或台地间洼地。其主要特征是黑土层均为颗粒大小相近的粒状结构。同时，由于地势低平，剖面下部均见潜育化现象。本市草甸土分为草甸土、石灰性草甸土、盐碱化草甸土、黑土型草甸土等亚类。

暗棕壤是长春市第三大土壤类型，占本市地域面积的14%，发育于温带湿润地区针阔叶混交林下，有机质富集明显，剖面构型为O-A-B-C。弱酸性淋溶使铁铝轻微下移。B层呈棕色，结构面见铁锰胶膜。土壤呈弱酸性，盐基饱和度为70%—80%。

白浆土占本市地域面积的12%，是在温带湿润地区平缓岗地森林草原下发育的土壤，其上轻下黏，具有明显白浆化作用。该土壤上层因周期性滞水，下层顶托，还原铁锰漂洗，部分侧向位移，移出土体，形成灰黄色至灰白色白浆土层（E层），从而形成其特有的A-E-B-C剖面构型。

水稻土占本市地域面积的3%。水稻土是在种稻周期性淹水条件下，经水耕熟化和氧化还原交替过程形成的非地带性土壤。本市种稻时间较短，属新成水稻土。本市水稻土按母土类型分为黑土型和草甸土型等亚类。

小于本市地域面积3%的土壤类型有新积土、黑钙土、泥炭土、沼泽土等。

本区域中心区气候特征

本区域中心区气候特征值
Regional climate characteristics in central area of the region

气候带：中温带亚湿润气候 Climate region: Mid temperate subhumid climate	
年平均气温 /℃ Annual average temperature /℃	5.6
年平均最高气温 /℃ Annual average maximum temperature /℃	11.3
年平均最低气温 /℃ Annual average minimum temperature /℃	0.5
年降水量 /mm Annual precipitation /mm	601
≥10℃的积温 /℃ Daily temperature accumulated in a year（≥10℃）/℃	2026
年日照时数 /h Annual sunshine /h	2567
年平均相对湿度 /% Annual average relative humidity /%	65
干燥度 Dryness	0.56

本区域中心区月平均气温与月平均降水量
Monthly temperature and precipitation in central area of the region

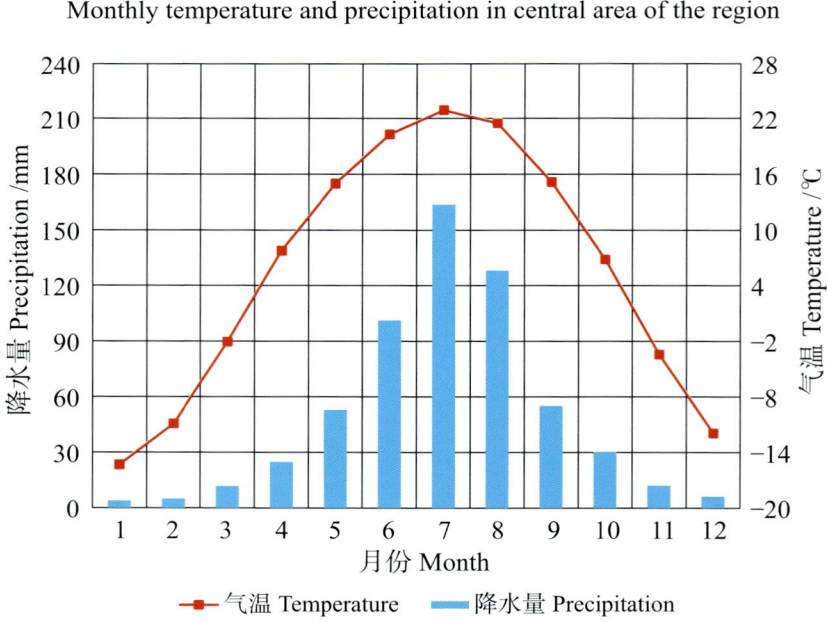

长春市市辖区（部分）主要土壤类型与土壤剖面点分布图
1∶360 000

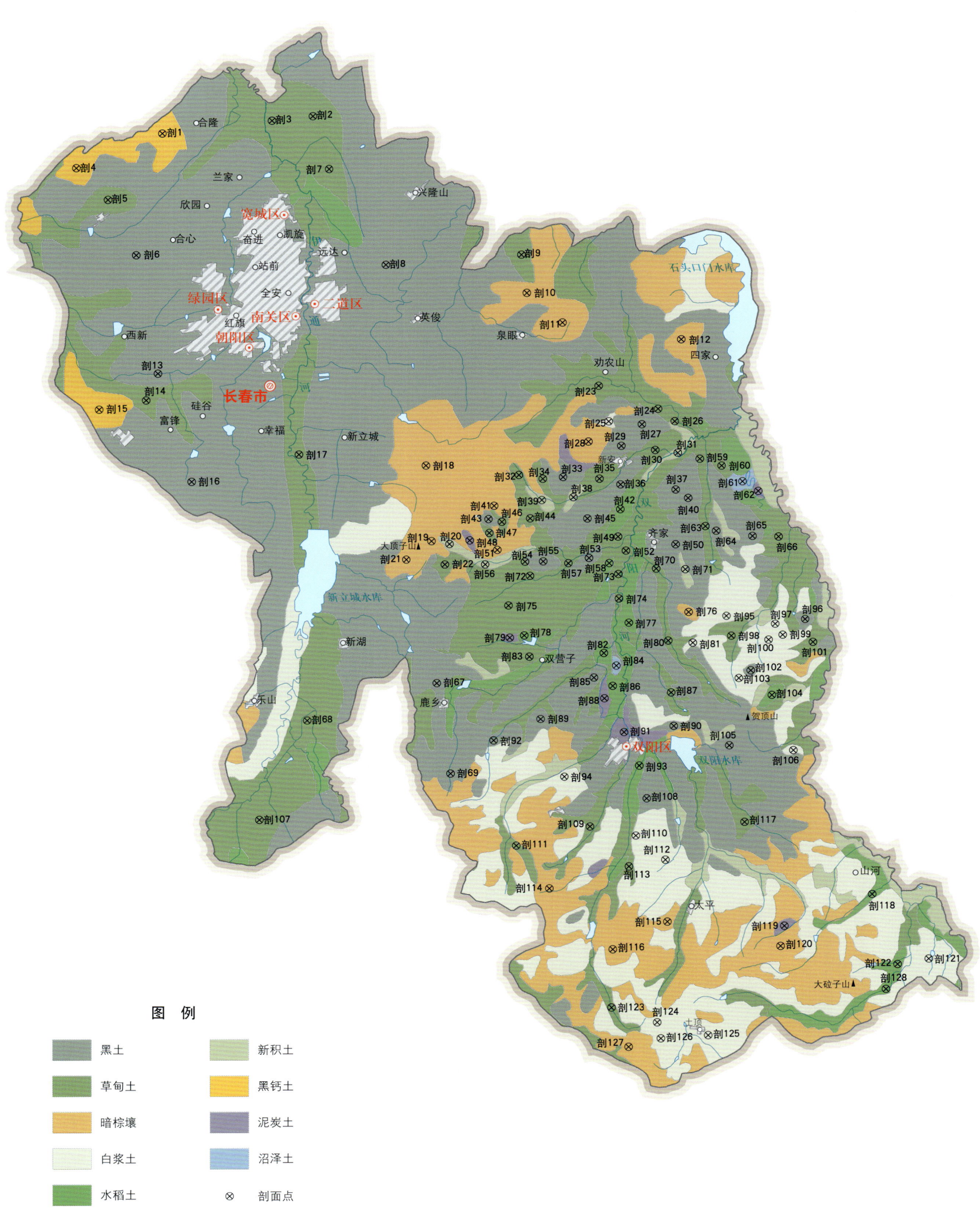

长春市土壤剖面理化性状表

剖面号 Soil profile	土纲 Soil order	土类 Soil great group	亚类 Soil subgroup	土属 Soil genus	土种 Soil species	土层码 Layer code	土层厚度 Depth/cm	颜色 Soil color	质地 Soil texture	土壤结构 Soil structure	pH	有机质 OM/(g/kg)	全氮 TN/(g/kg)	全磷 TP/(g/kg)	全钾 TK/(g/kg)	碱解氮 AN/(mg/kg)	有效磷 AP/(mg/kg)	速效钾 AK/(mg/kg)	土壤母质 Parent material	剖面点坐标 Profile coordinate	匹配性指数 Matching index/%
剖1	钙层土	黑钙土	石灰性黑钙土	黄土质平灰性黑钙土	火性肥黑土	A₁₁	0—20	灰色	砾质黏壤土	粒状	7.3	20.8	0.10	0.39	20.9	119	1.6	92	黄土状沉积物	E 125°12′18.4″ N 44°00′45.4″	81
						A₁	20—50	暗灰色	壤土	粒状	7.3	17.3	0.90	0.31	18.4	20	1.1	70			
						Bk	50—82	棕灰色	壤土	棱块状	7.3	6.9	0.50	0.26	19.8	60	1.0	71			
						BC	82—150	浅灰棕色	砂质壤土	棱块状	7.3	4.6	0.30	0.35	19.5	79	0.6	65			
剖2	半水成土	草甸土	石灰性草甸土	石灰性平川草甸土	厚层石灰性平川草甸土	Aa	0—18	黑灰色	壤质黏壤土	团粒状	7.3	17.3	1.00	0.90	26.8	130	28.4	144	河流冲积物	E 125°21′43.2″ N 44°01′24.2″	82
						A₁	18—42	暗黑灰色	砂质黏壤土	团粒状	7.5	19.1	1.00	0.90	27.2	112	7.8	104			
						AB	42—82	棕黑灰色	壤土		7.5	8.5	0.50	0.70	26.9	70					
						Bg	82—120	棕黄色	砂质壤土		7.4	3.2	0.30	0.60	25.8	60					
剖3	半水成土	草甸土	盐化草甸土	平川盐碱化草甸土	中层平川盐碱化草甸土	Aa	0—20	浅灰色	黏壤土	团粒状	6.7	18.8	1.00	0.40		100	4.0	103		E 125°19′10.2″ N 44°01′14.2″	95
						A₁	20—52	深灰色	黏壤土	团粒状	6.8	23.5	1.20	1.00		157	7.3	104			
						AB	52—80	棕灰色	黏壤土	团粒状	6.7	15.7	0.40	1.10		109					
						Bg	80—120	棕黄色	黏壤土		6.7	10.1	0.70	1.10		82					
剖4	钙层土	黑钙土	石灰性黑钙土	火性黑黄土	暗火性黑钙黄土	A₁₁	0—20	浅黄棕色	砂质黏壤土	粒状	6.7	20.8	0.99	0.39	20.9	119	1.6	92	石灰性黄土状沉积物	E 125°06′54.4″ N 43°59′13.2″	95
						Ah	20—50	浅黄棕色	壤土	粒状	6.8	17.3	0.90	0.31	18.4	90	1.1	70			
						Dk	50—82	浅黄棕色	砂壤土	弱发育块状	6.7	6.9	0.50	0.26	19.8	60	1.0	71			
						C	82—150	浅黄棕色	砂壤土	块状	6.7	4.6	0.30	0.35	19.5	79	0.6	65			
剖5	半水成土	草甸土	草甸土	岗川草甸土	薄层淤泥中层岗川草甸土	Aa	0—18	浅灰色	砂质壤土	小团粒状	6.8	25.9	1.20			161	9.4	115	河流冲积物	E 125°08′49.9″ N 43°57′42.8″	95
						A₁	18—66	黑灰色	壤质黏土	团粒状	6.6	23.5	1.00			142	33.3	105			
						AB	66—84	黄棕灰色	黏质黏土	小团块状	6.7	10.1	0.50			76					
						Bg	84—120	棕灰色	黏壤土	小团块状	6.8	8.7	0.60			89					
剖6	半淋溶土	黑土	黑土	黄黑土	长春二黄土	A₁₁	0—16	暗棕色	黏壤土	团块状	6.8	23.9	1.20	0.40	23.1	159	5.3	157	黄土状沉积物	E 125°10′30.4″ N 43°55′06.2″	95
						A₁₂	16—26	暗棕色	黏壤土	团块状	6.9	22.5	1.20	0.80	23.7	151	4.5	136			
						AhC	26—62	油黄棕色	黏壤土	棱块状	7.0	12.1	0.60	0.50	23.7	60	2.8	116			
						C₁	62—90	油黄棕色	黏质黏土	团块状	6.9	8.4	0.40	0.60	24.0	38	5.0	117			
						C₂	90—125	油黄棕色	黏质黏土	团块状	6.9	5.8	0.20	0.60	24.2	45	4.9	115			
剖7	半水成土	草甸土	石灰性草甸土	冲积草甸土	深厚石灰性岗川草甸土	Aa	0—16	灰黑色	黏壤土	小粒状	7.3	30.8	1.40	1.50	23.8	139	10.9	135	河流冲积物	E 125°22′38.3″ N 43°58′54.8″	95
						A₁₁	16—68	黑色	黏壤土	团粒状	7.2	40.2	1.50	1.90	23.6	161	21.0	117			
						3	68—96		壤质黏壤土	无明显结构	7.1	29.4	1.00	2.70	21.8	111					
						4	96—		壤土		7.2	9.5	0.50	4.20	21.8	76					
剖8	半淋溶土	黑土	黄土质黑土	破皮黄		A₁₁	0—18	暗灰色	壤质黏土	团块状	6.9	16.6	0.80	0.80	24.6	106	10.7	167	黄土沉积物	E 125°26′01.0″ N 43°54′22.7″	95
						AB	18—43	油黄棕色	黏质黏土	棱块状	6.9	8.4	0.40	0.50	24.8	68	2.3	137			
						B	43—83	黄黄棕色	黏质黏土	棱块状	6.8	4.9	0.20	0.60	24.7	53	5.0	126			
						BC	83—130	油黄橙色	黏质黏土	棱块状	6.9	3.2	0.20	0.40	24.8	59	3.8	124			
剖9	半水成土	草甸土	草甸土	冲积草甸土	泥皮碱土	Aa	0—20	黑灰色	壤质黏土	弱发育粒状	6.6	35.4	1.80	0.99	18.0	201	26.9	105	河流冲积物	E 125°34′27.8″ N 43°54′42.1″	95
						A₁(Ab)	20—50	暗棕色	壤质黏土	粒状	7.0	41.5	1.90	0.67	18.6	164	5.8	106			
						Bu	50—65	油黄棕色	壤质黏土	粒状	7.1	12.2	0.65	0.69	19.3	90					
						Cu	65—120	棕灰色	壤质黏土	无明显结构	7.0	6.4	0.44	0.58	19.3	65					
剖10	淋溶土	暗棕壤	暗棕壤	暗棕壤	薄层暗棕壤	B	0—15	棕色	黏壤土	团块状	6.2	17.6	1.10	0.70	28.4	86	3.6	171		E 125°34′43.7″ N 43°52′54.1″	74
						C	15—59	棕黄色	黏壤土	团块状	6.4	7.9	0.70	0.60	25.6	117	4.7	125			
						A₁	59—90	棕红色	壤土		6.3	3.8	0.40	0.70	19.3	43	18.8	126			
						2	0—2	灰色	砂壤土		7.0	50.1	2.30	0.80	26.9	226	5.7	328			
剖11	淋溶土	暗棕壤	暗棕壤性土	暗棕壤性土	薄层暗棕壤性土	A₁	2—21	棕灰色	砾质砂壤土		6.7	25.0	1.00	0.30	26.6	118	1.7	78	河流冲积物	E 125°36′52.9″ N 43°51′29.6″	74
						B	21—60	棕红色			7.0	9.0	0.70	0.30	25.2	67	1.0	62			
						C	60—	棕红色	砾质砂土		6.6	3.3	0.30	0.20	27.0	67	1.7	51			

续表 Continued

剖面号 Soil profile	土纲 Soil order	土类 Soil great group	亚类 Soil subgroup	土属 Soil genus	土种 Soil species	土层码 Layer code	土层厚度 Depth/cm	颜色 Soil color	质地 Soil texture	土壤结构 Soil structure	pH	有机质 OM/(g/kg)	全氮 TN/(g/kg)	全磷 TP/(g/kg)	全钾 TK/(g/kg)	碱解氮 AN/(mg/kg)	有效磷 AP/(mg/kg)	速效钾 AK/(mg/kg)	土壤母质 Parent material	剖面点坐标 Profile coordinate	匹配指数 Matching index/%
剖12	淋溶土	暗棕壤	暗棕壤性土	暗棕壤性土	薄层暗棕壤性土	1	0—20				6.8	5.4	0.60	0.60		96	8.2	154		E 125°44′14.3″ N 43°50′33.4″	95
						2	20—76				6.5	5.2	0.30	0.50		61	3.8	137			
						3	76—				6.6	4.9	0.30	0.50		53	2.3	137			
剖13	半淋溶土	黑土	黑土	黄黑土	破皮黄土	A_{11}	0—18	暗棕色	壤质黏土	屑粒状	6.9	16.6	0.80	0.80	24.6	106	10.7	167	黄土状沉积物	E 125°11′40.2″ N 43°49′34.7″	81
						AhC	18—43	浊黄棕色	壤质黏土	团块状	6.9	8.4	0.40	0.50	24.8	68	2.3	137			
						C_1	43—83	黄棕色	壤质黏土	棱块状	6.8	4.9	0.30	0.60	24.7	53	5.0	126			
						C_2	83—130	黄棕色	壤质黏土	棱块状	6.9	3.2	0.20	0.40	24.8	59	3.8	124			
剖14	半水成土	草甸土	草甸土	平川草甸土	中层淤泥薄层平川草甸土	As	0—17	灰棕色	砂壤土		7.3	23.3	1.10			130	23.5	104	河流冲积物	E 125°10′53.8″ N 43°48′20.5″	95
						Ase	17—37	砂壤色	砂壤土		7.2	18.5	0.90			126	15.5	82			
						A_1	37—58	暗灰色	黏壤土	块状	7.0	20.8	0.90			142					
						B	58—120	灰黄色	黏壤土	团粒状	7.0	11.3	0.60			109					
剖15	钙层土	黑钙土	草甸黑钙土	草甸黑钙土	厚层草甸黑钙土	1	0—20		壤土	块状	7.3	26.8	1.30	1.00	23.8	131	3.8	84		E 125°07′58.4″ N 43°47′57.1″	95
						2	20—41		壤土	团粒状	7.3	13.2	0.70	0.80	21.7	53	2.0	84			
						3	41—57		壤土		7.3	9.4	0.50	0.70	23.6	75					
						4	57—78		壤土		7.3	5.3	0.30	0.70	23.5	45					
						5	78—		壤土		7.3	5.6	0.30	0.80	23.1	48					
剖16	半淋溶土	黑土	草甸黑土		深厚层草甸黑土	Aa	0—20	黑灰色	黏壤土	粒状		17.7	1.30	0.70	25.3	103	0.5	158		E 125°13′35.4″ N 43°44′30.1″	95
						2	20—46		壤质黏土		6.9	11.2	0.70	0.60	26.8	83	1.9	158			
						3	46—69	棕砂泥质土	壤质黏土		6.5	6.0	0.40	0.70	27.3	131	2.8	157			
						4	69—102	棕砂泥质土	壤质黏土		6.6	0.5	0.10	0.70	23.3		6.1	167			
						5	102—104				6.7			0.80	27.1						
						6	104—106	灰黑色	黏壤土	粒状		35.4	1.80	2.10	21.7	201	61.8	126			
						7	106—130	棕灰色	黏壤土	团粒状	7.0	41.5	1.90	1.50	22.4	164	13.4	128			
剖17	半水成土	草甸土	平川草甸土		薄层淤泥中层平川草甸土	A_1	0—20	浅灰棕色	壤质黏土	团块状	7.1	12.2	0.70	1.60	23.3	90	2.8	157	河流冲积物	E 125°20′17.5″ N 43°45′38.9″	95
						A_2	20—50	棕灰色	砂质黏土	团粒状	7.0	4.6	0.40	1.30	23.2	65	6.1	205			
						AB	50—65	浅棕灰色	砂质黏土	团块状	7.0	40.5	1.30	0.70	23.8	162	5.6	61			
						Bg	65—120	暗棕色	砂质黏土	团粒状	6.5	7.6	0.70	0.40	21.6	44	4.6	102			
剖18	淋溶土	暗棕壤	暗棕壤性土	暗棕壤性土	薄层暗棕壤性土	1	0—2	暗黄色	砂壤土	团块状	6.8	25.8	0.90	0.50	22.5	59	1.0	72		E 125°28′09.1″ N 43°44′58.6″	85
						A_1	2—18	暗黄色	砂壤土		6.5		0.30	0.60	24.7	85	0.8	72			
						B	18—34	灰黄色	砂壤土		6.5		0.20	0.50	22.5	69	1.8	61			
						C_1	34—55	灰黄色	砂壤土		6.8	5.0	0.50	0.80	18.5	103	1.6	144			
						C_2	55—110	灰灰色	壤质砂土		6.9	6.0	0.50	0.80	20.9	89	2.3	82			
剖19	淋溶土	暗棕壤	暗棕壤	暗棕壤	中层暗棕壤	A_1	0—10	浅灰色	砂壤土		6.7	34.2	1.80	0.80	21.4	111	1.5	13		E 125°28′21.3″ N 43°41′27.2″	92
						A_2	10—40	浅灰色	砂土		6.7	18.7	1.00	0.50	22.8	67	1.7	72			
						AC	40—50	灰灰色	砂土		6.4	8.9	0.70	0.50	22.1	89	1.5				
						C	50—	棕灰色	砂土	无结构	6.7	8.2	0.60	0.40							
剖20	初育土	新积土	冲积土	冲积土	深位砂底黏壤质冲积土	1	0—13		黏壤土	小团粒状	6.9	23.9	1.20			183	26.1	123	冲积物	E 125°29′27.6″ N 43°41′17.5″	74
						2	13—30	暗灰棕色	黏壤土	团粒状	6.8	24.7	1.37	0.80	1.7	243	9.7	62			
						3	30—40	棕灰色	黏质黏土		6.9	24.3	1.32	0.30	22.6	255	8.7	52			
						4	40—	黄棕色	壤质砂土		6.8	3.8	0.22	0.60	24.0						
剖21	淋溶土	暗棕壤	暗棕壤	暗棕壤	薄层暗棕壤	A_1	0—10	暗灰棕色	砂壤土	团粒状	6.7	37.3	1.60	0.80		169	2.2	83		E 125°26′45.9″ N 43°40′37.0″	92
						A_2	10—70	棕灰色		团粒状	6.5	6.7	0.40	0.30	22.6	51	2.1	42			
						A_2B	70—120	黄棕色	黏壤土	大棱块状	6.9	4.9	0.40	0.60	24.0	37	2.1	51			

续表 Continued

剖面号 Soil profile	土纲 Soil order	土类 Soil great group	亚类 Soil subgroup	土属 Soil genus	土种 Soil species	土层码 Layer code	土层厚度 Depth/cm	颜色 Soil color	质地 Soil texture	土壤结构 Soil structure	pH	有机质 OM/(g/kg)	全氮 TN/(g/kg)	全磷 TP/(g/kg)	全钾 TK/(g/kg)	碱解氮 AN/(mg/kg)	有效磷 AP/(mg/kg)	速效钾 AK/(mg/kg)	土壤母质 Parent material	剖面点坐标 Profile coordinate	匹配指数 Matching index/%
剖22	半水成土	草甸土	草甸土	平川草甸土	厚层平川草甸土	Aa	0—27	灰色	壤质黏土	团块状										E 125°29′08.9″ N 43°40′20.6″	97
						A₁	27—92	暗灰色	黏壤土	团粒状											
						Bg	92—113	灰黄色	壤质黏土	团块状											
						Cg	113—120	黄色	壤质黏土	无结构	6.7										
剖23	半水成土	草甸土	草甸土	平川草甸土	薄层淤泥厚层平川草甸土	Aa	0—20	灰黑色	砂质黏土	粒状	7.3	27.4	1.20	0.80	23.4	158	9.2	114	河流冲积物	E 125°39′01.1″ N 43°48′29.2″	95
						A₁	20—118	黑色	黏壤土	粒状	6.9	30.8	1.30	0.90	22.2	152	7.6	108			
						Bg	118—	棕黑色	黏质黏土		6.8	8.1	0.40	0.50	22.2	53					
剖24	半水成土	草甸土	草甸土	平川草甸土	厚层平川草甸土	1	0—27		壤质黏土		7.1	34.5	1.78	0.63	20.9	149	12.3	210		E 125°42′39.2″ N 43°47′19.3″	97
						2	27—92		黏质黏土		7.1	28.5	1.68	2.09	23.5	136	42.0	169			
						3	92—113		黏质黏土		7.1	12.2	0.61	0.63	22.5	63	38.5	184			
						4	113—120		壤质黏土		7.1	5.8	0.34	0.58	22.4						
剖25	淋溶土	白浆土	台地白浆土	台地白浆土	露黄台地白浆土	1	0—25				6.9	8.9	0.52	0.35	21.2	68	11.5	104		E 125°39′34.2″ N 43°46′48.0″	97
						2	25—60				6.6										
剖26	半水成土	草甸土	草甸土	平川草甸土	薄层淤泥厚层平川草甸土	1	0—18				7.4	23.4	1.02	22.33	22.8	88	9.8	113	黄土母质	E 125°43′39.8″ N 43°46′43.5″	95
						2	18—45				7.2	37.6	1.57	0.64	20.9	129	8.2	122			
						3	45—81				7.2	31.5	0.34	0.58	22.6	38	15.1	125			
						4	81—121				7.2	3.7	0.24	0.53	20.5						
						5	121—130				7.1	5.9	0.34	1.17	20.6						
剖27	半淋溶土	黑土	黑土	黑土	露黄黑土	B₁	0—20	浅黄色	壤土	小块状	6.5									E 125°41′37.0″ N 43°46′37.2″	97
						B₂	20—46	浅黄黄色	黏质黏土	无明显结构											
						B₃	46—90	暗棕色	黏土	大核块状											
						C	90—125	黄色	黏土	无结构											
剖28	淋溶土	暗棕壤	暗棕壤	暗棕壤	薄层暗棕壤	Ao	0—1	深褐色												E 125°38′16.4″ N 43°45′53.6″	85
						A₁	1—10	浅黄色	砂质黏土	小团块状	6.8										
						A₂	10—21	灰白色	黏质黏土	无明显结构	6.8										
						B	21—51	黄棕色	黏质黏土	团块状	6.8										
						C	51—80	红棕色	砾质砾土		6.9										
剖29	半淋溶土	黑土	黑土	黑土	破皮黄黑土	1	0—18	浅灰色	壤质黏土	团块状	6.6	17.3	0.87	0.34	20.9	122	4.8	72		E 125°40′17.8″ N 43°45′39.2″	97
						2	18—30	暗灰色	黏土	团块状	6.9	21.1	0.90	0.43	21.1	112	3.1	73			
						3	30—60	黄灰色	黏质黏土	团粒状	6.8	16.6	0.82	0.09	23.2	88	4.9	83			
						4	60—100	浅灰色	砂质黏土	片状	6.8	12.2	0.68	0.37	28.5						
剖30	半水成土	草甸土	草甸土	平川草甸土	薄层淤泥厚层平川草甸土	Aa	0—14	暗灰色	黏壤土	团块状	6.7	20.8	1.18	0.50	23.2				黄土母质	E 125°42′24.1″ N 43°45′24.8″	95
						A₁	14—83	灰黄色	黏质黏土	团块状	7.0	14.0	0.81	0.44	25.1						
						Bg	83—120	浅灰色	砂壤土	片状	7.0										
剖31	初育土	新积土	冲积土	层状冲积土	夹沙砂壤质层状冲积土	Aa	0—15	暗灰色	黏壤土	团粒状	6.7								冲积物	E 125°43′47.3″ N 43°45′15.5″	74
						C₁	15—30	灰黄色	砂壤土	团粒状	7.0										
						C₂	30—50	浅灰色	砂壤土	无明显结构	7.0										
						C₃	50—120														
剖32	半水成土	草甸土	草甸土	岗川草甸土	厚层岗川草甸土	Aa	0—15	黄棕色	壤土	团粒状	6.5								黄土母质	E 125°33′54.0″ N 43°44′25.4″	97
						A₁	15—85	灰黑色	壤土	团粒状	6.5										
						Bg	85—120		壤土	无明显结构											
剖33	半淋溶土	黑土	黑土	黑土	破皮黄黑土	A₁	0—18	灰色	壤质黏土	小块状	6.5									E 125°36′37.4″ N 43°44′16.1″	98
						B₁	18—30	黄棕色	壤质黏土	小块状	6.5										
						B₂	30—120	黄棕色	壤土	小粒状	6.5										

续表 Continued

剖面号 Soil profile	土纲 Soil order	土类 Soil great group	亚类 Soil subgroup	土属 Soil genus	土种 Soil species	土层码 Layer code	土层厚度 Depth/cm	颜色 Soil color	质地 Soil texture	土壤结构 Soil structure	pH	有机质 OM/(g/kg)	全氮 TN/(g/kg)	全磷 TP/(g/kg)	全钾 TK/(g/kg)	碱解氮 AN/(mg/kg)	有效磷 AP/(mg/kg)	速效钾 AK/(mg/kg)	土壤母质 Parent material	剖面点坐标 Profile coordinate	匹配指数 Matching index/%
剖34	半水成土	草甸土	草甸土	岗川草甸土	中层淤泥底厚层岗川草甸土	Aa	0–25	浅灰色	黏壤土	团粒状	6.5									E 125°35′22.2″ N 43°44′13.2″	95
						Ase	25–35	浅灰色	黏壤土	团粒状	6.5										
						A₁	35–100	暗灰色	壤质黏土	无结构	6.5										
						Bg	100–120	灰黄色	黏土												
剖35	半水成土	草甸土	草甸土	平川草甸土	中层淤泥底厚层平川草甸土	Aa	0–18	暗灰色	砂质黏壤土	团粒状	7.2	22.0	1.00	0.70	25.0	97	9.6	119	河流冲积物	E 125°38′53.2″ N 43°44′08.9″	95
						A₁	18–40	浅灰色	砂质黏壤土	团粒状	7.2	19.4	1.00	0.80	24.7	114	5.4	105			
						AB	40–81	灰黄色	黏质黏壤土	团粒状	7.0	25.6	1.10	1.10	23.4	133					
						Bg	81–120	棕灰色	黏壤土	团粒状	6.9	15.3	0.60	1.20	24.3	71					
剖36	半淋溶土	黑土	黑土	黑土	中层黑土	Aa	0–16	暗灰色	黏壤土	团粒状	7.0	22.6	1.20	0.80	24.6	119	2.6	155		E 125°40′10.2″ N 43°43′51.2″	97
						A₁	16–49	暗灰色	黏壤土	团粒状	6.8	22.1	1.10	0.60	25.4	121	2.0	146			
						AB	49–95	浅黄灰色	黏壤土	团粒状	6.8	10.5	0.60	0.70	26.1	83	4.2	146			
						Bg	96–120	浅黄色	黏壤土	块状	6.8	6.1	0.50		25.2	68	7.3	157			
剖37	半淋溶土	黑土	黑土	黑土	深厚层黑土	1	0–25				7.0	29.6	1.38			149	26.8	145	黄土母质	E 125°43′35.0″ N 43°43′32.5″	95
						2	25–57				6.9	18.6	0.75			91	12.4	148			
						3	57–84				6.9	8.9	0.46			61	22.0	157			
						4	84–				6.8	4.9	0.34								
剖38	初育土	新积土	冲积土	壤质冲积土	浅位砂底砂壤质冲积土	A₁	0–30	暗灰色	黏壤土	小粒状	7.0	14.0	0.85	0.32	26.6	238	6.3	93	冲积物	E 125°37′14.2″ N 43°43′19.2″	74
						C₁	30–45	黄灰色	砂质黏壤土		7.0	6.8	0.58	0.31	26.3	123	9.9	82			
						C₂	45–				7.6	5.1	0.55	0.39	25.1						
剖39	初育土	新积土	冲积土	冲积土	浅位砂底黏壤质冲积土	Aa	0–20	浅灰色	壤质黏土	团粒状	6.8	16.0	1.02			230	19.2	72	冲积物	E 125°35′15.7″ N 43°43′13.4″	74
						A₁	20–30	暗灰色	黏壤土	团粒状	6.7	11.6	0.78			203	14.4	82			
						C₁	30–110	黄灰色	黏壤土	无明显结构	6.7	15.8	0.89								
						C₂	110–120					19.2	0.96								
剖40	半淋溶土	黑土	草甸黑土	草甸黑土	中草甸黑土	Aa	0–32	黑黑色	黏壤土	团粒状	7.0									E 125°44′20.4″ N 43°43′07.7″	98
						A,B	32–72	黄黑色	黏壤土	团块状	7.0										
						B	72–110	棕黄色	黏壤土	小粒状	7.0										
剖41	淋溶土	暗棕壤	暗棕壤性土	暗棕壤性土	薄层暗棕壤性土	Ao	0–3	灰色	壤土	小团块状	6.5									E 125°32′17.5″ N 43°43′01.2″	74
						A₁	3–17	浅灰色	黏壤土	团粒状	6.5										
						A₂	17–43	棕灰色	砾质黏壤土		6.5										
						B	43–														
剖42	人为土	水稻土	草甸土型水稻土	草甸型水稻土	深厚草甸型水稻土	Aa	0–25	黑黑色	黏壤土	粒状	6.8	34.2	1.80	1.90	23.8	186	20.3	137		E 125°40′06.7″ N 43°42′41.7″	95
						A₁	25–120	灰黑色	黏壤土	粒状	6.6	22.6	1.50	2.10	24.3	108	19.9	183			
剖43	半淋溶土	黑土	黑土	红土性黑土	破皮红黑土	Aa	0–15	灰黑色	黏壤土	团粒状		34.0	1.70	0.52	23.7	144	22.7	206		E 125°31′55.6″ N 43°42′24.1″	97
						A₁	15–35	灰棕色	黏壤土	团粒状		10.8	1.12	0.44	23.1	124	10.3	104			
						B	35–75	红棕色	壤质黏壤土	小核块状		32.5	1.32	0.70	25.1	123	19.4	137			
剖44	半水成土	草甸土	草甸土	平川草甸土	中层淤中层平川草甸土	1	0–18				7.1	10.6	0.42	0.44	24.9					E 125°34′31.1″ N 43°42′23.0″	95
						2	18–30				6.8	4.3	0.27	0.33	24.0						
						3	30–88				6.7	16.4	1.03	0.32		130	11.1	185			
						4	88–100				6.9	4.4	0.34	0.14		48	2.6	93			
						5	100–120				6.9										
剖45	半淋溶土	黑土	黑土	黑土	薄层黑土	1	0–19				6.7								黄土母质	E 125°38′03.8″ N 43°42′18.4″	97
						2	19–32				6.6	9.8	0.56	0.18		203	2.6	93			
						3	32–78				6.9	6.5	0.45	0.18							
						4	78–120														

续表 Continued

剖面号 Soil profile	土纲 Soil order	土类 Soil great group	亚类 Soil subgroup	土属 Soil genus	土种 Soil species	土层码 Layer code	土层厚度 Depth/cm	颜色 Soil color	质地 Soil texture	土壤结构 Soil structure	pH	有机质 OM/(g/kg)	全氮 TN/(g/kg)	全磷 TP/(g/kg)	全钾 TK/(g/kg)	碱解氮 AN/(mg/kg)	有效磷 AP/(mg/kg)	速效钾 AK/(mg/kg)	土壤母质 Parent material	剖面点坐标 Profile coordinate	匹配指数 Matching index/%
剖46	半水成土	草甸土	草甸土	岗川草甸土	中层淤泥薄层岗川草甸土	Aa	0—16	黄灰色	黏壤土	团粒状	7.0	15.8	0.89					67		E 125°32′45.2″ N 43°42′15.5″	95
						Ase	16—23	黄灰色	黏壤土	团粒状	7.0	14.0	0.83			118	7.5	61			
						A₁	23—58	暗灰色	黏壤土	团粒状	7.0	4.0	0.34			64	16.0	93			
						Bg	58—90	灰黄色	黏壤土	无明显结构	7.0	10.6	0.66								
						Cg	90—120	黄黄色	黏土	无结构	7.0	17.5	0.85								
剖47	半水成土	草甸土	草甸土	岗川草甸土	中层淤泥厚层岗川草甸土	A	0—35	灰黑色	砂质壤土	团粒状	7.0	27.4	1.40	1.00	22.3	194	5.8	124	河流冲积物	E 125°31′57.7″ N 43°41′45.2″	95
						AB	35—95	暗灰色	黏质壤土	小棱块状	6.8	23.4	1.50	1.80	23.2	240	33.3	147			
						Bg	95—120	灰棕色	黏质壤土	团粒状	6.7	14.0	0.60	1.20	23.8	108					
剖48	水成土	泥炭土	埋藏泥炭土	浅位埋藏泥炭土	浅位薄层泥炭土	Aa	0—20	黄灰色	黏质壤土	团粒状	7.0									E 125°30′42.8″ N 43°41′26.2″	95
						Ase	20—50	黄灰色	黏质壤土	片状	6.8										
						P	50—100	黑色	黏土		6.8										
						G	100—120	蓝灰色	砾质黏土	无结构	7.0										
剖49	半水成土	草甸土	草甸土	平川草甸土	厚层平川草甸土	Aa	0—20	暗灰色	黏质壤土	粒状	6.8	27.8	1.30	1.00	21.1	157	7.8	105		E 125°39′54.7″ N 43°41′25.1″	95
						A₁	20—65	黑色	壤质黏土	粒状	6.8	22.6	1.00	1.30	23.8	124	12.6	116			
						Bg	65—100	灰黄色	壤质黏土	大粒状	6.9	13.6	0.60	1.10	23.8	35					
						Cg	100—120	浅黄色	壤质黏土	块状	7.0	8.2	0.40	1.20	24.3	65					
剖50	半淋溶土	黑土	草甸黑土	草甸黑土	中层草甸黑土	1	0—15		壤质黏土	团粒状	6.6	21.2	1.17	0.48	27.3	171	11.1	113	河流冲积物	E 125°43′28.2″ N 43°40′58.8″	97
						2	15—32		壤质黏土	团粒状	6.7	18.9	1.10	0.05	22.6	131	3.9	104			
						3	32—54		壤质黏土	团粒状	6.7	13.9	0.85	0.40	23.1	126	6.0	114			
						4	54—120		壤质黏土	团粒状	6.7	6.6	0.45	0.41	23.5						
剖51	淋溶土	暗棕壤	暗棕壤		薄层暗棕壤	Ao	0—3	灰棕色		小团块状	7.0									E 125°32′24.7″ N 43°40′58.1″	92
						A₁B	3—14	棕灰色	黏壤土	团块状	7.0										
						B	14—27	灰棕色	黏质壤土	小块状											
						C	27—80	黄棕色	壤质黏土												
							80—120		砾质黏壤土												
剖52	半水成土	草甸土	草甸土	平川草甸土	厚层平川草甸土	1	0—40	黄棕色	砂质黏壤土	黏粒状	6.9	18.2	1.00	1.00	24.3	118	14.2	113	河流冲积物	E 125°40′22.8″ N 43°40′45.5″	95
						2	40—82		壤质砂土	团粒状	6.8	2.3	0.10	6.70	24.8	34	15.0	40			
						3	82—		壤质砂土	无结构	6.9	2.5	0.20	0.80	26.3						
剖53	半淋溶土	黑土	草甸黑土		厚层草甸黑土	1	0—19		壤质黏土	粒状	6.7	27.6	1.32	0.43	22.4	135	3.9	135		E 125°38′05.3″ N 43°40′28.2″	99
						2	19—70		壤质黏土	粒状	6.9	18.8	0.97	0.44	23.5	102	8.4	126			
						3	70—106		壤质黏土	团粒状	6.9	7.3	0.44	0.41	20.1	64	15.8	136			
						4	106—120		壤质黏土	团粒状	6.8	4.5	0.40	0.55	22.4						
剖54	半水成土	草甸土	草甸土	平川草甸土	中层平川草甸土	Aa	0—20	灰色	黏壤土	团粒状	6.7	22.8	1.20	0.70	25.7	150	5.6	114		E 125°34′06.6″ N 43°40′22.4″	97
						A₁	20—40	暗灰色	壤质黏土	团粒状	6.6	14.4	0.70	0.70	24.5	84	5.5	116			
						BC	40—120	黄棕色	壤质黏土	无结构	6.5	9.3	0.50	0.60	23.8	74	8.5				
剖55	半淋溶土	黑土	草甸黑土		厚层草甸黑土	A₁	0—18	浅灰色	壤质黏土	粒状	6.9	22.8	0.80	0.70	25.7	150	5.6	114		E 125°35′14.3″ N 43°40′22.1″	97
						AB	18—50	黑灰色	壤质黏土	粒状	6.9	14.4	0.50	0.70	24.5	84	15.3				
						BC	50—85	黄色	壤质黏土	棱块状	6.8	4.9	0.40	0.80	24.8	53					
							85—120														
剖56	初育土	新积土	冲积土	层状冲积土	夹砂砂壤质层状冲积土	1	0—20		砂质黏壤土		6.7	13.9	0.80	1.00	27.0	126	14.4	103	河流冲积物	E 125°31′38.4″ N 43°40′18.1″	92
						2	20—46		砂壤土		7.0	6.8	0.50	1.00	27.8	66	22.7	61			
						3	46—66		壤土		6.9	1.9	0.20	0.80	25.3						
						4	66—		砂壤土		6.8	3.4	0.20	1.00	25.9						

续表 Continued

剖面号 Soil profile	土纲 Soil order	土类 Soil great group	亚类 Soil subgroup	土属 Soil genus	土种 Soil species	土层码 Layer code	土层厚度 Depth/cm	颜色 Soil color	质地 Soil texture	土壤结构 Soil structure	pH	有机质 OM/(g/kg)	全氮 TN/(g/kg)	全磷 TP/(g/kg)	全钾 TK/(g/kg)	碱解氮 AN/(mg/kg)	有效磷 AP/(mg/kg)	速效钾 AK/(mg/kg)	土壤母质 Parent material	剖面点坐标 Profile coordinate	匹配指数 Matching index/%
剖57	半水成土	草甸土	草甸土	平川草甸土	中层淤泥厚层平川草甸土	Aa	0—14	浅黄色	壤质黏土	小团粒状	7.0									E 125°36′47.9″ N 43°40′14.9″	95
						Ase	14—30	浅灰黄色	壤质黏土	小团块状	7.0										
剖58	人为土	水稻土	冷浆型水稻土	冷浆型水稻土	泥炭型水稻土	A_1	30—113	黑色	壤质黏土	团粒状											75
						Bg	113—132	黄色	壤质黏土	无明显结构	7.0										
剖59	半水成土	草甸土	草甸土	岗川草甸土	薄层岗川草甸土	Ha	0—18	暗黄色	黏土	核块状	7.0										75
						K	18—33	黑色	黏土	团粒状	7.0										
						Ae	33—82	黑色	黏土	无明显结构	7.0										
剖60	半水成土	草甸土	草甸土	平川草甸土	薄层淤泥中层平川草甸土	Aa	0—1														95
						A_1	1—16	棕灰色	黏壤土	团粒状	6.8	38.6	2.30	1.00	25.7	105	13.0	220	河流冲积物		
						AB	16—26	棕黄色	黏壤土	团粒状	6.7	15.3	0.10	1.00	26.1	81	16.3	178			
						BC	26—86	棕黄色	黏壤土	团粒状	6.7	3.7	0.30	0.70	27.6	46	16.9	172			
剖61	水成土	沼泽土	腐泥沼泽土	腐泥沼泽土	厚层腐泥沼泽土	Ase	0—18	浅灰色	黏壤土	团粒状	7.0										75
						A_1	18—45	暗黄色	黏壤土	团粒状	7.0										
						Bg	45—95	灰黄色	黏壤土	团结状	7.0										
						Cg	95—125	棕黄色	黏土	无结构	7.0										
剖62	水成土	泥炭土	埋藏泥炭土	浅位泥炭土	浅位厚层泥炭土	Ase	0—36	浅灰黄色	壤质黏土	无结构	7.0										75
						Ag_1	36—90	暗黄色	黏壤土	无结构	7.0										
						Ag_2	103—120	暗灰色	壤质黏土	无结构	7.0										
						P	41—120	红棕色	壤质黏土	小团粒状	5.8										
剖63	半水成土	草甸土	草甸土	岗川草甸土	薄层淤泥中层岗川草甸土	Aa	0—15	暗黄色	壤质黏土	无明显结构	6.9	20.1	1.10	0.90	24.3	113	5.6	126	河流冲积物	E 125°46′28.6″ N 43°44′35.5″	95
						Asg	15—26	暗黄色	壤质黏土	团粒状	6.9	21.8	1.20	0.40	24.2	119	4.7	126			
						A_1	26—50	浅黄色	砂壤土	团粒状	6.8	33.4	1.40	1.10	24.1	149	7.4	126			
						AB	50—80	灰黄色	壤质黏土	团粒状	6.9	25.6	1.10	1.20	23.8	124					
						B	80—120	灰棕色	黏土	核块状	6.8	20.1	1.40	0.60	24.3	91	6.5	124			
剖64	半淋溶土	黑土	黑土	平川草甸土	薄层草甸黑土	A_1	0—24	灰色	壤质黏土	团块状	7.0	19.5	1.03	0.37	23.2	162	8.3	104		E 125°47′44.5″ N 43°43′49.4″	97
						A_1,B_1	24—75	黄棕色	壤质黏土	团块状	7.0	7.2	0.56	0.34	23.3	90	11.2	126			
						B_1,g	75—103	黄棕色	壤质黏土	小核块状	7.0	4.3	0.40	0.27	22.6	106					
						B_2,g	103—120	黄棕色	黏土	大核块状	6.6	6.7	0.46	0.55	23.5						
剖65	半淋溶土	黑土	黑土	黑土	薄层黑土	Aa	0—16	浅灰黄色	壤质黏土	团粒状	6.8	23.9	1.20	0.40	23.7	159	5.3	157		E 125°48′15.1″ N 43°41′15.7″	98
						A_1,B	16—26	暗黄色	黏壤土	团粒状	6.9	22.5	1.20	0.80	23.7	151	4.5	136			
						B	26—62	浅淡黄色	砂壤土	团块状	7.0	12.1	0.60	0.50	23.7	60	2.8	116			
						C	62—90	黄黄色	壤质黏土	团块状	6.9	8.4	0.40	0.60	24.0	38	5.0	117			
							90—125	灰黄色	壤质黏土	核块状	7.0	5.8	0.40	0.60	24.2	45	4.9	115			
剖66	半水成土	草甸土	草甸土	平川草甸土	中层淤泥厚层平川草甸土	1	0—10		壤质黏土	团块状	6.8	35.0	1.68	0.56	23.2	173	8.9	97		E 125°49′51.2″ N 43°41′12.1″	95
						2	10—20	黄棕色	黏质黏土	团块状	6.7	41.8	1.95	0.74	23.3	202	7.6	83			
						3	20—80	黄灰色	黏质黏土	团块状	6.7	18.1	0.96	0.63	22.6	98	12.6	109			
						4	80—100	灰黄色	壤质黏土	团块状	6.6	34.0	0.83	0.65	23.5						
剖67	半淋溶土	黑土	黑土	黑土	薄层黑土	1	0—15		壤质黏土	团块状	6.7	19.4	1.00	1.10	25.1	130	18.6	103		E 125°28′25.3″ N 43°34′48.7″	98
						2	15—37		黏质黏土	团块状	7.0	14.2	0.70	0.90	26.2	114	7.5	110			
						3	37—56		黏质黏土	团块状	6.9	10.7	0.70	0.90	25.2	83	12.3	125			
						4	56—94		黏质黏土	团块状	6.9	7.0	0.50	0.80	25.3	98	16.0				
						5	94—		黏质黏土	团块状	6.8	14.0	0.80	1.00	24.7	105	18.0				

续表 Continued

剖面号 Soil profile	土纲 Soil order	土类 Soil great group	亚类 Soil subgroup	土属 Soil genus	土种 Soil species	土层码 Layer code	土层厚度 Depth/cm	颜色 Soil color	质地 Soil texture	土壤结构 Soil structure	pH	有机质 OM/(g/kg)	全氮 TN/(g/kg)	全磷 TP/(g/kg)	全钾 TK/(g/kg)	碱解氮 AN/(mg/kg)	有效磷 AP/(mg/kg)	速效钾 AK/(mg/kg)	土壤母质 Parent material	剖面点坐标 Profile coordinate	匹配指数 Matching index/%
剖68	半水成土	草甸土	草甸土	岗川草甸土	中层岗川草甸土	Aa	0–15	黑灰色	黏壤土	团粒状	6.9	28.9	1.30	1.10		164	12.9	93	河流冲积物	E 125°20′19.7″ N 43°33′13.7″	95
						A₁	15–49	灰黑色	黏壤土	团粒状	6.9	29.6	1.10	0.80		167	10.0	63			
						AB	49–75	暗灰色	黏壤土		7.0	7.4	0.50	0.50		82					
						B	75–90	暗棕色	黏壤土		7.0	5.6	0.40	0.70		89					
						C	90–120	锈棕色			7.0	6.7	0.40	0.90		31					
剖69	半淋溶土	黑土	黑土	黑土	露黄黑土	1	0–28				6.7	21.9	0.11	0.38		128	11.6	123	黄土母质	E 125°29′05.3″ N 43°30′34.2″	97
						2	28–70				7.0	7.7	0.39	0.58		41	7.2	39			
						3	70–120				7.0	2.1	0.11	0.51							
剖70	半水成土	草甸土	草甸土	平川草甸土	薄层平川草甸土	Aa	0–20	灰色	黏壤土	粒状	8.0	26.7	1.60	2.70	27.5	31	159.8	218	河流冲积物	E 125°42′13.1″ N 43°39′52.8″	95
						AB	20–53	灰棕色	黏壤土	粒状	8.0	11.0	0.80	1.00	28.2	35	30.7	241			
						B	53–120	棕色	壤土	团粒状	8.1	3.6	0.30	0.70	28.3	70	19.9	129			
剖71	初育土	新积土	新积土	石灰性新积土	壤质石灰性新积土	1	0–18		壤质黏土			25.2	1.30	1.00	28.7	163	11.8	31	河流冲积物	E 125°44′00.9″ N 43°39′48.5″	74
						2	18–70		黏质黏土			19.4	0.30	0.90	29.8	144	9.6	125			
						3	70–120		黏质黏土			37.9	1.70	2.10	24.0	200		117			
剖72	半水成土	草甸土	草甸土	平川草甸土	中层平川草甸土	Aa	0–20	黑色	黏壤土	团粒状	7.2	19.2	1.30	1.10	22.7	140	4.0	116	河流冲积物	E 125°34′23.2″ N 43°39′42.5″	98
						A₁	20–16	灰黑色	黏壤土	块状	7.2	21.3	0.90	1.00	23.5	110	4.0	116			
						AB	46–98	灰黄色	壤土	块状	7.1	10.7	0.50	0.40	17.9	57					
						B	98–120	黄色	壤土	团块状	7.2	7.3	0.40	0.90		75					
剖73	半水成土	草甸土	草甸土	平川草甸土	中层平川草甸土	1	0–20		黏壤土	团粒状	7.1	31.4	1.37	0.56	22.5	122	26.1	126	河流冲积物	E 125°39′51.9″ N 43°39′40.5″	97
						2	20–40		壤质黏土	无结构	7.1	27.8	1.17	0.61	23.3	106	18.3	136			
						3	40–120		砂土	无结构	7.0	6.5	0.96	0.33							
剖74	半水成土	草甸土	草甸土	平川草甸土	中层滨砂中层平川草甸土	Aa	0–20	暗灰色	黏壤土	小团粒状	6.6	8.9	0.45	0.23	22.5	55	4.6	128		E 125°39′50.4″ N 43°38′31.8″	95
						Ase	20–45	灰色	砂质黏土	团粒状	7.2	2.7	0.23	0.33	31.8	38	10.8	119			
剖75	半水成土	草甸土	草甸土	平川草甸土	深厚层平川草甸土	A₁	45–140	黑黑色	黏壤土	梭块状	7.1	2.9	0.16	0.23	27.4	45	5.7			E 125°33′00.2″ N 43°38′21.3″	95
						Aa	0–14	灰黑色	壤质黏土	梭块状	7.2	4.6	0.26	0.18	36.6						
						A₁	14–112	黄黑色	砂壤土	无明显结构	5.3	30.4	1.04	0.45	24.4	224	18.4	35			
剖76	淋溶土	暗棕壤	暗棕壤性土	暗棕壤性土	中层暗棕壤性土	Ha	0–14	灰黑色	黏壤土	小团块状	6.6	25.7	1.53	0.53	23.2	182	79.3	26		E 125°44′08.2″ N 43°37′48.4″	85
						K	14–26	灰色	黏壤土	小团块状	7.0	24.7	1.41	0.61	22.7	176	55.0	31			
						A.g	26–38	暗黄色	黏质黏土	小核块状	6.9	32.4	1.50	1.26	22.8	225	98.1	91			
						A₂.g	38–40	棕黄色	砂质黏土	粒状	6.0	26.2	5.57	0.66	19.3	536	234.1				
						Bg	40–80	黑黑色	黏壤土		6.8	23.1	1.00	0.30	31.8	139	6.4	114			
剖77	人为土	水稻土	草甸土型水稻土	草甸型水稻土	薄草甸土型水稻土	Aa	0–20	黑黑色	黏壤土	无明显块状	6.8	14.3	0.70	0.33	27.4		16.5	147			75
						AB	20–70	棕色	黏壤土		6.8	3.5	0.30	0.23	36.6		5.7	125			
						B	70–120	黄棕色	黏壤土						24.4						
剖78	人为土	水稻土	黑土型水稻土	黑土型水稻土	薄黑土型水稻土	1	0–20				6.8	23.1	1.00	0.45	23.2	139	6.4	114		E 125°44′08.2″ N 43°37′48.4″	97
						2	20–70				6.8	14.3	0.70	0.53	23.3		16.5	125			
						3	70–120					3.5	0.30		29.6	207	8.1				
剖79	水成土	泥炭土	泥炭土	泥炭土	中层泥炭土	1	0–29	暗灰色	壤质黏土	片状		592.3	24.84	0.55	8.7					E 125°40′24.7″ N 43°36′50.0″	75
						2	29–100	灰蓝色	黏土	无结构	7.0	365.0	15.06	0.86	11.9	108	6.7	93			
剖80	半水成土	草甸土	草甸土	岗川草甸土	薄层岗川草甸土	A₁	0–25	暗灰色	黏土	无结构	7.0	15.6	0.73							E 125°42′48.8″ N 43°36′29.1″	95
						Bg	25–80	灰棕色	黏土	无结构	7.0	3.2	0.28			28	31.4	125			
						Cg	80–120	锈棕色			7.0	5.2	0.39								

续表 Continued

剖面号 Soil profile	土纲 Soil order	土类 Soil great group	亚类 Soil subgroup	土属 Soil genus	土种 Soil species	土层码 Layer code	土层厚度 Depth/cm	颜色 Soil color	质地 Soil texture	土壤结构 Soil structure	pH	有机质 OM/(g/kg)	全氮 TN/(g/kg)	全磷 TP/(g/kg)	全钾 TK/(g/kg)	碱解氮 AN/(mg/kg)	有效磷 AP/(mg/kg)	速效钾 AK/(mg/kg)	土壤母质 Parent material	剖面点坐标 Profile coordinate	匹配指数 Matching index/%
剖81	淋溶土	白浆土	台地白浆土	台地白浆土	中层台地白浆土	Aa	0—19	浅灰色	粉砂质壤土	团粒状	7.2	31.1	1.40	1.20	24.4	158	5.1	135	黄土沉积物	E 125°44′19.3″ N 43°36′21.2″	97
						A₁	19—36	棕灰色	黏壤土	团粒状	7.1	35.0	1.50	1.80	22.9	157	4.0	128			
						B	36—48	黄灰色	黏质黏土	小团块状	7.1	61.6	1.80	1.50	21.7	86	4.1	139			
						C	48—120	黄棕色	壤质黏土	无明显结构	7.0	25.5	1.00	1.50	23.3	100	9.8	182			
剖82	人为土	水稻土	草甸土型水稻土	草甸土型水稻土	中层草甸型水稻土	Aa	0—25	黑灰色	黏质壤土	片状	6.7	33.8	1.50	1.60	25.2	198	23.6	126		E 125°38′48.5″ N 43°35′60.0″	95
						A₁	25—95	灰黑色	黏质黏土	粒状	6.7	21.6	0.10	1.40	23.0	141	13.6	104			
						AB	95—120	棕黄色	黏质黏土	核块状	6.7	15.6	0.80	1.50	22.0						
剖83	半水成土	草甸土	平川草甸土	平川草甸土	薄层淤泥厚层平川草甸土	1	0—20				7.0	11.5	0.60	0.50	21.6	89	2.0	115	河流冲积物	E 125°34′11.3″ N 43°35′55.7″	95
						2	20—31				7.0	14.0	0.80	0.90	21.3	89	1.8	114			
						3	31—51				7.0	7.6	0.60	0.50	24.4	83	2.1	136			
						4	51—				6.8	5.8	0.40	0.80	23.4	68	5.7	105			
剖84	水成土	沼泽土	腐泥沼泽土	腐泥沼泽土	中层腐泥沼泽土	Aa	0—15	暗灰色	壤质黏土	小团粒状	6.7									E 125°39′32.8″ N 43°35′23.6″	75
						A₁	15—30	黑灰色	壤质黏土	小团粒状	6.5										
						A₁g	30—45	浅蓝色		无结构	6.5										
						G	45—70	灰白色		无结构	6.5										
剖85	半淋溶土	黑土	黑土	黑土	厚层黑土	Aa	0—20	黑灰色	黏壤土	块状	6.9	19.7	0.90	0.70	24.2	120	2.3	136		E 125°38′08.9″ N 43°34′52.0″	97
						A	20—72	棕灰色	黏壤土	块状	6.9	21.3	0.70	0.70	23.8	91	2.7	127			
						B	72—114	棕黄色	黏壤土	块状	6.9	5.6	0.40	0.70	23.5	61	6.8	126			
						C	114—	黄棕色	黏壤土		6.9	3.4	0.30	0.70	23.2	45	6.6	126			
剖86	人为土	水稻土	草甸土型水稻土	草甸土型水稻土	中层草甸型水稻土	1	0—15		壤质壤土		6.9	6.2	1.20	0.80	25.4	150	5.2	93		E 125°39′16.9″ N 43°34′27.5″	95
						2	15—47	黑灰色	黏壤土		7.2	27.8	1.10	1.10	24.1	124	9.8	164			
						3	47—85	灰黑色			7.2	14.4	0.70	1.20	24.1						
						4	85—93				7.1	10.0	0.60	1.10	24.0						
						5	93—120				7.1	6.0	0.30	1.00	23.1						
剖87	半水成土	草甸土	草甸土	岗川草甸土	中岗川草甸土	1	0—18		黏壤土	团块状	7.3	29.1	1.32	0.63	24.1	119	10.1	134	河流冲积物	E 125°42′52.9″ N 43°34′04.1″	95
						2	18—58	黄灰色	粉砂质黏土	块状	7.3	36.2	1.44	0.65	25.1	125	5.8	105			
						3	58—100	灰灰色	壤质黏土		7.1	13.9	0.71	0.82	11.9	69	21.4	119			
						4	100—120		壤质黏土		7.0	5.7	0.40	0.36	22.7						
						5	120—150		壤质黏土		7.1	5.1	0.35	0.36	25.4						
剖88	泥炭土	泥炭土	埋藏泥炭土	深位埋藏泥炭土	深位厚层泥炭土	Aa	0—15	暗黑色	黏壤土	团粒状	7.0	23.3	1.32	0.31	23.8	201	67.4	72		E 125°38′44.5″ N 43°33′53.3″	75
						Ase	15—100	暗黑色	黏壤土	团粒状	7.0	21.5	1.26	0.34	23.8	188	28.9	105			
						P	100—120		黏壤土	团粒状	7.2	200.9	15.01	0.36	25.7						
剖89	半淋溶土	黑土	黑土	黑土	中层黑土	Aa	0—23	棕灰色	壤质黏土	团粒状	6.8		0.95	0.34	22.7	145	7.0	134	黄土母质	E 125°34′45.5″ N 43°33′00.0″	98
						A₁,B	23—35	暗黑色	壤质黏土	团粒状	6.8		0.90	0.31	25.4	116	3.4	125			
						B	35—70	棕黄色	黏质黏土	核块状	6.8		0.51	0.34	23.8	85	7.7	146			
						C	70—120	黄棕色	壤质黏土	团粒状	7.0		0.40	0.36	23.8						
剖90	半淋溶土	黑土	红土性黑土	红土性黑土	薄层红土性黑土	Aa	0—21	灰色	黏壤土	团粒状	6.5	20.3	1.08	0.36	25.7	115	3.0	113		E 125°42′58.7″ N 43°32′29.4″	97
						AB	21—26	红棕色	粉砂质黏土	块状	6.9	15.7	0.85	0.34	26.7	94	4.7	93			
						C	26—120	红色	砾质黏土		6.2	7.3	0.45	0.28	25.1						
剖91	泥炭土	泥炭土	埋藏泥炭土	深位埋藏泥炭土	深位薄层泥炭土	Aa	0—11	浅灰色	砂壤土	团粒状	6.9	1.4	0.20	1.40	41.9	45	9.2	97		E 125°39′53.3″ N 43°32′16.1″	95
						A₁	11—19	棕灰色	黏壤土	无结构散状	6.3	4.9	0.40	0.60	31.0	36	6.8	168			
						AB	19—80	红棕色	黏壤土		6.1	11.1	0.80	0.60	30.5	29	2.6	129			
						C	80—120	黄棕色	砂质黏土		6.2	19.1	1.10	0.80	31.5	76	6.7	150			
剖92	半淋溶土	黑土	红土性黑土	红土性黑土	中层红土性黑土	1	0—18				7.2	21.2	1.10			115	5.8	159	红土沉积物	E 125°31′48.7″ N 43°32′03.5″	81
						2	18—63			无结构散状	7.1	3.3	0.30			61	12.1	169			
						3	63—120				7.1	2.0	0.20			41	15.8				

续表 Continued

剖面号 Soil profile	土纲 Soil order	土类 Soil great group	亚类 Soil subgroup	土属 Soil genus	土种 Soil species	土层码 Layer code	土层厚度 Depth/cm	颜色 Soil color	质地 Soil texture	土壤结构 Soil structure	pH	有机质 OM/(g/kg)	全氮 TN/(g/kg)	全磷 TP/(g/kg)	全钾 TK/(g/kg)	碱解氮 AN/(mg/kg)	有效磷 AP/(mg/kg)	速效钾 AK/(mg/kg)	土壤母质 Parent material	剖面点坐标 Profile coordinate	匹配指数 Matching index/%
剖93	人为土	水稻土	草甸土型水稻土	草甸型水稻土	中层草甸水稻型水稻土	1	0—25				6.8	27.1	1.30	1.30		162	9.7	104		E 125°40′45.1″ N 43°30′41.3″	95
						2	25—120				6.4	20.8	0.60	1.40		123	13.3	126			
剖94	淋溶土	白浆土	台地白浆土	台地白浆土	中层台地白浆土	1	0—12		黏壤土		6.9	28.6	1.30	0.44	22.4	189	25.9	123		E 125°36′06.5″ N 43°30′16.2″	97
						2	12—43		黏壤土		7.0	23.7	1.29	0.37	22.4	181	5.2	84			
						3	43—62		黏壤土		6.7	12.7	0.93	0.40	23.0	97	23.1	93			
						4	62—82		黏壤土		6.6	12.7	0.75	0.42	23.4						
						5	82—102		壤质黏土		6.6	4.5	0.40	0.34	26.6						
						6	102—120		壤质黏土		6.8	5.4	0.44	0.43	22.3						
剖95	淋溶土	白浆土	台地白浆土	台地白浆土	厚层台地白浆土	Aa	0—18	灰色	壤土	小粒状	6.9	23.1	1.33	0.41		134	8.7	124		E 125°46′28.2″ N 43°37′34.0″	98
						A_1	18—36	暗灰色	壤土	小粒状	6.8	16.0	0.82	0.35		101	3.4	83			
						A_2	36—60	灰黄色	粉砂质黏土	片状	6.8	7.0	0.51	0.21		71	5.0	72			
						B	60—140	暗棕色	黏土	核质块状	6.5	5.8	0.42	0.29							
剖96	半淋溶土	黑土	黑土	黑土	深厚层黑土	Aa	0—25	浅灰色	壤土	团粒状	7.0								黄土母质	E 125°51′19.4″ N 43°37′18.1″	97
						A_1	25—110	暗灰色	壤土	团粒状											
剖97	淋溶土	白浆土	潜育白浆土	潜育白浆土	厚层潜育白浆土	1	0—11	灰黑色	壤土	粒状	6.7	19.3	1.07	0.30	21.9	133	4.1	51		E 125°49′27.8″ N 43°37′07.3″	97
						2	11—20	暗灰色	壤土	粒状	6.9	20.4	0.99	0.34	20.1	123	2.9	41			
						3	20—100	棕黄色	壤土		7.6	18.7	1.04	0.41	20.2						
剖98	半水成土	草甸土	平川草甸土	平川草甸土	薄厚淤泥薄层平川草甸土	Aa	0—20	灰黑色	壤土	核块状	7.0	21.3	1.10	1.10	20.7	137	6.1	127	河流冲积物	E 125°46′43.7″ N 43°36′37.4″	95
						AB	20—45	暗黑色	壤土	核块状	7.2	27.4	1.20	1.10	20.8	148	2.7	105			
						B	45—80	黄灰色	壤土		7.0	9.3	0.60	0.90	23.8	77					
							80—170	暗灰色	壤土		7.0	4.3	0.30	1.20	25.1	45					
剖99	淋溶土	白浆土	台地白浆土	台地白浆土	薄层台地白浆土	A_1	0—27	浅灰色	黏壤土	小团块状	7.0	13.4	0.80	0.50	22.6	78	1.6	72	黄土沉积物	E 125°49′53.8″ N 43°36′36.0″	98
						A_2	27—56	灰白色	黏壤土	大团块状	6.9	13.3	0.50	0.50	25.5	94	2.9	104			
						B	56—85	红棕色	黏壤土		6.7	7.4	0.40	0.50	25.6	62	4.4	151			
剖100	草甸土	草甸土	潜育白浆土	潜育白浆土	中层潜育中层平川草甸土	Aa	0—12	暗灰色	黏壤土	片状	6.8									E 125°49′01.2″ N 43°36′23.0″	97
						A_1	12—23		壤土	小核块状	6.1										
						A_2B_1	23—40	灰黄色	砂壤土	核块状	6.6	37.5	1.90	11.70	26.9	121	46.8	259			
						B_1	40—54	黄灰色	黏壤土	团粒状	6.6	24.9	1.30	1.00	25.4	129	20.6	145			
						B_2	54—97	红棕色	粉砂质黏土	团粒状	6.5	25.8	1.30	1.00	25.6	181	16.5	120			
							97—120	黄棕色	粉砂质黏土	大核块状		15.7	0.90	3.70	25.2	103	69.2	142			
剖101	草甸土	草甸土	平川草甸土	平川草甸土	中层淤泥中层平川草甸土	1	0—20		黏壤土		7.1	17.7	0.90	1.60	28.5	104	41.4	141	河流冲积物	E 125°51′45.7″ N 43°36′13.0″	95
						2	20—32	浅灰色	砂壤土	团粒块状	6.8	29.4	1.08			129	7.3	157			
						3	32—63	暗灰色	黏壤土	团粒块状	5.6	16.8	0.93	0.80	24.1	109	5.0	135			
						4	63—114	红棕色	粉砂质黏土	小核块状	6.1	4.9	0.57	0.80	22.1	42	6.2	128			
						5	114—120	黄棕色	粉砂质黏土	大核块状	6.2	3.3	0.29	0.40							
剖102	半淋溶土	黑土	黑土	红土性黑土	中层红土性黑土	1	0—2		黏壤土		6.7	49.5	2.30	0.80	24.1	220	2.4	237		E 125°47′51.4″ N 43°34′59.2″	97
						2	2—25		砂壤土		6.6	39.3	1.70	0.80	22.1	178	2.0	144			
						3	25—40		壤土		6.8	9.1	0.60	0.40	21.5	300	0.2	41			
						4	40—70		壤土		6.7	6.3	0.40	0.40	24.6	120	5.2	62			
剖103	淋溶土	白浆土	台地白浆土	台地白浆土	中层台地白浆土	5	70—		砂壤土		6.5	5.5	0.40	0.40	22.3	56	2.1	114	黄土沉积物	E 125°47′06.4″ N 43°34′38.6″	97

续表 Continued

剖面号 Soil profile	土纲 Soil order	土类 Soil great group	亚类 Soil subgroup	土属 Soil genus	土种 Soil species	土层码 Layer code	土层厚度 Depth/cm	颜色 Soil color	质地 Soil texture	土壤结构 Soil structure	pH	有机质 OM/(g/kg)	全氮 TN/(g/kg)	全磷 TP/(g/kg)	全钾 TK/(g/kg)	碱解氮 AN/(mg/kg)	有效磷 AP/(mg/kg)	速效钾 AK/(mg/kg)	土壤母质 Parent material	剖面点坐标 Profile coordinate	匹配指数 Matching index/%
剖104	人为土	水稻土	冲积土型水稻土	冲积土型水稻土	黏壤质冲积型水稻土	Ha	0–12	灰色	黏壤土											E 125° 49′ 06.2″ N 43° 33′ 48.2″	97
						K	12–23	暗灰色	黏土	小核块状											
						C_1	23–40	浅黄色	黏土												
						C_2	40–62	灰色													
						C_3	62–86	暗灰色		无明显结构											
						C_4	86–110	棕黄色	黏壤土	团块状											
剖105	半淋溶土	黑土	黑土	黑土	薄层黑土	Aa	0–18	灰色	黏壤土	团粒状									黄土母质	E 125° 46′ 22.1″ N 43° 31′ 30.0″	98
						A_1	18–30	棕灰色	壤质黏土	核块状											
						A_1B	30–40	黄棕色	壤质黏土	大核块状											
						B	40–70	浅棕黄色	黏土	弱发育有块状	7.0										
						BC	70–120	黄色	黏土		6.8										
剖106	淋溶土	白浆土	潜育白浆土	潜育白浆土	厚层潜育白浆土	Aa	0–20	暗灰色	黏壤土	团块状	6.8									E 125° 50′ 17.9″ N 43° 31′ 10.9″	97
						A_2	20–31	灰棕色	黏质黏土	小团块状	6.4										
						B_2g	31–44	黄棕色	壤质黏土	核块状	6.8										
						B_2g	44–90	浅棕黄色	壤质黏土	核块状	6.8										
						B_2g	90–120	黄色	黏土	核块状	7.2	34.5	1.50	1.10	23.1	150	12.5	127			
剖107	半水成土	草甸土	草甸土	岗川草甸土	厚层岗川草甸土	Aa	0–18	浅灰色	黏土	团粒状	7.1	36.1	1.40	1.00	23.7	87	5.7	105	河流冲积物	E 125° 17′ 11.8″ N 43° 28′ 39.4″	95
						A_1	18–70	暗灰色	黏质黏土	团块状	7.0	26.6	0.80	1.00	23.5	89		136			
						AB	70–93	灰黄色	壤质黏土	核块状	7.1	24.3	1.00	1.00	23.7	121					
						B	93–120	棕黄色	壤质黏土		6.9	20.5	1.50			169	6.5				
剖108	半淋溶土	黑土	黑土	黑土	中层黑土	1	0–17				6.8	20.0	0.90			106	9.7	115		E 125° 41′ 08.9″ N 43° 29′ 08.5″	98
						2	17–49				6.8	6.4	0.80								
						3	49–73				6.9	9.1	0.50								
						4	73–99				7.0	5.5									
						5	99–120				7.2	28.2	1.44	0.43	23.9	135	7.5	146			
剖109	半水成土	草甸土	草甸土	厚层岗川草甸土	厚层岗川草甸土	1	0–15	灰色	壤质黏土	团块状	7.0	24.9	1.08	0.48	23.6	136	4.2	105		E 125° 37′ 35.4″ N 43° 27′ 54.7″	97
						2	15–85				7.0	3.6	0.31	0.40	23.6						
						3	85–200				6.9	16.2	0.97	0.47	25.1	120	14.8	145			
剖110	淋溶土	白浆土	潜育白浆土	潜育白浆土	薄层潜育白浆土	Aa	0–13	灰色	黏土	团粒状	6.7	7.8	0.55	0.33	23.2	53	9.2	126		E 125° 40′ 23.5″ N 43° 27′ 24.8″	97
						A_1	13–36	灰黄色	壤质黏土	小团块状	6.7	4.5	0.41	0.51	24.6	49	24.0	137			
						B_1	36–70	黄棕色	壤质黏土	核块状	6.5	5.5	0.43	0.68	23.3						
						B_2g	70–95	灰棕色	壤质黏土	大核块状	6.5	5.2	0.37	0.68	23.7						
						Cg	95–120	锈黄色	黏土黏土	无结构	6.5										
剖111	半水成土	草甸土	草甸土	岗川草甸土	中层岗川草甸土	Aa	0–5	黄黄色	黏土黏土	团粒状	7.0									E 125° 33′ 00.4″ N 43° 27′ 06.5″	98
						A_1	5–48	暗黄色	壤质黏土	团块状	7.0										
						Bg	48–75	黄棕色	壤质黏土	团块状	7.0										
						C_1g	75–100	灰棕色	壤质黏土	团块状	7.0										
						C_2g	100–120	锈黄色	壤质黏土	无明显结构	7.0										
剖112	淋溶土	白浆土	台地白浆土	台地白浆土	露黄台地白浆土	A_2	0–25	浅黄色	壤质黏土	小块状	6.5								黄土母质	E 125° 42′ 10.4″ N 43° 26′ 14.3″	98
						A_2B	25–60	棕色	黏土	核块状	7.0										
						B	60–110	红棕色	黏土	核粒状	7.2										
剖113	半水成土	草甸土	草甸土	平川草甸土	中层淤泥中层平川草甸土	Aa	0–20	灰色	壤土	团粒状									河流冲积物	E 125° 39′ 54.0″ N 43° 25′ 59.2″	95
						A_1	20–32	灰色	壤土	团粒状											
						AB	32–63	暗灰色	壤土	团粒状											
						Bg	63–114	暗黄色	壤土	团粒状											
						Cg	114–125	棕色	壤土	团粒状											

续表 Continued

剖面号 Soil profile	土纲 Soil order	土类 Soil great group	亚类 Soil subgroup	土属 Soil genus	土种 Soil species	土层码 Layer code	土层厚度 Depth/cm	颜色 Soil color	质地 Soil texture	土壤结构 Soil structure	pH	有机质 OM/(g/kg)	全氮 TN/(g/kg)	全磷 TP/(g/kg)	全钾 TK/(g/kg)	碱解氮 AN/(mg/kg)	有效磷 AP/(mg/kg)	速效钾 AK/(mg/kg)	土壤母质 Parent material	剖面点坐标 Profile coordinate	匹配指数 Matching index/%
剖114	淋溶土	暗棕壤	暗棕壤	暗棕壤	中层暗棕壤	Ao	0—3	暗灰色	砂壤土	小团块状	6.5									E 125°34′57.4″ N 43°25′05.2″	92
						A₁	3—28	暗棕色	黏壤土	团块状	6.8										
						B	28—62														
						C	62—														
剖115	淋溶土	暗棕壤	暗棕壤	暗棕壤	薄层暗棕壤	1	0—13				6.9	33.2	1.73	0.45		201	7.1	176		E 125°42′09.4″ N 43°23′22.9″	92
						2	13—21				7.1	11.1	1.04	0.32		104	5.4	105			
						3	21—31				6.7	18.1	1.21	0.30							
剖116	淋溶土	暗棕壤	暗棕壤	暗棕壤	中层暗棕壤	1	0—20	浅灰色	砾质黏壤土	团粒状	6.5	28.1	1.32	0.29	22.6	23	6.1	80		E 125°38′43.8″ N 43°22′11.3″	92
						2	20—34	灰白色	砾质黏土	无明显结构	6.5	7.1	0.08	0.11	23.8	77	3.6	81			
						B	34—70	黄棕色	砾质黏壤土	团粒状	6.5										
						C	70—120	棕红色			6.7										
剖117	半水成土	草甸土	草甸土	岗川草甸土	薄层淀泥中层岗川草甸土	1	0—23		砂壤土		7.1	33.4	1.30	1.30	22.3	154	11.2	94	河流冲积物	E 125°47′08.2″ N 43°27′54.0″	95
						2	23—40		壤土		6.9	43.4	1.70	2.30	21.9	207	26.0	95			
						3	40—		砂质黏壤土		6.9	12.9	0.60	1.30	24.1	87					
剖118	人为土	水稻土	冲积土型水稻土	冲积土型水稻土	黏壤质冲积型水稻土	1	0—18		砂壤土		6.3	316.0	11.37	1.08	14.7	486	61.1	107		E 125°54′50.0″ N 43°24′20.5″	98
						2	18—33		壤质黏壤土		7.0	27.6	1.44	0.62	25.1	168	19.1	149			
						3	33—80		黏质黏壤土		6.5	41.0	2.22	0.88	25.1	282		138			
剖119	水成土	泥炭土	埋藏泥炭土	深位埋藏泥炭土	深积中层泥炭土	Aa	0—15	黄棕色	黏质黏土	团块状	7.0	29.1	1.85	0.51	22.3	180	6.3	136		E 125°49′21.4″ N 43°23′01.0″	75
						Ase	15—66	棕灰色	壤质黏土		7.0	27.3	1.58	0.70	21.9	154	18.8	104			
						P	66—120	灰棕色	黏土		6.4	406.2	16.94	0.90							
剖120	淋溶土	暗棕壤	暗棕壤性土	暗棕壤性土	薄层暗棕壤性土	Ao	0—1	深褐色		团粒状	7.2	72.8	5.45	1.65	26.1	671	40.4	825	石灰岩风化物	E 125°49′04.4″ N 43°22′05.2″	85
						A₁,B	1—15	暗灰色	壤土	小团块状	6.0	146.2	6.79	1.80	23.5	458	13.6	459			
						15—25	灰棕色	砾砂质黏壤土	团块状	7.0	108.2	5.11	1.74	19.8	361	9.2	170				
						C	25—				7.2										
剖121	淋溶土	白浆土	山地白浆土	山地白浆土	中层山地白浆土	Aa	0—17	浅灰色	砂壤土	小团块状	6.8	32.8	1.70	0.56	21.4	194	6.5	52		E 125°58′10.2″ N 43°21′15.8″	95
						A₁	17—27	浅灰色	砂壤土	团粒状	6.7	41.6	2.00	0.68	20.9	200	6.5	42			
						B₁	27—50	黄棕色	粉砂质黏壤土	无明显结构	6.3	4.8	0.34	0.23	23.5	39	3.5	31			
						B₂	50—85	黄黄色	壤质黏土	小核块状	6.4	6.0	0.40	0.36	23.3						
						85—120	棕色		大核块状	6.5	6.8	0.41	0.44	24.2							
剖122	水成土	草甸土	黑土型水稻土	山川草甸土	中层土型水稻土	1	0—18		壤质黏土	团块状	6.9	15.8	0.76	0.53	24.4	84	29.7	104		E 125°56′15.0″ N 43°21′03.6″	97
						2	18—35		黏土	团粒状	7.0	6.2	0.37	0.54	25.1	54	34.3	107			
						3	35—60		黏质黏土	无明显结构	7.0	7.8	0.46	0.70	24.6	48		84			
剖123	半水成土	草甸土	山地白浆土	山川草甸土	薄层山川草甸土	Aa	0—14	灰色	黏土	团块状	7.0	41.6	1.92		21.4	177	19.4	104		E 125°38′32.3″ N 43°19′30.0″	98
						A₁	14—28	暗黄色	黏质黏土	团粒状	7.1	45.6	2.00	0.61		208	14.6	51			
						Bg	28—70	锈黄色	黏土	无明显结构	6.4	4.8	0.38	0.07							
剖124	淋溶土	白浆土	山地白浆土	山地白浆土	薄层山地白浆土	Ao	0—3	棕色	壤土	团块状	6.5	90.0	4.32	0.34		470	17.5	331		E 125°41′19.7″ N 43°18′45.4″	97
						A₁	3—31	灰白色	黏质黏土	无明显结构	6.6	6.5	0.69			218	17.0	125			
						B	31—89	棕色	黏土	核块状	6.6	7.8	0.64								
						C	89—120	暗棕色	壤土	无明显结构	6.0										
剖125	淋溶土	白浆土	山地白浆土	山地白浆土	厚层山地白浆土	Ao	0—3	暗棕色	粉砂质黏壤土	团粒状	6.9	68.5	3.07	0.58		306	8.0	186		E 125°44′25.9″ N 43°18′05.4″	97
						A₁	3—40	暗灰色	黏土	无明显结构	6.5	38.5	1.92	0.59		276	5.0	103			
						A₂	40—51	黄黄色	黏壤土	核块状	6.3	4.7	0.31	0.21		59	3.9	61			
						B	51—140	棕色	壤质黏土		6.6	7.8	0.88	0.31							

续表 Continued

剖面号 Soil profile	土纲 Soil order	土类 Soil great group	亚类 Soil subgroup	土属 Soil genus	土种 Soil species	土层码 Layer code	土层厚度 Depth/cm	颜色 Soil color	质地 Soil texture	土壤结构 Soil structure	pH	有机质 OM/(g/kg)	全氮 TN/(g/kg)	全磷 TP/(g/kg)	全钾 TK/(g/kg)	碱解氮 AN/(mg/kg)	有效磷 AP/(mg/kg)	速效钾 AK/(mg/kg)	土壤母质 Parent material	剖面点坐标 Profile coordinate	匹配指数 Matching index/%
剖126	淋溶土	白浆土	台地白浆土	台地白浆土	薄层台地白浆土	1	0—19		黏壤土		6.7	23.5	1.10	0.90		130	1.5	93	黄土沉积物	E 125°41′30.8″ N 43°18′00.4″	97
						2	19—36		壤土		6.7	13.9	0.60	0.80		74	2.3	72			
						3	36—48		砂壤土		6.8	9.8	0.40	0.60		52	2.2	62			
						4	48—120				6.9	6.0	0.40	0.80		52	8.5	72			
剖127	淋溶土	暗棕壤	黑土型暗棕壤	黑土型暗棕壤	厚层黑土型暗棕壤	Aa	0—18	灰色	黏壤土	小团块状	7.0	56.1	2.30	0.74	19.3	258	9.0	124		E 125°39′30.2″ N 43°17′39.8″	92
						A₁	18—50	棕灰色	砾质黏壤土	小团块状	6.9	36.2	1.60	0.47	21.8	172	5.6	100			
						A₁B	50—58	灰黄色	黏壤土	团块状	7.0	13.7	0.91	0.53	15.8	108	7.3	192			
						B	58—115	黄棕色	壤质黏土	小团块状	6.7	23.1	1.17	0.54	21.4						
						C	115—120	红棕色	壤质黏土		7.0	18.3	1.08	0.48	21.8						
剖128	人为土	水稻土	冷浆型水稻土	腐泥冷浆型水稻土	腐泥沼泽型水稻土	Ha	0—18	黑色	壤质黏土	无明显结构	8.0	39.8	2.20	0.56	24.1	228	27.1	149		E 125°55′28.4″ N 43°19′56.3″	75
						K	18—25	灰黑色	壤质黏土	无明显结构	7.7	31.8	1.59	0.52	24.1	191	18.6	148			
						Ag	25—60	灰黄色	壤质黏土	无明显结构	7.9	15.9	0.82	0.41	24.6	120	14.0	104			
						G₁	60—120	褐灰色	黏壤土	无结构	6.6	20.1	0.98	0.66	25.9	121		113			

九 台 区

主要土类说明

黑土是九台区主要土壤类型，占本区地域面积的 44%。黑土是本区的主要耕地土壤，集中分布在本区西部、中部和北部的漫岗台地。黑土是发生于温带半湿润草甸草原下，具深厚均腐殖质层的无石灰性黑色土壤。该土壤均腐殖质层厚 30—60cm，底层具轻度滞水还原淋溶特征。淀积层呈黄棕色，剖面中有白色二氧化硅粉末和棕黑色铁锰结核，底土为棱块状黄土。土壤呈弱酸性，pH 为 6.5—7.0，盐基饱和度在 80% 以上。本区黑土地处本省黑土带中部，土壤有机质含量在 20g/kg 左右。本区黑土分为黑土和草甸黑土两个亚类。

草甸土是九台区第二大土壤类型，占本区地域面积的 35%。草甸土主要分布在河漫滩、一级阶地和台地前低平地，见于松花江、饮马河、雾开河、沐石河沿岸的其塔木、九郊、卡伦湖、苇子沟、城子街等地。草甸土是在冷湿条件下，受地下水浸润并在草甸植被下发育形成的土壤，具有明显的腐殖质积累和铁锰氧化还原特征，有深厚的暗腐殖质层和整齐明显的小粒状结构，土体有锈色斑纹层，土壤呈微酸性或中性。草甸土肥力高，适耕性强，在农业生产上占重要地位。

暗棕壤是九台区第三大土壤类型，占本区地域面积的 10%。暗棕壤发育于温带湿润地区针阔叶混交林下，具有明显的有机质富集和弱酸性淋溶特征，剖面构型为 O-A-B-C。A 层厚 20cm 左右，弱酸性淋溶使铁铝轻微下移。B 层呈棕色，结构面见铁锰胶膜。土壤呈弱酸性，盐基饱和度为 70%—80%。土壤冻结期长。

水稻土占本区地域面积的 5%。水稻土是在长期季节性淹灌、水下翻耕、季节性脱水、氧化还原交替影响下，原来成土母质或母土的特性发生重大改变，形成的新的土壤类型。由于干湿交替，水稻土形成糊状淹育层、较坚实板结的犁底层、渗育层、潴育层与潜育层等多种发生层。本区种稻时间较短，属新成水稻土，但耕作层已有明显的网状锈纹，由于反复水耙，土壤结构已基本改变，仅心土和底土仍基本保留母土原有的特征。本区水稻土按母土类型分为冲积土型、草甸土型、黑土型三个亚类。

小于本区地域面积 3% 的土壤类型有新积土、白浆土、沼泽土、栗钙土等。

本区域中心区气候特征

本区域中心区气候特征值
Regional climate characteristics in central area of the region

气候带：中温带亚湿润气候 Climate region: Mid temperate subhumid climate	
年平均气温 /℃ Annual average temperature /℃	5.2
年平均最高气温 /℃ Annual average maximum temperature /℃	11.0
年平均最低气温 /℃ Annual average minimum temperature /℃	−0.1
年降水量 /mm Annual precipitation /mm	565
≥ 10℃的积温 /℃ Daily temperature accumulated in a year (≥ 10℃) /℃	1861
年日照时数 /h Annual sunshine /h	2571
年平均相对湿度 /% Annual average relative humidity /%	65
干燥度 Dryness	0.57

本区域中心区月平均气温与月平均降水量
Monthly temperature and precipitation in central area of the region

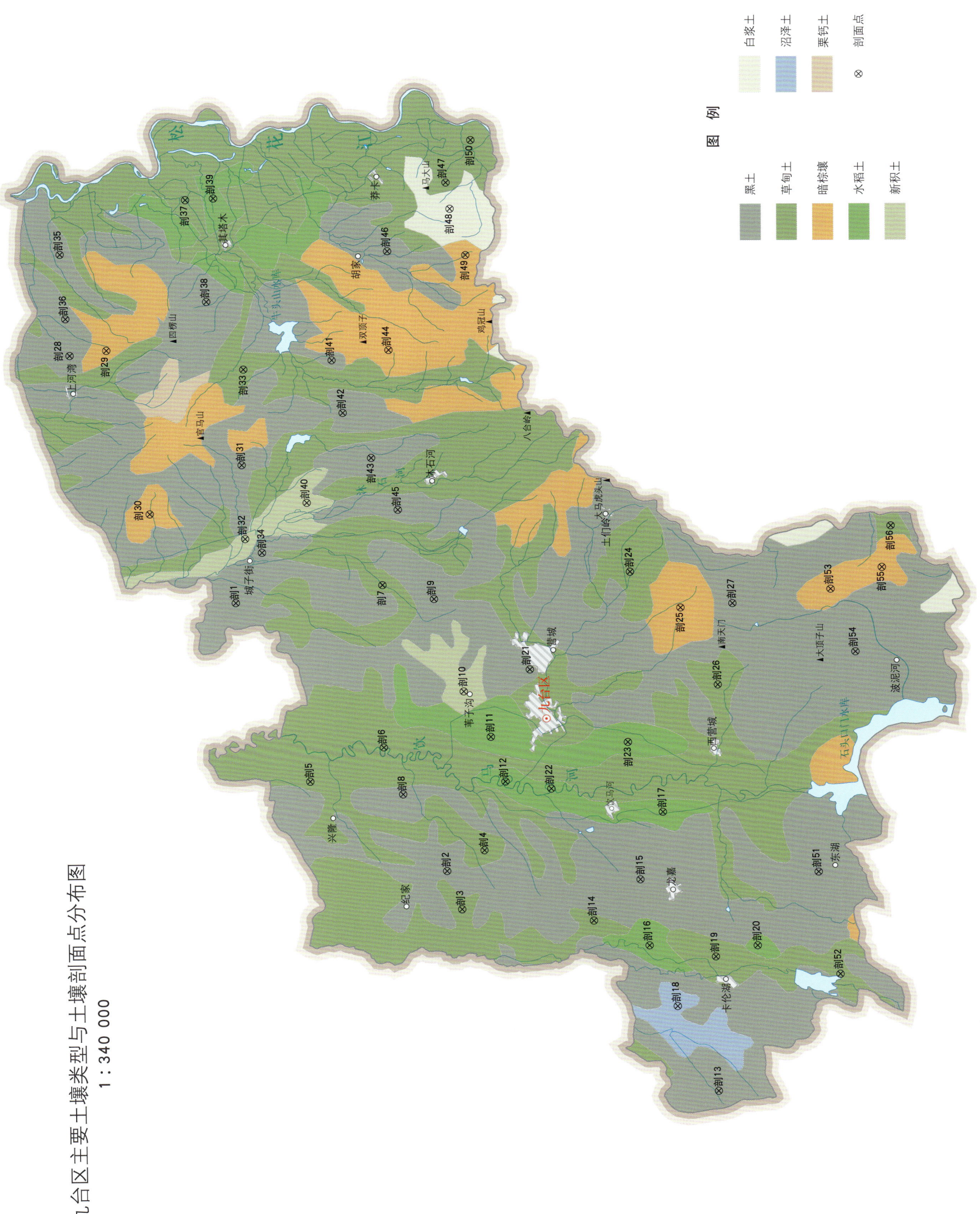

九台区主要土壤类型与土壤剖面点分布图
1∶340 000

九台区土壤剖面理化性状表

剖面号 Soil profile	土纲 Soil order	土类 Soil great group	亚类 Soil subgroup	土属 Soil genus	土种 Soil species	土层码 Layer code	土层厚度 Depth/cm	颜色 Soil color	质地 Soil texture	土壤结构 Soil structure	pH	有机质 OM/(g/kg)	全氮 TN/(g/kg)	全磷 TP/(g/kg)	全钾 TK/(g/kg)	碱解氮 AN/(mg/kg)	有效磷 AP/(mg/kg)	速效钾 AK/(mg/kg)	阳离子交换量CEC/(cmol/kg)	土壤母质 Parent material	剖面点坐标 Profile coordinate	匹配指数 Matching index/%
剖1	半淋溶土	黑土	黑土	黑土	中层黑土	Aa	0—15	浅棕灰色	黏壤土	小团块状	6.6	23.0	1.62	0.45	24.0	135	2.1	178	32.9	黄土母质	E 125°57′59.8″ N 44°22′30.0″	95
						A₁	15—46	棕灰色	粉砂质黏土	粒状	6.8	23.1	0.98	0.38	23.6	108	1.3	148	31.2			
						AB	46—69	灰棕色	粉砂质黏土	小团块状	7.1	6.5	0.59	0.38	23.6	42	2.7	149	30.9			
						B	69—150	暗黄棕色	粉砂质黏土	小棱块状	6.9	10.9	0.49	0.27	21.2				34.1			
剖2	半淋溶土	黑土	黑土	黑土	薄层黑土	1	0—18		砂壤土		5.7	12.8	0.98	0.33	22.2	217		178	27.3	黄土母质	E 125°40′30.4″ N 44°13′47.3″	95
						2	18—28		壤土		6.9	11.6	0.56	0.26	21.0	148		148	30.4			
						3	28—55		粉砂质黏土		6.5	21.7	1.49	0.39	19.4	144	3.7	157	25.9			
						4	55—90		粉砂质黏土		7.2	7.6	0.48	0.22	20.2				26.1			
						5	90—150		黏壤土		7.0	5.0	0.63	0.29	18.0				28.6			
剖3	半水成土	草甸土	草甸土	平川草甸土	厚层平川草甸土	1	0—20		黏壤土		6.6	27.9	1.56	0.50		136	4.3	207	29.6		E 125°38′06.0″ N 44°13′12.4″	95
						2	20—73		黏壤土		7.0	24.6	1.32	0.61		114	7.9	135	29.7			
						3	73—100		黏壤土		6.9	9.6	0.77	0.43					24.8			
剖4	半水成土	草甸土	草甸土	岗川草甸土	厚层岗川草甸土	Aa	0—17	灰黑色	粉砂质壤土	小粒状	7.5	28.0	1.13	0.37	22.1	114	0.4	125	32.8		E 125°41′44.9″ N 44°12′06.8″	95
						A	17—75	暗黑色	黏壤土	小粒状	7.2	31.6	0.69	0.51	19.7	139	0.3	106	39.9			
						AB	75—100	棕灰色	黏壤土	棱块状	7.2	13.2	1.02	0.45	19.2				33.0			
						Bg	100—150	黄棕色	壤黏土	棱块状	7.4	14.4	0.48	0.66	20.9				30.4			
剖5	半水成土	草甸土	盐碱化草甸土	盐碱化草甸土	厚层轻盐碱化草甸土	A₁(1)	20—37	暗灰色	砂壤土	团块状											E 125°46′30.7″ N 44°19′35.8″	95
						A₁(2)	37—90	暗灰色	黏壤土	粒状												
						Bg	90—120	灰黑色	黏壤土	棱状												
剖6	半水成土	草甸土	草甸土	平川草甸土	深厚层平川草甸土	Aa	0—25	黑灰色	砂壤土	粒状											E 125°48′29.9″ N 44°16′18.8″	95
						A	25—90	灰黑色	黏壤土	粒状												
						Bg	115—	浅灰色	黏壤土	粒状												
剖7	半水成土	草甸土	岗川草甸土	岗川草甸土	覆泥厚层岗川草甸土	Ase	0—24	暗黑色	砂壤土	团粒状	5.6	1.5	0.12	0.19		22	20.3	87	32.4		E 125°58′43.7″ N 44°16′03.7″	95
						A₁	24—44	暗黑色	黏壤土	棱块状	5.9	4.8	0.32	0.13		38	8.3	104	30.8			
						B	44—125	灰黑色	壤土	粒状	5.6	14.7	0.99	0.21		110	2.7	93	18.8			
剖8	半淋溶土	黑土	黑土	红土性黑土	薄层红土性黑土	Aa	0—22	棕色	黏壤土												E 125°45′28.8″ N 44°15′33.8″	95
						AB	22—48	黄黑色	壤土													
						B	48—	棕色	黏壤土													
剖9	半淋溶土	黑土	黑土	黑土	中层黑土	1	0—20		黏壤土											黄土母质	E 125°57′43.2″ N 44°13′50.2″	95
						2	20—40		黏壤土													
						3	40—100		粉质黏壤土													
						4	100—130		壤土													
剖10	初育土	新积土	新积土	新积土	中层新积土	Aa	0—26	浅灰棕色	黏壤土	小团粒状	6.5	26.8	1.25	0.52		154	9.2	119	25.4	冲积物	E 125°51′51.5″ N 44°12′42.8″	85
						Ase	26—70	浅棕灰色	砂壤土		7.1	21.7	1.21	0.62		127	6.9	105	30.7			
						A₁	70—		黏壤土													
剖11	人为土	水稻土	草甸土型水稻土	草甸型水稻土	厚层草甸型水稻土	1	0—17		黏壤土												E 125°48′54.7″ N 44°11′37.0″	95
						2	17—33		黏壤土		7.1	13.7	0.81	0.55		100	20.9	126	27.6			
						3	33—46		黏壤土		7.0	6.3	0.49									
						4	46—100		黏壤土		6.6							105	29.9			

续表 Continued

剖面号 Soil profile	土纲 Soil order	土类 Soil great group	亚类 Soil subgroup	土属 Soil genus	土种 Soil species	土层码 Layer code	土层厚度 Depth/cm	颜色 Soil color	质地 Soil texture	土壤结构 Soil structure	pH	有机质 OM/(g/kg)	全氮 TN/(g/kg)	全磷 TP/(g/kg)	全钾 TK/(g/kg)	碱解氮 AN/(mg/kg)	有效磷 AP/(mg/kg)	速效钾 AK/(mg/kg)	阳离子交换量CEC/(cmol/kg)	土壤母质 Parent material	剖面点坐标 Profile coordinate	匹配指数 Matching index/%
剖12	人为土	水稻土	黑土型水稻土	黑土型水稻土	厚层黑土型水稻土	Aa	0—15	灰黑色	壤土	块状	6.5	17.3	0.87	0.36		107	5.7	82	22.2		E 125°46′01.6″ N 44°11′03.8″	75
						A	15—52	灰黑色	黏壤土	弱发育粒状	6.9	9.5	0.72	0.43		76	13.3	125	26.1			
						B	52—93	黄棕色	黏壤土	小棱块状	7.0	18.3	1.04	0.38					25.7			
						C	93—140	棕黄色	黏壤土	块块状	6.5	4.8	0.49	0.72					20.2			
剖13	半淋溶土	黑土	黑土	黑土	厚层黑土	1	0—25		壤质黏土		6.0	23.6	1.23	0.66	24.1	123	2.5	168	24.3	黄土母质	E 125°26′08.2″ N 44°02′19.7″	95
						2	25—75		壤土		6.8	16.1	1.07	0.65	23.3	137	1.4	135	26.2			
						3	75—120		壤土		7.0	4.9	0.11	0.59	22.7				24.2			
						4	120—150		壤土		6.6	4.5	0.34	0.80	22.2				24.1			
剖14	半水成土	草甸土	平川草甸土	覆泥中层平川草甸土		Aa	0—15	暗灰色	黏壤土	粒状	6.3	24.6	1.61	0.63		144	6.9	150	28.4		E 125°37′04.1″ N 44°07′28.2″	75
						A	15—19	灰黑色	黏壤土	粒状	6.8	25.2	1.46	0.60		124	6.8	171	28.5			
						AB	49—71	棕灰色	黏壤土	团块状	6.5	9.2	0.33	0.44		57	11.3	139	26.6			
						B	71—105	黄棕色	砂壤土	棱块状	6.5	3.6	0.16	0.35					20.6			
						C	105—150	棕黄色	壤土		6.6	3.6	0.32	0.34								
剖15	半淋溶土	黑土	黑土	厚层黑土		Bg	130—	黑灰色	黏壤土	小团块状	6.5	21.9	1.00	0.43		132	2.6	168	31.8	黄土母质	E 125°39′30.6″ N 44°05′21.8″	95
						Aa	0—24	黑灰色	黏壤土	团块状	6.8	17.5	0.74	0.33		89	1.4	127	32.2			
						A₁	24—53	棕灰色	黏壤土	小团块状	6.9	11.0	0.61	0.31					31.9			
						B	53—77	黄棕色	黏壤土	棱块状	6.8	5.2	0.68	0.45					29.8			
剖16	人为土	水稻土	草甸土型水稻土	厚层草甸型水稻土		Aa	77—140	暗灰色	壤质黏土	片状	6.7	36.8	1.17	0.46	19.9	166	68.8	192	34.2		E 125°35′22.2″ N 44°05′04.9″	95
						A	22—65	暗黑色	粉砂黏土	小粒状	6.5	25.0	1.24	0.49	19.7	142	6.3	172	40.0			
						AB	65—130	暗黑色	壤质黏土	小棱块状	6.2	12.8	0.74	0.44	20.2				37.5			
						B		暗棕色	粉砂质黏壤	无明显积	6.3	9.3	0.41	0.48	20.7				36.3			
剖17	人为土	水稻土	冲积土型水稻土	厚层新积土型水稻土		Aa	0—26	灰褐色	壤质黏土	无明显结构	6.5	23.0	1.10	0.46		93	1.2	72	38.9		E 125°43′43.7″ N 44°04′15.2″	95
						A	5—30	暗黑色	粉砂质黏土	无明显结构	6.5	30.4	1.80	0.73		179	3.2	147	32.9			
						Ag	30—40	浅灰色	黏土	弱发育块状	6.4	28.4	1.50	1.25		175	8.6	151	32.6			
						G	40—	蓝灰色	黏土	无明显结构	6.4	19.0	1.30	0.62		97	4.4	116	24.0			
剖18	水成土	沼泽土	腐泥沼泽土	厚层腐泥沼泽土		Aa	0—25	灰黑色	粉砂质黏壤	无明显结构	6.7	22.2	1.30	0.59		111	2.7	117	32.7		E 125°31′31.4″ N 44°03′58.3″	71
剖19	半水成土	草甸土	岗川草甸土	覆泥中层岗川草甸土		Ao	0—5	暗灰色	黏土	团粒状											E 125°34′30.0″ N 44°02′12.8″	95
						A₁	17—51	暗灰色	黏土	粒状												
						Bg	51—82	暗棕色	黏土	屑粒状												
						Cg	100—120	浅灰色	黏壤土	无结构												
剖20	人为土	水稻土	新积土型水稻土	厚层新积土型水稻土		1	0—15	灰黑色	壤质砂土	粒状	6.4	28.0	1.70	0.46	23.2	155	3.4	95	38.6		E 125°35′06.0″ N 44°00′22.0″	75
						2	15—55	黑灰色	砂壤土	团块状	6.0	6.0	0.40	0.31	22.4	69	2.8	61	17.5			
						3	55—75	棕灰色	砂壤土	棱块状	6.0	8.3	0.40	0.33	22.7				12.6			
						4	75—125	黑灰色	黏壤土		6.4	26.5	0.70	0.38	22.6				30.9			
剖21	半淋溶土	黑土	黑土	破皮黄黑土		1	0—23	黑灰色	黏壤土		6.1	14.5	0.85	0.43		103	5.7	164	19.4	黄土母质	E 125°53′03.5″ N 44°09′47.5″	75
						2	23—41	锈棕色	黏壤土		6.4	4.3	0.16	0.41	24.0	35	1.4	168	29.1			
剖22	人为土	水稻土	冲积土型水稻土	薄层新积土型水稻土		Aa	0—17	暗灰色	壤土	团粒状	7.8	7.5	0.56	0.23	24.0	46	7.7	93	23.1		E 125°45′28.1″ N 44°09′05.0″	75
						A₁	17—51	暗棕色	黏壤土	粒状	7.8	7.2	0.56	0.35	23.6	64	7.7	103	22.6			
						AB	51—82	暗棕色	黏壤土	屑粒状	7.7	11.8	0.76	0.35	25.3				21.2			
						B	82—113	黑灰色	黏壤土	块状	7.7	16.3	0.88	0.37	22.2				27.4			
						C	113—	黑色	黏土壤土	小块状	7.7	18.5	1.59	0.70					72.1			

续表 Continued

剖面号 Soil profile	土纲 Soil order	土类 Soil great group	亚类 Soil subgroup	土属 Soil genus	土种 Soil species	土层码 Layer code	土层厚度 Depth/cm	颜色 Soil color	质地 Soil texture	土壤结构 Soil structure	pH	有机质 OM/(g/kg)	全氮 TN/(g/kg)	全磷 TP/(g/kg)	全钾 TK/(g/kg)	碱解氮 AN/(mg/kg)	有效磷 AP/(mg/kg)	速效钾 AK/(mg/kg)	阳离子交换量CEC/(cmol/kg)	土壤母质 Parent material	剖面点坐标 Profile coordinate	匹配指数 Matching index/%
剖23	人为土	水稻土	冲积土型水稻土	冲积土型水稻土	壤质冲积型水稻土	Aa	0—18	浅灰色	壤土	无明显结构	6.3	29.2	1.75	0.43	19.4	155	9.5	105	26.5		E 125° 48′ 14.4″ N 44° 05′ 38.8″	95
						A	18—33	灰黑色	黏壤土	无明显结构	6.8	21.5	1.28	0.65	19.5	137	6.3	94	21.3			
						AB	33—75	浅灰黄色	砂质壤土	无明显结构	6.1	13.7	0.96	0.65	22.8	116	7.7	93	15.7			
						B	75—102	浅黄色	壤质砂土	无明显结构	6.6	4.8	0.39	0.48	22.3				10.3			
						C	102—	浅黄色	壤土		6.8	0.3	1.06	0.46	23.1				10.3			
剖24	半水成土	草甸土	草甸土	平川草甸土	覆泥薄层平川草甸土	Aa	0—18	棕黄色	壤土	粒状									45.6		E 125° 58′ 56.6″ N 44° 05′ 13.9″	95
						AB	18—59	黑灰色	壤土	团粒状									33.3			
						Bg	59—119	黄棕色	粉砂质黏壤	棱块状									15.7			
剖25	淋溶土	暗棕壤	暗棕壤	暗棕壤	厚层暗棕壤	A₁(1)	0—14	暗灰色	粉砂质黏壤	小团粒状	6.3	64.4	2.62	0.65		243	5.6	212	29.9		E 125° 56′ 33.4″ N 44° 03′ 05.4″	92
						A₁(2)	14—32	棕灰色	砂质壤土	粒状	6.0	39.2	2.06	0.61		184	3.6	105				
						AB	32—51	浅棕灰色	黏壤土	棱块状	5.5	20.1	0.44	0.27		58	2.1	72				
						C	51—90	黄棕色	黏壤土	大棱块状	5.5	6.1	0.43	0.27		3	1.6					
剖26	半水成土	草甸土	草甸土	岗川草甸土	厚层岗川草甸土	1	0—22				7.1	26.4	1.37	0.37	22.6	134	3.2	115	30.2		E 125° 51′ 38.2″ N 44° 01′ 36.5″	95
						2	22—90				6.5	14.5	10.94	0.34	26.2	66	0.8	117	32.4			
						3	90—				6.5	6.6	0.33	0.34	26.1	37			27.7			
剖27	半淋溶土	黑土	黑土	黑土	中层黑土	1	0—13		黏壤土		7.1	23.0	1.14	0.38		148	3.9	169	31.4		E 125° 56′ 42.0″ N 44° 00′ 48.6″	95
						2	13—31		粉砂质黏壤土		7.2	9.2	0.73	0.23		56		159	28.0			
						3	31—95		砂质壤土		7.2	4.3	0.47	0.31		104		170	30.4			
						4	95—140		砂质壤土		7.1	17.2	0.12	0.32				170	28.4			
剖28	半淋溶土	黑土	黑土	黑土	破皮黄黑土	1	0—5		粉砂质黏壤土		6.8	16.4	0.83	0.50		105	0.6	73	18.8	黄土母质	E 126° 13′ 59.5″ N 44° 29′ 16.4″	95
						2	5—38		粉砂质黏壤土		6.4	6.3	0.30	0.37		38	2.1	84	18.6			
						3	38—120		粉砂质黏壤土		6.2	6.3	0.17	0.41					22.5			
剖29	淋溶土	暗棕壤	暗棕壤性土	暗棕壤性土	中层暗棕壤性土	Ao	0—2	黑褐色	壤土	团粒状	6.4	25.6	0.97	0.44	15.8	122	1.6	83	22.6		E 126° 14′ 13.6″ N 44° 27′ 39.2″	74
						A₁	2—21	黑紫色	砾质黏壤	棱块状	6.8	7.5	0.39	1.22	18.2	40	7.2	89	25.2			
						BC	21—61	黄棕色	砂质壤土	团块状												
剖30	淋溶土	暗棕壤	暗棕壤	暗棕壤	中层暗棕壤	Aa	0—20	黄棕色	砂质壤土	棱块状											E 126° 03′ 49.0″ N 44° 26′ 05.3″	74
						B	27—67	红黄棕色	多砾黏壤土	团粒状												
						C	67—153															
剖31	半水成土	黑土	黑土	黑土	深厚层黑土	Aa	0—20	暗棕黑色	黏壤土	团粒状	5.9	33.5	2.06	0.70	21.4	208	10.0	211	26.5	黄土、黄土状沉积物	E 126° 06′ 41.0″ N 44° 21′ 58.7″	95
						A₁	20—110	黑色	粉砂质黏壤土	棱块状	6.5	31.7	1.46	0.59	19.9	164	4.2	178	40.0			
						3	110—150	黑色	粉砂质黏壤土	块状	6.4	26.9	1.01	0.83	19.8	183			30.1			
剖32	初育土	新积土	冲积土	冲积土	砂壤冲积土	A	0—43	棕灰色	粉砂质壤土	片状、块状	6.9	13.6	0.79	0.50	21.3	99	2.0	113	16.9	冲积物	E 126° 02′ 00.2″ N 44° 21′ 58.0″	74
						AC	43—76	黄棕色	砂质壤土	片状、块状	6.7	9.3	0.60	0.55		70	2.7	143	14.6			
						C	76—	黄棕色	砂质壤土	片状	7.2	6.1	0.35	0.71					21.2			
剖33	半水成土	草甸土	草甸土	平川草甸土	厚层平川草甸土	1	0—15	暗棕黑色	黏壤土	团粒状	7.8	27.8	1.46	0.52	20.6	109	1.3	116	37.2	黄土母质	E 126° 12′ 40.0″ N 44° 21′ 43.2″	95
						2	15—40	灰黑色	粉砂质黏壤土	团粒状	7.7	27.0	1.39	0.58	20.1	97	2.7	138	39.2			
						3	40—80	黄棕色	粉砂质黏壤土	块状	7.8	26.8	1.41	0.48	19.8	100	4.5	138	38.3			
						4	80—150	黄色	粉砂质黏壤土	块状	7.6	5.4	0.58	0.54	21.3				27.2			
剖34	半淋溶土	黑土	黑土	黑土	破皮黄黑土	Aa	0—10	暗灰黄色	黏壤土	小棱块状	6.6	18.1	0.96	0.38	20.6	87		126	26.1		E 126° 01′ 05.5″ N 44° 21′ 15.5″	95
						AB	10—35	灰黄色	粉砂质黏壤土	棱块状	6.7	17.4	0.97	0.41	20.1	105	2.7	116	25.2			
						B	35—60	黄棕色	粉砂质黏壤土	块状	6.7	7.2	0.46	0.38	18.5	54	6.4	166	28.4			
						C	60—150	浅棕色	黏壤土	块状	6.5	8.5	0.51	0.48	21.3				26.5			
剖35	半淋溶土	黑土	黑土	红土性黑土	露红黑土	A	0—17	暗棕色	黏壤土	小棱块状	6.6	2.8	0.25	0.13	25.9	23	12.8	118	43.4		E 126° 20′ 24.7″ N 44° 29′ 30.1″	95
						B	17—65	棕红色	砂质壤土	棱块状	6.4	6.3	0.57	0.59	23.0	54	14.1	128	40.6			
						C	65—150	红棕色	砂质壤土	大棱块状	6.6	2.0	0.24	0.47	25.2				35.7			

续表 Continued

剖面号 Soil profile	土纲 Soil order	土类 Soil great group	亚类 Soil subgroup	土属 Soil genus	土种 Soil species	土层码 Layer code	土层厚度 Depth/cm	颜色 Soil color	质地 Soil texture	土壤结构 Soil structure	pH	有机质 OM/(g/kg)	全氮 TN/(g/kg)	全磷 TP/(g/kg)	全钾 TK/(g/kg)	碱解氮 AN/(mg/kg)	有效磷 AP/(mg/kg)	速效钾 AK/(mg/kg)	阳离子交换量CEC/(cmol/kg)	土壤母质 Parent material	剖面点坐标 Profile coordinate	匹配指数 Matching index/%
剖36	半淋溶土	黑土	黑土	红土性黑土	厚层红土性黑土	Aa	0—25	暗棕灰色	砂壤土	团块状	5.9	16.5	1.65	0.28	24.1	126	2.3	82	12.3		E 126°16′18.8″ N 44°29′22.9″	95
						A	25—60	棕灰色	粉砂质壤土	粒状	6.2	11.1	0.79	0.25	20.4	71	2.1	72	15.8			
						B	60—150	灰棕色	砂壤土	无明显结构	6.1	20.6	0.32	0.18	20.1				9.6			
剖37	半水成土	草甸土	草甸土	平川草甸土	厚层平川草甸土	Aa	0—20	灰黑色	砂壤土	小粒状	6.4	21.9	1.16	0.52	21.7	94	6.3	179	30.0		E 126°23′29.4″ N 44°23′54.2″	95
						Bg	20—73	灰黑色	粉砂质壤土	小粒状	6.6	12.9	4.09	0.65	22.2	74	20.3	126	24.6			
							73—100	灰黄色	砂壤土	弱发育粒状	6.4	35.9	1.29	1.14	20.3				41.6			
						Cg	100—	黄棕色														
剖38	半淋溶土	黑土	黑土		破皮黄黑土	1	0—14		黏壤土		6.5	12.5	0.88	0.33	21.3	82	3.7	115	22.3	黄土母质	E 126°23′31.2″ N 44°23′11.8″	93
						2	14—59		黏壤土		6.7	8.1	0.73	0.41	20.5	56		127	24.6			
						3	59—106		粉砂质黏土		6.7	4.7	0.50	0.38	20.0				30.0			
						4	106—130		黏壤土		6.5	2.8	0.45	0.38	21.0				25.4			
剖39	人为土	水稻土	冲积土型水稻土	冲积土型水稻土	砂壤质冲积型水稻土	Aa	0—15	黄灰色	砂壤土	块状												E 126°23′31.2″ N 44°22′41.2″	95
						AC	15—24	浅灰色	砂壤土	无明显结构													
						C₁	24—41	黑灰色	砂壤土	团块状													
						C₂	41—50	黄棕色	砂壤土	团块状													
						C₃	50—90	棕黄色	砂土	弱发育粒状													
							90—150		壤黏土	无结构													
剖40	初育土	新积土	冲积土	层状冲积土	砂夹层状冲积土	Aa	0—23	棕灰色	壤质砂土	团粒状										冲积物	E 126°04′07.3″ N 44°19′12.4″	74
						C₁	23—35	浅灰色	黏壤土	粒状													
						C₂	35—70	浅灰色	黏壤土	粒状													
						C₃	70—120	浅灰色	壤黏土	无明显结构													
剖41	半淋溶土	黑土	黑土	黄土质黑土	露黄黑土	0—16	橙色	壤质黏土	小核块状	6.6	11.2	0.94	0.27		83		127		黄土状黏土沉积物	E 126°13′00.5″ N 44°17′50.3″	71
						B	16—23	亮棕色	粉砂质黏土	小核块状	6.5	9.0	0.69	0.41		80	6.6	137				
						BC	23—35	亮棕色	黏质黏土	棱块状	6.6	7.6	0.33	0.32		61	13.2	128				
						C	35—	亮棕色	黏质黏土	大棱块状	6.6	4.8	0.37	0.36		44	4.7	126				
剖42	半淋溶土	黑土	黑土	红黏质黑土	露红黑土	0—17	油棕色	黏壤土	小棱块状	6.4	2.8	0.25	0.13	25.9	23	5.2	118		第四纪红色黏土沉积物	E 126°09′40.3″ N 44°17′27.2″	81
						B	17—65	油红棕色	黏壤土	棱块状	6.4	6.3	0.57	0.58	23.0	54		128				
							65—150	红棕色	黏壤土	大棱块状	6.6	2.0	0.24	0.47	25.2							
剖43	半淋溶土	黑土	黑土	红土性黑土	破皮红黑土	Aa	0—20	暗棕灰色	黏壤土	团块状	6.5	14.6	0.86	0.24	21.2	82	1.6	135	23.8		E 126°06′47.2″ N 44°16′18.5″	95
						A	20—47	暗棕色	壤土	块状	6.2	6.3	0.63	0.17	19.8	39	3.2	159	27.6			
						3	47—67	棕红色	砂壤土	棱块状	5.8	1.1	0.25	0.21	37.3	9	2.1		26.3			
						B	67—110	棕红色	砂壤土	棱块状	5.7	0.7	0.16	0.11	24.2	11	1.4		15.3			
						C	110—		砂壤土	无明显结构	6.0	2.2										
剖44	淋溶土	暗棕壤	暗棕壤性土	暗棕壤性土	中层暗棕壤性土	Aoo	0—2	浅灰色			6.9	106.5	3.75		13.1	318	5.5	336	51.3		E 126°13′30.0″ N 44°15′20.2″	85
						Ao	2—7	浅灰色	黏质黏土	团粒状	5.4	53.8	2.46	0.77		237	1.0	152	26.2			
						A₁	7—25	棕灰色	壤土	块状	6.0	22.0	1.39	0.57		153	1.1	137	22.7			
						AB	25—56	黄棕色			6.4	13.7	1.57	0.62		74						
						BC	56—84	棕黄色	黏壤土		6.7	19.6	1.14	0.29	25.5	127	4.1	148	33.4			
剖45	半淋溶土	黑土	黑土		薄层黑土	A	0—28	灰棕色	粉砂质黏土	团块状	7.1	5.6	0.24	0.32	23.9	44		107	30.1	黄土母质	E 126°03′26.6″ N 44°15′14.8″	95
						AB	28—140	浅黄棕色		团块状	7.2	3.1	0.19	0.38					23.8			
						B	140—															
剖46	半淋溶土	黑土	黑土	红黏质黑土	破皮红黑土	A₁₁	0—18	棕色	黏质黏土	块状	6.5	14.6	0.86	0.56	25.5	82	3.6	163		第四纪红色黏土沉积物	E 126°19′44.0″ N 44°15′11.5″	81
						AB	18—47	红棕色	壤土	块状	6.2	6.3	0.63	0.39	23.9	39	7.4	192				
						B	47—67	亮红色	砂壤土	棱块状	6.0	2.4	0.45	0.39	23.9	9	4.9					
						BC	67—110	亮红色	砂壤土	棱块状	5.7	1.7	0.25	0.49	25.0	11	3.3					
						C	110—	亮红棕色	砂壤土	棱块状	6.0	2.2	0.16	0.26	29.2							

续表 Continued

剖面号 Soil profile	土纲 Soil order	亚类 Soil subgroup	土属 Soil genus	土种 Soil species	土层码 Layer code	土层厚度 Depth/cm	颜色 Soil color	质地 Soil texture	土壤结构 Soil structure	pH	有机质 OM/(g/kg)	全氮 TN/(g/kg)	全磷 TP/(g/kg)	全钾 TK/(g/kg)	碱解氮 AN/(mg/kg)	有效磷 AP/(mg/kg)	速效钾 AK/(mg/kg)	阳离子交换量CEC/(cmol/kg)	土壤母质 Parent material	剖面点坐标 Profile coordinate	匹配指数 Matching index/%
剖47	半水成土	草甸土	岗川草甸土	中层岗川草甸土	Aa	0—30	浅灰色	黏壤土	团粒状	6.7	36.4	0.86	0.52		171	1.9	114	30.0		E 126°23′52.1″ N 44°12′29.9″	95
					A₁	30—45	暗黑色	黏壤土	团粒状	6.9	46.2	0.69	0.60		201	4.2	126	46.7			
					B	45—70	灰棕色	砂壤土	棱块状	6.9	5.5	0.74	0.46		38	3.9	124	22.4			
					Cg	70—	黄棕色	黏壤土	大棱块状												
剖48	淋溶土	台地白浆土	黄土性台地白浆土	厚层黄土性台地白浆土	Aa	0—25	浅灰色	壤土	团粒状	6.4	25.2	1.56	0.72	20.2	127	2.1	83	21.4		E 126°22′13.4″ N 44°12′22.7″	95
					A₁	25—45	暗黑色	粉砂质黏壤土	团块状	6.8	21.9	0.80	0.41	20.4	92		52	17.9			
					A₂	45—68	灰白色	黏壤土	片状	6.8	5.9	0.32	0.36	21.7	26	1.1	41	24.6			
					B	68—138	红棕色	壤土	棱块状	6.2	5.3	0.41	0.58	19.7		2.0	106	30.7			
					C	138—	红棕色	砂质壤土	棱块状	6.4	3.8	0.32	1.47			1.0		27.1			
剖49	淋溶土	暗棕壤	暗棕壤	薄层暗暗棕壤	Aa	0—10	黄灰色	壤质黏壤土	团粒状	6.6	15.1	1.28	0.36	10.3	119	1.1	142	30.4		E 126°19′17.4″ N 44°11′47.4″	92
					B	10—50	黄棕色	壤质黏壤土	小棱块状	7.0	13.0	0.77	0.16		82	3.8	103	26.2			
					C	50—130	棕褐色	壤质黏壤土	大棱块状	6.5	4.8	0.74	0.52		44	3.5	127	29.7			
					4	130—150		壤质黏壤土		6.9	3.7	0.71	0.51		38	4.0	134	29.6			
剖50	半水成土	草甸土	岗川草甸土	覆泥薄层岗川草甸土	Aa	0—20	棕灰色	粉砂质壤土	块状	6.3	25.8	1.30	0.49	22.4	155	7.1	152	30.7		E 126°26′28.3″ N 44°11′20.0″	95
					A₁	20—45	灰棕色	粉砂质壤土	团粒状	6.5	20.8	0.99	0.48	23.6	112	5.3	105	30.5			
					Bg	45—72	黑灰色	粉砂质黏壤土	团块状	6.3	16.3	0.76	0.50	21.7	88	1.0	125	29.4			
					C	72—	灰黄色	壤质黏壤土	粒状												
剖51	半淋溶土	黑土	黑土	露黄黑土	Aa	0—16	灰棕色	壤质黏壤土	小棱块状	6.6	11.2	0.94	0.28		83		126	26.5		E 125°39′32.8″ N 43°57′33.5″	93
					AB	16—23	灰棕色	粉砂质壤土	棱块状	6.5	9.0	0.69	0.41		80	6.4	137	29.4			
					B	23—35	棕色	粉砂质壤土	棱块状	6.6	7.6	0.33	0.32		61		128	25.4			
					C	35—	暗棕色	粉砂质壤土	大棱块状	6.6	4.8	0.37	0.36		44	13.2	126	25.1			
剖52	半水成土	草甸土	平川草甸土	覆泥厚层平川草甸土	Aa	0—25	浅黑色	黏壤土	粒状	6.0	38.8	2.06	0.62		208	3.6	106	37.8		E 125°33′06.8″ N 43°56′48.1″	95
					A	25—67	灰黑色	砂质壤土	粒状	6.8	17.6	1.04	0.52		108	7.9	108	21.0			
					AB	67—90	浅灰色	壤土	粒状	6.6	7.3	0.59	0.59		56	22.5	127				
剖53	淋溶土	暗棕壤	暗棕壤	中层暗暗棕壤	Aa	0—18	灰棕色	砾质砂壤土	团块状	6.5	18.9	0.89	0.35	21.7	87	3.6	103	18.6		E 125°57′21.1″ N 43°56′29.8″	92
					A	18—28	暗棕色	砾质砂壤土	粒状	6.9	18.4	1.23	0.27	21.7	68	2.6	82	17.1			
					B	28—51	浅棕黄色	黏壤土	粒状	6.2	7.6	0.43	0.27	22.9	38	3.1	104	20.1			
					BC	51—80	砾棕色	砾质砂黏壤土	核状状	5.9	4.6	0.34	0.30	22.6		5.3		24.7			
剖54	半淋溶土	黑土	黑土	薄层黑土	1	0—24		壤土	团粒状	6.5	20.7	1.27	0.68	25.0	127	35.0	146	27.6	黄土母质	E 125°53′21.5″ N 43°55′31.8″	95
					2	24—50	黑色	壤土	团粒状	5.4	10.6	0.32	0.43	24.8	68	18.1	103	17.7			
					3	50—66	灰黑色	壤土	棱块状	5.8	23.6	1.41	0.33	24.1	89	9.8	137	32.0			
					4	66—88		壤土	棱块状	6.3	8.8	0.79	0.27	24.7		20.8		28.4			
					5	88—180		粉砂质壤土		6.4	9.9	0.69	0.45	24.9		26.9		41.7			
剖55	淋溶土	暗棕壤	暗棕壤	厚层暗暗棕壤	Ao	0—2	黑色												黄土母质	E 125°58′35.0″ N 43°54′12.6″	74
					Aa	2—13	灰黑色	壤土	团粒状	6.1	20.1	1.30	0.31		157	2.4	93	25.9			
					A₁	13—43	棕灰色	砂质壤土	团粒状	6.8	8.9	0.51	0.25		72	2.2	72	21.5			
					B	43—93	黄黄色	砾质黏壤土	棱块状	6.3	3.4	0.47	0.16			10.9		18.6			
					C	93—	棕灰色														
剖56	半水成土	草甸土	岗川草甸土	深厚层岗川草甸土	Aa	0—16	暗黑色	黏壤土	小粒状	6.5	28.8	1.44	0.46		167	2.4	156	32.4		E 126°01′10.2″ N 43°53′44.9″	75
					A₁(1)	16—77	灰黑色	壤土	小粒状	7.0	42.0	1.33	0.59		193	1.8	146	38.3			
					A₁(2)	77—150	棕黑色	黏壤土	小粒状	6.8	25.9	0.93	0.65			2.0		35.0			

农 安 县

主要土类说明

黑钙土是农安县主要土壤类型，占本县地域面积的53%，主要分布在海拔200m左右的黄土状沉积物台地。受草甸草原植被的影响，黑钙土具有相当厚的均腐殖质层，剖面构型与黑土很相似，但土壤腐殖质积累少于黑土，有机质含量一般为15—20g/kg，剖面内具有石灰反应，呈微碱性，多数土种可见明显的钙积层。本县黑钙土分为黑钙土、草甸黑钙土等亚类。

草甸土是农安县第二大土壤类型，占本县地域面积的24%。草甸土是由沉积作用并伴随腐殖质积累过程形成的富含腐殖质的土壤，多分布在远河低平处或台地间洼地。因所处地下水位较高，潜水参与土壤形成过程，受地下水升降与浸润作用，剖面下部均见潜育化现象。本县草甸土分为草甸土、石灰性草甸土、盐化草甸土、碱化草甸土四个亚类。

黑土是农安县第三大土壤类型，占本县地域面积的6%。黑土是本县最肥沃的土壤之一，主要分布在本县东部、南部的前岗、合隆、烧锅、靠山、三岗等地，青山口、小城子等地也有点片状分布。本县黑土地处本省黑土带边缘，气候接近半干旱区，土壤腐殖质积累较少，有机质含量在20g/kg左右，土壤呈中性或微碱性，与典型的黑土有所不同。本县黑土仅有黑土一个亚类，按母质类型续分为黑土、红黏底黑土、红砂底黑土、页岩底黑土四个土属，其中，红黏底黑土、红砂底黑土均系第四纪红色沉积层的露头，页岩底黑土系白垩纪页岩的露头。

风沙土占本县地域面积的6%，是在风积沙丘上发育的土壤，主要分布在本县西北部和北部的松花江沿岸。本县风积沙丘有两类：一类是在江河漫滩上形成的新风积沙丘，另一类是在松花江台地上形成的老风积沙丘。后者由于形成时间较长，已发育为黑土型风沙土和黑钙土型风沙土两个亚类。

碱土占本县地域面积的4%。本县碱土虽面积不大，但分布面广，与盐土呈复区分布，其中，盐土所处地形部位稍低，碱土则多见于局部微地形稍高或排水相对较好的地段。碱土含盐量多低于2g/kg，其组成以苏打为主，有时也见硫酸盐，表土碱化度一般在10%以下，碱化层碱化度为20%—30%，有的达80%。心土为明显碱化或碱化度高的土壤。

新积土占本县地域面积的4%，是本县最肥沃的土壤之一。本县新积土由江河泥沙沉积形成，土壤发育不明显，集中分布在青山口、黄鱼圈、新农、小城子、前岗、华家等地的沿江河平川地，分为冲积土、石灰性冲积土、盐化冲积土三个亚类。

小于本县地域面积3%的土壤类型有沼泽土、草甸盐土、水稻土、泥炭土等。

本区域中心区气候特征

本区域中心区气候特征值 Regional climate characteristics in central area of the region	
气候带：中温带亚湿润气候 Climate region: Mid temperate subhumid climate	
年平均气温 /℃ Annual average temperature /℃	5.5
年平均最高气温 /℃ Annual average maximum temperature /℃	11.2
年平均最低气温 /℃ Annual average minimum temperature /℃	0.4
年降水量 /mm Annual precipitation /mm	514
≥10℃的积温 /℃ Daily temperature accumulated in a year（≥10℃）/℃	2106
年日照时数 /h Annual sunshine /h	2667
年平均相对湿度 /% Annual average relative humidity /%	63
干燥度 Dryness	0.67

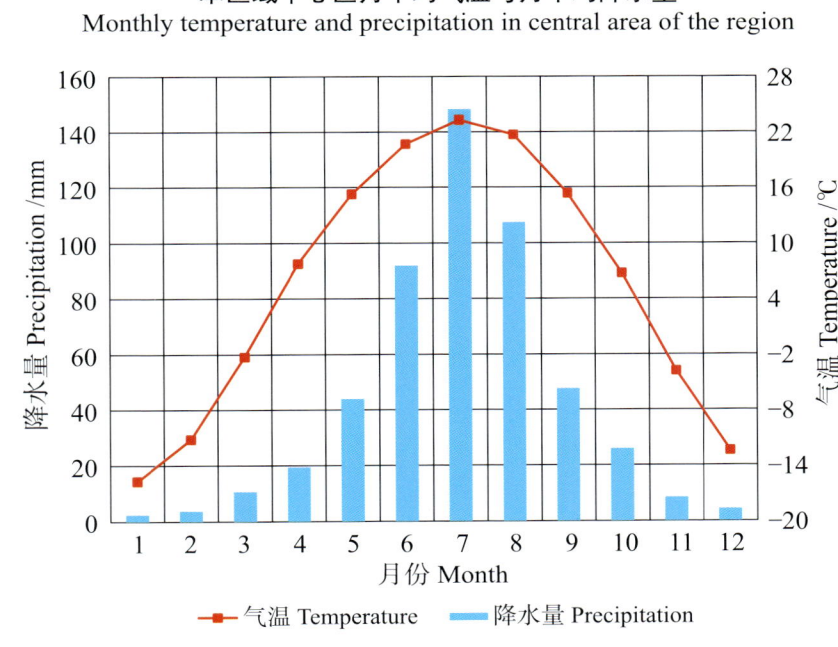

本区域中心区月平均气温与月平均降水量
Monthly temperature and precipitation in central area of the region

农安县主要土壤类型与土壤剖面点分布图
1∶420 000

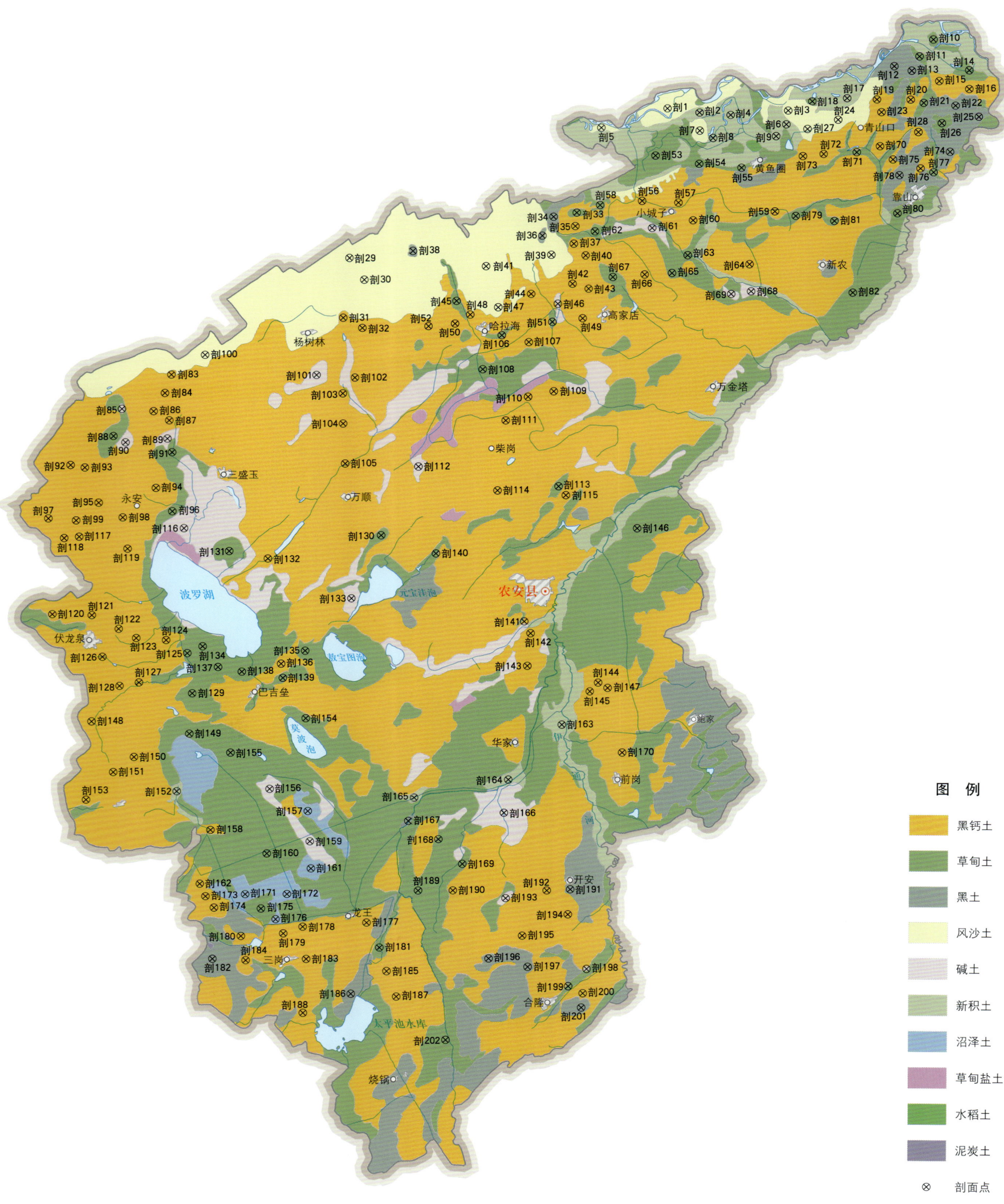

农安县土壤剖面理化性状表

剖面号 Soil profile	土纲 Soil order	土类 Soil great group	亚类 Soil subgroup	土属 Soil genus	土种 Soil species	土层码 Layer code	土层厚度 Depth/cm	颜色 Soil color	质地 Soil texture	土壤结构 Soil structure	pH	有机质 OM/(g/kg)	全氮 TN/(g/kg)	全磷 TP/(g/kg)	全钾 TK/(g/kg)	碱解氮 AN/(mg/kg)	有效磷 AP/(mg/kg)	速效钾 AK/(mg/kg)	阳离子交换量 CEC/(cmol/kg)	土壤母质 Parent material	剖面点坐标 Profile coordinate	匹配指数 Matching index/%
剖1	初育土	风沙土	黑土型风沙土	黑土型沙土	薄层黑土型沙土	1	0—25				7.1	10.0	0.58	0.16	23.2	52	7.3	9			E 125°20′47.8″ N 44°51′55.8″	92
						2	25—75				7.6	6.0	0.37	0.17		26	2.1	9				
						3	75—				7.5	5.6	0.32	0.15		22	4.1	22				
剖2	初育土	新积土	冲积土	石灰性冲积土	壤质石灰性冲积土	1	0—30					22.6	1.24	0.31	19.3	84	17.5	7		冲积物	E 125°23′09.6″ N 44°51′39.2″	92
						2	30—55					22.4	1.18	0.35	18.1	9	25.3	7				
						3	55—114					15.1	0.71	0.30	18.1	10	28.4	7				
						4	114—					10.7	0.55	0.31	17.6	18						
剖3	初育土	风沙土	黑土型风沙土	砂底黑土型沙土	薄层砂底黑土型沙土	1	0—20				7.7	13.7	0.93	0.18	12.2	75	2.1	26			E 125°29′43.1″ N 44°51′37.4″	93
						2	20—41				7.7	6.6	0.41	0.13	9.9	31	2.0	14				
						3	41—150				7.6	1.7	0.16	0.04	13.1	8	3.3	22				
剖4	初育土	新积土	冲积土	石灰性冲积土	砂壤质石灰性冲积土	Aa	0—16	浅灰色	砂质黏壤土	粒状										冲积物	E 125°25′27.5″ N 44°51′28.4″	92
						A	16—26	浅灰色	砂质黏壤土	无明显结构												
						C	26—140	灰褐色	细砂质壤土	无明显结构												
剖5	初育土	风沙土	风沙土	风沙土	暗色风沙土	A	0—29	灰棕色	壤质砂土	无结构											E 125°15′51.6″ N 44°50′58.0″	74
						C	29—	浅灰棕色														
剖6	初育土	新积土	冲积土	层状冲积土	碱土底壤质层状冲积土	Aa	0—25	浅黄色	黏壤土	粒状										冲积物	E 125°29′33.7″ N 44°50′51.9″	74
						C₁	25—31	灰黄色	砂壤土													
						C₂	31—38	棕色	黏壤土	片状												
						C₃	38—55	灰黄色	砂壤土	棱块状												
						C₄	55—60	灰色	壤质黏土	小棱块状												
						C₅	60—105	深灰色	壤质黏土													
剖7	初育土	风沙土	风沙土	风沙土	暗色风沙土	1	0—5				7.3	9.9	0.91	0.14	19.0	44	3.6	82	4.5		E 125°23′08.2″ N 44°50′40.2″	74
						2	5—				7.6	3.8	0.46	0.05	18.4	28	3.7	47	14.4			
剖8	初育土	新积土	冲积土	石灰性冲积土	砂底石灰性冲积土	1	0—39		砂质黏壤土		8.1	9.4	0.57	0.09	19.0	51	0.8	102	19.0	冲积物	E 125°24′06.1″ N 44°50′15.0″	74
						2	39—62				8.1	9.2	0.84	0.08	18.4	53	1.9	93	17.8			
						3	62—90				8.1	7.2	0.77	0.13	19.2	50	1.4	82	14.8			
						4	90—110				8.0	5.6		0.08	19.2	50	2.1	97	10.2			
						5	110—				8.0	9.2		0.24	17.9	17	1.9	56				
剖9	初育土	新积土	冲积土	层状冲积土	碱土底壤质层状冲积土	1	0—25	浅灰色	黏壤土	粒状	8.7	15.6	0.88	0.93	16.1	74	13.1	32		冲积物	E 125°28′46.6″ N 44°50′14.9″	74
						2	25—31	灰色	壤质黏土	粒状	8.8	11.8	0.76	0.28	15.8	46	17.6	12				
						3	31—38	浅灰棕色	壤质黏土	棱块状	8.7	24.3	1.34	0.17	15.5	93	4.2	12				
						4	38—51	黄棕色	黏土	棱块状	8.6	13.0	0.94	0.32	14.8	35	3.4	12				
						5	51—60	暗棕色	壤质黏土	粒状	8.4	7.6	0.54	0.28	17.9	24	2.5	13				
剖10	半水成土	草甸土	石灰性草甸土	岗川石灰性草甸土	薄层岗川石灰性草甸土	Aa	0—20	黑色	黏土	粒状											E 125°40′39.0″ N 44°55′14.2″	97
						A	20—41	灰棕色	黏土	粒状												
						AB	41—97	浅灰棕色	黏土	棱块状												
						Bg	97—															
剖11	半水成土	草甸土	平川草甸土	平川草甸土	中层平川草甸土	Aa	0—20	暗黑色	壤土	粒状											E 125°39′34.6″ N 44°54′20.9″	97
						A	20—46	灰棕色	黏土	棱块状												
						Ag	46—149	浅灰棕色	黏土													
						Cg	149—															

续表 Continued

剖面号 Soil profile	土纲 Soil order	土类 Soil great group	亚类 Soil subgroup	土属 Soil genus	土种 Soil species	土层码 Layer code	土层厚度 Depth/cm	颜色 Soil color	质地 Soil texture	土壤结构 Soil structure	pH	有机质 OM/(g/kg)	全氮 TN/(g/kg)	全磷 TP/(g/kg)	全钾 TK/(g/kg)	碱解氮 AN/(mg/kg)	有效磷 AP/(mg/kg)	速效钾 AK/(mg/kg)	阳离子交换量CEC/(cmol/kg)	土壤母质 Parent material	剖面点坐标 Profile coordinate	匹配指数 Matching index,%
剖12	半淋溶土	黑土	黑土	黑土	破皮黄黑土	A	0—17	暗棕褐色	黏壤土	团块状	7.4	15.3	1.17	0.26			2.2	27			E 125° 37′ 40.4″ N 44° 53′ 51.7″	97
						AC	17—52	黄棕色	壤质黏土	块状	7.5	6.3	0.42	0.12			5.4	19				
剖13	半淋溶土	黑土	黑土	黑土	中层黑土	C	62—	浅棕色		块状	7.7	7.3	0.54	0.16			6.7	12			E 125° 38′ 58.6″ N 44° 53′ 35.2″	98
						1	0—37															
						2	37—80															
						3	80—120															
剖14		草甸土	盐化草甸土	轻盐化草甸土	中层轻盐化草甸土	Aa	0—17	灰色	壤质黏土	粒状											E 125° 43′ 13.1″ N 44° 53′ 30.5″	97
						A	17—42	棕灰色	壤质黏土	粒状												
						B	42—67	浅灰棕色	壤质黏土	粒状												
						Bg	67—98	灰棕色	壤质黏土	棱块状												
						Cg	98—	浅棕黄色	黏土	棱块状												
剖15	钙层土	黑钙土	黑钙土	黑钙土	中层黑钙土	1	0—36				7.7	11.3	0.43	0.18		38	1.0	103	16.5		E 125° 40′ 58.4″ N 44° 52′ 59.5″	97
						2	36—55				8.0	7.8	0.40	0.15		29	0.6	107				
						3	55—105				8.0	6.0	0.33	0.19		25	1.0	121				
						4	105—150				8.0	8.7	0.53	0.27		28	1.4	105				
剖16	钙层土	黑钙土	黑钙土	黑钙土	厚层黑钙土	1	0—20				7.8	20.4	1.22	0.31		82	1.5	127	18.9		E 125° 43′ 10.2″ N 44° 52′ 30.4″	97
						2	20—60				7.8	17.4	0.96	0.25		90	1.2	107	24.9			
						3	60—100				7.8	12.3	0.71	0.26		72	2.0	114	23.8			
						4	100—				8.0	6.6	0.44	0.28		79	2.5	106	19.5			
剖17	初育土	新积土	冲积土	冲积土	壤质冲积土	Aa	0—15	棕灰色	黏壤土	粒状										冲积物	E 125° 34′ 07.7″ N 44° 52′ 12.4″	92
						A	15—35	棕灰色	黏土壤土	无明显结构												
						C	35—	灰棕色	壤质黏土	无结构												
剖18	半水成土	草甸土	石灰性草甸土	平川石灰性草甸土	深厚平川石灰性草甸土	Aa	0—18	灰色	黏土	粒状											E 125° 31′ 31.4″ N 44° 52′ 05.5″	97
						A	18—76	暗灰色	黏土	粒状												
						AC₁	76—105	棕灰色	黏土	粒状												
						AC₂	105—155	灰黑色	黏土	棱块状												
						Cg	155—	浅灰棕色	粉砂质黏土	团块状												
剖19	钙层土	黑钙土	黑钙土	黑钙土	中层黑钙土	Aa	0—16	棕灰色	粉砂质黏土	团块状											E 125° 36′ 19.1″ N 44° 52′ 05.2″	97
						A	16—38	灰棕色	粉砂质黏土	团块状												
						BC	38—64	灰黄棕色	粉砂质黏土	棱块状												
						C	64—	浅黄棕色	粉砂质黏土	团块状												
剖20	钙层土	黑钙土	黑钙土	黑钙土	薄层黑钙土	Aa	0—17	浅黄棕色	粉砂质黏土	团块状											E 125° 38′ 49.8″ N 44° 52′ 01.2″	97
						A	17—27	灰黄棕色	粉砂质黏土	团块状												
						B	27—93	浅黄棕色	粉砂质黏土	棱块状												
						BC	93—139	棕色	粉砂质黏土	棱块状												
						C	139—	浅黄棕色	粉砂质黏土													
剖21	半水成土	草甸土	石灰性草甸土	平川石灰性草甸土	厚层平川石灰性草甸土	1	0—22		壤质黏土	小团块状	8.4	23.1	1.48	0.39	20.3	94	2.6	146			E 125° 39′ 46.3″ N 44° 51′ 48.7″	95
						2	22—50		黏壤土	小团块状	8.7	22.5	1.19	0.36	17.9	78	1.7	103				
						3	50—63		壤质黏土	棱块状	8.8	16.5	1.02	0.39	17.2	58	1.8	104				
						4	63—		壤质黏土	棱块状	8.7	8.1	0.46	0.30	16.7	26	2.5	111				
剖22	半淋溶土	黑土	黑土	黑土	中层黑土	Aa	0—18	浅棕灰色	黏质黏土	小团块状											E 125° 42′ 07.2″ N 44° 51′ 36.1″	98
						A	18—41	棕灰色	黏壤土	小团块状												
						AB	41—98	灰棕色	壤质黏土	棱块状												
						B	98—150	黄棕色	壤质黏土	棱块状												
						C	150—	浅灰棕色	壤质黏土													

续表 Continued

剖面号 Soil profile	土纲 Soil order	土类 Soil great group	亚类 Soil subgroup	土属 Soil genus	土种 Soil species	土层码 Layer code	土层厚度 Depth/cm	颜色 Soil color	质地 Soil texture	土壤结构 Soil structure	pH	有机质 OM/(g/kg)	全氮 TN/(g/kg)	全磷 TP/(g/kg)	全钾 TK/(g/kg)	碱解氮 AN/(mg/kg)	有效磷 AP/(mg/kg)	速效钾 AK/(mg/kg)	阳离子交换量CEC/(cmol/kg)	土壤母质 Parent material	剖面点坐标 Profile coordinate	匹配指数 Matching index/%
剖23	钙层土	黑钙土	黑钙土	黑钙土	露黄黑钙土	1	0—29				8.0	14.3	0.80			80	0.8	78	22.1		E 125°36′37.8″ N 44°51′22.7″	95
						2	29—39		壤质黏土		7.9	8.7	0.54	0.11	16.9	49	0.9	78	21.0			
						3	39—71		壤质黏土		8.1	4.8	0.28	0.05	18.3	27	0.4	82	25.1			
						4	71—		壤土		8.0	2.5	0.09	0.02		14	0.5	89	16.7			
剖24	初育土	风沙土	黑土型风沙土	砂底黑土型沙土	中层砂底黑土型沙土	Aa	0—12	暗灰色	细砂质壤土	无明显结构											E 125°33′24.8″ N 44°51′01.8″	93
						A	12—92	灰棕褐色	壤质砂土	无明显结构												
						C	92—	浅棕黄色	砂土	无结构												
剖25	半淋溶土	黑土	黑土	黑土	薄层黑土	1	0—15				7.7	12.7	0.91	0.24	16.8	62	6.2	17	30.0		E 125°43′49.1″ N 44°50′57.1″	97
						2	15—23				7.8	15.5	0.84	0.24	15.2	60	0.6	14	29.6			
						3	23—60				8.0	7.4	0.42	0.10	18.2	32	2.1	17	28.5			
						4	60—				8.0	4.4	0.27	0.05		25	4.8	16	28.1			
剖26	半水成土	草甸土	盐化草甸土	轻盐化草甸土	中层轻盐化草甸土	1	0—20		壤质黏土		8.6	23.6	1.47	0.39	22.0	89	5.5	156			E 125°41′03.5″ N 44°50′40.2″	97
						2	20—39				8.9	21.1	1.28	0.34	20.9	85	1.8	110				
						3	39—60				8.8	10.2	0.60	0.28	18.8	41	1.9	117				
						4	60—				8.5	7.4	0.41	0.28	19.5	32	2.2	117				
剖27	初育土	风沙土	黑土型风沙土	黑土型沙土	薄层黑土型沙土	Aa	0—23	暗棕灰色	砂质黏壤土	无明显结构											E 125°31′06.6″ N 44°50′35.2″	74
						A	23—70	棕灰色	砂质黏壤土	团块状												
						BC	70—	棕色	砂质壤土	棱块状												
剖28	钙层土	黑钙	黑钙土	黑钙土	深厚黑钙土	1	0—18		粉砂质黏土		7.8	24.9	0.27	0.45	24.1	118	1.8	14	25.0		E 125°39′19.1″ N 44°50′13.9″	97
						2	18—43		粉砂质黏土		7.9	26.2	1.46	0.41	24.0	119	1.1	104	25.3			
						3	43—124		砂质黏壤土		7.9	18.0	1.20	0.41	21.6	75	1.8	117	17.6			
						4	124—				8.0	10.3	0.88	0.40	23.5	40	4.1	116				
剖29	初育土	风沙土	黑土型风沙土	黑土型沙土	厚层黑土型沙土	1	0—25				7.3	17.4	1.92	0.21		77	3.1	12			E 124°57′00.0″ N 44°44′13.2″	92
						2	25—72				7.4	8.0	0.51	0.17		42	1.6	12				
						3	72—150				7.3	5.8	0.38	0.15		24	1.7	15				
剖30	初育土	风沙土	黑土型风沙土	砂底黑土型沙土	厚层砂底黑土型沙土	Aa	0—12	暗灰色	细砂质壤土	无明显结构											E 124°58′03.4″ N 44°43′01.9″	93
						A	12—92	灰棕褐色	壤质砂土	无明显结构												
						C	92—	浅棕黄色	砂土	无结构												
剖31	钙层土	黑钙土	黑钙土	黑钙土	深厚黑钙土	Aa	0—20	浅棕灰色	粉砂质黏土	团块状											E 124°56′25.8″ N 44°40′59.5″	99
						AB	20—80	浅棕灰色	粉砂质黏土	团块状												
						BC	80—150	浅棕灰色	粉砂质黏土	团块状												
						C	150—	浅棕灰色	粉砂质黏土	棱块状												
剖32	钙层土	黑钙土	黑钙土	黑钙土	中层黑钙土	1	0—20				8.1	23.5	1.45	0.40	13.5	87	4.9	143			E 124°57′50.4″ N 44°40′25.0″	97
						2	20—47				8.2	13.4	0.78	0.26	17.8	37	1.8	121				
						3	47—76				8.5	8.6	0.58	0.27	18.5	40	2.5	119				
						4	76—105				8.3	5.6	0.48	0.34	12.3	25	7.6	124				
剖33	半水成土	草甸土	盐化草甸土	轻盐化草甸土	厚层轻盐化草甸土	1	0—19				8.0	29.7	1.84	0.36	17.2	123	1.7	115	34.1		E 125°13′51.6″ N 44°46′23.9″	97
						2	19—29				8.1	29.2	1.66	0.34	18.1	113	1.8	123	33.1			
						3	29—120				8.0	19.8	0.68	0.32	15.6	103	2.9	102	26.8			
剖34	半淋溶土	黑土	黑土	黑土	中层黑土	1	0—15				8.1	40.4	2.47	0.50	10.5	153	6.6	49			E 125°12′08.3″ N 44°46′12.0″	97
						2	15—23				8.0	21.4	1.40	0.22	12.7	92	1.6	43				
						3	23—110				7.6	22.8	1.18	0.24	12.2	80	2.3	30				
						4	110—				8.0	26.4	1.51	0.35	11.9	111	4.6	23				

续表 Continued

剖面号 Soil profile	土纲 Soil order	土类 Soil great group	亚类 Soil subgroup	土属 Soil genus	土种 Soil species	土层码 Layer code	土层厚度 Depth/cm	颜色 Soil color	质地 Soil texture	土壤结构 Soil structure	pH	有机质 OM/(g/kg)	全氮 TN/(g/kg)	全磷 TP/(g/kg)	全钾 TK/(g/kg)	碱解氮 AN/(mg/kg)	有效磷 AP/(mg/kg)	速效钾 AK/(mg/kg)	阳离子交换量CEC/(cmol/kg)	土壤母质 Parent material	剖面点坐标 Profile coordinate	匹配指数 Matching index/%
剖35	钙层土	黑钙土	黑钙土	黑钙土	中层黑钙土	Aa	0—20	暗棕灰色	粉砂质黏土	团块状											E 125°13′43.3″ N 44°45′39.6″	98
						A	20—40	灰黑色	粉砂质黏土	团块状												
						AB	40—70	暗棕色	粉砂质黏土	团块状												
						BC	70—	黄棕色	粉砂质黏土	棱块状												
剖36	半淋溶土	黑土	黑土	黑土	厚黑土	1	0—15				7.6	23.4	1.26	0.92	19.0	97	14.5	39			E 125°11′16.8″ N 44°45′11.2″	97
						2	15—73				7.5	22.3	1.10	0.34	17.2	86	2.9	34				
						3	73—124				7.4	10.2	0.60	0.56	18.0	45	6.2	32				
						4	124—162				7.5	2.0	0.38	0.24	14.4	27	7.9	29				
						5	162—				7.6	4.8	0.33	0.30		20	6.7	18				
剖37	钙层土	黑钙土	黑钙土	黑钙土	厚黑钙土	1	0—19				8.2	21.5	1.28	0.32	13.9	86	1.6	132			E 125°13′35.4″ N 44°44′42.4″	98
						2	19—70				8.1	20.4	1.15	0.29	16.6	69	2.7	95				
						3	70—91				8.5	9.9	0.67	0.29	15.9	40	1.7	113				
						4	91—				8.4	6.5	0.41	0.25	12.4	28	1.8	109				
剖38	半淋溶土	黑土	黑土	黑土	中层黑土	1	0—15				7.5	19.1	1.19	0.22		102	4.4	70			E 125°13′41.5″ N 44°44′31.6″	97
						2	15—40				7.8	21.4	1.07	0.21		95	20.2	27				
						3	40—105				7.7	9.0	0.46	0.14		34	0.4	28				
						4	105—				7.7	6.7	0.31	0.10		28	5.2	19				
剖39	初育土	风沙土	黑土型风沙土	砂底黑土型沙土	薄底砂底黑土型沙土	1	0—15	浅灰色	壤质黏土	粒状	8.1	8.8	0.62	0.13		29	1.5	76			E 125°11′53.9″ N 44°44′07.8″	93
						2	15—35	灰棕色	壤质黏土	粒状	8.0	5.6	0.34	0.10		20	1.0	62				
						3	35—	棕黄色	壤质黏土	粒状	7.8	3.0	0.53	0.08		13	0.5	72	7.8			
剖40	钙层土	黑钙土	草甸黑钙土	中盐化草甸黑钙土	中盐化草甸黑钙土	Aa	0—11		壤质黏土	棱块状											E 125°14′25.8″ N 44°44′03.1″	97
						A	11—42		砂质黏壤土	团块状	7.3	7.6	0.36	0.20	24.3	55	1.7	92	13.2			
						AB	42—88		黏壤土	团块状	7.1	4.4	0.41	0.10	24.7	25	0.7	83	18.1			
						Bg	88—120		黏壤土	团块状	7.1	2.2	0.32	0.10	23.1	19	1.2	95	11.9			
剖41	初育土	风沙土	黑土型风沙土	黑土型沙土	薄层黑土型沙土	1	0—28	灰色	黏壤土												E 125°07′03.7″ N 44°43′36.5″	93
						2	28—80															
						3	80—															
剖42	钙层土	黑钙土	冲积黑钙土	冲积黑钙土	厚层冲积母质黑钙土	Aa	0—17	暗灰色		团块状	8.0	20.0	1.00	0.41	22.4	59	1.8	116	2.7	冲积物	E 125°13′24.2″ N 44°42′32.8″	97
						A	17—40	棕灰色		团块状	7.9	15.2	0.73	0.05	22.2	43	1.3	110				
						AB	40—90	灰黄色		团块状	7.9	10.0	0.51	0.43	22.8	39	1.2	112				
						C	90—				8.0	6.4	0.36	0.39	21.7	26	1.2	116	7.4			
剖43	钙层土	黑钙土	草甸黑钙土	黑钙土	厚层草甸黑钙土	1	0—60				7.3	18.3	0.66	0.26	17.4	56	0.8	38	20.2		E 125°14′35.5″ N 44°42′15.1″	97
						2	60—80				7.4	6.7	0.46	0.18	22.4	25	0.2	114	23.5			
						3	80—100				7.5	3.4	0.53	0.29	19.7	17	0.7	108				
剖44	钙层土	黑钙土	草甸黑钙土	草甸黑钙土	中层草甸黑钙土	1	0—40		壤质黏土		8.3	8.9	0.85	0.09	18.9	42	1.6	139	26.3		E 125°10′21.0″ N 44°42′03.2″	97
						2	40—60		黏土		8.2	21.9	1.39	0.20	16.0	90	2.8	190	20.2			
						3	60—				8.1	10.7	1.34	0.10	18.1	51		160	27.7			
剖45	半水成土	草甸土	碱化草甸土	轻碱化草甸土	中层碱化草甸土	2	30—37				9.4	15.6	1.23	0.19	16.9	63	2.4	190	36.5		E 125°04′49.4″ N 44°41′46.0″	97
						3	37—41		壤质黏土		9.6	9.7	0.61	0.12	18.8	32	2.8	124	21.6			
						4	41—46				9.0	25.7	1.50	0.30		88		246	49.4			
						5	46—74															
						6	74—															

续表 Continued

剖面号 Soil profile	土纲 Soil order	土类 Soil great group	亚类 Soil subgroup	土属 Soil genus	土种 Soil species	土层码 Layer code	土层厚度 Depth/cm	颜色 Soil color	质地 Soil texture	土壤结构 Soil structure	pH	有机质 OM/(g/kg)	全氮 TN/(g/kg)	全磷 TP/(g/kg)	全钾 TK/(g/kg)	碱解氮 AN/(mg/kg)	有效磷 AP/(mg/kg)	速效钾 AK/(mg/kg)	阳离子交换量CEC/(cmol/kg)	土壤母质 Parent material	剖面点坐标 Profile coordinate	匹配指数 Matching index/%
剖46	盐碱土	碱土	草甸碱土	草甸碱土	浅位草甸碱土	1	0–5				8.1	33.8	1.38	0.34	23.3	82	2.1	112	18.8		E 125° 12′ 17.4″ N 44° 41′ 28.8″	97
						2	5–52				9.0	17.9	0.92	0.30	21.7	37	0.8	138	20.9			
						3	52–90				9.5	14.1	1.26	0.28	21.3	23	0.5	137	24.9			
剖47	初育土	风沙土	黑土型风沙土	黑土型沙土	薄层黑土型沙土	1	0–27				7.9	16.9	1.11	0.17		65	1.0	121	21.9		E 125° 07′ 53.4″ N 44° 41′ 22.2″	93
						2	27–75				7.9	7.7	0.50	0.31		30	0.7	93	19.4			
						3	75–				7.9	4.2	0.32	0.17		22	1.0	93	17.4			
剖48	钙层土	黑钙土	草甸黑钙土	草甸黑钙土	中草甸黑钙土	1	0–18		壤质黏土		8.0	19.8	1.13	0.41	17.0	71	2.2	117			E 125° 05′ 48.8″ N 44° 41′ 00.6″	97
						2	18–43				8.1	5.8	0.49	0.41	17.4	31	2.0	107				
						3	43–89				8.1	4.9	0.46	0.17	16.0	28	0.9	122				
						4	89–				8.1	5.6	0.45	0.44	20.6	27	2.2	119				
剖49	钙层土	黑钙土	草甸黑钙土	草甸黑钙土	中层草甸黑钙土	1	0–17		黏壤土		8.0	20.7	1.27	0.45	23.3	72	1.6	135	27.1		E 125° 14′ 04.9″ N 44° 40′ 39.7″	97
						2	17–36				8.1	17.8	1.08	0.39	20.2	66	0.6	101	27.9			
						3	36–75				8.1	6.7	0.45	0.31	20.1	30	0.5	90	22.0			
						4	75–				8.1	4.0	0.27	0.30	21.2	17	1.5	100	20.3			
剖50	钙层土	黑钙土	黑钙土	黑钙土	中层黑钙土	1	0–39				8.0	18.4	0.93	0.28		59	0.5	96	22.8		E 125° 04′ 40.8″ N 44° 40′ 32.5″	97
						2	39–80				8.1	18.2	1.21	0.28		69	0.5	90				
						3	80–130				8.1	13.2	0.82	0.28		34	1.1	93				
						4	130–145				8.1	15.1	0.36	0.24		21	0.5	106	16.4			
剖51	半水成土	草甸土	石灰性草甸土	覆泥石灰性草甸土	中层覆泥石灰性草甸土	Aa	0–15	浅灰色	砂质黏壤土	团块状结构											E 125° 11′ 51.3″ N 44° 40′ 30.2″	97
						C	15–40	灰棕灰色	砂壤土	无明显结构												
						A	40–85	棕灰色	壤质黏土	粒状												
						Bg	85–120	浅棕灰色	壤质黏土	粒状												
						G	120–	灰黄色	壤质黏土	棱块状												
剖52	半水成土	草甸土	草甸土	页岩底黑钙土	厚层页岩底黑钙土	Aa	0–11	暗黄色	壤质黏土	粒状										页岩风化物	E 125° 02′ 42.7″ N 44° 40′ 26.0″	97
						AC	11–51	灰色		屑粒状									31.9			
						C	51–80	棕灰色		粒状、片状												
							80–109	浅灰绿色														
剖53	半水成土	草甸土	碱化草甸土	覆泥中碱化草甸土	覆泥中碱化草甸土	1	0–15				8.1	9.3	0.48	0.24		46	2.0	27			E 125° 19′ 48.5″ N 44° 49′ 23.5″	97
						2	15–40				8.4	12.5	1.60	0.40		113	0.4	18				
						3	40–83				8.6	10.4	0.50	0.27		25	1.5	27				
						4	83–				8.9	14.8	0.86	0.29		67	1.2	19				
剖54	半水成土	草甸土	草甸土	平川草甸土	深厚层平川草甸土	1	0–20				7.8	28.9	1.42	0.40		123	11.4	215			E 125° 23′ 01.3″ N 44° 48′ 52.2″	97
						2	20–46				7.7	23.3	1.10	0.55		96	4.4	153				
						3	46–149				7.4	15.3	0.71	0.60		56	26.1	217				
						4	149–				7.6	4.7	0.39	0.38		30	32.4	138				
剖55	半水成土	草甸土	草甸土	平川草甸土	深厚层平川草甸土	1	0–20		壤质黏土		7.6	21.4	1.20	0.31	10.3	84	4.6	130			E 125° 26′ 08.2″ N 44° 48′ 35.8″	97
						2	20–65				8.1	18.4	0.66	0.32	11.4	58	4.6	113				
						3	65–80				8.1	15.7	0.62	0.47	15.1	38	2.8	125				
						4	80–103				8.1	14.5	0.64	0.55	19.3	41	4.3	132				
						5	103–				8.0	16.8	0.70	0.40	11.7	42	5.9	127				
剖56	钙层土	黑钙土	黑钙土	黑钙土	深厚黑钙土	Aa	0–18	浅棕灰色	粉砂质黏土	弱发育粒状											E 125° 18′ 43.2″ N 44° 46′ 56.6″	99
						A	18–52	暗棕灰色	粉砂质黏土	团块状												
						AB	52–105	暗棕灰色	粉砂质黏土	团块状												
						BC	105–127	棕灰色	粉砂质黏土	棱块状												

续表 Continued

剖面号 Soil profile	土纲 Soil order	土类 Soil great group	亚类 Soil subgroup	土属 Soil genus	土种 Soil species	土层码 Layer code	土层厚度 Depth/cm	颜色 Soil color	质地 Soil texture	土壤结构 Soil structure	pH	有机质 OM/(g/kg)	全氮 TN/(g/kg)	全磷 TP/(g/kg)	全钾 TK/(g/kg)	碱解氮 AN/(mg/kg)	有效磷 AP/(mg/kg)	速效钾 AK/(mg/kg)	阳离子交换量 CEC/(cmol/kg)	土壤母质 Parent material	剖面点坐标 Profile coordinate	匹配指数 Matching index/%
剖57	钙层土	黑钙土	黑钙土	黑钙土	中层黑钙土	1	0–16				8.0	22.5	0.46	0.43		100	0.6	129	21.2		E 125° 21′ 24.8″ N 44° 46′ 48.0″	97
						2	16–38				8.0	20.5	1.36	0.41		81	0.3	103	21.0			
						3	38–64				8.1	11.3	0.73	0.33		47	0.5	111	23.6			
						4	64–				8.1	10.8	0.67	0.30		32	1.8	104	21.5			
剖58	半水成土	草甸土	草甸土	平川草甸土	深厚草甸土	1	0–21				8.3	24.8	1.43	0.39	17.0	107	5.5	73			E 125° 15′ 36.7″ N 44° 46′ 46.6″	97
						2	21–37				8.4	23.7	1.35	0.34	17.6	92	1.6	124				
						3	37–56				8.2	12.6	0.84	0.27	16.0	44	1.0	104				
						4	56–110				8.2	4.5	0.32	0.21	8.8	33	2.5	104				
剖59	钙层土	草甸黑钙土	草甸黑钙土	草甸黑钙土	中层草甸黑钙土	Aa	0–11	棕灰色	壤质黏土	粒状											E 125° 28′ 31.4″ N 44° 46′ 10.2″	98
						A	11–34	灰色	壤质黏土	粒状												
						B	34–104	灰棕色	壤质黏土	棱块状												
						C	104–	棕黄色	壤质黏土	棱块状												
剖60	钙层土	黑钙土	页岩底黑钙土	厚页岩底黑钙土		1	0–70		黏壤土	无明显结构	7.9	15.0	1.43	0.20		43	1.3	122	24.6	页岩风化物	E 125° 22′ 27.1″ N 44° 45′ 49.0″	98
						2	70–100		壤质黏土	棱柱状	7.9	7.5	0.40	0.20		23	0.6	121				
						3	100–140		壤质黏土	棱块状	8.0	3.6	0.34	0.20		17	0.6	133	29.5			
剖61	盐碱土	碱土	草甸碱土	草甸碱土	深位草甸碱土	Aa	0–18	浅灰棕色	壤质黏土	小核块状											E 125° 19′ 24.6″ N 44° 45′ 27.0″	97
						Aa₁	18–30	灰色	壤质黏土	无明显结构												
						AB	30–40	暗灰色	壤质黏土	棱块状												
						B	40–85	灰棕色	黏壤土	无明显显结构												
						Bg	85–110	暗棕色	黏壤土	棱块状												
						G	110–	棕黑色	黏壤土	粒状												
剖62	半水成土	草甸土	碱化草甸土	轻碱化草甸土	中层轻碱化草甸土	A₁	0–14	棕黑色	黏壤土	小核块状											E 125° 15′ 11.0″ N 44° 45′ 20.5″	97
						A	14–41	暗灰棕色	黏壤土	无明显显结构												
						Bg	41–67	浅灰棕色	壤质黏土													
						Cg	67–	灰棕色	细砂质黏土													
剖63	碱土	碱化草甸土	覆泥中碱化草甸土	覆泥中碱化草甸土		1	0–9				8.1	23.6	1.26	0.46	20.6	80	1.1	23	28.1		E 125° 21′ 59.4″ N 44° 43′ 55.2″	97
						2	9–22				8.4	13.2	0.56	0.35	22.8	49	3.6	125	21.7			
						3	22–50				8.7	22.6	1.39	0.34	22.2	85	1.5	134	24.2			
						4	50–85				9.2	8.3	0.45	0.25	21.5	30	1.5	125	22.0			
						5	85–156				9.2	5.6	0.33	0.25	21.7	15	1.0	141	20.1			
剖64	钙层土	黑钙土	黑钙土	黑钙土	中层黑钙土	1	0–18				7.9	20.4	1.41	0.45	15.8	96	15.5	33			E 125° 26′ 31.6″ N 44° 43′ 20.6″	97
						2	18–40				8.1	18.0	1.19	0.23	18.2	77	4.4	13				
						3	40–74				8.1	9.3	0.56	0.17	17.2	37	1.7	14				
						4	74–150				8.2	5.2	0.33	0.13	18.5	22	1.6	22				
剖65	草甸土	盐化草甸土	轻盐化草甸土	薄层轻盐化草甸土		1	0–24				8.3	21.1	1.37	0.32	18.1	81	1.7	113	26.0		E 125° 20′ 47.0″ N 44° 42′ 59.0″	97
						2	24–65				8.4	3.7	0.44	0.29	19.1	35	0.6	89	23.7			
						3	65–89				8.9	4.7	0.35	0.25	16.1	21		90	21.8			
						4	89–110				8.6	3.9	0.28	0.18	17.3	17		92	23.9			
剖66	钙层土	黑钙土	红砂底黑钙土	中层红砂底黑钙土		1	0–30				8.0	22.9	1.56	0.40		110	10.8				E 125° 18′ 45.0″ N 44° 42′ 57.2″	95
						2	30–84				8.1	14.5	0.88	0.34		72	2.7					
						3	84–				8.1	10.6	0.89	0.52		45	3.2					
剖67	半水成土	草甸土	石灰性草甸土	平川石灰性草甸土	中层平川石灰性草甸土	Aa	0–20	浅灰棕色	壤质黏土	粒状											E 125° 16′ 24.2″ N 44° 42′ 51.1″	97
						A	20–40	暗灰色	壤质黏土	粒状												
						AB	40–72	浅灰色	黏土	棱块状												
						B	72–180	棕黄色	黏土	棱块状												

续表 Continued

剖面号 Soil profile	土纲 Soil order	土类 Soil great group	亚类 Soil subgroup	土属 Soil genus	土种 Soil species	层码 Layer code	土层厚度 Depth/cm	颜色 Soil color	质地 Soil texture	土壤结构 Soil structure	pH	有机质 OM/(g/kg)	全氮 TN/(g/kg)	全磷 TP/(g/kg)	全钾 TK/(g/kg)	碱解氮 AN/(mg/kg)	有效磷 AP/(mg/kg)	速效钾 AK/(mg/kg)	阳离子交换量 CEC/(cmol/kg)	土壤母质 Parent material	剖面点坐标 Profile coordinate	匹配指数 Matching index/%
剖68	盐碱土	碱土	草甸碱土	草甸碱土	中位草甸碱土	Aa	0—18	浅灰棕色	黏壤土	无明显结构	8.4										E 125°26′34.8″ N 44°41′52.4″	97
						Aa₁	18—30	灰棕色	壤质黏土	棱柱状	9.0											
						AB	30—40	暗灰色	壤质黏土	棱块状	9.0											
						B	40—85	灰色	壤质盐土	小棱块状	8.9											
						Bg	85—110															
						G	110—															
剖69	盐碱土	碱土	草甸碱土	草甸碱土	中位草甸碱土	1	0—15	灰棕色	黏壤土	无明显结构	8.1	19.4	1.11	0.28	24.8	42	1.0	101	16.9		E 125°25′06.2″ N 44°41′46.0″	97
						2	15—48		黏壤土		9.0	19.0	1.29	0.37	22.9	36	0.6	104	24.9			
						3	48—74		粉砂质黏土		9.0	9.2	0.56	0.24	24.3	25	0.5	104	20.3			
						4	74—				8.9	5.7	0.46	0.29	23.4	21	0.5	109	22.2			
剖70	钙层土	黑钙土	黑钙土	黑钙土	中层黑钙土	1	0—30	暗棕色	黏壤土		8.1	15.5	0.73	0.33	20.6	73	0.8	116	13.5		E 125°36′26.3″ N 44°49′32.2″	97
						2	30—48				8.1	18.9	1.20	0.36	20.3	86	0.8	136	15.3			
						3	48—90		粉砂质黏土		8.1	7.5	0.41	0.25	22.3	30	1.0	124				
						4	90—150				8.1	4.5	0.26	0.32	22.2	20	1.0	131	10.2			
剖71	半水成土	草甸土	盐化草甸土	砂底轻盐化草甸土	薄层红砂盐化草甸土	A	0—32	黑色		棱块状											E 125°34′42.7″ N 44°49′15.3″	95
						Bg	62—82	浅灰黄色	黏壤土	无明显结构												
						G	82—150	浅黄色	细砂质壤土	无结构												
剖72	钙层土	黑钙土	草甸黑钙土	轻盐化草甸黑钙土	厚层轻化草甸黑钙土	1	0—15				8.1	22.9	1.61	0.37		107	2.1	17			E 125°32′15.4″ N 44°49′12.7″	97
						2	15—25				8.2	13.6	1.16	0.25		56	5.7	12				
						3	25—65				8.1	8.0	0.56	0.29		29	1.9	12				
						4	65—102				8.2	5.4	0.32	0.62		15	2.6	9				
						5	102—155				8.2	3.6	0.40	0.27		18	2.9	9				
剖73	钙层土	黑钙土	黑钙土	黑钙土	深厚层黑钙土	1	0—23		粉砂质黏土	棱块状	8.3	21.8	1.44	0.31	18.3	93	2.4	136			E 125°30′42.5″ N 44°49′08.0″	97
						2	23—75				8.6	16.1	1.08	0.25	17.3	65	2.0	83				
						3	75—100				8.4	5.8	0.35	0.21	17.3	29	1.7	90				
						4	100—				9.0	4.5	0.24	0.26	16.1	14	1.7	104				
剖74	半淋溶土	黑土	黑土	黑土	厚层黑土	1	0—15				7.3	24.8	1.37	0.17		110	4.7	40			E 125°41′35.5″ N 44°49′06.6″	97
						2	15—65				7.7	17.6	0.81	0.22		58	4.1	29				
						3	65—110				7.7	10.7	0.43	0.14		33	3.6	33				
						4	110—				7.7	6.7	0.45	0.22		33	1.4	24				
剖75	钙层土	黑钙土	黑钙土	红砂底黑钙土	厚层红砂底黑钙土	1	0—75	浅灰色	砂质黏壤土	粒状	7.7	19.7	0.94	0.21	21.2	43	0.9	68	4.6		E 125°37′20.6″ N 44°48′48.2″	81
						2	75—115	棕灰色		粒状	7.3	11.4	0.58	0.15	16.5	28	1.9	74				
						3	115—	暗黄棕色		棱柱状	7.3											
剖76	钙层土	黑钙土	黑钙土	黑钙土	厚层黑钙土	1	0—17	浅灰色	黏壤土	棱块状	7.8	20.2	1.37	0.41		120	2.9	24	35.0		E 125°39′23.0″ N 44°48′15.8″	97
						2	17—58	棕灰色	细砂质黏土	棱块状	7.6	14.6	0.99	0.33		90	2.5	34	33.8			
						3	58—104	灰棕色	黏土	团块状	8.0	4.7	0.42	0.30		44	0.9	23	21.7			
						4	104—			团块状	8.0	5.0	0.43	0.28		16	2.8	18				
剖77	半水成土	草甸土	草甸土	岗川草甸土	中层岗川草甸土	Aa	0—14	浅灰色	黏壤土	棱块状											E 125°40′19.6″ N 44°48′02.0″	98
						A	14—46	棕灰色	黏壤土	棱块状												
						Bg	46—74	暗黄棕色	细砂质黏土	棱块状												
						Cg	74—	浅灰色	黏土	棱块状												
剖78	半淋溶土	黑土	黑土	黑土	薄层黑土	Aa	0—22	棕灰色	黏壤土	棱块状											E 125°37′47.3″ N 44°47′55.3″	98
						AB	22—70	浅黄棕色	壤质黏土	棱块状												
						B	70—150	浅黄棕色	壤质黏土	棱块状												
						C	150—															

续表 Continued

剖面号 Soil profile	土纲 Soil order	亚类 Soil subgroup	土属 Soil genus	土种 Soil species	土层码 Layer code	土层厚度 Depth/cm	颜色 Soil color	质地 Soil texture	土壤结构 Soil structure	pH	有机质 OM/(g/kg)	全氮 TN/(g/kg)	全磷 TP/(g/kg)	全钾 TK/(g/kg)	碱解氮 AN/(mg/kg)	有效磷 AP/(mg/kg)	速效钾 AK/(mg/kg)	阳离子交换量CEC/(cmol/kg)	土壤母质 Parent material	剖面点坐标 Profile coordinate	匹配指数 Matching index/%
剖79	半水成土	草甸土	碱化草甸土	中碱化草甸土	A	0—7	灰色	壤质黏土	团块状	9.0	36.5	1.90	0.43		124	1.5	210	21.0		E 125°30′02.7″ N 44°45′53.6″	97
					B	7—33	暗棕灰色	壤质黏土	棱柱状	9.0	27.3	1.51	0.37		126	0.6	128	22.9			
					Bg	33—73	灰棕色	壤质黏土	棱块状	8.8	15.0	0.73	0.34		57	1.6	114	15.8			
					Cg	73—	黄棕色		无明显结构	8.7	6.6	0.92	0.27		29	0.4	98				
剖80	半水成土	石灰性草甸土	页岩底石灰性草甸土	厚层页岩底石灰性草甸土	Aa	0—9	浅灰色	黏土	粒状		23.4	1.31	0.30		84	1.6	17		页岩风化物	E 125°37′33.2″ N 44°45′52.2″	97
					A	9—52	灰色	壤质黏土	团块状		12.7	0.92	0.22		48	0.9	12				
					Bg	52—100	灰黄色	黏土	片状		7.0	0.43	0.13		19	1.4	13				
剖81	半水成土	碱化草甸土	中碱化草甸土	中碱化草甸土	1	0—1					4.7	0.33	0.13		6	0.2	11			E 125°32′53.9″ N 44°45′33.1″	97
					2	1—33															
					3	33—73															
					4	73—															
剖82	半水成土	碱化草甸土	中碱化草甸土	中碱化草甸土	1	0—50														E 125°34′05.5″ N 44°41′38.8″	97
					2	50—76															
					3	76—110															
					4	110—															
剖83	钙层土	黑钙土	红黏底黑钙土	薄层红黏底黑钙土	Aa	0—9	浅灰色		弱发育粒状											E 124°43′40.4″ N 44°38′04.2″	97
					A	9—22	浅ια棕色	黏土	小团块状												
					AB	22—95	棕红色	壤质黏土	棱块状												
					C	95—															
剖84	钙层土	草甸黑黑钙土	覆泥草甸黑钙土	厚层覆泥草甸黑钙土	AC	0—25	浅黄棕色	砂质黏壤土	无明显结构											E 124°43′10.6″ N 44°37′04.4″	97
					A	25—83	暗棕灰色	壤质黏土	团块状									25.7			
					AB	83—105	灰棕色	壤质黏土	棱块状									34.9			
					Bg	105—	浅灰棕色	壤质黏土	核块状									10.0			
剖85	盐碱土	草甸碱土	草甸碱土	超深位草甸碱土	1	0—50				8.0	25.8	1.57	0.45	22.4	106	2.5	280			E 124°40′00.1″ N 44°36′15.1″	75
					2	50—100				8.6	22.5	1.02	0.36	20.4	47	2.1	199				
					3	100—150				9.5	2.0	0.52	0.15	20.0	13	0.5	50				
剖86	钙层土	黑钙土	黑钙土	中层黑钙土	1	0—36				8.0	26.3	1.58	0.39	11.8	98	3.4	34			E 124°42′19.4″ N 44°36′05.8″	99
					2	36—66				8.1	11.1	0.92	0.35	16.9	50	0.4	14				
					3	66—				8.1	6.2	0.51	0.30	18.6	29	0.8	12				
剖87	钙层土	黑钙土	黑钙土	薄层黑钙土	Aa	0—21	棕灰色	粉质黏壤土	粒状	9.0	16.8	1.02	0.38	16.9			14			E 124°43′27.1″ N 44°35′34.8″	97
					AB	21—51	浅灰棕色	壤质黏土	团块状	8.9	12.2	0.83	0.34	15.9	29	2.1	20				
					B	51—85	浅灰棕色	壤质黏土	棱块状	8.5	7.2	0.37	0.33	17.1	45	1.3	21				
					C	85—125	浅灰棕色	壤质黏土	核块状	8.6	6.7	0.29	0.16	15.0	22	0.6	12				
剖88	半水成土	盐化草甸土	轻盐化草甸土	薄层轻盐化草甸土	1	0—22				7.9	31.2	1.23	0.26	15.9	21	0.8	152	34.0		E 124°39′19.4″ N 44°34′47.3″	97
					2	22—48				8.0	25.7	1.71	0.28	17.1	115	0.4	173	33.2			
					3	48—70				8.1	22.7	1.37	0.26	15.0	89	0.8	171	39.4			
					4	70—100									83						
剖89	盐碱土	草甸碱土	草甸碱土	超深位草甸碱土	1	0—55				8.0	31.5	1.71	0.41	22.1	101	0.6	41	17.2		E 124°43′17.8″ N 44°34′35.4″	75
					2	55—105				8.5	38.9	1.92	0.48	22.8	121	2.0	29				
					3	105—															
剖90	盐碱土	草甸碱土	草甸碱土	浅位草甸碱土	1	0—3				8.2	40.3	1.22	0.56	19.9	110	3.9	27			E 124°40′13.1″ N 44°34′25.7″	97
					2	3—20				8.5	11.3	0.70	0.54	18.8	33	0.5	20	29.1			
					3	20—30															
					4	30—															

续表 Continued

剖面号 Soil profile	土纲 Soil order	土类 Soil great group	亚类 Soil subgroup	土属 Soil genus	土种 Soil species	土层码 Layer code	土层厚度 Depth/cm	颜色 Soil color	质地 Soil texture	土壤结构 Soil structure	pH	有机质 OM/(g/kg)	全氮 TN/(g/kg)	全磷 TP/(g/kg)	全钾 TK/(g/kg)	碱解氮 AN/(mg/kg)	有效磷 AP/(mg/kg)	速效钾 AK/(mg/kg)	阳离子交换量CEC/(cmol/kg)	土壤母质 Parent material	剖面点坐标 Profile coordinate	匹配指数 Matching index/%
剖91	半水成土	草甸土	盐化草甸土	轻盐化草甸土	薄层轻盐化草甸土	1	0—32		壤质黏土		8.4	21.0	1.18			43	0.7	137	21.5		E 124°43′37.2″ N 44°33′49.7″	97
						2	32—55				8.9	17.6	1.12	0.33		34	0.5	96	21.6			
						3	55—86				8.7	8.1	0.50	0.24		20	0.6	93	20.2			
						4	86—133				8.5	7.0	0.58	0.31		15	0.5	101	19.4			
剖92	钙层土	黑钙土	黑钙土	黑钙土	露黄黑钙土	BaB	0—80	浅棕黄色	粉砂质黏土	棱块状											E 124°36′08.6″ N 44°33′14.0″	95
						C	80—	暗黄色	黏壤土													
剖93	钙层土	黑钙土	黑钙土	黑钙土	厚层黑钙土	Aa	0—20	棕灰色	粉砂质黏土	团块状											E 124°37′10.6″ N 44°33′05.4″	98
						AB	20—60	灰棕色	粉砂质黏土	团块状												
						BC	60—100	棕色	粉砂质黏土	棱块状												
							100—															
剖94	钙层土	黑钙土	黑钙土	红砂底黑钙土	厚层红砂底黑钙土	Aa	0—20	灰色	砂质黏壤土	团块状											E 124°42′23.0″ N 44°31′54.1″	95
						A	20—75	暗棕色	粉质黏壤土	块状												
						B	75—110	棕灰色	砂壤土	无明显结构												
						C	110—	棕红色														
剖95	钙层土	黑钙土	黑钙土	黑钙土	破皮黄黑钙土	1	0—10				7.8	13.4	0.78	0.15		37	0.9	83	13.7		E 124°38′08.6″ N 44°31′09.7″	81
						2	10—30				7.6	9.5	0.40	0.14		27	0.7	90				
						3	30—60				7.4	6.2	0.18	0.10		19	0.6	91				
						4	60—				7.7	3.9	0.25	0.10		12	0.7	94				
剖96	半水成土	草甸土	石灰性草甸土	平川石灰性草甸土	中层平川石灰性草甸土	1	0—15				8.4	22.5	1.52	0.45	16.0	100	4.0	22			E 124°43′33.2″ N 44°30′37.1″	97
						2	15—45				8.4	20.4	1.49	0.38	15.9	94	3.8	23				
						3	45—120				8.1	9.4	0.69	0.33	14.9	32	4.1	18				
						4	120—				8.1	7.7	0.45	0.31	15.8	29	5.5					
剖97	钙层土	黑钙土	黑钙土	黑钙土	薄层黑钙土	1	0—21		粉砂质黏土		7.9	16.0	1.07	0.60	22.1	53	2.2	107	25.0		E 124°42′26.0″ N 44°30′21.6″	97
						2	21—51				7.9	13.8	0.97	0.34	21.2	38	1.5	95	20.2			
						3	51—85				8.0	6.1	0.39	0.24	22.7	27	2.0	106	18.5			
						4	85—125		砂壤土		8.0	2.6	0.24	0.23	23.2	16	2.2	115				
剖98	钙层土	黑钙土	黑钙土	红砂底黑钙土	破皮黑钙土	A	0—30	棕灰色	砂质黏壤土	团块状											E 124°39′54.4″ N 44°30′20.5″	97
						AB	30—60	灰棕色	砂质黏壤土	块状												
						B	60—100	红棕色	砂质黏壤土	棱块状												
						C	100—	橘红色	砂壤土	无明显结构												
剖99	钙层土	黑钙土	黑钙土	砂底黑土型沙土	中层砂底黑土型沙土	Aa	0—19	棕灰色	粉砂质黏土	团块状											E 124°36′28.1″ N 44°30′13.7″	97
						B	19—98	棕黄色	粉砂质黏土	核块状												
						C	98—	棕色	砂壤土	核块状												
剖100	风沙土	风沙土	黑土型风沙土	砂质黑土型沙土	中层砂底黑土型沙土	1	0—15		砂壤土		7.5	16.3	1.22	0.24	12.3	85	4.0	123	12.0		E 124°46′12.0″ N 44°39′07.2″	92
						2	15—48				7.7	13.9	0.82	0.18	11.3	72	1.7	81	10.7			
						3	48—150				8.1											
剖101	盐碱土	碱土	草甸碱土	草甸碱土	深位草甸碱土	1	0—20				8.9	13.3	0.84	0.17	11.0	54	2.8	33			E 124°54′22.7″ N 44°37′53.4″	95
						2	20—50				9.7	8.8	0.55	0.24	12.3	31	1.6	32				
						3	50—70				9.6	6.3	0.39	0.27	11.3	7	9.5	37				
						4	70—126				9.1	7.6	0.42	0.24	11.0	19	5.5	24				
						5	126—				9.0	6.9	0.38	0.28	11.0	30	3.8					
剖102	钙层土	黑钙土	草甸黑钙土	轻盐化草甸黑钙土	中层盐化草甸黑钙土	1	0—27				8.6	14.5	0.83	0.24	18.4	57	0.5	78	23.7		E 124°57′12.2″ N 44°37′41.9″	97
						2	27—45				8.5	9.0	0.52	0.20	16.3	31	0.4	36	23.8			
						3	45—90				8.5	6.7	0.37	0.07	17.0	24	0.4	81	23.0			
						4	90—				8.5	5.0	0.35	0.25	16.4	18	0.5	89	21.0			

续表 Continued

剖面号 Soil profile	土纲 Soil order	土类 Soil great group	亚类 Soil subgroup	土属 Soil genus	土种 Soil species	土层码 Layer code	土层厚度 Depth/cm	颜色 Soil color	质地 Soil texture	土壤结构 Soil structure	pH	有机质 OM/(g/kg)	全氮 TN/(g/kg)	全磷 TP/(g/kg)	全钾 TK/(g/kg)	碱解氮 AN/(mg/kg)	有效磷 AP/(mg/kg)	速效钾 AK/(mg/kg)	阳离子交换量CEC/(cmol/kg)	土壤母质 Parent material	剖面点坐标 Profile coordinate	匹配指数 Matching index/%
剖103	钙层土	黑钙土	草甸黑钙土	轻盐化草甸黑钙土	中层轻盐化草甸黑钙土	Aa	0—16	暗棕灰色	壤质黏土	粒状	8.1	20.0	1.38	0.52	13.3	77	2.3	61	29.9		E 124°56′16.8″ N 44°36′51.1″	97
						A	16—45	棕灰色	壤质黏土	粒状	8.0	15.7	1.09	0.15	11.9	100	5.1	39	22.8			
						AB	45—74	灰棕色	壤质黏土	棱块状	8.1	7.9	0.49	0.28	11.8	116	0.7	17	20.5			
						Bg	74—102	浅棕褐色	黏土	棱块状	8.2	5.7	0.30	0.28	13.5	17	0.7	25				
						Cg	102—		黏土		8.1	4.9	0.31	0.27		29		58				
剖104	钙层土	黑钙土	黑钙土	黑钙土	中层黑钙土	1	0—18														E 124°56′15.0″ N 44°35′12.5″	98
						2	18—40															
						3	40—65															
						4	65—110															
						5	110—															
剖105	钙层土	黑钙土	草甸黑钙土	轻盐化草甸黑钙土	薄层轻盐化草甸黑钙土	A	0—27	棕灰色	壤质黏土	弱发育粒状		22.3									E 124°56′20.8″ N 44°33′01.4″	98
						B	27—87	棕色	壤质黏土	棱块状		17.3										
						C	87—	黄棕色	壤质黏土	棱块状		9.5										
剖106	半水成土	草甸土	石灰性草甸土	页岩底石灰性草甸土	薄层页岩底石灰性草甸土	Aa	0—9	浅灰色	黏壤土	粒状		5.3								页岩风化物	E 125°08′05.9″ N 44°39′50.3″	97
						A	9—52	灰灰色	壤质黏土	团块状		5.5										
						Bg	52—100	灰黄色	黏土	片状		1.4										
剖107	钙层土	黑钙土	草甸黑钙土	草甸黑钙土	中层草甸黑钙土	1	0—17				8.3	23.5	1.41	0.33	13.2	115	12.1	42	29.7		E 125°10′05.2″ N 44°39′25.2″	98
						2	17—35				8.0	7.6	1.10	0.39	12.2	89	1.2	19	28.3			
						3	35—75				7.9		0.63	0.14	12.3	56	0.4	24	24.5			
						4	75—150				8.0		0.63	0.14	13.5	36	0.5	32	24.7			
						5	150—				8.1		0.35	0.29	11.9	32	0.7	46				
剖108	半水成土	草甸土	盐化草甸土	砂底轻盐化草甸土	中层砂底轻盐化草甸土	1	0—45		壤质黏土	粒状	8.0	18.6	1.49	0.46	21.4	81	1.2	239	19.6		E 125°06′37.4″ N 44°37′59.9″	95
						2	45—58		黏壤土	团块状	8.1	7.6	0.48	0.25	20.6	34	1.2	90	8.2			
						3	58—		细砂壤土	团块状	8.5	1.4	1.10	0.13	21.2	12	1.0	43				
剖109	钙层土	黑钙土	草甸黑钙土	轻盐化草甸黑钙土	中层轻盐化草甸黑钙土	1	0—16	暗棕灰色	壤质黏土	棱块状	8.1										E 125°11′49.2″ N 44°36′42.1″	97
						2	16—45	灰色	壤质黏土	棱块状	8.2											
						3	45—74	棕灰色	壤质黏土	棱块状	8.1											
						4	74—102	棕黄色	壤质黏土	棱块状	8.2											
剖110	钙层土	黑钙土	草甸黑钙土	轻盐化草甸黑钙土	中层轻盐化草甸黑钙土	1	0—20		壤质黏土	棱块状	8.4	15.7	0.61	0.41	23.4	74	1.2	142	25.0		E 125°09′55.8″ N 44°36′26.6″	97
						2	20—35		壤质黏土	棱块状	8.5	16.1	0.78	0.31	20.7	63	1.4	88	25.4			
						3	35—105		壤质黏土	棱块状	8.5		0.25	0.25	25.6	25	0.4	97	22.9			
剖111	钙层土	黑钙土	黑钙土	黑钙土	中层黑钙土	1	0—16	暗棕灰色	粉砂质黏土		7.8	20.9	1.36	0.36	23.8	73	3.1	122	23.8		E 125°08′13.9″ N 44°35′11.0″	98
						2	16—36	灰色	黏壤土	无明显结构	7.8	15.0	0.76	0.27	23.5	51	1.7	112				
						3	36—120	暗棕色	壤质黏土	棱柱状	7.9	9.6	0.44	0.22	22.7	37	2.2	117				
						4	120—	暗棕色	壤质黏土	小棱块状	7.7	4.7	0.46	0.14	22.7	27	2.6	119				
剖112	盐碱土	碱土	草甸碱土	草甸碱土	浅位草甸碱土	Aa	0—18	浅灰棕色	黏壤土	无明显结构											E 125°01′43.7″ N 44°32′46.7″	98
						Aa1	18—30	灰色	壤质黏土													
						AB	30—40	暗灰色	壤质黏土													
						B	40—85	灰棕色	黏壤土													
						Bg	85—110	暗棕色	黏土													
						G	110—															
剖113	半水成土	草甸土	盐化草甸土	轻盐化草甸土	厚层轻盐化草甸土	1	0—65				7.9	29.7	1.87	0.50		136	1.3	46	29.1		E 125°12′00.7″ N 44°31′32.2″	97
						2	65—85				7.5	12.3	0.76	0.47	12.5	47	0.6	42	20.7			
						3	85—105				7.6	10.2	0.54	0.51	13.0	38	1.0	56	29.6			
						4	105—145				7.7	7.5	0.54	0.67	12.9	31	17.9	61				

续表 Continued

剖面号 Soil profile	土纲 Soil order	土类 Soil great group	亚类 Soil subgroup	土属 Soil genus	土种 Soil species	土层码 Layer code	土层厚度 Depth/cm	颜色 Soil color	质地 Soil texture	土壤结构 Soil structure	pH	有机质 OM/(g/kg)	全氮 TN/(g/kg)	全磷 TP/(g/kg)	全钾 TK/(g/kg)	碱解氮 AN/(mg/kg)	有效磷 AP/(mg/kg)	速效钾 AK/(mg/kg)	阳离子交换量CEC/(cmol/kg)	土壤母质 Parent material	剖面点坐标 Profile coordinate	匹配指数 Matching index/%
剖114	钙层土	黑钙土	黑钙土	红黏底黑钙土	中层红黏底黑钙土	1	0—54		砂质黏土		7.8	23.5	1.27	0.39	21.5	76	1.3	155	19.2		E 125°07′30.0″ N 44°31′23.2″	95
						2	54—69				8.1	18.8	0.68	0.32	18.3	62	1.1	126	19.2			
						3	69—120				8.3	7.3	0.94	0.70	20.3	37	0.8	150	12.6			
						4	120—150				8.5	3.7	0.12	0.34	17.8	31	0.5	193				
剖115	钙层土	黑钙土	草甸黑钙土	草甸黑钙土	薄层草甸黑钙土	1	0—13		壤质黏土		8.5	15.7	1.21	0.38	23.2	51	4.2	108	20.5		E 125°12′31.9″ N 44°31′02.5″	95
						2	13—23				8.6	13.2	0.84	0.35	21.9	51	1.4	101	24.0			
						3	23—46				8.3	7.5	0.43	0.28	21.7	32	1.0	83	21.8			
						4	46—				8.3	2.6	0.25	0.24	22.6	24	0.6	100				
剖116	盐碱土	碱土	草甸碱土	草甸碱土	浅位草甸碱土	1	0—5				9.3	6.0	0.46	0.24		31	0.1	82	20.5		E 124°44′23.2″ N 44°29′41.9″	97
						2	5—50				9.5	17.9	1.18	0.28		70	0.5	117	21.8			
						3	50—				9.6	26.7	1.55	0.36		106	2.0	163	17.8			
剖117	钙层土	黑钙土	黑钙土	黑钙土	破皮黄黑钙土	1	0—10		壤质黏土		7.5	12.4	0.75	0.12	17.1	74	0.9	110	25.1		E 124°36′40.3″ N 44°29′20.4″	97
						2	10—65		壤质黏土		7.5	7.6	0.60	0.10	16.7	47	1.0	115	24.2			
						3	65—72		壤质黏土		7.5	4.9	0.50	0.07	16.9	34	1.0	110	27.4			
						4	72—82		黏土		7.5	12.3	0.68	0.10	15.9	63	0.4	115	28.5			
						5	82—		砂质黏土		7.5	2.4	0.41	0.11	17.5	31	0.8	132	32.9			
剖118	钙层土	黑钙土	黑钙土	红黏底黑钙土	中层红黏底黑钙土	1	0—30		壤质黏土		7.1	18.2	1.11	0.24	22.8	55	2.0	82			E 124°35′34.4″ N 44°29′17.0″	97
						2	30—60				7.8	11.4	0.72	0.21	22.7	31	1.0	76				
						3	60—100				7.9	5.3	0.34	0.15	17.8	16	0.5	81				
剖119	钙层土	黑钙土	黑钙土	红砂底黑钙土	中层红砂底黑钙土	1	0—30				7.7	17.4	1.07	0.16		50	1.9	60	19.6		E 124°40′12.4″ N 44°28′38.3″	97
						2	30—100				7.7	11.9	0.58	0.16		30	1.9	77	15.9			
						3	100—				7.9											
剖120	钙层土	黑钙土	黑钙土	黑钙土	破皮黄黑钙土	1	0—12	棕灰色	壤质黏土	团块状	8.1	12.8	1.43	0.15	16.2	91	0.8	151	12.1		E 124°34′37.2″ N 44°25′06.2″	97
						2	12—38	灰褐色	砂质黏土	团块状	8.0	10.2	0.91	0.14	17.1	58	0.8	99	19.1			
						3	38—	灰棕绿色	砂质黏土	棱块状	8.0	2.7	0.42	0.14	15.5	24	0.7	104	18.0			
剖121	钙层土	黑钙土	黑钙土	黑钙土	薄层黑钙土	1	0—20	灰黄色	壤质黏土	棱块状	8.1	17.1	1.18	0.41	12.0	100	5.2				E 124°37′30.4″ N 44°25′00.8″	97
						2	20—30		壤质黏土		8.0	16.3	1.03	0.38		87	2.2					
						3	30—100				8.1	7.7	0.48	0.31		49	1.5		25.4			
						4	100—140				8.0	5.9	0.37	0.29	13.7	19	2.0		22.3			
						5	140—				8.0	4.1	0.81	0.26		19						
剖122	钙层土	黑钙土	黑钙土	红黏底黑钙土	中层红黏底黑钙土	Aa	0—20														E 124°39′28.1″ N 44°24′14.4″	97
						A	20—46															
						B	46—88															
						C₁	88—108															
						C₂	108—															
剖123	钙层土	黑钙土	黑钙土	砂底黑钙土	薄层砂底黑钙土	1	0—24				7.8	9.9	0.91	0.14	16.6	74	0.9	120	25.2		E 124°40′44.4″ N 44°23′43.4″	97
						2	24—55				7.9	7.7	0.59	0.08	16.2	45	1.5	91	32.6			
						3	55—100				7.8	6.5	0.52	0.11	17.5	41	0.3	92	30.3			
						4	100—				7.7	0.2	0.18	0.12	15.4	23	1.4	39	23.1			
剖124	钙层土	黑钙土	黑钙土	黑钙土	薄层黑钙土	1	0—20		壤质砂土		8.1	19.9	1.20	0.34		92	0.5	132	5.5		E 124°42′55.8″ N 44°23′34.8″	97
						2	20—45				8.0	14.7	0.61	0.26		63	2.0	73	5.2			
						3	45—150				8.0	5.7	0.25	0.15		26	3.0	60	2.2			

续表 Continued

剖面号 Soil profile	土纲 Soil order	土类 Soil great group	亚类 Soil subgroup	土属 Soil genus	土种 Soil species	土层码 Layer code	土层厚度 Depth/cm	颜色 Soil color	质地 Soil texture	土壤结构 Soil structure	pH	有机质 OM/(g/kg)	全氮 TN/(g/kg)	全磷 TP/(g/kg)	全钾 TK/(g/kg)	碱解氮 AN/(mg/kg)	有效磷 AP/(mg/kg)	速效钾 AK/(mg/kg)	阳离子交换量 CEC/(cmol/kg)	土壤母质 Parent material	剖面点坐标 Profile coordinate	匹配指数 Matching index/%
剖125	半水成土	草甸土	石灰性草甸土	平川石灰性草甸土	薄层平川石灰性草甸土	Aa	0—22	浅灰色	壤质黏土	粒状	7.5	8.6	1.11	0.08	17.5	93	1.7	105	16.1		E 124°44′28.0″ N 44°22′50.9″	97
						AB	22—45	浅黄灰色	壤质黏土	核块状	7.6	12.4	0.66	0.05	17.7	69	0.2	73	20.5			
剖126	钙层土	黑钙土	黑钙土	红黏底黑钙土	中层红砂底黑钙土	B	45—75	棕黄色	壤质黏土	核块状	7.4	6.6	0.44	0.08	17.1	39	0.8	77	27.0		E 124°38′13.9″ N 44°22′44.0″	81
						Cg	75—105	浅棕黄色	砂质壤土		7.4	5.8	0.15	0.03	21.2	24	0.6	61	13.8			
剖127	钙层土	黑钙土	黑钙土	红黏底黑钙土	薄层红黏底黑钙土	1	0—19		砂质黏土		7.7	5.6	1.44	0.28	18.6	82	4.2	192	22.5		E 124°40′53.4″ N 44°21′17.3″	95
						2	19—49		壤质黏土		7.8	2.8	1.08	0.06	16.1	35	0.7	196	27.4			
						3	49—98		砂质黏壤土		7.7	4.0	1.34	0.43	19.2	43	0.3	228	34.9			
						4	98—															
剖128	钙层土	黑钙土	黑钙土	黑钙土	深厚层黑钙土	1	0—25		粉沙质黏壤土		7.9	17.0	0.81	0.20		72	2.2				E 124°39′27.7″ N 44°21′07.2″	97
						2	25—85				7.9	8.5	0.53	0.21		30	2.6					
						3	85—				8.0		0.07	0.07		3	2.1					
剖129	半水成土	草甸土	盐化草甸土	轻盐化草甸土	薄层轻盐化草甸土	1	0—20		砂质壤土		8.2	18.8	1.18	0.31		71	1.3	121			E 124°44′46.3″ N 44°20′38.8″	98
						2	20—60				8.1	14.3	0.94	0.28		54	0.7	104	21.6			
						3	60—95				8.5	6.7	0.45	0.24		21	0.4	99	19.9			
						4	95—				8.6	4.1	0.22	0.24		15	0.1	110				
剖130	钙层土	草甸土	石灰性草甸土	页岩底石灰性草甸土	中层页岩底石灰性草甸土	Aa	0—9	浅灰色	黏壤土	粒状										页岩风化物	E 124°58′52.7″ N 44°29′06.0″	98
						A	9—52	灰黄色	壤质黏土	团块状												
						Bg	52—100	灰黄色	黏土	片状												
剖131	半水成土	草甸土	盐化草甸土	轻盐化草甸土	薄层轻盐化草甸土	Aa	0—17	棕灰色	壤质黏土	粒状											E 124°47′41.3″ N 44°28′24.2″	98
						A	17—42	浅灰棕色	壤质黏土	核块状												
						Bg	42—87	灰棕色	壤质黏土	核块状												
						Cg	87—98	浅棕黄色	黏土	核块状												
							98—															
剖132	钙层土	黑钙土	黑钙土	黑钙土	深厚层黑钙土	1	0—18				8.1	17.1	1.21	0.35	16.0	92	3.8		29.3		E 124°50′30.5″ N 44°27′57.6″	98
						2	18—82				8.3	23.6	4.56	0.49	12.1	88	1.2	79				
						3	82—130				8.2	13.6	0.63	0.44	12.4	61	2.1	114	29.2			
						4	130—160				8.0	25.2	0.38	0.35	12.9	22	4.2	99	26.1			
剖133	盐碱土	碱土	草甸碱土	草甸碱土	白盖草甸碱土	1	0—27				8.8	11.1	0.67	0.30		43	0.4	79	20.5		E 124°56′35.2″ N 44°25′40.4″	97
						2	27—90				8.9	15.4	0.90	0.31		579	0.6	114	21.8			
						3	90—117				8.3	9.4	0.45	0.27		39	0.6	99	20.1			
剖134	半水成土	草甸土	石灰性草甸土	覆泥石灰性草甸土	厚层覆泥石灰性草甸土	1	0—21				8.0	16.6	1.05	0.34		74	0.6	133	7.9		E 124°45′36.4″ N 44°23′12.5″	97
						2	21—				8.0	7.7	0.42	0.23	21.8	35	2.3	97	17.1			
剖135	半水成土	草甸土	盐化草甸土	覆泥轻盐化草甸土	厚层覆泥轻盐化草甸土	1	0—25				7.9	9.5	0.44	0.19	17.8	28	2.7	77	13.3		E 124°53′07.4″ N 44°22′52.0″	97
						2	25—63				8.0	9.0	0.55	0.21	18.1	36	2.1	64	13.1			
						3	63—80				8.0	19.5	0.55	0.21		78	2.7	68				
剖136	钙层土	黑钙土	黑钙土	黑钙土	深厚层黑钙土	1	0—16				7.9	21.4	1.21	0.39		99	1.6	134	24.8		E 124°51′21.2″ N 44°22′10.9″	97
						2	16—110				7.8	18.6	1.02	0.35		72	1.0	105	17.3			
						3	110—				8.3	9.9	0.51	0.33		36	1.5	106	20.9			
剖137	半水成土	草甸土	石灰性草甸土	平川石灰性草甸土	薄层平川石灰性草甸土	1	0—22		壤质黏土		8.3	20.1	1.26	0.33	18.8	95	4.1	144			E 124°46′42.6″ N 44°22′03.7″	97
						2	22—75				8.2	12.0	0.79	0.26	16.7	51	1.7	98				
						3	45—75				8.4	6.3	0.37	0.20	15.3	25	1.3	101				
						4	75—105				8.2	3.8	0.10	0.20	18.5	24	1.8	100				

续表 Continued

剖面号 Soil profile	土纲 Soil order	土类 Soil great group	亚类 Soil subgroup	土属 Soil genus	土种 Soil species	土层码 Layer code	土层厚度 Depth/cm	颜色 Soil color	质地 Soil texture	土壤结构 Soil structure	pH	有机质 OM/(g/kg)	全氮 TN/(g/kg)	全磷 TP/(g/kg)	全钾 TK/(g/kg)	碱解氮 AN/(mg/kg)	有效磷 AP/(mg/kg)	速效钾 AK/(mg/kg)	阳离子交换量 CEC/(cmol/kg)	土壤母质 Parent material	剖面点坐标 Profile coordinate	匹配指数 Matching index/%
剖138	半水成土	草甸土	石灰性草甸土	覆泥石灰性草甸土	厚层覆泥石灰性草甸土	1	0~25				8.0	17.4	1.08	0.45		71	10.0	227	17.3		E 124°48′27.0″ N 44°21′47.5″	97
						2	25~55				8.1	12.8	0.79	0.35		56	5.3	120				
						3	55~85				8.4	8.8	0.52	0.26		41	5.6	83	10.4			
						4	85~		黏壤土		8.4	22.7	23.40	0.48		81	2.5	161				
剖139	半水成土	草甸土	石灰性草甸土	平川石灰性草甸土	深厚平川石灰性草甸土	1	0~25		黏土		8.2	37.5	1.42	0.54	22.0	118	3.0	198	27.3		E 124°51′27.4″ N 44°21′24.1″	97
						2	25~130		黏土		8.7	20.0	0.88	0.47	18.1	66	1.2	142	26.8			
						3	130~150		黏土		8.3	17.8	0.57	0.50	18.0	62	0.7	183				
						4	150~				8.3	17.1	0.67	0.59	19.9	57	13.0	174	35.1			
剖140	半水成土	草甸土	石灰性草甸土	平川石灰性草甸土	厚层平川石灰性草甸土	Aa	0~18	灰色	壤质黏土	粒状											E 125°02′52.4″ N 44°28′03.0″	97
						A	18~76	暗灰色	黏土	粒状												
						AC₁	76~105	棕灰色	黏土	粒状												
						AC₂	105~155	灰黑色	黏土	棱块状												
						Cg	155~	浅黄棕色	黏土													
剖141	钙层土	黑钙土	黑钙土	黑黄土	油黑黄土	A₁₁	0~18	浊黄棕色	壤质黏土	团块状	7.8	24.9	1.27	0.45	24.2	117	1.0	114	25.0	黄土状沉积物	E 125°09′15.1″ N 44°24′12.6″	95
						Ah	18~43	浊黄棕色	黏土	团块状	7.9	26.2	1.46	0.41	24.0	118	1.0	103	25.3			
						AhB	43~124	浊黄橙色	黏土	团块状	7.9	18.0	1.20	0.40	21.6	75	1.0	117	17.6			
						Bk	124~140	灰黄橙色	黏土	块状	8.0	16.3	0.88	0.41	23.3	40	4.0	116	25.0			
剖142	钙层土	黑钙土	黑钙土	红砂底黑钙土	薄层红砂底黑钙土	Aa	0~20	棕灰色	砂质黏壤土	团块状											E 125°09′42.1″ N 44°23′33.7″	97
						B	20~110	红色	砂质黏壤土	棱块状												
						C	110~			无明显结构												
剖143	钙层土	黑钙土	黑钙土	冲积黑钙土	深厚冲积母质黑钙土	Aa	0~27	棕灰色	壤质黏土	团块状					16.6	59	1.0	61	13.6	冲积物	E 125°09′24.5″ N 44°21′47.2″	98
						A	27~79	灰黑色	黏土	团块状					16.3	32	0.4	71	11.2			
						B	79~111	棕灰色	黏土	团块状												
						C	111~	浅黄棕色	砂质黏壤土	棱块状												
剖144	钙层土	黑钙土	黑钙土	红砂底黑钙土	薄层红砂底黑钙土	1	0~20				8.1	26.2	1.53	0.36	19.1	87	0.9	96			E 125°14′34.4″ N 44°20′47.4″	97
						2	27~79		壤质黏土		8.1	27.1	1.63	0.37	19.2	85	0.8	88				
						3	79~111				8.2	24.3	1.65	0.33	11.8	79	0.6	90				
						4	111~				8.2	22.1	1.32	0.36	19.4	85	0.9	97				
剖145	钙层土	黑钙土	黑钙土	冲积黑钙土	深厚冲积母质黑钙土	A₁₁	0~25	灰黑色	黏土	粒状	8.2	37.5	0.42	0.54	22.0	118	3.0	198		冲积物	E 125°13′56.3″ N 44°20′19.0″	97
						A₁	25~130	灰黑色	黏土	粒状	8.7	20.0	0.88	0.47	18.1	66	1.2	142				
						AB	130~150	棕灰色	黏土	小棱块状	8.3	17.8	0.57	0.50	18.0	62	0.7	183				
						Bku	150~	浅棕灰色	黏土	棱块状	8.3	17.1	0.67	0.59	19.9	57	13.0	174				
剖146	半水成土	草甸土	石灰性草甸土	冲积石灰性草甸土	河淤水性草甸土	1	0~28		砂质黏壤土		8.0	13.7	0.58	0.19	16.6	76	0.6	88	21.6	石灰性黏质冲积物	E 125°17′42.4″ N 44°29′10.0″	81
						2	28~48		砂质黏壤土		8.0	14.5	1.32	0.17	16.3	76	0.8	46	31.5			
						3	48~				7.9	9.5	0.22			28	0.4	31	10.4			
剖147	钙层土	黑钙土	黑钙土	红砂底黑钙土	薄层红砂底黑钙土	1	0~18		壤质黏土		7.9	20.1	1.30	0.35		78	3.8	135			E 125°15′15.8″ N 44°20′29.0″	97
						2	18~35				8.5	16.9	1.01	0.29	11.3	64	1.3	114				
剖148	钙层土	黑钙土	黑钙土	冲积黑钙土	中层冲积母质黑钙土	3	35~50				8.3	10.7	0.73	0.23	16.5	30	1.2	84		冲积物	E 124°37′21.4″ N 44°19′12.7″	97
						4	50~90				8.2	6.0	1.48	0.21	10.8	24	0.9	113				
						5	90~				8.2	5.9	0.41	0.20	17.5	21	0.8	131				

续表 Continued

剖面号 Soil profile	土纲 Soil order	土类 Soil great group	亚类 Soil subgroup	土属 Soil genus	土种 Soil species	土层码 Layer code	土层厚度 Depth/cm	颜色 Soil color	质地 Soil texture	土壤结构 Soil structure	pH	有机质 OM/(g/kg)	全氮 TN/(g/kg)	全磷 TP/(g/kg)	全钾 TK/(g/kg)	碱解氮 AN/(mg/kg)	有效磷 AP/(mg/kg)	速效钾 AK/(mg/kg)	阳离子交换量 CEC/(cmol/kg)	土壤母质 Parent material	剖面点坐标 Profile coordinate	匹配指数 Matching index/%
剖149	半水成土	草甸土	盐化草甸土	覆泥轻盐化草甸土	厚层覆泥轻盐化草甸土	1	0—13				9.0	5.4	0.31	0.16	25.2	19	6.9	78	9.2		E 124°44′30.5″ N 44°18′27.0″	97
						2	13—23				8.1	27.3	1.39	0.31	23.2	74	12.7	165	24.7			
						3	23—64		砂质黏壤土	无明显结构	8.3	21.1	1.15	0.05	22.0	43	4.6	277				
剖150	钙层土	黑钙土	黑钙土	红砂底黑钙土	中层红砂底黑钙土	Aa	0—19	棕灰色			8.1										E 124°40′25.0″ N 44°17′14.3″	95
						A	19—49	棕灰色		棱块状		18.3	1.25	0.30		84	3.2	23				
						B	49—98	棕黄色														
						C	98—	红色		无明显结构												
剖151	钙层土	黑钙土	黑钙土	红黏底黑钙土	薄层红黏底黑钙土	1	0—12		黏壤土		8.1	17.2	1.07	0.28	10.2	75	2.2	9			E 124°38′53.5″ N 44°16′25.7″	97
						2	12—35		黏壤土	棱块状	8.0	7.2	0.47	0.17	10.1	36	2.4	12				
						3	35—75		砂质黏壤土		8.0	5.6	0.38	0.12	10.1	26	3.0	14				
						4	75—140		砂质黏壤土													
剖152	初育土	新积土	盐化冲积土	层状盐化冲积土	壤质层状盐化冲积土	Aa	0—22	浅灰色	黏壤土	粒状										冲积物	E 124°43′31.4″ N 44°15′19.8″	74
						A	22—41	灰棕色	黏壤土	小块状												
						C₁	41—49	暗棕色	砂质黏壤土													
						C₂	49—72	浅灰黄色	砂质黏壤土													
						C₃	72—	灰色	黏壤土	小块状												
剖153	钙层土	黑钙土	黑钙土	红黏底黑钙土	破皮黄红黏底黑钙土	Aa	0—16	浅灰棕色	黏壤土	团块状	8.0	20.9	1.26	0.38	24.7	93	2.5	317	15.2		E 124°36′51.8″ N 44°14′56.4″	95
						AB	16—48	暗棕色	黏壤土	棱块状	8.1	15.7	0.98	0.48	16.7	66	0.5	224	10.8			
						BC	48—99	红棕色	砂质黏壤土	棱块状	8.1	10.9	0.67	0.50	19.6	48	0.8	202				
						C	99—	浅紫红色	砂质黏壤土	棱柱状	8.2	10.5	0.77	0.56	11.4	44	3.2	286				
剖154	半水成土	草甸土	石灰性草甸土	岗川石灰性草甸土	薄层岗川石灰性草甸土	1	0—25		黏土		8.2	17.0	0.49	0.23		51	1.5	98	9.3		E 124°53′04.2″ N 44°19′10.9″	99
						2	25—45				8.6	7.2	0.27	0.15		25	2.0	59	3.3			
						3	45—75				8.4	28.9	1.33	0.33		88	3.6	140	18.2			
						4	75—															
剖155	半水成土	草甸土	盐化草甸土	覆泥轻盐化草甸土	厚层覆泥轻盐化草甸土	1	0—25														E 124°47′30.5″ N 44°17′23.3″	97
						2	25—55															
						3	55—															
剖156	碱土	碱土	草甸碱土	超深位草甸碱土	白盖草甸碱土	A	0—50	浅灰色	壤质黏土	棱块状	5.4	34.4	1.43	0.59		156	1.2	127	14.6		E 124°50′19.0″ N 44°15′22.7″	98
						Aae	50—100	黑色	黏土	棱柱状	5.0	46.0	1.91	0.86		225	70.5	154	22.0			
						Cg	100—150	棕黄色	细砂黏壤土	无明显结构	7.8	18.5	1.24	0.14	16.8	97	0.4	51				
剖157	水成土	沼泽土	腐泥沼泽土	腐泥沼泽土	腐泥沼泽土	1	0—20				7.8	9.5	0.68	0.10	17.4	63	0.2	57	20.6		E 124°53′06.0″ N 44°14′06.7″	98
						2	20—28				7.8	5.9	0.85	0.07	16.2	29	0.4	57	19.9			
剖158	钙层土	黑钙土	盐化草甸土	红黏底黑钙土	薄层红黏底黑钙土	1	0—28				8.0	1.9	0.27	0.06		23	0.4	77	20.4		E 124°45′57.2″ N 44°13′09.8″	97
						2	28—40		砂质黏壤土		9.3	21.6	1.45	0.22		75	3.1	5				
						3	40—74				8.5	23.8	1.63	0.23		98	3.0	60				
						4	74—				8.3	8.1	0.54	0.14		28	4.0					
剖159	盐碱土	碱土	草甸碱土	草甸碱土		1	0—6				8.4	6.1	0.42	0.21		23	4.2	27			E 124°53′12.5″ N 44°12′24.8″	98
						2	6—56				8.3	24.3	1.60	0.51		98	3.8	17				
						3	56—80				8.3	25.3	1.69	0.43		109	2.8	12				
						4	80—															
剖160	半水成土	草甸土	盐化草甸土	轻盐化草甸土	厚层轻盐化草甸土	1	0—17				8.3	19.8	1.22	0.39		60	0.5	12			E 124°50′02.2″ N 44°11′48.0″	97
						2	17—60				9.3	15.6	0.92	0.41		45	1.5	9				
						3	60—80				8.2	9.2	0.56	0.26		37	7.3	9				
						4	80—120															
						5	120—															

续表 Continued

剖面号 Soil profile	土纲 Soil order	土类 Soil great group	亚类 Soil subgroup	土属 Soil genus	土种 Soil species	土层码 Layer code	土层厚度 Depth/cm	颜色 Soil color	质地 Soil texture	土壤结构 Soil structure	pH	有机质 OM/(g/kg)	全氮 TN/(g/kg)	全磷 TP/(g/kg)	全钾 TK/(g/kg)	碱解氮 AN/(mg/kg)	有效磷 AP/(mg/kg)	速效钾 AK/(mg/kg)	阳离子交换量 CEC/(cmol/kg)	土壤母质 Parent material	剖面点坐标 Profile coordinate	匹配指数 Matching index/%
剖161	水成土	沼泽土	腐泥沼泽土	腐泥沼泽土	腐泥沼泽土	A₁	0—20	灰色	壤土	无结构											E 124°53′15.5″ N 44°10′56.2″	98
						G	20—	蓝灰色	黏土	无结构												
剖162	钙层土	黑钙土	黑钙土	黑钙土	薄层黑钙土	1	0—19				8.0	23.1	1.40	0.46	19.4	78	2.9	140			E 124°45′06.2″ N 44°10′12.4″	97
						2	19—43				8.3	16.3	0.83	0.37	18.8	48	0.5	107				
						3	43—104				8.2	7.7	0.52	0.38	13.9	31	0.9	134				
						4	104—132				8.5	6.9	0.47	0.50	18.1	30	1.4	136				
剖163	初育土	新积土	冲积土	层状冲积土	壤质层状冲积土	1	0—18				6.7	23.8	1.32	0.71	19.5	72	55.9	595		冲积物	E 125°11′49.9″ N 44°18′32.8″	93
						2	18—52				6.6	11.0	0.76	0.36	18.3	39	25.4	87				
						3	52—78				6.7	7.9	0.40	0.35	22.1	31	29.1	80				
						4	78—110				6.7	10.5	0.47	0.42	18.9	24	42.7	115				
						5	110—134				6.5	13.9	0.71	0.51	20.2	60	50.5	146				
						6	134—				6.5	9.7	0.74	0.43	19.7	39	39.8	141				
剖164	初育土	新积土	冲积土	苏打盐化冲积土	水碱河淤土	A₁₁	0—20	棕灰色	壤质黏土	无明显结构	8.5	24.9	1.30	0.32	19.0	89	3.5	131			E 125°07′48.0″ N 44°15′37.4″	95
						AC	20—45	浅棕灰色	壤质黏土	无明显结构	8.5	18.9	1.06	0.30	20.2	72	3.7	124				
						C	45—120	暗棕灰色	壤质黏土	棱块状	8.2	7.3	1.02	0.25	14.1	65	3.2	119				
剖165	初育土	新积土	盐化冲积土	盐化冲积土	轻盐化冲积土	Aa	0—25	棕灰色	壤质黏土	无明显结构										冲积物	E 125°00′53.5″ N 44°14′44.6″	74
						A	25—100	浅棕灰色	砾质壤土	片状												
						C	100—	暗棕灰色	黏壤土	棱块状												
剖166	盐碱土	碱土	草甸碱土	草甸碱土	白盖草甸碱土	1	0—15		黏壤土	块状	8.6	23.8						17			E 125°07′26.8″ N 44°13′48.7″	98
						2	15—55	紫红色	黏质黏壤土	团块状	8.3	15.2	1.03	0.23		67	2.5	19				
						3	55—95		黏壤土	无明显结构	8.0	8.4	0.56	0.17		32	2.5	22				
						4	95—120		粉砂质壤土	无明显结构		5.8	0.36	0.16		23	2.5					
剖167	黑土	黑土	红黏底黑土	红黏底黑土	中层红黏底黑土	Aa	0—10	浅棕灰色	黏壤土	块状											E 125°00′26.3″ N 44°13′27.8″	97
						A	10—50	暗棕灰色	黏壤土	团块状												
						BC	50—85	浅红棕色	砾质黏壤土	无明显结构												
						C₁	85—124	红棕色	黏壤土	片状												
						C₂	124—	紫红色	粉砂质壤土	无明显结构												
剖168	半淋溶土	草甸土	覆泥轻盐化草甸土	覆泥轻盐化草甸土	中层覆泥轻盐化草甸土	Aa	0—25	灰棕色	黏壤土	块状	7.4	7.8	0.79	0.14	17.8	48	3.3	115	23.0		E 125°02′36.6″ N 44°12′24.8″	97
						Ag	25—63	棕灰色	黏质黏壤土	小团块状	7.7	13.1	1.22	0.22	16.6	65	0.9	194	10.0			
						Cg	63—80	暗棕灰色	黏质黏壤土		8.0	15.2	1.01	0.23	16.0	64	1.7	200	27.4			
剖169	半淋溶土	草甸土	覆泥轻盐化草甸土	覆泥轻盐化草甸土	中层覆泥轻盐化草甸土	1	0—20		壤质黏土	粒状	8.1	8.3	0.73	0.13	17.2	41	1.9	171	11.1		E 125°04′19.9″ N 44°11′02.0″	97
						2	20—40	暗棕灰色	黏壤土	团块状												
						3	40—70	棕灰色	壤质黏土	团块状												
						4	70—	棕黄色	壤质黏土	棱块状												
剖170	钙层土	黑钙土	草甸黑钙土	轻盐化草甸黑钙土	厚层轻盐化草甸黑钙土	Aa	0—15	灰褐色	壤质黏土	无结构	8.0	24.2	1.79	0.29	16.6	110	3.8	324	34.6		E 125°16′12.7″ N 44°16′58.1″	98
						A	15—65	灰色	壤质黏土	无结构	8.1	12.6	0.91	0.28	15.0	50	0.9	179	36.8			
						AB	65—105	棕灰色	壤质黏土	无结构	8.0	12.5	0.94	0.28	14.9	44	0.9	152	58.9			
						Bg	105—	棕黄色	黏土													
剖171	水成土	沼泽土	腐泥沼泽土	石灰腐泥沼泽土	石灰性腐泥沼泽土	A₁	0—37	浅黄灰色	壤质黏土	无结构											E 124°48′24.5″ N 44°09′35.3″	97
						G₁	37—58	灰蓝色	黏土	无结构												
						G₂	58—	灰蓝色	黏土	无结构												
剖172	水成土	沼泽土	腐泥沼泽土	腐泥沼泽土	腐泥沼泽土	1	0—37		黏土												E 124°51′28.8″ N 44°09′33.1″	97
						2	37—58															
						3	58—															

续表 Continued

剖面号 Soil profile	土纲 Soil order	土类 Soil great group	亚类 Soil subgroup	土属 Soil genus	土种 Soil species	土层码 Layer code	土层厚度 Depth/cm	颜色 Soil color	质地 Soil texture	土壤结构 Soil structure	pH	有机质 OM/(g/kg)	全氮 TN/(g/kg)	全磷 TP/(g/kg)	全钾 TK/(g/kg)	碱解氮 AN/(mg/kg)	有效磷 AP/(mg/kg)	速效钾 AK/(mg/kg)	阳离子交换量CEC/(cmol/kg)	土壤母质 Parent material	剖面点坐标 Profile coordinate	匹配指数 Matching index/%
剖173	钙层土	黑钙土	黑钙土	红砂底黑钙土	破皮黄红砂底黑钙土	1	0—18		砂质黏壤土		7.9	20.6	1.12	0.16	15.7	70	1.0	85			E 124°45′30.2″ N 44°09′30.6″	97
						2	18—23				8.0											
						3	23—				8.1											
剖174	钙层土	黑钙土	黑钙土	黑钙土	中层黑钙土	1	0—40		粉砂质黏土		7.9	23.5	1.01	0.23	22.3	54	1.4	136			E 124°46′07.0″ N 44°08′52.4″	98
						2	40—50		粉砂质黏土		7.9	13.7	0.59	0.16	23.0	39	1.6	133				
						3	50—70		粉砂质黏土		7.7	13.7	0.41	0.14	19.8	35	1.7	139				
						4	70—		粉砂质黏土		8.0	6.2	0.61	0.11	12.2	23	1.5	132				
剖175	半水成土	草甸土	盐化草甸土	轻盐化草甸土	厚层轻盐化草甸土	1	0—13					17.5	1.36	0.35	10.1	87	2.3	23			E 124°49′32.9″ N 44°08′47.0″	97
						2	13—50					10.1	0.66	0.29	10.1	59	1.9	23				
						3	50—82					7.6	0.46	0.16	9.1	23	2.2	11				
						4	82—					2.5	0.23	0.11		9	3.6	14				
剖176	水成土	沼泽土	腐泥沼泽土	轻盐化腐泥沼泽土	轻盐化腐泥沼泽土	A₁	0—20	棕灰色	黏土	无结构											E 124°50′36.6″ N 44°08′11.0″	97
						A	20—52	暗灰色	黏土	无结构												
						G	52—	蓝灰色	黏土	无结构												
剖177	钙层土	黑钙土	红黏底黑钙土	红黏底黑钙土	中层红黏底黑钙土	1	0—25		砂质黏土	粒状	8.1	18.8	0.65	0.48	22.7	65	0.8	197	17.2		E 124°57′14.8″ N 44°07′54.8″	95
						2	25—50		壤质黏土	屑粒状	8.4	7.9	0.96	0.38	15.3	47	0.8	203				
						3	50—		壤质黏土	粒状、片状	8.6	3.5	0.74	0.58	18.8	43	0.8	271				
剖178	钙层土	黑钙土	页岩底黑钙土	页岩底黑钙土	中层页岩底黑钙土	Aa	0—11	暗棕灰色	壤质黏土	块状	8.0	27.2	1.67	0.32	14.0	105	4.1			页岩风化物	E 124°52′34.3″ N 44°07′45.1″	97
						AC	11—51	灰色	粉砂质黏土	块状	8.1	30.9	1.70	0.58		107	2.9					
						C	51—80	棕灰色	粉砂质黏土	棱块状	8.0	28.4	1.47	0.74		102	2.5					
							80—109	浅灰绿色	粉砂质黏土	棱块状	8.0	2.3	0.21	0.24	14.0	20	1.5	19				
剖179	钙层土	黑钙土	黑钙土	黑钙土	深厚层黑钙土	Aa	0—17	暗棕灰色	粉砂质黏土	粒状											E 124°51′09.4″ N 44°07′24.2″	97
						AB	17—45	浅灰棕色	粉砂质黏土	小棱块状												
						BC	45—110	棕黄色	粉砂质黏土	块状												
						C	110—	浅棕黄色	黏壤土	块状												
剖180	钙层土	黑钙土	黑钙土	破皮黄黑钙土	破皮黄黑钙土	Aa	0—13	棕灰色	壤质黏土	粒状									19.2		E 124°48′02.5″ N 44°07′18.1″	97
						Bg	13—50	灰棕色	壤质黏土	小团块状												
						Cg	50—82	浅棕黄色	黏壤土	棱状												
							82—															
剖181	半水成土	草甸土	轻盐化草甸土	厚层轻盐化草甸土	厚层轻盐化草甸土	1	0—20	棕灰色	砂质黏壤土	小团块状	8.0	19.6	1.23	0.27	20.2	91	0.9	145			E 124°58′09.1″ N 44°06′31.3″	97
						2	20—140	灰棕色	黏壤土	团块状	7.8	5.9	0.39	0.20	20.4	44	0.6	264	20.7			
						3	140—	棕黄色	砂壤土	小团块状	7.9	3.9		0.45	10.9	106	6.1	29				
剖182	半淋溶土	黑土	黑土	页岩底黑土	厚层黑土	1	0—18	棕灰色	粉砂质黏土	棱状		27.9	1.79	0.43	13.1	84	1.3	18			E 124°45′56.5″ N 44°06′03.6″	98
						2	45—130	灰棕黄色	粉砂质黏土			24.3	1.40	0.29	10.6	26	1.6	14				
						3	130—	黄棕黄色				6.5	0.44									
剖183	钙层土	黑钙土	页岩底黑钙土	中层页岩底黑钙土	中层页岩底黑钙土	1	0—45													页岩风化物	E 124°52′46.9″ N 44°05′58.2″	97
剖184	钙层土	黑钙土	黑钙土	页岩底黑钙土	中层页岩底黑钙土	1	0—11				7.8	12.5	0.40	0.79	10.9	28	4.4	17		页岩风化物	E 124°48′21.6″ N 44°05′57.5″	97
						2	11—51				7.9											
						3	51—80				7.8											
						4	80—109				7.9											

续表 Continued

剖面号 Soil profile	土纲 Soil order	土类 Soil great group	亚类 Soil subgroup	土属 Soil genus	土种 Soil species	土层码 Layer code	土层厚度 Depth/cm	颜色 Soil color	质地 Soil texture	土壤结构 Soil structure	pH	有机质 OM/(g/kg)	全氮 TN/(g/kg)	全磷 TP/(g/kg)	全钾 TK/(g/kg)	碱解氮 AN/(mg/kg)	有效磷 AP/(mg/kg)	速效钾 AK/(mg/kg)	阳离子交换量CEC/(cmol/kg)	土壤母质 Parent material	剖面点坐标 Profile coordinate	匹配指数 Matching index/%
剖185	钙层土	黑钙土	草甸黑钙土	草甸黑钙土	深厚层草甸黑钙土	Aa	0—19	暗棕灰色	壤质黏土	团块状											E 124°58′38.6″ N 44°05′14.3″	98
						AB	19—90	暗灰色	壤质黏土	团块状												
						Bg	90—138	灰棕色	黏土	棱块状												
						G	138—	棕色	壤质黏土	棱块状												
剖186	半淋溶土	黑土	黑土	页岩底黑土	破皮黄页岩底黑土	Aa	0—18	棕灰色	黏质壤土	块状										页岩风化物	E 124°55′59.2″ N 44°04′03.4″	95
						A	18—42	灰棕色	黏壤土	块状												
						AB	42—82	浅灰棕色	黏壤土	块状												
						B	82—153	浅灰黄棕色	壤质黏土	棱块状												
						C	153—	棕黄色	壤质黏土	片状												
剖187	钙层土	黑钙土	草甸黑钙土	锈黑黄土	黏锈黑黄土	A_{11}	0—20	浅黄棕色	壤质黏土	团块状	8.0	21.6	1.42	0.54	20.1	93	2.0	117	25.6	黄土状沉积物	E 124°59′18.6″ N 44°03′51.8″	95
						Ah	20—72	暗灰黄棕色	壤质黏土	团块状	8.0	23.0	1.51	0.53	18.7	92	2.0	97	26.0			
						Bk	72—132	浊黄橙色	壤质黏土	块状	8.1	7.4	0.62	0.40	20.3	36	1.0	105	22.2			
						Cu	132—167	浊黄橙色	壤质黏土	棱块状	8.0	4.9	0.44	0.48	20.7	31	1.0	117	22.0			
剖188	钙层土	黑钙土	草甸黑钙土	草甸黑钙土	薄草甸黑钙土	Aa	0—11	棕灰色	壤质黏土	粒状											E 124°52′29.3″ N 44°03′04.3″	97
						A	11—34	灰棕色	壤质黏土	棱块状												
						B	34—104	棕黄色	壤质黏土	棱块状												
						C	104—		壤质黏土	棱块状												
剖189	半水成土	草甸土	盐化草甸土	轻盐化草甸土	厚层轻盐化草甸土	1	0—24	棕黄色	壤质黏土	小棱块状	8.3										E 125°01′03.5″ N 44°09′37.6″	97
						2	24—65	灰棕色	壤质黏土	棱块状	8.3											
						3	65—89	灰棕色	壤土	棱块状	9.3											
						4	89—110	浊黄棕色	壤质黏土	粒状	8.5	15.7	1.21	0.12	24.8	51	4.2	108	19.4			
剖190	钙层土	黑钙土	草甸黑钙土	黄土质草甸黑钙土	瘦火性潮黑土	A_1	0—13	浅黄棕色	壤质黏土	粒状	8.6	13.2	0.84	0.10	24.6	51	1.4	101	21.3	黄土状沉积物	E 125°03′35.6″ N 44°09′36.0″	81
						Bku	13—23	浊黄橙色	壤质黏土	棱块状	8.3	7.8	0.43	0.11	26.0	32	1.0	33	14.7			
						C	23—46	浊黄橙色	壤质黏土	棱块状	8.3	2.6	0.25	0.11	25.0	24	0.6	100	9.1			
							46—87															
剖191	半淋溶土	黑土	黑土	黑土	深厚层黑土	Aa	0—20	暗棕黑色	壤质黏土	团块状	8.8	28.4	1.88	0.38	18.9	101	2.9	118	28.5		E 125°12′10.4″ N 44°09′31.7″	97
						A	20—53	棕灰色	壤质黏土	团块状	8.5	17.4	1.13	0.30	15.3	59	2.3	76	28.3			
						AB	53—110	棕灰色	壤质黏土	粒状	8.4	12.5	0.65	0.27	19.7	39	2.1	95	26.9			
						BC	110—132	浅灰黄色			8.4	9.4	0.51	0.27	19.0	36	1.7	88	25.0			
						C	132—	棕黄色		棱柱状												
剖192	钙层土	黑钙土	黑钙土	砂底黑钙土	薄层砂底黑钙土	1	0—25		砂质黏壤土		7.9	27.3	1.66	0.48		76	1.6	51	30.0		E 125°10′27.5″ N 44°09′29.2″	97
						2	25—45		砂质黏壤土		7.9	27.0	1.61	0.46		67	0.5	343	31.7			
						3	45—87		砂质黏壤土		7.9	16.3	1.04	0.37	22.2	68	0.3	141	29.2			
						4	87—				7.8	5.8	0.41	0.31	23.2	23	0.6	124	25.4			
剖193	盐碱土	碱土	草甸碱土	草甸碱土	白盖草甸碱土	1	0—19														E 125°07′26.4″ N 44°09′06.5″	97
						2	19—56															
						3	56—117															
						4	117—															
剖194	钙层土	黑钙土	黑钙土	黑钙土	厚层黑钙土	1	0—20														E 125°11′57.5″ N 44°08′09.6″	98
						2	20—90															
						3	90—140															
						4	140—															

续表 Continued

剖面号 Soil profile	土纲 Soil order	土类 Soil great group	亚类 Soil subgroup	土属 Soil genus	土种 Soil species	土层码 Layer code	土层厚度 Depth/cm	颜色 Soil color	质地 Soil texture	土壤结构 Soil structure	pH	有机质 OM/(g/kg)	全氮 TN/(g/kg)	全磷 TP/(g/kg)	全钾 TK/(g/kg)	碱解氮 AN/(mg/kg)	有效磷 AP/(mg/kg)	速效钾 AK/(mg/kg)	阳离子交换量CEC/(cmol/kg)	土壤母质 Parent material	剖面点坐标 Profile coordinate	匹配指数 Matching index/%
剖195	钙层土	黑钙土	黑钙土	红砂底黑钙土	厚层红砂底黑钙土	1	0—50		砂质黏壤土		7.9	13.3	0.67	0.14	15.9	48	0.2	70	16.8		E 125°08′35.9″ N 44°07′02.3″	95
						2	50—65				7.8	7.1	0.56	0.09	14.9	24	0.2	81	14.5			
						3	65—105				7.8	4.9	0.24	0.05	10.8	13	0.1	67	9.5			
						4	105—150				8.1											
剖196	半淋溶土	黑土	黑土	黑土	深淋层黑土	1	0—92				8.1	19.1	1.21	0.39		80	2.4				E 125°06′06.5″ N 44°05′48.8″	97
						2	92—140				8.2	4.8	0.73	0.31		31	1.7					
剖197	半淋溶土	黑土	黑土	黑土	深厚层黑土	1	0—18														E 125°08′56.8″ N 44°05′19.3″	97
						2	18—110		砂质黏壤土		7.7	24.0	1.32	0.30	14.1	87	2.1	31	33.7			
						3	110—150		砂质黏壤土		7.7	17.8	1.07	0.74	13.5	71	3.8	37	28.5			
						4	150—		壤质黏土		7.7	9.4	0.64	0.30	14.0	34		32	24.1			
剖198	盐碱土	碱土	草甸碱土	草甸碱土	深位草甸碱土	1	0—30		细砂黏壤土		7.8	9.2	0.54	0.26	23.4	44	3.3	117	12.2		E 125°13′14.5″ N 44°05′09.2″	97
						2	30—35		壤质黏土		7.9	16.6	0.98	0.40	22.5	52	3.9	179	25.2			
						3	35—75		细砂黏壤土		8.3	7.5	0.41	0.32	24.8	32	2.5	88	9.8			
剖199	半水成土	草甸土	石灰性草甸土	平川石灰性草甸土	厚层平川石灰性草甸土	1	0—17				8.1	20.8	1.36	0.39		82	2.6	130	18.8		E 125°11′52.5″ N 44°04′11.8″	95
						2	17—77				8.3	22.2	1.31	0.47		79	0.5	90	18.8			
						3	77—150				8.0	18.1	1.04	0.49		72	2.5	107	24.1			
剖200	钙层土	黑钙土	黑钙土	黑钙土	厚层黑钙土	1	0—16				7.9	21.3	1.40	0.38		107	1.3	68			E 125°12′55.1″ N 44°03′51.1″	98
						2	16—80				8.0	24.8	1.34	0.34		105	0.4	34				
						3	80—105				8.0	6.0	0.43	0.34		28	2.1	43				
						4	105—160				7.5	3.9	0.30	0.28		17	3.7	40				
						5	160—				8.0	6.2	0.50	0.28		32	1.2	41				
剖201	半淋溶土	黑土	黑土	黑土	中层黑土	1	0—20				7.9	18.2	1.29	0.31	12.8	156	1.5	38	29.7		E 125°12′46.8″ N 44°03′04.7″	98
						2	20—50				7.6	14.5	0.59	0.23	12.1	85	3.0	32	28.6			
						3	50—95				7.4	8.0	0.59	0.20	12.9	22	2.6	35	27.0			
						4	95—120				7.3	5.0	0.36	0.27	13.8	29	2.6	34				
						5	120—155				7.4	4.1	0.36	0.13	13.9		2.6	34	23.9			
剖202	半水成土	草甸土	盐化草甸土	轻盐化草甸土	厚层轻盐化草甸土	1	0—20		黏壤土		8.0	15.1	1.29	4.24	14.9	108	1.2	151	12.4		E 125°02′51.4″ N 44°01′28.2″	97
						2	20—80				8.0	21.7	1.32	0.39	17.5	88	1.0	111	40.5			
						3	80—160		砂土		8.3	1.0	0.47	0.81	1.3	57	0.4	103				
						4	160—				8.1	3.2	0.36	0.45	20.7	27	2.0	96	14.7			

榆 树 市

主要土类说明

黑土是榆树市主要土壤类型，占本市地域面积的43%，是本市最肥沃的土壤之一。受半湿润气候影响，土壤腐殖质积累较多，有机质含量为15—35g/kg。全剖面呈中性或微酸性，具有典型的黑土特征。根据剖面形态特征的不同，本市黑土分为黑土、草甸黑土等亚类。

草甸土是榆树市第二大土壤类型，占本市地域面积的25%。草甸土是由沉积作用并伴随腐殖质积累过程形成的富含腐殖质的土壤，多分布在远河低平处或台地间洼地。其主要特征是黑土层均为颗粒大小相近的粒状结构，水稳性很强，呈微酸性或中性。同时，由于地势低平，剖面下部均见潜育化现象。受沉积过程和环境条件的影响，本市草甸土类型较多，分为草甸土、轻盐碱化草甸土等亚类，剖面构型和土地利用方向相差很大。

白浆土是榆树市第三大土壤类型，占本市地域面积的17%，集中分布在卡岔河以东低矮起伏的丘陵台地。该土壤上层因周期性滞水，下层顶托，还原铁锰漂洗，部分侧向位移，移出土体，形成灰黄色至灰白色白浆土层（E层）。A层有大量有机质积累；E层为灰黄色至灰白色白浆土层，质地较轻；下部B层质地黏重，具有明显淀积黏土膜，呈暗棕色。本市白浆土因气候原因，水土流失严重，黑土层较薄，耕层土壤有机质含量为5—35g/kg，土壤呈微酸性。根据成土过程和土体构造的不同，本市白浆土分为岗地白浆土和潜育白浆土两个亚类，按母质类型续分为两个土属，并根据黑土层厚度、侵蚀状况及潜育现象续分为五个土种。

新积土占本市地域面积的9%，是本市比较肥沃的土壤之一，由河流冲积、新近坡积、塌积或风积形成。河流冲积形成的新积土主要分布在松花江、拉林河沿岸的平川地带，主要受江河泥沙沉积和环境条件的影响，土壤发育不明显。新近坡积、塌积和风积形成的新积土分布在本市波状台地的坡脚，土层厚度超过50cm，土质适宜，养分含量丰富，是一种广适性土壤。

小于本市地域面积3%的土壤类型有水稻土、沼泽土、泥炭土、风沙土、黑钙土等。

本区域中心区气候特征

本区域中心区气候特征值
Regional climate characteristics in central area of the region

气候带：中温带亚湿润气候 Climate region: Mid temperate subhumid climate	
年平均气温 /℃ Annual average temperature /℃	4.5
年平均最高气温 /℃ Annual average maximum temperature /℃	10.6
年平均最低气温 /℃ Annual average minimum temperature /℃	-1.1
年降水量 /mm Annual precipitation /mm	549
≥10℃的积温 /℃ Daily temperature accumulated in a year（≥10℃）/℃	1678
年日照时数 /h Annual sunshine /h	2557
年平均相对湿度 /% Annual average relative humidity /%	66
干燥度 Dryness	0.53

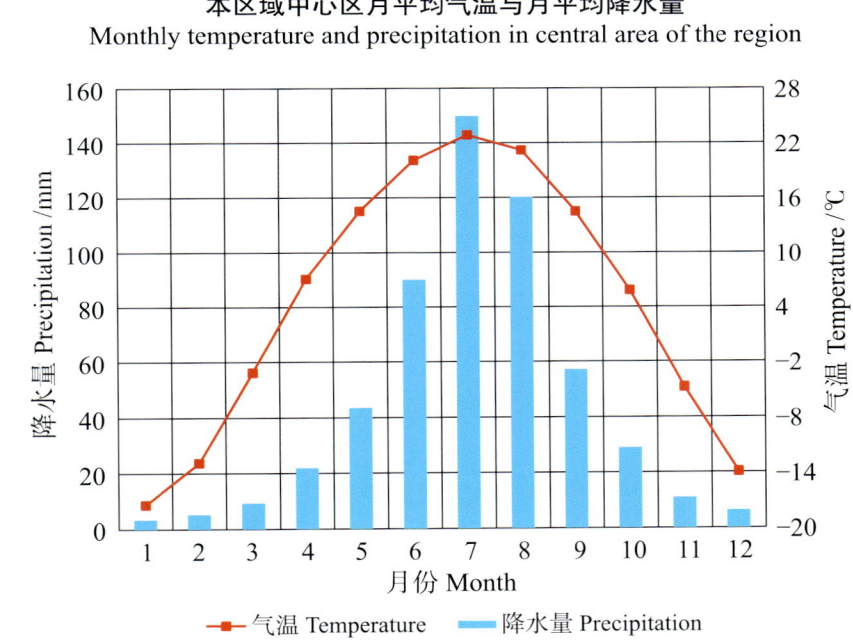

本区域中心区月平均气温与月平均降水量
Monthly temperature and precipitation in central area of the region

榆树市主要土壤类型与土壤剖面点分布图
1:370 000

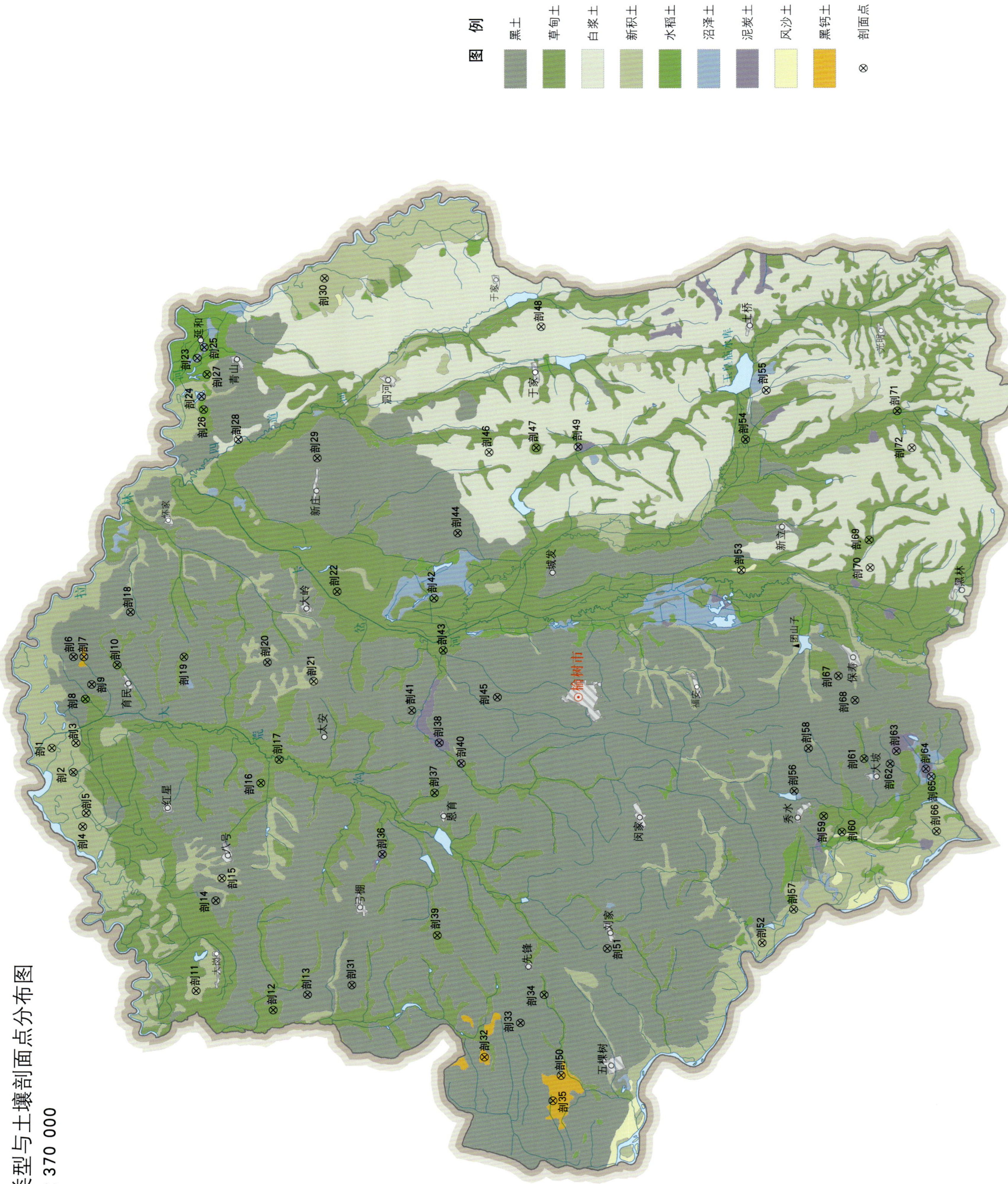

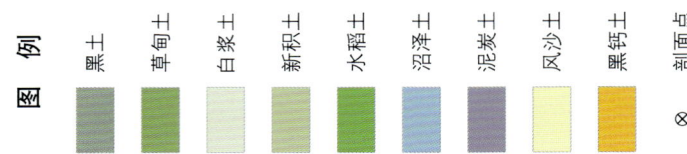
图　例
黑土　草甸土　白浆土　新积土　水稻土　沼泽土　泥炭土　风沙土　黑钙土　剖面点

榆树市土壤剖面理化性状表

剖面号 Soil profile	土纲 Soil order	土类 Soil great group	亚类 Soil subgroup	土属 Soil genus	土种 Soil species	土层码 Layer code	土层厚度 Depth/cm	颜色 Soil color	质地 Soil texture	土壤结构 Soil structure	pH	有机质 OM/(g/kg)	全氮 TN/(g/kg)	全磷 TP/(g/kg)	全钾 TK/(g/kg)	碱解氮 AN/(mg/kg)	有效磷 AP/(mg/kg)	速效钾 AK/(mg/kg)	土壤母质 Parent material	剖面点坐标 Profile coordinate	匹配指数 Matching index/%
剖1	初育土	新积土	冲积土	冲积土	砂质冲积土	Aa	0—29	暗灰色	砂壤土	小团块状	6.3	18.1	0.85	0.53			2.0		冲积物	E 126°28′21.0″ N 45°13′03.7″	74
						AC	29—56	暗灰色	砂壤土	片状	6.4	12.3	0.89	0.56		63	7.9				
						AC₂	56—92	灰棕色	砂壤土		6.5	9.4	0.74	0.60		46	2.6				
						C	92—104	棕黄色	砂土		9.7	2.1	0.20	0.43		45	3.4				
						5	104—				7.8		0.29	0.54		29					
剖2	初育土	新积土	冲积土	冲积土	砂壤质冲积土	1	0—20		壤质黏土		7.4	27.1		0.63	21.2	166	5.9	120	冲积物	E 126°26′47.8″ N 45°12′04.7″	92
						2	20—60				7.0	9.4		0.50	23.7	164	8.0	41			
						3	60—78		砂壤土		8.1	1.3		0.37	23.7	24	13.7				
						4	78—120		砂质黏壤土		7.9	2.7		0.42	23.9	30	11.4				
剖3	初育土	新积土	冲积土	冲积土	砂底冲积土	Aa	0—26	棕灰色	壤质黏土	粒状	6.5	33.0	2.34	0.45	28.2	184	7.0	165	冲积物	E 126°28′44.4″ N 45°12′00.4″	74
						AC	26—38	灰棕色	砂壤土		6.5	25.8	1.28	0.57	25.8	95	0.9	61			
						C	38—	黄棕色	砂质砂土		6.5	2.0	0.38	0.30	24.3	25	2.2				
剖4	初育土	新积土	冲积土	层状冲积土	砂壤质层状冲积土	1	0—24		壤质土	无结构	8.7	26.6	1.29	0.51		84	7.1		冲积物	E 126°23′14.6″ N 45°11′34.1″	92
						2	24—44		砂壤土		8.1	12.9	0.77	0.39		46	11.4				
						3	44—64		黏壤土		7.7	27.1	1.10	0.58		79	11.7				
						4	64—89		壤质黏土		7.5	6.5	1.20	0.25		86	40.1				
						5	89—120		壤质黏土		7.6	17.5	0.90	0.69		62	37.2				
剖5	初育土	新积土	冲积土	新积土	新积土	1	0—27		壤质黏土		6.8	19.4	0.65	0.30	24.5	80	1.2	114	冲积物	E 126°24′08.3″ N 45°11′25.8″	74
						2	27—55				5.9	17.7	0.83	0.83	23.4	96	1.6	124			
						3	55—74				5.2	27.4	0.97	0.41	22.7	116	2.1	140			
						4	74—				6.2	33.1	1.37	0.54	22.6	122	3.1	122			
剖6	半淋溶土	黑土	黑土	黑土	薄层黑土	Aa	0—20	暗灰色	黏壤土	团块状	6.4	18.3	1.24	0.37		146	7.2		冲积物（黄砂）	E 126°34′21.0″ N 45°12′14.8″	98
						A₁	20—28	暗灰色	黏壤土	团块状	6.3	19.1	1.87	0.33		120	5.5	151			
						AB	28—58	黄棕色	黏质土	团块状	7.0	9.4	0.92	0.28		87	4.8	131			
						B₁	58—90	黄棕色	黏土	棱块状	6.1					59	9.8	57			
						B₂	90—130	黄棕色	黏壤土	大棱块状	6.8	2.3	0.37	0.45	22.4	75	11.2	114			
剖7	钙层土	黑钙土	黑钙土	黑钙土	厚层黑钙土	1	0—19				7.2	32.8	1.59	0.59	22.1	129	1.2	126		E 126°34′22.1″ N 45°11′47.0″	97
						2	19—91				7.4	35.2	1.52	0.61	22.2	113	0.9	94			
						3	91—116				7.2	21.7	0.88	0.42	24.6	54	0.6				
						4	116—120				7.2	7.9	0.54	0.41	15.5	40	2.9				
剖8	人为土	水稻土	草甸土型水稻土	草甸土型水稻土	轻盐碱化草甸型水稻土	1	0—13		壤土		7.3	10.5	3.28	0.85	12.5	177	8.6	210		E 126°31′36.8″ N 45°11′39.5″	75
						2	13—31	黑灰色	壤质黏土		7.3	54.4	3.28	0.51	14.5	201	19.3				
						3	31—46	灰灰色	壤质黏土		7.4	38.2	1.77	0.50	17.1	94	7.4				
						4	46—				7.3	27.6	0.98	2.56	25.7	54	13.3				
剖9	半淋溶土	黑土	黑土	黑土	破皮黄黑土	Aa	0—18	棕灰色	壤质黏土	团块状	6.0	20.1	1.01	0.36	25.7	92	2.9			E 126°32′34.8″ N 45°11′24.0″	97
						B	18—78	黄棕色	黏土	棱块状	5.0	9.0	0.45	0.37	25.6	36	5.1	192			
						C	78—120	棕黄色	壤土	块状	6.0	7.3	0.94	0.38	23.6	34	5.4	170			
剖10	半水成土	草甸土	草甸土	岗川草甸土	厚岗川草甸土	Aa	0—18	黑灰色	壤土	团粒状	6.5									E 126°33′54.0″ N 45°10′17.0″	97
						A₁	18—46	灰灰色	壤质黏土	团粒状	6.5										
						AB	46—89	棕灰色	壤质黏土	团块状	6.7										
						Bg	89—	灰黄色	壤质黏土	小团块状	6.0										

续表 Continued

剖面号 Soil profile	土纲 Soil order	土类 Soil great group	亚类 Soil subgroup	土属 Soil genus	土种 Soil species	土层码 Layer code	土层厚度 Depth/cm	颜色 Soil color	质地 Soil texture	土壤结构 Soil structure	pH	有机质 OM/(g/kg)	全氮 TN/(g/kg)	全磷 TP/(g/kg)	全钾 TK/(g/kg)	碱解氮 AN/(mg/kg)	有效磷 AP/(mg/kg)	速效钾 AK/(mg/kg)	土壤母质 Parent material	剖面点坐标 Profile coordinate	匹配指数 Matching index/%
剖11	初育土	新积土	冲积土	冲积土	砂质冲积土	1	0—25				8.8	28.6	1.74	0.43		157	7.1		冲积物	E 126°12′44.3″ N 45°06′13.0″	93
						2	25—71				8.8	28.0	1.39	0.46		127	5.7				
						3	71—111				8.5	2.7				35	8.5				
						4	111—				7.6	1.8		0.66		19	8.4	147			
剖12	半水成土	草甸土	草甸土	岗川草甸土	厚层岗川草甸土	1	0—19		壤质黏土		7.3	35.9	1.47	0.58	22.2	110	1.8	95		E 126°11′38.8″ N 45°02′44.9″	97
						2	19—46		壤质黏土		7.0	41.1	1.97	0.55	21.9	120	1.5	120			
						3	46—89		壤质黏土		6.8	26.1	1.13	0.51	22.2	74	2.6	120			
						4	89—		壤质黏土		6.9	7.7	0.40	0.43	23.6	32	7.9	219			
剖13	半淋溶土	黑土	黑土	黑土	中层黑土	1	0—19		壤质黏土		6.8	23.7	1.27	0.47	25.6	91	3.3	241		E 126°12′44.3″ N 45°01′15.2″	98
						2	19—43				6.9	19.0	0.97	0.51	27.4	64	7.9	242			
						3	43—72				6.9	0.8	0.46	0.49	26.6	33	18.0	263			
						4	72—104				6.9	5.9	0.46	0.50	23.3	21	24.8	327			
						5	104—				6.8	2.9	0.47	0.42	29.1	15	2.9				
剖14	半淋溶土	黑土	草甸黑土	草甸黑土	厚层草甸黑土	1	0—20				5.3	36.8	1.83	0.64		243	3.7			E 126°18′41.8″ N 45°05′30.5″	93
						2	20—70				6.3	22.9	1.01	0.63		204	6.2				
						3	70—107				5.5	13.1	0.55	0.56		79	6.8				
						4	107—				5.2	5.2	0.46	0.42		62	7.4				
剖15	初育土	新积土	冲积土	非石灰性冲积土	砂河滩土	A_{11}	0—29	浅灰色	砂壤土	粒状	6.2	18.1	0.85	0.53	16.9	63	2.0	82	冲积物	E 126°20′10.7″ N 45°05′16.4″	95
						AC	29—56	浅灰色	砂质壤土		6.8	12.3	0.89	0.56	19.8	46	7.6	84			
						C_1	56—92	灰河棕色	砂质壤土		6.5	9.4	0.74	0.60	22.0	45	2.6	92			
						C_2	92—104	棕黄色	壤质砂土	无明显结构	7.6	2.1	0.20	0.43							
剖16	人为土	水稻土	草甸土型水稻土	草甸土型水稻草	轻盐碱化草甸土型水稻土	Aa	0—13	暗灰色	黏壤土	无结构	7.8									E 126°26′28.7″ N 45°03′42.1″	75
						A_1	13—31	暗灰色	黏壤土	无结构	7.5										
						AB	31—46	灰黑色	壤质黏土	粒状	7.3										
						Bg	46—	灰色		团块状	7.0										
剖17	半水成土	草甸土	盐化草甸土	盐化草甸土	轻度盐碱化草甸土	1	0—20			团粒状	8.1	42.8	1.76	0.87	19.7	116	1.4	212		E 126°28′03.4″ N 45°02′55.3″	95
						2	20—70	灰黑色	壤质黏土	团粒状	8.0	28.9	1.48	0.99		73	1.4	66			
						3	70—	灰黑色	壤质黏土	团块状	7.9	13.5	0.63	0.75		46	12.3	116			
剖18	半水成土	草甸土	草甸土	岗川草甸土	深厚层岗川草甸土	1	0—25	蓝灰棕色	黏壤土	团块状	7.5	30.3	1.64		20.7	128	4.7	129		E 126°34′33.6″ N 45°07′19.6″	99
						2	25—84	浅黄棕色	黏壤土	团块状	7.2	22.1	1.10	0.62	18.8	96	7.2	155			
						3	84—124	油黄棕色	粉砂质黏壤	小团块状	6.9	12.0	0.65	0.81	19.9	35	17.7	212			
						4	124—	油黄棕色	粉砂质黏壤	片状	6.5	8.3	0.46	0.57	20.1	32	18.6	176			
剖19	半淋溶土	黑土	白浆化黑土	白浆黄黑土	白垢黄浆黑土	Aa	0—23	油黄棕色	壤质黏土	棱块状	6.5	34.7	1.70	0.60	23.4	105	6.9	212	黄土状沉积物	E 126°34′22.1″ N 45°03′35.6″	93
						A	23—113	油黄橙色	壤质黏土	大棱块状	6.5	38.0	1.79	0.70	20.7	116	3.4	66			
						Ag	113—	暗灰色	黏壤土	团块状	6.0	25.0	1.59	0.44	18.2	127	3.0	168			
剖20	半淋溶土	新积土	冲积土	新积土	新积土	A_h	0—17	暗灰色	黏壤土	团块状	6.0	17.8	1.48	0.52	23.1	101	5.4	166	冲积物	E 126°33′13.3″ N 45°01′30.4″	92
						Co	17—80															
剖21	初育土	新积土	冲积土	新积土	新积土	A_1	80—120	灰黑色	黏壤土	团粒状	6.5	27.6	1.12	0.67	21.0	101	8.2	115			

续表 Continued

剖面号 Soil profile	土纲 Soil order	土类 Soil great group	亚类 Soil subgroup	土属 Soil genus	土种 Soil species	土层码 Layer code	土层厚度/cm Depth/cm	颜色 Soil color	质地 Soil texture	土壤结构 Soil structure	pH	有机质 OM/(g/kg)	全氮 TN/(g/kg)	全磷 TP/(g/kg)	全钾 TK/(g/kg)	碱解氮 AN/(mg/kg)	有效磷 AP/(mg/kg)	速效钾 AK/(mg/kg)	土壤母质 Parent material	剖面点坐标 Profile coordinate	匹配指数 Matching index/%
剖22	半水成土	草甸土	草甸土	平川草甸土	中层平川草甸土	Aa	0—20	灰黑色	黏壤土	粒状	6.5	25.6	1.74	0.61	21.2	189	7.1	188	冲积物	E 126°39′06.5″ N 45°00′36.0″	98
						A₁	20—44	灰黑色	壤质黏土	团块状	6.5	21.6	1.71	0.41	7.9	196	2.9	137			
						AB	44—92	黄灰色	壤质黏土	团块状	6.5	19.2	0.85	0.33	7.0	127	3.6				
						Bg	92—120	灰黄色	黏土	核块状	7.0	4.4	0.24	0.30	25.1	93	5.9				
剖23	水成土	沼泽土	腐泥沼泽土	腐泥沼泽土	中层腐泥沼泽土	1	0—42		黏壤土		7.2	61.2	3.30	0.95	20.2	230	6.9	137		E 126°54′05.0″ N 45°07′08.8″	97
						2	42—53				7.2	8.9	0.48	0.39	21.8	46	4.2	109			
						3	53—				6.9	7.2	0.41	0.42	22.7	37	30.0				
剖24	水成土	沼泽土	腐泥沼泽土	腐泥沼泽土	中层腐泥沼泽土	1	0—23		粉沙质黏土		7.1	62.5	2.77	0.51	17.7	183	18.4	276		E 126°51′36.0″ N 45°06′54.4″	97
						2	23—		黏质黏土		6.9	70.0	3.12	1.02	22.1	211	30.6	145			
剖25	水成土	沼泽土	腐泥沼泽土	腐泥沼泽土	中层腐泥沼泽土	1	0—34		黏质黏土		7.0	33.8	4.27	2.20	18.8	209	32.4	111		E 126°54′48.2″ N 45°06′50.8″	97
						2	34—		壤质砂土		6.9	36.7	1.52	0.75	21.2	52	6.0	84			
剖26	人为土	水稻土	冲积土型水稻土	砂质冲积型水稻土	砂质冲积型水稻土	1	0—12				6.9	14.6	1.05	0.46		191	11.6			E 126°50′44.5″ N 45°06′47.5″	97
						2	12—17				5.0	18.6	1.81	0.66		333	3.5				
						3	17—				5.8	3.1	0.65	0.37		107					
剖27	人为土	水稻土	冲积土型水稻土	砂质冲积型水稻土	砂质冲积型水稻土	1	0—47		壤质砂土		7.1	3.9	0.36	0.12	24.0	19	1.9	20		E 126°53′02.0″ N 45°06′41.0″	97
						2	47—		壤质砂土		6.9	4.7	0.10	0.09	25.0	20	2.1	21			
剖28	淋溶土	白浆土	岗地白浆土	黄土质白浆化黑土	中层岗地白浆土	1	0—12												黄土母质	E 126°48′51.5″ N 45°05′13.2″	97
						2	12—38														
						3	38—														
剖29	半淋溶土	黑土	白浆化黑土	黄土质白浆化黑土	白箴黑土	A₁₁	0—17	灰棕色	黏壤土	片状	7.2	23.8	1.21	0.62	20.7	132	24.3	129	第四纪黄土沉积物	E 126°47′46.0″ N 45°01′40.4″	82
						AE	17—39	浊黄棕色	粉砂质壤	小团块状	6.9	16.2	0.81	0.81	18.8	101	12.8	155			
						EB	39—62	浊黄橙色	壤质黏土	团块状	6.5	9.7	0.57	0.57	19.9	58	16.3	212			
						Bt	62—86	浊黄橙色	壤质黏土	棱块状	6.5	6.5	0.52	0.52	20.1	60	21.1	176			
						B₂	86—120	浊黄橙色	黏壤土	大棱块状	6.5	4.7	0.46	0.56	20.0	63	24.9	168			
剖30	初育土	新积土	冲积土	冲积土	砂壤质冲积土	Aa	0—20	灰色	砂质壤	团块状	7.0	24.3	1.87	0.46		145	6.5		冲积物	E 126°59′28.3″ N 45°01′34.3″	92
						AC	20—35	棕灰色	黏壤土	粒状	6.1	22.6	1.37	0.53		179	5.7				
						C	35—52	灰灰色	砂质黏壤	粒状	6.5	8.4	0.80	0.50		68	9.9				
							52—120		砂质黏壤	无结构		2.3	0.24	0.53		27	20.8				
剖31	半水成土	草甸土	草甸土	黑土	中层黑土	1	0—18				7.1	30.0	1.59	0.50		177				E 126°13′28.9″ N 44°59′17.5″	98
						2	18—34			团块状	5.5	23.8	1.37	0.42		143	8.2				
						3	34—47			团块状	6.6	8.6	0.82	0.33		115	6.6				
						4	47—120				5.6	4.9	0.49	0.33		115					
剖32	钙层土	黑钙土	黑钙土	黑钙土	厚层黑钙土	Aa	0—20	暗黑色	壤土	团块状	7.0	33.8	1.70	0.47	23.9	130	2.1	225		E 126°09′04.7″ N 44°53′15.4″	99
						A	20—72	棕灰色	黏壤土	团块状	7.4	28.2	1.50	0.50	23.2	112	1.5	179			
						AB	72—120	灰棕色	黏壤土	团块状	8.5	19.4	0.75	0.44	22.1	64	1.2				
剖33	半淋溶土	黑土	草甸黑土	草甸黑土	厚层草甸黑土	Aa	0—20	黑灰色	壤土	团块状	6.5	33.3	1.39	0.46	25.9	108	1.6	212		E 126°11′23.6″ N 44°51′42.8″	93
						A	20—86	灰黑色	壤质黏土	团块状	7.1	27.8	1.25	0.44	26.0	103	8.3	159			
						AB	86—120	灰棕色	砂质黏壤	团块状	6.4	16.8	0.86	0.37	26.0	56		159			
剖34	半水成土	草甸土	草甸土	平川草甸土	深厚平川草甸土	Aa	0—26	灰黑色	黏壤土	团粒状	7.1	33.4	1.72	0.45	21.7	146	2.8	151		E 126°13′18.1″ N 44°50′42.4″	99
						A	26—115	灰黑色	黏质黏土	团粒状	6.8	29.4	1.53	0.45	20.7	107	2.3	105			
						Ag	115—	蓝灰色	壤质黏土	团粒状	6.9	16.4	1.06	0.37	21.6	53	6.6	115			
剖35	钙层土	黑钙土	黑钙土	黑钙土	厚层黑钙土	Aa	0—10	暗灰色	壤质黏土	小团块状	7.8	32.8	1.59	0.26	18.6	124	1.2	125		E 126°06′27.4″ N 44°50′07.1″	97
						A	19—61	暗黑色	壤质黏土	粒状	7.9	35.2	1.52	0.27	18.3	113	0.8	108			
						AB	61—116	黄灰色	黏质黏土	团块状	7.8	21.7	0.88	0.18	18.5	54	0.5	48			
						BCa	116—120	浅黄色	壤质黏土	棱块状	7.6	7.9	0.54	0.18	20.4	40	1.2	50			

续表 Continued

剖面号 Soil profile	土纲 Soil order	土类 Soil great group	亚类 Soil subgroup	土属 Soil genus	土种 Soil species	土层码 Layer code	土层厚度 Depth/cm	颜色 Soil color	质地 Soil texture	土壤结构 Soil structure	pH	有机质 OM/(g/kg)	全氮 TN/(g/kg)	全磷 TP/(g/kg)	全钾 TK/(g/kg)	碱解氮 AN/(mg/kg)	有效磷 AP/(mg/kg)	速效钾 AK/(mg/kg)	土壤母质 Parent material	剖面点坐标 Profile coordinate	匹配指数 Matching index/%
剖36	水成土	泥炭土	埋藏泥炭土	深位埋藏泥炭土	深位中层埋藏泥炭土	Aa	0—40	浅黄色	壤质黏土	团块状	6.9	17.9	0.69	0.53		66	13.2			E 126°22′04.8″ N 44°58′10.2″	75
						Co	40—73	暗黑色	黏质黏土	团粒状	6.8	30.8	1.41	0.92		98	19.7				
						P	73—150	棕黄色	黏质黏土	片状	6.8	139.9	6.69	2.66		411	33.8	182			
剖37	半水成土	草甸土	草甸土	冲积草甸土	河滩油嶙土	A_{11}	0—26	灰黑色	壤质黏土	团块状	7.1	33.4	1.72	1.03	26.2	146	6.3	127	河流冲积物	E 126°26′12.1″ N 44°55′56.6″	81
						A_1	26—115	灰黄色	壤质黏土	粒状	6.9	29.4	1.53	0.85	24.9	107	5.3	139			
						AB	115—	青灰色	壤质黏土	无明显结构	7.0	16.4	1.06	0.54	26.0	53	15.1				
剖38	水成土	泥炭土	埋藏泥炭土	浅位埋藏泥炭土	浅位中层埋藏泥炭土	1	0—19		壤质黏土		6.5	140.3	5.66	0.54	19.7	337	12.6	189		E 126°29′30.5″ N 44°55′48.7″	97
						2	19—36		壤质黏土		6.5	125.4	4.74	0.28	18.0	224	37.8	183			
						3	36—120				6.4	316.8	9.73	0.55	16.1	418	15.9	288			
剖39	半水成土	草甸土	盐化草甸土	轻度盐碱化草甸土	深厚平川轻盐化草甸土	Aa	0—22	黑灰色	黏壤土	小团块状	7.5									E 126°16′55.2″ N 44°55′34.3″	97
						Ag	22—120	灰黄色			7.0										
剖40	水成土	泥炭土	埋藏泥炭土	深位埋藏泥炭土	深位厚层埋藏泥炭土	1	0—12		壤质黏土	团粒状	7.0	32.1	1.56	0.59	6.3	201		124		E 126°28′11.3″ N 44°54′48.2″	97
						2	12—52		壤质黏土		6.7	43.2	2.27	1.13	24.2	283					
						3	52—		黏壤土		6.7	233.4	6.83	0.89	18.2						
剖41	半淋溶土	黑土	黑土	黑土	厚层黑土	Aa	0—20	黑灰色	壤质黏土	团粒状	7.0	32.1	1.39	0.43						E 126°31′31.8″ N 44°57′06.1″	95
						A_1	20—63	暗黑色	壤质黏土	团粒状	7.6	24.4	0.99	0.35		61	1.4	135			
						AB	63—82	灰棕色	壤质黏土	小团块状	6.5	14.6	0.60	0.28		55	2.1	115			
						B	82—120	黄棕色	黏质黏土	粒状	6.5	11.2	0.67	0.29		51	3.0				
剖42	人为土	水稻土	黑土型水稻土	黑土型水稻土	中层黑土型水稻土	Aa	0—19	灰黑色	黏质黏土	团块状	6.3	19.2	1.00	0.30	24.6	74	1.3			E 126°38′52.4″ N 44°56′15.7″	97
						A	19—35	暗黑色	壤质黏土	棱块状	7.5	17.9	1.10	0.30	23.4	55	0.8				
						AB	35—62	黄棕色	壤质黏土	小核块状	7.3	9.2	0.62	0.24	22.2	30	1.3				
						B	62—120	棕黄色	黏质黏土	团块状	6.9	6.1	0.66	0.24	24.0	33	1.8				
剖43	人为土	水稻土	黑土型水稻土	黑土	薄层黑土型水稻土	1	0—20		黏质黏土		6.8	26.6	1.53	0.34		129	10.6			E 126°35′29.4″ N 44°55′46.9″	97
						2	20—62		壤质黏土		6.8	16.0	0.86	0.36	21.0	92	4.9	192			
						3	62—120		壤质黏土		6.6	8.1	0.76	0.35	19.6	74	13.2	205			
剖44	半淋溶土	黑土	黑土	黄土质黑土	大黑土	A_{11}	0—21	棕灰色	黏质黏土	粒状	7.2	40.0	1.53	0.51	21.0	135	22.4	166	黄土状黏土沉积物	E 126°43′08.8″ N 44°55′18.5″	95
						2	21—49	棕灰色	黏质黏土	小团块状	7.1	36.9	1.55	0.58	19.2	142	23.9	198			
						AB	49—75	浅灰灰色	壤质黏土	棱块状	6.8	19.8	1.05	0.41	21.2	101	8.5	182			
						B	75—102	浅棕灰色	壤质黏土	小棱块状	6.8	12.8	0.76	0.35	19.6	93	16.9				
						C	102—	黄棕色	壤质黏土	无明显结构	6.9	8.8	0.64	0.37	20.4	75	23.1	192			
剖45	半淋溶土	黑土	黑土	黄黑土	大黑土	A_{11}	0—21	暗黑色	黏质黏土	团块状	7.2	40.0	1.53	0.51	21.0	135	22.4	205	黄土状黏土沉积物	E 126°32′33.7″ N 44°53′17.9″	81
						Ah	21—49	棕灰色	黏质黏土	团块状	7.1	36.9	1.55	0.58	19.2	142	23.9	166			
						AhC	49—105	棕灰色	黏质黏土	棱块状	6.8	19.8	1.05	0.41	21.2	101	8.5	198			
						C	105—132	棕色	黏质黏土	团块状	6.8	12.8	0.76	0.35	19.6	93	16.9	182			
						Cu	132—150	油棕色	壤质黏土		6.9	8.8	0.64	0.37	20.4	75	23.1	135			
剖46	淋溶土	白浆土	岗地白浆土	黄土质岗地白浆土	中层岗地白浆土	1	0—23		黏壤土		6.6	33.7	2.06	0.75	21.9	137	2.8	92	黄土母质	E 126°48′27.0″ N 44°54′01.1″	98
						2	23—50		黏壤土		6.4	4.5	0.51	0.28	22.0	27	2.7	188			
						3	50—100		黏壤土		6.9	5.7	0.64	0.43	21.2	39	5.3				
剖47	半水成土	草甸土	草甸土	岗川草甸土	厚层岗川草甸土	1	0—22	棕灰色	黏壤土	团块状	6.9	31.4	1.52	0.53	22.2	115	2.6	123	黄土母质	E 126°48′49.0″ N 44°55′54.4″	98
						2	22—68	棕灰色	黏质黏土	团块状	6.8	19.8	0.93	0.71	22.9	91	5.3	138			
						3	68—104	灰白色	黏质黏土	片状	6.8	10.6	0.81	0.41	21.7	43	9.1	130			
						4	104—		壤质黏土		6.9	0.7	0.86	10.0		108		146			
剖48	淋溶土	白浆土	岗地白浆土	黄土质岗地白浆土	中层岗地白浆土	A_h	0—20	棕灰色	壤质黏土	团块状	6.1	31.4	2.08	0.66	22.1	194	9.2	125	黄土母质	E 126°56′39.5″ N 44°51′51.1″	98
						A	20—30	棕灰色	壤质黏土	团块状	6.4	30.0	2.08	0.67	22.1	259	9.2	61			
						A_2	30—47	灰白色	黏质黏土	片状	6.0	3.8	0.64	0.19	24.0	115	2.8				
						B	47—120	黄棕色	壤质黏土	棱块状	5.4	7.2	1.06	0.27	23.7	202	3.0				

续表 Continued

剖面号 Soil profile	土纲 Soil order	土类 Soil great group	亚类 Soil subgroup	土属 Soil genus	土种 Soil species	土层码 Layer code	土层厚度 Depth/cm	颜色 Soil color	质地 Soil texture	土壤结构 Soil structure	pH	有机质 OM/(g/kg)	全氮 TN/(g/kg)	全磷 TP/(g/kg)	全钾 TK/(g/kg)	碱解氮 AN/(mg/kg)	有效磷 AP/(mg/kg)	速效钾 AK/(mg/kg)	土壤母质 Parent material	剖面点坐标 Profile coordinate	匹配指数 Matching index/%
剖49	水成土	泥炭土	埋藏泥炭土	浅位埋藏泥炭土	浅位薄层埋藏泥炭土	Aa	0—20	暗灰色	黏壤土	团块状	6.5	154.8	6.14	0.25	18.3	371	9.4	102		E 126°48′56.9″ N 44°50′03.8″	97
						Co	20—50	灰棕色	黏壤土	片状	6.5	5.7	1.08	0.17	23.6	37	8.2	162			
						P	50—65	黄棕色			6.0	302.3	12.09	0.79	14.5	711	10.8				
						Bg	65—120	黄棕色		小团块状	6.5	6.3	0.38	0.23	22.4	37	13.2				
剖50	钙层土	黑钙土	石灰性黑钙土	火性黑黄土	火性油黑黄土	A₁₁	0—19	暗灰棕色	黏壤土	团块状	7.8	32.8	1.59	0.59	22.1	129	1.2	151	黄土状沉积物	E 126°08′06.0″ N 44°49′48.0″	95
						Ah	19—61	暗灰棕色	壤质黏土	粒状	7.9	35.2	1.52	0.61	22.1	113	0.8	131			
						AhB	61—116	暗灰棕色	黏质黏土	团块状	7.8	21.7	0.88	0.42	22.3	54	0.5	57			
						Bk	116—140	黄棕色	壤质黏土	块状	7.9	7.9	0.54	0.41	24.6	40	2.8	60			
剖51	半淋溶土	黑土	草甸黑土	草甸黑土	厚层草甸黑土	1	0—28		粉砂质黏土											E 126°16′27.1″ N 44°47′58.6″	93
						2	28—86		粉砂质黏土												
						3	86—125														
剖52	初育土	新积土	冲积土	层状冲积土	砂壤平层状冲积土	Aa	0—19	棕灰色	砂壤土	团粒状	6.3	10.4	0.60	0.59	24.2	5	7.9	81	冲积物	E 126°17′11.0″ N 44°41′05.6″	92
						AC₁	19—44	浅灰色	砂壤土	粒状	6.8	10.2	0.64	0.67	24.8	64	8.3	72			
						AC₂	44—72	棕灰色	砂壤土	团块状	6.3	15.3	0.98	0.74	24.1		5.4	41			
						C₁	72—89	黄白相间	壤质砂土		6.7	4.6	0.11	0.47	23.2	26	10.0				
						C₂	89—120	黄灰色	壤质砂土	粒状	6.8	8.1	0.50	0.64	23.9	59					
剖53	初育土	风沙土	半流动风沙土	半流动风沙土	半流动风沙土	1	0—15		壤质砂土		7.1	17.1	1.45	0.21	21.7	86	3.6	111	风积物	E 126°41′16.1″ N 44°42′37.4″	92
						2	15—				7.2	7.7	0.14	0.38	23.3	22	1.0	30			
剖54	半水成土	草甸土	平甸草甸土	平川草甸土	覆泥平川草甸土	Aa	0—20	黑灰色	黏质黏土	团块状	6.9	25.6	1.24	0.38	23.4	125	2.5	72	冲积物	E 126°49′44.0″ N 44°42′36.7″	99
						A₁	20—45	黑黑色	壤土	团块状	6.9	20.3	1.13	0.43	23.2	103	2.4	52			
						Ag	45—66	灰黑色	黏质黏土	团块状	6.6	55.8	2.84	0.70	26.8	175	22.4	106			
						Bg	66—120	蓝灰色	壤质砂土	团块状	6.7	12.9	0.77	0.42	25.2	75	7.2	88			
剖55	淋溶土	白浆土	潜育白浆土	中层潜育白浆土	中层潜育白浆土	Aa	0—16	暗黑色	壤质黏土	团块状	6.5	35.4	2.33	0.69		205	9.4			E 126°41′55.6″ N 44°41′44.5″	98
						A₁	16—25	暗黑色	黏质黏土	团块状	6.0	35.0	2.10	0.90		191	4.3				
						A_g	25—53	黄灰色	黏壤土	片层状	8.0	7.8	1.15	0.56		131	1.1				
						Bg	53—120	黄棕色	粉砂质黏壤	棱块状	7.0	12.0	1.15	0.61		122	1.3				
剖56	半淋溶土	黑土	黑土	黑土	薄层黑土	1	0—18		壤质黏土		8.6	18.8	1.64	0.40		138	7.3	81		E 126°27′05.0″ N 44°39′55.8″	97
						2	18—24	黄棕色	壤土	团块状	6.4	18.3	1.40	0.36	26.1	110	3.5				
						3	24—84	暗黄色	黏质黏土	团块状	8.2	4.1	0.74	0.24	24.8	122	3.8				
						4	84—120				6.8	6.0	0.50	0.31	22.7		11.3				
剖57	初育土	新积土	冲积土	层状冲积土	覆砂层状冲积土	Aa	0—23	黄棕色	壤质砂土	团块状	7.7	5.7	0.34	0.43	26.1	21	2.6			E 126°19′26.4″ N 44°39′45.0″	92
						AC₁	23—51	暗黄棕色	黏质黏土	棱块状	6.7	25.1	0.91	0.74	24.8	127	6.9	250			
						AC₂	51—80	棕黄色	黏质黏土	团块状	6.5	10.5	0.64	0.45	22.7	68	6.1				
						C	80—	灰黄色	壤质黏土		6.5										
剖58	半淋溶土	黑土	黑土	黑土	露黄黑土	Aa	0—15	黄棕色	壤质黏土	大棱块状	6.2	9.6	0.86	0.36	22.2	157	10.0	189		E 126°29′53.9″ N 44°39′22.0″	97
						B	15—50	黄棕色	黏质黏土	团块状	7.9	3.2	0.39	0.43	22.2	114	14.4	147			
						BC	50—78	棕黄色	黏质黏土		6.5	2.5	0.42	0.45	24.1	104	17.0	137			
						C	78—120	棕黄色	壤质黏土		6.5		0.37	0.41	23.2	75	22.6	157			
剖59	半水成土	草甸土	盐化草甸土	轻度盐碱化草甸土	厚层平川轻盐化草甸土	1	0—16				7.3	59.1	3.06	1.26	16.5	268	21.7	128		E 126°25′32.2″ N 44°38′34.8″	97
						2	16—30				7.2	26.1	0.93	0.64	19.4	100	2.2	126			
						3	30—85				7.0	21.2	0.70	0.67	19.4	59	9.0	116			
						4	85—120				7.1	9.6	0.29	0.58	20.1	41	10.3	142			
剖60	半水成土	草甸土	草甸土	平川草甸土	覆泥平川草甸土	1	0—20				7.3	37.8	1.64	0.52	22.8	145	12.9	159		E 126°24′32.8″ N 44°37′43.7″	97
						2	20—65				7.1	52.0	2.31	0.98	22.7	141	12.2				
						3	65—				7.1	17.1	0.63	0.69		66	19.1				

续表 Continued

剖面号 Soil profile	土纲 Soil order	土类 Soil great group	亚类 Soil subgroup	土属 Soil genus	土种 Soil species	土层码 Layer code	土层厚度 Depth/cm	颜色 Soil color	质地 Soil texture	土壤结构 Soil structure	pH	有机质 OM/(g/kg)	全氮 TN/(g/kg)	全磷 TP/(g/kg)	全钾 TK/(g/kg)	碱解氮 AN/(mg/kg)	有效磷 AP/(mg/kg)	速效钾 AK/(mg/kg)	土壤母质 Parent material	剖面点坐标 Profile coordinate	匹配指数 Matching index/%
剖61	半水成土	草甸土	岗川草甸土	覆泥岗川草甸土		Aa	0—18	黑灰色	壤质黏土	团块状	7.4	22.7	1.23	0.61		102	11.1	185		E 126°29′20.4″ N 44°36′51.8″	97
						Co	18—37	暗灰黑色	壤质黏土	团粒状	7.5	30.0	1.18	0.71		132	3.1	210			
						A₁	37—68	灰黑色	黏质黏土	团粒状	6.5	37.1	1.56	0.77		152	9.3	172			
						Ag	68—120	蓝黑色	壤质黏土	团块状	6.6	28.4	1.11	0.73		114	13.7	144			
剖62	半淋溶土	黑土			中层黑土	Aa	0—20	暗灰色	壤质黏土	团块状	6.0	22.7	1.28	0.38		222	7.1			E 126°29′03.5″ N 44°35′42.0″	98
						A	20—40	暗灰色	黏质黏土	粒状	7.0	18.0	1.30	0.42		190	6.7				
						AB	40—50	棕灰色	黏质黏土	小团块状	7.0	7.4	0.71	0.34		173	6.8				
						B	50—120	黄棕色	黏质壤土	棱块状	7.0	0.9	0.46	0.43		94	4.4				
剖63	水成土	泥炭土			薄层泥炭土	P	0—19	黑灰色	黏土		6.5	147.0	6.54			295	41.8			E 126°29′53.9″ N 44°35′26.2″	97
						Pg	19—48	蓝灰色	黏土	片状	7.0	148.5	6.78			243	45.8				
						3	48—				7.3										
剖64	水成土	泥炭土			中层泥炭土	Po	0—98	棕灰色	壤质黏土	无结构	5.8	241.4	9.50	0.97		576	22.0	182	冲积物	E 126°28′47.6″ N 44°34′05.5″	97
						Pg	98—	蓝灰色	黏土		6.3	42.7	1.33	0.82		84	55.7	166			
剖65	水成土	沼泽土	腐泥沼泽土		厚层腐泥沼泽土	Aa	0—33	棕灰色	壤质黏土	无结构	7.5	62.5	3.16	1.40	22.6	197	22.6	193		E 126°28′18.5″ N 44°33′50.0″	97
						Ag	33—60	棕灰色	黏质黏土	无结构	7.0	34.7	1.39	0.29	20.9	72	6.1				
						G	60—120	蓝灰色	砂质黏土	无明显结构	7.0	28.4	1.05	0.36	22.2	48	12.1				
剖66	初育土	新积土		层状冲积土	砂壤质层状冲积土	1	0—20												冲积物	E 126°24′48.2″ N 44°33′30.6″	92
						2	20—45														
						3	45—														
剖67	半淋溶土	黑土	黄土质黑土		油黑土	A₁₁	0—26	暗棕灰色	粉砂质黏土	团粒状	6.5	37.2	1.60	0.75	23.5	104	2.1	233	黄土状黏土沉积物	E 126°34′37.2″ N 44°38′08.2″	95
						A₁	26—110	暗棕灰色	粉砂质黏土	团粒状	6.7	36.5	1.53	0.54	22.1	119	2.7	148			
						AB	110—120	暗灰棕色	壤质黏土	团粒状	7.0	30.0	1.19	0.57	25.6	100	4.9	180			
						B	120—140	浅灰棕色	壤质黏土	棱块状	7.0	22.7	0.92	0.61	26.5	95	8.8	170			
剖68	半水成土	黑土	草甸黑土		厚层草甸黑土	1	0—18				6.6	25.2	1.77	0.68		150	11.7			E 126°33′05.0″ N 44°37′21.7″	93
						2	18—80				7.1	25.2	1.79	0.65		167	8.3				
						3	80—106				7.7	15.7	1.04	0.62		73	11.4				
						4	106—126				9.1	17.3	1.03	0.69		113	12.1				
						5	126—				8.3	8.3	0.81	0.48		77	20.1				
剖69	半淋溶土	草甸土	岗川草甸土		覆泥岗川草甸土	1	0—20	棕灰色	壤质黏土	团粒状	6.4	22.3	1.50	0.67	23.6	127	13.7	121		E 126°43′26.4″ N 44°36′58.0″	99
						2	20—56	暗灰色	壤质黏土	团粒状	6.7	38.8	1.80	1.20	22.2	158	16.1	160			
						3	56—120				6.8	14.2	0.12	0.99	24.9	61	22.5				
剖70	淋溶土	白浆土	黄土质岗地白浆土		厚层岗地白浆土	Aa	0—20	棕灰色	壤质黏土	团粒状	6.5	31.1	1.47			134	11.4			E 126°41′39.1″ N 44°36′52.6″	98
						A₂	20—37	灰白色	黏质黏土	团粒状	6.2	20.5	1.01			82	5.5				
						B	37—57	棕灰色	黏质壤土	片状	5.5	7.6	0.60			39	5.6				
剖71	半水成土	草甸土	平川草甸土		薄层平川草甸土	1	0—12				6.5	6.1	0.48			32		137		E 126°51′47.9″ N 44°35′53.2″	97
						2	12—17	灰色	壤土	团块状		29.0	1.40	0.78	22.6	114	8.8				
						Aa	17—120	灰白色	黏土黏土	片状		34.3	1.99	0.82	22.5	135	8.5	164			
								黄棕色	黏土	棱块状		14.9	0.82	0.88	23.4	30	10.4				
剖72	淋溶土	白浆土	黄土质岗地白浆土		露黄岗地白浆土	Aa	0—10		黏土壤土		7.0	23.2	1.25	0.43		117	3.1		黄土母质	E 126°49′27.8″ N 44°35′11.0″	98
						A₂	10—20		壤土	片状	6.5	8.3	0.47	0.20		131	1.6				
						B	20—48		黏土	棱块状	6.5	6.6	0.44	0.36		39	4.6				
						4	48—107				6.1	6.6	0.57	0.30		43	2.1				

德 惠 市

主要土类说明

草甸土是德惠市主要土壤类型，占本市地域面积的52%。草甸土是由沉积作用并伴随腐殖质积累过程形成的富含腐殖质的非地带性土壤，在本市分布较普遍，主要分布在远河低平处或台地间洼地。其主要特征是黑土层均为颗粒大小相近的粒状结构。同时，由于地势低平，剖面下部均见潜育化现象。本市草甸土类型较多，分为草甸土、石灰性草甸土、盐碱化草甸土、黑土型草甸土等亚类，剖面构型和土地利用方向相差很大。

黑土是德惠市第二大土壤类型，占本市地域面积的40%，集中分布在本市中部和南部的大房身、大青嘴、万宝等地。本市黑土地处本省黑土带中部，为典型的黑土区，气候接近半湿润区，土壤有机质含量一般为23—30g/kg，土壤呈中性。本市黑土分为黑土和草甸黑土两个亚类。黑土亚类占本土类面积的95%，发育于第四纪黄土状沉积物，为本土类中的典型亚类，富含腐殖质。草甸黑土主要分布在台地坡脚或河谷平原的高平地，是黑土向草甸土过渡的土壤类型，其主要特征与黑土亚类相同，但因地下水位较高，剖面下部见潜育化现象。

黑钙土是德惠市第三大土壤类型，占本市地域面积的3%，主要分布在海拔200m左右、降水较少的黄土状沉积物台地，主要见于本市西部的郭家、同太等地。受草甸草原植被的影响，黑钙土具有相当厚的均腐殖质层，剖面构型与黑土很相似，但土壤腐殖质积累少于黑土，有机质含量一般为20—28g/kg，剖面内具有石灰反应，呈微碱性。本市西北部地处本省黑土向黑钙土过渡的地带，因此，本市黑钙土仅有不明显的钙积层，根据分布和土壤属性的不同，分为黑钙土、草甸黑钙土等亚类。

小于本市地域面积3%的土壤类型有水稻土、沼泽土、风沙土、新积土等。

本区域中心区气候特征

本区域中心区气候特征值
Regional climate characteristics in central area of the region

气候带：中温带亚湿润气候 Climate region: Mid temperate subhumid climate	
年平均气温 /℃ Annual average temperature /℃	5.1
年平均最高气温 /℃ Annual average maximum temperature /℃	10.9
年平均最低气温 /℃ Annual average minimum temperature /℃	−0.2
年降水量 /mm Annual precipitation /mm	535
≥10℃的积温 /℃ Daily temperature accumulated in a year（≥10℃）/℃	1838
年日照时数 /h Annual sunshine /h	2599
年平均相对湿度 /% Annual average relative humidity /%	65
干燥度 Dryness	0.60

本区域中心区月平均气温与月平均降水量
Monthly temperature and precipitation in central area of the region

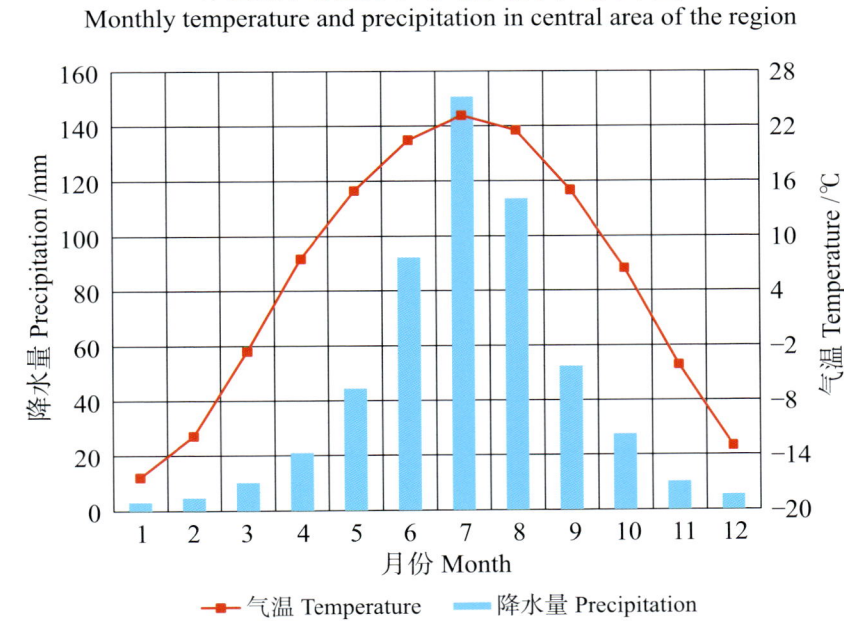

德惠县主要土壤类型与土壤剖面点分布图
1:400 000

注：国务院1994年7月批准，撤销德惠县，设立德惠市。

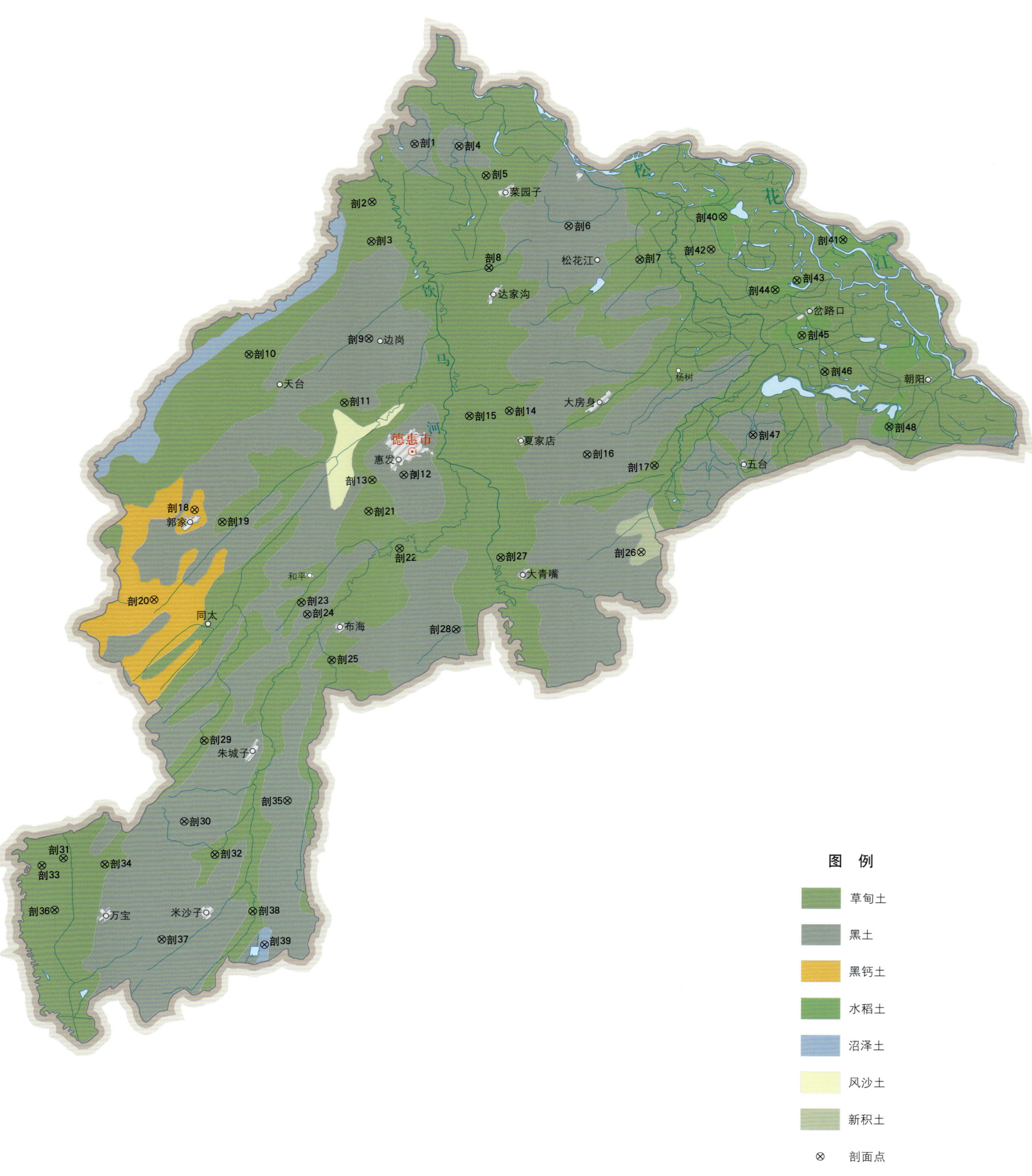

德惠市土壤剖面理化性状表

剖面号 Soil profile	土纲 Soil order	土类 Soil great group	亚类 Soil subgroup	土属 Soil genus	土种 Soil species	土层码 Layer code	土层厚度 Depth/cm	颜色 Soil color	质地 Soil texture	土壤结构 Soil structure	pH	有机质 OM/(g/kg)	全氮 TN/(g/kg)	全磷 TP/(g/kg)	全钾 TK/(g/kg)	碱解氮 AN/(mg/kg)	有效磷 AP/(mg/kg)	速效钾 AK/(mg/kg)	阳离子交换量CEC/(cmol/kg)	土壤母质 Parent material	剖面点坐标 Profile coordinate	匹配指数 Matching index/%
剖1	半淋溶土	黑土	草甸黑土	草甸黑土	薄层草甸黑土	Aa	0—20	棕灰色	黏壤土	小团块状	7.4	17.4	1.30	0.19		114	3.8		32.9		E 125°43′35.8″ N 44°47′26.9″	93
						AB	20—49	浅黄色	黏壤土	团块状	7.1	4.5	0.60	0.17		37	2.1		21.4			
						B	49—73	浅黄棕色	黏壤土	棱块状	6.5	6.2	0.70	0.17		37			22.3			
						Bg	73—105	棕色	壤质黏土	小棱块状	6.6	5.8	0.70						21.6			
						Cg	105—143	黄棕色	黏质黏土	棱块状	8.0											
剖2	半水成土	草甸土	草甸土	冲积草甸土	泥皮肥鳝土	A_{l1}	0—21	棕灰色	壤土	团块状	7.1	15.8	0.98	0.31		78	3.4			河流冲积物	E 125°40′32.5″ N 44°44′34.4″	95
						Ab	21—33	暗棕色	壤土	弱发育粒状	7.1	15.2	0.91	0.27		70	3.3					
						A_1	33—115	灰黑色	砂壤土	小粒状	7.9	31.6	1.15	0.54		122	4.2					
						Bu	115—150	灰棕色	黏壤土	团块状	7.7	10.5	0.42	0.61		37						
剖3	半水成土	草甸土	盐化草甸土	平川盐碱化草甸土	深厚平川中盐碱化草甸土	Aa	0—20	浅灰色	壤质黏土	粒状	8.0	25.8	1.00	0.39		98	1.5		18.4		E 125°40′23.5″ N 44°42′32.4″	95
						A	20—110	浅灰色	黏壤土	粒状	7.9	25.7		0.48		107	1.7		21.9			
						Ag	110—132	棕灰色	壤质黏土	块状	7.7	13.6							22.3			
						Bg	132—150	灰棕色	黏质黏土	棱块状	7.8	10.2										
剖4	半淋溶土	黑土	草甸黑土	平川草甸黑土	深厚平川草甸黑土	Aa	0—20	黑灰色	黏壤土	粒状	7.1	23.4	1.20	0.26		132	5.6	157	18.4		E 125°46′40.6″ N 44°47′15.2″	93
						A	20—140	暗黑色	壤质黏土	团块状		24.0	1.40			136		157	21.9			
						B	140—160	灰棕色	壤质黏土	团块状		13.1	1.00			69			22.3			
剖5	半水成土	草甸土	草甸土	平川草甸土	薄层平川草甸土	Aa	0—28	黑棕色	黏壤土	粒状	7.1	23.6	1.48	0.47	23.5	115	3.4		25.2		E 125°48′26.6″ N 44°45′43.2″	95
						Ag	28—70	棕黄色	黏壤土	粒状	7.7	9.4	0.50	0.44	23.1	37	2.0		25.6			
						Bg	70—	棕黄色	黏壤土	棱块状	7.6	8.1	0.45	0.58	20.0	32			24.1			
剖6	半淋溶土	黑土	黑土	黑土	露黄黑土	Aa	0—20	黄灰色	黏壤土	团块状		7.1	0.60	0.19	20.0	33	1.0		22.1		E 125°54′00.4″ N 44°43′00.1″	95
						B	20—120	浅黄灰色	黏壤土	棱块状		4.1	0.33			29						
						C	120—150	棕灰色	黏质黏土	棱块状		5.3	0.40			5						
剖7	半水成土	草甸土	草甸土	平川草甸土	厚层平川草甸土	Aa	0—20	灰黑色	黏壤土	粒状		22.3	1.70	0.41		141	4.4		25.2		E 125°58′48.7″ N 44°41′10.0″	95
						A	20—65	暗黑色	黏壤土	粒状		19.2	1.20	0.35		97	4.7		25.6			
						AB	65—110	棕灰色	黏壤土	粒状		11.5		0.65		66			24.1			
						Cg	110—150	浅灰棕色	黏壤土	棱块状		5.8		0.57		46			22.1			
剖8	半水成土	草甸土	盐化草甸土	岗川盐碱化草甸土	深厚岗川中盐碱化草甸土	Aa	0—20	棕灰色	黏壤土	团块状	8.1	19.1	1.00	0.35	17.2	74	1.0	201	34.6		E 125°48′24.8″ N 44°41′01.0″	95
						A_1	20—80	暗黑色	黏壤土	团块状	8.1	15.4	0.70	3.49	15.4	54	4.6	199	27.9			
						A_2	80—150	褐黑色	黏壤土	粒状	8.1	13.9	0.90		16.4							
剖9	半淋溶土	黑土	黑土	黑土	中层黑土	Aa	0—18	灰黑色	壤土	小团块状		27.5	1.50	0.42	19.6	138	6.8		36.4		E 125°40′00.3″ N 44°37′36.2″	95
						A	18—38	浅灰黑色	壤土	小棱块状		18.8	1.10	0.30	14.6	104	1.2					
						AB	38—70	灰黑色	黏壤土	无明显结构		9.2	0.60	0.18		57	1.4					
						B	70—104	棕灰色	壤质黏土	棱块状		5.4	0.40	0.22		54						
						C	104—150	浅灰棕色	黏质黏土	棱块状		4.8	0.40	0.24		40						
剖10	半水成土	草甸土	盐化草甸土	覆泥盐碱轻草甸土	中层覆泥轻盐碱化草甸土	Aa	0—20	黑灰色	壤土	粒状	8.5	16.4	0.80	0.35	8.7	54	16.7		18.6		E 125°31′42.6″ N 44°36′59.8″	95
						Ase	20—34	棕灰色	壤土	无明显结构	8.1	12.1	0.70	0.48	8.7	55	21.3		19.6			
						AB	34—105	暗黑色	壤质黏土	粒状	8.0	37.6	2.10	0.39	9.0	119	16.0		25.2			
						Bg	105—150	浅灰棕色	黏质黏土	粒状	8.2	19.1		0.44		46	2.5		22.2			
剖11	半水成土	草甸土	草甸土	平川草甸土	中层平川草甸土	A	0—20	黑灰色	黏壤土	粒状		21.3	2.00	0.31		153	3.9		23.4		E 125°38′10.0″ N 44°34′23.2″	95
							20—40	暗棕色	黏壤土	棱块状		30.4	2.20	0.35		140	4.2		21.4			
						Bg	46—74	棕灰色	黏土	棱块状		9.3	0.84			74			24.3			
						Cg	74—	棕黄色	黏土	棱块状		4.1	0.80			43						

续表 Continued

剖面号 Soil profile	土纲 Soil order	土类 Soil great group	亚类 Soil subgroup	土属 Soil genus	土种 Soil species	土层码 Layer code	土层厚度 Depth/cm	颜色 Soil color	质地 Soil texture	土壤结构 Soil structure	pH	有机质 OM/(g/kg)	全氮 TN/(g/kg)	全磷 TP/(g/kg)	全钾 TK/(g/kg)	碱解氮 AN/(mg/kg)	有效磷 AP/(mg/kg)	速效钾 AK/(mg/kg)	阳离子交换量CEC/(cmol/kg)	土壤母质 Parent material	剖面点坐标 Profile coordinate	匹配指数 Matching index/%
剖12	半淋溶土	黑土	黑土	黄黑土	肥黑土	A₁₁	0—20	浅黄棕色	壤质黏土	屑粒状	6.9	23.8	1.45	0.51	23.1	109	13.3	142	26.5	黄土状沉积物	E 125°42′05.0″ N 44°30′36.7″	95
						Ah	20—48	浅黄棕色	壤质黏土	团块状	7.4	22.2	1.25	0.57	21.6	94	5.4	125	28.0			
						Ahc	48—76	浊黄棕色	壤质黏土	棱块状	7.5	12.2	0.78	0.27	21.4	53	1.0	128	27.8			
						C₁	76—111	浊黄橙色	壤质黏土	棱块状	7.2	4.0	0.37	0.45	21.4	31	5.5	123	25.7			
						C₂	111—160	亮黄棕色	黏质黏土	棱块状	7.6	5.4	0.51	0.23	21.4	42	2.0	128	25.0			
剖13	半水成土	草甸土	盐化草甸土	岗川盐碱化草甸土	深厚岗川轻盐碱化草甸土	Aa	0—20	灰黑色	黏质黏土	粒状											E 125°39′55.1″ N 44°30′23.8″	95
						A₁	20—78	黑灰色	黏质黏土	粒状												
						A₂	78—120	暗黑色	壤质黏土	粒状												
剖14	半水成土	草甸土	盐化草甸土	平川盐碱化草甸土	中层平川中盐碱化草甸土	Aa	0—15	浅黑色	黏质黏土	弱发育粒状	9.2	29.9	1.60	0.39		100	2.4	209			E 125°49′27.8″ N 44°33′42.1″	95
						A	15—35	灰色	黏土	粒状	9.1	20.0	1.30	0.44		81	0.5	139				
						B	35—87	灰褐棕色	黏土	团块状	9.2	7.7	0.30	0.26		24						
						C	87—150	浅黄棕色	壤质黏土	棱块状	9.0	4.5	0.20	0.35		21						
剖15	半水成土	草甸土	草甸土	平川草甸土	深层平川草甸土	Aa	0—20	暗黑色	黏质黏土	团粒状		25.0	1.40	0.48		125	3.3		17.9		E 125°46′43.3″ N 44°33′31.0″	95
						A	20—110	黑色	黏质黏土	粒状		22.1	1.50	0.52		125	8.2		18.1			
						Bg	110—120	灰黑色	黏质黏土	粒状		13.6				67			22.2			
						Cg	120—150	浅灰棕色	壤质黏土	棱块状		12.3	0.50			52			21.5			
剖16	半淋溶土	黑土	黑土	砂底黑土	厚层砂底黑土	Aa	0—20	灰黑色	砂壤土	小团块结状		36.4	2.60	0.39		160	9.7		17.9		E 125°54′42.1″ N 44°31′21.0″	95
						A	20—53	棕灰色	砂壤土	粒状		29.4	1.90	0.39		187	5.3		20.6			
						B	53—65	黄灰棕色	砂壤土	团块状		23.2	1.90	0.31		110	5.1		16.3			
						C	65—95	黄棕色	壤质砂壤土	无明显结构		9.2	1.10			67			13.1			
剖17	半水成土	草甸土	草甸土	岗川草甸土	厚层岗川草甸土	Aa	0—20	黑灰色	黏壤土	棱块状		31.1	2.00	0.35	23.5	159	3.7		23.5		E 125°59′17.9″ N 44°30′40.3″	95
						A	20—65	灰黑色	黏壤土	粒状		23.4	1.40	0.26	23.9	111	3.3		23.7			
						AB	65—100	灰棕色	黏壤土	团块状		7.5	0.50	0.26	23.6	46			22.8			
						Bg	100—140	棕灰黄色	粗砂壤土	无结构		2.6	0.50	0.31	21.3	27			21.2			
剖18	钙层土	黑钙土	石灰性黑钙土	黑钙土	薄黑黑钙土	Aa	0—20	暗黑色	黏壤土	粒状		22.3	1.20	0.26		107	2.0		24.3		E 125°27′30.6″ N 44°28′51.6″	75
						AB	20—50	浊黄色	粉砂质黏土	团块状		16.4	0.80	0.26		80	1.1		23.4			
						BC	50—100	浊黄棕色	壤质砂壤土			6.9	6.90	0.22		34			22.6			
剖19	半水成土	草甸土	草甸土	砂底草甸土	厚层砂底草甸土	Aa	0—20	浅灰黑色	黏壤土	粒状		20.1	1.40	0.31		119	2.9		23.5		E 125°29′32.3″ N 44°28′29.3″	95
						A	20—60	暗灰色	黏壤土	粒状		21.0		0.31		95	1.4		33.2			
						Bg	60—140	棕灰色	粗砂壤土	棱块状		10.0		0.17		43			22.5			
						C	140—150	浅棕黄色	黏壤土	无结构		6.3				41			22.5			
剖20	钙层土	黑钙土	石灰性黑钙土	黑钙土	厚层平川经盐碱化草甸土	Aa	0—15	浅黑色	黏壤土	粒状	7.8	30.5	1.50	0.57		142	11.1				E 125°24′42.1″ N 44°24′37.4″	95
						A	15—70	暗黑色	黏壤土	粒状	8.0	22.3	0.90	0.52		82	3.1					
						AB	70—115	棕灰色	黏壤土	棱块状	7.7	9.6	0.30	0.35								
						Bg	115—150	浅棕黄色	黏土	棱块状	7.4	4.4										
剖21	半水成土	草甸土	盐化草甸土	平川盐碱化草甸土		Aa	0—20	黑灰色	黏壤土	粒状		21.5	1.50	0.31		102	3.5		19.5		E 125°39′35.6″ N 44°28′48.4″	95
						A	20—115	黏灰色	黏壤土	粒状		19.0	1.40	0.35		81	2.4		21.7			
						Bg	115—140	浅棕灰色	黏壤土	小棱块状		4.9	0.70			33			21.2			
剖22	半水成土	草甸土	草甸土	岗川草甸土	深厚层岗川草甸土	Cg	140—	棕灰色	壤质黏土	棱块状		6.3	0.80			35			18.4		E 125°41′38.0″ N 44°26′52.1″	95

续表 Continued

剖面号 Soil profile	土纲 Soil order	土类 Soil great group	亚类 Soil subgroup	土属 Soil genus	土种 Soil species	土层码 Layer code	土层厚度 Depth/cm	颜色 Soil color	质地 Soil texture	土壤结构 Soil structure	pH	有机质 OM/(g/kg)	全氮 TN/(g/kg)	全磷 TP/(g/kg)	全钾 TK/(g/kg)	碱解氮 AN/(mg/kg)	有效磷 AP/(mg/kg)	速效钾 AK/(mg/kg)	阳离子交换量CEC/(cmol/kg)	土壤母质 Parent material	剖面点坐标 Profile coordinate	匹配指数 Matching index/%
剖23	半水成土	草甸土	石灰性草甸土	岗川石灰性草甸土	厚层岗川石灰性草甸土	Aa	0–22	灰黑色	黏壤土	粒状	7.8	20.8	1.10	0.48		94	9.9		29.0		E 125°34′47.3″ N 44°24′16.2″	95
						A	22–78	黑灰色	黏壤土	粒状	6.8	24.9	1.20	0.39		93	4.0		25.7			
						AB	78–100	棕灰色	黏壤土	棱块状	6.9	8.5	0.50	0.31		32	6.0		25.0			
						B	100–150	暗棕色	壤质黏土	棱块状	7.1	6.3	0.40			27	9.0					
剖24	半淋溶土	黑土	黑土	砂底黑土	破皮黄砂底黑土	Aa	0–17	灰黑色	砂壤土	粒状		18.7	1.20	0.23		132	2.3		23.3		E 125°35′10.3″ N 44°23′39.5″	95
						B	17–52	浅灰棕色	粉砂质黏土	粒状		10.1	0.90	0.12		69	0.6		3.3			
						C	52–150	棕黄色	粉砂质黏土	无明显结构		1.9				27			17.7			
剖25	半水成土	草甸土	盐化草甸土	平川盐碱化草甸土	中层平川轻盐碱化草甸土	Aa	0–20	黑灰色	壤质黏土	粒状	8.5	24.4	1.10	0.52		41	2.0	179			E 125°36′43.9″ N 44°21′18.0″	95
						A	20–49	灰色	壤质黏土	粒状	8.2	24.1	1.20	0.52		95	1.2	110				
						AB	49–110	灰棕色	壤质黏土	棱块状	8.1	18.8		0.39								
						B	110–150	浅棕黄色	粉砂质黏土	棱块状	8.3	7.4										
剖26	初育土	新积土	冲积土	层状冲积土	砂壤质夹砂层状冲积土	Aa	0–18	灰棕色	砂壤土	无结构	6.4	11.0	0.50	0.57	16.4	44	2.5	139		冲积物	E 125°58′10.6″ N 44°26′17.9″	85
						C_1	18–38		黏壤土	粒状	6.4	9.9	0.70	0.52	13.3	47						
						C_2	38–93	棕色			7.4	18.6	0.90			68						
						C_3	93–150			无结构	6.1	3.0	0.20			10						
剖27	半水成土	草甸土	草甸土	覆泥草甸土	中层覆泥草甸土	Aa	0–21	棕灰色	砂壤土	团块状	7.4	15.8	0.98	0.31		78	3.4	157			E 125°48′31.7″ N 44°26′15.0″	95
						Ase	21–33	棕灰色	黏壤土	粒状	7.1	15.2	0.83	0.27		70	3.3	157	23.4			
						A	33–115	灰黑色	砂壤土	粒状	6.5	31.6	1.15	0.54		122	4.2					
						Bg	115–150	棕灰色	壤质黏土	棱块状	6.6	10.5	0.42	0.61		37	2.3					
剖28	半淋溶土	黑土	黑土	红黏质黑土	薄层红黏质黑土	Aa	0–20	浅灰黑色	黏壤土	团块状		11.3	0.70	0.30	19.7	80	2.8		22.0		E 125°45′19.8″ N 44°22′40.1″	81
						AB	20–40	暗红棕色	黏壤土	棱块状		4.0	0.60		24.1	39	6.2		23.8			
						B	40–100	浅红棕色	黏壤土	棱块状		6.2				24			26.7			
						C	100–150	紫红色	黏质黏土	片状、棱状		8.0	1.10			30						
剖29	半水成土	草甸土	石灰性草甸土	平川石灰性草甸土	薄层平川石灰性草甸土	Aa	0–27	棕黑色	壤质黏土	粒状		23.2	1.40	0.40		131	2.5		21.7		E 125°27′51.6″ N 44°17′21.1″	95
						Bg	27–58	棕灰色	黏土	棱块状		22.6	1.10	0.39		117	1.9		21.9			
							68–															
剖30	半淋溶土	黑土	黑土	黑土	厚层黑土	A	20–60	暗黑色	砂壤土	团块状		11.5	0.60	0.39		70					E 125°26′19.7″ N 44°13′15.2″	95
						AB	60–90	黄棕色	壤质黏土	粒状		7.8				47			19.8			
						C	90–120	棕黄色	黏壤土	棱块状		4.7	0.40			31						
							120–150															
剖31	半水成土	草甸土	石灰性草甸土	平川盐碱化草甸土	深厚平川轻盐碱化草甸土	Aa	0–20	黑黑色	黏壤土	粒状	8.1	38.6	1.80	0.74		140	9.2				E 125°18′01.1″ N 44°11′31.2″	95
						AB	20–115	暗黑色	黏质黏土	团块状	7.6	35.8	1.20	0.65		133	10.4					
							115–	棕灰色	壤质黏土	粒状	7.2	16.8										
剖32	半水成土	草甸土	石灰性草甸土	岗川石灰性草甸土	中层岗川石灰性草甸土	Aa	0–20	棕灰色	壤土	粒状	6.3	17.7	0.80	0.44		91	13.4				E 125°28′22.1″ N 44°11′30.5″	81
						Ase	20–30	灰灰色	壤土	粒状	6.5	9.8	0.50	0.39		41	19.3					
						A	30–44	暗黑色	壤土	粒状	6.5	25.5	1.10	0.65		112	24.2					
剖33	半水成土	草甸土	草甸土	覆泥草甸土	薄层覆泥草甸土	B	44–99	棕黑色	壤质黏土	团块状	6.7	22.1	0.70	0.52		85	28.5				E 125°16′32.9″ N 44°11′10.7″	95
						C	99–135	浅黄棕色	壤质黏土	棱块状	6.9	4.4	0.50	0.44		25	24.1					

续表 Continued

剖面号 Soil profile	土纲 Soil order	土类 Soil great group	亚类 Soil subgroup	土属 Soil genus	土种 Soil species	土层码 Layer code	土层厚度 Depth/cm	颜色 Soil color	质地 Soil texture	土壤结构 Soil structure	pH	有机质 OM/(g/kg)	全氮 TN/(g/kg)	全磷 TP/(g/kg)	全钾 TK/(g/kg)	碱解氮 AN/(mg/kg)	有效磷 AP/(mg/kg)	速效钾 AK/(mg/kg)	阳离子交换量CEC/(cmol/kg)	土壤母质 Parent material	剖面点坐标 Profile coordinate	匹配指数 Matching index/%
剖34	半水成土	草甸土	石灰性草甸土	平川石灰性草甸土	中层平川石灰性草甸土	Aa	0—15	黑灰色	黏壤土	粒状	8.0	31.4	1.90	0.44		136	2.8	279	31.8		E 125°20′49.9″ N 44°11′09.2″	95
						A	15—50	暗灰色	黏壤土	粒状	8.0	19.9	0.90	0.48		71	1.5	159	25.5			
						AB	50—90	棕灰色	壤土	粒状	8.3	8.6		0.31					24.8			
						Bg	90—120	棕黄色	粉砂质壤土	粒状	8.3	4.3		0.31					21.7			
						Cg	120—150	棕黄色	黏土	粒状	8.2	6.0		0.44								
剖35	半淋溶土	黑土	黑土	黑土	深厚层黑土	Aa	0—18	暗灰色	壤质黏土	团块状		23.6	1.34	0.30		150	4.9	48			E 125°33′25.9″ N 44°14′10.7″	71
						A	18—105	灰黑色	黏质黏土	团块状		31.1	1.33	0.28		166	2.1					
						AB	105—128	棕灰色	壤质黏土	棱块状		6.1	0.60			43						
						BC	128—	棕黄色	黏质黏土	棱块状			0.70									
剖36	半水成土	草甸土	盐化草甸土	岗川盐碱化草甸土	厚层岗川轻盐碱化草甸土	Aa	0—20	棕灰色	粉砂质黏土	粒状	8.1	27.3	1.43	0.37	7.2	109	3.3		16.1		E 125°17′20.0″ N 44°08′53.2″	95
						A	20—70	暗黑色	粉砂质黏土	棱块状	7.8	33.7	1.49	0.48	8.0	137	3.2		29.4			
						B	70—150	灰棕色	黏质壤土	棱块状	7.1	8.4	0.24	0.42	9.0				26.8			
剖37	半淋溶土	黑土	黑土	黑土	薄层黑土	Aa	0—20	灰黑色	黏质壤土	弱发育粒状		17.4		0.31		153	1.8		21.8		E 125°24′35.3″ N 44°07′13.8″	95
						A	20—30	浅棕灰色	黏质黏土	弱发育粒状		22.4	0.90	0.26		117	1.2		21.8			
						AB	30—97	浅灰棕色	壤质黏土	棱块状		9.9	0.80	0.13		52	0.9		22.7			
						B	97—137	浅黄棕色	黏质壤土	棱块状		3.2	0.40			36			21.7			
						C	137—	浅黄棕色	壤质黏土	棱块状												
剖38	半水成土	草甸土	石灰性草甸土	覆泥石灰性草甸土	中层覆泥石灰性草甸土	Aa	0—22	黑灰色	黏壤土	粒状	8.1	21.6	0.90	0.31		86	3.5		21.3		E 125°30′50.4″ N 44°08′33.7″	95
						Ase	22—35	棕灰色	粉砂质黏土	棱块状	7.8	14.6	1.00	0.26		82	4.5		24.9			
						A	35—150	灰黑色	黏质黏土	棱块状	7.2	20.6							36.7			
剖39	水成土	沼泽土	腐泥沼泽土	腐泥沼泽土	中层腐泥沼泽土	Aa	0—23	灰黑色	黏壤土	无明显结构											E 125°31′34.3″ N 44°06′49.3″	95
						Bg	23—41	灰褐色	黏质黏土	无明显结构												
						Cg	41—70	棕灰色	黏质黏土	无明显结构												
剖40	人为土	水稻土	沼泽型水稻土	腐泥沼泽型水稻土	腐泥沼泽型水稻土	Aa	0—20	灰黑色	黏壤土	无明显结构	7.6	21.4	1.50	0.17		11	10.4	209			E 126°04′39.4″ N 44°43′11.6″	95
						G	20—120	棕灰色	黏质壤土	块状	7.3	6.6	0.40									
剖41	人为土	水稻土	草甸土型水稻土	厚层草甸型水稻土	厚层草甸型水稻土	Aa	0—20	棕灰色	黏壤土	棱块状	7.0	24.9	1.00	0.79		103	11.6	339			E 126°12′51.8″ N 44°41′46.7″	75
						B	20—50	灰棕色	黏土	棱块状	6.8	13.6	0.60	0.74		61						
						C	60—100	棕灰色	黏壤土	棱块状	7.0	11.9	0.50									
							100—140	灰棕色	黏壤土	棱块状	6.9	1.5										
剖42	半水成土	草甸土	草甸土	砂底草甸土	中层砂底草甸土	Aa	0—20	黑灰色	粉沙壤土	粒状	6.8	28.9	1.28	0.47	7.3	114	8.5	241			E 126°03′45.0″ N 44°41′33.4″	95
						AB	20—45	浅灰棕色	壤土	粒状	7.1	9.1	0.52	0.42	12.4	49	8.3	80				
						B	45—65	棕黄色	黏质砂土	块状	7.3	4.5	0.23	0.50		20	9.5	40				
						C	65—95	浅黄棕色	黏质砂土	棱块状	7.6	3.0	0.19	0.41								
							95—150	浅灰棕色	砂土	无结构												
剖43	人为土	水稻土	冲积土型水稻土	冲积土型水稻土	冲积型水稻土	Aa	0—20	黑灰色	黏土	团粒状	6.5	28.1	1.40	0.92		143	33.9	259			E 126°09′25.6″ N 44°39′34.7″	75
						A	20—60	灰棕色	黏壤土	团块状	7.3	23.4	1.10	0.92		112	36.8	199				
						B	60—120	浅棕色	黏壤土	棱块状	7.2	17.0										
剖44	人为土	水稻土	草甸土型水稻土	草甸型水稻土	薄层草甸型水稻土	Aa	0—15	黑灰色	黏壤土	棱块状											E 126°08′03.5″ N 44°39′23.0″	95
						Bg	15—30	棕灰色	黏壤土	棱块状												
							30—60	灰棕色	黏壤土	无明显结构												
							60—150	灰棕色	壤质黏土	粒状												
剖45	人为土	水稻土	草甸土型水稻土	草甸型水稻土	中层草甸型水稻土	Aa	0—20	黑灰色	黏壤土	团块状											E 126°09′45.4″ N 44°37′00.8″	95
						A	20—40	灰棕色	黏壤土	粒状												
						Bg	40—100	棕灰色	壤质黏土	团块状												

续表 Continued

剖面号 Soil profile	土纲 Soil order	土类 Soil great group	亚类 Soil subgroup	土属 Soil genus	土种 Soil species	土层码 Layer code	土层厚度 Depth/cm	颜色 Soil color	质地 Soil texture	土壤结构 Soil structure	pH	有机质 OM/(g/kg)	全氮 TN/(g/kg)	全磷 TP/(g/kg)	全钾 TK/(g/kg)	碱解氮 AN/(mg/kg)	有效磷 AP/(mg/kg)	速效钾 AK/(mg/kg)	阳离子交换量CEC/(cmol/kg)	土壤母质 Parent material	剖面点坐标 Profile coordinate	匹配指数 Matching index/%
剖46	半水成土	草甸土	草甸土	冲积草甸土	河淤瘦骚土	A₁₁	0—28	灰棕色	黏壤土	粒状	7.1	23.6	1.48	0.47		115	3.4			冲积物	E 126°11′15.0″ N 44°35′07.1″	95
						Bu	28—70	油棕色	黏壤土	粒状	7.7	9.4	0.50	0.44		31	2.0					
						Cu	70—	浅棕灰色	黏壤土	无明显结构	7.6	8.1	0.45	0.58		32						
剖47	半淋溶土	黑土	黑土	黑土	破皮黄黑土	Aa	0—10	暗灰棕色	黏壤土	团块状		17.3	0.76	0.33		98	1.6				E 126°06′09.0″ N 44°32′03.8″	71
						AB	10—50	浅灰棕色	壤质黏土	小棱块状		7.0	0.57			39	1.8					
						B	50—120	浅棕色	壤质黏土	棱块状		4.0	0.42	0.39		30						
						C	120—150	浅棕色	壤质黏土	棱块状		4.3	0.30			32						
剖48	人为土	水稻土	草甸土型水稻土	盐碱化草甸型水稻土	厚层盐碱化草甸型水稻土	Aa	0—16	棕灰色	黏壤土	粒状											E 126°15′31.0″ N 44°32′12.8″	95
						A	16—50	灰黑色	黏壤土	粒状												
						AB	50—100	棕灰色	壤质黏土	棱块状												
						C	100—150	黄棕色	壤质黏土	棱块状												

公主岭市

主要土类说明

黑土是公主岭市主要土壤类型，占本市地域面积的 33%。黑土集中分布在本市中南部铁路沿线两侧的南崴子、刘房子、陶家屯、范家屯、响水、黑林子、朝阳坡等地，其他地区也有点片状分布。黑土具有深厚肥沃的均腐殖质层，厚度一般为 30—60cm，土壤腐殖质含量一般为 20g/kg，个别达到 30—50g/kg，表土结构良好，既通气又透水。底土黏性稍强，可以托水保肥。土壤耕性良好，适耕期长，呈微酸性至中性，适合微生物活动，适宜各种农作物生长。本市黑土分为黑土和草甸黑土两个亚类。

草甸土是公主岭市第二大土壤类型，占本市地域面积的 28%。草甸土是由沉积作用并伴随腐殖质积累过程形成的富含腐殖质的土壤。其主要特征是黑土层均为颗粒大小相近的粒状结构，水稳性很强，呈微酸性或中性。同时，由于地势低平，剖面下部均见潜育化现象。本市草甸土分布广，根据成土特点和剖面形态的不同，分为草甸土、潜育化草甸土、石灰性草甸土、盐碱化草甸土等亚类。

黑钙土是公主岭市第三大土壤类型，占本市地域面积的 22%。黑钙土是在温带半湿润草甸草原下形成的具深厚均腐殖质层和碳酸钙淋溶淀积层的土壤，主要分布在海拔 200m 左右波状起伏的台地，母质主要为黄土状沉积物。该土壤均腐殖质层厚 50cm 左右。其下，钙积层明显。土壤表层 pH 为 7.0，逐渐往下 pH 为 8.0—8.5。冬季冻层厚 1.3—1.5m。

风沙土占本市地域面积的 12%，主要分布在本市西北部的桑树台、十屋、八屋、玻璃城子、毛城子等地。风沙土是在近代风积物上发育微弱的矿质土壤，一般仅有 A 层和 C 层，缺乏较明显的 B 层。风沙土具有半干润或干旱的土壤水分状况，风积母质厚度大于 50cm，有或无腐殖质层，土体 100cm 深度内有石灰反应。

小于本市地域面积 3% 的土壤类型有水稻土、暗棕壤、泥炭土等。

本区域中心区气候特征

本区域中心区气候特征值
Regional climate characteristics in central area of the region

气候带：中温带亚湿润气候 Climate region: Mid temperate subhumid climate	
年平均气温 /℃ Annual average temperature /℃	6.1
年平均最高气温 /℃ Annual average maximum temperature /℃	11.7
年平均最低气温 /℃ Annual average minimum temperature /℃	1.0
年降水量 /mm Annual precipitation /mm	542
≥ 10℃的积温 /℃ Daily temperature accumulated in a year (≥ 10℃) /℃	2472
年日照时数 /h Annual sunshine /h	2708
年平均相对湿度 /% Annual average relative humidity /%	63
干燥度 Dryness	0.69

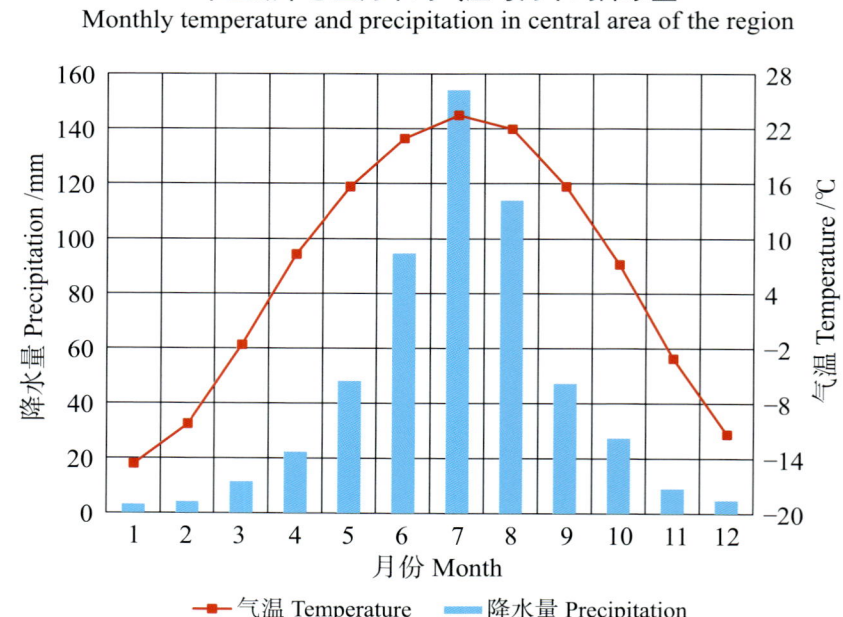

本区域中心区月平均气温与月平均降水量
Monthly temperature and precipitation in central area of the region

公主岭市主要土壤类型与土壤剖面点分布图
1∶460 000

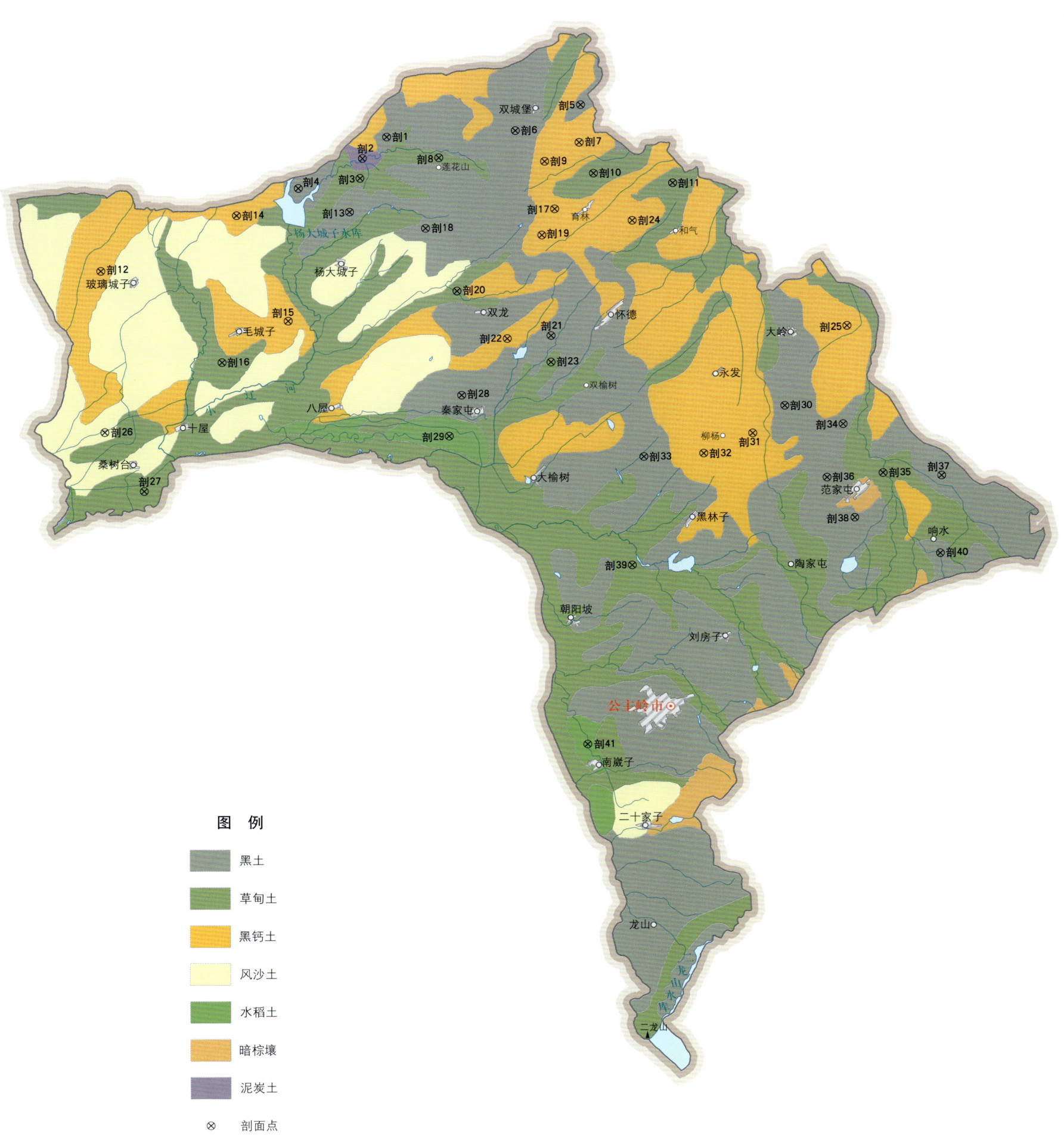

公主岭市土壤剖面理化性状表

剖面号 Soil profile	土纲 Soil order	土类 Soil great group	亚类 Soil subgroup	土属 Soil genus	土种 Soil species	土层码 Layer code	土层厚度 Depth/cm	颜色 Soil color	质地 Soil texture	土壤结构 Soil structure	pH	有机质 OM/(g/kg)	全氮 TN/(g/kg)	全磷 TP/(g/kg)	全钾 TK/(g/kg)	碱解氮 AN/(mg/kg)	有效磷 AP/(mg/kg)	速效钾 AK/(mg/kg)	阳离子交换量CEC/(cmol/kg)	土壤母质 Parent material	剖面点坐标 Profile coordinate	匹配指数 Matching index/%
剖1	半淋溶土	黑土	黑土	红黏土底黑土	薄层红黏底黑土	Aa	0-15	浅棕色	轻黏土	小团粒状	8.1	11.0	0.73	0.15	25.5	72	3.5	107			E 124°28′59.2″ N 44°03′30.6″	95
						A	15-30	灰棕色	轻黏土	团粒状	7.7	10.7	0.66	0.15	26.6	64	7.5	78				
						AB	30-51	棕棕相间	中黏土	团块状	8.0	8.9	0.49	0.10	23.7	70	1.1	87				
						B	51-80	棕色	中黏土	块状	8.0	5.8	0.39	0.07	24.6	57	1.1	93				
						C	80-135	红棕色	中黏土		7.7	4.5	0.61	0.03	26.1	77	0.4	78				
剖2	水成土	泥炭土	埋藏泥炭土	浅位埋藏泥炭土	浅位薄层埋藏泥炭土	Aa	0-17	暗棕色	中黏土	团粒状	6.6	45.6	2.19	0.34	23.0	182	6.7	133			E 124°27′06.1″ N 44°02′18.6″	73
						P₁	17-43	灰褐色	中黏土	团粒状	4.7	96.3	3.98	0.41	22.0	295	31.3	76				
						P₂	43-82	棕灰相间	中黏土	团块状	5.0	85.2	3.76	0.80	23.0	303	55.4	111				
						P₃	82-145	棕色	中黏土	团块状	4.8	11.0	5.66	0.37	21.6	398	12.2	180				
剖3	半水成土	草甸土	石灰性草甸土			Aa	0-16	浅棕色	重黏土	团粒状	8.1	19.5	0.95	0.49	23.1	150	4.9	137	26.9		E 124°26′53.5″ N 44°01′10.2″	95
						A	16-64	浅棕色	重黏土	粒状	8.3	19.8	0.68	0.46	21.9	100	3.9	107	26.3			
						AB	64-80	浅棕色	重黏土	粒状	8.5	11.8	0.64	0.41	21.9	48	3.1	107	24.2			
						4	80-97		重黏土		8.0	7.6		0.37	21.9	193	4.1	100	23.8			
						Cg	97-110	浅棕色	重黏土	小块状	8.4	5.1	0.46	0.36	22.8	92	4.9	107	23.0			
剖4				黄土状亚砂土质黑土	厚层亚砂土质黑土	Aa	0 14	浅棕灰色	砂壤土	小团粒状											E 124°22′10.6″ N 44°00′39.2″	95
						A	14-70	棕灰色	砂土	小团粒状												
						AB	70-98	棕黄色	轻壤土	团块状												
						B	98-133	棕黄色	砂壤土	团块状												
						C	133-150	棕黄色	砂壤土	小块状												
剖5	半淋溶土	黑土	黑土	黑土	厚层黑土	Aa	0-20	暗棕色	中黏土	小团粒状	6.4	17.8	1.01	0.33	24.4	91	2.4	121	22.7		E 124°26′51.2″ N 44°05′12.1″	95
						A₁	20-55	暗棕色	中黏土	小团粒状	7.1	15.4	0.87	0.29	22.5	68	1.0	122	24.1			
						A₂	55-80	暗棕色	重黏土	团粒状	6.8	8.3	0.47	0.22	23.8	46	4.3	155				
						AB	64-109	暗棕色	重黏土	团块状	6.8	4.9	0.39	0.23	24.2	30	7.7	166				
						5	109-124	黄棕色	重黏土		6.9	5.5	0.38	0.26	24.1	37	10.4	156				
						C	124-150	黄棕色	重黏土	小块状	6.8	3.8	0.32	0.22	23.6	23	7.5	159				
剖6	半淋溶土	黑土	黑土	黑土	深厚层黑土	Aa	0-20	暗棕色	重黏土	小团粒状	7.6	27.2	1.39	0.43	23.8	95	7.7	162	26.3		E 124°38′49.6″ N 44°03′46.8″	95
						AB	20-64	暗棕色	重黏土	团粒状	6.7	26.0	1.14	0.44	23.8	87	3.3	179	30.3			
						B	64-103	暗棕色	重黏土	团块状	6.2	25.6	1.07	0.46	24.8	96	9.5	184				
						C	103-150	暗棕色	重黏土	团块状	6.4	21.9	0.91	0.49	24.5	23	11.4	167				
剖7	钙层土	黑钙土	石灰性黑钙土	黄土质石灰性黑钙土	火性瘠黑土	Aa	0-30	棕灰色	壤质黏土	团粒状	8.0	22.3	1.33	0.39	19.4	96	11.2	125		黄土状沉积物	E 124°43′41.1″ N 44°03′02.7″	95
						AB	30-45	油黄橙色	中黏土	小团粒状	8.1	8.2	0.59	0.59	19.4	38	1.8	105				
						B	45-70	油黄橙色	粉砂质黏壤土	棱块状	8.0	7.1	0.50	0.73	19.4	40	1.8	108				
						C	70-120	浅黄色	黏土	棱块状	8.0	6.4	0.45	0.67	19.4	37	2.8	112				
剖8	半水成土	草甸土	石灰性草甸土	石灰性草甸土	深厚层石灰性草甸土	Aa	0-16	暗棕灰色	中黏土	团粒状	8.2		0.23	0.66	23.8	137	22.3	277	27.2		E 124°32′56.0″ N 44°02′16.8″	95
						A₁₁	16-35	棕灰色	中黏土	粒状	8.4	2.36	0.86	0.47	21.3	57	12.5	178	25.9			
						A₁₂	35-55	浅棕灰色	中黏土	粒状	8.4		0.45	0.32	23.1	48	3.9	125	20.9			
						A₁₃	55-90	棕灰色	中黏土	团块状	7.9	13.4	0.96	0.20	23.7	64	2.9	121	23.0			
						A₁₄	90-130	暗灰色	重黏土	团块状	8.2	20.4		0.41	20.8		3.1	119	24.5			
						Cg	130-150	浅灰色	重黏土	小块状	7.3	10.4	0.58	0.15	23.8	46	4.7	114				

续表 Continued

剖面号 Soil profile	土纲 Soil order	土类 Soil great group	亚类 Soil subgroup	土属 Soil genus	土种 Soil species	土层码 Layer code	土层厚度 Depth/cm	颜色 Soil color	质地 Soil texture	土壤结构 Soil structure	pH	有机质 OM/(g/kg)	全氮 TN/(g/kg)	全磷 TP/(g/kg)	全钾 TK/(g/kg)	碱解氮 AN/(mg/kg)	有效磷 AP/(mg/kg)	速效钾 AK/(mg/kg)	阳离子交换量 CEC/(cmol/kg)	土壤母质 Parent material	剖面点坐标 Profile coordinate	匹配指数 Matching index/%
剖9	钙层土	黑钙土	黑钙土	黑钙土	厚层钙黑土	Aa	0~20	浅棕灰色	重黏土	团粒状	7.2	19.7	1.22	0.80	22.0	157	17.8	101			E 124°41′01.0″ N 44°01′59.2″	95
						A	20~60	棕灰色	重黏土	团粒状	7.6	21.3	1.27	0.55	22.0	123	53.3	80				
						AB	60~85	灰棕色	重黏土	团粒状	7.8	15.2	0.97	0.56	22.0	70	29.6	91				
						B	85~117	棕色	重黏土	团块状	7.9	9.3		0.42	22.0	80	16.0	78				
						C	117~130	黄棕色	重黏土	小块状	7.9	5.5	0.48	0.15	23.3	64	16.4	95				
剖10	半水成土	草甸土	盐化草甸土	盐碱化草甸土	轻盐弱碱化草甸土	Aa	0~19	暗棕色	中黏土	小团粒状	8.4	25.0	1.41	0.49	31.8	126	3.4	135	24.8		E 124°41′44.3″ N 44°01′15.5″	95
						A	19~40	棕灰色	重黏土	团粒状	8.4	27.9	1.59	0.57	30.9	115	1.4	112	19.7			
						AB	40~73	暗棕灰色	中黏土	团粒状	8.5	22.2	1.16	0.52	27.1	91	4.2	101	15.3			
						BC	73~105	灰棕色	重黏土	团粒状	8.4	13.5	0.99	0.44	27.7	71	2.9	128	23.8			
						Cg	105~120	浅灰棕色	中黏土	团块状	8.5	8.4		0.39	23.4							
剖11	半水成土	草甸土	盐化草甸土	盐碱化草甸土	中盐弱碱化草甸土	Aa	0~12	浅棕灰色	轻黏土	粒状	9.2	15.8	0.91	0.23	23.4	68	5.2	109	14.3		E 124°50′45.2″ N 44°00′37.8″	95
						A_{11}	12~27	棕色	轻黏土	粒块状	9.4	7.1	0.53	0.19	22.4	41	2.8	71	13.0			
						A_{12}	27~71	浅棕色	轻黏土	粒状	9.2	4.2	0.27	0.15	22.4	27	3.4	63	11.7			
						B	71~108	浅棕色	轻黏土	粒状	8.8	3.3	0.31	0.15	24.4	25	2.3	58	9.8			
						C	108~145	浅黄棕色	砂黏土	团粒状	8.9	2.9	0.25	0.20	25.4	32	2.7	68	10.8			
剖12	钙层土	黑钙土	盐化黑钙土	苏打盐碱化淡黑钙土	弱碱化淡黑钙土	Aa	0~12	浅棕灰色	轻黏土	小团粒状	8.2	12.3	0.98	0.23	24.4	55	2.0	71	12.6		E 124°06′59.1″ N 43°56′03.8″	95
						A_1	12~24	浅棕色	轻黏土	小团粒状	8.3	7.6	0.50	0.25	21.4	50	0.6	56	12.7			
						AB	24~40	浅棕色	轻黏土	小团粒状	8.5	4.5	0.26	0.21	22.2	34	0.8	62	12.5			
						B	40~75	浅黄棕色	砂黏土	小团粒状	8.3	2.7	0.36	0.21	24.5	29	1.3	79	13.4			
						C	75~112	浅黄棕色	砂壤土	小团粒状	8.4	1.9	0.14	0.24	25.0	26	0.7	92	13.6			
剖13	半淋溶土	黑土	淋溶黑土	黄土状亚砂土质黑土	薄层亚砂土质黑土	Aa	0~14	浅灰棕色	砂壤土	小团粒状											E 124°26′02.8″ N 43°59′15.4″	93
						A	14~27	棕灰棕色	轻黏土	小团粒状												
						AB	27~70	黄棕色	中黏土	团粒状												
						B	70~98	黄棕色	砂壤土	小块状												
						BC	98~122	浅棕色	砂土	小块状												
						C	122~150	浅棕色	砂土	小块状												
剖14	钙层土	黑钙土	淋溶黑钙土	黄土质淋溶黑钙土	火性底黑土	Aa	0~22	浅棕灰色	黏壤土	粒状	7.7	18.1	1.03	0.31	27.1	99	5.0	68			E 124°17′24.7″ N 43°59′08.9″	85
						A_1	22~44	棕灰色	黏壤土	团粒状	7.5	20.3	1.04	0.26	26.6	111	3.0	45				
						AB	44~72	浅棕色	黏壤土	块状	7.8	9.3	0.20	0.25	25.7	65	3.0	53				
						B	72~108	浅棕色	黏壤土	块状	7.8	7.8	0.35	0.39	26.2	39	3.0	65				
						C	108~145	黄棕色	黏壤土	块状	8.1	3.7	0.32	0.30	25.8	28	4.0	88				
剖15			淡黑钙土	淡黑钙土	中层淡黑钙土	Aa	0~20	浅灰棕色	轻黏土	小团粒状	8.2	15.9	1.01	0.31	25.5	67	8.1	127			E 124°21′14.0″ N 43°53′05.3″	95
						A	20~45	浅棕灰色	砂壤土		8.2	12.1	0.81	0.17	25.2	50	2.7	63				
						AB	45~75	浅棕灰色	砂壤土	小块状	8.6	3.5	0.28	0.09	26.4	27	2.5	51				
						B	75~110	黄棕色	砂壤土	小块状	8.1	2.2	0.22	0.13	26.8	22	2.2	66				
						C	110~150	黄棕色	砂壤土	粒状	8.5	2.4	0.19	0.12	27.3	18	2.4	69				
剖16	半水成土	草甸土	草甸土	山川草甸土	中层山川草甸土	Aa	0~13	棕色	中壤土	粒状	6.6	21.0	1.37	0.43	25.8	101	11.1	112			E 124°16′08.8″ N 43°50′47.0″	95
						AB	13~45	灰棕色	中黏土	粒状	6.7	21.9	1.05	0.51	25.0	101	11.0	95				
						B	45~70	黄棕色	重黏土	粒状	6.5	15.9	0.78	0.49	24.9	57	17.2	101				
						C	70~102	浅棕色	轻黏土	无结构	6.7	5.1	0.40	0.40	30.8	43	16.6	117				
							102~150	浅棕色	砂壤土	小团粒状	8.2	4.3	0.35	0.24	25.6	53	14.4	66				
剖17	钙层土	黑钙土	黑钙土	黑钙土	破皮黄黑钙土	Aa	0~17	浅棕灰色	中黏土	小块状	8.0	7.4	0.36	0.06	25.7	40	2.0	88		黄土状沉积物	E 124°41′42.7″ N 43°59′16.1″	96
						AB	17~34	浅棕色	轻黏土	小块状	8.0	4.9	0.27	0.03	25.7	44	2.3	89				
						B	34~86	灰棕色	砂壤土	棱块状	8.1	12.3	0.77	0.16	27.0	64	12.4	91				
						C	86~135	棕色	砂壤土	棱块状	7.8	2.3	0.19	0.03	28.6	26	3.8	80				

续表 Continued

剖面号 Soil profile	土纲 Soil order	土类 Soil great group	亚类 Soil subgroup	土属 Soil genus	土种 Soil species	土层码 Layer code	土层厚度 Depth/cm	颜色 Soil color	质地 Soil texture	土壤结构 Soil structure	pH	有机质 OM/(g/kg)	全氮 TN/(g/kg)	全磷 TP/(g/kg)	全钾 TK/(g/kg)	碱解氮 AN/(mg/kg)	有效磷 AP/(mg/kg)	速效钾 AK/(mg/kg)	阳离子交换量CEC/(cmol/kg)	土壤母质 Parent material	剖面点坐标 Profile coordinate	匹配指数 Matching index/%
剖18	半淋溶土	黑土	草甸黑土	草甸黑土	中层草甸黑土	Aa	0—28	暗灰色	重黏土	小团粒状	6.7	31.8	1.39	0.50	23.1	113	9.3	118	25.8		E 124°31′49.8″ N 43°58′15.6″	95
						A	28—50	棕灰色	重黏土	小团粒状	7.0	14.3	0.70	0.29	22.2	52	3.0	117	25.6			
						AB	50—85	棕灰棕间	重黏土	团块状	7.2	4.5	0.46	6.35	23.0	36	2.8	128				
						B	85—107	灰棕色	中黏土	块状	7.1	7.9	0.41	0.32	24.2	40	3.8	114				
						C	107—135	棕色	中黏土	块状	6.9	6.2	0.37	0.30	23.9	29	4.7	111				
剖19	钙层土	黑钙土	石灰性黑钙土	火成黑黄土	瘦火性黑黄土	Ah	0—30	棕灰色	壤质黏土	小团块状	8.0	22.3	1.33	0.89	19.4	96	11.2	125		黄土状沉积物	E 124°40′41.5″ N 43°57′46.8″	85
						AB	30—45	棕黄橙色	壤质黏土	块状	8.1	8.2	0.59	0.59	19.4	38	1.8	105				
						Bk	45—70	油黄橙色	粉砂质壤土	块状	8.0	7.1	0.50	0.73	19.4	40	1.8	108				
						C	70—120	油黄橙色	黏壤土	块状	8.0	6.4	0.45	0.67	19.4	37	2.8	112				
剖20		草甸土	石灰性草甸土	石灰性草甸土	厚层石灰性覆泥草甸土	Aa	0—20	棕灰色	轻黏土	团粒状	8.2	22.9	1.07	0.39	22.7	104	4.9	101	25.8		E 124°34′08.8″ N 43°54′39.2″	95
						A₁₁	20—35	浅灰棕色	中黏土	粒状	8.1	18.9	0.91	0.39	23.7	81	4.8	97	24.2			
						A₁₂	35—69	灰棕色	中黏土	粒状	7.8	26.7	1.29	0.49	22.2	108	4.9	115	28.4			
						A₃	69—118	灰色	重黏土	粒状	7.6	19.9	0.92	0.45	21.7	73	4.0	106	27.6			
						C	118—150	黄棕色	重黏土	小块状	7.7	8.4	0.56	0.40	23.8	49	5.0	106	26.5			
剖21	半水成土	黑土			中层黑土	Aa	0—18	棕灰色	中黏土	小团粒状	6.7	24.8	1.14	0.42	23.8	182	10.5	155	21.1		E 124°41′15.0″ N 43°52′01.6″	95
						A	18—40	暗棕色	重黏土	团块状	6.9	24.3	1.19	0.38	24.7	94	4.1	138	22.5			
						AB	40—60	棕灰棕色	重黏土	团块状	6.8	16.5	0.83	0.34	24.1	73	4.2	142				
						4	60—120	灰色	重黏土	块状	6.9	6.1	0.50	0.27	22.8	39	7.9	200				
						B	120—150	暗棕色	砂壤土	棱块状	7.1	4.4	0.46	0.32	24.2	31	14.4	150				
剖22	钙层土	黑钙土	淡黑钙土	淡黑钙土	破皮性淡黑钙土	Aa	0—16	暗棕色	砂壤土	粒块状	8.3	7.5	0.48	0.12	28.3	44	5.1	85			E 124°37′53.8″ N 43°51′53.6″	82
						AB	16—37	棕灰色	砂土	小块状	8.1	2.6	0.19	0.14	28.1	32	1.4	42				
						B	37—68	黄棕色	砂土	块状	8.2	1.4	0.05	0.04	28.2	21	1.0	36				
						BC	68—109	浅灰棕色	砂土	块状	7.6	3.2	0.27	0.15	25.8	28	2.1	103				
						C	109—140	灰棕色	砂土	片状	7.5	2.3	0.14	0.16	25.6	24	2.0	73				
剖23	半水成土	草甸土	草甸土	草甸土	厚层覆泥草甸土	Aa	0—20	黑灰色	重黏土	小团粒状	6.6	24.5	1.30	0.39	25.1	144	8.4	165			E 124°41′12.1″ N 43°50′30.8″	95
						Ao₁	20—47	暗棕黑色	重黏土	团块状	6.4	61.2	1.91	0.66	22.4	218	13.6	96				
						Ao₂	47—68	棕灰色	黏壤土	块状	6.0	71.7	2.58	0.34	22.0	222	12.8	97				
						Bg	68—90	油橙色	黏壤土		6.1	21.4	1.13	0.20	24.0	97	10.2	146				
							90—120	浅棕灰色	轻壤土	粒块状	6.2	14.3	0.60	0.24	24.0	76	10.0	157				
剖24	钙层土	黑钙土	石灰性黑钙土	黄土质石灰性黑钙土	火性黑钙土	A₁	0—19	灰棕色	黏壤土	小团粒状	7.9	20.5	1.29	0.63	21.4	87	4.0	105		黄土状沉积物	E 124°47′36.9″ N 43°58′31.2″	95
						AB	19—49	棕灰棕色	黏壤土	团块状	8.0	13.9	0.84	0.65	19.6	56	1.6	85				
						B	49—78	黄棕色	中黏土	棱块状	8.1	6.8	0.48	0.33	19.4	31	1.1	90				
剖25	钙层土	黑钙土	草甸黑钙土	草甸黑钙土	薄草甸草钙土	A₁	0—16	油橙灰色	中黏土	小团粒状	8.1	20.1	1.16	0.52	24.7	105	10.6	106			E 125°03′48.6″ N 43°52′16.0″	71
						A₂	16—29	棕灰色	中黏土	团块状	8.0	20.1	1.20	0.47	22.5	98	5.5	79				
						AB	29—67	棕灰色	重黏土	棱块状	8.0	10.1	0.74	0.33	21.8	51	4.1	83				
						B	67—95	黄棕色	重黏土	块状	8.0	5.5	0.39	0.31	25.0	49	4.3	111				
						C	95—150	棕色	重黏土	块状	8.0	4.5	0.37	0.34	25.0	48	3.6	112				
剖26	初育土	风沙土	草原风沙土	固定草甸风沙土	黑风沙土	A	0—28	浅灰色	砂壤土	团粒状	7.7	6.4	0.24	0.20	27.5	31	4.0	75		风积物	E 124°07′08.4″ N 43°46′51.6″	71
						AC	28—53	灰灰色	细砂土	无明显结构	7.5	4.6	0.26	0.19	28.4	28	3.6	61				
						C₁	53—103	浅棕灰色	细砂土	无结构	7.6	3.4	0.21	0.18	28.7	32	3.4	46				
						C₂	103—150	棕色	细砂土		7.5	2.3	0.22	0.14	27.6	19	3.4	38				

续表 Continued

剖面号 Soil profile	土纲 Soil order	土类 Soil great group	亚类 Soil subgroup	土属 Soil genus	土种 Soil species	土层码 Layer code	土层厚度 Depth/cm	颜色 Soil color	质地 Soil texture	土壤结构 Soil structure	pH	有机质 OM/(g/kg)	全氮 TN/(g/kg)	全磷 TP/(g/kg)	全钾 TK/(g/kg)	碱解氮 AN/(mg/kg)	有效磷 AP/(mg/kg)	速效钾 AK/(mg/kg)	阳离子交换量CEC/(cmol/kg)	土壤母质 Parent material	剖面点坐标 Profile coordinate	匹配指数 Matching index/%
剖27	半水成土	草甸土	草甸土	草甸土	深厚层草甸土	Aa	0—22	灰色	重黏土	团粒状	8.0	28.4	1.49	0.41	21.0	108	6.4	167	21.3		E 124°10′04.1″ N 43°43′28.3″	95
						A₁₁	22—43	暗灰色	轻黏土	粒状	7.2	31.5	1.58	0.47	24.3	126	4.4	136	27.6			
						A₁₂	43—72	暗灰色	轻黏土	粒状	6.6	37.2	1.59	0.53	24.2	135	10.5	159	23.9			
						A₁₃	72—125	暗灰色	重黏土	小团块状	6.5	36.2	1.51	0.63	21.6	122	17.4	167	25.5			
						Cg₄	125—160	灰黑色	轻黏土	小团块状	6.4	31.4	1.20	0.65	23.0	92	31.4	170	18.8			
剖28	半淋溶土	黑土	黑土	红黏砾质黑土	破皮黄红黏砾底黑土	Aa	0—18	棕黑色	中黏土	团块状	6.9	20.2	1.02	0.34	25.1	100	3.9	133			E 124°34′21.4″ N 43°48′41.4″	95
						AB	18—58	暗棕灰色	中黏土	团块状	6.7	9.4	0.57	0.27	23.9	60	3.3	123				
						B	58—96	浅棕黑色	中黏土	块状	6.5	5.0	0.33	0.18	24.0	34	3.4	123				
						BC	96—111	浅红棕色	中黏土	粒状												
						C	111—150	红棕色	中黏土	粒状												
剖29	人为土	水稻土	冲积土型水稻土	冲积土型水稻土	冲积土型水稻土	Aa	0—28	灰棕色	重黏土	小团粒状	6.8	22.3	1.10	0.52	23.4	107	17.7	158	23.7		E 124°33′20.9″ N 43°46′21.0″	95
						AB	28—46	浅棕色	轻黏土	团粒状	8.0	10.1	0.42	0.32	23.6	48	9.0	82	14.7			
						Bg	46—60	黄棕色	轻黏土	团粒状	7.9	22.2	0.72	0.44	23.1	69	13.5	109	21.3			
						G₁	60—94	浅灰棕色	中黏土	小团粒状	7.8	9.7	0.51	0.39	23.1	50	16.4	87	15.6			
						G₂	94—100	暗棕色	重黏土	团团状												
						6	100—115				7.6	10.3	0.61	0.43	22.9	65	10.4	117	21.9			
						7	115—150				7.5	12.2	0.96	0.47	27.9	80	11.4	114	16.4			
剖30	半淋溶土	黑土	黑土	红黏砾质黑土	中层红黏砾底黑土	Aa	0—14	浅棕灰色	轻黏土	小块状	8.0	16.0	0.98	0.21	24.2	90	4.8	77	22.3		E 124°58′55.6″ N 43°47′44.5″	95
						A	14—35	灰棕色	中黏土	小块状	7.9	16.3	0.75	0.27	24.2	76	2.1	55				
						AB	35—44	黄棕色	中黏土	小块状	7.8	14.3	0.39	0.21	22.8	56	2.1	66				
						B	44—68	棕色	中黏土	无明显结构	7.7	8.7	0.33	0.17	24.9	98	2.0	78				
						BC	68—90	棕红色	砾质中黏土	无明显结构	7.7	4.9	0.33	0.12	24.1	41	1.3	95				
						C	90—150	红棕色	黏壤土	小团粒状	7.6	5.3	0.29	0.13	24.0		2.1	100	20.6			
剖31	钙层土	黑钙土	草甸黑钙土	草甸黑钙土	深厚层草甸黑钙土	Aa	0—20	浅棕灰色	中黏土	小团粒状	7.9	18.8	1.07	0.41	25.8	90	4.5	111	23.4		E 124°56′25.8″ N 43°46′12.7″	81
						A₁₁	20—32	棕灰色	黏壤土	团粒状	7.9	23.2	1.21	0.48	25.0	106	2.8	78				
						A₁₂	32—120	灰棕色	黏壤土	团块状	7.9	14.1	0.71	0.45	23.8	54	5.3	77				
						C	120—150	灰棕色	黏壤土	团块状	7.7	9.1	0.49	0.44	25.9	44	15.5	78				
剖32	钙层土	黑钙土	石灰性黑钙土	火性黑黄土	厚火性黑黄土	Ah	0—35	浅棕色	黏壤土	小团粒状	7.9	20.5	1.29	0.63	21.4	87	4.0	105			E 124°52′40.8″ N 43°45′06.8″	95
						AhB	35—65	油橙色	砂壤土	团粒状	8.0	13.9	0.84	0.65	19.6	56	1.6	85		黄土状沉积物		
						Bk	65—94	浅棕灰色	砂壤土	块状	8.1	6.8	0.48	0.33	19.4	31	1.1	90				
						C	94—120	浅灰棕色	砂壤土	块状												
剖33				黄土状亚砂土质黑土	破皮黄亚砂土质黑土	Aa	0—12	暗灰色	砂土	粒状												
						A	12—30	棕灰黄色	砂土	粒状												
						B	30—50	棕色	砂土	碎块状												
						BC	50—72	红灰色	砂土	小块状												
						C	72—130	红灰色	砂土	粒状												
							130—150	浅灰棕色														
剖34	半淋溶土	黑土	草甸黑土	草甸土	深厚层草甸黑土	Aa	0—12	暗灰色	重黏土	小团粒状	7.1	33.6	1.39	0.37	23.5	160	3.3	186	24.3		E 125°03′19.4″ N 43°46′36.8″	95
						A₁₁	12—62	暗黑色	重黏土	团粒状	7.2	33.6	1.59	0.41	22.5	146	2.7	158	28.1			
						A₁₂	62—110	灰色	重黏土	团粒状	6.6	22.8	0.96	0.35	24.0	89	4.4	176				
						B	110—135	暗灰棕色	重黏土	团粒状	6.7	13.1	0.66	0.32	23.5	85	5.0	165				
						C	135—150	黄灰棕色	重黏土	团块状	6.7	5.8	0.48	0.38	25.0	49	7.9	174				

续表 Continued

剖面号 Soil profile	土纲 Soil order	土类 Soil great group	亚类 Soil subgroup	土属 Soil genus	土种 Soil species	土层码 Layer code	土层厚度 Depth/cm	颜色 Soil color	质地 Soil texture	土壤结构 Soil structure	pH	有机质 OM/(g/kg)	全氮 TN/(g/kg)	全磷 TP/(g/kg)	全钾 TK/(g/kg)	碱解氮 AN/(mg/kg)	有效磷 AP/(mg/kg)	速效钾 AK/(mg/kg)	阳离子交换量CEC/(cmol/kg)	土壤母质 Parent material	剖面点坐标 Profile coordinate	匹配指数 Matching index/%
剖35	半水成土	草甸土	草甸土	草甸土	深厚层草甸土	1	0–22				8.0	28.6	1.61	0.42	24.1	98	3.1	130	25.9		E 125° 06′ 16.0″ N 43° 43′ 45.9″	75
						2	22–50				7.7	35.8	1.95	0.49	23.1	119	3.6	132	26.8			
						3	50–87				7.4	23.5	1.16	0.43	23.1	61	6.3	133	23.9			
						4	87–116				7.3			0.41	24.0		15.9	137				
						5	116–140				7.3	6.9	0.42	0.37	25.1	30	26.1	150	22.5			
剖36	半淋溶土	黑土	黑土	黄土状亚砂土质黑土	中层亚砂土质黑土	Aa	0–18	浅棕灰色	砂壤土	粒状											E 125° 01′ 59.9″ N 43° 43′ 35.0″	95
						A	18–48	浅灰棕色	轻黏土	小团粒状												
						AB	48–88	黄棕色	轻黏土	小块状												
						B	88–105	黄黄棕色	砂黏土	小块状												
						C	105–150	浅黄棕色	砂壤土	粒块状												
剖37	半淋溶土	黑土	黑土		露黄黑土	A	0–9	浅棕灰色	轻黏土	团粒状	6.5	9.3	0.72	0.19	26.0	69	1.9	76			E 125° 10′ 42.6″ N 43° 43′ 31.8″	95
						B	9–57	黄棕色	中黏土	小块状	6.5	3.2	0.29	0.11	25.0	38	2.4	88				
						C	57–150	棕色	重黏土	块状	6.2	3.6	0.37	0.16	24.2	34	3.3	129				
剖38	半淋溶土	黑土	草甸黑土	草甸黑土	厚层草甸黑土	Aa	0–15	暗棕灰色	中黏土	小团粒状	7.7	20.0	1.08	0.35	24.7	90	2.9	127			E 125° 04′ 01.9″ N 43° 41′ 14.3″	95
						A	15–67	棕灰色	中黏土	小块状	7.4	16.9	0.77	0.38	24.0	161	8.4	124				
						AB	67–85	棕灰黄色	中黏土	小块状	7.3	11.0	0.49	0.25	23.9	43	13.4	131				
						B	85–119	灰棕色	中黏土	小块状	7.2	6.3	0.37	0.37	23.9	39	16.2	131				
						C	119–150	浅灰棕色	重黏土	块状	7.2	5.4	0.32	0.38	24.0	36	8.9	133				
剖39	半水成土	草甸土	草甸土	坡积草甸土	岗淤碱土	A_{11}	0–15	棕灰色	壤质黏土	团块状	7.1	21.2	1.31	0.51	18.8	103	8.9	128		坡积物、冲积物	E 124° 47′ 02.6″ N 43° 38′ 48.1″	95
						A_1	15–40	棕灰色	壤质黏土	弱发育粒状	7.5	24.4	1.34	0.49	19.6	111	4.0	116				
						AB	40–70	灰棕色	壤质黏土	粒状	7.5	13.8	0.69	0.36	18.4	53	2.8	109				
						Bu	70–110	油棕色	壤质黏土	粒状	7.2	6.8	0.43	0.51	19.1	36	11.7	121				
剖40	半淋溶土	黑土	黑土	红黏土质黑土	破皮黄红黏砾底黑土	A	0–12	浅棕灰色	重黏土	小团粒状	7.2	23.6	1.21	0.40	24.6	93	4.1	146			E 125° 10′ 26.5″ N 43° 39′ 05.3″	81
						AB	12–44	暗棕色	重黏土	小块状	6.7	13.7	0.78	0.21	22.7	71	2.3	162				
						B	44–118	浅红棕色	重黏土	小块状	6.7	9.5	0.65	0.28	26.1	81	7.2	190				
						C	118–135	红棕色	重黏土	无明显结构	6.7	4.8	0.31	0.27	27.4	46	15.9	265				
剖41	人为土	水稻土	草甸土型水稻土	草甸土型水稻土	草甸土型水稻土	Aa	0–17	暗黑色	轻壤土	块状	6.4	50.5	2.47	0.34	22.3	222	11.4	112	25.1		E 124° 43′ 20.6″ N 43° 28′ 34.0″	95
						AB	17–55	浅棕灰色	重壤土	块状	6.4	12.9	0.78	0.30	21.4	74	9.2	110	21.6			
						BC	55–87	灰黑色	重黏土	梭块状	6.7	76.8	2.57	0.30	21.4	179	10.4	136	23.0			
						C	87–135	暗灰色	重黏土	梭块状	6.5	33.5	1.33	0.33	23.0	144	9.0	132	21.6			

吉 林 市

市 辖 区

主要土类说明

暗棕壤是吉林市主要土壤类型，占本市地域面积的 48%。暗棕壤发育于温带湿润地区针阔叶混交林下，具有明显的有机质富集和弱酸性淋溶特征，剖面构型为 O-A-B-C。母质多为残积物和坡积物，原生残积物主要为酸性硅铝质，现代残积物主要为花岗岩、流纹岩、片麻岩，故其盐基不饱和，酸性较强。A 层厚 20cm 左右，弱酸性淋溶使铁铝轻微下移。B 层呈棕色，结构面见铁锰胶膜。土壤冻结期长。

草甸土是吉林市第二大土壤类型，占本市地域面积的 18%，分布在河漫滩、一级阶地及山川、岗川低平地，主要见于松花江、牤牛河、通溪河、五里河、石井沟河沿岸。较高的地下水位、氧化还原交替的季节性水分状况和繁茂的草甸植被是形成草甸土的重要条件。草甸土有深厚的暗腐殖质层和整齐明显的小粒状结构。

白浆土是吉林市第三大土壤类型，占本市地域面积的 15%，主要分布在丘陵缓坡和台地。母质多为第四纪黄土状沉积物，少数山地白浆土的母质为各种岩石风化物。白浆土是在温带湿润地区平缓岗地森林草原下发育的土壤，其上轻下黏，具有明显白浆化作用。该土壤上层因周期性滞水，下层顶托，还原铁锰漂洗，部分侧向位移，移出土体，形成灰黄色至灰白色白浆土层（E 层），从而形成其特有的 A-E-B-C 剖面构型。

水稻土占本市地域面积的 12%。水稻土是在种稻周期性淹水条件下，经水耕熟化和氧化还原交替过程形成的非地带性土壤，主要分布在江河两岸的平川及水利灌排条件较好的地区。本市种稻时间短，除耕作层有较明显的网状锈纹外，剖面形态仍保持母土原有的特征。

本区域中心区气候特征

本区域中心区气候特征值
Regional climate characteristics in central area of the region

气候带：中温带亚干旱气候 Climate region: Mid temperate subarid climate	
年平均气温 /℃ Annual average temperature /℃	5.1
年平均最高气温 /℃ Annual average maximum temperature /℃	11.2
年平均最低气温 /℃ Annual average minimum temperature /℃	-0.2
年降水量 /mm Annual precipitation /mm	624
≥10℃的积温 /℃ Daily temperature accumulated in a year（≥10℃）/℃	1802
年日照时数 /h Annual sunshine /h	2468
年平均相对湿度 /% Annual average relative humidity /%	67
干燥度 Dryness	0.50

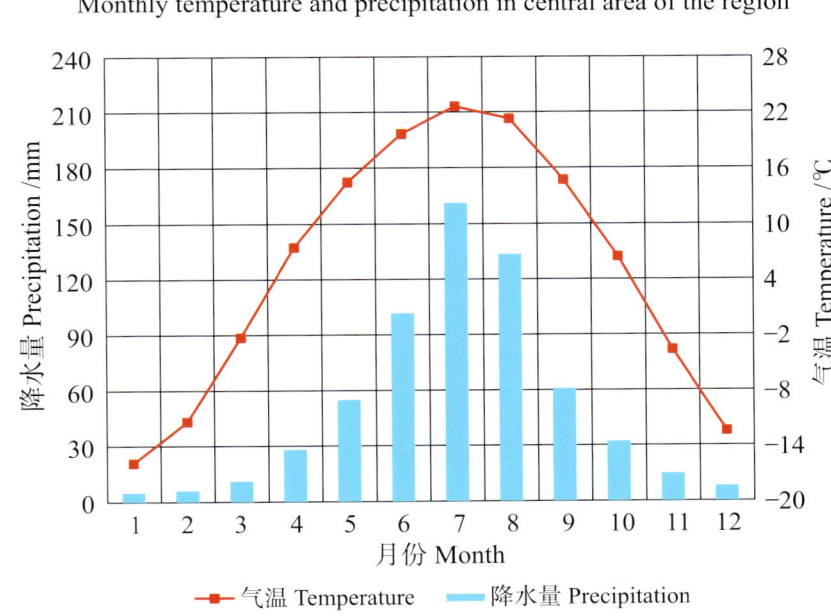

本区域中心区月平均气温与月平均降水量
Monthly temperature and precipitation in central area of the region

吉林市市辖区主要土壤类型与土壤剖面点分布图
1∶250 000

图　例

- 暗棕壤
- 草甸土
- 白浆土
- 水稻土
- ⊗　剖面点

吉林市土壤剖面理化性状表

剖面号 Soil profile	土纲 Soil order	土类 Soil great group	亚类 Soil subgroup	土属 Soil genus	土种 Soil species	土层码 Layer code	土层厚度 Depth/cm	颜色 Soil color	质地 Soil texture	土壤结构 Soil structure	pH	有机质 OM/(g/kg)	全氮 TN/(g/kg)	全磷 TP/(g/kg)	全钾 TK/(g/kg)	碱解氮 AN/(mg/kg)	有效磷 AP/(mg/kg)	速效钾 AK/(mg/kg)	土壤母质 Parent material	剖面点坐标 Profile coordinate	匹配指数 Matching index/%
剖1	人为土	水稻土	冲积土型水稻土	冲积型淹育水稻土	黏河淤田	Aa	0—26	棕灰色	黏壤土	无明显结构	5.8	18.2	0.86	1.18	27.6	97	11.5	97	冲积物	E 126°24′39.6″ N 43°57′30.6″	95
						C_1	26—45	浅黄棕色	砂壤土	弱发育片状	6.2	8.6	0.41	1.18	28.0	57	13.5	120			
						C_2	45—80	浅黄棕色	壤土	无结结构	6.2	8.6	0.41	1.23	26.1	54	16.0	127			
						C_3	80—120	浅黄棕色	粉砂质壤土	粒状	6.2	13.5	0.49	1.44	24.2	66		117			
剖2	半水成土	草甸土	草甸土	山川草甸土	覆泥中层山川草甸土	Aa	0—20	浅灰色	黏壤土		5.9	16.7	1.33	0.18	31.7	153	6.4	33		E 126°28′36.1″ N 43°51′35.3″	97
						Ase	20—35	棕灰色	黏壤土	粒状	5.5	11.6	0.93	0.14	16.9	96	4.0	43			
						A_1	35—62	黑灰色	黏壤土	粒状	5.5	9.1	0.76	0.19	26.9	90	4.9	46			
						Bg	62—	深灰色	黏壤土	无结构	5.5	15.0	1.22	0.07	27.3	103	3.0	49			
剖3	半水成土	草甸土	草甸土	山川草甸土	覆泥薄层山川草甸土	Aa	0—22	灰黄色	黏壤土	小粒状	7.5	18.9	1.17	0.31	25.1	141	4.0	74		E 126°33′38.2″ N 43°57′28.8″	97
						ABg	22—56	暗灰色	黏壤土	小粒状	6.3	9.4	0.51	0.33	21.8	53	5.6	82			
						G	56—	灰黄色	黏壤土	棱块状	6.1	4.2	0.36	0.31	24.8	38	7.9	80			
剖4	半水成土	草甸土	草甸土	山川草甸土	多砂厚层山川草甸土	Ase	0—20	暗黄色	砂壤土	粒状	6.1	22.5	0.72	0.29	16.9	126	41.8	59		E 126°31′19.2″ N 43°54′03.2″	90
						A_1	20—85	灰黑色	砂壤土		5.2	54.5	0.68	0.68	13.8	289	13.8	143			
						Bg	85—120	暗灰色	壤土	粒状	5.6	4.4	0.68	0.30	26.0	60	32.8	83			
							120—		砂土		6.2	3.8	0.72	0.35	30.8	74	11.9	69			
剖5	半水成土	草甸土	草甸土	山川草甸土	覆泥厚层山川草甸土	Aa	0—18	浅棕灰色	黏壤土	粒状	5.7	93.9	3.72	0.32	25.3	342	0.6	62		E 126°36′27.7″ N 43°51′25.2″	92
						Ase	18—55	浅棕灰色	黏壤土	小粒状	5.7	30.8	2.50	0.28	25.4	266	3.9	47			
						AB	55—105	暗棕色	黏壤土	粒状	5.6	32.4	2.21	0.23	25.9	195	8.6	12			
						ABg	105—	灰黄色	黏壤土	粒状	5.6	11.0	1.13	0.13	27.6	7	8.1	27			
剖6	半水成土	草甸土	草甸土	山川草甸土	多砂薄层山川草甸土	Aa	0—15	棕灰色	砾质壤土	块状	6.5	19.8	1.16	0.36	9.2	209	11.7	48		E 126°28′26.8″ N 43°49′00.1″	97
						Ase	15—23	浅棕灰色	砂壤土	块状	6.1	18.4	1.48	0.40	27.4	260	31.2	40			
						A_1	23—52	深棕色	砂壤土	粒状	6.4	17.9	1.20	0.42	27.8	216	3.2	42			
						A_1Bg	52—89	黑灰色	黏壤土	粒状	6.6	20.0	0.51	0.05	28.7	178	3.7	36			
						Bg	89—	棕灰色	壤土	块状	6.9	5.9	0.40	0.42	27.9	83	6.4	35			
剖7	半水成土	草甸土	草甸土	岗川草甸土	覆泥厚层岗川草甸土	Aa	0—15	浅棕色	砾质壤土	粒状	6.7	22.3	0.94	0.34	23.2	142	6.3	47		E 126°25′13.1″ N 43°47′29.0″	91
						Ase	15—60	棕灰色	黏壤土	团块状	6.5	16.7	0.63	0.33	27.5	94	1.8	49			
						A_1	60—82	深棕色	黏壤土	粒状	6.3	12.9	1.00	0.38	20.6	142	11.9	56			
						AB	82—114	黑灰色	黏壤土	粒状	6.1	10.3	0.51	0.46	25.9	150	7.9	136			
						Bg	114—	棕灰色	壤土	粒状	6.3	13.8	0.52	0.39	25.9	90	8.4	71			
剖8	半水成土	暗棕壤	暗棕壤性土	细矿质暗棕壤性土	厚灰石砂	Aa	0—23	黄棕色	多砾黏壤土	粒状	6.2	29.8	1.24	0.36	23.0	186	5.0	56	安山岩风化残积物、坡积物	E 126°26′08.5″ N 43°43′09.8″	91
						AC	23—49	浅黄棕色	砾石土	粒状	6.0	16.0	1.12	0.62	22.1	186	6.0	81			
						C	49—75	棕灰色	砾石土	粒状	6.2	12.2	0.42	0.34	27.5	66	6.0	60			
剖9	淋溶土	白浆土	潜育白浆土	亚表潜白浆土	薄层亚表潜育白浆土	Aa	0—18	灰棕色	黏壤土	无明显结构	5.6	11.9	2.34	0.29	24.2	97	3.3	57		E 126°37′17.4″ N 43°48′55.1″	91
						A_2	18—30	黄棕色	黏壤土	无明显结构	5.5	8.9	0.55	0.36	24.7	15	1.6	55			
						A_2B	30—62	棕灰色	黏壤土	棱块状	5.4	6.2	0.27	0.35	11.3	37	1.6	64			
						Bg	62—	棕灰色	黏土	小粒状	5.4	8.5	0.47	0.26	31.0	45	2.6	51			
剖10	半水成土	草甸土	草甸土	岗川草甸土	覆泥薄层岗川草甸土	Aa	0—41	棕灰色	壤土	粒状	6.2	0.5	1.07	0.53	32.9	141	5.1			E 126°40′23.2″ N 43°47′17.5″	93
						A_1	41—77	浅灰色	黏壤土	小粒状	6.3	0.2	0.10	0.27	33.7	37	7.4	58			
						Bg	77—120	浅灰色	黏壤土	小粒状	6.3	2.3	0.68	0.42	28.3						
						D	120—		砾质砂土		6.4		0.65	0.30	33.4	52	6.9	42			

续表 Continued

剖面号 Soil profile	土纲 Soil order	土类 Soil great group	亚类 Soil subgroup	土属 Soil genus	土种 Soil species	土层码 Layer code	土层厚度 Depth/cm	颜色 Soil color	质地 Soil texture	土壤结构 Soil structure	pH	有机质 OM/(g/kg)	全氮 TN/(g/kg)	全磷 TP/(g/kg)	全钾 TK/(g/kg)	碱解氮 AN/(mg/kg)	有效磷 AP/(mg/kg)	速效钾 AK/(mg/kg)	土壤母质 Parent material	剖面点坐标 Profile coordinate	匹配指数 Matching index/%
剖11	半水成土	草甸土	草甸土	山川草甸土	厚层山川草甸土	Ase	0—36	棕灰色	粉砂质壤土	小粒状	7.2	108.5	0.95	0.40	32.9	134	7.5	59		E 126°40′10.9″ N 43°46′04.8″	95
						A₁	36—77	黑灰色	粉砂质壤土	粒状	6.5	16.4	1.22	0.44	7.3	143	7.5	64			
						Bg	77—110	浅灰色	黏壤土	无明显结构	6.6	9.2	0.57	0.17	34.6	45	3.8	76			
						C	110—	浅灰色	黏壤土	无明显结构	6.2	3.5	0.62	0.23	34.7	82	28.6	137			
剖12	淋溶土	暗棕壤	暗棕壤性土	幼暗砾泥土	灰石砂土	A₁₁	0—23	灰棕色	黏壤土	粒状	6.2	29.8	1.24	0.36	23.0	186	5.0	71	安山岩风化物	E 126°47′54.6″ N 43°47′49.2″	97
						(B)	23—49	浊橙色	重砾黏壤土	块状	6.0	16.0	1.12	0.62	22.1	186	6.0	56			
						C	49—75		黏壤土		6.2	12.2	0.42	0.34	27.5	66	6.0	81			

永 吉 县

主要土类说明

暗棕壤是永吉县主要土壤类型，占本县地域面积的35%。本县暗棕壤主要是在山地陡坡各类岩石风化残积物或坡积物上发育的幼年土壤，主要分布在双河、口前等地。暗棕壤发育于温带湿润地区针阔叶混交林下，具有明显的有机质富集和弱酸性淋溶特征，剖面构型为O-A-B-C。弱酸性淋溶使铁铝轻微下移。B层呈棕色，结构面见铁锰胶膜。土壤呈弱酸性，盐基饱和度为70%—80%。土壤冻结期长。

白浆土是永吉县第二大土壤类型，占本县地域面积的25%，主要分布在本县西部和北部的丘陵缓坡或台地。母质多为第四纪黄土状沉积物，少数山地白浆土的母质为各种岩石风化物。由于白浆土是林下高度淋溶的产物，剖面的土层层次分异大，土壤肥力较低，主要是表层腐殖质含量低，黑土层较薄，土壤潜在酸度大，持水量低，B层又极难透水，因此，白浆土是本县待改良的土壤之一。根据分布地形等因素的不同，本县白浆土分为山地白浆土、台地白浆土、潜育白浆土三个亚类。

草甸土是永吉县第三大土壤类型，占本县地域面积的22%。草甸土是由沉积作用并伴随腐殖质积累过程形成的富含腐殖质的土壤，主要分布在远河、山间、台地间低平地。本县草甸土呈中性至酸性，仅有草甸土一个亚类，本县各地均有分布，根据淤积过程的不同，续分为平川草甸土、岗川草甸土、山川草甸土等土属。

水稻土占本县地域面积的13%。本县种稻时间较短，水稻土剖面形态仍保持母土原有的特征。本县水稻土按母土类型分为草甸土型、白浆土型、冷浆型、冲积土型、黑土型五个亚类，母土分别为草甸土、白浆土、沼泽土、冲积土、黑土。

黑土占本县地域面积的5%，分布在海拔200m左右波状起伏的台地，与白浆土毗邻。本县黑土土壤有机质含量较低，盐基不饱和，土壤颜色较浅，呈微酸性，分为黑土和草甸黑土两个亚类。

本区域中心区气候特征

本区域中心区气候特征值
Regional climate characteristics in central area of the region

气候带：中温带亚干旱气候 Climate region: Mid temperate subarid climate	
年平均气温 /℃ Annual average temperature /℃	5.3
年平均最高气温 /℃ Annual average maximum temperature /℃	11.2
年平均最低气温 /℃ Annual average minimum temperature /℃	0.0
年降水量 /mm Annual precipitation /mm	612
≥10℃的积温 /℃ Daily temperature accumulated in a year（≥10℃）/℃	1862
年日照时数 /h Annual sunshine /h	2508
年平均相对湿度 /% Annual average relative humidity /%	66
干燥度 Dryness	0.53

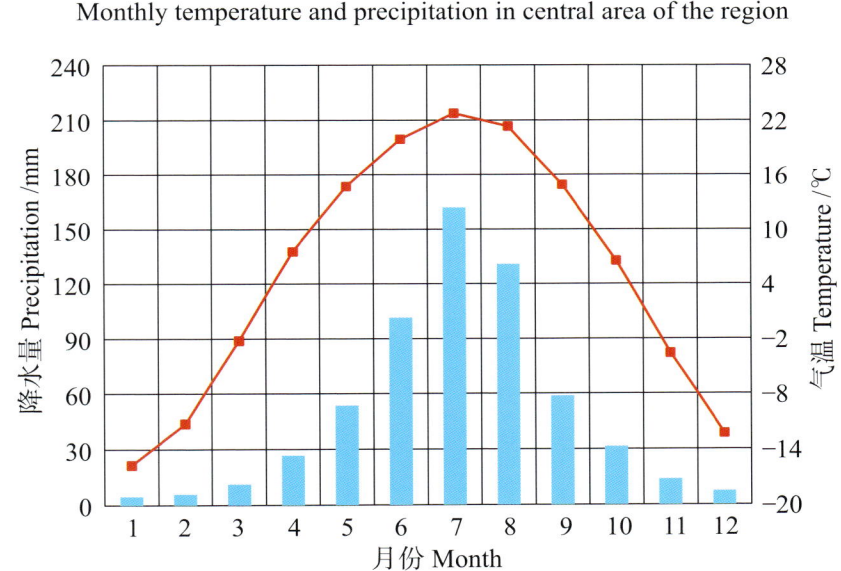

本区域中心区月平均气温与月平均降水量
Monthly temperature and precipitation in central area of the region

永吉县主要土壤类型与土壤剖面点分布图
1:380 000

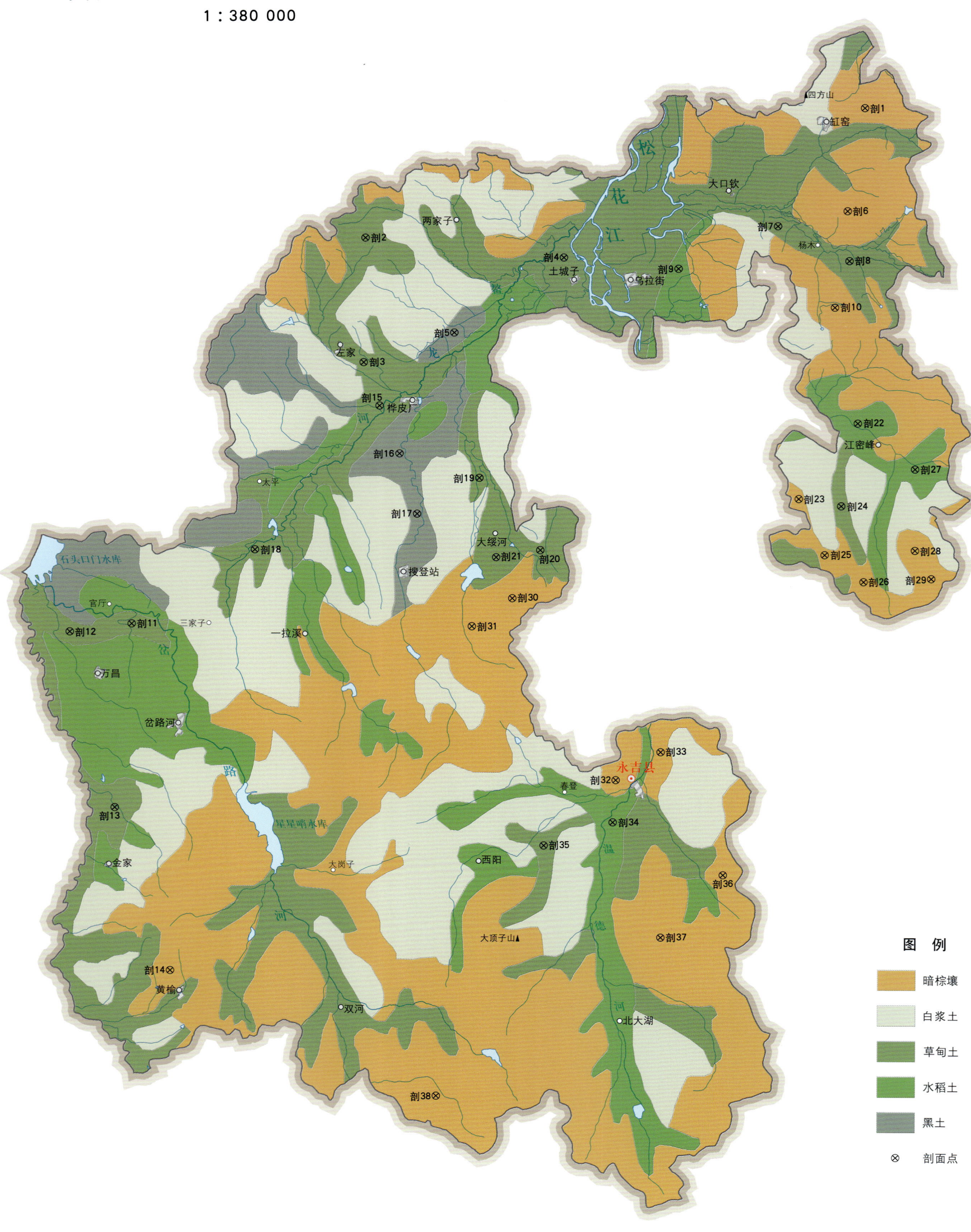

图 例
- 暗棕壤
- 白浆土
- 草甸土
- 水稻土
- 黑土
- ⊗ 剖面点

永吉县土壤剖面理化性状表

剖面号 Soil profile	土纲 Soil order	土类 Soil great group	亚类 Soil subgroup	土属 Soil genus	土种 Soil species	土层码 Layer code	土层厚度 Depth/cm	颜色 Soil color	质地 Soil texture	土壤结构 Soil structure	pH	有机质 OM/(g/kg)	全氮 TN/(g/kg)	全磷 TP/(g/kg)	全钾 TK/(g/kg)	碱解氮 AN/(mg/kg)	有效磷 AP/(mg/kg)	速效钾 AK/(mg/kg)	土壤母质 Parent material	剖面点坐标 Profile coordinate	匹配指数 Matching index/%
剖1	淋溶土	暗棕壤	暗棕壤	中性岩暗棕壤	砂砾石质厚层中性岩暗棕壤	Aa	0—20	浅灰色	壤土	粒状	5.9	21.2	1.70	0.48	27.6	218	7.2	129	安山岩风化物	E 126°43′25.0″ N 44°14′11.0″	94
						A₁	20—53	暗灰色	砾质壤土		6.2		1.10	0.74	26.9		4.0	109			
						AB	53—76	深灰色	砾质黏壤土		6.4			0.17	33.3		13.3	114			
						C	76—120				5.8	1.0	0.50	0.39	28.0	59	18.3	56			
剖2	半水成土	草甸土	草甸土	岗川草甸土	覆泥薄层岗川草甸土	1	0—16		黏壤土											E 126°09′57.2″ N 44°06′57.2″	97
						2	16—42	黄灰色	黏壤土	粒状	6.6	21.4	0.50	0.17	25.2	164	5.9	97			
						3	42—82	黄灰色	黏壤土	粒状	5.8	16.7		0.26	21.8	104	7.2	82			
						4	82—140		黏壤土												
剖3	半水成土	草甸土	草甸土	岗川草甸土	覆泥薄层岗川草甸土	Aa	0—15	黑色	黏壤土	粒状	6.0	37.9	1.60	0.17	26.0	196	12.4	103		E 126°10′08.4″ N 44°00′41.4″	94
						Ase	15—45	灰黄色	黏壤土	无明显结构	6.4	10.1	0.50	0.09	32.4	74	16.5	76			
						Bg	45—60	棕黄色	黏壤土	粒状	6.4	22.7	1.50	0.22	15.9	174	4.7	83			
							60—90	灰色	粉砂质黏土												
剖4	半水成土	草甸土	草甸土	平川草甸土	厚层平川草甸土	A₁	0—19	灰色	粉砂质黏土	粒状	6.4	22.0	1.00	0.31	25.9	167	2.9	57		E 126°23′22.6″ N 44°06′15.8″	89
						Bg	19—56	黑灰色	粉砂质黏土	粒状	6.4	14.2	0.40	0.22	19.7			63			
						C	56—120		黏壤土		6.5	7.4			33.6			62			
							120—			弱发育有粒状											
剖5	半淋溶土	黑土	黑土	黑土	中层黑土	Aa	0—20	浅灰色	黏壤土	团粒结构										E 126°16′09.5″ N 44°02′19.7″	96
						A₁	20—32	黑灰色	黏壤土	团块状											
						AB	32—80	灰黄色	黏壤土	棱块状											
						B	80—	棕黄色	砾质壤土												
剖6	淋溶土	暗棕壤	暗棕壤	中性岩暗棕壤	砂砾质中层中性岩暗棕壤	Aa	0—13	深黑色	壤土	粒状		32.8	2.30	0.48	22.7	270	7.4	63	安山岩风化物	E 126°42′26.3″ N 44°08′59.6″	97
						3	13—29	深黑色	壤质黏土				2.10	0.87	18.3	95	6.0	48			
							29—40		壤质黏土				1.00	0.22	21.0	88	4.2	41			
						C	40—						0.20	0.13	20.4						
剖7	半水成土	草甸土	草甸土	山川草甸土	薄层山川草甸土	Aa	0—18	灰黑色	壤质黏土	粒状	5.9	5.6	2.60	0.87	20.4	379	24.2	137		E 126°37′45.5″ N 44°08′08.9″	91
						Bg	18—47	灰黄色	壤质黏土	粒状	6.8	17.9	1.20	0.65	29.2	222	15.0	113			
						G	47—	棕黄色	黏质壤土			8.4	0.60	0.39	21.8	86	14.1	122			
剖8	半水成土	草甸土	草甸土	山川草甸土	薄层山川草甸土	1	0—27	深黄色	粉砂质黏土											E 126°42′39.2″ N 44°06′28.8″	94
						2	27—54	灰色	黏土	无明显结构		11.2	2.10	0.26	21.0	176	8.0	97			
剖9	人为土	水稻土	白浆土型水稻土	白浆土型淹育水稻土	厚层白浆型水稻土	Aa	0—22	棕灰色	黏土	粒状	6.8	10.0	6.60	0.31	15.4	117	13.0	77		E 126°31′08.0″ N 44°05′52.4″	96
						A₁	22—55	灰白色	砾石土	片状			0.50	0.31	10.4	72	12.0	93			
						A₂	55—66	棕色	黏土	棱块状	6.4	5.1	0.50	0.48	23.2	50	29.0	110			
						B	66—		壤土	粒状	5.9	26.1	1.50	0.39	20.1	209	4.9	72			
剖10	淋溶土	暗棕壤	暗棕壤	中性岩暗棕壤	砂砾质中层中性岩暗棕壤	Aa	0—20	深黑色	壤土	粒状	6.3	10.5	0.80	0.22	21.3	67	20.3	66	安山岩风化物	E 126°41′46.0″ N 44°04′08.0″	93
						A₁A₂	20—48	浅灰色	砾石土	无明显结构		16.1	1.30	0.13	15.9	156	3.5	128			
						BC	48—78	棕灰相间	黏壤土	团块状	6.2	22.4		0.22	23.6	142	5.7	108			
剖11	半水成土	草甸土	草甸土	平川草甸土	中层平川草甸土	Aa	0—20	黄灰色	黏壤土	粒状	6.4	12.0	6.50	0.35	17.3	97	1.6	123		E 125°55′13.1″ N 43°47′07.8″	90
						A₁	20—38	黑灰色	黏壤土	粒状	6.0			0.35	21.7		6.5				
						AB	38—60	黄灰色	黏壤土	无明显结构		4.8									
						Bg	60—	黄色	黏壤土	棱块状	5.8		0.40	0.31	23.1	67	9.6	133			

续表 Continued

剖面号 Soil profile	土纲 Soil order	土类 Soil great group	亚类 Soil subgroup	土属 Soil genus	土种 Soil species	土层码 Layer code	土层厚度/cm Depth/cm	颜色 Soil color	质地 Soil texture	土壤结构 Soil structure	pH	有机质 OM/(g/kg)	全氮 TN/(g/kg)	全磷 TP/(g/kg)	全钾 TK/(g/kg)	碱解氮 AN/(mg/kg)	有效磷 AP/(mg/kg)	速效钾 AK/(mg/kg)	土壤母质 Parent material	剖面点坐标 Profile coordinate	匹配指数 Matching index/%
剖12	半水成土	草甸土	草甸土	平川草甸土	中层平川草甸土	Aa	0—20	黄灰色	黏壤土	团块状	6.2	16.1	1.30	0.22	23.6	156	5.7	128		E 125°51′05.8″ N 43°46′36.8″	93
						A₁	20—38	黑灰色	黏壤土	粒状	6.4	22.4	6.50	0.35	17.3	142	1.6	108			
						AB	38—60	黄灰色	黏壤土	粒状	6.0	12.0	0.40	0.35	21.7	97	6.5	123			
						Bg	60—	黄	黏壤土	棱块状	5.8	4.8	1.40	0.31	23.1	67	9.6	133			
剖13	半水成土	草甸土	草甸土	山川草甸土	覆泥中层山川草甸土	Aa	0—20	暗灰色	黏壤土	粒状	6.7	17.2	1.40	0.31	25.6	183	10.5	120		E 125°54′36.7″ N 43°37′48.4″	91
						Ase	20—55	暗灰色	黏壤土	粒状	6.9	13.6	1.10	0.39		176	28.9	126			
						A₁	55—100	黑	黏壤土	粒状	6.5	39.4	0.30	0.31	27.0	387	49.1	141			
						Bg	100—138	浅黄棕色	黏壤土		6.5	6.5	0.60	0.44		39	24.6	138			
剖14	淋溶土	暗棕壤	酸性岩暗棕壤			A,B	0—76	黄灰色	砂质黏壤土	团块状	6.5	3.7	0.40	0.22	35.5	98	14.5	67	酸性岩风化物	E 125°58′45.5″ N 43°29′39.1″	90
						BC	76—130	灰棕色	黏壤土	棱块状	6.9	1.1	1.30	0.04	23.2	74	12.5	45			
剖15	半水成土	草甸土	平川草甸土	覆泥厚层平川草甸土		Aa	0—15	灰黄色	黏壤土	粒状		25.9	1.50	0.35	19.2		6.2	2		E 126°11′18.2″ N 43°58′32.5″	92
						Ase	15—29	灰黄色	黏壤土	粒状		20.0	0.20	0.57	20.5		4.8	2			
						A₁	29—85	黄黑色	黏壤土	粒状		28.7	1.20	0.35	17.8		9.3	2			
						Bg	85—120	灰黄色	黏壤土	无明显结构		4.0	0.70	0.13	23.2	97	15.6	108			
剖16	半淋溶土	黑土	黑土	破皮黄黑土		Aa	0—19	浅黄灰色	黏壤土	团块状	6.5	10.1	0.70	0.22	23.9	67		113		E 126°12′46.1″ N 43°56′10.0″	97
						AB	19—31	黄灰色	黏壤土	粒状	5.9	6.0	0.70	0.22	29.0	60		134			
						B	31—100	棕色	黏壤土	粒状	5.5	6.0									
剖17	半水成土	黑土	黑土	中层草甸黑土		1	0—20		黏壤土											E 126°14′05.6″ N 43°53′09.2″	91
						2	20—32		黏壤土												
						3	32—60		黏壤土												
						4	60—83		黏壤土												
						5	83—120		黏壤土												
剖18	半水成土	草甸土	岗川草甸土	薄层岗川草甸土		Aa	0—20	黑灰色	黏壤土	粒状	6.9	19.8	1.20	0.39	20.7	160	27.7	157		E 126°03′17.6″ N 43°51′04.7″	98
						Bg	20—51	灰灰色	黏壤土	小粒状	6.5	15.4	0.70	0.35	23.3	92	30.2	142			
						G	51—70	浅灰色	黏壤土	无明显结构	7.0		0.50	0.13	20.2		22.3	109			
剖19	半水成土	草甸土	岗川草甸土	覆泥中层岗川草甸土		Aa	0—20	黑灰色	黏壤土	粒状	6.4	6.9	0.90	0.79	26.6	139	48.7	143		E 126°18′11.2″ N 43°55′03.7″	93
						A₁	20—50	黑色	黏壤土	粒状	5.9	24.8	1.30	0.26	24.8	302	25.0	124			
						Bg	50—110	棕黄色	黏壤土	粒状	6.5	6.0	0.40	0.26	26.4	47	38.5	186			
						G	110—	黄黑色	黏壤土	无明显结构	6.8	4.0	0.30	0.44	16.2	46	25.9	186			
剖20	半水成土	草甸土	岗川草甸土	薄层岗川草甸土		Aa	0—20	浅黄灰色	砂壤土	小粒状	5.7	22.9	2.60	0.10	26.5	14	2.0	72		E 126°22′27.5″ N 43°51′31.3″	95
						A₁	20—30	黄灰色	黏壤土	片状	5.6	49.0	1.44	0.09	21.5	115	1.4	33			
						A,Bg	30—103	棕灰色	黏壤土	小粒状	5.7	18.8	1.54	0.12	21.5	102	1.4	49			
						C	103—125	棕色	黏壤土	小粒状											
剖21	半水成土	草甸土	覆泥厚层岗川草甸土				125—														
剖21	半水成土	草甸土	覆泥厚层岗川草甸土			Aa	0—20	黑灰色	黏壤土	粒状	6.3	8.6	0.90	0.17	23.7	120	5.6	114		E 126°19′30.0″ N 43°51′05.8″	94
						A₁	20—100	灰灰色	黏壤土	粒状	6.0	21.0	1.20	0.65	31.1	184	5.7	131			
						Bg	100—120	浅灰色	黏壤土	粒状	6.0	4.2	0.50	0.65	27.5	77	8.4	137			
剖22	人为土	水稻土	白浆土型水稻土	白浆土型水稻土	中层白浆型水稻土	Aa	0—23	灰白色	粉砂质黏土	无明显结构	6.0	16.8	1.40	0.31	30.1	205	6.0	104		E 126°43′31.8″ N 43°58′21.7″	97
						A₂	23—54	黄黄色	黏土	片状	6.0	6.4	0.90	0.35	16.8	91	10.9	110			
						B	54—120	暗黑色	黏壤土	小粒状	5.8	6.3	0.50	0.52	15.5	93	11.1	144			
剖23	淋溶土	暗棕壤	酸性岩暗棕壤	薄层酸性岩暗棕壤		Aa	0—16	暗黑色	黏壤土	小粒状	6.1	37.9	3.32	0.20	26.7	231	23.1	102	花岗岩风化物	E 126°39′42.5″ N 43°54′28.4″	91
						A,a	16—31	棕色	黏壤土	片状	6.1	28.0	1.76	0.17	24.5	179	1.8	51			
						B	31—51	浅棕灰色	砂壤土	小粒状	6.0	13.5	1.61	0.11	24.5	146	15.6	46			
						BC	51—		砂壤土		5.8	4.9	0.76	0.12	20.0	64	2.1	42			

续表 Continued

剖面号 Soil profile	土纲 Soil order	土类 Soil great group	亚类 Soil subgroup	土属 Soil genus	土种 Soil species	土层码 Layer code	土层厚度 Depth/cm	颜色 Soil color	质地 Soil texture	土壤结构 Soil structure	pH	有机质 OM/(g/kg)	全氮 TN/(g/kg)	全磷 TP/(g/kg)	全钾 TK/(g/kg)	碱解氮 AN/(mg/kg)	有效磷 AP/(mg/kg)	速效钾 AK/(mg/kg)	土壤母质 Parent material	剖面点坐标 Profile coordinate	匹配指数 Matching index/%
剖24	半水成土	草甸土	草甸土	坡洪积草甸土	山泥皮肥鳅土	A₁₁	0—18	浅黄色	黏壤土	粒状	5.7	33.9	1.73	0.32	21.0	202	1.4	62	坡积物	E 126°42′35.3″ N 43°54′10.1″	91
						Ab	18—50	灰棕色	黏壤土	团块状	5.7	30.3	1.50	0.28	20.8	266	4.0	47			
						A₁	50—105	黑棕色	黏壤土	粒状	5.6	32.4	1.61	0.23	21.6	195	4.0	30			
						Bu	105—	浊黄橙色	黏壤土	棱块状	5.6	11.0	1.13	0.12	23.0	170	6.5	27			
剖25	淋溶土	暗棕壤	暗棕壤	酸性岩暗棕壤	砂砾质厚层酸性岩暗棕壤	A	0—18	灰黄色	壤质砂土	粒状	6.1	5.7	0.23	0.50	25.7	57	4.9	33	酸性岩风化物	E 126°41′34.4″ N 43°51′41.4″	96
						A₁	18—87	棕灰黄色	黏壤土	小粒状	5.7	46.0	3.42	0.19	26.7	342	26.2	91			
						BC	87—	深灰黄色	砂黏土												
剖26	淋溶土	暗棕壤	暗棕壤	中性岩暗棕壤	中层中性岩暗棕壤	Aa	0—23	浅灰色	壤土	粒状	6.0	19.0	1.29	0.38	16.9	186	5.0	72	安山岩风化物	E 126°44′13.9″ N 43°50′23.3″	89
						A_AB	23—42	黄灰色	黏壤土	粒状、片状	6.4	12.4	0.63	0.36	27.9	141	2.9	55			
						BC	42—48	浅灰黄色			5.7	6.9	0.93	0.29	30.7	96	2.7	30			
						C	48—	深棕色	重黏土	棱块状	5.4	4.3	0.42	0.23	28.0	52	3.3	5			
剖27	人为土	水稻土	白浆土型水稻土	白浆土型潴育水稻土	中层白浆型水稻土	1	0—23		砾质壤土											E 126°47′28.3″ N 43°56′07.1″	90
						2	23—57		粉质黏土												
						3	57—71														
剖28	淋溶土	暗棕壤	暗棕壤	酸性岩暗棕壤	中层酸性岩暗棕壤	Aa	0—24	浅灰色	多砾黏土	粒状	6.9	22.4	1.76	0.44	12.3	305	8.8	85	花岗岩风化物	E 126°47′37.3″ N 43°52′01.9″	89
						A₂	24—49	黄灰色	多砾黏土	粒状	6.6	5.0	0.41	0.47	27.4	66	4.8	59			
						BC	49—79	棕色	多砾壤土	粒状	5.4	7.1	0.21	0.28	31.9	60	3.5	72			
						G	79—		砂砾土		6.5	6.3	1.29	0.34	13.9	74	9.0	59			
剖29	淋溶土	暗棕壤	暗棕壤	酸性岩暗棕壤	砂砾质酸性岩暗棕壤	Aa	0—8	黑灰色	砾石土	粒状	5.7	19.6	1.69	0.10	27.1	161	7.0	87	花岗岩风化物	E 126°48′46.4″ N 43°50′38.0″	91
						B	8—28		砾石土	粒状	5.5	9.3	1.37	0.16	24.7	109	6.3	62			
剖30	淋溶土	暗棕壤	暗棕壤	酸性岩暗棕壤	厚层酸性岩暗棕壤	Aa	0—30	浅灰色	黏壤土	粒状	5.8	17.5	1.20	0.33	28.7	130	4.1	10	花岗岩风化物	E 126°20′41.3″ N 43°49′03.4″	98
						AC	30—90	灰黄色	黏壤土	粒状	5.3	3.5	0.34	0.16	25.3	58	1.1	54			
						BC	90—	棕褐色	砂质黏壤土	棱块状	5.6	1.6	0.15	0.10	23.1	26	3.6	48			
剖31	淋溶土	暗棕壤	暗棕壤	酸性岩暗棕壤	砂砾质中层酸性岩暗棕壤	Aa	0—22	浅灰黄色	砾质壤土	粒状	6.7	11.8	1.50	0.13	24.1	69	6.0	65	酸性岩风化物	E 126°18′02.2″ N 43°47′35.5″	94
						A_AB	22—32	黄灰色	黏质壤土	棱块状	6.7	6.8	0.90	0.04	23.6	48	4.8	46			
						BC	32—120	棕色	黏壤土	棱块状		4.0	0.50	0.13	19.3	28	4.9	64			
剖32	淋溶土	暗棕壤	暗棕壤	酸性岩暗棕壤	薄层酸性岩暗棕壤	Aa	0—20	灰灰色	壤质黏土	粒状		14.1	0.73	0.29	23.6	111	1.6	30	花岗岩风化物	E 126°28′02.3″ N 43°40′03.7″	95
						B	20—43	灰灰色	黏壤土	棱块状	6.7	5.4	0.59	0.27	21.5	67	2.2	27			
						BC	43—70	棕色	黏壤土	棱块状	6.6	2.5	0.23	0.22	29.9	22	0.6	28			
剖33	淋溶土	暗棕壤	暗棕壤	中性岩暗棕壤	砂砾质薄层中性岩暗棕壤	Aa	0—19	黄灰色	砾质黏土	粒状	6.1	22.7	1.20	0.22	16.6	98	5.9	59	安山岩风化物	E 126°31′00.1″ N 43°41′33.0″	92
						A_AB	19—40	棕色	黏质壤土	棱块状		8.4	0.70	0.13	18.6	39	5.4	54			
						C	40—70	灰黄色	壤质黏土	无明显结构		4.5	0.60	0.13	21.7	26	6.5	56			
剖34	人为土	水稻土	白浆土型水稻土	白浆土型潴育水稻土	薄层白浆型水稻土	Aa	0—12	浅灰色	黏壤土	无明显结构	6.4	11.3	4.20	0.26	19.0	188	3.3	46	花岗岩风化物	E 126°27′56.5″ N 43°37′55.9″	95
						A₂	12—24	浅灰色	黏壤土	棱块状	5.2	2.4	0.70	0.17	24.1	90	9.3	46			
						B	24—32	棕色	粉砂质黏土	棱块状	5.9	1.0	0.50	0.04	23.5		6.1	126			
						BC	32—82	黄棕色	壤质黏土	粒状	6.4	14.3		0.17	28.5	69	3.4	106			
						Ao	0—12	黑灰色	黏质黏土	粒状	6.1	41.0	18.20	0.96	21.0	262	10.1	118			
剖35	半水成土	草甸土	草甸土	山川草甸土	覆泥薄层山川草甸土	Ase₁	12—20	浅灰黄色	砂质黏土	片状		20.5	1.20	1.14	22.8	202	11.7	140		E 126°23′22.6″ N 43°36′40.0″	92
						Ase₂	20—34	浅灰黄色	壤质黏土	片状		69.0	2.70	0.61	24.3	283	12.6	129			
						A₁	34—45	黑色	黏壤土	粒状		14.3	0.80	0.74	17.5	89	7.1	147			
						B	45—63	灰黄色	黏壤土	粒状				0.31	25.1		16.9	102			
						Bg	63—82	灰黄色	砂质黏壤土			12.5	0.50	0.35	25.1	81	4.9	117			

续表 Continued

剖面号 Soil profile	土纲 Soil order	土类 Soil great group	亚类 Soil subgroup	土属 Soil genus	土种 Soil species	土层码 Layer code	土层厚度/cm Depth/cm	颜色 Soil color	质地 Soil texture	土壤结构 Soil structure	pH	有机质 OM/(g/kg)	全氮 TN/(g/kg)	全磷 TP/(g/kg)	全钾 TK/(g/kg)	碱解氮 AN/(mg/kg)	有效磷 AP/(mg/kg)	速效钾 AK/(mg/kg)	土壤母质 Parent material	剖面点坐标 Profile coordinate	匹配指数 Matching index/%
剖36	淋溶土	暗棕壤	暗棕壤	中性岩暗棕壤	厚层中性岩暗棕壤	Aa	0—30	灰棕色	黏壤土	粒状	6.1	29.0	0.60	0.59	41.3	178	3.8	47	安山岩风化物	E 126°35′26.2″ N 43°35′26.5″	90
						A_2a	30—37	暗灰色	黏壤土	粒状	6.4	20.2	1.35	0.47	32.0	141	4.6	41			
						Be	37—47	暗棕色	黏壤土		6.9	15.4	1.12	0.36	11.8	141	2.6	40			
						C	47—				6.5	8.3	0.69	0.38	33.4	74	7.1	40			
剖37	淋溶土	暗棕壤	暗棕壤	酸性岩暗棕壤	砂砾质薄层酸性岩暗棕壤	Aa	0—20	深灰色	砾质壤土	粒状	6.6	32.1	1.40	0.52	20.2	215	8.0	100	酸性岩风化物	E 126°31′25.3″ N 43°32′10.3″	93
						A_2B	20—30	浅灰黄色	砾质砂壤土	粒状	6.4	0.2	0.40	0.22	23.2	151	7.9	67			
						B_1	30—45	浅灰黄色	砾质黏壤土	棱块状				0.79	20.3	97	12.3	56			
						B_2	45—87	黄灰色	黏壤土	棱块状		0.3	0.70	0.22	21.7		12.2	51			
						BC	87—140		壤土	块状											
剖38	淋溶土	暗棕壤	暗棕壤性土	中性岩暗棕壤性土	薄层中性岩暗棕壤性土	A_1	0—10	黑灰色	砾质壤土	粒状		82.2	5.50	0.70	14.2	429	10.4	190	安山岩风化物	E 126°16′49.8″ N 43°23′53.2″	95
						A_2C	10—20	灰色	壤土			8.4	1.00	0.22	23.1	95	6.9	59			
						C	20—														

蛟 河 市

主要土类说明

暗棕壤是蛟河市主要土壤类型，占本市地域面积的69%。暗棕壤发育于温带湿润地区针阔叶混交林下，具有明显的有机质富集和弱酸性淋溶特征，剖面构型为O-A-B-C。母质多为残积物和坡积物，原生残积物主要为酸性硅铝质，现代残积物主要为花岗岩、流纹岩、片麻岩，故其盐基不饱和，酸性较强。土体厚度为50—80cm，地表以下50—100cm深度内无锈斑特征。地表有较厚的枯枝落叶层，其下有厚10—30cm的A层，自然肥力较高，但B层一般不明显，多为粗骨质的岩石风化物。土壤冻结期长。

白浆土是蛟河市第二大土壤类型，占本市地域面积的14%。白浆土母质黏重，透水不良，夏秋雨季降水集中，易造成土层上部土壤过湿，形成滞水层，这也是形成白浆土的重要条件之一。由于白浆土肥力较低，黑土层较薄，土壤潜在酸度大，持水量低，并具有瘠薄的白浆层，因此，白浆土是本市待改良的土壤之一。

新积土是蛟河市第三大土壤类型，占本市地域面积的8%。本市新积土由江河泥沙沉积形成，集中分布在江河两岸的河漫滩及低阶地，是十分重要的农业土壤。其主要特征为：土壤层次多，但发育不明显，通透性良好，漏水漏肥较严重。

水稻土占本市地域面积的4%。水稻土是在种稻周期性淹水条件下，经水耕熟化和氧化还原交替过程形成的非地带性土壤，本市各地均有分布，集中分布在蛟河盆地的新站、拉法、乌林、新农等地和老爷岭以西的平川地带。本市种稻时间较短，除耕作层有明显的网状锈纹外，剖面形态仍保持母土原有的特征。本市水稻土按母土类型分为冲积土型、草甸土型、白浆土型、冷浆型四个亚类。

沼泽土占本市地域面积的4%。沼泽土主要分布在长期积水或季节性积水的低洼地形部位，生长喜湿性植物，剖面上部进行腐殖化和泥炭化过程，下部则进行强烈的潜育化过程。根据成土过程的不同，本市沼泽土分为矿质沼泽土、腐泥沼泽土、泥炭沼泽土三个亚类。

小于本市地域面积3%的土壤类型有草甸土、泥炭土、石质土、石灰（岩）土等。

本区域中心区气候特征

本区域中心区气候特征值
Regional climate characteristics in central area of the region

气候带：中温带亚干旱气候 Climate region: Mid temperate subarid climate	
年平均气温 /℃ Annual average temperature /℃	4.9
年平均最高气温 /℃ Annual average maximum temperature /℃	11.3
年平均最低气温 /℃ Annual average minimum temperature /℃	−0.7
年降水量 /mm Annual precipitation /mm	614
≥10℃的积温 /℃ Daily temperature accumulated in a year (≥10℃) /℃	1807
年日照时数 /h Annual sunshine /h	2408
年平均相对湿度 /% Annual average relative humidity /%	67
干燥度 Dryness	0.50

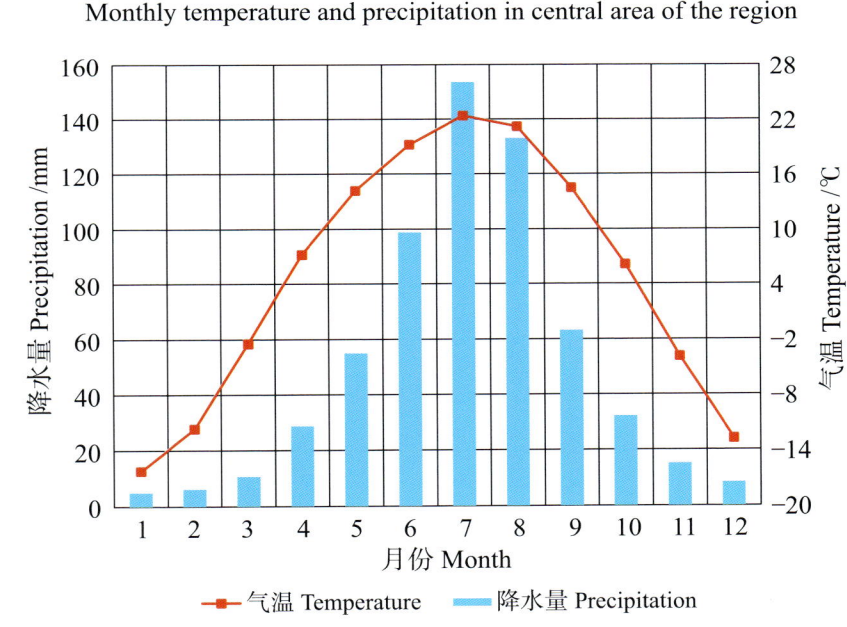

本区域中心区月平均气温与月平均降水量
Monthly temperature and precipitation in central area of the region

蛟河市主要土壤类型与土壤剖面点分布图
1：450 000

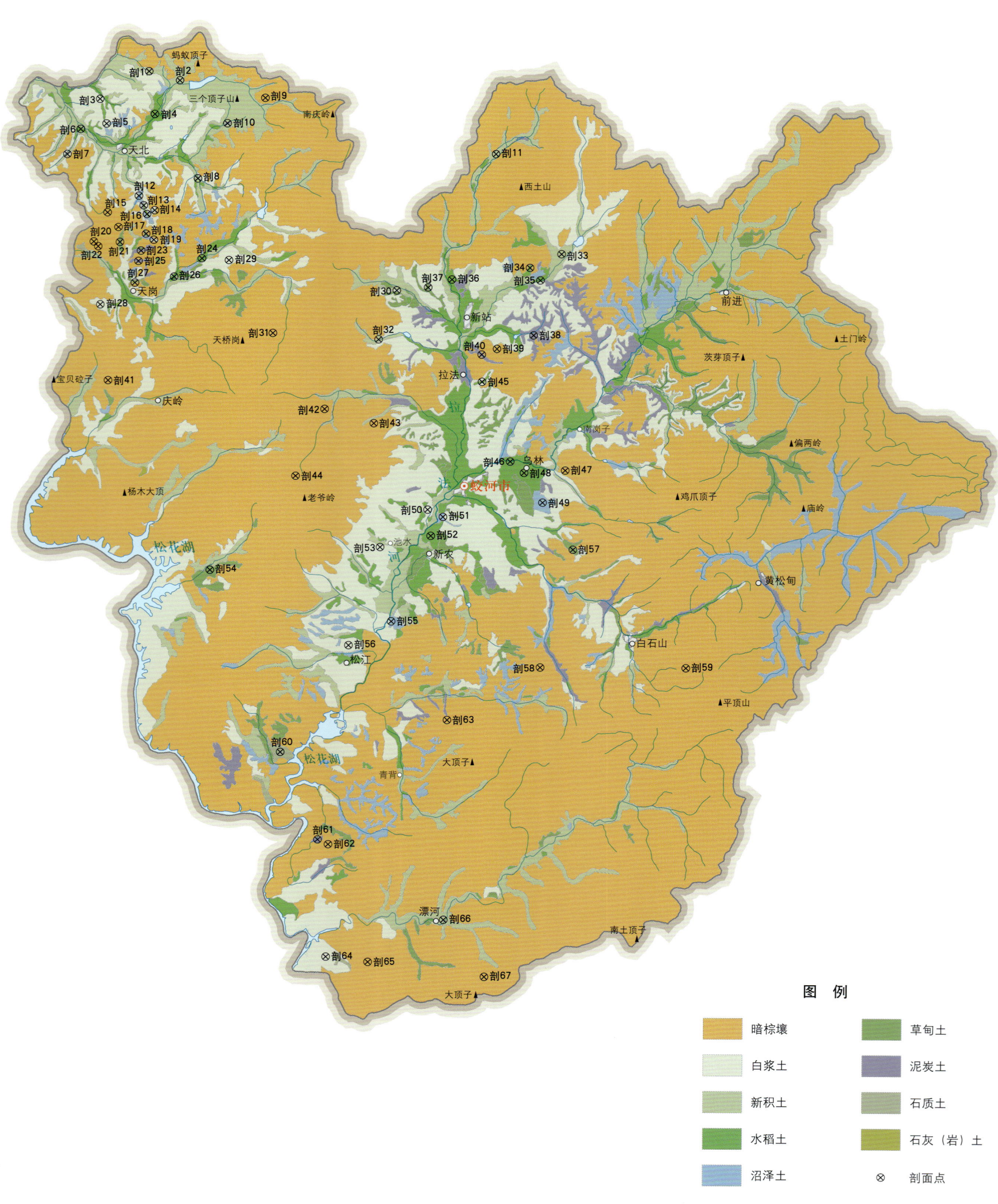

蛟河市土壤剖面理化性状表

剖面号 Soil profile	土纲 Soil order	土类 Soil great group	亚类 Soil subgroup	土属 Soil genus	土种 Soil species	土层码 Layer code	土层厚度 Depth/cm	颜色 Soil color	质地 Soil texture	土壤结构 Soil structure	pH	有机质 OM/(g/kg)	全氮 TN/(g/kg)	全磷 TP/(g/kg)	全钾 TK/(g/kg)	碱解氮 AN/(mg/kg)	有效磷 AP/(mg/kg)	速效钾 AK/(mg/kg)	土壤母质 Parent material	剖面点坐标 Profile coordinate	匹配指数 Matching index/%
剖1	初育土	新积土	冲积土	层状冲积土	砂底砂壤质层状冲积土	Aa	0—20	暗灰色	多砾砂壤土	粒状	5.7	37.0	1.30	1.13	24.3	250	12.7	72	冲积物	E 126°55′08.8″ N 44°06′49.3″	92
						AC₁	20—37	黄灰色	黏壤土	小块状	6.3	13.5	0.66	0.72	28.0	117	7.1	70			
						C₂	37—70	棕灰色	黏壤土	无明显结构	6.4	9.1	0.74	0.66	30.3	86	17.2	72			
						C₃	70—120		壤质砂土		6.5	3.1	0.51	0.82	22.6	30	28.0	18			
剖2	初育土	新积土	冲积土	层状冲积土	夹砂壤质层状冲积土	Aa	0—19	黄灰色	粉砂质壤土	粒状	5.7	15.9	0.83	1.19	34.3	130	9.7	82	冲积物	E 126°57′33.1″ N 44°06′20.2″	92
						C₁	19—47	黄灰色	粉砂质壤土	无明显结构	6.3	6.9	0.93	0.92	25.4	84	23.6	87			
						C₂	47—83	灰黄色	黏壤土	无结构	6.5	1.1	0.47	0.69	30.1	24	30.4	30			
						C₃	83—130	灰棕色	黏壤土	无明显结构	6.4	1.9	0.44	0.74	31.3	17	30.1	53			
						C₄	130—		黏壤土		6.2	3.7	0.41	0.66	27.6	34	32.1	51			
剖3	淋溶土	白浆土	台地白浆土	黄土质台地白浆土	厚层黄土质台地白浆土	Aa	0—39	暗灰色	粉砂质黏土	粒状	6.1	29.3	1.16	1.21	30.3	178	13.7	88	黄土母质	E 126°51′25.6″ N 44°05′09.2″	97
						A₂	39—60	灰白色	壤质黏土	块状	5.9	12.5	1.00	0.92	29.6	133	12.0	83			
						B₁	60—72	黄棕色	黏壤土	棱块状	5.6	6.3	0.51	0.47	30.0	48	8.9	86			
						B₂	72—120	棕色	壤质黏土	棱块状	5.0	5.4	0.78	0.76	20.8	45		105			
剖4	人为土	水稻土	冲积土型水稻土	冲积土型水稻土	砂砾底壤质渗育冲积型水稻土	Aa	0—20	浅灰色	粉砂质壤土	小团块状	5.4	27.3	2.40	0.80	32.2	290	28.5	80	第四纪黄土状黏土沉积物	E 126°55′40.8″ N 44°04′21.7″	97
						C₁	20—33	浅棕灰色	粉砂质壤土	无明显结构	6.4	16.4	0.67	0.91	27.8	123	75.8	73			
						C₂	33—76	浅蓝灰色	黏壤土	无结构	6.8	6.9	0.32	0.71	36.7	61	21.8	76			
						C₃	76—90		黏壤土		6.1	8.4	0.43	0.93	37.4	72	31.2	103			
						5	90—120		砾石土		6.0	8.6	0.53	0.78	38.7	102	37.0	66			
剖5	淋溶土	白浆土		黄土质白浆土	油白浆土	A₁₁	0—20	棕灰色	粉砂质黏土	小团块状	5.0	53.3	2.34	0.67	17.7	226	20.5	213		E 126°51′58.3″ N 44°03′44.6″	97
						A₁	20—31	棕灰色	黏壤土	团块状	5.3	21.6	1.43	0.51	19.4	132	4.3	73			
						E	31—48	浅灰橙色	黏壤土	片状	4.8	8.8	0.87	0.30	19.4	93	2.3	69			
						Bt	48—63	油橙色	粉砂质黏土	大棱块状	4.9	7.5	0.63	0.33	19.6	60	2.8	114			
						BC	63—120	油棕色	壤质黏土	大棱块状	4.0	6.6	0.55	0.41	18.5	41	7.5	172			
剖6	人为土	水稻土	冲积土型水稻土	冲积土型水稻土	壤质潜育冲积型水稻土	Aa	0—12	浅棕灰色	壤质黏土	无明显结构	6.2	42.5	1.39	1.46	32.5	243	9.9	80		E 126°55′59.2″ N 44°03′24.1″	97
						C₁	12—23	棕灰色	黏壤土	无明显结构	6.3	35.5	1.27	1.50	31.7		10.7	83			
						C₂	23—57	棕灰色	壤质黏土	无明显结构	6.8	26.6	0.36	1.54	30.3	183	75.5	116			
						C₃	57—124	暗灰色	粉砂质黏土	无明显结构	6.8	9.5	0.43	0.99	33.9	65	14.9	109			
剖7	初育土	新积土	冲积土	冲积土	壤质冲积土	Aa	0—18	暗灰色	多砾壤土	团粒状	6.1	68.1	3.00	2.70	24.0	483	41.0	102	冲积物	E 126°49′00.4″ N 44°01′56.6″	92
						C₁	18—28	黄灰色	砾石土	小团块状	6.6	12.2	2.03	2.79	22.8	133	100.8	54			
						C₂	28—45	黄灰色	砾石土	小团块状	6.1	28.0	1.32	0.45	32.5	274	109.6	99			
						C₃	45—75	浅棕灰色	砾石土	无结构	6.1	8.2	6.67	1.91	34.4	137	54.2	81			
						C₄	101—120	浅黄棕色	砾石土	无结构	5.4	11.3	0.74	1.85	28.5	124	51.6	95			
剖8	初育土	新积土	冲积土	层状冲积土	夹砂砾质壤质层状冲积土	Aa	0—18	灰色	壤质黏土	粒状	6.0	45.7	2.19	2.01	29.3	345	27.8	106	冲积物	E 126°59′07.8″ N 44°00′43.6″	74
						C₁	18—45	暗灰色	壤质黏土		6.0	46.7		1.90	31.2		11.7	85			
						C₂	45—120	黄灰色	壤质黏土		6.1		1.13	1.19	27.1	224	9.7	89			
剖9	淋溶土	暗棕壤	暗棕壤性土	中性岩暗棕壤性土	砂砾质薄层中性岩暗棕壤性土	AooAo	0—5													安山岩风化物	E 127°04′12.0″ N 44°05′25.8″	94
						A₁	5—10	棕灰色	多砾砂壤土	粒状	5.6	51.4	2.14	0.80	28.5	324	59.9	232			
						A₂C	10—30	黄灰色	多砾砂壤土	块状	5.7	11.2	0.88	0.76	29.4	93	46.9	194			
						C	30—45	黄棕色	多砾砂壤土	块状	5.8	9.7	0.79	0.79	28.5	84	57.7	224			
						D	45—														
剖10	水成土	泥炭土	泥炭土	泥炭土	厚层泥炭土	Aa	0—25				5.3	117.0	16.40	2.84	11.1	1563	0.8	138		E 127°01′18.0″ N 44°03′55.3″	97
						P₂	25—				4.9	288.8	8.60	2.74	18.3	1343	5.4	130			

续表 Continued

剖面号 Soil profile	土纲 Soil order	土类 Soil great group	亚类 Soil subgroup	土属 Soil genus	土种 Soil species	土层码 Layer code	土层厚度 Depth/cm	颜色 Soil color	质地 Soil texture	土壤结构 Soil structure	pH	有机质 OM/(g/kg)	全氮 TN/(g/kg)	全磷 TP/(g/kg)	全钾 TK/(g/kg)	碱解氮 AN/(mg/kg)	有效磷 AP/(mg/kg)	速效钾 AK/(mg/kg)	土壤母质 Parent material	剖面点坐标 Profile coordinate	匹配指数 Matching index/%
剖11	初育土	新积土	冲积土	层状冲积土	砂砾底壤质层状冲积土	Aa	0—17	黑灰色	壤质黏土	粒状	6.5	101.7	3.79	2.18	3.1	599	103.3	159	冲积物	E 127°22′05.1″ N 44°02′28.2″	93
						C_1	17—43	浅灰色	砂质黏土	粒状	5.4	10.5	0.56	1.46	24.7	126	20.2	85			
						C_2	43—63	棕黄色	黏质黏土	无明显结构	5.4	15.0	0.78	1.93	26.1	152	35.8	113			
						C_3	63—95		壤质黏土		5.8	6.5	0.29	1.19	30.2	90	29.2	65			
						C_4	95—120		砾石土		5.8	6.9	0.50	1.05	24.2	83	26.1	71			
剖12	水成土	沼泽土	腐泥沼泽土	腐泥沼泽土	腐泥沼泽土	A_1	0—23	黑灰色		块状										E 126°54′36.7″ N 43°59′39.1″	97
						G_1	23—48	褐灰色	壤质黏土	无结构											
						G_2	48—120	蓝灰色	壤质黏土												
剖13	人为土	水稻土	草甸土型水稻土	草甸土型水稻土	薄层潜育草甸型水稻土	Aa	0—17	棕灰色	黏质黏土	无明显结构	8.5	47.9	0.58	1.90	31.1	301	16.9	101	页岩风化物	E 126°55′00.0″ N 43°59′05.7″	75
						Bg	17—83	棕灰色	黏壤土	团块状	6.6	7.0	0.45	0.75	32.6	75	25.8	66			
						C	83—120	浅灰色	黏壤土	无结构	6.8	4.1	0.61	0.85	31.5	72	35.3	81			
剖14	水成土	沼泽土	腐泥沼泽土	腐泥沼泽土	腐泥沼泽土	1	0—13		砂质黏壤土		6.7	52.5	1.59	2.43	21.2	319	9.3	92	E 126°55′38.7″ N 43°58′45.0″	97
						2	13—93		壤质黏土		6.1	51.3	1.36	2.25	26.2	359	4.8	126			
						3	93—				5.7	9.9	0.39	2.01	11.6	61	9.8	73			
剖15	淋溶土	暗棕壤	暗棕壤	页岩暗棕壤	中层页岩暗棕壤	Aa	0—28	暗棕褐色	黏质黏土	团块状	6.1	61.4	1.97	2.56	1.3	369	75.2	122		E 126°52′14.2″ N 43°58′39.0″	92
						A_2	28—51	黄灰色	黏质黏土	粒状	5.9	12.5	0.69	0.56	19.0	86	28.7	68			
						BC	51—120	棕灰色	黏壤土		6.0	7.8	0.94	0.64	25.8	72	43.4	79			
剖16	人为土	水稻土	白浆土型水稻土	潜育白浆型水稻土	厚层潜育白浆型水稻土	Aa	0—35	黑灰色	砂质黏土	小团块状										E 126°55′16.0″ N 43°58′36.0″	75
						A_2	35—77	灰黄色	黏质黏土	小团块状											
						Bg	77—110	灰黑色	壤质黏土	梭块状											
						Cg	110—	浅蓝灰色	壤质黏土	无结构											
剖17	淋溶土	暗棕壤	暗棕壤	中性岩暗棕壤	薄层中性岩暗棕壤	Ao	0—2	灰棕色	壤质黏土	团块状									中性岩风化物	E 126°53′05.3″ N 43°57′48.2″	74
						A_1	2—10	棕灰色	壤质黏土	小团块状											
						A_1A_2	10—14	黄灰色	壤质黏土	小团块状											
						A_2B	14—49	浅黄灰色	壤质黏土	小棱块状											
						BC	49—80														
剖18	半水成土	草甸土	草甸土	山川草甸土	中层山川草甸土	Aa	0—42	灰黑色	黏土	粒状	5.6	89.1	2.95	3.85	23.7	185	13.5	200		E 126°55′14.2″ N 43°57′27.7″	97
						B	42—79	棕灰色	黏土	团块状	5.6	48.5	2.05	3.90	22.5	314	29.9	239			
						3	79—		壤土		6.0	15.2	1.28	1.68	26.2	62	31.0	113			
剖19	淋溶土	白浆土	台地白浆土	黄土质台地白浆土	中层黄土质台地白浆型水稻土	Aa	0—22	黑灰色	壤质黏土	粒状	5.6	81.4	2.74	2.64	25.9	434	82.7	95	黄土母质	E 126°55′50.9″ N 43°57′06.8″	97
						A_2	22—48	灰白色	壤土	块状	5.8	10.2	0.61	0.60	32.3	87	11.3	58			
						B	48—120	褐色	重黏土	棱块状	5.4	5.0	0.93	0.55	34.1	39	12.3	95			
剖20	淋溶土	暗棕壤	暗棕壤性土	中性岩暗棕壤性土	中层中性岩暗棕壤性土	Aa	0—21	浅蓝灰色	黏质黏土	粒状	5.7	73.7	2.78	0.44	28.1	428	26.1	132	安山岩风化物	E 126°51′13.3″ N 43°56′56.0″	74
						A_2	21—32	灰灰色	壤质黏土	弱发育片状	5.7	22.3	0.87	0.65	19.2	216	18.4	109			
						C	32—		壤质黏土		5.8	11.7	0.67	0.37	21.0	112	14.5	101			
剖21	半水成土	草甸土	草甸土	山川草甸土	厚层山川草甸土	A_1	0—15	黑灰色	粉砂质黏土	粒状	5.0	82.0	2.19	0.95	28.2	384	26.4	101		E 126°53′13.9″ N 43°56′56.0″	97
						A_1	15—50	锈灰色	壤质黏土	粒状	4.8	69.1	1.91	0.84	30.1	30	14.2	104			
						Bg	50—120	灰灰色	壤质黏土	团块状	5.1	8.8	0.91	0.45	33.4		8.8	119			
剖22	淋溶土	暗棕壤	暗棕壤	中性岩暗棕壤	薄层中性岩暗棕壤	1	0—2												中性岩风化物	E 126°51′34.9″ N 43°56′39.5″	74
						2	2—10	黑灰色	壤质黏土	粒状	6.2	41.0	1.33	2.83	16.3	1688	80.7	376			
						3	10—14		壤质黏土	团块状	5.5	112.7	5.01	2.88	30.1	721	24.3	183			
						4	14—49		壤质黏土	团块状	5.9	50.8	2.08	0.99	27.9	335	12.8	149			
						5	49—80		砾石土												
剖23	水成土	泥炭土	埋藏泥炭土	深位埋藏泥炭土	深位厚层埋藏泥炭土	Aa	0—18	暗灰色	壤质黏土	粒状	4.9	108.2	3.98	2.03	30.6	613	51.7	93		E 126°54′53.6″ N 43°56′28.1″	75
						B	18—63	浅灰灰色	壤质黏土	团块状	4.6	119.8	4.12	1.49	19.1	626	11.0	123			
						P	63—120		粉砂质黏土		5.0	181.3	4.34	2.08	23.7	530	13.0	258			

续表 Continued

剖面号 Soil profile	土纲 Soil order	土类 Soil great group	亚类 Soil subgroup	土属 Soil genus	土种 Soil species	土层码 Layer code	土层厚度 Depth/cm	颜色 Soil color	质地 Soil texture	土壤结构 Soil structure	pH	有机质 OM/(g/kg)	全氮 TN/(g/kg)	全磷 TP/(g/kg)	全钾 TK/(g/kg)	碱解氮 AN/(mg/kg)	有效磷 AP/(mg/kg)	速效钾 AK/(mg/kg)	土壤母质 Parent material	剖面点坐标 Profile coordinate	匹配指数 Matching index/%
剖24	人为土	水稻土	冲积土型水稻土	冲积土型水稻土	砂砾底砂壤质渗育冲积型水稻土	Aa	0–15	暗灰色	砂壤土		5.0	19.7	0.82	1.58	14.8	130	19.3	68		E 126°59′35.5″ N 43°56′07.1″	97
						C₁	15–24	棕灰色	砂土												
						C₂	24–75	灰棕色													
						C₃	75–150	浅棕色				4.9	0.21	1.87	31.5	49	41.8	15			
剖25	水成土	泥炭土	埋藏泥炭土	浅位埋藏泥炭土	浅位厚层埋藏泥炭土	Aa	0–20	灰色	砂质黏壤土	粒状	6.3	150.1	2.07	1.49	27.2	108	7.0	80		E 126°54′42.7″ N 43°55′52.3″	75
						P₁	20–40			无结构	4.7	252.2	3.20	2.21	25.4	46	6.1	126			
						P₂	40–120			无结构	6.5	329.4	7.78	2.30	10.6	128	11.9	151			
剖26	人为土	水稻土	冲积土型水稻土	冲积土型水稻土	砂底埋壤育冲积型水稻土	Aa	0–15	浅棕灰色	壤土	无结构										E 126°57′29.5″ N 43°55′00.5″	97
						C₁	15–28	棕灰色	壤土												
						C₂	28–48	棕灰色	砂壤土												
						C₃	48–120														
剖27	初育土	石灰（岩）土	黑色石灰岩土	黑色石灰岩土	黑色石灰岩土	A₁	0–19	灰黑色	多砾黏壤土	团块状	7.2	184.5	3.40	2.17	21.7	856	37.1	124	石灰岩风化物	E 126°54′29.2″ N 43°54′36.0″	74
						A₁B	19–57	浅灰褐色	黏壤土	团块状		30.9		1.99	18.5	236	26.1	103			
						D	57–														
剖28	淋溶土	白浆土	山地白浆土	酸性岩山地白浆土	中层酸性岩山地白浆土	Aa	0–20	灰色		弱发育片状	5.7	47.5	1.76	1.00	25.2	351	17.1	88	酸性岩风化物	E 126°51′52.6″ N 43°53′17.9″	97
						A₁	20–40	浅黄灰色	壤质黏壤土	小团块状	5.8	12.4	0.66	0.44	17.7	102	6.3	59			
						BC	40–	灰黄色	壤质黏壤土	棱块状	5.8	8.8	0.83	0.31	23.8	79	8.3	65			
剖29	淋溶土	白浆土	台地白浆土	黄土质台地白浆土	薄层黄土质台地白浆土	Aa	0–16	浅黄灰色	粉砂黏壤土	块状	5.6	35.4	1.61	1.50	33.7	245	70.4	135	黄土母质	E 127°01′41.2″ N 43°56′02.8″	98
						A₂	16–22	浅灰白色	粉砂黏壤土	棱块状	5.2	6.0	0.71	0.73	35.3	62	13.3	116			
						B	22–120	灰色	壤质黏土	棱块状	5.1	6.0	0.57	0.69	34.4	58	7.5	114			
剖30	淋溶土	白浆土	潜育白浆土	中层潜育白浆土	中层潜育白浆土	Aa	0–21	棕灰色	壤质黏土	粒状	5.9	34.2	1.53	1.03	29.4	275	20.2	121		E 127°14′39.8″ N 43°54′30.2″	97
						A₁A₂	21–28	灰黄色	粉砂质黏土	团块状		27.8	1.61	1.02	24.3	177	12.9	109			
						A₂Bg	28–72	灰棕色	粉砂质黏土	块状	5.5	7.1	0.78	0.71	26.8	77	18.8	132			
						Bg	72–120	锈灰色	黏土	棱块状	5.5	4.3	0.70	0.50	17.6	70	21.8	113			
剖31	暗棕壤	暗棕壤	暗棕壤性土	酸性岩暗棕壤性土	薄层酸性岩暗棕壤性土	Aoo	0–3	黑棕色											花岗岩风化物	E 127°05′13.2″ N 43°51′53.6″	92
						A₂	3–18	棕黄色	多砾黏壤土	粒状	6.8	73.2	0.65	2.32	17.5	463		166			
						C₁	18–35	灰棕色	壤质黏土	小团块状	6.4	7.5	1.08	1.10	17.3	114	51.6	105			
						C₂	35–80	黄色	黏壤土	块状											
						D	80–	棕灰色	壤质黏土	弱发育粒状											
剖32	初育土	新积土	冲积土	层状冲积土	砂砾底砂壤质层状冲积土	Aa	0–20	灰色	壤质黏土	无明显结构	5.4	27.6	1.19	1.51	12.4	238	5.5	97	冲积物	E 127°13′21.6″ N 43°51′38.9″	92
						C₁	20–70	黄棕色	砂土	无明显结构	6.6	4.4	0.29	0.67	32.2	57	15.1	34			
						C₂	70–120	棕黄色	黏壤土	无结构	6.4	8.7	0.33	0.78	23.3	52	15.9	81			
剖33	初育土	新积土	冲积土	层状冲积土	砾石底壤质层状冲积土	Aa	0–13	棕灰色	黏质黏壤土	弱发育粒状									冲积物	E 127°27′16.9″ N 43°56′46.7″	92
						C₁	13–53														
						C₂	53–88														
						C₃	88–100														
剖34	人为土	水稻土	冲积土型水稻土	冲积土型水稻土	夹砂壤质渗育冲积型水稻土	Aa	0–19	棕灰色	壤质黏土	无明显结构	5.3	32.1	1.29	0.75	36.8	179	2.9	51		E 127°24′53.3″ N 43°55′57.4″	97
						C₁	19–55	黄棕色	砂土	无明显结构	5.6	42.9	1.97	2.16	21.7	270	18.1	80			
						C₂	55–120	棕灰色	黏质黏土	无结构	6.1	5.8	0.72	0.71	33.8	51	19.8	39			
剖35	人为土	水稻土	草甸土型水稻土	草甸土型水稻土	厚层潜育草甸型水稻土	A₁	0–18	浅灰色	黏壤土	无结构										E 127°25′42.2″ N 43°55′14.2″	95
						Bg	18–63	蓝灰色	黏质黏土	无结构	6.1	5.8	0.72	0.71	33.8	51	19.8	39			
						C	63–87														
							87–120														

续表 Continued

剖面号 Soil profile	土纲 Soil order	土类 Soil great group	亚类 Soil subgroup	土属 Soil genus	土种 Soil species	土层码 Layer code	土层厚度 Depth/cm	颜色 Soil color	质地 Soil texture	土壤结构 Soil structure	pH	有机质 OM/(g/kg)	全氮 TN/(g/kg)	全磷 TP/(g/kg)	全钾 TK/(g/kg)	碱解氮 AN/(mg/kg)	有效磷 AP/(mg/kg)	速效钾 AK/(mg/kg)	土壤母质 Parent material	剖面点坐标 Profile coordinate	匹配指数 Matching index/%
剖36	人为土	水稻土	冲积土型水稻土	冲积土型水稻土	夹砂砂壤质渗育冲积型水稻土	Aa	0—16	棕褐色	壤质砂土		5.3	170.1	4.05	2.93	25.6	132	3.9	81		E 127°18′54.0″ N 43°55′11.3″	97
						C₁	16—30	黄棕色	砾石土		5.6	128.5	3.26	3.02	28.0	631	3.0	84			
						C₂	30—57		粉砂质壤土	无明显结构	5.6	14.8	0.45	2.12	31.8	72	13.2	46			
						C₃	57—82	暗灰色	多砾砂土	粒状	5.3	50.2	1.67	2.71	12.4	267	6.0	120			
						C₄	82—104	浅灰黄色			6.6	29.7	0.99	3.90	28.5	139	12.9	66			
						C₅	104—														
剖37	半水成土	草甸土	草甸土	岗川草甸土	淤泥薄层岗川草甸土	Aoo	0—10	浅灰色	壤质黏土	粒状	6.3	29.5	1.17	1.11	35.3	155	174.2	201		E 127°17′04.9″ N 43°54′42.8″	97
						A₁	10—18	黄黑色	砾质黏土	团粒状	6.4	26.5	1.45	1.42	25.3	198	27.5	86			
						Bg	18—30	黑灰色	黏质壤土	块状	5.6	4.7	0.57	0.46	19.1	42	3.3	60			
						C	30—53	浅棕灰色	砂土	无结构											
剖38	水成土	泥炭土	泥炭土	泥炭土	泥炭土	P₁	0—15	灰褐色	粉砂土		4.9	367.5	9.02	3.54	20.9	1612	5.8	152		E 127°25′16.6″ N 43°52′04.0″	97
						P₂	15—25	褐色			5.1	263.6	8.69	6.92	20.3	1169	10.2	175			
						P₃	25—72	黑褐色			5.3	333.6	2.81	3.00	15.8	1475	1.3	132			
						Se	72—		砾石土												
剖39	淋溶土	暗棕壤	暗棕壤	片岩暗棕壤	厚层片岩暗棕壤	Aa	0—17	棕灰色	壤土	团块状	5.6	186.9	6.04	1.97	18.1	867	0.7	79	片岩风化物	E 127°22′28.9″ N 43°51′15.1″	93
						A₁A₂B	17—50	黄灰色	黏质黏土	小梭块状	5.0	737.3	16.53	3.18	15.9	1657	5.7	121			
						A₂B	50—75	灰黄色	黏壤土												
						BC	75—120	灰灰色													
剖40	水成土	泥炭土	泥炭土	泥炭土	深厚层泥炭土	P₁	0—53	黑灰色	壤土	粒状	5.7	59.2	2.59	1.84	26.7	391	47.2	142		E 127°21′18.4″ N 43°50′54.6″	97
						P₂	53—120	棕灰色	团块状													
剖41	淋溶土	暗棕壤	酸性岩暗棕壤性土	酸性岩暗棕壤性土	酸性岩暗棕壤性土	Aa	0—18	暗灰色	壤质黏土	团块状	6.3	62.7	2.78	2.58	29.7	375	27.0	101	花岗岩风化物	E 126°52′38.3″ N 43°48′56.2″	74
						A₁A₂B	18—23	浅灰黄色	多砾黏壤土	梭块状	6.5	19.7	1.26	1.46	16.7	165	18.0	89			
						A₂B	32—47	灰黄色	多砾质壤土												
						C	47—														
剖42	淋溶土	暗棕壤	暗棕壤	酸性岩暗棕壤	砂砾质中层酸性岩暗棕壤	Aa	0—25	黑灰色	壤质黏土	粒状	5.7	72.0	3.04	2.33	28.0	391	47.2	142	花岗岩风化物	E 127°09′19.4″ N 43°47′35.5″	95
						A₁	25—38	暗棕灰色	多砾质黏土	粒状	6.3	62.7	2.78	2.58	29.7	375	27.0	101			
						A₂B	38—59	浅灰黄色	多砾质黏壤土	小梭块状	6.5	19.7	1.26	1.46	16.7	165	18.0	89			
						C	59—120														
剖43	淋溶土	暗棕壤	暗棕壤	酸性岩暗棕壤	厚层酸性岩暗棕壤	Aa	0—24	棕灰色	壤质黏土	团块状	5.4	86.3	3.27	4.24	21.1	622	30.3	99	酸性岩风化物	E 127°13′08.8″ N 43°46′50.5″	85
						A₁	24—47	深黄棕色	砾质黏土	团块状	5.6	10.3	0.84	0.75	25.5	144	18.4	72			
						A₂B	47—80	深黄棕色	多砾质黏土	梭块状	6.1	4.2	0.58	0.70	16.2	34	20.5	64			
						BC	80—120														
剖44	淋溶土	暗棕壤	暗棕壤	页岩暗棕壤性土	薄层页岩暗棕壤性土	Aa	0—15	黑灰色	粉砂质黏土	粒状	5.6	71.7	2.55	1.83	20.1	496	9.1	95	页岩风化物	E 127°07′13.8″ N 43°43′40.8″	92
						A₂B	15—37	浅灰灰色	粉砂质黏土	粒状	5.6	26.2	1.21	0.84	30.2	193	8.6	66			
						C	37—120														
剖45	人为土	水稻土	冲积土型水稻土	冲积土型水稻土	夹砂砾质渗育冲积型水稻土	Aa	0—20	浅灰棕色	粉砂质黏壤土	粒状	5.9	9.1	0.76	1.63	11.7	116	19.9	65		E 127°21′22.7″ N 43°49′20.6″	97
						C₁	20—35	黄棕色	壤质黏土		6.6	8.5	0.39	1.24	33.9	79	19.5	93			
						C₂	35—78	灰棕色	壤质砂土		6.2	2.9	0.26	1.06	31.0	341	22.7	40			
						C₃	78—87		壤质砂土		6.9	4.2	0.27	0.88	28.0	57	18.6	46			
						C₄	87—120		砂壤土	无明显结构	6.9	4.4	0.20	0.59	29.3	37	38.5	62			
剖46	人为土	水稻土	冲积土型水稻土	冲积土型水稻土	砂壤质潜育冲积型水稻土	Aa	0—20	浅灰色	砂壤土		5.9	23.4	0.32	2.12	33.4	191	6.9	79		E 127°23′41.0″ N 43°44′47.0″	95
						C₁	20—80	黄灰色	壤质黏土	无明显结构	6.3	34.4	1.13	1.57	32.3	240	5.5	71			
						C₂	80—120	黄棕色	壤质黏土	无明显结构	6.1	16.8	0.65	1.52	32.5	117	8.1	91			

续表 Continued

剖面号 Soil profile	土纲 Soil order	土类 Soil great group	亚类 Soil subgroup	土属 Soil genus	土种 Soil species	土层码 Layer code	土层厚度 Depth/cm	颜色 Soil color	质地 Soil texture	土壤结构 Soil structure	pH	有机质 OM/(g/kg)	全氮 TN/(g/kg)	全磷 TP/(g/kg)	全钾 TK/(g/kg)	碱解氮 AN/(mg/kg)	有效磷 AP/(mg/kg)	速效钾 AK/(mg/kg)	土壤母质 Parent material	剖面点坐标 Profile coordinate	匹配指数 Matching index/%
剖47	淋溶土	暗棕壤	暗棕壤性土	砾砂质暗棕壤性土	厚马牙砂	A₁₁	0—21	浊黄橙色	多砾砂壤土	小团块状	6.9	34.9	2.36	0.75	18.3	190	5.3	109	花岗岩风化残积物	E 127°27′55.4″ N 43°44′19.3″	81
						AC	21—48	浊黄橙色	多砾砂壤土	小团块状	7.1	8.8	0.64	0.44	19.4	61	17.6	61			
						C	48—120	浊黄橙色	砾石土	无明显结构	5.2										
剖48	人为土	水稻土	白浆土型水稻土	潜育白浆型水稻土	薄层潜育白浆型水稻土	Aa	0—10	棕灰色	粉砂质壤土	无明显结构	5.7	48.4	1.17	1.34	23.5	390	28.5	96		E 127°24′46.4″ N 43°44′08.2″	95
						A₂B	10—40	浅灰色	壤质黏土	小棱块状	5.7	9.4	1.07	0.49	19.6	82	11.1	67			
						B	40—56	棕灰色	壤质黏土	小块状	5.6	8.6		0.65	18.4	96	12.1	70			
						Cg	56—120	灰色	壤质黏土	粒状	5.4	103.9	3.65	2.01	27.1	496	45.1	47			
剖49	水成土	沼泽土	泥炭沼泽土	泥炭沼泽土	泥炭沼泽土	Aa	0—15	黑灰色	壤质黏土	粒状	4.8	695.4	17.69	2.45	13.0	1664	3.8	141		E 127°26′13.9″ N 43°42′25.9″	98
						P₁	15—22	黑灰色	黏质壤土	无结构	4.6	368.2	9.37	3.23	21.2	1032	5.3	120			
						P₂	22—49	蓝灰色	壤质黏土	粒状	4.8	25.4	1.09	0.54	16.6	97	7.4	83			
						G	49—120	棕灰色	砂砾黏土	无结构	6.2	44.8	2.05	2.01	27.4	332	15.6	75			
剖50	淋溶土	白浆土	山地白浆土	酸性岩山地白浆土	薄层酸性岩山地白浆土	Aa	0—19	灰白色	砂质黏土	小团块状	5.9	17.8	0.60	1.18	32.6	140	16.7	65	花岗岩风化物	E 127°17′26.9″ N 43°41′53.9″	95
						A₂	19—68	黄棕色	黏土	棱块状	5.2	3.6	0.77	0.90	8.9	59	5.5	120			
						B	68—98	棕灰色	黏土	棱块状	5.8	1.7	0.70	5.37	29.9	24	7.0	93			
						C	98—120	灰色	壤质黏土	无结构	5.5	150.7	6.93	1.44	17.7	321	11.9	186			
剖51	水成土	沼泽土	泥炭沼泽土	非石灰性泥炭沼泽土	草筏泡子土	He	0—23	黑棕色	黏土	无结构	4.2	115.3	6.48	1.03	18.5	356	11.5	223	冲积物	E 127°18′37.8″ N 43°41′29.4″	95
						Ha	23—36	黑棕色	砂质黏壤土	块状	4.4	16.4	0.82	0.40	27.8	82	8.1	100			
						G₁	36—55	浊黄橙色	砂质黏壤土	无结构	4.5	6.9	0.54	0.17	29.9	44	5.5	77			
						G₂	55—72	浅灰色	壤质黏土	无结构	4.4	5.2	0.55	0.20	29.2	38	7.0	81			
						G₃	72—90	棕灰色	壤质黏土	无结构	4.5	4.8	0.55		28.6	42		66			
						G₄	90—120	灰灰色	黏质黏土	无明显结构	6.0	62.1	2.39	1.72	16.9	308	17.6	108			
剖52	人为土	水稻土	白浆土型水稻土	潜育白浆型水稻土	中层潜育白浆型水稻土	Aa	0—25	浅灰色	多砾质黏壤土	块状	6.1	8.0	1.12	0.60	23.4	142	22.2	101		E 127°17′43.8″ N 43°40′23.5″	95
						A₂B	25—90	棕灰色	黏质壤土	棱块状	5.9				12.4	77					
						Bg	90—		粉砂质黏壤土	粒状											
剖53	淋溶土	白浆土	平地白浆土	黄土质平地白浆土	中层黄土质平地白浆土	Aa	0—22	浅灰黄色	粉砂质黏壤土	团块状	5.2	75.7	2.92	3.35	31.7	558	79.0	147	黄土母质	E 127°13′51.6″ N 43°39′40.3″	97
						A₂	22—57	灰棕色	粉砂质黏壤土	小棱块状	5.4	41.2	1.83	3.15	29.0	342	18.3	106			
						B	57—100	灰黄色	壤质黏土	小块状	5.6	22.7	1.30	1.50	35.2	134	44.1	99			
						BC	100—120		壤质黏土	小块状	6.1	17.0	0.63	0.87	25.7	131	17.8	134			
剖54	半水成土	草甸土	草甸土	山川草甸土	淀泥中层山川草甸土	Ase	0—15	暗棕色	壤质黏土	块状	5.9	5.0	0.69	0.56	21.7	58	32.3	107		E 127°00′52.2″ N 43°38′07.4″	95
						A₁	15—32	锈棕色	壤质黏土	无结构	5.9	4.3	0.81	0.62	13.8	67	21.0	121			
						Bg	32—120	灰黄色	黏土		6.0	6.9	0.81	1.04	28.4	42	5.6	129			
剖55	水成土	沼泽土	矿质沼泽土	矿质沼泽土	矿质沼泽土	Aa	0—5	棕灰色	黏壤土											E 127°14′51.4″ N 43°35′24.0″	97
						Ag	5—25		黏壤土												
						Bg	25—50		黏壤土												
						G	50—														
剖56	淋溶土	白浆土	平地白浆土	黄土质平地白浆土	中层黄土质平地白浆土	1	0—22		粉砂黏壤土	棱块状	5.4	69.0	2.18	2.41	34.2	384	165.7	101	黄土母质	E 127°11′38.4″ N 43°33′58.3″	97
						2	22—57	灰棕色	粉砂黏壤土	棱块状	5.2	8.8	0.64	0.73	35.2	130	22.8	64			
						3	57—100	浅灰黄色	黏质黏土	无结构	5.1	5.4	0.52	0.74	24.0	42	42.2	92			
剖57	半水成土	草甸土	岗川草甸土	岗川草甸土	淀淤中层岗川草甸土	Aa (Ase)	0—13	浅灰色	壤质黏土	粒状	5.4	71.4	7.81	2.27	21.6	448	35.0	121		E 127°28′38.6″ N 43°39′45.7″	99
						A₁	13—38	浅灰黄色	粉砂黏土	团块状	5.6	96.4	2.63	3.27	24.6	614	23.6	117			
						Bg	38—73	灰棕色	黏土	棱块状	6.0	27.5	1.40	1.07	29.7	181	24.0	122			
						G	73—102	浅灰黄色	黏土	无结构	6.0	27.5	1.40	1.07	29.7	181	24.0	122			
						C	102—														
剖58	淋溶土	暗棕壤	暗棕壤	酸性岩暗棕壤	薄层酸性岩暗棕壤	Aa	0—19	暗灰色	壤质黏土	团块状	6.3	44.5	0.93	0.88	71.0	290	20.5	92	花岗岩风化物	E 127°26′20.8″ N 43°32′56.8″	85
						A₂C	19—83	浅黄灰色	砂质黏壤土	无结构	6.3	7.5	0.64	0.49	27.0	44	12.4	68			
						C	83—120														

续表 Continued

剖面号 Soil profile	土纲 Soil order	土类 Soil great group	亚类 Soil subgroup	土属 Soil genus	土种 Soil species	土层码 Layer code	土层厚度 Depth/cm	颜色 Soil color	质地 Soil texture	土壤结构 Soil structure	pH	有机质 OM/(g/kg)	全氮 TN/(g/kg)	全磷 TP/(g/kg)	全钾 TK/(g/kg)	碱解氮 AN/(mg/kg)	有效磷 AP/(mg/kg)	速效钾 AK/(mg/kg)	土壤母质 Parent material	剖面点坐标 Profile coordinate	匹配指数 Matching index/%
剖59	淋溶土	暗棕壤	暗棕壤	酸性岩暗棕壤	薄层酸性岩暗棕壤	Aoo	0—2	暗棕色	多砾砂壤土	粒状	6.4	36.0	2.01	1.08	29.9	461	25.9	160	酸性岩风化物	E 127°37′30.0″ N 43°33′04.7″	85
						A₁	2—8	灰棕色	粉砂质壤土	粒状	5.0	35.3	1.48	0.84	28.1	225	14.3	106			
						A₂B	8—52														
						BC	52—120	棕色	黏壤土	粒状	5.2	14.8	0.96		27.6	180		50			
剖60	初育土	石质土	山地石质土	酸性岩山地石质土	酸性岩山地石质土	Aoo	0—2													花岗岩风化物	E 127°06′38.9″ N 43°27′41.8″	97
						AoC	2—10	棕褐色	砂壤土												
						D	10—														
剖61	水成土	泥炭土	埋藏泥炭土	浅位埋藏泥炭土	浅位埋藏泥炭土	A	0—15	浅灰色	粉砂质黏土	团块状	4.9	39.6	1.25	1.32	23.8	228	6.9	88		E 127°09′41.0″ N 43°22′39.0″	97
						P	15—75	灰黑色			4.9	137.4	4.19	2.88	1.9	645	8.7	134			
						G	75—120	黄灰色	粉砂质黏土		5.6	22.8	0.81	2.26	33.5	184	19.6	100			
剖62	淋溶土	暗棕壤	暗棕壤	酸性岩暗棕壤	中层酸性岩暗棕壤	AooMo	0—				6.1	37.7	1.38	0.45	23.5	216	9.7	67	酸性岩风化物	E 127°10′29.6″ N 43°22′23.2″	92
						A₁	2—26	暗棕灰色	黏壤土	团块状	5.8	28.1	1.25	0.48	25.3	132	8.2	62			
						A₁A₂	26—36	浅棕灰色	多砾黏壤土	粒状	6.1	7.2	0.78	0.34	25.2	70	2.8	47			
						A₂B	36—44	黄棕色	砾质黏壤土	团块状	6.0	5.5	0.51	0.33	26.6	35	0.2	53			
						BC	44—120	棕黄色	砾石土	棱块状	6.0	5.5	0.51	0.33	26.6	35	0.2	53			
剖63	淋溶土	暗棕壤	暗棕壤性土	页岩暗棕壤	砂砾质薄层页岩暗棕壤性土	Aa	0—15	浅灰色	壤质黏土	团块状	6.6	36.6	1.54	1.06	28.4	274	27.6	81	页岩风化物	E 127°19′19.6″ N 43°29′46.3″	92
						AC	15—50	浅灰色			6.8	8.9	0.65	0.53	29.4	62	17.9	82			
						D	50—														
剖64	淋溶土	白浆土	台地白浆土	黄土质台地白浆土	露黄土质台地白浆土	Aa	0—6	灰黄色	壤质黏土	团块状	6.3	32.2	1.03	1.96	32.4	204	266.3	135	黄土母质	E 127°10′33.6″ N 43°15′54.0″	81
						B	6—76	棕黄色	粉砂质黏土	块状		6.7	0.75	0.68	32.0	70	29.3	151			
						BC	76—120	黄棕色	黏土	棱块状											
剖65	淋溶土	暗棕壤	暗棕壤	酸性岩暗棕壤	砂砾质薄层酸性岩暗棕壤	Aa	0—14	暗棕灰色	多砾黏壤土	粒状	5.2	95.2	2.83	0.42	22.0	403	120.4	112	花岗岩风化物	E 127°13′46.9″ N 43°15′39.2″	92
						A₂C	14—50	黄灰色	多砾黏壤土	粒状	5.1	16.1	1.22	0.37	20.0	140	14.2	72			
						C	50—120														
剖66	初育土	新积土	冲积土	冲积土	砂壤质冲积土	Aa	0—24	棕灰色	砂质黏土	粒状	6.1	17.8	0.64	1.22	32.5	126	22.3	70	冲积物	E 127°19′26.8″ N 43°18′11.2″	94
						C₁	24—57	灰色	壤质砂土	无明显结构	6.3	6.6	0.57	1.92	18.9	47	27.0	46			
						C₂	57—72	棕灰色	壤质黏土	无结构	6.5	50.3	1.55	1.86	13.1	395	28.6	111			
						C₃	72—81	棕灰色	黏土	无结构	6.2	61.3	2.28	2.55	26.1	456	47.1	127			
						C₄	81—120	深棕色	多砾黏壤土	无结构	6.3	21.5	0.88	2.60	34.4	192	38.9	89			
剖67	淋溶土	暗棕壤	暗棕壤	片岩暗棕壤	薄层片岩暗棕壤	AoA₁	0—14	暗棕灰色	壤质黏土	团块状	5.7	94.2	3.63	1.28	26.5	467	34.0	142	片岩风化物	E 127°22′39.7″ N 43°14′58.6″	92
						A₁A₂	14—22	浅棕灰色	多砾壤黏土	块状	5.8	18.1	1.01	0.49	29.5	129	12.0	68			
						BC	22—56	浅棕黄色	多砾壤土	小棱块状	6.1	9.7	0.82	0.39	26.0	84	11.8	84			
						C	56—120	棕黄色													

桦甸市

主要土类说明

暗棕壤是桦甸市主要土壤类型，占本市地域面积的64%。暗棕壤地处温带湿润区，冬季长而寒冷，土壤冻结期长，冻结深度为1—2m；夏季受东南海洋季风控制，温热多雨。暗棕壤发育于针阔叶混交林下，具有明显的有机质富集和弱酸性淋溶特征，剖面构型为O-A-B-C。由于降水和融冻水的影响，有机残体分解缓慢，在土壤表层积累了大量腐殖质，有助于土壤结构和物理性质的改善。本市暗棕壤属山地土壤，发育于各类岩石风化残积物或坡积物，母质疏松，有机质含量较高，淋溶作用较强，土壤呈酸性或微酸性，土体厚度为50—80cm，表土层呈棕黑色。由于水土流失严重，本市暗棕壤肥力逐年下降，表土层变薄，一般仅为10—20cm。

草甸土是桦甸市第二大土壤类型，占本市地域面积的24%。草甸土是在冷湿条件下，受地下水浸润并在草甸植被下发育形成的土壤，是在沉积、腐殖质积累和氧化还原交替三个成土过程的综合作用下形成的，具有深厚的暗腐殖质层，并在地表下1m深度内有铁锈特征。本市草甸土黑土层较厚，呈颗粒状结构，其下有明显的锈色斑纹和潜育现象。

水稻土是桦甸市第三大土壤类型，占本市地域面积的10%。水稻土是在种稻周期性淹水条件下，经水耕熟化和氧化还原交替过程形成的非地带性土壤。由于干湿交替，水稻土形成糊状淹育层、较坚实板结的犁底层、渗育层、潴育层与潜育层等多种发生层。本市种稻时间较短，水稻土发育程度不高，除耕作层有明显的网状锈纹外，剖面形态仍保持母土原有的特征。本市水稻土按母土类型分为冲积土型、草甸土型、白浆土型、冷浆型四个亚类。

小于本市地域面积3%的土壤类型有白浆土等。

本区域中心区气候特征

本区域中心区气候特征值
Regional climate characteristics in central area of the region

气候带：中温带亚干旱气候 Climate region: Mid temperate subarid climate	
年平均气温 /℃ Annual average temperature /℃	5.2
年平均最高气温 /℃ Annual average maximum temperature /℃	11.8
年平均最低气温 /℃ Annual average minimum temperature /℃	−0.2
年降水量 /mm Annual precipitation /mm	653
≥10℃的积温 /℃ Daily temperature accumulated in a year（≥10℃）/℃	1943
年日照时数 /h Annual sunshine /h	2375
年平均相对湿度 /% Annual average relative humidity /%	67
干燥度 Dryness	0.51

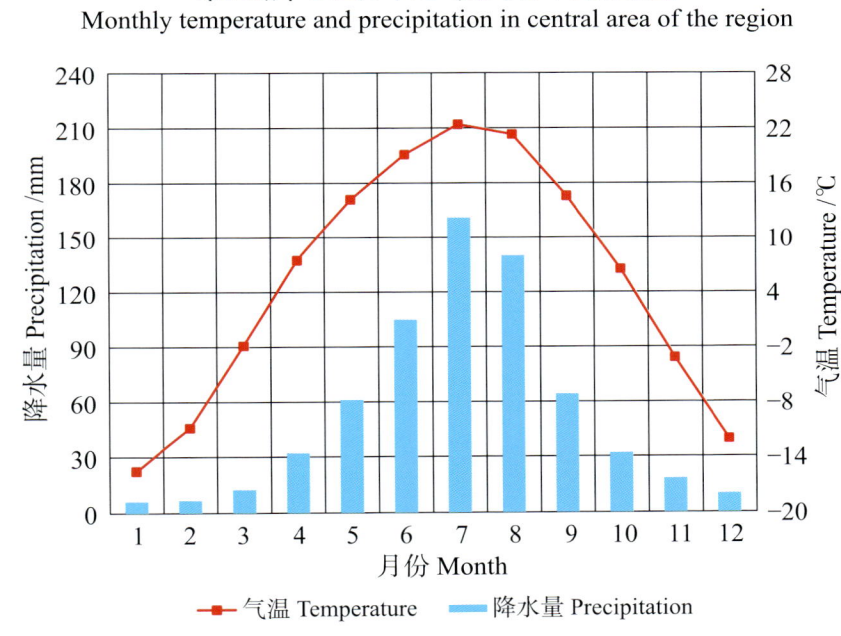

本区域中心区月平均气温与月平均降水量
Monthly temperature and precipitation in central area of the region

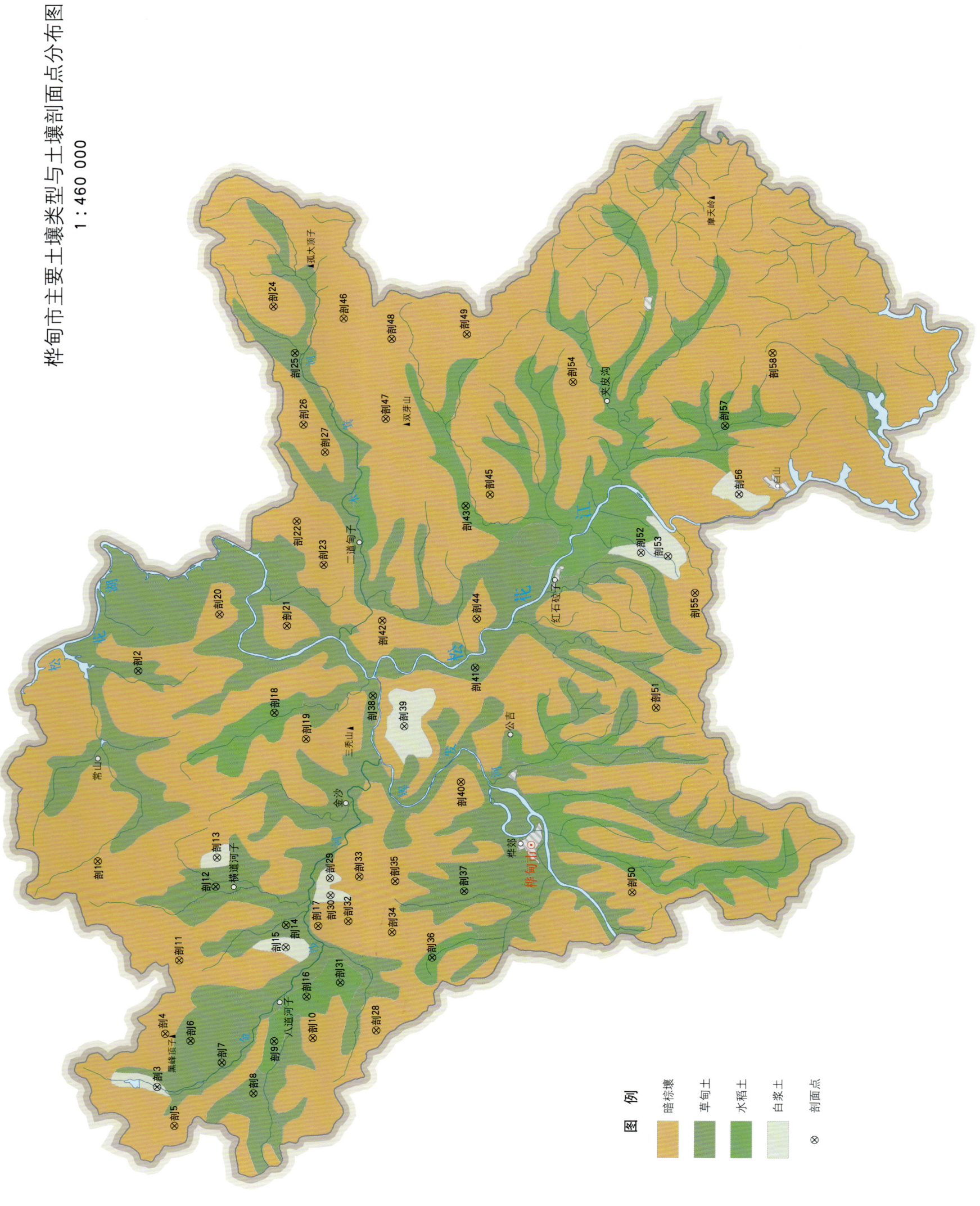

桦甸市土壤剖面理化性状表

剖面号 Soil profile	土纲 Soil order	土类 Soil great group	亚类 Soil subgroup	土属 Soil genus	土种 Soil species	土层码 Layer code	土层厚度 Depth/cm	颜色 Soil color	质地 Soil texture	土壤结构 Soil structure	pH	有机质 OM/(g/kg)	全氮 TN/(g/kg)	全磷 TP/(g/kg)	全钾 TK/(g/kg)	碱解氮 AN/(mg/kg)	有效磷 AP/(mg/kg)	速效钾 AK/(mg/kg)	土壤母质 Parent material	剖面点坐标 Profile coordinate	匹配指数 Matching index/%
剖1	淋溶土	暗棕壤	暗棕壤性土	酸性岩暗棕壤性土	薄层酸性岩暗棕壤性土	Aa	0—15	灰黑色	砂壤土	粒状	4.8	15.5	1.04	0.16	17.1	177	7.4	47	花岗岩风化物	E 126°41′53.2″ N 43°23′27.2″	85
						A,C	15—35	灰黄色	砾质土		5.4	6.7	0.75	0.28	16.4	61	22.5	42			
						C	35—80														
剖2	半水成土	草甸土	草甸土	山川草甸土	薄层山川草甸土	Aa	0—19	暗灰色	黏壤土		5.4	37.9	3.52	0.45	22.7	247	37.4	102		E 126°57′50.5″ N 43°21′25.2″	95
						AB	19—56	灰黄色	黏质土	块状	4.9	30.3	2.03	0.52	21.4	223	7.6	78			
						Bg	56—120	棕黄色	黏质土		4.6	9.0	1.61	0.20	23.2	100	7.9	29			
剖3	淋溶土	白浆土	潜育白浆土	黄土质潜育白浆土	狼采油白浆土	A_{11}	0—20	棕灰色	壤质黏土	弱发育小团块状	5.9	68.2	2.34	0.34	20.0	347	12.0	110	第四纪河湖黏土沉积物	E 126°23′15.0″ N 43°19′31.1″	75
						A_1	20—55	棕黄色	壤质黏土	小团块状	6.0	50.2	2.30	0.34	22.0	282	10.0	55			
						E	55—90	浅黄橙色	黏质土	片状	6.1	5.4	1.10	0.38	19.8	81	7.0	30			
						Btg	90—120	黄棕色	黏质土	棱块状	6.0	5.2	0.26	0.31	22.0	90	5.0	56			
剖4	淋溶土	暗棕壤	暗棕壤性土	酸性岩暗棕壤性土	砂砾薄层酸性岩暗棕壤性土	Aa	0—20	黑灰色	多砾黏壤土	粒状		68.5	3.03	0.49	29.2	381	11.1	144	花岗岩风化物	E 126°27′39.2″ N 43°19′09.8″	95
						A,C	25—45	棕灰色	多砾黏壤土			39.4	2.63	0.49	28.1	344	3.1	75			
						C	45—														
剖5	淋溶土	暗棕壤	暗棕壤	页岩暗棕壤	薄层页岩暗棕壤	Aa	0—15	暗灰色	壤质黏土	团粒状	5.2	44.9	1.56	0.42	22.5	227	15.8	99	页岩风化物	E 126°20′06.0″ N 43°18′25.2″	85
						A_1B	15—45	灰色	壤质黏土	块状	5.1	39.3	1.70	1.05	25.8	133	14.9	98			
						BC	45—90	棕黄色	多砾砂壤土		5.5	5.9	0.39	0.45	20.6	42	12.3	87			
						C	90—110														
剖6	半水成土	草甸土	草甸土	平川草甸土	淤泥薄层平川草甸土	Ase	0—15	浅黄色	多砾黏壤土	块状	5.4	63.2	3.13	0.84	29.0	244	21.1	227		E 126°27′07.9″ N 43°17′39.8″	95
						A_1	15—30	黑灰色	黏质壤土	粒状	5.4	45.8	2.92	0.86	25.8	262	20.9	125			
						AB	30—38	灰灰黄色	黏质土	棱块状	5.4	18.3	0.80	0.46	31.1	158	14.8	108			
						Bg	38—74	暗黄色	黏质土	块状											
						G	74—120	棕灰色	砂壤土	粒状											
剖7	半水成土	草甸土	草甸土	平川草甸土	厚层平川草甸土	Aa	0—20	暗灰色	多砾壤土	粒状	5.4	68.3	2.62	0.34	23.7	345	15.8	171		E 126°25′26.4″ N 43°15′47.9″	95
						A_1	20—54	深灰色	黏质黏土	块状	6.0	22.0	1.83	0.27	27.6	286	16.7	126			
						Bg	54—86	黄黄色	多砾黏壤土	块状	5.3	16.1	0.81	0.26	28.1	136	4.9	113			
						G	86—120	棕黄色	砂壤土	粒状											
剖8	半水成土	草甸土	草甸土	平川草甸土	中层平川草甸土	Aa	0—36	黑灰色	多砾壤土	粒状	5.7	53.7	2.15	0.47	24.1	241	11.5	127		E 126°23′00.2″ N 43°13′52.7″	95
						AB	36—55	暗灰色	黏壤土	块状	5.9	24.6	1.05	0.22	25.4	146	9.4	89			
						Bg	55—70	灰黄色	粉砂质壤土	棱块状	5.3	9.5	0.47	0.13	18.2	75	8.3	70			
						G	70—110	浅黄色	黏壤土	粒状	5.2	7.6	0.44	0.18	26.8	55	11.5	94			
剖9	人为土	水稻土	冲积土型水稻土	冲积土型水稻土	砂砾质冲积型水稻土	Aa	0—10	黑灰色	砾质壤土	块状	5.5	20.8	1.45	0.32	24.4	125	12.4	54		E 126°27′20.5″ N 43°12′46.4″	95
						A_1	10—18	灰色	黏质壤土	块状	5.4	15.5	0.84	0.41	25.5	93	14.5	51			
						C_1	18—47	棕黄色	砾质壤土	小粒状											
						C_2	47—	灰黄色	砾质土												
剖10	淋溶土	暗棕壤	暗棕壤	酸性岩暗棕壤	薄层酸性岩暗棕壤	Aa	0—19	黑灰色	砾质土	粒状	7.0	56.0	1.73	0.54	27.7	279	68.0	81	花岗岩残积物	E 126°27′42.5″ N 43°10′32.2″	74
						BC	19—67	浅灰黄色	砾砂质壤土	块状	5.2	8.8	1.62	0.10	27.9	74	2.4	115			
						C	67—78	棕黄色	粉砂质壤土		5.1	5.7	1.07	0.12	29.6	54	2.8	51			
剖11	淋溶土	暗棕壤	灰化暗棕壤	灰化暗麻砂土	灰棕暗麻砂土	A_{11}	0—18	灰棕色	黏质壤土	屑粒状	5.8	43.8	1.78	0.65	11.0	240	8.0	91	花岗岩残积物	E 126°33′47.5″ N 43°18′29.5″	73
						A_2	18—35	油棕色	黏质壤土	弱发育块状	6.3	18.6	0.75	0.45	17.7	110	13.0	106			
						B	35—54	亮红棕色	重砾黏壤土	块状	6.4	4.6	0.28	0.40	22.1	31	28.0	97			
						C	54—120	红棕色	重砾砂壤土	粒状	6.2	2.7	0.20	0.63	26.5	32	29.0	114			

续表 Continued

剖面号 Soil profile	土纲 Soil order	土类 Soil great group	亚类 Soil subgroup	土属 Soil genus	土种 Soil species	土层码 Layer code	土层厚度 Depth/cm	颜色 Soil color	质地 Soil texture	土壤结构 Soil structure	pH	有机质 OM/(g/kg)	全氮 TN/(g/kg)	全磷 TP/(g/kg)	全钾 TK/(g/kg)	碱解氮 AN/(mg/kg)	有效磷 AP/(mg/kg)	速效钾 AK/(mg/kg)	土壤母质 Parent material	剖面点坐标 Profile coordinate	匹配指数 Matching index/%
剖12	半水成土	草甸土	草甸土	山川草甸土	淤砂厚层山川草甸土	Ase A₁ Bg G	0—26 26—62 62—93 93—	黑灰色 暗灰色 灰黄色 棕黄色	砂壤 壤土 黏壤土 黏壤土	粒状 小块状 块状 块状										E 126°40′04.4″ N 43°16′31.4″	95
剖13	淋溶土	白浆土	潜育白浆土	潜育白浆土	露黄潜育白浆土	Aa AB Bg	0—20 20—55 55—100	浅灰色 灰黄色 棕色	黏壤土 黏壤土 黏壤土	块状 块状 大块状	5.0 4.8 4.7	24.5 5.6 3.9	1.33 0.42 0.41	0.26 0.19 0.20	23.1 23.0 22.3	175 68 56	5.5 3.2 5.8	99 94 85		E 126°42′29.2″ N 43°16′30.4″	75
剖14	半水成土	草甸土	草甸土	山川草甸土	淤砂中层山川草甸土	Aa A₁ AB Bg	0—20 20—42 42—86 86—	灰色 暗黄色 暗灰色 灰黄色	砂砾壤土 多砾黏壤土 黏壤土 黏壤土	小粒状 块状 块状 块状	5.3 5.2 5.0 5.4	67.1 23.8 47.0 18.6	2.29 1.03 2.35 0.93	0.51 0.21 0.52 0.36	2.8 20.9 20.1 20.1	397 130 243 170	5.8 4.3 6.3 7.2	81 101 75 42		E 126°37′00.8″ N 43°12′19.4″	95
剖15	淋溶土	白浆土	潜育白浆土	潜育白浆土	中层潜育白浆土	Aa A₂ A₂B Bg	0—25 25—42 42—64 64—83	黑灰色 灰白色 棕黄色 棕色	黏壤土 多砾黏壤土 黏壤土 黏土	无明显结构 块状 棱块状 大块状										E 126°35′09.6″ N 43°12′17.3″	75
剖16	人为土	水稻土	白浆土型水稻土	平地白浆型水稻土	中层平地白浆型水稻土	Aa A₂ Bg	0—20 20—45 45—100	浅灰黑 灰黄色 棕灰色	粉砂黏壤土 粉砂黏壤土 粉砂黏壤土	块状 块状 棱块状	5.0 5.3 5.7	50.0 46.3 9.7	2.36 2.03 0.72	0.51 0.41 0.26	18.0 24.4 23.9	297 276 76	4.7 4.9 9.3	93 86 64		E 126°31′07.0″ N 43°10′58.4″	75
剖17	淋溶土	暗棕壤	暗棕壤	砂岩暗棕壤	薄层红色砂岩暗棕壤	Ao A₁ A₁B C	0—3 3—11 11—43 43—85	黑灰色 红褐色 浅红棕色 红棕色	多砾黏壤土 多砾黏壤土 砾质黏壤土	粒状 块状 块状	5.1 5.1 5.3	18.3 8.5 0.3	0.82 0.46 0.21	0.10 0.32	31.1 30.1 16.8	108 74 41	2.4 1.7 3.0	92 109 93	砂岩风化物	E 126°37′00.5″ N 43°10′27.1″	74
剖18	人为土	水稻土	白浆土型水稻土	平地白浆型水稻土	厚层平地白浆型水稻土	Aa A₂Bg Bg 85—	0—10 10—45 45—60	灰白色 棕黄色 棕色	壤土 壤土 黏壤土	粒状 块状 棱块状	5.3 5.3 5.2	14.6 11.4 20.3	2.44 1.69 0.62	0.23 0.27 0.22	30.9 29.9	239 207 69	6.2 5.4 7.2	74 42 82		E 126°54′36.7″ N 43°13′23.5″	95
剖19	淋溶土	暗棕壤	暗棕壤性	石质岩暗棕壤性	石质酸性岩暗棕壤性	Aa A₂C C	0—17 17—44 44—76	黑灰色 灰棕色 灰棕色	黏壤土 多砾壤土 砾石土	粒状 棱块状 块状	5.5 5.0 5.0	98.2 57.9 57.9	5.91 3.80 2.41	0.82 0.82 0.72	16.0 15.2 17.4	565 430 758	12.4 5.3 2.6	86 90 78	花岗岩暗风化物	E 126°52′30.0″ N 43°11′30.1″	95
剖20	淋溶土	暗棕壤	暗棕壤性	页岩暗棕壤性	薄层页岩暗棕壤性	A₁ A₁A₂ BC C	0—10 10—26 26—50 50—	黑灰色 灰色 浅灰色 灰白色	多砾质黏壤土 多砾黏壤土 多砾黏壤土	粒状 块状 块状	5.9 6.1 5.9 6.4	111.8 43.3 3.7 5.9	3.73 2.35 1.57 0.94	1.07 0.48 0.25 0.48	23.1 24.8 21.0 18.3	341 136 84	8.5 2.8 5.5 5.2	230 151 192 217	页岩风化物	E 127°02′40.6″ N 43°16′46.6″	85
剖21	淋溶土	暗棕壤	暗棕壤	中性岩暗棕壤	砂砾质中层中性岩暗棕壤	Aa A₁A₂ A₂C	0—28 28—46 46—65 65—90	黑灰色 浅灰色 灰黄色 灰白色	多砾壤土 多砾黏壤土 多砾黏壤土	粒状 块状	5.7	44.5	2.88	0.30	19.6	299	2.6	129	安山岩风化物	E 127°01′51.6″ N 43°12′47.9″	85
剖22	淋溶土	暗棕壤	暗棕壤性	片岩暗棕壤性	薄层片岩暗棕壤性	Aa A₂B C	0—18 18—46 46—	黑灰色 黄灰色	砂黏壤土 砂黏壤土	粒状 棱块状	4.8	8.2	0.93	0.16	21.5	95	3.0	83	片岩风化物	E 127°10′31.8″ N 43°12′22.7″	85
剖23	淋溶土	暗棕壤	暗棕壤	酸性岩暗棕壤	厚层酸性岩暗棕壤	Aa A₁A₂ A₂Bo BC	0—17 17—38 38—56 56—76	灰黄色 暗黄色 棕黄色	砂黏壤土 黏壤土 黏壤土 黏壤土	粒状 块状 块状 块状	5.7 5.5 5.5 5.1	46.6 22.0 7.6 4.7	1.95 1.12 0.50 0.32	0.65 0.34 0.27 0.31	25.8 21.5 25.4 23.5	221 167 78 42	11.1 7.7 6.1 7.4	151 70 77 76	酸性岩风化物	E 127°06′58.3″ N 43°10′44.4″	85

续表 Continued

剖面号 Soil profile	土纲 Soil order	土类 Soil great group	亚类 Soil subgroup	土属 Soil genus	土种 Soil species	土层码 Layer code	土层厚度 Depth/cm	颜色 Soil color	质地 Soil texture	土壤结构 Soil structure	pH	有机质 OM/(g/kg)	全氮 TN/(g/kg)	全磷 TP/(g/kg)	全钾 TK/(g/kg)	碱解氮 AN/(mg/kg)	有效磷 AP/(mg/kg)	速效钾 AK/(mg/kg)	土壤母质 Parent material	剖面点坐标 Profile coordinate	匹配指数 Matching index/%
剖24	淋溶土	暗棕壤	暗棕壤性土	中性岩暗棕壤性土	砂砾质薄层中性岩暗棕壤性土	Ao A₁ A₂C C	0—4 4—24 24—39 39—64	黑灰色 灰黄色	砂壤土 砾壤土	粒状 块状									安山岩风化物	E 127°28′16.7″ N 43°14′00.6″	73
剖25	半水成土	草甸土	草甸土	山川草甸土	淡泥中层山川草甸土	Ase A₁ Bg G	0—20 20—43 43—67 67—120	暗灰色 黑灰色 灰棕色 黄棕色	砂质黏壤土 多砾黏壤土 多砾砂壤土 多砾砂壤土	团粒状 片状 棱块状 块状	4.9 5.1 5.0 4.7	27.2 29.3 4.6 2.7	1.22 1.02 0.24 0.24	0.34 0.20 0.09 0.17	23.1 22.6 23.3 21.5	219 191 55 41	5.0 4.9 3.2 13.5	58 46 37 47		E 127°24′27.4″ N 43°12′42.1″	95
剖26	淋溶土	暗棕壤	暗棕壤性土	基性岩暗棕壤性土	薄层基性岩暗棕壤性土	Aa A₁A₂ C	0—15 15—38 38—49 49—84	灰色 浅灰色 灰黄色	壤土 砂质壤土 砾质土	块状 棱块状									玄武岩风化物	E 127°18′34.6″ N 43°12′06.5″	73
剖27	淋溶土	暗棕壤	暗棕壤性土	中性岩暗棕壤性土	薄层中性岩暗棕壤性土	Aa A₁ BC C	0—15 15—30 30—50 50—	暗灰色 灰棕色 灰白色	砂壤土 砂壤土 砾石土	粒状 粒状 棱块状									安山岩风化物	E 127°16′17.9″ N 43°10′48.9″	73
剖28	淋溶土	暗棕壤	暗棕壤性土	基性岩暗棕壤性土	厚层基性岩暗棕壤性土	Aa A₁ A₂B BC C	0—10 10—35 35—65 65—92 92—	黑灰色 灰棕色 浅灰白色	砂壤土 砂壤土 砂壤土 砾质壤土	粒状 块状 棱块状 大块状	5.7 6.1 5.9	91.0 44.1 31.4	2.28 1.66 2.44	1.09 0.29 0.84	19.4 19.4 19.4	413 294	42.1 20.9 8.9	105 102 97	玄武岩风化物	E 126°28′30.0″ N 43°06′50.4″	76
剖29	淋溶土	白浆土	潜育白浆土	潜育白浆土	薄层潜育白浆土	Aa A₂ Bg	0—13 13—32 32—120	暗灰色 灰黄棕色 棕色	黏壤土 黏壤土 黏土	粒状 块状 棱块状										E 126°41′03.5″ N 43°09′50.6″	75
剖30	淋溶土	白浆土	潜育白浆土	亚表潜白浆土	中层亚表潜育白浆土	Aa A₂g Bg BC	0—20 20—34 34—62 62—100	灰白色 黄棕色 棕色	粉质黏壤土 粉质黏壤土 粉质黏壤土	片状 棱块状 棱块状	5.0 4.7 4.7 4.7	65.3 27.8 7.9 5.2	1.50 0.94 1.08 0.99	0.39 0.41 0.21 0.26	18.7 15.2 14.2 18.9	216 199 96 83	13.7 6.3 8.2 8.5	124 95 99 104		E 126°39′36.8″ N 43°09′47.0″	75
剖31	人为土	水稻土	草甸土型水稻土	草甸型水稻土	中层草甸型水稻土	Aa A₁ Bg G	0—10 10—30 30—45 45—75	暗灰色 黑灰色 蓝灰色 棕黄色	黏壤土 黏壤土 黏壤土 黏壤土	粒状 块状 棱块状 棱块状	5.9 5.9 6.4 6.5	43.3 40.1 10.2 8.9	2.53 1.58 1.01 1.07	0.54 0.12 0.25 0.21	24.7 23.9 24.1 24.2	353 338 89 117	24.9 19.5 8.4 18.9	125 90 82 98		E 126°32′21.8″ N 43°07′01.8″	95
剖32	淋溶土	暗棕壤	暗棕壤	酸性岩暗棕壤	中层酸性岩暗棕壤	Aa A₁A₂ BC C	0—14 14—25 25—58 58—110	浅灰色 灰黄棕色 棕色	壤土 砾质壤土 砾质黏土 砾石土	粒状 块状 大块状	5.4 5.0 4.4 4.6	44.7 14.3 6.6 5.0	1.05 3.60 0.35 0.40	0.49 0.15 0.10 0.22	23.6 24.1 23.0 17.7	393 182 141 136	16.5 1.7 4.9 2.4	80 65 73 53	花岗岩风化物	E 126°37′28.7″ N 43°08′41.1″	73
剖33	淋溶土	暗棕壤	暗棕壤	麻砂质暗棕壤	砂砾质中层酸性岩暗棕壤	A₁ AB BC	0—28 28—56 56—87	暗灰色 浅灰棕色 浅红色	多砾壤土 多砾黏壤土 黏壤土	粒状 块状	5.3 4.9 5.3	55.6 11.3 6.8	1.42 0.72 0.54	0.33 0.21 0.17	24.3 25.4 25.5	311 96 75	8.7 4.9 7.1	66 38 41	酸性岩风化物	E 126°41′15.0″ N 43°08′08.2″	85
剖34	淋溶土	暗棕壤	暗棕壤	红色暗棕壤	薄层红色暗棕壤	Aa A₁ C	0—11 11—83 83—130	黑灰色 棕	黏质壤土 黏壤土	粒状 块状 大块状									花岗岩风化物	E 126°36′40.1″ N 43°06′06.8″	85
剖35	淋溶土	暗棕壤	暗棕壤	中性岩暗棕壤	砂砾质中层中性岩暗棕壤性土	Aa A₁ A₂C C	0—15 15—25 25—50 50—90	灰色	砾质壤土 砾质壤土	粒状 块状									安山岩风化物	E 126°40′57.7″ N 43°06′02.5″	85

续表 Continued

剖面号 Soil profile	土纲 Soil order	土类 Soil great group	亚类 Soil subgroup	土属 Soil genus	土种 Soil species	土层代码 Layer code	土层厚度 Depth/cm	颜色 Soil color	质地 Soil texture	土壤结构 Soil structure	pH	有机质 OM/(g/kg)	全氮 TN/(g/kg)	全磷 TP/(g/kg)	全钾 TK/(g/kg)	碱解氮 AN/(mg/kg)	有效磷 AP/(mg/kg)	速效钾 AK/(mg/kg)	土壤母质 Parent material	剖面点坐标 Profile coordinate	匹配指数 Matching index/%
剖36	人为土	水稻土	冲积土型水稻土	冲积土型水稻土	厚层草甸型水稻土	Aa	0—10	蓝灰色	壤质黏土	块状	5.2	66.0	3.59	0.52	22.1	288	10.2	118		E 126°34′40.4″ N 43°03′43.2″	75
						A₁	10—65	蓝灰色	壤质黏土	棱块状	5.1	70.8	1.77	0.48	24.0	223	12.0	100			
						Bg	65—79	灰黄色	砾质黏壤土	无结构	5.3	42.2	2.32	0.48	24.5	183	10.7	96			
						G	79—100	黄棕色	黏质砂壤土	棱块状	5.4	9.4	1.02	0.25	24.6	69	18.1	50			
剖37	半水成土	草甸土	草甸土	山川草甸土	中层山川草甸土	Aa	0—15	黑灰色	黏质壤土	粒状	5.4	77.8	2.85	1.03	19.3	566	7.7	100		E 126°40′17.4″ N 43°01′59.2″	95
						A₁	15—30	灰色	片状		5.4	59.2	2.89	1.02	19.3	449	3.2	66			
						AB	30—78	灰黄色	砾质壤土	块状	5.8	7.4	0.30	1.07	22.1	80	7.8	49			
						Bg	78—100	暗黄色	壤质黏壤土	块状	6.2	2.2	0.41	1.59	17.1	79	5.5	25			
						G	100—125	棕黄色	壤质砂壤土	块状	6.4	4.1	0.34	1.31	14.2	100	2.1	30			
剖38	半水成土	草甸土	草甸土	山川草甸土	厚层山川草甸土	Aa	0—20	暗灰色	多砾黏壤土	团粒状	5.5	60.1	0.86	1.09	21.9	211	11.4	129		E 126°56′15.0″ N 43°07′39.7″	95
						A₁	20—73	黑灰色	黏质壤土	粒状	5.7	30.1	1.56	0.60	19.1	62	14.6	65			
						Bg	73—90	灰棕色	黏质壤土	块状	6.4	8.2	0.65	0.49	20.9		6.2	70			
						G	90—120	棕黄色	黏质砂壤土	棱块状											
剖39	淋溶土	白浆土	潜育白浆土	亚表潜白浆土	厚层亚表潜育白浆土	Aa	0—20	灰色	壤土	无明显结构										E 126°53′46.7″ N 43°05′47.0″	95
						A₁	20—45	灰色	壤土	块状											
						A₂g	45—65	黄灰色	黏土	块块状											
						Bg	65—125	棕灰色	多砾壤土	棱块状	5.8	40.2	1.66	0.50	21.2	202	6.4	12			
剖40	淋溶土	暗棕壤	暗棕壤	砾砂质暗棕壤	露黄酸性岩暗棕壤	B	0—18	黄灰色	砂质壤土	小块状	5.6	17.4	1.07	0.29	23.2	66	3.1	10	花岗岩风化物	E 126°49′18.8″ N 43°02′22.2″	85
						BC	18—36	灰棕色	黏质砂壤土	块状	5.6	18.9	1.00	0.20	25.6	99	4.1	11			
						C	36—79	棕黄色	黏质砂壤土	大块状											
剖41	半水成土	草甸土	草甸土	平川草甸土	薄层平川草甸土	Aa	0—20	黑灰色	多砾黏壤土	团粒状	5.3	67.1	2.29	0.51	19.4	396	5.8	81		E 126°58′47.3″ N 43°01′44.0″	95
						A₁	20—25	暗灰色	多砾黏壤土	粒状	5.2	23.8	1.03	0.21	20.9	131	4.3	102			
						Bg	25—65	灰黄色	砂质壤土	块状	5.0	47.0	2.35	0.52	20.1	243	6.3	75			
						G	65—75	暗黄色	黏质砂壤土	棱块状	5.4	18.6	0.93	0.36	20.1	170	7.2	42			
剖42	淋溶土	暗棕壤	暗棕壤	中性岩暗棕壤	中层中性岩暗棕壤	Aa	75—120	棕黄色	黏质壤土	粒状	4.6	68.4	2.24	0.69	21.1	342	14.2	101	安山岩风化物	E 127°02′28.5″ N 43°07′14.5″	85
						A₁	0—27	灰色	黏质壤土	块状	5.2	56.7	1.55	0.44	20.8		5.1	90			
						A₂C	27—37	浅灰色	多砾黏壤土	棱块状	5.7	26.1	1.98	0.28		144	7.7	65			
						BC	37—60	灰色	多砾壤土	块状											
						C	60—105														
剖43	人为土	水稻土	冲积土型水稻土	冲积型淹育水稻土	砂石河滩田	Aa	0—10	黑灰色	砾质壤土	团块结构	5.5	20.8	1.45	0.31	24.4	125	12.4	55	冲积物	E 127°12′06.1″ N 43°02′31.9″	75
						Ap	10—18	灰黄色	砾质壤土	无明显结构	5.4	15.5	0.84	0.41	25.4	93	14.4	51			
						C₁	18—47	棕黄色	砾石土	无结构											
						C₂	47—														
剖44	淋溶土	暗棕壤	暗棕壤	基性岩暗棕壤	中层基性岩暗棕壤	Aa	0—20	黑灰色	砂质土	粒状	5.4	43.8	1.44	0.22	25.6	286	11.1	71	玄武岩风化物	E 127°02′49.6″ N 43°01′43.3″	85
						A₁	20—45	暗黄色	壤土	块状	5.6	45.6	1.37	0.19	24.1	269	6.9	54			
						A₂B	45—75	棕黄色	多砾黏壤土	棱块状	5.0	4.6	0.25	0.04	21.5	48	1.7	48			
						C	75—110	暗黄色	黏质壤土	块状	4.9	7.8	0.53	0.05	20.7	63	3.7	104			
剖45	淋溶土	暗棕壤	暗棕壤性	酸性岩暗棕壤性	砂砾质厚层酸性岩暗棕壤性土	Aa	0—15	黑灰色	砂壤土	粒状	6.0	65.7	3.11	0.45	19.0	457	5.2	184	花岗岩风化物	E 127°13′04.4″ N 43°01′06.6″	76
						A₁	15—38	灰色	壤土	粒状	5.4	23.4	1.19	0.30	17.9	209	14.5	36			
						A₂C	38—46	灰黄色	砾质壤土	块状	5.8	14.1	1.10	0.36	17.4	119	3.1	38			
						C	46—80														
剖46	淋溶土	暗棕壤	暗棕壤	页岩暗棕壤	中层页岩暗棕壤	Aa	0—10	灰色	多砾黏壤土	粒状	4.9	58.7	2.83	0.61	21.4	301	24.4	97	页岩风化物	E 127°27′22.7″ N 43°09′52.9″	85
						A₁	10—29	黑灰色	多砾黏壤土	块状	5.2	62.8	2.06	0.68	21.4	274	21.1	98			
						BC	29—55	灰黄色	砾质壤土	棱块状	5.4	41.7	2.73	0.53	48.3	223		55			
						C	55—95														

续表 Continued

剖面号 Soil profile	土纲 Soil order	土类 Soil great group	亚类 Soil subgroup	土属 Soil genus	土种 Soil species	土层码 Layer code	土层厚度 Depth/cm	颜色 Soil color	质地 Soil texture	土壤结构 Soil structure	pH	有机质 OM/(g/kg)	全氮 TN/(g/kg)	全磷 TP/(g/kg)	全钾 TK/(g/kg)	碱解氮 AN/(mg/kg)	有效磷 AP/(mg/kg)	速效钾 AK/(mg/kg)	土壤母质 Parent material	剖面点坐标 Profile coordinate	匹配指数 Matching index/%
剖47	淋溶土	暗棕壤	暗棕壤性土	酸性岩暗棕壤性土	中层酸性岩暗棕壤性土	Aoo	0—3													花岗岩风化物	E 127°19′10.9″ N 43°07′18.8″	76
						Ao	3—6	黑灰色	壤土	粒状	4.8	47.1	2.41	0.27	20.2	419	5.5	54			
						A₁	6—30	灰黄色	砾质壤土		5.1	15.8	0.45	0.41	24.1	198	36.1	38			
剖48	淋溶土	暗棕壤	暗棕壤	酸性岩暗棕壤	砂砾质薄层酸性岩暗棕壤	A₂C	30—40													花岗岩风化物	E 127°25′45.7″ N 43°07′03.7″	85
						C	40—														
剖49	淋溶土	暗棕壤	暗棕壤	中性岩暗棕壤	中层中性岩暗棕壤	Aa	0—15	深灰色	砂壤土	粒状	5.0	72.2	3.85	0.76	18.6	674	8.5	193	安山岩风化物	E 127°26′15.0″ N 43°02′40.2″	76
						A₂B	15—80	浅黄色	砾质土		5.0	72.2	3.85	0.76	18.6	674	8.5	193			
						C	80—110				4.6	72.2	3.02	0.65	19.8	414	2.0	103			
剖50	淋溶土	暗棕壤	暗棕壤	中性岩暗棕壤	薄层中性岩暗棕壤	Ao	0—2													安山岩风化物	E 126°40′35.9″ N 42°52′10.3″	85
						A₁	2—5	黑灰色	砂壤土	片状	4.7	48.0	2.29	0.37	20.7	359	3.2	57			
						A₂C	5—27	浅灰色	壤质黏土	粒状	4.6	17.2	0.95	0.15	21.7	144	4.5	67			
						C	27—47	棕黄色	砾质壤土		4.4	12.7	0.29	0.34	24.6	141	4.9	67			
							47—72				4.6	3.4	0.19	0.17	18.0	136	2.4	53			
剖51	淋溶土	暗棕壤	暗棕壤性土	片岩暗棕壤性土	厚层片岩暗棕壤性土	Aa	0—18	灰色	多砾黏壤土	粒状									片岩风化物	E 126°55′51.2″ N 42°51′04.7″	85
						A₁B	18—47	深灰色		块状											
						BC	34—48			粒状											
						C	48—84			块状											
剖52	淋溶土	白浆土	台地白浆土	黄土质台地白浆土	厚层黄土质台地白浆土	Aa	20—34	黑灰色	多砾黏壤土	弱发育粒状	4.8	62.3	2.58	0.68	22.8	41	19.1	115	黄土母质	E 127°08′33.1″ N 42°52′12.1″	75
						A₁	20—42	浅灰黄色	多砾黏壤土	块状	4.1	5.5	2.58	0.14	25.3		8.0	95			
						A₂	42—86	灰白色	多砾黏壤土	片状	4.9	4.0	2.09	0.31	27.1	211	3.5	119			
						B	86—100	棕黄色	黏壤土	棱块状	5.2	30.4	1.93	0.30	32.2		2.6	50			
剖53	淋溶土	白浆土	台地白浆土	黄土质台地白浆土	薄层黄土质台地白浆土	Aa	0—15	暗黄色	粉砂黏壤土	小块状	5.1	26.5	1.95	0.18	26.7	201	21.7	80	黄土母质	E 127°08′19.2″ N 42°50′37.4″	75
						A₁	15—30	灰黄色	黏壤土	大块状	5.1	7.0	1.23	0.30	27.8	90	12.0	72			
						AB	30—67	棕黄色	黏壤土	棱块状	4.9	5.6	0.84	0.18	27.1	63	6.9	13			
						B	67—82	棕黄色	多砾壤土	粒状	4.8	20.7	0.85	0.31	26.3	184	10.6	20			
剖54	淋溶土	暗棕壤	暗棕壤性土	酸性岩暗棕壤性土	砂砾质中层酸性岩暗棕壤性土	Aa	0—25	灰黄色	多砾壤石土		5.4	9.0	0.97	0.39	8.7	122	3.5	48	花岗岩风化物	E 127°22′30.0″ N 42°56′24.0″	85
						C	25—40				4.7		0.32	1.40	6.3		8.4	24			
剖55	淋溶土	暗棕壤	暗棕壤	酸性岩暗棕壤	厚层酸性岩暗棕壤	Aoo	0—2													花岗岩风化物	E 127°05′22.2″ N 42°48′59.8″	76
						Ao	2—4														
						A₁	4—35	黑灰色	砂壤土	块状	5.4	32.5	1.60	0.18	23.4	225	5.7	81			
						A₂	20—50	浅灰色	粉砂黏壤土	片状	5.6	13.0	0.51	0.14	23.6	68	2.6	47			
						BC	50—70	灰白色	粉砂黏壤土	棱块状	5.2	4.6	0.42	0.23	27.0	70	4.1	100			
剖56	淋溶土	白浆土	台地白浆土	中层黄土质台地白浆土	B	70—95	棕色	黏壤土	大棱块状	5.0	4.7	0.41	0.22	24.8	49	5.0	103		黄土母质	E 127°13′31.4″ N 42°46′33.2″	75
剖57	人为土	水稻土	冲积土型水稻土	冲积土型水稻土	砂壤土型冲积型水稻土	Aa	0—9	浅灰黄色	黏壤土	块状	6.5	27.5	1.48	0.30	20.9	139	4.2	60		E 127°19′08.8″ N 42°47′27.6″	95
						A₁	9—21	蓝灰色	黏壤土	块状	6.4	26.2	0.82	0.12	22.8	8	3.7	60			
						C₁	21—45	灰色	黏壤土	块状	7.2	7.4	0.33	0.24	23.6	6	2.8	41			
						C₂	45—67		砂砾壤土												

续表 Continued

剖面号 Soil profile	土纲 Soil order	土类 Soil great group	亚类 Soil subgroup	土属 Soil genus	土种 Soil species	土层码 Layer code	土层厚度 Depth/cm	颜色 Soil color	质地 Soil texture	土壤结构 Soil structure	pH	有机质 OM/(g/kg)	全氮 TN/(g/kg)	全磷 TP/(g/kg)	全钾 TK/(g/kg)	碱解氮 AN/(mg/kg)	有效磷 AP/(mg/kg)	速效钾 AK/(mg/kg)	土壤母质 Parent material	剖面点坐标 Profile coordinate	匹配指数 Matching index/%
剖58	淋溶土	暗棕壤	暗棕壤性土	酸性岩暗棕壤性土	中层酸性岩红色暗棕壤性土	Aa	0—20	黑灰色	砂壤土	粒状									酸性岩风化物	E 127°25′09.8″ N 42°44′45.6″	76
						A₂C	20—50	灰红色	砾质土												
						C	50—														

舒 兰 市

主要土类说明

暗棕壤是舒兰市主要土壤类型，占本市地域面积的48%，主要分布在本市东南部的山区。暗棕壤地处温带湿润区，冬季长而寒冷，土壤冻结期长，冻结深度为1—2m；夏季受东南海洋季风控制，温热多雨。暗棕壤具有明显的有机质富集和弱酸性淋溶特征，剖面构型为O-A-B-C。A层有机质含量高，弱酸性淋溶使铁铝轻微下移。B层呈棕色，结构面见铁锰胶膜。土壤呈弱酸性，盐基饱和度为70%—80%，地表以下50cm深度内无基岩层。

白浆土是舒兰市第二大土壤类型，占本市地域面积的24%。白浆土是本市的主要耕地土壤，主要分布在山地和黄土台地。白浆土是在温带湿润地区平缓岗地森林草原下发育的土壤，在腐殖化和淋溶黏化过程的强烈影响下，剖面内形成了层次分明的黑土层、灰白色白浆层、暗棕色棱块状淀积层和母质层。根据分布地形等因素的不同，本市白浆土分为台地白浆土和山地白浆土两个亚类。其中，台地白浆土占本土类面积的66%，主要分布在本市中部的台地，是本土类中的典型亚类，母质多为第四纪黄土沉积物。山地白浆土占本土类面积的34%，主要分布在山地缓坡地带，质地较粗，土体内多夹有砾石，母质为岩石风化物。

新积土是舒兰市第三大土壤类型，占本市地域面积的9%，主要分布在松花江沿岸地带，由江河泥沙沉积形成。本市新积土具有良好的物理性质，砂黏比例适中，对农作物的适应性较广，是本市的高肥力土壤类型之一。

水稻土占本市地域面积的9%。水稻土是在种稻周期性淹水条件下，经水耕熟化和氧化还原交替过程形成的非地带性土壤。本市种稻时间较短，尚未形成典型的水稻土特征，除耕作层出现淹育现象和土壤结构见明显破坏外，心土和底土基本保留母土原有的特征。本市水稻土按母土类型分为草甸土型、冲积土型、白浆土型、冷浆型四个亚类。草甸土型水稻土占本土类面积的39%，母土为草甸土，除耕作层有红棕色铁锈斑纹外，剖面仍保持草甸土的基本特征，黑土层较厚，结构性好，土壤保水保肥能力强，养分含量较高，呈微酸性，pH为5.0—6.4。冲积土型水稻土占本土类面积的36%，母土为冲积土，主要分布在江河沿岸地带，肥力高。白浆土型水稻土占本土类面积的14%，母土为白浆土。冷浆型水稻土占本土类面积的11%，母土为泥炭土和沼泽土，分布在本市各处的低洼地，土壤腐殖质含量高，潜在肥力高，但分解差，供肥强度低，通体有潜育化现象。

草甸土占本市地域面积的6%，分布在远河低阶地、台地间低洼地和山间谷地，是本市土壤肥力和潜在肥力较高的土壤之一。其形成主要是沉积过程和腐殖质积累过程共同作用的结果，主要特征是在土体表层形成腐殖质含量较高、粒状结构明显而均一的黑土层，剖面下部可见潜育化现象。

小于本市地域面积3%的土壤类型有泥炭土、黑土、沼泽土、风沙土等。

本区域中心区气候特征

本区域中心区气候特征值
Regional climate characteristics in central area of the region

气候带：中温带亚干旱气候 Climate region: Mid temperate subarid climate	
年平均气温 /℃ Annual average temperature /℃	4.6
年平均最高气温 /℃ Annual average maximum temperature /℃	10.9
年平均最低气温 /℃ Annual average minimum temperature /℃	-1.0
年降水量 /mm Annual precipitation /mm	602
≥10℃的积温 /℃ Daily temperature accumulated in a year（≥10℃）/℃	1713
年日照时数 /h Annual sunshine /h	2461
年平均相对湿度 /% Annual average relative humidity /%	67
干燥度 Dryness	0.48

本区域中心区月平均气温与月平均降水量
Monthly temperature and precipitation in central area of the region

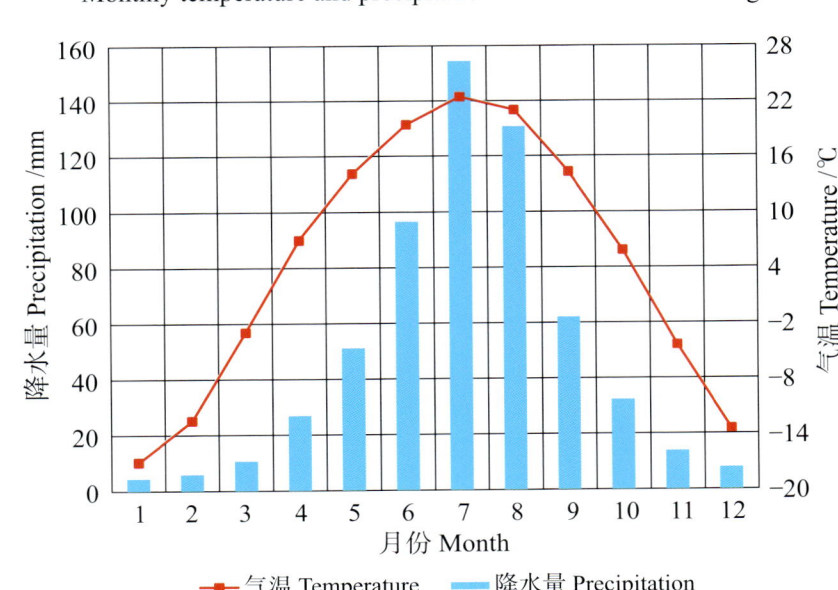

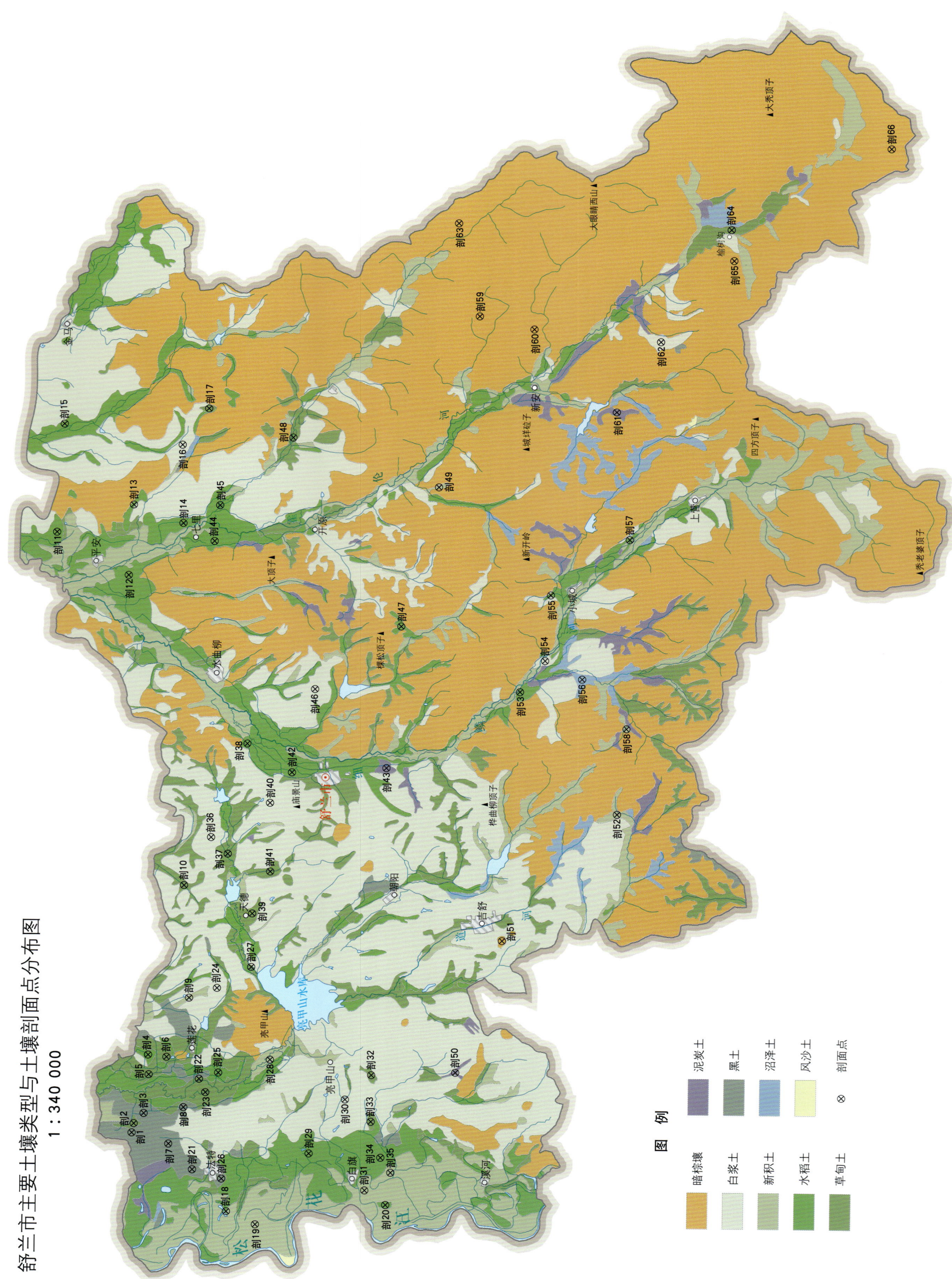

舒兰市土壤剖面理化性状表

剖面号 Soil profile	土纲 Soil order	土类 Soil great group	亚类 Soil subgroup	土属 Soil genus	土种 Soil species	土层码 Layer code	土层厚度 Depth/cm	颜色 Soil color	质地 Soil texture	土壤结构 Soil structure	pH	有机质 OM/(g/kg)	全氮 TN/(g/kg)	全磷 TP/(g/kg)	全钾 TK/(g/kg)	碱解氮 AN/(mg/kg)	有效磷 AP/(mg/kg)	速效钾 AK/(mg/kg)	土壤母质 Parent material	剖面点坐标 Profile coordinate	匹配指数 Matching index/%
剖1	半淋溶土	黑土	黑土		厚层黑土	Aa	0—20	暗灰黑色	黏壤土	粒状	6.1	23.1	0.79	0.39	24.1	175	5.6	88		E 126°33′10.8″ N 44°32′37.0″	95
						A	20—53	灰黑色	黏壤土	小团块状	5.9	19.9	0.99	0.36	19.0	182	3.2	84			
						AB	53—89	浅灰黑色	黏壤土	团块状	6.2	18.4	0.40	0.38	19.1	69	3.2	130			
						B	89—120	浅黄棕色	黏壤土	棱块状	5.7	15.7	0.62	0.40	23.9	54	3.3	94			
剖2	半水成土	草甸土	草甸土	平川草甸土	淤泥厚层平川草甸土	Aa	0—20	浅灰色	黏壤土	粒状	6.3	11.7	1.26	0.24	22.0	166	9.4	92		E 126°33′46.4″ N 44°32′32.6″	96
						A	20—99	浅灰色	黏壤土	团块状	6.2	25.5	2.18	0.54	27.8	199	15.1	106			
						ABg	99—120	黄灰色	黏壤土	棱状	5.9	14.3	1.26	0.53	23.6	162	21.8	128			
剖3	半淋溶土	黑土	黑土		中层黑土	Aa	0—20	暗灰黑色	黏壤土	粒状										E 126°34′26.4″ N 44°32′07.4″	98
						AB	20—45	灰黑色	黏壤土	小团块状											
						AB	45—70	浅灰黄色	黏壤土	团块状											
						B	70—120	浅黄棕色	黏壤土	团块状											
剖4	人为土	水稻土	草甸土型水稻土	草甸土型水稻土	深厚层草甸型水稻土	Aa	0—19	灰黑色	黏土	粒状	6.4	33.0	1.43	0.80	19.9	185	4.0	112		E 126°38′12.5″ N 44°32′02.4″	93
						A	19—106	灰黑色	粉砂质黏土	粒状	6.2	33.2	1.41	0.76	13.8	174	11.0	192			
						Bg	106—120	浅黄棕色	粉砂质黏土	团块状	6.1	8.4	0.61	0.14	17.5	74	13.1	206			
剖5	半水成土	草甸土	草甸土	平川草甸土	薄层平川草甸土	Aa	0—20	黑灰色	黏土	粒状	5.6	48.4	3.02	1.48	18.3	336	8.0	123		E 126°36′55.8″ N 44°31′58.4″	75
						Bg₁	20—69	浅棕灰色	壤质黏土	小棱块状	5.6	14.0	1.68	0.99	18.5	235	10.0	74			
						Bg₂	69—120	灰黄色	黏质壤土	无明显结构	5.4	7.6	0.64	0.36	20.4	76	5.1	72			
剖6	半水成土	草甸土	草甸土	平川草甸土	深厚层平川草甸土	Aa	0—16	灰黑色	黏壤土	粒状	6.4	30.0	1.86	0.50	22.2	182	7.9	103		E 126°38′06.4″ N 44°31′13.4″	91
						A	16—105	灰黑色	粉砂质黏壤土	小团块状	6.8	13.6	1.44	0.57	20.2	176	10.0	93			
						Be	105—120	黄棕色	黏壤土	团块状	6.2	4.4	0.51	0.27	19.8	73	9.4	137			
剖7	半淋溶土	黑土	黑土		薄层黑土	Aa	0—20	浅灰色	黏壤土	小团块状										E 126°32′33.7″ N 44°30′58.3″	89
						B	20—65	灰黑色	黏壤土	粒状											
						BC	65—120	黄棕色	黏壤土	团块状											
剖8	半淋溶土	黑土	白浆化黑土		厚层白浆黑土	Aa	0—15	暗灰黑色	壤质黏土	粒状	6.3	14.4	1.15	0.41	21.7	227	9.6	72		E 126°34′54.8″ N 44°30′22.3″	97
						A	15—50	暗灰黑色	黏壤土	团块状	6.5	15.8	1.44	0.38	22.7	188	6.4	90			
						AB	50—80	浅黄棕色	黏壤土	棱块状	6.2	7.5	1.24	0.26	23.4	113	4.7	97			
						B	80—120	浅黄绿色	黏壤土	团块状	6.0	4.3	0.75	0.25	24.0	86	4.7	102			
剖9	初育土	新积土	新积土		黏壤质新积土	Aa	0—20	灰灰色	壤土	小团块状									冲积物	E 126°41′56.0″ N 44°30′19.1″	93
						Ase	20—80	浅灰色	黏壤土	粒状											
						A	80—120	浅灰色	粉砂质黏壤土	粒状											
剖10	半水成土	草甸土	草甸土	岗川草甸土	薄层岗川草甸土	Aa	0—22	暗灰色	黏壤土	粒状	6.1	12.4	1.44	0.61	19.2	263	15.6	121		E 126°49′13.1″ N 44°30′44.6″	93
						Bg₁	22—37	黄棕色	黏壤土	粒状	5.3	2.7	0.53	0.50	24.9	104	33.1	109			
						Bg₂	37—120	浅黄棕色	黏壤土	棱块状	6.0	2.3	0.77	0.77	17.1	200	33.1	116			
剖11	人为土	水稻土	草甸土型水稻土	草甸土型水稻土	淤泥薄层草甸型水稻土	Aa	0—21	浅灰色	粉砂质黏壤土	无明显结构	5.7	8.0	0.97	0.36	18.1	241	7.9	75		E 127°11′44.9″ N 44°36′55.8″	94
						A	21—42	黄棕色	壤土	小团块状	5.8	56.3	1.76	0.49	16.5	468	29.1	106			
						Bg	42—120	浅灰色	黏壤土	无明显结构	6.1	3.6	0.75	0.22	20.9	55	18.1	82			
剖12	人为土	水稻土	冲积土型水稻土	冲积土型水稻土	砂砾底黏壤质冲积型水稻土	Aa	0—13	暗灰色	黏壤土	粒状	6.2	24.4	1.66	0.46	22.0	245	9.2	44		E 127°09′05.8″ N 44°33′41.4″	94
						C₁	13—40	浅棕灰色	黏壤土	无明显结构	5.6	23.6	1.78	0.36	23.6	232	7.8	67			
						C₂	40—90	黄灰色	少砾石黏壤土	无明显结构	6.5	8.4	0.18	0.26	13.8	129	5.0	97			
						C₃	90—120	浅灰黑色	砾石	无明显结构	6.4	8.1	0.17	0.17	20.5	103	7.6	45			
剖13	人为土	水稻土	草甸土型水稻土	草甸土型水稻土	薄层草甸型水稻土	Aa	0—15	暗灰黑色	黏土	无结构	5.2	56.1	2.23	0.56	27.1	250	10.7	59		E 127°13′38.6″ N 44°33′33.8″	95
						Bg₁	15—56	浅灰黄色	粉砂质黏土	团块状	5.0	4.5	0.84	0.27	20.6	64	5.8	95			
						Bg₂	56—120	浅灰色	重黏土	无明显结构	4.8	7.1	0.41	0.31	21.4	69	9.2	67			

续表 Continued

剖面号 Soil profile	土纲 Soil order	土类 Soil great group	亚类 Soil subgroup	土属 Soil genus	土种 Soil species	土层码 Layer code	土层厚度 Depth/cm	颜色 Soil color	质地 Soil texture	土壤结构 Soil structure	pH	有机质 OM/(g/kg)	全氮 TN/(g/kg)	全磷 TP/(g/kg)	全钾 TK/(g/kg)	碱解氮 AN/(mg/kg)	有效磷 AP/(mg/kg)	速效钾 AK/(mg/kg)	土壤母质 Parent material	剖面点坐标 Profile coordinate	匹配指数 Matching index/%
剖14	人为土	水稻土	冲积土型水稻土	冲积土型水稻土	黏砂冲积型	Aa	0—23	浅灰色	粉砂质黏土	无明显结构	5.1	38.6	1.87	0.63	21.1	215	9.0	89		E 127°12′32.4″ N 44°31′20.3″	95
						C₁	23—71	浅灰色	黏壤土	无明显结构	4.6	4.9	0.40	0.21	23.0	39	4.8	93			
						C₂	71—120	浅棕黄色	黏壤土	团块状	4.6	4.4	0.15	0.21	20.5	39	4.3	70			
剖15	人为土	水稻土	白浆土型水稻土	白浆土型淹育水稻土	薄层白浆型水稻土	Aa	0—18	浅黑色	壤质黏土	无明显结构	5.2	34.9	1.51	0.84	20.1	216	4.8	55		E 127°18′44.3″ N 44°36′44.3″	100
						A₂	18—38	浅黄色	黏壤土	片状	5.4	4.5	0.43	0.21	15.7	55	5.4	41			
						B	38—63	浅棕黄色	黏壤土	团块状	4.9	3.8	0.28	0.24	21.6	43	14.1	59			
						BC	63—120	棕黄色	黏壤土	棱块状	5.0	6.0	0.43	0.30	22.9	56	25.1	44			
剖16	淋溶土	白浆土	山地白浆土	山地白浆土	薄层山地白浆土	Aa	0—16	浅黑灰色	壤质黏土	片状	5.5	29.8	0.65	0.41	24.5	299	3.8	39		E 127°17′35.2″ N 44°31′28.6″	94
						A₂	16—32	灰白色	黏壤土	棱块状	5.3	8.4	0.31	0.21	24.8	87	0.7	64			
						B	32—120	浅黄棕色	黏壤土	棱块状	5.2	5.1	0.21	0.25	24.2	35	0.5	122			
剖17	半水成土	草甸土	山川草甸土	山川草甸土	薄层山川草甸土	Aa	0—20	灰色	黏土	小棱块状										E 127°19′58.8″ N 44°30′21.2″	92
						Bg₁	20—45	浅灰黄色	黏壤土	小棱块状											
						Bg₂	45—100		黏土	无明显结构											
						Bg₃	100—120		黏土	无明显结构											
剖18	人为土	水稻土	冷浆型水稻土	泥炭冷浆型水稻土	深位埋藏泥炭冷浆型水稻土	Aa	0—18	灰黄色	黏壤土	无结构	7.3	20.3	0.88	0.39	20.1	168	2.1	81		E 126°28′25.0″ N 44°28′17.4″	90
						Ase	18—61	浅灰黄色	黏壤土	无明显结构	6.5	13.7	0.90	0.56	20.7	126	11.1	77			
						P	61—120	浅灰棕色	黏土	粒状	5.9	334.8	2.11	1.71	3.6	914	2.7	170			
剖19	初育土	新积土	冲积土	砂底黏壤质冲积土	砂底黏壤质冲积土	Aa	0—22	黄灰色	黏壤土	粒状	6.8	14.6	0.92	0.53	34.3	181	3.7	159	冲积物	E 126°27′39.2″ N 44°26′58.2″	91
						C₁	22—41	黄色	黏壤土	粒状	6.9	8.1	0.97	0.53	24.4	118	4.5	105			
						C₂	41—51	黄色	壤质砂土	无结构	6.4	6.4	0.65	0.72	28.1	95	4.7	89			
						C₃	51—60	黄色	砂壤土	无明显结构	6.8	3.9	0.36	0.79	32.1	80	6.1	75			
						C₄	60—120	黄色	壤质砂土	无明显结构	6.9	1.8	0.14	0.31	26.7	34	8.0	50			
剖20	人为土	水稻土	冲积土型水稻土	夹粉砂黏质冲积型水稻土	夹粉砂黏质冲积型水稻土	Aa	0—25	暗黑色	黏壤土	无明显结构	5.5	34.2	1.32	0.60	20.6	148	10.5	126		E 126°29′13.2″ N 44°21′14.4″	98
						C₁	25—50	浅灰白色	黏壤土	无明显结构	5.3	3.5	0.42	0.24	17.4	30	4.6	95			
						C₂	50—120	灰黄色	黏土	团团块状	5.1	25.0	1.56	0.70	18.8	129	6.2	157			
剖21	半淋溶土	白浆化黑土	白浆化黑土	平川草甸平白浆土	薄层白浆型水稻土	Aa	0—26	暗黑色	黏土	小团块状	5.9	14.9	1.50	0.45	24.7	182	6.9	97		E 126°30′59.8″ N 44°29′52.1″	95
						B	26—54	灰黄色	黏壤土	粒状	6.1	20.1	1.82	0.38	19.4	154	11.0	83			
						BC	54—120	黄棕色	黏壤土	团团块状	5.8	6.4	0.23	0.52	20.9	99	19.1	93			
剖22	草甸土	草甸土	平川草甸土	平川草甸土	薄层白浆型水稻土	Aa	0—20	暗黑色	黏壤土	粒状	5.5	23.0	1.12	0.43	20.5	208	17.4	86		E 126°36′46.4″ N 44°29′43.8″	96
						A	20—40	灰黑色	黏壤土	粒状	5.5	22.8	0.99	0.29	20.3	165	12.4	68			
						Bg	40—120	浅灰黄色	黏壤土	无结构	6.1	1.9	0.36	0.21	26.2	79	27.2	90			
剖23	草甸土	草甸土	平川草甸土	厚层平川草甸土	厚层平川草甸土	Aa	0—20	灰黑色	黏壤土	粒状	5.2	62.6	1.66	0.59	20.6	184	7.0	75		E 126°35′56.0″ N 44°29′25.8″	96
						Bg	70—120	浅灰黄色	粉砂质壤土	片状	5.3	4.8	0.89	0.19	25.7	30	3.4	51			
剖24	半淋溶土	白浆化黑土	台地白浆土	中层台地白浆土	中层台地白浆土	Aa	0—25	浅灰黄色	黏壤土	棱块状	5.0	7.7	0.93	0.37	22.5	63	2.8	106		E 126°42′38.2″ N 44°29′07.1″	93
						A₂	25—50	黄棕色	粉砂质黏土	无明显结构	6.5	19.8	1.52	0.38	19.5	196	2.2	94			
						C₂	50—120	灰灰色	黏壤土	小团块状	6.2	10.5	1.46	0.52	19.6	170	12.4	102			
剖25	人为土	水稻土	草甸土型水稻土	中层草甸型水稻土	中层草甸型水稻土	Aa	0—20	暗黑黄色	黏壤土	团团块状	5.7	3.8	0.89	0.50	20.3	59	3.2	119		E 126°37′13.4″ N 44°28′54.1″	91
						A	20—43	灰黑色	黏壤土	粒状	6.7	16.2	1.56	0.59	21.7	172	8.5	114			
						Bg	45—120	灰黄色	黏壤土	小团块状	6.7	11.8	1.39	0.24	29.4	42	4.1	128			
剖26	半淋溶土	白浆化黑土	白浆化黑土	中层白浆土	中层白浆黑土	Aa	0—20	灰黑色	黏壤土	粒状	6.5	4.1	0.46	0.46	26.7	35	3.4	87		E 126°30′28.4″ N 44°28′34.0″	96
						A	20—43	黄棕色	粉砂质壤土	小团块状	5.1	29.5	1.65	0.55	24.8	180	16.1	127			
						B	43—120	浅灰黄色	粉砂质黏土	团块状	5.3	22.6	1.09	0.96	20.6	122	35.1	119			
剖27	半水成土	草甸土	岗川草甸土	厚层岗川草甸土	厚层岗川草甸土	Aa	0—22	浅灰色	黏壤土	团块状	5.5	6.9	0.60	0.61	24.5	27	4.7	125		E 126°44′04.2″ N 44°27′37.4″	91
						A	22—77														
						BC	77—120														

续表 Continued

剖面号 Soil profile	土纲 Soil order	土类 Soil great group	亚类 Soil subgroup	土属 Soil genus	土种 Soil species	土层码 Layer code	土层厚度 Depth/cm	颜色 Soil color	质地 Soil texture	土壤结构 Soil structure	pH	有机质 OM/(g/kg)	全氮 TN/(g/kg)	全磷 TP/(g/kg)	全钾 TK/(g/kg)	碱解氮 AN/(mg/kg)	有效磷 AP/(mg/kg)	速效钾 AK/(mg/kg)	土壤母质 Parent material	剖面点坐标 Profile coordinate	匹配指数 Matching index/%
剖28	初育土	新积土	冲积土	冲积土	黏壤质冲积土	Aa	0—17	黄灰色	黏壤土	粒状	5.8	21.9	0.75	0.32	17.3	171	14.7	94	冲积物	E 126°38′10.7″ N 44°26′37.3″	98
						C₁	17—50	灰黄色	黏壤土	小团块状	5.2	18.0	0.95	0.31	20.5	206	6.5	95			
						C₂	50—120	浅灰黄色	黏壤土	小团块状	4.9	5.2	0.74	0.34	7.7	116	9.2	92			
剖29	人为土	水稻土	冷浆型水稻土	沼泽冷浆型水稻土	腐泥冷浆型水稻土	Aa	0—20	暗灰黑色	黏壤土	无明显结构	7.6	48.2	2.57	1.03	26.0	374	1.0	100		E 126°32′17.9″ N 44°24′43.9″	100
						A	20—67	暗灰黑色	黏壤土	无明显结构	7.1	19.3	0.84	1.05	24.0	166	3.3	119			
						Bg	67—120	灰黄色	黏壤土	团块状	7.0	7.6	0.25	0.59	28.8	66	4.0	142			
剖30	淋溶土	白浆土	台地白浆土	台地白浆土	露黄台地白浆土	Aa	0—12	灰黄色	黏壤土	棱块状	5.2	10.9	0.86	0.26	24.3	107	6.9	112		E 126°35′48.5″ N 44°23′13.6″	80
						B	12—120	浅灰棕色	黏壤土	棱块状	5.5	17.3	1.32	0.28	24.9	56	10.1	103			
剖31	初育土	新积土	冲积土	冲积土	壤质冲积土	Aa	0—18	浅灰色	壤土	粒状	6.1	17.2	0.92	0.75	25.9	212	15.1	157	冲积物	E 126°30′04.7″ N 44°22′11.6″	98
						C₁	18—69	黄灰色	黏壤土	小团块状	6.6	11.4	1.15	0.53	19.0	175	10.7	164			
						C₂	69—120	浅灰黄色	黏壤土	小团块状	6.5	6.5	0.74	0.59	19.7	114	5.6	164			
剖32	半水成土	草甸土	草甸土	岗川草甸土	淤泥薄层岗川草甸土	Aa	0—20	黑色	黏壤土	粒状	5.6	12.8	0.71	0.28	23.5	218	6.0	81		E 126°37′25.7″ N 44°22′06.2″	75
						A	20—50	黄棕色	黏壤土	团块状	5.3	52.1	1.66	0.95	20.5	384	9.1	70			
						BC	50—120	黄灰色	壤土	粒状	5.2	5.0	0.64	0.28	21.6	90	2.6	69			
剖33	半水成土	草甸土	草甸土	平川草甸土	中层平川草甸土	Aa	0—20	暗灰色	黏壤土	粒状	5.5	56.0	2.84	0.29	24.3	160	18.4	103		E 126°34′27.8″ N 44°22′02.6″	94
						A	20—42	暗灰黑色	黏壤土	粒状	5.4	58.5	2.68	0.32	25.3	169	8.7	96			
						Bg	42—120	灰黄色	黏壤土	无明显结构	5.6	8.9	0.46	0.28	20.0	44	9.0	171			
剖34	人为土	水稻土	草甸土型水稻土	岗川草甸土	厚层草甸型水稻土	Aa	0—20	暗灰黑色	粉砂质黏土	粒状	5.4	25.5	1.43	0.57	22.2	146	13.1	112		E 126°32′12.5″ N 44°21′32.8″	97
						A	20—70	灰黑色	黏壤土	团块状	5.5	18.6	1.49	0.34	22.0	108	13.0	97			
						BC	70—120	浅棕黄色	黏壤土	团块状	5.3	6.6	0.25	0.54	19.3	56	12.8	107			
剖35	初育土	新积土	冲积土	冲积土	砂壤冲积土	Aa	0—20	灰棕色	砂质黏壤土	弱发育粒状	5.8	7.3	0.56	0.85	25.3	112	2.8	60	冲积物	E 126°31′17.0″ N 44°21′04.3″	90
						C₁	20—35	灰黄色	黏壤土	粒状	5.3	2.7	0.81	0.56	19.3	164	15.0	59			
						C₂	35—55	黄灰色	壤质砂土	粒状	5.3	2.6	0.51	0.72	27.3	72	6.9	33			
						C₃	55—120	灰黄色	壤质砂土	无明显结构	6.5										
剖36	淋溶土	白浆土	台地白浆土	台地白浆土	薄层台地白浆土	Aa	0—17	暗灰色	壤质黏土	无结团	5.6	38.6	2.28	0.28	24.7	257	10.6	79		E 126°52′23.2″ N 44°29′37.7″	80
						A₂	17—33	浅灰色	黏壤土	片状	5.3	2.8	0.38	0.21	26.8	36	3.1	39			
						B	33—120	黄灰色	黏壤土	棱柱状	4.9	3.7	0.31	0.22	24.5	36	3.1	83			
剖37	半水成土	草甸土	草甸土	岗川草甸土	中层岗川草甸土	Aa	0—19	暗黑色	壤质黏土	粒状	6.4	18.3	2.21	0.66	20.5	192	16.4	89		E 126°32′20.9″ N 44°28′52.3″	96
						A	19—40	灰黑色	黏壤土	团块状	5.9	25.8	2.24	0.68	20.3	256	18.5	54			
						Bg₁	40—65	浅棕黄色	黏壤土	团块状	6.7	5.4	0.86	0.69	19.4	68	36.8	74			
						Bg₂	65—120	灰黄色	黏壤土	团块状	6.2	6.9	0.52	0.58	20.2	90	12.1	122			
剖38	人为土	水稻土	冷浆型水稻土	泥炭冷浆型水稻土	浅位埋藏泥炭冷浆型水稻土	Aa	0—16	黑灰色	壤质黏土	小块状	5.9	78.9	1.18	1.81	13.7	704	6.9	76		E 126°58′28.6″ N 44°28′10.2″	80
						Ase	16—28	暗棕灰色	黏质黏土	无明显结构	6.3	77.1	3.01	1.49	12.1	648	17.6	49			
						P	28—79	暗黑色	壤质黏土	小块状	6.3	319.8	6.37	1.95	5.2	942	31.0	102			
						G	79—120	暗灰色	壤质黏土	小团块状	5.7	34.7	1.38	0.98	11.4	511	29.0	140			
剖39	半水成土	草甸土	草甸土	岗川草甸土	淤泥中层岗川草甸土	Aa	0—20	暗黑色	黏壤土	团块状	5.6	31.2	1.71	0.56	15.7	87	15.1	111		E 126°51′20.9″ N 44°28′52.3″	92
						A	20—60	灰黑色	黏壤土	团块状	5.0	41.8	2.34	0.52	13.8	228	15.5	101			
						Bg₁	60—88	浅棕黄色	黏壤土	棱块状	5.2	5.0	0.41	0.17	16.0	30	6.9	103			
						Bg₂	88—120	暗棕色	黏壤土	粒状	5.8	3.8	0.33	0.23	16.1	23	3.6	92			
剖40	淋溶土	白浆土	台地白浆土	台地白浆土	厚层台地白浆土	Aa	0—20	浅棕灰色	壤质黏土	粒状	6.1	30.0	2.51	0.38	22.5	266	10.1	95		E 126°47′31.2″ N 44°27′40.3″	80
						A₁	20—42	黑灰色	壤质黏土	小团块状	6.5	40.2	2.55	0.60	22.4	424	4.6	62			
						A₂	42—56	浅灰白色	黏质黏土	片状	5.6	4.0	0.95	0.26	22.2	102	3.1	56			
						B	56—120	黄棕色	黏质黏土	棱块状	5.2	4.4	1.21	0.40	20.1	138	3.9	101			
剖41	半水成土	草甸土	草甸土	岗川草甸土	淤泥厚层岗川草甸土	Aa	0—20	暗灰黑色	粉砂质黏壤土	粒状										E 126°54′42.5″ N 44°26′56.8″	94
						A	20—78	暗黑色	黏质黏土	粒状											
						Bg	78—120	黄棕色	黏土	小棱块状											

续表 Continued

剖面号 Soil profile	土纲 Soil order	土类 Soil great group	亚类 Soil subgroup	土属 Soil genus	土种 Soil species	土层码 Layer code	土层厚度 Depth/cm	颜色 Soil color	质地 Soil texture	土壤结构 Soil structure	pH	有机质 OM/(g/kg)	全氮 TN/(g/kg)	全磷 TP/(g/kg)	全钾 TK/(g/kg)	碱解氮 AN/(mg/kg)	有效磷 AP/(mg/kg)	速效钾 AK/(mg/kg)	土壤母质 Parent material	剖面点坐标 Profile coordinate	匹配指数 Matching index/%
剖42	人为土	水稻土	草甸土型水稻土	草甸土型水稻土	涂泥中层草甸型水稻土	Aa	0—20	浅灰色	壤质黏土	无明显结构	5.1	12.8	1.51	0.46	18.0	378	5.6	100		E 126°56′42.7″ N 44°26′08.9″	92
						A	20—60	黑灰色	壤质黏土	团粒状	5.6	21.7	2.30	0.55	20.1	248	16.6	98			
						BC	60—120	浅棕黄色	黏壤土	无明显结构	5.3	7.5	0.83	0.05	22.3	54	6.5	73			
剖43	水成土	泥炭土	埋藏泥炭土	浅位埋藏泥炭土	浅位埋藏泥炭土	P₁	0—16	棕黑色		无结构	4.6	172.3	11.32	2.15	24.7	810	13.6	59		E 126°57′10.8″ N 44°21′58.0″	80
						P₂	16—40	深黑色		无结构	5.3	267.2	13.44	1.79	16.9	935	14.0	68			
						P₂	40—83	蓝灰色		无结构	4.9	400.0	13.22	1.69	18.5	863	9.0	89			
						G	83—	蓝灰色		无结构	4.7	13.7	3.64	0.30	15.3	347	4.6	72			
剖44	人为土	水稻土	白浆土型水稻土	白浆土型淹育水稻土	厚层白浆型水稻土	Aa	0—15	浅черна灰黄色	壤质黏土	无明显结构	6.1	43.1	1.41	0.46	21.8	329	9.3	92		E 127°11′26.5″ N 44°29′56.0″	100
						A₁	15—38	浅黄灰色	黏壤土	粒状	5.8	23.5	0.96	0.28	23.0	169	4.6	58			
						A₂	38—72	黄白相间	黏壤土	片状	4.6	4.4	0.24	0.09	21.8	60	2.5	50			
						B	72—120	浅棕色	黏壤土	棱块状	5.1	4.7	0.41	0.33	23.2	69	6.5	112			
剖45	人为土	水稻土	冲积土型水稻土	冲积土型水稻土	砂底黏质冲积型水稻土	Aa	0—18	浅灰黄色	粉砂质黏壤土	无明显结构	5.5	16.5	0.91	0.45	22.0	90	6.1	91		E 127°13′45.5″ N 44°29′44.2″	98
						C₁	18—48	浅棕黄色	砂质黏壤土	小团块状	4.6	3.9	0.30	0.35	22.8	38	7.7	35			
						C₂	48—80	灰棕黄色	砂质黏壤土	团块状	4.6	7.6	0.30	0.25	20.4	52	7.5	46			
						C₃	80—120	浅棕黄色	多砾砂土	无结构	5.4	38.1	2.32	0.49	20.6	250	7.9	74			
剖46	淋溶土	白浆土	山地白浆土	山地白浆土	中层山地白浆土	Aa	0—23	暗灰色	黏壤土	粒状	5.5	4.9	0.32	0.32	16.1	55	0.7	59		E 127°02′06.4″ N 44°25′15.2″	90
						A₁	23—51	浅黄灰色	片状	片状	5.1	10.5	0.45	0.36	15.8	69	5.7	97			
						B	51—120	暗黄棕色	壤质黏土	棱块状	4.7	325.1	13.33	1.37	16.2	917	12.1	37			
剖47	人为土	水稻土	冷浆型水稻土	泥炭冷浆型水稻土	泥炭冷浆型水稻土	Aa	0—15	浅黑黑色	壤质黏土	无明显结构	4.7	595.4	19.91	1.13	10.7	950	6.2	173		E 127°06′18.7″ N 44°21′31.7″	80
						P	15—120	暗黑色	黏土	无明显结构	7.0	45.1	3.81	1.03	20.7	439	23.3	77			
剖48	半水成土	草甸土	山川草甸土	山川草甸土	厚层山川草甸土	Aa	0—15	黑黑色	粉砂质黏土	小团块状	6.7	53.3	4.94	1.27	19.2	512	36.9	109		E 127°18′13.3″ N 44°26′34.8″	89
						A	15—90	灰黑棕色	粉砂质黏土	团块状	6.1	3.7	0.64	0.50	22.0	54	21.3	60			
						Be	90—120	灰黄棕色	砂质黏壤土	无明显结构	5.7	50.3	2.88	1.23	24.7	302	17.7	88			
剖49	初育土	新积土	新积土	新积土	砂砾底砂黏质新积土	Aa	0—17	灰灰色	粉砂质黏土	粒状	5.7	64.6	4.42	1.65	23.1	450	5.1	60	冲积物	E 127°15′17.6″ N 44°20′03.1″	93
						C₁	17—58	黄黄色	砾石土	粒状	6.8	26.5	1.01	0.68	19.7	191	16.1	67			
							58—120	棕黄色	砾石土	无结构											
剖50	水成土	泥炭土	埋藏泥炭土	深位埋藏泥炭土	深位埋藏型泥炭土	Aa	0—20	黄黄色	黏壤土	粒状	6.5	36.6	1.30	0.47	20.9	255	25.0	77		E 126°37′48.0″ N 44°18′23.4″	75
						Ase₁	20—35	黄棕色	黏壤土	片状	6.5	41.9	1.62	1.29	18.2	382	27.4	77			
						Ase₂	35—65	深黄棕色	黏壤土	小团块状	5.7							76			
						P	65—	灰灰色	石质土		6.8	664.7	3.30	1.96	11.5	1671	13.0	76			
剖51	淋溶土	暗棕壤	暗棕壤	基性岩暗棕壤	薄层基性岩暗棕壤	A₁	0—19	暗黄色	少砾黏壤土	粒状	5.1	86.2	3.58	0.44	28.1	459	7.1	73	基性岩风化物	E 126°46′19.6″ N 44°16′33.2″	97
						C₁	19—40	浅棕黄色	少砾黏壤土	小团块状	4.5	10.7	1.20	0.19	23.4	140	5.8	65			
						BC	40—75	黄棕色	多砾黏壤土	无结构	5.0	6.9	0.90	0.07	18.2	131	6.0	240			
						D	75—	黑色	石质土												
剖52	初育土	新积土	冲积土	层状冲积土	砂砾底黏壤质层状冲积土	Aa	0—14	黄棕色	少砾黏壤土	粒状	5.6	27.5	1.12	0.87	23.1	199	6.8	45	冲积物	E 126°54′41.1″ N 44°11′40.6″	95
						C₁	14—31	浅黄棕色	多砾黏壤土	粒状	5.5	16.7	0.58	0.37	17.4	150	13.4	35			
						C₂	31—48	黄棕色	砾石土	无结构	5.9	9.9	0.49	0.54	21.0	112	5.0	28			
						C₃	52—78	棕黄色	砂质黏壤土	无结构	5.7	4.4	0.28	0.44	23.3	67	7.4	25			
						C₄	78—120	灰黄色	砾石土	无结构	6.4	2.8	0.84	0.39	20.2	49	12.7	31			
剖53	人为土	水稻土	白浆土型水稻土	白浆土型淹育水稻土	砂底薄层白浆型水稻土	Aa	0—20	黑灰色	壤质黏土	无明显结构	5.4	31.0	1.62	0.72	21.5	349	2.4	103		E 127°02′19.7″ N 44°16′09.8″	75
						A₂	20—46	黄灰色	黏壤土	片状	6.2	6.1	0.52	0.32	21.2	83	17.0	101			
						BC₁	46—77	黄棕色	黏壤土		6.5	7.4	0.53	0.33	24.3	83	15.6	138			
						C₂	77—120	黄色	砾质砂土		6.4	2.9	0.40	0.47	21.2	52	10.7	49			

续表 Continued

剖面号 Soil profile	土纲 Soil order	土类 Soil great group	亚类 Soil subgroup	土属 Soil genus	土种 Soil species	土层码 Layer code	土层厚度 Depth/cm	颜色 Soil color	质地 Soil texture	土壤结构 Soil structure	pH	有机质 OM/(g/kg)	全氮 TN/(g/kg)	全磷 TP/(g/kg)	全钾 TK/(g/kg)	碱解氮 AN/(mg/kg)	有效磷 AP/(mg/kg)	速效钾 AK/(mg/kg)	土壤母质 Parent material	剖面点坐标 Profile coordinate	匹配指数 Matching index/%
剖54	淋溶土	白浆土	台地白浆土	台地白浆土	深位砂砾底薄层台地白浆土	Aa	0—15	浅黄灰色	壤质黏土	粒状	7.0	24.0	1.46	0.64	22.0	295	13.3	135		E 127°04′21.4″ N 44°15′06.5″	93
						A₂	15—52	浅黄色	黏质壤土	片状	6.3	7.1	0.25	0.31	22.0	83	2.9	87			
						BC₁	52—102	浅黄棕色	黏质壤土	棱块状	6.3	4.5	0.73	0.31	23.2	83	5.0	85			
						C₂	102—120	黄色	砾石土	无明显结构	6.9	6.2	0.93	0.42	13.0	88	2.3	127			
剖55	人为土	水稻土	白浆土型水稻土	白浆土型潴育水稻土	中层白浆型水稻土	Aa	0—14	浅黄灰色	壤质黏土	壤质黏土	5.2	41.4	2.12	0.72	19.5	326	9.7	87		E 127°08′34.8″ N 44°14′56.4″	75
						A₁	14—21	浅灰色	黏质壤土	梭块显结构	5.8	41.4	1.74	0.93	19.6	359	8.9	69			
						A₂	21—67	黄白相间	黏质壤土	片状	5.7	15.4	1.11	0.23	21.3	151	6.2	51			
						B	67—120	黄棕色	壤质黏土	梭块状	5.4	3.5	0.29	0.36	17.4	53	8.6	65			
剖56	水成土	沼泽土	泥炭沼泽土			AC	0—43	灰色	黏质黏土	无结构	5.4	76.9	62.06	1.23	16.3	472	3.6	95		E 127°03′15.1″ N 44°13′26.0″	96
						C	43—120	浅黄灰色	黏质黏土	无明显结构	5.7	7.1	0.42	0.21	13.8	88	1.8	64			
剖57	人为土	水稻土	冲积土型水稻土	冲积土型水稻土	砾石底黏质冲积型水稻土	Aa	0—11	浅浅黄色	少砾黏壤土	无明显结构	5.2	30.1	1.12	0.49	22.6	252	7.9	83		E 127°12′15.1″ N 44°11′31.2″	93
						C₁	11—55	浅灰色	壤质黏土	无结构	5.4	38.0	1.95	0.46	18.6	287	7.6	96			
						C₂	55—120	黄色	砾石土	无结构	6.6	5.4	0.49	0.35	21.9	162	3.5	72			
剖58	初育土	新积土	冲积土	层状冲积土	砾石底砂黏壤层状冲积土	Aa	0—15	浅黄色	砂质黏壤土	小团粒结构	5.6	18.9	1.69	0.49	21.9	264	9.2	92		E 127°00′10.4″ N 44°11′23.3″	91
						C₁	15—32	浅灰色	壤质黏土	片状	6.4	10.1	1.57	0.67	20.9	148	15.8	86			
						C₂	32—44	灰黄色	黏质黏土	无结构	6.4	9.8	0.83	0.76	14.3	149	20.5	85			
						C₃	44—120	棕黄色	砾石土												
剖59	淋溶土	暗棕壤	酸性岩暗棕壤	酸性岩暗棕壤	厚酸性岩暗棕壤	Ao	0—5	暗黑黑色	壤质黏土	粒状	5.2	106.4	3.75	0.64	22.3	528	8.9	85	酸性岩风化物	E 127°26′19.3″ N 44°18′27.4″	89
						A₁	5—40	浅灰色	壤质黏土	小团块状	5.1	16.2	0.75	0.27	22.8	150	3.8	54			
						BC	56—74			无明显结构											
剖60	淋溶土	暗棕壤	酸性岩暗棕壤	酸性岩暗棕壤	薄层酸性岩暗棕壤	A₁	0—15	黑灰色	少砾黏壤土	无结构	5.5	80.9	2.76	0.28	23.3	389	18.0	55	酸性岩风化物	E 127°25′33.6″ N 44°16′01.9″	93
						A₂B	15—45	黄灰色	砾石土	无结构	4.5	20.9	0.86	0.13	21.9	121	6.4	56			
						C	45—120	灰棕色	砾石土	无结构	5.3	7.0	0.25	0.07	21.7	57	6.1	29			
剖61	水成土	泥炭土	泥炭土	泥炭土	泥炭土	P	0—70	棕黑色	壤质黏土	无结构	5.2	485.0	11.38	1.79	14.3	1123	2.5	23		E 127°20′24.0″ N 44°12′16.2″	95
						G	70—120	蓝灰色	黏质黏土	无结构	5.1	25.8	1.10	0.22	23.7	236	3.9	62			
剖62	淋溶土	白浆土	山地白浆土	山地白浆土	厚层山地白浆土	Aa	0—18	浅灰色	黏质黏土	小团块状	5.7	42.3	1.44	0.79	17.9	388	12.4	95		E 127°24′57.2″ N 44°10′23.5″	80
						A₁	18—32	浅黄灰色	粉砂黏壤土	粒状	5.8	41.0	1.40	0.76	16.7	362	11.4	94			
						A₂	32—62	灰黄灰色	黏质黏土	片状	6.3	4.8	0.48	0.22	19.7	74	5.8	57			
						B	62—102	浅黄棕色	少砾黏壤土	无明显结构	6.2	5.8	0.58	0.29	22.6	95	9.3	64			
剖63	半水成土	草甸土	山川草甸土	山川草甸土	中层山川草甸土	A₁	0—21	暗黑黑色	砾石土	小团块状	5.1	200.5	3.68	0.54	19.2	716	20.1	130	酸性岩风化物	E 127°32′15.0″ N 44°19′29.6″	80
						A₂	21—54	暗黄色	黏质黏土	小团块状	4.8	83.2	2.64	0.75	20.5	516	12.3	89			
						C	54—100	黄灰色	砾石土	无结构	4.7	27.7	1.65	0.41	23.2	191	26.3	76			
剖64	淋溶土	暗棕壤	酸性岩暗棕壤	酸性岩暗棕壤		A₁	0—15	暗黄色	壤质黏土	粒状	5.8	36.1	2.67	0.91	17.5	299	23.1	86			
						Bg₁	15—50	灰色	粉砂黏壤土	梭块状	6.5	36.9	2.79	0.92	19.0	283	31.2	84			
						Bg₂	50—80	暗黄色	粉砂黏壤土	团块状	6.1	3.6	1.08	0.55	16.8	81	13.7	63			
						C	80—120	灰色	黏质黏土	无明显结构	6.2	4.0	1.01	0.32	19.3	68	23.1	83			
剖65	淋溶土	暗棕壤	片岩暗棕壤	片岩暗棕壤	中层片岩暗棕壤	A₁	0—20	暗黑棕色	多砾壤土	粒状	5.3	127.8	3.12	0.28	8.9	471	8.4	88	片岩风化物	E 127°30′14.8″ N 44°07′14.2″	96
						A₂B	20—60	浅黄色	砾石土	无结构	4.3	14.6	0.98	0.08	20.3	115	6.2	23			
						C	60—	黄棕色	砾石土	粒状											
剖66	淋溶土	暗棕壤	暗棕壤	片岩暗棕壤	薄层片岩暗棕壤	A₁	0—10	暗黄色	多砾砂壤土	粒状	4.1	12.8	0.47	0.05	22.1	69	2.7	12	片岩风化物	E 127°37′35.8″ N 44°00′22.3″	89
						A₂B	10—50	浅黄色	砾石土	无明显结构											
						C	50—	黄棕色	砾石土	无结构											

磐 石 市

主要土类说明

暗棕壤是磐石市主要土壤类型，占本市地域面积的63%，主要分布在本市东北部、东南部及西北部。本市暗棕壤属山地土壤，发育于各类岩石风化残积物或坡积物，原始植被多为针阔叶混交林或次生阔叶林。由于降水和融冻水的影响，有机残体分解缓慢，在土壤表层积累了大量腐殖质，有助于土壤结构和物理性质的改善。土壤多呈弱酸性反应，土体厚度一般不超过80cm。受腐殖质积累和弱酸性淋溶作用的影响，在土体表层形成厚10—30cm、腐殖质含量较高、以暗棕色为主的黑土层，其下为灰黄色或灰白色土层，因母质较疏松，淀积层多不明显。

白浆土是磐石市第二大土壤类型，占本市地域面积的17%，本市各地均有分布，以中南部分布较多。本市白浆土主要发育于丘陵岗地第四纪黄土状沉积物，部分发育于山麓台地坡积物或各类岩石风化物，原始植被为针阔叶混交林，多数已被开垦为农田。由于腐殖化和淋溶黏化过程的强烈影响，剖面内形成了层次分明的黑土层、灰白色白浆层、暗棕色棱块状淀积层和母质层。本市白浆土分为山地白浆土、台地白浆土、平地白浆土、潜育白浆土四个亚类，其中，台地白浆土面积最大，占本土类面积的69%，主要分布在黄土沉积物台地。

水稻土是磐石市第三大土壤类型，占本市地域面积的11%。水稻土是在种稻周期性淹水条件下，经水耕熟化和氧化还原交替过程形成的非地带性土壤。本市种稻时间较短，每年土壤淹水期短，水稻土发育程度不高，除耕作层有明显的网状锈纹外，剖面形态仍保持母土原有的特征。本市水稻土按母土类型分为冲积土型、草甸土型、白浆土型、冷浆型等亚类。

草甸土占本市地域面积的9%，主要分布在远河、山间、岗间低平地，本市各地均有分布。草甸土是在冷湿条件下，受地下水浸润并在草甸植被下发育形成的土壤，呈微酸性或中性，有较厚的黑土层。本市草甸土仅有草甸土一个亚类。

小于本市地域面积3%的土壤类型有泥炭土等。

本区域中心区气候特征

本区域中心区气候特征值
Regional climate characteristics in central area of the region

气候带：中温带亚干旱气候 Climate region: Mid temperate subarid climate	
年平均气温 /℃ Annual average temperature /℃	5.6
年平均最高气温 /℃ Annual average maximum temperature /℃	11.7
年平均最低气温 /℃ Annual average minimum temperature /℃	0.3
年降水量 /mm Annual precipitation /mm	676
≥10℃的积温 /℃ Daily temperature accumulated in a year（≥10℃）/℃	1973
年日照时数 /h Annual sunshine /h	2439
年平均相对湿度 /% Annual average relative humidity /%	67
干燥度 Dryness	0.50

本区域中心区月平均气温与月平均降水量
Monthly temperature and precipitation in central area of the region

磐石市主要土壤类型与土壤剖面点分布图
1 : 370 000

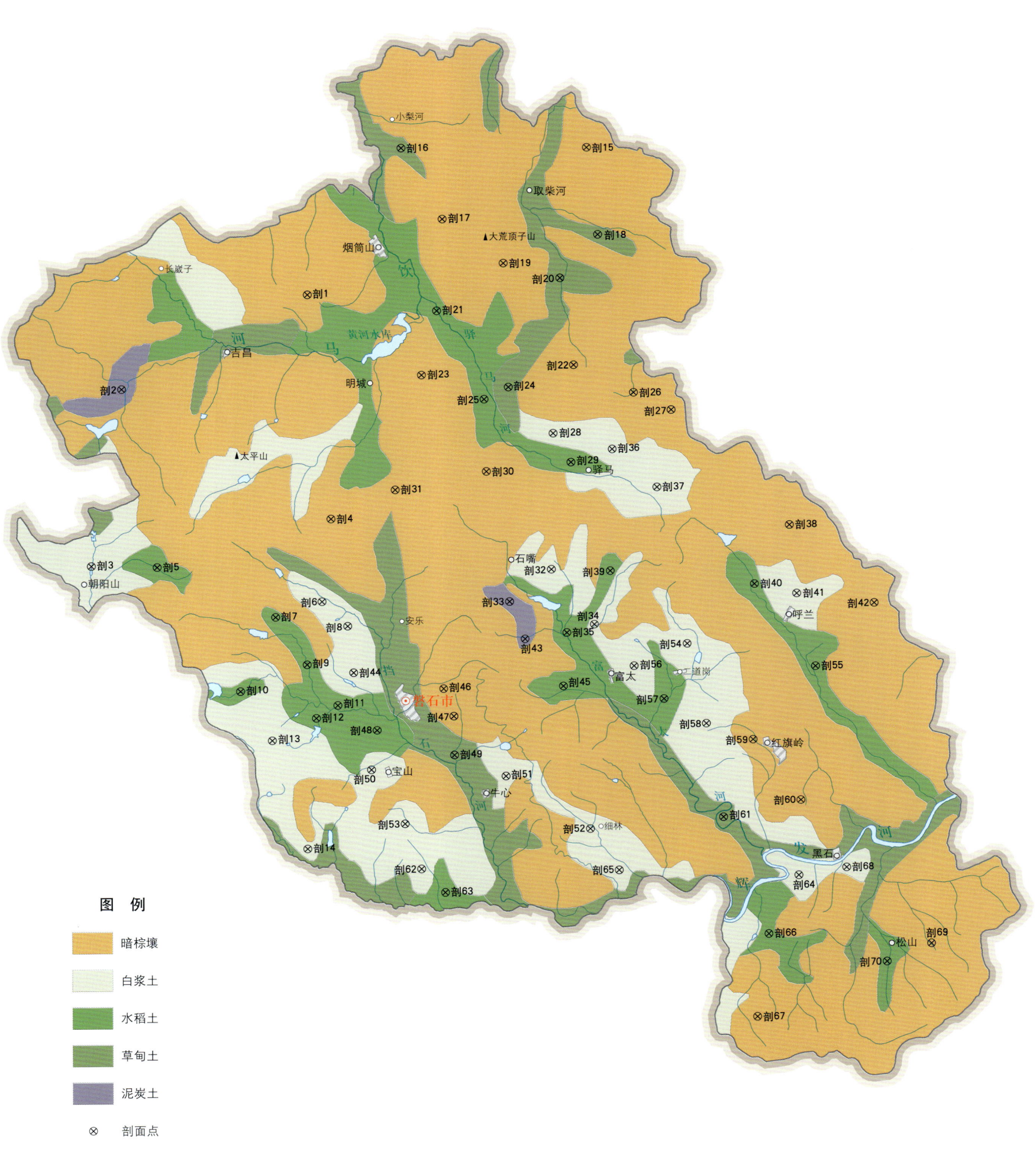

磐石市土壤剖面理化性状表

剖面号 Soil profile	土纲 Soil order	土类 Soil great group	亚类 Soil subgroup	土属 Soil genus	土种 Soil species	土层码 Layer code	土层厚度 Depth/cm	颜色 Soil color	质地 Soil texture	土壤结构 Soil structure	pH	有机质 OM/(g/kg)	全氮 TN/(g/kg)	全磷 TP/(g/kg)	全钾 TK/(g/kg)	碱解氮 AN/(mg/kg)	有效磷 AP/(mg/kg)	速效钾 AK/(mg/kg)	土壤母质 Parent material	剖面点坐标 Profile coordinate	匹配指数 Matching index/%
剖1	淋溶土	暗棕壤	暗棕壤	酸性岩暗棕壤	砂砾质中层酸性岩暗棕壤	Aa	0—25	浅灰色	黏壤土	粒状	5.1	52.0	2.39	1.03	32.2	320	26.0	154	酸性岩风化物	E 125°56′21.4″ N 43°15′17.9″	74
						A,B	25—51	浅灰白色	黏壤土	片状	5.2	14.8	0.78	0.61	33.9	76	14.1	143			
						BC	51—110	棕色	多砾质土	棱块状	5.0	14.4	0.73	0.81	42.2	107	4.0	52			
剖2	水成土	泥炭土	埋藏泥炭土	浅位埋藏泥炭土	浅位厚层埋藏泥炭土	Asea	0—20	浅棕灰色	黏壤土	粒状	6.4	36.2	1.70	0.90	32.8	189	6.7	52		E 125°45′13.8″ N 43°10′36.8″	75
						Ase	20—40	浅棕黑色	黏壤土	粒状	6.4	39.8	1.71	0.91	31.8	201	8.5	63			
						P₁	40—60	锈黄黑色			6.3	203.9	2.64	4.05	18.3	941	13.5	75			
						P₂	60—80	黑色			6.1	202.1	2.63	4.12	17.7	873	17.2	79			
						P₃	80—120	灰黑色			6.0	200.3	2.60	5.03	15.5	1011	13.7	71			
剖3	淋溶土	白浆土	山地白浆土	黄土质山地白浆土	中层黄土质山地白浆土	1	0—25		黏壤土		5.7	42.0	1.59	1.34	15.6	251	10.7	77	黄土母质	E 125°43′49.2″ N 43°02′23.7″	95
						2	25—68		黏壤土		5.4	2.6	0.71	0.78	17.3	59	13.8	47			
						3	68—120		黏壤土		5.2	5.7	0.55	1.80	20.2	42		97			
剖4	淋溶土	暗棕壤	暗棕壤性土	片岩暗棕壤性土		Aa	0—15	灰黄色	少砾壤土	粒状									片岩风化物	E 125°58′18.1″ N 43°04′58.0″	74
						C	15—														
剖5	人为土	水稻土	冷浆型水稻土	泥炭冷浆型水稻土	泥炭冷浆型水稻土	Aa	0—10	黑色	少砾质黏壤土		5.7	133.2	1.21	1.65	17.9	632	6.0	54		E 125°47′49.9″ N 43°02′27.6″	75
						P	10—70	黑色	壤质黏土	无结构	5.7	340.9	7.76	0.76	8.4	293	9.2	92			
						Pg	70—90	锈蓝灰色	粉砂质黏土	无结构	5.3	171.3	1.12	0.90	23.0	95	3.7	69			
						G	90—120	锈蓝灰色	粉砂质黏土		4.9	21.2	0.71	0.67	13.7	158	4.4	77			
剖6	淋溶土	白浆土	山地白浆土	黄土质山地白浆土	薄层黄土质山地白浆土	Aa	0—20	黄土相间	少砾质黏壤土	粒状	6.2	31.3	0.69	0.77	27.1	266	11.6	143	黄土母质	E 125°57′56.2″ N 43°01′08.0″	95
						A₂	20—38	锈斑色	黏壤土	片状		8.0	0.58	0.34	18.9	116	3.2	55			
						B	38—120		黏壤土	棱块状	5.3	7.9	0.59	0.71	21.5	121	9.3	133			
剖7	人为土	水稻土	草甸土型水稻土	冷浸草甸型水稻土	冷浸草甸型水稻土	Aa	0—30	蓝灰色	粉砂质黏土	无结构											
						A	30—80	锈蓝灰色	粉砂质黏土	弱发育片状											
						Bg	80—110	灰黄色	粉砂质黏土	无结构											
剖8	淋溶土	白浆土	台地白浆土	黄土质台地白浆土	薄层黄土质台地白浆土	Aa	0—10	浅黄灰色	黏壤土	粒状	6.1	28.9	0.52	0.71	24.5	154	7.3	51	黄土母质	E 125°55′08.4″ N 43°00′20.5″	95
						A₂	10—40	棕色	黏壤土	片状	5.3	6.0	0.86	0.41	21.4	42	0.6	56			
						B	40—120		粉砂质黏土	棱块状	5.1	6.2	0.36	0.78	24.9	32	3.2	146			
剖9	人为土	水稻土	草甸土型水稻土	冷浸草甸型水稻土	冷浸草甸型水稻土	1	0—30		粉砂质黏壤土		5.1	58.8	2.02	1.81	16.9	320	3.0	57		E 125°59′32.8″ N 43°00′02.1″	75
						2	30—80		壤质黏土		4.5	267.6	9.04	2.20	15.4	742	20.6	100			
						3	80—120		少砾质黏壤土		6.5	20.5	20.44	0.90	15.6	152	2.6	99			
剖10	人为土	水稻土	冷浆型水稻土	深浅埋藏泥炭冷浆型水稻土	深位埋藏泥炭冷浆型水稻土	Aa	0—30	锈蓝灰色	黏壤土	无结构	7.0	70.1	6.74	1.38	21.2	405	4.2	52		E 125°57′10.6″ N 42°58′11.5″	75
						G	30—72	黑灰色	黏壤土	无结构	6.1	68.9	2.40	1.24	23.1	369	4.7	55			
						P	72—120	锈蓝灰色	黏壤土		5.8	516.1	9.36	1.61	12.6	1589	0.2	79			
剖11	人为土	水稻土	冷浆型水稻土	腐泥冷浆型水稻土	腐泥埋藏水稻土	Aa	0—20	锈蓝灰色	粉砂质黏土	无结构	7.4	35.7	1.15	0.69	20.4	174	5.9	67		E 125°53′10.7″ N 42°56′51.4″	75
						Pg	20—60	锈黄灰色	粉砂质黏土	无结构	7.5	32.4	0.95	0.79	25.9	170	10.8	67			
						C	60—120	锈黄灰色	粉砂质黏土		5.9	241.4	5.98	1.75	12.9	939	3.8	161			
剖12	人为土	水稻土	冷浆型水稻土	泥炭冷浆型水稻土	深位埋藏泥炭冷浆型水稻土	Aa	0—20	黑灰色	粉砂质黏土	片状	6.6	36.1	0.51	1.00	25.3	201	35.8	144		E 125°59′07.1″ N 42°56′21.5″	75
						A₂	20—37	浅黄色	黏质黏土	小块状	5.5	25.8	1.26	1.05	21.6	184	8.5	77			
						B₁	37—52	浅黄色	粉砂质黏土	团块状	5.1	7.0	0.59	0.61	24.1	56	4.9	91			
剖13	淋溶土	白浆土	平地白浆土	平地白浆土	中层平地白浆土	B₂	52—120	黄棕色	黏壤土	棱块状	5.4	6.0	0.34	0.45	30.8	42	9.6	86		E 125°55′12.7″ N 42°54′36.7″	95

续表 Continued

剖面号 Soil profile	土纲 Soil order	土类 Soil great group	亚类 Soil subgroup	土属 Soil genus	土种 Soil species	土层码 Layer code	土层厚度 Depth/cm	颜色 Soil color	质地 Soil texture	土壤结构 Soil structure	pH	有机质 OM/(g/kg)	全氮 TN/(g/kg)	全磷 TP/(g/kg)	全钾 TK/(g/kg)	碱解氮 AN/(mg/kg)	有效磷 AP/(mg/kg)	速效钾 AK/(mg/kg)	土壤母质 Parent material	剖面点坐标 Profile coordinate	匹配指数 Matching index/%
剖14	淋溶土	白浆土	山地白浆土	山地白浆土	薄层山地白浆土	Aa	0—20	浅灰色	砾质黏壤土	粒状									中性岩坡积物	E 125°57′35.6″ N 42°49′39.0″	95
						A₂	20—60	黄白相间	砾质黏壤土	团块状											
						B	60—120	棕黄色	砾质黏壤土	棱块状											
剖15	淋溶土	暗棕壤	暗棕壤性土	中性岩暗棕壤性土		1	0—20	锈棕色	砾石土		4.7	38.9	1.90	1.30	15.5	290	9.8	186	中性岩风化物	E 126°13′05.6″ N 43°22′34.3″	76
						2	20—50	锈棕色	砾石土	片状	4.9	38.4	1.80	1.50	14.6	290	19.9	238			
剖16	半水成土	草甸土	草甸土	平川草甸土	中层平川草甸土	Aa	0—25	锈棕色	黏壤土	片状	6.1	38.2	1.32	4.69	28.9	217	9.2	59		E 126°01′45.2″ N 43°22′13.7″	75
						A₃	25—40	锈棕色	黏壤土	片状	5.8	15.6	0.67	3.49	14.8	101	7.5	50			
						Bg₁	40—55	黑色	黏壤土	片状	5.6	8.8	0.76	0.72	25.0	59	7.1	67			
						Bg₂	55—120	黄黄色	黏壤土	团块状	5.4	4.9	0.39	0.58	35.3	31	12.5	60			
剖17	淋溶土	暗棕壤	暗棕壤	紫色砂岩暗棕壤	砂砾质中层紫色砂岩暗棕壤	Aa	0—30	灰色	粉砂质黏壤土	粒状	4.6	22.9	1.10	11.10	10.0	128	7.3	52	紫色砂岩风化物	E 126°04′24.9″ N 43°19′00.6″	78
						A,B	30—110	灰色	多砾质黏壤土	团块状	4.7	7.2	0.60	0.50	14.1	48	16.0	16			
						C	110—140	紫色			4.6	3.7	0.50	1.80	6.7	40	39.1	103			
剖18	半水成土	草甸土	草甸土	平川草甸土	薄层平川草甸土	Aa	0—20	灰色	黏壤土	片状	6.4	61.1	1.96	1.73	29.3	296	9.5	79		E 126°13′57.9″ N 43°18′33.3″	75
						A₁	20—30	灰色	砾质黏壤土	片状	6.2	49.2	2.17	2.72	23.3	313	18.7	84			
						Bg₁	30—50	锈棕色	黏壤土	片状	6.3	44.1	1.99	3.17	15.0	291	24.4	97			
						Bg₂	50—120		黏壤土		6.3	31.9	1.46	2.85	18.8	252	23.7	83			
剖19	淋溶土	暗棕壤	暗棕壤	酸性岩暗棕壤	砂砾质中层酸性岩暗棕壤	Aa	0—20	灰色	砾质黏壤土	粒状	5.6	31.4	1.14	0.50	29.5	165	4.6	89	酸性岩风化物	E 126°08′15.3″ N 43°17′05.0″	95
						A,B	20—60	黄灰色	砾质黏壤土	片状	5.0	9.5	0.53	0.69	30.5	38	3.9	83			
						BC	60—120	灰白色	黏壤土	团块状	4.8	6.0	0.54	0.23	26.2	49	5.9	76			
剖20	半水成土	草甸土	草甸土	山川草甸土	中层山川草甸土	Aa	0—20	黑黑色	壤质黏土	粒状	6.4	59.2	1.88	1.67	15.1	331	11.3	86	中性岩风化物	E 126°11′45.0″ N 43°16′28.9″	95
						A₁	20—50	灰灰黑色	壤质黏土	团粒状	6.0	35.6	1.28	2.07	20.4	161	7.6	127			
						Bg	50—120	灰黄色	黏土	团块状	7.4	14.7	0.43	1.12	23.4	46	8.6	168			
剖21	人为土	水稻土	冲积土型水稻土	冲积土型水稻土	壤质渗育冲积型水稻土	Aa	0—22	锈蓝色	少砾质黏壤土	无明显结构	6.1	45.9	0.20	1.53	19.3	262	2.3	43		E 126°04′17.4″ N 43°14′46.3″	95
						C₁	22—59	锈黄色	壤质黏壤土		6.4	13.2	0.54	0.82	6.2	73	4.4	32			
						C₂	59—110	黄白相间		粒状	6.7	1.1	1.53	1.04	19.8	317	8.1	29			
剖22	淋溶土	暗棕壤	暗棕壤	中性岩暗棕壤	砂砾质中层中性岩暗棕壤	Aa	0—20	灰黑色	壤质黏壤土	粒状	4.7	15.6	0.80	0.50	27.0	108	3.9	57	中性岩风化物	E 126°12′46.4″ N 43°12′29.9″	85
						A₁	20—30	深黑色	黏壤土	片状	4.7	17.3	1.00	0.70	30.2	139	4.9	67			
						Bg₁	30—67	浅黄色	黏壤土	团块状	4.6	7.2	0.30	0.50	25.3	49	9.2	83			
						Bg₂	67—82	浅黄色	黏壤土	团块状	4.5	4.9	0.43	0.60	27.3	45	8.6	78			
剖23	半水成土	草甸土	草甸土	山川草甸土	薄层山川草甸土	Aa	0—20	灰灰色	少砾质黏壤土	粒状	4.9	48.1	1.60	0.50	26.5	233	6.5	73	中性岩风化物	E 126°08′46.4″ N 43°11′21.5″	92
						C₁	20—30	锈黄色	多砾质黏壤土	块状	5.2	13.5	0.50	0.40	26.5	101	3.6	82			
						C₂	30—120	棕色	黏壤土	粒状	5.2	12.8	0.70	0.50	26.1	85	0.2	61			
剖24	人为土	水稻土	冲积土型水稻土	冲积土型水稻土	壤质层状漂育冲积型水稻土	Aa	0—30	灰黑色	黏壤土	无结构	6.8	47.7	1.56	0.92	16.2	218	8.3	104		E 126°03′30.2″ N 43°11′46.3″	75
						C₃	30—40	锈黄色	黏壤土	无结构	6.9	29.6	1.12	0.25	26.8	149	9.4	84			
						C₄	40—63	锈黄色	黏壤土	无结构	6.3	33.5	1.28	0.83	23.8		10.0	103			
						Ah	0—21	暗黑色	黏壤土	无明显结构	6.1	41.7	1.34	0.77	16.0	243	12.0	79			
剖25	淋溶土	暗棕壤	暗棕壤	暗山泥土	厚腐山泥土	Bt	21—34	棕红色	黏壤土	粒状	7.3	5.0	0.52	0.98	26.0	83	12.8	44	安山岩残积物	E 126°07′22.9″ N 43°10′44.9″	95
							34—86	棕红色	黏壤土	棱块状	6.3	23.0	0.97	0.74	26.3	172	15.2	83			
						C	86—98	棕红色	砂壤土		7.1	10.2	0.47	2.50	23.5	72	6.3	45			
							98—120	浅黄色	砾质黏壤土		5.7	26.6	1.00	3.03	30.5	170	5.1	93			
剖26	淋溶土	暗棕壤	暗棕壤性土	片岩暗棕壤性土	砂砾质中层片岩暗棕壤性土	Aa	0—21	棕色	黏壤土	粒状		48.1	1.68	0.26	22.1	233	6.5	73		E 126°16′29.3″ N 43°11′18.2″	95
							21—53	亮棕色	砾质黏壤土			13.5	0.58	0.17	22.0	101	3.6	82			
							53—125	黄灰色	黏质土	棱块状		12.8	0.72	0.27	21.7	85	0.5	61			
剖27	淋溶土	暗棕壤	暗棕壤性土	片岩暗棕壤性土		Aa	0—21	灰灰色	少砾质黏壤土	粒状	5.2	54.3	2.70	1.10	15.5	363	6.6	104	片岩风化物	E 126°18′48.6″ N 43°10′33.2″	74
						A,C	21—44	棕灰色	多砾质黏壤土		4.9	8.0	6.50	0.30	6.7	48	2.5	53			
						C	44—	灰白色	黏壤土		4.6	7.4	0.60	0.30	19.1	59	1.3	92			

续表 Continued

剖面号 Soil profile	土纲 Soil order	土类 Soil great group	亚类 Soil subgroup	土属 Soil genus	土种 Soil species	土层码 Layer code	土层厚度 Depth/cm	颜色 Soil color	质地 Soil texture	土壤结构 Soil structure	pH	有机质 OM/(g/kg)	全氮 TN/(g/kg)	全磷 TP/(g/kg)	全钾 TK/(g/kg)	碱解氮 AN/(mg/kg)	有效磷 AP/(mg/kg)	速效钾 AK/(mg/kg)	土壤母质 Parent material	剖面点坐标 Profile coordinate	匹配指数 Matching index/%
剖28	淋溶土	白浆土	山地白浆土	山地白浆土	薄层山地白浆土	Aa	0—12	灰色	黏壤土	粒状	5.7	11.0	2.00	1.45	11.7	364	13.0	50	中性岩坡积物	E 126°11′39.9″ N 43°09′16.6″	75
剖29	人为土	水稻土	白浆土型水稻土	平地白浆土型水稻土	中层潜育平地白浆土型水稻土	Aa	0—29	黄白相间	黏壤土	片状	4.7	22.8	0.64	0.39	15.9	159	3.6	69		E 126°12′48.5″ N 43°07′58.1″	75
						A_2	12—32		黏壤土	棱柱状	4.9	8.0	0.46	0.53	19.3	148	4.5	84			
						B	32—72	锈斑灰色	粉砂质黏土	无明显结构	5.4	38.3	1.47	1.38	40.3	232	11.8	67			
剖30	淋溶土	暗棕壤			灰石油红土	Aa	0—29	浅黄色	黏壤土	无结构	5.4	9.2	0.41	0.74	27.9	74	5.3	78	安山岩风化残积物、坡积物	E 126°07′40.4″ N 43°07′25.0″	85
						A_2	29—50	锈棕色	壤质黏土	团块状	5.5	6.8	0.37	0.83	77.0	39	15.2	163			
						B	50—120	锈棕色			4.9	48.1	1.68	0.50	22.0	233	6.5	73			
剖31	淋溶土	暗棕壤	暗棕壤性土	细矿质暗棕壤		A_{11}	0—20	暗棕色	少砾黏壤土	粒状	5.2	13.5	0.58	0.40	22.0	101	3.6	82		E 126°02′09.8″ N 43°06′24.8″	73
						AB	20—30	棕色	黏壤土	粒状	5.2	12.8	0.72	0.50	21.7	85	0.2	60			
						BC	30—120	亮棕色	砾石土	块状	4.8	21.0	0.70	0.40	17.2	142	1.5	30	酸性岩风化物		
剖32	淋溶土	暗棕壤	暗棕壤性土	酸性岩暗棕壤性土	砂砾质薄层酸性岩暗棕壤性土	1	0—20				4.7	24.4	0.50	0.50	14.8	42	0.6	15			
						2	20—60				4.9	2.2	0.20	2.20	15.2	31	6.2	19			
						3	60—120														
剖33	淋溶土	白浆土	台地白浆土	台地白浆土	中层台地白浆土	Aa	0—25	浅灰色	少砾黏壤土	粒状	6.1	34.4	1.58	0.96	21.0	327	9.4	102	中性岩风化物	E 126°11′50.6″ N 43°02′59.3″	95
						A_2	25—58	黄白相间	少砾黏壤土	团块状	5.9	8.3	0.53	0.34	23.5	107	5.2	85			
						B	58—110	棕色	砾质壤土	棱柱状	5.8	5.1	0.42	0.74	18.7	34	20.7	145			
剖34	水成土	泥炭土	低位泥炭土	埋藏泥炭土	浅理筏子	Aa	0—20	暗棕灰色	黏壤土	粒状	6.4	36.2	1.70	0.39	27.2	189	7.0	62	黄土状沉积物	E 126°09′21.2″ N 43°01′26.0″	74
						Ab_1	20—40	浅灰黑色	黏壤土	粒状	6.4	39.8	1.71	0.40	26.4	201	9.0	76			
						Ab_2	40—60	暗黑色			6.3	203.9	2.64	1.77	15.2	941	13.0	91			
						Ha	60—80	灰黑色			6.1	202.1	2.63	1.80	14.7	873	17.0	95			
						He	80—120	浅棕褐色			6.0	200.3	2.60	2.20	12.9	1011	14.0	85			
剖35	淋溶土	白浆土	台地白浆土	黄土质台地白浆土	薄层黄土质台地白浆土	Aa	0—14	黄灰色	壤质黏土	粒状	5.8	55.2	2.59	2.59	18.6	424	8.6	93	黄土母质	E 126°14′33.7″ N 43°00′30.2″	75
						A_2	15—40	锈砂黏壤土	砾砂黏壤土	团块状	5.3	19.6	11.03	1.09	17.7	165	5.2	105			
						B	40—120	棕色	多砾黏壤土	棱柱状	5.2	5.1	0.61	0.61	16.7	38	2.7	101			
剖36	人为土	水稻土	冷浆型水稻土	腐泥冷浆型水稻土	腐泥质厚层冷浆型水稻土	Pg	0—30	锈蓝色	粉砂质黏土	无结构	5.9	166.0	1.06	1.14	21.3	586	9.9	38		E 126°12′54.1″ N 43°00′04.1″	95
						G_1	30—50	蓝色	壤质黏土	无结构	5.9	319.4	1.83	3.37	8.5	164	41.8	103			
						G_2	50—80	锈棕灰色	黏壤土	无结构	6.0	151.8	1.91	4.64	10.0	560	5.3	79			
剖37	淋溶土	白浆土	台地白浆土	黄土质台地白浆土	中层黄土质台地白浆土	Aa	0—20	锈黄灰色	黏壤土	粒状	5.5	8.7	0.31	0.70	20.4	83	12.9	52	黄土母质	E 126°15′17.9″ N 43°01′38.2″	75
						A_1	20—30	黑黑色	黏壤土	团块状	6.1	35.1	1.16	0.81	20.9	219	15.2	84			
						A_2	30—60	黑灰色	黏壤土	粒状	6.6	29.4	1.08	0.83	21.6	117	9.2	70			
						BC	60—115	浅灰白色	黏壤土	团块状	5.8	13.3	0.64	0.80	20.4	87	5.8	70			
剖38	淋溶土	暗棕壤	暗棕壤	麻砂质暗棕壤	砂砾质厚层酸性岩暗棕壤	Aa	0—29	浅灰黑色	壤质黏土	粒状	5.9	31.7	1.37	0.41	22.9	253	3.7	53	酸性岩风化物	E 126°18′06.2″ N 43°00′57.0″	85
						A_1	29—70	浅灰白色	黏壤土	片状	5.4	7.3	0.55	0.86	17.8	79	1.3	48			
						B	70—108	黄灰色	砂质黏土	小块状	4.6	4.8	0.35	0.68	13.8	73	17.5	77			
						C	108—120	棕黄色	黏壤土	棱块状	4.8	2.9	0.48	2.07	17.4	38	21.3	65			
剖39	人为土	水稻土	白浆土型水稻土	平地白浆土型水稻土	中层潜育平地白浆土型水稻土	Aa	0—21	黑灰色	黏壤土	无结构	4.6	52.5	1.31	1.90	28.8	260	5.9	47		E 126°26′15.0″ N 43°05′22.9″	75
						A_1	21—37	黑黑色	壤质黏土	无结构	5.1	47.4	2.04	1.66	27.5	249	5.9	47			
						A_2	37—100	浅黄色	黏壤土	粒状	4.6	7.7	0.35	0.42	23.5	48	3.4	21			
						B_1		黄黄色	砂质黏土	团块状	4.8	7.9	0.64	1.09	23.0	35	8.5	41			
								锈黄灰色	黏壤土	无结构	6.3	39.0	1.45	1.09	30.4	284	14.4	161			
						A_2		浅灰白色	黏壤土	无结构	6.2	15.1	6.71	0.87	27.8	164	7.6	50			
						B_1		浅黄色	壤质黏土	团块状	5.1	7.4	0.43	0.70	27.0	90	6.2	49			
						B_2	100—120	棕黄色	黏壤土	棱块状	5.2	3.3	0.23	0.68	24.4	48	16.6	51			

续表 Continued

剖面号 Soil profile	土纲 Soil order	土类 Soil great group	亚类 Soil subgroup	土属 Soil genus	土种 Soil species	土层码 Layer code	土层厚度 Depth/cm	颜色 Soil color	质地 Soil texture	土壤结构 Soil structure	pH	有机质 OM/(g/kg)	全氮 TN/(g/kg)	全磷 TP/(g/kg)	全钾 TK/(g/kg)	碱解氮 AN/(mg/kg)	有效磷 AP/(mg/kg)	速效钾 AK/(mg/kg)	土壤母质 Parent material	剖面点坐标 Profile coordinate	匹配指数 Matching index/%
剖40	人为土	水稻土	冲积土型水稻土	冲积土型水稻土	壤质层状潜育冲积型水稻土	Aa	0—19	锈灰色	多砾黏壤土	无结构	6.0	43.8	1.80	1.21	20.5	257	11.8	156		E 126°24′13.3″ N 43°02′36.2″	95
						C₁	19—53	浅黄灰色	黏土	无明显结构	7.0	19.1	0.75	1.07	26.6	137	3.9	89			
						C₂	53—82				7.0	6.9	0.59	1.71	29.1	111	12.1	49			
						C₃	82—96	浅黄色	多砾砂壤土	无结构	7.0	3.8	0.49	0.59	29.3	31	13.4	76			
						C₄	96—120				7.0	22.9	0.82	0.63	33.4	184	5.2	92			
剖41	淋溶土	白浆土	山地白浆土	山地白浆土	中层山地白浆土	Aa	0—22	灰色	粉砂质黏土	粒状	5.6	41.8	2.50	1.15	23.4	352	7.1	72	中性岩坡积物	E 126°26′49.2″ N 43°02′13.6″	95
						A₂	22—45	浅黄灰色	多砾黏壤土	片状	5.6	11.4	0.73	0.43	18.9	131	4.1	48			
						B	45—95	棕黄色	黏壤土	棱块状	4.8	7.2	0.61	0.56	18.0	123	3.4	104			
						C₁	95—120		砂质砂壤土		4.9	5.4	0.43	0.61	12.0	49	6.3	89			
剖42	淋溶土	暗棕壤	暗棕壤	酸性岩暗棕壤	砂砾质薄层酸性岩暗棕壤	Aa	0—17	黄灰色	粉砂质黏壤土	粒状	4.9	25.5	0.70	0.60	27.1	199	8.1	54	酸性岩风化物	E 126°31′33.2″ N 43°01′53.4″	76
						A₂B	17—43	浅灰白色	砾质黏壤土	片状	4.8	4.8	0.30	0.30	32.7	51	5.0	61			
						BC	43—110	水黄色	砂质砂壤土		4.9	6.9	0.40	0.20	31.3	48	12.1	56			
剖43	水成土	泥炭土	泥炭土	泥炭土	泥炭土	P	0—90	浅黄褐色	多砾黏壤土	粒状	5.9	323.0	3.94	2.48	6.6	1103	3.2	184		E 126°10′21.7″ N 42°59′42.7″	75
						G	90—120	灰黑色	壤质黏土	无结构	5.7	110.5	2.53	1.13	19.5	529	4.4	163			
剖44	淋溶土	白浆土	台地白浆土	黄土质台地白浆土	露黄黄土台地白浆型水稻土	A₁B₁	0—30	浅棕黄色	黏壤土	棱块状	5.9	11.2	0.59	0.90	19.3	74	6.0	93	黄土母质	E 126°00′00.5″ N 42°57′53.5″	75
						B₁	30—50	棕黄色	黏壤土	棱块状	6.3	18.1	0.72	0.77	18.7	74	5.0	97			
						B₂	50—80	锈黄色	黏壤土	棱块状	6.5	10.4	0.48	0.44	18.7	54	17.1	145			
						BC	80—120	锈蓝灰色	多砾砂壤土	块状	6.9	16.6	0.70	0.83	26.7	67					
剖45	人为土	水稻土	台地白浆土型水稻土	台地白浆型水稻土	中层潜育台地白浆型水稻土	Aa	0—21	锈蓝灰色	粉砂质黏土	无结构	6.4	33.4	1.33	1.16	16.8	287	2.6	60		E 126°12′47.9″ N 42°57′35.6″	95
						A₂	21—50	锈黄色	黏壤土	团块状	5.9	5.7	0.38	0.58	12.3	126	4.9	64			
						B	50—120	棕黄色	壤土	棱块状	5.6	5.7	0.24	0.74	11.1	57	4.7	65			
剖46	淋溶土	暗棕壤	暗棕壤	砾砂质暗棕壤	马牙油红土	A₁₁	0—21	油黄棕色	砾石土	小团块状	6.6	29.4	1.69	0.37	17.9	129	15.3	86	花岗岩风化坡积物	E 126°05′31.6″ N 42°57′17.3″	81
						AB	21—45	油黄棕色	砾石土	团块状	7.1	10.0	0.83	0.38	15.7	43	3.4	71			
						BC	45—120	黄棕色	多砾砂壤土	棱块状	7.1	6.7	0.66	0.30	13.6	39	4.8	64			
剖47	半水成土	暗棕壤	白浆化暗棕壤	硅质白浆化暗棕壤	白馅砂石红土	A₁₁	0—15	油黄橙色	砂质砂壤土	小团块状	6.1	25.4	1.43	0.37	20.1	101	5.3	90	砂岩风化坡积物	E 126°06′11.9″ N 42°56′02.0″	85
						E	15—45	浅黄橙色	黏壤土	鳞片状	6.3	5.0	0.56	0.19	22.6	38	2.4	50			
						Bt	45—60	油黄橙色	砂质黏壤土	无结构	5.7	3.4	0.47	0.24	22.2	30	2.0	54			
						C	60—120	油黄橙色	粉砂质黏土	无结构	5.8	2.8	0.42	0.20	22.3	28	3.0	69			
剖48	人为土	草甸土	草甸土型水稻土	草甸土型水稻土	厚层草甸型水稻土	Aa	0—30	锈蓝灰色	粉砂质黏土	无结构	6.1	33.6	1.63	1.67	25.3	299	4.0	104		E 126°01′34.0″ N 42°55′15.2″	95
						A₁	30—70	黑色	黏壤土	粒状	5.8	33.4	0.50	1.60	27.1	142	12.2	172			
						Bg	70—120	锈灰色	黏壤土	片状	5.9	12.7	0.60	0.67	19.8	94	5.0	186			
剖49	淋溶土	草甸土	草甸土	岗川草甸土	薄层岗川草甸土	Aa	0—20	黑色	壤质黏壤土	粒状	5.9	69.6	2.30	2.35	23.8	455	8.2	92		E 126°06′19.1″ N 42°54′13.0″	95
						Bg₁	20—45	锈黄灰色	粉砂黏壤土	棱块状	5.4	22.4	0.91	1.66	22.1	149	13.2	116			
						Bg₂	45—80	油黄棕色	粉砂黏土	无结构	5.5	5.5	0.54	0.50	29.0	55	3.6	59			
						Bg₃	80—120	锈黄棕色	壤质黏土	无结构	5.8	5.3	0.46	1.11	29.1	59	6.2	93			
剖50	淋溶土	白浆土	潜育白浆土	亚表潜白浆土	薄层亚表潜育白浆土	Aa	0—20	黑灰色	黏壤土	棱块状	6.2	26.1	1.02	0.59	18.5	194	5.8	53		E 126°01′18.5″ N 42°53′24.7″	95
						A₁	20—25	黑灰色	黏壤土	粒状	5.9	26.7	1.11	0.76	22.8	187	4.8	63			
						A₂	25—62	浅灰色	黏壤土	片状	6.1	6.5	0.53	0.52	20.4	87	2.7	99			
						B	62—115	黄棕色	黏壤土	棱块状	6.0	4.6	0.37	0.51	22.4	66	5.4	65			
剖51	淋溶土	白浆土	平地白浆土	平地白浆土	厚平地白浆土	Aa	0—20	灰色	砾石黏壤土	粒状	6.2	31.9	1.35	0.92	21.0	205	24.4	101		E 126°09′28.8″ N 42°53′19.3″	95
						A₁	20—40		黏壤土	粒状	6.5	38.3	1.15	1.05	24.6	215	43.4	144			
						A₂B	40—90	浅黄色	黏壤土	小块状	6.2	6.0	0.56	0.56	24.8	62	9.6	84			
						B	90—120	棕黄色	黏壤土	棱块状	6.1	5.5	0.45	0.61	27.0	35	16.1	90			
剖52	淋溶土	白浆土	台地白浆土	黄土母质台地白浆土	薄层黄土质台地白浆土	Aa	0—14	灰黄灰色	黏壤土	粒状	5.8	33.2	1.18	0.74	14.7	261	22.5	74	黄土母质	E 126°14′42.3″ N 42°50′59.6″	95
						A₁	14—50	浅黄色	黏壤土	片状	5.3	21.6	0.51	0.43	15.8	165	2.2	60			
						B	50—94	棕色	黏壤土	棱块状	5.1	27.5	0.60	0.44	19.2	165	5.9	18			

剖面号 Soil profile	土纲 Soil order	土类 Soil great group	亚类 Soil subgroup	土属 Soil genus	土种 Soil species	土层码 Layer code	土层厚度 Depth/cm	颜色 Soil color	质地 Soil texture	土壤结构 Soil structure	pH	有机质 OM/(g/kg)	全氮 TN/(g/kg)	全磷 TP/(g/kg)	全钾 TK/(g/kg)	碱解氮 AN/(mg/kg)	有效磷 AP/(mg/kg)	速效钾 AK/(mg/kg)	土壤母质 Parent material	剖面点坐标 Profile coordinate	匹配指数 Matching index/%
剖53	淋溶土	白浆土	山地白浆土	黄土质山地白浆土	黄土质山地白浆土	Aa	0—25	灰色	黏壤土	粒状	6.4	32.7	1.52	1.00	15.4	305	6.6	99	黄土母质	E 126°03′27.4″ N 42°50′57.1″	95
剖54	淋溶土	白浆土	台地白浆土	台地白浆土	薄层黄土台地白浆土	A₂	25—68	黄白相间	黏壤土	片状	6.2	9.3	0.70	6.50	29.5	142	2.1	64	中性岩风化物	E 126°20′14.6″ N 42°59′43.9″	95
						B	68—120	棕色	黏壤土	棱块状	5.8	6.8	0.62	0.33	27.4	165	1.8	145			
剖55	人为土	水稻土	草甸土型水稻土	草甸型水稻土	中层谱育草甸型水稻土	Aa	0—10	灰色	黏壤土	粒状										E 126°28′05.5″ N 42°58′51.6″	95
						A₂	10—40	黄白相间	黏壤土	片状											
						B	40—90	棕色	少砂黏壤土	棱块状											
剖56	淋溶土	白浆土	台地白浆土	黄土质台地白浆土	薄层黄土台地白浆土	Aa	0—22	锈蓝灰色	粉砂黏壤土	无结构									黄土母质	E 126°17′03.4″ N 42°58′37.2″	75
						A₁	22—36	锈灰色	粉砂黏壤土	无结构	6.6	40.9	1.95	1.05	17.3	381	4.9	86			
						Bg	36—87	锈黄色	黏壤土	无结构	5.9	8.8	0.95	0.44	19.8	129	2.0	99			
						G	87—120	锈棕色	黏壤土	团块状	5.7	7.2	0.59	0.81	21.8	141	1.1	84			
剖57	人为土	水稻土	冷浆型水稻土	泥炭冷浆型水稻土	泥炭冷浆型水稻土	Aa	0—15	黑色	黏壤土	粒状	5.4									E 126°18′56.2″ N 42°57′08.6″	95
						P₁	15—25	黑色	粉砂黏壤土	片状	5.1										
						P₂	25—90	褐色	粉砂黏壤土	无结构	5.9										
						G	90—120				5.5										
剖58	淋溶土	白浆土	台地白浆土	黄土质台地白浆土	中层黄土质台地白浆土	Aa	0—25	锈蓝灰色	黏壤土	片状	6.4	22.5	0.45	0.76	22.7	311	20.6	77	黄土母质	E 126°21′33.8″ N 42°56′03.5″	95
						A₂	25—67	黄灰色	粉砂黏壤土	团块状	5.5	5.6	0.58	0.71	17.7	169	4.1	74			
						B	67—100	黄棕色	粉砂黏壤土	团块状	5.5	5.8	0.47	0.46	10.6	150	5.9	82			
剖59	淋溶土	暗棕壤	白浆化暗棕壤	白浆暗山砂土	白浆山砂土	A₁₁	0—15	油黄橙色	砂壤土	鳞片状	6.1	25.4	1.43	0.37	20.1	101	5.3	90	砂岩风化物	E 126°24′25.6″ N 42°55′21.4″	85
						Ae	15—45	浅黄橙色	黏壤土	粒片状	6.4	5.0	0.56	0.19	22.6	38	2.4	50			
						B	45—60	油黄橙色	砂质黏壤土	棱柱状	5.7	3.4	0.47	0.20	22.2	30	2.0	54			
						C	60—120	油黄橙色	重砾砂壤土		5.8	2.8	0.42	0.24	22.3	28	3.0	69			
剖60	淋溶土	暗棕壤	暗棕壤	片岩暗棕壤	砂砾质中层片岩暗棕壤	1	0—27		壤质黏土	无结构	5.3	45.2	1.30	1.00	26.6	292	5.3	40	片岩风化物	E 126°27′26.3″ N 42°52′36.8″	81
						2	27—58		黏质黏土	片状	5.1	10.8	0.30	0.40	22.0	86	6.4	43			
						3	58—110		黏质黏土	棱块状	4.6	8.8	0.60	0.60	19.1	79	8.4	41			
剖61	半水成土	草甸土	草甸土	平川草甸土	中层平川草甸土	Aa	0—26	黑灰色	黏壤土	粒状	6.4	66.3	1.37	1.76	25.0	241	45.9	165	黄土母质	E 126°22′46.2″ N 42°51′43.2″	95
						A₁	26—36	黑灰色	粉砂黏壤土	粒状	5.5	48.9	1.84	1.39	27.5	356	11.2	66			
						Bg₁	36—45	锈黄色	粉砂黏壤土	粒状	5.4	26.8	2.74	1.86	30.1	190	11.0	88			
						Bg₂	45—100	锈黄色	砂质黏壤土	粒状	5.5	16.3	6.99	1.80	35.4	166	9.5	94			
剖62	淋溶土	白浆土	台地白浆土	黄土质台地白浆土	中层黄土质台地白浆土	Aa	0—20	浅黄橙色	黏壤土	粒状	5.9	28.6	0.96	0.79	20.3	174	4.9	64	黄土母质	E 126°04′32.5″ N 42°48′52.6″	75
						A₂	20—45	黄灰色	黏壤土	片状	5.3	9.7	0.50	0.65	17.8	159	2.6	57			
						B₁	45—100	棕色	壤质黏壤土	棱块状	5.1	6.7	0.59	0.44	21.0	101	2.1	94			
						B₂	100—115	棕色	粉砂黏壤土	棱块状	5.5	7.2	0.35	0.51	18.1	105	2.6	145			
剖63	人为土	水稻土	冲积土型水稻土	冲积型水稻土	砂壤质砂砾底渗育冲积型水稻土	Aa	0—25	锈灰黄色	砂质黏壤土	团块状	7.1	21.4	0.71	4.68	25.3	145	9.1	39		E 126°06′02.2″ N 42°47′50.6″	95
						C₁	25—65	锈黄色	砂质黏壤土	无结构	7.3	6.3	0.65	3.66	19.0	55	14.1	38			
						C₂	65—105	黄灰色	多砾黏壤土	无结构	7.0	4.4	0.29	3.47	20.8	48	15.2	36			
						C₃	105—120	灰色	多砾砂壤土	无结构	7.1	5.3	0.35	4.45	9.8	58	11.8	26			
剖64	淋溶土	白浆土	潜育白浆土	潜育白浆土	中层潜育白浆土	Aa	0—30	黄灰色	黏壤土	片状	5.8	3.5	1.58	1.12	19.7	319	7.3	63	黄土母质	E 126°27′26.5″ N 42°49′05.9″	75
						A₁	30—50	黄灰色	黏壤土	棱块状	5.2	5.8	0.73	0.55	21.3	100	2.9	44			
						B₁	50—95	黄棕色	黏壤土	棱块状	5.1	3.6	0.52	6.99	22.2	63	1.4	75			
						B₂	95—120	锈棕灰色	黏壤土	粒状	5.1	5.0	0.28	0.77	18.1	102	15.1	83			
剖65	淋溶土	白浆土	白浆土	黄土质白浆土	破皮白浆土	A₁₁	0—14	浅黄橙色	黏壤土	片状	5.8	33.2	1.18	0.74	14.7	183	5.6	89	黄土状沉积物	E 126°16′32.5″ N 42°49′05.9″	81
						E	14—50	棕色	黏壤土	片状	5.3	11.6	0.57	0.43	15.8	57	5.7	72			
						Bt	50—94	棕色	壤质黏土	棱块状	5.1	7.5	0.60	0.44	19.2	40	10.9	121			

续表 Continued

剖面号 Soil profile	土纲 Soil order	土类 Soil great group	亚类 Soil subgroup	土属 Soil genus	土种 Soil species	土层码 Layer code	土层厚度 Depth/cm	颜色 Soil color	质地 Soil texture	土壤结构 Soil structure	pH	有机质 OM/(g/kg)	全氮 TN/(g/kg)	全磷 TP/(g/kg)	全钾 TK/(g/kg)	碱解氮 AN/(mg/kg)	有效磷 AP/(mg/kg)	速效钾 AK/(mg/kg)	土壤母质 Parent material	剖面点坐标 Profile coordinate	匹配指数 Matching index/%
剖66	人为土	水稻土	白浆土型水稻土	平地白浆型水稻土	薄层潜育平地白浆型水稻土	Aa	0—15	锈蓝灰色	黏壤土	无结构	6.5	27.1	1.11	0.70	27.2	195	1.8	79		E 126°25′43.2″ N 42°46′22.5″	95
						A₂	15—30		粉砂质黏土	无结构	5.2	13.6	0.69	0.64	21.6	109	3.2	61			
						AB	30—65	棕黄色	粉砂质黏土	团块状	5.1	6.6	0.59	0.56	27.1	105	3.6	63			
						B	65—115	棕色	粉砂质黏土		5.2	7.1	0.46	0.42	18.1	85	4.5	86			
剖67	淋溶土	暗棕壤	暗棕壤	暗棕砂土	厚砾砂土	A₁₁	0—21	浊黄橙色	重砾砂质黏土	团块状	6.6	29.4	1.69	0.85	17.9	129	15.3	87	花岗岩风化物	E 126°25′09.5″ N 42°42′34.2″	78
						B	21—45	浊黄橙色	重砾砂质黏土	团块状	7.1	10.0	0.83	0.37	15.7	43	3.4	72			
						C	45—120	棕色	重砾砂质黏土	团块状	7.1	6.7	0.66	0.69	13.6	39	4.8	64			
剖68	淋溶土	白浆土	台地白浆土	冲积母质台地白浆土	中层冲积母质台地白浆土	Aa	0—20	黑灰色	砂质黏壤土	粒状									冲积物	E 126°30′19.4″ N 42°49′31.2″	95
						C₁	20—60	棕黄色	细砂土	无结构											
						C₂	60—120	灰色	黏壤土	团块状											
剖69	淋溶土	暗棕壤	片岩暗棕壤	砂砾质中层片岩暗棕壤	A₁B	0—27	浅灰色	壤质黏土	粒状										片岩风化物	E 126°35′35.2″ N 42°46′08.0″	85
						C	27—58	浅灰色	壤质黏土	团块状											
							58—110														
剖70	人为土	水稻土	冲积土型水稻土	冲积土型水稻土	砂壤质层状渗育冲积型水稻土	Aa	0—30	锈灰色	少砾黏壤土	无结构	6.7	17.8	0.96	1.78	31.9	135	29.8	53		E 126°32′55.3″ N 42°45′14.8″	95
						C₁	30—65	黄色	少砾黏壤土	无结构	6.7	5.8	0.38	0.88	33.1	62	26.5	42			
						C₂	65—85		黏质黏壤土		6.8	5.9	0.62	2.04	35.1	79	14.7	32			
						C₃	85—95	黄色	黏壤土		6.8	2.8	0.36	1.38	33.7	45	17.6	26			
						C₄	95—120				6.9	3.8	0.27	1.03	25.6	51	14.9	25			

四 平 市

市 辖 区

主要土类说明

黑土是四平市主要土壤类型，占本市地域面积的35%。黑土有机质含量高，有深厚、逐渐过渡的暗腐殖质层，向下呈舌状延伸。淀积层呈黄棕色，剖面中有白色二氧化硅粉末和棕黑色铁锰结核，底土为棱块状黄土。土壤呈中性或弱酸性，无石灰反应，盐基饱和度在80%以上。

草甸土占本市地域面积的20%，是由沉积作用并伴随腐殖质积累过程形成的富含腐殖质的土壤。因所处地下水位较高，潜水参与土壤形成过程，受地下水升降与浸润作用，有明显的腐殖质积累和铁锰氧化还原过程，土体出现锈色斑纹层。

暗棕壤占本市地域面积的20%，集中分布在低山丘陵区的山门镇及城东乡下三台村一带，主要发育于酸性岩石风化残积物或坡积物。土层厚度一般为50—80cm。林下土壤表层有Aoo层（枯枝落叶层）和Ao层（半腐解的枯枝落叶层），其下有厚10—30cm的A层。由于土体内砾石含量较高，质地粗，故无明显的B层。土壤冻结期长。

棕壤占本市地域面积的20%。棕壤发生于温带落叶阔叶林下，但大部分已被垦殖，以旱作为主。该土壤处于硅铝风化阶段，具有黏化特征，呈棕色。土体见黏粒淀积，盐基充分淋失，pH为6.0—7.0，见少量游离铁。本市棕壤分为山地棕壤、台地棕壤、白浆棕壤、草甸棕壤四个亚类。

本区域中心区气候特征

本区域中心区气候特征值
Regional climate characteristics in central area of the region

气候带：中温带亚湿润气候 Climate region: Mid temperate subhumid climate	
年平均气温 /℃ Annual average temperature /℃	6.7
年平均最高气温 /℃ Annual average maximum temperature /℃	12.6
年平均最低气温 /℃ Annual average minimum temperature /℃	1.5
年降水量 /mm Annual precipitation /mm	640
≥10℃的积温 /℃ Daily temperature accumulated in a year (≥10℃) /℃	2531
年日照时数 /h Annual sunshine /h	2655
年平均相对湿度 /% Annual average relative humidity /%	65
干燥度 Dryness	0.64

本区域中心区月平均气温与月平均降水量
Monthly temperature and precipitation in central area of the region

四平市市辖区主要土壤类型与土壤剖面点分布图
1:120 000

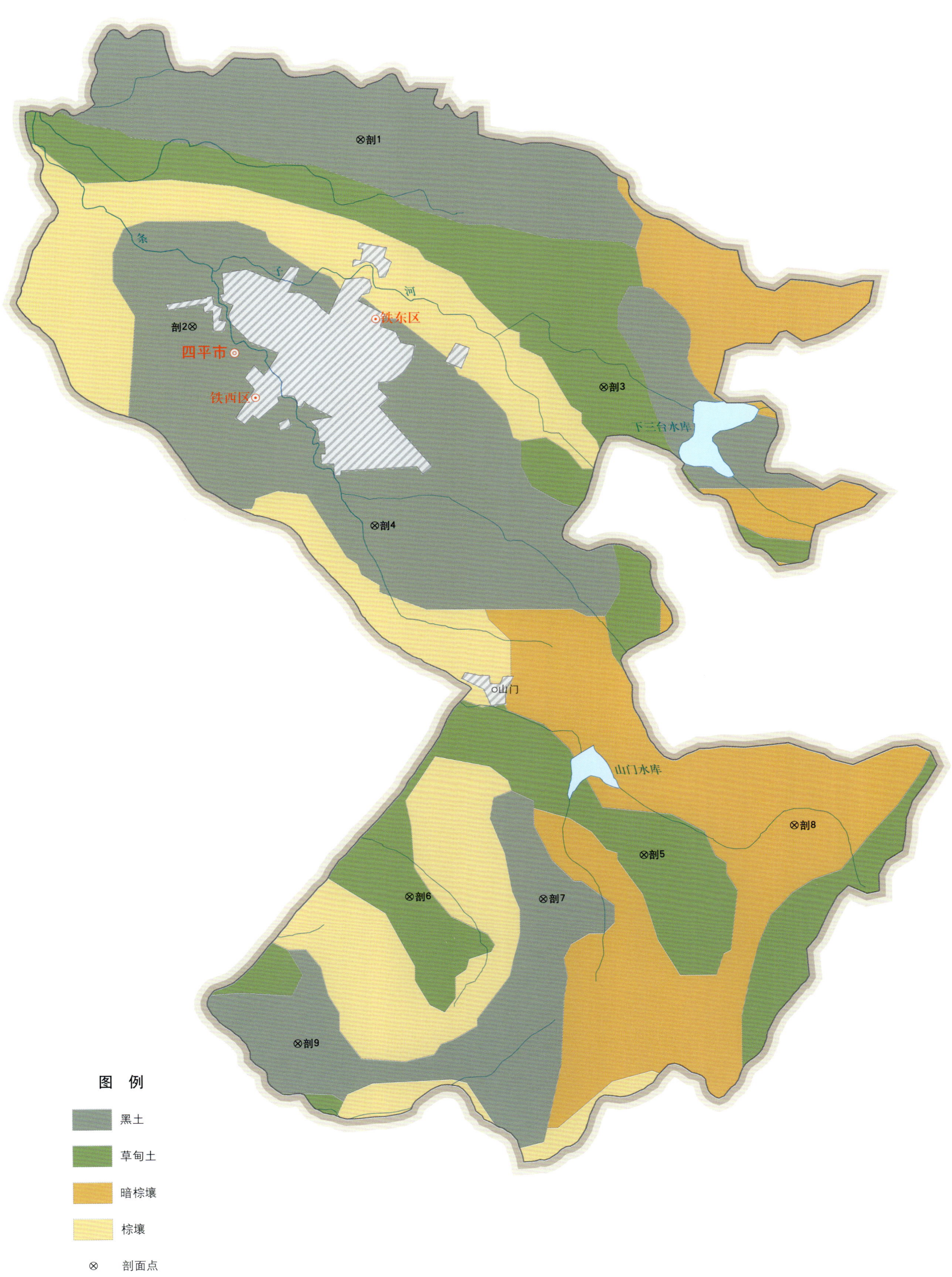

四平市土壤剖面理化性状表

剖面号 Soil profile	土纲 Soil order	土类 Soil great group	亚类 Soil subgroup	土属 Soil genus	土种 Soil species	土层码 Layer code	土层厚度 Depth/cm	颜色 Soil color	质地 Soil texture	土壤结构 Soil structure	pH	有机质 OM/(g/kg)	全氮 TN/(g/kg)	全磷 TP/(g/kg)	全钾 TK/(g/kg)	碱解氮 AN/(mg/kg)	有效磷 AP/(mg/kg)	速效钾 AK/(mg/kg)	阳离子交换量 CEC/(cmol/kg)	土壤母质 Parent material	剖面点坐标 Profile coordinate	匹配指数 Matching index/%
剖1	半淋溶土	黑土	黑土	黑土	薄层黏砾底黑土	Aa	0-16	浅棕灰色	黏壤土	粒状	6.4	23.0	1.15	0.29	19.3	128	17.7	43			E 124°23′08.2″ N 43°13′09.1″	95
						A	16-25	浅棕灰色	黏壤土	块状、片状	6.3	21.8	0.93	0.26	16.9	75	9.2	35				
						AB	25-60	棕色	黏壤土	团块状	6.5	9.5	0.44	0.20	17.0	33	4.2	26				
						C	60-120	黄橙色	砂质黏壤土	块状	6.3	3.5	0.12	0.25	0.7	52	0.9	26				
剖2	半淋溶土	黑土	草甸黑土	锈黄黑土	平西二连黑土	A_{11}	0-20	浊黄橙色	黏壤土	小团块状	6.8	24.7	1.49	0.52	22.0	92	33.7	140	19.2	黄土状沉积物	E 124°19′38.6″ N 43°10′19.2″	82
						Ah	20-37	浊黄棕色	黏质黏土	团块状	6.8	19.3	1.30	0.30	19.8	62	2.3	112	21.0			
						AhC	37-54	亮黄棕色	壤质黏土	核块状	6.4	11.3	0.97	0.24	19.6	71	2.1	106	20.6			
						Cu_1	54-83	亮黄棕色	壤质黏土	核块状	6.5	4.7	0.63	0.36	20.3	35	3.0	103	17.1			
						Cu_2	83-105	浊黄橙色	壤质黏土	核块状	6.8	3.2	0.47	0.51	21.5	62	6.8	102	16.2			
剖3	半水成土	草甸土	岗川草甸土	厚覆泥厚层岗川草甸土	Aa	0-16	浊灰棕色	壤质黏土	粒状	6.8	20.2	0.89	0.11	25.0	172	5.1	35			E 124°27′58.3″ N 43°09′15.8″	95
						Ase	16-42	浊灰棕色	壤质黏土	团块状	7.0	15.6	0.76	0.25	22.9	106	1.1	26				
						Bg	42-86	暗棕色	壤质黏土	小块状	7.0	14.0	0.44	0.30	24.0	38	5.3	35				
						BC	86-114	棕灰棕色	壤质黏土	小状状	7.0	4.1	0.19	0.32	25.2	36	3.9	17				
						Cg	114-130	浅棕褐色	砂质黏土	块状	7.0	3.4	0.11	0.24	26.1	31	5.3	17				
剖4	半淋溶土	黑土	黑土	中层黑土	Aa	0-16	棕灰色	黏壤土	粒状	6.8	20.8	0.91	0.39	25.6	77	1.8	35			E 124°23′15.4″ N 43°07′11.6″	95
						A	16-30	暗棕色	粉砂质黏土	核块状	6.9	14.5	0.62	0.25	25.7	82	1.0	35				
						B	30-77	暗棕色	粉砂质黏土	核块状	6.8	6.6	0.38	0.20	26.0	47	5.3	26				
						BC	77-94	棕灰色	砂质黏土	核块状	6.9	3.6	0.25	0.17	26.5	27	5.3	39				
						C	94-120	浅棕黄色	粉砂质黏土	核块状	7.1	3.3	0.10	0.33	26.6	26	6.0	44				
剖5	半水成土	草甸土	山川草甸土	厚覆黏中层山川草甸土	Aa	0-20	浅棕灰色	黏壤土	粒状	6.5	22.8	1.67	0.61	17.5	111	6.7	62			E 124°28′33.6″ N 43°02′01.0″	95
						Ase	20-47	暗灰色	黏壤土	小块状	6.3	22.5	1.55	0.51	17.1	85	12.1	122				
						A	47-88	暗棕色	壤质黏土	粒状	6.4	30.9	1.78	0.89	16.2	88	18.6	183				
						Bg	88-120	暗棕色	壤质黏土	粒状	6.2	16.6	1.32	0.83	11.0	76	18.7	195				
剖6	半水成土	草甸土	平川草甸土	中层草甸土	Aa	0-18	棕灰色	粉砂质黏土	粒状	7.0	18.4	0.89	0.42	28.7	121	3.1	26			E 124°23′47.0″ N 43°01′27.1″	95
						A_1	18-35	灰棕色	粉砂质黏土	粒状	7.2	18.9	0.89	0.24	24.6	110	2.2	35				
						A_2	35-61	棕色	粉砂质黏土	粒状	7.0	10.8	0.33	0.34	27.7	104	5.8	53				
						AB	61-110	黄棕色	砂质黏土	粒状	6.6	7.6	0.16	0.32	28.3	83	7.4	35				
						B	110-120	棕灰色	砂质黏壤土	粒状	6.3	4.2	0.14	0.23	27.6	49	4.9	44				
剖7	半淋溶土	黑土	黑土	中层黏底成黑土	Aa	0-20	浅棕灰色	砂质黏壤土	小块状	6.5	21.8	1.13	0.40	22.8	91	1.0	43			E 124°26′29.8″ N 43°01′22.1″	75
						A	20-44	棕灰色	黏质黏土	粒状、块状	6.7	17.2	0.98	0.24	21.4	152	1.1	26				
						AB	44-61	黄棕色	砾质黏壤土	粒状、块状	6.6	11.3	0.48	0.34	20.6	44	1.1	22				
						BC	61-89	棕灰色	砂质黏壤土	粒状、块状	6.3	5.0	0.32	0.23	21.9	48	1.1	26				
						C	89-120	浅棕黄色	砂质黏壤土	无结构	6.0	3.6	0.04	0.33	24.4	41	1.1	31				
剖8	淋溶土	暗棕壤	酸性岩暗棕壤	薄层酸性岩山地暗棕壤	Aa	0-19	棕灰色	黏壤土	粒状	5.5	8.8	1.26	0.49	8.4	203	4.5	129		酸性岩风化物	E 124°31′37.6″ N 43°02′25.4″	85
						B	19-68	灰棕色	壤质黏土	小块状	6.2	6.5	0.58	0.48	11.6	71	4.5	52				
						C	68-140	红棕色	砂土	无结构	6.3	4.7	0.32	0.12	4.4	62	4.4	43				
						D	140-	黄白相间														
剖9	半淋溶土	黑土	草甸黑土	黄土质草甸黑土	黑黏土	A_{11}	0-20	黄橙色	黏壤土	小团块状	7.8	24.7	1.49	0.52	22.0	92	3.7	140		黄土状黏土沉积物	E 124°21′26.6″ N 42°59′14.6″	71
						A_1	20-37	浅黄棕色	壤质黏土	团块状	6.8	19.3	1.30	0.30	19.8	62	2.3	112				
						AB	37-54	亮黄棕色	壤质黏土	团块状	6.4	11.3	0.97	0.24	19.6	71	2.1	106				
						B_1	54-83	亮黄棕色	壤质黏壤土	核块状	6.5	4.7	0.63	0.36	20.3	35	3.0	103				
						Bu	83-105	黄橙色	壤质黏土	核块状	6.6	3.2	0.47	0.51	21.5	62	6.8	102				

梨树县

主要土类说明

黑钙土是梨树县主要土壤类型，占本县地域面积的27%，主要分布在海拔155—170m的地区，小城子、双河、万发等地分布较多。黑钙土是在温带半湿润草甸草原下形成的具深厚均腐殖质层和碳酸钙淋溶淀积层的土壤。该土壤均腐殖质层厚50cm左右，有机质含量为50—80g/kg。其下，钙积层明显。土壤表层pH为7.0，逐渐往下pH为8.0—8.5。冬季冻层厚1.3—1.5m。本县黑钙土分为黑钙土、草甸黑钙土、盐碱化黑钙土等亚类。

草甸土是梨树县第二大土壤类型，占本县地域面积的19%，分布在河漫滩、阶地、岗间洼地和山间川地。草甸土所处地势较低洼，受季节性滞水影响较明显，心土层下常出现大量锈斑，黑土层较厚，腐殖质含量较高，结构较好。本县东南部形成的草甸土大都为微酸性；中部形成的草甸土大都为中性；西部形成的草甸土大都为碱性，甚至常发生盐碱化。本县草甸土分为草甸土、石灰性草甸土、盐碱化草甸土等亚类。

黑土是梨树县第三大土壤类型，占本县地域面积的16%，集中分布在本县中部的蔡家、郭家店、十家堡、梨树、白山等地，四棵树、榆树台、泉眼岭等地也有片状分布。本县黑土地处本省黑土带南部边缘，往西、往南与棕壤接壤，因降水量较多，气候温暖，有利于有机质的分解，因此土壤腐殖质含量较低。本县黑土分为黑土、草甸黑土、白浆黑土三个亚类。

暗棕壤占本县地域面积的9%，集中分布在叶赫、石岭、孟家岭等地海拔300m以上的山地。暗棕壤发育于温带湿润地区针阔叶混交林下，具有明显的有机质富集和弱酸性淋溶特征。母质为岩石风化物。土壤腐殖质含量在20g/kg左右，呈弱酸性。

风沙土占本县地域面积的9%，主要分布在冲积、风积平原及江河沿岸，是在风积沙性母质上发育的幼年土壤，大部分具A-C剖面构型。本县风沙土分为风沙土、黑土型风沙土、黑钙土型风沙土等亚类。黑土型风沙土和黑钙土型风沙土已有明显发育，肥力较高，有农业利用价值。

棕壤占本县地域面积的8%。棕壤发生于温带落叶阔叶林下，但大部分已被垦殖。该土壤处于硅铝风化阶段，具有黏化特征，呈棕色。土体见黏粒淀积，盐基充分淋失，pH为6.0—7.0，见少量游离铁。本县棕壤地处黑土向棕壤过渡的地带，根据成土过程和分布地形的不同，分为山地棕壤和棕壤两个亚类。

新积土占本县地域面积的6%，是受水、风和重力等动力作用新堆积形成的非地带性幼年土壤。该土壤成土期短，母质特性明显，具A-C或（A）-C剖面构型。本县新积土分为冲积土、坡积土等亚类。

小于本县地域面积3%的土壤类型有水稻土、白浆土、石质土、碱土、石灰（岩）土、草甸盐土等。

本区域中心区气候特征

本区域中心区气候特征值
Regional climate characteristics in central area of the region

气候带：中温带亚湿润气候 Climate region: Mid temperate subhumid climate	
年平均气温 /℃ Annual average temperature /℃	6.4
年平均最高气温 /℃ Annual average maximum temperature /℃	12.1
年平均最低气温 /℃ Annual average minimum temperature /℃	1.2
年降水量 /mm Annual precipitation /mm	559
≥10℃的积温 /℃ Daily temperature accumulated in a year（≥10℃）/℃	2644
年日照时数 /h Annual sunshine /h	2731
年平均相对湿度 /% Annual average relative humidity /%	63
干燥度 Dryness	0.70

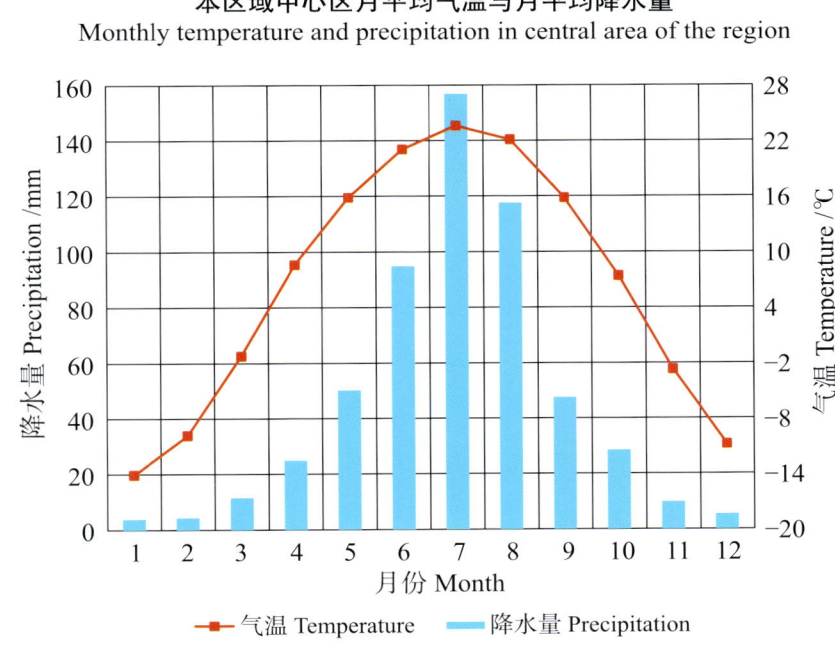

本区域中心区月平均气温与月平均降水量
Monthly temperature and precipitation in central area of the region

梨树县主要土壤类型与土壤剖面点分布图
1:400 000

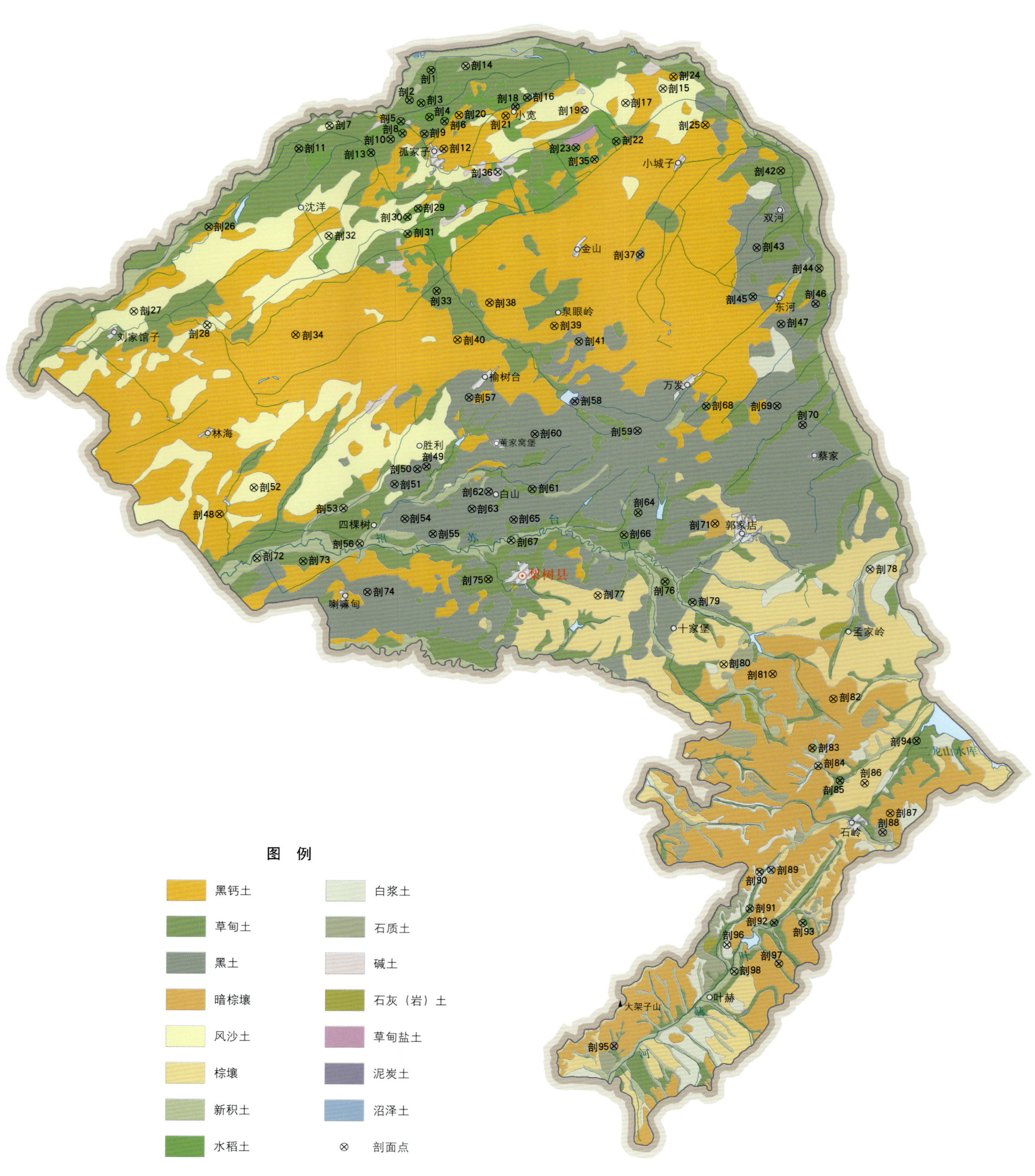

梨树县土壤剖面理化性状表

剖面号 Soil profile	土纲 Soil order	土类 Soil great group	亚类 Soil subgroup	土属 Soil genus	土种 Soil species	土层码 Layer code	土层厚度 Depth/cm	颜色 Soil color	质地 Soil texture	土壤结构 Soil structure	pH	有机质 OM/(g/kg)	全氮 TN/(g/kg)	全磷 TP/(g/kg)	全钾 TK/(g/kg)	碱解氮 AN/(mg/kg)	有效磷 AP/(mg/kg)	速效钾 AK/(mg/kg)	土壤母质 Parent material	剖面点坐标 Profile coordinate	匹配指数 Matching index/%
剖1	半水成土	草甸土	草甸土	平川草甸土	中层草甸土	A	0—48	褐灰色	粉砂质黏土	粒状	6.0	18.4	1.01	0.30	20.7	71	3.5	95		E 124°13′51.2″ N 43°44′29.0″	98
						Bg	48—87	棕灰色	黏质黏土	粒状	8.1	7.3	0.58	0.36	21.9	13	7.1	106			
						Cg	87—120	灰棕色	壤质黏土	黏块状	6.6	4.8	0.44			11		130			
剖2	半水成土	草甸土	草甸土	平川草甸土	中层草甸土	1	0—20		壤质黏土		6.6	19.9	1.22	0.33	20.8	82	2.0	90		E 124°12′21.6″ N 43°42′57.6″	97
						2	20—50		壤质黏土		6.8	20.6	1.23	0.34	19.5	76	1.3				
						3	50—83		壤质黏土		7.2	8.2	0.44			17					
						4	83—105		壤质黏土		7.1	4.2	0.36			3					
剖3	人为土	水稻土	草甸土型水稻土	草甸土型水稻土	厚层草甸土型水稻土	Aa	0—10	棕灰色	壤质黏土	无明显结构	6.9	20.0	1.10	0.34	27.0	103	8.2	57		E 124°13′08.8″ N 43°42′48.6″	97
						A_{11}	10—25	灰棕色	黏壤土	棱块状	7.2	24.6	1.18	0.39	26.1	109	13.7	135			
						A_{12}	25—90	棕灰色	壤质黏土	团块状	7.3	13.4	0.71	0.48	24.2	59	19.5	122			
						B	90—	棕黄色	壤质黏土	无明显结构	7.7	4.8	0.31	0.39	26.4	34	20.5	77			
剖4			盐碱型水稻土	盐碱型水稻土	白盖盐化碱土型水稻土	As		浅棕色	砂质黏土	团块状	10.1	13.4	1.10	0.44	23.3	61	3.0	117	黄土状沉积物	E 124°13′41.9″ N 43°42′05.0″	75
						A	10—20	灰棕色	砂质黏土	棱柱状	10.0	9.0	0.62	0.43	23.8	44	5.0	86			
						3	20—30	灰棕色	砂质黏土	棱柱状	10.0		0.64	0.45	24.9	31	3.0	127			
						4	30—40	灰棕色	黏壤土	棱柱状	10.0	6.3		0.44	22.0						
						5	40—50	棕灰色	砂质黏壤土	片状	10.0	7.8	0.73		24.2		3.0	79			
						B	50—110	黄棕色	壤质黏土	块状											
						CG	110—140														
剖5	人为土	水稻土	冲积土型水稻土	冲积土型水稻土	夹砂冲积型水稻土	Aa	0—15	浅灰棕色	粉砂质黏土	无明显结构	8.5	28.1	1.50	0.54	25.4	134	15.2	147		E 124°11′45.3″ N 43°41′52.8″	97
						Ab	15—60	浅灰色	黏土	无明显结构	8.8										
剖6	人为土	水稻土	草甸土型水稻土	石灰性草甸土型水稻土	中层石灰性草甸土型水稻土	Aa	0—13	棕灰色	壤质黏土	粒状	6.6	15.1	0.85	0.35	28.0	68	4.9	83		E 124°14′43.8″ N 43°41′51.7″	97
						A	13—43	黑灰色	壤质黏土	粒状	8.2	11.2	0.66	0.41	30.2	49	4.1	85			
						B	43—104	浅棕黄色	砂质黏土		8.3	6.0	0.27	0.42	26.0	28	12.8	99			
						4	104—				7.9										
剖7	初育土	风沙土	黑风沙土	黑风沙土	生草黑风沙土	1	0—19		砂壤土			7.8	0.62		14.6	35	8.9	83	风积物	E 124°06′52.2″ N 43°41′42.4″	74
						2	19—40		砂壤土			5.4	0.42		16.3	22	1.6	83			
						3	40—105		砂壤土			3.9	0.33		11.3	9	1.0	86			
						4	105—150														
剖8	人为土	水稻土	盐碱化草甸土型水稻土	盐碱型水稻土	轻盐中碱化草甸土型水稻土	Aa	0—15	浅棕灰色	砂质黏壤土	团块状	9.1	15.5	0.86	0.27	21.4	63	3.3	135		E 124°11′50.6″ N 43°41′16.1″	95
						A	15—53	灰棕色	砂质黏壤土	棱柱状	8.7	12.9	0.75	0.34	19.7	58	2.0	86			
						B	53—110	棕灰色	砂质黏壤土	片状	8.4	5.6	0.30	0.17	13.3	14					
						CG	110—140	黄棕色	壤质黏土	块状	8.2	6.2	0.30	0.22	23.9	4					
剖9	人为土	水稻土	盐化草甸土型水稻土	苏打盐碱化草甸土型水稻土	苏打轻盐碱化草甸土型水稻土	1	0—21		轻黏土		6.2	17.6	0.99	0.33	25.2	102	5.8	116		E 124°13′19.9″ N 43°41′13.2″	95
						2	21—43	浅灰色	轻黏土	粒块状	6.8	18.4	0.76	0.34	25.7	94	6.4	130			
						3	43—65	棕灰色	轻黏土	粒状	6.6	10.9	0.50	0.33	24.9	71	5.9	114			
						4	65—111	浅灰棕色	重黏土	粒状											
剖10	半水成土	草甸土	草甸土	岗川草甸土	深厚层岗川草甸土	Aa	0—20	灰色	壤质黏土	粒状	6.3	15.0	0.61	0.38	24.2	70				E 124°11′01.7″ N 43°40′58.4″	97
						A_{11}	20—58		壤质黏土												
						A_{12}	58—110		壤质黏土												
						A_{13}	110—														

续表 Continued

剖面号 Soil profile	土纲 Soil order	土类 Soil great group	亚类 Soil subgroup	土属 Soil genus	土种 Soil species	土层码 Layer code	土层厚度 Depth/cm	颜色 Soil color	质地 Soil texture	土壤结构 Soil structure	pH	有机质 OM/(g/kg)	全氮 TN/(g/kg)	全磷 TP/(g/kg)	全钾 TK/(g/kg)	碱解氮 AN/(mg/kg)	有效磷 AP/(mg/kg)	速效钾 AK/(mg/kg)	土壤母质 Parent material	剖面点坐标 Profile coordinate	匹配指数 Matching index/%
剖11	半水成土	草甸土	石灰性草甸土	石灰性平川草甸土	中层石灰性草甸土	Aa	0—20	棕灰色	壤质黏土	粒状	7.7	18.0	0.91	0.31	18.7	91	5.3	112		E 124°04′46.7″ N 43°40′34.3″	97
						A	20—35	灰棕色	粉砂质黏土	粒状	7.5	6.9		0.31	18.8	36	3.1	110			
						Ab	35—68	黄ís棕色	粉砂质黏土	团块状	7.3	5.8	0.40	0.36	18.8	44	17.2	116			
						Bg	68—87	灰棕色	粉砂质黏土	棱块显结构	7.2	5.8	0.33	0.41	18.7	31	35.6	178			
						Cg	87—137	黄灰棕色	粉砂质黏土	无明显结构	7.5		0.72	0.43	18.8	30	28.3	168			
剖12	钙层土	黑钙土	淡黑钙土	黄土状淡黑钙土	厚层淡黑钙土	Aa	0—20	浅灰棕色	砂土	块状		6.0	0.39	0.18		62	0.5	51	黄土状沉积物	E 124°14′38.8″ N 43°40′27.1″	95
						A	20—50	浅灰棕色	砂壤土	块状		7.4	0.36	0.02		59		41			
						Ab	50—78	浅灰棕色	砂壤土	无明显结构		7.5	0.52	0.83							
						B	78—110	棕色	砂土	棱块状		2.7		0.09							
						C	110—130	浅灰棕色	砂壤土	块状		2.6	0.18	0.20							
剖13	人为土	水稻土	黑钙土型水稻土	黑钙土型水稻土	中层黑钙土型水稻土	Aa	0—20	浅灰棕色	砂质黏壤土	粒状	8.0	12.9	0.72	0.51		84	6.0	103	黄土状沉积物	E 124°09′40.7″ N 43°40′18.1″	97
						A	20—40	暗棕灰色	砂质黏土	片状	7.9	6.6	0.66	0.46		67		97			
						B	40—84	浅灰棕色	砂质黏土	无明显结构	8.3	4.1	0.47	0.36		35		69			
						BC	84—120	暗灰棕色	砂质黏土	棱块状	8.2	1.2	0.67	0.42							
						C	120—140	黄棕色	砂质黏土	无明显结构	8.3	1.4	0.35	0.33							
剖14	初育土	新积土	冲积土	石灰性冲积土	草甸土底素壤质黏性冲积土	Aa	0—18	浅灰色	黏土	块状	7.8								冲积物	E 124°16′13.4″ N 43°44′40.2″	92
						C_{1-1}	18—30	浅灰棕色	粉砂土	团块状	7.8										
						C_{1-2}	30—43	浅灰棕色	黏壤土	片状	7.8										
						C_{1-3}	43—73	深灰棕色	黏壤土	片状	7.8										
						C	73—150	深灰棕色	黏壤土	团块状	7.5										
剖15	初育土	风沙土	黑钙土型风沙土	黑钙土型风沙土	中层黑钙土型风沙土	Aa	0—18	浅灰棕色	粉砂壤土	团块状	6.0	9.0	0.59	0.19	10.3	51	0.4	51	风积物	E 124°29′38.4″ N 43°43′20.6″	92
						A_1	18—33	深灰棕色	粉砂壤土	块状	6.5	2.8	0.12	0.10	21.5	23	0.4	52			
						Ab_{1-1}	33—65	浅灰棕色	粉砂壤土	块状	6.5	2.9	0.12	0.10	21.2	21	0.2	69			
						Ab_{1-2}	65—96	浅灰棕色	黏壤土	块状	6.5	4.6	0.15	0.13	20.6	20	0.4	82			
						B	96—150	浅灰棕色	黏壤土	块状	8.7	3.3	0.13	0.13	21.1	25					
剖16	半水成土	草甸土	盐化草甸土	苏打盐碱化草甸土	苏打中度盐碱化草甸土	Aa	0—18	浅灰棕色	砂质黏土	团块状	9.2	7.2	0.72	0.16	20.9	45	2.4	38	风积物	E 124°20′23.6″ N 43°42′59.4″	95
						A_{11}	18—61	浅灰棕色	黏质黏土	块状	9.1	1.9	0.12	0.09	21.7	21	0.4	34			
						A_{12}	61—88	深灰棕色	黏质黏土	块状	8.9	3.4	0.07	0.06	21.2	18	0.4	21			
						B	88—118	深灰棕色	黏质黏土	团块状	8.4	42.6	1.14	0.40	23.6	94	2.3	118			
						C	118—150	深灰棕色	黏质黏土	粒状	7.2	14.1	1.14	0.34	23.5	47	1.7	93			
剖17	初育土	风沙土	黑钙土型风沙土	黑钙土型风沙土	厚层钙层型风沙土	Aa	0—17	浅灰棕色	壤质黏土	小棱块状	7.4	25.6	1.40			71				E 124°27′04.3″ N 43°42′38.2″	92
						A_{11}	17—64	深灰棕色	壤质黏土	小棱块状	7.1	19.5	1.09			33					
						B	64—	棕灰棕色	壤质黏土	粒状											
剖18	半水成土	草甸土	草甸土	平川草甸土	深厚层草甸土	A_{11}	0—19	黄白相间	壤质黏土	粒状	8.6	19.5	1.03	0.35	26.4	87	1.2	68		E 124°19′34.5″ N 43°42′32.8″	97
						A_{12}	19—58	深灰棕色	壤质黏土	粒状	9.2	10.0	0.55	0.26	27.0	51	0.4	40			
						A_{13}	58—94	深灰棕色	黏质黏土	棱块状	8.5	7.8	0.36	0.22	22.9	33	0.2	64			
						A_{14}	94—134	棕灰棕色	黏质黏土	棱块状	8.4	7.3	0.30	0.27	23.9	29	0.4	75			
剖19	盐碱土	碱土	草甸碱土	草甸碱土	中位暗碱土	1	0—11		砂质黏土	棱柱状										E 124°24′15.5″ N 43°42′19.1″	97
						2	11—37		壤质黏土												
						3	37—69		壤质黏土	无明显结构											
						4	69—														

续表 Continued

剖面号 Soil profile	土纲 Soil order	土类 Soil great group	亚类 Soil subgroup	土属 Soil genus	土种 Soil species	土层码 Layer code	土层厚度 Depth/cm	颜色 Soil color	质地 Soil texture	土壤结构 Soil structure	pH	有机质 OM/(g/kg)	全氮 TN/(g/kg)	全磷 TP/(g/kg)	全钾 TK/(g/kg)	碱解氮 AN/(mg/kg)	有效磷 AP/(mg/kg)	速效钾 AK/(mg/kg)	土壤母质 Parent material	剖面点坐标 Profile coordinate	匹配指数 Matching index/%
剖20	钙层土	黑钙土	盐碱化黑钙土	黄土质盐化黑钙土	轻度盐碱化黑钙土	Aa	0—19	浅灰色	黏壤土	粒状	8.2	13.4	0.85			50	1.8	105	黄土状沉积物	E 124°15′42.8″ N 43°42′09.7″	95
						A	19—53	暗灰色	壤质黏土	粒状	8.1	18.5	1.20			60	1.7	116			
						Ab	53—84	浅棕灰色	壤质黏土	块状	8.0	7.2	0.61			18	1.5	147			
						B	84—123	浅灰黄色	壤质黏土	块状	7.8	3.5	0.45			11	2.0	140			
						C	123—150	浅灰棕色			7.5	3.0	0.33			9	1.6	141			
剖21	钙层土	黑钙土	盐碱化淡黑钙土	苏打盐碱化淡黑钙土	苏打轻盐碱化淡黑钙土	1	0—20		黏壤土		8.0	7.8	0.82			31	0.2	83		E 124°18′53.3″ N 43°42′05.0″	92
						2	20—44		砂壤土		8.1	2.4	0.42			6	0.1	63			
						3	44—84		砂壤土		8.1	1.0	0.29				0.3	60			
						4	84—125		砂壤土		7.7	0.4	0.24				0.4	75			
						5	125—		砂壤土		8.1	1.0	0.41				1.2	49			
剖22	人为土	水稻土	盐碱土型水稻土	盐碱型水稻土	轻盐中碱化草甸土型水稻土	1	0—19				8.5									E 124°26′23.6″ N 43°40′41.2″	95
						2	19—60				8.8										
						3	60—88				9.1										
						4	88—140				8.7										
剖23	人为土	水稻土	黑钙土型水稻土	黑钙土型水稻土	厚层黑钙土型水稻土	Aa	0—16	浅灰棕色	黏壤土	团块状	8.4									E 124°23′38.0″ N 43°40′24.2″	97
						A	16—37	暗灰棕色	黏质黏土	团块状	8.3										
						Ab	37—66	浅黄棕色	黏质黏土		8.3										
						B	66—100	黄棕色	黏质黏土		8.4										
						Cg	100—		黏壤土		8.9										
剖24	钙层土	黑钙土	草甸黑钙土	黄土质草甸黑钙土	中层草甸黑钙土	Aa	0—18	暗灰色	壤质黏土	粒状	7.9	18.0	1.37	0.35	30.4	59	2.2	123	黄土状沉积物	E 124°30′22.7″ N 43°43′55.6″	95
						A	18—38	棕灰色	黏壤土	块状	8.0	13.7	1.01	0.30	22.7	37	1.1	62			
						Ab	38—74	灰棕色	黏质黏土	块状	8.0	6.6	0.60			10					
						B	74—95	棕色	黏土	块状	8.0	7.5	0.58								
						C	95—126	浅棕色	黏壤土		8.0	3.0	0.47								
剖25	钙层土	黑钙土	草甸黑钙土	黄土质黑钙土	深厚黑钙土	Aa	0—19	浅灰色	黏土	粒状	8.0	25.1	1.43	0.37	24.2	153	2.9	94	黄土状沉积物	E 124°32′28.7″ N 43°41′26.5″	95
						A₁₁	19—45	浅灰色	壤质黏土	粒状	8.0	26.8	1.36	0.38	23.6	138	3.6	99			
						A₁₂	45—93	浅灰棕色	壤质黏土	粒状	8.0	25.2	1.41	0.37	24.1	146	4.2	120			
						A₁₃	93—145	棕灰色	黏土	粒状	8.0	23.3	1.07	0.38	22.3	136	1.3	84			
剖26	半水成土	草甸土	石灰性草甸土	石灰性平川草甸土	厚层覆泥石灰性平川草甸土	Aa	0—14	棕灰色	粉砂质黏土	团块状	7.8									E 123°58′35.0″ N 43°36′36.0″	97
						Ase	14—26	深棕灰色	粉砂质黏土	团块状	7.7										
						A₁₁	26—56	深棕灰色	粉砂质黏土	粒状	7.2										
						A₁₂	56—82	浅灰棕色	粉砂质黏土	粒状	7.1										
剖27	初育土	风沙土	黑钙土型风沙土	黑钙土型风沙土	薄层黑钙土型风沙土	Aa	0—19	浅灰棕色	砂土	团块状	7.7	6.2	0.55			24	4.5	82	风积物	E 123°53′24.4″ N 43°32′17.9″	93
						A₁₁	19—59	灰色	砂壤土	团块状	7.3	4.6	0.59			16	5.3	80			
						Ab	59—82	灰棕色	砂壤土	团块状	7.7	9.6	0.55			15	7.7	164			
						C	82—103	棕灰色	砂土	团块状	7.5	3.7	0.49			9	3.9	124			
剖28	初育土	风沙土	黑型风沙土	黑型风沙土	薄层黑型风沙土	Aa	0—20	浅灰棕色	壤质黏土	粒状	7.4	14.1	0.89	0.27	25.8	24	1.3	73	风积物	E 123°58′23.9″ N 43°31′32.8″	93
						Ab	20—34	棕灰色	壤质黏土	团块状	7.7	9.5	0.61	0.22	25.3	56	0.6	72			
						B	34—83	棕色	壤质黏土	团块状	7.7	3.5	0.33	0.26	26.9	30	1.4	77			
						BC	83—115	深棕色	粉砂质黏土	团块状	7.8	2.3	0.15	0.22	27.5	21	3.2	7			
						C	115—150	棕红色	砂土	无明显结构	8.1	0.4	0.03	0.06	30.7						

续表 Continued

剖面号 Soil profile	土纲 Soil order	土类 Soil great group	亚类 Soil subgroup	土属 Soil genus	土种 Soil species	土层码 Layer code	土层厚度 Depth/cm	颜色 Soil color	质地 Soil texture	土壤结构 Soil structure	pH	有机质 OM/(g/kg)	全氮 TN/(g/kg)	全磷 TP/(g/kg)	全钾 TK/(g/kg)	碱解氮 AN/(mg/kg)	有效磷 AP/(mg/kg)	速效钾 AK/(mg/kg)	土壤母质 Parent material	剖面点坐标 Profile coordinate	匹配指数 Matching index/%
剖29	人为土	水稻土	黑钙土型水稻土	淡黑钙土型水稻土	中层淡黑钙土型水稻土	Aa	0—12	灰棕色	壤质黏土	团块状	8.3	21.5	0.94	0.72		127		154	黄土状沉积物	E 124°12′50.0″ N 43°37′24.6″	95
						A	12—30	暗棕色	砂质黏壤土	团块状	8.4	11.7	1.32	0.44		80		78			
						B	30—50	浅灰棕色	砂质壤土	无明显结构	8.4	5.9	0.35	0.28		25		74			
						BC	50—82	黄灰棕色	壤质砂土	无明显结构	8.2	1.4		0.21							
						C	82—				8.0	1.0		0.25							
剖30	人为土	水稻土	黑钙土型水稻土	淡黑钙土型水稻土	薄层淡黑钙土型水稻土	Aa	0—15	浅灰棕色	砂质壤土	无明显结构	8.6	13.2	1.45	0.34		83	3.0	190	黄土状沉积物	E 124°12′06.5″ N 43°36′58.3″	95
						A	15—26	暗灰棕色	砂质壤土	无明显结构	8.6	9.4	0.96	0.26		55		93			
						Bg	26—52	暗黄棕色	砂土	无明显结构	8.3	5.3	0.96	0.26		45		92			
						Cg	52—110	浅黄棕色	砂土	无明显结构	8.5	1.2	0.35	0.21							
剖31	人为土	水稻土	黑钙土型水稻土	淡黑钙土型水稻土	厚层淡黑钙土型水稻土	Aa	0—17	棕灰色	砂质黏壤土	无明显结构	9.0	11.6	1.38	0.36		91		115		E 124°12′05.7″ N 43°36′06.4″	95
						A	17—54	棕灰色	砂质黏壤土	团块状	8.8	8.3	1.43	0.27		70		94			
						Ab	54—75	浅灰棕色	砂质壤土	团块状	8.5	5.7	0.31	0.28							
						Bg	75—90	浅灰棕色	黏质壤土	团块状	8.4	12.8	0.48	0.38							
						Cg	90—125	黄灰棕色	砂质壤土	团块状	8.2	4.7	0.45	0.24							
剖32	初育土	风沙土	黑钙土型风沙土	黑钙土型风沙土	中层钙土型风沙土	Aa	0—14	浅灰棕色	砂质黏壤土	小团块状	8.2	11.5	0.90	0.36	17.0	111	0.9	91	风积物	E 124°06′43.9″ N 43°36′03.6″	92
						A_1	14—39	浅灰棕色	砂质黏壤土	团块状	8.2	13.6	1.03	0.44	13.8	48	1.1	70			
						C_1	39—59	浅灰棕色	黏质壤土	团块状	8.1	2.5	0.41					88			
						C_2	59—113	浅灰棕色	黏壤土	团块状	7.6	1.4						79			
						C_3	113—				8.8										
剖33	半水成土	草甸土	石灰性草甸土	石灰性平川草甸土	深厚石灰性草甸土	Aa	0—20	棕灰色	黏质壤土	团块状	8.2	16.4	1.15	0.20	26.3	57	3.6	108		E 124°14′01.0″ N 43°33′09.4″	98
						A_{11}	20—43	暗黑色	黏壤土	粒状	8.2	22.5	1.31	0.44	27.1	75	2.1	77			
						A_{12}	43—70	棕灰色	黏壤土	粒状	8.1	17.6	0.94			48					
						A_{13}	70—130	灰色	黏壤土	粒状		17.7				28					
剖34	钙层土	黑钙土	淡黑钙土	黄土状淡黑钙土	中层淡黑钙土	Aa	0—23	棕灰色	砂质黏壤土	团块状	8.4	10.1	0.62	0.20	19.3	60	2.3	71		E 124°04′24.2″ N 43°31′00.1″	92
						A	23—43	灰棕色	砂质黏壤土	块状	8.5	7.9	0.50	0.18	19.3	56	1.0	46			
						C_1	43—73	黄棕色	黏壤土	块状	8.4	2.3	0.21	0.18	18.9	22	1.0	61			
						C_2	73—118	棕黄色	黏壤土	块状	8.6	2.8	0.19	0.28		23	0.4	74			
						C_3	118—		黄棕色	壤质砂土	棱柱状	8.9	2.3	0.15	0.31		21					
剖35	人为土	水稻土	盐碱土型水稻土	盐碱化水稻土	轻盐化草甸土型水稻土	Aa	0—20	灰蓝色	黏质壤土	无明显结构	7.1	26.2	1.66	0.33	21.2	100	11.2	164	黄土状沉积物	E 124°24′53.3″ N 43°39′47.2″	95
						A	20—35	灰黑色	黏质黏土	棱块状	7.9	14.7	1.19	0.32	20.9	43	1.7	86			
						Ab	35—	灰黄棕色	黏质黏土	棱块状	8.1	5.0	0.59		20.7	6	1.5	89			
剖36	盐碱土	碱土	草甸碱土	盐碱型水稻土	深位暗碱土	Aa	0—20	暗黄棕色	黏质壤土	无结构	6.9	28.5	1.51	0.40	21.5	85	0.9	60		E 124°18′17.6″ N 43°39′13.3″	98
						S	20—82	浅灰棕色	黏质黏土	柱状	9.1	9.7	0.79	0.23	14.4	9	1.7	93			
						As	82—124	浅灰棕色	黏质黏土	块状	8.9	4.1	0.43								
						Ab	124—150	灰棕黄色	黏质黏土	块状	8.5										
剖37	半淋溶土	黑土		黄土质黑土	深厚黑土	Aa	0—18	深灰色	壤质黏土	团块状	6.5	21.5	1.19	0.33	19.6	69	2.0	128	黄土状沉积物	E 124°27′52.6″ N 43°34′51.6″	95
						A_{11}	18—54	深黑色	壤质黏土	团块状	6.7	19.4	0.97	0.32	19.5	46	1.3	115			
						A_{12}	54—121	灰棕色	壤质黏土	块状	6.7	16.9	0.57			36					
						Ab	121—150	灰棕色	壤质黏土	块状	6.5										
剖38	钙层土	黑钙土		黄土质钙土	厚层黑钙土	Aa	0—17	深灰棕色	壤质黏土	团块状	7.2	23.4	1.44		22.8	92	1.7	113	黄土状沉积物	E 124°17′35.5″ N 43°32′30.8″	95
						A_{11}	17—45	深黑色	壤质黏土	粒状	7.8	21.9	1.30		22.9	60	1.0	116			
						A_{12}	45—73	灰棕色	壤质黏土	粒状	7.7	16.6	1.22		23.7	53	4.0	127			
						Ab	73—130	黄棕色	壤质黏土	棱柱状	7.5	6.5	1.09		24.3	21	2.3	111			

续表 Continued

剖面号 Soil profile	土纲 Soil order	亚类 Soil subgroup	土属 Soil genus	土种 Soil species	土层码 Layer code	土层厚度 Depth/cm	颜色 Soil color	质地 Soil texture	土壤结构 Soil structure	pH	有机质 OM/(g/kg)	全氮 TN/(g/kg)	全磷 TP/(g/kg)	全钾 TK/(g/kg)	碱解氮 AN/(mg/kg)	有效磷 AP/(mg/kg)	速效钾 AK/(mg/kg)	土壤母质 Parent material	剖面点坐标 Profile coordinate	匹配指数 Matching index/%
剖39	钙层土	黑钙土	黄土质黑钙土	破皮黄黑钙土	Aa	0—18	浅棕灰色	黏壤土	团块状									黄土状沉积物	E 124° 21′ 58.3″ N 43° 31′ 16.0″	95
					Ab	18—42	棕褐色	壤质黏土	棱块状											
					B	42—84	棕褐色	黏质黏土	棱块状											
					BC	84—130	黄棕色	黏质黏土	块块状											
					C	130—	棕灰黑色	黏质黏土	团块状	7.0										
剖40	钙层土	黑钙土	黄土质黑钙土	薄层黑钙土	Aa	0—22	深灰黑色	黏质黏土	粒状									黄土状沉积物	E 124° 15′ 23.8″ N 43° 30′ 38.5″	95
					Ab	22—56	浅黄色	黏质黏土	棱块状											
					B	56—95	浅黄色	黏质黏土	块块状											
					C	95—140	浅黄色	黏质黏土	小棱块状											
剖41	半淋溶土	黑土	黄土质黑土	中层黑土	Aa	0—24	浅棕灰色	壤质黏土	粒状	6.4	15.7	0.88	0.26	23.3	84	2.3	136	黄土状沉积物	E 124° 23′ 37.0″ N 43° 30′ 27.4″	95
					A₁	24—34	棕灰色	黏质黏土	粒状	6.8	15.9	0.69	0.23	27.0	59	1.2	107			
					Ab	34—50	浅灰棕色	黏土	块状	7.0	11.3	0.66			38					
					B	50—122	黄棕色	壤质黏土	无明显结构	7.0	5.6	0.27			17					
剖42	半水成土	草甸土	平川草甸土	中层砂底草甸土	Aa	0—17	浅棕灰色	黏土	粒状	6.0	24.1	1.39	0.73	15.6	209	8.8	136	黄土状沉积物	E 124° 37′ 33.6″ N 43° 39′ 01.8″	99
					A	17—33	深棕灰色	黏土	粒状	6.4	18.3	1.10	0.44	16.7	123	8.1	110			
					Ab	33—78	棕灰色	黏土	小棱块状	6.4										
					C	78—118	浅棕色	砂壤土		6.5										
						118—140														
剖43	半淋溶土	黑土	红黏质黑土	厚层红黏质黑土	Aa	0—17	棕灰色	黏土	团块状	6.5	28.9	1.37	0.32	20.4		2.7	248	红色沉积物	E 124° 35′ 49.9″ N 43° 35′ 06.4″	95
					A₁	17—58	棕灰色	黏土	棱块状	6.7	15.4	0.77	0.27	20.5		1.1	156			
					Ab	58—89	棕红色	黏土	棱块状	6.4	13.5	0.62	0.26	20.2		2.2	175			
					B	89—	棕红色	壤土	块块状	6.2	7.9	0.42	0.35	21.0		14.2	215			
剖44	半水成土	草甸土	平川草甸土	深厚层黑土	1	0—15	浅棕灰色	壤质黏土	小团块间	6.1	19.5	1.17	0.30	23.6	72	2.5	146	黄土状沉积物	E 124° 40′ 02.3″ N 43° 33′ 58.3″	97
					2	15—57	深棕灰色	壤质黏土	块状	6.3	18.3	1.04	0.27	23.2	68	2.5	92			
					3	57—135	棕色	壤质黏土	棱块状	6.0	12.3	0.65			25					
剖45	半淋溶土	黑土	黄土质黑土	露黄黑土	Aa	0—14	浅棕灰色	黏土	粒状	6.5	16.7	0.97	0.26	26.8	89	0.4	147	黄土状沉积物	E 124° 35′ 29.8″ N 43° 32′ 35.9″	95
					B	14—72	黄色	壤质黏土	片状	6.7	6.2	0.28	0.20	26.2	31	2.8	120			
					BC	72—123	灰黄色	壤质黏土	小棱块状	6.8	3.1	0.12	0.21	26.1	25	3.6	115			
					C	123—150	黄色	壤质黏土	块状	6.6	4.0	0.24		26.3	30					
剖46	半水成土	草甸黑土	黄土质草甸黑土	中层草甸黑土	Aa	0—19	浅棕灰色	黏土	块状	6.5								黄土状沉积物	E 124° 39′ 45.0″ N 43° 32′ 10.0″	93
					A₁	19—31	灰棕色	壤质黏土	小棱块状	6.5										
					B	31—51	棕灰色	壤质黏土	块状	6.5	10.9	0.71	0.20	25.4	38	1.4	129			
					C	51—97	暗棕色	粉砂质壤土	团块状	6.7	2.1	0.15	0.24	12.8		2.6	76			
剖47	半淋溶土	黑土	红黏质黑土	露黄夹砂黑土		97—135	棕色	粉砂质壤土	无明显结构	7.1	4.7	0.33						红色沉积物	E 124° 37′ 22.8″ N 43° 31′ 09.8″	95
								砂壤土	无明显结构	7.0										
							灰白色		块状	7.0										
剖48	钙层土	盐碱化淡黑钙土	苏打盐碱化淡黑钙土	苏打轻盐碱化淡黑钙土	Aa	0—21	深灰棕色	砂壤土	团块状	8.2	10.1	0.75			49	2.0	89	红色沉积物	E 123° 59′ 05.6″ N 43° 21′ 50.0″	92
					Ab	21—45	浅灰棕色	砂壤土	团块状	8.6	5.5	0.49			92	0.7	72			
					B	45—78	浅棕灰色	砂壤土	块状	8.5	3.5	0.42								

续表 Continued

剖面号 Soil profile	土纲 Soil order	土类 Soil great group	亚类 Soil subgroup	土属 Soil genus	土种 Soil species	土层码 Layer code	土层厚度 Depth/cm	颜色 Soil color	质地 Soil texture	土壤结构 Soil structure	pH	有机质 OM/(g/kg)	全氮 TN/(g/kg)	全磷 TP/(g/kg)	全钾 TK/(g/kg)	碱解氮 AN/(mg/kg)	有效磷 AP/(mg/kg)	速效钾 AK/(mg/kg)	土壤母质 Parent material	剖面点坐标 Profile coordinate	匹配指数 Matching index/%
剖49	半淋溶土	黑土	黑土	黄土质黑土	中层黑土	1	0—24	暗棕色	壤质黏土		6.6	17.7	1.15	0.41	22.5	96	7.0	124	黄土状沉积物	E 124°13′09.8″ N 43°24′09.0″	95
						2	24—47		壤质黏土		7.0	10.8	0.80	0.20	22.3	55	1.3	93			
						3	47—76		粉砂质黏土		7.4	3.2	0.31			9					
						4	76—121		粉砂质黏土		7.0	2.5	0.32			5					
剖50	半淋溶土	黑土	黑土	砾黑土	黏砾黑土	A_{h1}	21—40	油棕色	壤质黏土	团块状	6.2	21.9	1.34	0.53	26.4	114	33.7	107	洪积物	E 124°12′32.8″ N 43°24′01.1″	95
						Ah		棕色	壤质黏土	块状	6.5	25.4	1.22	0.42	20.6	93	21.6	100			
						AhC	40—52	棕色	壤质黏土	棱块状	6.7	10.7	0.85	0.27	19.1	60	3.1	118			
						C_1	52—80	亮棕色	壤质黏土	棱块状	5.9	6.6	0.71	0.26	17.9	53	5.3	126			
						C_2	80—110	亮棕色	砾质黏壤土	棱块状	5.2	4.9	0.55	0.23	19.5	36	4.8	140			
剖51	半淋溶土	黑土	黑土	黄土质黑土	厚层黑土	Aa	0—20	棕色	壤质黏土	粒状	6.4	25.9	1.37			89	0.5	134	黄土状沉积物	E 124°10′59.2″ N 43°23′15.7″	95
						A	20—70	棕色	壤质黏土	团块状	6.4	21.8	1.03			62	4.6	137			
						Ab	70—90	黄棕色	壤质黏土	块状	6.3	13.7	0.89			23	7.1	147			
						B	90—116	浅棕黄色	壤质黏土	棱块状	6.2	8.7	0.66			29	10.0	178			
						C	116—	红棕色	黏土壤土		7.0	3.8	0.37			10	9.2	171			
剖52	初育土	风沙土	黑风沙土	黑风沙土	生草黑风沙土	Aa	0—19	浅灰棕色	细砂土	无明显结构	7.2								风积物	E 124°01′27.5″ N 43°23′10.0″	85
						C_{1-1}	19—63	浅灰色	砂土	无结构	7.2										
						C_{1-2}	63—91	浅棕褐色	砂质壤土	块状	7.0										
						C_{1-3}	91—150	灰棕褐色	砂质壤土	块状	7.0										
剖53	初育土	新积土	冲积土	石灰性层状冲积土	黏壤质石灰性层状冲积土	Aa	0—19	浅棕色	黏壤土	团块状	7.8	10.9	0.76	0.41	27.8	52	2.9	56	冲积物	E 124°07′30.0″ N 43°22′03.4″	92
						A	19—35	棕色	黏壤土	块状	7.3	14.8	0.83	0.23	26.9	81	36.4	162			
						C_{1-1}	35—56	棕灰色	粉砂质壤土	块状	7.7	4.0	0.21	0.60	27.8	24	6.1	48			
						A_{1-2}	56—85	深棕色	重黏土	粒状	7.7	35.3	1.42	0.42	24.7	116	19.3	171			
						Ab	85—143	棕色	粉砂质壤土	粒块状	8.3	21.6	1.27	0.47	25.2	85					
						C	143—160	灰棕色	重黏土	粒块状	8.2	12.4	0.69		22.1	47					
剖54	半淋溶土	黑土	黑土	红黏质黑土	肥红黏土	A_{h1}	0—17	棕灰色	黏质壤土	团块状	6.5	28.9	1.37	0.32	20.4		2.7	248	第四纪红色黏土状沉积物	E 124°11′39.5″ N 43°21′28.4″	81
						A_1	17—58	棕灰色	壤土	粒状	6.7	15.4	0.77	0.27	20.5	57	1.1	156			
						AB	58—89	灰棕色	壤土	小棱块状	6.4	13.5	0.62	0.26	20.2	47	2.2	175			
						B	89—120	红棕色	砂质壤土	棱块状	6.2	7.9	0.42	0.35	21.0	9					
剖55	半淋溶土	黑土	黑土	黄土质黑土	薄层黑土	1	0—12	浅灰色	黏质壤土	块状	6.1	14.0	0.93	0.22	15.6	57	2.7	148	黄土状沉积物	E 124°13′32.5″ N 43°20′41.6″	92
						2	12—25	浅灰色	壤质黏土	块状	6.4	12.2	0.92	0.21	17.9	47	1.4	116			
						3	25—80	灰灰色	粉砂质黏土	块状	6.9	5.7	0.47			9					
						4	80—	灰灰色	重黏土	块状	6.6	3.2	0.26			4					
剖56	初育土	新积土	冲积土	层状冲积土	壤质层状冲积土	Aa	0—19	浅棕灰色	黏质黏土	团块状	7.0								冲积物	E 124°08′34.8″ N 43°20′14.3″	92
						A_1	19—34	棕灰色	砂质黏土	粒状	7.0										
						C_{1-1}	34—68	灰棕色	黏质黏土	块状	7.0										
						C_{1-2}	68—107	深棕色	黏壤土	块状	7.0										
						BC	107—	浅棕灰色	壤质黏土	粒状	7.0										
剖57	半淋溶土	黑土	黑土	红黏质黑土	露黄红黏质黑土	Aa	0—16	浅棕色	黏质黏土	粒状	6.0	13.8	0.75	0.36	25.1	86	15.3	135	红色沉积物	E 124°16′07.0″ N 43°27′40.7″	95
						B	16—57	深棕色	黏质黏土	块状	7.0	12.3	0.60	0.27	25.1	73	2.3	115			
						C	57—150	浅灰棕色	黏质黏土	块状	7.1	3.9	0.23	0.36	26.2	34	7.3	110			
剖58	水成土	泥炭土	泥炭土	泥炭土	浅位泥炭土	A	0—25	灰黑色	壤质黏土	粒状	7.0	29.7	1.23	0.23	19.0	97	1.9	105		E 124°23′16.8″ N 43°27′24.1″	97
						Ap	25—50	灰棕色	壤质黏土	粒状	7.0	11.7	0.49	0.15	19.0	45	1.1	104			
						P	50—120	灰棕色	壤质黏土	粒状	7.0	4.7	0.29	0.17	20.6	30	2.5	129			
						4	120—				7.1	4.7	0.32	0.19	20.0	27	2.9	125			

续表 Continued

剖面号 Soil profile	土纲 Soil order	土类 Soil great group	亚类 Soil subgroup	土属 Soil genus	土种 Soil species	土层码 Layer code	土层厚度 Depth/cm	颜色 Soil color	质地 Soil texture	土壤结构 Soil structure	pH	有机质 OM/(g/kg)	全氮 TN/(g/kg)	全磷 TP/(g/kg)	全钾 TK/(g/kg)	碱解氮 AN/(mg/kg)	有效磷 AP/(mg/kg)	速效钾 AK/(mg/kg)	土壤母质 Parent material	剖面点坐标 Profile coordinate	匹配指数 Matching index/%
剖59	半淋溶土	黑土	草甸黑土	黄土质草甸黑钙土	薄层草甸黑土	Aa	0—20	棕灰色	壤质黏土	粒状	6.6	18.1	1.07	0.30	18.8		4.9	132	黄土状沉积物	E 124°27′30.3″ N 43°25′50.3″	95
						Ab	20—38	浅棕灰色	壤质黏土	团块状	7.0			0.28	19.7		3.1	109			
						B	38—68	浅棕黄色	壤质黏土	块状	7.0	9.1	0.55	0.25	23.1	56	2.9	104			
						BC	68—115	棕黄色	粉砂质黏土	棱块状	7.2	3.4	0.26	0.21	21.4	30	1.2	109			
剖60	半淋溶土	黑土	黑土	黄土质黑土	破皮黄顶岩底黑土	Aa	0—14	浅黄灰色	砂质壤土	粒状	5.9	6.9	0.60	0.12	25.5	35	1.3	81	黄土状沉积物	E 124°20′32.6″ N 43°25′44.8″	95
						Ab	14—44	灰黄色	砂土	无明显结构	5.9	2.4	0.57	0.15	26.5		1.5	52			
						B	44—102	暗灰色	砂土	无明显结构		0.5	0.55								
剖61	半水成土	草甸土	石灰性草甸土	石灰性平川草甸土	厚层覆泥石灰性草甸土	1	0—15		粉砂质黏土		7.8	22.4	1.14	0.33	25.4	66	4.2	121		E 124°20′19.0″ N 43°22′54.8″	97
						2	15—34		粉砂质黏土		7.7	17.4	0.98	0.28	29.0	47	2.3	84			
						3	34—60		粉砂质黏土		7.2	35.3	1.47			98					
						4	60—90		粉砂质黏土		7.1	13.9	0.68			24					
剖62	半淋溶土	黑土	黑土	黄土质黑土	薄层砂质岩底黑土	Aa	0—14	深棕色	砂质壤土	团块状	7.4								黄土状沉积物	E 124°20′21.1″ N 43°22′49.1″	95
						Abg	38—75	红棕色	砂质壤土	块状	7.6										
						Bg	75—	红棕色	砂质壤土	棱块状	7.0										
剖63	半淋溶土	黑土	黑土	黄土质黑土	薄层黑土	Aa	0—18	浅灰棕色	壤质黏土	粒状	6.3	19.6	1.18	0.34	22.0	76	2.3	172	黄土状沉积物	E 124°17′13.1″ N 43°21′57.2″	95
						A	18—23	棕灰色	壤质黏土	块状	6.3	16.0	1.04	0.32	24.7	63	1.4	124			
						Ab	23—63	灰红棕色	壤质黏土	块状	6.5	11.6	0.59			33					
						B	63—95	红棕色	壤质黏土	棱块状	6.5	3.1	0.46			7					
						C	95—153	灰棕色	粉砂质黏土	棱块状	6.8										
剖64	半水成土	草甸土	岗川草甸土	岗川草甸土	厚层岗川草甸土	Aa	0—20	棕灰色	黏质壤土	团块状	6.0	17.8	0.95	0.41	26.0	131	38.2	129		E 124°27′28.1″ N 43°21′37.8″	97
						A	20—64	浅棕灰色	砾质黏壤土	粒状	6.8	16.4	0.78	0.31	24.6	84	0.4	131			
						Ab	64—82	暗棕色	少砾黏壤土	块状	6.7	8.7	0.50	0.21	25.5	76	0.4	143			
						B	82—120	暗棕灰色	壤质黏土	块状	6.6	7.2	0.38	0.20	25.4	65	2.5	137			
						C	120—147	灰棕色	粉砂质黏土	块状	6.3	5.4	0.29	0.16	28.0	42		107			
剖65	半淋溶土	黑土	黑土	红黏质黑土	红黑土	Aa	0—21	油棕色	黏质黏土	团块状	6.2	21.9	1.34	0.53	20.4	114	33.7	100	红色沉积物	E 124°19′01.2″ N 43°21′22.0″	95
						A₁	21—40	棕色	黏质黏土	粒状	6.5	25.4	1.22	0.42	20.6	93	21.6	118			
						B	40—52	油棕灰色	黏质黏土	棱块状	6.7	10.7	0.85	0.27	19.1	60	3.1	126			
						BC	52—80	亮红棕色	黏质黏土	棱块状	5.9	6.6	0.71	0.26	17.9	53	5.3	140			
						C	80—110	亮红棕色	壤质黏土	棱块状	5.2	4.9	0.55	0.23	19.5	36	4.8	112			
剖66	半水成土	草甸土	石灰性草甸土	石灰性平川草甸土	中层覆泥石灰性草甸土	Aa	0—20	暗棕灰色	黏壤土	团块状	6.8	22.8	1.27	0.30	20.0	101	7.7	78		E 124°26′29.8″ N 43°20′30.5″	98
						Ase	20—28	浅棕灰色	黏壤土	粒状	8.8	19.2	0.92	0.33	20.6	75	3.1	104			
						A₁₁	28—43	深棕色	黏壤土	粒状	7.8	19.2	0.92	0.33	20.6	75	3.1	104			
						A₁₂	43—69	浅棕色	黏壤土	团块状	7.8	22.8	1.06	0.34	19.1	79	2.2	110			
						Ab	69—101	浅棕色	壤质黏土	小棱块状	8.8	14.7	0.64	0.32	19.2	50	5.1	112			
						B	101—	黄棕色	黏壤土	块状	7.1	6.1	0.69	0.42	20.3	33	16.7				
剖67	初育土	新积土	冲积土	石灰性冲积土	草甸土底潜质石灰性冲积土	Aa	0—18	浅灰棕色	壤质黏土	团块状	8.1	9.7	0.57	0.26	26.8	49	1.2	92	冲积物	E 124°18′50.0″ N 43°20′18.2″	92
						C₁	18—39	浅灰棕色	壤质黏土	团块状	8.1	18.2	0.46	0.31	22.2	73	1.0	85			
						C	39—55	深灰棕色	壤质黏土	团块状	8.1	8.7	0.49	0.33	23.0	37	0.8	94			
						A	55—79	浅灰棕色	壤质黏土	团块状	8.0	6.3	0.39	0.31	25.2	33	1.0	101			
						B	79—115	深灰棕色	壤质黏土	团块状	7.9	5.3		0.40	25.6	34					
						BC	115—160	深灰棕色	壤质黏土	棱块状	8.0	5.1	0.31	0.44	27.1	26					

续表 Continued

剖面号 Soil profile	土纲 Soil order	土类 Soil great group	亚类 Soil subgroup	土属 Soil genus	土种 Soil species	土层码 Layer code	土层厚度 Depth/cm	颜色 Soil color	质地 Soil texture	土壤结构 Soil structure	pH	有机质 OM/(g/kg)	全氮 TN/(g/kg)	全磷 TP/(g/kg)	全钾 TK/(g/kg)	碱解氮 AN/(mg/kg)	有效磷 AP/(mg/kg)	速效钾 AK/(mg/kg)	土壤母质 Parent material	剖面点坐标 Profile coordinate	匹配指数 Matching index/%
剖68	半水成土	草甸土	草甸土	平川草甸土	薄层草甸土	Aa	0—18	深灰色		粒状	6.7									E 124°32′12.1″ N 43°27′02.5″	98
						A	18—26	深灰黑色		粒状	6.7										
						Ab	26—50	浅灰棕色		小核块状	6.3										
						B	50—100	浅灰棕色		棱块状	6.0										
						C	100—150	棕灰棕色		棱块状	6.0										
剖69	半淋溶土	黑土	草甸黑土	黄土质草甸黑钙土	破皮黄草甸黑土	Aa	0—19	浅灰色	粉砂质黏土	粒状	6.3	13.6	1.03	0.27	21.2	47	1.7	129	黄土状沉积物	E 124°37′00.6″ N 43°26′59.3″	95
						Ab	19—45	棕黄色	粉砂质黏土	团块状	6.5	9.0	0.63	0.20	20.2	19	1.2	100			
						B	45—74	黄灰黄色	粉砂质黏土	块状	6.6	6.1	0.41			66					
						C	74—148	灰棕色	粉砂质黏土	棱块状	6.6	4.5	0.41								
剖70	半淋溶土	黑土	草甸黑土	黄土质草甸黑钙土	厚层草甸黑土	Aa	0—20	浅灰相间	黏壤土	粒状	6.6	15.7	1.07	0.28	26.2	58	1.9	100	黄土状沉积物	E 124°38′42.5″ N 43°25′59.4″	95
						A	20—70	暗灰色	黏壤土	团块状	6.4	25.0	1.39	0.37	26.0	90	1.7	71			
						Ab	70—92	浅灰黄色	粉砂质黏壤土	块状	5.8	12.9	0.75			33					
						B	92—140	黄色	粉砂质黏壤土	块状	5.6	7.8	0.83			25					
剖71	淋溶土	暗棕壤	山地暗棕壤	陕砂质暗棕壤	厚层砂砾质暗棕壤	Aa	0—19	暗灰色	砂壤土	粒状	6.5								花岗片麻岩风化物	E 124°32′39.8″ N 43°21′00.7″	92
						A₁	19—51	暗灰色	砂壤土	块状	6.5										
						B	51—83	浅灰棕色	砂壤土	块状	6.5										
						C	83—150	浅灰棕色	砂壤土	块状											
剖72	初育土	新积土	冲积土	冲积土	砂砾底壤质冲积土	Aa	0—18	浅灰棕色	砂壤土	小块状	6.5								冲积物	E 124°01′36.8″ N 43°19′32.2″	92
						C₁	18—68	浅灰棕色	粉砂质黏土	小块状	6.5										
						C₂	68—84	浅灰棕色	重黏土	块状	6.5										
						C₃	84—130	棕灰色	砂砾土		6.5										
剖73	半水成土	草甸土	石灰性草甸土	石灰性平川草甸土	深厚覆泥石灰性草甸土	Aa	0—20	浅灰色	黏壤土	团块状	7.1	17.0	1.82		20.9	43	4.3	132	黄土状沉积物	E 124°04′44.8″ N 43°19′22.4″	99
						A₁₁	20—35	深灰色	黏壤土	粒状	7.0	20.4	1.34		21.0	54	4.6	150			
						A₁₂	35—70	棕色	黏壤土	粒状	6.6	29.3	1.72		21.8	84	13.5	205			
						Ab	70—120	浅灰棕色	黏壤土	粒状	7.2	19.3	1.25			53	5.4	116			
剖74	半淋溶土	黑土	黑土	黄土质草甸黑钙土	破皮黄黑土	Aa	0—18	棕灰色	黏壤土	粒状										E 124°09′04.3″ N 43°17′44.2″	95
						Ab	18—28	浅灰棕色	黏壤土	粒状											
						B	28—75	棕灰色	黏壤土	块状											
						C	75—150	棕灰色	黏壤土	粒块状											
剖75	半水成土	草甸土	石灰性草甸土	石灰性平川草甸土	厚层石灰性草甸土	Aa	0—20	暗灰色	壤质黏土	团块状	7.9	18.5	1.26	0.35	21.4	94	3.4	126	黄土状沉积物	E 124°17′15.7″ N 43°18′20.2″	98
						A₁₁	20—48	深棕灰色	壤质黏土	棱块状	7.8	23.4	1.21	0.37	21.6	84	1.7	115			
						Ab	48—79	深灰色	黏质黏土	棱块状	7.7	19.2	1.14			68					
						C	103—	浅灰棕色	壤质黏土	棱块状	7.5	12.6	0.71								
剖76	半水成土	草甸土	草甸土	平川草甸土	厚层覆泥草甸土	Aa	0—18	浅灰棕色	壤质黏土	粒状										E 124°29′12.9″ N 43°18′05.0″	95
						Ase	18—48	棕灰色	黏质黏土	棱块状											
						A₁₁	48—79	深灰色	黏壤土	核块状											
						A₁₂	79—138	深灰色	黏壤土	棱块状											
						BC	138—173	浅灰棕色	壤质黏土	无明显结构											
剖77	淋溶土	棕壤	棕壤	黄土质棕壤	中层黄土质棕壤	Aa	0—18	浅黄色	壤质黏土	粒状	6.2	17.8	1.22	0.30		75	2.7	147	黄土状沉积物	E 124°24′39.7″ N 43°17′24.7″	95
						A	18—26	黄色	壤质黏土	粒状	6.5	18.5	1.33	0.26		75	1.6	115			
						Ab	26—70	灰黄色	黏质黏土	粒状	6.6	9.4	0.62			37					
						BC	70—90	棕黄色	粉砂质黏土	团块状	6.8	4.5	0.39			14					
						5	90—150		壤质黏土		6.7	4.0	0.30			3					

续表 Continued

剖面号 Soil profile	土纲 Soil order	土类 Soil great group	亚类 Soil subgroup	土属 Soil genus	土种 Soil species	土层码 Layer code	土层厚度 Depth/cm	颜色 Soil color	质地 Soil texture	土壤结构 Soil structure	pH	有机质 OM/(g/kg)	全氮 TN/(g/kg)	全磷 TP/(g/kg)	全钾 TK/(g/kg)	碱解氮 AN/(mg/kg)	有效磷 AP/(mg/kg)	速效钾 AK/(mg/kg)	土壤母质 Parent material	剖面点坐标 Profile coordinate	匹配指数 Matching index/%
剖78	淋溶土	白浆土	台地白浆土	黄土质白浆土	薄层台地白浆土	A_1	0—19	棕灰色	黏壤土	粒状	6.7	16.9	0.53		21.5	74	18.5	97	黄土状沉积物	E 124°43′06.2″ N 43°18′31.7″	95
						A_2	19—48	浅灰色	黏壤土	片状	6.9	10.1	0.74		25.2	51	6.2	97			
						B	48—73	浅褐色	黏壤土	棱块状	6.2	2.4	0.44		20.6	7	20.0	128			
						C	73—157	褐色	黏壤土	块状	6.0	4.7	0.64		20.0	5	11.3	89			
剖79	半水成土	草甸土	草甸土	平川草甸土	厚层草甸土	Aa	0—18	深灰棕色	壤质黏土	粒状	6.6	21.3	1.45			79	0.5	130	黄土状沉积物	E 124°31′03.4″ N 43°16′59.9″	98
						A	18—75	深灰色	黏土	块状	7.1	24.2	1.51			158	0.8	144			
						Ab	75—110	深灰棕色	黏质黏土	粒状	6.6	8.5	0.82			31	4.0	127			
						B	110—143	浅灰棕色	黏质黏土	棱块状	6.7	4.7	1.46			17	9.1	192			
						C	143—160	浅灰棕色	壤质黏土	块状											
剖80	淋溶土	棕壤	棕壤	黄土质棕壤	厚层黄土质暗棕壤	Aa	0—13	浅灰色	壤质黏土	粒状	6.0	18.3	1.08	0.34	27.6	71	2.4	150	黄土状沉积物	E 124°33′06.3″ N 43°13′48.1″	93
						A	13—38	棕灰色	粉砂质黏土	块状	6.5	16.9	0.96	0.34	27.2	60	1.7	124			
						Ab	38—60	灰棕色	粉砂质黏土	块状	6.5	18.2	0.71			31	2.8	45			
						B	60—130	黄棕色	黏质黏土	块状	6.5	5.6	0.35			5		44			
						C	130—	黄棕色	壤质黏土	块状											
剖81	淋溶土	暗棕壤	山地暗棕壤	麻砂质暗棕壤	中层砂砾质暗棕壤	Aa	0—18	浅灰色	黏壤土	粒状	6.5	24.3	1.33			104	5.2	107	花岗片麻岩风化物	E 124°36′24.1″ N 43°13′16.0″	92
						A	18—30	暗棕色	黏壤土	粒结构	6.2	19.6	1.13			73	2.5	78			
						Ab	30—67	黄棕色	砾质壤土	无结构	6.5	3.9	0.26			12	2.8	45			
						B	67—140	红棕色	砾质壤土	无结构	6.2	1.9	0.18			3	13.0	44			
剖82	淋溶土	暗棕壤	山地暗棕壤	麻砂质暗棕壤	厚层白云岩暗棕壤	Aa	0—52	暗灰色	黏壤土	粒状	7.0								花岗片麻岩风化物	E 124°40′28.6″ N 43°11′55.7″	85
						A_1	52—80	灰白色	黏壤土	棱结构	7.0										
						C	80—				8.0										
剖83	初育土	石灰(岩)土	红色石灰岩土	红色石灰岩土	薄层红色石灰岩土	Aa	0—17	浅灰棕色	壤质黏土	粒块状	7.8	64.0	3.73	0.83	15.6	265	7.2	83	石灰岩风化物	E 124°39′00.0″ N 43°09′25.9″	74
						AC	17—50	浅灰棕色	壤质黏土	粒块状	8.0	21.1	1.18	0.55	15.6	100	1.0	88			
						C	50—	灰白色	壤质黏土												
剖84	初育土	新积土	新积土	坡积土	壤质坡积土	1	0—18	灰棕色	壤质黏土	粒状	7.0	19.5	1.27	0.29	25.7	104	2.1	169	花岗片麻岩风化物	E 124°39′22.3″ N 43°08′30.8″	92
						2	18—51	灰棕色	壤质黏土	块状	7.0	18.9	1.22	0.25	27.3	101	1.8	120			
						3	51—84	深灰棕色	壤质黏土	块状	6.8	17.1	1.24			126					
						4	84—109	棕灰色	壤质黏土	粒状	6.6	15.6	0.79			73					
剖85	半水成土	草甸土	草甸土	山川草甸土	中层山川草甸土	Aa	0—17	棕灰色	壤质黏土	粒状	7.0	18.4	1.41			139	7.8	112		E 124°40′50.2″ N 43°07′44.4″	97
						A	17—35	暗灰色	壤质黏土	团粒状	7.4	19.4	1.08			135	4.3	100			
						C_1	35—53	浅灰色	壤质黏土	块状	6.8	10.4	0.64			33	4.2	80			
						C_2	53—80	棕色	壤质黏土	粒状	7.0										
剖86	淋溶土	棕壤	棕壤	麻砂质棕壤	厚层山地棕壤	A_1	0—18	棕灰色	黏壤土	团块状	6.8	9.8	0.76			39	3.4	97	花岗片麻岩风化物	E 124°42′29.9″ N 43°07′35.0″	95
						B	18—39	棕灰色	黏壤土	团块状	6.8	7.1	0.65			28	4.8	77			
						BC	39—62	黄棕色	黏壤土	棱块状	6.8	6.0	0.68			14	9.8	112			
						C	62—82	浅黄棕色	黏壤土	棱块状	6.8	12.7	1.04			32	17.7	166			
							82—140	浅灰棕色	壤质黏土	团块状	6.6	7.1	0.62			11	19.2	113			
剖87	淋溶土	暗棕壤	山地暗棕壤	砂页岩暗棕壤	薄层砂页岩砂砾质暗棕壤	Aa	0—15	浅灰棕色	黏壤土	团粒状									砂页岩风化物	E 124°44′11.0″ N 43°06′00.7″	85
						C_1	15—50	灰色	黏壤土	团粒状											
						C_2	50—100	深灰棕色	黏壤土	无明显结构											
						C_3	100—		石质土	粒状											
剖88	初育土	石质土	山地石质土	山地石质土	山地石质土	Aa	0—20	浅黄色	砂质土											E 124°43′39.0″ N 43°05′02.0″	93
						C_1	20—70	浅黄棕色	砾质土												
						C_2	70—	浅黄棕色	石质土	无明显结构											

续表 Continued

剖面号 Soil profile	土纲 Soil order	土类 Soil great group	亚类 Soil subgroup	土属 Soil genus	土种 Soil species	土层码 Layer code	土层厚度 Depth/cm	颜色 Soil color	质地 Soil texture	土壤结构 Soil structure	pH	有机质 OM/(g/kg)	全氮 TN/(g/kg)	全磷 TP/(g/kg)	全钾 TK/(g/kg)	碱解氮 AN/(mg/kg)	有效磷 AP/(mg/kg)	速效钾 AK/(mg/kg)	土壤母质 Parent material	剖面点坐标 Profile coordinate	匹配指数 Matching index/%
剖89	水成土	沼泽土	腐泥沼泽土	腐泥沼泽土	厚层腐泥沼泽土	Aa	0—17	浅灰色	黏壤土	团块状	6.2	64.5	2.81	0.50	18.9	229	16.9	78		E 124°36′06.1″ N 43°03′12.2″	75
剖90	半水成土	草甸土	草甸土	岗川草甸土	中层岗川草甸土	G	17—54	浅灰棕色	黏壤土	块状	5.7	58.7	2.11	0.29	19.6	164	13.5	62		E 124°35′18.2″ N 43°03′07.2″	97
						G_2	54—120	浅棕灰色	细砂质黏壤土	块状	5.4	33.3		0.31	19.7	113					
剖91	半水成土	草甸土	草甸土	山川草甸土	薄层山川草甸土	Aa	0—19	深灰色	粉砂质黏壤土	粒状	7.3	25.0	1.19	0.41	23.5	117	3.1	99		E 124°34′36.5″ N 43°01′14.2″	97
						A	19—39	浅棕灰色	粉砂质黏壤土	粒状	7.4	26.6	1.13	0.42	23.6	92	2.9	74			
						Ab	39—72	浅棕灰色	粉砂质黏壤土	团块状	7.1	19.7	0.72	0.40	23.2	60	4.3	73			
						B	72—96	棕灰色	粉砂质黏壤土	团块状	7.2	9.2	0.43	0.32	24.3	45	4.4	90			
						C	96—150	浅棕色	黏壤土	棱块状	6.2										
剖92	半水成土	草甸土	草甸土	山川草甸土	中层山川草甸土	Aa	0—20	灰黑色	黏壤土	粒状	6.6	24.1	1.28	0.37	25.1	121	14.5	119		E 124°36′14.8″ N 43°00′29.5″	97
						C_1	20—44	浅灰色	黏壤土	粒状	6.0	14.2	0.72	0.33	25.5	75	3.2	72			
						C_2	44—100	棕灰色	壤质黏壤土	粒状	5.9	16.5	0.75	0.47	25.7	69	7.3	117			
						C_3	100—	棕红色	壤质黏壤土	无明显结构	6.2	14.2	0.67	0.42	24.6	61					
剖93	淋溶土	棕壤	棕壤	麻砂质棕壤	中层山地棕壤	1	0—18		黏壤土	团块状	6.9	22.6	1.31			175	16.7	118	花岗片麻岩风化物	E 124°38′09.6″ N 43°00′26.6″	95
						2	18—38	棕灰色	黏壤土	棱块状	6.7	27.3	1.50			157	8.7	118			
						3	38—82	灰棕色	黏壤土	块状	6.7	14.9	0.82			116	14.9	111			
						4	82—125	红棕色	砂质壤土	无结构	6.4	7.8	0.48			25	18.5	107			
						5	125—150	黄棕色	壤质黏壤土	无结构	6.6	5.9	0.45			19	13.0	102			
剖94	半水成土	草甸土	草甸土	山川草甸土	厚层覆盖山川草甸土	Aa	0—20	浅棕灰色	黏壤土	粒状	6.3	9.5	0.62	0.24	18.8	85	6.5	65		E 124°46′03.0″ N 43°09′42.5″	95
						A_{11}	20—35	深灰色	黏壤土	团块状	7.1	12.5	0.90	0.26	21.8	98	6.0	71			
						A_{12}	35—67	浅深棕色	黏壤土	块状	7.0	29.5	1.39	0.34	23.1	94	7.8	115			
						B	67—102	深棕色	砂质壤土	块状	7.0	14.8	0.85	0.34	22.5	44	10.0	97			
						BC	102—105	黄黄色	壤质黏壤土	小棱块状	6.9	18.8	1.07	0.57	18.6	63		110			
剖95	水成土	泥炭土	泥炭土	深位泥炭土	深位泥炭土	A	0—18	暗棕色	黏壤土	粒状	7.9	33.0	2.38		24.5	166	7.1	104		E 124°25′21.7″ N 42°54′19.1″	97
						Ap_1	18—58	浅灰黑色	黏壤土	片状	7.0	153.5	7.81	0.39	21.1	473	9.3	129			
						P	58—150	深黄黑色	黏壤土	片状	5.6		10.52	0.52	15.9	109	10.7	201			
剖96	淋溶土	白浆土	台地白浆土	黄土质白浆土	厚层台地白浆土	A_1	0—40	棕灰色	粉砂质黏壤土	无明显结构	6.7	11.7	0.81		19.8		2.1	117	黄土状沉积物	E 124°33′02.3″ N 42°59′24.1″	95
						A_2	40—101	浅棕灰色	粉砂质黏壤土	棱块状	6.8	5.9	0.43	0.34	19.2		2.3	125			
						BC	101—132	浅棕灰色	粉砂质黏壤土	棱块状	6.6	3.9	0.37	0.45	19.8						
						BC	132—150	灰黄色	壤质黏壤土	棱块状	6.5	3.3	0.34		20.0						
剖97	半水成土	草甸土	草甸土	山川草甸土	厚层山川草甸土	Aa	0—19	暗棕色	粉砂质黏壤土	粒状	6.7	31.4	1.66	0.57	24.5	149	6.2	70		E 124°36′31.3″ N 42°58′24.6″	98
						A	19—61	浅灰黑色	粉砂质黏壤土	片状	6.4	28.2	1.28	0.39	21.1	127	8.3	83			
						B	61—85	浅棕灰色	粉砂质黏壤土	粒块状	6.7	15.0	0.80	0.52	25.5	84	16.6	73			
						C	85—	棕灰色	壤质黏壤土	棱块状	6.6	10.1	0.54	0.45	26.0	59	21.6	118			
剖98	初育土	新积土	冲积土	冲积土	草甸土底壤质冲积土	Aa	0—18	浅灰色	黏壤土	粒状	6.7	18.8	0.74	0.18	22.2	41	3.6	83	冲积物	E 124°33′30.2″ N 42°58′03.0″	92
						C_1	18—30	浅灰色	黏壤土	片状	7.0	7.7	0.45	0.28	23.1	17	4.2	67			
						C_2	30—47	黄灰色	黏壤土	粒状	6.8	10.6	0.48								
						C_3	47—60	灰色	粉砂质黏壤土	棱块状	8.4	12.8	0.72								
						C_4	60—84	棕色	壤质黏壤土	粒状	6.2	22.8	1.10								
						A_1	84—	暗灰色	重盐土	粒状	6.0	37.5	1.90								

双 辽 市

主要土类说明

风沙土是双辽市主要土壤类型，占本市地域面积的33%。风沙土分布在本市东、西辽河和新开河沿岸，以西南、东北走向呈条带状沙垄。其形成因素主要是干旱多风，母质为风成沙，沙源来自河水泛滥时堆积于沿岸的沙土。风沙土肥力低，漏水漏肥，通气性强，发小苗，潜在肥力低，不适合耕作。

黑钙土是双辽市第二大土壤类型，占本市地域面积的32%。黑钙土是指具有碳酸盐积聚或部分淋溶的成土过程，使土壤通体或局部层次中有石灰假菌丝体或碳酸盐反应的土类。黑钙土具有半干润的土壤水分状况和冷凉的土壤温度状况，有较深厚的暗腐殖质层，腐殖质含量为15—25g/kg，表面碳酸盐已淋洗，无石灰反应，心土或底土有石灰反应，常见石灰假菌丝体或粉状石灰结核。

草甸土是双辽市第三大土壤类型，占本市地域面积的21%。草甸土集中分布在本市东、西辽河和新开河沿岸的冲积平原，在平原和起伏漫岗的封闭洼地有零星分布，在苏打盐碱土区与盐碱土呈复区分布。地下水位为0.5—5.0m，随季节变化而升降。本市草甸土发育于第四纪沉积物，在河流多次改道中洪积形成，剖面质地不一，又因土壤水分充足，大量植物残体遗留在土表，因此土壤颜色较深，肥力高。因所处地下水位较高，潜水参与土壤形成过程，受地下水升降与浸润作用，土体中氧化还原作用交替进行，土体处于氧化状态则出现红褐色锈斑，处于还原状态则产生灰蓝层。根据冲积过程和环境条件的不同，本市草甸土分为草甸土、石灰性草甸土、盐碱化草甸土等亚类。

新积土占本市地域面积的9%，是受水、风和重力等动力作用新堆积形成的非地带性幼年土壤。新积土土质适宜，养分含量丰富，是一种广适性土壤。母质多为近代流水沉积物，地面多处受高水位淹没，生草过程弱，常无明显腐殖质。

小于本市地域面积3%的土壤类型有水稻土、碱土、沼泽土、栗钙土、粗骨土、潮土、草甸盐土等。

本区域中心区气候特征

本区域中心区气候特征值
Regional climate characteristics in central area of the region

气候带：中温带亚湿润气候 Climate region: Mid temperate subhumid climate	
年平均气温 /℃ Annual average temperature /℃	6.5
年平均最高气温 /℃ Annual average maximum temperature /℃	12.4
年平均最低气温 /℃ Annual average minimum temperature /℃	1.2
年降水量 /mm Annual precipitation /mm	503
≥10℃的积温 /℃ Daily temperature accumulated in a year (≥10℃) /℃	3135
年日照时数 /h Annual sunshine /h	2820
年平均相对湿度 /% Annual average relative humidity /%	61
干燥度 Dryness	0.82

本区域中心区月平均气温与月平均降水量
Monthly temperature and precipitation in central area of the region

双辽市主要土壤类型与土壤剖面点分布图
1:280 000

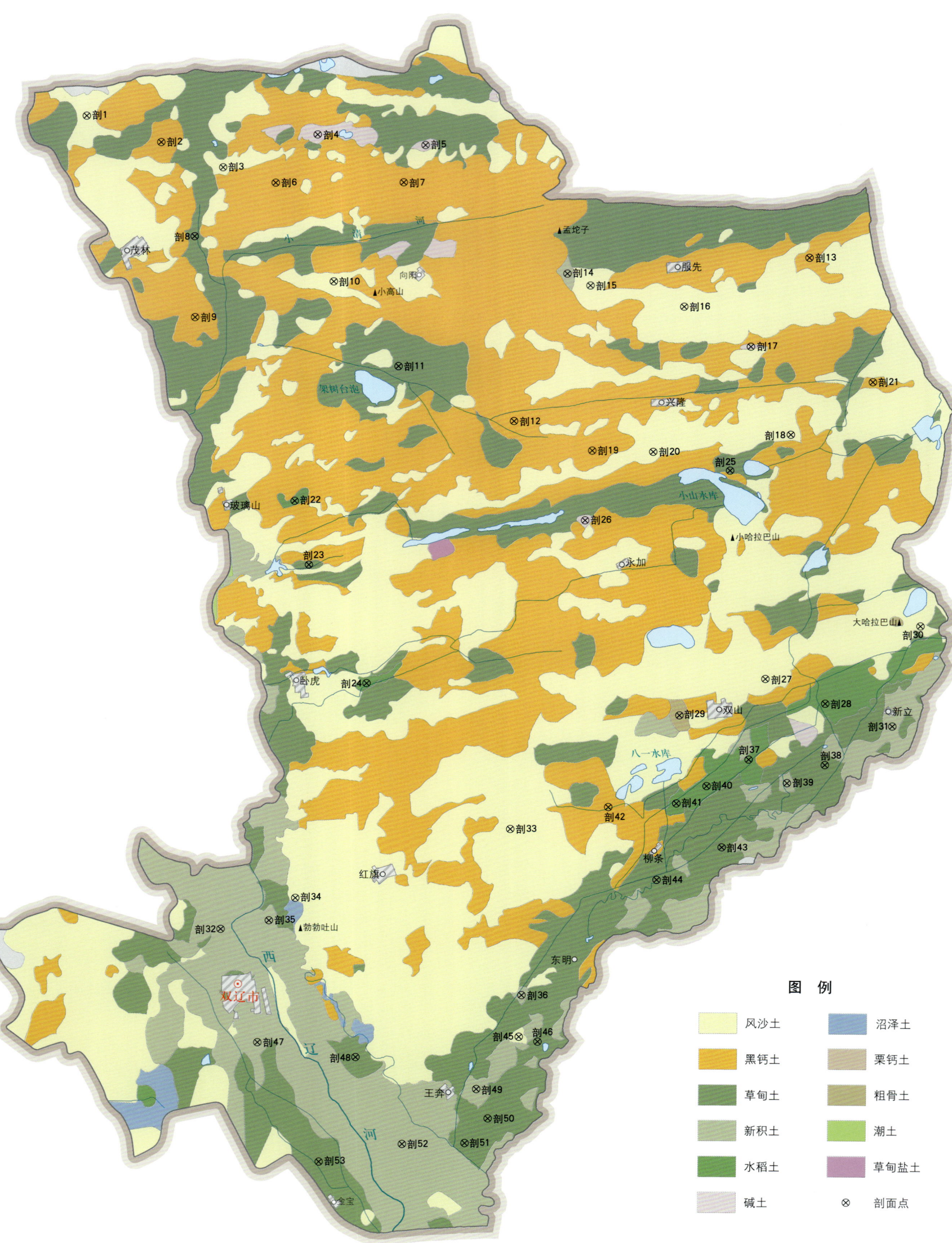

双辽市土壤剖面理化性状表

剖面号 Soil profile	土纲 Soil order	土类 Soil great group	亚类 Soil subgroup	土属 Soil genus	土种 Soil species	土层码 Layer code	土层厚度 Depth/cm	颜色 Soil color	质地 Soil texture	土壤结构 Soil structure	pH	有机质 OM/(g/kg)	全氮 TN/(g/kg)	全磷 TP/(g/kg)	全钾 TK/(g/kg)	碱解氮 AN/(mg/kg)	有效磷 AP/(mg/kg)	速效钾 AK/(mg/kg)	土壤母质 Parent material	剖面点坐标 Profile coordinate	匹配指数 Matching index/%
剖1	初育土	风沙土	草甸风沙土	固定草甸风沙土	甸子黄沙土	A₁	0—22	暗棕灰色	砂壤土	团块状	7.5	9.0	0.58	0.14	26.5	65	0.4	42	风积物	E 123°22′19.6″ N 44°03′05.4″	74
						AC	22—47	棕灰色	砂壤土	无明显结构	7.6	6.8	0.41	0.16	25.6	52	0.2	48			
						C₁	47—67	灰棕色	砂壤土	无结构	7.5	4.3	0.30	0.09	25.4	36		41			
						C₂	67—120	棕黄色	砂壤土	无结构	7.5	1.5	0.23	0.09	26.5	37		38			
剖2	钙层土	黑钙土	淡黑钙土	淡黑钙土	破皮淡黑钙土	Aa	0—19	褐色	砂壤土	粒状	8.4	9.6	0.61	0.19	28.4	61	1.9	70		E 123°25′59.9″ N 44°02′06.7″	92
						AB	19—54	灰黄色	紧砂土	无明显结构	8.4	1.3	0.08	0.09	29.5	27	1.0	49			
						B	54—92	浅黄棕色	紧砂土	无明显结构	8.2	1.0	0.15	0.11	29.6	20		53			
						C	92—120	灰黄色	砂壤土	无明显结构	8.2	0.1	0.10	0.11	29.5	18		40			
剖3	初育土	风沙土	生草风沙土	生草风沙土	生草黄沙土	A₁	0—20	褐色	砂壤土	无明显结构									风积物	E 123°29′01.7″ N 44°01′10.2″	85
						C₁	20—26	灰黄色	砂壤土	无明显结构											
						C₂	26—79	暗黄色	砂壤土	梭块状											
						C₃	79—120	灰黄色	砂壤土	无明显结构											
剖4	盐碱土	碱土	草甸碱土	苏打草甸碱土	浅位苏打草甸碱土	A	0—3	棕灰色	砂壤土	无明显结构	8.9	17.4	1.73	0.20	21.1	97	4.6	202		E 123°33′41.8″ N 44°02′21.1″	97
						AC₁	3—13	暗棕灰色	砂壤土	柱状	10.0	5.2	0.67	0.24	19.1	28	4.3	114			
						AB	13—43	灰棕色	轻壤土	粒状	10.0	1.4	0.22	0.07	20.4	15	1.2	105			
						B	43—110	黄黄色	轻壤土	梭块状	9.9	2.0	0.20	0.19	25.4	19	1.0	126			
						C	110—120	黄黄色	砂壤土	团块状	9.8	1.0	0.13	0.20	26.3	14	1.2	116			
剖5	盐碱土	碱土	草甸碱土	苏打草甸碱土	中位苏打草甸碱土	A	0—9	灰黄色	砂壤土	柱状										E 123°39′00.4″ N 44°01′55.9″	97
						AC₁	9—23	灰灰色	砂壤土	片状											
						B	23—41	褐色	砂壤土	柱状											
						C	41—120	黄白相间	轻壤土	无明显结构											
剖6	钙层土	黑钙土	盐碱化淡黑钙土	盐碱化淡黑钙土	中度苏打盐碱化淡黑钙土	Aa	0—18	暗棕灰色	轻壤土	粒状	8.6	1.2	0.14	0.46	23.3	24	9.6	88		E 123°31′36.8″ N 44°00′35.3″	92
						AB	18—37	棕灰色	砂壤土	粒状	9.1	7.0	0.67	0.23	22.6	47	1.2	44			
						B	37—53	灰灰色	砂壤土	无明显结构	9.1	2.4	0.16	0.51	22.0	24	0.5	45			
						C₁	53—90	黄黄色	砂壤土	无明显结构	8.6	1.5	0.06	0.18	31.4	21	0.5	44			
						C₂	90—120	黄黄色	砂壤土	片状	8.4	2.1	0.12	0.27	29.3	19	5.0	45			
剖7	钙层土	黑钙土	淡黑钙土	淡黑钙土	薄层淡黑钙土	Aa	0—24	棕灰色	砂壤土	粒状	8.4	13.9	1.17	0.03	30.7	81	1.2	86		E 123°37′55.6″ N 44°00′34.2″	93
						AB	24—59	灰黄色	砂壤土	片状	9.3	11.2	0.42	0.13	26.7	37	0.5	46			
						B	59—98	浅黄色	砂壤土	片状	9.0	1.1	0.12	0.03	30.6	15	0.5	61			
						C	98—120	浅黄色	砂壤土	团块状	8.7	1.8	0.07	0.03	32.7	12	1.1	64			
剖8	半水成土	草甸土	盐化草甸土	苏打盐碱化草甸土	轻度苏打盐碱化草甸土	Aa	0—34	灰色	轻壤土	粒状	8.9	22.7	2.03	0.44	26.3	117	1.2	49		E 123°27′36.9″ N 43°58′37.1″	97
						AB	34—76	浅灰色	砂壤土	块状	8.7	8.9	0.97	0.24	23.2	47	4.3	44			
						B	76—104	灰黄色	砂壤土	粒状	8.4	4.3	0.56	0.21	25.0	22	2.5	69			
						C	104—120	棕黄色	轻壤土	粒状	8.3	1.6	0.28	0.31	26.2	19	1.5	81			
剖9	钙层土	黑钙土	淡黑钙土	草甸淡黑钙土	厚层草甸淡黑钙土	A	0—14	黄黄色	中壤土	粒状	7.8	14.0	0.76	0.39	26.2	78	12.6	122		E 123°27′37.8″ N 43°55′38.3″	92
						AB	14—27	灰灰色	中壤土	粒状	8.0	13.2	0.75	0.50	28.2	85	5.6	102			
						B	27—56	棕灰色	中壤土	粒状	8.2	17.6	1.03	0.64	28.2	89	7.4	127			
						C	56—87	灰灰色	中壤土	粒状	8.0	15.8	1.28	0.83	19.3	64	18.8	123			
						Aa	87—120	棕灰色	中壤土	粒状	8.3	6.1	0.55	0.55	27.0	42	45.4	125			
剖10	初育土	风沙土	固定风沙土	石灰性固定风沙土	石灰性固定黄沙土	Aa	0—15	黄黄色	砂土	粒状	8.0	8.9	0.56	0.23	25.4	58	3.4	72	风积物	E 123°34′27.1″ N 43°56′56.0″	92
						AC	15—35	浅灰黄色	砂壤土	无明显结构	8.0	4.7	0.27	0.20	22.7	32	2.6	41			
						C₁	35—87	棕黄色	砂壤土	无明显结构	8.2	2.2	0.14	0.21	22.5	26	2.4	43			
						C₂	87—120	棕黄色	轻壤土	粒状	8.3	1.6	0.07	0.21	19.6	21	2.1	43			

续表 Continued

剖面号 Soil profile	土纲 Soil order	土类 Soil great group	亚类 Soil subgroup	土属 Soil genus	土种 Soil species	土层码 Layer code	土层厚度 Depth/cm	颜色 Soil color	质地 Soil texture	土壤结构 Soil structure	pH	有机质 OM/(g/kg)	全氮 TN/(g/kg)	全磷 TP/(g/kg)	全钾 TK/(g/kg)	碱解氮 AN/(mg/kg)	有效磷 AP/(mg/kg)	速效钾 AK/(mg/kg)	土壤母质 Parent material	剖面点坐标 Profile coordinate	匹配指数 Matching index/%
剖11	半水成土	草甸土	苏打盐碱化草甸土	苏打盐碱化草甸土	重度苏打盐碱化草甸土	A₁₁	0—10	灰色	轻盐土	团块状	8.4	33.0	1.72	1.19	21.7	116	6.2	102		E 123°37′37.2″ N 43°53′47.8″	97
						A₁₂	10—24	暗灰色	轻壤土	粒状	7.9	19.9	1.15	0.42	25.9	89	3.2	103			
						AB	24—50	浅灰色	轻壤土	粒状	8.0	8.4	0.45	0.28	23.7	35	1.2	61			
						Bg	50—95	深灰色	中壤土	粒状	8.3	10.8	0.38	0.25	21.6	34		82			
						Cg	95—120	蓝灰色	轻壤土	团块状	8.1	4.1	0.13	0.21	24.0	22	3.7	93			
剖12	钙层土	黑钙土	盐碱化淡黑钙土	盐碱化淡黑钙土	轻度苏打盐碱化淡黑钙土	Aa	0—18	棕灰色	中壤土	粒状	8.5	15.9	1.44	0.49	22.0	99	1.7	101		E 123°43′16.7″ N 43°51′45.4″	92
						BCa	18—35	浅黄灰色	中壤土	粒状	8.5	11.3	0.99	0.25	21.1	72	0.7	53			
						BC	35—85	黄色	中壤土	粒状	8.9	4.2	0.70	0.28	18.9	34	1.0	45			
						C₁	85—90	棕黄色	中壤土	粒状	8.7	6.1	0.55	0.32	22.3	42	1.2	61			
						C₂	90—120	灰棕色	轻壤土	粒状	8.9	4.1	0.44	0.25	21.1	36	3.4	64			
剖13	钙层土	黑钙土	淡黑钙土	草甸淡黑钙土	中层草甸淡黑钙土	Aa	0—33	暗棕灰色	轻壤土	粒状	8.6	14.0	1.35	0.19	22.5	85	0.5	44		E 123°57′51.8″ N 43°57′39.2″	92
						AB	33—54	棕灰色	砂壤土	粒状	8.4	5.0	0.16	0.02	18.7	16	1.2	44			
						B	54—100	灰黄色	砂壤土	块状	8.5	25.3	0.67	0.06	26.0	35	7.2	48			
						C	100—120	灰黄色	砂壤土	粒状	8.0	1.7	0.09	0.32	21.5	15					
剖14	初育土	新积土	冲积土	层状石灰性冲积土	砂壤质夹砂层状石灰性冲积土	Aa	0—20	棕灰色	轻壤土	粒状	8.0	13.2	0.18	0.41	24.7	66	7.6	101	冲积物	E 123°57′56.9″ N 43°57′09.4″	74
						A	20—66	浅灰黄色	重壤土	粒状	7.8	28.2	0.80	0.58	23.6	97	5.6	190			
						C₁	60—120	灰黄色	砂土	无结构	7.7	0.8	0.15	0.05	27.6	11	2.9	28			
						C₂	120—	黄色	砂壤土	粒状	8.4	7.9	0.57	0.19	27.6	50	5.1	69			
剖15	初育土	风沙土	生草风沙土	淡黑钙土型风沙土	薄层淡黑钙土型风沙土	Aa	0—20	褐色	砂壤土	粒状	8.2	9.9	0.94	0.18	26.0	95	3.7	105		E 123°47′04.6″ N 43°56′43.1″	85
						C₁	20—50	灰黄色	砂壤土	无明显结构	8.3	3.7	0.40	0.15	25.4	44	0.7	53			
						C₂	50—94	棕黄色	砂壤土	无明显结构	8.2	4.6	0.29	0.21	26.2	30	1.0	65			
						C₃	94—120	黄色	砂壤土	棱柱状	8.3	2.9	0.26	0.21	28.2	42	1.0	73			
剖16	初育土	风沙土	生草风沙土	生草风沙土	生草风沙土	Aa	0—20	灰黄色	轻壤土	粒状	7.8	4.6	0.31	0.14	25.6	43	0.4	40	冲积物	E 123°45′41.1″ N 43°55′54.4″	74
						A₁	20—29	棕黄色	紧砂土	团块状	10.1	19.1	0.84	0.11	29.0	121	8.2	57			
						AC	28—57	灰黄色	砂壤土	团块状	10.1	12.9	0.60	0.16	28.1	37	2.4	43			
剖17	盐碱土	碱土	草甸碱土	苏打草甸碱土	白盖苏打草甸碱土	A	12—30	黄棕色	紧砂土	棱块状	9.8	10.5	0.34	0.14	27.3	28	1.0	47	风积物	E 123°54′56.5″ N 43°54′24.8″	97
						C₁	30—57	黄白色	紧砂土	无明显结构	9.8	1.8	0.16	0.10	26.9	19	0.5	43			
						C₂	57—79	灰白色	砂壤土	无明显结构	9.7	1.7	0.15	0.23	25.1	25	0.2	45			
						Bg	79—120	浅棕灰色	轻壤土	团块状	8.3	11.7	0.99	0.19	20.4	74	2.2	40			
剖18	盐碱土	风沙土	流动风沙土	盐碱化风沙土	薄层草甸风沙土	Aa	0—10	浅棕灰色	砂土	粒状	8.2	10.9	0.72	0.19	27.4	66	2.9	107		E 123°51′11.1″ N 43°55′10.1″	92
						A	10—27	棕棕灰色	砂壤土	粒状	8.7	11.4	0.85	0.21	27.6	70	1.9	69			
						AB	27—45	黄黄色	轻壤土	粒状	8.9	9.3	0.61	0.16	23.7	52	1.4	53			
						C	45—120	灰黄色	砂壤土	粒状	8.4	2.2	0.23	0.19	25.9	34	1.2	64			
剖19	钙层土	黑钙土	淡黑钙土	草甸淡黑钙土	厚层草甸淡黑钙土	Aa	0—20	灰棕色	砂土	无结构	8.0	5.9	0.62	0.13	26.1	59	2.4	33		E 123°56′52.8″ N 43°51′10.1″	92
						A₁	20—77	棕灰色	砂壤土	粒状	8.0	5.5	0.59	0.19	22.1	53	2.0	28			
						C	77—120	灰黄色	紧砂土	无明显显结构	8.3	2.6	0.20	0.19	22.5	29	1.5	23			
剖20	初育土	风沙土	固定风沙土	固定风沙土	厚层固定风沙土	Aa	0—28	浅棕灰色	中壤土	粒状	8.2	30.0	1.54	0.25	27.4	113	6.4	158	风积物	E 123°47′06.7″ N 43°50′38.8″	92
						AB	28—62	棕棕灰色	轻壤土	粒状	8.4	19.0	1.74	0.23	27.0	97	4.3	77			
						B	62—90	灰黄色	砂壤土	块状	8.5	1.7	0.37	0.13	29.2	27	1.3	61			
						C	90—120	浅黄灰色	砂壤土	片状	8.5	1.9	0.19	0.13	28.5	17	0.5	61			
剖21	钙层土	黑钙土	淡黑钙土	淡黑钙土	厚层淡黑钙土														风积物	E 124°00′55.8″ N 43°53′04.6″	93

续表 Continued

剖面号 Soil profile	土纲 Soil order	土类 Soil great group	亚类 Soil subgroup	土属 Soil genus	土种 Soil species	土层码 Layer code	土层厚度 Depth/cm	颜色 Soil color	质地 Soil texture	土壤结构 Soil structure	pH	有机质 OM/(g/kg)	全氮 TN/(g/kg)	全磷 TP/(g/kg)	全钾 TK/(g/kg)	碱解氮 AN/(mg/kg)	有效磷 AP/(mg/kg)	速效钾 AK/(mg/kg)	土壤母质 Parent material	剖面点坐标 Profile coordinate	匹配指数 Matching index/%
剖22	人为土	水稻土	草甸土型水稻土	淹育草甸土型水稻土	中层淹育石灰性草甸土型水稻土	Ha_{a-1}	0—17	暗棕灰色	轻壤土	团块状	8.3	20.2	1.87	0.23	26.7	101	1.7	101		E 123° 32′ 29.4″ N 43° 48′ 51.4″	97
						Ha_{a-2}	17—40	暗棕灰色	轻壤土	团块状	8.2	18.1	1.72	0.23	27.3	106	2.0	109			
						Bg	40—73	黄灰色	轻壤土	团块状	8.3	3.2	0.27	0.08	27.4	260	0.7	78			
						Cg	73—120	灰棕色	轻壤土	无明显结构	8.3	1.3	0.15	0.15	21.1	20		73			
剖23	半水成土	草甸土	石灰性草甸土	石灰性草甸土	薄层砂底石灰性草甸土	A	0—17	暗灰色	中壤土	团块状	8.5	22.6	1.98	0.54	23.9	123	5.1	119		E 123° 33′ 11.1″ N 43° 46′ 30.1″	97
						AB	17—37	黄灰色	中壤土	粒状	8.0	7.0	0.76	0.41	25.7	64	3.8	92			
						B	37—62	黄灰色	砂壤土	粒状	8.3	3.6	0.35	0.31	28.7	24	2.5	77			
						C	62—100	浅黄色	松砂土	无结构	8.2	0.6	0.23	0.18	29.3	16	0.3	21			
剖24	人为土	水稻土	盐碱土型水稻土	淹育盐碱土型水稻土	淹育轻度苏打盐碱土型水稻土	Ha_{a-1}	0—20	暗棕灰色	重壤土	片状	8.3	33.0	1.77	0.52	25.3	148	18.4	125		E 123° 35′ 60.0″ N 43° 42′ 07.6″	95
						Ha_{a-2}	20—44	棕灰色	轻壤土	片状	8.2	35.2	1.91	0.44	25.4	147	9.1	180			
						B	44—77	黄棕色	轻壤土	团块状	8.2	8.4	0.58	0.26	23.0	76	2.4	70			
						C	77—120	浅黄色	砂壤土	无结构	8.2	3.7	0.29	0.21	24.2	66	2.0	54			
剖25	半水成土	草甸土	苏打盐碱土	苏打盐碱土	厚覆盖中度苏打盐碱化草甸土	A	0—28	黄灰色	中壤土	紧砂状	8.9	8.9	0.85	0.25	20.9	52	5.0	77		E 123° 53′ 52.8″ N 43° 49′ 52.7″	98
						B₁	23—50	灰黄色	紫砂土	棱柱状	9.7	15.1	1.56	0.35	22.8	80	6.3	70			
						B₂	50—84	黑灰色	砂壤土	粒状、片状	9.6	7.2	0.86	0.25	25.2	30	1.2	82			
						C	84—120	灰白色	中壤土	块状	9.5	2.5	0.51	0.28	23.3	30	1.0	93			
剖26	盐碱土	碱土	苏打草甸碱土	苏打草甸碱土	中位苏打草甸碱土	1	0—9		中壤土		9.2	24.9	1.46	0.17	28.9	101	3.6	102		E 123° 46′ 44.4″ N 43° 48′ 05.4″	97
						2	9—23		砂壤土	无明显结构	8.3	16.1	0.77	0.18	28.5	43	2.1	72			
						3	23—41		砂壤土	无明显结构	10.0	15.8	0.36	0.13	27.5	22	0.5	53			
						4	41—120		砂壤土	无明显结构	10.2	10.2	0.28	0.15	22.6	18	1.2	59			
剖27	初育土	风沙土	固定风沙土	石灰性固定风沙土	石灰性挖间固定风沙土	A	0—19	棕灰色	砂壤土	团块状	8.3	9.6	1.04	0.29	28.1	58	2.7	69	风积物	E 123° 55′ 32.2″ N 43° 42′ 12.6″	92
						C₁	19—45	暗棕灰色	中壤土	粒状	8.4	11.5	1.04	0.31	29.1	74	3.4	71			
						C₂	45—120	暗棕色	中壤土	团块状	8.2	9.0	0.74	0.39	27.9	48	3.8	77			
剖28	人为土	水稻土	草甸土型水稻土	淹育草甸土型水稻土	薄层淹育石灰性草甸土型水稻土	Ha	0—18	褐色	轻壤土	团块状	8.6	19.1	1.79	0.23	23.8	113	1.2	98		E 123° 58′ 27.8″ N 43° 41′ 16.8″	97
						HaB	18—72	浅黄灰色	轻壤土	粒状	8.7	7.0	0.75	0.17	19.9	65	0.5	53			
						B	72—92	黄棕色	轻壤土	粒状	9.0	3.1	0.33	0.27	19.4	28	8.0	98			
						C	92—120	黄棕色	中壤土	团块状	8.6	1.8	0.19	0.22	26.3	18		86			
剖29	初育土	粗骨土	台地残积土	基性岩台地残积土	薄层砂砾质基性岩台地残积土	A	0—18	黄灰色	砂壤土	团块状	8.2	36.5	1.99	0.55	26.3	157	17.7	105	基性岩风化物	E 123° 51′ 19.1″ N 43° 40′ 53.8″	93
						B	18—35	黄灰色	砂壤土	团块状	8.1	26.8	1.64	0.44	22.3	126	6.3	70			
						BC	35—75	黄棕色	砂壤土	团块状	8.1	10.3	0.66	0.34	24.0	56	2.3	71			
						C	75—120	灰棕色	中壤土	团块状	8.0	8.8	0.57	0.22	24.9	52	2.5	78			
剖30	初育土	风沙土	固定风沙土	固定风沙土	薄层固定风沙土	A	0—22	暗黄灰色	砂壤土	无结构	7.5	9.0	0.58	0.14	26.5	62	0.4	41	风积物	E 124° 03′ 09.0″ N 43° 44′ 06.0″	92
						AB	22—47	棕灰色	砂壤土	粒状	7.6	6.8	0.41	0.16	25.6	52	0.2	48			
						BC	47—67	灰棕色	砂壤土	团块状	7.5	4.3	0.30	0.09	25.4	36		41			
						C	67—120	棕灰色	中壤土	团块状	7.5	1.5	0.23	0.09	26.4	37		38			
剖31	初育土	新积土	冲积土	冲积土	壤质冲积土	Aa	0—9	暗灰色	中壤土	团块状	7.2	26.0	1.43	0.47	23.6	116	7.6	75	冲积物	E 124° 01′ 44.0″ N 43° 40′ 25.7″	92
						C₁	19—30	灰黄棕色	砂壤土	粒状	6.8	3.0	0.22	0.27	25.0	36	4.2	41			
						C₂	60—113	黄黑色	紧砂土	无明显结构	7.4	2.1	0.15	0.40	25.7	30	14.1	50			
						C₃	113—120	灰棕色	砂土	无明显结构	7.1	0.4	0.03	0.15	32.4	21	6.3	26			
剖32	初育土	新积土	冲积土	冲积土	火性河滩土	A₁₁	0—24	棕黄色	壤土		7.7	12.5	0.75	0.18	20.8	65	4.8	130	冲积物	E 123° 28′ 52.0″ N 43° 33′ 02.9″	95
						C₁	24—54	浅黄色	壤土		7.7	4.4	0.38	0.11	21.2	28	1.6	63			
						C₂	54—80	暗黄色	黏壤土		8.0	19.4	0.94	0.17	20.9	75	6.5	11			
						C₃	80—120	浅棕黄色	砂壤土	无明显结构	7.6	5.1	0.32	0.91	22.9	29	5.3	55			
剖33	初育土	风沙土	固定风沙土	坨间固定风沙土	坨间固定风沙土	Aa	0—18	浅黄色	砂壤土	粒状	7.7	6.8	0.49	0.14	24.6	59	2.6	40	风积物	E 123° 43′ 01.2″ N 43° 36′ 44.6″	93
						C₁	18—42	浅黄色	砂壤土	粒状	7.6	2.6	0.21	0.12	26.7	32	1.5	39			
						C₂	42—130	浅黄色	砂壤土	无结构	7.6	1.3	0.08	0.07	24.6	22	1.5	32			

续表 Continued

剖面号 Soil profile	土纲 Soil order	土类 Soil great group	亚类 Soil subgroup	土属 Soil genus	土种 Soil species	土层码 Layer code	土层厚度 Depth/cm	颜色 Soil color	质地 Soil texture	土壤结构 Soil structure	pH	有机质 OM/(g/kg)	全氮 TN/(g/kg)	全磷 TP/(g/kg)	全钾 TK/(g/kg)	碱解氮 AN/(mg/kg)	有效磷 AP/(mg/kg)	速效钾 AK/(mg/kg)	土壤母质 Parent material	剖面点坐标 Profile coordinate	匹配指数 Matching index/%
剖34	初育土	风沙土	固定风沙土	石灰性固定风沙土	石灰性固定黑风沙土	Aa	0—20	暗灰色	砂土	无结构	8.1	12.1	0.61	0.26	25.4	73	4.1	57	风积物	E 123°32′30.8″ N 43°34′12.0″	92
						AC	20—47	褐色	砂土	无结构	8.2	8.0	0.41	0.19	24.9	49	2.4	30			
						C	47—110	浅黄棕色	砂土	无结构	7.8	1.0	0.07	0.11	26.2	20	0.7	30			
剖35	初育土	新积土	冲积土	层状冲积土	壤质实砂层状冲积土	Aa	0—20	灰色	砂壤土	粒状									冲积物	E 123°31′13.8″ N 43°33′21.6″	92
						C₁	20—38	黄灰色	砂壤土	粒状											
						C₂	38—60	黄灰色	砂壤土	粒状											
						C₃	60—80	灰黄棕色	砂土	无明显结构											
						C₄	80—120	浅灰棕色	砂壤土	粒状											
剖36	初育土	新积土	冲积土	层状冲积土	壤层状冲积土	Aa	0—19	灰色	轻壤土	粒状	7.1	16.8	0.92	0.33	22.8	99	6.2	74	冲积物	E 123°43′33.9″ N 43°30′36.4″	92
						A₁	19—34	灰黄色	轻壤土	粒状	7.0	16.7	0.86	0.37	24.1	101	5.9	72			
						C₁	34—77	黄灰色	轻壤土	弱发育块状	6.7	9.2	0.61	0.37	24.9	102	20.4	102			
						C₂	77—111	暗灰色	中壤土	粒状	6.8	20.9	1.42	0.55	21.7	142	16.9	68			
						C₃	111—120	黄灰色	轻壤土	无结构	7.0	3.6	0.38	0.23	24.0	54	8.7	141			
剖37	人为土	水稻土	草甸土型水稻土	淹育草甸土型水稻土	厚层淹育石灰性草甸土型水稻土	Aa	0—20	灰灰棕色	重壤土	粒状	8.1	23.4	1.37	0.58	27.7	140	22.4	141		E 123°54′41.8″ N 43°39′15.1″	97
						Ha₋₁	20—45	黑灰色	中壤土	团块状	8.2	18.1	1.10	0.40	25.7	115	10.0	104			
						Ha₋₂	45—75	黑灰色	中壤土	团块状	8.1	11.1	0.80	0.33	25.7	85	4.0	69			
						Ha₋₃	75—120	黄灰棕色	轻壤土	片状		3.3	0.27	0.32	29.0	39	1.3	67			
剖38	半水成土	草甸土	草甸土	平川草甸土	中层草甸土	Aa	0—17	暗灰色	重壤土	粒状	8.0	28.6	2.22	0.60	25.3	245	14.1	167		E 123°58′25.7″ N 43°39′01.8″	95
						A	17—40	黑色	轻壤土	粒状	7.9	19.5	1.45	0.62	23.7	94	18.3	171			
						B	40—103	棕灰色	轻壤土	粒状	7.7	5.2	0.43	0.38	20.6	34	27.5	97			
						C	103—120	棕灰色	砂壤土	无明显结构	7.9	4.2	0.38	0.38	26.7	34	29.4	69			
剖39	初育土	新积土	冲积土	层状冲积土	黏壤淹底层状冲积土	Aa	0—16	灰色	中壤土	粒状	8.2	17.9	1.55	0.37	22.9	97	6.0	102	冲积物	E 123°56′34.1″ N 43°38′22.2″	93
						A	16—34	黄灰色	砂壤土	粒状	8.4	5.4	0.72	0.27	22.7	35	4.8	61			
						C₁	34—61	黄灰色	砂壤土	粒状	8.1	4.6	0.43	0.28	22.7	29	8.3	57			
						C₂	61—110	黄色	砂土	无结构	8.2	0.8	0.06	0.30	23.3	20	7.5	20			
剖40	人为土	水稻土	黑钙土型水稻土	薄育淡黑钙土型水稻土	薄层淹育淡黑钙土型水稻土	Ha	0—20	暗黄棕色	中壤土	团块状	8.1	20.6	1.18	0.44	26.2	148	13.7	126		E 123°52′38.3″ N 43°38′17.5″	95
						B	20—32	褐色	中壤土	团块状	9.2	5.6	0.37	0.31	24.2	56	3.8	122			
						C	32—120	灰黄棕色	砂壤土	团块状	9.2	2.0	0.19	0.28	25.4	37	1.7	93			
剖41	人为土	水稻土	草甸土型水稻土	淹育草甸土型水稻土	薄层淹育草甸土型水稻土	Ha	0—20	棕灰色	轻壤土	团块状	8.2	13.1	1.17	0.20	21.3	89	3.1	98		E 123°51′09.0″ N 43°37′39.7″	97
						HaB	20—40	褐色	砂壤土	无明显结构	8.0	5.8	0.51	0.13	25.1	50	5.1	69			
						B	40—51	暗棕灰色	砂壤土	团块状	8.3	8.2	0.86	0.11	22.0	89		90			
						BC	51—84	灰棕色	砂壤土	团块状	8.3	3.4	0.40	0.10	26.2	29		102			
						C	84—120	灰黄色	砂壤土	无明显结构	8.2	1.6	0.09	0.07	25.2	23		69			
剖42	钙层土	黑钙土	淡黑钙土	淡黑钙土	中层淡黑钙土	A	0—35	暗灰色	轻壤土	粒状	8.3	10.9	1.12	0.13	29.8	132	2.9	52		E 123°47′48.8″ N 43°37′32.2″	92
						AB	35—70	黄灰色	中壤土	粒状	8.4	3.3	0.66	0.08	29.2	116	1.2	32			
							70—85	灰黄色	砂壤土	无结构	8.6	3.0	0.37	0.02	30.4	108	0.5	35			
						C	85—120	暗黄色	砂壤土	无结构	8.6	1.0	0.20	0.02	30.8	74	0.2	32			
剖43	半水成土	草甸土	草甸土	平川草甸土	砂底中层草甸土	Aa	0—15	暗黄色	重黏土	团块状	8.1	28.6	3.80	0.78	24.2	1321	32.2	187		E 123°53′21.8″ N 43°36′01.4″	95
						A	15—44	暗黑色	轻壤土	团块状	8.0	31.2	4.34	0.71	24.4	1099	27.2	155			
						AB	44—83	黄灰色	中壤土	粒状	8.3	6.4	1.92	0.48	21.4	816	13.4	86			
						Bg	83—115	浅灰黄色	中壤土	粒状	8.1	4.3	1.23	0.51	26.9	578	22.8	82			
							115—120	黄灰色	轻壤土	无结构	8.6	2.2	0.66	0.39	26.2	311	21.2	53			

续表 Continued

剖面号 Soil profile	土纲 Soil order	土类 Soil great group	亚类 Soil subgroup	土属 Soil genus	土种 Soil species	土层码 Layer code	土层厚度 Depth/cm	颜色 Soil color	质地 Soil texture	土壤结构 Soil structure	pH	有机质 OM/(g/kg)	全氮 TN/(g/kg)	全磷 TP/(g/kg)	全钾 TK/(g/kg)	碱解氮 AN/(mg/kg)	有效磷 AP/(mg/kg)	速效钾 AK/(mg/kg)	土壤母质 Parent material	剖面点坐标 Profile coordinate	匹配指数 Matching index/%
剖44	半水成土	草甸土	草甸土	平川草甸土	砂底薄层草甸土	Aa	0—13	棕灰色	轻壤土	粒状	8.4	16.7	1.64	0.36	25.9	252	4.1	80		E 123°50′10.3″ N 43°34′50.2″	95
						A	13—33	黄灰色	砂壤土	粒状	8.4	2.9	0.81	0.33	25.6	308	2.8	49			
						AB	33—76	黄灰色	砂壤土	粒状	8.5	13.2	0.84	0.38	25.5	397	11.5	42			
						Bg	76—116	灰色	砂壤土	无结构	8.3	3.2	0.63	0.44	27.6	316	17.5	32			
						Cg	116—120	黄色	松砂土	无结构	8.4	0.8	0.10	0.25	27.5	70	11.3	28			
剖45	初育土	风沙土	固定风沙土	固定风沙土	中层固定风沙土	Aa	0—19	棕灰色	轻壤土	粒状	8.0	2.9	1.05	0.36	25.7	112	3.9	70	风积物	E 123°43′25.7″ N 43°29′04.9″	93
						A	19—40	浅棕灰色	紧砂土	粒状	7.9	2.5	0.24	0.19	28.4	35	4.7	30			
						C	40—120	灰黄色	砂壤土	无结构	7.8	0.9	0.23	0.16	29.2	28	7.7	32			
剖46	半水成土	草甸土	草甸土	平川草甸土	砂底厚层草甸土	Aa	0—19	暗黄色	中壤土	粒状										E 123°44′20.4″ N 43°28′54.5″	95
						B	19—55	灰灰色	重壤土	无明显结构											
						Bg	55—76	黄灰色	砂壤土	无明显结构											
							76—106														
							106—120														
剖47	初育土	新积土	冲积土	层状石灰性冲积土	壤质草甸土底层状石灰性冲积土	Aa	0—23	棕灰色	轻黏土	粒状	8.1	23.3	1.32	0.60	23.6	103	10.7	447	冲积物	E 123°30′41.0″ N 43°28′53.0″	92
						C₁	23—37	灰棕色	砂壤土	粒状	8.0	3.0	0.16	0.24	26.4	23	2.8	90			
						C₂	37—102	黄棕色	紧砂土	无结构	8.0	32.8	1.80	0.24	26.3	142	25.3	78			
						C₃	102—120	暗棕灰色	重壤土	粒状	8.0			0.53	24.7		12.1	385			
剖48	半水成土	草甸土	盐化草甸土	苏打盐碱化草甸土	中度苏打盐碱化草甸土	A₁₁	0—11	浅灰色	砂壤土	粒状	7.8	6.6	0.67	0.15	29.4	42	5.9	117		E 123°35′28.0″ N 43°28′20.6″	95
						A₁₂	11—25	浅灰色	中壤土	粒状	7.5	2.6	2.38	0.03	22.8	36	1.2	105			
						BC	25—68	浅灰色	砂壤土	片状	6.8	1.9	0.14	0.04	23.9	25	0.5	52			
						Cg	68—112	灰蓝色	砂土	片状	5.2	2.1	0.18	0.01	23.7	20	0.3	76			
								蓝灰色	砂土	片状	5.2	0.6	0.10	0.33	22.0	11		48			
剖49	初育土	新积土	冲积土	层状石灰性冲积土	砂壤质砂底层状石灰性冲积土	Aa	0—20	深灰色	重壤土	粒状	8.1	32.8	1.71	0.57	24.2	134	14.7	150		E 123°41′21.3″ N 43°27′10.8″	92
						A	20—40	暗黄色	中壤土	粒状	8.2	35.9	1.76	0.44	22.4	143	16.1	118			
						Bg	40—65	暗棕色	轻壤土	无明显结构	7.8	18.2	0.87	0.80	25.0	68	60.4	89			
						Cg₁	65—95	棕灰色	重壤土	团粒状	7.4	35.3	1.64	0.31	22.8	172	16.3	168			
						Cg₂	95—120	灰黄棕色	砂土	团块状	7.4	78.8	2.94	0.43	23.0	279	26.9	38			
剖50	半水成土	草甸土	草甸土	石灰性草甸土	中层石灰性草甸土	Aa	0—28	黄灰色	中壤土	重壤土	7.8	19.7	1.94	0.32	27.1	124	4.9	140		E 123°41′55.3″ N 43°26′06.4″	95
						C₁	28—50	棕灰色	中壤土	小团粒状	8.2	4.6	0.55	0.44	27.0	442	8.0	77			
						C₂	50—85	棕灰色	重壤土	无明显结构	7.8	8.7	0.78	0.28	27.4	64	17.7	150			
						C₃	85—101	灰黄色	中壤土	团粒状	7.4	14.1	1.09	0.61	27.0	95	26.7	166			
						C₄	101—118	棕灰色	中壤土	小团粒状	7.4	6.1	0.58	0.52	25.6	76	28.8	136			
剖51	初育土	新积土	冲积土	冲积土	厚覆泥厚层	Aa	0—19	浅灰色	中壤土	团块状	7.6	17.0	0.82	0.41	24.0	72	5.7	92	冲积物	E 123°40′46.9″ N 43°25′12.0″	95
						C₁	19—43	棕灰色	中壤土	棱块状	7.8	23.4	1.12	0.56	29.4	79	5.8	138			
						C₂	43—94	黄灰色	中壤土	棱块状	7.8	25.4	1.39	0.64	23.8	91	14.5	146			
						C₃	94—120	暗黄色	重壤土	片状	7.6	34.8	1.80	0.44	24.8	145	16.2	103			
剖52	半水成土	草甸土	草甸土	草甸土底砾质冲积土	草甸土底砾质冲积土	A	0—38	黄白相间	紧砂土	无明显结构	8.7	1.7	0.29	0.14	20.4	23	1.5	52		E 123°37′44.4″ N 43°25′09.9″	92
						B₁	38—69	黑棕色	轻壤土	棱块状	8.7	19.0	1.70	0.37	28.0	104	6.0	125			
						B₂	69—112	棕黄色	砂壤土	棱块状	9.2	2.6	0.34	0.16	26.0	23	1.2	53			
剖53	初育土	草甸土	盐化草甸土	苏打盐碱化草甸土	厚覆砂轻度苏打盐碱化草甸土	C	112—120	棕黄色	砂壤土	无明显结构	9.1	1.9	0.25	0.14	28.3	23	0.7	48		E 123°33′41.0″ N 43°24′31.3″	95

辽 源 市

市 辖 区

主要土类说明

白浆土是辽源市主要土壤类型，占本市地域面积的53%，丘陵、台地和阶地均有分布。由于腐殖化和淋溶黏化过程的强烈影响，剖面内形成了层次分明的黑土层、灰白色白浆层、暗棕色棱块状淀积层和母质层。该土壤黑土层薄，仅表土养分含量较高，白浆层以下结构不良，养分贫乏，酸性强，盐基饱和度低，所以一般表现为低肥和低适应性，既不抗旱又不抗涝，是需要改良的土壤。

暗棕壤占本市地域面积的17%。暗棕壤发育于温带湿润地区针阔叶混交林下，具有明显的有机质富集和弱酸性淋溶特征，剖面构型为O-A-B-C。土壤呈弱酸性，盐基饱和度为70%—80%，地表以下50cm深度内无基岩层。

草甸土占本市地域面积的17%，广泛分布在河流两岸的河漫滩、一级阶地及山间、台地间低地。草甸土是由沉积作用并伴随腐殖质积累过程形成的富含腐殖质的土壤。其主要特征是黑土层均为颗粒大小相近的粒状结构。同时，由于地势低平，剖面下部均见潜育化现象。本市草甸土呈中性或酸性，仅有草甸土一个亚类，根据形成过程的不同，续分为山川草甸土、岗川草甸土、平川草甸土三个土属。

新积土占本市地域面积的7%。新积土是受水、风和重力等动力作用新堆积形成的非地带性幼年土壤，多呈条带状分布在大小江河沿岸的河漫滩、低洼地或山丘漫岗坡脚平缓地带。母质多为近代流水沉积物，地面多处受高水位淹没，生草过程弱，常无明显腐殖质。

小于本市地域面积3%的土壤类型有水稻土、泥炭土、沼泽土、棕壤、石质土、石灰（岩）土等。

本区域中心区气候特征

本区域中心区气候特征值
Regional climate characteristics in central area of the region

气候带：中温带亚湿润气候 Climate region: Mid temperate subhumid climate	
年平均气温 /℃ Annual average temperature /℃	6.2
年平均最高气温 /℃ Annual average maximum temperature /℃	12.1
年平均最低气温 /℃ Annual average minimum temperature /℃	1.0
年降水量 /mm Annual precipitation /mm	679
≥10℃的积温 /℃ Daily temperature accumulated in a year（≥10℃）/℃	2205
年日照时数 /h Annual sunshine /h	2504
年平均相对湿度 /% Annual average relative humidity /%	66
干燥度 Dryness	0.55

本区域中心区月平均气温与月平均降水量
Monthly temperature and precipitation in central area of the region

辽源市（部分）主要土壤类型与土壤剖面点分布图
1∶270 000

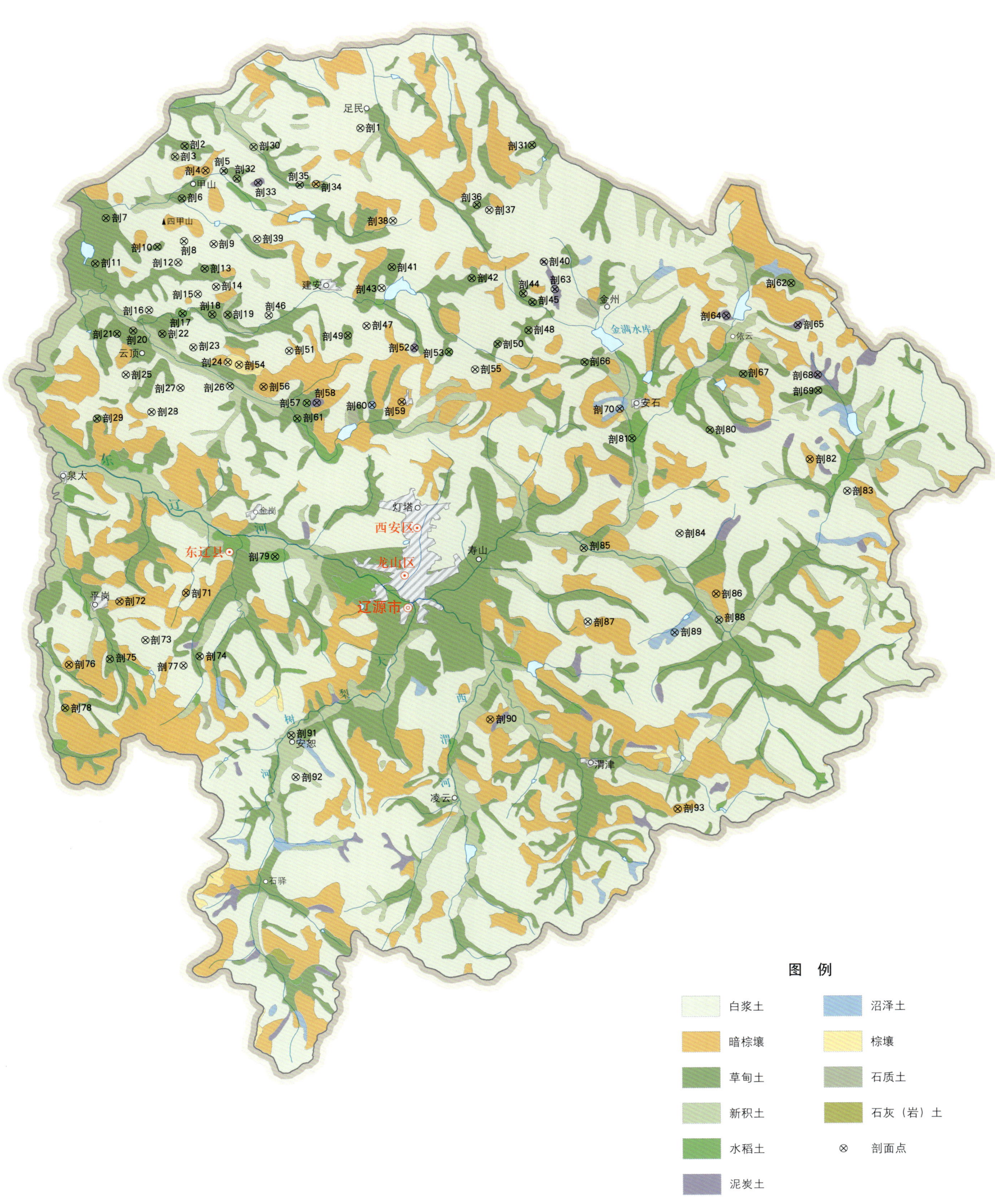

图例：白浆土、暗棕壤、草甸土、新积土、水稻土、泥炭土、沼泽土、棕壤、石质土、石灰（岩）土、⊗ 剖面点

辽源市土壤剖面理化性状表

剖面号 Soil profile	土纲 Soil order	土类 Soil great group	亚类 Soil subgroup	土属 Soil genus	土种 Soil species	土层码 Layer code	土层厚度 Depth/cm	颜色 Soil color	质地 Soil texture	土壤结构 Soil structure	pH	有机质 OM/(g/kg)	全氮 TN/(g/kg)	全磷 TP/(g/kg)	全钾 TK/(g/kg)	碱解氮 AN/(mg/kg)	有效磷 AP/(mg/kg)	速效钾 AK/(mg/kg)	土壤母质 Parent material	剖面点坐标 Profile coordinate	匹配指数 Matching index/%
剖1	淋溶土	白浆土	山地白浆土	酸性岩山地白浆土	薄层酸性岩山地白浆土	1	0—15		中壤土		6.3	43.3	2.04	1.04	21.0	288	7.6	72	酸性岩风化物	E 125° 06′ 24.5″ N 43° 10′ 21.7″	98
						2	15—39		中壤土		5.9	7.8	0.46	0.50	22.3	145	5.0	33			
						3	39—95		重壤土		5.9	15.4	0.54	1.26	23.1	127	11.1	53			
						4	95—120		轻壤土		6.7	4.4	0.54	8.54	26.9	150	6.3	44			
剖2	半水成土	草甸土	草甸土	平川草甸土	覆泥厚平川草甸土	Aa	0—28	棕灰色	中壤土	团块状	6.5	35.4	1.80	0.76	23.5	135	15.4	129		E 124° 58′ 08.0″ N 43° 09′ 52.2″	97
						A_1	28—52	暗棕灰色	重壤土	粒状	6.1	49.4	6.13	0.64	20.9	164	11.8	190			
						Ag	52—79	棕灰色	重壤土	粒状	6.0	19.7	0.93	0.73	21.5	78	18.1	213			
						BC	79—120	浅棕灰色	中壤土	团块状	6.1	6.4	0.56	0.78	21.5	58	59.4	188			
剖3	初育土	新积土	冲积土	层状冲积土	黏壤质层状冲积土	1	0—16		中壤土		7.3	31.4	1.47	0.55	23.8	99	11.2	128	冲积物	E 124° 57′ 40.3″ N 43° 09′ 29.9″	74
						2	16—81		中壤土		7.6	44.5	1.92	0.60	23.5	141	13.1	155			
						3	81—109		轻黏土		6.0	153.3	1.09	0.63	17.5	391	13.9	367			
						4	109—120		中壤土		6.6	32.2	1.01	0.42	22.0	73	6.1	190			
剖4		暗棕壤	暗棕壤	酸性岩暗棕壤	砂砾质薄层酸性岩暗棕壤	Ao	0—4	棕灰色	砾质酸性黏壤土		5.9								酸性岩风化物	E 124° 57′ 05.6″ N 43° 08′ 58.9″	74
						A_1	4—17	浅灰黄色	黏壤土	粒状	5.5										
						A_2	17—77	灰灰棕色	砾质黏壤土	粒状	5.5										
						BC	77—120		砾质黏壤土	无明显结构											
剖5	半水成土	草甸土	草甸土	平川草甸土	砂砾质中层平川草甸土	Aa	0—19	灰棕色	壤质黏壤土	粒状	5.6									E 124° 59′ 56.8″ N 43° 08′ 57.1″	97
						G_1	19—31	红棕色	黏质黏壤土	粒状	5.4										
						G_2	31—78	黄棕色	砂土	无结构	5.9										
						BC	78—120														
剖6	半水成土	草甸土	山川草甸土	山川草甸土	厚层山川草甸土	Aa	0—18	浅棕灰色	中壤土	粒状	6.1	50.6	2.55	0.80	20.9	154	6.4	67		E 124° 54′ 21.2″ N 43° 07′ 21.4″	97
						A_1	18—31	浅灰色	中壤土	粒状	6.1	20.6	1.07	0.31	21.1	82	3.7	53			
						Bg	31—120	灰棕色	砂壤土		6.5	2.7	0.50	0.52	26.7	22	8.6	51			
剖7	半水成土	草甸土	平川草甸土	平川草甸土	薄层平川草甸土	1	0—19	暗灰色	重壤土	粒状	5.6	65.7	2.71	1.06	18.5	168	16.6	205		E 124° 57′ 56.5″ N 43° 08′ 59.9″	97
						2	19—31	棕灰色	重壤土	粒状	5.4	65.2	2.12	0.94	19.2	134	15.0	195			
						3	31—78	红棕色	轻壤土	粒状	5.9	7.5	0.43	0.27	26.0	37	5.2	134			
						4	78—111		砂土		5.9						87.2	246			
						5	111—120				6.8						68.4	245			
剖8	淋溶土	白浆土	潜育白浆土	潜育白浆土	薄层潜育白浆土	Aa	0—18	浅棕灰色	中壤土	棱状	7.3	30.1	1.67	0.79	27.4	117	15.4	78		E 124° 57′ 59.0″ N 43° 06′ 28.8″	97
						A_2	18—31	浅灰色	重壤土	棱块状	6.8	6.9	0.55	0.27	21.8	42	5.0	90			
						Bg_1	31—77	灰棕色	轻壤土	棱块状	6.6	5.0	0.50	2.42	20.9	31	29.2	96			
						Bg_2	77—120	黄棕色	砂壤土	棱块状	6.8	4.5	0.51	0.52	21.7	40	14.3	102			
剖9	淋溶土	白浆土	台地白浆土	黄土原台地白浆土	薄层台地白浆土	Aa	0—12	棕灰色	黏壤土	粒状	6.0								黄土母质	E 124° 59′ 22.9″ N 43° 06′ 21.6″	97
						A_{11}	12—41	浅棕黄色	黏壤土	团块状	6.0	38.0	2.02	1.10	19.2	184	9.8	121			
						B	41—91	暗棕黄色	黏壤土	粒状	6.5	45.4	2.21	1.01	19.1	145	4.3	114			
						BC	91—130	暗棕黄色	重壤土	粒状	5.5	35.6	1.61	1.01	19.6	91	4.5	92			
剖10	半水成土	草甸土	草甸土	山川草甸土	砂砾底厚层山川草甸土	Aa	0—12	暗灰色	重壤土	粒状	5.8									E 124° 56′ 43.8″ N 43° 06′ 18.0″	95
						A_{12}	12—20	暗灰色	中壤土	团块状	5.9										
						Bg	20—55	暗灰色	重壤土	粒状	5.9										
							55—86	浅棕黄色	中壤土	无明显结构	6.2	22.7	1.25	0.90	19.5	86	6.0	106			

续表 Continued

剖面号 Soil profile	土纲 Soil order	土类 Soil great group	亚类 Soil subgroup	土属 Soil genus	土种 Soil species	土层码 Layer code	土层厚度 Depth/cm	颜色 Soil color	质地 Soil texture	土壤结构 Soil structure	pH	有机质 OM/(g/kg)	全氮 TN/(g/kg)	全磷 TP/(g/kg)	全钾 TK/(g/kg)	碱解氮 AN/(mg/kg)	有效磷 AP/(mg/kg)	速效钾 AK/(mg/kg)	土壤母质 Parent material	剖面点坐标 Profile coordinate	匹配指数 Matching index/%
剖11	半水成土	草甸土	草甸土	平川草甸土	厚层平川草甸土	Aa	0—25	浅棕灰色	黏壤土	粒状	6.0									E 124°53′47.8″ N 43°05′45.2″	97
						A₁₁	25—45	棕灰色	壤质黏土	粒状	6.0										
						A₁₂	45—90	灰棕色	黏壤土	块状	6.0										
						Bg	90—120	棕色	黏壤土	块状											
剖12	淋溶土	白浆土	台地白浆土	黄土质台地白浆土	露黄台地白浆土	1	0—13		重壤土		5.9	11.5	0.57	0.36	21.6	43	1.1	74	黄土母质	E 124°57′41.4″ N 43°05′43.8″	97
						2	13—34		轻壤土		5.6	6.8	0.47	0.43	21.0	30	3.1	107			
						3	34—57		轻壤土		5.5	6.0	0.47	0.49	21.1	36	6.2	115			
						4	57—120		重壤土		5.9	6.6	0.40	0.63	22.9	25	8.1	113			
剖13	半水成土	草甸土	草甸土	岗川草甸土	覆泥厚层岗川草甸土	Aa	0—16	浅棕灰色	黏壤土	粒状	6.0									E 124°58′55.6″ N 43°05′29.4″	97
						Asp	16—32	深灰色	黏壤土	粒状	6.5										
						A₁	32—88	深灰色	黏壤土	粒状	6.5										
						Bg	88—112	浅灰色	黏壤土	团块状	6.5										
						BC	112—120	浅灰色	砾质黏壤土	弱发育块状	6.5										
剖14	淋溶土	白浆土	台地白浆土	黄土质台地白浆土	中层台地白浆土	1	0—13		中壤土	棕状	6.0	36.6	1.82	0.68	21.7	138	13.6	48	黄土母质	E 124°59′26.2″ N 43°04′49.8″	97
						2	13—27		中壤土	粒状	6.4	11.7	0.69	0.42	21.2	54	1.0	24			
						3	27—44		轻壤土	粒状	6.1	5.4	0.35	0.39	22.5	27	0.7	59			
						4	44—88		中壤土		6.0	6.4	0.52	0.38	22.7	36	2.1	94			
						5	88—120		砂壤土		6.3						3.0	53			
剖15	淋溶土	白浆土	台地白浆土	黄土质台地白浆土	厚层台地白浆土	Ao	0—7	棕灰色	黏壤土	棕状	6.5								黄土母质	E 124°58′34.3″ N 43°04′35.4″	97
						A₁₁	7—26	棕灰色	黏壤土	粒状											
						A₁₂	26—53	浅灰色	黏壤土	棱块状	6.0										
						B	53—78	灰棕色	黏壤土	棱块状	6.5										
						C	78—120	浅灰色	黏壤土	块状	5.5										
剖16	淋溶土	白浆土	山地白浆土	酸性岩山地白浆土	中层酸性岩山地白浆土	Aa	0—16	浅灰色	黏壤土	粒状	5.5	55.3	2.38	0.67	27.8	252	14.7	118	酸性岩风化物	E 124°56′15.7″ N 43°04′03.4″	75
						A₁	16—29	暗灰色	中壤土	块状	5.0	24.4	1.10	0.58	24.4	124	9.6	117			
						B	29—58	暗灰色	黏壤土	棱柱状	5.0	10.2	0.50	0.49	24.7	61		127			
						C	58—87	浅白色	黏壤土	块状	5.0	5.9	0.30	0.72	24.3	51		106			
							87—120	黄棕色	黏壤土	块状	5.0	4.7	0.46	0.45	20.8	84	3.9	76			
剖17	人为土	水稻土	草甸土型水稻土	草甸型水稻土	厚层草甸型水稻土	1	0—25		壤质黏土		6.9	19.3	1.12	0.39	20.8	61	5.8	93		E 124°57′49.7″ N 43°03′54.7″	99
						2	25—50		中壤土	粒状	7.3	16.2	0.83	0.37	20.7	49	4.6	74			
						3	50—82		中壤土	粒状	7.1	19.8	1.10	0.37	21.6	62	5.8	86			
						4	82—120		中壤土	团块状	6.8	24.8	1.17	0.49	21.2	80	7.7	129			
剖18	半水成土	草甸土	草甸土	岗川草甸土	中层岗川草甸土	Ao	0—16	暗灰色	中壤土	棱柱状	6.7									E 124°59′13.2″ N 43°03′51.1″	97
						A₁	16—34	暗灰色	黏壤土	块状	6.5										
						B	34—72	浅棕灰色	黏壤土	团块状	6.5										
						C	72—120	黄棕灰色	重壤土	棱柱状	8.1										
剖19	半水成土	草甸土	草甸土	岗川草甸土	中层岗川草甸土	1	0—13		中壤土		8.0									E 124°59′56.0″ N 43°03′49.7″	97
						2	13—42		中壤土		7.0										
						3	42—68		中壤土		7.3										
						4	68—120		中壤土		6.0										
剖20	半水成土	草甸土	草甸土	平川草甸土	中层平川草甸土	Aa	0—14	棕灰色	黏壤土	粒状	6.5									E 124°55′29.6″ N 43°03′20.2″	97
						A₁	14—45	黄棕色	黏壤土	粒状	6.5										
						BC	45—73	黄棕色	黏壤土	粒状	6.0										
						C	73—120	暗棕色	黏壤土	团块状											

续表 Continued

剖面号 Soil profile	土纲 Soil order	土类 Soil great group	亚类 Soil subgroup	土属 Soil genus	土种 Soil species	土层码 Layer code	土层厚度 Depth/cm	颜色 Soil color	质地 Soil texture	土壤结构 Soil structure	pH	有机质 OM/(g/kg)	全氮 TN/(g/kg)	全磷 TP/(g/kg)	全钾 TK/(g/kg)	碱解氮 AN/(mg/kg)	有效磷 AP/(mg/kg)	速效钾 AK/(mg/kg)	土壤母质 Parent material	剖面点坐标 Profile coordinate	匹配指数 Matching index/%
剖21	半水成土	草甸土	草甸土	平川草甸土	砂底薄层平川草甸土	Aa	0—13	浅灰色	黏壤土	粒状	6.0									E 124°54′43.9″ N 43°03′14.4″	95
						A₁	13—19	暗黄色	黏壤土	片状	6.0										
						Ag	19—53	浅棕灰色	黏壤土	团块状	6.0										
						Bg	53—83	浅灰色	黏壤土	粒状	6.0										
						Cg	83—120		砂土	无结构	6.0										
剖22	半水成土	草甸土	草甸土	平川草甸土	覆泥中层平川草甸土	Aa	0—15	灰黄色	黏质黏土	粒状	6.5									E 124°56′51.4″ N 43°03′12.2″	97
						Ase	15—34	暗黄灰色	壤质黏土	团块状	6.5										
						A₁	34—76	黑灰色	黏壤土	团块状	6.0										
						Bg	76—120	棕灰色	黏壤土	粒状	6.0										
剖23	淋溶土	白浆土	台地白浆土	黄土质台地白浆土	露黄台地白浆土	Aa	0—13	浅棕灰黄色	黏壤土	粒状	6.0								黄土母质	E 124°58′17.8″ N 43°02′42.0″	97
						B	13—102	灰棕色	黏壤土	棱块状	5.5										
						BC	102—120	棕棕色	黏壤土	棱块状	5.5										
剖24	淋溶土	棕壤	台地棕壤	红黏质红黏质台地棕壤	薄层红黏质台地棕壤	Aa	0—19	棕灰色	黏壤土	粒状	6.5									E 124°59′53.5″ N 43°02′08.5″	97
						AB	19—42	黄黄色	黏壤土	棱块状	6.0										
						B	42—58	黄棕色	黏壤土	棱块状	6.0										
						BC	58—71	红棕色	黏壤土	无明显结构	6.0										
						C	71—120	棕红色	黏壤土	粒状	6.0										
剖25	淋溶土	白浆土	山地白浆土	酸性岩山地白浆土	厚层酸性岩山地白浆土	A₁	0—37	浅灰白色	砂质黏壤土	粒状	5.8	14.2	0.90	0.52	24.7	75	13.4	143	酸性岩风化物	E 124°55′05.5″ N 43°01′46.9″	97
						A₂	37—63	灰灰白色	黏质黏壤土	棱块状	6.7	5.3	0.24	0.52	26.8	29	5.5	69			
						B	63—100	灰棕色	黏壤土	棱块状	6.2	6.7	0.38	0.48	28.0	39	5.4	93			
						C	100—120	棕棕色	黏壤土	无结构	7.2						3.4	54			
剖26	初育土	新积土	冲积土	层状冲积土	夹砂薄质层状冲积土	Aa	0—17	暗灰色	砂质黏壤土	粒状	6.3	41.0	2.07	0.70	22.6	118	2.8	71	冲积物	E 124°59′57.5″ N 43°01′17.8″	74
						C₁	17—67	暗灰色	壤土	粒状	6.8	30.6	1.62	0.76	22.5	65	2.2	55			
						C₂	67—109	浅灰色	砂质壤土	无结构	6.4	8.3	0.50	0.31	22.3	31	1.5	54			
						C₃	109—120	浅灰色	砂质壤土	无结构	5.8	5.6	0.50	0.40	22.5	29	5.6	105			
剖27	淋溶土	白浆土	台地白浆土	黄土质台地白浆土	厚层台地白浆土	1	0—16		重壤土	粒状	5.9	6.1	0.34	0.47	23.2	29	8.3	143	黄土母质	E 124°57′38.2″ N 43°01′16.3″	97
						2	16—36		重壤土	粒状	6.7	46.2	2.11	0.77	21.0	188	3.0	60			
						3	36—61		重壤土	粒状	6.9	33.5	1.47	0.75	21.3	163	2.0	45			
						4	61—115		中壤土	粒状	7.1	6.9	3.48	0.36	24.4	74	1.7	37			
						5	115—120		轻黏土	粒状	6.3	5.5	1.80	0.76	27.5	70	4.8	50			
剖28	淋溶土	白浆土	山地白浆土	酸性岩山地白浆土	中层酸性岩山地白浆土	1	0—18	灰色	轻黏土	粒状	7.1	14.9	0.17	1.56	22.6	40	4.7	46	酸性岩风化物	E 124°56′15.0″ N 43°00′25.9″	97
						2	18—28	深灰色	重黏土	粒状	6.0										
						3	28—48	浅灰色	重黏土	粒状	6.0										
						4	48—73	浅黄棕色	重黏土	粒状	6.5										
						5	73—120	黄棕色	重黏土	无结构	6.5										
剖29	半水成土	草甸土	草甸土	山川草甸土	覆泥薄层川草甸土	Aa	0—17		黏壤土	粒状	6.3	25.4	1.30	0.70	20.0	108	5.7	137		E 124°53′41.3″ N 43°00′14.4″	97
						A₁	17—35		重壤土	粒状	6.4	23.6	1.20	0.60	20.8	94	6.7	162			
						B	35—63		中壤土	粒状	6.4	28.5	4.40	0.80	19.9	118	6.5	181			
						BC	63—100		中壤土	粒状	6.5	33.8	1.70	0.60	23.9	145	4.5	181			
						C	100—120		砂质黏壤土	粒状											
剖30	初育土	新积土	冲积土	层状冲积土	砂砂底薄层质质层状冲积土	1	0—16	灰色	重黏土	粒状									冲积物	E 125°01′22.1″ N 43°09′47.2″	92
						2	16—39														
						3	39—66														
						4	66—97														
						5	97—120														

续表 Continued

剖面号 Soil profile	土纲 Soil order	土类 Soil great group	亚类 Soil subgroup	土属 Soil genus	土种 Soil species	土层码 Layer code	土层厚度 Depth/cm	颜色 Soil color	质地 Soil texture	土壤结构 Soil structure	pH	有机质 OM/(g/kg)	全氮 TN/(g/kg)	全磷 TP/(g/kg)	全钾 TK/(g/kg)	碱解氮 AN/(mg/kg)	有效磷 AP/(mg/kg)	速效钾 AK/(mg/kg)	土壤母质 Parent material	剖面点坐标 Profile coordinate	匹配指数 Matching index/%
剖31	半水成土	草甸土	草甸土	平川草甸土	夹砂中层平川草甸土	1	0—17		轻壤土		7.5	33.4	1.66	1.07	21.4	160	15.5	85		E 125°14′26.2″ N 43°09′37.4″	97
						2	17—47		轻壤土		6.0	26.6	1.30	0.64	20.8	166	6.4	53			
						3	47—56		紧砂土		6.8										
						4	56—120		重壤土		5.7	73.9	3.32	1.52	18.7	423	28.4	98			
剖32	半水成土	草甸土	草甸土	岗川草甸土	厚层岗川草甸土	Aa	0—20	深灰色	黏壤土	粒状	6.5									E 125°00′33.1″ N 43°08′39.8″	97
						A₁₁	20—35	深灰色	黏壤土	粒状	6.0										
						A₁₂	35—54	浅灰色	黏壤土	团块状	6.0										
						Bg	54—69	深灰色	黏壤土	棱块状	6.0										
						C	69—120	棕黄色	黏壤土	粒状	6.0										
剖33	水成土	泥炭土	埋藏泥炭土	深位埋藏泥炭土	深位薄层埋藏泥炭土	Aa	0—17	浅棕灰色	黏壤土	团块状										E 125°01′32.2″ N 43°08′30.5″	75
						Ase₁	17—44	暗棕灰色	黏壤土	片状											
						Ase₂	44—73	暗棕灰色	黏壤土	片状											
						P₁	73—104														
						P₂	104—120														
剖34	淋溶土	暗棕壤	暗棕壤性	酸性岩暗棕壤性土	砂砾质中层酸性岩暗棕壤性土	Aa	0—16	棕灰色	轻壤土	粒状	6.0	15.6	0.99	0.29	36.4	210	4.3	52	酸性岩风化物	E 125°04′15.6″ N 43°08′24.4″	93
						A₁	16—27	浅灰棕色	砂壤土	粒状	6.3	13.2	0.77	0.28	36.3	95	3.1	52			
						BC	27—68	黄棕色	砂壤土	无结构	7.0	4.2	0.37	0.21	46.3	85	0.5	49			
						C	68—120	黄棕色	砂壤土	无结构	6.9	2.2	0.22	0.15	38.1	58	0.6	71			
剖35	半水成土	草甸土	草甸土	岗川草甸土	厚层岗川草甸土	1	0—16		中壤土		6.3	37.1	1.89	0.64	20.7	182	4.4	103		E 125°03′29.5″ N 43°08′23.3″	97
						2	16—52		轻壤土		7.0	10.8	0.37	0.68	21.6	42	6.9	86			
						3	52—85		中壤土		6.7	11.1	0.45	0.52	21.9	53	6.4	65			
						4	85—120		重壤土		6.5	34.8	1.51	0.66	22.1	145	2.6	71			
剖36	半水成土	草甸土	草甸土	平川草甸土	砂砾底中层平川草甸土	1	0—18		中壤土		6.5	47.3	2.26	0.88	23.1	208	8.4	19		E 125°11′46.0″ N 43°07′32.2″	97
						2	18—47		重壤土		5.8	64.4	2.78	1.34	21.8	185	11.6	146			
						3	47—65		轻壤土		6.3	12.7	0.97	0.86	25.4	171	14.0	174			
						4	65—120		砂壤土		6.8						5.6	97			
剖37	淋溶土	白浆土	山地白浆土	基性岩山地白浆土	薄层基性岩山地白浆土	Aa	0—14	棕灰色	黏壤土	粒状	6.0								基性岩风化物	E 125°12′20.2″ N 43°07′20.3″	97
						A₁	14—19	浅灰棕色	黏壤土	粒状	6.0										
						A₂	19—49	灰白色	粉砂质黏土	小棱块状	6.0										
						B	49—75	暗棕色	黏壤土	棱块状	6.0										
						C	75—120	暗棕色	黏壤土	块状	6.4										
剖38	淋溶土	白浆土	山地白浆土	砂页岩山地白浆土	薄层砂页岩山地白浆土	Aa	0—17	浅灰色	黏壤土	粒状	6.4	33.8	1.80	0.51	20.6	126	2.6	58	砂页岩风化物	E 125°07′48.7″ N 43°07′01.9″	97
						A₂	17—46	棕色	壤质黏土	棱块状	6.0	5.4	0.43	0.24	21.7	24	1.3	72			
						B	46—91	黄棕色	中壤土	团块状	6.0	8.5	0.63	0.44	22.4	27	3.9	85			
						C	91—120		中壤土		6.0	7.1	0.43	0.47	21.3	28	5.1	68			
剖39	淋溶土	白浆土	山地白浆土	酸性岩山地白浆土	露黄酸性岩山地白浆土	1	0—10		中壤土		6.5	63.3	3.26	1.03	20.8	251	4.7	61	酸性岩风化物	E 125°01′24.6″ N 43°06′30.2″	97
						2	10—27		重壤土		5.8	52.1	4.79	0.95	22.0	496	7.0	64			
						3	27—74		重壤土		5.4	193.0	12.45	1.37	29.6	154	13.8	98			
						4	74—120		中壤土		5.8										
剖40	水成土	泥炭土	埋藏泥炭土	浅位埋藏泥炭土	浅位厚层埋藏泥炭土	1	0—14		中壤土		6.5	593.7	19.73	1.20	8.8	292	3.9	192		E 125°14′49.9″ N 43°05′26.9″	75
						2	14—31		中壤土		5.3										
						3	31—60				6.4										
						4	60—120														

续表 Continued

剖面号 Soil profile	土纲 Soil order	土类 Soil great group	亚类 Soil subgroup	土属 Soil genus	土种 Soil species	土层码 Layer code	土层厚度 Depth/cm	颜色 Soil color	质地 Soil texture	土壤结构 Soil structure	pH	有机质 OM/(g/kg)	全氮 TN/(g/kg)	全磷 TP/(g/kg)	全钾 TK/(g/kg)	碱解氮 AN/(mg/kg)	有效磷 AP/(mg/kg)	速效钾 AK/(mg/kg)	土壤母质 Parent material	剖面点坐标 Profile coordinate	匹配指数 Matching index/%
剖41	半水成土	草甸土	草甸土	山川草甸土	砂砾底中层山川草甸土	Aa	0—16	浅棕灰色	黏壤土	粒状	6.0									E 125°07′41.5″ N 43°05′23.3″	97
						A₁₁	16—36	暗棕灰色	黏壤土	粒状	6.0										
						A₁₂	36—66	深棕色	黏壤土	粒状	6.0										
						Bg	66—90	黄棕色	粗砂土	无结构	5.5										
						BC	90—120				5.5										
剖42	半水成土	草甸土	草甸土	山川草甸土	砂砾底中层山川草甸土	1	0—18		中壤土		6.1	37.7	1.98	0.72	21.0	139	6.0	117		E 125°11′25.4″ N 43°04′55.2″	97
						2	18—29		重壤土		6.0	36.2	2.00	0.82	21.8	164	3.3	156			
						3	29—60		中壤土		5.8	17.5	1.21	0.67	21.8	88	4.2	103			
						4	60—98		轻壤土		5.6	22.4	1.36	1.06	20.5	100	10.6	170			
						5	98—120		中壤土		6.1						10.3	140			
剖43	淋溶土	白浆土	山地白浆土	基性岩山地白浆土	薄层基性岩山地白浆土	1	0—19		中壤土		6.6	37.3	1.30	2.23	24.4	160	3.7	48	基性岩风化物	E 125°07′11.3″ N 43°04′38.6″	97
						2	19—57		中壤土		6.0	10.2	0.35	1.19	24.9	140	10.9	43			
						3	57—102		砂壤土		6.0	9.4	2.42	4.15	22.3	131	8.7	7			
						4	102—120		中壤土		5.8	7.9	0.43	1.50	21.8	90	15.0	62			
剖44	半水成土	草甸土	草甸土	平川草甸土	夹砂中层平川草甸土	Aa	0—19	灰色	黏壤土	块状	6.0									E 125°13′49.4″ N 43°04′19.9″	97
						A₁	19—40	黑灰色	黏壤土	片状	6.0										
						B	40—69	棕灰色	砂土	无结构	6.0										
						Cg	69—100	黄棕色	黏壤土	无结构	5.5										
						C	100—120	棕灰色	砂质壤土	棱块状	5.5										
剖45	淋溶土	白浆土	山地白浆土	基性岩山地白浆土	薄层山川草甸土	Aa	0—13	浅棕灰色	黏壤土	粒状	5.0									E 125°14′14.6″ N 43°04′00.8″	97
						Bg	16—42	棕灰色	黏壤土	块状	5.5										
						G	42—78	暗棕灰色	黏壤土	棱块状											
						C	78—120	浅灰色	砂质黏壤土												
剖46	半水成土	草甸土	草甸土	山川草甸土	中层基性岩山地草甸土	Ao	0—3		黏壤土	粒状	6.4	33.8	1.56	0.44	20.4	102	2.1	89	基性岩风化物	E 125°01′51.6″ N 43°03′46.8″	97
						A₁	3—21		黏壤土	粒状	6.4	22.8	1.09	0.35	21.3	84	1.2	44			
						A₂	21—60		砂土	棱块状	6.4	6.6	0.47	0.26	20.5	36	0.8	33			
						B	60—94		黏质黏土	棱块状	6.5	6.7	0.49	0.38	22.6	103	3.2	52			
						C	94—120		砂质壤土	棱块状	6.3	3.7	0.20	1.49	10.6	19	8.2	43			
剖47	淋溶土	白浆土	台地白浆土	黄土质台地白浆土	薄层台地白浆土	Aa	0—16	深灰色	黏壤土	粒状	7.0									E 125°06′25.9″ N 43°03′18.7″	98
						A₁	13—26	棕色	黏壤土	棱块状	7.0										
						Bg	26—51	暗棕色	砂质黏壤土	团块状	7.0										
						Cg	51—120	黑灰色	黏壤土	团块状	5.5										
剖48	半水成土	草甸土	草甸土	岗川草甸土	覆泥中层岗川草甸土	Aa	0—19	浅棕灰色	黏壤土	粒状	5.5									E 125°14′01.0″ N 43°03′01.1″	97
						A₁	19—55	浅棕灰色	黏壤土	粒状	5.5										
						Bg	55—65	黄棕色	黏壤土	棱块状	6.0										
						Cg	65—120	灰色	砂土	无结构	5.5										
剖49	半水成土	草甸土	草甸土	岗川草甸土	砂砾底中层岗川草甸土	Aa	0—11	灰色	重壤土	粒状	5.7	37.5	1.67	1.06	18.5	130	15.1	183	黄土母质	E 125°05′32.6″ N 43°02′59.3″	97
						A₁	11—45	灰色	重壤土	粒状	5.8	45.4	1.97	0.68	18.5	137	12.6	166			
						B	45—82	浅棕色	重壤土	粒状	5.9	15.8	0.72	0.65	19.5	65	15.3	178			
						C	82—120	棕色	重壤土	粒状	6.1	9.5	0.67	0.65	19.4	55	12.0	190			
剖50	半水成土	草甸土	草甸土	山川草甸土	覆泥中层山川草甸土															E 125°12′32.0″ N 43°02′33.7″	97

续表 Continued

剖面号 Soil profile	土纲 Soil order	土类 Soil great group	亚类 Soil subgroup	土属 Soil genus	土种 Soil species	土层码 Layer code	土层厚度 Depth/cm	颜色 Soil color	质地 Soil texture	土壤结构 Soil structure	pH	有机质 OM/(g/kg)	全氮 TN/(g/kg)	全磷 TP/(g/kg)	全钾 TK/(g/kg)	碱解氮 AN/(mg/kg)	有效磷 AP/(mg/kg)	速效钾 AK/(mg/kg)	土壤母质 Parent material	剖面点坐标 Profile coordinate	匹配指数 Matching index/%
剖51	淋溶土	白浆土	山地白浆土	砂页岩山地白浆土	薄层砂页岩山地白浆土	1	0~19	暗灰色	重壤土		6.3	24.7	1.47	0.52	20.3	150	2.7	48	砂页岩风化物	E 125°02′47.0″ N 43°02′29.8″	97
						2	19~35	黄棕色	重壤土		6.7	12.0	0.99	0.37	20.9	217	1.0	48			
						3	35~48	暗棕色	重壤土		6.1	7.5	6.42	0.32	22.6	115	1.9	12			
						4	48~120	棕色	中壤土		6.9	7.2	0.48	0.84	26.6	173	6.3	60			
剖52	水成土	泥炭土	埋藏泥炭土	浅位埋藏泥炭土	浅位埋藏泥炭土	1	0~15	暗灰色	中壤土		7.7	58.8	2.50	1.20	21.1	130	10.5	35		E 125°08′38.4″ N 43°02′29.4″	97
						2	15~31	灰色	中壤土		7.5	74.4	3.66	1.32	20.6	536	7.5	45			
						3	31~84	黑色			7.0	517.8	16.99	1.21	10.2	1619	7.2	92			
						4	84~115	黑色			6.7	462.2	14.39	0.88	11.6	1412	4.6	161			
						5	115~120	棕色			6.6	89.7	3.07	0.63	22.5	428	8.9	126			
剖53	人为土	水稻土	白浆土型水稻土	白浆土型潜育水稻土	中层潜育白浆型水稻土	1	0~21	暗灰色	中壤土		6.8	44.5	2.20	1.00	18.1	186	18.8	70		E 125°10′15.6″ N 43°02′19.3″	75
						2	21~69	黄棕色	中壤土		7.1	8.4	0.50	1.60	20.7	42	1.9	53			
						3	69~98	棕色	重壤土		7.1	3.0	0.30	0.60	23.9	30	12.3	59			
						4	98~120	棕色	中壤土		7.1	3.3	0.30	0.90	25.9	34	19.2	77			
剖54	淋溶土	棕壤	台地棕壤	红黏质台地棕壤	薄层红黏质台地棕壤	1	0~18	暗灰色	轻黏土		6.5	22.1	1.10	2.18	20.9	95	5.3	78		E 125°00′24.5″ N 43°02′03.1″	97
						2	18~29	棕色	中壤土		6.6	7.5	0.48	1.54	23.3	46	1.8	32			
						3	29~55	棕色	中壤土		6.9	15.7	0.23	0.45	24.0	21	0.6	41			
						4	55~120	棕色	轻黏土		7.3	0.9	0.62	0.60	26.7	22	1.2	41			
剖55	淋溶土	白浆土	山地白浆土	酸性岩山地白浆土	露黄酸性岩山地白浆土	Aa	0~15	暗棕色	黏壤土	粒状	6.5								酸性岩风化物	E 125°11′27.2″ N 43°01′40.4″	97
						A_2B	15~26	黄棕色	黏壤土	粒状	6.5										
						B	26~65	暗棕色	黏壤土	棱块状	6.0										
						C	65~120	棕色	粉砂质黏壤土	棱块状	6.0										
剖56	淋溶土	暗棕壤	暗棕壤	酸性岩暗棕壤	砂砾质厚层酸性岩暗棕壤	Aoo	0~6	棕灰色	中壤土	无明显结构	6.5						13.3	128	酸性岩风化物	E 125°01′31.8″ N 43°01′14.9″	92
						A_0	6~25	暗灰色	重壤土	粒状	6.5	65.8	2.73	0.80	19.9	200	7.0	43			
						A_1	25~63	浅灰棕色	中壤土	块状	6.3	26.3	1.10	0.60	20.6	86	2.3	58			
						A_2	63~120	棕灰色	中壤土	粒状	6.5	11.7	0.50	0.90	21.5	58	4.2	104			
剖57	人为土	水稻土	白浆土型水稻土	白浆土型潜育水稻土	中层潜育白浆型水稻土	Ha	0~21	浅灰棕色	中壤土	粒状	6.8	32.8	1.70	0.60	21.4	152	12.2	104		E 125°03′32.0″ N 43°00′37.4″	75
						A_2	21~59	棕色	重壤土	核柱状	6.9	5.1	0.50	0.50	22.1	41	3.0	94			
						B	59~98	黄棕色	重壤土	核柱状	6.9										
						C	98~120	棕色	中壤土	团块状	6.9	5.0	0.40	0.50	23.4	49	10.3	104			
剖58	水成土	泥炭土	埋藏泥炭土	浅位埋藏泥炭土	浅位埋藏泥炭土	Aa	0~18	暗棕色	黏壤土	粒状							7.3			E 125°03′59.8″ N 43°00′37.4″	97
						P	18~71	黑黑色	黏壤土	片状											
						C	71~120	浅灰棕色	砂壤土	无明显结构	6.5										
剖59	淋溶土	暗棕壤	暗棕壤	基性岩暗棕壤性土	薄层基性岩暗棕壤性土	A_1	0~8	棕黑色	砂质黏壤土	粒状	7.0								基性岩风化物	E 125°07′58.4″ N 43°00′34.9″	93
						AB	8~35	灰灰棕色	砂质黏壤土	无结构	7.5										
						C	35~100	浅灰棕色	粉砂质黏壤土	粒状											
剖60	水成土	沼泽土	泥炭沼泽土	泥炭沼泽土	泥炭沼泽土	Aa	0~14	棕灰色	中壤土	粒状	6.0	182.1	7.52	1.12	17.6	618	11.1	57		E 125°03′34.9″ N 43°00′29.5″	97
						P	14~50	棕灰色	砂壤土	粒状	5.9	356.5	13.53	0.92	14.2	979	8.9	84			
						C_1	50~67	灰色	砂壤土		6.4	13.7	0.82	0.38	22.4	92	2.3	51			
						C_2	67~120	暗灰色	黏壤土	粒状	6.4	7.0	1.07	0.44	22.6	86	2.7	67			
剖61	人为土	水稻土	草甸土型水稻土	草甸型水稻土	中层草甸型水稻土	Ha	0~15	暗灰色	黏壤土	无明显结构										E 125°03′03.6″ N 43°00′04.7″	75
						K	15~27	灰黑色	黏壤土	块状											
						A	27~47	灰黑色	壤质黏土	团块状											
						Bg	47~82	浅黄棕色	壤质黏土	小棱块状											
						Cg	82~120	黄棕色	黏质壤土	核块状											

续表 Continued

剖面号 Soil profile	土纲 Soil order	土类 Soil great group	亚类 Soil subgroup	土属 Soil genus	土种 Soil species	土层码 Layer code	土层厚度 Depth/cm	颜色 Soil color	质地 Soil texture	土壤结构 Soil structure	pH	有机质 OM/(g/kg)	全氮 TN/(g/kg)	全磷 TP/(g/kg)	全钾 TK/(g/kg)	碱解氮 AN/(mg/kg)	有效磷 AP/(mg/kg)	速效钾 AK/(mg/kg)	土壤母质 Parent material	剖面点坐标 Profile coordinate	匹配指数 Matching index/%
剖62	半水成土	草甸土	草甸土	平川草甸土	薄层平川草甸土	Aa	0—17	灰色	黏壤土	粒状	5.5									E 125°26′22.9″ N 43°04′27.8″	99
						A₁	17—30	灰褐色	黏壤土	粒状	5.5										
						Bg	30—45	浅棕灰色	砂质黏壤土	粒状	5.0										
						G₁	45—85	浅棕灰色	砂质黏壤土	粒状	5.0										
						G₂	85—120	灰棕色	砂壤土	粒状	6.0										
剖63	水成土	泥炭土	埋藏泥炭土	深位埋藏泥炭土	深位薄层埋藏泥炭土	1	0—17		中壤土		6.4	53.2	2.13	0.58	20.9	164	31.6	67		E 125°15′18.0″ N 43°04′27.5″	75
						2	17—45		中壤土		6.7	31.6	1.39	0.66	20.8	115	6.1	68			
						3	45—58				4.5	247.5	9.84	2.16	16.6	522	29.0	10			
						4	58—79				5.2	275.1	8.58	0.75	15.6	506	14.4	145			
						5	79—102		轻壤土		6.0	427.4	12.24	0.70	11.9	689	6.0	166			
						6	102—120		轻壤土		6.4	83.9	2.69	3.06	20.4	547	5.5	251			
剖64	水成土	泥炭土	埋藏泥炭土	深位埋藏泥炭土	深位中层埋藏泥炭土	Aa	0—19	灰棕色	黏壤土	粒状										E 125°23′17.5″ N 43°03′22.0″	75
						Ase	19—54	棕灰色	黏壤土	粒状											
						P	54—120	暗黄棕色													
剖65	水成土	泥炭土	埋藏泥炭土	深位埋藏泥炭土	厚层中层埋藏泥炭土	1	0—16		中壤土		7.0	51.3	2.65	1.13	21.3	286	22.4	214		E 125°26′38.0″ N 43°02′57.5″	75
						2	16—58		中壤土		7.0	46.7	2.37	0.91	22.8	298	4.4	60			
						P₁	58—85				5.8	148.1	5.62	0.83	18.1	647	10.1	107			
						P₂	85—120				5.6	229.1	7.33	1.00	18.0	517	9.7	173			
剖66	半水成土	草甸土	草甸土	平川草甸土	覆泥中层平川草甸土	Aa	0—19	浅棕灰色	黏壤土	粒状	6.5									E 125°16′35.8″ N 43°01′50.5″	95
						Asp	19—31	棕灰色	黏壤土	团块状	5.5										
						A₁	31—56	黑灰色	黏壤土	粒状	5.5										
						Bg	56—84	浅灰白色	黏壤土	无明显结构	5.0										
剖67	半水成土	草甸土	山川草甸土	山川草甸土	覆泥中层山川草甸土	Aa	0—19	棕灰色	黏壤土	粒状	5.5									E 125°24′00.4″ N 43°01′16.3″	97
						A₁	19—40	灰色	黏壤土	粒状	5.5										
						B	40—83	灰棕色	黏壤土	弱发育有块状	5.0										
						C	83—107	深灰色	砂质黏壤土	弱发育块状	5.5										
剖68	水成土	草甸土	浅位埋藏泥炭土	浅位埋藏泥炭土	浅位厚层埋藏泥炭土	Aa	107—120	暗灰色	黏壤土	片状	5.5									E 125°27′29.2″ N 43°01′10.2″	95
						Ase	17—33	棕色	黏壤土	生草装结层状											
						P	33—120														
剖69	半水成土	草甸土	平川草甸土	平川草甸土	砂砾质中层基性岩暗棕壤	1	0—24	深灰棕色	重壤土	粒状	6.1	38.7	1.94	0.72	20.3	151	5.2	142		E 125°27′29.2″ N 43°00′36.7″	98
						2	24—54	棕色	轻壤土	粒状	5.6	39.6	1.97	0.53	19.2	154	10.7	179			
						3	54—86		轻壤土	无结构	5.6	12.2	0.74	0.65	21.0	79	11.4	267			
						4	86—120		轻黏土		5.5	19.8	0.89	0.64	19.9	78	17.0	231			
剖70	水成土	沼泽土	矿质沼泽土	矿质沼泽土	矿质沼泽土	Aa	0—19	棕灰色	黏壤土	粒状	5.5									E 125°18′09.7″ N 43°00′09.7″	75
						A	19—109	暗灰色	黏壤土	结结构	5.0										
						BC	109—120	暗灰色	黏壤土	无结构	6.0										
剖71	淋溶土	暗棕壤	暗棕壤	基性岩暗棕壤	砂砾质薄层基性岩暗棕壤	Aa	0—29	浅灰棕色	壤质黏土	小棱块状	5.5									基性岩风化物	E 124°57′37.8″ N 42°53′58.9″	92
						A₂	29—54	浅灰棕色	壤质黏土	棱块状	5.0										
						BC	54—80	暗棕色	壤质黏土	无明显结层状	6.0										
						C	80—120	暗棕色	壤质黏土	粒状	8.0										
剖72	淋溶土	暗棕壤	暗棕壤性土	砂页岩暗棕壤性土	砂砾质暗棕壤性土	Aa	0—11	浅灰棕色	黏壤土	粒状	6.0									砂页岩风化物	E 124°54′30.6″ N 42°53′43.8″	93
						A₂	11—40	红棕色	黏壤土	粒状	6.0										
						BC	40—120	暗棕色	重壤土	棱块状											

续表 Continued

剖面号 Soil profile	土纲 Soil order	土类 Soil great group	亚类 Soil subgroup	土属 Soil genus	土种 Soil species	土层码 Layer code	土层厚度 Depth/cm	颜色 Soil color	质地 Soil texture	土壤结构 Soil structure	pH	有机质 OM/(g/kg)	全氮 TN/(g/kg)	全磷 TP/(g/kg)	全钾 TK/(g/kg)	碱解氮 AN/(mg/kg)	有效磷 AP/(mg/kg)	速效钾 AK/(mg/kg)	土壤母质 Parent material	剖面点坐标 Profile coordinate	匹配指数 Matching index/%
剖73	淋溶土	白浆土	山地白浆土	基性岩山地白浆土	厚层基性岩山地白浆土	1	0—15		中壤土		6.8	23.1	1.54	0.60	24.2	178	4.6	99	基性岩风化物	E 124°55′40.4″ N 42°52′19.2″	97
						2	15—36		中壤土		7.0	21.8	1.20	0.78	24.3	146	1.2	59			
						3	36—77		中壤土		7.1	10.3	0.59	0.80	27.1		2.4	58			
						4	77—110		中壤土		7.0	6.9	0.49	0.29	24.8	52	3.1	53			
						5	110—120		重壤土		7.0	7.6	0.38	1.30	23.1	73	5.3	59			
剖74	半水成土	草甸土	草甸土	平川草甸土	砂砾底厚层平川草甸土	1	0—10		重壤土		5.3	74.9	3.16	0.70	17.0	257	15.7	256		E 124°58′10.9″ N 42°51′41.8″	97
						2	10—40		轻黏土		5.0	71.0	2.71	0.74	19.7	187	10.4	253			
						3	40—78		中壤土		5.7	5.4	0.43	0.62	23.0	48	7.3	136			
						4	78—120				6.3						10.1	97			
剖75	半水成土	草甸土	草甸土	平川草甸土	砂砾底厚层平川草甸土	Aa	0—19	棕灰色	黏壤土	粒状	6.0									E 124°53′58.9″ N 42°51′40.7″	97
						A_1	19—52	深棕灰色	壤质黏土	粒状	6.0										
						Bg	52—78	灰棕色	黏质壤土	团块状	6.5										
						C	78—120	黄棕色		无结构	6.5										
剖76	淋溶土	暗棕壤	暗棕壤	砂页岩山地暗棕壤	砂砾质薄层砂页岩暗棕壤	A_1	0—19	黄棕色	砂质黏壤土		6.0								砂页岩风化物	E 124°52′04.1″ N 42°51′30.6″	85
						A_2	19—35	浅红棕色	黏质壤土	小块状	6.0										
						A_2B	35—48	棕红色	黏壤土	小棱块状	6.0										
						BC	48—120	棕红色	黏壤土	棱块状	6.0										
剖77	淋溶土	白浆土	山地白浆土	基性岩山地白浆土	厚层基性岩山地白浆土	Aa	0—3	棕灰色	中壤土	粒状	6.0								基性岩风化物	E 124°57′24.8″ N 42°51′23.0″	97
						Ao	3—35	浅灰色	黏壤土	团块状	6.0										
						A_2	35—74	黄棕色	黏壤土	小棱块状	5.5										
						B	74—110	黄棕色	中壤土	棱块状	5.5										
						C	110—120		重壤土	块状	5.5										
剖78	初育土	石灰(岩)土	黑色石灰岩土	黑色石灰岩土	薄层黑色石灰岩土	A	0—19	暗棕色	轻壤土	粒状	7.7	27.6	1.49	0.61	27.1	99	4.2	77	石灰岩风化物	E 124°51′50.1″ N 42°49′58.5″	74
						BC	19—62		壤质黏土	团块状	7.5	12.5	0.78	0.69	31.8	56	3.8	71			
						C	62—120														
剖79	人为土	水稻土	白浆土型水稻土	白浆土型淹育水稻土	中层渗育白浆型水稻土	Ha	0—30	暗棕色	壤质黏壤土	粒状	6.6	42.4	2.09	0.85	19.8	159	4.2	117		E 125°01′50.5″ N 42°55′10.9″	95
						A_2P	30—55	浅棕灰色	黏质壤土	粒状	6.3	27.4	1.43	0.80	19.9	177	2.8	109			
						BP	55—95	黄棕色	黏质壤土	棱块状	6.5	13.4	0.87	0.71	20.7	61	4.7	129			
						C	95—120	黄棕色	黏壤土	棱块状	6.5	8.6	0.55	0.84	20.7	36	6.6	184			
剖80	半水成土	草甸土	草甸土	岗川草甸土	砂砾底中层岗川草甸土	1	0—19		中壤土		6.7						7.2	135		E 125°22′21.4″ N 42°59′18.2″	99
						2	19—34		中壤土		6.4	31.5	1.40	0.90	23.9	152	10.1	11			
						3	34—55		轻壤土		5.9	24.8	1.04	0.86	23.6	138	42.0	211			
						4	55—90		砂壤土		6.5	9.2	0.70	2.31	23.9	72		174			
						5	90—120		壤质黏壤土		6.2	7.9	0.56	0.55	23.8	56					
剖81	人为土	水稻土	草甸土型水稻土	草甸型水稻土	中层草甸型水稻土	Ao	0—27	棕灰色	黏壤土											E 125°18′41.8″ N 42°59′04.6″	95
							27—47														
							47—82														
							82—105														
剖82	淋溶土	暗棕壤	暗棕壤	酸性岩山地暗棕壤	砂砾质中层酸性岩暗棕壤	A_1	0—17	棕灰色	黏壤土	粒状	5.5								酸性岩风化物	E 125°26′58.9″ N 42°58′09.1″	92
						A_2	17—26	浅黄棕	黏壤土	粒状	5.5										
						BC	26—43	红棕色	黏壤土	块状	6.0										
						C	100—120	棕黄色	砾石土	无结构	5.5										

续表 Continued

剖面号 Soil profile	土纲 Soil order	土类 Soil great group	亚类 Soil subgroup	土属 Soil genus	土种 Soil species	土层编码 Layer code	土层厚度 Depth/cm	颜色 Soil color	质地 Soil texture	土壤结构 Soil structure	pH	有机质 OM/(g/kg)	全氮 TN/(g/kg)	全磷 TP/(g/kg)	全钾 TK/(g/kg)	碱解氮 AN/(mg/kg)	有效磷 AP/(mg/kg)	速效钾 AK/(mg/kg)	土壤母质 Parent material	剖面点坐标 Profile coordinate	匹配指数 Matching index/%
剖83	淋溶土	白浆土	台地白浆土	黄土质台地白浆土	薄层台地白浆土	1	0—10		中壤土		6.4	35.9	2.10	0.82	19.5	165	4.1	68	黄土母质	E 125°28′41.2″ N 42°56′59.3″	100
						2	10—47		中壤土		7.1	13.8	0.99	0.43	21.0	157	1.9	25			
						3	47—70		中壤土		6.2	8.3	0.50	0.25	22.1	100	0.7	25			
						4	70—120		砂壤土		6.6	4.2	0.35	0.22	18.8	94	0.9	25			
剖84	淋溶土	白浆土	潜育白浆土	潜育白浆土	中层潜育白浆土	Aa	0—18	棕灰色	黏壤土	粒状	6.0									E 125°20′46.3″ N 42°55′38.6″	99
						A_1	18—29	暗灰色	黏壤土	团块状	6.0										
						A_2	29—51	灰白色	壤质黏土	团块状	6.0										
						Bg	51—95	棕色	黏质黏土	棱块状	6.0										
						Cg	95—120	褐棕色	砂质亚黏土	无明显结构											
剖85	初育土	新积土	冲积土	层状冲积土	黏壤质层状冲积土	Aa	0—16	棕灰色	黏壤土	粒状	5.0								冲积物	E 125°16′17.0″ N 42°55′12.4″	92
						C_1	16—50	棕灰色	黏壤土	粒状	5.5										
						C_2	50—71	灰棕色	黏质黏土	棱块状	5.5										
						C_3	71—89	灰棕色	黏壤土	粒状	6.0										
						C_4	89—120	灰棕色	砂质黏壤土	无结构	6.5										
剖86	淋溶土	暗棕壤	暗棕壤	基性岩暗棕壤	砂砾质薄层基性岩暗棕壤	Aa	0—18	棕灰色	重壤土	粒状	6.5	31.6	1.50	1.29	18.3	145	3.9	143	基性岩风化物	E 125°22′23.5″ N 42°53′27.2″	93
						A_2B	18—39	棕灰色	重壤土	粒状	6.7	17.3	1.01	1.12	13.1	99	6.9	106			
						B	39—70	棕灰色	中壤土	棱块状	7.0	17.3	0.63	1.31	10.9	70	5.5	25			
						C	70—120	灰白色	中壤土	无明显结构	7.1	8.9	0.55	0.73	12.3	65	3.1	81			
剖87	淋溶土	白浆土	山地白浆土	酸性岩山地白浆土	薄层酸性岩山地白浆土	Aa	0—14	浅灰色	黏壤土	粒状	6.0								酸性岩风化物	E 125°16′21.7″ N 42°52′35.4″	98
						A_2	14—41	灰白色	黏壤土	粒状	6.0										
						B	41—86	灰棕色	黏壤土	棱块状	5.5										
						C	86—120	棕色	砂质黏壤土	棱块状	5.5										
剖88	初育土	新积土	冲积土	层状冲积土	砂壤质层状冲积土	Aa	0—17	灰棕色	黏壤土	粒状	5.0								冲积物	E 125°22′28.6″ N 42°52′31.8″	93
						C_1	17—24	暗棕灰色	砂壤土	无结构	5.0										
						C_2	24—36		砂壤土	无结构											
						C_3	36—61		砂壤土	无结构											
						C_4	61—120		中壤土		6.9	24.9	1.14	0.39	20.2	128	2.6	77			
剖89	水成土	沼泽土	矿质沼泽土	矿质沼泽土	矿质沼泽土	1	0—25		重壤土		6.6	76.0	2.84	1.28	16.7	221	14.0	8		E 125°22′24.0″ N 42°52′06.6″	95
						2	25—100		中壤土		7.0	6.0	0.57	0.30	20.1	26	5.4	86			
						3	100—110		中壤土		7.0	5.1	0.30	0.69	19.8	32	5.6	73			
						4	110—120	棕灰色	重壤土	粒状	6.5	36.9	1.70	0.70	27.7	132	10.0	77			
剖90	淋棕壤	暗棕壤	暗棕壤	基性岩暗棕壤	砂砾质厚层基性岩暗棕壤	Aa	0—12	棕灰色	黏壤土	团块状	8.7	29.3	1.40	0.50	21.6	101	3.1	100	基性岩风化物	E 125°11′39.1″ N 42°49′10.9″	92
						A_1	12—32	棕灰色	黏壤土	团块状	6.2	12.4	0.70	0.40	21.9	52	3.8	117			
						A_2B	32—75	浅棕灰色	重壤土	棱块状	6.4	9.2	0.60	0.70	20.9	40	5.3	126			
						B	75—103	棕色	重壤土		6.5	8.7	0.60	0.90	21.4	102	5.7	163			
						C	103—														
剖91	初育土	新积土	冲积土	层状冲积土	砂壤质层状冲积土	1	0—16		轻壤土		6.8	21.3	1.20	0.61	22.6	94	3.6	73	冲积物	E 125°02′20.8″ N 42°48′47.5″	94
						2	16—32	暗灰色	砂壤土		6.9	11.7	0.54	0.64	25.7	61	2.3	49			
						3	32—54		砂壤土		7.0	14.9	0.48	0.56	27.6	41	3.8	42			
						4	54—74		砂土		7.1	4.6	0.27	0.65	24.7	29	1.2	29			
						5	74—120		轻壤土		6.8	31.4	1.36	5.12	22.4	237	0.2	35			
剖92	淋溶土	白浆土	山地白浆土	酸性岩山地白浆土	厚层酸性岩山地白浆土	1	0—14		轻壤土		6.7	28.7	1.15	0.42	22.5	108	0.2	32	酸性岩风化物	E 125°02′29.8″ N 42°47′17.9″	98
						2	14—37		重壤土		5.7	29.3	0.34	0.26	21.8	57	3.9	39			
						3	37—69		重壤土		5.5	15.5	0.57	0.41	21.9	76	3.5	73			
						4	69—105		重壤土		5.7	7.4	0.40	0.83	22.7	96	5.8	56			
						5	105—120		碎石												

续表 Continued

剖面号 Soil profile	土纲 Soil order	土类 Soil great group	亚类 Soil subgroup	土属 Soil genus	土种 Soil species	土层码 Layer code	土层厚度 Depth/cm	颜色 Soil color	质地 Soil texture	土壤结构 Soil structure	pH	有机质 OM/(g/kg)	全氮 TN/(g/kg)	全磷 TP/(g/kg)	全钾 TK/(g/kg)	碱解氮 AN/(mg/kg)	有效磷 AP/(mg/kg)	速效钾 AK/(mg/kg)	土壤母质 Parent material	剖面点坐标 Profile coordinate	匹配指数 Matching index/%
剖93	淋溶土	暗棕壤	暗棕壤	酸性岩暗棕壤	砂砾质厚层酸性岩暗棕壤	1	0—31		中壤土		6.5	29.5	1.33	0.93	20.5	149	2.7	45	酸性岩风化物	E 125°20′15.0″ N 42°45′47.2″	93
						2	31—54		中壤土		6.4	9.9	0.57	1.39	19.9	97	5.7	46			
						3	54—78		中壤土		5.8										
						4	78—120		轻壤土		6.3										

东 丰 县

主要土类说明

白浆土是东丰县主要土壤类型，占本县地域面积的60%，本县各地均有分布。母质为各种岩石风化物和黄土沉积物，也有老冲积物。原始植被为针阔叶混交林。目前，大部分白浆土已被开垦为农田，少部分为次生阔叶林或人工针叶林。白浆土具有明显的白浆层和淀积层，是与其他土类的主要区别。通常，腐殖质层呈暗灰色，厚度为10—30cm；白浆层呈灰白色，湿时呈灰黄色，厚度为20—40cm，质地紧实，无明显结构而呈片状节理；淀积层呈暗棕色，具有垂直节理的棱块状或棱柱状结构，结构体表面具有光泽的胶膜。这三个发育层次都十分明显。

暗棕壤是东丰县第二大土壤类型，占本县地域面积的22%。暗棕壤发育于温带湿润地区针阔叶混交林下，具有明显的有机质富集和弱酸性淋溶特征，剖面构型为O-A-B-C。母质多为残积物和坡积物，原生残积物主要为酸性硅铝质，现代残积物主要为花岗岩、流纹岩、片麻岩，故其盐基不饱和，酸性较强。

新积土是东丰县第三大土壤类型，占本县地域面积的8%。新积土是由新近冲积、洪积、坡积、塌积或人工堆垫形成的土壤。该土壤成土期短，母质特性明显，具A-C或（A）-C剖面构型。新积土土质适宜，养分含量丰富，是一种广适性土壤。母质多为近代流水沉积物，地面多处受高水位淹没，生草过程弱，常无明显腐殖质。

草甸土占本县地域面积的5%，广泛分布在山间川地、岗间川地和平川洼地。草甸土是由沉积作用并伴随腐殖质积累过程形成的富含腐殖质的土壤。其主要特征是黑土层均为颗粒大小相近的粒状结构，水稳性很强，呈微酸性或中性。自然植被主要为草甸草本植物。母质以径流淤积物为主，多为近代新沉积物。

小于本县地域面积3%的土壤类型有水稻土、泥炭土、沼泽土、棕壤、石质土等。

本区域中心区气候特征

本区域中心区气候特征值
Regional climate characteristics in central area of the region

气候带：中温带亚干旱气候 Climate region: Mid temperate subarid climate	
年平均气温 /℃ Annual average temperature /℃	6.2
年平均最高气温 /℃ Annual average maximum temperature /℃	12.3
年平均最低气温 /℃ Annual average minimum temperature /℃	1.0
年降水量 /mm Annual precipitation /mm	713
≥10℃的积温 /℃ Daily temperature accumulated in a year (≥10℃) /℃	2220
年日照时数 /h Annual sunshine /h	2438
年平均相对湿度 /% Annual average relative humidity /%	66
干燥度 Dryness	0.52

本区域中心区月平均气温与月平均降水量
Monthly temperature and precipitation in central area of the region

东丰县主要土壤类型与土壤剖面点分布图
1 : 340 000

图例：白浆土、泥炭土、暗棕壤、沼泽土、新积土、棕壤、草甸土、石质土、水稻土、剖面点

东丰县土壤剖面理化性状表

剖面号 Soil profile	土纲 Soil order	土类 Soil great group	亚类 Soil subgroup	土属 Soil genus	土种 Soil species	土层码 Layer code	土层厚度 Depth/cm	颜色 Soil color	质地 Soil texture	土壤结构 Soil structure	pH	有机质 OM/(g/kg)	全氮 TN/(g/kg)	全磷 TP/(g/kg)	全钾 TK/(g/kg)	碱解氮 AN/(mg/kg)	有效磷 AP/(mg/kg)	速效钾 AK/(mg/kg)	土壤母质 Parent material	剖面点坐标 Profile coordinate	匹配指数 Matching index/%
剖1	淋溶土	白浆土	潜育白浆土	潜育白浆土	中层潜育白浆土	Aa	0—22	浅棕灰色	黏壤土	粒状结构	7.0	43.4	1.40	0.38	19.2	228	5.7	133		E 125°23′08.5″ N 43°12′02.5″	98
						A₂	22—25	黄白相间	黏壤土	无明显结构	6.0	7.3	0.33	0.14	17.9	119	5.9	94			
						Bg	55—100	黄棕色	黏壤土	小棱块状	7.0	4.9	0.46	0.26	19.3	192	6.1	100			
						Cg	100—120	浅灰色	壤土		7.0	2.2	1.05	0.13	21.0	213	5.5	98			
剖2	淋溶土	白浆土	台地白浆土	黄土质台地白浆土	露黄台地白浆土	Aa	0—10	黄灰色	黏壤土	粒状	6.0	22.4	0.53	0.49	20.5	258	1.6	109	黄土母质	E 125°25′03.7″ N 43°09′04.0″	97
						A₂	10—18	灰白相间	壤质黏土	小棱块状	6.4	13.6	0.44	0.16	20.0	234	4.6	114			
						B	18—70	棕褐色	壤质黏土	棱块状	6.8	7.9	0.33	0.11	21.0			147			
						C	70—120	浅棕褐色	黏壤土	棱块状	6.8	8.3		0.28	19.8	218	10.3	124			
剖3	淋溶土	白浆土	山地白浆土	酸性岩山地白浆土	露黄酸性岩山地白浆土	Aa	0—12	浅灰色	壤土	粒状	5.4								酸性岩风化物	E 125°26′08.5″ N 43°08′21.5″	95
						A₂	12—40	黄白相间	多砾黏壤土	粒状	5.6										
						B	40—68	黄棕色	多砾黏壤土	粒状	5.8										
						C	68—120	棕黄色	多砾黏壤土												
剖4	半水成土	草甸土	草甸土	平川草甸土	中层平川草甸土	Aa	0—17	黑灰色	黏壤土	粒状	6.5	33.3	1.93	0.53	21.3	159	9.6	159		E 125°26′57.5″ N 43°07′36.1″	97
						A₁	17—48	黄棕色	黏壤土	棱状	6.0		2.50	0.73	19.3	134	8.3	148			
						Bg	48—72	浅棕灰色	黏壤土	棱块状	4.5		0.84	0.44	19.5	142	6.1	126			
						Cg	72—120	暗棕色	黏壤土	棱状	6.0		0.78	0.40	20.9	88	8.0	148			
剖5	初育土	新积土	冲积土	冲积土	壤质冲积土	1	0—18		多砾砂壤土											冲积物	E 125°29′23.3″ N 43°03′59.8″	74
						2	18—66		多砾砂壤土													
						3	66—84		多砾砂壤土													
						4	84—120		多砾砂壤土													
剖6	初育土	新积土	冲积土	冲积土	砂壤质冲积土	1	0—24	暗棕灰色			6.6	69.5	1.47	0.34	18.3	131	18.2	228	冲积物	E 125°29′54.6″ N 43°03′28.4″	74
						2	24—40				5.5	38.6	0.80	0.12	18.3	104	2.4	90			
						3	40—54				5.0	5.4	0.43	0.17	18.3	97	8.1	96			
						4	54—120				5.0	4.3	0.14	0.82	16.4	85	23.5	54			
剖7	半水成土	草甸土	草甸土	平川草甸土	薄层平川草甸土	Aa	0—14	浅灰色	壤质黏土	团块状	6.0	29.8	2.54	0.41	21.0	203	13.0	196		E 125°30′38.5″ N 43°03′35.3″	97
						A₁	14—27	黑灰色	黏质黏土	粒状	6.0		1.99	0.36	18.5	204	3.2	129			
						ABg	27—56	棕灰色	黏壤土	块状	6.0		1.32	0.28	22.9	169	2.2	163			
						Bg	56—120	棕灰色	黏壤土	块状	6.6		2.41	0.27	20.6	145	5.4	176			
剖8	淋溶土	白浆土	台地白浆土	黄土质台地白浆土	薄层台地白浆土	Aa	0—18	浅灰色	黏壤土	粒状	6.0	31.4	0.40	0.21	18.6	203	1.0	94	黄土母质	E 125°37′33.6″ N 43°02′41.3″	98
						B	18—44	黄白相间	黏壤土	棱块状	5.5	7.0	0.66	0.21	18.6	214	0.3	83			
						BC	44—104	暗黄色	黏壤土	棱块状	5.5	7.6	0.32	0.22	20.3	217	1.9	146			
							104—120	灰棕色	黏土	粒状	5.5	7.4		0.18	20.4	218	8.4	114			
剖9	水成土	泥炭土	埋藏泥炭土	浅位厚层埋藏泥炭土	浅位厚层埋藏泥炭土	Aa	0—15	暗棕灰色	黏壤土		6.0										E 125°34′45.5″ N 43°02′33.7″	97
						P₁	15—35	暗棕色	黏壤土	粒状	5.8	48.9	1.80	0.89	18.9	230	42.5	323			
						P₂	35—85	黄棕色	壤质黏土	粒状	5.8	11.6	0.78	0.24	19.4	214	3.0	100			
						P₃	85—120	棕灰色	壤质黏土	棱块状	5.6	6.4	0.30	0.22	19.5	178	2.8	109			
剖10	淋溶土	白浆土	潜育白浆土	潜育白浆土	薄层潜育白浆土	Aa	0—18	灰灰色	壤质黏土	粒状	5.8							119		E 125°34′11.3″ N 43°02′14.6″	97
						A₂	18—35	黄棕色	壤质黏土	粒状	5.8										
						Bg	35—56	黄棕色	壤质黏土	棱块状											
						Ca	56—120	浅蓝灰色	壤质黏土	棱块状	5.6	4.8	0.23	0.57	19.6	199	17.8				

续表 Continued

剖面号 Soil profile	土纲 Soil order	土类 Soil great group	亚类 Soil subgroup	土属 Soil genus	土种 Soil species	土层码 Layer code	土层厚度 Depth/cm	颜色 Soil color	质地 Soil texture	土壤结构 Soil structure	pH	有机质 OM/(g/kg)	全氮 TN/(g/kg)	全磷 TP/(g/kg)	全钾 TK/(g/kg)	碱解氮 AN/(mg/kg)	有效磷 AP/(mg/kg)	速效钾 AK/(mg/kg)	土壤母质 Parent material	剖面点坐标 Profile coordinate	匹配指数 Matching index/%
剖11	半水成土	草甸土	草甸土	山川草甸土	薄层山川草甸土	Aa	0—17	深灰色	多砾质黏土	小团块状	6.8	26.3	1.96	0.57	20.6	117	9.2	126		E 125°35′12.1″ N 43°00′57.2″	97
						A₁	17—29	黑灰色	壤质黏土	粒状	6.8		1.32	0.57	19.7	87	7.1	100			
						AB	29—53	浅棕色	壤质黏土	粒状	6.4		0.61	0.38	19.5	88	7.7	78			
						Bg	53—76	浅棕黄色	多砾质黏壤土	棱块块状	6.0		0.27	0.28	28.6	79	8.8	148			
						BCg	76—93	浅蓝棕色	粉砂壤土	小棱块状	5.6		0.40	0.28	22.2	100	7.4	199			
						Cg	93—120	浅棕褐色	多砾质壤土	块状	5.6		0.30	0.40	20.6	88	13.8	153			
剖12	淋溶土	白浆土	山地白浆土	酸性岩山地白浆土	厚层酸性岩山地白浆土	Aa	0—16	浅灰色	少砾质黏壤土	粒状	6.5								酸性岩风化物	E 125°36′05.0″ N 43°00′50.4″	95
						A₁	16—32	暗灰色	砾质黏壤土	粒状	6.0										
						A₂	32—64	灰白色	壤质黏壤土	棱块状	6.0										
						B	64—75	浅棕红色	壤质黏壤土	棱块状	6.5										
						C	75—120	棕黄色	多砾质黏壤土	粒状	7.0										
剖13	人为土	水稻土	冲积土型水稻土	冲积土型水稻土	壤质渗育冲积型水稻土	Aa	0—15	灰灰色	黏壤土	粒状	7.0									E 125°37′31.1″ N 42°59′01.7″	75
						A	15—38	暗灰棕色	多砾质黏壤土	块状	7.0										
						C₁	38—61	黄棕色	多砾质黏壤土	块状	6.5										
						C₂	61—78	棕黄色	壤质黏壤土	块状	6.0										
						C₃	78—84	粉砂壤土	粒状	6.5											
剖14	人为土	水稻土	冲积土型水稻土	冲积土型水稻土	壤质渗育冲积型水稻土	C₄	84—120	浅棕黄色	多砾质壤土	粒状	6.5									E 125°38′00.2″ N 42°58′07.3″	75
						1	0—18		壤质黏壤土												
						2	18—40	暗棕灰色	多砾质重壤土		4.0										
						3	40—76	暗棕色	砂质重壤土		4.0										
						4	76—120	灰蓝色	多砾质壤土	粒状	6.5										
剖15	水成土	泥炭土	埋藏泥炭土	浅位埋藏泥炭土	浅位埋藏泥炭土	Aa	0—16	暗棕色		无结构	4.0	36.0	1.52	0.40	20.9	135	12.0	181		E 125°36′21.2″ N 42°57′52.6″	97
						P₁	16—64	暗褐色	壤质黏土	片状	5.2		0.93	0.33	20.6	142	5.3	139			
						P₂	64—93	灰蓝色	黏土	片状	4.8		1.50	0.41	21.4	138	21.9	206			
						G	93—120	浅灰色	多砾质黏壤土		5.1		1.73	1.12	18.0	138	16.8	388			
剖16	人为土	水稻土	冷浆型水稻土	冷浆型水稻土	潴育泥炭冷浆型水稻土	Aa	0—20	灰灰色	壤质黏土	粒状	6.0	38.8	1.06	0.25	18.9	157	5.1	113		E 125°35′02.2″ N 42°55′52.8″	75
						P₁	20—84	深灰色	黏土	棱块状	5.6	11.5	0.44	0.24	20.1	175	3.4	106			
						P₂	84—95	黄棕色	壤质黏土	棱块状	5.8	9.0	0.46	0.30	20.4	187	4.7	133			
						P₃	95—120	暗灰色	黏质黏壤土	块状	5.4	10.1	0.32	0.30	20.3	130	11.6	134			
剖17	淋溶土	白浆土	台地白浆土	黄土质台地白浆土	中层台地白浆土	A₁	0—27	黄白相间	壤质黏土	粒状	6.0								黄土母质	E 125°32′13.9″ N 42°55′49.1″	99
						B	27—46	黄棕色	壤质黏壤土	棱块状	5.5										
						BC	46—88	黄棕色	黏壤土	棱块状	5.5										
							88—120	浅灰棕色	多砾质黏壤土	无结构	6.0										
剖18	水成土	泥炭土	埋藏泥炭土	深位埋藏泥炭土	深位埋藏泥炭土	Ase₁₋₁	0—28	灰灰棕色	黏质黏土	粒状	5.5									E 125°36′22.7″ N 42°55′16.3″	97
						Ase₁₋₂	28—50	暗棕色	砾质黏土	棱块状	6.8										
						P₁	50—84	暗棕色	多砾质黏土	棱块状	6.8										
						P₂	84—120	浅灰棕色	少砾质黏壤土	粒状	6.4										
剖19	淋溶土	白浆土	山地白浆土	基性岩山地白浆土	厚层基性岩山地白浆土	Aa	0—18	黄白相间	砾质黏壤土	棱块状	6.4								基性岩风化物	E 125°31′48.7″ N 42°55′15.2″	97
						A₁	18—34	暗棕灰色	多砾质黏壤土	粒状	6.4										
						A₂	34—61	暗棕灰色	多砾质砂壤土	粒状	6.4										
						B	61—89	棕灰色	多砾质壤土	粒状	5.6										
						BC	89—120	深灰色	多砾质黏壤土	团块状	5.6										
剖20	初育土	新积土	冲积土	壤质冲积土	壤质冲积土	Aa	0—22	棕灰色	多砾质黏壤土	团块状	4.4								冲积物	E 125°42′55.8″ N 42°53′40.9″	92
						C₁	22—46	棕灰色	多砾质黏壤土	团块状	4.4										
						C₂	46—75														
						C₃	75—120	棕灰色	砾质砂壤土		5.2										

续表 Continued

剖面号 Soil profile	土纲 Soil order	土类 Soil great group	亚类 Soil subgroup	土属 Soil genus	土种 Soil species	土层码 Layer code	土层厚度 Depth/cm	颜色 Soil color	质地 Soil texture	土壤结构 Soil structure	pH	有机质 OM/(g/kg)	全氮 TN/(g/kg)	全磷 TP/(g/kg)	全钾 TK/(g/kg)	碱解氮 AN/(mg/kg)	有效磷 AP/(mg/kg)	速效钾 AK/(mg/kg)	土壤母质 Parent material	剖面点坐标 Profile coordinate	匹配指数 Matching index/%
剖21	半水成土	草甸土	草甸土	岗川草甸土	中层岗川草甸土	Aa	0—20	暗黑色	少砾黏壤土	粒状	6.0	34.1	1.92	0.52	19.2	147	5.3	133		E 125°34′03.7″ N 42°52′52.3″	97
						A₁	20—48	灰黑色	多砾黏壤土	粒状	6.2		1.57	0.45	20.0	139	9.2	173			
						Bg	48—89	黄褐色	砾质黏壤土	块状	6.8		0.46	0.42	19.4	140	13.3	121			
						Cg	89—120	黄棕色	壤质黏壤土		6.0		0.42	0.57	17.7	141	6.7	108			
剖22	淋溶土	白浆土	山地白浆土	基性岩山地白浆土	薄层基性岩山地白浆土	Aa	0—14	浅灰棕色	砾质黏壤土	粒状	6.4	38.8	2.01	0.53	17.5	211	24.8	91	基性岩风化物	E 125°20′24.0″ N 42°43′59.5″	97
						A₂	14—30	黄白相间	砂质黏壤土	片状	6.4	9.2	0.57	0.28	19.0	244	0.8	76			
						B	30—55	暗灰色	砂质黏壤土	核质块状	4.8	5.6	0.54	0.24	19.8	216	3.6	107			
						C	55—120	棕褐色	多砾砂壤土	核质块状	6.4	4.5	0.91	0.29	17.4	218	12.1	100			
剖23	水成土	泥炭土	泥炭土	泥炭土	深厚层泥炭土	P₁	0—18	深灰色		片状	6.5	957.6	17.80	0.17	16.6	192	7.5	266		E 125°17′48.8″ N 42°40′53.8″	97
						P₂	18—52	暗灰色		无结构	4.2	917.2	13.96	0.91	16.0		6.8	266			
						P₃	52—120	灰灰色		无结构	4.2	824.8	3.96	0.78	15.8		12.5	458			
剖24	淋溶土	白浆土	山地白浆土	酸性岩山地白浆土	薄层酸性岩山地白浆土	Aa	0—18	棕灰色	砾质黏壤土	粒状	6.2	62.2	0.79	0.14	17.6	112	1.9	81	酸性岩风化物	E 125°15′52.2″ N 42°40′32.2″	95
						A₂	18—36	灰白色	黏壤土	核块状	6.0	10.4	0.43	0.14	19.1	125		60			
						B	36—54	灰棕色	壤质黏壤土	核块状	5.2	1.5	0.38	0.11	17.4	217		126			
						C	54—120	灰灰色	多砾砂壤土	无结构	5.6	5.0	0.28	0.09	16.8	216	61.1	113			
剖25	淋溶土	白浆土	山地白浆土	酸性岩山地白浆土	厚层酸性岩山地白浆土	1	0—15		少砾黏壤土	粒状	4.7	45.2	2.07	0.49	18.8	167	2.0	91	酸性岩风化物	E 125°31′50.9″ N 42°49′18.1″	95
						2	15—37		壤质黏壤土		3.7	41.4	2.03	0.48	18.8	196	5.6	96			
						3	37—65		砾质黏壤土		3.8	1.0	0.90	0.20	19.4	156	12.0	73			
						4	65—97		壤质黏壤土		3.8	0.5	0.72	0.22	19.8	127	3.6	123			
						5	97—120		砾质砂壤土	无结构	3.8	0.3	0.55	0.24	20.8	156	14.6	116			
剖26	水成土	沼泽土	泥炭沼泽土	泥炭沼泽土	泥炭沼泽土	Aa	0—17	暗厚灰色	壤土	粒状	6.1	67.9	5.62	1.07	18.8	201	13.2	427		E 125°32′08.5″ N 42°48′38.9″	97
						P	17—41	暗灰色	黏壤土	无结构	6.0	3.86	0.47	0.12	17.6	177	2.4	207			
						G₁	41—73	浅灰蓝色	黏质黏壤土		6.5		0.44	0.12	17.7	167	0.4	109			
						G₂	73—120	蓝灰色	黏质黏壤土	块状	6.5		0.40	0.22	19.3	134	6.5	146			
剖27	初育土	新积土	冲积土	冲积土	壤质冲积土	1	0—20		壤土	无结构	4.9	35.0	1.72	0.39	18.8	177	6.9	252	冲积物	E 125°43′20.3″ N 42°48′08.3″	92
						2	20—39	棕灰色		无结构	4.8	5.2	0.90	0.33	18.5	167	3.0	91			
						3	39—60	浅灰棕色		无结构	4.7	5.0	0.77	0.34	18.3	148	3.5	85			
						4	60—120	浅灰灰色		无结构	4.8	8.7	1.23	0.40	19.2	173	8.4	101			
剖28	暗棕壤	暗棕壤性土	酸性岩暗棕壤性土	砂砾质中层酸性岩暗棕壤性土		Aa	0—24	棕灰色	多砾黏壤土	团块状	6.5	68.9	2.17	0.58	16.8	133	1.1	96	酸性岩风化物	E 125°34′00.1″ N 42°47′09.6″	92
						A₂	24—34	浅灰棕色	多砾黏壤土	团块状	6.0	29.4	1.74	0.31	17.2	148	1.3	100			
						BC	34—57	浅灰棕色	多砾黏壤土	粒状	6.1	16.3	0.69	0.17	16.6	173	0.9	398			
						D	57—120	暗灰色		无结构	6.1	6.7	2.75	0.43	18.8	153	1.5	96			
剖29	淋溶土	白浆土	山地白浆土	砂页岩山地白浆土	薄层砂页岩山地白浆土	Aa	0—18	暗灰色	少砾黏壤土	粒状	6.4	61.0	0.42	1.77	18.8	184	0.9	93	砂页岩风化物	E 125°30′46.0″ N 42°46′15.9″	97
						A₂	18—43	黄白相间	壤质黏壤土	粒状	6.4	11.9	0.27	1.21	17.8	218	0.7	90			
						B	43—83	棕黄色	壤质黏壤土	块状	6.4	5.1	0.93	0.64	21.3	228	8.3	132			
						C	83—120	棕灰色	砂质黏壤土	粒状	6.4		0.37	0.24	18.5	216	6.9	119			
剖30	淋溶土	白浆土	山地白浆土	酸性岩山地白浆土	中层酸性岩山地白浆土	Aa	0—20	灰灰色	少砾黏壤土	粒状	4.6	37.8	1.25	0.32	18.3	185	2.0	88	酸性岩风化物	E 125°42′51.8″ N 42°46′09.8″	95
						A₂	20—36	红棕色	多砾黏壤土	核质块状	4.5	8.1	0.32	0.10	25.2	214		76			
						B	36—65	红棕色	黏壤土	块状	4.4	6.9	0.92	0.18	20.1	217	0.3	117			
						C	65—120	浅灰色	多砾砂壤土	无结构	4.5	3.2	0.49	0.15	19.2	216	0.1	83			
剖31	初育土	新积土	冲积土	层状冲积土	砂砾底砂质层状冲积土	Aa	0—18	浅灰色	少砾黏壤土	团块状	6.4								冲积物	E 125°35′17.9″ N 42°45′10.8″	93
						C₁	18—40	浅黄色	砂壤土	无结构	6.4										
						C₂	40—70	黄色	砂壤土	无结构	6.0										
						C₃	70—120		黏壤土	无结构	6.0										

续表 Continued

剖面号 Soil profile	土纲 Soil order	土类 Soil great group	亚类 Soil subgroup	土属 Soil genus	土种 Soil species	土层码 Layer code	土层厚度 Depth/cm	颜色 Soil color	质地 Soil texture	土壤结构 Soil structure	pH	有机质 OM/(g/kg)	全氮 TN/(g/kg)	全磷 TP/(g/kg)	全钾 TK/(g/kg)	碱解氮 AN/(mg/kg)	有效磷 AP/(mg/kg)	速效钾 AK/(mg/kg)	土壤母质 Parent material	剖面点坐标 Profile coordinate	匹配指数 Matching index/%
剖32	淋溶土	暗棕壤	暗棕壤	酸性岩暗棕壤	砂砾质中层酸性岩暗棕壤	Ao	0~3	暗灰色	多砾质黏壤土	团块状	6.0								酸性岩风化物	E 125°36′02.5″ N 42°44′03.5″	92
						A₁	3~27	浅灰棕色	砂砾质黏壤土		5.5										
						A₂	27~68	灰棕色	多砾质暗壤土		6.0										
						BC	68~110														
						C	110~120	黄棕色			6.5										
剖33	淋溶土	暗棕壤	暗棕壤性土	酸性岩暗棕壤性土	砂砾质薄层酸性岩暗棕壤	Ao	0~10		砾质黏壤土		7.2								酸性岩风化物	E 125°31′07.3″ N 42°42′57.6″	92
						A₁	10~20	暗棕色	多砾质黏壤土	粒状	6.8										
						A₂	20~44	浅黄色	多砾质黏壤土	团块状	7.9										
						BC	44~120	黄褐色	多砾砂壤土	粒状	6.4										
剖34	淋溶土	白浆土	山地白浆土	砂页岩山地白浆土	露黄砂页岩山地白浆土	Aa	0~16	浅灰色	黏壤土	粒状	6.0	20.3	0.99	0.29	19.4	121	8.6	226	砂页岩风化物	E 125°38′35.5″ N 42°42′04.7″	99
						A₂	16~50	浅黄棕色	壤质黏土	梭块状	6.0	5.1	0.90	0.51	17.4	129	5.4	83			
						B	50~84	浅黄色	砂质壤土		6.0	2.6	0.60	0.13	16.4	144	7.1	56			
						C	84~120	浅棕黄色	粉砂质黏壤土	块状	6.0	2.6	0.19	0.41	16.0	131	5.2	58			
剖35	水成土	沼泽土	腐泥沼泽土	腐泥沼泽土	腐泥沼泽土	A₁₁	0~20	暗灰色	少砾质黏壤土	块状	6.5	17.0	1.61	0.57	18.6	82	8.3	74			
						A₁₂	20~28	暗灰色	砾质黏壤土	粒状	6.5		1.85	0.82	17.6		12.8	90			
						Bg	28~63	灰白色	壤土	无明显结构	6.5		0.52	0.32	19.0		22.3	86			
						G₁	63~87	浅红棕色	多砾质黏壤土	无明显结构	6.0		0.61	0.33	18.9		26.1	86			
						G₂	87~120	棕棕色	黏壤土	团结构	6.0		0.53	0.44	18.8	79	21.4	88			
剖36	淋溶土	暗棕壤	暗棕壤	酸性岩暗棕壤	砂砾质中层酸性岩暗棕壤	Ao	0~2	浅灰色	砂质黏壤土	粒状	6.5								酸性岩风化物	E 125°32′24.0″ N 42°41′51.7″	92
						A₁	2~22	棕灰色	砂质黏土	粒状	5.2										
						A₂B	22~35	浅红棕色	砂质黏土	无结构	6.0										
						BC	35~76	暗棕褐色	多砾砂壤土												
						C	76~120														
剖37	半水成土	草甸土	草甸土	岗川草甸土	覆泥薄层岗川草甸土	Aa	0~19	棕灰色	壤质黏壤土	粒状	6.0									E 125°30′51.1″ N 42°41′22.9″	95
						Ase	19~40	浅灰灰色	黏质黏土	粒状	6.5										
						A₁	40~60	棕灰色	砂质壤土	块状	6.5										
						Ba	60~120	浅灰色	砂质黏土	块状	6.0										
剖38	人为土	水稻土	白浆土型水稻土	平地白浆型水稻土	中层青平地白浆型水稻土	Aa	0~25	灰黄色	粉砂质黏壤土	块状	5.6									E 125°47′20.0″ N 42°46′04.8″	95
						A₂	25~50	黄棕色	黏质黏土	梭块状	5.2										
						B	50~80	黄棕色	粉砂质黏土	梭块状	5.2										
						BC	80~120	深灰色	壤质黏壤土	粒状	6.0	43.3	1.53	0.57	19.2	198	25.5	129			
剖39	半水成土	草甸土	草甸土	岗川草甸土	厚层岗川草甸土	Aa	0~25	深灰色	黏质黏土	粒状	6.5		1.16	0.51	19.1	134	6.4	146		E 125°13′53.8″ N 42°37′18.5″	97
						A₁	25~50	棕色	黏质黏土	小核块状	6.5		0.66	0.42	20.5	140	7.2	143			
						Ag	50~80	深灰色	黏质黏土	梭块状	6.4		0.64	0.42	21.0	116	8.1	217			
						ABg	80~102	棕灰色	黏质黏土	粒状	6.8		1.40	0.41	24.8	124	10.2	169			
						Bg	102~120	浅灰黄色	黏质黏土	粒状	6.5										
剖40	半水成土	草甸土	草甸土	岗川草甸土	覆泥中层岗川草甸土	Aa	0~25	黑灰色	黏质黏土	粒状	6.6									E 125°10′38.6″ N 42°35′34.1″	95
						A₂	25~70	黄灰色	壤质黏土	梭块状	6.2										
						Bg	70~100	黄棕色	黏质黏土	无结构	6.8										
						Cg	100~120	浅灰黄色	黏质黏土	粒状	5.5										
剖41	水成土	泥炭土	埋藏泥炭土	深位埋藏泥炭土	深位厚层埋藏泥炭土	Aa	0~15	浅棕黄色	壤质黏土	片状	4.5									E 125°08′03.5″ N 42°35′06.4″	97
						Ase	15~89														
						P	89~120	浅棕黄色	多砾黏壤土		4.0										

续表 Continued

剖面号 Soil profile	土纲 Soil order	土类 Soil great group	亚类 Soil subgroup	土属 Soil genus	土种 Soil species	土层码 Layer code	土层厚度 Depth/cm	颜色 Soil color	质地 Soil texture	土壤结构 Soil structure	pH	有机质 OM/(g/kg)	全氮 TN/(g/kg)	全磷 TP/(g/kg)	全钾 TK/(g/kg)	碱解氮 AN/(mg/kg)	有效磷 AP/(mg/kg)	速效钾 AK/(mg/kg)	土壤母质 Parent material	剖面点坐标 Profile coordinate	匹配指数 Matching index/%
剖42	半水成土	草甸土	草甸土	山川草甸土	覆泥薄层山川草甸土	Aa	0—18	棕灰色	黏壤土	粒状	6.8	33.4	1.33	0.46	19.5	183	7.0	166		E 125°22′19.9″ N 42°39′42.1″	95
						A_1	18—47	深灰色	黏壤土	粒状	6.8		2.04	0.46	18.6	202	7.8	299			
						AB	47—67	深灰色	黏壤土	小棱块状	6.8		0.84	0.24	19.6	144	4.2	119			
						Bg	67—92	棕黄色	黏壤土	小棱块状	6.0		0.34	0.41	18.2	104	7.4	98			
						C	92—120	棕褐色	黏壤土	无结构	6.0		0.26	0.56	14.9	117	6.2	95			
剖43	初积土	新积土	冲积土	冲积土	草甸底壤质冲积土	Aa	0—20	浅棕灰色	砂质黏壤土	粒状	6.8								冲积物	E 125°17′59.6″ N 42°37′38.6″	92
						C_1	20—40	暗棕灰色	黏壤土	粒状	6.0										
						C_2	40—80	暗棕灰色	壤质砂土	粒状	5.2										
						A_1	80—120	暗灰色	多砾砂质黏壤土	团块状	4.8										
剖44	初积土	新积土	冲积土	冲积土	砂砾底壤质冲积土	Aa	0—15	棕灰色	砂质黏壤土	团块状	5.2								冲积物	E 125°26′07.8″ N 42°36′22.3″	92
						C_1	15—56	浅灰色	粉砂质黏壤土	无结构	6.0										
						C_2	56—89	暗灰色	壤质黏壤土	无结构	6.0										
						C_3	89—120	暗灰相间	黏壤土	粒状	6.0										
剖45	半水成土	草甸土	草甸土	岗川草甸土	薄层岗川草甸土	Aa	0—9	暗棕棕色	砂质砂土	粒状	6.5	21.8	1.55	0.42	18.2	156	3.1	129		E 125°29′42.0″ N 42°33′29.2″	97
						A_2	9—23	暗灰棕色	壤质砂土	粒状	6.4		1.48	0.41	18.0	91	1.9	106			
						Bg	23—46	浅灰棕色	粉砂质黏壤土	块状	6.5		0.18	0.13	19.2	145	6.4	126			
						BCg	46—74	棕灰棕色	壤质黏壤土	粒状	6.5		0.86	0.32	18.5	146	3.8	118			
						Cg	74—120	棕灰相间	黏壤土	无结构	6.5		0.29	0.37	18.3	128	9.8	126			
剖46	水成土	泥炭土	埋藏泥炭土	深位埋藏泥炭土	深位厚层埋藏泥炭土	1	0—20				4.7	32.9	2.02	0.23	18.1	127	2.9	73		E 125°28′02.6″ N 42°31′50.5″	97
						2	20—49				4.9	49.9	2.26	0.31	18.7	122	3.5	113			
						3	49—80				4.0	295.7	2.32	0.72	19.9	156	21.0	118			
						4	80—120					397.8		0.65	17.0		5.0	299			
剖47	淋溶土	白浆土	台地白浆土	黄土质台地白浆土	厚台地白浆土	Aa	0—18	浅棕灰色	黏壤土	粒状	5.5	39.9	1.17	0.31	19.4	165	1.4	94	黄土母质	E 125°31′01.6″ N 42°37′45.5″	98
						A_1	18—32	浅灰棕色	黏壤土	粒状	5.5										
						A_2	32—60	黄白相间	黏壤土	无结构	5.0	33.0	0.97	0.21	18.6	212	0.6	93			
						B	60—110	黄白棕色	黏壤土	棱块状	5.0	12.8	0.48	0.19	19.8	213	0.7	90			
						C	110—120	棕灰棕色	黏壤土	棱块状	5.0	9.7	0.53	0.17	19.5	210	4.1	127			
剖48	人为土	水稻土	白浆土型水稻土	平地白浆型水稻土	薄层潜育平地白浆型水稻土	Aa	0—13	暗棕灰	黏壤土	粒状	6.5									E 125°39′27.4″ N 42°36′47.5″	95
						A_2	13—31	浅棕灰	壤质黏土	粒状	6.5										
						B_1	31—60	黄色	壤质黏土	团块状	4.0										
						B_2	60—120	棕色	壤质黏土	棱块状	5.2										
剖49	人为土	水稻土	白浆土型水稻土	潜育白浆型水稻土	中层潜育白浆型水稻土	Aa	0—10	灰棕色	壤质黏土	粒状	6.7	36.6	1.77	0.46	17.1	141	22.5			E 125°39′06.1″ N 42°35′48.8″	95
						A_2	10—23	棕灰色	少砾黏壤土	块状	5.8		2.08	0.68	18.0	145	15.8	90			
						B	23—82	黄白棕色	粉砂质黏土	棱块状	5.6		1.68	1.07	17.1	141	22.8	83			
						C	82—120	棕黄色	粉砂质黏土	棱块状	5.8		0.78	0.47	18.5	138	27.2	133			
剖50	半水成土	草甸土	草甸土	山川草甸土	厚层山川草甸土	Aa	0—18	浅棕灰色	砾质黏土	粒状	6.5							156		E 125°35′26.2″ N 42°32′12.8″	97
						A_2	18—51	棕灰色	砂质黏土	块状	6.5										
						Bg	51—90	灰白色	壤质黏土	块状	6.0										
						Cg	90—120	浅灰棕色	黏壤土	粒状	6.0										
剖51	初积土	新积土	冲积土	冲积土	砂壤质冲积土	Aa	0—17	浅棕灰色	砾质黏土	粒状	6.4								冲积物	E 125°10′01.6″ N 42°29′16.1″	93
						C_1	17—29	浅灰棕色	黏壤土	粒状	6.0										
						C_2	29—68	黄棕色	壤质黏土	无结构	5.6										
						C_3	68—85		壤质黏土	无结构	5.6										
						C_4	85—120	暗灰色	黏壤土	片状	5.2										

续表 Continued

剖面号 Soil profile	土纲 Soil order	土类 Soil great group	亚类 Soil subgroup	土属 Soil genus	土种 Soil species	土层码 Layer code	土层厚度 Depth/cm	颜色 Soil color	质地 Soil texture	土壤结构 Soil structure	pH	有机质 OM/(g/kg)	全氮 TN/(g/kg)	全磷 TP/(g/kg)	全钾 TK/(g/kg)	碱解氮 AN/(mg/kg)	有效磷 AP/(mg/kg)	速效钾 AK/(mg/kg)	土壤母质 Parent material	剖面点坐标 Profile coordinate	匹配指数 Matching index/%
剖52	水成土	泥炭土	埋藏泥炭土	浅位埋藏泥炭土	浅位埋藏泥炭土	1	0—15		多砾砂壤土		4.6	36.2	2.34	0.41	19.0	114	3.2	139		E 125°14′19.8″ N 42°21′01.4″	97
						2	15—25		壤质黏土		4.6	226.2	1.37	0.32	17.3	115	3.4	90			
						3	25—45		砾质黏土		4.0	201.1	1.15	0.24	17.6	125	2.9	100			
						4	45—120		多砾黏壤土		4.6	76.4	0.66	0.27	19.1	154	3.8	292			
剖53	淋溶土	暗棕壤	暗棕壤	基性岩暗棕壤	砂砾质薄层基性岩暗棕壤	Aa	0—14	浅棕灰色	多砾砂壤土	粒状	5.5								基性岩风化物		92
						A₂B	14—38	浅棕色	多砾黏壤土	粒状	5.5										
						BC	38—67	暗棕色	多砾黏壤土	团块状	5.8										
						C	67—100	暗棕色	砂壤土	粒状	5.5										
剖54	人为土	水稻土	白浆土型水稻土	平地白浆型水稻土	薄层潜育平地白浆型水稻土	1	0—18				5.0	32.1	1.30	0.51	18.5	82	24.2	156		E 125°24′33.1″ N 42°27′06.8″	95
						2	18—54				5.0		0.70	0.36	21.3	140	15.0	153			
						3	54—96				4.8		0.47	0.34	20.5	138	9.3	266			
						4	96—120				4.3		0.46	0.26	19.7	113	9.2	207			
剖55	人为土	水稻土	白浆土型水稻土	平地白浆型水稻土	厚层潜育平地白浆型水稻土	Aa	0—20	棕灰色	壤质黏土	块状	5.6									E 125°16′29.3″ N 42°24′45.0″	95
						A₁	20—37	浅棕灰色	黏质黏土	块状	5.2										
						AB	37—73	浅黄棕色	黏质壤土	棱块状	5.2										
						BC	73—120	暗黄棕色	壤土	小棱块状	4.0										
剖56	人为土	水稻土	冷浆型水稻土	腐泥冷浆型水稻土	潜育腐泥冷浆型水稻土	Aa	0—14	棕灰色	黏壤土	粒状	6.0	34.1	1.35	0.80	18.0	118	28.6	96		E 125°22′08.1″ N 42°24′38.3″	95
						G₁	14—52	浅棕灰色	壤质黏土	无结构	5.8		1.28	0.95	18.7		41.0	95			
						G₂	52—95	棕色	黏质壤土	无结构	5.8		0.29	0.21	17.7		1.3	76			
						G₃	95—120	灰棕色	砂质黏土		5.8										
剖57	人为土	水稻土	冷浆型水稻土	冷浆冷浆型水稻土	潜育冷浸草甸型水稻土	Aa	0—10	浅棕灰色	壤质黏土	粒状	6.6	51.1	0.97	0.23	17.8	68	5.0	116		E 125°16′25.4″ N 42°20′27.4″	75
						AB	10—40	深灰色	壤质黏土	粒状	5.6		0.77	0.25	18.7		12.0	110			
						Bg₁	40—90	灰蓝色	多砾砂壤土	粒状	4.8		1.56	0.61	17.8	88	32.6	121			
						Bg₂	90—120		砾质砂壤土	粒状	4.0		0.56	0.34	19.0		23.9	111			
剖58	淋溶土	暗棕壤	暗棕壤性土	酸性岩暗棕壤性土	砂砾质薄层酸性岩暗棕壤性土	A₁	0—10	暗黄色	砂质黏壤土	块状、粒状	5.5	19.6	3.89	0.58	17.4	169	5.9	303	酸性岩风化物	E 125°30′53.3″ N 42°28′15.1″	92
						A₂	10—27	灰棕色	砂质黏壤土	粒状	5.0	8.0	2.18	0.38	16.3	148	1.2	148			
						BD	27—63	灰黄色	壤质砂土		5.0	8.8	0.86	0.18	15.8	149	0.3	86			
						D	63—120	灰黄色		小团块状	5.2	5.5	0.41	0.12	16.4	129	0.9	83			

通 化 市

辉 南 县

主要土类说明

暗棕壤是辉南县主要土壤类型，占本县地域面积的48%。暗棕壤具有湿润的土壤水分状况和冷凉的土壤温度状况，腐殖质层厚20cm左右，无或仅有不明显的浅色亚表层。淀积层多呈黄棕色，有机铁铝络合物淀积特征小于规定指标。母质多为残积物和坡积物。

白浆土是辉南县第二大土壤类型，占本县地域面积的29%，广泛分布在山地缓坡、山麓台地和河谷台地。土体除林下有Aoo层和Ao层外，地表为厚10—20cm的灰色A_1层，其下为灰黄色至灰白色白浆层，再下为暗棕色淀积层，具有垂直节理的棱块状或棱柱状结构，结构体表面具有光泽的胶膜，向下过渡到BC层或C层。本县白浆土分为山地白浆土、台地白浆土、潜育白浆土等亚类。

水稻土是辉南县第三大土壤类型，占本县地域面积的10%。水稻土是在种稻周期性淹水条件下，经水耕熟化和氧化还原交替过程形成的非地带性土壤。本县水稻土按母土类型分为白浆土型、冲积土型、草甸土型、冷浆型四个亚类。

草甸土占本县地域面积的8%。草甸土是由沉积作用并伴随着腐殖质积累过程形成的富含腐殖质的土壤，分布在山间川地、岗间川地和平川洼地。其主要特征是黑土层均为颗粒大小相近的粒状结构。

石质土占本县地域面积的4%，仅分布在金川、庆阳、石道河等地。石质土土壤表层岩石裸露，风化层浅薄，厚度一般小于10cm，风化度低，富含砾石，多碎屑岩粒；风化层下为坚硬岩石层。

小于本县地域面积3%的土壤类型有泥炭土等。

本区域中心区气候特征

本区域中心区气候特征值
Regional climate characteristics in central area of the region

气候带：中温带亚干旱气候 Climate region: Mid temperate subarid climate	
年平均气温 /℃ Annual average temperature /℃	5.5
年平均最高气温 /℃ Annual average maximum temperature /℃	12.0
年平均最低气温 /℃ Annual average minimum temperature /℃	0.2
年降水量 /mm Annual precipitation /mm	715
≥10℃的积温 /℃ Daily temperature accumulated in a year (≥10℃) /℃	1991
年日照时数 /h Annual sunshine /h	2355
年平均相对湿度 /% Annual average relative humidity /%	68
干燥度 Dryness	0.47

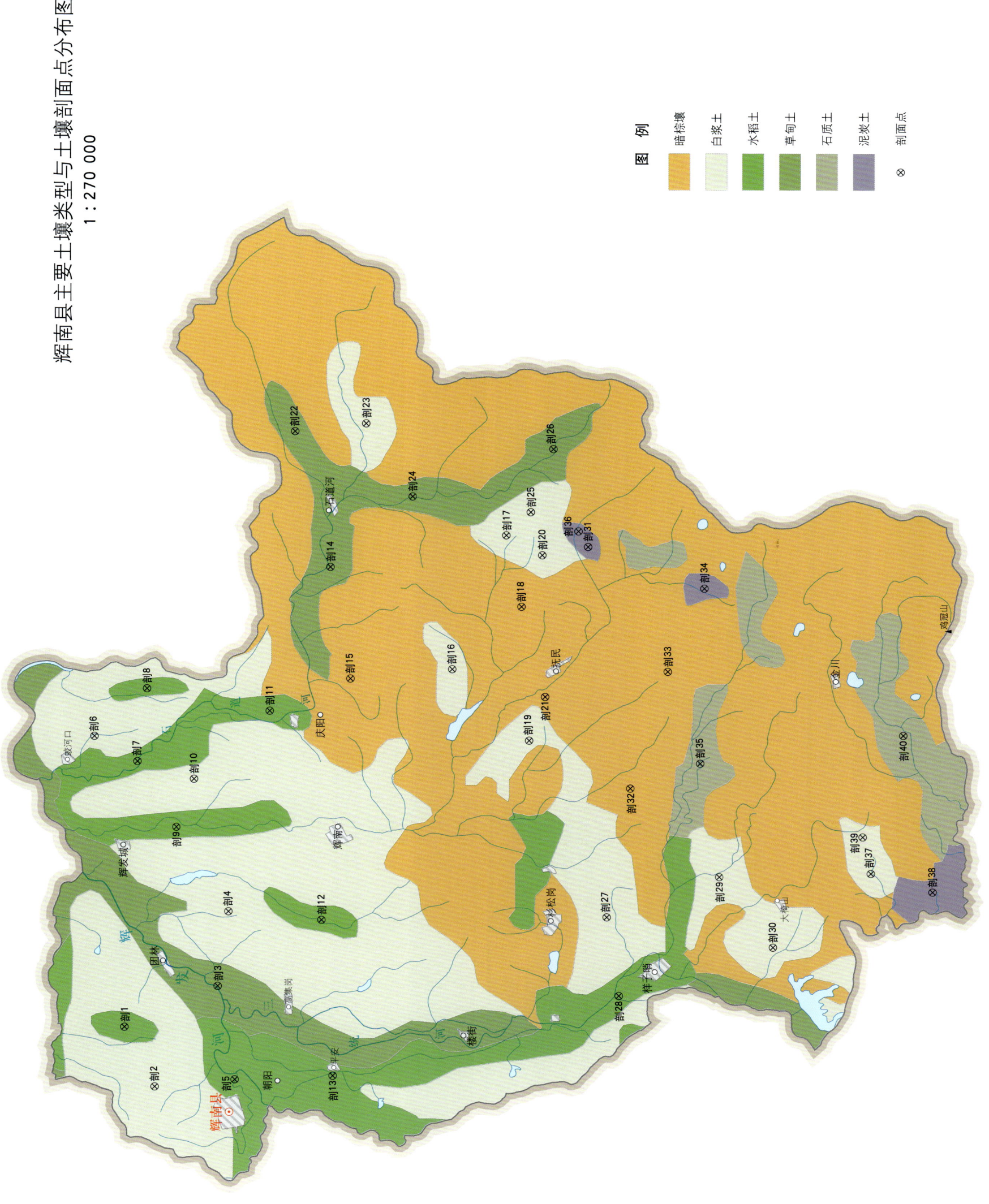

辉南县土壤剖面理化性状表

剖面号 Soil profile	土纲 Soil order	土类 Soil great group	亚类 Soil subgroup	土属 Soil genus	土种 Soil species	土层码 Layer code	土层厚度 Depth/cm	颜色 Soil color	质地 Soil texture	土壤结构 Soil structure	pH	有机质 OM/(g/kg)	全氮 TN/(g/kg)	全磷 TP/(g/kg)	全钾 TK/(g/kg)	碱解氮 AN/(mg/kg)	有效磷 AP/(mg/kg)	速效钾 AK/(mg/kg)	阳离子交换量 CEC/(cmol/kg)	土壤母质 Parent material	剖面点坐标 Profile coordinate	匹配指数 Matching index/%
剖1	人为土	水稻土	白浆土型水稻土	潜育白浆型水稻土	厚层潜育白浆型水稻土	Aa	0—15	灰色	黏壤土	无明显结构	5.6	30.8	2.14	0.69	12.8	236	3.9	135	20.3		E 126°05′53.2″ N 42°44′49.9″	95
						Ag	15—30	灰色	黏壤土	无明显结构	6.7	19.2	2.37	0.89	16.7	222	9.3	66	22.7			
						A₂	30—50	浅黄灰色	壤质黏土	粒状	5.8	30.2	4.51	0.70	18.5	155	3.8	82	20.9			
						A₂B	50—80	浅黄棕色	黏壤土	棱块状	5.8	1.8	0.48	0.40	17.6	58	15.1	88	18.0			
						Bg	80—	灰棕色	黏壤土	棱块状	5.5								19.2			
剖2	淋溶土	白浆土	山地白浆土	山地白浆土	露黄山白浆土	Aa	0—15	浅黄灰色	黏壤土	粒状	5.1	15.8	1.40	0.56		200	4.5	152	16.4	花岗岩风化物	E 126°03′05.4″ N 42°43′44.4″	95
						A₂B	15—60	黄棕色	多砾黏壤土	小棱块状	4.7	3.5	0.33	0.23		74	1.2	91	16.3			
						B	60—95	黄棕色	砂砾黏土	棱块状	4.9	3.7	0.24	0.40		91	2.9	134	18.2			
						BC	95—150	棕色	多砾砂壤土	粒状	5.1	5.4	0.26	0.54		85	29.0	117	17.9			
剖3	半水成土	草甸土	草甸土	岗川草甸土	厚层岗川草甸土	Aa	0—20	浅黄棕色	黏壤土	粒状	8.0	17.4	1.70	0.15		178	6.5	116			E 126°07′57.4″ N 42°41′42.0″	95
						A₁	20—51	暗灰色	黏壤土	粒状	5.8	45.9	2.62	0.63		281	2.9	137				
						A₂B	51—68	暗棕棕色	黏土	粒状	5.6	40.3	2.06	0.81		225	8.0	155				
						Bg	68—90	灰灰色	黏壤土	棱块状	5.7	9.9	0.53	0.18		85	9.7	126				
						Cg	90—	棕灰色	黏壤土													
剖4	淋溶土	白浆土	台地白浆土	台地白浆土	中层砾石底台地白浆土	Aa	0—15	浅棕色	黏壤土	粒状	5.6	31.9	2.02	0.47		219	8.1	119		砂岩风化物	E 126°11′31.2″ N 42°41′24.4″	95
						A₁	15—25	浅灰色	黏壤土	粒状	6.1	30.6	2.10	0.52		222	6.0	112				
						A₂	25—35	浅灰色	黏壤土	片状	5.5	7.2	0.47	2.22		66	7.3	85				
						B	35—47	浅棕色	黏壤土	棱块状	5.0	4.0	0.57	0.25		57	2.3	69				
						5	47—92	黄白间	砂黏壤土	棱块状	4.7	2.0	0.30	0.32		49	2.0	84				
						C	92—145	棕黄色	黏壤土	棱块状	5.5	6.2	0.42	0.53		47	3.7	90				
剖5	人为土	水稻土	白浆土型水稻土	白浆土型淹育水稻土	中层白浆型台地白浆土	Aa	0—25	暗棕色	黏质黏土	无明显结构	6.7	26.1	2.12	0.89	17.9	202	9.2	59			E 126°03′32.8″ N 42°41′01.3″	95
						A₁,A₂	25—38	浅淡棕色	黏质黏土	无明显结构	5.3	12.7	1.81	0.87	18.0	182	0.5	65				
						BC	38—85	棕色	黏壤土	片状	5.1	4.2	0.78	0.63	18.4	93	0.5	78				
						C	85—145	棕黄色	黏壤土	棱块状	5.3	20.1	0.73	0.68	18.4	80	1.2	71				
							145—	黄白色	粉砂质黏壤土	棱块状	6.7	1.5	0.52	0.50	20.0	59	3.2	58				
剖6	淋溶土	白浆土	台地白浆土	台地白浆土	露黄台地白浆土	Aa	0—15	浅黄棕色	壤质黏土	无明显结构	5.0	13.2	0.58	0.25		80	18.0	71			E 126°19′45.8″ N 42°46′09.5″	95
						B	15—75	黄棕色	黏质黏土	小棱块状	5.2	10.6	0.31	0.55		33	30.1	52				
						BC	75—120	黄棕色	黏质黏土	棱块状	6.3	7.9	0.24	0.58		31	34.1	56				
						C	120—150	棕棕色	黏壤土	棱块状	6.7	8.5	0.37	0.45		26	37.5	48				
剖7	人为土	水稻土	冷浆型水稻土	泥炭沼泽潜育水稻土	草筏泡子田	Aa	0—25	灰色	黏壤土	无明显结构	5.7	206.0	7.59	0.93	14.2	540	1.0	165		冲积物	E 126°18′36.7″ N 42°44′39.5″	96
						He	25—55	棕褐色		块状	4.8	124.1	3.49	0.40	20.4	278	1.0	87				
						Ha	55—87	棕色	黏壤土	无明显结构	5.1	124.9	4.91	0.77			7.0	145				
						G	87—125	灰色	黏壤土	无明显结构	4.8	5.2	0.76	0.57	20.9	130	1.0	178				
剖8	人为土	水稻土	冷浆型水稻土	沼泽冷浆型水稻土	腐泥沼泽冷浆型水稻土	Aa	0—26	棕灰色	黏壤土	无明显结构	7.0	37.7	2.19	0.99		218	8.0	101			E 126°22′06.6″ N 42°44′24.4″	75
						Ag	26—49	浅灰黄色	黏壤土	无明显结构	7.0	14.4	0.78	0.81		98	11.4	70				
						G₁	49—89	浅灰色	粉砂质黏壤土	无明显结构	5.6	8.7	0.54	0.62		71	1.8	64				
						G₂	89—101	黄灰色	粉砂质黏壤土	无明显结构	5.4	8.9	0.55	0.93		56	7.6	72				
						G₃	101—109	棕灰色	粉砂质黏壤土	棱块状	5.8	6.2	0.46	0.75		39	5.3	88				
剖9	人为土	水稻土	白浆土型水稻土	白浆土型淹育水稻土	薄层白浆型水稻土	Aa	0—16	灰色	壤质黏土	无明显结构											E 126°15′30.3″ N 42°43′15.9″	75
						A₂	16—32	浅灰黄色	粉砂质黏土	无明显结构												
						B	32—51	棕色	粉砂质黏壤土	棱块状												
						C	51—105	黄色	粉砂质黏壤土	无明显结构												
							105—155															

续表 Continued

剖面号 Soil profile	土纲 Soil order	土类 Soil great group	亚类 Soil subgroup	土属 Soil genus	土种 Soil species	土层码 Layer code	土层厚度 Depth/cm	颜色 Soil color	质地 Soil texture	土壤结构 Soil structure	pH	有机质 OM/(g/kg)	全氮 TN/(g/kg)	全磷 TP/(g/kg)	全钾 TK/(g/kg)	碱解氮 AN/(mg/kg)	有效磷 AP/(mg/kg)	速效钾 AK/(mg/kg)	阳离子交换量 CEC/(cmol/kg)	土壤母质 Parent material	剖面点坐标 Profile coordinate	匹配指数 Matching index/%
剖10	淋溶土	白浆土	台地白浆土	台地白浆土	薄层砾石底台地白浆土	Aa	0—19	浅黄灰色	壤质黏土	粒状	5.8	65.2	2.57	0.87	14.6	235	0.7	34	19.6		E 126°17′51.0″ N 42°42′42.5″	95
						A₂	19—35	黄白相间	黏质黏土	片状	5.7	9.5	0.94	0.38	9.4	64	1.4	36	10.3			
						A₂B	35—50	浅棕色	壤质黏土	小棱块状	5.1	6.3	0.73	0.46	17.1	49	0.6	61	12.3			
						B	50—82	棕色	黏质黏土	棱块状	5.1	5.8	0.60	0.43	20.5	46	0.7	54	16.2			
						BC	82—110	棕色	黏质壤土	无明显结构												
剖11	人为土	水稻土	草甸土型水稻土	草甸型水稻土	山川草甸型水稻土	Aa	0—19	棕灰色	黏质壤土	团块结构	7.1	39.8	2.98	0.59		311	2.9	33			E 126°21′12.5″ N 42°40′11.7″	75
						A	19—40	黄灰棕色	黏质壤土	粒状	7.1	35.9	2.87	0.68		301	5.6	32				
						G₁	40—66	灰黄棕色	黏质壤土	无明显结构	7.7	3.4	0.66	0.42		88	5.9	32				
						G₂	66—	棕色	壤土	无明显结构	7.7	9.6	0.59	0.43		115	4.8	40				
剖12	人为土	水稻土	白浆土型水稻土	潜育白浆型水稻土	薄层潜育白浆型水稻土	Aa	0—14	黄白相间	黏质黏土	无明显结构	5.6	22.5	1.33	0.44		166	1.0	23			E 126°11′14.2″ N 42°38′13.5″	75
						A₂B	14—40	黏质壤土	黏质黏土	棱块状	6.2	11.4	0.59	0.26		189	5.9	26	12.6			
						B	40—50	黏黄棕色	黏质黏土	棱块状	5.9	1.8	0.53	0.30		76	1.0	41	11.3			
						BC	50—95	棕黄色	黏质黏土	棱块状	5.7	8.1	0.48	0.39		71	3.8	52	19.7			
						C	95—125	灰棕色	黏质壤土	无明显结构	5.8	11.5	0.31	0.48		46	20.2	50	19.6			
							125—	浅棕黄色	黏质壤土	无明显结构	5.7	11.6	0.30	0.44		39	17.5	60				
剖13	人为土	水稻土	白浆土型水稻土	潜育白浆型水稻土	中层潜育白浆型水稻土	Aa	0—12	暗棕色	黏质壤土	团块状	5.5	13.6	1.28	0.35		136	0.8	142			E 126°03′51.3″ N 42°37′40.4″	75
						A₁	12—25	灰棕色	壤质黏土	团块状	6.7	2.7	0.64	0.27		55	0.8	58	11.3			
						A₂	25—40	棕色	黏质壤土	片状	5.5	2.1	0.47	0.45		43	0.8	37	19.7			
						Bg	40—100	棕色	黏质壤土	棱块状	5.4	6.6	0.44	0.35		41	4.0	32	19.6			
						Cg	100—	浅白黄色	黏质壤土	无明显结构												
剖14	半水成土	草甸土	草甸土	岗川草甸土	中岗川草甸土	Aa	0—16	灰棕色	壤质黏土	粒状	6.4	28.8	1.83	0.67	17.3	163	28.7	94			E 126°28′10.9″ N 42°38′16.4″	75
						A₁	16—40	黑色	壤质黏土	粒状	6.2	56.9	3.23	1.19	19.3	320	24.2	118				
						Bg	40—130	棕灰色	壤土	粒状												
剖15	淋溶土	暗棕壤	暗棕壤	花岗岩暗棕壤	砂砾质厚层花岗岩暗棕壤	A	0—57	棕黑色	粉质黏壤土	粒状	6.6	63.9	4.61	0.90	18.0	341	6.3	62	19.0	花岗岩, 片麻岩及其他酸性岩	E 126°22′51.2″ N 42°37′28.6″	85
						A₂	57—92	黄灰色	砂质黏壤土	棱块状	6.0	11.1	0.79	0.32	18.1	33	8.8	40	10.3			
						BC	92—	浅灰棕色														
剖16	淋溶土	山地白浆土	山地白浆土	山地白浆土	薄层山地白浆土	Aa	0—15	黄白相间	砾质黏壤土	粒状	6.1	28.6	2.29	0.71	17.3	194	7.0	49	19.0	花岗岩碎块	E 126°23′26.5″ N 42°34′00.5″	75
						A₁	15—42	棕灰色	砾质黏壤土	片状	5.8	7.8	0.70	0.29	19.3	69	5.2	63	10.3			
						A₂B	42—62	棕黄色	多砾黏壤土	棱块状	5.7	6.5	0.54	0.34	18.0	54	4.2	84	20.0			
						B	62—111	浅黄黄色	粉砂黏壤土	棱块状	5.5	3.0	0.40	0.43	18.8	41	4.2	76	18.8			
						BC	111—	红棕色	黏质黏土	棱块状	5.3	0.5	0.61	0.59	18.1	54	8.7	115	18.5			
剖17	淋溶土	白浆土	台地白浆土	台地白浆土	厚台地白浆土	Aa	0—15	浅灰灰色	黏质黏土	粒状	5.8	32.2	2.38	0.42		193	5.3	118			E 126°29′55.9″ N 42°32′17.8″	95
						A₁	15—33	浅黄灰色	壤质黏土	团块状	5.7	23.0	1.69	0.35	14.7	154	1.6	98	1.1			
						A₂	33—53	浅灰棕色	黏质黏土	片状	5.6	10.9	0.69	0.24	20.4	80	2.7	113	1.1			
						B	53—130	浅灰色	黏质黏土	棱块状	5.5	5.8	0.58	0.26	18.3	61	4.6	99	21.3			
						BC	130—150	棕色	黏质壤土	棱块状	5.6	10.8	0.52	0.27	17.5	53	10.7	104	15.1			
剖18	淋溶土	暗棕壤	暗棕壤	页岩暗棕壤	石质中层页岩暗棕壤	Aa	0—6	棕灰色	砂质壤土	粒状	6.8	97.7	6.15	0.27	14.7	465	11.0	316	14.9	页岩, 角页岩, 千枚岩	E 126°26′33.0″ N 42°31′42.6″	85
						A₁	6—24	棕灰色	砂质壤土	块状	6.2	63.4	4.65	0.26	20.4	423	10.4	131	11.3			
						A₂B	24—40	浅黄灰色	多砾黏壤土	棱块状	6.7	19.2	1.75	0.81	18.3	200	9.2	114				
						BC	40—65	浅灰色	砾质黏土	棱块状	6.6	13.8	1.16	0.77	17.5	144	17.5	106				
						C	65—88	浅灰色	壤质黏土	棱块状	6.6	13.2	1.53	0.67	21.7	134	23.1	128				
							88—110	灰灰棕色	少砾黏壤土	棱块状	6.0	6.5	0.82	0.41	20.6	95	16.7	183				
剖19	淋溶土	白浆土	台地白浆土	台地白浆土	中层台地白浆土	1	0—20	棕灰色	黏壤土	粒状	6.8	39.8	3.40	0.88	19.2	286	2.1	67			E 126°20′08.2″ N 42°31′18.8″	95
						2	20—48		黏壤土	块状	5.8	2.2	0.62	0.27	19.5	63	0.5	37				
						3	48—55		黏壤土	棱块状	5.1	2.8	0.67	0.34	19.7	74	0.5	58				
						4	55—140		黏壤土	棱块状	5.5	11.7	0.23	0.74	26.0	38	2.6	67				

续表 Continued

剖面号 Soil profile	土纲 Soil order	土类 Soil great group	亚类 Soil subgroup	土属 Soil genus	土种 Soil species	土层码 Layer code	土层厚度 Depth/cm	颜色 Soil color	质地 Soil texture	土壤结构 Soil structure	pH	有机质 OM/(g/kg)	全氮 TN/(g/kg)	全磷 TP/(g/kg)	全钾 TK/(g/kg)	碱解氮 AN/(mg/kg)	有效磷 AP/(mg/kg)	速效钾 AK/(mg/kg)	阳离子交换量CEC/(cmol/kg)	土壤母质 Parent material	剖面点坐标 Profile coordinate	匹配指数 Matching index/%
剖20	淋溶土	白浆土	白浆土	白馅土	黑石白馅土	A₁₁	0—15	灰棕色	黏壤土	团粒状	5.6	31.9	2.02	1.08		219	9.0	143		黄土状沉积物	E 126°29′01.4″ N 42°31′03.4″	75
						A₁₂	15—25	棕灰色	黏壤土	粒状	6.1	30.6	2.10	1.19		221	7.0	135				
						E	25—35	浅灰色	黏壤土	片状	5.5	7.2	0.47	0.58		66	8.0	102				
						B	35—67	油棕色	黏壤土	棱块状	5.0	4.0	0.57	0.57		56	8.0	82				
						C	67—92	油棕色	重砾质黏壤土		4.7	1.9	0.30	0.73		49	2.0	100				
剖21	淋溶土	暗棕壤	暗棕壤	页岩暗棕壤	石质厚层页岩暗棕壤	Aa	0—20	浅棕灰色	砂壤土	粒状	6.1	42.1	2.95	0.46		236	6.0	164		页岩、角页岩、千枚岩	E 126°22′15.2″ N 42°30′49.0″	95
						A₁	20—42	浅棕灰色	砂壤土	粒状	6.5	6.1	0.74	0.19		83	2.3	55				
						A₂	42—70	浅黄灰色	多砾质壤土	粒状												
						BC	70—	灰棕色	多砾质黏壤土	无明显结构												
剖22	半水成土	草甸土	草甸土	山川草甸土	薄层山川草甸土	Aa	0—11	棕灰色	壤质砂土	粒状	7.0	39.3	2.62	0.69		235	9.9	123			E 126°34′37.8″ N 42°39′36.4″	75
						A₁	11—19	浅棕灰色	壤质砂土	团块状	6.7	25.3	1.85	0.66		185	15.4	75				
						Bg	19—55	浅灰色	砂壤土	团块状	5.7	52.1	3.70	0.93		315	6.1	132				
						Cg	55—82	棕色	砾质壤土	无明显结构	5.7	4.2	0.58	0.30		76	15.1	174				
						G	82—	灰灰蓝色			5.8	8.4	0.48	0.28		41	8.5	82				
剖23	淋溶土	白浆土	山地白浆土	山地白浆土	中层黄土质山地白浆土	Aa	0—23	浅黄灰色	砂壤土	粒状	7.8	47.8	2.65	1.10	17.5	258	37.2	292	19.8		E 126°35′05.5″ N 42°37′11.6″	95
						A₁	23—46	浅黄色	壤土	片状	7.9	4.1	0.51	0.31	17.3	49	3.3	59	7.9			
						A₂B	46—65	黄棕色	壤土	小棱块状	5.7	2.1	4.30	0.42	14.1	51	1.3	39	14.8			
						B	65—102	棕色	砂壤土	棱块状	5.6	2.3	0.35	0.52	19.5	43	2.2	44	18.3			
						BC	102—128	棕色	黏壤土	棱块状	5.8	2.2	0.28	0.32	18.6	44	7.2	73	19.8			
						C	128—148	黄棕色	砂壤土	棱块状	6.0	6.3	0.29	1.08	13.5	23	13.8	91	16.7			
剖24	半水成土	草甸土	草甸土	岗川草甸土	薄层岗川草甸土	Aa	0—17	暗棕灰色	砂壤土	粒状	6.1	28.1	1.70	0.72		191	5.7	75	16.7		E 126°31′39.7″ N 42°35′32.3″	75
						A₁	17—30	暗棕色	壤质黏土	团块状	6.3	30.3	2.37	0.94		243	11.6	93	21.2			
						B	30—50	棕灰色	黏质黏土	棱块状	5.7	46.0	0.60	1.19		296	9.6	106	29.0			
						G	50—75	灰灰色	黏质黏土		6.0	7.6	0.60	0.33		59	3.4	107				
						C	75—150															
剖25	淋溶土	白浆土	山地白浆土	山地白浆土	露黄黄土质山地白浆土	Aa	0—15	浅黄灰色	多砾质黏土	粒状	6.3	32.6	2.20	0.76		206	11.7	98			E 126°31′04.1″ N 42°31′29.3″	75
						A₂	15—42	黄灰相间	多砾质壤土	小团块状	5.4	1.2	0.50	0.18		72	2.6	87				
						A₂B	42—70	浅灰色	粉砂质黏壤土	棱块状	5.7	9.9	0.49	0.32		74	2.3	92				
						B	70—106	浅灰色	粉砂质黏壤土	棱块状	5.8	4.2	0.49	0.34		61	2.9	84				
						BC	105—125	浅灰色	粉砂质黏壤土	棱块状	5.9	4.6	0.39	0.25		69	1.0	80				
剖26	半水成土	草甸土	草甸土	平川草甸土	薄层平川草甸土	Aa	0—18	棕灰色	壤土	粒状	6.6	14.5	1.26	0.48		124	8.8	39			E 126°34′07.3″ N 42°30′46.8″	75
						A₁	18—35	棕灰色	粉砂质黏壤土	粒状	5.5	9.8	0.73	0.25		55	1.1	17				
						Bg	35—55	棕灰色	粉砂质黏壤土	粒状	5.5	1.7	0.67	0.30		53	1.8	24				
						C₁g	55—70	棕色	壤质黏壤土	棱块状	5.4	8.1	0.60	0.37		46	2.5	39				
						C₂g	70—85	棕灰色	砂质黏壤土	无明显结构	5.3	8.0	0.48	0.28		32	11.8	52				
						C₃g	85—	棕灰色	砂质黏壤土		5.4	6.4	0.58	0.57		37	9.5	56				
剖27	淋溶土	白浆土	台地白浆土	台地白浆土	露黄台地白浆土	1	0—10				5.8	19.0	1.04	0.27		102	3.1	114	20.0		E 126°11′46.0″ N 42°28′29.6″	75
						2	10—25				5.2	12.1	0.67	0.18		60	4.2	42	21.0			
						3	25—110				5.1	6.4	0.69	0.24		53		54				
						4	110—				5.4	6.6	0.33	0.66		34		64				
剖28	人为土	水稻土	冲积土型水稻土	冲积土型水稻土	粉砂黏壤质冲积型水稻土	Aa	0—15	浅黄灰色	黏壤土	无明显结构	5.7	34.3	2.44	0.84		225	13.6	124	20.0	页岩、角页岩、千枚岩	E 126°08′02.4″ N 42°28′00.5″	95
						A	15—25	浅黄灰色	黏壤土	无明显结构	6.7	20.8	1.20	1.41		202	9.2	98	21.0			
						C₁	25—45	浅黄棕色	砂壤土	无明显结构	6.3	7.7	2.94	0.90		98	12.9	94	14.1			
						C₂	45—95	浅黄棕色	壤土	无明显结构	6.5	15.9	0.46	0.73		58	12.3	77	10.3			
						C₃	95—100	棕黄色	砂壤土		6.6	6.9	0.79	0.79		97	15.3	103	17.1			
						C₄	100—	黄灰色	砂壤土		5.8	5.7	0.57	0.72		78	6.7	172	21.0			

续表 Continued

剖面号 Soil profile	土纲 Soil order	土类 Soil great group	亚类 Soil subgroup	土属 Soil genus	土种 Soil species	土层码 Layer code	土层厚度 Depth/cm	颜色 Soil color	质地 Soil texture	土壤结构 Soil structure	pH	有机质 OM/(g/kg)	全氮 TN/(g/kg)	全磷 TP/(g/kg)	全钾 TK/(g/kg)	碱解氮 AN/(mg/kg)	有效磷 AP/(mg/kg)	速效钾 AK/(mg/kg)	阳离子交换量 CEC/(cmol/kg)	土壤母质 Parent material	剖面点坐标 Profile coordinate	匹配指数 Matching index/%
剖29	淋溶土	白浆土	白浆土	白浆土	露黄白馅土	Ae	0—15	浅棕灰色	壤质黏土	团块状	5.0	13.2	0.58	0.25		79	9.0	71		黄土状沉积物	E 126°13′51.2″ N 42°24′41.7″	75
						B	15—27	棕色	壤质黏土	棱块状	5.2	10.6	0.31	0.55		32	15.0	52				
						BC	27—72	亮棕色	粉砂质壤土	棱块状	6.3	7.9	0.21	0.58		30	17.0	55				
						C	72—112	橙黄	黏质黏土	棱块状	6.5	8.5	0.37	0.45		26	18.0	25				
剖30	淋溶土	白浆土	白浆土	黄土质白浆土	棕瓣白浆土	E	0—15	浅黄灰色	壤质黏土	棱块状	5.0	13.2	0.58	0.25		80	9.0	71		第四纪河湖黏土沉积物	E 126°10′32.5″ N 42°22′47.6″	95
						Bt	15—75	棕色	壤质黏土	棱块状	5.2	10.6	0.31	0.55		33	15.1	52				
						BC	75—120	亮棕色	粉砂质壤土	棱块状	6.3	7.9	0.24	0.58		31	17.0	56				
						C	120—150	橙色	黏质黏土		6.7	8.5	0.37	0.45		26	18.5	25				
剖31	水成土	泥炭土	泥炭土	泥炭土	厚层泥炭土	Aa	0—14	棕色		无明显结构	6.0	174.4				689	9.4	179			E 126°29′29.4″ N 42°29′29.8″	75
						P₁	14—80	暗褐色			5.9	247.6	13.42			885	6.4	98				
						P₂	80—93	褐色			5.8	763.7		1.27		1745	3.4	87				
						P₃	93—130	暗褐色			5.8	183.9				366	3.4	183				
						P₄	130—142	棕黑色	黏壤土		5.8	286.8	5.90	0.95		730	2.7	250	25.3			
						G	142—	灰色		无明显结构	5.6	74.1	3.19	0.42	17.5	211	6.5	161				
剖32	淋溶土	暗棕壤	暗棕壤	页岩暗棕壤	石质中层页岩岩暗棕壤	Aa	0—14	浅灰色	壤质黏土	粒状	6.6	21.9	1.29	0.42		112	6.2	61		页岩, 角页岩, 千枚岩	E 126°17′59.6″ N 42°27′49.3″	85
						A₂B	14—25	黄灰色	少砾砂质壤土	棱块状	7.0	9.7	0.36	0.24		42	10.1	36				
						BC	25—41	黄白相间	砾砂质壤土	无明显结构	7.0	7.8	0.11	0.24		38	10.3	42				
						C₁	41—53	黄棕色	多砾砂质壤土	无明显结构	6.9	11.9	1.32	0.24		33	7.5	50				
						C₂	53—83	棕色	砂石土		6.9	1.7				24						
						7	99—150	黄棕色														
剖33	淋溶土	暗棕壤	暗棕壤	花岗岩暗棕壤	砂砾质中层花岗岩暗棕壤	Ao	0—2	暗灰色	砂壤土		6.9	35.4	2.12	0.79	20.0	214	0.8	138	19.6	花岗岩, 片麻岩及其他酸性岩	E 126°23′37.7″ N 42°26′39.5″	85
						A	2—28	浅黄灰色	粉砂质壤土	粒状	7.1	14.0	0.72	0.35	25.5	123	8.6	249	16.8			
						A₂	28—58	浅黄灰色	壤土	粒状	6.7	12.7	0.62	0.47	32.5	117	0.6	337	28.7			
						BC	58—87	浅黄灰色	壤土	粒状	6.8	16.6	0.42	0.56	19.2	72	23.8	330	42.9			
						C	87—															
剖34	水成土	泥炭土	埋藏泥炭土	浅位埋藏泥炭土		Aa	0—15	暗棕灰色	黏壤土	粒状	5.1	196.7	8.92	1.23		6	19.7	309			E 126°27′40.0″ N 42°25′29.4″	85
						Ap₁	15—26	暗棕灰色	砂质壤土	粒状	5.1	175.5	8.74	1.38		553	5.3	75				
						P₂	26—47	暗棕黑色	壤质黏土	小团块状	5.3	233.3	8.40	0.88		526	11.4	69				
						P₃	47—80	暗棕褐色	壤质黏土	无明显结构	6.6	16.5	0.99	0.27		66	15.9	57				
						G₁	80—110	灰棕黄色	砂壤土	无明显结构	5.8	12.1	0.47	0.23		61	4.1	67				
						G₂	110—															
剖35	初育土	石质土	石质土	低位玄武岩石质土		Aa	0—75	灰黄棕色	砂质壤土	粒状	6.6	117.8	5.57	1.63	12.8	457	21.3	610	18.0	玄武岩风化物	E 126°19′16.3″ N 42°25′27.8″	75
						C	75—145	灰色	砂壤土	团块状	7.0	92.4	7.62	1.11	10.1	508	6.7	267	16.4			
剖36	水成土	泥炭土	泥炭土	泥炭土		Aa	0—25	灰白色	砂壤土	片状	5.3	654.4	15.08	1.21		1359	5.1	117	12.7		E 126°30′13.3″ N 42°29′50.5″	75
						Ap	25—37	棕色	砂壤土	棱块状	5.7	468.9	9.81	1.47		1265	26.1	88	22.2			
						P₁	37—55	暗棕色		棱块状	5.6	579.8	11.22	1.45		1269	33.2	188	22.5			
						P₂	55—150	暗棕褐色			5.6	690.4	12.37	1.45		1029	20.2	244				
剖37	淋溶土	白浆土	台地白浆土	台地白浆土	中层台地白浆土	Aa	0—15	棕灰色	黏壤土	粒状	5.7	28.9	1.67	0.50		169	1.6	12			E 126°14′13.2″ N 42°19′32.1″	75
						A₁	15—30	灰色	黏壤土	团块状	5.7	17.8	1.10	0.59		123	2.4	10				
						A₂	30—43	灰白色	黏壤土	片状	5.6	5.5	0.58	0.43		56	1.1	12				
						A₂B	43—115	黄棕色	粉砂质黏土	棱块状	5.2	8.8	0.44	0.44		41	2.4	24				
						BC	115—150	棕褐相间	黏壤土	块状	5.2	5.3	0.35	0.65		33	6.8	24				
剖38	水成土	泥炭土	泥炭土	泥炭土	深厚层泥炭土	Aa	0—18	浅灰色	粉砂质壤土	粒状	6.2	723.6	14.51	1.71			7.9	187			E 126°13′24.2″ N 42°17′24.4″	95
						P	18—200	棕色	黏壤土		6.6	119.2	4.49	1.01			14.2	78				
						G	200—															

续表 Continued

剖面号 Soil profile	土纲 Soil order	土类 Soil great group	亚类 Soil subgroup	土属 Soil genus	土种 Soil species	土层码 Layer code	土层厚度 Depth/cm	颜色 Soil color	质地 Soil texture	土壤结构 Soil structure	pH	有机质 OM/(g/kg)	全氮 TN/(g/kg)	全磷 TP/(g/kg)	全钾 TK/(g/kg)	碱解氮 AN/(mg/kg)	有效磷 AP/(mg/kg)	速效钾 AK/(mg/kg)	阳离子交换量 CEC/(cmol/kg)	土壤母质 Parent material	剖面点坐标 Profile coordinate	匹配指数 Matching index/%
剖39	淋溶土	白浆土	山地白浆土	山地白浆土	薄层黄土质山地白浆土	Aa	0—13	浅黄灰色	黏壤土	粒状、片状	5.8	37.7	2.99	0.72	18.5	348	8.3	280	21.0		E 126°15′57.7″ N 42°19′50.6″	81
						A₂	13—20	黄白相间	黏壤土	片状	5.5	10.3	1.15	0.42	18.5	147	1.7	159	13.5			
						B	20—103	黄棕色	黏壤土	棱块状	4.7	0.7	0.50	0.42	17.1	106	1.5	185	21.9			
						BC	103—	黄棕色	壤质黏土	棱块状	4.9	2.3	0.66	0.44	19.3	159	1.8	290	20.9			
剖40	初育土	石质土	石质土	玄武岩石质土		Aa	0—40		砾质壤土	粒状	7.3	76.4	5.15	1.00	14.6	365	5.1	261		玄武岩风化物	E 126°20′53.2″ N 42°18′33.5″	95
						C	40—150		砾石土			24.8	0.50	0.92	11.9	71	5.5	101				

柳 河 县

主要土类说明

暗棕壤是柳河县主要土壤类型，占本县地域面积的60%。暗棕壤是在温带湿润地区针阔叶混交林下发育的地带性土壤，剖面构型为O-A-B-C。土壤呈弱酸性，盐基饱和度为70%—80%，地表以下50cm深度内无基岩层，有机铁铝络合物淀积特征小于规定指标。由于降水和融冻水的影响，有机残体分解缓慢，在土壤表层积累了大量腐殖质，有助于土壤结构和物理性质的改善。

草甸土是柳河县第二大土壤类型，占本县地域面积的13%。草甸土是由沉积作用并伴随腐殖质积累过程形成的富含腐殖质的土壤，多分布在远河低平处或台地间洼地。其主要特征是黑土层均为颗粒大小相近的粒状结构，水稳性很强，呈微酸性或中性。同时，由于地势低平，剖面下部均见潜育化现象。

白浆土是柳河县第三大土壤类型，占本县地域面积的11%，是本省东部和东南部山区、半山区山麓以及河谷台地的主要耕地土壤之一。位于山地、台地的白浆土，多为黏壤质且夹有碎石，母质为坡积物和残积物；位于台地的白浆土，有的底部为砾石层，母质为黄土状沉积物。土体除林下有Aoo层和Ao层外，地表为厚10—20cm的灰色A_1层，其下为灰黄色至灰白色白浆层，再下为暗棕色淀积层，具有垂直节理的棱块状或棱柱状结构，结构体表面具有光泽的胶膜，向下过渡到BC层或C层。

水稻土占本县地域面积的10%。本县地处温带大陆性季风气候区，气候、地形、母土、水源等自然条件符合一年一季水稻生长发育的要求。水稻土是在长期季节性淹灌、水下翻耕、季节性脱水、氧化还原交替影响下，原来成土母质或母土的特性发生重大改变，形成的新的土壤类型。由于干湿交替，水稻土形成糊状淹育层、较坚实板结的犁底层、渗育层、潴育层与潜育层等多种发生层。这些不同发生层是在人为耕作、水浆管理下形成的。

小于本县地域面积3%的土壤类型有棕壤、泥炭土、沼泽土、石质土等。

本区域中心区气候特征

本区域中心区气候特征值
Regional climate characteristics in central area of the region

气候带：中温带亚干旱气候 Climate region: Mid temperate subarid climate	
年平均气温 /℃ Annual average temperature /℃	6.0
年平均最高气温 /℃ Annual average maximum temperature /℃	12.3
年平均最低气温 /℃ Annual average minimum temperature /℃	0.7
年降水量 /mm Annual precipitation /mm	753
≥10℃的积温 /℃ Daily temperature accumulated in a year（≥10℃）/℃	2157
年日照时数 /h Annual sunshine /h	2344
年平均相对湿度 /% Annual average relative humidity /%	67
干燥度 Dryness	0.48

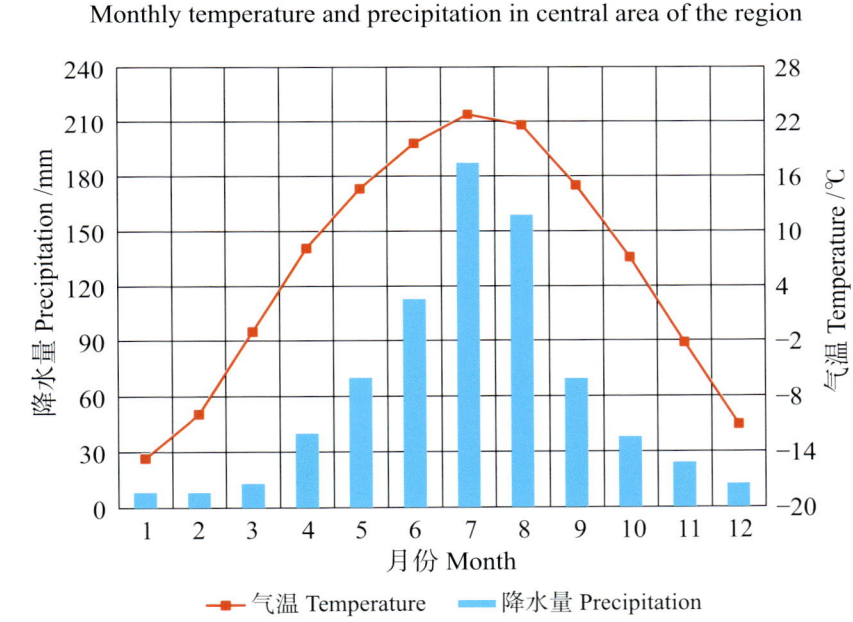

本区域中心区月平均气温与月平均降水量
Monthly temperature and precipitation in central area of the region

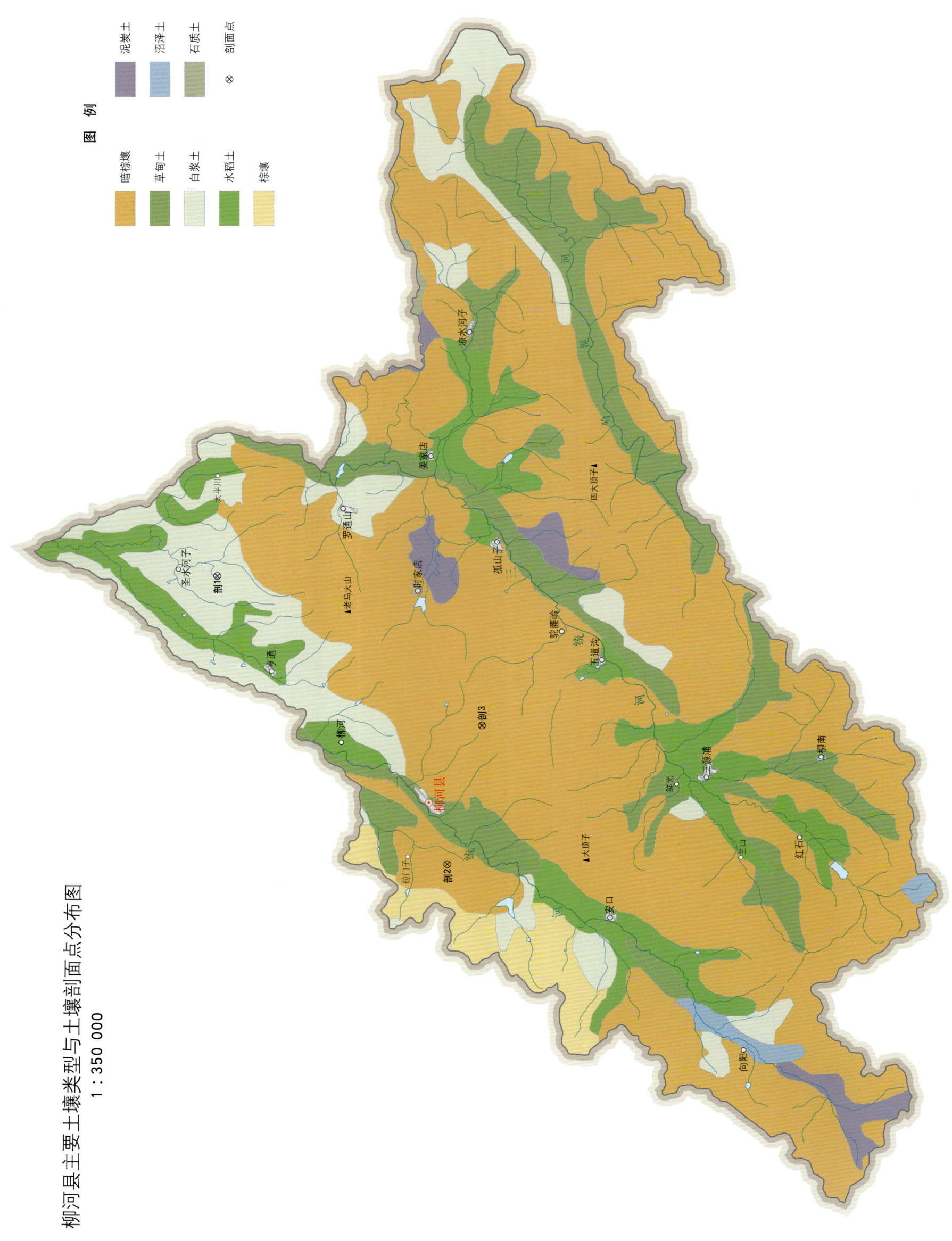

柳河县土壤剖面理化性状表

剖面号 Soil profile	土纲 Soil order	土类 Soil great group	亚类 Soil subgroup	土属 Soil genus	土种 Soil species	土层码 Layer code	土层厚度 Depth/cm	颜色 Soil color	质地 Soil texture	土壤结构 Soil structure	pH	有机质 OM/(g/kg)	全氮 TN/(g/kg)	全磷 TP/(g/kg)	全钾 TK/(g/kg)	碱解氮 AN/(mg/kg)	有效磷 AP/(mg/kg)	速效钾 AK/(mg/kg)	土壤母质 Parent material	剖面点坐标 Profile coordinate	匹配指数 Matching index/%
剖1	淋溶土	白浆土	白浆土	白浆土	片石白馅土	A_{11}	0—18	灰棕色	黏壤土	粒状	5.4	34.5	2.10	0.65	20.7	209	2.0	57	黄土状沉积物	E 125°59′06.1″ N 42°26′16.8″	95
						A_{12}	18—30	灰棕色	壤质黏土	小团块状	5.2	21.1	1.29	0.39	21.8	80	2.0	47			
						E	30—45	浅棕灰色	砂质黏壤土	片状	5.1	4.3	0.46	0.26		43	1.0	53			
						B	45—94	浊棕色	壤质黏土	棱块状	4.8	7.9	0.49	0.39		24	8.0	111			
						C	94—115	浊棕色	砂质黏土	棱块状	4.7	4.7	0.47	0.65		11	9.0	113			
剖2	淋溶土	暗棕壤	白浆化暗棕壤	白浆暗棕山砂土	白馅山泥砂土	A_{11}	0—15	灰棕色	砂质黏壤土	屑粒状	5.6	21.9	1.75	0.42	25.5	228	316.0	76	砂岩风化物	E 125°39′40.7″ N 42°15′54.0″	95
						Ae	15—24	砂质灰色	砂质黏壤土	团块状	5.7	13.1	1.04	0.34	20.7	145	1.9	74			
						B	24—36	浅灰色	砂质黏壤土	片状	5.4	6.5	0.68	0.26	26.5	132	1.8	117			
							36—55	浊橙色	砂质黏壤土	棱块状	5.1	3.5	0.36	0.26	23.4	74	1.8	109			
						C	55—140	橙色	砂质黏壤土	块状	5.0	3.7	0.40	0.26	22.9	77	1.2	118			
剖3	淋溶土	暗棕壤	白浆化暗棕壤	硅质白浆暗棕壤	白馅砂石油红土	A_{11}	0—15	浅灰棕色	黏壤土	粒状	5.6	21.9	1.75	0.42		228	3.6			E 125°48′45.0″ N 42°14′04.2″	81
						A_1	15—24	灰棕色	黏壤土	团块状	5.7	13.1	1.04	0.34		145	1.9	74			
						E	24—36	灰白色	黏壤土	片状	5.4	6.5	0.68	0.26		132	1.8	117			
						Bt	36—55	棕黄色	壤质黏土	棱块状	5.1		0.36	0.26		74	1.8	109			
						BC	55—140	暗棕色	黏壤土	棱块状	5.0		0.40	0.26		77	1.2	118			

白 山 市

市 辖 区

主要土类说明

暗棕壤是白山市主要土壤类型，占本市地域面积的84%。暗棕壤是在温带湿润地区针阔叶混交林下发育的地带性土壤，剖面构型为O-A-B-C。土体呈棕色，有较明显的黏化现象及不清晰的B层发育。本市冬季长而寒冷，土壤冻结期长。由于降水和融冻水的影响，有机残体分解缓慢，在土壤表层积累了大量腐殖质，有助于土壤结构和物理性质的改善。

草甸土是白山市第二大土壤类型，占本市地域面积的12%。草甸土是由沉积作用并伴随腐殖质积累过程形成的富含腐殖质的土壤，多分布在远河低平处或台地间洼地，具A-Cu或A-C-Cu剖面构型。其主要特征是黑土层均为颗粒大小相近的粒状结构，水稳性很强，呈微酸性或中性。同时，由于地势低平，剖面下部均见潜育化现象。

小于本市地域面积3%的土壤类型有水稻土、白浆土等。

本区域中心区气候特征

本区域中心区气候特征值
Regional climate characteristics in central area of the region

气候带：中温带亚干旱气候 Climate region: Mid temperate subarid climate	
年平均气温 /℃ Annual average temperature /℃	5.8
年平均最高气温 /℃ Annual average maximum temperature /℃	12.4
年平均最低气温 /℃ Annual average minimum temperature /℃	0.6
年降水量 /mm Annual precipitation /mm	799
≥10℃的积温 /℃ Daily temperature accumulated in a year（≥10℃）/℃	2155
年日照时数 /h Annual sunshine /h	2267
年平均相对湿度 /% Annual average relative humidity /%	68
干燥度 Dryness	0.44

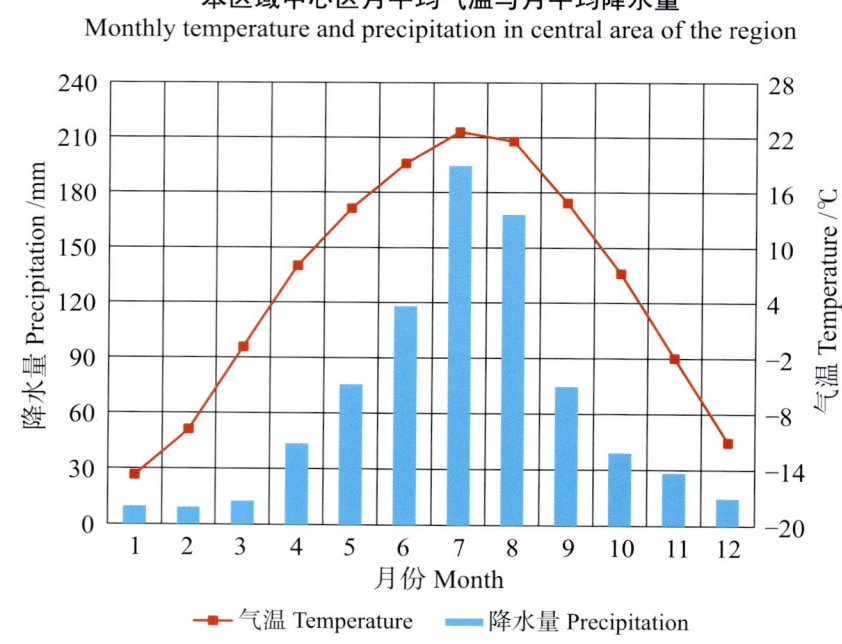

本区域中心区月平均气温与月平均降水量
Monthly temperature and precipitation in central area of the region

白山市市辖区（部分）主要土壤类型与土壤剖面点分布图
1∶210 000

图　例

- 暗棕壤
- 草甸土
- 水稻土
- 白浆土
- ⊗ 剖面点

白山市土壤剖面理化性状表

剖面号 Soil profile	土纲 Soil order	土类 Soil great group	亚类 Soil subgroup	土属 Soil genus	土种 Soil species	土层码 Layer code	土层厚度 Depth/cm	颜色 Soil color	质地 Soil texture	土壤结构 Soil structure	pH	有机质 OM/(g/kg)	全氮 TN/(g/kg)	全磷 TP/(g/kg)	全钾 TK/(g/kg)	碱解氮 AN/(mg/kg)	有效磷 AP/(mg/kg)	速效钾 AK/(mg/kg)	土壤母质 Parent material	剖面点坐标 Profile coordinate	匹配指数 Matching index/%
剖1	淋溶土	白浆土	白浆土	白馅土	灰石白馅土	A_{11}	0—17	灰棕色	粉砂质黏土	粒状	5.5	41.5	1.87	1.08	30.6	198	9.0	115	黄土状沉积物	E 126°13′34.7″ N 41°56′51.7″	75
						E	17—38	浅灰色	粉砂质黏土	弱发育片状	5.4	9.1	0.69	0.78	30.7	94	2.0	85			
						B_1	38—62	浊棕色	黏壤土	棱块状	5.3	2.9	0.53	0.57	35.7	65	2.0	85			
						B_2	62—83	浊棕色	黏壤土	棱块状	5.5	1.7	0.49	0.69	36.2	45	6.0	115			
						C	83—120														

抚 松 县

主要土类说明

白浆土是抚松县主要土壤类型，占本县地域面积的47%。白浆土是本县有代表性的显域性土壤之一，大部分分布在熔岩台地。位于熔岩台地的白浆土，分布在海拔580—1400m的地区，在平坦倾斜台地呈复区分布；位于山地的白浆土，面积较小，分布在山前较平缓地带。该土壤黑土层很薄，厚度一般在12cm左右，多为粗腐殖质，一般黑土层向下过渡明显。白浆层由于铁锰淋洗，多呈灰黄色至灰白色。淀积层厚45—100cm，多呈暗棕色，质地黏重，具有明显的棱块状或棱柱状结构，含有较多的铁锰结核。本县白浆土铁盘很厚，表明是发育充分的土壤。土壤酸性强，盐基不饱和，土体紧实，透水性差，土壤持水量在30%左右，不耐旱涝，土壤肥力低。表层土壤有机质含量很高，表层以下有机质含量明显降低。

暗棕壤是抚松县第二大土壤类型，占本县地域面积的45%。暗棕壤发育于温带湿润地区针阔叶混交林下，具有明显的有机质富集和弱酸性淋溶特征，剖面构型为O-A-B-C。弱酸性淋溶使铁铝轻微下移。B层呈棕色，结构面见铁锰胶膜。土壤呈弱酸性，盐基饱和度为70%—80%。土壤冻结期长。

小于本县地域面积3%的土壤类型有棕色针叶林土、草甸土、火山灰土、黑毡土、沼泽土、山地草甸土等。

本区域中心区气候特征

本区域中心区气候特征值 Regional climate characteristics in central area of the region	
气候带：中温带亚干旱气候 Climate region: Mid temperate subarid climate	
年平均气温 /℃ Annual average temperature /℃	5.3
年平均最高气温 /℃ Annual average maximum temperature /℃	12.1
年平均最低气温 /℃ Annual average minimum temperature /℃	-0.2
年降水量 /mm Annual precipitation /mm	706
≥10℃的积温 /℃ Daily temperature accumulated in a year (≥10℃) /℃	1977
年日照时数 /h Annual sunshine /h	2270
年平均相对湿度 /% Annual average relative humidity /%	68
干燥度 Dryness	0.47

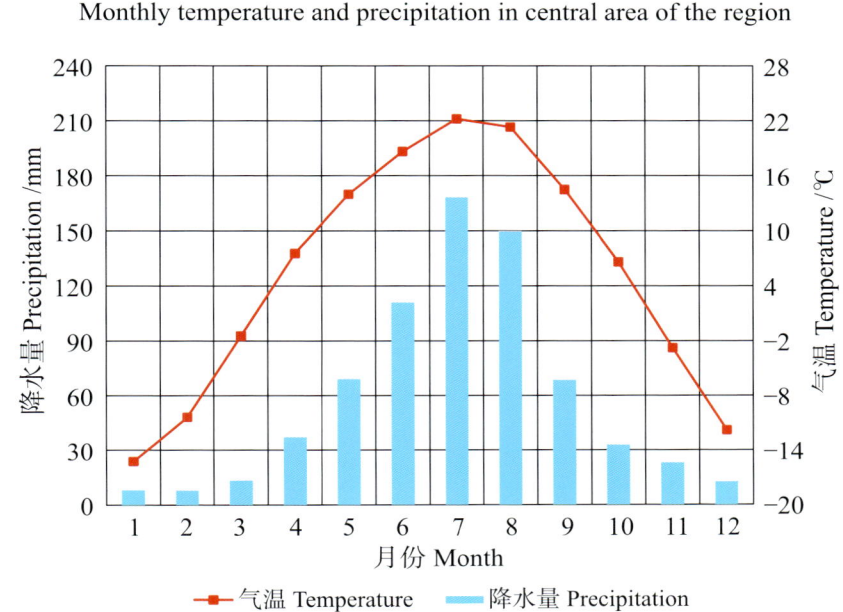

本区域中心区月平均气温与月平均降水量
Monthly temperature and precipitation in central area of the region

抚松县主要土壤类型与土壤剖面点分布图
1:410 000

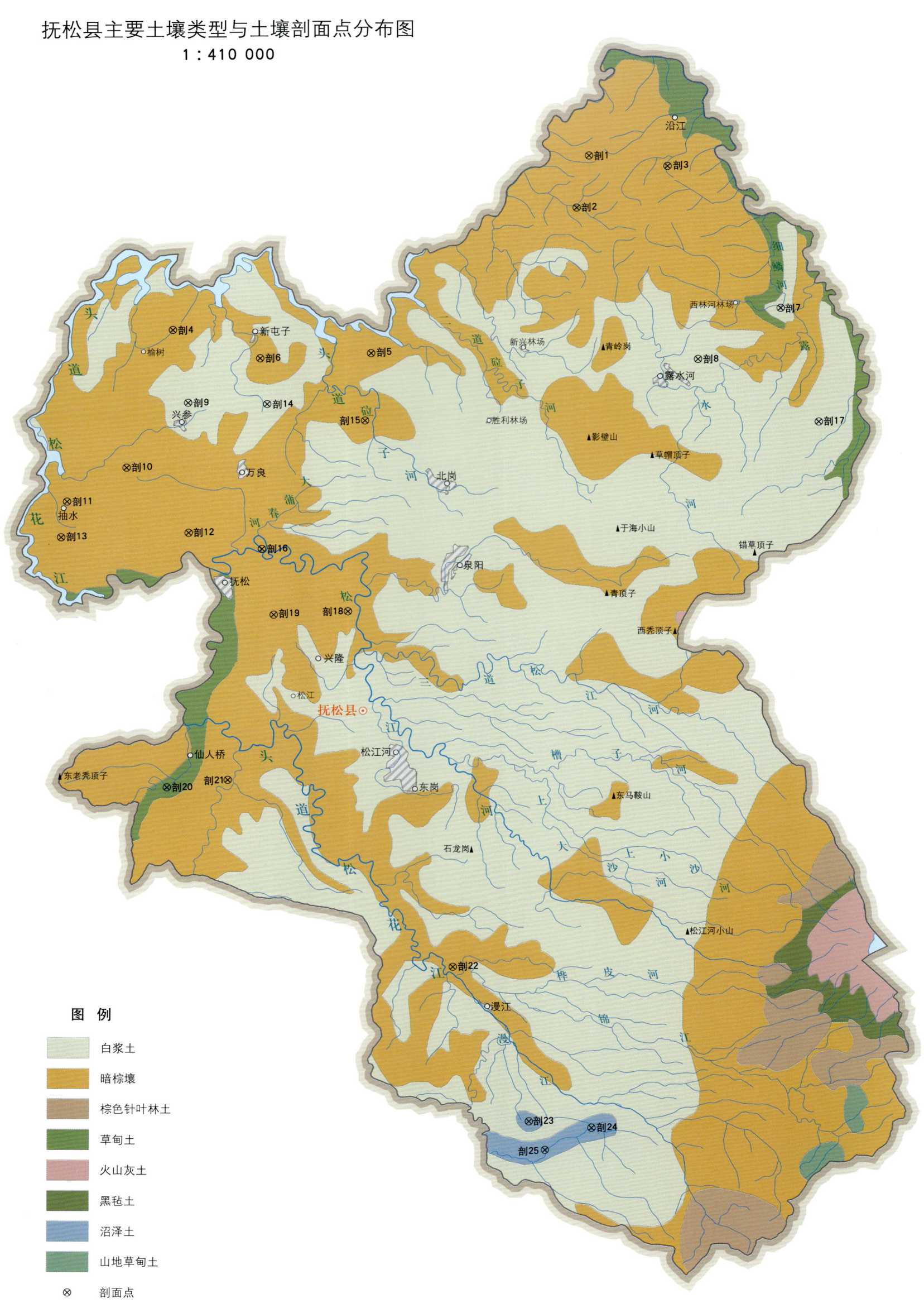

抚松县土壤剖面理化性状表

剖面号 Soil profile	土纲 Soil order	土类 Soil great group	亚类 Soil subgroup	土属 Soil genus	土种 Soil species	土层码 Layer code	土层厚度 Depth/cm	颜色 Soil color	质地 Soil texture	土壤结构 Soil structure	pH	有机质 OM/(g/kg)	全氮 TN/(g/kg)	全磷 TP/(g/kg)	全钾 TK/(g/kg)	碱解氮 AN/(mg/kg)	有效磷 AP/(mg/kg)	速效钾 AK/(mg/kg)	土壤母质 Parent material	剖面点坐标 Profile coordinate	匹配指数 Matching index/%
剖1	淋溶土	暗棕壤	暗棕壤性土	中性岩暗棕壤	薄层中性岩暗棕壤性土	Aa	0—12	浅灰色	壤土	小粒状	6.1	70.0	3.46	1.94	25.2	115	2.4	115	中性岩风化物	E 127°41′28.7″ N 42°43′25.7″	74
						A_2B	12—19	浅灰色	黏壤土	小粒状	6.4	40.9	2.04	1.36	24.8	83	25.5	115			
						C_1	19—48		砾石土		6.0	9.2	0.69	1.00	30.4	53	46.1	85			
						C_2	48—		砾石土		6.2	178.7	6.67	0.70	14.9	449	5.9	326			
剖2	淋溶土	暗棕壤	暗棕壤	中性岩暗棕壤	薄层中性岩暗棕壤	Ao	0—2	黑色	壤土		5.5	47.0	1.95	0.40	17.7	47	1.5	115	中性岩风化物	E 127°40′39.0″ N 42°40′34.7″	85
						A_1	2—11	浅黄黄色	黏壤土	小粒状	5.4	6.5	0.40	0.67	21.7	32	3.1	105			
						A_2	11—20	灰黄色	黏壤土	粒块状	6.0	15.8	0.72	0.22	16.8	26	0.8	80			
						B	20—45		砂壤土	粒块状											
						C_1	45—76		砾石土												
						C_2	76—90														
剖3	淋溶土	暗棕壤	暗棕壤性土	酸性岩暗棕壤	薄层酸性岩暗棕壤性土	Aoo	0—2												酸性岩风化物	E 127°47′05.3″ N 42°42′55.4″	74
						Ao	2—4	黑黄色	壤土	小粒状	6.7	160.9	6.50	0.25	18.7	46	3.3	376			
						A_1	4—18	黄黄色	黏壤土	小粒状	6.0	41.0	1.98	0.71	22.7	78	5.4	130			
						A_2C	18—33	浅黄棕色		无结构	5.5	11.1	0.72	0.76	22.1	56	2.3	112			
						C_1	33—47														
						C_2	47—52														
剖4	淋溶土	暗棕壤	暗棕壤	麻砂质暗棕壤	厚层酸性岩暗棕壤	Ao	0—34	黑灰色	黏壤土	粒块状	5.3	59.0	2.24	0.83	18.2	219	11.9	88	酸性岩风化物	E 127°12′06.1″ N 42°33′34.9″	85
						A_2B	34—60	浅灰色	砂壤土	棱块状	4.9	16.3	0.93	0.52	19.4	41	12.7	55			
						BC	60—83	暗黄色	砂壤土	弱发育块状	5.6	6.4	0.63	0.57	24.5	32	4.2	75			
						C	83—104	灰褐色	砂壤土	无结构	4.9	6.6	0.66	0.63	22.8	27	11.6	75			
剖5	淋溶土	暗棕壤	暗棕壤性土	片岩暗棕壤性土	薄层片岩暗棕壤性土	Ao	0—2												片岩风化物	E 127°26′11.8″ N 42°32′30.1″	73
						A_1	2—10	浅灰色	黏壤土	小粒状	6.1	114.1	4.68	1.42	22.6	133	3.2	170			
						A_2	10—35	浅灰灰色	砾质壤土		5.5	4.7	0.63	0.52	32.2	48	1.0	65			
						Bg	35—48	褐色	砾石土		6.2	11.2	0.85	0.77	23.9	61		110			
						G	48—														
剖6	淋溶土	暗棕壤	暗棕壤	麻砂质暗棕壤	中层酸性岩暗棕壤	Aa	0—16	浅灰色	壤质黏土	小粒状	6.2	52.8	2.32	1.26	23.4	85	58.8	106	酸性岩风化物	E 127°18′20.5″ N 42°32′07.8″	85
						A_2	16—29	浅灰色	黏壤土	粒状	5.2	31.7	1.75	0.26	18.7	74	12.2	72			
						B	29—49	浅黄灰色	砂壤土	块状	5.3	11.2	0.65	0.56	31.8	88	18.9	55			
						C_1	49—58	浅黄灰色	砂壤土		5.7	6.6	0.90	1.90	35.1	70	43.8	65			
						C_2	58—120	浅棕灰色	砂壤土		5.5	3.9	0.66	3.64	11.4	62	18.7	66			
剖7	淋溶土	白浆土	潜育白浆土	亚表潜白浆土	薄层亚表潜白浆土	Ao	0—19	浅黑灰色	壤土	小粒状	6.1	55.8	2.39	1.08	23.7	94		140	酸性岩风化物	E 127°55′16.0″ N 42°35′15.7″	75
						A_1	19—25	浅蓝黄色	黏壤土	小块状	6.3	11.7	0.75	0.41	15.7	52	3.0	85			
						B_1	25—38	浅黄黄色	粉砂质黏壤土	小棱块状	6.1	6.2	0.71	0.55	31.1	46	6.1	102			
						B_2	38—72	黄棕色	粉砂质黏壤土	棱块状	5.4	14.6	0.71	0.41	31.7	33	8.2	155			
						C_2	72—120	棕黄色	黏壤土	棱块状	5.3	4.0	0.48	0.21	21.3	44	11.8	170			
剖8	淋溶土	白浆土	山地白浆土	灰岩山地白浆土	薄层灰岩山地白浆土	Aa	0—17	棕黑灰色	壤土	小粒状	5.9	59.6	2.79	0.93	24.0	244	9.6	130	灰岩风化物	E 127°49′26.8″ N 42°32′26.9″	75
						A_2	17—44	暗黄灰色	黏壤土	小粒状	5.6	14.4	0.75	0.16	25.6	86	6.1	105			
						B	44—73	黄棕色	壤质黏土		6.1	6.1	0.75	0.25	31.3	73	8.2	210			
						G	73—100	浅黄棕色	黏壤土		7.4			0.29	21.1	29		305			

续表 Continued

剖面号 Soil profile	土纲 Soil order	土类 Soil great group	亚类 Soil subgroup	土属 Soil genus	土种 Soil species	土层码 Layer code	土层厚度 Depth/cm	颜色 Soil color	质地 Soil texture	土壤结构 Soil structure	pH	有机质 OM/(g/kg)	全氮 TN/(g/kg)	全磷 TP/(g/kg)	全钾 TK/(g/kg)	碱解氮 AN/(mg/kg)	有效磷 AP/(mg/kg)	速效钾 AK/(mg/kg)	土壤母质 Parent material	剖面点坐标 Profile coordinate	匹配指数 Matching index/%
剖9	淋溶土	白浆土	山地白浆土	灰岩山地白浆土	中层灰岩山地白浆土	Aa	0—17	浅白色	黏壤土	粒状	7.4	63.7	2.90	1.16	21.6	133	6.7	122	石灰岩风化物	E 127°13′17.5″ N 42°29′37.8″	95
						A_1	17—25	浅白灰色	黏壤土	小梭块状	7.5	38.7	2.11	1.04	21.0	56	1.1	155			
						A_2	25—33	浅灰黄色	黏壤土	块状	7.3	11.5	0.56	0.34	21.5	19	1.8	56			
						B	33—70	棕色	黏壤土	梭块状	7.1	17.6	0.88	0.56	22.9	39	1.9	155			
						Bg	70—110	棕黄色	壤质黏土	梭块状	7.7	9.4	0.67	0.03	6.7	50	0.6	125			
						G	110—	浅黑黄色	粉砂质黏土	无结构	8.0	3.2	0.59	0.17	4.7	26	0.8	92			
剖10	淋溶土	暗棕壤	暗棕壤	麻砂岩暗棕壤	薄层酸性岩暗棕壤	Aa	0—14	浅黑灰色	黏壤土	小粒状	5.3	55.3	2.24	0.83	21.3	111	2.8	140	酸性岩风化物	E 127°09′01.4″ N 42°26′01.0″	85
						A_2	14—23	浅黄色	黏壤土	粒状	5.1	7.9	0.62	0.22	21.8	184	0.6	75			
						A_2B	23—32	浅灰色	粉砂质壤土	小块状	5.5	4.6	0.70	0.50	25.1	30	1.1	80			
						B	32—81	浅灰色	黏壤土	小块状	5.0	5.4	0.64	0.26	24.1	33	1.3	90			
						C	81—120	浅棕灰色	黏壤土	梭块状	5.3	5.6	0.70	0.34	21.4	51	1.3	115			
剖11	淋溶土	暗棕壤	暗棕壤	灰岩暗棕壤	中层灰岩暗棕壤	Aa	0—23	浅黑灰色	粉砂质壤土	小粒状	6.6	54.4	2.60	1.00	19.3	194	3.2	135	灰岩风化物	E 127°04′50.9″ N 42°24′06.5″	85
						A_2B	23—47	棕灰色	黏壤土	小块状	6.8	19.7	0.89	0.48	19.4	98	0.6	85			
						C	47—83	棕黄灰色	黏壤土	无结构	7.6	9.3	0.58	0.26	4.5		1.0	75			
剖12	淋溶土	暗棕壤	暗棕壤	火山灰暗棕壤	薄层火山灰暗棕壤	AooAo	0—2														
						A_1	2—14	黑灰色	黏壤土	小粒状	5.8	252.7	8.56	0.78	25.9	196	106.8	426			
						C_1	14—20	黄灰色	黏壤土		5.5	39.3	1.29	0.25	37.3	83	17.7	300			
						C_2	20—63	棕灰色		片状	5.3	31.7	0.89	0.22	42.7	86	40.4	154			
						C_3	63—85					9.2	0.63	0.15	42.2						
						C_4	85—123					3.8	0.45	0.11	38.1						
剖13	淋溶土	暗棕壤	暗棕壤性土	基性岩暗棕壤性土	中层基性岩暗棕壤	AooAo	0—3													基性岩风化物	E 127°04′30.1″ N 42°22′08.4″	85
						A_2	3—25	暗灰色	黏壤土	粒状	6.1	101.6	4.74	1.42	21.1	317	19.0	300			
						A	25—48	暗灰色	黏壤土		5.9	45.5	2.18	0.67	21.2	98	9.7	85			
剖14	淋溶土	白浆土	台地白浆土	玄武岩台地白浆土	中层玄武岩台地白浆土	Aoo	0—1													玄武岩风化物	E 127°18′54.2″ N 42°29′38.4″	75
						Ao	1—3			粒状											
						A_1	3—24	暗灰色	壤土	块状	7.6	101.5	4.20	1.51	20.7	419	24.0	300			
						B	24—37	黄白相间	黏壤土	块状	6.4	31.9	1.79	0.64	22.1	108	10.9	140			
						BC	37—56	棕黄色	黏壤土	块状	5.7	20.6	0.96	0.24	21.3	93	12.0	116			
							56—102	棕黄灰色	黏壤土	块状	5.9	12.5	0.68	1.08	23.2	62	35.5	266			
剖15	淋溶土	暗棕壤	暗棕壤	中性暗棕壤	中层中性岩暗棕壤	A_1	0—23	棕色	砂质黏壤土	粒状	4.7	81.5	3.51	0.32	16.0	333	11.0	150	中性岩风化物	E 127°25′51.6″ N 42°28′48.7″	85
						Aoo	0—3														
						Ao	3—5	暗棕色	黏壤土	团块状	6.0	173.4	7.93	1.59	16.1	510	63.3	550			
剖16	淋溶土	暗棕壤	暗棕壤	基性岩暗棕壤	薄层基性岩暗棕壤	A_1	5—20	灰黑色	砂质黏壤土	粒状	5.4	43.0	2.33	0.96	16.8	218	3.6	150	玄武岩风化物	E 127°18′45.0″ N 42°21′43.6″	85
						A_2B	20—34	灰黄灰色	黏壤土	块状											
						BC	34—80	浅灰色	粉砂质黏壤土	块状	5.9	23.3	1.19	0.20	18.8	62	3.4	204			
						C	80—120			弱发育有状											
剖17	淋溶土	白浆土	台地白浆土	中性岩台地白浆土	厚层中性岩山地白浆土	Aa	0—20	黑黑色	黏壤土	团块状	5.7	50.1	2.15	1.19	21.4	215	10.1	65	中性岩风化物	E 127°58′04.0″ N 42°29′05.7″	75
						A_1	20—33	黑灰色	黏壤土	块状	5.8	36.0	1.48	1.00	21.4	120	6.6	50			
						A_2	33—49	灰黄色	砂质黏壤土	块状	5.9	10.4	0.84	0.84	24.0	68	5.9	35			
						B	49—65	黄褐色	黏壤土	梭块状	4.6	10.4	1.74	0.75	24.7	46	8.1	45			
						C	65—120	灰褐色	黏壤土	梭块状	4.7	8.9	0.83	0.92	32.1	47	14.6	85			

续表 Continued

剖面号 Soil profile	土纲 Soil order	土类 Soil great_group	亚类 Soil subgroup	土属 Soil genus	土种 Soil species	土层码 Layer code	土层厚度 Depth/cm	颜色 Soil color	质地 Soil texture	土壤结构 Soil structure	pH	有机质 OM/(g/kg)	全氮 TN/(g/kg)	全磷 TP/(g/kg)	全钾 TK/(g/kg)	碱解氮 AN/(mg/kg)	有效磷 AP/(mg/kg)	速效钾 AK/(mg/kg)	土壤母质 Parent material	剖面点坐标 Profile coordinate	匹配指数 Matching index/%
剖18	淋溶土	暗棕壤	暗棕壤	基性岩暗棕壤	厚层基性岩暗棕壤	AoA₁	0—35	灰黑色	砂质黏壤土	团块状	5.4	46.0	1.97	0.72	22.6	91	25.5	230	基性岩风化物	E 127°24′55.6″ N 42°18′24.7″	85
						A₂B	35—65	灰黄色	砂壤土	棱块状	5.6	8.0	0.91	1.13	27.4	84	33.1	220			
						C	65—100	棕色	黏壤土	块状	5.2	6.2	0.69	0.66	23.7	71	16.3	13			
剖19	淋溶土	暗棕壤	暗棕壤性土	灰岩暗棕壤性土	薄层灰岩暗棕壤性土	Ao	0—2												灰岩风化物	E 127°19′40.4″ N 42°18′09.7″	85
						A₁	2—17	浅灰色	黏壤土	小粒状	7.0	81.3	4.42	2.28	24.7	330	1.7	110			
						A₂	17—26	浅黄灰色	黏壤土	小粒状	6.7	30.7	1.72	0.32	28.8	157	0.6	120			
						G₁	26—41	棕黄色	壤质黏土		8.0	10.1	0.73	1.20	27.0	30	0.6	105			
						G₂	41—														
剖20	半水成土	草甸土	草甸土	山川草甸土	中层山川草甸土	AooAo	0—2													E 127°12′25.2″ N 42°08′37.3″	95
						A₁g	2—42	浅灰色	黏壤土	小粒状	5.2	120.2	5.35	1.75	16.0	190	20.3	165			
						G₁	42—86	浅黑灰色	壤质黏土	小粒状	5.2	17.6	0.90	0.66	20.3						
						G₂	86—97			无结构											
剖21	淋溶土	暗棕壤	暗棕壤	片岩暗棕壤	薄层片岩暗棕壤	Aa	0—13	深灰色	黏壤土	小粒状	6.3	60.5	2.62	1.32	21.2	167	6.1	82	片岩风化物	E 127°16′40.9″ N 42°09′06.0″	85
						B	13—34	黄灰色	黏壤土	片块状	6.6	10.8	0.65	2.55	32.4	33	23.3	95			
						C	34—43	浅黄色	砂壤土	无明显结构	4.7	3.4	0.74	0.68	35.7	48	25.5	75			
							43—59		砂砾土	无明显结构											
剖22	淋溶土	暗棕壤	暗棕壤	基性岩暗棕壤	中层基性岩暗棕壤	Ao	0—4	灰色	壤土	粒状	6.4	295.6	11.67	2.06	13.8	191	7.2	470	基性岩风化物	E 127°32′51.4″ N 41°59′06.7″	85
						A₁	4—27	浅黄棕色	黏壤土	粒状	6.5	30.3	1.24	0.86	16.3	107	0.9	80			
						A₂B	27—40	棕灰色	砂壤土	粒状	6.3	22.0	0.69	0.73	15.2	23	0.8	50			
						BC	40—68	棕灰色	砂壤土	棱块状	6.2	23.3	0.76	0.71	16.9	43	0.7	35			
						C	68—88	棕灰色	砂壤土	无明显结构	6.1	13.6	0.64	0.78	15.3	46	0.7	40			
剖23	水成土	沼泽土	矿质沼泽土	矿质沼泽土	矿质沼泽土	AoA₁	0—12		壤土	小粒状		346.9	8.66	1.88	22.8		4.4			E 127°38′25.8″ N 41°50′49.6″	75
						G	12—38	浅黄棕色	砂壤土	块状	5.3	11.9	0.71	0.69	24.4	59	4.5	82			
						Bg₁	38—60	黄棕色	黏壤土	块状	5.4	9.7	0.64	0.77	24.4	131	4.4	72			
						Bg₂	60—90	棕色	粉砂质黏土	棱块状	5.5	7.1	0.64	0.95	22.6	133	4.7	92			
剖24	水成土	沼泽土	腐泥沼泽土	腐泥沼泽土	腐泥沼泽土	Ao	0—5	暗灰色	黏壤土	粒状	5.9	22.1		0.81	19.0		5.4	200		E 127°42′50.8″ N 41°50′32.6″	75
						A₁	5—38	浅灰灰色	砂质黏壤土	无结构	6.8	22.8	0.95	0.23	24.6		3.5	100			
						Bg	38—87	浅灰灰色	黏壤土	无结构	6.0	22.8	0.68	0.19	23.3		1.1	105			
						Cg	87—117	黑褐色	砂壤土	无结构	6.0	94.9	4.19	1.85	21.7	109	17.1	210			
剖25	水成土	沼泽土	泥炭沼泽土	泥炭沼泽土	泥炭沼泽土	A₁	0—12	褐色	砂壤土	无结构	5.5			2.06	13.0	91	10.3	330		E 127°39′36.7″ N 41°49′18.8″	75
						P	12—46	灰白色	砂土												
						G₁	46—62	灰色	砂土												
						G₂	62—80	黄白相间	砂土												
						G₃	80—120														

靖 宇 县

主要土类说明

暗棕壤是靖宇县主要土壤类型，占本县地域面积的 67%。暗棕壤是发育于山地上的一种弱度发育土壤，原始植被为针阔叶混交林，目前阔叶树种较多，有榆、杨、柞、桦及少量水曲柳、胡桃楸、红松等。母质多为残积物和坡积物，原生残积物主要为酸性硅铝质，现代残积物主要为花岗岩、流纹岩、片麻岩，故其盐基不饱和，酸性较强。土体较薄，一般为 40—70cm，土壤质地较粗，多粗骨性石砾。暗棕壤属于淋溶型土壤，土壤受到不同程度的淋洗，有不同程度的 A_2 层发育，但 B 层不明显。腐殖质层厚度一般为 15—25cm。

白浆土是靖宇县第二大土壤类型，占本县地域面积的 24%，主要分布在山地缓坡、台地及阶地。母质多为黄土沉积物、岩石风化残积物或坡积物。该土壤土层比暗棕壤深厚，土质比暗棕壤黏重，只有小部分被开垦为农田。腐殖质层厚度一般在 30cm 以内；腐殖质层下为灰黄色至灰白色白浆层，质地紧实，作物根系难以生长；白浆层下为棱块状或棱柱状淀积层，结构体表面有明显的铁锰胶膜。本县白浆土分为山地白浆土、台地白浆土、潜育白浆土三个亚类。潜育白浆土的腐殖质层厚度可达 40cm。

小于本县地域面积 3% 的土壤类型有沼泽土、新积土、泥炭土、草甸土、水稻土等。

本区域中心区气候特征

本区域中心区气候特征值
Regional climate characteristics in central area of the region

气候带：中温带亚干旱气候 Climate region: Mid temperate subarid climate	
年平均气温 /℃ Annual average temperature /℃	5.4
年平均最高气温 /℃ Annual average maximum temperature /℃	12.0
年平均最低气温 /℃ Annual average minimum temperature /℃	−0.1
年降水量 /mm Annual precipitation /mm	727
≥10℃的积温 /℃ Daily temperature accumulated in a year（≥10℃）/℃	2025
年日照时数 /h Annual sunshine /h	2316
年平均相对湿度 /% Annual average relative humidity /%	68
干燥度 Dryness	0.46

本区域中心区月平均气温与月平均降水量
Monthly temperature and precipitation in central area of the region

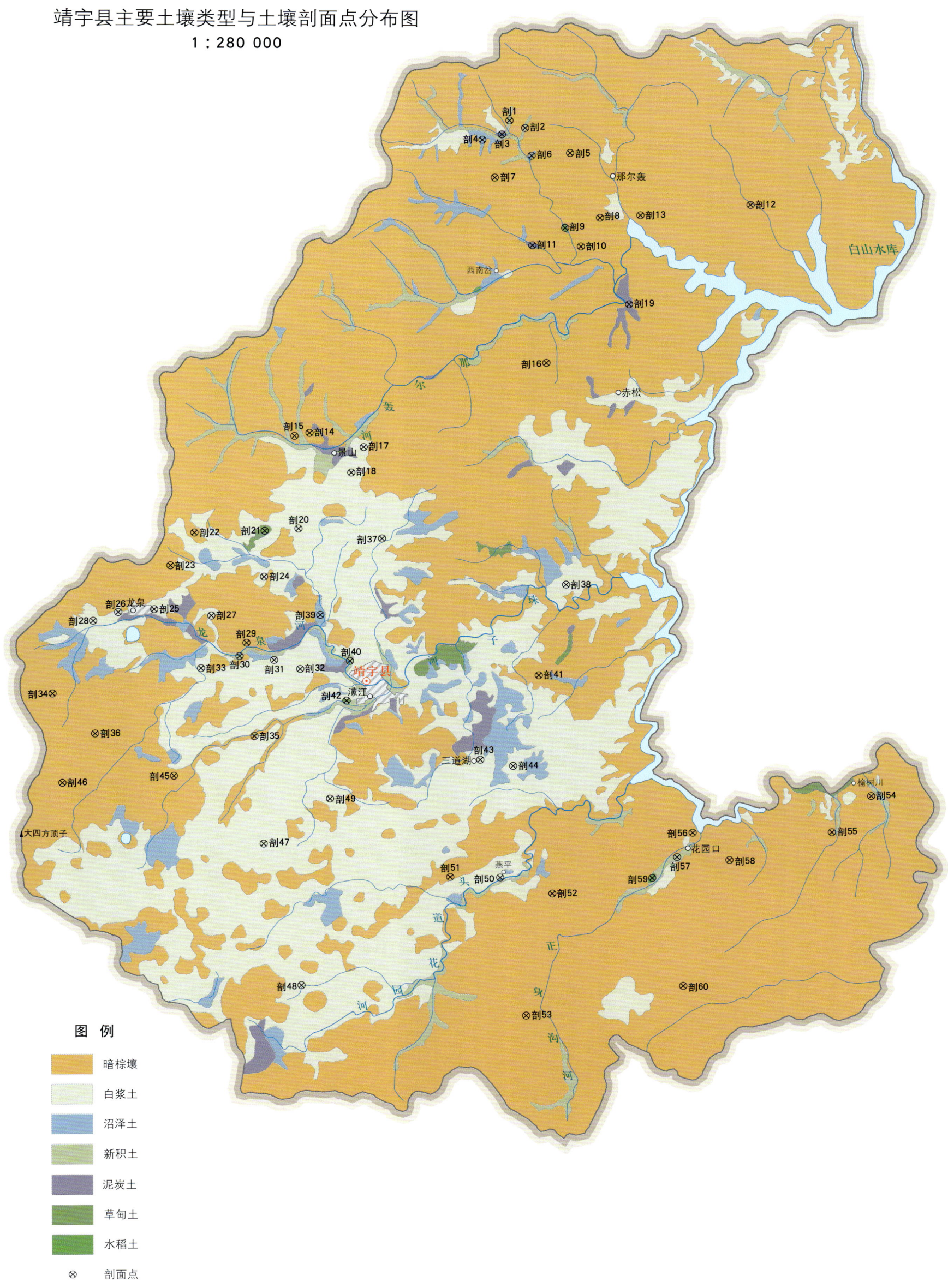

靖宇县土壤剖面理化性状表

剖面号 Soil profile	土纲 Soil order	土类 Soil great group	亚类 Soil subgroup	土属 Soil genus	土种 Soil species	土层码 Layer code	土层厚度 Depth/cm	颜色 Soil color	质地 Soil texture	土壤结构 Soil structure	pH	有机质 OM/(g/kg)	全氮 TN/(g/kg)	全磷 TP/(g/kg)	全钾 TK/(g/kg)	碱解氮 AN/(mg/kg)	有效磷 AP/(mg/kg)	速效钾 AK/(mg/kg)	阳离子交换量 CEC/(cmol/kg)	土壤母质 Parent material	剖面点坐标 Profile coordinate	匹配指数 Matching index/%
剖1	初育土	新积土	冲积土	层状冲积土	砂壤质层状冲积土	A	0—8	暗灰色	砂壤土	团粒状	5.6	142.8	4.74	0.40	14.5	460	38.8	133	23.4	冲积物	E 126°54′05.4″ N 42°44′52.4″	97
						C	8—23		砂质黏壤土		5.9	20.5	0.60	0.45	22.4	196	5.9	54	8.3			
						C_2	23—55	灰黄色	粉砂质黏土	粒状	5.7	11.5	0.69	0.32	21.2	60	16.0	21	11.4			
						C_3	55—85	棕色	黏质砂土	粒状	4.9	49.5	1.80	0.31	18.9	189	11.0	54				
						C_4	85—															
剖2	初育土	新积土	冲积土	层状冲积土	砂壤质层状冲积土	1	0—14		砂壤土		6.2	95.2	2.65	0.60	18.0		16.2	158	30.0	冲积物	E 126°54′52.6″ N 42°44′36.2″	97
						2	14—40		砂土		6.1	19.2	0.50	0.95	17.9	23	7.9	27	8.5			
						3	40—46		砂质黏土		5.7					40	1.9	46				
						4	46—75				5.7	20.4	0.63	0.94	17.1	56	3.4	29	54.8			
						5	75—82				5.5	11.2	0.56	0.75	16.5	34	2.5	21	31.1			
						6	82—120				5.3			0.69	16.0	75	4.8	51				
剖3	水成土	泥炭土	泥炭土	泥炭土	泥炭土	P	0—80	黑棕色			4.7	251.5	7.11	0.34	11.9	404	2.3	169	19.9		E 126°53′43.8″ N 42°44′20.0″	97
						G	80—100	蓝灰色			4.1	62.0	2.22	0.27	20.5	184	2.2	117	27.9			
剖4	水成土	沼泽土	腐泥沼泽土	腐泥沼泽土		1	0—25		粉砂质黏土		4.9	205.5	6.51	1.52	18.3	505	24.1	166	54.8		E 126°52′45.5″ N 42°44′06.7″	75
						2	25—50		壤质黏土		5.0	60.8	1.92	1.16	12.9	179	10.9	332	31.1			
						3	50—100		砂壤土		5.2	2.1	0.32	0.24	12.3	39	6.2	50				
剖5	淋溶土	暗棕壤	暗棕壤性土	石灰岩棕壤性土	薄层石灰岩暗棕壤性土	A_1	0—15	暗棕色	黏土	粒状	7.0	125.2	5.89	0.38	17.8	56	4.8	91	47.9	石灰岩风化物	E 126°57′08.6″ N 42°43′42.2″	75
						A_2	15—23	黄棕色	黏土	片状	6.2	14.7	0.88	0.21	14.9	87	1.7	108	28.0			
						BC	23—42	暗棕色	粉砂质黏土	块状	5.4	13.0	0.62	0.17	23.2	66	1.9	75				
						C	42—															
剖6	水成土	沼泽土	泥炭沼泽土	泥炭沼泽土		Aa	0—20	黑色		无结构	5.4	331.9	9.91	1.05	11.0	757	7.5		65.3		E 126°55′14.2″ N 42°43′33.6″	75
						G_1	20—95	黄棕色	砂壤土		5.1	10.4	0.38	0.44	18.6	306	4.7	62	8.0			
						G_2	95—120		砂壤土		5.5	7.4	0.29	0.55	17.4		2.5					
剖7	淋溶土	暗棕壤	暗棕壤	酸性岩暗棕壤	薄层酸性岩暗棕壤	1	0—15	暗灰色	粉质黏壤土	团块状	6.1	283.5	7.47	0.52	12.0	401	15.5	332	61.7	酸性岩风化物	E 126°53′26.1″ N 42°42′41.8″	95
						2	15—30	暗灰色	粉砂质黏壤土		4.3	60.2	1.25	0.26	13.9	127	2.1	75	20.9			
						3	30—70	黄棕色	粉砂质黏壤土		4.3	25.6	0.49	0.13	15.6	49	5.9	22	23.6			
						4	70—80		黏土		4.2	6.3	0.45	0.13	11.3	41	4.1	75	25.3			
剖8	淋溶土	暗棕壤	暗棕壤	酸性岩暗棕壤	中层酸性岩暗棕壤	Aa	0—17	暗灰色	粉砂质黏壤土	团块状	6.0	81.9	2.34	1.07	17.4	220	4.8	87	32.1	花岗片麻岩风化物	E 126°58′43.3″ N 42°41′16.1″	97
						A_1	17—23	暗灰色	粉砂质黏壤土	团块状	5.9	49.7	1.35	0.85	17.3	225	3.8	62	30.1			
						BC	23—35	黄棕色	粉砂质黏土	块状	6.1	14.1	0.35	0.27	19.3	45	2.4	29	14.3			
						C	35—70	暗棕色	壤质黏土		6.2	14.8	0.54	0.46	19.4	71	5.6	85	22.2			
剖9	人为土	水稻土	冷浆型水稻土	泥炭冷浆型水稻土	泥炭冷浆型水稻土	Aa	0—15	灰色		无结构	4.9	226.6	6.77	0.63	12.9	369	3.0	271			E 126°57′00.4″ N 42°40′50.9″	75
						P	15—80	蓝灰色	粉质黏壤土		5.2	450.1	14.49	0.72	9.2	359	2.8	37				
						C	80—120	灰色	砂质黏壤土		4.5	10.1	0.34	0.31	9.0	83	16.9	83				
剖10	淋溶土	暗棕壤	暗棕壤性土	砂岩砂质暗棕壤性土	薄层砂岩棕壤性土	Aa	0—12	灰白色	粉砂质黏壤土	粒块状	5.3	69.7	2.51	0.31	18.1	155	8.0	104	23.6	砂岩风化物	E 126°57′48.8″ N 42°40′09.1″	95
						A_2B	12—37	暗棕色	黏质黏土	粒块状	4.8	13.2	0.52	0.17	28.4	53	2.5	54	18.0			
						C	37—															
剖11	水成土	泥炭土	泥炭土	泥炭土	厚层泥炭土	P_1	0—40	暗灰色			5.3	256.2	8.82	0.91	14.5		21.0	174	57.0		E 126°55′23.9″ N 42°40′08.8″	97
						P_2	40—80	棕褐色			5.2	531.8	16.24	0.92	7.6		18.2	100				
						P_3	80—120	灰黑色			4.9	413.1	15.91	0.83	7.6	829	8.3	58				

续表 Continued

剖面号 Soil profile	土纲 Soil order	亚类 Soil subgroup	土属 Soil genus	土种 Soil species	土层码 Layer code	土层厚度 Depth/cm	颜色 Soil color	质地 Soil texture	土壤结构 Soil structure	pH	有机质 OM/(g/kg)	全氮 TN/(g/kg)	全磷 TP/(g/kg)	全钾 TK/(g/kg)	碱解氮 AN/(mg/kg)	有效磷 AP/(mg/kg)	速效钾 AK/(mg/kg)	阳离子交换量CEC/(cmol/kg)	土壤母质 Parent material	剖面点坐标 Profile coordinate	匹配指数 Matching index/%
剖12	淋溶土	暗棕壤	片岩暗棕壤	薄层片岩暗棕壤	A₁	0~15	棕灰色	黏壤土	粒状	6.6	264.5	9.60	1.04	14.8	621	23.4	116	69.4	片岩风化物	E 127°06′11.2″ N 42°41′54.6″	95
					A₂	15~46	黄灰色	壤质黏土	粒状	5.1	30.8	1.47	0.31	18.6	205	7.6	66	24.9			
					BC	46~78	浅黄灰色	砂质黏土	无明显结构	5.1	12.0	0.74	0.23	20.7	119	19.8	108	29.1			
					C	78—															
剖13	淋溶土	暗棕壤	酸性岩暗棕壤	薄层酸性岩暗棕壤	1	0~19				5.7	153.8	7.84	1.70	12.8		2.4	79	57.6	酸性岩风化物	E 127°00′43.6″ N 42°41′24.4″	95
					2	19~33		砂质黏壤土		5.7	15.0	0.59	0.13	19.7		1.4	27	19.3			
					3	33~46		砂质黏壤土		5.7	21.9	0.70	0.52	13.9	39	4.2	33	21.0			
剖14	淋溶土	暗棕壤	酸性岩暗棕壤	中层酸性岩暗棕壤	1	0~13		黏壤土		6.6	137.8	5.40	0.85	13.4	127	11.5	91	48.5	酸性岩风化物	E 126°44′35.5″ N 42°32′47.8″	97
					2	13~24		黏土		5.6	60.0	1.42	0.51	14.1	127	2.6	41	21.6			
					3	24~30		壤土		5.6	46.8	0.51	0.30	14.5	44	3.4	41				
					4	30~75		砂质壤土		5.8	43.0	0.41	0.26	15.8	34	3.9	37				
剖15	淋溶土	暗棕壤	中性岩暗棕壤	薄层中性岩暗棕壤	Aa	0~17	暗灰色	壤质黏土	团块状	6.3	100.0	3.88	0.70	27.1	284	3.0	112	42.1	安山岩风化物	E 126°43′51.2″ N 42°32′39.8″	95
					A₂	17~40	灰白色	砂质黏土	粒状	6.3	21.6	0.65	0.39	24.0	53	33.9	58	24.5			
					BC	40~80	浅棕色	砂质壤土	块状	6.2	1.8	0.45	0.41	25.1	31	5.7	1	24.5			
					C	80—															
剖16	淋溶土	暗棕壤性土	基性岩暗棕壤性土	薄层基性岩暗棕壤性土	Aa	0~14	暗黄色	黏壤土	粒状	5.8	99.4	4.13	0.54	22.0	390	6.3	112	31.2	辉长岩风化物	E 126°56′15.0″ N 42°35′42.0″	95
					C	14~47	灰白色	砂质黏土		6.2	22.6	0.80	0.19	20.4	108	1.0	34	10.5			
						47—															
剖17	淋溶土	山地白浆土	砂岩山地白浆土	薄层砂岩山地白浆土	Aa	0~11	灰色	粉砂质壤土	粒状	5.6	103.4	4.05	1.03	20.5		11.2	136	36.2	砂岩风化物	E 126°47′18.3″ N 42°32′18.4″	95
					A₂	11~21	浅黄色	粉砂质壤土	块状	5.3	22.8	0.75	0.42	19.4	82	2.4	62	21.4			
					B₁	21~36	黄棕色	黏土	块状	5.4	20.2	0.35	0.31	18.4	53	2.6	33	15.7			
					B₂	36~61		粉砂质黏土	梭块状	5.1	19.1	0.38	0.33	19.7	47	2.5	58	22.1			
					BC	61~80		黏壤土		5.1	2.0	0.38	0.36	23.1		1.0	100	18.7			
剖18	淋溶土	台地白浆土	台地白浆土	薄层台地白浆土	Ao	0~2	灰色	壤质黏土	粒状	5.3	279.4	8.72	1.01	14.0	747	5.4	225	45.6		E 126°46′43.7″ N 42°31′19.6″	95
					A₁	2~15	灰白色	黏壤土	无明显结构	4.9	9.4	0.47	0.25	17.5	55	1.0	46	44.3			
					A₂	15~23	黄棕色	黏壤土	梭块状	4.0	4.9	0.43	0.40		21	4.8	104	25.8			
					B	23~45	黄棕色	黏壤土	块状	5.1	6.8	0.49	0.68	17.9	53	1.5	79	48.0			
					Bg	45~85		粉砂质黏土	梭块状	5.1	5.4	0.51	0.72	17.2	46	0.9	112	32.9			
					C	85~120		黏壤土	块状	5.2	2.0	0.38	0.36								
剖19	水成土	泥炭土	泥炭土	泥炭土	Ao	0~3				5.4	332.3	6.78	1.18	10.8	395	14.1	207			E 127°00′16.7″ N 42°38′00.3″	97
					A	3~50				5.2	306.0	7.96	1.30	11.3	170	3.7	37				
					G	50~120				5.5	54.7	1.42	1.11	17.7		5.5	29				
					4	80~115				5.6	13.8	1.41	0.96	19.2	38	7.6					
剖20	淋溶土	潜育白浆土	潜育白浆土	中层潜育白浆土	A₁	0~25	灰色	黏壤土	粒状	5.1	96.5	4.63	1.11	18.5	425	4.4	149	35.4	黄土状沉积物和老冲积物	E 126°44′10.7″ N 42°29′09.1″	97
					A₂	25~35	浅黄色	黏壤土	无明显结构	5.1	15.3	0.71	0.32	21.8	45	1.0	50	25.0			
					B	35~90	黄棕色	黏壤土	梭块状	5.1	3.0	0.50	0.54	22.3	47	1.4	104	34.3			
					C	90~120	黄棕色	粉砂质黏土	梭块状	5.9	2.1	0.53	0.45	22.7	41		91	40.5			
剖21	半水成土	草甸土	山川草甸土	厚层山川草甸土	A₁	0~3	灰色	壤质砂土	粒状	5.1	176.9	4.75	0.94	9.4	361	12.7	216	53.6		E 126°42′31.0″ N 42°29′02.0″	97
					A₂	3~50	黄灰相间	砂壤土	无明显结构	5.8	11.1	0.27	0.29	13.1	27	6.5	54				
						50~120	灰色	壤土	团块状	7.3	103.1	3.32	0.38	13.7	321	7.1	142	34.4			
剖22	淋溶土	暗棕壤	石灰岩暗棕壤	中层石灰岩暗棕壤	A₁	0~25	灰白色	粉砂质黏土	粒状	6.3	11.3	0.63	0.16	16.1	44	2.5	30	11.3	石灰岩风化物	E 126°39′02.2″ N 42°28′53.8″	97
					A₂	25~42	暗棕色	粉砂质黏土	块状	6.2	28.8	1.07	0.24	26.8	77	1.3	149	38.2			
					BC	42~75															
					C	75—															

续表 Continued

剖面号 Soil profile	土纲 Soil order	土类 Soil great group	亚类 Soil subgroup	土属 Soil genus	土种 Soil species	土层码 Layer code	土层厚度 Depth/ cm	颜色 Soil color	质地 Soil texture	土壤结构 Soil structure	pH	有机质 OM/ (g/kg)	全氮 TN/ (g/kg)	全磷 TP/ (g/kg)	全钾 TK/ (g/kg)	碱解氮 AN/ (mg/kg)	有效磷 AP/ (mg/kg)	速效钾 AK/ (mg/kg)	阳离子 交换量CEC/ (cmol/kg)	土壤母质 Parent material	剖面点坐标 Profile coordinate	匹配指数 Matching index/%
剖23	淋溶土	暗棕壤	暗棕壤	页岩暗棕壤	中层页岩暗棕壤	Aa	0–15	暗灰色	粉砂质黏土	团块状	5.7	88.3	4.49	0.62	19.0		1.4	100	34.9	页岩风化物	E 126°37′53.4″ N 42°27′37.4″	98
						A₁	15–28	灰色	黏砂土	粒状	5.5	11.4	0.70	0.17	25.3		4.2	85	18.7			
						A₂	28–55	浅黄色	砂壤土	小块状	5.2	8.5	0.50	0.17	28.0	40	5.2	91	20.1			
						C	55–115															
剖24	淋溶土	白浆土	台地白浆土	台地白浆土	中层台地白浆土	Aa	0–15	灰色	粉砂质黏土	团块状	6.0	82.6	3.07	1.11	20.5	321	25.2	112	38.6		E 126°42′32.4″ N 42°27′17.6″	97
						A₁	15–27	灰色	粉砂质黏土	团块状	6.1	67.5	2.84	0.49	20.6	333	11.9	87	35.9			
						A₂	27–46	浅黄棕色	砂质黏壤土	无明显结构	5.8	8.0	0.58	0.13	23.5	59	2.9	46	21.1			
						B	46–75	黄棕色	黏壤土	棱块状	5.5	4.9	0.87	0.14	22.8	52	4.3	108	39.6			
						Cg	75–120	暗棕色	黏土		5.6	6.5	0.58	0.34	15.1	60	5.6	124	35.2			
剖25	淋溶土	白浆土	潜育白浆土	潜育白浆土	薄层潜育白浆土	Aa	0–15	灰色	轻壤土	粒状		51.4	2.44	0.39	18.2	295	1.5	60	24.1		E 126°37′09.1″ N 42°25′57.0″	95
						A₂	15–31	浅黄色	粉砂质黏土	无明显结构	5.5	4.3	3.55	0.15	21.1	69	1.7	100	15.7			
						B₁g	31–75	黄棕色	黏壤土	棱块状	5.0	10.1	0.41	0.21	21.9	48	8.1	108	25.1			
						B₂g	75–79	黄棕色	黏壤土	棱块状	5.1			0.25	20.9	40						
						C	79–	灰色	砂壤土													
剖26	淋溶土	白浆土	潜育白浆土	潜育白浆土	厚层潜育白浆土	Ao	0–2													黄土状沉积物和老冲积物	E 126°35′22.2″ N 42°25′48.0″	97
						A₁	2–42	灰色	轻壤土	粒状	6.0	275.3	8.69	1.35	16.3	656	19.7	22	39.0			
						Bg	42–59	浅黄色	轻壤土	无明显结构	7.0	18.0	0.89	0.50	15.7	18	6.5	46	18.2			
						Cg	59–105	棕色	黏土	棱块状	7.0	9.3	0.57	0.34	14.4	18	3.3	46	35.7			
							105–120	蓝棕色			7.5	14.1	0.53	0.41	16.6	26	3.4	95	21.7			
剖27	淋溶土	白浆土	潜育白浆土	潜育白浆土	厚层亚表潜白浆土	Aa	0–19	灰色	黏壤土	粒状	5.9	103.0	2.76	0.53	8.6	266	0.6	116	30.0		E 126°34′08.4″ N 42°25′26.8″	97
						A₁	19–30	灰色	黏砂壤土	粒状	6.1	83.9	1.92	0.51	8.5	168	3.2	124	36.1			
						A₂	30–44	灰白色	黏壤土	小棱块状	6.1	37.0	0.67	0.26	11.6	59	0.9	50	27.7			
						B	44–93	棕色	黏壤土	棱块状	5.9	26.5	0.36	0.28	12.7	49	2.8	137	36.4			
						C	93–120	黄棕色	黏壤土	无明显结构	6.1	25.1	0.27	0.24	13.4	40	3.3	137	34.4			
剖28	淋溶土	暗棕壤	暗棕壤	覆火山灰山地暗棕壤	中基性岩山地暗棕壤	Ao	0–3													玄武岩半风化石砾	E 126°39′59.4″ N 42°25′46.2″	99
						A₁	3–46	灰色	黏壤土	团块状	6.0	179.6	6.32	0.45	15.8	421	25.7	183	43.1			
						A₂	46–52	灰白色	粉砂质黏壤土	小团状	6.1	81.1	4.10	0.39	16.9	317	13.9	100	32.9			
						BC	52–132	灰白色	砂质黏壤土	棱块状	6.1	21.6	1.11	0.20	18.3	94	9.2	149	24.9			
							132–150	棕色														
剖29	初育土	新积土	冲积土	层状冲积土	壤质层状冲积土	Aa	0–15	灰色	黏壤土	粒状	5.9	70.1	1.90	1.27	11.8	147	21.0	174	24.6	冲积物	E 126°41′45.6″ N 42°24′46.4″	97
						C₁	15–25	灰白色	砂壤土	粒状	6.5	10.2	0.52	1.35	9.9	99	26.2	76	15.8			
						C₂	25–65	灰白色	粉砂壤土	粒状	6.5	8.2	0.61	1.66	9.7	53	13.3	76	36.4			
						C₃	65–84	浅黄色	砂壤土	无明显结构	5.5	12.1	0.72	1.51	10.3	159	7.3	191				
剖30	淋溶土	白浆土	山地白浆土	酸性岩山地白浆土	中层酸性岩山地白浆土	Aa	0–16	暗灰色	粉砂黏壤土	小团块状	6.0	79.6	2.50	0.90	17.4	245	52.4	23	43.1	酸性岩半风化物	E 126°41′26.2″ N 42°24′15.1″	97
						A₁	16–25	灰色	粉砂壤土	团块状	6.0	11.5	1.00	0.84	18.0	167	31.4	10	25.8			
						B	25–41	灰白棕色	黏壤土	棱块状	6.0	7.1	0.48	0.48	19.4	62	32.7	7	24.5			
剖31	淋溶土	白浆土	山地白浆土	酸性岩山地白浆土	中层酸性岩山地白浆土	A₂	41–90	棕黄色	砂壤土	棱块状	6.0	12.6	0.48	0.62	18.4	60	45.8	7	18.6		E 126°43′09.8″ N 42°24′08.3″	97
						C	90–120	黏土色	黏土	棱块状	6.2	0.6	0.44	0.56	20.8	41	63.3	17	30.9			

续表 Continued

剖面号 Soil profile	土纲 Soil order	土类 Soil great group	亚类 Soil subgroup	土属 Soil genus	土种 Soil species	土层码 Layer code	土层厚度 Depth/cm	颜色 Soil color	质地 Soil texture	土壤结构 Soil structure	pH	有机质 OM/(g/kg)	全氮 TN/(g/kg)	全磷 TP/(g/kg)	全钾 TK/(g/kg)	碱解氮 AN/(mg/kg)	有效磷 AP/(mg/kg)	速效钾 AK/(mg/kg)	阳离子交换量 CEC/(cmol/kg)	土壤母质 Parent material	剖面点坐标 Profile coordinate	匹配指数 Matching index/%
剖32	淋溶土	白浆土	潜育白浆土	亚表潜白浆土	薄层亚表潜白浆土	Ao	0—3	暗灰色	黏壤土	粒状	6.1	150.3	5.23	0.37	16.1	322	14.1	83	35.9		E 126°44′27.6″ N 42°23′49.1″	81
						A₁	3—14	浅黄色	黏壤土	无明显结构	6.5	5.8	0.72	0.31	18.8	48	3.4	25	21.6			
						A₂g	14—39	黄棕色	粉砂质黏壤土	棱块状	5.7	13.5	0.59	0.34	19.3	57	3.4	58	33.9			
						Bg	39—78	黄棕色	黏壤土			12.9	0.59	0.34	2.2	27	13.8	62	39.7			
						C	78—119															
剖33	淋溶土	白浆土	山地白浆土	基性岩山地白浆土	厚层基性岩山地白浆土	Ao	0—2	暗灰色	黏壤土	粒状	5.8	267.5	7.48	1.15	9.3	637	11.2	266	42.3	基性岩风化物	E 126°39′33.1″ N 42°23′45.2″	98
						A₁	2—37	浅黄色	砂质黏壤土	粒状	5.9	34.1	0.63	0.34	13.1	64	5.3	41	24.6			
						B₁	37—60	棕黄色	砂质黏壤土	棱块状	5.8	29.9	0.58	0.32	14.8	61	4.2	62	39.7			
						B₂	60—80	棕黄色	粉砂质黏壤土	棱块状	5.6	27.6	0.48	0.27	16.1		4.6	133	30.0			
						C	80—115															
							115—															
剖34	淋溶土	暗棕壤	暗棕壤	火山灰暗棕壤	中层火山灰暗棕壤	Aa	0—21	灰黑色	粉砂质黏壤土	团块状	6.4	68.0	2.88	0.52	13.7	271	3.0	79	31.9	火山灰	E 126°32′15.0″ N 42°22′38.6″	97
						A₁	21—28	灰黑色	砂质黏壤土	团块状	6.4	23.5	1.90	0.57	13.8	99	4.1	58	18.6			
						A₂B	28—62	黄棕色	砂质黏壤土	小团块状	6.3	12.9	0.49	0.24	13.8	23	3.9	41	17.0			
						BC	62—87	暗棕色	黏壤土		6.5	11.8	0.46	0.25	15.2	51	4.6	66	20.5			
剖35	淋溶土	暗棕壤	暗棕壤性土	酸性岩暗棕壤性土	薄层酸性岩暗棕壤性土	Aa	0—11	暗灰色	砂质壤土	粒状	6.9	135.6	7.22	0.67	12.2	148	17.9	91	44.4	酸性岩风化物	E 126°42′17.3″ N 42°21′13.7″	95
						BC	11—25	暗灰色	砂质壤土	粒状，片状	5.8	12.9	0.99	0.16	13.4	77	1.4	58	14.8			
						C	25—45				5.5	13.8	0.39	0.21	15.5	216	1.4	46				
							45—															
剖36	淋溶土	暗棕壤	暗棕壤	火山灰暗棕壤	薄层火山灰暗棕壤	A₁	0—15	棕灰色	砂质黏壤土	粒状	6.5	131.0	4.76	1.55	11.8	211	4.0	142	45.8	火山砂	E 126°34′24.2″ N 42°21′10.1″	95
						A₂	15—65	灰黑色	黏壤土	团块状	6.8	66.1	1.98	1.69	11.1	40	12.4	83	31.2			
						B	65—90	棕黄色	砂质黏壤土	无明显结构	6.6	15.4	0.60	0.29	14.1	35	8.5	228	26.9			
						C	90—120	灰黑色	黏壤土		6.5	17.6	0.58	0.28	14.5	53	4.2	96	19.9			
剖37	淋溶土	白浆土	潜育白浆土		中层潜育白浆土	1	0—15	暗灰色	粉砂质黏壤土		5.6	50.7	1.81	0.53	19.7	159	6.3	75	25.0		E 126°42′20.2″ N 42°28′51.1″	97
						2	15—25	暗灰色	黏壤土		5.9	38.1	1.64	0.44	19.0	153	4.9	62	23.7			
						3	25—50	灰黄色	砂质壤土		6.2	14.1	0.71	0.31	20.4	55	25.4	54	19.9			
						4	50—90	蓝灰色	砂质壤土		6.3	5.9	0.62	0.34	22.3	55	20.6	58	31.0			
						5	90—130		砂质壤土		6.3	12.0	0.78	0.33	23.2	69		79	32.3			
剖38	淋溶土	白浆土	山地白浆土	基性岩山地白浆土	薄层基性岩山地白浆土	1	0—15	灰黑色	砂质黏壤土	无明显结构	4.8	166.4	5.56	0.75	11.2	453	35.4	25	40.4	基性岩风化物	E 126°57′30.5″ N 42°27′17.0″	95
						2	15—34	灰黑色	黏壤土	无明显结构	5.3	29.9	0.32	0.30	13.5	26	3.3	62	19.6			
						3	34—65	黄棕色	黏壤土	无明显结构	6.1	34.0	0.44	0.39	14.4	48	1.7	104	28.4			
						4	65—120	棕黄色	壤土		6.5	34.8	0.33	0.45	12.0	50	5.5	124	27.9			
剖39	水成土	沼泽土	腐泥沼泽土	腐泥沼泽土	腐泥沼泽土	A	0—25	暗灰色	粉砂质黏壤土	无明显结构	5.1	88.3	3.34	1.19	11.3	317	8.2	191	40.1	冲积物	E 126°48′22.5″ N 42°25′53.8″	95
						G₁	25—55	灰黄色	黏壤土		5.3	29.4		1.22	12.9	159	24.1	249	28.3			
						G₂	55—90	蓝泥沼泽土	砂质壤土		5.4	3.9	0.15	1.76	15.1	39	29.1	133				
						G₃	90—120		砂质壤土		5.5	2.4	0.33	2.12	14.2	46	24.0	71				
剖40	初育土	新积土	冲积土	冲积土	壤质冲积土	Aa	0—17	灰黑色	黏壤土	粒状	5.4	82.0	3.20	0.32	19.3	241	9.6	241	26.1		E 126°46′54.5″ N 42°24′10.1″	97
						C₁	17—35	灰黄色	壤土	粒状	5.5	33.5	0.78	0.21	19.5	172	20.8	108	21.7			
						C₂	35—80	黄棕色	黏壤土	无明显结构	5.6	12.4	0.34	0.34	43.2	55	8.8	37				
						C₃	80—120	棕黄色	壤土		5.6	7.6	0.66	0.20	20.7	32	18.9	54				
剖41	淋溶土	暗棕壤	暗棕壤性土	酸性岩暗棕壤性土	中层酸性岩暗棕壤性土	Aa	0—16	暗灰色	壤质黏土	粒状	5.6	74.5	7.21	0.71	15.0	576	8.9	71	41.6	酸性岩风化物	E 126°56′16.1″ N 42°23′48.1″	98
						A₁	16—28	棕灰色	粉砂质黏壤土	小团块状	5.9	79.2	3.46	0.68	15.9	346	5.7	54	32.3			
						A₂	28—35	黄灰色	壤质黏土	粒状	6.0	32.7	1.41	0.33	18.4	130	4.1	71	21.8			
						B	35—46	棕黄色														
						C	46—															

第二编 分县土壤图与土壤剖面数据 | 203

续表 Continued

剖面号 Soil profile	土纲 Soil order	土类 Soil great group	亚类 Soil subgroup	土属 Soil genus	土种 Soil species	土层码 Layer code	土层厚度 Depth/cm	颜色 Soil color	质地 Soil texture	土壤结构 Soil structure	pH	有机质 OM/(g/kg)	全氮 TN/(g/kg)	全磷 TP/(g/kg)	全钾 TK/(g/kg)	碱解氮 AN/(mg/kg)	有效磷 AP/(mg/kg)	速效钾 AK/(mg/kg)	阴离子交换量CEC/(cmol/kg)	土壤母质 Parent material	剖面点坐标 Profile coordinate	匹配指数 Matching index/%
剖42	人为土	水稻土	冷浆型水稻土	腐泥冷浆型水稻土	腐泥冷浆型水稻土	Aa	0—12	灰色	粉砂质黏土		5.8	38.6	2.20	1.09	12.8	200	11.0	116	25.0		E 126°46′47.6″ N 42°22′39.4″	97
						G₁	12—65				5.7	28.4	2.86	0.72	12.9	190	25.2	58	32.2			
						C₂	65—95		粉砂质黏土		5.9	38.8	1.05	0.52	13.3	114	13.9	58				
剖43	淋溶土	白浆土	潜育白浆土	亚表潜白浆土	中层亚表潜白浆土	Ao	0—3	暗灰色	壤质黏土		5.0	189.2	5.65	1.79	15.8	486	21.9	307			E 126°53′28.3″ N 42°20′32.3″	100
						A₁	3—28	淡灰色	粉砂质黏土	粒状	5.4	51.8	0.99	1.03	16.6	117	8.8	83	25.3			
						A₂g	28—45	棕色	粉砂质黏土	梭块状	5.7	11.5	0.53	0.89	16.6	65	14.6	108	41.2			
						Bg	45—75	灰黄色	粉砂质黏土		5.3	8.1	0.51	0.62	18.1		10.1	158	37.4			
						Cg	75—120		粉砂质黏土		5.0	54.3	1.95	0.39	19.4	258	6.3	62	31.0			
剖44	淋溶土	白浆土	山地白浆土	页岩山地白浆土	薄层页岩山地白浆土	Aa	0—12	灰黄色	粉砂质黏土	粒状	5.1	13.9	0.47	0.19	19.3	70	4.4	46	20.1	页岩风化物	E 126°55′06.6″ N 42°20′19.9″	95
						A₂	12—25	浅黄色	粉砂质黏土	小粒状	5.3	10.9	0.49	0.18	19.9	25	0.6	75	31.9			
						A₂B	25—65	黄棕色	粉砂质黏土	棱块状	5.3	6.3	0.44	0.21	19.7	48	1.2	87	31.9			
						B	65—105	黄棕色	粉砂质黏土	块状	5.4	10.3	0.58	0.39	20.2	291	6.3	91	32.1			
						C	105—120															
剖45	淋溶土	暗棕壤	暗棕壤	基性岩暗棕壤	中层基性岩暗棕壤	1	0—25		黏壤土		6.1	121.6	5.25	0.93	18.1	146	25.7	124	24.2	基性岩风化物	E 126°38′21.8″ N 42°19′38.6″	97
						2	25—39		黏壤土		5.5	20.0	0.88	0.30	22.2	54	6.4	46	18.0			
						3	39—67		砂质黏壤土		5.3	11.7	0.43	0.72	18.4	21	14.6	25	17.7			
						4	67—110		黏壤土		5.3	10.1	0.55	1.27	19.6		8.4	29	19.8			
剖46	淋溶土	暗棕壤	暗棕壤	火山灰暗棕壤	厚层火山灰暗棕壤	A₁	0—45	暗灰色	壤土	团块状	6.4	161.0	5.90	0.68	12.9	408	46.9	58	50.6	火山灰	E 126°32′51.7″ N 42°19′16.0″	98
						A₂B	45—95	灰褐色	壤土	粒状	5.9	36.5	2.26	4.76	19.7	216	22.0	100	31.7			
						BC	95—125	灰白色	黏土		6.0	61.7	2.16	0.42	16.0	98	4.3	62	37.5			
剖47	淋溶土	白浆土	台地白浆土	台地白浆土	薄层台地白浆土	1	0—13		黏质黏土		5.4	15.1	0.44	0.24	17.8	61	3.5	2	23.1		E 126°42′53.1″ N 42°17′08.7″	95
						2	13—24		黏质黏土		5.8	17.1	0.46	0.30	17.8	63	3.7	58	28.1			
						3	24—65		粉砂质黏土		5.8	10.6	0.54	0.18	18.3	53	4.0	101	28.2			
						4	65—120	灰白相间			6.0											
剖48	淋溶土	暗棕壤	暗棕壤	基性岩暗棕壤	薄层基性岩山地暗棕壤	Ao	0—2	黄白相间	黏壤土	粒状	5.3	113.4	4.55	1.11	19.0		3.4	168	38.4	辉长岩风化物	E 126°44′55.5″ N 42°11′48.7″	95
						A₁	2—20	暗棕色	砂质黏壤土	无明显结构	5.5	12.7	0.61	0.18	18.3	58		54	14.2			
						2	20—45	黄棕色	粉砂质黏土	小块状	5.7	12.0	0.54	0.21	17.4	62	2.1	60	39.0			
剖49	淋溶土	白浆土	山地白浆土	酸性岩山地白浆土	薄层酸性岩山地白浆土	1	0—11		砂质黏壤土		5.8	137.4	4.39	0.39	18.9	216	4.4	116	43.6	酸性岩风化物	E 126°46′06.6″ N 42°18′55.2″	95
						2	11—40		砂质黏壤土	团块状	5.3	7.3	2.56	0.24	22.4	44	1.9	43	15.8			
						3	40—80		粉砂质黏土	梭块状	5.1	7.5	0.48	0.14	24.9	48	1.3	76	24.3			
						4	80—117		粉砂质黏土		5.7	4.8	0.55	0.33	20.8	36	2.1	79	32.0			
剖50	淋溶土	白浆土	山地白浆土	酸性岩山地白浆土	薄层酸性岩山地白浆土	Aa	0—12	灰黄色	粉砂质黏土	团块状	5.7	102.2	4.00	0.93	20.9	435	19.8	158	37.4	酸性岩风化物	E 126°54′36.4″ N 42°16′03.4″	96
						A₂	12—32	黄棕色	粉砂质黏土	梭块状	5.5	18.7	1.36	0.59	20.2	58	0.8	91	32.4			
						A₂B	32—46	黄棕色	粉砂质黏土		5.5	8.8	0.72	0.30	20.6	67	1.0	79	30.6			
						B	46—80	黄棕色	粉砂质黏土		5.4	7.7	0.59	0.32	20.5	42	1.0	95	33.3			
						BC	80—110	黄棕色			5.4	3.0	0.48	0.35	21.2	71	1.1	108	46.4			
						C	110—120															
剖51	淋溶土	暗棕壤	暗棕壤	页岩暗棕壤	薄层页岩暗棕壤	Aa	0—12	暗灰色	黏壤土	小团块状	5.2	48.5	2.25	0.66	16.7	155	15.5	116	24.4	页岩风化物	E 126°52′08.0″ N 42°16′02.3″	95
						A₂	12—22	黄棕色	黏壤土		5.9	13.1	1.16	0.38	16.7	82	2.8	91	20.7			
						BC	22—70	黄灰色	砂土		5.5	10.6	0.99	0.46	24.9	47	15.8	95	19.9			
						C	70—															
剖52	淋溶土	暗棕壤	暗棕壤	基性岩暗棕壤	薄层基性岩暗棕壤	1	0—14		黏质黏土		6.1	77.8	7.86	1.16	17.3	667	9.6	353	54.9	基性岩风化物	E 126°57′11.9″ N 42°15′29.2″	95
						2	14—30		黏质黏土		5.6	43.1	2.52	0.66	16.8	261	2.0	104	32.2			
						3	30—50		壤质黏土		5.3	16.0	0.89	0.41	17.4	49	1.4	71	30.1			

续表 Continued

剖面号 Soil profile	土纲 Soil order	土类 Soil great group	亚类 Soil subgroup	土属 Soil genus	土种 Soil species	土层码 Layer code	土层厚度 Depth/cm	颜色 Soil color	质地 Soil texture	土壤结构 Soil structure	pH	有机质 OM/(g/kg)	全氮 TN/(g/kg)	全磷 TP/(g/kg)	全钾 TK/(g/kg)	碱解氮 AN/(mg/kg)	有效磷 AP/(mg/kg)	速效钾 AK/(mg/kg)	阳离子交换量CEC/(cmol/kg)	土壤母质 Parent material	剖面点坐标 Profile coordinate	匹配指数 Matching index/%
剖53	淋溶土	暗棕壤	暗棕壤	石灰岩暗棕壤	厚层石灰岩暗棕壤	A₁	0~40	暗灰色	轻黏土	团块状	6.2	174.4	6.89	0.76	11.9	689	21.5	216	56.0	石灰岩风化物	E 126°56′02.0″ N 42°10′51.2″	95
						A₁B	40~66	棕黄色	黏土	团块状	5.5	36.7	1.97	0.39	12.5		2.7	158	20.9			
						BC	66~85															
剖54	淋溶土	暗棕壤	暗棕壤性土	中性岩暗棕壤性土	薄层中性岩暗棕壤性土	Aa	0~12	暗灰色	黏壤土	粒状	6.7	121.1	5.32	1.87	14.6	391	20.0	232	43.6	安山岩风化物	E 127°12′50.4″ N 42°19′28.6″	96
						A₂	12~36	灰白色	黏壤土	块状	6.3	30.0	1.37	0.53	14.9	180	15.6	117	20.9			
						BC	36~48															
						C	48~															
剖55	淋溶土	暗棕壤	暗棕壤	基性岩暗棕壤	薄层基性岩暗棕壤	A₁	0~14	灰色	黏壤土	小团块状	6.3	145.1	9.12	1.77	15.4	648	17.2	274	40.4	玄武岩半风化石砾	E 127°10′55.6″ N 42°18′03.2″	95
						A₁B	14~25	黄灰色	砂质黏壤土	粒状	5.6	60.6	2.60	1.37	15.5	192	4.0	116	27.5			
						BC	25~55	棕黄色	砂质黏壤土	块状	5.7	13.2	0.83	0.52	14.5	90	5.9	124	21.2			
						C	55~															
剖56	淋溶土	暗棕壤	暗棕壤	砂岩暗棕壤	薄层砂岩暗棕壤	Aa	0~13	灰色	黏壤土	粒状	5.7	97.9	4.00	0.74	19.7		18.3	129	29.6	砂岩风化物	E 127°04′03.0″ N 42°17′56.0″	95
						A₂	13~21	灰白色	砂质黏壤土	粒状	5.7	42.5	2.01	0.60	22.4	157	10.0	79	21.7			
						BC	21~55	灰白色	砂壤土	无明显结构	5.7	11.0	0.38	0.27	24.6	29	9.0	79	20.4			
						C	55~															
剖57	初育土	新积土	冲积土	冲积土	砾石底壤质冲积土	Aa	0~20	灰色	黏壤土	团块状	5.6	64.3	2.87	0.39	19.5	38	30.6	70	29.1	冲积物	E 127°03′18.7″ N 42°16′59.5″	100
						C₁	20~50	灰黄色	砂壤土	粒状	5.9	11.0	0.74	0.22	21.5	72	14.6	75	17.5			
						C₂	50~															
剖58	淋溶土	暗棕壤	暗棕壤性土	片岩暗棕壤性土	薄层片岩暗棕壤性土	A₁	0~12	灰黄色	壤质黏土	粒状	5.9	70.3	2.69	0.75	20.4	210	9.0	141	21.9	片岩风化物	E 127°05′53.9″ N 42°16′55.2″	95
						BC	12~47	灰白色	粉砂质黏壤土	无明显结构	6.0	14.3	0.85	0.32	19.7	111	6.5	104	27.6			
						C	47~															
剖59	人为土	水稻土	冲积土型水稻土	冲积土型水稻土	壤质渗育冲积土型水稻土	Aa	0~15	灰色	黏壤土	无明显结构	5.5	90.4	3.24	0.75	19.7		20.3	95	34.4		E 127°02′06.7″ N 42°16′10.2″	98
						P	15~26	蓝灰色	砂质黏壤土	粒状	6.1	60.1	2.13	0.73	20.9		14.7	108	28.5			
						C	26~50															
剖60	淋溶土	暗棕壤	暗棕壤性土	页岩暗棕壤性土	薄层页岩暗棕壤性土	A₁	0~15	灰色	壤质黏土	粒状	5.2	65.7	2.62	0.41	13.4	296	8.1	169	36.2	页岩风化物	E 127°03′45.0″ N 42°12′05.8″	95
						A₂	15~30	灰黄色	黏质黏土	无明显结构	5.0	22.6	0.93	0.28	12.4	105	2.0	75	15.9			
						BC	30~45															
						C	45~															

长白朝鲜族自治县

主要土类说明

暗棕壤是长白朝鲜族自治县主要土壤类型，占本县地域面积的57%。暗棕壤是发育于山地上的一种弱度发育土壤，其发育受地形、坡度因素的影响极大。本县绝大部分的山坡地都分布着暗棕壤。母质为各种岩石风化残积物和坡积物。岩石的种类主要为基性岩和酸性岩，也有少量的页岩、片岩、石灰岩，故其盐基不饱和，酸性较强。

白浆土是长白朝鲜族自治县第二大土壤类型，占本县地域面积的36%，主要分布在山地缓坡下部、台地及低阶地。母质为岩石风化残积物或黄土堆积物。该土壤土层比暗棕壤深厚，土质比暗棕壤黏重。自然植被多为针阔叶混交林或灌木，林下草本植物生长茂盛。腐殖质层下为灰黄色至灰白色白浆层，质地紧实，作物根系难以生长；白浆层下为棱块状或棱柱状淀积层，质地黏重，结构体表面有铁锰胶膜。本县白浆土分为山地白浆土、台地白浆土、潜育白浆土三个亚类。

小于本县地域面积3%的土壤类型有棕色针叶林土、粗骨土、草甸土、山地草甸土、黑毡土、火山灰土等。

本区域中心区气候特征

本区域中心区气候特征值
Regional climate characteristics in central area of the region

气候带：中温带亚干旱气候 Climate region: Mid temperate subarid climate	
年平均气温 /℃ Annual average temperature /℃	5.5
年平均最高气温 /℃ Annual average maximum temperature /℃	12.3
年平均最低气温 /℃ Annual average minimum temperature /℃	0.1
年降水量 /mm Annual precipitation /mm	739
≥10℃的积温 /℃ Daily temperature accumulated in a year (≥10℃) /℃	2066
年日照时数 /h Annual sunshine /h	2238
年平均相对湿度 /% Annual average relative humidity /%	68
干燥度 Dryness	0.47

本区域中心区月平均气温与月平均降水量
Monthly temperature and precipitation in central area of the region

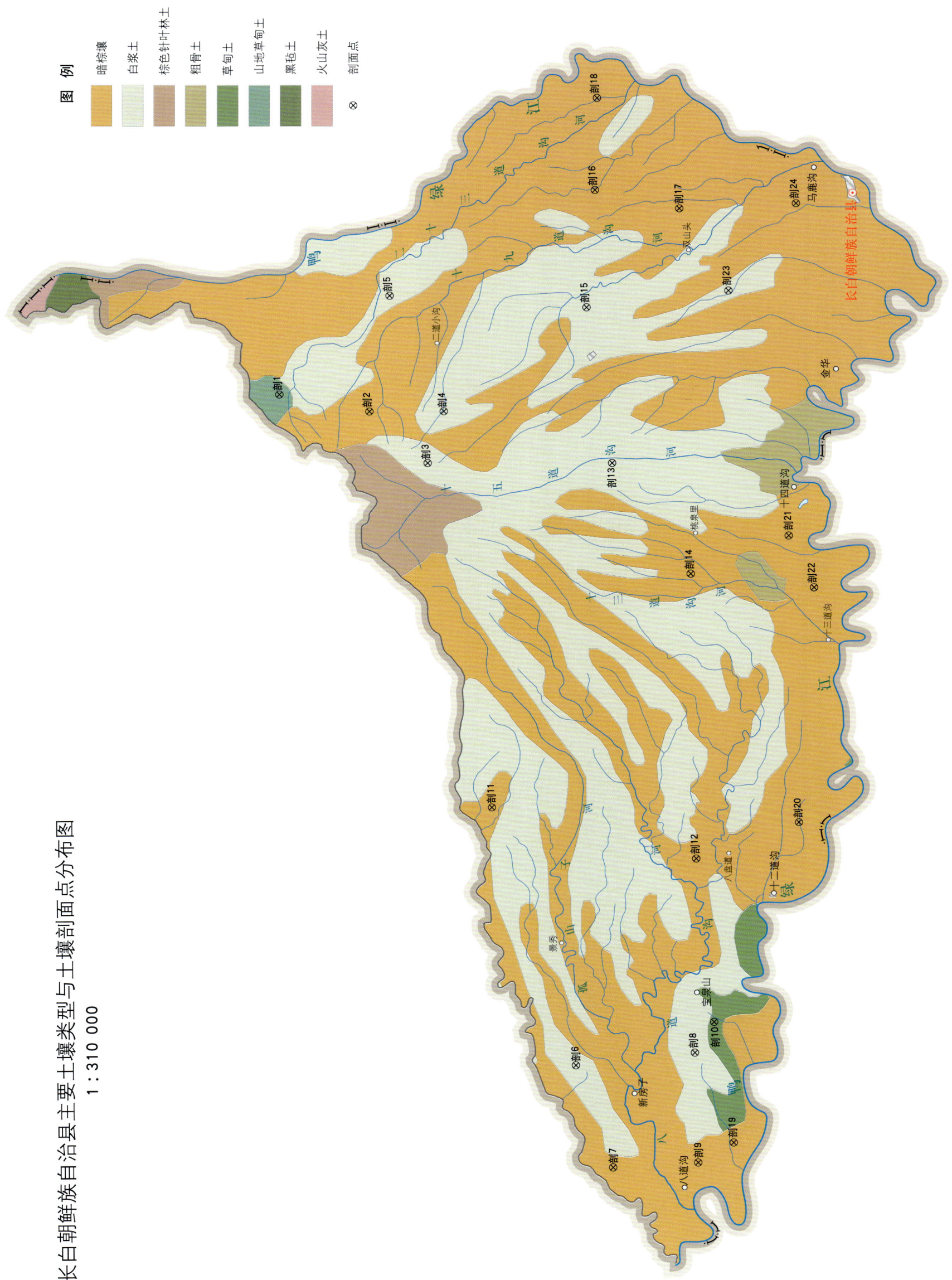

长白朝鲜族自治县土壤剖面理化性状表

剖面号 Soil profile	土纲 Soil order	土类 Soil great group	亚类 Soil subgroup	土属 Soil genus	土种 Soil species	土层码 Layer code	土层厚度 Depth/cm	颜色 Soil color	质地 Soil texture	土壤结构 Soil structure	pH	有机质 OM/(g/kg)	全氮 TN/(g/kg)	全磷 TP/(g/kg)	全钾 TK/(g/kg)	碱解氮 AN/(mg/kg)	有效磷 AP/(mg/kg)	速效钾 AK/(mg/kg)	土壤母质 Parent material	剖面点坐标 Profile coordinate	匹配指数 Matching index/%
剖1	半水成土	山地草甸土	草甸土	山川草甸土	中层山川草甸土	Aa	0—21	灰褐色	粉砂质黏土	团粒状	5.9	68.8	2.73	2.42	21.2	266	71.0	284		E 127°59′50.6″ N 41°47′45.0″	74
剖2	淋溶土	暗棕壤	暗棕壤	片岩暗棕壤	中层片岩暗棕壤	A₁	21—49	黑灰色	壤质黏土	团粒状	6.3	90.4	3.16	2.98	19.5	250	21.6	150	片岩风化物	E 127°58′56.3″ N 41°44′10.0″	73
						Bg	49—120	黄灰色	黏质黏土	无明显结构	5.6	33.3	1.63	2.82	18.9	123	23.4	105			
						Aa	0—15	暗灰色	粉砂质壤土	粒状	7.0	100.1	3.86	2.34	31.3	336	23.3	43			
剖3	淋溶土	白浆土	山地白浆土	基性岩山地白浆土	薄层基性岩山地白浆土	A₁	15—22	棕灰色	砂质黏壤土	粒状	5.5	54.0	2.37	1.62	32.0	242	25.3	160	玄武岩风化物	E 127°56′08.2″ N 41°41′49.6″	75
						A₂	22—35	灰白色	黏质壤土	片状	5.4	30.6	1.41	1.13	36.4	88	30.6	90			
						A₂B	35—50	黄白相间	砂质壤土	无结构	5.3	13.6	0.81	0.79	46.5	77	24.8	65			
						BC	50—120	灰灰色	砂质壤土	小块状	5.1	5.6	0.53	0.45	50.6	78	149.0	120			
剖4	淋溶土	白浆土	山地白浆土	玄武岩台地白浆土	薄层玄武岩台地白浆土	Aa	0—15	浅灰色	砂质壤土	小粒状	5.6	28.7	1.49	0.95	25.1	73	148.0	94	玄武岩风化物	E 127°58′59.5″ N 41°41′12.5″	75
						A₂	15—35	灰白色	黏质壤土	小粒状	5.8	29.1	1.38	0.94	26.9	11	121.8	63			
						A₂B	35—51	黄白相间	砂质壤土	梭块状	6.0	6.2	0.42	0.55	25.2	22	16.9	76			
						B	51—75	浅棕色	砂质壤土	小粒状	5.9	3.6	0.33	0.90	26.0	30	18.0	100			
						BC	75—120	黄褐色	壤质黏土	小块状	5.1	4.7	0.38	1.22	30.0						
剖5	淋溶土	白浆土	山地白浆土	酸性岩山地白浆土	中层酸性岩山地白浆土	A₁	0—12	暗棕色	壤土	小粒状	4.9	271.2	6.94	1.46	19.7	303		380	酸性岩风化物	E 127°58′19.4″ N 41°43′24.5″	75
						A₂	12—29	黄色	粉砂黏壤土	小粒状	5.1	11.5	0.57	0.45	26.2	20	0.9	124			
						A₂B	29—70	黄灰色	砂质黏壤土	小粒状	5.2	6.3	0.45	0.66	26.1	20	2.7	115			
						B	70—120	黄红色	砂质黏壤土	小粒状	5.6	6.8	0.51	1.03	29.5	21	5.3	105			
剖6	淋溶土	白浆土	山地白浆土	酸性岩山地白浆土	薄层酸性岩山地白浆土	Aa	0—8	棕红色	砂质黏壤土	小粒状	5.0	23.0	1.17	0.65	24.2	106	15.7	92	酸性岩风化物	E 128°05′19.4″ N 41°43′24.5″	95
						A₁	8—17	浅黄色	砂质黏壤土	小粒状	5.1	26.4	1.21	0.63	26.5	107	11.7	85			
						A₂	17—43	浅黄色	砂质黏壤土	小粒状	5.5	7.3	0.54	6.35	27.3	40	4.6	125			
						A₂B	43—89	灰色	砂质壤土	小粒状	5.9	2.4	0.44	1.05	25.9	14	21.1	49			
						B	89—120	棕红色	砂质黏壤土	小粒状	5.9	3.3	0.70	0.93	25.6	16	19.2	55			
剖7	淋溶土	暗棕壤	暗棕壤	厚层基性岩暗棕壤	厚层基性岩暗棕壤	Aa	0—10	灰白色	砂质黏壤土	小梭块状	5.8		0.94	0.61	23.0	90	11.0	112	黄土状沉积物	E 127°23′10.0″ N 41°35′40.2″	95
						A₂	10—27	灰白色	砂质黏壤土	无明显结构	5.2	10.9	0.45	0.44	21.9	50	5.4	90			
						A₂B	27—46	浅黄色	砂质黏壤土	小梭块状	5.3	6.3	0.48	0.40	23.1	40	1.6	105			
						B	46—120	褐色	砂质黏壤土	小粒状	5.5	4.4	0.45	1.43	23.3	28	64.5	165			
剖8	淋溶土	暗棕壤	暗棕壤	片岩台地棕壤	薄层片岩台地棕壤	Aa	0—32	灰黑色	粉砂质黏土	粒状	6.1	119.9	4.11	2.75	16.8	26	70.8	376	片岩风化物	E 127°17′38.0″ N 41°34′08.8″	85
						A₂	32—95	浅黄色	黏壤土	粒状	6.6	18.4	0.95	1.39	15.3	231	16.2	190			
						BC	95—120	浅黄色	粉砂质黏壤土	粒状	5.8	9.2	0.68	1.42	15.9	41	13.4	165			
剖9	淋溶土	白浆土	台地白浆土	酸性岩台地白浆壤	中层酸性岩暗棕壤	Aa	0—15	灰黑色	粉砂质黏土	小粒状	6.0	69.8	2.48	0.90	25.0	261	68.6	105	花岗岩风化物	E 127°23′56.0″ N 41°30′57.2″	85
						A₂	15—25	黄白相间	黏壤土	小粒状	6.4	21.8	0.79	0.31	23.9		4.6	40			
						B	25—55	棕黄色	粉砂黏壤土	梭块状	6.5	9.7	0.58	0.27	27.2	60	1.0	55			
						BC	55—72	棕黄色	粉砂黏壤土	梭块状	7.0	13.7	0.64	0.64	25.2	48	0.4	105			
						C	72—120	浅黄色	壤土	粒状	6.5	37.4	1.49	1.37	32.5	131	86.0	135			
剖10	半水成土	草甸土	草甸土	山川草甸土	薄层山川草甸土	A₁	0—9	暗棕色	黏壤土	团粒状	6.2	18.0	0.74	0.57	30.2	59	11.1	50	片岩风化物	E 127°17′57.1″ N 41°30′46.1″	75
						AB	9—32	浅灰色	黏壤土	小粒状	6.0	9.6	0.55	0.52	29.4	36	10.4	75			
						Bg	32—95	灰色	黏壤土	粒状	5.8	10.1	0.60	0.44	30.6	41	11.3	80			
						C	95—120	灰白色	黏壤土	无明显结构	6.4	8.1	0.47	0.65	31.2	46	14.0	95		E 127°25′36.1″ N 41°30′12.2″	

续表 Continued

剖面号 Soil profile	土纲 Soil order	土类 Soil great group	亚类 Soil subgroup	土属 Soil genus	土种 Soil species	土层码 Layer code	土层厚度 Depth/cm	颜色 Soil color	质地 Soil texture	土壤结构 Soil structure	pH	有机质 OM/(g/kg)	全氮 TN/(g/kg)	全磷 TP/(g/kg)	全钾 TK/(g/kg)	碱解氮 AN/(mg/kg)	有效磷 AP/(mg/kg)	速效钾 AK/(mg/kg)	土壤母质 Parent material	剖面点坐标 Profile coordinate	匹配指数 Matching index/%
剖11	淋溶土	暗棕壤	暗棕壤性土	幼暗砾泥土	黑石砂土	A	0—18	暗红棕色	黏壤土	团粒状	5.6	71.6	2.84	0.55	13.9	287	19.0	136	玄武岩风化物	E 127°37′14.9″ N 41°39′07.9″	85
						(Bt)	18—26	暗红棕色	黏壤土	团块状	5.8	37.4	2.75	0.49	15.7	177	14.0	90			
						C	26—40	暗棕色	壤质黏土		6.1	18.7	0.83	0.48	14.6	78	7.0	50			
剖12	淋溶土	暗棕壤	暗棕壤	基性岩暗棕壤	薄层基性岩暗棕壤	A_1	0—14	灰黑色	砂黑壤土	小粒状	6.2	50.0	2.03	2.48	14.8	177	78.6	100	玄武岩风化物	E 127°34′32.6″ N 41°30′59.1″	85
						A_2	14—42	浅黄色	砂壤土	小粒状	5.4	78.1	3.08	2.34	20.6	282	56.6	61			
						A_2B	42—75	灰黑色	砂质黏壤土	小粒状	5.1	14.6	0.68	2.87	20.5	70	54.3	96			
						B_1	75—95	浅黄色	粉砂质黏土	无明显结构	5.1	20.4	0.74	2.16	20.7	73	109.9	106			
						BC	95—120	浅灰色	砂质黏壤土	无明显结构	5.5	53.6	1.73	2.36	17.6	203	212.4	115			
剖13	淋溶土	白浆土	山地白浆土	基性岩山地白浆土	中层基性岩台地白浆土	Aa	0—15	灰灰色	黏壤土	小粒状	6.5	42.5	1.63	1.93	23.9	156	212.3	120	基性岩风化物	E 127°56′15.0″ N 41°34′30.0″	95
						A_1	15—26	浅灰白色	黏壤土	粒状	6.0	25.3	0.93	1.92	24.3	103	39.5	90			
						A_2B	26—50	灰白色	黏壤土	梭块状	6.7	12.5	0.71	1.30	26.5	68	11.6	102			
						B	50—92	灰黄色	砂壤土	梭块状	5.0	4.2	0.50	1.07	28.7	33	22.5	92			
						C	92—120	黄棕色	砂质黏壤土	无明显结构	5.2			1.10	36.0						
剖14	淋溶土	暗棕壤	暗棕壤	页岩暗棕壤	厚层页岩暗棕壤	Ao	0—3	灰灰色	黏壤土	团粒状	6.4	82.6	4.54	2.26	9.9	272	8.0	416	页岩风化物	E 127°50′12.8″ N 41°31′19.6″	81
						A_1	3—35	棕灰色	黏壤土	粒状	6.4	82.6	4.54	2.26	9.9	272	8.0	416			
						A_2B	35—50	灰白相间	黏壤土	无结构	4.9	21.0	0.91	1.39	16.8	406	7.8	128			
						BC	50—120	灰白色	砂壤土	小粒状	5.8	9.7	0.34	1.80	18.5	28	4.8	67			
剖15	淋溶土	白浆土	山地白浆土	玄武岩台地白浆土	厚层玄武岩台地白浆土	Aa	0—24	灰黄色	砂壤土	粒状	6.1	96.8	2.95	1.44	16.5	150	29.9	80	玄武岩风化物、坡积物	E 128°04′48.0″ N 41°35′34.4″	95
						A_{11}	24—32	浅黄棕色	砂质黏壤土	小粒状	6.1	48.1	1.77	1.12	18.3	79	29.6	42			
						AC	32—58	浅灰白色	砾石土	大棱块状	5.6	10.8	0.51	0.74	18.9	55	9.9	34			
						C	58—80	黄棕色	砂质黏壤土	梭块状	5.5	6.6	0.62	0.56	20.8	62	6.6	70			
						BC	80—120	灰黄色	砂质黏壤土	梭块状	5.2	7.2	0.64	0.81	17.0	124	13.4	90			
剖16	淋溶土	暗棕壤	暗棕壤	片岩暗棕壤	薄层片岩暗棕壤	Aoo	0—2												片岩风化物	E 128°11′15.4″ N 41°35′16.8″	85
						Ao	2—4														
						A_1	4—20	暗灰色	黏壤土	小粒状	4.6	32.8	1.37	0.66	40.9			180			
						A_2	20—36	黄棕色	砂壤土	粒状	6.1	12.5	0.63	0.83	51.6	42	6.0	70			
						A_2B	36—86	棕色	砂壤土	粒状	5.9	8.8	0.42	0.54			62.5	104			
						BC	86—120	灰黄色	砂壤土		5.4	5.6	0.45	2.47	45.5	33	11.0	115			
剖17	淋溶土	暗棕壤	暗棕壤	暗矿质暗棕壤性土	黑石砂	C	0—18	浅灰色	少砾质壤土	粒状	6.1	71.6	2.84	0.55	13.9	287	19.0	136	玄武岩残积物、坡积物	E 128°10′16.4″ N 41°31′55.4″	85
						AC	18—26	浅灰色	砾石土	无明显结构	5.8	18.7	0.83	0.49	15.7	78	14.0	90			
						C	26—40	黄棕色	黏壤土	无明显结构		58.0	1.87	0.48	14.6	21	7.0	50			
剖18	淋溶土	暗棕壤	暗棕壤	页岩暗棕壤	薄层页岩暗棕壤	A_1	0—18	棕红色	黏壤土	小粒状	6.1	58.0	1.87	1.20	19.5	21	10.9	55	页岩风化物	E 128°16′18.1″ N 41°35′13.9″	85
						A_2	18—26	灰白色	壤土	小粒状	5.9	21.6	0.89	0.88	19.1	56	10.9	42			
						B	26—40	棕红色	壤土	小粒状	5.3	13.2	0.89	0.57		91	2.9	46			
						BC	40—97	黄灰色	壤土	小粒状	6.1	7.4	0.58	0.73	25.9	121	8.5	140			
剖19	淋溶土	暗棕壤	暗棕壤	基性岩暗棕壤	中层基性岩暗棕壤	Aa	0—23	棕黄色	黏壤土	小棱块状	8.6	31.8	1.31	1.40	24.6	45	15.9	95	基性岩风化物	E 127°19′03.3″ N 41°29′21.6″	85
						A_1	23—54	棕色	黏壤土	粒状	5.4	17.7	0.88	1.12	24.6	152	11.8	90			
						B	54—85	灰灰色	黏壤土	粒状	6.1	13.1	0.61	1.34	25.2	82	16.9	85			
						BC	85—120	黄灰色	壤土	无明显结构	6.0	18.5	0.91	1.02	25.9	55	14.4	143			
剖20	淋溶土	暗棕壤	暗棕壤	酸性岩暗棕壤	薄层酸性岩暗棕壤	A_1	0—18	暗灰色	黏壤土	小粒状	5.9	53.9	1.72	0.88	25.2	69	11.5	140	酸性岩风化物	E 127°36′35.4″ N 41°26′55.1″	85
						A_2	18—42	黄白相间	砂壤土	小棱状	5.1	27.6	0.98	1.04	33.4	17	47.3	105			
						A_2B	42—56	棕黄色	砂壤土	粒状	5.2	13.4	0.62	1.04	48.2	47	65				
						BC	56—120	浅黄色	砂壤土	无明显结构	5.2	10.8	0.50	3.64	49.6	35	122.2	65			
剖21	淋溶土	暗棕壤	暗棕壤性土	酸性岩暗棕壤性土	薄层酸性岩暗棕壤性土	A	0—13	黑灰色	壤土	小粒状	5.1					31			酸性岩风化物	E 127°52′21.7″ N 41°27′27.1″	76
						C	13—120														

续表 Continued

剖面号 Soil profile	土纲 Soil order	土类 Soil great group	亚类 Soil subgroup	土属 Soil genus	土种 Soil species	土层码 Layer code	土层厚度 Depth/cm	颜色 Soil color	质地 Soil texture	土壤结构 Soil structure	pH	有机质 OM/(g/kg)	全氮 TN/(g/kg)	全磷 TP/(g/kg)	全钾 TK/(g/kg)	碱解氮 AN/(mg/kg)	有效磷 AP/(mg/kg)	速效钾 AK/(mg/kg)	土壤母质 Parent material	剖面点坐标 Profile coordinate	匹配指数 Matching index/%
剖22	淋溶土	暗棕壤	暗棕壤性土	片岩暗棕壤性土	薄层片岩暗棕壤性土	Aoo	0—3	暗灰色	黏壤土	小粒状									片岩风化物	E 127°49′32.2″ N 41°26′24.7″	85
						A₁	3—16														
						C	16—														
剖23	淋溶土	白浆土	山地白浆土	玄武岩台地白浆土	中层玄武岩台地白浆土	Aa	0—20	暗灰色	砂质黏壤土	粒状	4.3	138.0	4.09	1.73	22.2	232	40.3	182	玄武岩风化物	E 128°05′46.9″ N 41°29′56.1″	95
						A₂	20—35	浅灰色	砂质黏壤土	无明显结构	5.0	27.8	0.78	0.64	21.3	55	19.2	145			
						B₁	35—53	灰黄色	黏壤土	小棱块状	5.0	6.4	0.51	0.55	25.0	61	2.5	145			
						B₂	53—100	棕黄色	黏壤土	大棱块状	5.1	5.7	0.45	1.09	21.4	56	11.9	170			
						BC	100—120	棕色	黏壤土	棱块状	5.3	4.0	0.47	1.84	16.8	51	54.3	153			
剖24	淋溶土	暗棕壤	暗棕壤	火山灰暗棕壤	薄层火山灰暗棕壤	A₁	0—8	黑褐色	壤土	小粒状	5.3	102.5	3.06	1.92	16.5	299	19.8	88		E 128°10′37.2″ N 41°27′16.9″	85
						A₂	8—30				6.3	32.5	1.53	1.52	30.0	42	34.4	83			
						A₂B	30—60	深灰色	砂壤土	小粒状	5.3	65.0	3.13	4.36	18.8	125	4.6	133			
						C	60—120		砂壤土		6.1	14.7	0.31	2.31	24.7	32	13.9	165			

松 原 市

前郭尔罗斯蒙古族自治县

主要土类说明

黑钙土是前郭尔罗斯蒙古族自治县主要土壤类型，占本县地域面积的 42%。黑钙土是在温带半湿润草甸草原下形成的具深厚均腐殖质层和碳酸钙淋溶淀积层的土壤。黑钙土具有相当厚的均腐殖质层，剖面构型与黑土很相似，但土壤腐殖质积累少于黑土。均腐殖质层厚 50cm 左右，有机质含量为 50—80g/kg。其下，钙积层明显。土壤表层 pH 为 7.0，逐渐往下 pH 为 8.0—8.5。冬季冻层厚 1.3—1.5m。

风沙土是前郭尔罗斯蒙古族自治县第二大土壤类型，占本县地域面积的 22%。其主要特征是土壤几乎全由细沙颗粒组成，剖面层次分化不明显，仅有 A 层和 C 层，缺乏 B 层，风蚀严重，土壤处于幼年阶段。

草甸土是前郭尔罗斯蒙古族自治县第三大土壤类型，占本县地域面积的 21%。草甸土是在冷湿条件下，受地下水浸润并在草甸植被下发育形成的土壤。因所处地下水位较高，潜水参与土壤形成过程，受地下水升降与浸润作用，土体中氧化还原作用交替进行，土体处于氧化状态则出现红褐色锈斑，处于还原状态则产生灰蓝层。根据冲积过程和环境条件的不同，本县草甸土分为草甸土、石灰性草甸土、盐碱化草甸土三个亚类。

碱土占本县地域面积的 5%。土壤吸收性复合体中，交换性钠离子在 20% 以上，属碱土。碱土 pH 为 9.0—10.0。由于土壤黏粒下移积累，土壤物理性质变差，坚实板结。表层土质地变轻，且见蜂窝状孔隙。

小于本县地域面积 3% 的土壤类型有沼泽土、水稻土、泥炭土、草甸盐土、新积土等。

本区域中心区气候特征

本区域中心区气候特征值
Regional climate characteristics in central area of the region

气候带：中温带亚湿润气候 Climate region: Mid temperate subhumid climate	
年平均气温 /℃ Annual average temperature /℃	5.5
年平均最高气温 /℃ Annual average maximum temperature /℃	11.3
年平均最低气温 /℃ Annual average minimum temperature /℃	0.3
年降水量 /mm Annual precipitation /mm	450
≥10℃的积温 /℃ Daily temperature accumulated in a year (≥10℃) /℃	2138
年日照时数 /h Annual sunshine /h	2718
年平均相对湿度 /% Annual average relative humidity /%	62
干燥度 Dryness	0.75

本区域中心区月平均气温与月平均降水量
Monthly temperature and precipitation in central area of the region

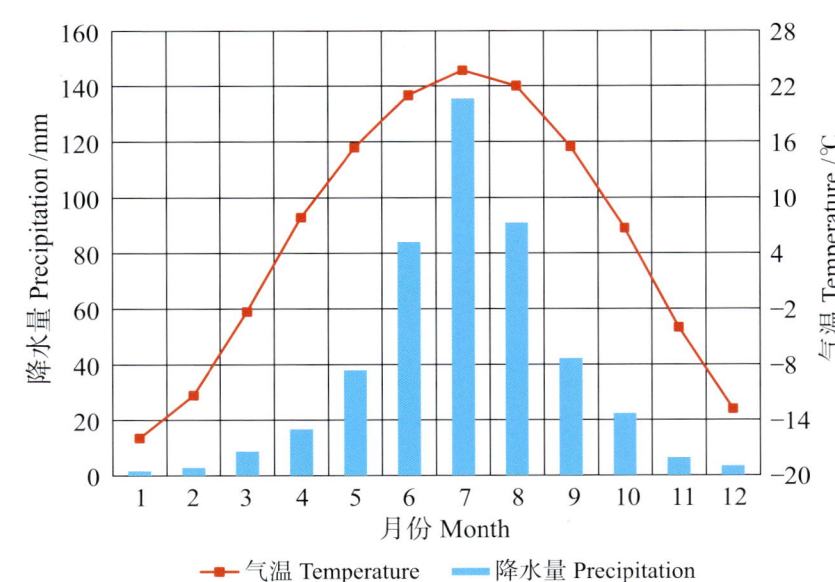

前郭尔罗斯蒙古族自治县主要土壤类型与土壤剖面点分布图

1∶580 000

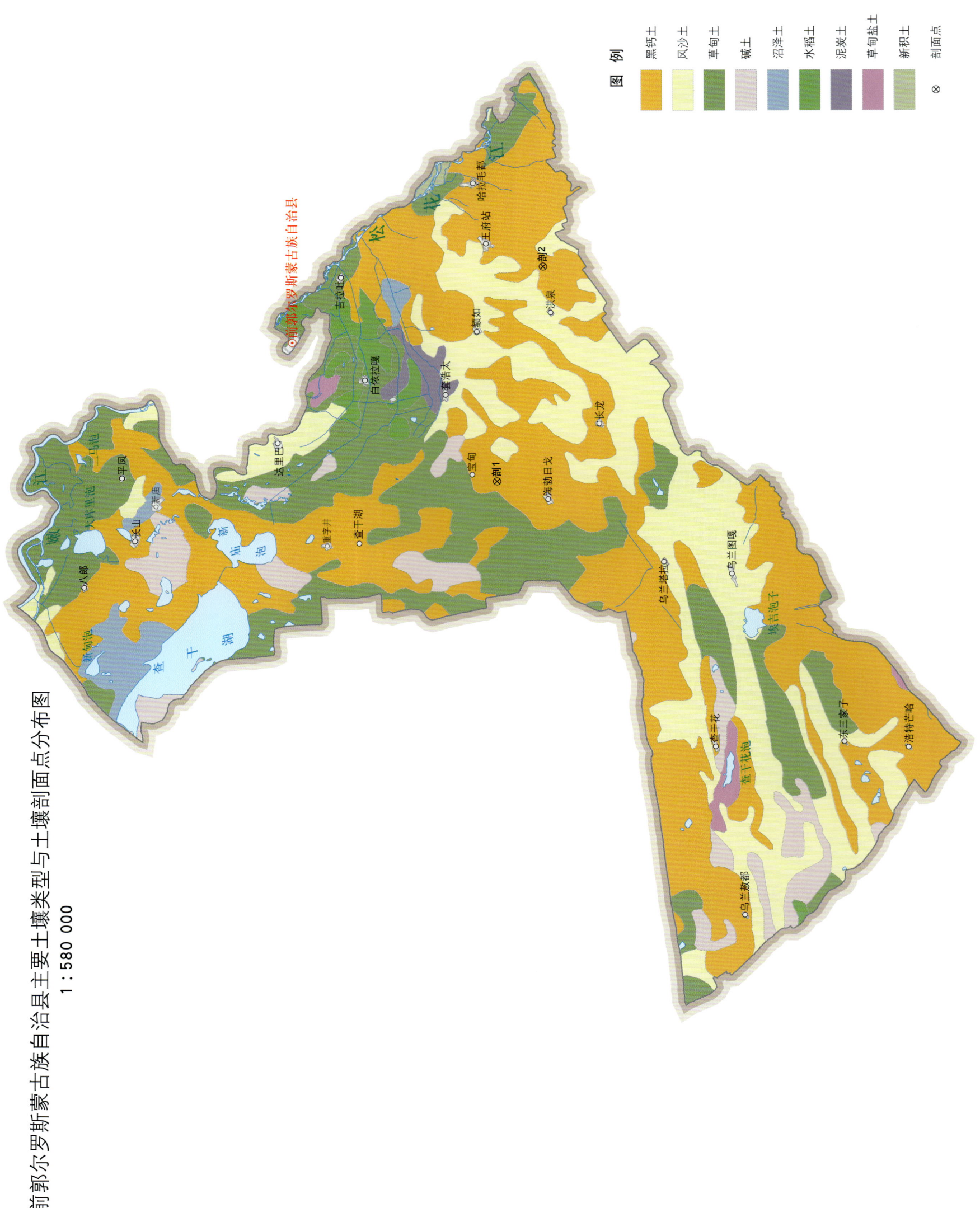

前郭尔罗斯蒙古族自治县土壤剖面理化性状表

剖面号 Soil profile	土纲 Soil order	土类 Soil great group	亚类 Soil subgroup	土属 Soil genus	土种 Soil species	土层码 Layer code	土层厚度 Depth/cm	颜色 Soil color	质地 Soil texture	土壤结构 Soil structure	pH	有机质 OM/(g/kg)	全氮 TN/(g/kg)	全磷 TP/(g/kg)	全钾 TK/(g/kg)	碱解氮 AN/(mg/kg)	有效磷 AP/(mg/kg)	速效钾 AK/(mg/kg)	阳离子交换量CEC/(cmol/kg)	土壤母质 Parent material	剖面点坐标 Profile coordinate	匹配指数 Matching index/%
剖1	钙层土	黑钙土	石灰性黑钙土	火性黑黄土	砂底火黑土	A₁₁	0–15	浊棕色	砂质黏壤土	屑粒状	7.9	25.0	2.25	0.12	24.8	167	10.0	63	16.2	黄土母质	E 124°34′17.0″ N 44°51′54.4″	95
						Ah	15–30	浊黄橙色	砂质黏壤土	团块状	8.3	14.4	1.31	0.21	21.7	102	2.5	57	11.8			
						Bk	30–48	浅黄橙色	砂质黏壤土	块状	8.3	4.9	0.66	0.07	22.8	58	1.2	41	10.1			
						C₁	48–75	浅黄橙色	壤质砂土	块状	8.4	4.5	0.28	0.14	25.6	30		48	8.0			
						C₂	75–120	黄橙色	壤质砂土	块状	8.7	1.5	0.15	0.16	29.7	32		45	6.2			
剖2	钙层土	黑钙土	石灰性黑钙土	砂质石灰性黑钙土	火性瘦砂黑土	A₁₁	0–10	浊棕色	砂质黏壤土	粒状	7.9	25.0	2.25	0.12	24.8	167	10.0	63		黄土状亚砂土	E 124°57′23.4″ N 44°48′10.1″	82
						AB	10–30	浅黄橙色	砂质黏壤土	团块状	8.3	14.4	1.31	0.21	21.7	102	2.5	57				
						B	30–48	浅黄橙色	砂质黏壤土	棱块状	8.3	4.9	0.66	0.07	22.8	58	1.2	41				
						BC	48–75	浅黄橙色	壤质砂土	棱块状	8.4	4.5	0.28	0.14	25.6	30	0.2	48				
						C	75–120	黄橙色	壤质砂土	棱块状	8.7	1.5	0.15	0.16	29.7	32	0.5	45				

长 岭 县

主要土类说明

　　黑钙土是长岭县主要土壤类型，占本县地域面积的44%。黑钙土是在温带半湿润草甸草原下形成的具深厚均腐殖质层和碳酸钙淋溶淀积层的土壤，大部分已被开垦为耕地。母质为黄土状黏土。黑钙土剖面特征与黑土很相似，但黑钙土在剖面不同深度内或通体有石灰反应，部分土种具有石灰结核或假菌丝，因而不同于黑土。由于黑钙土所处环境相对较干旱，其腐殖质层的腐殖质含量略低于黑土。本县黑钙土分为淋溶黑钙土、黑钙土、草甸黑钙土、碱化黑钙土等亚类。

　　草甸土是长岭县第二大土壤类型，占本县地域面积的28%。草甸土是由沉积作用并伴随腐殖质积累过程形成的富含腐殖质的土壤。本县草甸土成土时间有的较长，有的较短，因此类型较多，也是本县的主要土壤之一，广泛分布在本县各地。位于本县东南部起伏台地间的草甸土黑土层深厚，结构较好，石灰性较弱，分布在三青山、巨宝山、太平山、永久、三县堡等地。位于本县中部平川地的草甸土黑土层较薄，但石灰性较强，并发生盐碱化，分布在流水、光明、双龙、新安等地。位于本县北部砂岗间洼地的草甸土黑土层很薄，石灰性及盐碱化很强。根据形成过程和土壤性质的不同，本县草甸土分为石灰性草甸土、盐碱化草甸土、潜育化草甸土等亚类。

　　风沙土是长岭县第三大土壤类型，占本县地域面积的21%。其形成因素主要是干旱多风，母质为风成沙，沙源来自河水泛滥时堆积于沿岸的沙土。其主要特征是土壤几乎全由细沙颗粒组成，剖面层次分化不明显，仅有A层和C层，缺乏B层，风蚀严重，土壤处于幼年阶段。风沙土肥力低，漏水漏肥，通气性强，发小苗，潜在肥力低，不适合耕作。

　　小于本县地域面积3%的土壤类型有碱土、草甸盐土、黑土、沼泽土、泥炭土等。

本区域中心区气候特征

本区域中心区气候特征值
Regional climate characteristics in central area of the region

气候带：中温带亚干旱气候 Climate region: Mid temperate subarid climate	
年平均气温 /℃ Annual average temperature /℃	6.0
年平均最高气温 /℃ Annual average maximum temperature /℃	11.9
年平均最低气温 /℃ Annual average minimum temperature /℃	0.8
年降水量 /mm Annual precipitation /mm	439
≥10℃的积温 /℃ Daily temperature accumulated in a year（≥10℃）/℃	3058
年日照时数 /h Annual sunshine /h	2834
年平均相对湿度 /% Annual average relative humidity /%	59
干燥度 Dryness	0.85

本区域中心区月平均气温与月平均降水量
Monthly temperature and precipitation in central area of the region

长岭县主要土壤类型与土壤剖面点分布图

1∶440 000

图例

颜色	类型
	黑钙土
	草甸土
	风沙土
	碱土
	草甸盐土
	黑土
	沼泽土
	泥炭土
⊗	剖面点

第二编 分县土壤图与土壤剖面数据

长岭县土壤剖面理化性状表

剖面号 Soil profile	土纲 Soil order	土类 Soil great group	亚类 Soil subgroup	土属 Soil genus	土种 Soil species	土层码 Layer code	土层厚度 Depth/cm	颜色 Soil color	质地 Soil texture	土壤结构 Soil structure	pH	有机质 OM/(g/kg)	全氮 TN/(g/kg)	全磷 TP/(g/kg)	全钾 TK/(g/kg)	碱解氮 AN/(mg/kg)	有效磷 AP/(mg/kg)	速效钾 AK/(mg/kg)	阳离子交换量 CEC/(cmol/kg)	土壤母质 Parent material	剖面点坐标 Profile coordinate	匹配指数 Matching index/%
剖1	盐碱土	草甸盐土	草甸盐土	氯化物盐土	硫酸盐氯化物盐土	A	0—30	浅灰白色	砂质黏土	棱块状	9.5	9.7	0.66	0.21	24.0	45		76	10.0		E 123°14′28.0″ N 44°32′49.2″	74
						B	30—78	灰白色	壤质黏土	棱块状	9.5	2.3	0.22	0.17	17.9	25		43	12.2			
						C	78—	黄棕色	砂质黏土	棱块状	9.0	1.0	0.14	0.19	26.1	8		9	13.5			
剖2	半水成土	草甸土	潜育草甸土	潜育化草甸土	轻度盐化潜育草甸土	A	0—14	暗灰色	砂质黏土	棱块状	7.6	21.3	1.50	0.07	25.6	139			12.4		E 123°28′12.0″ N 44°38′21.8″	95
						AB	14—40	灰色	砂质黏壤土	棱块状		19.6	0.47	0.32	26.2	143		1	12.6			
						Bg	40—120	灰白色	砂质黏土	棱块状		1.9	0.14	0.18	21.5	13		1				
						4	120—150		砂质黏土		7.6	0.5	0.10	0.15	22.7	14			10.8			
剖3	半水成土	草甸土	盐化草甸土	苏打盐化草甸土	轻度苏打盐化草甸土	A	0—18	暗灰色	砂质黏土	片状											E 123°19′36.1″ N 44°38′12.1″	95
						AB	18—35	灰色	砂质黏土	片状												
						B	35—48	浅灰棕色	砂质黏土	片状												
						Cg	48—78	黄棕色	砂质黏壤土	棱块状												
						G	78—180	棕灰色	黏土	团块状												
剖4	半水成土	草甸土	石灰性草甸土	石灰性草甸土	破皮石灰性草甸土	AB	18—29	棕灰黄色	黏土	无明显结构											E 123°18′37.1″ N 44°34′38.6″	95
						B	29—79	浅灰棕色	黏壤土	小棱块状												
						Cg₁	79—112	暗灰棕色	黏壤土	棱块状												
						Cg₂	112—143															
						Cg₃	143—															
剖5	半水成土	草甸土	石灰性草甸土	石灰性草甸土	中层粉砂成石灰性草甸土	Aa	0—15	暗棕色	砂质黏壤土	团块状	7.6	4.2	1.09	0.28	21.5	84		44	12.4		E 123°16′06.6″ N 44°33′39.6″	95
						AB	15—33	暗棕色	重壤土	团块状		6.5	1.10	0.25	21.6	76			15.8			
						B	33—52	浅灰棕色	轻壤土	小块状	7.6	2.0	0.47	0.25	22.7	65		27	15.4			
						BC	52—82	浅灰棕色	中壤土	块状	7.6	1.2	0.28	0.25	19.9	29		30	10.0			
						C	82—150	灰色	砂壤土	无明显结构		2.5	0.22	0.16	18.5	10			6.5			
剖6	盐碱土	草甸盐土	草甸盐土	苏打碱化盐土	苏打碱化盐土	As	0—6	暗灰色	砂质黏壤土	无明显结构	9.9							90			E 123°37′08.8″ N 44°32′09.6″	92
						A	6—20	暗灰色	砂质黏土	小棱块状	9.8							183				
						B	20—43	浅灰棕色	砂质黏土	粒状	9.7							105				
						BC	43—77	浅灰棕色	砂质黏土	小棱块状	9.6							79				
						C	77—140	灰棕色	砂壤土	无结构	10.1							72				
剖7	盐碱土	碱土	盐化碱土	苏打盐化碱土	浅位苏打盐化碱土	A	0—6	棕灰色	砂质黏壤土	片状							1.1	57			E 123°12′54.2″ N 44°29′53.8″	97
						Aae	6—28	暗棕灰色	砂质黏壤土	棱柱状	7.5	15.8	1.09	0.09	17.9	5	0.7	46				
						B	28—76	浅灰棕色	砂质黏壤土	棱块状	7.8	18.6	1.26	0.10	20.0	72	0.7	33				
						C	76—150	黄棕色	砂质黏壤土	棱块状	9.7	11.9	0.80	0.07	18.0	34	0.3	358				
剖8	半水成土	草甸土	盐化草甸土	苏打盐化草甸土	水碱土	A₁₁	0—16	黑棕色	砂质黏壤土	团块状	7.8	7.5	0.32	0.10	18.8		0.3	72		冲积物	E 123°18′55.1″ N 44°20′01.2″	95
						AB	16—26	黄棕色	砂质黏土	团块状	7.6	3.4	0.32	0.06	20.9							
						Bzu	26—49	棕灰色	砂质黏土	棱块状	7.8											
						BC	49—73	浅黄棕色	壤质黏土	棱块状												
						Cu	73—87	浅黄棕色	砂质黏土	棱块状												
						As	0—1	灰白色														
剖9	半水成土	草甸土	盐化草甸土	苏打盐化草甸土	重盐(强)碱化草甸土	Aa	1—18	暗灰色	砂质黏土	棱块状			0.25	0.24	19.4			100	5.4		E 123°37′31.1″ N 44°23′16.4″	95
						A	18—39	灰色	砂质黏土	棱块状			0.25	0.22	23.2			174	4.9			
						B	39—71	浅灰色	砂质黏土	棱块状			0.20	0.20	20.5			76	4.1			
						C	71—86	浅灰棕色	砂质黏壤土	无结构			0.10	0.17				55	3.0			

续表 Continued

剖面号 Soil profile	土纲 Soil order	土类 Soil great group	亚类 Soil subgroup	土属 Soil genus	土种 Soil species	土层码 Layer code	土层厚度 Depth/cm	颜色 Soil color	质地 Soil texture	土壤结构 Soil structure	pH	有机质 OM/(g/kg)	全氮 TN/(g/kg)	全磷 TP/(g/kg)	全钾 TK/(g/kg)	碱解氮 AN/(mg/kg)	有效磷 AP/(mg/kg)	速效钾 AK/(mg/kg)	阴离子交换量CEC/(cmol/kg)	土壤母质 Parent material	剖面点坐标 Profile coordinate	匹配指数 Matching index/%
剖10	初育土	风沙土	风沙土	生草风沙土	黄生草风沙土	A	0—50	浅灰棕色	砂质黏壤土	团块状	7.5	7.0	0.50	0.32	25.6	91		5		风积物	E 123°48′03.6″ N 44°25′36.8″	78
						AB	50—90	浅黄棕色	砂质黏壤土	团块状	7.5	4.0	0.26	0.19	29.6	36		4				
						B	90—140	黄棕色	砂质黏壤土	团块状	7.5	3.3	0.32	0.27	26.3	31		4				
剖11	钙层土	黑钙土	淡黑钙土	淡黑钙土	薄层覆砂型淡黑钙土	Af	0—20	暗棕色	砂壤土	小团块状		11.8	0.79	0.28	28.5	78	2.2		8.3		E 124°11′53.2″ N 44°21′19.8″	95
						A	20—42	暗棕灰色	砂质黏壤土	团块状		22.3	1.41	0.31	26.6	127	2.9		6.5			
						B	42—55	黄棕色	砂质黏壤土	团块状		8.3	0.61	0.28	28.3	66	2.3		11.6			
						C	55—125	棕黄色	砂质黏壤土	无明显结构		3.9	0.44	0.29	29.0	30	0.7		14.3			
剖12	钙层土	黑钙土	淋溶黑钙土	淋溶黑钙土	破皮淋溶黑钙土	A	0—15	棕灰色	砂质黏壤土	团块状	7.5	14.4	1.03	0.24		105	1.7		17.2		E 124°29′43.4″ N 44°28′47.3″	97
						B	15—40	浅黄色	黏质黏土	棱块状	7.5	3.2	0.40	0.18	20.7	36	0.8		13.7			
						C	40—	芥黄色		棱块状	7.3	2.6	0.40	0.10		29	1.0		17.7			
剖13	钙层土	黑钙土	黑钙土	黑钙土	中层红黏砾底黑钙土	Aa	0—15	暗棕灰色	砂质黏土	团块状	7.7	19.2	1.47	0.28	20.7	141	1.4	86	14.0		E 124°28′47.5″ N 44°27′23.8″	95
						A	15—46	暗棕灰色	砂质黏土	团块状	7.7	19.2	1.47	0.28	20.7	141	1.4	86	14.0			
						B	46—60	棕黄色	砂质黏土		7.8	8.7	0.69	0.17	22.0	70	1.5	87	16.3			
						C	60—	橘红色	壤质黏土		7.3	3.5	0.39	0.12	20.5	29	1.2	87	15.3			
剖14	初育土	风沙土	风沙土	黑土型风沙土	黑钙土型风沙土	A	0—15	砂棕灰色	砂质黏壤土	无结构	7.5	13.0	0.86	0.24	28.7	73	2.3	60	11.8	风积物	E 124°25′14.2″ N 44°26′04.7″	92
						B	15—105	黄棕色	砂质黏壤土	无结构	7.5	9.9	0.79	0.20	26.6	63	3.3	53	9.5			
						C	105—															
剖15	钙层土	黑钙土	草甸黑钙土	草甸黑钙土	中层粉砂底淡黑钙土	Aa	0—15	暗棕灰色	砂质黏土	片状	7.7	19.1	7.21	0.21	29.9	125	1.9	45	18.9		E 124°28′42.2″ N 44°25′40.4″	97
						A	15—44	暗棕灰色	砂质黏土	棱块状	7.7	19.1	7.21	0.21	29.9	125	1.9	45	18.9			
						B	44—66	棕黄色	黏土	棱块状	7.9	5.3	0.49	0.13	30.2	49	21.6	46	18.8			
						C	66—	橘黄色	壤质黏土	片状	7.3	0.9	0.25	0.10	30.3	22	1.3	46	17.0			
剖16	钙层土	黑钙土	淡黑钙土	草甸型淡钙土	中层石灰性草甸黑钙土	A	0—32	暗棕灰色	壤质黏土	团块状	7.5	14.8	1.08	0.26	23.0	102	2.7	64	9.6		E 124°18′50.4″ N 44°24′16.6″	92
						B	32—105	黄棕色	砂质黏土	棱块状	7.5	6.0	0.48	0.21	17.2	43	1.8	56	13.4			
						C	105—140			小块块状												
剖17	半水成土	草甸土	石灰性草甸土	石灰性草甸土	薄层石灰性草甸土	A	0—23	暗棕色	砂质黏土	团块状	7.5	14.8	1.08	0.26	23.0	102	2.7	64	9.6		E 124°20′19.3″ N 44°23′53.2″	99
						AB	23—43	棕色	壤质黏土	团块状	7.5	6.0	0.48	0.21	17.2	43	1.8	56	13.4			
						B	43—70	棕黄色	壤质黏土	棱块状	8.0	2.5	0.28	0.19	18.3	24	2.1	42	15.9			
						C	70—	黄棕色	黏土	棱块状	8.0	1.5	0.26	0.20	23.2	22	0.7	56	12.8			
剖18	半水成土	草甸土	草甸黑钙土	石灰性草甸土	中层石灰性草甸土	Aa	0—15	暗棕色	砂质黏壤土	团块状	7.6	11.6	0.80	0.28	25.7	82	7.4	53	12.0		E 124°19′07.7″ N 44°22′51.6″	99
						A	15—28	暗棕色	砂质黏壤土	团块状	7.5	6.5	0.57	0.22	19.1	47	1.8	47	13.6			
						AB	28—49	棕色	壤质黏壤土	棱块状	7.5	3.2	0.25	0.24	19.1	27	1.2	47	12.4			
						B₁	49—70	棕色	黏质黏土	棱块状	7.5	2.3	0.23	0.24		25	1.2	53	11.5			
						C	70—88	棕色	黏土	片状												
剖19	钙层土	黑钙土	草甸黑钙土	草甸黑钙土	厚层草甸黑钙土	A	0—57	暗棕色	黏土	小块块状	7.3	17.0	1.48	0.33	22.7	106	3.2	38	11.8		E 124°26′21.8″ N 44°22′49.8″	97
						B	57—100	黄棕色	黏质黏土	团块状	6.9	2.9	0.36	0.18	25.4	28	1.2	43	9.1			
						BC	100—135	浅棕黄色	砂质黏土	棱块状	6.9	1.4	0.34	0.22	27.0	23	1.2	48	23.7			
						C	135—	暗棕色	黏土	片状												
剖20	钙层土	黑钙土	草甸黑钙土	草甸黑钙土	薄层草甸黑钙土	A	0—26	棕灰色	黏土	团块状	7.4	28.1	2.15	0.31	22.7	181	3.2	74	13.0		E 124°28′19.6″ N 44°21′54.6″	97
						B	26—37	灰棕色	砂质黏土	团块状	7.1	7.4	0.38	0.13	22.7	49	1.9	44	18.4			
						BC	37—76	棕黄色	黏质黏土	棱块状	7.1	3.2	0.33	0.15	23.5	28	1.0	54	14.2			
						C	76—	灰棕黄色	壤质黏土	棱块状		2.1	0.38	0.10	25.1	117	1.1	65	14.5			
剖21	半水成土	草甸土	石灰性草甸土	石灰性草甸土	厚层覆砂型石灰性草甸土	Af	0—50	灰棕色	砂质黏壤土	无明显结构											E 124°23′16.4″ N 44°21′34.9″	97
						A	50—90	深黑色	砂质黏土	棱块状												
						B	90—	棕黄色	壤质黏土	棱块状												

续表 Continued

剖面号 Soil profile	土纲 Soil order	土类 Soil great group	亚类 Soil subgroup	土属 Soil genus	土种 Soil species	土层码 Layer code	土层厚度 Depth/cm	颜色 Soil color	质地 Soil texture	土壤结构 Soil structure	pH	有机质 OM/(g/kg)	全氮 TN/(g/kg)	全磷 TP/(g/kg)	全钾 TK/(g/kg)	碱解氮 AN/(mg/kg)	有效磷 AP/(mg/kg)	速效钾 AK/(mg/kg)	阳离子交换量CEC/(cmol/kg)	土壤母质 Parent material	剖面点坐标 Profile coordinate	匹配指数 Matching index/%
剖22	钙层土	黑钙土	淋溶黑钙土	红黏土质淋溶黑钙土	中层红黏土质淋溶黑钙土	A	0—15	暗棕灰色	壤质黏土	团块状	7.5	17.6	1.16	0.11	23.4	109	1.8	60	11.6		E 124°29′45.0″ N 44°20′32.0″	97
						2	15—33	暗棕灰色	壤质黏土	团块状	7.6	15.8	1.12	0.09	22.3	104	1.5	60	16.3			
						B	33—54	暗棕褐色	壤质黏土	团块状	7.8	7.7	0.64	0.05	21.5	43	1.4	61	16.2			
						BC	54—91	橘黄色	壤质黏土	核块状	7.9	4.7	0.52	0.03		39	1.4	64	15.6			
						C	91—	橘红色	壤质黏土	核块状	7.8	3.9	0.36	0.06	21.5	38	1.8	63	12.6			
剖23	钙层土	黑钙土	草甸淡黑钙土	草甸淡黑质底淋溶黑钙土	薄层粉砂黑质淋溶黑钙土	Aa	0—15	暗棕灰色	砂质黏壤土	团块状	7.6	16.3	1.07	0.18	25.8	113	2.7	72	8.3		E 124°15′46.4″ N 44°20′28.3″	81
						A	15—30	棕灰色	砂质黏壤土	团块状	7.3	11.2	0.78	0.20	28.7	73	2.2	80	8.6			
						B	30—55	棕黄色	砂质黏壤土	团块状	7.6	3.9	0.21	0.15	26.3	28	1.2	53	11.4			
						C	55—105	浅棕黄色	砂质黏壤土	核块状	7.6	1.6	0.12	0.14	27.5	19	1.0	47	12.3			
剖24	钙层土	黑钙土	黑钙土	薄层红黏砾底黑钙土	薄层红黏砾底黑钙土	A	0—27	暗棕灰色	砂质黏土	无明显结构	7.3	16.3	1.43	0.24	25.1	78	1.8	56	10.4		E 124°28′10.9″ N 44°20′12.8″	99
						AB	27—59	棕灰色	砂质黏土	片状		9.2	0.77	0.21	21.6	61	1.2	48	13.7			
						B	59—120	灰黄色	砂质黏土	团块状	7.3	1.8	0.29	0.10	25.1	21	1.0	61	13.9			
						C	120—	橘红色	砂质壤土	团块状												
剖25	半水成土	草甸土	盐化草甸土	苏打碱化草甸土	弱度苏打碱化草甸土	A	0—20	暗灰色	砂质黏土	粒状	8.5		1.93	0.22		191		8	15.0		E 124°27′00.7″ N 44°20′10.7″	95
						AB	20—39	灰色	壤质黏土	棱柱状	8.7	1.08	0.17			107		7	11.2			
						B	39—102	浅灰棕色	壤质黏土	柱状	8.6		0.18	0.19		7		3	13.6			
						C	102—150	黄白色	砂质黏土		8.7		0.21	0.17		4		6	12.2			
剖26	钙层土	黑钙土	黑钙土	破皮黑钙土	破皮黑钙土	A	0—19	暗棕灰色	壤质黏土	团块状	7.5	18.4	1.38	0.19	23.9	108	1.5	61	15.2		E 124°33′18.0″ N 44°26′39.1″	97
						AB	19—40	棕灰色	壤质黏土	团块状	7.5	9.4	0.77	0.14	24.1	64	1.0	61	18.5			
						B	40—90	灰棕色	壤质黏土	团块状	7.3	3.8	0.10	0.10	23.5	27	1.0	70	14.5			
						C	90—	黄色	砂质黏土	团块状	7.3	1.6	0.28	0.08	24.3	22	1.4	78	18.2			
剖27	钙层土	黑钙土	淋溶黑钙土	破皮红黏砾底淋溶黑钙土	破皮红黏砾底淋溶黑钙土	A	0—17	暗棕灰色	砂质黏壤土	团块状	7.1	13.9	1.13	0.22	27.1	84	2.0	41	13.0		E 124°35′14.3″ N 44°21′13.3″	97
						AB	17—70	棕灰色	砂质黏壤土	团块状	7.1	4.4	0.58	0.17	25.3	40	1.9	27	8.8			
						C	70—	橘红色	砂质壤土													
剖28	半淋溶土	黑土	黑土	红黏砾质黑土	破皮黑质黑土	Aa	0—18	暗棕灰色	砂质黏壤土	团块状	6.7	12.9	0.89	0.21	22.2	90	1.2	86	11.7		E 124°27′59.2″ N 44°20′01.2″	95
						BC	18—120	棕褐色	砂质黏壤土	团块状	6.9	8.2	0.61	0.15	22.3	66	1.4	87	12.1			
剖29	初育土	风沙土	流动风沙土	流沙土	白流沙土	A	0—10	灰黄色	砂土	无结构	8.0	6.0	0.34	0.19	27.4	11		8		风积物	E 123°17′26.5″ N 44°18′42.8″	85
						B	10—45	黄白相间	砂土	无结构	8.5	0.8	0.06	0.12	26.6			2				
						C	45—	浅黄色	砂土	无结构	8.5	0.2	0.17	0.10	31.7			2				
剖30	钙层土	黑钙土	草甸淡黑钙土	中层草甸淡黑钙土	中层草甸淡黑钙土	Aa	0—15	棕灰色	黏壤土	团块状	7.4	11.3	0.81	0.22	23.3	61	0.9	45	13.2		E 123°27′53.3″ N 44°17′18.6″	95
						A	0—57	暗棕色	砂质黏壤土	团块状	7.5	4.0	0.36	0.21	22.4	25	0.6	43	12.3			
						AB	15—43	棕灰色	砂质黏壤土	团块状	7.3	2.1	0.21	0.15	27.5	16	0.6	130	8.4			
						B	43—87	灰黄色	砂质黏壤土	团块状	7.3	1.5	0.17	0.23	28.5	26	0.6	53	15.0			
						C	87—140	棕灰色	砂质黏壤土	无明显结构	8.5	4.7	0.77	0.17	22.4	31	1.0	50	10.0			
剖31	钙层土	黑钙土	碱化黑钙土	苏打碱化黑钙土	中度苏打碱化黑钙土	Aa	0—15	棕灰色	黏质黏壤土	团块状	9.0	4.9	0.61	0.17	21.9	25	1.0	45	9.4		E 123°26′25.1″ N 44°14′46.3″	95
						AB	15—30	棕灰色	砂质黏壤土	团块状	8.9	2.9	0.43	0.17	22.5	28	1.0	45	7.0			
						G	57—76	灰黄色	砂质黏壤土	团块状	8.8	4.1	0.40	0.21	27.0	26	1.1		10.6			
						C	76—120	浅棕灰色	砂质黏壤土	团块状	7.5	7.7	0.76	0.19	24.1	71	1.6	53	11.1			
剖32	钙层土	黑钙土	草甸淡黑钙土	草甸淡黑钙土	薄层草甸淡黑钙土	Aa	0—15	浅棕灰色	砂质黏壤土	团块状	7.6	9.6	0.99	0.24	22.7	75	3.0	76	8.1		E 123°28′06.6″ N 44°13′31.8″	95
						A	15—20	浅棕灰色	砂质黏壤土	核块状	7.6	5.6	0.71	0.21	23.2	86	1.3	38	14.2			
						B	30—61	黄棕色	砂质黏壤土	核块状	7.6	1.1	0.45	0.26	24.8	50	1.0	27	14.3			
						C	61—150	浅黄棕色	砂质黏壤土	核块状	8.4	17.2	1.09	0.31	30.1	36	3.0	47	15.4			
剖33	钙层土	黑钙土	碱化淡黑钙土	苏打碱化淡黑钙土	弱度苏打碱化淡黑钙土	Aa	0—15	暗棕灰色	砂质黏壤土	团块状	8.8	13.0	0.89	0.26	29.0	82	0.6	94	15.4		E 123°44′09.4″ N 44°18′44.7″	95
						A	15—30	棕灰色	砂质黏壤土	核块状	9.1	3.0	0.33	0.22	28.2	25	0.8	47	11.6			
						B	30—60	浅棕灰色	砂质黏壤土	核块状	9.1	2.9	0.23	0.20	18.2	25			11.8			
						C	60—	灰棕色	砂质黏壤土	核块状									16.2			

续表 Continued

剖面号 Soil profile	土纲 Soil order	土类 Soil great group	亚类 Soil subgroup	土属 Soil genus	土种 Soil species	土层码 Layer code	土层厚度 Depth/cm	颜色 Soil color	质地 Soil texture	土壤结构 Soil structure	pH	有机质 OM/(g/kg)	全氮 TN/(g/kg)	全磷 TP/(g/kg)	全钾 TK/(g/kg)	碱解氮 AN/(mg/kg)	有效磷 AP/(mg/kg)	速效钾 AK/(mg/kg)	阳离子交换量CEC/(cmol/kg)	土壤母质 Parent material	剖面点坐标 Profile coordinate	匹配指数 Matching index/%
剖34	钙层土	黑钙土	草甸淡黑钙土	草甸淡黑钙土	破皮草甸黑钙土	Aa	0—13	棕灰色	砂质黏壤土	团块状	7.5	18.0	1.32	0.28	23.6	111	2.6	50			E 123°42′25.2″ N 44°15′55.8″	78
						AB	13—46	浅棕灰色	砂质黏土	团块状	7.6	11.5	0.51	0.23	22.1	101	2.8	53				
						B	46—80	黄褐色	砂质黏土	棱块状	7.5	7.9	0.48	0.18	17.6	25	2.0	37				
						C	80—	灰棕色	砂质黏土	棱块状	7.3	2.0	0.50	0.21	19.3	17						
剖35	半水成土	草甸土	石灰性草甸土	石灰性草甸土	厚层石灰性草甸土	Aa	0—15	暗灰色	壤质黏土	团块状	7.5	18.8	1.24	0.33	24.2	115	2.1	69	15.3		E 123°43′20.3″ N 44°14′33.7″	97
						A	15—45	暗灰色	砂质黏土	棱块状	7.5	16.5	1.15	0.22	24.1	95	2.1	65	17.4			
						AB	45—70	暗棕色	砂质黏土	棱块状	7.6	13.7	0.89	0.21	22.4	67	2.5	78	16.2			
						B	70—120	灰色	砂质黏土	棱块状	7.0	10.7	6.43	0.21	23.4	53	2.7	78	17.2			
						C	120—	棕灰色	砂质黏土	小块状												
剖36	半水成土	草甸土	盐化草甸土	苏打盐碱化草甸土	轻盐强碱化草甸土	A	0—14	灰灰色	黏壤土	棱块状	8.3	5.8	1.78	0.12	20.1	116	1.3		17.5		E 123°31′23.9″ N 44°12′55.8″	95
						B	14—33	暗棕色	黏壤土	棱块状	8.3	4.8	0.53	0.10	21.7	11	0.6		12.4			
						C	33—74	黄棕色	黏壤土	无明显结构	8.9	2.6	0.32	0.09	21.4		0.4		12.1			
						C	74—121	棕色	壤质黏土	小棱块状	9.0	2.8	0.31	0.10	21.8		0.3		15.8			
						BCa	121—150	灰白色	砂质黏土	团块状	8.8	3.4	0.30	0.07	19.9		0.3		13.5			
剖37	钙层土	黑钙土	淡黑钙土	淡黑钙土	薄层粉砂成淡黑钙土	A	0—25	棕灰色	黏壤土	棱块状	7.5	11.1	0.70	0.17	26.1	62	1.4	33	14.4		E 123°35′58.6″ N 44°11′17.2″	92
						2	25—70	浅灰色		粒状	7.5	2.0	0.23	0.06	26.4	22	1.0	59	9.0			
						C	70—	浅黄色			7.5	4.6	0.11	0.08	28.0	15	1.0	50	10.6			
剖38	钙层土	黑钙土	淡黑钙土	砂质淡黑钙土	火性砂灰土	Ab	0—20	暗棕色	砂土	小团块状	8.0	11.8	0.79	0.28	28.6	78	2.2	78	11.6	黄土状亚砂土	E 123°58′32.9″ N 44°17′58.9″	95
						A₁	20—42	暗棕色	砂质黏土	团块状	8.3	22.3	1.41	0.31	27.0	126	2.8	59	12.1			
						Bk	42—55	浅黄棕色	砂质黏土	棱块状	8.5	8.3	0.61	0.27	28.4	65	2.3	61	11.8			
						C	55—125	浅黄橙色	砂质黏壤土	无明显块状	8.6	3.9	0.24	0.29	29.0	29	0.7	60	12.8			
剖39	半水成土	草甸土	盐化草甸土	苏打盐碱土	深位苏打盐碱化草甸土	A	0—21	棕灰色	中黏土	团块状	8.8	13.8	0.88	0.10	19.5	33	0.9	80	10.2		E 123°46′25.7″ N 44°16′07.3″	97
						Aa₁	21—33	棕灰色	中黏土	粒状	9.4	5.2	0.48	0.07	19.6	6	0.5	49	11.4			
						B	33—59	浅棕灰色	中黏土	棱块状	9.2	2.4	0.27	0.08	20.8		0.5	52	11.8			
						C	59—88	黄棕色	中黏土	棱块状	9.1	2.3	0.27	0.08	20.7		0.3	52	12.1			
						Cg	88—115	棕色	中黏土	无明显结构	8.2	3.4	0.27	0.09	20.3		0.3	60	12.8			
剖40	碱土	碱土	盐化碱土	苏打碱化碱土	中度苏打盐碱化草甸土	A	0—15	暗棕色	砂质黏土	小棱块状	7.6	16.3	1.09	0.36	21.0	95	0.4	8	10.2		E 123°58′35.5″ N 44°15′33.8″	95
						AB	15—44	棕灰色	砂质黏土	块状	7.6	12.3	0.72	0.31	22.7	61	0.5	6	11.4			
						B	44—80	棕色	砂质黏土	棱块状	7.6	5.8	0.42	0.24	23.1	27	1.4	4	10.7			
						C	80—150	浅黄棕色	砂质黏土	结结构	7.7	2.3	0.37	0.22	22.2	15	1.3		10.5			
剖41	碱土	碱土	盐化碱土	苏打盐碱土	白盖苏打盐碱化碱土	A	0—15	暗灰棕色	砂质黏土	无结构		3.7	0.28	0.18	28.2	14	0.4		6.4		E 123°56′25.7″ N 44°13′29.6″	97
						B	15—80	灰棕色	中黏土	小棱块状		3.1	0.25	0.17	26.0	18	0.5		6.2			
						C	80—100	灰棕色	黏土	小棱块状		3.3	0.24	0.00	28.5	22	1.4		13.7			
						Cg	100—180	浅灰蓝色	黏土	小棱块状		2.9	0.26	0.34	23.3	16	1.3		16.9			
剖42	盐碱土	碱土	盐化碱土	苏打盐碱土	浅位苏打盐碱化碱土	1	0—3		轻黏土		8.0	19.4	1.35	0.10	20.9	74	1.0	133	12.4		E 123°59′12.8″ N 44°13′29.6″	99
						2	3—30		中黏土		8.9	15.2	1.19	0.09	19.8	71	0.6	45	11.5			
						3	30—49		中黏土		9.4	5.5	0.48	0.08	19.9		0.3	53	10.6			
						4	49—90		重黏土		9.4	2.9	0.30	0.04	18.1		0.2	62	14.6			
						5	90—140		重黏土		9.5	2.3	0.36	0.04	19.3		0.2	64	15.1			
剖43	初育土	风沙土	风沙土	生草风沙土	黑生草风沙土	Aa	0—15	浅棕色	砂质黏壤土	无明显结构	7.0	9.4	0.34		20.9	64			8.1	风积物	E 123°58′32.9″ N 44°11′21.8″	78
						A	15—125	浅棕色	砂质黏壤土	无明显结构	7.5	8.2	0.58			57						
						3	125—		砂质黏壤土		7.5	5.4	0.48			32						

续表 Continued

剖面号 Soil profile	土纲 Soil order	土类 Soil great group	亚类 Soil subgroup	土属 Soil genus	土种 Soil species	土层码 Layer code	土层厚度 Depth/cm	颜色 Soil color	质地 Soil texture	土壤结构 Soil structure	pH	有机质 OM/(g/kg)	全氮 TN/(g/kg)	全磷 TP/(g/kg)	全钾 TK/(g/kg)	碱解氮 AN/(mg/kg)	有效磷 AP/(mg/kg)	速效钾 AK/(mg/kg)	阳离子交换量CEC/(cmol/kg)	土壤母质 Parent material	剖面点坐标 Profile coordinate	匹配指数 Matching index,%
剖44	盐碱土	碱土	盐化碱土	苏打盐化碱土	中位苏打盐化碱土	A	0—8	暗棕色	轻黏土	片状	7.8	33.3	2.11	0.13	19.3	152	1.4		10.7		E 123°58′59.5″ N 44°10′40.8″	98
						Aa₁	8—26	暗灰色	中黏土	柱状	8.5	21.1	1.46	0.09	17.6	100	0.8		9.9			
						B	26—50	灰棕色	重黏土	梭状	9.0	6.2	0.49	0.07	17.6	10	0.4		8.1			
						C₁	50—98	黄棕色	中黏土	团块状	8.8	3.0	0.30	0.09	21.1		0.5		9.7			
						C₂	98—	浅黄棕色	中黏土	无明显结构	8.8	1.2	0.34	0.09	22.2		0.8		12.0			
剖45	半水成土	草甸土	盐化草甸土	苏打盐化草甸土	轻度苏打盐化草甸土	1	0—16		轻黏土		8.0	15.8	1.09	0.09	21.7	52	1.1	57	12.5		E 124°01′53.4″ N 44°15′56.2″	95
						2	16—26		中黏土		8.3	18.6	1.26	0.10	20.0	72	0.7	46	14.8			
						3	26—49		重黏土		8.2	11.9	0.80	0.10	18.0	34	0.6	33	14.0			
						4	49—73		重黏土		8.4	7.5	0.32	0.10	18.8		0.3	58	16.7			
						5	73—87		重黏土		8.4	3.4	0.32	0.06	20.7		0.3	72	14.5			
剖46	钙层土	黑钙土	淡黑钙土	淡黑钙土	中层淡黑钙土	A	0—34	棕灰色	砂质壤土	团块状	7.5	12.8	1.00	0.38	25.2	95		136	8.6		E 124°10′23.2″ N 44°15′50.4″	92
						AB	34—52	灰棕色	砂质黏壤土	块状	7.3	10.1	0.77	0.45	22.9	84		64	11.9			
						B	52—96	棕黄色	砂质黏壤土	梭块状	7.5	4.8	0.42	0.34	24.1	45		64	13.5			
						C	96—152	棕黄色	砂质黏壤土	梭块状	7.3	4.3	0.34	0.37	25.1	50		77	9.9			
剖47	钙层土	黑钙土	淡黑钙土	淡黑钙土	中层砂底淡黑钙土	1	0—32	棕灰色	砂质壤土		7.4	12.5	0.95	0.35	23.6	107		73	2.4		E 124°10′31.1″ N 44°13′46.6″	95
						2	32—105		砂质壤土		7.4	1.9	0.22	0.36	25.1	20		97	6.3			
						3	105—140		砂质壤土		7.3	0.4	0.08	0.03	30.0	9		72	2.0			
剖48	钙层土	黑钙土	草甸黑钙土	草甸黑钙土	薄层草甸黑钙土	Aa	0—19	暗棕灰色	砂质黏壤土	小团块状	7.1	11.1	0.40	0.20	29.7	98	1.8	81	14.2	黄土状沉积物	E 124°26′52.1″ N 44°13′41.5″	97
						B	19—73	棕黄色	砂质黏壤土	团块状	7.0	2.6	0.33	0.15	28.2	24	1.1	77	11.0			
						C	73—	浅黄色	砂质黏壤土	棱块状	7.0	0.7	0.24	0.20	29.9	20	1.8	99	7.8			
剖49	半淋溶土	黑土	黑土	黑土	中层黑土	Aa	0—15	暗棕灰色	砂质黏壤土	团块状	7.5	16.2	1.28	0.31	25.8	97	1.7	82	16.6		E 124°10′01.7″ N 44°13′18.5″	98
						A	15—35	暗棕色	砂质黏壤土	团块状	7.5	18.0	1.36	0.28	20.2	97	1.9	86	16.6			
						AB	35—60	灰棕色	砂质黏土	团块状	7.5	9.5	0.98	0.23	19.8	60	1.0	26	10.4			
						C	60—123	黄棕色	砂质黏土	棱块状	7.1	1.6	0.39	0.14	23.6	27	1.0	39	16.9			
剖50	钙层土	黑钙土	淋溶黑钙土	淋溶黑钙土	薄层红黏砾底淋溶黑钙土	Aa	0—20	浅黄棕色	砂质黏壤土			1.8	0.28	0.10	19.7	23	1.0		18.7		E 124°29′01.7″ N 44°13′18.5″	99
						AB	20—36	暗棕灰色	砂质黏壤土	团块状	7.6	7.6	0.86	0.10	19.7	77	1.1	91	23.1			
						BC	36—118	灰棕色	砂质黏壤土	棱块状	7.8	10.8	0.76	0.18	20.9	91	1.4	90	19.7			
						C	118—	灰棕色	砂质黏壤土	棱块状	7.3	1.6	0.35	0.10	24.2	30	1.5	96	12.1			
剖51	钙层土	黑钙土	淡黑钙土	红黏砾质黑钙土	破皮粉砂底淡黑钙土	A	0—19	浅黄棕色	砂土	团块状	6.5	1.0	0.20	0.15	24.2	25	2.6	50	18.7		E 124°29′15.7″ N 44°12′15.1″	92
						AB	19—39	棕灰色	砂质黏壤土	团块状	7.5	8.8	0.72	0.17	25.4	58	1.6	53	11.6			
						C	39—89	暗棕色	砂质黏土	团块状	7.3	4.0	0.38	0.14	26.4	29	1.0	32	5.5			
						C	89—	灰棕色	砂质黏土	团块状	7.5	1.1	0.15	0.10	26.1	23	0.9		10.1			
剖52	黑土	黑土	黑土	红黏砾质黑土	薄层红黏砾质黑土	Aa	0—20	黄棕色	砂土		7.5	1.4	0.17	0.11	26.5	21	0.1	32	2.1		E 124°16′33.2″ N 44°11′53.6″	98
						BC	20—25	暗黑棕色	砂质黏壤土	团块状	7.0	16.5	1.14	0.22	22.9	151	1.8	66	8.7			
剖53	半淋溶土	黑土	黑土	黑土	破皮黄黑土	Aa	0—25	棕红色	砂质黏土	团块状	7.1	7.4	0.41	0.12	27.5	39	1.3	47	12.0	黄土状沉积物	E 124°34′10.9″ N 44°15′45.7″	97
						C	25—100	棕黄色	砂质黏壤土	团块状	7.0	5.0	0.48	0.17	23.2	44	1.3	81	12.0			
						Aa	0—20	棕黄色	砂质黏壤土	团块状	7.1	3.7	0.42	0.22	24.2	33	2.4	61	10.0			
剖54	钙层土	黑钙土	黑钙土	黑钙土	厚层黑钙土	A₁₁	0—15	暗黑色	砂质黏壤土	团块状	7.6	156.9	1.21	0.29	35.2	86	7.3	116	20.1		E 124°34′27.5″ N 44°14′31.9″	99
						A₁₂	15—55	暗黑色	砂质黏壤土	团块状	7.5	13.6	0.98	0.27	29.6	70	1.2	118	25.4			
						AB	55—73	灰棕色	砂质黏土	团块状	6.3	6.1	0.50	0.18	28.9	36	1.0	98	21.4			
						B	73—120	黄棕色	砂质黏壤土	团块状	6.7	3.4	0.38	0.13	29.2	28	1.0	105	25.3			
						C	120—150	浅黄棕色		棱片状	6.5								21.9			

续表 Continued

剖面号 Soil profile	土纲 Soil order	土类 Soil great group	亚类 Soil subgroup	土属 Soil genus	土种 Soil species	土层码 Layer code	土层厚度 Depth/cm	颜色 Soil color	质地 Soil texture	土壤结构 Soil structure	pH	有机质 OM/(g/kg)	全氮 TN/(g/kg)	全磷 TP/(g/kg)	全钾 TK/(g/kg)	碱解氮 AN/(mg/kg)	有效磷 AP/(mg/kg)	速效钾 AK/(mg/kg)	阳离子交换量 CEC/(cmol/kg)	土壤母质 Parent material	剖面点坐标 Profile coordinate	匹配指数 Matching index/%
剖55	钙层土	黑钙土	淋溶黑钙土	淋溶黑钙土	中层红黏砾底淋溶黑钙土	Aa	0–15	棕灰色	砂质黏壤土	团块状	7.1	11.4	0.95	0.30	28.6	125	1.5	156	19.9		E 124°32′54.4″ N 44°12′19.0″	99
						A	15–44	暗棕灰色	砂质黏土	团块状	7.0	12.0	0.75	0.23	28.2	93	1.3	87	25.3			
						AB	44–56	浅棕灰色	砂质黏土	棱块状	6.9	6.0	0.53	0.19	29.1	52	1.1	99	20.3			
						B	56–98	浅黄棕色	砂质黏土	棱块状	7.1	3.0	0.41	0.22	29.9	31	1.0	89	21.2			
						C	98–	橘红色	砂质黏土		7.1	1.3	0.25	0.13	36.9	12	1.5	81	22.9			
剖56	钙层土	黑钙土	淋溶黑钙土	淋溶黑钙土	厚层淋溶黑钙土	Aa	0–15	暗灰色	砂质黏土	团块状	6.6	15.9	1.20	0.31	28.0	117	3.0	95	26.7		E 124°35′54.2″ N 44°11′47.4″	99
						A	15–56	暗灰色	砂质黏土	团块状	7.1	13.9	1.13	0.26	28.0	121	2.1	78	23.1			
						AB	56–69	暗灰色	砂质黏土	棱块状	7.3	14.5	1.02	0.21	28.8	107	2.0	65	24.1			
						B	69–106	棕灰色	砂质黏土	棱块状	7.3	6.2	0.71	0.21	29.2	63	1.8	81	24.3			
剖57	钙层土	黑钙土	黑钙土	黑钙土	破皮黑钙土	C	106–	棕黄色	壤质黏土	棱块状											E 124°37′07.8″ N 44°10′11.4″	97
						Aa	0–20	暗棕灰色	壤质黏土	团块状	7.5	8.5	0.98	0.26	22.8	79	1.7	65	21.6			
						B	20–30	灰棕色	壤质黏土			3.9	0.72	0.26	21.6	39	1.3	65	19.2			
						C	30–70	棕黄色	壤质黏土			1.2	0.26	0.31		24	1.7	108	15.4			
						4	70–	棕黄色		棱块状												
剖58	钙层土	黑钙土	黑钙土	黑钙土	厚层黑钙土	Aa	0–15	暗灰色	壤质黏土		7.5	17.3	1.25	0.27	22.1	88	1.9	74	26.9		E 124°40′46.5″ N 44°10′09.1″	98
						A	15–70	暗灰色	壤质黏土		7.5	17.3	1.25	0.27	22.1	88	1.9	74	26.9			
						B	70–140	棕黄色	壤质黏土		8.5	8.1	0.97	0.24	19.7	61	1.8	87	24.4			
						C	140–	棕黄色	壤质黏土		8.0	1.3	0.55	0.15	22.5	24	1.5	126	25.6			
剖59	半水成土	草甸土	盐化草甸土	苏打盐化草甸土	中度苏打盐化草甸土	A	0–30	灰色	轻黏土	粒状	8.2	14.5	0.58	0.23	24.9	48	3.2	42	10.8		E 123°22′50.2″ N 44°07′30.4″	95
						AB	30–45	棕灰色	轻黏土	棱块状	7.6	14.9	0.39	0.19	18.6	35	0.8	22	12.9			
						C	45–	黄棕色	轻黏土	棱块状	7.6	3.7	0.25	0.16	20.1	34	0.3	27	10.4			
剖60	钙层土	黑钙土	淡黑钙土	淡黑钙土	破皮淡黑钙土	A	0–18	暗灰色	砂质壤土	团块状	7.5	8.0	0.97	0.35	41.6	102	4.1	94	11.2		E 123°30′46.4″ N 44°08′01.4″	95
						B	18–63	黄棕色	砂质黏土	棱块状	8.5	15.4	0.25	0.34	26.3	31	7.6	81	12.1			
						C	63–108	黄棕色	砂质黏土	棱块状	8.6	2.8	0.29	0.33	25.8	31	5.2	116	14.6			
						4	150–				8.6	0.6			21.9	14		64				
剖61	钙层土	黑钙土	淡黑钙土	淡黑钙土	薄层淡黑钙土	1	0–30	黄棕色	轻黏土	无结构	7.5	2.5	1.05	0.11	20.0	54		76	14.0		E 123°22′50.2″ N 44°07′30.4″	95
						2	30–53	棕灰色	砂质黏土	棱块状	7.5		0.72	0.12	20.1	28		61	14.7			
						3	53–71	暗棕灰色	砂质黏土	棱块状	7.5		0.36	0.10	21.3			63	13.2			
						4	71–109	黄棕色	砂质黏土	棱块状	7.5		0.37	0.09	20.3	5		70	14.9			
剖62	钙层土	黑钙土	碱化淡黑钙土	苏打碱化淡黑钙土	中度苏打碱化淡黑钙土	Aa	0–15	暗棕灰色	砂质黏土	团块状	8.5	15.4	1.14	0.28	25.1	115	2.0	97	7.8		E 123°56′15.0″ N 44°03′41.8″	92
						B	15–42	浅黄棕色	砂质黏土	棱块状	8.6	2.9	0.22	0.18	23.9	23	1.7	38	6.0			
						C	42–150	黄棕色	砂质黏土	棱块状	8.6	0.6	0.16	0.19	21.9	14	1.4	43	4.0			
						4	150–							0.18	24.2		1.3	64	5.6			
剖63	钙层土	黑钙土	淡黑钙土	淡黑钙土	薄层淡黑钙土	Aa	0–15	棕灰色	砂质黏土	团块状			0.16					63			E 124°01′21.1″ N 44°06′13.9″	92
						AB	25–39	暗棕灰色	砂质黏土	棱块状	7.6	10.7	0.96	0.28	28.0	71	2.0	69	6.9			
						B	39–90	棕灰色	砂质黏土	棱块状	7.6	13.1	0.94	0.28	24.5	80	1.7	38	12.6			
						C	90–	浅棕色	砂质黏土	棱块状	7.5	5.0	0.45	0.24	24.1	37	1.4	43	10.1			
剖64	钙层土	黑钙土	黑钙土	黑钙土	中层粉砂底黑钙土	Aa	0–15	棕灰色	粉砂土	片状	7.6	1.3	0.54	0.31	25.7	21	1.3	51	9.4		E 124°25′09.8″ N 44°07′40.8″	97
						C	110–	浅黄色		无结构		1.9	0.35	0.10	20		1.4		1.8			
剖65	半水成土	草甸土	石灰性草甸土	石灰性草甸土	深厚层石灰性草甸土	Aa	0–15	暗灰色	壤质黏土	团块状	7.6	21.9	2.15	0.40	22.6	116	3.3	76			E 124°33′14.2″ N 44°09′54.3″	97
						A	15–50	暗灰色	壤质黏土	团块状	7.5	19.8	1.74	0.23	21.0	110	3.0	71				
						B	50–80	浅灰棕色	黏土	小块状	7.0	22.8	1.62	0.38	20.9	120	2.7	71				
						C₁	80–	暗灰色	黏土	无明显结构	7.0	22.7	1.66	0.39	20.0	141	3.1	41				

续表 Continued

剖面号 Soil profile	土纲 Soil order	土类 Soil great group	亚类 Soil subgroup	土属 Soil genus	土种 Soil species	土层码 Layer code	土层厚度 Depth/cm	颜色 Soil color	质地 Soil texture	土壤结构 Soil structure	pH	有机质 OM/(g/kg)	全氮 TN/(g/kg)	全磷 TP/(g/kg)	全钾 TK/(g/kg)	碱解氮 AN/(mg/kg)	有效磷 AP/(mg/kg)	速效钾 AK/(mg/kg)	阳离子交换量CEC/(cmol/kg)	土壤母质 Parent material	剖面点坐标 Profile coordinate	匹配指数 Matching index/%
剖66	钙层土	黑钙土	淋溶黑钙土	淋溶黑钙土	薄层淋溶黑钙土	A	0—20	暗棕灰色	砂质黏土	团块状	7.4	12.9	0.96	0.21	20.4	104	1.4	83	10.9		E 124°32′04.2″ N 44°08′45.2″	97
						AB	20—50	黄棕色	壤质黏土	棱块状	7.1	3.6		0.10	23.3	36	1.1	106	12.3			
						B	50—94	棕黄色	壤质黏土	棱块状	6.9	2.0		0.13	24.2	32	4.3	98	13.1			
						C	94—155	浅灰棕色		棱块状												
剖67	钙层土	黑钙土	淋溶黑钙土	红黏砾质淋溶黑钙土	厚层红黏砾质淋溶黑钙土	Aa	0—15	暗棕灰色	砂质黏壤土	团块状	7.3	13.9	0.51	0.28	22.2	98	2.5	81	19.1		E 124°37′41.5″ N 44°08′28.0″	95
						A	15—60	暗棕灰色	砂质黏壤土	棱块状	7.3	15.2	1.14	0.22	23.6	115	1.6	51	18.8			
						B	60—80	棕黄色	砂质黏壤土	棱块状	7.1	12.6	0.25	0.18	22.9	91	1.8	43	7.9			
						C	80—	橘红色	砂质黏壤土		6.9	0.8	0.19	0.38	30.5	25	1.2	25	16.9			
剖68	钙层土	黑钙土	淋溶黑钙土	淋溶黑钙土	中层淋溶黑钙土	A	0—48	暗灰色	壤质黏土	团块状	7.1	17.1	1.02	0.24	23.7	10	1.3	82	22.2		E 124°34′48.7″ N 44°07′47.6″	99
						AB	48—105	暗棕灰色	壤质黏土	团块状		8.0	0.57	0.15	23.3	50	1.3	95	22.3			
						B	105—	棕黄色	砂质黏土	棱块状	7.0	2.5	0.34	0.22	24.5	30	2.0	87	21.4			

乾 安 县

主要土类说明

黑钙土是乾安县主要土壤类型，占本县地域面积的60%。黑钙土是在温带半湿润草甸草原下形成的具深厚均腐殖质层和碳酸钙淋溶淀积层的土壤，大部分已被开垦为耕地。母质为黄土状黏土。黑钙土剖面特征与黑土很相似，但黑钙土在剖面不同深度内或通体有石灰反应，部分土种具有石灰结核或假菌丝，因而不同于黑土。根据分布和土壤属性的不同，本县黑钙土分为黑钙土、草甸黑钙土等亚类。

草甸土是乾安县第二大土壤类型，占本县地域面积的23%。草甸土在本县分布较广，主要分布在本县北部、东部、东南部的平川低平地及岗间洼地，在湖泡周围与碱土、草甸盐土呈复区分布，海拔一般为124—148m。草甸土是由沉积作用并伴随腐殖质积累过程形成的富含腐殖质的土壤。其主要特征是黑土层均为颗粒大小相近的粒状结构。同时，由于地势低平，剖面下部均见潜育化现象。该土壤腐殖质含量为24.4g/kg，全氮含量为1.50g/kg，全磷含量为0.36g/kg，全钾含量为23.8g/kg。受沉积过程和环境条件的影响，本县草甸土均为石灰性或盐碱化的草甸土，未见非石灰性的草甸土。其腐殖质的积累强度和粒状结构的形成均比本省中部、东部的弱，发育不够典型。根据形成过程和剖面特性的不同，本县草甸土分为石灰性草甸土、盐碱化草甸土等亚类。

碱土是乾安县第三大土壤类型，占本县地域面积的8%。土壤吸收性复合体中，交换性钠离子在20%以上，属碱土。一般在腐殖质层下有明显碱化层或碱化聚盐层。表层土破坏后，碱化层裸露地表的为白盖碱土。碱土的表层土壤为脱盐层，含盐量不高，一般低于2g/kg；心土含盐量较高，以苏打盐分为主。本县碱土分布面积较大，分布范围较广，与草甸土、草甸盐土呈复区分布，在个别地区与淡黑钙土呈复区分布。本县碱土仅有草甸碱土一个亚类。

小于本县地域面积3%的土壤类型有风沙土、草甸盐土、泥炭土等。

本区域中心区气候特征

本区域中心区气候特征值
Regional climate characteristics in central area of the region

气候带：中温带亚干旱气候 Climate region: Mid temperate subarid climate	
年平均气温 /℃ Annual average temperature /℃	5.8
年平均最高气温 /℃ Annual average maximum temperature /℃	11.7
年平均最低气温 /℃ Annual average minimum temperature /℃	0.5
年降水量 /mm Annual precipitation /mm	417
≥10℃的积温 /℃ Daily temperature accumulated in a year（≥10℃）/℃	2808
年日照时数 /h Annual sunshine /h	2822
年平均相对湿度 /% Annual average relative humidity /%	59
干燥度 Dryness	0.84

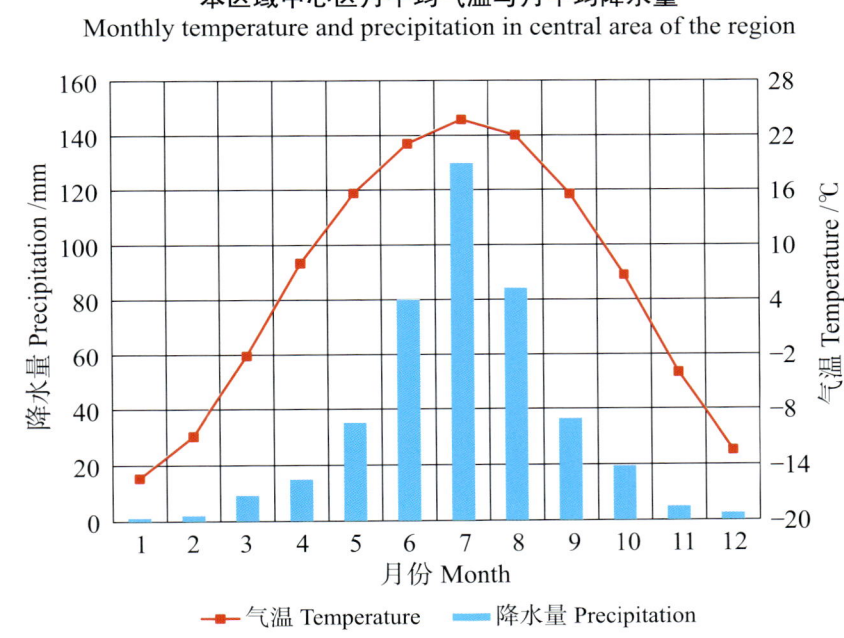

本区域中心区月平均气温与月平均降水量
Monthly temperature and precipitation in central area of the region

乾安县主要土壤类型与土壤剖面点分布图

1∶340 000

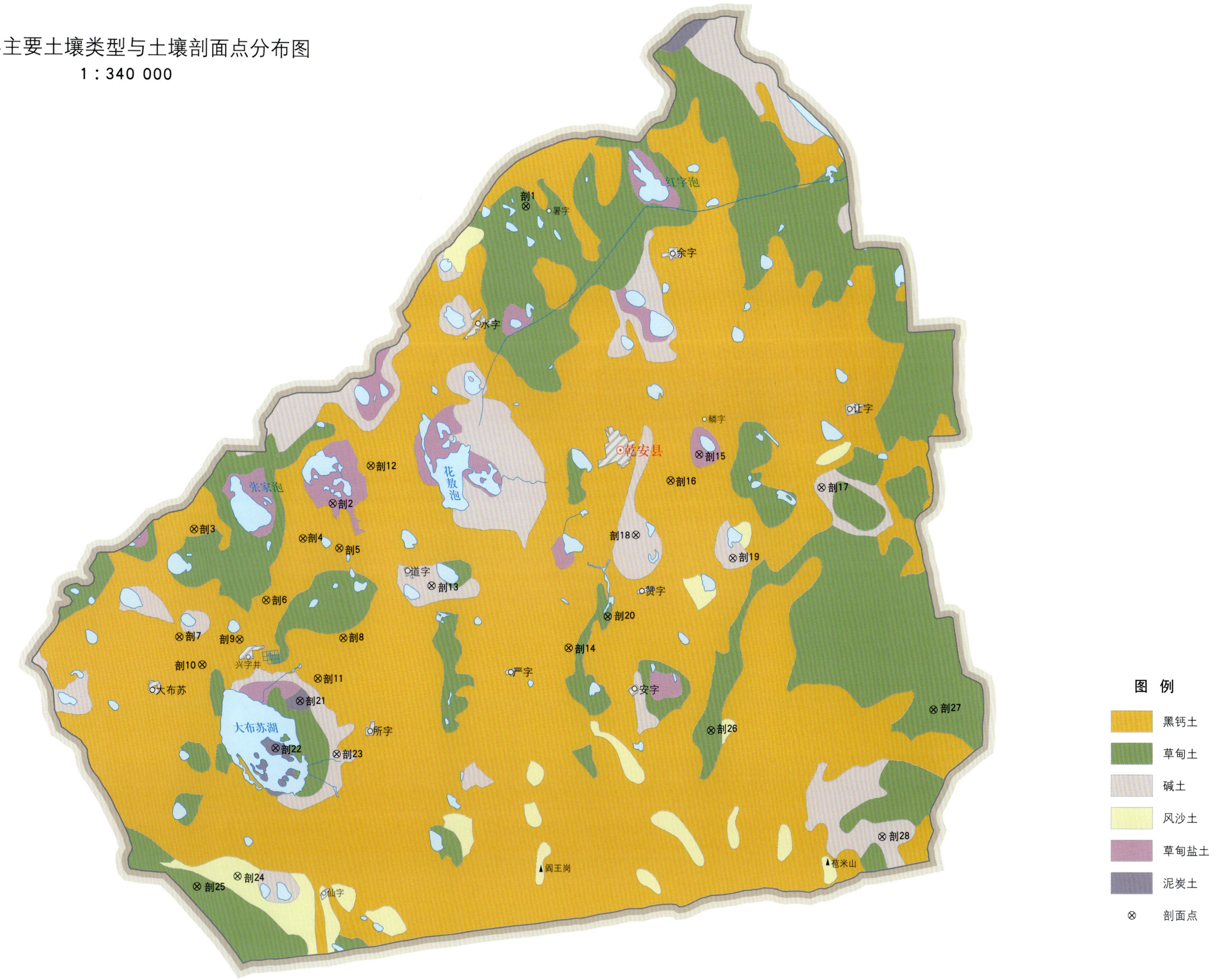

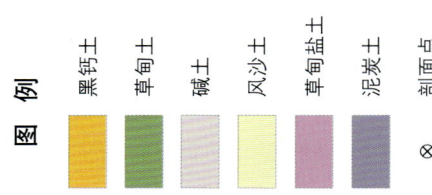

图例：黑钙土　草甸土　碱土　风沙土　草甸盐土　泥炭土　⊗ 剖面点

乾安县土壤剖面理化性状表

剖面号 Soil profile	土纲 Soil order	土类 Soil great group	亚类 Soil subgroup	土属 Soil genus	土种 Soil species	土层码 Layer code	土层厚度 Depth/cm	颜色 Soil color	质地 Soil texture	土壤结构 Soil structure	pH	有机质 OM/(g/kg)	全氮 TN/(g/kg)	全磷 TP/(g/kg)	全钾 TK/(g/kg)	碱解氮 AN/(mg/kg)	有效磷 AP/(mg/kg)	速效钾 AK/(mg/kg)	阴离子交换量CEC/(cmol/kg)	土壤母质 Parent material	剖面点坐标 Profile coordinate	匹配指数 Matching index/%
剖1	半水成土	草甸土	盐化草甸土	苏打盐化草甸土	中层苏打轻盐化草甸土	1	0—35	暗灰色	中黏土	团块状	8.2	28.6	1.76	0.12	12.9	186	0.8	74			E 123°55′21.0″ N 45°10′34.3″	95
						2	35—60	黄灰棕色	中黏土	小团块状	8.6	8.0	0.49	0.09	17.2	74	0.3	68				
						3	60—88	浅灰棕色	重黏土	棱块状	8.7	5.5	0.33	0.10	12.4	53	0.3	57				
						4	88—	浅灰蓝色	中黏土	块状	8.8	3.5	0.22	0.06	12.9	42	1.0	51				
剖2	盐碱土	草甸盐土	苏打碱化盐土	苏打碱化盐土		1	0—0.3	灰白色	紧砂土		9.5	7.4	0.43	0.08	17.1	36	38.1	161			E 123°43′10.2″ N 44°57′56.9″	85
						2	0.3—12	棕灰色	夹砂土	片状	10.1	4.9	0.30	0.06	20.3	24	4.9	110				
						3	12—31	暗黄棕色	砂黏土	棱块状	10.2	0.9	0.16	0.02	19.5	16	0.8	48				
						4	31—87	暗黄棕色	砂壤土	棱块状	9.6	3.6	0.23	0.06	18.3	33	0.8	96				
						5	87—120	暗黄棕色	砂壤土	棱块状	8.9	2.6	0.22	0.06	18.7	53		63				
剖3	钙层土	黑钙土	淡黑钙土	砂黄土质淡黑钙土	火性瘦灰(黄)土	A_{11}	0—25	浅黄棕色	砂壤土	小团块状	8.1	22.8	1.35	0.28	19.4	95	6.3	111		黄土状亚砂土	E 123°34′32.5″ N 44°56′51.7″	95
						Bk	25—65	油黄橙色	砂黏土	团块状	8.2	12.8	0.82	0.30	19.4	51	4.3	84				
						BC	65—90	油黄橙色	砂壤土	小块块状	8.4	7.5	0.35	0.18	17.5	30	3.3	89				
						C	90—130	橙色	砂壤土	小团块状	8.8	5.5	0.33	0.23	17.3	33	3.0	88				
剖4	钙层土	黑钙土	淡黑钙土	淡黑黄土质淡黑钙土	中层淡黑钙土	1	0—14	暗棕灰色	轻黏土	团块状	7.9	25.2	1.56	0.21	21.3	355	5.0	191			E 123°41′18.2″ N 44°56′27.2″	95
						2	14—50	浅棕灰色	中黏土	团块状	8.1	18.2	1.15	0.17	18.4	143	0.8	60				
						3	50—70	灰棕色	中黏土	棱块状	8.2	6.0	0.41	0.12	17.0	71	0.5	57				
						4	70—110	棕灰色	中黏土	棱块状	8.3	4.5	0.29	0.13	18.3	72	0.3	71				
						5	110—130	浅棕灰色	中黏土	棱块状	8.4	3.6	0.25	0.10	17.2	65	0.4	65				
剖5	钙层土	黑钙土	淡黑钙土	淡黑黄土质淡黑钙土	火性破皮灰土	A_1	0—18	暗棕灰色	砂质黏壤土	小团块状	8.5	13.8	0.81	0.12	21.1	74	1.8	95		黄土状亚砂土	E 123°43′33.2″ N 44°56′02.4″	95
						AB	18—44	浅灰棕色	砂质黏壤土	团块状	8.4	6.3	0.42	0.11	20.3	35	0.8	112	14.9			
						Bk	44—76	浅灰棕色	砂质黏壤土	棱块状	8.5	2.6	0.24	0.12	21.1	25	0.8	66	13.5			
						C	76—103	浅灰棕色	砂质黏壤土	块状	8.3	3.5	0.28	0.08	20.6	21	0.8	66	13.6			
剖6	钙层土	黑钙土	淡黑钙土	瘦淡黑黄土	瘦淡黄土	A_{11}	0—25	浅灰棕色	砂壤土	小团块状	8.1	22.8	1.35	0.28	19.4	95	6.0	111	13.6	黄土状亚砂土	E 123°39′01.1″ N 44°53′50.3″	95
						Bk	25—65	油黄橙色	砂壤土	块状	8.2	9.8	0.62	0.30	19.4	51	4.0	84				
						Ck_1	65—90	油黄橙色	砂壤土	块状	8.4	7.5	0.35	0.18	17.5	30	3.0	89				
						Ck_2	90—130	浅灰色	砂壤土	无结构	8.4	5.5	0.33	0.23	17.3	33	2.6	133				
剖7	钙层土	黑钙土	淡黑钙土	底潜淡黑钙土	盖砂火性锈灰土	Ao	0—16	浅黄棕色	砂壤土	团块状	8.4	16.5	1.12	0.14	20.1	113	4.0	70		黄土状亚砂土	E 123°33′38.2″ N 44°52′16.0″	95
						A_1	16—48	暗黄橙色	砂质黏壤土	团块状	8.9	17.6	1.22	0.13	21.6	114	3.0	74				
						B	48—75	油黄橙色	砂质黏壤土	棱块状	9.5	11.3	0.81	0.12	18.2	66	0.8	61				
						C	75—120	油黄橙色	砂质黏土	棱块状	9.3	3.3	0.26	0.09	21.5	4	1.3	66				
剖8	钙层土	黑钙土	草甸淡黑钙土	草甸淡黑钙土	破皮草甸淡黑钙土	1	0—15	暗棕灰色	轻黏土	团块状	8.4	23.0	1.36	0.09	17.8	82	1.2	51			E 123°43′48.0″ N 44°52′13.1″	92
						2	15—43	棕灰色	中黏土	棱块状	8.7	4.8	0.44	0.07	18.8	81	0.8	68				
						3	43—90	黄灰色	中黏土	棱块状	8.9	3.3	0.21	0.08	15.9	46	0.3	80				
						4	90—	棕黄色	轻黏土	小块状	9.2	3.0	0.19	0.10	21.3	38	1.5	116				
剖9	钙层土	黑钙土	草甸淡黑钙土	草甸淡黑钙土	薄覆砂草甸淡黑钙土	1	0—16	浅棕色	中黏壤土	棱块状	8.2	21.9	1.30	0.16	17.9	110	0.9	86			E 123°37′20.6″ N 44°52′09.5″	92
						2	16—30	暗棕灰色	轻黏土	棱块状	8.3	20.8	1.20	0.16	19.7		0.2	76				
						3	30—68	黄棕色	轻黏土	屑粒状	8.5	11.4	0.77	0.12	20.4		0.2	73				
						4	68—120	黄灰棕色	轻黏土	块状	8.0	3.8	0.28	0.14	17.0	121	7.0	131				
剖10	钙层土	黑钙土	淡黑钙土	淡黑黄土	淡黑黄土	Ah	0—17	油黄棕色	砂质黏壤土	块状	8.2	24.2	1.89	0.43	21.4	97	5.0	80		黄土状母质	E 123°35′02.4″ N 44°51′05.0″	92
						ABk	17—36	油黄棕色	砂质黏壤土	块状	8.2	19.5	1.47	0.42	20.4	97	3.0	69				
						Bk	36—55	油黄棕色	砂质黏壤土	块状	8.2	10.1	0.56	0.31	19.6	52	3.0	87				
						Ck	55—95	油黄棕色	砂质黏壤土	块状	8.2	5.0	0.34	0.29	21.4	41						
							95—120		粉砂土壤	块状	8.3											

续表 Continued

剖面号 Soil profile	土纲 Soil order	土类 Soil great group	亚类 Soil subgroup	土属 Soil genus	土种 Soil species	土层码 Layer code	土层厚度 Depth/cm	颜色 Soil color	质地 Soil texture	土壤结构 Soil structure	pH	有机质 OM/(g/kg)	全氮 TN/(g/kg)	全磷 TP/(g/kg)	全钾 TK/(g/kg)	碱解氮 AN/(mg/kg)	有效磷 AP/(mg/kg)	速效钾 AK/(mg/kg)	阳离子交换量CEC/(cmol/kg)	土壤母质 Parent material	剖面点坐标 Profile coordinate	匹配指数 Matching index/%
剖11	钙层土	黑钙土	淡黑钙土	淡黑钙土	破皮淡黑钙土	1	0~18	暗棕色	砂壤土	小团块状	8.5	13.9	0.81	0.12	21.1	74	1.8	95			E 123°42′13.3″ N 44°50′29.8″	81
						2	18~44	浅棕灰色	轻壤土	团块状	8.4	6.3	0.42	0.11	20.3	35	0.8	112				
						3	44~76	棕黄色	轻黏土	棱块状	8.4	2.6	0.24	0.12	21.1	25	0.9	66				
						4	76~130	杏黄棕色	轻黏土	棱块状	8.3	3.5	0.28	0.09	20.6	21	0.9	66				
剖12	钙层土	黑钙土	淡黑钙土	淡黑钙土	薄覆砂黑皮淡黑钙土	1	0~8	浅棕灰色	砂壤土	小团块状	8.4	18.9	1.19	0.14	18.6	104	2.2	124			E 123°45′33.8″ N 44°59′33.0″	78
						2	8~27	暗棕灰色	轻黏土	团块状	8.4	20.8	1.38	0.17	18.3	95	1.9	90				
						3	27~43	暗棕灰色	中黏土	棱块状	8.4	16.3	1.15	0.14	16.1	70	1.0	63				
						4	43~79	棕黄色	中黏土	棱块状	8.6	4.7	0.44	0.11	17.3	30	1.0	66				
						5	79~120	浅棕黄色	中黏土	棱块状	8.5	4.3	0.22	0.12	16.9	25	1.0	59				
剖13	盐碱土	碱土	草甸碱土	苏打草甸碱土	浅位苏打草甸碱土	1	0~6	浅灰棕色	砂壤土	片状	8.1	21.2	1.43	0.12	38.2	102	1.5	104			E 123°49′18.8″ N 44°54′26.3″	98
						2	6~37	灰棕色	中黏土	大棱块状	9.5	15.2	0.86	0.12	21.6	74	1.1	90				
						3	37~75	暗棕棕色	中黏土	棱块状	9.1	4.2	0.21	0.06	37.7	36	1.7	89				
						4	75~120	棕灰棕色	轻黏土	棱块状	9.7	23.6	1.34	0.21	31.7	60		152				
剖14	钙层土	黑钙土	草甸淡黑钙土	草甸淡黑钙土	薄层草甸淡黑钙土	1	0~14	暗棕灰色	中黏土	小团块状	8.2	22.1	1.32	0.14	18.1	124	3.7				E 123°57′49.3″ N 44°51′45.7″	92
						2	14~29	棕灰色	中黏土	团块状	8.4	21.9	1.36	0.10	16.4	172	1.2	71				
						3	29~47	浅灰棕色		片状		9.3	0.39	0.11	18.4								
						4	47~98	暗棕色	中壤土	棱块状	8.5	5.5			18.2	53	3.0	102				
						5	98~	暗棕色	中壤土	块状	8.5	4.0	0.24	0.07	21.7	18	0.3	103				
剖15	盐碱土	草甸盐土	草甸盐土	硫酸盐氯化物碱化盐土	硫酸盐氯化物碱化盐土	1	0~0.5	浅灰棕色	砂壤土		9.2	1.6	0.05	0.04	23.0	64	11.1	71			E 124°06′02.6″ N 44°59′57.0″	79
						2	0.5~8	灰白色	紧砂土		9.8	3.7	0.22	0.17	21.4	20	7.9	40				
						3	8~37	灰棕色	中壤土	棱块状	10.1	2.2	0.16	0.14	22.1	31	10.3	135				
						4	37~77	灰黄棕色	轻黏土	棱块状	9.9	3.7	0.12	0.19	22.6	30	5.3	1				
						5	77~130	暗棕灰色	砂壤土	棱块状	9.7	1.2		0.13	20.5		8.6	73				
剖16	钙层土	黑钙土	淡黑钙土	淡黑钙土	薄层淡黑钙土	1	0~12	暗棕灰色	轻黏土	团块状	8.3	19.8	1.70	0.14	20.3	240	2.3	75			E 124°04′14.2″ N 44°58′50.5″	92
						2	12~24	暗棕灰色	中黏土	团块状	8.2	20.6	1.62	0.11	18.9	290	1.5	70				
						3	24~67	浅棕灰色	中黏土	棱块状	8.2	6.2	0.64	0.11	20.2	94	0.5	51				
						4	67~106	浅棕灰色	轻黏土	棱块状	8.4	4.6	0.56	0.10	17.8	253	0.5	52				
						5	106~130	棕灰色	砂壤土	棱块状	8.4	3.7	0.48	0.10	16.9	170	0.5	59				
剖17	盐碱土	碱土	草甸碱土	苏打草甸碱土	中位苏打草甸碱土	1	0~10	暗棕灰色	重黏土	团块状	8.7	28.6	1.98	0.18	21.4	122	1.4	112			E 124°13′37.2″ N 44°58′29.3″	97
						2	10~30	浅棕灰色	轻黏土	柱状	9.8	5.6	0.32	0.12	14.3	21	0.5	110				
						3	30~70	浅棕棕色	中黏土	棱块状	9.6	5.5	0.38	0.12	13.8	19	0.2	115				
						4	72~130	浅棕灰色	轻黏土	棱块状	9.6	3.1	0.34	0.13	14.5	23	0.2	123				
剖18	盐碱土	碱土	草甸碱土	甸碱土	岗肉土	A	0~7	棕灰色	砂壤土	小团块状	8.6	26.3	1.50	0.30	21.4	98	7.0	144		风积物	E 124°02′02.8″ N 44°56′33.0″	95
						An_1	7~21	棕灰色	砂质黏土	小团块状	9.5	15.2	0.81	0.35	20.4	50	5.6	135				
						An_2	21~39	灰灰棕色	砂质黏壤土	小棱块状	9.6	16.8	0.76	0.29	21.0	40	11.1	130				
						Cn_1	39~54	浅灰棕色	砂质黏壤土	棱块状	9.6	10.8	0.54	0.28	20.2	33	11.2	112				
						Cn_2	54~100	浅黄棕色	砂质黏壤土	棱块状	9.3	5.0	0.25	0.20	19.2	23	5.2	93				
剖19	盐碱土	碱土	草甸碱土	甸碱土	破皮碱格子土	A	0~6	浅棕灰色	砂质黏壤土	柱状	8.1	21.2	1.43	0.12	26.3	102	1.5	104		冲积物	E 124°08′03.8″ N 44°55′31.4″	81
						An	6~37	浅棕灰色	砂质黏土	棱块状	9.5	15.2	0.86	0.12	21.6	74	1.1	91				
						Cn	37~75	浊黄棕色	砂质黏土	棱块状	9.1	4.2	0.21	0.06	25.4	36	1.7	89				
						Cu	75~120	浊黄棕色	砂质黏土	棱块状	9.7			0.21	26.3	60	1.0	52				
剖20	半水成土	草甸土	盐化草甸土	盐碱化草甸土	薄层苏打轻盐弱碱化草甸土	1	0~22	浅棕灰色	中黏土	小团块状	8.4	29.3	2.20	0.17	17.8	158	2.2	90			E 124°00′15.5″ N 44°53′04.9″	95
						2	22~37	棕灰色	重黏土	棱块状	8.5	15.3	1.47	0.15	17.2	151	1.4	90				
						3	37~66	灰灰棕色	重黏土	棱块状	8.9	6.2	0.48	0.14	16.2	48	1.2	89				
						4	66~104	灰灰棕色	重黏土	棱块状	9.3	3.0	0.25	0.12	16.0	38	0.8	72				
						5	104~	暗棕棕色	重黏土	棱块状	9.3	3.4	0.23	0.10	17.9	46	0.9	73				

续表 Continued

剖面号 Soil profile	土纲 Soil order	土类 Soil great group	亚类 Soil subgroup	土属 Soil genus	土种 Soil species	土层码 Layer code	土层厚度 Depth/cm	颜色 Soil color	质地 Soil texture	土壤结构 Soil structure	pH	有机质 OM/(g/kg)	全氮 TN/(g/kg)	全磷 TP/(g/kg)	全钾 TK/(g/kg)	碱解氮 AN/(mg/kg)	有效磷 AP/(mg/kg)	速效钾 AK/(mg/kg)	阳离子交换量CEC/(cmol/kg)	土壤母质 Parent material	剖面点坐标 Profile coordinate	匹配指数 Matching index /%
剖21	水成土	泥炭土	泥炭土	泥炭土	泥炭土	P₁	0—20	棕褐色		片状	7.5	217.8	9.18	0.34	12.5	642					E 123°41′06.3″ N 44°49′32.6″	97
						P₂	20—40	灰黑色		片状	7.0	297.8	11.62	0.30	10.9	824		126				
剖22	水成土	泥炭土	埋藏泥炭土	埋藏泥炭土	浅位埋藏泥炭土	1	0—30	暗褐色	壤质黏土	团块状											E 123°39′34.9″ N 44°47′32.2″	75
						P	30—80	黑褐色	粉质黏土	粒状												
						3	80—	浅灰色														
剖23	盐碱土	碱土	草甸碱土	苏打草甸碱土	破皮碱格子土	A₁	0—6	灰棕色	砂质黏壤土	片状	8.1	21.2	1.43	0.12	38.2	102	1.5	104		河湖冲积物、沉积物	E 123°43′21.0″ N 44°47′16.8″	82
						An	6—37	暗棕灰色	砂质黏壤土	柱状	9.5	15.2	0.86	0.12	21.6	74	1.1	91				
						Bn	37—75	暗灰棕色	砂质黏土	棱块状	9.1	4.2	0.21	0.06	36.8	36	1.7	89				
						C	75—120	棕灰色	砂质黏土	棱块状	9.7			0.21	31.7	60		152				
剖24	初育土	风沙土	黑钙土型风沙土	淡黑钙土型风沙土	厚层淡黑钙土型风沙土	1	0—25	暗灰色	砂壤土	小团块状	8.6	10.3	0.46	0.07	21.4	206	3.4	90		风积物	E 123°37′12.0″ N 44°42′04.7″	93
						2	25—65	暗棕灰色	紧砂土	无结构	8.7		0.50	0.12	19.3	72	3.1	54				
						3	65—117	暗灰色	砂壤土	无结构	8.7		0.24	0.09	21.3	30	2.0	39				
						4	117—180	暗灰棕色	紧砂土	无结构	8.5	10.2	0.55	0.09	21.9	50	2.2	41				
						5	180—	浅灰棕色	砂质黏土		3.6	3.0	0.18	0.06	21.8	51	3.5	50				
剖25	半水成土	草甸土	盐碱化草甸土	盐碱化草甸土	中层苏打轻盐弱碱化草甸土	1	0—32	暗灰色	中黏土	团块状	8.6	27.4	1.81	0.20	20.4	158	2.2	108			E 123°34′43.0″ N 44°41′38.4″	95
						2	32—50	浅棕灰色	重黏土	小团块状	9.1	17.6	1.12	0.21	17.0	110	1.1	71				
						3	50—95	灰棕色	重黏土	棱块状	9.2	6.3	0.53	0.16	16.1	50	0.9	72				
						4	95—	棕色	中黏土	棱块状	9.1	4.5	0.34	0.13	17.5	44	0.9	76				
剖26	半水成土	草甸土	盐碱化草甸土	盐碱化草甸土	中层苏打轻盐中碱化草甸土	1	0—19	棕褐色	中黏土	团块状	8.5	31.6	2.15	0.19	20.0	157	2.1	121			E 124°06′36.7″ N 44°48′11.9″	95
						2	19—40	浅棕灰色	重黏土	团块状	9.3	13.1	0.41	0.13	16.2	96	1.0	79				
						3	40—68	暗棕灰色		棱块状	9.5	4.1	0.99	0.10	15.1	49	0.7	63				
						4	68—90	灰蓝棕色	重黏土	棱块状	9.2	3.2	0.25	0.10	16.3	33	0.2	94				
						5	90—	浅棕灰色	重黏土	棱块状	9.0	2.7	0.24	0.09	17.6	26	2.0	90				
剖27	半水成土	草甸土	盐碱化草甸土	盐碱化草甸土	薄层苏打中盐弱碱化草甸土	1	0—22	暗棕灰色	中黏土	小团块状	8.2	16.7	1.08	0.16	17.4	83	1.4	95			E 124°20′24.7″ N 44°48′58.0″	95
						2	22—45	灰棕色	中黏土	棱块状	8.5		0.79	0.11	15.3	45	0.9	56				
						3	45—65	浅灰棕色	轻黏土	棱块状	8.4	4.2	0.28	0.11	18.6	23	0.9	61				
						4	65—120	灰棕色	中黏土	棱块状	8.6	5.6	0.35	0.14	19.3	29	1.1	93				
剖28	盐碱土	碱土	草甸碱土	苏打草甸碱土	白盖苏打草甸碱土	1	0—27	灰棕色	重黏土	棱块状	10.2	5.2	0.39	0.12	19.5	15	2.7	142			E 124°17′06.7″ N 44°43′35.8″	98
						2	27—37	暗灰棕色	重黏土	小棱块状	10.1	3.2	0.28	0.10	19.9	16	1.8	116				
						3	37—64	浅灰棕色	重黏土	小棱块状	10.1	3.4	0.27	0.11	18.5	20	2.2	141				
						4	64—103	灰棕色	重黏土	小棱块状	10.0	3.1	0.19	0.11	17.0	26	2.9	118				
						5	103—105	浅灰棕色	重黏土	小棱块状	9.9	23.3	0.23	0.11	18.7	40	1.4	104				

扶 余 市

主要土类说明

黑钙土是扶余市主要土壤类型，占本市地域面积的40%。黑钙土是在温带半湿润草甸草原下形成的具深厚均腐殖质层和碳酸钙淋溶淀积层的土壤，大部分已被开垦为耕地。母质为黄土状黏土。该土壤均腐殖质层厚50cm左右，有机质含量为50—80g/kg。其下，钙积层明显。土壤表层pH为7.0，逐渐往下pH为8.0—8.5。冬季冻层厚1.3—1.5m。由于黑钙土所处环境相对较干旱，其腐殖质层的腐殖质含量略低于黑土。

风沙土是扶余市第二大土壤类型，占本市地域面积的20%。其主要特征是土壤几乎全由细沙颗粒组成，剖面层次分化不明显，仅有A层和C层，缺乏B层，风蚀严重，土壤处于幼年阶段。风沙土肥力低，漏水漏肥，通气性强，发小苗，潜在肥力低，不适合耕作。

黑土是扶余市第三大土壤类型，占本市地域面积的18%。黑土具有湿润或半干润的土壤水分状况和冷凉的土壤温度状况，腐殖质含量高，有深厚、逐渐过渡的暗腐殖质层，向下呈舌状延伸。淀积层呈黄棕色，剖面中有白色二氧化硅粉末和棕黑色铁锰结核，底土为棱块状黄土。该土壤均腐殖质层厚30—60cm，有机质含量一般为30—60g/kg，底层具轻度滞水还原淋溶特征。土壤盐基饱和度在80%以上，pH为6.5—7.0。

草甸土占本市地域面积的12%。草甸土是在低平地形、地下水位较高、土壤水分含量较高的草甸植被下形成的非地带性土壤，分布在河漫滩、阶地、岗间洼地和山间川地。

新积土占本市地域面积的7%。新积土是由新近冲积、洪积、坡积、塌积或人工堆垫形成的土壤，多呈条带状分布在大小江河沿岸的河漫滩、低阶地或山丘漫岗坡脚平缓地带，土层厚度超过50cm。母质多为近代流水沉积物，地面多处受高水位淹没，生草过程弱，常无明显腐殖质。

小于本市地域面积3%的土壤类型有泥炭土、水稻土、草甸盐土等。

本区域中心区气候特征

本区域中心区气候特征值
Regional climate characteristics in central area of the region

气候带：中温带亚湿润气候 Climate region: Mid temperate subhumid climate	
年平均气温 /℃ Annual average temperature /℃	5.0
年平均最高气温 /℃ Annual average maximum temperature /℃	10.9
年平均最低气温 /℃ Annual average minimum temperature /℃	-0.3
年降水量 /mm Annual precipitation /mm	478
≥10℃的积温 /℃ Daily temperature accumulated in a year (≥10℃) /℃	1828
年日照时数 /h Annual sunshine /h	2657
年平均相对湿度 /% Annual average relative humidity /%	64
干燥度 Dryness	0.66

本区域中心区月平均气温与月平均降水量
Monthly temperature and precipitation in central area of the region

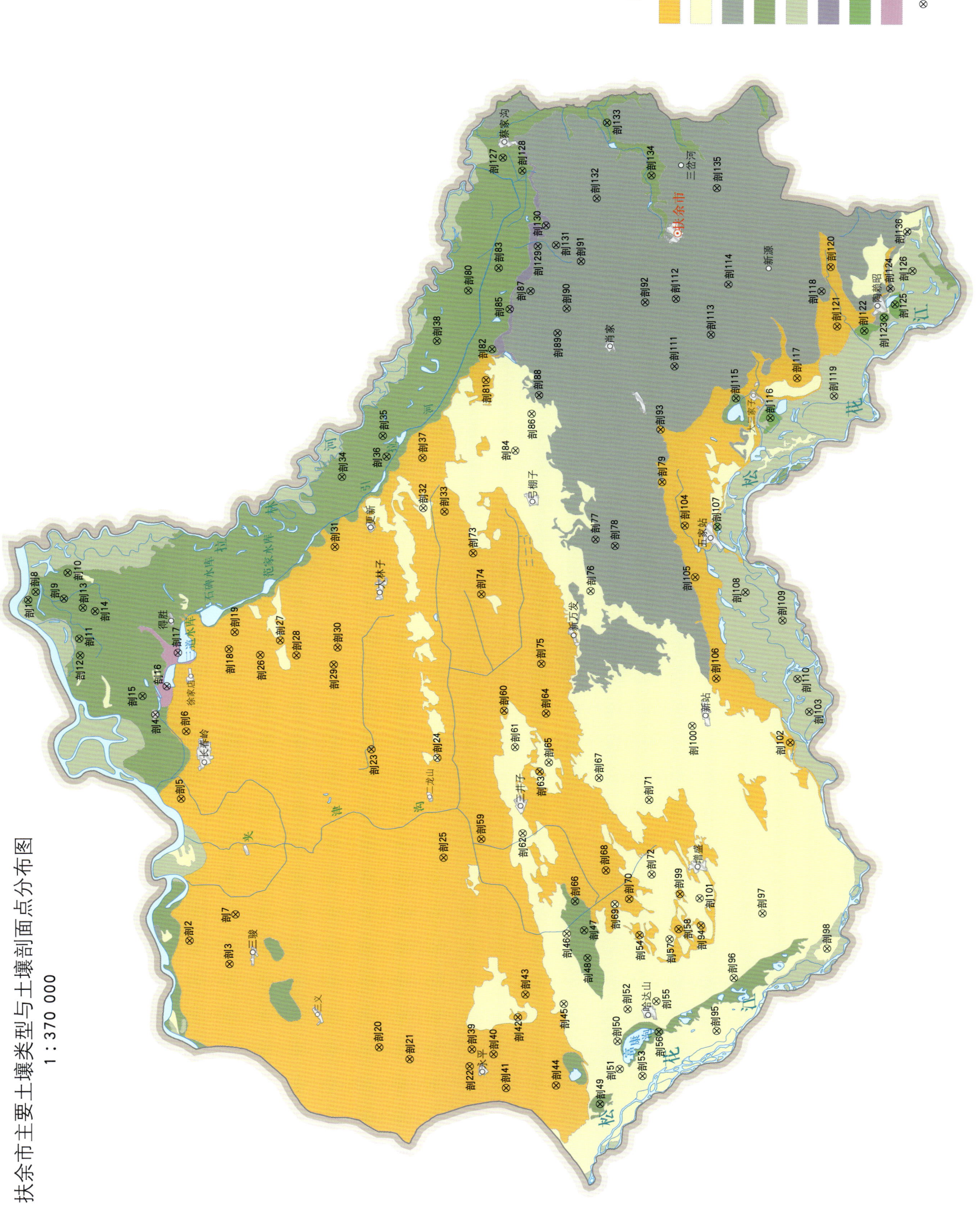
扶余市主要土壤类型与土壤剖面点分布图
1∶370 000

扶余市土壤剖面理化性状表

剖面号 Soil profile	土纲 Soil order	土类 Soil great group	亚类 Soil subgroup	土属 Soil genus	土种 Soil species	土层码 Layer code	土层厚度 Depth/cm	颜色 Soil color	质地 Soil texture	土壤结构 Soil structure	pH	有机质 OM/(g/kg)	全氮 TN/(g/kg)	全磷 TP/(g/kg)	全钾 TK/(g/kg)	碱解氮 AN/(mg/kg)	有效磷 AP/(mg/kg)	速效钾 AK/(mg/kg)	阳离子交换量CEC/(cmol/kg)	土壤母质 Parent material	剖面点坐标 Profile coordinate	匹配指数 Matching index/%
剖1	半水成土	草甸土	草甸土	平川草甸土	厚层平川草甸土	Aa	0~29	暗灰黑色	壤质黏土	粒状											E 125°37′21.4″ N 45°30′08.6″	97
						Ag	29~64	暗棕黑色	壤质黏土	粒状												
						Cg	64~120	浅棕黄色		粒状												
剖2	钙层土	黑钙土	黑钙土	黑钙土	厚层黑钙土	1	0~20		砂质黏壤土		7.8	23.1	1.23	0.31	24.9	116	2.2	165	19.3		E 125°13′28.6″ N 45°23′04.2″	98
						2	20~53		砂质黏壤土		8.0	21.3	1.09	0.38	24.1	109	0.4	111	22.7			
						3	53~79		壤质黏土		8.1	15.3	0.54	0.34	23.6	80	0.9	93	20.6			
						4	79~102		砂质黏土		8.2	7.9	0.42	0.15	23.2	56	0.9	94	19.1			
						5	102~120		壤质黏土		8.3	7.4	0.34	0.19	22.8	34	1.3	85	18.5			
剖3	钙层土	黑钙土	盐碱化黑钙土	轻盐碱化黑钙土	厚层轻盐碱化黑钙土	1	0~18		砂质黏壤土		9.1	10.6	0.62	0.27	34.2	67	2.6	98	11.7		E 125°11′48.1″ N 45°21′13.3″	98
						2	18~61		壤质黏土		9.0	16.0	0.95	0.34	29.5	84	0.9	74	25.1			
						3	61~98		砂质黏土		8.3	8.4	0.45	0.26	22.7	51	0.4	85	18.5			
						4	98~120		壤质黏土		8.3	4.4	0.39	0.30	24.5	38	0.4	90	20.1			
剖4	盐碱土	碱土	草甸碱土	草甸碱土	白盖草甸碱土	Aa	0~6	棕灰色		棱块状											E 125°29′09.2″ N 45°24′20.2″	97
						A	6~40	暗棕灰色		粒状												
						B	40~75	深棕灰色		棱状												
						C	75~120	灰棕色		无明显结构												
剖5	钙层土	黑钙土	黑钙土	黑钙土	破皮黄黑钙土	1	0~9		砂壤土		8.3	16.6	0.86	0.39	23.6	95	2.6	151	21.0		E 125°23′13.6″ N 45°23′15.4″	97
						2	9~45		砂壤土		8.1	17.7	0.87	0.37	24.0	90	0.4	100	19.0			
						3	45~85		砂壤土		8.2	8.1	0.41	0.34	19.7	45	0.4	96	19.9			
						4	85~120		砂壤土		8.3	5.7	0.37	0.39	21.6	57	0.9	101	24.3			
剖6	钙层土	黑钙土	黑钙土	黑钙土	深厚层黑钙土	1	0~18		黏土		8.1	24.6	1.23	0.35	24.2	72	2.6	154	23.0		E 125°27′54.4″ N 45°22′54.8″	95
						2	18~110		黏土		8.0	23.2	0.91	0.36	24.3	99	5.2	104	22.4			
						3	110~120		黏土		7.5	21.6	1.15	0.34	24.1	78	5.7	115	20.7			
剖7	钙层土	黑钙土	黑钙土	黑钙土	破皮黄黑钙土	1	0~18		壤质黏土		8.3	17.0	0.93	0.36	28.0	75	2.6	104	13.7		E 125°15′11.5″ N 45°20′51.7″	97
						2	18~39		壤质黏土		8.3	10.5	0.68	0.31	27.6	10	1.7	95	15.1			
						3	39~120		壤质黏土		8.2	6.7	0.36	0.30	27.3	30	1.7	91	12.9			
剖8	半水成土	草甸土	草甸土	平川草甸土	厚层平川草甸土	1	0~22		壤质黏土	粒状	5.9	39.0	1.92	0.96	28.5	137	27.1	163			E 125°37′53.4″ N 45°29′46.7″	97
						2	22~72		黏土	粒状	5.9	29.7	1.13	0.55	28.0	85	17.9	259				
						3	72~100		黏土	粒状	6.0	20.7	1.00	1.03	28.1	70	39.7	272				
						4	100~120		壤质黏土	粒状	5.8	27.9	0.95	0.47	28.6	84	14.0	338				
剖9	半水成土	草甸土	草甸土	平川草甸土	中层平川草甸土	Aag	0~23	暗棕黑色	壤质黏土	粒状											E 125°37′21.6″ N 45°28′27.1″	97
						Ag	23~46	棕灰黑色	壤质黏土	粒状												
						Bg	46~90	棕灰色	壤质黏土	粒状												
						Cg	90~120	棕灰色	砂壤土	粒状												
剖10	半水成土	草甸土	草甸土	砂底草甸土	中层砂底草甸土	Aa	0~28	深灰色	黏土	粒状	6.3	20.2	1.16	0.53	27.1	148	6.1	166	17.1		E 125°39′08.6″ N 45°28′13.8″	97
						A	28~50	灰色	黏土	粒状	6.4	19.5	1.10	0.54	23.4	126	7.9	146	22.2			
						Bg	50~110	灰黄色	砂质黏土	粒状	6.4	10.0	0.72	0.61	24.6	34	18.8	85	20.6			
						Cg	110~123															
剖11	半水成土	草甸土	草甸土	砂底草甸土	厚层砂底草甸土	1	0~20		砂壤土		6.6	3.7	0.32	0.81	23.4	15	9.6	37	7.7		E 125°34′33.2″ N 45°27′47.9″	97
						2	20~90		砂壤土													
						3	90~110		砂壤土													
						4	110~120		砂土													

续表 Continued

剖面号 Soil profile	土纲 Soil order	土类 Soil great group	亚类 Soil subgroup	土属 Soil genus	土种 Soil species	土层码 Layer code	土层厚度 Depth/cm	颜色 Soil color	质地 Soil texture	土壤结构 Soil structure	pH	有机质 OM/(g/kg)	全氮 TN/(g/kg)	全磷 TP/(g/kg)	全钾 TK/(g/kg)	碱解氮 AN/(mg/kg)	有效磷 AP/(mg/kg)	速效钾 AK/(mg/kg)	阴离子交换量CEC/(cmol/kg)	土壤母质 Parent material	剖面点坐标 Profile coordinate	匹配指数 Matching index/%
剖12	半水成土	草甸土	草甸土	砂底草甸土	薄层砂底草甸土	Aa	0–22	灰黑色	壤质黏土	粒状											E 125°33′24.1″ N 45°27′46.8″	97
						B	22–70	灰黄色	砂质黏土	粒状												
						Bg	70–100	棕灰黄色	砂质壤土	粒状												
						Cg	100–120	棕黄色	砂土	无结构												
剖13	半水成土	草甸土	草甸土	平川草甸土	中层平川草甸土	1	0–17		壤质黏土		6.7	29.9	1.59	0.54	30.0	122	5.7	100			E 125°36′41.0″ N 45°27′34.9″	97
						2	17–47		砂质黏土		7.3	7.9	0.45	0.41	30.0	42	4.4	51				
						3	47–120		砂质壤土		7.3	3.0	0.27	0.60	28.5	20	9.6	38				
剖14	半水成土	草甸土	草甸土	砂底草甸土	薄层砂底草甸土	1	0–24		壤土		5.9	16.6	0.86	0.35	24.2	135	9.6	98	21.1		E 125°36′25.2″ N 45°27′00.7″	95
						2	24–86		砂壤土		6.9	5.0	0.21	0.34	26.6	48	10.9	46	10.3			
						3	86–120				7.1	1.8	0.10	0.17	23.0	48	6.5	25	1.9			
剖15	半水成土	草甸土	石灰性草甸土	砂底石灰性草甸土	厚层砂底石灰性草甸土	1	0–22				6.9	25.2	1.44	0.33	23.9	87	2.6	111	23.4		E 125°30′27.8″ N 45°24′54.5″	97
						2	22–55				3.4	17.1	0.79	0.33	22.1	74	3.5	117	35.0			
						3	55–90				8.2	13.8	0.35	0.38	24.1	59	22.3	125	31.3			
						4	90–104		砂质壤土		8.0	4.0	0.29	0.52	31.4	28	24.9	68	15.0			
						5	104–120		砂质壤土		7.7	1.9	0.12	0.30	31.9	17	17.9	59	5.4			
剖16	盐碱土	草甸盐土	草甸盐土	苏打草甸盐土	苏打草甸盐土	As	0–10	浅灰色	壤质黏土	棱块状											E 125°31′04.6″ N 45°23′45.4″	74
						B₁	10–23	棕黑色	壤质黏土	棱块状												
						B₂	23–70	黑灰色	砂质黏土	粒状												
						Cg	70–120	深灰色	砂质壤土	小棱块状												
剖17	盐碱土	草甸盐土	草甸盐土	苏打草甸盐土	苏打草甸盐土	1	0–10		壤质黏土		8.5	10.0	0.44	0.41	24.7	72	5.2	154	26.2		E 125°33′22.2″ N 45°23′11.1″	74
						2	10–23		壤质黏土		10.0	14.9	0.43	0.38	22.2	39	6.1	397	24.4			
						3	23–70		砂质黏土		8.7	15.0	0.59	0.42	25.6	53	10.9	181	25.1			
						4	70–120		砂质黏土		8.0	15.0	0.75	0.22	21.7	82	1.3	85	16.1			
剖18	钙层土	黑钙土	黑钙土	砂质黑钙土	厚层砂质黑钙土	1	0–17	暗棕黑色	壤质黏土	粒状	7.5	12.9	0.75	0.21	23.4	80	0.9	77	20.9		E 125°33′31.0″ N 45°20′46.3″	98
						2	17–29	灰棕黑色	壤质黏土	粒状	7.3	9.5	0.22	0.19	23.2	55	0.4	90	19.7			
						3	29–56	浅灰黄色	砂质黏土	小棱块状	7.2	7.4	0.59	0.19	22.7	55	0.9	85	23.9			
						4	56–85	暗棕黄色	砂质黏土	棱块状	7.6	8.8	0.34	0.22	22.8	101	0.9	85	15.6			
						5	85–120		壤质黏土	棱柱状												
剖19	钙层土	黑钙土	黑钙土	砂质黑钙土	中层砂质黑钙土	Aa	0–20	暗棕黑色	壤质黏土	粒状											E 125°34′40.4″ N 45°20′28.0″	97
						A	20–47	黑灰色	砂质黏土	粒状												
						B	47–84	暗灰色	壤质黏土	粒状												
						C	84–120	灰灰色	砂质黏土	棱块状												
剖20	钙层土	黑钙土	盐碱化黑钙土	中盐碱化黑钙土	厚层中盐碱化黑钙土	Aa	0–20	暗棕黑色	壤质黏土	粒状											E 125°05′48.5″ N 45°14′17.2″	98
						A₁	50–70	暗灰色	壤质黏土	粒状												
						B	70–120	灰灰色	壤质黏土	棱块状												
剖21	钙层土	黑钙土	黑钙土	黑钙土	薄层黑钙土	Aa	0–20	暗棕黑色	砂质黏土	粒状											E 125°04′56.6″ N 45°12′52.2″	98
						AB	20–40	棕黑色	壤质黏土	棱块状												
						B	40–65	灰黄色	壤质黏土	棱块状												
						C	65–120	浅黄色	壤质黏土													
剖22	钙层土	黑钙土	黑钙土	黑钙土	中层黑钙土	1	0–20		砂质黏土		8.0	15.6	0.93	0.32	25.0	90	1.7	133	20.2		E 125°04′21.2″ N 45°10′03.7″	97
						2	20–35		砂质黏土		7.9	15.2	0.79	0.30	23.1	108	0.4	96	22.2			
						3	35–81		砂质黏土		7.9	15.9	0.56	0.27	24.9	58	0.4	125	20.8			
						4	81–120		黏质壤土		7.9	61.5	0.30	0.30	24.1		2.2	143	20.1			

续表 Continued

剖面号 Soil profile	土纲 Soil order	土类 Soil great group	亚类 Soil subgroup	土属 Soil genus	土种 Soil species	土层码 Layer code	土层厚度 Depth/cm	颜色 Soil color	质地 Soil texture	土壤结构 Soil structure	pH	有机质 OM/(g/kg)	全氮 TN/(g/kg)	全磷 TP/(g/kg)	全钾 TK/(g/kg)	碱解氮 AN/(mg/kg)	有效磷 AP/(mg/kg)	速效钾 AK/(mg/kg)	阳离子交换量CEC/(cmol/kg)	土壤母质 Parent material	剖面点坐标 Profile coordinate	匹配指数 Matching index/%
剖23	钙层土	黑钙土	盐碱化黑钙土	中盐碱化黑钙土	厚层中盐碱化黑钙土	1	0~20		砂质黏壤土		8.6	21.9	1.59	0.17	26.9	115	3.1	124	14.3		E 125°26′15.0″ N 45°14′13.2″	98
						2	20~37		砂质黏壤土		8.9	22.8	1.58	0.40	21.4	115	1.7	64	15.4			
						3	37~62		砂质黏壤土		9.4	23.1	1.24	0.34	29.6	81	1.7	56	16.1			
						4	62~80		壤质黏壤土		9.1	9.6	0.65	0.26	27.3	56	1.3	66	16.7			
						5	80—		壤质黏壤土		8.9	5.9	0.53	0.31	27.6	28	1.3	61	17.1			
剖24	初育土	风沙土	流动风沙土	台地流沙土	台地流沙土	1	0~120		砂土		7.3	1.6	0.17	0.32	34.2	18	1.3	25	1.4	风积物	E 125°25′32.0″ N 45°11′08.0″	92
剖25	钙层土	黑钙土	盐碱化黑钙土	中盐碱化黑钙土	厚层中盐碱化黑钙土	1	0~20		砂质黏壤土		8.6	20.6	1.29	0.42	29.1	100	2.2	100	14.1		E 125°18′37.4″ N 45°10′59.0″	97
						2	20~30		砂质黏壤土		8.8	22.3	1.59	0.04	28.1	65	1.7	103	16.8			
						3	30~50		壤质黏壤土		9.2	15.4	1.12	0.34	24.2	28	0.9	86	15.7			
						4	50~120		壤质黏壤土		9.4	5.6	0.69	0.22	27.9	28	1.7	86	25.4			
剖26	钙层土	黑钙土	黑钙土	砂质黑钙土	厚层砂质黑钙土	1	0~25		砂壤土		7.6	15.5	0.83	0.27	27.4	90	0.4	76	17.2		E 125°33′02.8″ N 45°19′18.1″	97
						2	25~40		砂壤土		7.5	15.0	0.79	0.29	28.3	99	0.1	63	14.7			
						3	40~70		砂质黏壤土		7.4	14.5	0.80	0.28	25.0	95	0.9	76	17.4			
						4	70~110		砂质黏壤土		7.5	10.8	0.62	0.27	28.6	92	0.9	76	18.1			
						5	110~120		砂质黏壤土		8.0	5.0	0.39	1.37	27.1	108		76	11.5			
剖27	钙层土	黑钙土	黑钙土	砂质黑钙土	厚层砂质黑钙土	Aa	0~25	棕黑色	砂质黏壤土	粒状											E 125°34′00.2″ N 45°18′20.5″	98
						A	25~40	暗棕黑色	砂质黏壤土	粒状												
						A₁	40~70	棕黑色	砂质黏壤土	粒状												
						B	70~110	浅棕黄色		小团块状												
						C	110~120	灰黄色	砂质黏壤土	棱块状												
剖28	钙层土	黑钙土	黑钙土	砂质黑钙土	中层砂质黑钙土	1	0~20		砂质黏壤土	粒状	7.7	22.4	1.03	0.29	23.9	117	1.3	119	20.8		E 125°32′56.4″ N 45°17′36.2″	97
						2	20~47		砂质黏壤土	粒状	7.3	7.1	0.96	0.27	24.8	139	0.4	90	21.0			
						3	47~84		砂质黏壤土	粒状	7.5	9.8	0.42	0.20	26.8	68	0.4	102	21.1			
						4	84~120		砂质黏壤土	无明显结构	7.6	6.7	0.20	0.13	23.9	53	1.3	102	18.6			
剖29	钙层土	黑钙土	黑钙土	砂质黑钙土	厚层砂质黑钙土	1	0~30		砂质黏壤土	粒状	7.1	18.0	1.03	0.33	28.9	123	2.6	134	13.3		E 125°32′13.9″ N 45°15′51.8″	97
						2	30~54		砂质黏壤土	粒状	7.5	13.7	0.69	0.30	28.5	71	1.7	82	12.3			
						3	54~70		砂质黏壤土	粒状	7.4	13.2	0.64	0.26	27.7	15	1.7	101	11.5			
						4	70~120		砂质黏壤土	无明显结构	7.6	5.2	0.22	0.28	28.1	26	1.3	75	9.9			
剖30	钙层土	黑钙土	黑钙土	砂质黑钙土	薄层砂质黑钙土	Aa	0~30	暗灰色	砂壤土	粒状											E 125°33′23.7″ N 45°15′39.1″	99
						B	30~70	棕灰黄色	砂质黏壤土	粒状												
						C	70~120	灰黄色	粉砂质黏壤土	无明显结构												
剖31	钙层土	黑钙土	黑钙土	砂质黑钙土	深厚砂质黑钙土	Aa	0~18	暗灰黑色	砂质黏壤土	粒状											E 125°40′20.6″ N 45°15′37.1″	97
						A	18~110	深棕黑色	砂质黏壤土	粒状												
						A₁	110~120	棕黑色	砂质黏壤土	无明显结构												
剖32	初育土	风沙土	固定风沙土	沿河固定风沙土	沿河固定风沙土	1	0~20		砂质黏壤土		8.3	21.9	0.63	0.48	24.8	111	4.4	131	19.3	风积物	E 125°42′49.7″ N 45°11′24.0″	76
						2	20~33		砂质黏壤土		9.0	21.0	1.47	0.47	28.1	103	1.7	86	19.9			
						3	33~60		砂质黏壤土		9.5	7.3	0.13	0.50	30.4	55	0.9	68	12.7			
						4	60~120		砂土		9.4	2.5	0.14	0.46	29.3	28	5.2	41	7.1			
剖33	钙层土	黑钙土	盐碱化黑钙土	轻盐碱化黑钙土	深厚轻盐碱化黑钙土	Aa	0~19	暗灰色	壤质黏壤土	粒状	8.1	26.6	1.14	0.48	24.3	125	9.6	307	17.6		E 125°42′32.8″ N 45°10′24.2″	98
						A	19~80	深灰色	壤质黏壤土	粒状	8.2	21.8	0.35	0.42	23.9	91	2.2	128	19.4			
						A₁	80~120	暗灰色	壤质黏壤土	粒状	8.2	2.0	0.06	0.31	28.5	21	13.6	6	2.5			
剖34	半水成土	草甸土	石灰性草甸土	砂底石灰性草甸土	中层砂底石灰性草甸土	1	0~17		壤质黏壤土												E 125°45′10.2″ N 45°15′10.4″	97
						2	17~47		壤质黏壤土													
						3	47~120		壤质黏壤土													

续表 Continued

剖面号 Soil profile	土纲 Soil order	土类 Soil great group	亚类 Soil subgroup	土属 Soil genus	土种 Soil species	土层码 Layer code	土层厚度 Depth/cm	颜色 Soil color	质地 Soil texture	土壤结构 Soil structure	pH	有机质 OM/(g/kg)	全氮 TN/(g/kg)	全磷 TP/(g/kg)	全钾 TK/(g/kg)	碱解氮 AN/(mg/kg)	有效磷 AP/(mg/kg)	速效钾 AK/(mg/kg)	阳离子交换量CEC/(cmol/kg)	土壤母质 Parent material	剖面点坐标 Profile coordinate	匹配指数 Matching index/%
剖135	半水成土	草甸土	石灰性草甸土	石灰性平川草甸土	中层石灰性平川草甸土	1	0—20		黏壤土		8.4	20.4	1.12	0.42	26.6	104	9.2	199	23.7		E 125°47′54.2″ N 45°13′10.9″	95
						2	20—49		黏壤土		8.1	14.5	0.90	0.37	28.2	75	3.9	129	27.7			
						3	49—86		黏壤土		8.1	3.9	0.34	0.40	26.0	38	22.7	103	17.6			
						4	86—120		黏壤土		8.0	4.9	0.43	0.44	26.3	38	24.0	110	15.8			
剖136	半水成土	草甸土	石灰性草甸土	冲积石灰性草甸土	砂底石灰性草甸土	A_{11}	0—17	黑棕色	壤质黏土	粒状	8.1	26.6	1.14	0.48	24.3	125	9.6	307		冲积物	E 125°46′28.6″ N 45°13′02.3″	95
						A_1	17—47	棕灰色	砂质黏土	粒状	8.2	21.8	0.85	0.42	23.9	94	2.2	128				
						BCu	47—120	油黄橙色	壤质砂土	无结构	8.2	2.0	0.06	0.31	29.0	21	9.3					
剖137	钙层土	黑钙土	黑钙土	砂质黑钙土	中层砂质黑钙土	Aa	0—17	灰黑色	砂质黏土	粒状											E 125°46′18.5″ N 45°11′21.1″	98
						A	17—34	暗棕黑色	砂质黏土	粒状												
						B	34—76	暗灰棕色	砂质黏土	粒状												
						C	76—120	棕黄色	砂质黏土	梭块状												
剖138	半水成土	草甸土	石灰性草甸土	石灰性平川草甸土	薄层石灰性平川草甸土	1	0—25		壤质黏土	粒状	8.3	29.4	1.48	0.46	28.4	99	1.3	114	21.9		E 125°54′19.1″ N 45°10′28.7″	75
						2	25—40		砂质黏土	粒状	8.7	4.6	0.43	0.59	31.4	15	6.5	61				
						3	40—120		砂质黏壤土	粒状	8.4	3.1	0.27	0.59	33.8	15	8.3	77				
剖139	钙层土	黑钙土	黑钙土	黑钙土	薄层黑钙土	1	0—18		砂质黏壤土		8.2	16.7	0.91	0.34	23.2	116	3.9	151	21.8		E 125°05′30.1″ N 45°09′55.8″	97
						2	18—26		砂质壤土	粒状	8.2	12.7	0.60	0.31	20.7	71	3.1	100	21.8			
						3	26—62		黏壤土	粒状	8.3	9.8	0.61	0.30	21.3	54	0.9	106	21.5			
						4	62—120		砂质黏壤土	粒状	8.3	7.2	0.46	0.32	18.3	39	0.9	108	19.2			
剖140	钙层土	黑钙土	黑钙土	黑钙土	薄层黑钙土	1	0—20		壤质黏土	粒状	8.2	15.5	0.92	0.35	31.7	74	2.6	111	17.5		E 125°05′08.2″ N 45°08′55.3″	97
						2	20—40		壤质黏土	粒状	8.2	10.5	0.61	0.31	24.6	45	1.7	69	13.6			
						3	40—65		壤质黏壤土	粒状	8.0	8.3	0.41	0.28	25.8	30	1.7	69	12.1			
						4	65—120		壤质黏壤土	粒状	8.2	6.8	0.32	0.27	26.6	23	1.7	69	14.1			
剖141	钙层土	黑钙土	黑钙土	黑钙土	厚层黑钙土	Aa	0—24		壤质黏土	粒状											E 125°02′48.5″ N 45°08′22.6″	97
						A	24—70		黏壤土	粒状												
						B	70—120		壤质黏土													
						C	120—		砂质黏壤土													
剖142	钙层土	黑钙土	黑钙土	砂底黑钙土	薄层砂底黑钙土	Aa	0—20		砂质黏壤土	团块状											E 125°07′36.1″ N 45°07′43.0″	97
						A	20—33		砂土	团块状												
						B	33—62		砂土	梭块状												
						BC	65—95		壤质黏土	梭块状												
						C	95—120		砂质黏土	梭块状												
剖143	钙层土	黑钙土	黑钙土	黑钙土	中层黑钙土	1	0—20	暗棕色	砂质黏壤土	无明显结构	7.9	13.9	0.94	0.39	24.3	54	3.5	139	8.7		E 125°09′08.1″ N 45°07′19.8″	97
						2	20—55	深灰色	砂质黏土	无明显结构	8.0	17.9	1.17	0.39	27.4	82	1.7	66	18.9			
						3	55—65	浅灰棕色	黏土		8.0	14.1	0.87	0.43	19.9	59	1.7	71	16.7			
						4	65—90		壤质黏土		8.9	10.2	0.72	0.39	24.5	44	2.2	66	13.3			
						5	90—120		壤质黏土		8.9	4.7	0.49	0.37	24.2	30	2.2	71	12.2			
剖144	钙层土	黑钙土	黑钙土	黑钙土	厚层黑钙土	Aa	0—25	灰黄色	砂质黏壤土	无明显结构											E 125°02′53.1″ N 45°06′01.2″	97
剖145	初育土	风沙土	黑钙土型风沙土	黑钙土型风沙土	厚层黑钙型沙土	A	25—50		砂质黏壤土	无明显结构										风积物	E 125°08′25.4″ N 45°05′32.6″	74
						C_1	50—85		砂土	无结构												
						C_2	85—120		砂土	无结构												

续表 Continued

剖面号 Soil profile	土纲 Soil order	土类 Soil great group	亚类 Soil subgroup	土属 Soil genus	土种 Soil species	土层码 Layer code	土层厚度 Depth/cm	颜色 Soil color	质地 Soil texture	土壤结构 Soil structure	pH	有机质 OM/(g/kg)	全氮 TN/(g/kg)	全磷 TP/(g/kg)	全钾 TK/(g/kg)	碱解氮 AN/(mg/kg)	有效磷 AP/(mg/kg)	速效钾 AK/(mg/kg)	阳离子交换量CEC/(cmol/kg)	土壤母质 Parent material	剖面点坐标 Profile coordinate	匹配指数 Matching index/%
剖46	初育土	风沙土	固定风沙土	台地固定风沙土	台地固定风沙土	Aa	0—15	棕灰色	砂质黏土	团块状										风积物	E 125°13′12.8″ N 45°05′18.7″	85
						B	15—32	暗棕色	砂质黏土	无明显结构												
						BC	32—45	浅灰黄色	砂质黏壤土	无明显结构												
						C	45—120	灰黄色	砂质黄壤土	块状												
剖47	半水成土	草甸土	石灰性草甸土	砂质石灰性草甸土	薄层砂质石灰性草甸土	Aa	0—20	暗棕色	砂质黏壤土	粒状											E 125°13′25.0″ N 45°04′29.3″	97
						B	20—94	棕灰色	砂质黏壤土	粒状												
						C	94—120	棕红色	砂质黏壤土	粒状												
剖48	半水成土	草甸土	石灰性草甸土	石灰性平川草甸土	中层石灰性平川草甸土	1	0—21		壤质黏土		7.5	19.0	0.91	0.40	23.8	75	3.1	188	26.1		E 125°11′30.8″ N 45°04′21.7″	75
						2	21—48		黏质壤土		8.3	40.9	2.38	0.52	25.3	172	10.5	196	29.1			
						3	48—71		黏质壤土		8.2	19.4	1.01	0.57	24.5	88	14.0	154	21.2			
						4	71—120		砂质黏壤土		8.1	19.0	0.87	0.46	23.8	89	2.2	130	19.3			
剖49	半水成土	草甸土	石灰性草甸土	石灰性平川草甸土	厚层石灰性平川草甸土	1	0—25		黏土		8.4	29.1	1.65	0.61	27.1	90	2.2	180			E 125°01′32.5″ N 45°03′58.3″	75
						2	25—50		黏土		8.3	20.8	1.06	0.52	21.2	53	0.9	132				
						3	50—120		壤质黏土		7.9	4.5	0.31	0.52	26.9	21	35.8	126				
剖50	初育土	风沙土	流动风沙土	台地流沙土	台地流沙土	C_1	0—17	棕黄色	黏质黏土	无结构											E 125°05′47.4″ N 45°03′03.6″	74
						C_2	17—120	灰黄色	砂土	无结构												
剖51	初育土	风沙土	固定风沙土	台地固定风沙土	台地固定风沙土	1	0—15		砂质黏壤土		7.5	5.9	0.37	0.31	31.7	39	2.2	53	6.5	风积物	E 125°03′53.6″ N 45°02′59.6″	74
						2	15—25		砂土		7.8	9.2	0.60	0.33	32.7	48	1.7	85	6.6			
						3	25—40		砂土		7.7	3.7	0.23	0.24	33.0	18	2.2	53	7.5			
						4	40—70		砂土		6.9	0.1	0.15	0.33	37.4	45	1.7	41	3.7			
						5	70—120		砂土		7.6	3.1	0.27	0.25	29.3	13	2.2	105	17.0			
剖52	初育土	风沙土	黑钙土型风沙土	黑钙土型风沙土	中层黑钙土型沙土	1	0—25	暗灰棕色	壤质黏土	粒状	8.1	16.3	1.15	0.35	29.5	83	2.6	81	15.6	风积物	E 125°07′56.5″ N 45°02′32.6″	92
						2	25—40	暗灰棕色	壤质黏土	棱块状	8.2	5.7	0.39	0.26	25.3	33	1.7	56	7.9			
						3	40—70	灰棕色	壤质黏土	棱块状	8.7	1.3	0.11	0.27	33.3	14	1.7	21	6.3			
						4	70—120	灰黄色	壤质黏土	棱块状	8.2	2.4	0.25	0.24	30.5	22	1.7	54	7.1			
剖53	初育土	风沙土	沿河固定风沙土	沿河固定风沙土	沿河固定沙土	Aa	0—18		砂质黏壤土	无明显结构											E 125°03′22.7″ N 45°01′56.6″	74
						A	18—28		砂土	无结构												
						G	28—120		砂土	无结构												
剖54	钙层土	黑钙土	黑钙土	黑钙土	厚层黑钙土	Aa	0—20	深灰黑色	砂质黏壤土	粒状	7.3	6.7	0.34	0.49	31.3	47	4.4	85	3.7	风积物	E 125°12′58.5″ N 45°01′53.0″	97
						AB	20—55	暗灰棕色	砂土	粒状	7.0	6.1	0.31	0.41	31.4	39	1.7	68	6.1			
						B	55—65	灰棕色	砂土	小棱块状	7.0	11.3	0.66	0.34	26.4	60	1.7	106	18.7			
						C	65—90		壤质黏土	棱块状												
							90—120		壤质黏土	棱块状												
剖55	半水成土	草甸土	石灰性草甸土	石灰性平川草甸土	厚石灰性平川草甸土	Aa	0—15	深灰黑色	黏土	粒状										风积物	E 125°08′25.8″ N 45°01′11.3″	75
						AB	25—50	灰灰色	黏土	粒状												
						Bg	50—120	棕灰色	壤质黏土	粒状、块状												
剖56	初育土	风沙土	固定风沙土	台地固定风沙土	台地固定风沙土	1	0—15		砂质黏壤土		7.4	12.5	0.59	0.27	26.4	71	1.3	93	10.0	风积物	E 125°06′21.5″ N 45°01′07.1″	74
						2	15—32		砂质黏壤土		7.7	9.5	0.50	0.24	68.6	64	0.5	85	5.8			
						3	32—45		砂质黏壤土		8.0	1.5	0.18	0.15	29.1	34	0.5	33	11.9			
剖57						4	45—120		砂质黏壤土		7.2	1.7	0.26	0.25	67.8	22	1.1	94			E 125°12′38.5″ N 45°00′28.4″	

续表 Continued

剖面号 Soil profile	土纲 Soil order	土类 Soil great group	亚类 Soil subgroup	土属 Soil genus	土种 Soil species	土层码 Layer code	土层厚度 Depth/cm	颜色 Soil color	质地 Soil texture	土壤结构 Soil structure	pH	有机质 OM/(g/kg)	全氮 TN/(g/kg)	全磷 TP/(g/kg)	全钾 TK/(g/kg)	碱解氮 AN/(mg/kg)	有效磷 AP/(mg/kg)	速效钾 AK/(mg/kg)	阳离子交换量CEC/(cmol/kg)	土壤母质 Parent material	剖面点坐标 Profile coordinate	匹配指数 Matching index/%
剖58	钙层土	黑钙土	黑钙土	黑钙土	中层黑钙土	1	0～20		砂质黏壤土		8.0	21.1	1.18	0.47	27.2	106	0.9	114	12.7		E 125°13′18.4″ N 45°00′01.7″	97
						2	20～30		砂质黏壤土		8.1	22.1	1.29	0.38	29.6	134	3.5	112	14.3			
						3	30～45		砂质黏壤土		7.9	18.8	1.03	0.36	29.4	96	2.2	78	13.7			
						4	45～65		壤质黏壤土		7.9	12.7	0.47	0.36	28.7	42	1.7	87	20.8			
						5	65～120		壤质黏壤土		8.0	8.1	0.49	0.41	27.9	41	2.2	100	13.0			
剖59	钙层土	黑钙土	草甸黑钙土	黄土质草甸黑钙土	火性潮黑土	A_{11}	0～21	浅黄棕色	砂质黏壤土	团块状	8.1	24.5	1.19	0.59	25.4	86	18.4	214		黄土状沉积物	E 125°19′51.0″ N 45°09′11.4″	75
						A_1	21～41	浅黄棕色	砂质黏土	团块状	8.1	19.1	1.06	0.56	24.2	69	8.8	151				
						AB	41～60	浊黄棕色	砂质黏土	团块状	8.1	9.5	0.50	0.38	23.6	36	4.7	109				
						Bku	60～120	浊黄橙色	砂质黏壤土	棱块状	8.2	5.3	0.32	0.42	24.7	30	5.8	125				
						C	120～150	浊黄橙色	壤质黏壤土	棱块状												
剖60	钙层土	黑钙土	盐碱化黑钙土	中盐碱化黑钙土	厚层中盐碱化黑钙土	1	0～20		壤质黏壤土		8.0	19.6	1.06	0.35	31.0	96	3.9	178	17.0		E 125°28′41.5″ N 45°07′55.2″	97
						2	20～50		壤质黏土		9.7	17.0	1.02	0.42	27.0	90	2.6	163	30.6			
						3	50～70		壤质黏土		9.9	9.9	0.36	0.35	23.6	16	0.9	100	29.5			
						4	70～120		砂质黏壤土		9.3	5.8	0.24	0.35	24.5	19	0.4	95	22.9			
剖61	初育土	风沙土	黑钙土型风沙土	黑钙土型风沙土	中层黑钙土型沙土	1	0～35		砂质黏壤土		6.5	12.8	0.84	0.34	33.0	80	2.2	44	8.2	风积物	E 125°26′07.4″ N 45°07′27.5″	92
						2	35～65		砂质黏壤土		6.8	4.9	0.44	0.41	32.5	51	2.2	44	2.9			
						3	65～95		砂质黏壤土		6.9	5.4	0.29	0.38	31.5	37	2.2	44	4.6			
						4	95～120		砂质黏壤土		7.1	5.2	0.15	0.41	33.0	22	1.7	52	4.9			
剖62	初育土	风沙土	黑钙土型风沙土	黑钙土型风沙土	厚层黑钙土型沙土	1	0～25		砂质黏壤土		8.3	16.3	1.19	0.29	21.5	88	1.7	90	8.1	风积物	E 125°20′10.0″ N 45°07′13.4″	93
						2	25～50		砂质黏壤土		8.5	8.5	0.52	0.22	19.3	38	1.3	51	6.6			
						3	50～85		砂质黏壤土		8.6	1.5	0.71	0.19	21.3	15	1.7	37	7.0			
						4	85～120		砂土		8.7	3.4	0.10	0.22	30.3	11	1.7	37	8.1			
剖63	黑层土	黑钙土	砂底黑钙土	砂底黑钙土	薄层砂黑钙土	1	0～20		砂质黏壤土	无明显结构	8.0	16.3	1.02	0.41	31.4	75	2.2	68	11.4			
						2	20～100		砂质黏壤土	团块状	8.0	4.7	0.30	0.32	27.1	22	2.2	70	9.1			
						3	100～120		砂土	团块状	8.1	1.5	0.09	0.37	38.8	14	1.7	60	3.8			
剖64	钙层土	黑钙土	轻盐碱化黑钙土	轻盐碱化黑钙土	厚层砂黑土型灰性黑钙土	1	0～18		砂质黏壤土		7.9	20.3	1.42	0.42	26.0	121	3.9	180	19.1		E 125°28′25.0″ N 45°05′56.4″	97
						2	18～78		壤质黏壤土		7.9	19.6	1.33	0.37	27.8	130	4.7	124	24.3			
						3	78～104		壤质黏壤土		8.1	12.0	0.79	0.31	28.3	136	0.9	152	27.2			
						4	104～120		壤质黏壤土		8.2	8.4	0.66	0.31	22.5	86	0.9	160	23.3			
剖65	初育土	风沙土	黑土型风沙土	黑土型风沙土	厚层黑土型风沙土	Aa	20～55	暗灰棕色	砂质黏壤土											风积物	E 125°24′59.4″ N 45°05′53.5″	93
						A	55～110	暗棕色	砂质黏壤土													
						B	110～120	棕色	砂质黏壤土													
						C		棕黑色	砂土													
剖66	半水成土	草甸土	石灰性草甸土	砂质砂质石灰性草甸土	薄层砂质石灰性草甸土	1	0～20		砂质黏壤土		7.5	11.1	0.62	0.30	24.8	64	3.1	168	10.6		E 125°15′24.8″ N 45°04′52.0″	97
						2	20～96		砂质黏壤土		7.6	2.1	0.15	0.20	26.8	14	1.4	59	6.2			
						3	96～120		砂质黏壤土		7.7	3.7	0.11	0.30	26.6	31	4.1	73	7.8			
剖67	初育土	风沙土	固定风沙土	台地固定风沙土	台地固定风沙土	1	0～10		砂质黏壤土		8.3	11.7	0.84	0.23	31.8	62	2.2	61	11.4		E 125°23′50.6″ N 45°03′32.8″	85
						2	10～60		砂质壤土		8.5	2.1	0.30	0.17	32.3	18	1.3	53	11.8			
						3	60～100		砂质壤土		8.4	1.6	0.13	0.17	36.3	18	1.3	53	5.0			
						4	100～120		砂土		9.0	0.2	0.14	0.15	32.5	18	1.3	57	2.0			
剖68	钙层土	黑钙土	盐碱化黑钙土	轻盐碱化黑钙土	厚层轻盐碱化黑钙土	1	0～25		砂质黏壤土		8.1	19.4	1.05	0.54	26.5	99	7.0	127	10.2		E 125°17′26.9″ N 45°03′22.0″	97
						2	25～55		壤质黏土		8.2	13.2	0.78	0.31	22.6	54	2.2	77	11.5			
						3	55～85		壤质黏土		8.2	5.3	0.46	0.32	22.9	21	1.7	95	14.1			
						4	85～120		壤质黏壤土		8.2	5.7	0.41	0.33	25.9	22	1.7	116	13.6			

续表 Continued

剖面号 Soil profile	土纲 Soil order	土类 Soil great group	亚类 Soil subgroup	土属 Soil genus	土种 Soil species	土层码 Layer code	土层厚度 Depth/cm	颜色 Soil color	质地 Soil texture	土壤结构 Soil structure	pH	有机质 OM/(g/kg)	全氮 TN/(g/kg)	全磷 TP/(g/kg)	全钾 TK/(g/kg)	碱解氮 AN/(mg/kg)	有效磷 AP/(mg/kg)	速效钾 AK/(mg/kg)	阳离子交换量CEC/(cmol/kg)	土壤母质 Parent material	剖面点坐标 Profile coordinate	匹配指数 Matching index/%
剖69	初育土	风沙土	固定风沙土	台地固定风沙土	台地固定风沙土	1	0~20		砂质黏壤土		6.8	21.7	1.08	0.43	28.0	103	1.9	128	17.4	风积物	E 125°15′07.6″ N 45°02′59.8″	74
						2	20~40		砂质黏壤土		8.2	5.5	0.33	0.69	27.1	52	2.9	75	5.9			
						3	40~120		砂土		7.7	11.4	0.14	0.76	29.3	21	2.2	50	5.8			
剖70	钙层土	黑钙土	盐碱化黑钙土	轻盐碱化黑钙土	厚层轻盐碱化黑钙土	Aa	0~18	灰黑色	砂质黏壤土	粒状											E 125°15′27.9″ N 45°02′18.8″	97
						A	18~78	暗灰色	壤质黏壤土	粒状												
						B	78~104	暗棕灰色	壤质黏壤土	粒状												
						C	104~120	浅棕灰色	壤质黏壤土	粒状												
剖71	初育土	风沙土	黑土型风沙土	黑钙土型风沙土	厚层黑钙土型风沙土	1	0~20		砂土		7.0	7.3	0.51	0.34	33.0	80	2.6	76	9.6		E 125°22′12.4″ N 45°01′13.8″	92
						2	20~70		砂壤土		7.2	6.5	0.35	0.33	34.5	47	1.3	50	8.8			
						3	70~120		砂土		7.8	0.4	0.09	0.48	31.4	15	2.6	44	6.8			
剖72	初育土	风沙土	固定风沙土	台地固定风沙土	台地固定风沙土	1	0~25		砂质黏壤土		8.0	11.6	0.72	0.54	30.6	70	1.7	56	8.2	风积物	E 125°17′05.6″ N 45°01′13.4″	85
						2	25~45		砂质黏壤土		8.3	4.5	0.30	0.42	28.2	30	1.7	60	12.8			
						3	45~51		砂土		8.5	1.4	0.09	0.37	36.0	22	1.3	17	1.2			
						4	51~61		砂土		8.3	2.2	0.24	0.38	20.0	15	1.7	34	2.8			
						5	61~120		砂土		8.5	2.6	0.09	0.62	30.9	18	1.7	1	5.0			
剖73	钙层土	黑钙土	黑钙土	砂底黑钙土	中层砂底黑钙土	Aa	0~14	棕灰黑色	砂质黏壤土	粒状											E 125°39′36.7″ N 45°09′07.6″	97
						A	14~31	灰黑色	砂质黏壤土	粒状												
						B	31~62	棕黄色	砂质黏壤土	粒状												
						BC	62~114	棕黄色	砂质黏壤土	无明显结构												
						C	114~120	棕黄色	砂土	无结构												
剖74	钙层土	黑钙土	黑钙土	砂底黑钙土	厚层砂底黑钙土	Aa	0~20	暗灰色	砂质黏壤土	粒状											E 125°36′45.7″ N 45°08′48.1″	97
						A	20~50	暗棕灰色	砂质黏壤土	粒状												
						AB	50~80	灰棕色	砂质黏壤土	粒状												
						B	80~100	棕黄色	砂质黏壤土	棱块状												
						C	100~120	灰黄色	砂土	无结构												
剖75	钙层土	黑钙土	盐碱化黑钙土	轻盐碱化黑钙土	深厚轻盐碱化黑钙土	1	0~19		壤质黏壤土		7.6	16.9	0.72	0.34	17.8	58	8.3	60	23.0		E 125°31′50.9″ N 45°06′05.5″	97
						2	19~80		砂质黏壤土		7.7	1.1	0.99	0.38	22.7	95	3.5	103	21.7			
						3	80~120		砂质黏壤土		7.9	10.5	0.45	0.30	21.6	55	1.1	108	21.8			
剖76	初育土	风沙土	固定风沙土	台地固定风沙土	台地固定风沙土	1	0~21		砂质黏壤土		7.5	16.6	1.13	0.31	30.1	96	1.7	71	14.6	风积物	E 125°36′45.7″ N 45°03′39.6″	85
						2	21~38		砂质黏壤土		7.6	4.3	0.26	0.16	32.2	36	2.6	45	10.6			
						3	38~120		砂土		8.4	0.2	0.17	0.14	37.9	15	1.4	70	17.5			
剖77	半淋溶土	黑土	黑土	砂质黑土	厚层砂质黑土	1	0~20		壤质黏壤土	粒状	6.6	26.2	1.03	0.30	23.6	122	1.7	142	20.2		E 125°40′18.1″ N 45°03′20.5″	95
						2	20~60		壤质黏壤土	粒状	6.8	23.7	0.82	0.27	22.2	103	1.4	121	22.5			
						3	60~120		砂质黏壤土	粒状	6.9	9.4	0.45	0.25	23.3	40	2.1	104	19.8			
剖78	半淋溶土	黑土	黑土	砂质黑土	厚层砂质黑土	1	0~20	灰黑色	壤质黏壤土		8.1	14.0	0.83	0.30	29.3	82	2.2	71	14.7		E 125°39′48.6″ N 45°02′25.8″	98
						2	20~50	棕灰黑色	砂质黏壤土		8.2	14.0	0.75	0.27	29.2	60	2.2	71	18.2			
						3	50~90	浅棕灰色	砂质黏壤土		8.2	4.0	0.30	0.30	28.8	26	2.2	87	16.4			
						4	90~120	棕黄色			8.4	3.9	0.37	0.30	30.4	26	2.2	87	12.3			
剖79	钙层土	黑钙土	黑钙土	黑钙土	中层黑钙土	1	0~25		砂质黏壤土		6.6	26.1	1.41	0.47	23.5	151	7.0	192	27.5		E 125°44′07.8″ N 45°00′07.2″	97
						2	25~50		砂质黏壤土		6.8	23.2	1.12	0.41	22.9	131	1.3	149	25.1			
						3	50~65		壤质黏壤土		6.8	19.1	0.62	0.41	23.2	100	2.6	144	25.3			
剖80	半水成土	草甸土	石灰性草甸土	石灰性平川草甸土	中层石灰性平川草甸土	4	65~120		壤质黏壤土		6.9	7.5	0.54	0.52	22.2	65	14.8	144	27.4		E 125°57′43.6″ N 45°08′54.2″	95

续表 Continued

剖面号 Soil profile	土纲 Soil order	土类 Soil great group	亚类 Soil subgroup	土属 Soil genus	土种 Soil species	土层码 Layer code	土层厚度 Depth/cm	颜色 Soil color	质地 Soil texture	土壤结构 Soil structure	pH	有机质 OM/(g/kg)	全氮 TN/(g/kg)	全磷 TP/(g/kg)	全钾 TK/(g/kg)	碱解氮 AN/(mg/kg)	有效磷 AP/(mg/kg)	速效钾 AK/(mg/kg)	阳离子交换量CEC/(cmol/kg)	土壤母质 Parent material	剖面点坐标 Profile coordinate	匹配指数 Matching index/%
剖81	钙层土	黑钙土	黑钙土	砂质黑钙土	中层砂质黑钙土	1	0—17		砂质黏土		7.2	18.2	0.88	0.30	24.2	115	1.5	140	16.5		E 125°51′31.3″ N 45°08′14.3″	97
						2	17—34		砂质黏土		7.2	16.9	0.96	0.29	25.1	106	1.0	102	15.4			
						3	34—50		壤质黏土		7.4	17.4	0.81	0.22	23.7	82	1.3	86	21.0			
						4	50—97		壤质黏土		8.2	8.9	0.45	0.20	24.4	38	1.4	119	21.8			
						5	97—120		砂质黏壤土		7.8	6.7	0.35	0.24	25.9	36	0.7	158	24.8			
剖82	半水成土	草甸土	石灰性草甸土	石灰性平川草甸土	薄层石灰性平川草甸土	1	0—17		砂质黏壤土		8.3	21.5	6.36	0.31	25.3	125	4.4	176	25.9		E 125°53′37.9″ N 45°07′54.0″	75
						2	17—26		砂质黏壤土		8.7	21.1	1.20	0.31	27.0	128	4.8	167	17.8			
						3	26—46		壤质黏土		8.9	11.6	0.64	0.28	23.7	69	1.7	115	23.7			
						4	46—120		黏壤土		8.4	9.3	0.48	0.26	26.5	57	1.3	119	26.0			
剖83	半水成土	草甸土	石灰性草甸土	石灰性平川草甸土	深层石灰性平川草甸土	1	0—25		砂质黏壤土		7.3	35.7	1.79	0.43	23.3	156	24.9	194	27.8		E 125°59′13.6″ N 45°07′26.8″	75
						2	25—52		壤质黏土		8.1	21.0	0.92	0.36	21.4	87	16.6	121	27.1			
						3	52—120		砂质黏土		7.0	15.8	0.75	0.41	21.2	63	21.0	144	29.2			
剖84	初育土	风沙土	黑钙土型风沙土	黑钙土型风沙土	厚层黑钙土型风沙土	1	0—20		砂质黏壤土		8.2	16.0	1.16	0.05	32.3	81	2.2	71	9.7	风积物	E 125°46′36.8″ N 45°06′58.3″	92
						2	20—50		砂质黏壤土		8.4	6.7	0.40	0.24	31.9	52	1.7	53	10.5			
						3	50—85		砂质黏壤土		8.2	6.2	0.18	0.19	28.1	20	1.7	53	10.5			
						4	85—120		砂质黏壤土		8.0	2.2	0.20	0.19	19.4	18	1.7	58	13.5			
剖85	水成土	泥炭土	埋藏泥炭土	深位埋藏泥炭土	深位埋藏泥炭土	A	0—20	暗灰黑色	壤质黏土	团块状											E 125°56′21.1″ N 45°06′53.3″	97
						A_1	20—100	黑灰色	砂质黏壤土	片状												
						D	100—120	棕黑色														
剖86	初育土	风沙土	黑土型风沙土	黑土型风沙土	中层黑土型风沙土	1	0—15		壤质砂土		7.5	4.6	0.26	0.28	32.1	31	7.0	119	7.0	风积物	E 125°49′05.5″ N 45°06′08.6″	93
						2	15—36		壤质砂土		7.0	2.6	0.15	0.24	33.3	24	1.3	59	3.9			
						3	36—65		砂质黏土		7.2	2.0	0.11	0.18	35.7	145	1.3	67	1.1			
						4	65—120		砂土		7.3	0.9	0.08	0.20	33.9	13	9.2	50	0.8			
剖87	半淋溶土	黑土	黑土	黑土	破皮黄黑土	Aa	0—18	暗黑色	壤质黏土	小团块状											E 125°57′32.8″ N 45°05′58.6″	97
						AB	18—22	暗棕色	壤质黏土	小团块状												
						B	22—75	棕黄色	壤质黏土	棱块状												
						C	75—120	灰黄色	黏土													
剖88	半淋溶土	黑土	黑土	砂底黑土	中层砂底黑土	1	0—15	暗黑色	砂质黏土	小团块状	6.0	25.6	1.21	0.28	24.0	126	8.7	71	5.2		E 125°50′21.5″ N 45°05′45.6″	98
						2	20—38	棕灰色	砂质黏土	小团块状	6.7	21.3	1.21	0.26	22.6	125	2.2	85	8.9			
						3	38—94	浅灰黄色	砂土	无明显结构	7.2	6.4	0.48	0.10	26.3	45	0.4	56	10.0			
						4	94—120	棕灰色	黏土	大团块状	6.2	3.4	0.13	0.11	26.1	33	0.9	63	18.1			
剖89	半淋溶土	黑土	黑土	砂底黑土	薄层砂底黑土	Aa	0—20	暗黑色	壤质黏土	小团块状											E 125°54′36.0″ N 45°04′46.9″	97
						A	20—25	棕灰色	黏土	粒状												
						AB	25—62	棕灰色	壤质黏土	粒状												
						C	62—120	浅灰黄色	砂质黏土	棱块状												
剖90	半淋溶土	黑土	黑土	黑土	深层层黑土	Aa	0—25	棕黑色	砂质黏土	粒状											E 125°51′15.0″ N 45°04′18.5″	98
						A	26—120	暗棕黑色	壤质黏土	小团块状												
剖91	半淋溶土	黑土	黑土	黑土	深厚层黑土	Aa	0—20	暗黑色	砂质黏壤土	小团块状											E 125°59′29.7″ N 45°03′33.7″	97
						AB	20—42	棕黑色	砂质黏壤土	棱块状												
剖92	半淋溶土	黑土	黑土	黑土	薄层黑土	Aa	0—20	棕黑色	壤质黏土	棱块状											E 125°56′30.1″ N 45°00′37.1″	98
						B	42—82	棕灰色	壤质黏土	棱块状												
						C	82—120	灰黄色	黏土	棱块状												

续表 Continued

剖面号 Soil profile	土纲 Soil order	土类 Soil great group	亚类 Soil subgroup	土属 Soil genus	土种 Soil species	土层码 Layer code	土层厚度 Depth/cm	颜色 Soil color	质地 Soil texture	土壤结构 Soil structure	pH	有机质 OM/(g/kg)	全氮 TN/(g/kg)	全磷 TP/(g/kg)	全钾 TK/(g/kg)	碱解氮 AN/(mg/kg)	有效磷 AP/(mg/kg)	速效钾 AK/(mg/kg)	阳离子交换量 CEC/(cmol/kg)	土壤母质 Parent material	剖面点坐标 Profile coordinate	匹配指数 Matching index/%
剖93	钙层土	黑钙土	草甸黑钙土	草甸黑钙土	厚层草甸黑钙土	1	0–52		砂质黏土		8.3	22.5	0.84	0.44	28.4	71	2.6	88	17.1		E 125°47′43.8″ N 45°00′06.8″	97
						2	52–74		砂质黏土		8.4	10.3	0.54	0.34	30.3	33	2.2	93	11.8			
						3	74–120		壤质黏土		8.3	7.2	0.40	0.36	29.6	37	2.6	101	14.2			
						4	120–		壤质黏土		8.5	4.6	0.37	0.39	28.8	36	5.7	105	12.1			
剖94	钙层土	黑钙土	草甸黑钙土	草甸黑钙土	薄层草甸黑钙土	1	0–27		黏土		7.5	17.6	1.02	0.37	28.3	84	2.2	149	29.3		E 125°13′31.1″ N 44°58′58.4″	97
						2	27–49		壤质黏土		7.6	7.8	0.45	0.37	27.0	34	1.7	134	17.8			
						3	49–120		壤质黏土		7.5	3.5	0.24	0.50	27.3	29	3.9	127	19.9			
剖95	风沙土	风沙土	固定风沙土	沿河固定风沙土	沿河固定风沙土	1	0–25		砂壤土		8.2	24.0	1.40	0.57	32.7	80	3.5	163		风积物	E 125°06′19.1″ N 44°58′23.2″	74
						2	25–130		壤质黏土		7.7	25.0	1.35	0.62	30.7	15	20.1	117				
剖96	初育土	风沙土	黑钙土型风沙土	黑钙土型风沙土	深厚层黑钙土型沙土	Aa	0–20	浅棕黄色	无明显结构											风积物	E 125°09′52.2″ N 44°57′30.2″	78
						A	20–110	棕黄色	无明显结构													
						AB	110–120		壤质黏土	小团块状												
剖97	初育土	风沙土	台地固定风沙土	台地固定风沙土	台地固定风沙土	1	0–19		砂土		7.6	6.8	0.53	0.31	34.5	47	2.2	59	4.1	风积物	E 125°14′13.4″ N 44°56′03.9″	85
						2	19–35		砂土		7.9	6.0	0.29	0.25	34.0	34	1.7	1	4.2			
						3	35–120		砂土		7.7	0.2	0.05	0.22	36.7	11	1.7	1	1.2			
剖98	初育土	风沙土	沿河固定风沙土	沿河固定风沙土	沿河固定风沙土	1	0–25		砂质黏壤土		7.2	20.5	1.31	0.52	28.7	87	0.9	85		风积物	E 125°11′40.9″ N 44°53′04.6″	74
						2	25–80		砂质黏壤土		7.9	12.4	0.59	0.55	31.4	22	1.7	30				
						3	80–130		砂土		7.5	0.5	0.10	0.59	31.0	4	1.7					
剖99	钙层土	黑钙土	草甸黑钙土	草甸黑钙土	薄层草甸黑钙土	A	0–27	暗灰色	壤质黏土	团块状											E 125°15′42.4″ N 44°59′55.0″	97
						B	27–49	深灰色	壤质黏土	团块状												
						C	49–120	棕灰黄色	砂质黏壤土	棱块状												
剖100	初育土	风沙土	黑钙土型风沙土	黑钙土型风沙土	中层砂质黑钙型沙土	A	0–35	暗灰棕色	砂质黏壤土	团块状											E 125°27′15.8″ N 44°59′04.9″	92
						B	35–65	暗灰棕色	砂质黏壤土	团块状												
						C_1	65–95	灰黄色	砂质黏壤土	团块状												
						C_2	95–120	棕黄色	砂壤土	小团块状												
剖101	初育土	风沙土	固定风沙土	沿河固定风沙土	沿河固定风沙土	1	0–18	暗棕灰色	砂土	无结构	5.8	6.4	0.39	0.44	32.1	48	7.4	55	4.1		E 125°15′21.8″ N 44°59′00.2″	76
						2	18–28	棕灰色	砂土	无明显结构	5.9	5.2	0.33	0.43	30.8	52	9.2	63	3.1			
						3	28–120	棕灰黄色	砂壤土	无明显结构	6.5	0.9	0.01	0.37	25.8	9	3.5	40	5.6			
剖102	钙层土	黑钙土	黑钙土	砂质黑钙土	厚层砂质黑钙土	Aa	0–30	棕黑色	砂质黏壤土	粒状											E 125°25′53.8″ N 44°54′30.6″	97
						A	30–54	浅棕灰黑色	壤质黏土	团块状												
						A_1	54–70	暗棕色	砂质黏壤土	团块状												
						C	70–120	棕黄色	砂质黏壤土	团块状												
剖103	初育土	新积土	冲积土	冲积土	砂壤质冲积土	Aa	0–20	棕灰色	砂质黏壤土	无明显结构										冲积物	E 125°28′00.1″ N 44°53′33.7″	74
						G_1	20–53	暗棕灰色	壤质黏土	无明显结构												
						G_2	53–65	棕灰色	壤质黏土	无明显结构												
						G_3	65–90	棕灰色	壤质黏土	小棱块状												
						G_4	90–120	棕灰黄色	砂壤土	小棱块状												
剖104	钙层土	黑钙土	草甸黑钙土	草甸黑钙土	中层草甸黑钙土	AB	34–52	暗棕灰色	壤质黏土	粒状											E 125°41′03.8″ N 44°59′07.1″	97
						B	52–60	棕灰色	壤质黏土	粒状												
						BC	60–120	棕黄色	砂质黑黏土	粒状												
剖105	钙层土	黑钙土	黑钙土	黑钙土	中层黑钙土	Aa	0–24	棕黑色	壤质黏土	粒状											E 125°37′30.0″ N 44°58′43.0″	98
						A	24–45	棕黄色	壤质黏土	粒状												
						B	45–101	棕黄色	壤质黏土	棱块状												
						C	101–120	浅棕黄色	黏土	棱块状												

续表 Continued

剖面号 Soil profile	土纲 Soil order	土类 Soil great group	亚类 Soil subgroup	土属 Soil genus	土种 Soil species	土层码 Layer code	土层厚度 Depth/cm	颜色 Soil color	质地 Soil texture	土壤结构 Soil structure	pH	有机质 OM/(g/kg)	全氮 TN/(g/kg)	全磷 TP/(g/kg)	全钾 TK/(g/kg)	碱解氮 AN/(mg/kg)	有效磷 AP/(mg/kg)	速效钾 AK/(mg/kg)	阳离子交换量 CEC/(cmol/kg)	土壤母质 Parent material	剖面点坐标 Profile coordinate	匹配指数 Matching index/%
剖106	钙层土	黑钙土	黑钙土	黑钙土	厚层黑钙土	1	0—20		砂质黏壤土		7.9	19.9	1.03	0.42	26.0	116	4.4	246	23.8		E 125° 30′ 28.6″ N 44° 57′ 52.9″	97
						2	20—76		砂质黏土		8.1	23.1	1.25	0.44	26.1	116	0.4	140	20.3			
						3	76—106		砂质黏土		7.9	11.9	0.57	0.36	26.0	53	1.3	149	17.0			
						4	106—120		砂质黏壤土		7.8	9.5	0.52	0.32	26.1	34	1.7	152	17.1			
剖107	人为土	水稻土	草甸土型水稻土	石灰性草甸型水稻土	厚层草甸型水稻土	1	0—19		黏质壤土		7.5	41.7	2.42	0.63	26.4	196	7.4	145	27.5		E 125° 40′ 54.5″ N 44° 57′ 35.6″	75
						2	19—45		壤质黏土		7.6	36.1	2.18	0.62	25.8	189	8.7	192	25.8			
						3	45—70		壤质黏土		7.7	30.2	2.26	0.59	26.2	131	7.0	204	36.0			
						4	70—120		壤质黏土		7.4	18.3	1.45	0.62	26.4	84	15.3	195	34.6			
剖108	初育土	新积土	冲积土	石灰性冲积土	砂底砂壤质石灰性冲积土	Aa	0—20	棕灰黑色	砂质黏壤土	粒状										冲积物	E 125° 36′ 20.9″ N 44° 56′ 22.6″	92
						A	20—62	浅灰黑色	黏质黏土	粒状												
						C_1	62—74	棕灰色	砂质黏壤土	团块状												
						C_2	74—120	暗棕黄色	砂土	无结构												
剖109	初育土	新积土	冲积土	石灰性冲积土	砂底黏壤质石灰性冲积土	Aa	0—20		黏质黏土	梭块状										冲积物	E 125° 34′ 19.6″ N 44° 54′ 41.0″	93
						C_1	20—60	灰黄色	壤质黏土	粒状												
						C_2	60—80	浅棕黄色	砂土	无结构												
						C_3	80—120															
剖110	初育土	新积土	冲积土		砂质黏壤质冲积土	1	0—22		壤质黏土	团块状	7.4	36.6	2.00	0.69	28.8	14	23.6	174	15.8	冲积物	E 125° 30′ 17.1″ N 44° 54′ 03.8″	74
						2	22—60		砂质黏土	块状	7.5	15.8	0.87	0.41	26.9	56	2.6	70	20.6			
						3	60—110		黏土	梭块状	6.9	5.9	0.39	0.66	28.7	26	10.5	47	18.0			
						4	110—130		砂土	无结构	7.1	0.4	0.18	0.54	33.6	9	4.8	8	17.0			
剖111	半淋溶土	黑土	黑土	黑土	中层黑土	1	0—18		砂质黏土		7.1	29.5	1.42	0.36	22.3	143	2.6	176	17.6		E 125° 52′ 02.3″ N 44° 59′ 20.5″	98
						2	18—30		黏土		7.2	28.6	1.43	0.33	19.5	115	2.2	156	20.6			
						3	30—56		壤质黏土		7.3	19.6	0.74	0.40	22.8	93	1.7	176	18.0			
						4	56—87		壤质黏土		7.2	17.9	0.53	0.27	23.2	80	3.9	154	17.0			
						5	87—		砂质黏土		7.3	12.9	0.54	0.13	23.2	59	7.0	154	17.6			
剖112	半淋溶土	黑土	草甸黑土	草甸黑土	薄层黑土	Aa	0—20	灰黑色	砂质黏壤土	粒状	6.4	19.7	1.04	0.27	24.6	110	2.2	121	10.0		E 125° 56′ 40.9″ N 44° 59′ 09.6″	97
						AB	20—55	黄黑棕色	壤质黏土	块状	6.8	21.2	1.09	0.27	21.2	115	1.3	122	14.8			
						B	55—80	棕黑色	砂质黏土	梭块状	7.0	16.1	0.86	0.20	20.9	79	0.4	94	11.9			
						C	80—120	灰黄色	砂质黏土	梭块状	7.1	11.0	0.61	0.14	21.6	57	3.1	101	11.4			
剖113	半淋溶土	黑土	黑土		薄黑土	1	0—17		砂质黏土		7.2	9.2	0.50	0.17	23.2	40	4.4	90	10.7		E 125° 54′ 09.0″ N 44° 57′ 34.2″	98
						2	17—25		壤质黏土		6.2	23.8	1.03	0.37	24.2	122	1.7	164	18.1			
						3	25—37		壤质黏土		6.7	25.5	1.07	0.34	25.1	13	3.1	155	22.1			
						4	37—52		壤质黏土		6.6	18.7	0.71	0.31	24.2	90	4.6	121	20.3			
						5	52—120		壤质黏土		6.7	15.7	0.64	0.30	24.7	69		121	20.6			
剖114	半淋溶土	黑土	黑土		厚层黑土	1	0—25	暗灰黑色	壤质黏土	粒状											E 125° 57′ 33.7″ N 44° 56′ 40.1″	99
						2	25—65	灰黑色	壤质黏土	粒状												
						3	65—110	棕黑色	壤质黏土	粒状												
						4	110—120			梭块状												
剖115	半水成土	草甸土	石灰性草甸土	砂底石灰性草甸土	厚层砂底石灰性草甸土	Aa	0—22	灰黑色	壤质黏土	粒状											E 125° 49′ 42.7″ N 44° 56′ 30.7″	97
						A	22—55	棕黑色	壤质黏土	粒状												
						AB	55—90	灰黄色	壤质黏土	粒状												
						Bg	90—104		砂质黏壤土	梭块状												
						Cg	104—120	棕黄色	砂土	无结构												

续表 Continued

剖面号 Soil profile	土纲 Soil order	亚类 Soil subgroup	土属 Soil genus	土种 Soil species	土层码 Layer code	土层厚度 Depth/cm	颜色 Soil color	质地 Soil texture	土壤结构 Soil structure	pH	有机质 OM/(g/kg)	全氮 TN/(g/kg)	全磷 TP/(g/kg)	全钾 TK/(g/kg)	碱解氮 AN/(mg/kg)	有效磷 AP/(mg/kg)	速效钾 AK/(mg/kg)	阳离子交换量CEC/(cmol/kg)	土壤母质 Parent material	剖面点坐标 Profile coordinate	匹配指数 Matching index/%
剖116	人为土	草甸土型水稻土	石灰性草甸型水稻土	中层草甸型水稻土	Aa	0—23	暗棕色	壤质黏土	粒状											E 125°48′16.9″ N 44°54′55.4″	75
					A	23—49	深灰黑色	壤质黏土	粒状												
					B	49—80	浅灰黑色	黏壤土	粒状												
					C	80—120	暗灰色	黏壤土	团块状												
剖117	钙层土	草甸黑钙土	草甸黑钙土	厚层草甸黑钙土	Aa	0—24	暗棕黑色	黏壤土	粒状											E 125°50′57.8″ N 44°53′35.9″	97
					A	24—70	暗灰黑色	黏壤土	粒状												
					B	70—120	暗灰灰色	黏壤土	棱块状												
剖118	半淋溶土	黑土	黑土	厚层黑土	Aa	0—24	暗灰黑色	黏壤土	小团块状											E 125°56′52.8″ N 44°52′18.1″	98
					A	24—54	暗棕黑色	黏壤土	小团块状												
					AB	54—120	暗棕色	黏壤土	小团块状												
剖119	初育土	冲积土	冲积土	砂底黏壤质冲积土	Aa	0—22	暗棕黑色	壤质黏土	粒状										冲积物	E 125°49′39.0″ N 44°51′53.3″	92
					G_1	22—60	棕灰色		无结构												
					G_2	60—110	黄棕色	砂土													
					G_3	110—130	暗灰棕色	黏壤土	粒状												
剖120	钙层土	黑钙土	黑钙土	薄层黑钙土	Aa	0—20	棕灰棕色	黏壤土	粒状											E 125°58′32.9″ N 44°51′49.5″	95
					B	20—115	棕黄色	黏壤土	粒状												
					C	115—130	棕黄色	黏土	棱块状												
剖121	钙层土	草甸黑钙土	草甸黑钙土	厚层草甸黑钙土	1	0—24		黏壤土		7.7	22.0	1.22	0.40	25.6	146	1.7	149	25.7		E 125°54′25.9″ N 44°51′37.4″	98
					2	24—70		黏壤土		7.5	20.6	1.05	0.41	21.8	132	0.9	103	26.2			
					3	70—120		黏土		8.0	10.8	0.66	0.38	25.8	52	0.9	112	22.8			
剖122	人为土	冲积土型水稻土	石灰性冲积型水稻土	草甸土底冲积型水稻土	Aa	0—15	暗灰色	黏壤土	无明显结构											E 125°54′04.3″ N 44°50′21.1″	97
					A	15—33	黑灰色	黏壤土	团块状												
					AB	33—61	暗黑灰色	壤质黏土	粒状												
					B	61—101	浅灰黑色	黏壤土	团块状												
					C	101—120	灰灰黑色	黏壤土	粒状												
剖123	人为土	草甸土型水稻土	砂底石灰性草甸型水稻土	厚层砂底草甸型水稻土	Aa	0—20	暗棕黑色	壤质黏土	粒状											E 125°54′55.4″ N 44°49′24.2″	75
					A	20—85	灰灰黑色	壤质黏土	粒状												
					Cg	85—100	黄灰黄色	砂土	无结构												
剖124	半淋溶土	草甸黑土	草甸黑土	厚层草甸黑土	Aa	0—20	浅灰黄色	黏壤土	小团粒状											E 125°56′54.6″ N 44°49′03.0″	97
					A_1	50—100	深灰黑色	黏壤土	块状、粒状												
					B	100—120	棕黑色	壤质黏土	无明显结构												
剖125	人为土	草甸土型水稻土	石灰性草甸型水稻土	厚层草甸型水稻土	1	0—17	暗灰黑色	壤质黏土		7.8	62.7	3.08	1.33	25.5	232	31.4	172	38.3		E 125°55′48.0″ N 44°48′52.2″	75
					2	17—75	暗棕色	砂土	粒状	7.4	45.3	2.07	0.37	24.5	162	72.0	145	31.2			
					3	75—93	浅灰黄色	砂土	无结构	7.1	42.3	1.81	1.99	21.8	152	119.2	152	37.6			
					4	93—120	灰黑黑色	壤质黏土	无结显粒状	6.6	33.4	1.18	1.40	28.9	135	96.5	110	32.3			
剖126	初育土	冲积土	夹砂黏壤质石灰性冲积土	夹砂黏壤质石灰性平川草甸土	Aa	0—20	暗棕黑色	黏壤土	棱块状										冲积物	E 125°58′05.2″ N 44°47′58.9″	92
					C_1	20—45	灰灰色	砂土	无显结												
					C_2	45—55	棕灰色	砂土	粒状												
					C_3	55—68	浅灰黄色	砂土	无结显粒状												
					C_4	68—120	灰黑黑色	黏壤土	粒状												
剖127	半水成土	石灰性草甸土	石灰性草甸土	薄层石灰性平川草甸土	Aa	0—17	暗棕黑色	砂质黏壤土	小棱块状											E 126°06′48.2″ N 45°07′03.4″	95
					A	17—26	暗棕棕色	砂壤土	棱块状												
					Bg	26—46	灰灰棕色	黏壤土	块状												
					C	46—120	暗棕灰色	黏土													

续表 Continued

剖面号 Soil profile order	土纲 Soil order	亚类 Soil subgroup	土属 Soil genus	土种 Soil species	土层码 Layer code	土层厚度 Depth/ cm	颜色 Soil color	质地 Soil texture	土壤结构 Soil structure	pH	有机质 OM/ (g/kg)	全氮 TN/ (g/kg)	全磷 TP/ (g/kg)	全钾 TK/ (g/kg)	碱解氮 AN/ (mg/kg)	有效磷 AP/ (mg/kg)	速效钾 AK/ (mg/kg)	阳离子交换量CEC/ (cmol/kg)	土壤母质 Parent material	剖面点坐标 Profile coordinate	匹配指数 Matching index/%
剖128	半水成土	草甸土	石灰性平川草甸土	厚层石灰性平川草甸土	1	0—19				7.9	33.6	1.85	0.71	23.8	170	7.0	149	26.7		E 126°05′51.4″ N 45°06′09.7″	95
					2	19—37				8.2	34.4	1.75	0.45	23.6	149	14.0	157	23.4			
					3	37—82		砂质黏壤土		8.1	23.0	1.22	0.38	22.4	101	3.5	124	18.2			
					4	82—98		壤质黏土		7.9	13.1	0.62	2.02	24.6	54	20.1	84	18.0			
					5	98—120		壤质黏土		7.6	9.5	0.56	2.53	23.6	73	25.3		19.7			
剖129	半淋溶土	黑土	黑土	破皮黄黑土	1	0—15		壤质黏土		6.7	28.7	1.44	0.34	24.8	138	1.7	183	4.6		E 126°00′38.5″ N 45°05′33.7″	97
					2	15—110		壤质黏土		7.0	24.4	1.24	0.38	22.0	122	0.9	149	14.1			
					3	110—120		壤质黏土		7.0	18.2	0.99	0.31	23.1	95	7.0	158	14.8			
剖130	水成土	埋藏泥炭土	深位埋藏泥炭土	深位埋藏泥炭土	1	0—20		壤质黏土		7.0	99.3	4.55	0.71	23.5	303	5.2	173	35.9		E 126°02′02.8″ N 45°05′08.5″	97
					2	20—100		砂质黏壤土		6.2	89.1	3.56	0.50	27.5	298	19.6	124	32.2			
					3	100—120				6.4	193.7	7.42	0.36	28.1	533	26.6	237	46.5			
剖131	半淋溶土	黑土	黑土	深厚层黑土	1	0—20		砂质黏土		6.9	30.1	0.77	0.41	22.4	132	2.2	237	18.3		E 126°00′41.0″ N 45°04′42.2″	97
					2	20—120		壤质黏土		7.1	29.3	1.26	0.39	21.7	124	3.1	234	7.7			
剖132	半淋溶土	黑土	黑土	中层黑土	1	0—20		壤质黏土		7.0	29.1	1.25	0.29	20.2	112	1.3	130	16.5		E 126°03′46.8″ N 45°02′42.7″	98
					2	20—43		壤质黏土		7.1	14.8	0.70	0.19	24.5	57	0.9	110	17.3			
					3	43—90		壤质黏土		7.0	12.0	0.51	0.23	22.0	59	6.5	105	15.6			
					4	90—120		壤质黏土		7.3	11.5	0.72	0.22	21.6	54	8.3	111	11.7			
剖133	半水成土	石灰性草甸土	深厚层石灰性岗川草甸土	深厚层石灰性岗川草甸土	Aa	0—25	深灰黑色	砂质黏土	粒状										坡积物	E 126°08′57.8″ N 45°02′05.3″	97
					AB	25—44	灰黑色	砂质黏土	团块状												
					Bg	44—105	棕灰黑色	壤质黏土	团块状												
					Cg	105—120	暗棕黄色	壤质黏土	块状												
					Cu	120—		砂质黏土	块状												
剖134	半水成土	石灰性草甸土	坡冲积石灰性草甸土	岗淤火性油鳅土	A₁₁	0—25	浅黄棕色	砂质黏土	粒状	6.7	25.3	1.47	0.52	24.2	131	28.4	158			E 126°05′13.6″ N 45°00′06.1″	95
					A₁	25—105	浅黄棕色	壤质黏土	粒状	7.1	17.3	0.79	0.34	21.6	90	3.5	97				
					Bu	105—120	油黄棕色	壤质黏土	棱块状	7.6	12.2	0.65	0.47	20.8	55	10.9	124				
					Cu	120—	油黄橙色	壤质黏土	棱块状	7.7	13.2	0.65	0.45	21.8		11.3	131				
剖135	半淋溶土	黑土	砂底黑土	中层砂底黑土	Aa	0—20	棕色	砂质黏土	粒状											E 126°04′12.7″ N 44°57′02.2″	93
					A	20—38	暗棕黑色	壤质黏土	小团块状												
					B	38—94	棕黄色	砂壤土	小块状												
					C	94—120	灰黄色	砂土	无明显结构												
剖136	半淋溶土	草甸黑土	草甸黑土	厚层草甸黑土	1	0—20		砂质黏土		7.6	26.4	1.21	0.88	29.8	115	69.3	412	18.1		E 126°00′49.0″ N 44°48′09.7″	97
					2	20—50		壤质黏土		7.5	23.2	0.93	1.14	27.5	105	27.4	206	21.7			
					3	50—100		壤质黏土		7.3	21.2	0.84	0.87	28.8	87	54.4	318	21.3			
					4	100—120		壤质黏土		7.6	10.7	0.24	0.62	25.1	58	88.2	534	18.6			

白 城 市

市 辖 区

主要土类说明

黑钙土是白城市主要土壤类型，占本市地域面积的46%。黑钙土是在温带半湿润草甸草原下形成的具深厚均腐殖质层和碳酸钙淋溶淀积层的土壤。受草甸草原植被的影响，黑钙土具有相当厚的均腐殖质层，剖面构型与黑土很相似，但土壤腐殖质积累少于黑土，有机质含量一般为15—20g/kg，剖面内具有石灰反应，呈微碱性，多数土种可见明显的钙积层。本市黑钙土分为黑钙土、草甸黑钙土等亚类。

草甸土是白城市第二大土壤类型，占本市地域面积的43%。草甸土是由沉积作用并伴随腐殖质积累过程形成的富含腐殖质的土壤，多分布在远河低平处或台地间洼地。其主要特征是黑土层均为颗粒大小相近的粒状结构，水稳性很强，呈微酸性或中性。同时，由于地势低平，剖面下部均见潜育化现象。其腐殖质的积累强度和粒状结构的形成均比本省中部、东部的弱，发育不够典型。

栗钙土是白城市第三大土壤类型，占本市地域面积的7%，是在温带半干旱草原下形成的具有栗色腐殖质层和灰白色钙积层的土壤。该土壤表层为栗色腐殖质层，厚20—30cm，土壤水分状况越趋于半干旱，腐殖质层越薄，有机质含量也越低。其下，灰白色钙积层发育明显，钙积层见于20—30cm深处，厚20—40cm，呈斑点状或层状积钙。石膏及易溶盐局部聚积。

小于本市地域面积3%的土壤类型有碱土、沼泽土、草甸盐土等。

本区域中心区气候特征

本区域中心区气候特征值
Regional climate characteristics in central area of the region

气候带：中温带亚干旱气候 Climate region: Mid temperate subarid climate	
年平均气温 /℃ Annual average temperature /℃	4.7
年平均最高气温 /℃ Annual average maximum temperature /℃	10.9
年平均最低气温 /℃ Annual average minimum temperature /℃	-0.8
年降水量 /mm Annual precipitation /mm	395
≥10℃的积温 /℃ Daily temperature accumulated in a year (≥10℃) /℃	2925
年日照时数 /h Annual sunshine /h	2822
年平均相对湿度 /% Annual average relative humidity /%	58
干燥度 Dryness	0.83

本区域中心区月平均气温与月平均降水量
Monthly temperature and precipitation in central area of the region

白城市市辖区主要土壤类型与土壤剖面点分布图
1∶280 000

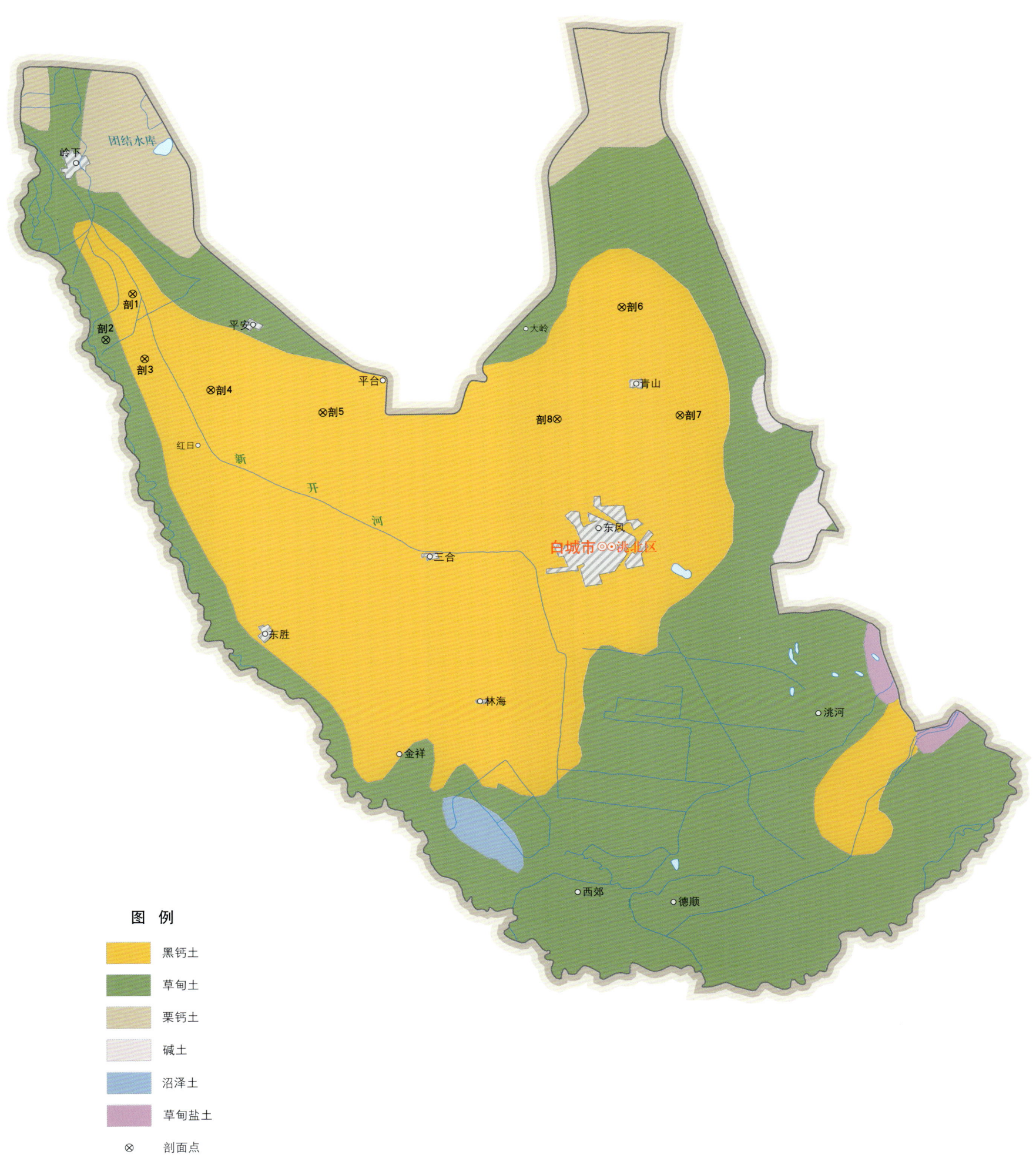

白城市土壤剖面理化性状表

剖面号 Soil profile	土纲 Soil order	土类 Soil great group	亚类 Soil subgroup	土属 Soil genus	土种 Soil species	土层码 Layer code	土层厚度 Depth/cm	颜色 Soil color	质地 Soil texture	土壤结构 Soil structure	pH	有机质 OM/(g/kg)	全氮 TN/(g/kg)	全磷 TP/(g/kg)	全钾 TK/(g/kg)	碱解氮 AN/(mg/kg)	有效磷 AP/(mg/kg)	速效钾 AK/(mg/kg)	阴离子交换量 CEC/(cmol/kg)	土壤母质 Parent material	剖面点坐标 Profile coordinate	匹配指数 Matching index/%
剖1	钙层土	黑钙土	黑钙土	黑钙土	厚层黑钙土	A	0—80	黑色	黏土	块状	7.5	24.1	1.09	0.31	21.7	126	1.9		35.9		E 122°27′03.2″ N 45°45′57.6″	95
						AB	80—120	黑灰色	壤质黏土	块状	7.5	10.0	0.67	0.21	16.3	46	1.6	129	26.7			
剖2	半水成土	草甸土	石灰性草甸土	平川石灰性草甸土	薄层平川石灰性草甸土	A	0—20	黑色	黏土	团块状	8.2	23.1	1.79	0.29	20.7	99	2.2	138	27.1		E 122°25′46.9″ N 45°44′20.4″	95
						AB	20—42	灰色	壤质黏土	块状	8.2	8.9	1.20	0.14	19.3	46	0.6	90	25.1			
						Bg	42—120	浅黄色	壤质黏土	块状	8.3	4.7	0.76	0.11	22.9	25	0.5	104	22.6			
剖3	钙层土	黑钙土	淡黑钙土	淡黑钙土	薄层淡黑钙土	A	0—23	灰黑棕色	壤质黏土	团块状	7.5	19.5	1.18	0.30	22.1	70	1.2	76	11.8		E 122°27′40.0″ N 45°43′40.4″	95
						B	23—60	浅黄色	砂质黏土	块状	7.4	8.7	0.60	0.44	22.0	14	0.2	51	10.5			
						C	60—120	黄色	砂质黏土	块状	8.0	4.9	0.24	0.20	22.7	79	0.9	42	10.3			
剖4	钙层土	黑钙土	淡黑钙土	淡黑钙土	厚层淡黑钙土	A	0—54	黑灰色	砂质黏土	块状	7.5	15.1	1.05	0.24	22.7	98	2.4	85	13.7		E 122°30′53.6″ N 45°42′35.3″	95
						B	54—78	浅灰色	壤质黏土	块状	7.9	7.1	0.39	0.17	22.5	59	0.3	134	19.7			
						C	78—120	棕黄色	壤质黏土	块状	8.2	4.9	0.26	0.08	24.4	11	0.3	76	13.1			
剖5	钙层土	黑钙土	黑钙土	洪积质黑钙土	薄层砾石底黑钙土	A	0—25	黑色	黏土	团块状	7.6	33.8	1.51	0.06	22.7	127	1.7	119	24.5		E 122°36′20.5″ N 45°41′48.8″	95
						B	25—92	浅黄色	黏土	块状	7.8	13.1	0.78	0.28	17.6	57	0.5	95	21.9			
						C	92—120	褐色			7.7	9.6	0.47	0.20	24.1	53	1.1	101	17.7			
剖6	钙层土	黑钙土	石灰性黑钙土	火山性黑泥砂土	暗火性黑泥土	A	0—40	浅黄棕色	壤质黏土	团块状	7.8	18.7	1.31	0.26	21.3	99	3.0	128	26.6	冲积物	E 122°50′52.4″ N 45°45′32.8″	95
						ABk	40—60	油黄橙色	黏土	块状	7.8	12.6	0.91	0.30	18.7	46	1.0	60	17.3			
						Bk	60—120	油黄橙色	砂质黏土	块状	8.0	8.1	0.57	0.28	18.6	53	3.0	60	10.8			
剖7	钙层土	黑钙土	草甸黑钙土	草甸黑钙土	中层草甸黑钙土	A	0—45	黑色	壤质黏土	团块状	7.5	23.3	1.18	0.35	20.5	64	3.3	102	18.9		E 122°53′43.1″ N 45°41′44.5″	95
						B	45—120	灰黑色	黏土	团块状	7.6	8.7	0.49	0.99	19.5	53	1.4	76	21.2			
剖8	钙层土	黑钙土	石灰性黑钙土	火山性黑泥砂土	瘦火性黑泥土	A_{11}	0—24	灰棕色	黏土	团块状	7.6	28.8	1.57	0.40	21.3	111	2.0	130	21.7	冲积物	E 122°47′44.5″ N 45°41′36.2″	95
						Bk	24—72	油黄橙色	壤质黏土	块状	7.9	8.4	0.76	0.29	22.1	84	1.0	76	22.3			
						C	72—120	亮红棕色			7.7	3.8	0.34	0.24	22.8	21	1.0	42	3.2			

镇 赉 县

主要土类说明

草甸土是镇赉县主要土壤类型，占本县地域面积的 33%。草甸土是在冷湿条件下，受地下水浸润并在草甸植被下发育形成的土壤。因所处地势较低，地下水位较高，地下水常沿毛细管上升到地表，并使其与地上两水相通，土层一定深度内水分常呈饱和状态，在水的作用下，土壤中铁化合物发生强烈的氧化还原过程，因此，土体中形成锈纹、锈斑，呈现轻度潜育化特征。在较低洼地区，由于地表积水，土壤全部处于还原状态，但受半干旱气候影响，土壤表层一年中有大部分时间处于氧化状态，土壤有机质仍以好气分解为主，形成潜育化草甸土。草甸土有机质和全磷含量较高，多数结构良好，适耕性强，产量高，在农业生产上占重要地位。

黑钙土是镇赉县第二大土壤类型，占本县地域面积的 22%。黑钙土是由半湿润地区向半干旱地区过渡、腐殖质积累明显、均腐殖质层较厚、肥力较高的地带性土壤。本县地处半干旱气候区，并有明显的向干旱区过渡的特征，素称"八百里旱海"。因此，本县黑钙土在分布上也有明显的干湿气候特征，即多分布在沿江河地区。因分布区受江河泛滥和局部小气候影响，土壤湿度较大，植被生长茂盛，种类较多，有以羊草群落、杂草群落为主的草甸植被，腐殖化过程较强，使黑钙土得以发育，并形成黑钙土、草甸黑钙土等亚类。受地形因素的影响，本县黑钙土有明显的向淡黑钙土过渡的特征，部分黑钙土与淡黑钙土呈插花分布。

新积土是镇赉县第三大土壤类型，占本县地域面积的 15%。新积土是由新近冲积、洪积、坡积、塌积或人工堆垫形成的土壤。该土壤成土期短，母质特性明显，具 A–C 或（A）–C 剖面构型。母质多为近代流水沉积物，地面多处受高水位淹没，生草过程弱，常无明显腐殖质。

碱土占本县地域面积的 8%。土壤吸收性复合体中，交换性钠离子在 20% 以上，属碱土。碱土 pH 为 9.0—10.0。由于土壤黏粒下移积累，土壤物理性质变差，坚实板结。表层土质地变轻，且见蜂窝状孔隙。本县碱土属草甸碱土，在分布上多与盐碱化草甸土、盐碱化淡黑钙土等呈复区分布。

栗钙土占本县地域面积的 6%，是在温带半干旱草原下形成的具有栗色腐殖质层和灰白色钙积层的土壤。该土壤表层为栗色腐殖质层，厚 20—30cm，有机质含量为 15—45g/kg。其下，灰白色钙积层发育明显，钙积层见于 20—30cm 深处，厚 20—40cm，呈斑点状或层状积钙。石膏及易溶盐局部聚积。

风沙土占本县地域面积的 4%，广泛分布在冲积、风积平原及江河沿岸。风沙土是在近代风积物上发育微弱的矿质土壤，一般仅有 A 层和 C 层，缺乏较明显的 B 层。

小于本县地域面积 3% 的土壤类型有沼泽土、草甸盐土等。

本区域中心区气候特征

本区域中心区气候特征值
Regional climate characteristics in central area of the region

气候带：中温带亚干旱气候 Climate region: Mid temperate subarid climate	
年平均气温 /℃ Annual average temperature /℃	4.5
年平均最高气温 /℃ Annual average maximum temperature /℃	10.7
年平均最低气温 /℃ Annual average minimum temperature /℃	−1.1
年降水量 /mm Annual precipitation /mm	397
≥10℃的积温 /℃ Daily temperature accumulated in a year（≥10℃）/℃	2379
年日照时数 /h Annual sunshine /h	2799
年平均相对湿度 /% Annual average relative humidity /%	59
干燥度 Dryness	0.76

本区域中心区月平均气温与月平均降水量
Monthly temperature and precipitation in central area of the region

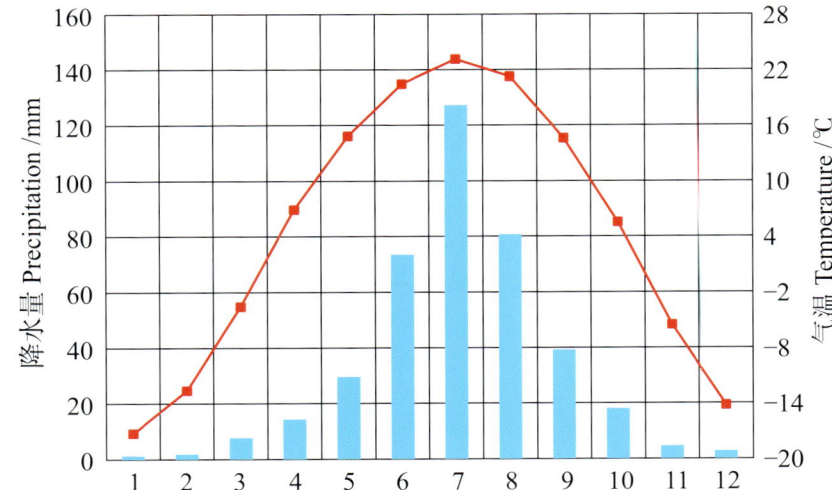

镇赉县主要土壤类型与土壤剖面点分布图
1∶400 000

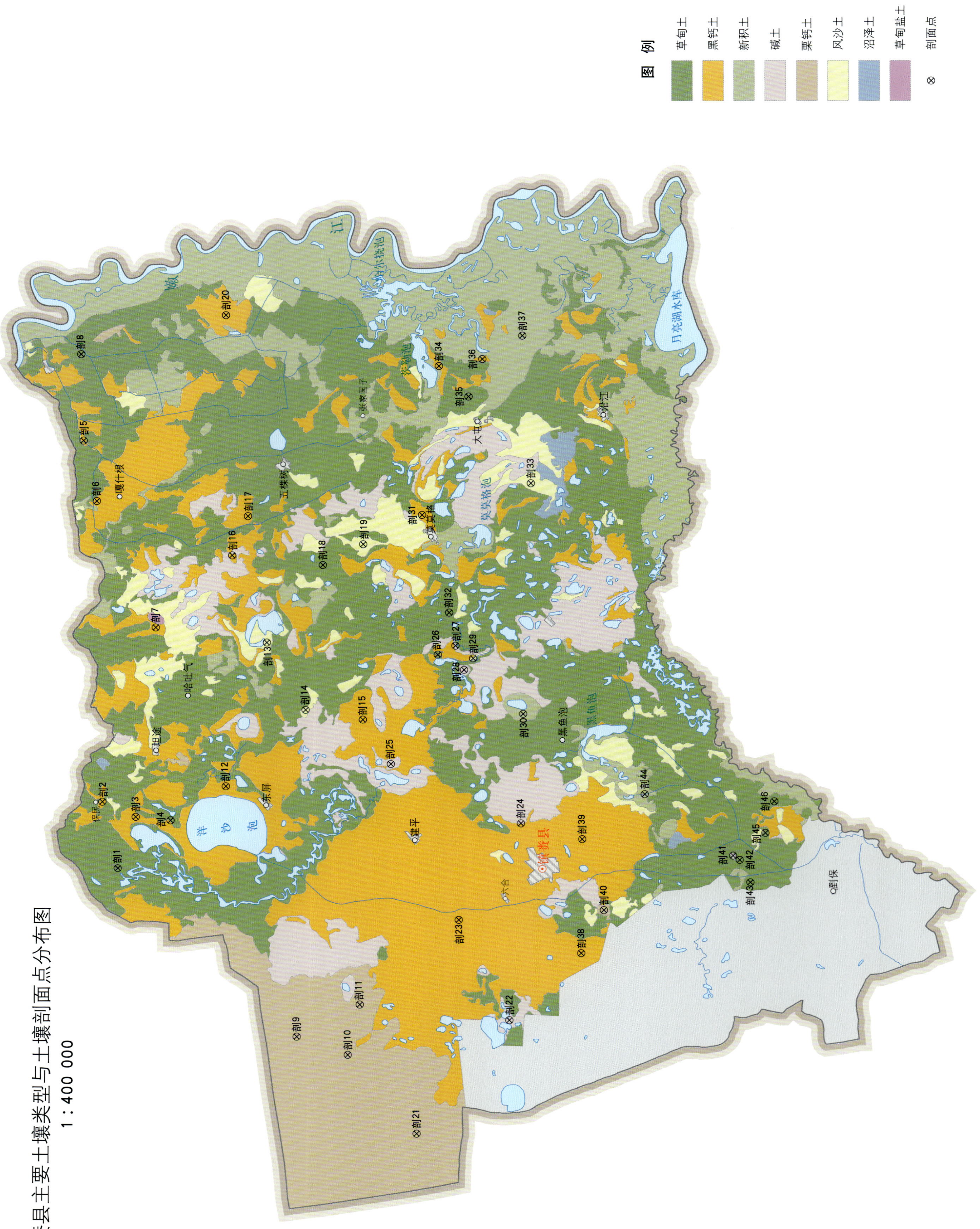

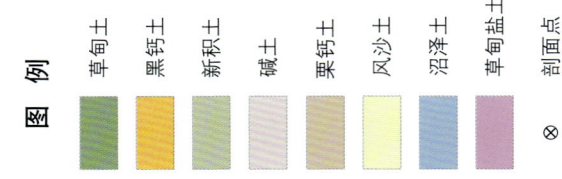

镇赉县土壤剖面理化性状表

剖面号 Soil profile	土纲 Soil order	土类 Soil great group	亚类 Soil subgroup	土属 Soil genus	土种 Soil species	土层码 Layer code	土层厚度 Depth/cm	颜色 Soil color	质地 Soil texture	土壤结构 Soil structure	pH	有机质 OM/(g/kg)	全氮 TN/(g/kg)	全磷 TP/(g/kg)	全钾 TK/(g/kg)	碱解氮 AN/(mg/kg)	有效磷 AP/(mg/kg)	速效钾 AK/(mg/kg)	阳离子交换量CEC/(cmol/kg)	土壤母质 Parent material	剖面点坐标 Profile coordinate	匹配指数 Matching index/%
剖1	半水成土	草甸土	碱化草甸土			A	0—16	暗棕色	砂质壤土	棱状	8.7	6.8	0.36	0.41	32.2	24	2.3	188	13.4		E 123°11′28.0″ N 46°13′09.1″	95
						Aa₁	16—70	棕黄色	壤质黏土	块状	9.8	9.3	0.55	0.45	32.9	13	1.7	273	16.1			
						B	70—120	黄棕色	砂质黏土	块状	8.9	4.9	0.28	0.28	32.3	17	1.9	113	22.3			
剖2	钙层土	黑钙土	淡黑钙土	淡黑钙土	破皮淡黑钙土	A	0—13	暗灰色	壤质黏土	团块状	8.0	22.7	1.60	0.80	27.5	61	5.1	257	20.4		E 123°16′38.3″ N 46°13′57.0″	92
						2	13—35		砂质黏土		8.0	1.4	0.60	0.50	27.8	18	1.0	143	19.7			
						3	35—120		砂质黏土		8.0	3.5	0.30	0.50	30.2	11	1.2	154	19.1			
						4	120—130	浅灰色	砂质黏土	棱块状												
剖3	钙层土	黑钙土	淡黑钙土	草甸淡黑钙土	薄层草甸淡黑钙土	A	0—21	灰黑色	壤土	粒状											E 123°15′28.8″ N 46°12′12.6″	92
						B	21—110	暗棕色	砂质壤土	块状												
						C	110—120	黄棕色	砂质黏壤土	粒状												
剖4	半水成土	草甸土	石灰性草甸土	石灰性平川草甸土	薄层石灰性平川草甸土	1	0—20		壤土		8.2	24.6	1.40	0.70	26.9	38	4.7	197	18.6		E 123°15′12.4″ N 46°10′24.8″	97
						2	20—75		壤质黏土		8.7	12.3	0.90	0.40	25.3	17	1.4	134	18.0			
						3	75—95		砂质壤土		8.6	3.7	0.40	0.30	30.8	24	0.8	118	10.1			
						4	95—120		砂质黏壤土		8.8	1.8	0.10	0.20	35.2	16	1.7	87	7.2			
剖5	钙层土	黑钙土	黑钙土	黑钙土	深厚层黑钙土	A	0—120	黑色	壤质黏土	团粒状	8.4	20.4	0.81	0.48	39.3	71	14.6	140	15.1		E 123°44′41.1″ N 46°14′49.9″	95
剖6	钙层土	黑钙土	淡黑钙土	黑钙土	中层黑钙土	Aa	0—15	灰色	砂质黏土	团块状	7.9	17.6	1.46	1.20	35.8	116	8.0	211	17.7		E 123°39′59.0″ N 46°14′10.5″	74
						A	15—40	灰黑色	壤质黏土	团块状	7.7	25.1	1.37	0.71	32.7	101	2.3	117	19.7			
						B	40—65	暗棕色	砂质黏土	棱状	8.5	21.8	1.42	0.83	30.8	24	1.5	144	25.6			
						C	65—120	浅黄色	壤质黏土	团甸状	8.9	7.4	0.48	0.66	30.6	51	2.2	107	16.2			
剖7	钙层土	黑钙土	黑钙土	黑钙土	中层黑钙土	A	0—33	黑色	砂质壤土	团块状	8.0	14.2	0.90	0.50	35.2	64	2.0	90	14.2		E 123°30′10.9″ N 46°11′09.2″	95
						B	33—86	灰黑色	砂质黏土	棱块状	7.7	9.2	0.30	0.40	36.7	25	1.3	109	16.5			
						C	86—120	棕黄色	砂质黏土	块状	7.8	4.1	0.10	0.40	36.1	17	1.9	86	22.2			
剖8	半水成土	草甸土	石灰性草甸土	石灰性平川草甸土	中层石灰性平川草甸土	1	0—35		黏土		7.3	12.6	0.30	0.50	31.0	37	16.0	159	35.8		E 123°51′23.8″ N 46°14′54.6″	99
						2	35—110		壤质黏土		7.1	27.0	1.80	0.70	33.5	111	12.6	162	29.6			
						3	110—120		砂质黏土		7.1	4.3	0.40	0.50	35.5	32	6.5	93	18.2			
剖9	钙层土	栗钙土	暗栗钙土	砾石型暗栗钙土	厚层浅位砾石型栗钙土	A	0—55	暗灰色	砂质黏土	团块状	8.5	51.8	3.10	1.10	21.7	166	7.1	171	20.3		E 122°58′26.8″ N 46°03′51.1″	92
						Bca	55—110	棕黄色	壤质黏土	棱块状	8.8	12.9	0.60	0.50	16.0	43	2.1	89	17.4			
						C	110—120	栗色	黏土	棱块状	9.1	3.9	0.50	0.40	42.1	24		142	29.5			
剖10	钙层土	栗钙土	暗栗钙土	砾石型暗栗钙土	薄层浅位砾石型栗钙土	A	0—30	暗灰色	砂质黏土	棱块状											E 122°57′04.3″ N 46°01′11.6″	94
						B	30—45	浅灰色	壤质黏土	棱块状												
						C	45—120	灰白色	砂质黏土	棱块状												
剖11	钙层土	栗钙土	暗栗钙土	砾石型暗栗钙土	薄层浅位砾石型栗钙土	1	0—30		壤质黏土		7.7	41.3	2.60	0.80	40.6	139	4.7	156	18.9		E 123°51′23.8″ N 46°14′54.6″	92
						2	30—45		壤质黏土		7.7	28.5	2.20	0.70	26.9	105	3.0	104	17.2			
						3	45—120		砂质黏土		7.8	21.7	1.20	0.50	25.2	74	2.5	103	17.9			
剖12	钙层土	黑钙土	淡黑钙土	草甸淡黑钙土	中层草甸淡黑钙土	A	0—32	灰黑色	砂质黏土	棱块状											E 123°17′50.0″ N 46°07′33.4″	92
						B	32—100	棕黄色	黏壤土	棱块状												
						C	100—120	黄白相间	砂质黏土	小块状												
剖13	初育土	风沙土	风沙土	坨间风沙土		A	0—65	暗灰色	壤质砂土	无明显结构										风积物	E 123°28′58.4″ N 46°05′24.4″	78
						C	65—120	灰色至灰黄色	砂土													
剖14	初育土	风沙土	风沙土型风沙土	黑钙土型风沙土	深厚层黑钙土型沙土	A	0—120	黑色	砂质壤土	团块状										风积物	E 123°23′43.8″ N 46°03′24.5″	93

续表 Continued

剖面号 Soil profile	土纲 Soil order	土类 Soil great group	亚类 Soil subgroup	土属 Soil genus	土种 Soil species	土层码 Layer code	土层厚度 Depth/cm	颜色 Soil color	质地 Soil texture	土壤结构 Soil structure	pH	有机质 OM/(g/kg)	全氮 TN/(g/kg)	全磷 TP/(g/kg)	全钾 TK/(g/kg)	碱解氮 AN/(mg/kg)	有效磷 AP/(mg/kg)	速效钾 AK/(mg/kg)	阳离子交换量CEC/(cmol/kg)	土壤母质 Parent material	剖面点坐标 Profile coordinate	匹配指数 Matching index/%
剖15	钙层土	黑钙土	淡黑钙土	淡黑钙土	薄层淡黑钙土	A	0—20	暗黄色	砂质黏土	团块状	7.5	16.3	0.90	0.70	26.3	56	3.0	154	19.4		E 123°22′58.5″ N 46°00′26.4″	75
						AB	20—40	浅黄色	砂质黏土	团块状	7.5	15.1	1.10	0.70	26.7	49	5.3	175	19.3			
						B	40—80	黄棕色	黏土	棱块状	7.9	2.9	0.30	0.30	24.1	11	1.0	155	20.5			
						C	80—120	黄白相间	黏土	棱块状	8.3	3.4	0.30	0.50	24.9	7	0.5	146	20.7			
剖16	钙层土	黑钙土	黑钙土	黑钙土	厚层黑钙土	A	0—100	黑色	壤黄黏土	团块状											E 123°35′42.7″ N 46°07′10.9″	78
						B	100—120	黑灰色	砂质黏土	棱块状	8.2	10.0	0.27	0.48	37.9	67	3.1	116	11.5			
剖17	钙层土	黑钙土	草甸黑钙土	草甸黑钙土	厚层草甸黑钙土	A₁	0—20	灰黑色	砂质黏壤土	小块状	8.8	7.1	0.32	0.30	40.1	32	7.5	89	11.8		E 123°38′43.8″ N 46°06′20.9″	99
						A₂	20—70	浅灰色	砂质黏壤土	小块状												
						AB	70—88	棕黄色	砂质黏壤土	棱块状	7.6	5.1	0.17	0.34	38.8	22	7.0	80	12.7			
						B	88—124		砂质黏壤土	棱块状	8.5	2.6	0.25	0.26	43.0	13	7.5	95	10.5			
						C	124—	黄白相间	砂质黏土	无结构												
剖18	半水成土	草甸土	石灰性草甸土	石灰性平川草甸土	破皮石灰性平川草甸土	A	0—10	暗灰色	砂质黏土	棱块状	7.6	51.8	2.70	0.80	35.0	156	5.0	229	22.8		E 123°34′55.2″ N 46°02′28.7″	99
						2	10—65		砂质黏壤土		9.1	6.7	0.60	0.40	39.1	41	1.2	92	15.9			
						3	65—115	浅灰色	砂质黏壤土		9.3	2.7	0.30	0.50	39.9	22	0.3	82	13.8			
						4	115—125		壤土	团块状												
						5	125—130	浅灰色			9.1	2.0	0.20	0.40	47.1	41	1.0	51	8.8			
剖19	初育土	风沙土	黑钙土型风沙土	黑钙土型风沙土	破皮层黑钙土型沙土	A	0—14	棕色	砂土	无结构	8.1	9.1	0.60	0.40	46.8	48	6.1	126	14.6	风积物	E 123°36′31.3″ N 46°00′22.8″	76
						AC	14—100	灰黄色	砂土	无结构	7.9	18.6	0.10	0.70	41.2	59	2.8	95	12.8			
						C	100—120	灰黄色	砂土	无结构	8.0	13.7	0.70	0.50	15.0	49	2.8	75	14.2			
剖20	钙层土	黑钙土	黑钙土	黑钙土	覆砂型厚层黑钙土	Ase	0—15	黑棕色	壤质黏土	无结构散状	7.5	10.8	0.60	0.70	35.7	53	4.8	106	8.5		E 123°54′17.7″ N 46°07′23.4″	95
						A	15—80	黑色	砂质黏壤土	团块状	7.4	16.2	1.20	1.70	34.4	40	3.1	155	11.7			
						B	80—120	黄棕色	砂质黏壤土	团块状	7.4	10.0	0.60	0.80	30.8	36	3.8	82	15.0			
剖21	钙层土	栗钙土	暗栗钙土	暗栗钙土		A	0—36	暗棕色	砂质黏壤土	团块状	8.5	40.2	3.10	1.30	26.2	92	8.7	336	18.6		E 122°51′05.0″ N 45°57′36.4″	75
						Bca	36—97	棕黄色	黏土	棱块状	10.1	4.3	0.40	0.60	14.7	14	12.1	98	17.4			
						C	97—120	栗色	黏土	柱状	10.0	3.4	0.60	0.40	16.9	15	2.1	143	20.6			
剖22	盐碱土	碱土	苏打草甸碱土	苏打草甸碱土	白盖苏打草甸碱土	Aa₁	0—21	浅灰色	砂质黏壤土	块状	9.2	8.8	0.40	0.50	48.0	70	5.2	148	13.6		E 122°59′47.6″ N 45°52′49.2″	97
						B₁	21—49	灰黄色	砂质黏壤土	棱块状	9.1	6.2	0.30	0.40	41.0	27	3.1	92	12.9			
						B₂	49—110	浅黄色	黏壤土	棱块状	8.6	1.9	0.10	0.40	41.0	34	1.5	76	10.7			
						C	110—120	灰黄色	砂质黏土	片状	8.5	2.4	0.30	0.50	39.0	50	2.2	66	10.8			
剖23	钙层土	黑钙土	淡黑钙土	淡黑钙土	中层淡黑钙土	A	0—35	暗灰黑色	砂质黏壤土	团块状	9.3	24.8	1.50	0.80	29.7	68	17.7	342	23.4		E 122°51′30.0″ N 45°57′28.2″	92
						AB	35—60	暗棕色	砂质黏壤土	团块状	9.5	22.8	1.30	0.80	29.9	42	11.1	294	21.2			
						B	60—106	黄棕色	砂质黏壤土	棱块状	9.7	24.3	1.30	0.70	27.8	33	3.1	204	24.3			
						C	106—120	浅黄色	砂质黏壤土		9.9	19.3	0.90	0.70	25.2	24	19.6	352	25.2			
剖24	盐碱土	碱土	苏打草甸碱土	苏打草甸碱土	深位苏打草甸碱土	1	0—15		壤黄黏土	团块状	11.0	5.9	0.40	0.70	30.8	16	17.5	126	6.1		E 123°07′58.2″ N 45°55′14.9″	97
						2	15—21		黏土	棱块状	10.8	9.2	0.70	0.40	29.7	15	7.8	254	19.9			
						3	21—50		黏土	棱块状	10.1	3.7	0.60	0.50	31.7	13	4.8	140	16.6			
剖25	盐碱土	碱土	苏打草甸碱土	苏打草甸碱土	深位苏打草甸碱土	1	0—17		砂质黏壤土		7.4	27.5	1.51	1.58	28.9	101	7.1	291	23.1		E 123°19′32.9″ N 45°58′59.9″	97
						2	17—34		砂质黏壤土		7.5	24.2	1.00	1.50	28.0	78	2.5	218	24.0			
剖26	半水成土	草甸土	石灰性草甸土	石灰性平川草甸土	中层石灰性平川草甸土	3	34—64		黏土		7.4	15.4	0.70	1.30	31.2	53	3.5	230	24.7		E 123°27′59.8″ N 45°56′32.6″	97
						4	64—84		壤质黏土		7.8	23.6	0.80	1.90	32.5	56	7.0	281	24.8			
						5	84—120		砂质黏土		8.0	19.8	0.80	2.50	34.0	40	9.5	197	19.6			

续表 Continued

剖面号 Soil profile	土纲 Soil order	土类 Soil great group	亚类 Soil subgroup	土属 Soil genus	土种 Soil species	土层码 Layer code	土层厚度 Depth/cm	颜色 Soil color	质地 Soil texture	土壤结构 Soil structure	pH	有机质 OM/(g/kg)	全氮 TN/(g/kg)	全磷 TP/(g/kg)	全钾 TK/(g/kg)	碱解氮 AN/(mg/kg)	有效磷 AP/(mg/kg)	速效钾 AK/(mg/kg)	阴离子交换量CEC/(cmol/kg)	土壤母质 Parent material	剖面点坐标 Profile coordinate	匹配指数 Matching index/%
剖27	盐碱土	碱土	草甸碱土	苏打草甸碱土	中位苏打草甸碱土	A	0–15	浅灰色	砂质黏壤土	块状	9.6	23.4	1.30	0.60	36.4	83	5.1	307	13.7		E 123°28′40.8″ N 45°55′37.6″	97
						Aa₁	15–67	黑棕色	壤质黏土	柱状	8.7	14.2	0.80	0.50	33.8	39	0.2	208	26.7			
						B	67–87	灰色	壤质黏土	块状	8.2	5.7	0.20	0.50	32.1	41	0.3	138	15.2			
						C	87–120	浅黄色	砂质黏壤土	块状	8.8	4.7	0.40	0.50	40.3	24	1.0	124	12.2			
剖28	盐碱土	碱土	草甸碱土	苏打草甸碱土	超深位苏打草甸碱土	1	0–25	浅黄色	砂质黏壤土	柱状	9.2										E 123°26′48.5″ N 45°55′10.9″	97
剖29	初育土	风沙土	半流动风沙土			1	0–20	浅黄色	砂质黏壤土	无明显结构	7.2									风积物	E 123°27′41.8″ N 45°54′42.8″	74
剖30	初育土	新积土	冲积土	层状冲积土	壤质层状冲积土	A	0–14	暗黑色	壤质黏土	团块状	7.6	43.0	2.70	0.70	28.5	162	7.4	151	26.9	冲积物	E 123°23′24.0″ N 45°52′07.7″	74
						C₁	14–55	黑灰色	壤质黏土	团块状	7.8	12.4	0.90	0.50	30.0	75	4.4	107	24.1			
						C₂	55–89	黄棕色	砂质黏土	棱块状	7.3	3.8	0.50	0.40	33.4	38	5.6	103	12.4			
						C₃	89–120	棕色	砂质黏壤土	棱块状	7.2	2.6	0.40	0.40	34.0	35	9.4	103	12.7			
剖31	钙层土	黑钙土	草甸黑钙土	草甸黑钙土	薄草甸黑钙土	A₁	0–17	黑色	砂质黏土	小块状	8.3	28.9	1.47	0.70	30.3	103	11.3	285	22.6		E 123°38′45.2″ N 45°57′19.4″	97
						A₂	17–26	黑色	壤质黏土	小块状	8.5	24.0	1.50	0.60	39.0	115	3.4	230	22.7			
						B	26–58	暗棕色	壤质黏土	棱块状	8.4	8.0	0.40	0.40	28.1	36	1.0	165	22.0			
						C	58–120	棕黄色	壤质黏土	棱块状	7.8	5.7	0.40	0.60	26.9	20	0.5	154	19.1			
剖32	半水成土	草甸土	石灰性草甸土	石灰性草甸土	厚层石灰性平川草甸土	1	0–18		壤质黏土		7.6	26.1	1.83	0.83	38.9	144	1.6	316	39.3		E 123°31′13.4″ N 45°55′56.6″	97
						2	18–63		壤质黏土		8.3	21.9	1.24	0.60	27.0	85	27.1	129	27.8			
						3	63–120		壤质黏土		8.5	6.2	0.37	0.31	37.9	27	2.2	128	19.2			
剖33	初育土	风沙土		风沙土		Aa	0–15	浅灰色	壤质土	无明显结构	7.2	10.1	0.70	0.40	34.7	57	4.0	107	10.5	风积物	E 123°41′07.4″ N 45°51′40.3″	78
						A	15–24	浅灰色	壤质土	无明显结构	7.2	10.1	0.70	0.40	34.7	57	4.0	107	10.5			
						C	24–		砂土	无结构	7.7	2.5	0.30	0.30	37.9	42	1.7	57	8.0			
剖34	钙层土	黑钙土	黑钙土		中层黑钙土	1	0–40	黑色	壤质黏土	团块状	7.4	18.6	1.00	0.60	29.1	87	2.5	128	31.6		E 123°50′12.8″ N 45°56′22.9″	97
						2	40–67	暗黑色	壤质黏土	团块状	7.8	4.3	0.60	0.40	31.4	48	1.4	118	15.4			
						3	67–97	暗黑色	壤质黏土	团块状	7.8	5.2	0.30	0.40	33.7	40	1.9	107	8.6			
						4	97–120		砂质黏壤土		7.6	2.9	0.10	0.40	41.5	29	4.6	109	14.0			
剖35	半水成土	草甸土	草甸土		厚层草甸土	A	0–65	黑色	壤质黏土	团块状	7.3	14.3	0.60	0.50	39.1	51	3.1	130	25.9		E 123°47′51.0″ N 45°54′51.8″	97
						B	65–115	灰黑色	壤质黏土	团块状	6.9	4.2	0.30	1.60	39.5	31	10.3	120	20.4			
						C	115–120	棕黄色	壤质黏土	团块状	6.7	2.6	0.20	0.50	41.9	32	11.6	56	7.3			
剖36	钙层土	黑钙土	草甸黑钙土		厚层黑钙土	1	0–20	黑色	壤质黏土	棱块状	7.2	21.9	1.35	0.73	31.2	94	5.8	96	22.7		E 123°50′43.1″ N 45°54′07.6″	97
						B	20–66	黑色	壤质黏土	棱块状	7.4	36.4	1.41	0.78	33.8	122	8.1	80	19.6			
						3	66–120	灰黑色	壤质黏土	棱块状	7.1	10.8	0.50	0.72	20.9	7	11.5	149	23.5			
剖37	初育土	新积土	冲积土	层状冲积土	砂质层状冲积土	A₁	0–20	暗黑色	砂质黏壤土	团块状	7.0	74.8	4.40	1.40	34.3	255	20.4	217	26.5	冲积物	E 123°52′30.0″ N 45°54′02.3″	92
						A₂	9–32	暗黑色	砂质黏壤土	团块状	7.9	16.3	1.00	0.60	35.0	89	2.9	109	32.7			
						C₁	32–45	灰黑色	砂质黏土	团块状	7.9	16.0	0.70	0.50	32.5	59	6.3	120	31.0			
						C₂	45–65	暗黑色	壤质黏土	团块状	7.5	13.6	0.90	0.60	33.3	48	23.5	130	29.0			
						C₃	65–80	灰黑色	壤质黏土	团块状	7.5	12.8	0.60	0.60	35.9	56	28.9	115	24.4			
						C₄	80–120	暗黑色	砂质黏壤土		7.6	15.2	0.60	0.80	32.4	84	22.8	161	30.6			
剖38	钙层土	淡黑钙土	淡黑钙土	淡黑钙土	薄层淡黑钙土	1	0–20	暗黑色	砂质黏土	团块状	7.5	17.5	1.10	0.80	29.3	102	4.7	107	18.4		E 123°04′57.7″ N 45°49′06.6″	93
						2	20–52	暗黑色	壤质黏土	团块状	7.6	13.6	0.80	0.70	38.4	60	2.2	82	14.5			
						3	52–120	灰黑色	壤质黏土		8.0	4.5	0.30	0.30	28.5	18	1.1	108	16.4			
剖39	钙层土	黑钙土	淡黑钙土	淡黑钙土	中层淡黑钙土	1	0–20		砂质黏土	团块状	8.0	25.3	1.50	0.60	31.5	82	3.1	124	16.0		E 123°13′46.2″ N 45°49′04.1″	93
						2	20–45	暗黑色	砂质黏土	团块状	8.0	23.6	1.50	0.70	28.2	81	3.1	103	17.0			
						3	45–90	暗黑色	砂质黏土	团块状	8.5	4.0	0.20	0.40	31.8	24	1.4	104	13.4			
						4	90–120		砂质黏壤土		8.7	2.4	0.30	0.30	35.0	14	1.4	102	10.8			

续表 Continued

剖面号 Soil profile	土纲 Soil order	亚类 Soil subgroup	土属 Soil genus	土种 Soil species	土层码 Layer code	土层厚度 Depth/cm	颜色 Soil color	质地 Soil texture	土壤结构 Soil structure	pH	有机质 OM/(g/kg)	全氮 TN/(g/kg)	全磷 TP/(g/kg)	全钾 TK/(g/kg)	碱解氮 AN/(mg/kg)	有效磷 AP/(mg/kg)	速效钾 AK/(mg/kg)	阳离子交换量CEC/(cmol/kg)	土壤母质 Parent material	剖面点坐标 Profile coordinate	匹配指数 Matching index/%
剖40	钙层土	暗栗钙土	红砂底暗栗钙土		A	0—23	暗栗色	壤质黏土	团块状	8.5	5.9	2.60	1.09	22.3	97	5.1	160	22.4		E 123°08′16.7″ N 45°47′56.8″	78
					B	23—64	浅黄棕色	黏土	棱块状	8.8	10.5	0.51	0.56	13.4	28	1.7	63	14.7			
					C	64—120	红色	黏土	棱块状	8.8	8.8	0.80	0.55	15.1	26	1.3	107	25.4			
剖41	盐碱土	草甸碱土	苏打草甸碱土	浅位苏打草甸碱土	A	0—5	浅黄色	砂壤土	团块状	9.0	6.5	0.40	0.70	33.1	20	18.2	156	7.5		E 123°12′30.6″ N 45°41′15.0″	97
					Aa₁	5—51	暗黄色	壤质黏土	块状	8.2	8.2	0.50	0.80	29.7	27	2.4	164	17.8			
					B	51—120	黄棕色	壤质黏土	块状	8.5	2.9	0.20	0.60	28.4	17	1.1	131	18.0			
剖42	半水成土	草甸土	石灰性平川草甸土	厚层石灰性平川草甸土	1	0—50		黏土		8.0	27.2	1.40	0.80	29.8	79	2.4	167	31.9		E 123°12′11.2″ N 45°40′54.1″	97
					2	50—110		壤质黏土		8.6	15.8	0.80	0.60	30.4	42	1.0	144	29.0			
					3	110—120		壤质黏土		8.2	11.7	1.12	0.60	31.1	50	0.3	148				
剖43	半水成土	草甸土	石灰性平川草甸土	薄层石灰性平川草甸土	1	0—20	灰黑色	壤质黏土	棱块状	8.1	24.3	1.90	0.70	29.1	95	11.2	317	23.1		E 123°10′26.0″ N 45°40′20.6″	98
					2	20—30	灰黑色	壤质黏土	棱块状	8.2	16.6	0.80	0.40	27.5	53	4.8	177	22.1			
					Bg	30—90	棕黄色	砂质黏土	团块状	8.6	4.4	0.50	0.30	36.1	27	1.6	66	8.8			
					C	90—120	黄棕色	砂壤土	团块状	8.5	1.2	0.30	0.30	34.6	18	6.0	71	6.2			
剖44	初育土	新积土	冲积土		A₁	0—20	灰黑色	壤土	团块状	7.4	11.7	1.30	0.70	38.1	70	22.2	7	3.1	冲积物	E 123°17′13.2″ N 45°45′50.4″	92
					A₂	20—50	灰黑色	砂质黏壤土	团块状	6.9	24.6	2.00	0.80	35.5	101	9.2	139	16.2			
					C	50—130	灰黑色	砂质黏壤土	团块状	7.2	18.3	1.30	0.90	33.2	84	40.7	148	3.2			
剖45	半水成土	草甸土	石灰性平川草甸土	中层石灰性平川草甸土	A	0—42	灰黑色	壤质黏土	棱块状											E 123°14′15.0″ N 45°39′34.2″	99
					AB	42—70	暗黄色	壤质黏土	棱块状												
					Bg	70—117	棕黄色	壤质黏土	棱块状												
					C	117—130	黄棕色	黏壤土	块状												
剖46	半水成土	草甸土	石灰性平川草甸土	厚层石灰性平川草甸土	A	0—55	灰黑色	壤质黏土	块状											E 123°16′39.7″ N 45°39′07.2″	98
					Bg	55—90	浅灰色	壤质黏土	团块状												
					C	90—120	浅黄色	壤质黏土	块状												

通 榆 县

主要土类说明

黑钙土是通榆县主要土壤类型，占本县地域面积的 35%。黑钙土是在温带半湿润草甸草原下形成的具深厚均腐殖质层和碳酸钙淋溶淀积层的土壤。黑钙土剖面特征与黑土很相似，但黑钙土在剖面不同深度内或通体有石灰反应，部分土种具有石灰结核或假菌丝，因而不同于黑土。

风沙土是通榆县第二大土壤类型，占本县地域面积的 35%。风沙土是在近代风积物上发育微弱的矿质土壤，一般仅有 A 层和 C 层，缺乏较明显的 B 层。

碱土是通榆县第三大土壤类型，占本县地域面积的 15%。碱土表层含水溶性盐较少，心土层土壤胶体吸附着大量交换性钠离子而形成碱化层，该层具有明显的柱状结构，当地称碱化土层为"碱格子层"。本县碱土分布面积较大，常与草甸土、草甸盐土、淡黑钙土呈复区分布，多分布在局部微地形稍高或排水相对较好的地段。中深位碱土适于生长走茎植物羊草，浅位白盖碱土生长虎尾草、地肤等植被。

草甸土占本县地域面积的 7%，是由沉积作用并伴随腐殖质积累过程形成的富含腐殖质的土壤。其主要特征是土壤腐殖质含量较高，有明显的粒状结构，土层下部有潜育化现象，有小型铁锰结核及锈色斑纹。草甸土在本县分布较普遍，常与碱土、草甸淡黑钙土呈复区分布。草甸土常分布着盐碱斑，盐碱斑多为盐碱化程度较高、植物难以生长的重碱地。盐碱化草甸土是草甸土的一个亚类，盐碱化程度不高，均为中、轻度盐碱化草甸土。根据形成条件、形成过程和剖面特性的不同，本县草甸土分为石灰性草甸土、盐碱化草甸土、坨间草甸土等亚类。

沼泽土占本县地域面积的 5%，集中分布在向海、兴隆山等地。沼泽土广泛分布在长期积水或季节性积水的河谷低洼地及局部洼地，是在长期淹水条件下发育的土壤。土壤表层草根多，铁锰结核较多，呈团粒状或粒状结构，具有泥炭化过程，下层有明显的潜育化现象。自然植被有芦苇、小叶樟、沼柳等。根据盐碱化程度和腐殖质含量的不同，本县沼泽土分为矿质沼泽土、盐化沼泽土、腐泥沼泽土、泥炭沼泽土四个亚类。

小于本县地域面积 3% 的土壤类型有草甸盐土、新积土等。

本区域中心区气候特征

本区域中心区气候特征值
Regional climate characteristics in central area of the region

气候带：中温带亚干旱气候 Climate region: Mid temperate subarid climate	
年平均气温 /℃ Annual average temperature /℃	5.8
年平均最高气温 /℃ Annual average maximum temperature /℃	11.9
年平均最低气温 /℃ Annual average minimum temperature /℃	0.3
年降水量 /mm Annual precipitation /mm	403
≥10℃的积温 /℃ Daily temperature accumulated in a year (≥10℃) /℃	3539
年日照时数 /h Annual sunshine /h	2882
年平均相对湿度 /% Annual average relative humidity /%	57
干燥度 Dryness	0.92

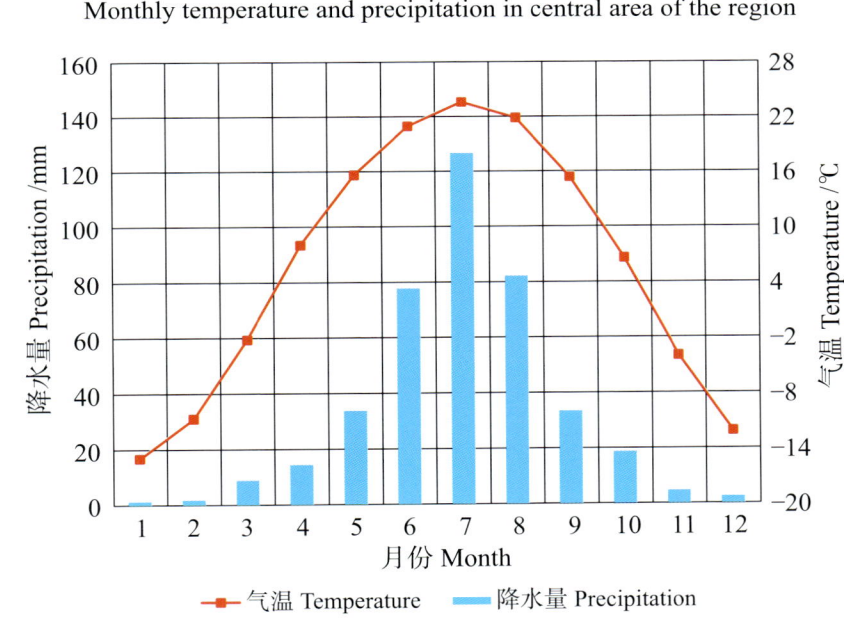

本区域中心区月平均气温与月平均降水量
Monthly temperature and precipitation in central area of the region

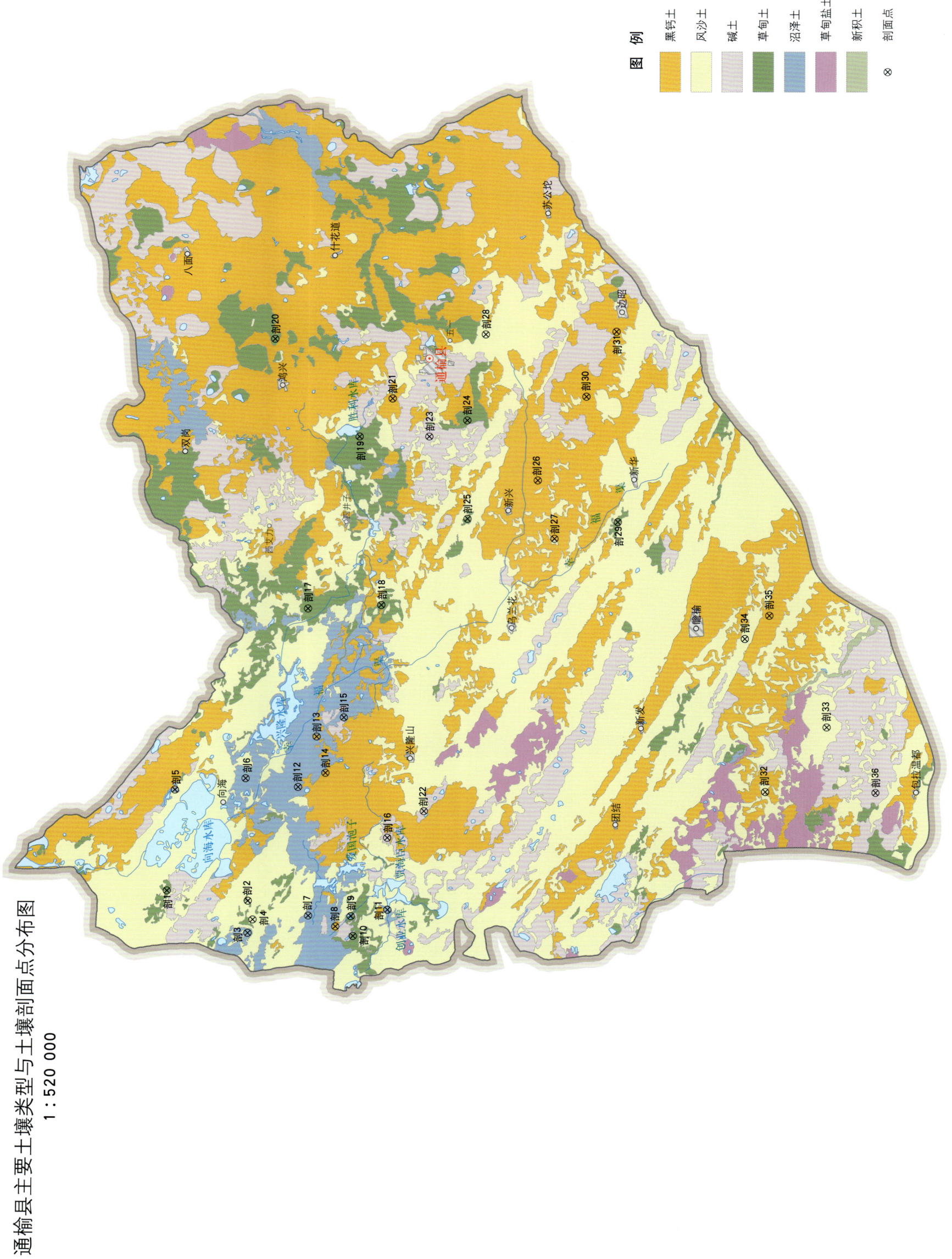

通榆县主要土壤类型与土壤剖面点分布图
1∶520 000

通榆县土壤剖面理化性状表

剖面号 Soil profile	土纲 Soil order	土类 Soil great group	亚类 Soil subgroup	土属 Soil genus	土种 Soil species	土层码 Layer code	土层厚度 Depth/cm	颜色 Soil color	质地 Soil texture	土壤结构 Soil structure	pH	有机质 OM/(g/kg)	全氮 TN/(g/kg)	全磷 TP/(g/kg)	全钾 TK/(g/kg)	碱解氮 AN/(mg/kg)	有效磷 AP/(mg/kg)	速效钾 AK/(mg/kg)	土壤母质 Parent material	剖面点坐标 Profile coordinate	匹配指数 Matching index/%
剖1	半水成土	草甸土	草甸土	坨间砂质草甸土	坨间砂质潜育草甸土	Aa	0—12	暗灰色	中黏土	粒状	8.8	18.5	1.39	0.66	26.4	85	3.9			E 122°11′57.1″ N 45°06′07.6″	97
						A	12—43	浅灰色	轻黏土	团块状	8.2	10.5	0.97	0.54	25.4	124	2.0				
						Bg	43—74	灰黄色	砂黏土	块状	8.6	1.7	0.17	0.28	27.0	19	0.7				
						Cg	74—120	青灰色	紧砂土	无结构	8.6	0.6	0.07	0.25	26.7	13	0.5				
剖2	半水成土	草甸土	草甸土	坨间砂质草甸土	坨间砂质草甸土	Aa	0—18	青灰色	砂壤土	无明显结构	9.2	8.0	0.51	0.19	27.3	44	1.6			E 122°11′03.1″ N 45°00′37.8″	97
						A	18—39	黑灰色	紧砂土	无明显结构	9.5	5.2	0.33	0.10	26.8	31	1.1				
						AB	39—70	暗灰色	紧砂土		9.1	4.1	0.17	0.10	26.5	20	1.4				
						Ba	70—90	青黑色	紧砂土		9.0	1.3	0.05	0.17	26.4	12	1.2				
						Cg	90—120	绿灰色	紧砂土		8.7	1.4	0.04	0.15	25.0	12					
剖3	水成土	沼泽土	腐泥沼泽土	盐碱化腐泥沼泽土	盐碱化腐泥沼泽土	A	0—24	深灰色	砂壤土	小块状	8.7	11.5	1.15	0.70	25.4	72	17.1			E 122°07′51.6″ N 45°00′36.4″	95
						Bg	24—74	青灰色	轻壤土	棱块状	8.6	8.4	1.01	0.52	26.1	68	8.6				
						Cg	74—100	棕黄色	砂壤土	块状	8.7	3.5	0.53	0.55	24.1	44	3.2				
剖4	初育土	风沙土	黑钙土型风沙土	淡黑钙土型风沙土	中层淡黑钙土型风沙土	Aa	0—16	灰棕色	紧砂土	无明显结构	8.3	10.9	0.87	0.08	19.1	59	3.9	风积物	E 122°09′12.6″ N 45°00′17.3″	92
						A	16—33	棕色	砂壤土	无结构	8.2	14.1	1.11	0.23	25.9	94	3.9				
						B	33—63	棕色	轻壤土	无结构	8.1	10.4	0.87	0.22	22.1	59	2.4				
						BC	63—110	灰黄色	砂壤土	无结构	8.6	4.0	0.31	0.14	28.5	26	2.2				
						C	110—130	灰黄色	紧砂土	无结构	8.6	2.1	0.14	0.10	26.8	21	2.1				
剖5	水成土	沼泽土	泥炭沼泽土	厚层泥炭沼泽土	厚层泥炭沼泽土	Ap	0—55	灰棕色	中壤土	团块状	8.1	23.1	1.95	1.51	26.1	141	26.1		E 122°22′00.8″ N 45°05′41.2″	97
						G_1	55—70	灰蓝色	中壤土	团块状	8.2	24.1	1.05	1.00	24.2	131	21.3				
						G_2	70—	灰蓝色	中壤土	无明显结构	8.1	20.1	0.43	0.90	23.2	98	19.5				
剖6	水成土	沼泽土	盐化沼泽土	苏打盐碱化沼泽土	轻度苏打(弱)碱化沼泽土	Ap	0—37	深灰色	中黏土	棱块状	9.0	10.0	0.65	0.24	24.9	87	3.4		E 122°23′13.2″ N 45°00′54.7″	95
						Bg	37—77	灰色	中黏土	粒状	8.7	2.2	0.14	0.21	24.4	44	1.4				
						3	77—				8.7	3.1	0.19	0.21	21.8	57	1.5				
剖7	水成土	沼泽土	腐泥沼泽土	石灰性腐泥沼泽土	薄层石灰性腐泥沼泽土	A	0—20	青灰色	轻黏土	粒状	8.4	19.8	1.76	0.43	22.1	127	5.8	182		E 122°09′41.0″ N 44°56′31.9″	98
						G_1	20—90	棕灰色	砂壤土	棱块状	8.5	5.0	0.35	0.18	24.8	36	1.7	129			
						G_2	90—120	灰灰色	紧质砂土	粒状	8.7	0.8	0.07	0.18	27.9	16	1.2				
剖8	钙层土	黑钙土	淡黑钙土	底潜淡黑钙土	瘦火性锈灰土	Aa	0—15	浅灰色	壤质砂土	小团块状	8.5	13.7	0.66	0.17	24.2	29	12.2	182		E 122°08′39.1″ N 44°54′41.4″	92
						A_1	15—25	暗灰色	砂质黏壤土	团块状	8.6	12.5	0.86	0.21	24.4	79	5.5	129			
						Bkg	25—56	暗灰橙色	壤质砂土	团块状	8.5	4.1	0.25	0.07	19.2	77	3.0	52			
						BC	56—130	浅黄橙色	砂质黏壤土	团块状	8.6	1.6	0.06	0.48	21.8	30	21.0	61			
						Cg	130—150	浅黄棕色	砂质黏壤土	棱块状	8.7	2.3	0.09	0.52	24.0	16	60.8	101			
剖9	半水成土	草甸土	石灰性草甸土	岗川石灰性草甸土	厚层岗川石灰性草甸土	A	0—52	灰灰色	中壤土	粒状	8.8	16.2	1.05	0.25	22.6	71	3.6			E 122°09′42.6″ N 44°53′38.6″	97
						AB	52—72	深灰色	轻壤土	棱块状	8.5	8.8	0.65	0.19	22.2	57	2.4				
						Bg	72—118	棕灰色	砂壤土	棱块状	8.4	3.0	0.28	0.17	23.1	29	2.1				
						Cg	118—140	灰棕色	中壤土	棱块状	8.3	3.0	0.23	0.20	23.4	23	1.7				
剖10	半水成土	草甸土	石灰性草甸土	岗川石灰性草甸土	薄层岗川石灰性草甸土	Aa	0—15	暗灰色	中壤土	粒状	8.2	13.2	0.98	0.22	23.3	81	3.7	黄土状砂土	E 122°07′44.2″ N 44°53′28.3″	97
						A	15—29	暗黑色	中壤土	粒状	8.3	6.7	0.51	0.17	22.5	55	2.5				
						Bg	29—96	暗黄棕色	重黏土	粒状	8.3	3.2	0.28	0.26	19.9	40	2.5				
						Cg	96—120	暗棕色	中壤土	棱块状	8.4	2.2	0.21	0.18	21.7	34	1.7				
剖11	水成土	沼泽土	腐泥沼泽土	石灰性腐泥沼泽土	中层石灰性腐泥沼泽土	A	0—35	灰褐色	轻壤土	无明显结构	8.0	29.7	1.82	0.52	23.1	135	6.1		E 122°10′23.8″ N 44°51′10.5″	98
						G_1	35—61	浅黄灰色	砂壤土	无结构	8.1	13.4	1.01	0.18	25.1	64	3.2				
						G_2	61—	灰蓝色	紧砂土	无结构	8.4	2.9	0.96	0.17	25.3	18	1.8				

剖面号 Soil profile	土纲 Soil order	土类 Soil great group	亚类 Soil subgroup	土属 Soil genus	土种 Soil species	土层代码 Layer code	土层厚度 Depth/cm	颜色 Soil color	质地 Soil texture	土壤结构 Soil structure	pH	有机质 OM/(g/kg)	全氮 TN/(g/kg)	全磷 TP/(g/kg)	全钾 TK/(g/kg)	碱解氮 AN/(mg/kg)	有效磷 AP/(mg/kg)	速效钾 AK/(mg/kg)	土壤母质 Parent material	剖面点坐标 Profile coordinate	匹配指数 Matching index/%
剖12	水成土	沼泽土	矿质沼泽土	石灰矿质沼泽土	薄层石灰性矿质沼泽土	A	0—20	暗棕色	砂壤土	团粒状	8.5	20.0	1.32	0.30	22.6	136	4.5			E 122°22′25.7″ N 44°57′21.6″	95
						Bga	20—37	棕色	砂壤土	粒状	8.6	8.5	0.62	0.18	26.4	81	2.5				
						Cgq	37—50	灰蓝色	紧砂土	粒状	8.7	3.9	1.00	0.15	25.6	61	21.6				
剖13	钙层土	黑钙土	淡黑钙土	淡黑钙土	破皮黄矿质沼泽土	Aa	0—18	暗灰棕色	砂壤土	小块状	8.4	1.3	1.65	0.85	21.7	93	4.1			E 122°27′25.9″ N 44°56′08.5″	92
						B	18—135	灰黄色	中壤土	块状	8.5	6.9	0.59	0.71	22.5	33	1.1				
						C	135—160	灰黄色	重壤土	无结构	9.2	3.9	0.36	0.56	23.1	18	1.4				
剖14	钙层土	黑钙土	淡黑钙土	淡黑钙土	厚层淡黑钙土	Aa	0—14	暗棕色	中黏土	小块状	8.2	18.4	1.02	0.37	23.5	111	6.2			E 122°23′51.7″ N 44°55′31.1″	93
						A	14—51	深棕色	重黏土	块状	8.4	15.2	1.03	0.39	23.6	111	2.6				
						B	51—104	棕灰色	重黏土	块状	8.5	15.3	0.80	0.39	24.1	84	0.7				
						C	104—140	棕灰色	中黏土	棱块状	8.8	11.7	0.77	0.45	25.1	81	0.5				
剖15	水成土	沼泽土	腐泥沼泽土	腐泥沼泽土	薄层腐泥沼泽土	Ap	0—20	深灰色	砂壤土	小块状	8.5	17.6	1.29	0.41	4.1	106	16.1			E 122°29′21.8″ N 44°54′19.4″	97
						Bg	20—50	青灰色		无明显结构	8.9	1.1	0.22	0.29	3.7	73	3.1				
						Cg	50—100	棕黄色	砂壤土	粒状	9.0	1.8	0.08	0.22	3.6	49	5.6				
剖16	盐碱土	碱土	苏打盐化碱土	苏打盐化碱土	中位苏打盐化碱土	A	0—10	暗灰色	轻壤土	片状	9.0	18.5	1.33	0.23	26.3	93	6.5			E 122°17′32.4″ N 44°51′16.4″	75
						Aa₁	10—25	灰棕色	重黏土	柱状	9.6	10.4	0.83	0.25	25.0	32	2.3				
						B	25—49	棕灰色	重黏土	小块状	9.9	4.7	0.32	0.28	25.6	11	4.7				
						BC	49—94	棕灰色	重黏土	棱块状	9.8	4.3	0.24	0.25	25.9	10	4.8				
						C	94—120	灰棕色	重黏土	块状	9.7	3.8	0.22	0.20	25.5	14	4.4				
剖17	半水成土	草甸土	石灰性草甸土	平川石灰性草甸土	厚层平川石灰性草甸土	Aa	0—15	灰黑色	中黏土	团粒状	8.1	42.0	2.55	0.37	22.7	95	13.5			E 122°40′06.2″ N 44°56′49.6″	97
						A	15—101	灰黑色	重黏土	粒状	8.4	25.1	1.65	0.31	20.8	114	6.0				
						Bg	101—122	灰蓝色	轻盐土	小块状	8.6	5.9	0.44	0.12	24.8	45	3.4				
						Cg	122—140	灰棕色	中盐土	棱块状	8.8	2.8	0.08	0.10	27.4	22	2.4				
剖18	半水成土	草甸土	石灰性草甸土	平川石灰性草甸土	薄层平川石灰性草甸土	Ap	0—20	黑灰色	砂壤土	小块状	7.9	14.0	1.08	0.26	25.6	75	9.0			E 122°40′30.7″ N 44°51′51.8″	95
						Aa	20—29	黑灰色	砂壤土	粒状	8.0	13.6	1.02	0.23	24.0	69	7.6				
						AB	29—82	灰蓝色	中壤土	块状	8.0	2.3	0.33	0.16	26.7	18	2.4				
						Cg	82—165	棕灰色	轻壤土	块状	8.1	3.1	0.28	0.43	29.9	20	3.5				
剖19	半水成土	草甸土	盐化草甸土	苏打盐碱化草甸土	轻度苏打(弱)碱化草甸土	Aa	0—22	灰黄色	轻壤土	小块状	8.5	16.3	1.18	0.21	22.4	81	4.9			E 122°57′08.8″ N 44°53′24.1″	95
						A	22—37	浅灰色	中壤土	粒状	9.4	5.7	0.42	0.20	23.2	35	2.5				
						B	37—65	浅灰色	中壤土	棱块状	9.6	3.9	0.23	0.22	22.2	23	2.4				
						BC	65—85	灰色	重壤土	棱块状	9.5	4.0	0.24	0.24	20.5	21	2.3				
						C	85—120	灰黄色	砂壤土	块状	9.1	3.4	0.25	0.26	1.4	36	2.4				
剖20	半水成土	草甸土	石灰性草甸土	石灰性坨间草甸土	厚层石灰坨间草甸土	Aa	0—20	深灰色	轻盐土	小块状	8.3	18.1	1.36	0.20	25.5	82	5.5			E 123°06′45.7″ N 44°59′07.1″	97
						AB	20—65	黑灰色	中黏土	团块状	8.4	13.8	1.07	0.18	26.2	58	3.4				
						B	65—90	棕灰色	中黏土	棱块状	9.1	3.2	0.71	0.15	25.5	42	2.2				
						Bg	90—125	灰黄色	中黏土	粒状	9.4	1.9	0.23	0.20	24.8	28	2.0				
						Cg	125—170	砂黄色	砂壤土	小块状	9.3	2.7	0.19	0.19	21.1	15	4.5				
剖21	钙层土	黑钙土	草甸淡黑钙土	草甸淡黑钙土	薄覆砂质草甸淡黑钙土	A	0—14	暗黑色	轻黏土	粒状	8.3	19.9	1.51	0.32	23.8	93	7.3			E 123°00′54.0″ N 44°51′11.0″	95
						Aa₁	14—29	暗黑色	中黏土	团块状	8.4	15.8	1.20	0.22	22.4	73	3.3				
						B	29—55	浅灰黄色	中黏土	柱状	9.1	8.7	0.23	0.17	22.4	21	1.0				
						BC	55—90	浅灰黄色	砂壤土	棱块状	9.4	2.7	0.19	0.20	21.1	14	2.3				
						C	90—120	黄棕色	砂壤土	小块状	9.3	3.1	0.21	0.23	24.9	41	0.7				
剖22	盐碱土	碱土	盐化碱土	苏打盐化碱土	深位苏打盐化碱土	A	0—18	浅灰色	中壤土	小块状	8.6	3.1	0.56	0.29	24.9	20	0.9			E 122°20′12.5″ N 44°48′49.0″	81
						Aa₁	18—43	灰白色	中壤土	柱状	9.5	1.6	0.21	0.23	24.7	13	1.2				
						B	43—84	灰灰色	轻壤土	棱块状	9.9	1.2	0.09	0.19	22.5	10	1.2				
						C₁	84—143	棕色	中壤土	小块状	10.0	1.2	0.07	0.20	24.5	13	1.2				
						C₂	143—150	棕色	中壤土		9.5	2.0	0.14	0.40	25.5	13	29.3				

续表 Continued

剖面号 Soil profile	土纲 Soil order	土类 Soil great group	亚类 Soil subgroup	土属 Soil genus	土种 Soil species	土层码 Layer code	土层厚度 Depth/cm	颜色 Soil color	质地 Soil texture	土壤结构 Soil structure	pH	有机质 OM/(g/kg)	全氮 TN/(g/kg)	全磷 TP/(g/kg)	全钾 TK/(g/kg)	碱解氮 AN/(mg/kg)	有效磷 AP/(mg/kg)	速效钾 AK/(mg/kg)	土壤母质 Parent material	剖面点坐标 Profile coordinate	匹配指数 Matching index/%
剖23	盐碱土	碱土	盐化碱土	苏打盐化碱土	白盖苏打盐化碱土	Aa	0—7	暗灰棕色	砂壤土	棱块状	9.6	8.3	0.65	0.15	24.4	33	9.2			E 122°57′10.3″ N 44°48′40.8″	95
						AB	7—65	灰棕色	中壤土	核块状	8.9	6.2	0.49	0.15	23.7	30	1.2				
						B	65—98	棕色	重壤土	棱块状	9.6	1.7	0.15	0.12	22.9	15	3.8				
						C	98—120	暗棕色	中壤土	棱块状	9.8	1.2	0.18	0.20	22.3	14	5.0				
剖24	半水成土	草甸土	石灰性草甸土	平川石灰性草甸土	平川石灰性草甸土	Aa	0—15	暗灰色	轻黏土	团粒状	8.1	19.4	1.57	0.34	23.0	123	5.3			E 122°58′46.6″ N 44°46′08.0″	99
						A	15—45	暗灰色	中黏土	团粒状	8.0	14.0	1.28	0.27	20.1	146	1.8				
						AB	45—73	棕灰色	中黏土	棱块状	8.3	6.0	0.80	0.24	20.8	45	0.4				
						B	73—97	棕灰色	中黏土	棱块状	8.5	4.1	0.40	0.22	20.6	44	1.2				
						B_2	97—120	棕灰色	中黏土	棱块状	8.5	3.8	0.25	0.27	22.0	27	2.4				
剖25	半水成土	草甸土	石灰性草甸土	岗川石灰性草甸土	中层岗川石灰性草甸土	Aa	0—18	暗褐灰棕色	砂壤土	棱块状	8.3	3.0	0.12	0.18	20.0	21	0.5			E 122°49′03.7″ N 44°46′05.2″	99
						A	18—39	黑灰色	轻黏土	粒状	9.8	13.6	1.17	0.31	25.4	74	3.9				
						Ag	39—55	棕灰色	中黏土	粒状	9.1	11.2	0.89	0.20	25.4	62	3.0				
						Bg	55—98	棕灰色	中黏土	棱块状	9.2	4.5	0.34	0.21	24.2	27	1.2				
						Co	98—185	青灰色	轻黏土	棱块状	8.9	1.8	0.11	0.18	26.7	17	1.4				
剖26	半水成土	草甸土	草甸淡黑钙土	草甸淡黑钙土	中层草甸淡黑钙土	Aa	0—18	暗棕灰色	轻黏土	棱块状	8.7	2.1	0.14	0.27	25.4	18	1.4			E 122°52′52.0″ N 44°41′20.8″	95
						A	18—44	暗灰色	轻黏土	团块状	8.5	18.0	1.47	0.77	23.4	82	5.5				
						3	44—70	灰黄色	轻黏土	块状	8.5	14.5	1.21	0.69	23.6	72	5.2				
						C	70—115	灰黄色	中黏土	粒状	8.4	9.8	0.85	0.59	24.0	52	1.6				
剖27	钙层土	黑钙土	淡黑钙土	淡黑钙土	中层淡黑钙土	Aa	115—165	深棕灰色	中壤土	无结构	8.3	1.2	0.60	0.58	23.4	38	0.5			E 122°47′09.6″ N 44°40′11.6″	93
						A	0—17	暗棕色	砂壤土	粒状	8.5	2.8	0.26	0.38	24.7	21	4.6				
						3	17—42	暗灰色	砂壤土	粒状	8.4	11.4	0.52	0.24	25.8	76	0.7				
						C	42—70	暗灰色	砂壤土	粒状	8.4	14.4	1.08	0.29	23.0	92	0.2				
剖28	初育土	风沙土	风沙土	风沙土	风沙土	A	70—90	浅棕色	细砂黏土	棱状	8.7	8.1	0.57	0.14	27.8	61		风积物	E 123°07′11.9″ N 44°44′53.1″	92
						AC	90—120	灰黄色	细砂质黏土	棱状	8.6	2.5	0.19	0.17	23.7	28					
						C	0—31	浅黄灰色	砂土	无明显结构	8.6	2.4	0.19	0.13	24.3	36					
剖29	半水成土	草甸土	石灰性草甸土	石灰性挖间草甸土	中层石灰性挖间草甸土	A	31—85	暗灰色	细砂土	无明显结构	9.0	9.3	0.84	0.24	27.1	57	1.8			E 122°48′49.3″ N 44°35′55.0″	97
						AB	85—120	灰黄色	砂土	无明显结构	8.6	4.9	0.40	0.19	26.6	32	1.2				
						Bg	0—36	浅黄灰色	砂壤土	小块状	8.8	3.3	0.28	0.10	27.5	21	1.2				
						Cg	36—57	浅棕灰色	砂壤土	块状	9.2	11.0	0.79	0.15	22.2	62	1.1				
剖30	钙层土	黑钙土	草甸淡黑钙土	厚草甸淡黑钙土	厚草甸淡黑钙土	A	57—95	浅灰黄色	砂壤土	棱块状	8.7	8.6	0.62	0.18	22.8	47	0.2			E 123°01′07.0″ N 44°38′03.8″	92
						B	95—	浅灰色	细砂土	核块状	8.6	8.5	0.30	0.23	19.2	27					
						C	0—51	暗灰色	细砂土	棱块状	8.7	1.7	0.07	0.18	26.8	15					
剖31	钙层土	黑钙土	草甸淡黑钙土	草甸淡黑钙土	薄层草甸淡黑钙土	Aa	51—80	暗灰色	砂壤土	块状	8.6	10.7	0.77	0.50	27.4	51	3.5			E 123°07′28.6″ N 44°36′02.9″	92
						2	80—125	棕色	轻壤土	块状	9.2	10.2	0.82	0.75	26.6	54	2.6				
						B	0—15	浅灰色	砂壤土	棱块状	9.4	2.6	0.20	0.28	20.5	20	1.4				
						BC	15—25	暗灰黄色	砂壤土	小团块状	8.5	13.7	0.66	0.17	24.2	29	12.2				
						C	25—56	暗灰黄色	轻壤土	块状	8.6	12.5	0.86	0.21	24.4	79	5.5				
							56—130	浅灰黄色	轻壤土	块状	8.5	4.1	0.25	0.07	19.2	77	3.0				
							130—150	棕色	轻壤土	核块结构	8.6	1.6	0.06	0.49	21.9	30	21.0				
剖32	初育土	风沙土	淡黑钙土型风沙土	淡黑钙土型风沙土	厚淡黑钙土型风沙土	Aa	0—15	棕灰色	紧砂土	无明显结构	8.7	2.3	0.10	0.52	24.0	16	60.8	风积物	E 122°22′32.5″ N 44°25′46.6″	92
						A	15—103	棕灰色	砂壤土	无明显结构	8.4	8.0	0.50	0.25	27.3	46	3.6				
						B	103—115	暗棕灰色	砂壤土	无结构	8.5	10.3	0.50	0.27	25.4	47	2.4				
							115—120	浅棕色	轻壤土	无结构	8.3	8.4	0.64	0.18	29.6	49	3.3				
						C					8.5	4.8	0.32	0.15	21.7	67	1.7				

续表 Continued

剖面号 Soil profile	土纲 Soil order	土类 Soil great group	亚类 Soil subgroup	土属 Soil genus	土种 Soil species	土层码 Layer code	土层厚度 Depth/cm	颜色 Soil color	质地 Soil texture	土壤结构 Soil structure	pH	有机质 OM/(g/kg)	全氮 TN/(g/kg)	全磷 TP/(g/kg)	全钾 TK/(g/kg)	碱解氮 AN/(mg/kg)	有效磷 AP/(mg/kg)	速效钾 AK/(mg/kg)	土壤母质 Parent material	剖面点坐标 Profile coordinate	匹配指数 Matching index/%
剖33	初育土	风沙土	风沙土	坨间风沙土	坨间风沙土	Aa	0–18	浅灰色	紧砂土	无结构	8.3	8.7	0.69	0.21	25.0	45	5.2		风积物	E 122°28′55.4″ N 44°21′39.9″	78
						A	18–82	棕灰色	砂壤土	无结构	8.2	9.9	0.73	0.34	24.5	45	2.4				
						C	82–120	棕色	砂壤土	无结构	8.2	2.5	0.23	0.10	25.5	17	0.9				
剖34	初育土	风沙土	半流动风沙土	半流动风沙土	生草风沙土	A	0–20	灰黄色	砂壤土	粒状	8.0	9.3	0.67	0.22	26.2	54	6.0		风积物	E 122°37′30.0″ N 44°27′15.5″	92
						C₁	20–50	灰黄色	砂壤土	无结构	8.2	8.6	0.86	0.25	23.9	61	2.7				
						C₂	50–120	浅黄色	砂壤土	无结构	8.1	1.1	0.08	0.10	26.2	27	3.6				
剖35	钙层土	黑钙土	淡黑钙土	淡黑钙土	薄层淡黑钙土	Aa	0–10	深灰色	轻黏土	小块状	8.3	19.9	1.44	0.35	23.7	88	2.7			E 122°39′47.5″ N 44°25′37.6″	93
						2	10–23				8.3	19.2	1.43	0.33	23.2	88	3.4				
						B	23–55	灰棕色	中黏土	块状	8.7	3.6	0.54	0.23	21.4	34	1.6				
						Be	55–107	棕黄色	轻黏土	块状	8.8	6.5	0.23	0.21	22.3	23	0.9				
						C	107–120	棕黄色	轻黏土	小块状	8.7	2.5	0.16	0.21	22.7	20	2.6				
剖36	盐碱土	碱土	盐化碱土	苏打盐化碱土	浅位苏打盐化碱土	A	0–5	浅灰色	壤土	片状	9.1	32.6	2.08	0.51	23.7	149	4.8			E 122°22′36.8″ N 44°18′18.0″	95
						Aa₁	5–19	暗灰色	壤土	柱状	9.3	15.5	1.12	0.27	25.2	69	2.9				
						B	19–43	灰棕色	重壤土	棱块状	9.6	7.0	0.56	0.18	19.0	40	2.3				
						BC	43–83	灰棕色	壤土	棱块状	9.3	3.8	0.25	0.13	21.8	20	1.6				
						C	83–120	暗棕色	壤土	棱块状	9.3	1.1	0.09	0.08	25.8	15	1.1				

洮南市

主要土类说明

栗钙土是洮南市主要土壤类型，占本市地域面积的38%。栗钙土是在温带半干旱草原下形成的具有栗色腐殖质层和灰白色钙积层的土壤。该土壤表层为栗色腐殖质层，厚20—30cm，有机质含量为15—45g/kg。其下，灰白色钙积层发育明显，钙积层见于20—30cm深处，厚20—40cm，呈斑点状或层状积钙。石膏及易溶盐局部聚积。

黑钙土是洮南市第二大土壤类型，占本市地域面积的32%。黑钙土是由半湿润地区向半干旱地区过渡、腐殖质积累明显、均腐殖质层较厚、肥力较高的地带性土壤。受草甸草原植被的影响，黑钙土具有相当厚的均腐殖质层，剖面构型与黑土很相似，但土壤腐殖质积累少于黑土，有机质含量一般为15—20g/kg，剖面内具有石灰反应，呈微碱性，多数土种可见明显的钙积层。

风沙土是洮南市第三大土壤类型，占本市地域面积的11%。其形成因素主要是干旱多风，母质为风成沙，沙源来自河水泛滥时堆积于沿岸的沙土。由于成土时间短，风沙土无剖面发育，具C、（A）-C或A-C剖面构型，反映了风沙流动堆积与固定的不同阶段。

草甸土占本市地域面积的9%，是由沉积作用并伴随腐殖质积累过程形成的富含腐殖质的土壤。其主要特征是黑土层均为颗粒大小相近的粒状结构。因所处地势较低，地下水位较高，地下水常沿毛细管上升到地表，并使其与地上两水相通，土层一定深度内水分常呈饱和状态，在水的作用下，土壤中铁化合物发生强烈的氧化还原反应，因此，土体中形成锈纹、锈斑，呈现轻度潜育化特征。

碱土占本市地域面积的5%。土壤吸收性复合体中，交换性钠离子在20%以上，属碱土。一般在腐殖质层下有明显碱化层或碱化聚盐层。表层土破坏后，碱化层裸露地表的为白盖碱土。碱土的表层土壤为脱盐层，含盐量不高，一般低于2g/kg；心土含盐量较高，以苏打盐分为主。中深位碱土适于生长走茎植物羊草，浅位白盖碱土生长虎尾草、地肤等植被。

新积土占本市地域面积的4%。新积土是受水、风和重力等动力作用新堆积形成的非地带性的幼年土壤，多呈条带状分布在大小江河沿岸的河漫滩、低阶地或山丘漫岗坡脚平缓地带。该土壤成土期短，母质特性明显，具A-C或（A）-C剖面构型。新积土土质适宜，养分含量丰富，是一种广适性土壤。

小于本市地域面积3%的土壤类型有石质土、沼泽土等。

本区域中心区气候特征

本区域中心区气候特征值
Regional climate characteristics in central area of the region

气候带：中温带亚干旱气候 Climate region: Mid temperate subarid climate	
年平均气温 /℃ Annual average temperature /℃	4.8
年平均最高气温 /℃ Annual average maximum temperature /℃	11.1
年平均最低气温 /℃ Annual average minimum temperature /℃	−0.8
年降水量 /mm Annual precipitation /mm	395
≥10℃的积温 /℃ Daily temperature accumulated in a year（≥10℃）/℃	3376
年日照时数 /h Annual sunshine /h	2835
年平均相对湿度 /% Annual average relative humidity /%	56
干燥度 Dryness	0.86

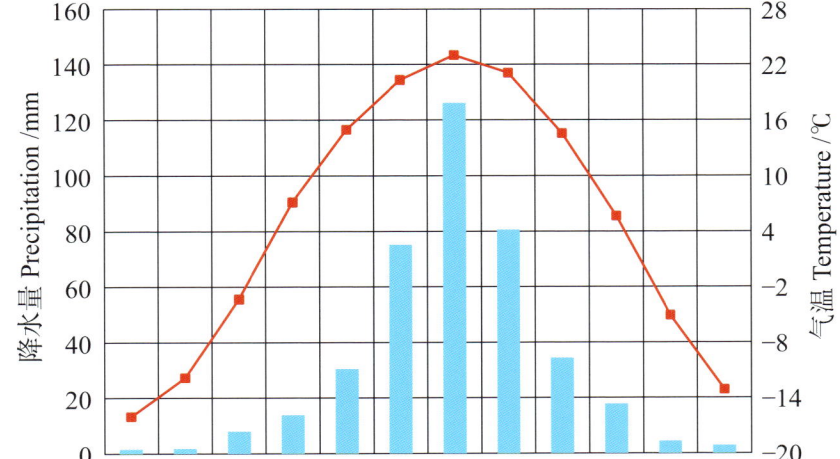

本区域中心区月平均气温与月平均降水量
Monthly temperature and precipitation in central area of the region

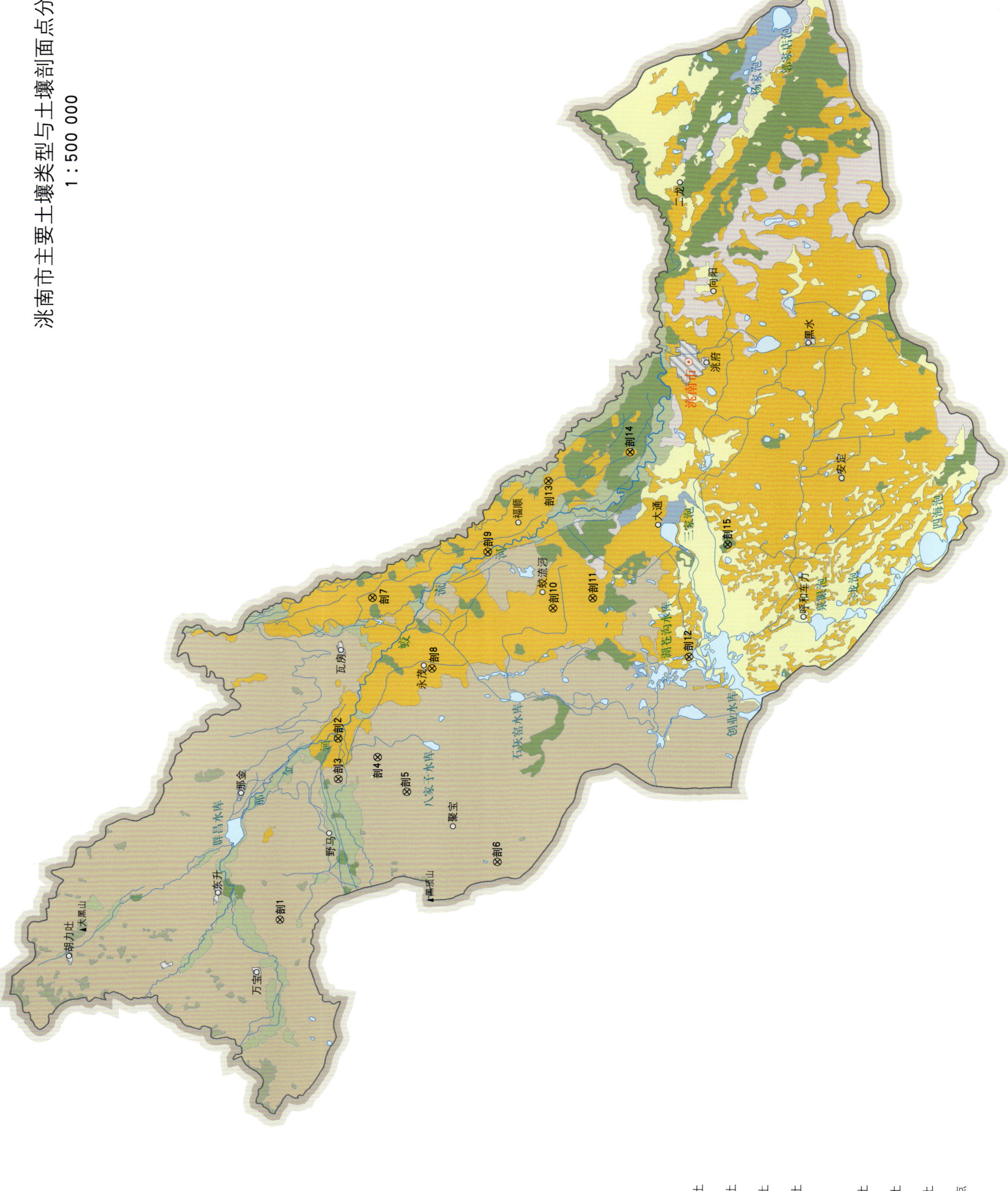

洮南市土壤剖面理化性状表

剖面号 Soil profile	土纲 Soil order	土类 Soil great group	亚类 Soil subgroup	土属 Soil genus	土种 Soil species	土层码 Layer code	土层厚度 Depth/cm	颜色 Soil color	质地 Soil texture	土壤结构 Soil structure	pH	有机质 OM/(g/kg)	全氮 TN/(g/kg)	全磷 TP/(g/kg)	全钾 TK/(g/kg)	碱解氮 AN/(mg/kg)	有效磷 AP/(mg/kg)	速效钾 AK/(mg/kg)	阳离子交换量CEC/(cmol/kg)	土壤母质 Parent material	剖面点坐标 Profile coordinate	匹配指数 Matching index/%
剖1	钙层土	栗钙土	栗钙土	栗钙土	破皮黄栗钙土	A₁₁	0—4	浅栗色	壤质黏土	团块状	7.8	21.5	1.43	0.44	17.5	152	9.8	210	22.4		E 121°55′38.3″ N 45°44′56.0″	95
						A₁₂	4—18	栗色	砂质黏土	团块状	7.8	19.1	2.47	0.47	19.6	130	2.5	102	19.8			
						B	18—55	灰白色		块状	7.7	9.0	0.09	0.39	13.9	64	0.8	61	15.7			
						C	55—120	黄绿色	砂绿色													
剖2	钙层土	黑钙土	黑钙土	冲积母质黑钙土	中层砾底黑钙土	A	0—40	黑色	壤质黏土	团块状	7.8	18.7	1.31	0.26	21.3	99	1.4	128	26.6	冲积物	E 122°12′18.0″ N 45°41′33.7″	95
						B	40—60	浅黄色	壤质黏土	团块状	7.8	12.6	0.91	0.30	13.7	46	0.6	60	17.3			
						C	60—120	灰白色	黏土	块状	8.0	8.1	0.57	0.28	18.6	53	1.2	60	10.8			
剖3	钙层土	栗钙土	草甸栗钙土	草甸栗钙土	中层草甸栗钙土	A₁₁	0—5	灰黑色	壤质黏土	无结构	7.9	21.2	1.41	0.23	19.8	256	3.2	146	28.1		E 122°08′35.3″ N 45°41′30.9″	81
						A₁₂	5—35	灰黑色	黏土	团块状	7.8	12.6	0.83	0.19	16.3	137	1.0	60	17.0			
						Bg	35—120	棕黄色	砂质黏土	块状	7.7	4.6	0.45	0.12	20.5	81	0.1	77	22.4			
剖4	钙层土	栗钙土	栗钙土	栗钙土	薄层栗钙土	A	0—26	栗色	壤质黏土	团块状									25.3		E 122°10′38.9″ N 45°39′07.0″	95
						B	26—46	灰白色	砂质黏土	团块状									27.5			
						C	46—120	黄黑色		团块状									19.6			
剖5	钙层土	栗钙土	栗钙土	栗钙土	中层栗钙土	A	0—46	浅ází色	壤质黏土	团粒状	7.5	19.3	1.23	0.50	15.2	125	1.0	70	23.4		E 122°07′30.4″ N 45°37′17.1″	95
						B	46—76	灰白色	壤质黏土		8.0	9.5	0.50	0.30	14.0	21	0.7	51				
						C	76—120	黄黑色	壤质黏土	块状	8.0	4.9	0.34	0.21	16.6	11	1.6	42				
剖6	钙层土	栗钙土	栗钙土	栗钙土	薄层栗钙土	1	0—5		壤质黏土		7.8	23.2	1.27	0.54	21.3	155	3.5	128	19.0		E 122°01′16.3″ N 45°31′38.6″	81
						2	5—23		黏土		7.7	19.6	0.87	0.40	12.3	98	1.7	72	12.2			
						3	23—55		黏土		7.8	99.2	0.57	0.36	9.8	35	0.8	34	19.4			
						4	55—120		壤质黏土		7.9	3.9	0.21	0.14	10.0	39	0.7	26				
剖7	钙层土	黑钙土	黑钙土	洪积质黑钙土	中层砾底黑钙土	A	0—16	灰黑色	砂质黏土	团块状	7.0	14.4	1.54	0.17	28.7	70	1.3	85	13.7		E 122°25′09.0″ N 45°39′33.4″	95
						B	16—39		壤质黏土	块状	7.4	14.2	1.04	0.15	29.0	57	0.3	68	18.4			
						BC	39—73	灰黑色	壤质黏土	无明显结构	7.6	8.1	0.43	0.10	26.4	32	0.6	76	17.8			
						C	73—120	褐色	壤质黏土		7.8	5.7	0.46	0.11	29.4	21	0.6	42	6.3			
剖8	钙层土	栗钙土	栗钙土	洪积质栗钙土	薄层栗钙土	A	0—24	黑色	黏土	团块状	7.6	28.8	1.57	0.40	21.3	111	1.6	130	37.7		E 122°18′46.4″ N 45°35′51.4″	95
						B	24—72	棕黄色	壤质黏土	团块状	7.9	8.4	0.76	0.29	22.1	84	0.8	76	22.2			
						C	72—120	褐色	壤质黏土	无结构	7.7	3.8	0.34	0.22	22.7	21	0.8	42	3.2			
剖9	钙层土	黑钙土	黑泥砂土	黑泥砂土	暗筛漏土	Ah	0—60	棕黑色	黏土	团块状	7.2	14.6	1.06	0.25	25.5	67	1.0	85	15.8	冲积物	E 122°29′23.6″ N 45°32′30.1″	95
						Bk	60—84	浅黄棕色	壤质黏土	团块状	7.5	8.4	0.59	0.29	16.2	28	1.5	56	13.3			
						C	84—120	浊黄橙色	砂质黏土	无结构	7.9	6.2	0.45	0.24	20.2	11	0.7	51	10.0			
剖10	钙层土	黑钙土	黑钙土	黑泥砂土	筛漏土	A₁₁	0—16	棕黑色	壤质黏土	屑粒状	7.0	14.4	1.54	0.17	28.7	70	1.3	85	13.7	冲积物	E 122°24′21.1″ N 45°28′27.3″	95
						Ah	16—39	棕色	壤质黏土	团块状	7.4	14.2	1.04	0.15	29.1	57	0.5	68	18.4			
						Bk	39—73	灰棕色	壤质黏土	块状	7.6	8.1	0.43	0.10	26.4	32	0.5	76	17.8			
						C	73—120	浊橙色	砂质黏土	团块状	7.8	5.7	0.46	0.11	29.4	21	0.6	42	6.3			
剖11	钙层土	黑钙土	黑钙土	洪积质黑钙土	厚层砾底黑钙土	A	0—57	灰黑色	壤质黏土	团块状											E 122°25′17.7″ N 45°26′01.6″	95
						B	57—96	灰黄色	砂质黏壤土	块状		6.1	0.45	0.33	21.4	21	9.4	135	18.4			
						C	96—120	褐色		无结构		3.6	0.20	0.35	20.6	14	2.7	93				
剖12	盐碱土	碱土	盐化碱土	苏打碱土	白盖碱土	An	0—25	浊棕色	砂壤土	柱状	10.3		0.18	0.15	21.4	26	0.9	79		黄土状沉积物	E 122°20′05.7″ N 45°20′03.2″	75
						Cn	25—80	灰棕色	砂质黏壤土	棱块状	9.2											
						Cu₁	80—108	浊橙色	砂质黏壤土	棱块状	9.7	1.4										
						Cu₂	108—130	浅黄橙色	砂壤土	棱块状	9.4	2.8	0.17	0.33	22.4	22	2.0	54				

续表 Continued

剖面号 Soil profile	土纲 Soil order	土类 Soil great group	亚类 Soil subgroup	土属 Soil genus	土种 Soil species	土层码 Layer code	土层厚度 Depth/cm	颜色 Soil color	质地 Soil texture	土壤结构 Soil structure	pH	有机质 OM/(g/kg)	全氮 TN/(g/kg)	全磷 TP/(g/kg)	全钾 TK/(g/kg)	碱解氮 AN/(mg/kg)	有效磷 AP/(mg/kg)	速效钾 AK/(mg/kg)	阳离子交换量CEC/(cmol/kg)	土壤母质 Parent material	剖面点坐标 Profile coordinate	匹配指数 Matching index/%
剖13	钙层土	黑钙土	黑钙土	洪积质黑钙土	厚层砾质石底黑钙土	A	0—60	灰黑色	壤质黏土	团块状	7.2	14.6	1.06	0.25	25.5	67	1.0	8	15.8		E 122°35′53.3″ N 45°28′49.1″	95
						B	60—84	黄白相间	壤质黏土	块状	7.2	8.4	0.59	0.29	16.2	28	1.4	56	13.3			
						BC	84—120	灰白色	壤质黏土	块状	7.9	6.2	0.45	0.25	20.2	101	0.7	51	10.0			
剖14	钙层土	黑钙土	草甸黑钙土	草甸黑钙土	厚层草甸黑钙土	A	0—58	黑色	黏土	团块状	7.8	28.8	1.39	0.22	24.0	124	1.8	163	33.1		E 122°38′32.3″ N 45°23′48.5″	81
						B	58—96	浅灰色	砂质黏土	团块状	7.7	2.3	0.14	0.13	21.8	14	0.8	67	14.1			
						C	96—120	灰黄色	砂质黏土	块状	7.7	4.1	0.23	0.11	21.8	31	0.9	92	22.5			
剖15	半水成土	草甸土	石灰性草甸土	冲积石灰性草甸土	河淤火性鳅土	A₁₁	0—14	暗灰色	黏土	团粒状	7.9	26.3	1.88	0.35	14.3	106	1.6	190		冲积物	E 122°30′15.7″ N 45°17′46.1″	95
						A₁	14—31	灰黑色	黏土	团粒状	7.4	16.3	1.86	0.28	22.0	67	0.8	146				
						Bku	31—52	浅灰色	壤质黏土	块状	7.8	3.1	0.69	0.22	18.3	28	0.6	76				
						Cu	52—120	浅黄橙色	壤质黏土	块状	7.3	6.5	0.54	0.22	17.9	31	0.4	76				

大 安 市

主要土类说明

黑钙土是大安市主要土壤类型，占本市地域面积的41%。黑钙土是由半湿润地区向半干旱地区过渡、腐殖质积累明显、均腐殖质层较厚、肥力较高的地带性土壤。受草甸草原植被的影响，黑钙土具有相当厚的均腐殖质层，剖面构型与黑土很相似，但土壤腐殖质积累少于黑土，有机质含量一般为15—20g/kg，剖面内具有石灰反应，呈微碱性，多数土种可见明显的钙积层。

草甸土是大安市第二大土壤类型，占本市地域面积的34%。草甸土是由沉积作用并伴随腐殖质积累过程形成的富含腐殖质的土壤。因所处地势较低，地下水位较高，地下水常沿毛细管上升到地表，并使其与地上两水相通，土层一定深度内水分常呈饱和状态。草甸土有机质和全磷含量较高，多数结构良好，适耕性强，产量高，在农业生产上占重要地位。本市草甸土分为盐碱化草甸土、草甸土、石灰性草甸土、潜育草甸土四个亚类，其中，盐碱化草甸土面积最大，占本土类面积的70%。

风沙土是大安市第三大土壤类型，占本市地域面积的8%。其主要特征是土壤几乎全由细沙颗粒组成，剖面层次分化不明显，仅有A层和C层，缺乏B层，风蚀严重，土壤处于幼年阶段。风沙土具有半干润或干旱的土壤水分状况，风积母质厚度大于50cm，有或无淡腐殖质层，土体100cm深度内有石灰反应。

碱土占本市地域面积的7%。土壤吸收性复合体中，交换性钠离子在20%以上，属碱土。碱土pH为9.0—10.0。一般在腐殖质层下有明显碱化层或碱化聚盐层。表层土破坏后，碱化层裸露地表的为白盖碱土。

小于本市地域面积3%的土壤类型有沼泽土、草甸盐土、新积土等。

本区域中心区气候特征

本区域中心区气候特征值
Regional climate characteristics in central area of the region

气候带：中温带亚干旱气候 Climate region: Mid temperate subarid climate	
年平均气温 /℃ Annual average temperature /℃	5.1
年平均最高气温 /℃ Annual average maximum temperature /℃	11.1
年平均最低气温 /℃ Annual average minimum temperature /℃	−0.4
年降水量 /mm Annual precipitation /mm	397
≥10℃的积温 /℃ Daily temperature accumulated in a year (≥10℃) /℃	2700
年日照时数 /h Annual sunshine /h	2807
年平均相对湿度 /% Annual average relative humidity /%	59
干燥度 Dryness	0.82

本区域中心区月平均气温与月平均降水量
Monthly temperature and precipitation in central area of the region

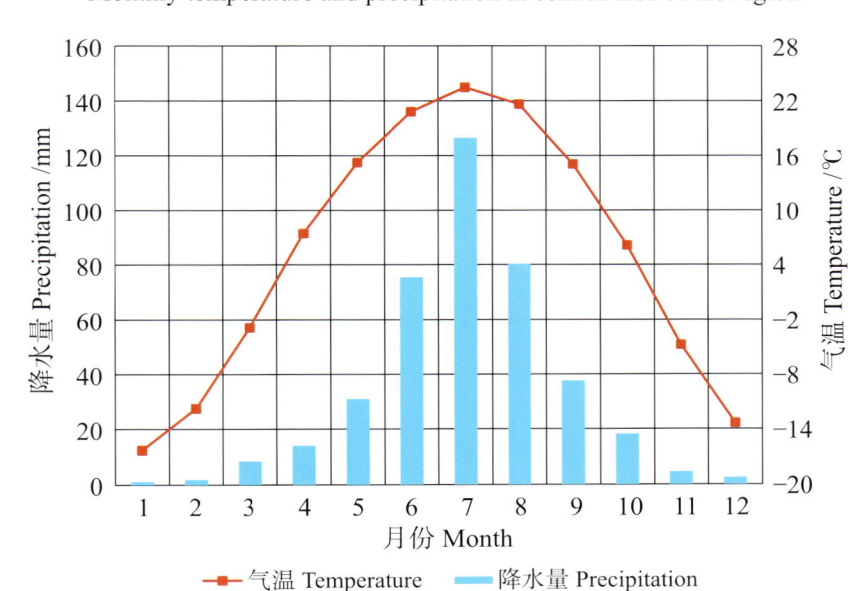

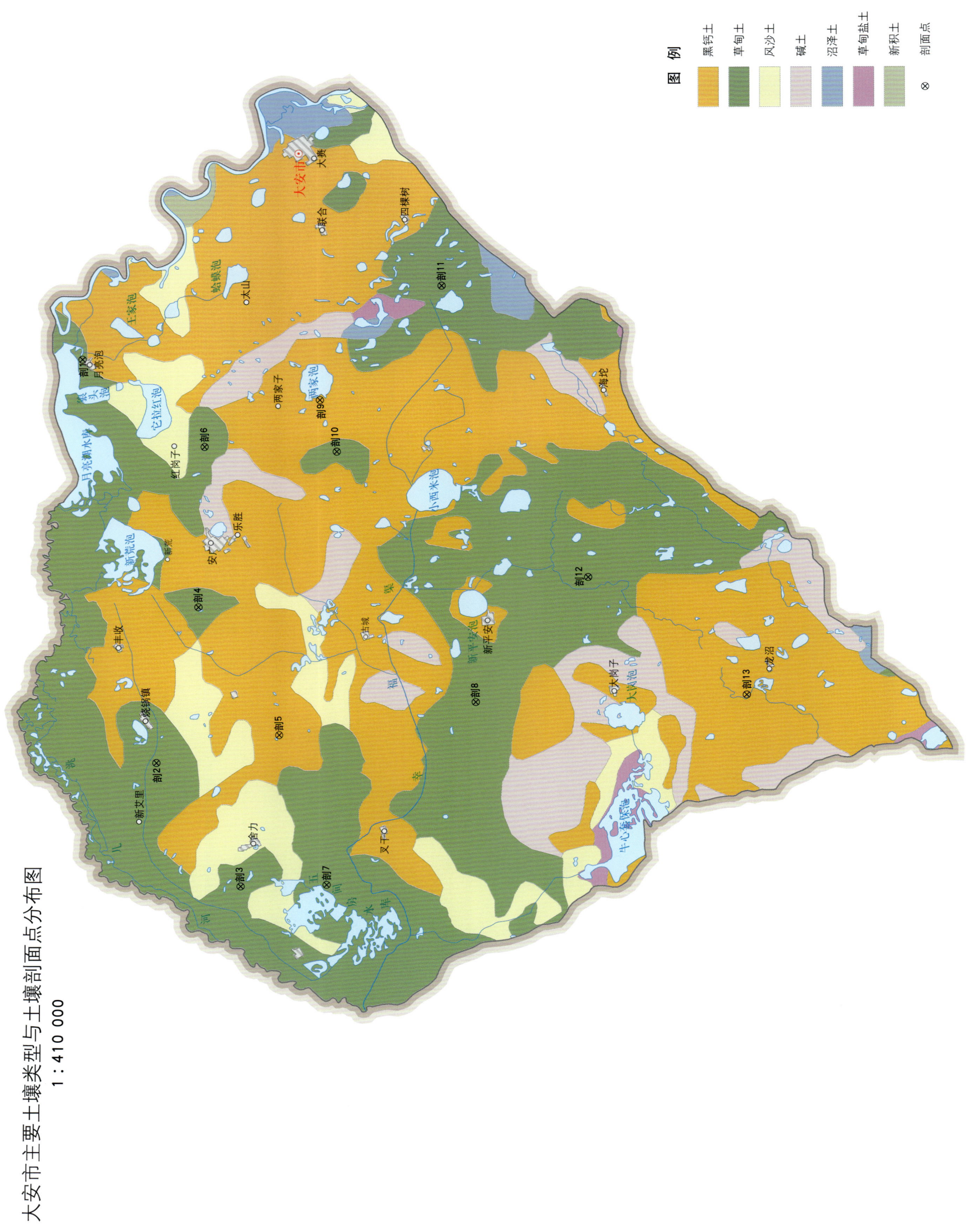

大安市土壤剖面理化性状表

剖面号 Soil profile	土纲 Soil order	土类 Soil great group	亚类 Soil subgroup	土属 Soil genus	土种 Soil species	土层码 Layer code	土层厚度 Depth/cm	颜色 Soil color	质地 Soil texture	土壤结构 Soil structure	pH	有机质 OM/(g/kg)	全氮 TN/(g/kg)	全磷 TP/(g/kg)	全钾 TK/(g/kg)	碱解氮 AN/(mg/kg)	有效磷 AP/(mg/kg)	速效钾 AK/(mg/kg)	阳离子交换量CEC/(cmol/kg)	剖面点坐标 Profile coordinate	匹配指数 Matching index/%
剖1	半水成土	草甸土	石灰性草甸土	岗川石灰性草甸土	中层岗川石灰性草甸土	Ag	0—40	暗灰色	壤质黏土	粒状	7.3	20.3	0.91	0.43	19.6	115	13.5	79	25.7	E 124°00′32.4″ N 45°42′09.4″	93
						Bg	40—90	黑褐色	黏土	粒状	7.1	20.7	0.91	0.41	20.1	97	15.0	122	29.5		
						Cg	90—120	暗灰色	黏土	粒状	7.4	10.0	0.41	0.33	25.2	74	8.4	94	23.6		
剖2	半水成土	草甸土	盐碱化草甸土		破皮盐碱化草甸土	A	0—15	灰白色	砂质黏土	粒状	9.4	8.9	0.61	0.19	26.1	64	3.5	205	15.0	E 123°28′33.6″ N 45°38′23.3″	93
						Aai	15—27	黑色	壤质黏土	团粒状	9.5	8.6	0.44	0.24	22.1	72	1.9	190	20.6		
						B	27—52	黄黑色	黏土	棱块状	9.5	4.6	0.32	0.21	24.3	71	2.5	239	20.3		
						C	52—122	黄黑色	砂质黏土	棱块状	9.7	3.8	0.23	0.25	17.3	52	1.1	287	26.7		
剖3	半水成土	草甸土	盐碱化草甸土		中层盐碱化草甸土	A	0—43	黄黑色	砂质黏土	块状	8.9	34.6	1.88	0.37	2.3	149	7.4	429	16.2	E 123°18′43.2″ N 45°33′54.4″	92
						AB	43—68	黄灰色	砂质黏土	块状	9.5	19.3	1.35	0.35	23.6	68	2.1	206	21.3		
						Bg	68—88	黄灰色	砂质黏土	粒状	9.4	8.1	0.44	0.27	21.1	53	0.8	155	25.4		
						Cg	88—	黄灰色	黏土	粒状	9.0	0.4	0.14	0.25	2.0	3	0.4	119	21.4		
剖4	半水成土	草甸土	石灰性草甸土	平川石灰性草甸土	中层平川石灰性草甸土	A	0—40	灰白色	砂质黏土	块状	9.5	16.5	1.04	0.35	21.2	67	2.9	170	16.7	E 123°40′51.6″ N 45°36′06.5″	97
						B	40—80	灰白色	黏土	块状	9.4	13.1	0.68	0.42	18.4	64	1.3	137	21.5		
						Cg	80—120	黄灰色	壤质黏土	粒状	8.7	6.2	0.30	0.27	18.5	46	1.3	112	18.8		
剖5	钙层土	黑钙土	淡黑钙土		破皮淡黑钙土	A	0—17	黄灰色	砂质黏土	粒状	8.2	16.3	0.99	0.28	2.6	90	2.1	178	13.9	E 123°30′43.2″ N 45°31′49.8″	97
						AB	17—47	黄灰色	壤质黏土	粒状	8.5	9.7	0.71	0.22	24.2	53	1.0	119	14.7		
						B	47—146	黄灰色	壤质黏土	块状	8.7	4.9	0.26	0.20	25.8	29	0.5	129	17.0		
						C	146—	浅灰色	壤质黏土	块状	8.8	3.8	0.26	0.24	26.6	28	1.7	120	17.8		
剖6	半水成土	草甸土	石灰性草甸土	平川石灰性草甸土	薄层平川石灰性草甸土	Ag	0—23	黑色	壤质黏土	粒状	8.7	20.0	1.45	0.45	22.3	63	2.1	189	22.9	E 123°53′31.2″ N 45°35′41.6″	93
						Bg	23—69	灰色	壤质黏土	粒状	8.9	14.2	0.87	0.39	22.5	96	0.5	136	21.3		
						Cg	69—120	黄色	砂质黏土	粒状	8.9	4.6	0.29	0.27	19.7	25	1.2	120	16.8		
剖7	半水成土	草甸土	盐碱化草甸土	中度盐碱化草甸土	薄层中度盐碱化草甸土	A	0—29	灰灰色	壤质黏土	粒状	7.8	27.8	1.47	0.38	21.7	115	1.5	130	35.4	E 123°18′50.4″ N 45°29′19.0″	92
						ABg	29—48	灰黄色	砂质黏土	棱块状	7.9	8.8	0.31	0.23	24.6	53	1.0	93	21.5		
						Bg	48—83	灰灰色	黏土	块状	8.0	5.4	0.20	0.22	2.7	49	1.3	94	18.1		
						Cg	83—	灰灰色	黏土	块状	7.9	4.6	0.18	0.20	27.1	45	2.8	93	14.6		
剖8	半水成土	草甸土	盐碱化草甸土		薄层盐碱化草甸土	A	0—24	黑灰色	壤质黏土	块状	8.8	26.9	1.41	0.31	2.1	148	3.6	256	23.3	E 123°33′14.4″ N 45°21′19.1″	92
						AB	24—40	灰灰色	黏土	块状	9.0	4.6	0.29	0.16	18.2	31	1.3	118	12.7		
						Bg	40—100	灰灰色	黏土	块状	9.4	2.3	0.13	0.17	21.4	28	1.3	111	15.3		
						Cg	100—140	灰灰色	黏土	块状	9.2	1.5	0.11	0.16	19.8	35	1.0	101			
剖9	钙层土	黑钙土	淡黑钙土		厚层淡黑钙土	A	0—47	灰黄色	壤质黏土	块状	8.3	18.0	0.97	0.39	18.8	113	4.8	179	20.9	E 123°57′07.2″ N 45°29′30.5″	89
						B	47—79	浅黄色	壤质黏土	块状	9.0	4.6	0.17	0.26	18.6	73	1.0	101	25.4		
						Cg	79—120	浅黄色	黏土	块状	9.0	1.5	0.09	0.18	12.4	28	0.7	119	16.8		
剖10	半水成土	草甸土	盐碱化草甸土	中度盐碱化草甸土	中层中度盐碱化草甸土	A	0—54	灰黄色	壤质黏土	粒状	8.2	22.1	1.39	0.19	22.2	95	3.0	273	17.6	E 123°53′02.4″ N 45°28′38.3″	94
						B	54—94	浅黄色	黏土	块状	8.7	4.6	0.17	0.20	25.6	32	0.5	50	20.1		
						Cg	94—120	灰黄色	黏土	粒状	9.0	1.5	0.09	0.17	23.9	28	0.5	94	17.6		
剖11	半水成土	草甸土	盐碱化草甸土	中度盐碱化草甸土	中层中度盐碱化草甸土	A	0—48	黑色	黏土	粒状	8.2	22.1	1.39	0.37	22.4	123	2.1	172	31.6	E 124°05′60.0″ N 45°22′55.2″	95
						B	48—87	浅黄色	黏土	粒状	8.7	10.8	0.75	0.28	26.0	63	1.0	119	24.3		
						Cg	87—120	灰灰色	黏土	粒状	8.7	7.7	0.41	0.24	23.4	49	0.8	110	23.5		
剖12	半水成土	草甸土	盐碱化草甸土		深厚层盐碱化草甸土	A	0—88	浅黄色	壤质黏土	粒状	8.0	23.8	1.36	0.42	22.7	121	2.3	120	24.7	E 123°43′01.2″ N 45°15′16.2″	93
						Bg	88—97	浅黄色	黏土	粒状	8.2	5.3	0.27	0.25	25.2	42	1.2	84	17.7		
						Cg	97—120	浅黄色	黏土	粒状	8.2	4.2	0.20	0.22	2.1	46	1.0	85	17.8		

续表 Continued

剖面号 Soil profile	土纲 Soil order	土类 Soil great group	亚类 Soil subgroup	土属 Soil genus	土种 Soil species	土层码 Layer code	土层厚度 Depth/cm	颜色 Soil color	质地 Soil texture	土壤结构 Soil structure	pH	有机质 OM/(g/kg)	全氮 TN/(g/kg)	全磷 TP/(g/kg)	全钾 TK/(g/kg)	碱解氮 AN/(mg/kg)	有效磷 AP/(mg/kg)	速效钾 AK/(mg/kg)	阳离子交换量CEC/(cmol/kg)	剖面点坐标 Profile coordinate	匹配指数 Matching index/%
剖13	钙层土	黑钙土	淡黑钙土	淡黑钙土	薄层淡黑钙土	A	0—29	灰色	壤质黏土	块状	8.1	10.5	0.78	0.19	20.0	53	0.7	76	13.6	E 123°33′43.2″ N 45°06′49.7″	90
						AB	29—60	黄灰色	砂质黏土	块状	8.8	5.6	0.43	0.15	21.7	28	0.5	76	14.1		
						B	69—93	浅黄色	砂质黏土	块状	9.4	3.4	0.29	0.17	22.1	18	0.3	68	11.4		
						C	93—129	浅黄色	砂质黏土	块状	8.2	20.9	1.27	0.28	23.4	98	2.1	128	14.7		

延边朝鲜族自治州

延 吉 市

主要土类说明

暗棕壤是延吉市主要土壤类型,占本市地域面积的64%。暗棕壤发育于温带湿润地区针阔叶混交林下,具有明显的有机质富集和弱酸性淋溶特征。母质为安山岩风化物。暗棕壤地处温带湿润区,冬季长而寒冷,土壤冻结期长,冻结深度为1—2m;夏季受东南海洋季风控制,温热多雨。

草甸土是延吉市第二大土壤类型,占本市地域面积的28%。草甸土是在冷湿条件下,受地下水浸润并在草甸植被下发育形成的土壤,主要分布在布尔哈通河、延吉河两岸。本市草甸土以平川草甸土为主,山川草甸土和岗川草甸土亦有点状分布。草甸土是主要的菜田土壤,也是草甸土型水稻土的前身。草甸土具有良好的团粒状结构,呈中性,盐基饱和度高,有机质含量丰富,土体内垂直变化明显,土壤保肥供肥性能良好。

水稻土是延吉市第三大土壤类型,占本市地域面积的5%,是在种稻周期性淹水条件下,经水耕熟化和氧化还原交替过程形成的非地带性土壤。在定期灌溉、排水等生产活动中,土体内进行干湿交替和冻融转换,使黏粒、腐殖质以及铁、锰等有色物质发生迁移,土体出现锈纹、锈斑。本市种稻时间较短,水稻土发育程度不高,除耕作层和心土层出现铁锰锈斑外,剖面形态仍保持母土原有的特征。该土壤有机质含量为21.8g/kg,pH为5.1—6.3。

白浆土占本市地域面积的4%,分为山地白浆土和台地白浆土两个亚类。白浆土质地黏重,透水性不良,易涝易旱,pH平均为5.8,呈微酸性,盐基饱和度低,Ao层盐基饱和度为62.9%,是需要改良的低产土壤。

本区域中心区气候特征

本区域中心区气候特征值
Regional climate characteristics in central area of the region

气候带:中温带亚干旱气候 Climate region: Mid temperate subarid climate	
年平均气温 /℃ Annual average temperature /℃	5.2
年平均最高气温 /℃ Annual average maximum temperature /℃	12.0
年平均最低气温 /℃ Annual average minimum temperature /℃	-0.6
年降水量 /mm Annual precipitation /mm	535
≥10℃的积温 /℃ Daily temperature accumulated in a year (≥10℃) /℃	1871
年日照时数 /h Annual sunshine /h	2293
年平均相对湿度 /% Annual average relative humidity /%	65
干燥度 Dryness	0.59

本区域中心区月平均气温与月平均降水量
Monthly temperature and precipitation in central area of the region

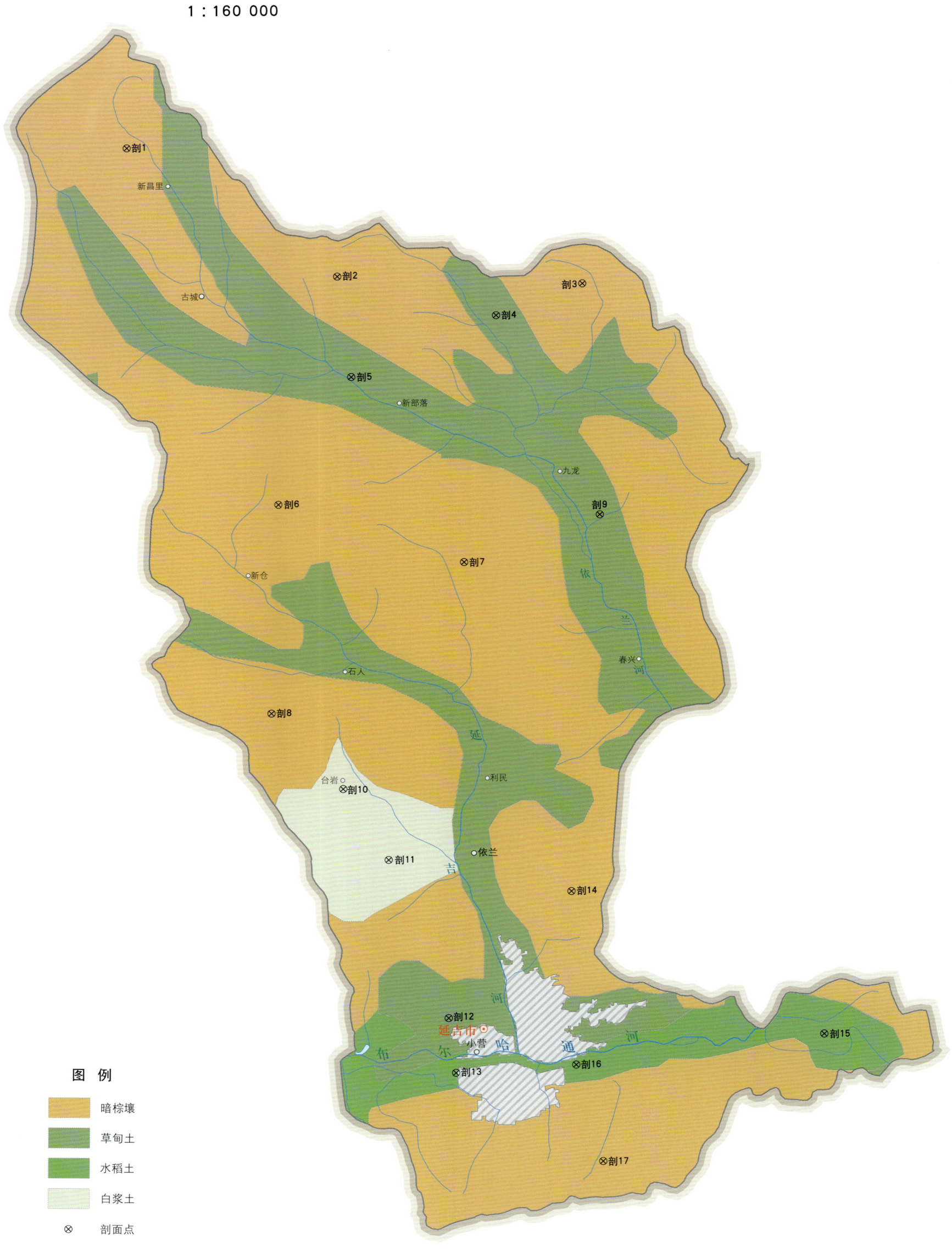

延吉市土壤剖面理化性状表

剖面号 Soil profile	土纲 Soil order	土类 Soil great group	亚类 Soil subgroup	土属 Soil genus	土种 Soil species	土层码 Layer code	土层厚度 Depth/cm	颜色 Soil color	质地 Soil texture	土壤结构 Soil structure	pH	有机质 OM/(g/kg)	全氮 TN/(g/kg)	全磷 TP/(g/kg)	全钾 TK/(g/kg)	碱解氮 AN/(mg/kg)	有效磷 AP/(mg/kg)	速效钾 AK/(mg/kg)	阳离子交换量 CEC/(cmol/kg)	土壤母质 Parent material	剖面点坐标 Profile coordinate	匹配指数 Matching index/%
剖1	淋溶土	暗棕壤	暗棕壤	酸性岩暗棕壤	薄层酸性岩暗棕壤	1	0—11	黑色	粗砂土	粒状										酸性岩风化物	E 129°18′48.6″ N 43°13′35.0″	73
						2	11—40	灰色	砾质土	粒状												
剖2	淋溶土	暗棕壤	暗棕壤	砂岩暗棕壤	薄层砂岩暗棕壤	1	0—12	灰棕色	黏壤土	团粒状	6.6	12.4	0.71	0.13	21.2	60	19.2	23	13.7	砂岩风化物	E 129°24′47.2″ N 43°10′46.9″	74
						2	12—20	暗棕色	黏壤土	块状	5.5	6.0	0.30	0.84	19.9	18	6.4	18	22.9			
						3	20—63	黄棕色	砂壤土	块状												
剖3	淋溶土	暗棕壤	暗棕壤	砂岩暗棕壤	中层砂岩暗棕壤	1	0—12	黄棕色	砂土	粒状										砂岩风化物	E 129°31′45.5″ N 43°10′36.5″	74
						2	12—20	暗棕色	壤土	团粒状	6.7	16.1	0.91	0.35	19.7	98	6.9	232				
						3	21—70	黄棕色	砂壤土	块状	6.7	6.6	0.24	0.23	18.5	36	5.4	93				
						4	70—125	黄棕色	砂壤土	块状	5.8	2.6	0.10	0.30	19.0	18	6.9	75				
剖4	半水成土	草甸土	草甸土	平川草甸土	厚层平川草甸土	1	0—49	灰黑色	砂土	粒状	6.4	1.4	0.04	0.36	19.7	12	5.7	53			E 129°29′17.7″ N 43°09′55.9″	75
						2	49—80	暗黑色	黏壤土	团粒状	7.1	35.3	1.75	1.05	21.7	166	27.9	108				
						3	80—120	灰黑色	黏土	团粒状	7.3	22.6	1.09	0.53	19.9	116	15.0	109				
						4	120—	黄灰色	砂壤土	块状	6.6	19.8	0.89	0.50	16.0	94	18.2	292				
剖5	半水成土	草甸土	草甸土	平川草甸土	深厚层平川草甸土	1	0—21	黄灰色	砂壤土	粒状	6.8	15.9	0.58	0.48	16.0	10	16.2	277			E 129°25′10.2″ N 43°08′37.0″	75
						2	21—90	暗棕色	黏壤土	块状	5.8	25.4	1.16	0.47	17.6	98	16.4	167	31.9			
						3	90—100	暗棕色	壤质黏土	块状	6.5	30.7	1.23	0.40	17.1	104	3.5	160	41.4			
						4	100—120	暗棕色	壤质砂土	块状	6.7	25.7	1.02	0.40	16.2	78	3.2	164	40.9			
剖6	淋溶土	暗棕壤	暗棕壤	中性岩暗棕壤	薄层中性岩暗棕壤	1	0—49	暗棕色	砂壤土	粒状	7.0	13.9	0.61	0.40	16.6	40	10.5	140	44.3	中性岩风化物	E 129°23′05.3″ N 43°05′51.4″	74
						2	11—21	灰棕色	黏壤土	团粒状	6.8	18.6	1.01	0.62	8.3	98	16.0	161	11.4			
						3	21—75	黄棕色	壤质黏土	核状	6.2	18.3	1.00	0.54	9.1	92	7.1	99	19.3			
						4	75—120	浅黄色	壤质砂土	核状	7.1	3.2	0.23	0.59	9.4	18	7.4	69	30.9			
剖7	淋溶土	暗棕壤	暗棕壤	砂岩暗棕壤	薄层砂岩暗棕壤	1	0—8	灰棕色	砂壤土	粒状	7.0	1.2	0.69	0.56	7.5	18	7.0	54	19.0	砂岩风化物	E 129°28′21.7″ N 43°04′36.5″	74
						2	8—23	暗棕色	粉砂质壤土	团粒状	6.1	10.7	10.55	0.26	22.9	39	37.0	105	11.4			
						3	23—120	灰棕色	粉砂质壤土	核状	5.7	7.4	0.33	0.27	18.1	30	26.6	100	19.3			
剖8	淋溶土	暗棕壤	暗棕壤	老冲积暗棕壤	薄层老冲积暗棕壤	1	0—8	灰棕色	粉砂质壤土	块状	5.4	4.2	0.25	0.25	19.0	25	35.6	174	30.9		E 129°22′52.7″ N 43°01′20.6″	74
						2	8—16	灰红色	粉砂质壤土	团粒状	6.2	31.5	1.35	0.61	21.7	117	4.1	101	19.0			
						3	16—120	棕红色	砂壤土	核状	6.0	30.9	1.34	0.64	20.6	111	2.8	103	18.8			
剖9	半水成土	草甸土	草甸土	平川草甸土	薄层平川草甸土	1	0—14	灰黑色	黏壤土	核状	6.4	18.5	1.16	0.82	19.0	70	2.6	135	23.0		E 129°32′13.2″ N 43°05′37.7″	95
						2	14—25	黄棕色	壤土	粒状	5.5	41.7	1.92	0.57	16.7	188	13.2	209	21.4			
						3	25—57	灰棕色	砂壤土	粒状	6.1	8.4	0.55	0.47	15.2	42	35.1	160	19.7			
剖10	淋溶土	白浆土	山地白浆土	黄土质山地白浆土	薄层黄土质山地白浆土	1	0—13	暗棕色	粉砂质壤土	核状	6.6	8.5	0.55	0.44	16.7	40	40.0	234	29.4	黄土母质	E 129°24′54.8″ N 42°59′42.6″	75
						2	13—52	暗棕色	粉砂质壤土	粒状												
						3	52—66	暗棕色	粉砂质壤土	核状	6.6		0.47	0.38	15.8	34	27.1	233	31.0			
						4	66—100	暗棕色	砂壤土	核状												
剖11	淋溶土	白浆土	台地白浆土	黄土质台地白浆土	露黄黄土质台地白浆土	1	0—13	灰黑色	粉砂质壤土	核状	5.7	33.3	1.88	1.23	30.9	54	178.5	192	28.7	黄土母质	E 129°26′12.2″ N 42°58′10.2″	75
						2	13—41	黑黄色	粉砂质壤土	粒状	6.9	27.8	1.04	1.06	20.9	84	127.5	170	27.1			
						3	41—120	灰黄色	粉砂质壤土	粒状	7.3	15.2	0.81	1.72	23.1	65	111.0	213	23.8			
剖12	半水成土	草甸土	草甸土	平川草甸土	中层平川草甸土	2	28—34	灰黄色	粉砂质壤土	核状	7.8	4.5	0.25	0.77	25.4	19	52.7	71	13.2		E 129°27′54.4″ N 42°54′45.7″	95
						4	67—120	灰白色	砂壤土	粒状												

续表 Continued

剖面号 Soil profile	土纲 Soil order	土类 Soil great group	亚类 Soil subgroup	土属 Soil genus	土种 Soil species	土层码 Layer code	土层厚度 Depth/cm	颜色 Soil color	质地 Soil texture	土壤结构 Soil structure	pH	有机质 OM/(g/kg)	全氮 TN/(g/kg)	全磷 TP/(g/kg)	全钾 TK/(g/kg)	碱解氮 AN/(mg/kg)	有效磷 AP/(mg/kg)	速效钾 AK/(mg/kg)	阳离子交换量CEC/(cmol/kg)	土壤母质 Parent material	剖面点坐标 Profile coordinate	匹配指数 Matching index/%
剖13	人为土	水稻土	草甸土型水稻土	草甸型水稻土	深厚层潜育草甸型水稻土	1	0—18	灰黑色	粉砂质壤土	团粒状	5.3	43.0	2.02	0.97	15.8	178	17.0	296	59.0		E 129°28′07.0″ N 42°53′35.5″	95
						2	18—29	灰黑色	粉砂质壤土	核状	6.0	30.4	1.27	0.75	16.1	122	25.3	366	63.9			
						3	29—40	灰棕色	粉砂质壤土	核状	5.7	30.4	1.29	0.82	17.2	126	42.0	431	46.1			
						4	40—110	灰棕色	粉砂质壤土	核状	5.8	19.7	0.85	0.57	13.7	90	39.2	325	50.2			
						5	110—	浅棕色	砂质壤土	核状	5.8	11.9	0.67	0.64	22.5	66	69.5	245	39.7			
剖14	淋溶土	暗棕壤	暗棕壤	基性岩暗棕壤	薄层基性岩暗棕壤	1	0—8	灰棕色	壤质黏土	团粒状		41.3	1.69	0.88	19.2	146	4.2	156		基性岩风化物	E 129°31′23.2″ N 42°57′29.5″	85
						2	8—35	灰色	壤土	核状		38.2	3.36	0.98	20.4	268	6.3	568				
						3	35—120	灰色	砾质土	粒状		12.7	1.04	0.82	16.8	108	0.8	149				
剖15	人为土	水稻土	冲积土型水稻土	新积土型水稻土	黏壤质渗育新积型水稻土	1	0—28	灰棕色	粉砂质壤土	无结构散状	5.9	31.8	1.30	0.48	18.0	126	9.9	229	27.0		E 129°38′33.0″ N 42°54′25.6″	75
						2	28—69	浅黄棕色	壤质砂土	粒状	7.1	17.7	0.67	0.57	20.7	66	5.7	155	17.7			
						3	69—83	黑棕色	粉砂质壤土	核状	6.9	22.9	1.08	0.61	16.9	112	32.3	298	30.7			
						4	83—100	暗棕色	粉砂质壤土	核状	6.4	11.2	0.65	0.41	17.1	68	0.2	213	38.0			
						5	100—120	红棕色	粉砂质壤土	块状	6.6	8.8	0.50	0.42	15.9	56	13.0	160	39.6			
剖16	人为土	水稻土	冷浆型水稻土	腐泥冷浆型水稻土	潜育腐泥浆型水稻土	1	0—15	灰棕色	黏壤土	小团粒状											E 129°31′31.1″ N 42°53′46.3″	75
						2	15—20	灰棕色	黏壤土	无结构散状												
						3	20—27	浅黄棕色	粉砂土	粒状												
						4	27—38	棕灰色	粉砂质壤土	核状												
						5	38—	棕灰色	粉砂质壤土	无结构散状												
剖17	淋溶土	暗棕壤	暗棕壤	中性岩暗棕壤	薄层中性岩暗棕壤	1	0—3	灰白色	砂质壤土	团粒状	6.3	49.4	1.82	0.31	18.8	162	4.7	257	18.6	中性岩风化物	E 129°32′17.2″ N 42°51′42.8″	92
						2	3—17	灰色	少砾壤土	核状	5.5	21.8	0.91	0.25	17.6	78	5.3	342	13.7			
						3	17—24	棕色	少砾壤土	粒状	6.2	12.7	0.35	0.22	24.3	44	4.0	356	14.2			
						4	24—120		壤质砂土	粒状	6.6	7.0	0.19	0.19	15.6	34	3.4	327	20.3			

图 们 市

主要土类说明

暗棕壤是图们市主要土壤类型，占本市地域面积的 79%。暗棕壤发育于温带湿润地区针阔叶混交林下，具有明显的有机质富集和弱酸性淋溶特征，剖面构型为 O-A-B-C。母质多为残积物和坡积物，原生残积物主要为酸性硅铝质，现代残积物主要为花岗岩、流纹岩、片麻岩，故其盐基不饱和，酸性较强。该土壤盐基饱和度为 70%—80%，地表以下 50cm 深度内无基岩层，有机铁铝络合物淀积特征小于规定指标。

草甸土是图们市第二大土壤类型，占本市地域面积的 14%。草甸土是由沉积作用并伴随腐殖质积累过程形成的富含腐殖质的土壤，主要分布在高位河漫滩、一级阶地和山间低地。草甸土土层厚，潜在肥力较高，保肥性能较好。地下水位较高的草甸土，由于冷潮，春季土温低，不发小苗；夏季土温急升，有效肥力增高，作物猛长；秋季贪青倒伏或籽粒不饱满，导致作物产量降低。草甸土有机质含量为 31g/kg，全氮、全磷含量分别为 1.5g/kg、2.2g/kg。本市草甸土仅有草甸土一个亚类，根据形成过程和地形部位的不同，分为山川草甸土和平川草甸土两个土属。

白浆土是图们市第三大土壤类型，占本市地域面积的 4%，是高度发育的土壤之一。本市白浆土仅有台地白浆土一个亚类。台地白浆土是本土类中的典型亚类，发育于黄土状沉积物，分布在二级以上阶地和山前台地，沿河床呈条带状分布，在部分地区呈块状零星分布。由于土壤遭受侵蚀，台地白浆土耕层薄，腐殖质及养分含量低，有的露出白浆层，因此潜在肥力低，不施肥则无法收粮。台地白浆土质地黏重，结构不良，耕性差，适耕期短，养分较少，一般普遍缺氮，严重缺磷。

小于本市地域面积 3% 的土壤类型有水稻土等。

本区域中心区气候特征

本区域中心区气候特征值
Regional climate characteristics in central area of the region

气候带：中温带亚干旱气候 Climate region: Mid temperate subarid climate	
年平均气温 /℃ Annual average temperature /℃	5.0
年平均最高气温 /℃ Annual average maximum temperature /℃	11.8
年平均最低气温 /℃ Annual average minimum temperature /℃	−0.7
年降水量 /mm Annual precipitation /mm	531
≥ 10℃的积温 /℃ Daily temperature accumulated in a year（≥ 10℃）/℃	1828
年日照时数 /h Annual sunshine /h	2293
年平均相对湿度 /% Annual average relative humidity /%	65
干燥度 Dryness	0.58

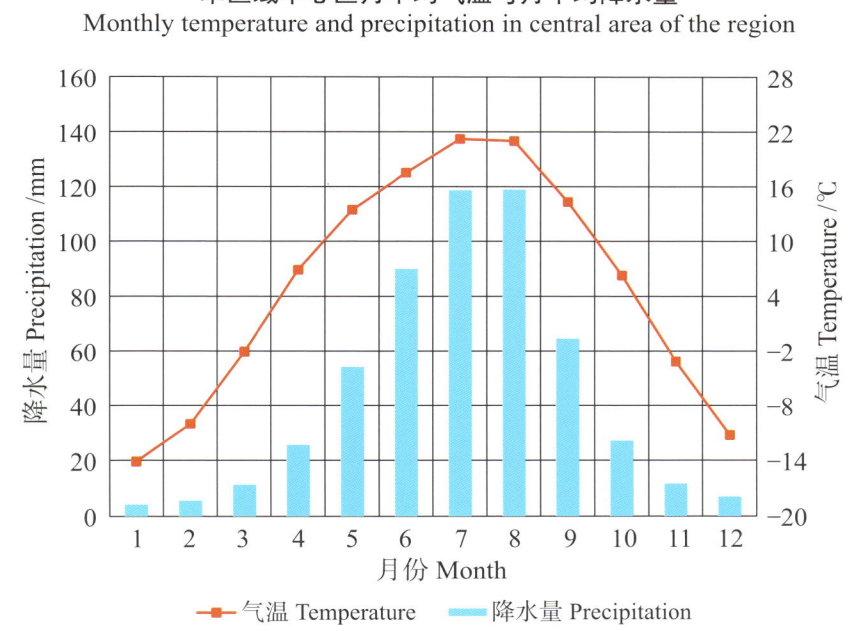

本区域中心区月平均气温与月平均降水量
Monthly temperature and precipitation in central area of the region

图们市主要土壤类型与土壤剖面点分布图
1∶200 000

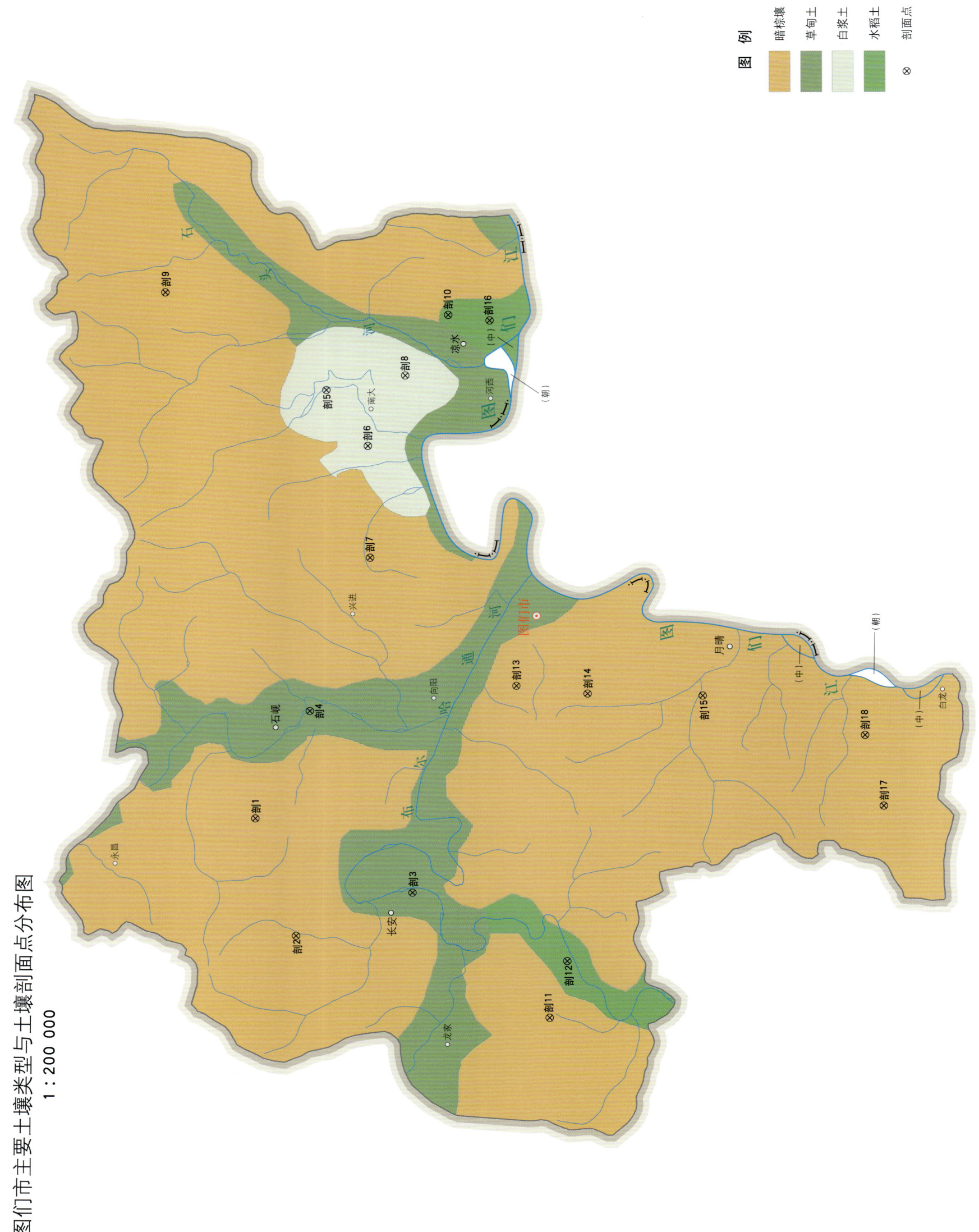

图们市土壤剖面理化性状表

剖面号 Soil profile	土纲 Soil order	土类 Soil great group	亚类 Soil subgroup	土属 Soil genus	土种 Soil species	土层码 Layer code	土层厚度 Depth/cm	颜色 Soil color	质地 Soil texture	土壤结构 Soil structure	pH	有机质 OM/(g/kg)	全氮 TN/(g/kg)	全磷 TP/(g/kg)	全钾 TK/(g/kg)	碱解氮 AN/(mg/kg)	有效磷 AP/(mg/kg)	速效钾 AK/(mg/kg)	土壤母质 Parent material	剖面点坐标 Profile coordinate	匹配指数 Matching index/%
剖1	淋溶土	暗棕壤	暗棕壤性土	中性岩暗棕壤性土	薄层中性岩暗棕壤性土	Aoo	0—1													中性岩风化物	E 129°43′26.4″ N 43°05′12.5″	85
						A₁	1—16	暗棕色	多砾砂壤土	粒状	6.6	51.6	2.01	0.37	21.6	153	4.0	168			
						C	16—36	暗灰棕色	砾石土	粒状	6.9	25.5	1.20	0.77	13.2	103	5.2	151			
剖2	淋溶土	暗棕壤	暗棕壤	酸性岩暗棕壤	中层酸性岩暗棕壤	C	0—14	棕色	砾石土	块状	7.0	22.6	1.18	0.66	21.2	79	24.0	174	酸性岩风化物	E 129°39′10.4″ N 43°04′10.9″	74
						A₁	14—24	暗棕色	多砾砂壤土	棱块状	6.8	15.5	0.90	1.48	18.3	35	14.4	124			
						B	24—70	暗棕色	多砾砂壤土	棱块状	6.7	12.3	0.65	0.38	17.9	33	5.2	178			
						C	70—120	暗棕色	砾石土	棱块状	6.9	1.0	0.36	1.96	14.2	9	6.9	69			
剖3	半水成土	草甸土	草甸土	山川草甸土	中层山川草甸土	Aa	0—20	暗灰色	黏壤土	块状	5.9	42.6	1.49	0.61	21.1	103	13.8	392		E 129°40′43.7″ N 43°01′12.7″	75
						A₁	20—41	暗灰色	壤质黏土	粒状	5.9	37.2	1.36	0.44	20.6	89	3.9	342			
						AB	41—70	棕灰色	黏土	粒状	6.1	22.0	0.73	0.45	20.3	70	2.5	317			
						G₁	70—105	灰黄色	黏土	粒状	6.1	11.1	0.66	0.48	21.2	57	7.0	308			
						G₂	105—140	灰黄色	黏土	团块状	6.3	8.2	0.55	0.51	20.1	35	17.0	314			
剖4	半水成土	草甸土	草甸土	平川草甸土	中层平川草甸土	Aa	0—16	暗棕色	砾质砂壤土	粒状	6.9	7.3	0.24	0.72	19.2	33	5.2	34		E 129°47′18.6″ N 43°03′47.9″	95
						A₁	16—50	暗棕色	黏土	粒状	6.0	38.2	1.68	0.89	19.0	215	2.8	95			
						BC	50—77	黄棕色	黏土	粒状	6.6	14.2	0.46	0.59	19.0	79	2.3	61			
						C	77—120	棕黄色	壤砂质黏壤土	无结构	5.8	50.8	2.35	0.90	16.5	274	15.7	141			
剖5	淋溶土	白浆土	台地白浆土	黄土状台地白浆土	薄层台地白浆土	Aa	0—18	灰棕色	壤质黏土	粒状	6.3	27.0	1.31	0.51	18.0	106	5.9	121	黄土状母质	E 129°58′52.6″ N 43°03′17.9″	75
						A₂	18—38	灰白色	壤质黏土	片状	6.4	10.0	0.57	0.30	21.7	31	1.5	77			
						B	38—95	黄棕色	黏土	棱块状	5.4	9.2	0.55	0.49	17.0	47	4.7	213			
						C	95—120	红棕色	黏土	棱块状	5.4	13.7	0.66	0.55	17.4	53	9.2	209			
剖6	淋溶土	白浆土	台地白浆土	黄土状台地白浆土	露黄台地白浆土	Aa	0—20	灰白色	黏土	片状	6.0	15.2	0.73	0.31	19.4	67	0.7	98	黄土状母质	E 129°56′51.6″ N 43°02′15.4″	75
						B	20—80	黄棕色	黏土	棱柱状	5.5	8.0	0.66	0.34	13.6	44		185			
						C	80—120	黄棕色	黏土	棱柱状	5.5	7.2	0.45	0.52	12.9	35	2.4	151			
剖7	淋溶土	暗棕壤	暗棕壤	片岩暗棕壤	薄层片岩暗棕壤	Aoo	0—1													片岩风化物	E 129°52′49.4″ N 43°02′13.9″	85
						Ao	1—2															
						A₁	2—18	灰棕色	多砾砂壤土	片状	6.5	67.4	3.28	0.46	14.2	284	5.1	189			
						A₂	18—33	灰黄色	多砾砂壤土	块状	6.7	11.6	0.40	0.15	12.3	47	0.8	41			
						BC	33—70	黄棕色	砾石土	棱块状	6.6	10.0	0.61	0.19	14.1	63	1.4	66			
						C	70—120	黄棕色	砾石土	棱块状	6.2	9.1	0.50	0.19	11.5	35	1.0	51			
剖8	淋溶土	白浆土	台地白浆土	黄土状台地白浆土	中层台地白浆土	Aa	0—14	灰棕色	多砾砂壤土	块状	6.0	28.4	1.29	0.46	18.2	94	6.7	68	黄土状母质	E 129°59′22.6″ N 43°01′17.3″	75
						A₁	14—28	灰白色	粉砂质黏壤土	块状	6.2	22.6	1.14	0.55	19.7	71	2.3	62			
						A₂	28—45	灰白色	少砾黏土	片状	6.5	11.4	0.32	0.30	21.3	20	1.5	34			
						B	45—95	暗棕色	粉砂质黏壤土	棱块状	5.9	6.7	0.43	0.28	14.9	28	1.6	149			
						C	95—120	暗棕色	粉砂质黏壤土	块状	5.9	6.4	0.30	0.43	18.0	24	3.6	143			
剖9	淋溶土	暗棕壤	暗棕壤	砂岩暗棕壤	薄层砂岩暗棕壤	Aa	0—13	灰棕色	砾石土	片状	6.0	28.3	1.35	0.41	19.3	94	6.4	178	砂岩风化物	E 130°02′29.4″ N 43°07′22.1″	85
						A₂	13—24	灰黄色	砾石土	片状	6.4	15.6	0.66	0.06	18.5	45	1.4	92			
						BC	24—50	红棕色	砾石土	块状	5.9	14.8	0.63	0.24	16.3	44	1.0	152			
						C	50—120	红棕色	多砾砂壤土	块状	5.9	3.8	0.20	0.21	14.8	16	0.9	48			

续表 Continued

剖面号 Soil profile	土纲 Soil order	土类 Soil great group	亚类 Soil subgroup	土属 Soil genus	土种 Soil species	土层码 Layer code	土层厚度 Depth/cm	颜色 Soil color	质地 Soil texture	土壤结构 Soil structure	pH	有机质 OM/(g/kg)	全氮 TN/(g/kg)	全磷 TP/(g/kg)	全钾 TK/(g/kg)	碱解氮 AN/(mg/kg)	有效磷 AP/(mg/kg)	速效钾 AK/(mg/kg)	土壤母质 Parent material	剖面点坐标 Profile coordinate	匹配指数 Matching index/%
剖10	人为土	水稻土	冲积土型水稻土	冲积土型水稻土	砂壤质渗育冲积型水稻土	Aa	0–13	棕色	砾质砂壤土	无明显结构	4.6	17.2	0.76	1.24	19.3	69	10.2	45		E 130°01′32.5″ N 43°00′10.1″	75
						P	13–17	棕色	砾质砂壤土	片状	4.7	19.0	0.78	1.21	19.1	86	7.3	45			
						A₁	17–45	棕色	砂壤土	块状	5.7	14.8	0.73	0.77	16.8	75	3.7	74			
						C₁	45–81	棕色	砂壤土		6.1	4.6	0.13	0.73	18.6	27	4.6	45			
						C₂	81–106	红棕色	砂壤土		6.3	3.5	0.12	0.65	19.6	20	5.4	45			
						C₃	106–130	黄棕色	砂壤土		6.2	3.9	0.21	0.62	19.1	20	3.0	54			
剖11	淋溶土	暗棕壤	暗棕壤	酸性岩暗棕壤	薄层酸性岩暗棕壤	Aoo	0–4													酸性岩风化物	E 129°36′13.3″ N 42°57′43.6″	85
						Ao	4–4.5														
						A₁	4.5–17	暗棕色	砂壤土	粒状	6.4	45.0	1.87	0.38	23.9	136	5.7	103			
						AB	17–33	黄棕色	壤土	块状	6.0	13.6	0.56	0.25	22.4	41	2.3	70			
						B	33–53	红棕色	黏质壤土	团块状	5.4	13.3	0.49	0.45	18.6	46	18.1	120			
						C	53–120	黄棕色	砾质砂壤土		6.0	3.5	0.15	0.41	26.2	14	23.3	58			
剖12	人为土	水稻土	草甸土型水稻土	草甸型水稻土	覆砂薄层潴育草甸型水稻土	Aa	0–21	红棕色	砂质壤土		5.4	33.6	1.52	0.70	18.7	138		55			95
						C₁	21–35	红棕色	砂壤土	粒状	5.6	11.2	0.36	0.48	16.7	67	3.7	75		E 129°38′13.9″ N 42°57′16.6″	
						C₂	35–47	灰棕色	壤土	片状	5.6	19.0	0.71	0.72	20.9	94	2.2	61			
						C₃	47–60	暗棕色	壤土	块状	6.0	36.7	1.34	0.71	20.4	199	1.6	111			
						G	60–130	灰绿色	壤土	粒状	6.6	29.3	1.38	0.57	19.0	127	20.0	172			
剖13	淋溶土	暗棕壤	暗棕壤	中性岩暗棕壤	薄层中性岩暗棕壤	Aa	0–12	灰棕色	壤土	粒状	6.6	18.8	0.84	0.64	17.4	68	3.3	140	中性岩风化物	E 129°48′10.8″ N 42°58′32.2″	95
						A₁	12–26	暗棕色	壤土	块状	6.8	10.3	0.62	0.47	15.4	48	2.5	206			
						AB	26–60	暗棕色	黏质壤土	粒状	6.4	8.3	0.42	0.59	15.2	33	3.8	181			
						B	60–93	黄棕色	砂壤土	块状	6.4	6.9	0.30	0.61	13.6	27	7.5	146			
						C	93–120	棕色	砂壤土	粒状	6.4	57.6	2.61	0.69	19.5	220	21.9	327			
剖14	淋溶土	暗棕壤	暗棕壤性	片岩暗棕壤性	薄层片岩暗棕壤性土	Aoo	0–1													片岩风化物	E 129°47′52.8″ N 42°56′43.4″	85
						A₁	1–9	暗灰色	砾石土	粒状	6.3	17.0	0.75	0.43	21.5	75	10.1	101			
						C₁	9–20	灰棕色	砾石土	粒状	6.4	13.9	0.78	0.49	19.8	52	16.0	100			
						C₂	20–40	灰棕色	砾石土	块状	6.0	23.8	0.99	0.53	15.3	85	47.7	288			
剖15	淋溶土	暗棕壤	暗棕壤	中性岩暗棕壤	薄层中性岩暗棕壤	Aa	0–15	暗棕色	粉砂质壤土	块状	6.4	14.5	0.80	0.41	13.6	51	3.2	177	中性岩风化物	E 129°47′46.7″ N 42°53′47.4″	92
						B₁	15–55	暗棕色	粉砂质壤土	块状	6.4	10.6	0.71	0.45	17.8	34	11.8	197			
						B₂	55–80	黄棕色	粉砂质壤土	团块状	6.4	10.6	0.56	0.55	17.3	25	19.5	218			
						C	80–120	红棕色	粉砂质壤土	粒状	5.3	12.3	0.45	0.72	12.1	68	14.5	32			
剖16	人为土	水稻土	冲积土型水稻土	冲积土型水稻土	砂砾底砂渗育水稻土	Aa	0–16	暗棕色	壤质砂壤土	团块状	6.3	1.5	0.19	0.77	18.1	37	5.0	36	片岩风化物	E 130°01′19.2″ N 42°59′07.1″	75
						C₁	16–21	暗棕色	砾石土	粒状	6.4	11.8	1.50	0.73	18.7	75	3.7	53			
						C₂	21–56	棕褐色	砾石土	粒状	6.7	5.1	0.17	1.05	19.3	40	2.4	45			
						C₃	56–92	浅棕色	砾石土	无结构	6.6	5.1	0.31	0.69	17.9	28	3.8	45			
						C₄	92–120	暗棕色	多砾石土	无结构	6.6	43.3	1.92	0.70	19.6	128	13.3	283			
剖17	淋溶土	暗棕壤	暗棕壤性	片岩暗棕壤性	薄层片岩暗棕壤性	Aa	0–13	红棕色	砾石土	粒状	5.9	13.0	0.62	0.81	18.0	56	3.7	110	片岩风化物	E 129°43′47.1″ N 42°49′11.7″	85
						AC	13–22	红棕色	砾石土	无结构	6.2	11.9	0.57	1.01	17.9	47	3.0	147			
						C	22–44	浅棕色	砾石土	无结构	6.3	26.5	1.60	0.42	19.5	140	9.7	292			
剖18	淋溶土	暗棕壤	暗棕壤	片岩暗棕壤	薄层片岩暗棕壤	Aa	0–14	浅棕色	粉砂质壤土	块状	6.6	39.8	1.67	0.45	18.1	142	5.2	164	片岩风化物	E 129°46′19.4″ N 42°49′39.7″	95
						A₁	14–20	棕色	砾石土	棱块状	6.7	18.2	0.88	0.34	13.7	68	0.8	130			
						B	20–28	暗棕色	砾石土	棱块状	6.8	12.8	0.47	0.45	11.6	36	0.9	135			
						BC	28–54	暗棕色	粉砂质壤土	棱块状	6.6	9.9	0.39	0.42	16.7	33	4.7	212			
							54–120														

敦 化 市

主要土类说明

暗棕壤是敦化市主要土壤类型，占本市地域面积的 62%。暗棕壤发育于温带湿润地区针阔叶混交林下，具有明显的有机质富集和弱酸性淋溶特征，剖面构型为 O–A–B–C。土体呈棕色，有较明显的黏化现象及不清晰的 B 层发育。地表以下 50—100cm 深度内无锈斑特征。

白浆土是敦化市第二大土壤类型，占本市地域面积的 21%。白浆土是本市最主要的耕地土壤，其余大部分仍为林地。白浆土是在温带湿润地区平缓岗地森林草原下发育的土壤，一般具有 A_1、A_2、B、C 四个基本发育层次，并可划分出 A_2B、Bg 等层次，在森林覆被下可见 Aoo 层和 Ao 层。因此，白浆土是本市高度发育的老年土壤之一。该土壤酸性较强，盐基不饱和，土体紧实，肥力低。其原因有：①白浆土处于相对稳定的地形，因而成土时间较长，土体层次较完善；②雨量较充沛，加以森林覆被，土壤水分控制断面较深，在 90cm 左右，使大量物质得以转移；③气温相对较温暖，化冻期较长，每年有较长时间发生淋洗，加深淋溶程度。因此，在本市形成与典型灰化条件不同的白浆土。其诊断层有：①深厚的浅色 A_2 层；②与 A_2 层相联系的深厚 B 层。

草甸土是敦化市第三大土壤类型，占本市地域面积的 10%。草甸土是本市潜在肥力较高的土壤，主要分布在河流两岸的河漫滩、一级阶地以及山间、台地间低地，在本市分布较广，但面积不大。其形成过程主要是远河静水沉积过程，并伴随草甸沼泽植被腐殖质积累过程。因此，草甸土质地较黏，结构好，腐殖质含量较高，黑土层较深厚。

沼泽土占本市地域面积的 4%，分布在沟谷低地、台地间洼地和河流两岸低洼地，在本市分布较广，但面积不大。沼泽土长期在淹水条件下发育，通体有潜育现象。自然植被主要有芦苇、水葱等水生植物，生长繁茂，因此，沼泽土有腐殖质积累过程和泥炭化过程。母质为冲积物和湖积物。

小于本市地域面积 3% 的土壤类型有新积土、水稻土、泥炭土、棕色针叶林土等。

本区域中心区气候特征

本区域中心区气候特征值
Regional climate characteristics in central area of the region

气候带：中温带亚干旱气候 Climate region: Mid temperate subarid climate	
年平均气温 /℃ Annual average temperature /℃	4.9
年平均最高气温 /℃ Annual average maximum temperature /℃	11.5
年平均最低气温 /℃ Annual average minimum temperature /℃	−0.8
年降水量 /mm Annual precipitation /mm	596
≥10℃的积温 /℃ Daily temperature accumulated in a year（≥10℃）/℃	1784
年日照时数 /h Annual sunshine /h	2353
年平均相对湿度 /% Annual average relative humidity /%	67
干燥度 Dryness	0.51

本区域中心区月平均气温与月平均降水量
Monthly temperature and precipitation in central area of the region

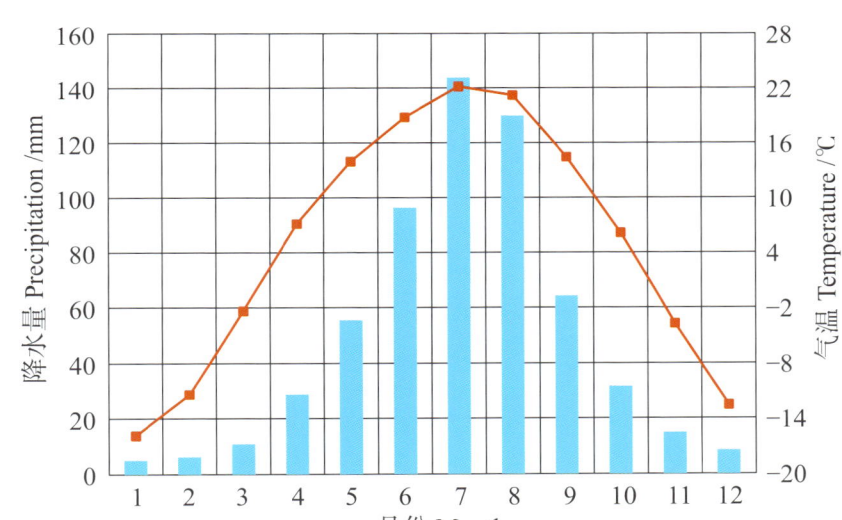

敦化市主要土壤类型与土壤剖面点分布图
1 : 650 000

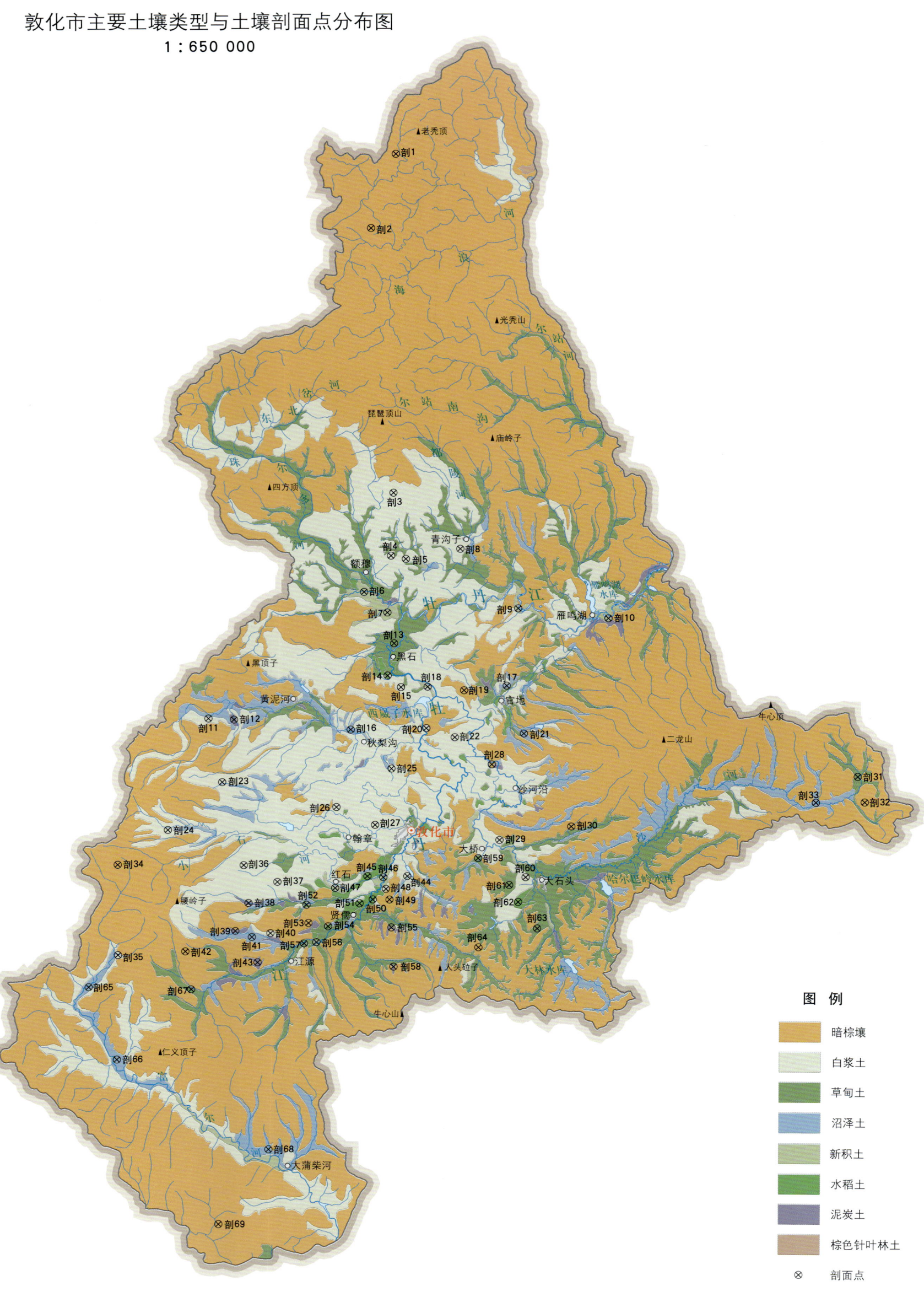

图 例

- 暗棕壤
- 白浆土
- 草甸土
- 沼泽土
- 新积土
- 水稻土
- 泥炭土
- 棕色针叶林土
- ⊗ 剖面点

敦化市土壤剖面理化性状表

剖面号 Soil profile	土纲 Soil order	土类 Soil great group	亚类 Soil subgroup	土属 Soil genus	土种 Soil species	土层码 Layer code	土层厚度 Depth/cm	颜色 Soil color	质地 Soil texture	土壤结构 Soil structure	pH	有机质 OM/(g/kg)	全氮 TN/(g/kg)	全磷 TP/(g/kg)	全钾 TK/(g/kg)	碱解氮 AN/(mg/kg)	有效磷 AP/(mg/kg)	速效钾 AK/(mg/kg)	阳离子交换量CEC/(cmol/kg)	土壤母质 Parent material	剖面点坐标 Profile coordinate	匹配指数 Matching index/%
剖1	淋溶土	暗棕壤	针叶林暗棕壤	酸性岩针叶林暗棕壤		Aoo	0~3	暗褐色		小团块状										花岗岩残积物	E 128°11′53.9″ N 44°21′24.5″	92
						Ao	3~8															
						A₁	8~16	浅灰色	砾质砂土	棱块状												
						A₂	16~61	浅黄色	砾质砂土													
						BC	61—															
剖2	淋溶土	暗棕壤	针叶林暗棕壤	酸性岩针叶林暗棕壤		1	0~14					57.7	7.62	1.51	14.0	510	1.3	247		酸性岩风化物	E 128°09′04.3″ N 44°14′54.2″	92
						2	14~38					96.9	3.82	1.26	16.4	325	8.6	277				
						3	38~44					56.7	0.97	1.47	15.8	91	31.3	104				
剖3	淋溶土	白浆土	山地白浆土	台地白浆土	中层台地白浆土	Aa	0~30	灰色	粉砂质壤土	团块状											E 128°12′00.7″ N 43°51′46.2″	75
						A₂	30~55	黄白相间	壤质黏土	片状												
						B	55~87	棕色	壤质黏土	棱块状												
						BC	87—															
剖4	淋溶土	白浆土	山地白浆土	基性岩山地白浆土	中层基性岩山地白浆土	Aa	0~10	棕灰色	黏壤土	团块状		63.6	4.04	2.82	14.1	378	41.0	199		基性岩风化物	E 128°11′47.9″ N 43°46′15.7″	97
						A₁	10~25	棕灰色	黏壤土	团块状		66.8	3.12	2.86	17.3	253	19.3	121				
						A₂	25~44	浅灰黄色	壤质黏土	棱状		20.1	1.25	1.48	16.8	69	12.9	51				
						B	44—	暗褐色	壤质黏土			12.5	0.63	1.38	17.4	60	9.1	139				
剖5	淋溶土	白浆土	山地白浆土	基性岩山地白浆土	中层基性岩山地白浆土	1	0~23					34.5	2.71	1.30	16.9	278	36.7	184		基性岩风化物	E 128°13′33.4″ N 43°45′59.7″	97
						2	23~33					12.8	0.68	0.29	18.0	71	6.7	60				
						3	33~45					12.0	1.09	0.48	18.1	45	17.3	104				
剖6	初育土	新积土	冲积土	冲积土	砂底黏壤质冲积土	Aa	0~18	浅灰黄色	砂质黏壤土	粒状										冲积物	E 128°08′43.8″ N 43°43′04.4″	92
						C₁	18~63	棕灰色	黏壤土	棱块状												
						C₂	63~85	浅灰黄色	黏壤土													
						C₃	85—															
剖7	初育土	新积土	冲积土	冲积土	砾石底黏壤质冲积土	Aa	0~15	浅灰黄色	黏壤土	粒状										冲积物	E 128°11′27.2″ N 43°41′18.2″	93
						C₁	15~27	灰白色	黏壤土													
						C₂	27~130	黄褐色	黏壤土													
						C₃	131—															
剖8	初育土	白浆土	平地白浆土	冲积土	厚层平地白浆土	Aa	0~15	棕灰色	黏壤土	无明显结构		27.1	1.55	1.06	16.5	24	11.9	358	20.1		E 128°19′49.5″ N 43°46′55.8″	97
						A₁	15~33	浅黄棕色	黏壤土	棱块状		12.1	0.37	0.96	21.0		10.7	80	18.3			
						A₂	33~50	黄棕色	黏壤土	团块状		12.1	0.52	0.93	17.6	63	10.5	82	18.0			
						B	50~75	棕灰色	黏壤土	棱块状												
剖9	初育土	新积土	冲积土	冲积土	黏壤质冲积土	Aa	0~17	浅黄棕色	砂质黏壤土	无明显结构										冲积物	E 128°26′38.6″ N 43°41′47.3″	92
						C₁	17~30	浅棕灰色	砂质黏壤土	团块状												
						C₂	30~50	黄棕色	黏壤土													
剖10	初育土	新积土	冲积土	冲积土	砂壤质冲积土	Aa	0~11	棕灰色	黏壤土	团块状										冲积物	E 128°37′08.1″ N 43°40′59.1″	92
						C₁	11~41	黄白相间	黏壤土	无明显结构												
						C₂	41—															
剖11	淋溶土	白浆土	潜育白浆土	潜育白浆土	中层潜育白浆土	Aa	0~22	棕灰色	黏壤土	团块状										冲积物	E 127°50′54.2″ N 43°31′46.2″	97
						A₂	22~38	黄白相间	黏壤土	粒状												
						Bg	38~67	浅褐色	黏壤土	粒状												
						G	67—															
剖12	水成土	泥炭土	埋藏泥炭土	浅位埋藏泥炭土	浅位埋藏泥炭土	1	0~12	灰色													E 127°53′52.1″ N 43°31′43.4″	75

续表 Continued

剖面号 Soil profile	土纲 Soil order	土类 Soil great group	亚类 Soil subgroup	土属 Soil genus	土种 Soil species	土层码 Layer code	土层厚度 Depth/cm	颜色 Soil color	质地 Soil texture	土壤结构 Soil structure	pH	有机质 OM/(g/kg)	全氮 TN/(g/kg)	全磷 TP/(g/kg)	全钾 TK/(g/kg)	碱解氮 AN/(mg/kg)	有效磷 AP/(mg/kg)	速效钾 AK/(mg/kg)	阳离子交换量CEC/(cmol/kg)	土壤母质 Parent material	剖面点坐标 Profile coordinate	匹配指数 Matching index/%
剖13	半水成土	草甸土	草甸土	平川草甸土	薄层平川草甸土	Aa	0—15	浅灰色	壤质黏土	团块状											E 128° 12′ 17.3″ N 43° 38′ 35.4″	75
						AB	15—25	棕灰色	黏质壤土	团块状												
						Bg	25—36	浅灰色	黏质壤土	粒状												
						G	36—	棕黄色	壤质黏土	粒状												
剖14	人为土	水稻土	冷浆型水稻土	冷浆型水稻土	泥炭冷浆型水稻土	1	0—15					94.8	3.41	3.79	17.0	241	11.5	70			E 128° 11′ 34.1″ N 43° 35′ 46.7″	97
						2	15—28					172.1	5.74	2.66	15.1	354	7.0	84				
						3	28—58					122.4	3.79	1.17	14.0	232	31.0	118				
						4	58—													冲积物		
剖15	淋溶土	白浆土	山地白浆土	冲积母质山地白浆土	薄层冲积母质山地白浆土	A_1	0—4														E 128° 13′ 09.8″ N 43° 34′ 46.6″	97
						A_2	4—17	浅棕灰色		粒状												
						B	17—64	红棕色	砾质黏壤土	棱块状												
						C	64—	棕黄色														
剖16	水成土	沼泽土	泥炭沼泽土	泥炭沼泽土		P	0—20	灰棕色														E 128° 07′ 23.4″ N 43° 31′ 00.3″	95
						G_1	20—50	浅灰色	壤质黏土	无明显结构												
						G_2	50—	棕黄色	粉砂质黏土	无明显结构												
剖17	水成土	沼泽土	腐泥沼泽土	腐泥沼泽土		Ag	0—27	浅灰色	黏质黏土	粒状											E 128° 25′ 24.2″ N 43° 35′ 01.0″	95
						G_1	27—47	灰棕色	壤质黏土	棱块状												
						G_2	47—60	黄色	砂质黏土	粒状												
剖18	初育土	新积土	冲积土	层状冲积土	黏壤质层状冲积土	Aa	0—27	棕黄色	壤质砂土	片状										冲积物	E 128° 16′ 15.1″ N 43° 34′ 50.3″	92
						C_1	27—53	浅灰色	黏质黏土													
						C_2	53—	棕色		小团块状												
剖19	暗棕壤	暗棕壤	基性岩暗棕壤	基性岩暗棕壤	厚层基性岩暗棕壤	Aa	0—17	暗灰色	黏壤土	无明显结构										基性岩风化物	E 128° 20′ 26.2″ N 43° 34′ 33.6″	92
						BC	17—31	褐色	黏壤土	团块状												
						C	31—69	褐色	黏壤土	无明显结构												
剖20	淋溶土	白浆土	潜育白浆土	潜育白浆土	厚层潜育白浆土	Aa	0—13	浅灰色	黏壤土	团块状		43.1	2.96	1.24	14.6	370	21.1	186			E 128° 16′ 08.4″ N 43° 31′ 12.4″	97
						A_2	13—40	灰白色	黏壤土	无明显结构		12.1	0.69	0.64	16.9	83	4.3	64				
						Bg	40—52	灰白相间	黏壤土	无明显结构		8.4	0.41	0.65	12.1	64	3.0	45				
						B	52—75	黄白相间	黏壤土	棱块状		10.5	0.51	0.77	15.1	58	6.5	35				
						G	75—															
剖21	白浆土	白浆土	山地白浆土	台地白浆土	厚台地白浆土	Aa	0—9	暗棕灰色	黏壤土	团块状		46.3	2.15	9.04	19.3	247		31			E 128° 27′ 26.7″ N 43° 30′ 50.5″	95
						P	9—28	暗灰色	黏壤土	粒状		5.7	0.52		17.1	37	3.3	56				
						G	42—	浅灰色														
剖22	淋溶土	白浆土	山地白浆土	台地白浆土	薄台地白浆土	Aa	0—32	褐色	黏壤土	团块状		10.5	0.56	0.28	18.8	63	2.9	87			E 128° 19′ 26.2″ N 43° 30′ 26.3″	95
						A_2	32—62	黄白相间	黏壤土	无明显结构												
						B	62—96	褐色	壤质黏土	棱块状												
剖23	淋溶土	白浆土	山地白浆土	台地白浆土	厚层台地白浆土	1	0—13														E 127° 52′ 37.3″ N 43° 26′ 13.9″	75
						2	13—40															
						3	40—75															
剖24	淋溶土	白浆土	山地白浆土	台地白浆土	厚层台地白浆土	1	0—13					7.2	0.90	0.39	19.3	35	0.1	100			E 127° 46′ 28.0″ N 43° 21′ 58.1″	75
						2	13—40															
						3	40—75															
						4	75—															

续表 Continued

剖面号 Soil profile	土纲 Soil order	土类 Soil great group	亚类 Soil subgroup	土属 Soil genus	土种 Soil species	土层码 Layer code	土层厚度 Depth/cm	颜色 Soil color	质地 Soil texture	土壤结构 Soil structure	pH	有机质 OM/(g/kg)	全氮 TN/(g/kg)	全磷 TP/(g/kg)	全钾 TK/(g/kg)	碱解氮 AN/(mg/kg)	有效磷 AP/(mg/kg)	速效钾 AK/(mg/kg)	阴离子交换量 CEC/(cmol/kg)	土壤母质 Parent material	剖面点坐标 Profile coordinate	匹配指数 Matching index/%
剖25	淋溶土	白浆土	平地白浆土	平地白浆土	薄层平地白浆土	Aa	0—19	浅灰色	黏壤土	粒状											E 128°12′10.8″ N 43°27′39.2″	98
						A₂	19—46	黄白相间	黏壤土	粒状												
						B	46—55	棕色	壤质黏土	棱块状												
						BC	55—															
剖26	淋溶土	白浆土	山地白浆土	基性岩山地白浆土	厚层基性岩山地白浆土	Aa	0—13	棕灰色	黏壤土	小团块状		66.5	3.94	1.75		347	26.1	293		玄武岩坡积物	E 128°05′52.1″ N 43°24′14.0″	98
						A₁	13—39	棕灰色	黏壤土			114.4	4.82	2.67	16.9	464	11.0	175				
						A₂	39—65	浅灰色	黏壤土			10.7	0.35	0.67	20.8	41	6.8	55				
						BC	65—	褐色				11.8	0.54	1.51	16.8	59	22.3	95				
剖27	淋溶土	白浆土	平地白浆土	平地白浆土	中层平地白浆土	Aa	0—23	棕灰色	黏壤土	团块状											E 128°10′21.7″ N 43°22′43.3″	98
						B	23—40	黄白相间	黏壤土	无结构												
						BC	40—74	棕色	黏壤土	棱块状												
						C	74—															
剖28	淋溶土	暗棕壤	黑土型暗棕壤	基性岩黑土型暗棕壤	厚层基性岩黑土型暗棕壤	Aa	0—24	棕黑色	黏壤土	团块状											玄武岩风化物	E 128°23′47.0″ N 43°28′07.3″	92
						A₁	24—62	暗棕灰色	黏壤土	团块状												
						BC	62—97	暗棕褐色	黏壤土	棱块状												
						C	97—															
剖29	淋溶土	白浆土	台地白浆土	台地白浆土	薄层台地白浆土	Aa	0—13	浅灰色	黏壤土	团块状												E 128°24′46.0″ N 43°21′32.0″	95
						A₂	13—61	灰白相间	黏壤土	无明显结构												
						B	61—88	褐色	黏壤土	棱块状												
						C	88—	棕色	壤质黏土													
剖30	淋溶土	暗棕壤	暗棕壤	基性岩暗棕壤	中层基性岩暗棕壤	Aa	0—24	浅棕灰色	黏壤土	团块状		92.8	3.59	2.23	15.6	355	39.2	375	36.0	玄武岩风化物	E 128°33′02.2″ N 43°22′47.3″	92
						A₁	24—42	灰白相间	黏壤土	团块状		57.3	2.49	1.74	14.1	199	14.5	79	37.0			
						BC	42—98	棕褐色	黏壤土	片状		7.3	0.46	0.65	16.8	44	6.0	71	27.5			
						C	98—					6.9	0.38	0.70	15.1	32	3.9	43	21.1			
剖31	半水成土	草甸土	草甸土	岗川草甸土	中层岗川草甸土	Aa	0—20	浅灰色	黏壤土	粒状		9.0	0.44	0.90	18.5	46	23.3	51	27.5		E 129°06′07.9″ N 43°27′14.8″	75
						A	20—48	浅灰色	黏壤土	粒状												
						Bg	48—90	黄色	壤质黏土													
						G₁	90—120	灰蓝色														
						G₂	120—															
剖32	淋溶土	暗棕壤	暗棕壤	酸性岩暗棕壤		A	0—3	浅灰色	黏壤土	团块状		171.8	4.16	1.77	14.4	390	13.2	188		花岗岩风化物	E 129°06′56.9″ N 43°25′01.9″	74
						AC	3—18	浅灰黄色	砾质黏壤土	无明显结构		169.0	3.90	1.69	13.4	354	11.2	176				
						C₁	18—27	灰棕黄色	砾质黏壤土			131.4	3.99	1.55	10.9	305	11.2	148				
						C₂	27—	黄色	壤质砂土			65.6	2.26	0.91	12.8	198	4.8	153				
剖33	水成土	沼泽	泥炭沼泽土	泥炭沼泽土		1	0—20	黑色														E 129°01′17.0″ N 43°24′59.6″	75
						2	20—36	灰黑色														
						3	36—69	黄白相间														
						4	69—	浅黄色														
剖34	淋溶土	暗棕壤	针叶林暗棕壤	基性岩针叶林暗棕壤		Aoo	0—1														基性岩风化物	E 127°40′44.4″ N 43°18′48.6″	74
						Ao	1—3	褐色		小团块状		94.4	3.72	2.36	18.8	315	17.4	404				
						A₁	3—9	灰黑色	黏壤土	粒状	6.0	11.6	0.60	0.43	17.3	48	12.7	61	15.6			
						A₂B	9—63	黄白相间	黏壤土		5.3	7.8	0.39	0.57	13.6	33	5.7	119	19.8			
						BC	63—	浅黄色														
剖35	淋溶土	白浆土	山地白浆土	酸性岩山地白浆土	中层酸性岩山地白浆土	1	0—20														酸性岩风化物	E 127°40′59.2″ N 43°10′51.2″	97
						2	20—40															
						3	40—70															
						4	70—					7.2	0.43	2.13	13.6	36	9.2	57				

续表 Continued

剖面号 Soil profile	土纲 Soil order	土类 Soil great group	亚类 Soil subgroup	土属 Soil genus	土种 Soil species	土层码 Layer code	土层厚度 Depth/cm	颜色 Soil color	质地 Soil texture	土壤结构 Soil structure	pH	有机质 OM/(g/kg)	全氮 TN/(g/kg)	全磷 TP/(g/kg)	全钾 TK/(g/kg)	碱解氮 AN/(mg/kg)	有效磷 AP/(mg/kg)	速效钾 AK/(mg/kg)	阳离子交换量 CEC/(cmol/kg)	土壤母质 Parent material	剖面点坐标 Profile coordinate	匹配指数 Matching index/%
剖36	淋溶土	白浆土	山地白浆土	台地白浆土	中层台地白浆土	1	0–20		黏壤土			52.1	2.34	1.44	17.8	279	22.2	80	26.8		E 127°55′17.8″ N 43°18′57.6″	75
						2	20–45		黏壤土			17.8	0.94	1.00	18.3	121	11.3	103	20.1			
						3	45–91		壤质黏土			8.5	0.46	0.79	19.0	50	12.1	133	26.1			
						4	91—		壤质黏土			7.5	0.37	1.08	18.4	45	8.7	69	20.1			
剖37	淋溶土	白浆土	山地白浆土	台地白浆土	厚层台地白浆土	1	0–16					42.9	1.70	0.12	16.6	260	6.0	174			E 127°59′11.8″ N 43°17′33.1″	75
						2	16–36					30.7	1.53	1.03	17.3	201	3.2	144				
						3	36–74					8.9	0.57	0.78	16.4	59	7.3	106				
						4	74—					9.2	0.54	1.14	16.1	58	11.0	113				
剖38	水成土	泥炭土	泥炭土	泥炭土	厚层泥炭土	P₁	0–150	褐色 褐褐色													E 127°55′54.8″ N 43°15′38.5″	97
						P₂	150—	暗褐色														
剖39	水成土	泥炭土	泥炭土	火烧泥炭土		1	0–27					94.6	4.03	2.31	15.8	351	12.1	362	30.5		E 127°54′27.0″ N 43°13′10.2″	75
						2	27–50					22.3	1.11	1.93	18.3	152	18.2	135				
						3	50—		砂壤土			202.2	8.51	4.03	12.6	638	58.1	130				
剖40	淋溶土	白浆土	山地白浆土	酸性岩山地白浆土	薄层酸性岩山地白浆土	1	0–22		壤土			32.8	1.36	0.76	18.1	107	6.8	110	33.6	酸性岩风化物	E 127°58′30.7″ N 43°13′01.6″	97
						2	22–60		砾质黏壤土			21.4	0.98	0.79	18.3	81	7.0	91	31.1			
						3	60–80					14.2	0.69	0.97	18.5	51	7.1	70				
						4	80—					10.8	0.74	1.03	14.9	52	7.3	55				
剖41	水成土	沼泽土	泥炭沼泽土	腐泥泥炭沼泽土		1	0–12					60.8	2.80	1.60	14.4	226	10.6	75	35.7		E 127°56′23.1″ N 43°12′39.1″	75
						2	12–36					203.8	7.72	2.09	10.0	425	8.7	159				
						3	36—					23.3	0.99	1.26	14.6	55	2.4	149				
剖42	淋溶土	暗棕壤	暗棕壤	酸性岩暗棕壤		1	0–18					85.7	3.29	1.85	15.8	286	71.5	423	24.1		E 127°48′45.0″ N 43°11′17.2″	95
						2	18–39					6.1	0.35	0.72	17.5	14	10.0	76	9.2			
						3	39–72					2.6	0.28	0.15	12.3	13	1.6	61				
剖43	水成土	泥炭土	泥炭土	泥炭土		P₁	0–5	褐色													E 127°57′05.0″ N 43°10′27.1″	97
						P₂	5–63	暗褐色														
						G	63–78	灰蓝色														
剖44	淋溶土	白浆土	山地白浆土	冲积地白浆土	中层冲积母质山地白浆土	Aa	0–23	浅黄灰色	黏壤土	粒状		11.1	0.53	0.59	17.9	55	6.5	72			E 128°14′11.4″ N 43°18′14.4″	97
						A₂	23–40	棕黄色	壤质黏土	无明显结构												
						B	40–77	棕黄色	壤质黏土	棱块状												
						C	77–100	棕黄色														
剖45	人为土	水稻土	冲积土型水稻土	渗育质冲积型水稻土	黏壤质渗育冲积型水稻土	Ha	0–36	浅灰棕色	黏壤土	粒状										老冲积物, 洪积冲积物	E 128°09′33.8″ N 43°18′11.9″	97
						C₁	36–70	灰棕色	壤质黏土	棱块状												
						C₂	70—	黄棕色	壤质黏土	棱块状												
剖46	初育土	新积土	冲积土	夹砂黏壤质层状冲积土		Aa	0–30	黄棕色	黏壤土			45.2	2.08	1.91	17.4	263	10.2	40	72.6	冲积物	E 128°11′24.0″ N 43°18′06.8″	92
						C₁	30–42	棕色				10.2	0.35	1.53	17.1	47	3.4	33	11.6			
						C₂	42–46															
						C₃	46—															
剖47	初育土	新积土	冲积土	夹砂黏壤质层状冲积土		1	0–17	浅灰棕色	黏壤土	粒状										冲积物	E 128°05′52.8″ N 43°17′05.6″	74
						2	17–61	黄白相间	黏壤土	无结构												
						3	61–89	棕黄色	壤质黏土	棱块状												
剖48	淋溶土	白浆土	潜育白浆土	潜育白浆土	薄层潜育白浆土	Aa	0–20	浅灰色	黏壤土	粒状		10.9	0.45	1.28	22.4	48	9.6	81	17.4		E 128°11′43.8″ N 43°17′04.9″	97
						A₂	20–32	黄白相间	壤质黏土	无结构												
						B	32–69	棕黄色	黏壤土	棱块状												
						G	69—	浅黄色	壤质黏土	无结构												

续表 Continued

剖面号 Soil profile	土纲 Soil order	土类 Soil great group	亚类 Soil subgroup	土属 Soil genus	土种 Soil species	土层码 Layer code	土层厚度 Depth/cm	颜色 Soil color	质地 Soil texture	土壤结构 Soil structure	pH	有机质 OM/(g/kg)	全氮 TN/(g/kg)	全磷 TP/(g/kg)	全钾 TK/(g/kg)	碱解氮 AN/(mg/kg)	有效磷 AP/(mg/kg)	速效钾 AK/(mg/kg)	阳离子交换量CEC/(cmol/kg)	土壤母质 Parent material	剖面点坐标 Profile coordinate	匹配指数 Matching index/%
剖49	淋溶土	暗棕壤	暗棕壤	基性岩暗棕壤	厚层基性岩暗棕壤	A	0-34	棕灰色	黏壤土	团块状										基性岩风化物	E 128°12′09.4″ N 43°16′08.8″	95
						A₃B	34-75	浅灰白色	砂质黏壤土	无明显结构												
						BC	75—	暗褐色														
剖50	人为土	水稻土	草甸土型水稻土	渗育草甸土型水稻土	中层渗育草甸土型水稻土	Ha	0-17	浅灰色	黏壤土	团块状											E 128°10′13.8″ N 43°16′08.0″	75
						A	17-33	灰棕色	黏壤土													
						G	33-83	黄棕色	黏壤土													
剖51	人为土	水稻土	草甸土型水稻土	渗育草甸土型水稻土	薄层渗育草甸土型水稻土	Ha	0-22	黑色	壤质黏土	粒状		213.6	8.84	2.83	18.8	639	13.6	123	59.2		E 128°08′42.7″ N 43°15′46.4″	95
						Bg	22-52	棕灰色	黏质黏土	粒状		55.6	2.08	2.08	20.3	153	7.6	94	30.5			
						G	52—	棕黄色	黏质黏土	无结构		29.1	1.28	1.76	17.1	91	15.5	84	31.4			
剖52	半水成土	草甸土	草甸土	岗川草甸土	中层岗川草甸土	Aa	0-20		黏壤土												E 128°02′35.8″ N 43°15′34.4″	75
						A₁	20-48		粉砂质壤土													
						Bg	48-90		壤质黏土													
						G₁	90-120		砂质黏壤土													
						G₂	120—		砂质黏壤土													
剖53	淋溶土	暗棕壤	暗棕壤	酸性岩暗棕壤	薄层酸性岩暗棕壤	A₁	0-15	灰色		团块状										花岗岩残积物	E 128°02′51.0″ N 43°13′59.5″	95
						A₂	15-34	灰白色	砾质砂壤土	无明显结构												
						BC	34—	棕黄色	砾质砂壤土													
剖54	人为土	水稻土	冲积土型水稻土	渗育冲积型水稻土	黏壤质渗育冲积型水稻土	1	0-18					29.7	1.58	1.10	14.4	129	5.5	46	15.5		E 128°05′08.9″ N 43°13′43.3″	97
						2	18-50					25.6	1.16	1.30	15.2	93	5.6	100	13.1			
						3	50—					25.6	1.42	1.24	12.4	67	6.8	76	16.5			
剖55	水成土	泥炭土	泥炭土	泥炭土	泥炭土	1	0-20					358.8	13.50	3.07	2.7	888	6.4	548			E 128°12′26.3″ N 43°13′42.2″	97
						2	20-60					276.4	10.78	1.03	14.5	576	34.8	474				
						3	60—					13.7	0.49	0.87	18.1		27.7	50				
剖56	初育土	新积土	冲积土	冲积土	黏壤质冲积土	1	0-18					5.9	0.45	0.39	17.0	26	12.5	15		冲积物	E 128°03′48.6″ N 43°12′18.4″	74
						2	18-33					13.7	0.64	0.66	19.3	50	19.6	49				
						3	33-42					7.0	0.32	0.37	16.3	24	9.2	14				
						4	42-66					29.3	0.28	0.55	22.9	16	11.4	12				
						5	66-70					7.5	0.58	0.49	17.8	31	10.3	101				
剖57	人为土	水稻土	冲积土型水稻土	渗育冲积型水稻土	中层渗育草甸土型水稻土	1	0-23			粒状		30.1	2.40	1.90	15.4	189	15.8	56			E 128°02′22.6″ N 43°12′10.4″	75
						2	23-41	黑色	黏壤土	粒状		54.9	2.33	1.87	8.0	212	10.7	73				
						3	41—	浅灰黄色	黏壤土	片状		15.5	0.80	1.69	17.5	56	27.4	75				
剖58	水成土	泥炭土	泥炭土	平川泥炭土	中层平川泥炭土	1	0-20					214.6	6.14	1.46	15.0	415	12.2	195			E 128°12′44.3″ N 43°10′15.6″	97
						2	20-75	浅灰黄色	砾质黏壤土			208.7	5.78	1.07	14.5	390	17.5	186				
						3	75—	黄白相间	砾质黏壤土			142.3	4.23	0.71	13.8	317	6.1	163				
剖59	半水成土	草甸土	草甸土	平川草甸土	中层平川草甸土	A	0-45	黑色	黏质壤土	粒状		62.1	2.91	0.31	17.0	292	8.5	148	36.6		E 128°22′19.5″ N 43°19′53.3″	95
						Bg	45-58	棕黄色	黏质黏壤土	棱块状		41.6	1.85	0.13	17.4	213	6.0	163	34.8			
剖60	淋溶土	白浆土	山地白浆土	酸性岩山地白浆土	中层酸性岩山地白浆土	Aa	0-21	黄色	砂质黏壤土			22.8	0.98	0.86	19.3	85	11.6	172	24.7	花岗岩风化物	E 128°27′49.7″ N 43°18′16.9″	97
						A₂	21-37		砾质黏壤土			19.9	0.82	0.95	19.0	106	14.1	174				
						B	37-67		黏壤土													
						C	67—															
剖61	半水成土	草甸土	草甸土	平川草甸土	中层平川草甸土	Aa	0-28		黏壤土			12.7	0.69	0.84	18.0	57	13.3	149	24.7		E 128°25′56.5″ N 43°17′33.8″	75
						AB	28-40															
						Bg	40-64															
						G	64-110															
						5	110—															

续表 Continued

剖面号 Soil profile	土纲 Soil order	土类 Soil great group	亚类 Soil subgroup	土属 Soil genus	土种 Soil species	土层码 Layer code	土层厚度 Depth/cm	颜色 Soil color	质地 Soil texture	土壤结构 Soil structure	pH	有机质 OM/(g/kg)	全氮 TN/(g/kg)	全磷 TP/(g/kg)	全钾 TK/(g/kg)	碱解氮 AN/(mg/kg)	有效磷 AP/(mg/kg)	速效钾 AK/(mg/kg)	阳离子交换量 CEC/(cmol/kg)	土壤母质 Parent material	剖面点坐标 Profile coordinate	匹配指数 Matching index/%
剖62	人为土	水稻土	白浆土型水稻土	潴育白浆型水稻土	薄层潴育浆型水稻土	1	0—14					35.0	1.53	0.74	13.1	175	5.5	104	21.7		E 128°26′59.7″ N 43°16′05.2″	75
						2	14—27					17.5	0.78	0.58	14.6	98	9.6	69	24.7			
						3	27—56					11.3	0.68	0.87	12.3	77	6.2	90	51.6			
						4	56—					14.6	1.62	0.74	19.8	45	25.3	79				
剖63	半水成土	草甸土	草甸土	岗川草甸土	厚层岗川草甸土	Aa	0—20	棕灰色	黏壤土	团块状		53.5	2.28	1.01	14.5	286	26.1	193			E 128°29′13.6″ N 43°13′47.6″	95
						A₁	20—66	棕灰色	黏壤土	团块状		33.0	1.65	0.84	15.8	157	6.3	106				
						Bg	66—	灰黄色	壤质黏土	棱块状		13.3	0.45	0.49	15.9	53	9.0	51				
剖64	淋溶土	暗棕壤	暗棕壤	酸性岩暗棕壤	薄层酸性岩暗棕壤	1	0—19					143.1	5.98	2.40	15.8	468	18.2	161		酸性岩风化物	E 128°22′30.0″ N 43°12′03.2″	95
						2	19—41					22.0	1.10	1.16	17.8	128	6.4	86				
						3	41—72					6.2	0.48	0.14	15.4	50	3.5	63				
						4	72—					7.1	0.54	0.47	19.3	37	3.7	38				
剖65	水成土	沼泽土	腐泥沼泽土	非石灰性腐泥沼泽土	鳝泥泡子土	Ag	0—24		砂壤土			238.3	7.24	2.75	8.1	542	6.3	240	53.4		E 127°37′41.2″ N 43°07′58.2″	75
						Bg	24—48		黏壤土	团块状		84.6	2.76	0.53	13.3	267	18.3	66	31.7			
						G₁	48—80		砂土	棱块状		74.0	2.18	0.23	16.3	178	28.2	106	32.6			
						G₂	80—		砾质砂土			7.3	0.34	0.26	21.3	50	6.3	81	16.2			
剖66	水成土	沼泽土	腐泥沼泽土			M	0—24	浅黄棕色	砂壤土	团块状		238.3	7.24	2.75	8.1	542	6.3	240		冲积物	E 127°41′07.2″ N 43°01′44.6″	95
						G₁	24—48	浊黄棕色	黏壤土	团块状		84.6	2.76	0.53	13.3	267	18.3	80				
						G₂	48—80	浊黄棕色	砂土	棱块状		74.0	2.18	0.23	16.4	178	28.2	106				
						G₃	80—	浅黄棕色	砂土	无明显结构		7.3	0.34	0.26	21.3	50	6.3	98				
剖67	半水成土	草甸土	草甸土	岗川草甸土	中层岗川草甸土	1	0—15					99.4	4.50	2.15	13.8	311	19.8	48			E 127°49′29.3″ N 43°07′58.2″	75
						2	15—40					16.8	0.71	0.35	18.8	80	4.1	34				
						3	40—63					14.8	0.26	0.39	20.9	23	18.9	27				
剖68	水成土	沼泽土	腐泥沼泽土			1	0—34					152.8	6.87	3.19	10.5	566	6.9	239			E 127°58′44.7″ N 42°54′12.9″	75
						2	34—45	浅灰色	砂壤土	小团块状		83.7	3.64	2.50	12.0	323	3.3	163	29.3			
						3	45—64	浅黄色	砂壤土	粒状		26.9	1.10	1.13	15.8	114	3.4	83				
						4	64—		壤质砂土	无明显结构		20.1	0.72	0.88	13.4	64	3.4	93				
剖69	淋溶土	暗棕壤	暗棕壤	酸性岩暗棕壤	中层酸性岩暗棕壤	A₁	0—26	浅灰黄色	砂壤土			79.2	3.17	1.67	13.4	265	45.1	57		花岗岩风化物	E 127°53′08.5″ N 42°47′40.2″	92
						A₂	26—37	浅灰黄色	砂壤土			11.8	0.72	0.76	13.8	52	8.2	45	22.0			
						BC	37—69	棕黄色	壤质砂土			11.1	0.34	0.91	14.8	36	10.8	41	20.1			
						C	69—		砾质砂土			9.6							17.4			

珲春市

主要土类说明

暗棕壤是珲春市主要土壤类型，占本市地域面积的 73%。暗棕壤具有湿润的土壤水分状况和冷凉的土壤温度状况，腐殖质层厚 20cm 左右，无或仅有不明显的浅色亚表层。母质多为残积物和坡积物，原生残积物主要为酸性硅铝质，现代残积物主要为花岗岩、流纹岩、片麻岩，故其盐基不饱和，酸性较强。

草甸土是珲春市第二大土壤类型，占本市地域面积的 15%。草甸土是在冷湿条件下，受地下水浸润并在草甸植被下发育形成的土壤。其形成过程有：①地面生长草甸草本植物，形成土壤有机质积累；②地下水位较高，土层下部直接受地下水浸润，有季节性氧化还原交替过程。在干湿交替影响下，土壤中铁锰化合物发生移动或局部淀积，剖面中出现红色胶膜和铁锰结核。因此，草甸土基本上可分为两个发生层，即腐殖质层和锈色斑纹层。腐殖质层根系较多，土壤湿润，其颜色因有机质含量不同而异，质地则随沉积层次而变化。底土层颜色较浅，呈棕色或黄棕色，有明显的铁锈斑纹和铁锰结核。草甸土基本特征是黑土层较厚，土壤颜色深，潮湿，肥力高，团粒状结构明显，全土层呈弱酸性。

白浆土是珲春市第三大土壤类型，占本市地域面积的 6%，是本市分布较广泛的地带性土壤。母质多为黄土状沉积物和部分岩石风化物。自然植被为阔叶林、次生林和草本植物。本市白浆土普遍耕层薄，腐殖质含量为 30.2g/kg，全氮含量为 1.4g/kg，全磷含量为 1.3g/kg，土壤呈微酸性。本市白浆土分为山地白浆土、台地白浆土、平地白浆土、黄白浆土等亚类。

小于本市地域面积 3% 的土壤类型有水稻土、棕色针叶林土、泥炭土等。

本区域中心区气候特征

本区域中心区气候特征值
Regional climate characteristics in central area of the region

气候带：中温带亚干旱气候 Climate region: Mid temperate subarid climate	
年平均气温 /℃ Annual average temperature /℃	4.5
年平均最高气温 /℃ Annual average maximum temperature /℃	11.1
年平均最低气温 /℃ Annual average minimum temperature /℃	−1.2
年降水量 /mm Annual precipitation /mm	542
≥10℃的积温 /℃ Daily temperature accumulated in a year (≥10℃) /℃	1667
年日照时数 /h Annual sunshine /h	2306
年平均相对湿度 /% Annual average relative humidity /%	66
干燥度 Dryness	0.51

本区域中心区月平均气温与月平均降水量
Monthly temperature and precipitation in central area of the region

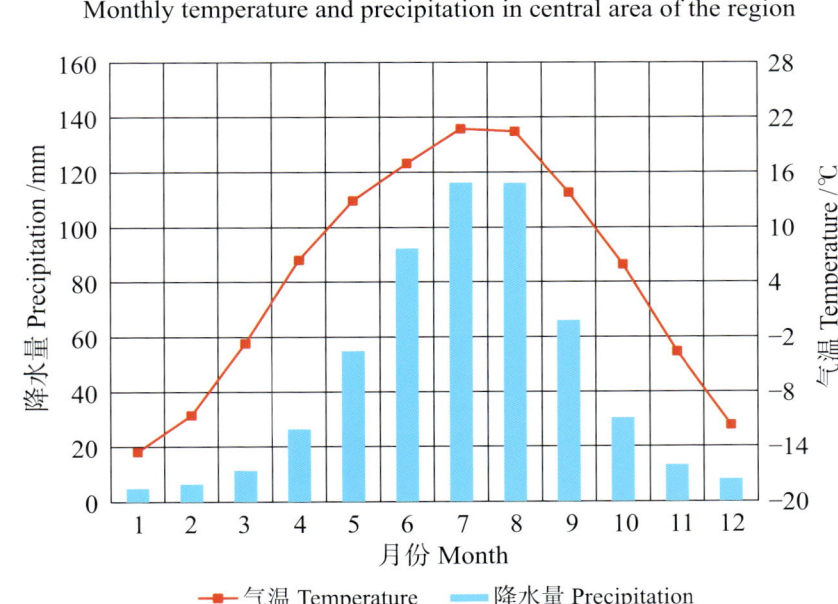

珲春市主要土壤类型与土壤剖面点分布图
1:440 000

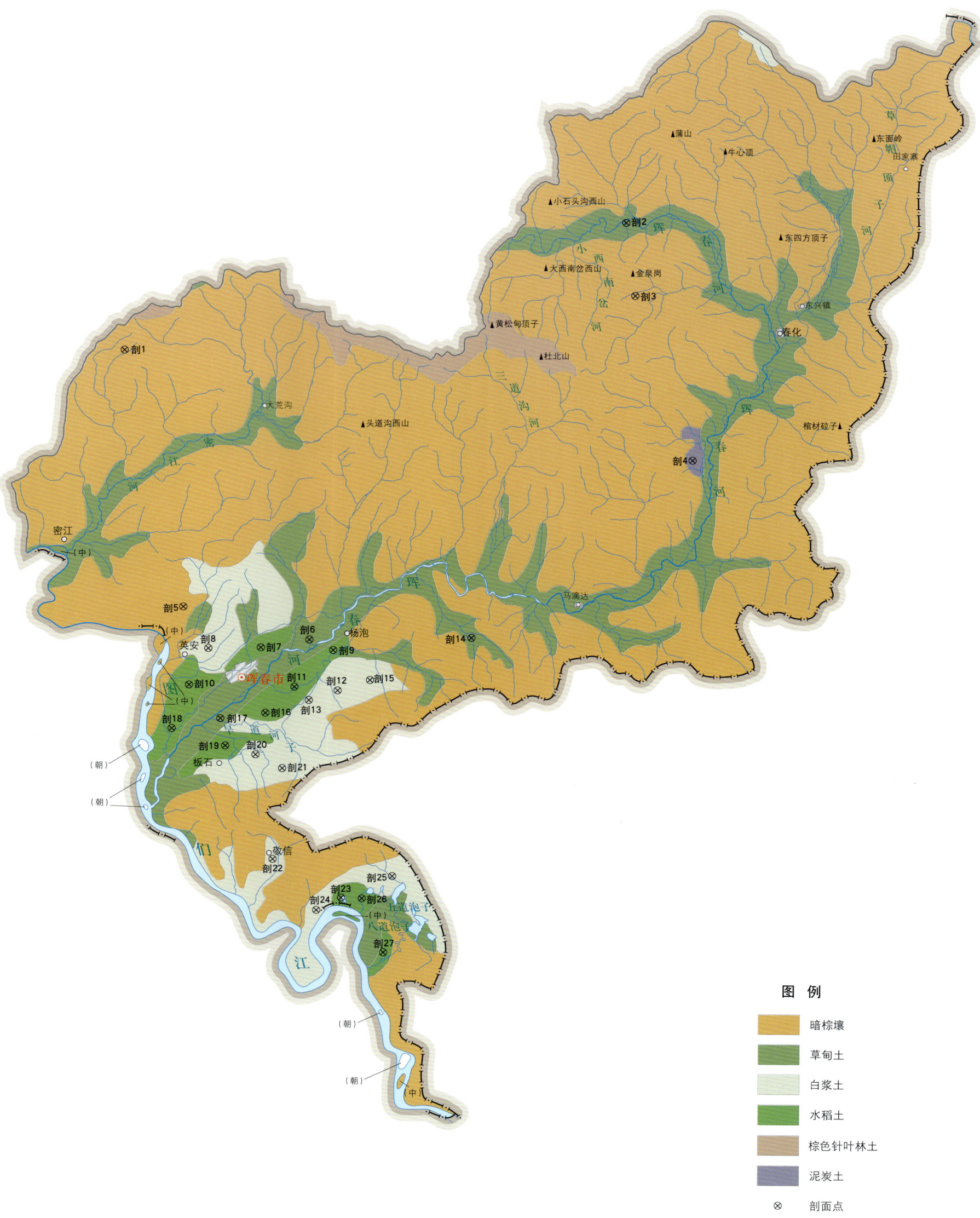

珲春市土壤剖面理化性状表

剖面号 Soil profile	土纲 Soil order	土类 Soil great group	亚类 Soil subgroup	土属 Soil genus	土种 Soil species	土层码 Layer code	土层厚度 Depth/cm	颜色 Soil color	质地 Soil texture	土壤结构 Soil structure	pH	有机质 OM/(g/kg)	全氮 TN/(g/kg)	全磷 TP/(g/kg)	全钾 TK/(g/kg)	碱解氮 AN/(mg/kg)	有效磷 AP/(mg/kg)	速效钾 AK/(mg/kg)	土壤母质 Parent material	剖面点坐标 Profile coordinate	匹配指数 Matching index/%
剖1	淋溶土	暗棕壤	暗棕壤	砾砂质暗棕壤	薄层酸性岩暗棕壤	Aa	0—20	暗灰色	粉砂质壤土	团块状	5.8	71.5	2.80	1.47	22.3	238	46.7	212	酸性岩风化物	E 130°12′54.7″ N 43°11′24.0″	74
						A₁	20—37	浅灰棕色	壤土	团块状	5.9	19.6	0.92	0.85	21.3	94	5.6	212			
						B	37—70	暗棕色	黏壤土	团块状	5.7	15.4	0.71	1.15	15.3	65	63.0	216			
						BC	70—120	暗棕色	黏壤土	团块状	5.5	10.8	0.51	1.71	13.1	42	95.5	121			
剖2	半水成土	草甸土	草甸土	山川草甸土	中层山川草甸土	Aa	0—15	棕灰色	黏壤土	团块状	6.2	45.4	1.62	0.93	14.5	159	7.4	237		E 130°52′30.0″ N 43°18′30.2″	95
						A₁	15—46	黑灰色	黏壤土	团块状	6.1	36.2	1.24	1.46	11.2	145	12.9	156			
						A,B	46—70	棕黑色	黏壤土	团块状	6.2	17.2	0.62	2.92	7.6	74	27.8	158			
						C₁	70—90	灰黄色	砂壤土	块状	6.4	6.2	0.27	3.52	3.7	51	30.4	126			
						C₂	90—120	灰黄色	多砾	无结构	6.4	6.5	0.21	2.56	3.6	25	26.8	102			
剖3	淋溶土	暗棕壤	暗棕壤	酸性岩暗棕壤	薄层酸性岩暗棕壤	Aoo	0—2												酸性岩风化物	E 130°53′04.2″ N 43°14′08.2″	85
						A₁	2—4	黑灰色	砂壤土	粒状	5.3	23.5	0.69	0.52	11.7	95	10.1	118			
						A₂	4—20	黄灰色	多砾砂壤土	粒状	6.6	5.7	0.20	0.24	12.4	24	1.8	78			
						C₁	20—45	浅灰色	壤质砂土	核状	6.5	8.4	0.30	0.33	17.8	47	5.6	82			
						C₂	45—80		砂壤土												
剖4	水成土	泥炭土	泥炭土	酸性泥炭土	泥炭土	6	64—100													E 130°57′17.3″ N 43°04′16.7″	95
						P₁	0—52	棕色			4.6	377.8	18.00	1.96	3.1	1317	4.1	214			
						P₂	52—58	黑棕色			4.6	97.9	5.75	1.22	4.6	455	3.6	116			
						P₃	58—99	灰棕色			4.7	46.2	1.76	0.83	19.2	126	20.7	119			
						G₁	99—115		黏壤土			15.3	0.71	0.70	13.1	65	5.3	41			
剖5	淋溶土	暗棕壤	暗棕壤	片岩暗棕壤	薄层片岩暗棕壤	Aoo	0—3												片岩风化物	E 130°17′16.1″ N 42°56′02.4″	85
						Ao	3—12														
						A₁	12—17	黑灰色	砂壤土	团粒状	5.3	164.8	5.66	1.55	14.2	376	59.7	304			
						A₂	17—35	浅灰色	砂壤土	粒状	5.6	48.8	1.75	0.72	15.6	173	6.8	105			
						C	35—64	浅黄色	砂壤土	粒状	5.5	31.1	1.03	0.75	13.2	102	6.9	106			
						6	64—100		砂壤土		5.5	27.7	0.95	0.55	16.9	94	3.0	84			
剖6	半水成土	草甸土	草甸土	岗川草甸土	薄层岗川草甸土	Aa	0—34	黑色	粉砂质壤土	块状	6.5	81.9	2.47	1.52	17.2	226	19.3	129		E 130°27′04.7″ N 42°53′58.9″	95
						A₁	34—55	黑黑色	粉砂质黏壤土	粒状	6.2	56.4	1.45	1.07	15.6	90	12.3	86			
						B	55—75	灰黑色	黏壤土	块状	6.4	25.2	0.79	0.73	16.8	67	15.5	74			
						C	75—92	棕灰色	壤土	无结构	6.4	20.1	0.63	0.36	20.1	46	6.8	93			
						Bg	60—120	黑灰色	黏壤土	粒状	5.7	64.0	2.42	2.28	21.0	206	7.9	174			
剖7	人为土	水稻土	冷浆型水稻土	腐泥冷浆型水稻土	腐泥冷浆型水稻土	Aa	0—13	灰黑色	黏壤土	粒状	6.1	65.5	2.63	2.69	22.5	233	28.8	281		E 130°23′16.8″ N 42°53′33.7″	75
						A₁	13—32	黑黑色	黏壤土	块状	6.2	20.5	0.84	2.49	24.0	63	30.1	305			
						A,B	32—60	青黑色	粉砂质黏壤土	块状	6.1	15.1	0.60	2.48	17.0	55	42.8	242			
						Bg	60—120	暗黄色	壤土	无明显结构	5.9	32.3	1.53	1.21	23.5	175	16.6	124			
剖8	淋溶土	白浆土	台地白浆土	黄土质台地白浆土	中层台地白浆土	Aa	0—22	暗灰色	粉砂质壤土	团块状	6.0	12.5	0.63	0.64	24.2	65	6.6	72	黄土母质	E 130°19′10.2″ N 42°53′33.4″	95
						A₁	22—33	黄灰色	粉砂质壤土	块状	6.0	7.0	0.53	0.53	24.1	50	6.9	83			
						A₂	33—56	黄棕色	粉砂质黏壤土	片状	5.8	5.9	0.55	0.61	17.9	32	5.5	136			
						B	56—87	黄棕色	粉砂质黏壤土	棱块状	5.8	5.1	0.50	0.79	24.4	33	8.7	116			
						BC	87—120	灰黄色	砂壤土	块状											
剖9	人为土	水稻土	冷浆型水稻土	冷浸冷浆型水稻土	冷浸冷浆型水稻土	Aa	0—17	灰灰色	砂壤土	块状	5.3	20.4	1.11	0.74	20.8	84	1.8	103		E 130°28′55.4″ N 42°53′21.0″	75
						G	17—110	青灰色	黏壤土	块状	6.4	17.3	0.70	0.72	19.9	78	3.2	135			

续表 Continued

剖面号 Soil profile	土纲 Soil order	土类 Soil great group	亚类 Soil subgroup	土属 Soil genus	土种 Soil species	土层码 Layer code	土层厚度 Depth/cm	颜色 Soil color	质地 Soil texture	土壤结构 Soil structure	pH	有机质 OM/(g/kg)	全氮 TN/(g/kg)	全磷 TP/(g/kg)	全钾 TK/(g/kg)	碱解氮 AN/(mg/kg)	有效磷 AP/(mg/kg)	速效钾 AK/(mg/kg)	土壤母质 Parent material	剖面点坐标 Profile coordinate	匹配指数 Matching index,%
剖10	人为土	水稻土	冲积土型水稻土	渗育冲积型水稻土	砂壤质渗育冲积型水稻土	Aa	0–12	黄灰色	砂壤土	块状	5.0	40.2	1.51	1.03	20.4	103	5.0	82		E 130°17′38.0″ N 42°51′23.4″	95
						C₁	12–29	棕灰色	砂壤土	块状	6.0	18.6	0.86	0.12	19.4	61	7.7	92			
						C₂	29–50	黑灰色	砂壤土	粒状	6.0	12.3	0.59	0.77	19.7	43	6.5	92			
						C₃	50–67	黄灰色	砂壤土	粒状	6.0	13.6	0.53	0.75	19.7	37	12.6	72			
						C₄	67–80	浅黑灰色	粉砂质壤土	块状	6.2	9.4	0.17	0.76	18.4	44	8.0	94			
						C₅	80–120	灰黄色	砂壤土	无结构	6.1	7.1		0.74	20.3	20	15.7	62			
剖11	人为土	水稻土	冷浆型水稻土	泥炭冷浆型水稻土	泥炭冷浆型水稻土	Aa	0–18	黑灰色			4.9	240.7	6.60	2.89	11.7	603	2.1	142		E 130°25′52.0″ N 42°51′10.8″	95
						P	18–50	黑灰色			5.1	170.5	5.68	2.31	16.1	432	6.9	108			
						G	50–55	灰色	黏壤土		4.9	50.0	1.89	0.97	14.5	149	4.8	93			
剖12	淋溶土	白浆土	山地白浆土	砂岩山地白浆土	薄层砂岩山地白浆土	Aoo	0–2												砂岩风化物	E 130°29′13.2″ N 42°50′56.0″	75
						Ao	2–3														
						A₁	3–17	灰黑色	黏壤土	团块状	6.1	27.9	1.33	0.85	9.5	82	9.1	163			
						A₂	17–30	灰白色	黏壤土	粒状											
						B	30–55	灰褐色	黏壤土	块状											
						C	55–100	灰黄色	多砾质壤土	粒状											
剖13	淋溶土	白浆土	草甸白浆土	黄土质潮白浆土	破皮黄白浆土	A₁₁	0–18	浅灰棕色	粉砂质壤土	小团块状	5.8	24.7	1.13	0.76	17.1	151	3.6	104	黄土状黏土沉积物	E 130°26′57.5″ N 42°50′22.3″	95
						E	18–40	灰白棕色	黏壤土	片状	6.5	13.9	0.64	0.54	23.9	92	1.8	82			
						Btu	40–72	浊黄棕色	黏壤土	棱块状	6.2	9.2	0.46	0.49	22.7	60	1.8	83			
						BC	72–120	浊黄棕色	黏壤土	棱块状	5.6	8.7	0.53	0.51	20.3	78		231			
剖14	半水成土	草甸土	草甸土	山川草甸土	厚层山川草甸土	Aa	0–11	黑灰色	粉砂质壤土	块状	5.6	48.7	2.04	1.21	14.1	184	10.2	147		E 130°39′43.9″ N 42°53′57.5″	95
						As	11–37	灰棕色	黏壤土	粒状	5.3	39.9	1.78	1.27	14.0	213	1.8	173			
						A₁	37–67	黑色	黏壤土	粒状	5.3	80.1	3.36	1.54	11.3	251	9.0	158			
						A₁B	67–85	灰棕色	粉砂质壤土	粒状	5.5	29.9	1.31	0.97	13.3	124	3.6	106			
剖15	淋溶土	白浆土	山地白浆土	片岩山地白浆土	薄层片岩山地白浆土	Aa	0–20	浅灰黑色	砂壤土	片状	5.5	88.7	4.30	2.61	16.6	370	45.4	74	片岩风化物	E 130°31′45.5″ N 42°51′32.0″	75
						A₂	20–50	灰灰色	黏壤土	块状	5.9	9.3	0.35	0.49	15.8	42	6.9	61			
						B	50–90	灰棕色	黏壤土	块状	5.4	35.4	1.29	0.75	13.0	133	7.8	61			
剖16	人为土	水稻土	冲积土型水稻土	渗育冲积型水稻土	砂底渗育冲积型水稻土	C₁	0–19	黑灰色	壤土	粒状	6.2	11.5	0.52	1.07	13.2	41	8.7	82		E 130°23′33.7″ N 42°49′38.3″	75
						C₂	19–34	灰棕色	壤土	粒状	6.0	15.4	0.59	1.17	18.7	53	15.6	105			
						C₃	34–52	灰棕色	壤土	粒状	6.1	2.3	0.12	1.01	16.3	16	20.0	40			
						Aa	52–100	灰棕色	壤土	块状	7.0	38.3	1.83	1.65	23.3	148	115.2	239			
剖17	半水成土	草甸土	草甸土	平川草甸土	厚层平川草甸土	A₁	0–20	暗黄棕色	粉砂质壤土	粒状	6.3	37.9	1.46	1.20	19.8	131	24.2	104		E 130°20′03.1″ N 42°49′21.0″	95
						A₁₁	20–42	黑灰色	黏壤土	块状	6.5	12.9	0.61	1.26	17.6	48	11.4	159			
						G₁	42–85	青灰色	粉砂质壤土	块状	6.3	13.4	0.48	0.90	19.4	28	18.8	147			
						G₂	85–98	青灰色	粉砂质壤土	片状	6.3	8.9	0.46	1.42	18.8	25	13.9	105			
剖18	人为土	水稻土	白浆土型水稻土	潴育白浆型水稻土	覆砂厚层潴育白浆型水稻土	Aa	0–17	灰棕色	砂土	无结构	6.7	13.2	0.56	2.01	32.3	63	13.5	167		E 130°16′14.5″ N 42°48′47.5″	95
						Se₁	17–49	黑灰色	砂土	无结构	6.7	9.3	0.47	1.83	31.1	24	66.6	71			
						A₁	49–68	黑灰色	黏壤土	棱块状	6.1	7.9	0.44	2.63	22.7	32	217.8	286			
						A₂	68–85	浅黄灰色	粉砂质壤土	片状	6.2	3.7	0.31	1.54	25.3	17	194.9	371			
						B	85–120	黄灰色	壤土	无结构	6.1	4.9	0.38	1.58	24.0	21	202.0	33			
剖19	人为土	水稻土	冲积土型水稻土	渗育冲积型水稻土	砂质渗育冲积型水稻土	Aa	0–14	黄灰色	砂土		5.8	9.3	0.38	0.98	28.0	50	12.9	81		E 130°20′23.6″ N 42°47′43.1″	95
						C₁	14–53	黄灰色	砂壤土	无结构	5.2	21.8	1.03	1.95	16.6	100	9.5	112			
						C₂	53–120	灰灰色	砂土	无结构	5.5	5.0	0.19	0.58	20.1	24	17.5	70			

续表 Continued

剖面号 Soil profile	土纲 Soil order	土类 Soil great group	亚类 Soil subgroup	土属 Soil genus	土种 Soil species	土层码 Layer code	土层厚度 Depth/cm	颜色 Soil color	质地 Soil texture	土壤结构 Soil structure	pH	有机质 OM/(g/kg)	全氮 TN/(g/kg)	全磷 TP/(g/kg)	全钾 TK/(g/kg)	碱解氮 AN/(mg/kg)	有效磷 AP/(mg/kg)	速效钾 AK/(mg/kg)	土壤母质 Parent material	剖面点坐标 Profile coordinate	匹配指数 Matching index/%
剖20	淋溶土	白浆土	平地白浆土	黄土质平地白浆土	厚黄土质平地白浆土	Aa	0—16	黄灰色	粉砂质壤土	团粒状	5.7	27.2	1.05	1.70	27.6	144	21.8	144	黄土母质	E 130°22′44.8″ N 42°47′10.3″	95
						A₁	16—40	浅灰色	黏壤土	团粒状	6.4	16.9	0.67	0.84	18.5	72	2.9	62			
						A₂	40—57	灰白色	黏壤土	片状	6.7	8.4	0.38	0.47	26.4	43	3.2	51			
						B	57—80	灰棕色	黏壤土	棱块状	6.8	6.1	0.38	0.51	17.0	42	1.9	95			
						BC	80—120	棕黄色	黏壤土	棱块状	6.6	4.7	0.25	0.72	18.0	23	3.6	84			
剖21	淋溶土	白浆土	黄浆土	冲积黄白浆土	薄层冲积黄白浆土	A₁	0—20	暗灰色	砂壤土	块状	5.6	25.3	0.73	0.73	25.2	114	8.5	255	冲积物	E 130°24′48.2″ N 42°46′19.6″	95
						A₁A₂	20—30	黄灰色	砂壤土	块状	5.9	9.7	0.45	0.45	26.4	39	1.7	71			
						A₂B	30—38	灰黄色	砂壤土	片状	5.9	6.3	0.29	0.29	27.9	28	1.7	111			
						B	38—126	黄棕色	砂质黏壤土	棱块状	5.6	3.1	0.86	0.86	24.6	23	24.4	120			
						BC	126—151	棕黄色	壤土	棱块状	5.9	3.0	0.20	0.63	22.6	14	12.2	109			
剖22	淋溶土	白浆土	台地白浆土	黄土质台地白浆土	露黄台地白浆土	Aa	0—12	灰白相间	壤土	粒状									黄土母质	E 130°23′58.6″ N 42°40′54.5″	75
						A₂	12—35	灰白色	黏壤土	片状											
						A₂B	35—49	黄黄色	黏壤土	棱块状											
						B	49—74	棕黄色	黏壤土	棱块状											
						BC	74—120	黄白相间	黏壤土	棱块状											
剖23	人为土	水稻土	冲积土型水稻土	渗育冲积型水稻土	砂底垫质渗育冲积型水稻土	Aa	0—15	浅黄色	砂砂壤土	块状	6.3	15.9	0.82	1.23	18.5	100	2.0	82	冲积物	E 130°29′16.1″ N 42°38′33.0″	75
						C₁	15—40	黑黄色	黏砂壤土	块状	6.3	13.2	0.57	1.26	17.7	74	4.7	71			
						C₂	40—120	浅灰黄色	砂土	片状	6.1	4.3	0.19	1.03	18.7	22	9.2	40			
剖24	淋溶土	白浆土	平地白浆土	黄土质平地白浆土	中层黄土质平地白浆土	Aa	0—22	棕灰色	黏壤土	块状	5.8	31.5	1.39	0.90	19.3	165	8.7	114	黄土母质	E 130°27′19.3″ N 42°37′49.5″	75
						A₂	22—54	灰白色	黏壤土	片状	6.2	15.9	0.57	0.55	22.1	71	3.6	105			
						B	54—120	黄灰色	黏壤土	棱块状	6.3	10.4	0.42	0.48	17.6	49	4.4	138			
剖25	淋溶土	白浆土	平地白浆土	黄土质平地白浆土	覆砂薄层黄土质平地白浆土	Aa	0—15	黄灰色	黏壤土		5.9	12.2	0.66	1.26	25.5	79	46.6	61	黄土母质	E 130°33′15.7″ N 42°39′48.2″	75
						Ase	15—35	黄灰色	壤土	块状	6.2	9.3	0.44	0.94	22.7	41	7.4	41			
						A₁	35—53	暗灰色	壤土	块状	6.3	10.4	0.64	0.70	25.4	49	6.5	52			
						A₂	53—70	黄白相间	壤土	片状	6.7	3.6	0.28	0.44	24.4	21	2.0	41			
						B₁	70—115	黄灰色	黏壤土	棱块状	6.0	5.1	0.34	0.68	22.5	27	12.1	118			
						B₂	115—120	黄灰色	壤土	块状	6.3	3.6	0.28	1.11	24.6	18	8.7	73			
剖26	人为土	水稻土	冲积土型水稻土	渗育冲积型水稻土	砂砾底垫砂质渗育冲积型水稻土	Aa	0—19	暗黄色	粉砂质壤土	块状	6.0	32.5	1.33	0.88	20.1	151	3.4	103		E 130°30′52.6″ N 42°38′29.8″	75
						C₁	19—35	黄灰色	粉砂质壤土	块状	5.9	30.5	1.28	0.89	15.0	127	3.1	103			
						C₂	35—60	灰黄色	粉砂质壤土	块状	6.4	19.5	0.79	0.83	21.1	72	4.4	103			
						C₃	60—120		砂砾土												
剖27	人为土	水稻土	冲积土型水稻土	渗育冲积型水稻土	砂砾底砂质渗育冲积型水稻土	Aa	0—9	黄灰色	砂壤土	块状	5.3	20.1	0.74	1.75	10.2	121	4.7	51		E 130°32′29.0″ N 42°35′15.0″	75
						C₁	9—40	黄灰色	砂土	块状	6.2	13.2	0.55	2.20	9.5	84	10.1	61			
						C₂	40—80	灰黄色	砂土	块状	6.5	10.8	0.40	1.96	10.3	65	9.1	51			
						C₃	80—120		砾质砂土												

龙 井 市

主要土类说明

暗棕壤是龙井市主要土壤类型，占本市地域面积的76%。暗棕壤具有湿润的土壤水分状况和冷凉的土壤温度状况，是发育于山地上的一种弱度发育土壤，其发育受地形、坡度因素的影响极大。母质多为残积物和坡积物。土体呈棕色，有较明显的黏化现象及不清晰的B层发育。A层有机质含量较高，弱酸性淋溶使铁铝轻微下移。B层呈棕色，结构面见铁锰胶膜。土壤呈弱酸性，盐基饱和度为70%—80%。土壤冻结期长。

草甸土是龙井市第二大土壤类型，占本市地域面积的15%。草甸土是由沉积作用并伴随腐殖质积累过程形成的富含腐殖质的土壤，分布在远河低平处或台地间洼地。其主要特征是土壤腐殖质含量较高，有明显的粒状结构。草甸土虽然面积不大，但土壤质地良好，肥力高，适耕性强，在农业生产上占重要地位。本市草甸土分为山川草甸土、岗川草甸土、平川草甸土三个土属。

水稻土是龙井市第三大土壤类型，占本市地域面积的6%。水稻土是在种稻周期性淹水条件下，经水耕熟化和氧化还原交替过程形成的非地带性土壤。水稻土的剖面形态不仅可以反映不同的成土过程和不同类型的水稻土，也可以用来判断土壤的肥力水平。本市种稻时间较短，水稻土发育程度不高，除耕作层形成网状锈纹外，心土和底土基本保留母土原有的特征。本市水稻土按母土类型分为冲积土型、草甸土型、冷浆型、暗棕壤型、白浆土型、黑土型六个亚类。

小于本市地域面积3%的土壤类型有白浆土等。

本区域中心区气候特征

本区域中心区气候特征值
Regional climate characteristics in central area of the region

气候带：中温带亚干旱气候 Climate region: Mid temperate subarid climate	
年平均气温 /℃ Annual average temperature /℃	5.3
年平均最高气温 /℃ Annual average maximum temperature /℃	12.2
年平均最低气温 /℃ Annual average minimum temperature /℃	−0.4
年降水量 /mm Annual precipitation /mm	552
≥10℃的积温 /℃ Daily temperature accumulated in a year (≥10℃) /℃	1931
年日照时数 /h Annual sunshine /h	2283
年平均相对湿度 /% Annual average relative humidity /%	65
干燥度 Dryness	0.60

本区域中心区月平均气温与月平均降水量
Monthly temperature and precipitation in central area of the region

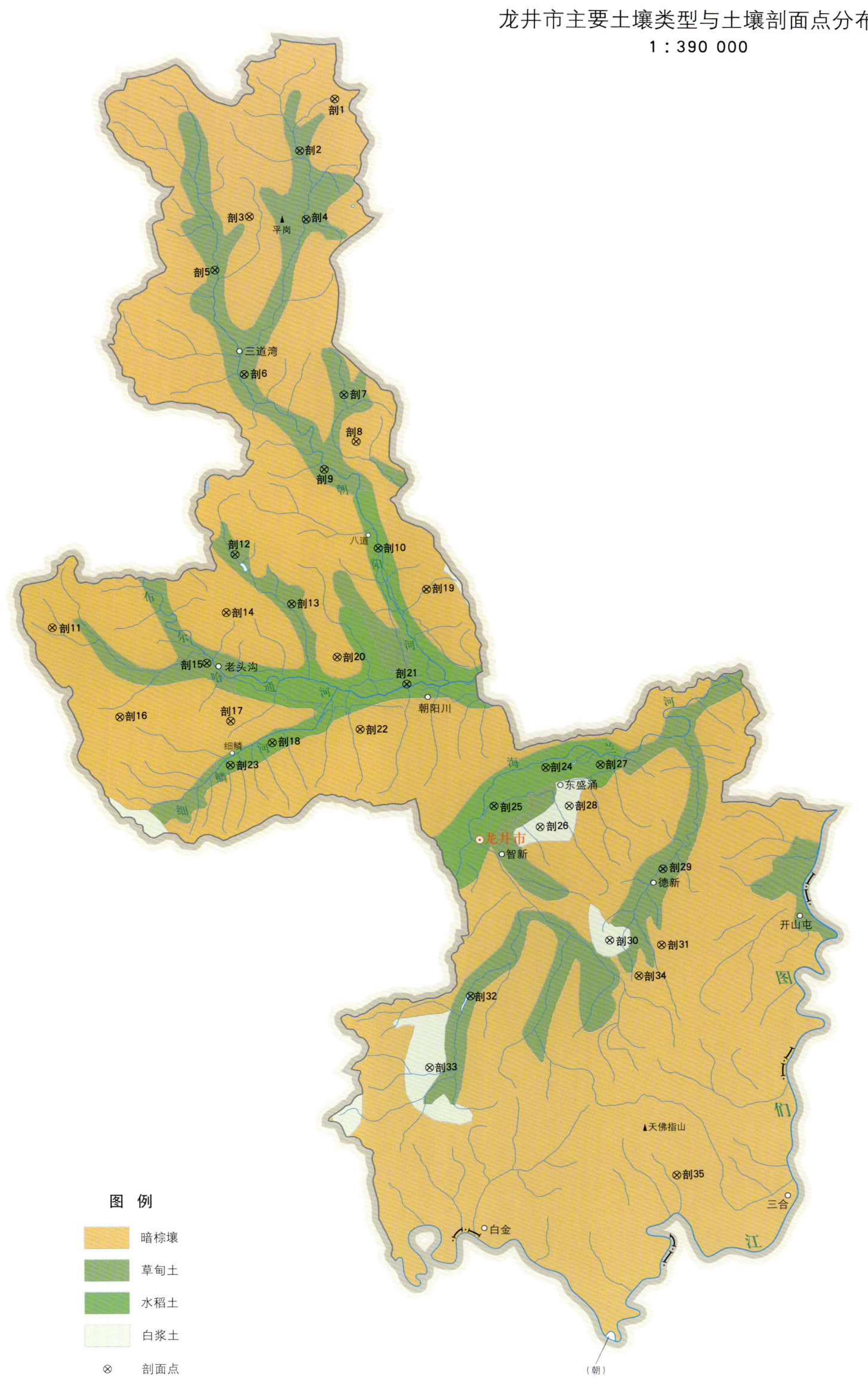
龙井市主要土壤类型与土壤剖面点分布图
1:390 000

龙井市土壤剖面理化性状表

剖面号 Soil profile	土纲 Soil order	土类 Soil great group	亚类 Soil subgroup	土属 Soil genus	土种 Soil species	土层码 Layer code	土层厚度 Depth/cm	颜色 Soil color	质地 Soil texture	土壤结构 Soil structure	pH	有机质 OM/(g/kg)	全氮 TN/(g/kg)	全磷 TP/(g/kg)	全钾 TK/(g/kg)	碱解氮 AN/(mg/kg)	有效磷 AP/(mg/kg)	速效钾 AK/(mg/kg)	阳离子交换量CEC/(cmol/kg)	土壤母质 Parent material	剖面点坐标 Profile coordinate	匹配指数 Matching index/%
剖1	淋溶土	暗棕壤	暗棕壤	麻砂质暗棕壤	薄层酸性岩暗棕壤	Aa	0—20	灰黑色	砂壤土	粒状	6.3	43.1	1.40	0.52	15.6	118	26.7	108	17.0	酸性岩风化物	E 129°16′00.5″ N 43°21′47.9″	74
						A₂	20—40	灰白色	多砾砂壤土	粒状	6.4	8.9	0.32	0.59	23.2	40	33.8	264	26.9			
						C₁	40—76	灰黄色	多砾砂壤土	核状	6.4	7.5	0.36	0.65	23.6	32	40.3	221	16.9			
						C₂	76—120		多砾砂壤土		6.5	6.4	0.36	0.65	18.1	22	26.2	185	14.0			
剖2	半水成土	草甸土	草甸土	岗川草甸土	薄层岗川草甸土	Aa	0—18	暗灰色	少砾壤土	粒状	6.9	72.9	2.78	1.24	18.8	252	4.9	234			E 129°13′45.3″ N 43°19′17.0″	75
						A	18—30	黑灰色	少砾壤土	粒状	6.5	21.9	0.91	0.32	20.4	60	16.6	159				
						Bg	30—120	灰黄色	砂壤土		5.8	13.0	0.40	0.32	19.1	26	14.3	194				
剖3	淋溶土	暗棕壤	酸性岩暗棕壤	酸性岩暗棕壤	中层酸性岩暗棕壤	Aa	0—21	暗棕色	少砾壤土	粒状	5.2	82.1	3.63	1.09	15.6	336	6.1	193		酸性岩风化物	E 129°10′32.5″ N 43°16′05.9″	85
						A₂	21—43	灰白色	多砾砂壤土	粒状	5.2	91.4	4.19	1.29	16.0	406	4.7	233				
						BC	43—82	黄灰色	多砾砂壤土	核状	5.0	16.1	0.83	0.54	16.3	94	1.2	113				
						C	82—120	黄棕色	多砾砂壤土		4.9	8.3	0.47	0.50	16.7	48	2.0	137				
剖4	半水成土	草甸土	草甸土	岗川草甸土	厚层岗川草甸土	Aa	0—60	灰黑色	少砾黏土	粒状	6.2	89.6	3.63	1.00	14.3	252	3.6	104			E 129°14′10.4″ N 43°15′57.9″	75
						AB	60—130	暗棕色	少砾壤土	小块状	6.3	76.9	2.96	1.07	14.2	224	6.2	145				
						C	130—150	黄白相间	砂壤土	粒状	5.7	15.8	0.60	0.43	15.2	42	5.1	102				
剖5	半水成土	草甸土	山川草甸土	山川草甸土	薄层山川草甸土	Aa	0—16	灰黑色	砾质壤土	粒状	6.5	93.0	1.17	1.26	16.2	106	18.3	157	31.9		E 129°08′20.0″ N 43°13′31.4″	95
						B	16—43	黄棕色	砾质砂壤土		6.4	27.7	0.55	0.90	10.0	70	64.2	137	25.9			
						C	43—97	灰白色	少砾质砂壤土	粒状	5.6	15.6	0.27	1.23	15.6	20	8.6	70	24.6			
剖6	半水成土	草甸土	草甸土	平川草甸土	薄层平川草甸土	Aa	0—14	暗棕色	多砾砂壤土	粒状											E 129°10′11.6″ N 43°08′27.6″	75
						A	14—30	暗棕色	粉砂质壤土	粒状	5.8	29.9	1.20	0.50	20.2	92	4.6	132				
						B	30—71	红棕色	多砾砂壤土	块状	5.3	20.3	0.67	0.47	18.6	44	6.9	103				
						Bg	71—90	黄棕色	多砾砂壤土	块状	5.7	7.1	0.32	0.53	19.6	20	14.2	67				
						G	90—120	黄棕色	多砾砂壤土		6.1	4.8	0.25	0.46	17.7	12	11.8	74				
剖7	半水成土	草甸土	草甸土	平川草甸土	厚层平川草甸土	1	0—15	暗棕色	多砾砂壤土	粒状	6.4	24.5	0.98	0.46	11.9	100	6.9	169			E 129°16′32.5″ N 43°07′28.2″	75
						2	15—65	暗棕色	多砾砂壤土	粒状	6.3	17.9	0.63	0.46	20.4	80	5.7	60				
						3	65—95	暗棕色	多砾砂壤土	粒状	6.5	10.8	0.33	0.51	12.5	38	5.9	133				
						4	95—120		多砾砂壤土													
剖8	淋溶土	暗棕壤	暗棕壤	麻砂质暗棕壤	马牙红土	A₁	0—5	暗棕色	多砾质壤土	粒状										花岗岩风化残积物、坡积物	E 129°17′19.0″ N 43°05′12.8″	92
						AB	5—15	暗棕色	多砾质壤土	粒状												
						BC	15—50	黄棕色	粉砂质壤土	粒状												
						C	50—80	暗棕色	多砾质壤土	粒状	5.8											
剖9	半水成土	草甸土	草甸土	平川草甸土	厚层平川草甸土	Aa	0—16	灰黑色	砂壤土	粒状	5.3	10.5	0.66	0.72	16.3	48	6.9	138			E 129°15′16.9″ N 43°03′51.9″	75
						A	16—59	棕灰色	少砾壤土	粒状	5.7	2.4	0.15	0.56	18.9	14	8.0	183				
						B	59—83	黄棕色	少砾砂壤土	粒状	6.1	5.6	0.17	0.69	15.9	14	6.7	114				
						Bg	83—125	暗棕色	多砾砂壤土													
剖10	人为土	水稻土	冲积土型水稻土	冲积土型水稻土	砾石底砂质潜育冲积型水稻土	Aa	0—15	浊棕色	砂壤土	屑粒状	6.9	30.0	0.98	0.46	11.9	100	6.9	169	19.7		E 129°18′41.4″ N 43°00′03.3″	75
						C₁	15—53	橙色	少砾砂壤土	棱块状	6.3	17.9	0.63	0.46	20.4	80	5.7	161	24.1			
						C₂	53—67	黄棕色	少砾砂壤土	棱块状	6.5	10.8	0.33	0.51	12.5	38	5.9	133	28.0			
						C₃	67—120		多砾砂壤土													
剖11	淋溶土	暗棕壤	暗棕壤	暗麻砂土	麻砂土	Ah	0—10	浊橙色	重砾砂壤土		7.5	20.5	1.07	0.74	20.9	80	16.4	156		花岗岩风化物	E 128°57′58.0″ N 42°56′13.6″	92
						B	10—42		重砾砂壤土		7.4	21.8	0.96	0.60	20.4	68	3.4	91				
						C	42—95		重砾砂壤土		7.3	19.6	0.68	1.00	20.9	72	3.4	118				
剖12	半水成土	草甸土	草甸土	平川草甸土	薄层平川草甸土	1	0—20														E 129°09′35.2″ N 42°59′45.7″	75
						2	20—37															
						3	37—60				7.3	23.6	0.98	0.86	20.2	50	5.5	153				
						4	60—89				7.0	53.5	2.13	1.24	21.5	77	7.2	183				
						5	89—120															

续表 Continued

剖面号 Soil profile	土纲 Soil order	亚类 Soil subgroup	土属 Soil genus	土种 Soil species	土层码 Layer code	土层厚度 Depth/cm	颜色 Soil color	质地 Soil texture	土壤结构 Soil structure	pH	有机质 OM/(g/kg)	全氮 TN/(g/kg)	全磷 TP/(g/kg)	全钾 TK/(g/kg)	碱解氮 AN/(mg/kg)	有效磷 AP/(mg/kg)	速效钾 AK/(mg/kg)	阳离子交换量CEC/(cmol/kg)	土壤母质 Parent material	剖面点坐标 Profile coordinate	匹配指数 Matching index/%
剖13	半水成土	草甸土	平川草甸土	中层平川草甸土	Aa	0—12	暗灰色	粉砂质壤土	粒状	5.6	72.5	2.90	1.16	16.2	266	11.1	186			E 129°13′09.8″ N 42°57′21.2″	95
					A	12—40	暗棕色	粉砂质壤土	粒状	5.3	28.8	1.20	1.16	16.3	124	1.3	91				
					Bg	40—80	黄棕色	粉砂质壤土	小块状	5.1	11.4	0.41	0.67	16.9	44	2.3	51				
					BC	80—120	灰棕色	砂土	粒状												
剖14	淋溶土	暗棕壤	麻砂质暗棕壤	中层酸性岩暗棕壤	A_1	0—20	灰黑色	多砾砂质壤土	粒状	6.5	69.5	2.90	0.56	21.6	186	9.2	388		花岗岩风化物	E 129°09′01.4″ N 42°56′57.1″	92
					B	20—45	浅黄色	多砾砂质壤土	粒状	5.7	10.9	0.55	0.85	20.5	42	4.0	222				
					C	45—78	浅黄色	多砾砂土													
剖15	半水成土	草甸土	山川草甸土	中层山川草甸土	A_1	0—27	灰棕色	砾质壤土	粒状	6.4	32.7	1.70	0.51	20.7	98	14.3	231			E 129°07′46.2″ N 42°54′30.6″	95
					A_1	27—41	暗棕色	少砾壤土	粒状	7.0	11.6	5.70	0.42	20.1	46	5.6	167				
					B	41—66	黄棕色	砾质壤土	粒状	6.5	9.1	0.46	0.43	19.7	28	6.3	127				
					C	66—107	棕黄色	砂土	粒状	6.8	2.0	0.23	0.65	19.8	10	8.6	65				
剖16	淋溶土	暗棕壤	酸性岩暗棕壤	厚层酸性岩暗棕壤	A_1	0—11	暗灰色	砂质壤土	粒状	5.7	47.1	1.83	1.03	13.8	150	6.5	82		酸性岩风化物	E 129°02′13.9″ N 42°51′54.7″	95
					AB	11—47	棕灰色	砂砾壤土	粒状	6.5	11.5	0.52	0.83	15.7	32	5.8	51				
					B	47—87	暗棕色	多砾砂质壤土	粒状	6.0	13.7	0.49	0.77	15.5	34	9.4	53				
					C	87—105	灰白色	多砾砂质砂土	粒状	6.6	5.8	0.31	1.01	15.7	16	2.5	4				
剖17	淋溶土	暗棕壤	砂岩暗棕壤	薄层砂岩暗棕壤	Aa	0—15	浅棕色	砂质壤土	粒状	6.3	15.7	0.75	0.24	20.2	54	4.8	182	20.2	砂岩风化物	E 129°09′16.6″ N 42°51′41.8″	74
					B	15—36	黄棕色	砂质壤土	粒状	5.7	10.7	0.42	0.18	19.5	36	2.1	200	16.0			
					BC	36—57	浅黄色	砂质壤土	粒状	5.9	4.7	0.30	0.15	19.8	16	2.1	103	28.4			
					C	57—120															
剖18	人为土	草甸土型水稻土	草甸型水稻土	厚层潜育草甸型水稻土	Aa	0—20	灰黑色	少砾壤土	小块状	6.1	29.6	1.35	0.45	14.6	114	3.9	187			E 129°11′53.9″ N 42°50′39.1″	95
					B	20—30	灰灰色	砂质壤土	块状	6.7	17.8	0.87	0.39	6.1	77	10.6	231	26.5			
					W	30—52	黑黑色	砂质壤土	粒状	6.3	11.9	0.54	0.35	4.5	46	10.6	197	23.0			
					BC	52—78	浅棕色	砾质砂壤土	粒状	6.8	9.3	0.51	0.34	18.1	33	12.4	186	25.4			
					C	78—120	浅黄色	粉砂质壤土	块状	6.2	9.0	0.45	0.36	18.3	38	17.6	202	23.4			
剖19	淋溶土	暗棕壤	中性岩暗棕壤	薄层中性岩暗棕壤	Aa	0—17	暗灰色	粉砂质壤土	粒状	5.6	28.7	1.12	0.56	14.6	114	32.3	177	26.5	中性岩风化物	E 129°21′45.3″ N 42°58′02.9″	74
					B	17—32	黄棕色	粉砂质壤土	粒状	6.5	13.1	0.63	0.31	14.5	46	5.7	162	23.0			
					C	32—53	黄棕色	粉砂质壤土	粒状	5.5	11.6	0.51	0.35	15.0	39	1.9	112	25.4			
					C	53—120	黄棕色	壤质砂质	粒状	6.2	7.9	0.38	0.77	12.7	28	3.5	138	23.4			
剖20	暗棕壤	暗棕壤	露黄砂暗棕壤	露黄砂岩暗棕壤	Ba	0—12	棕色	多砾砂质	无结构	6.0	7.6	0.45	0.31	19.2	58	4.0	102		砂岩风化物	E 129°16′03.4″ N 42°54′46.8″	74
					BC	12—50	暗灰色	砾质砂质	块状	5.7	4.7	0.29	0.34	16.7	44	9.3	220	26.9			
					C	50—67	黄棕色	粉砂质壤土	小块状	6.1	2.7	0.35	0.35	15.5	18	9.5	72	28.2			
剖21	人为土	冷浆型水稻土	腐泥冷浆型水稻土	腐泥冷浆型水稻土	Aa	0—20	黑黑色	粉砂质壤土	粒状	5.9	28.2	1.08	0.63	19.2	28	8.5	157	27.4		E 129°20′28.0″ N 42°53′28.0″	95
					W	20—70	暗黑色	粉砂质壤土	小块状	7.0	16.3	0.65	0.64	18.7	62	3.7	130	28.2			
					B	70—85	暗棕色	粉砂质壤土	块状	6.9	13.4	0.51	0.73	16.4	52	13.6	118	27.4			
					BC	85—120	棕棕色	粉砂质壤土	粒状	6.9	5.1	0.22	0.24	19.7	14	11.7	103	15.3			
剖22	淋溶土	暗棕壤	砂岩暗棕壤	中层砂岩暗棕壤	Aa	0—21	暗棕色	砂质壤土	粒状	5.5	41.5	1.59	0.69	16.7	150	14.3	366		砂岩风化物	E 129°17′28.8″ N 42°51′17.0″	74
					AB	21—50	浅黄色	粉砂质壤土	粒状	5.8	4.8	0.69	0.43	17.5	38	4.5	98				
					B	50—67	红黄色	粉砂质壤土	粒状	6.5	2.3	0.09	0.45	20.9	12	8.7	40				
					C	67—120	棕灰色	多砾砂质壤土	小块状	6.4	4.5	0.38	0.54	15.7	36	15.4	97				
剖23	人为土	冲积土型水稻土	冲积土型水稻土	砂底黏壤质渗育冲积型水稻土	Aa	0—15	黄灰色	壤土	粒状	6.0	36.1	1.50	0.74	17.8	115	7.2	94			E 129°09′14.4″ N 42°49′34.7″	75
					P	15—29	暗棕色	壤土	粒状	6.2	38.8	1.56	0.75	16.9	112	15.0	165				
					C_1	29—64	黄棕色	砂质壤土	粒状	6.5	40.7	1.86	1.29	17.2	137	79.3	518				
					C_2	64—120	浅棕色	砂土	粒状	6.8	52.3	2.27	1.68	17.9	152	190.1	1001				

续表 Continued

剖面号 Soil profile	土纲 Soil order	土类 Soil great group	亚类 Soil subgroup	土属 Soil genus	土种 Soil species	土层码 Layer code	土层厚度 Depth/cm	颜色 Soil color	质地 Soil texture	土壤结构 Soil structure	pH	有机质 OM/(g/kg)	全氮 TN/(g/kg)	全磷 TP/(g/kg)	全钾 TK/(g/kg)	碱解氮 AN/(mg/kg)	有效磷 AP/(mg/kg)	速效钾 AK/(mg/kg)	阳离子交换量 CEC/(cmol/kg)	土壤母质 Parent material	剖面点坐标 Profile coordinate	匹配指数 Matching index/%
剖24	人为土	水稻土	暗棕壤型水稻土	暗棕壤型水稻土	中层潜育暗棕壤型水稻土	A	0—25	暗灰色	壤土	粒状	5.7	32.7	1.62	0.61	23.	144	5.6	287			E 129° 29′ 15.1″ N 42° 49′ 24.4″	93
						AB	25—48	暗灰色	壤土	粒状	6.2	31.4	1.54	0.58	23.0	127	5.2	276				
						B	48—86	黄褐色	粉砂质壤土	小块状	5.8	11.4	1.47	0.53	19.7	64	19.2	180				
						C	86—120	红棕色	粉砂质壤土	大块状	5.6	9.4	0.21	0.47	11.4	44	18.3	201	24.1			
剖25	人为土	水稻土	冷浆型水稻土	冷浸冷浆型水稻土	冷浸冷浆型水稻土	A	0—20	棕灰色	壤土	粒状	5.7	44.2	1.53	0.71	19.7	116	3.3	116	25.7		E 129° 25′ 56.3″ N 42° 47′ 32.6″	95
						B	20—65	灰黑色	粉砂质壤土	小块状	6.2	62.0	1.47	0.69	18.7	140	14.6	165	29.6			
						Bg	65—85	黑褐色	壤土	粒状	6.7	22.1	0.75	0.66	20.0	66	15.9	173	23.2			
						Cg	85—120	黄褐色	砂质壤土	粒状	6.8	10.6	0.38	0.90	19.7	32	31.1	152	20.6			
剖26	淋溶土	白浆土	台地白浆土	基性岩台地白浆土	薄层基性岩台地白浆土	Aa	0—16	暗灰色	壤土	粒状	5.8	46.5	0.51	0.51	15.3	184	4.3	240	16.1	基性岩风化物	E 129° 28′ 51.2″ N 42° 46′ 31.1″	75
						A₂	16—44	灰白色	粉砂质壤土	片状	5.6	10.9	0.53	0.23	15.3	62	1.2	143	33.2			
						B	44—89	暗棕色	壤土	块状	5.8	8.7	0.59	0.32	13.9	44	2.3	242	32.0			
						C	89—124	棕黄色	黏质壤土	核状	5.3	2.6	0.34	0.26	14.7	24	2.0	212				
剖27	人为土	水稻土	冲积土型水稻土	冲积土型水稻土	夹砂砾壤质渗育冲积型水稻土	A	0—18	暗褐色	砂质壤土	粒状	6.0										E 129° 32′ 42.1″ N 42° 49′ 31.3″	95
						P	18—43	暗褐色	砂质壤土	粒状	6.5											
						C₁	43—60	灰白色	少砾砂土		7.0											
						C₂	60—84	浅黄色	多砾砂壤土		6.8											
						C₃	84—120	棕灰色	多砾砂壤土		6.5											
剖28	淋溶土	白浆土	台地白浆土	基性岩台地白浆土	中层基性岩台地白浆土	Aa	0—29	暗灰色	壤土	粒状	6.4	25.4	0.98	0.43	20.2	94	2.5	121	20.2	基性岩风化物	E 129° 30′ 42.8″ N 42° 47′ 32.3″	75
						A₂	29—54	粉砂质壤土	粉砂质壤土	片状	6.2	11.4	0.44	0.30	15.6	54	0.9	62	28.2			
						B	54—85	暗棕色	壤土	块状	6.0	11.4	0.63	0.30	16.5	56	0.9	110	45.0			
						C	85—135	灰黄色	黏质壤土	块状	5.8	8.3	0.53	0.34	17.4	36	5.9	108	43.2			
剖29	半水成土	草甸土	山川草甸土	山川草甸土	厚层山川草甸土	A₁	0—36	灰黑色	砾质壤土	粒状	6.4	156.9	7.13	3.07	14.8	520	22.4	371	41.9		E 129° 36′ 36.0″ N 42° 44′ 26.5″	95
						B	36—60	黑灰色	少砾壤土	粒状	6.1	103.6	4.04	2.18	17.3	346	7.6	362	34.0			
						C	60—72	灰黄色	壤质砂土	核状												
剖30	淋溶土	白浆土	台地白浆土	页岩底台地白浆土	薄层页岩底台地白浆土	Aa	0—8	暗褐色	粉砂质壤土	粒状	6.5	25.5	0.98	0.41	26.0	112	19.3	210	20.2	页岩风化物	E 129° 33′ 10.4″ N 42° 40′ 58.8″	75
						AB	8—25	黄褐色	粉砂质壤土	片状	6.0	23.8	1.06	0.39	26.7	90	2.9	170	28.2			
						BC	25—40	暗棕色	粉砂质壤土	小块状	5.6	15.3	0.98	0.46	22.0	90	2.8	261				
						C	40—50	黄褐色	黏壤土	小块状	5.2	15.6	0.91	0.56	17.3	64	6.2	274				
							50—120	棕褐色	砂质壤土	核状	5.5	12.6	0.80	0.82	21.9	52	19.3	305				
剖31	淋溶土	暗棕壤	暗棕壤	砂岩底暗棕壤	薄层砂岩底暗棕壤	Aa	0—9	暗黑色	多砾壤土	小粒状	5.9	71.0	0.98	0.80	16.2	70	6.8	118			E 129° 36′ 27.4″ N 42° 40′ 43.7″	93
						AB	9—52	黄褐色	多砾砂壤土	粒状	6.5											
						C	52—90	红褐色	多砾砂壤土	粒状												
							90—120	黄白相间														
剖32	半水成土	草甸土	岗川草甸土	岗川草甸土	中层岗川草甸土	Aa	0—31	黑灰色	小砾黏壤土	粒状	6.9	43.4	1.40	0.56	20.8	197	4.2	201			E 129° 24′ 20.2″ N 42° 38′ 18.6″	95
						A	31—67	浅黑黑相间	小砾壤土	粒状	6.9	32.7	0.67	0.47	21.4	156	5.8	174	20.4			
						BC	67—120	暗灰色	砾质壤土	粒状	6.5	22.6	0.57	0.40	20.1	38	5.5	126	15.0			
剖33	淋溶土	白浆土	台地白浆土	砂岩底台地白浆土	薄层砂岩底台地白浆土	Aa	0—15	暗棕色	粉砂质壤土	片状	6.2	27.5	1.21	0.28	17.5	114	0.7	124	38.6	砂岩风化物	E 129° 21′ 42.1″ N 42° 34′ 53.4″	75
						A₂	15—57	灰白色	壤土	块状	5.2	8.7	0.42	0.19	18.7	44	0.1	102	17.0			
						B	57—100	暗棕色	壤土	粒状	5.1	6.6	0.37	0.20	17.4	40	2.6	133				
						C	100—120	黄褐色	砂壤土	粒状	5.0	5.7	0.41	0.12	15.9	37	2.5	117				
剖34	淋溶土	暗棕壤	酸性岩暗棕壤	酸性岩暗棕壤	薄层酸性岩暗棕壤	A₁	0—18	黑灰色	砂壤土	粒状	5.7	74.4	3.35	1.61	16.9	141	5.9	186	19.7	酸性岩风化物	E 129° 35′ 00.2″ N 42° 39′ 14.0″	85
						C	18—	暗棕色	砂壤土	粒状												
剖35	淋溶土	暗棕壤	暗棕壤	酸性岩暗棕壤	薄层酸性岩暗棕壤	A₁	0—5	暗棕色	多砾砂壤土	粒状	6.4	30.0	0.80	1.05	14.3	100	15.8	204	24.1	花岗岩风化物	E 129° 37′ 13.7″ N 42° 29′ 37.8″	92
						AB	5—15	暗棕色	多砾砂壤土	粒状	6.3	17.9	0.63	1.08	24.6	80	13.1	73				
						BC	15—40	红棕色	多砾砂壤土	粒状	6.5	10.8	0.33	1.18	15.1	38	13.5	161	28.0			
						C	40—80	黄棕色	多砾砂壤土	粒状												

和 龙 市

主要土类说明

暗棕壤是和龙市主要土壤类型，占本市地域面积的 68%。暗棕壤具有湿润的土壤水分状况和冷凉的土壤温度状况，腐殖质层厚 20cm 左右，无或仅有不明显的浅色亚表层，剖面构型为 O-A-B-C。淀积层多呈黄棕色，有机铁铝络合物淀积特征小于规定指标。地表以下 50—100cm 深度内无锈斑特征，地表以下 50cm 深度内无基岩层。

草甸土是和龙市第二大土壤类型，占本市地域面积的 17%。草甸土是在低平地形、地下水位较高、土壤水分含量较高的草甸植被下形成的非地带性土壤，分布在河漫滩、阶地、岗间洼地和山间川地。其主要特征是土壤腐殖质含量较高，有明显的粒状结构。草甸土土壤质地良好，肥力高，适耕性强，在农业生产上占重要地位。本市草甸土分为山川草甸土、岗川草甸土、平川草甸土三个土属。

棕色针叶林土是和龙市第三大土壤类型，占本市地域面积的 5%。棕色针叶林土是发生于寒温带针叶纯林下，具有酸性淋溶和弱度发育的土壤，具 O-A-AB-B-C 剖面构型。凋落物腐解，富里酸下渗，络合部分铁铝下移，使表层盐基饱和度降低。由于冻结期更长，冻层阻隔，溶性物质还可随水上移。B 层呈棕色，全剖面呈酸性，盐基饱和度为 50%—70%。

水稻土占本市地域面积的 4%。本市地处温带大陆性季风气候区，气候、地形、母土、水源等自然条件符合一年一季水稻生长发育的要求。水稻土是在种稻周期性淹水条件下，经水耕熟化和氧化还原交替过程形成的非地带性土壤，发育良好的水稻土已有许多性状发生改变，形成不同于母土的特有的剖面形态特征和理化特性。

沼泽土占本市地域面积的 3%。沼泽土所处地势低洼，长期地表积水，喜湿植被生长。该土壤有机质积累明显及还原作用强烈，具有潜育层，具 H-G 剖面构型。地表有机质积累明显，甚至见泥炭层或腐泥层。

小于本市地域面积 3% 的土壤类型有白浆土、火山灰土等。

本区域中心区气候特征

本区域中心区气候特征值
Regional climate characteristics in central area of the region

气候带：中温带亚干旱气候 Climate region: Mid temperate subarid climate	
年平均气温 /℃ Annual average temperature /℃	5.4
年平均最高气温 /℃ Annual average maximum temperature /℃	12.3
年平均最低气温 /℃ Annual average minimum temperature /℃	-0.3
年降水量 /mm Annual precipitation /mm	603
≥10℃的积温 /℃ Daily temperature accumulated in a year (≥10℃) /℃	1953
年日照时数 /h Annual sunshine /h	2266
年平均相对湿度 /% Annual average relative humidity /%	66
干燥度 Dryness	0.56

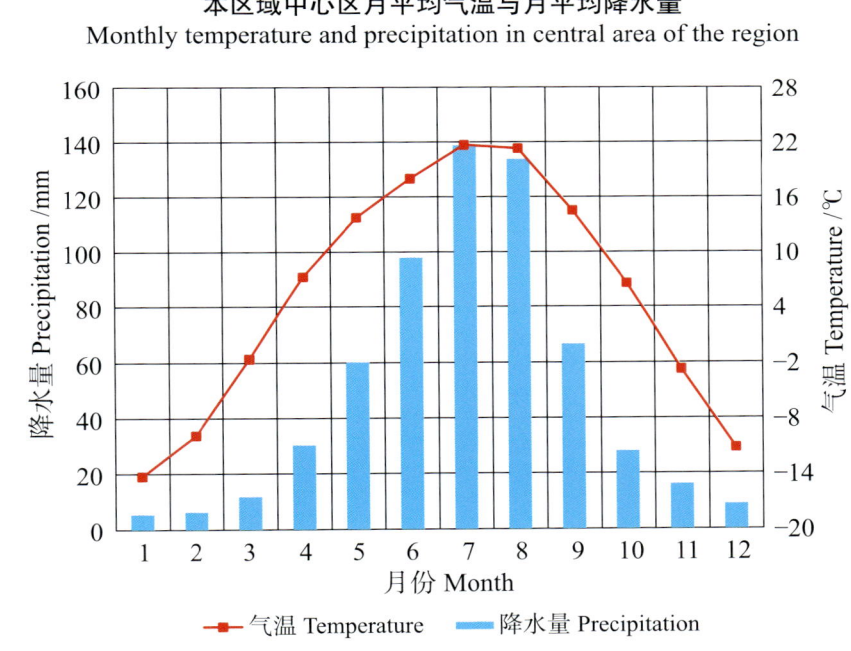

本区域中心区月平均气温与月平均降水量
Monthly temperature and precipitation in central area of the region

和龙市主要土壤类型与土壤剖面点分布图
1:380 000

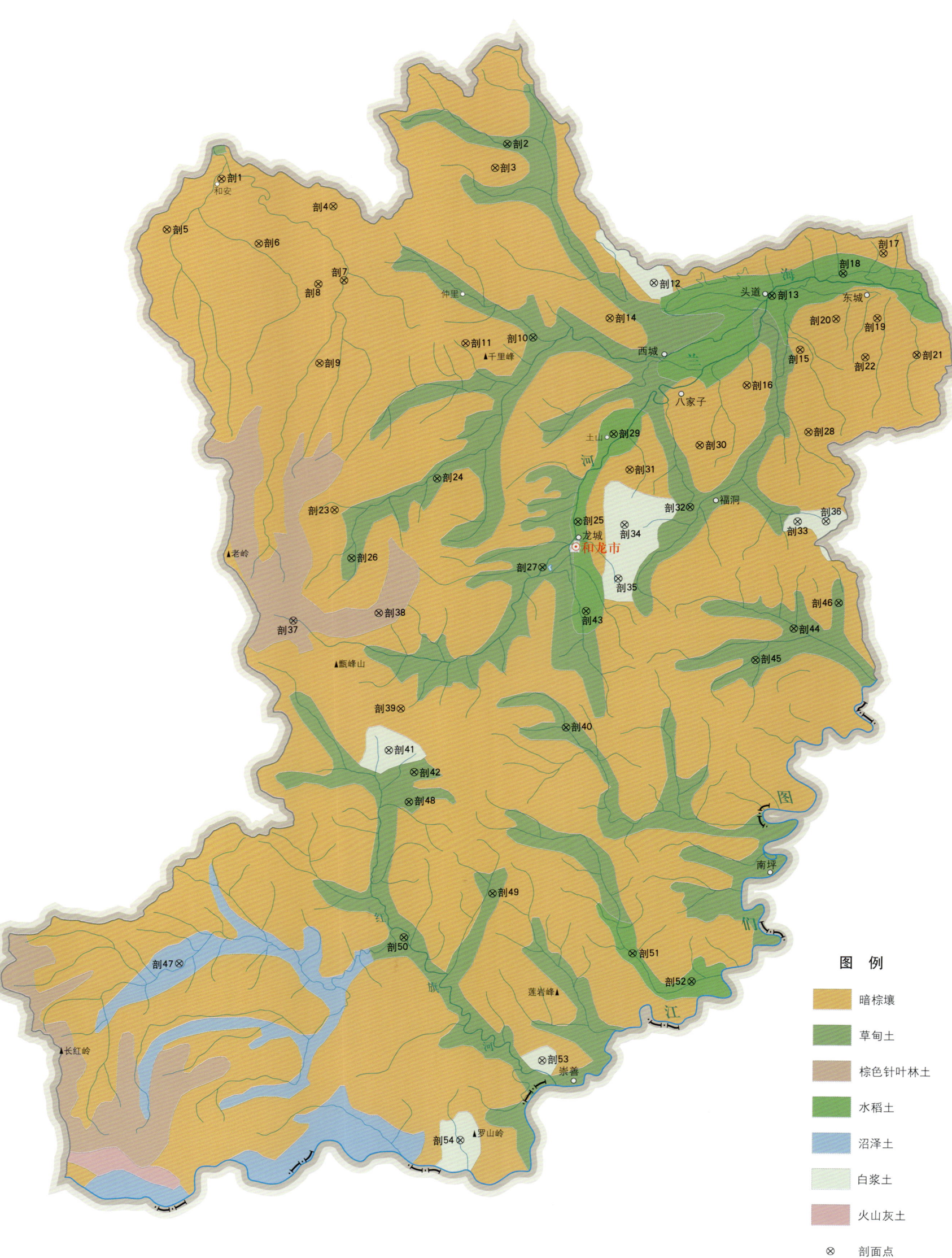

和龙市土壤剖面理化性状表

剖面号 Soil profile	土纲 Soil order	土类 Soil great group	亚类 Soil subgroup	土属 Soil genus	土种 Soil species	土层码 Layer code	土层厚度 Depth/cm	颜色 Soil color	质地 Soil texture	土壤结构 Soil structure	pH	有机质 OM/(g/kg)	全氮 TN/(g/kg)	全磷 TP/(g/kg)	全钾 TK/(g/kg)	碱解氮 AN/(mg/kg)	有效磷 AP/(mg/kg)	速效钾 AK/(mg/kg)	阳离子交换量CEC/(cmol/kg)	土壤母质 Parent material	剖面点坐标 Profile coordinate	匹配指数 Matching index/%
剖1	淋溶土	暗棕壤	暗棕壤	砂岩暗棕壤	薄层砂岩暗棕壤	Aoo	0~1			无明显结构										砂岩风化物	E 128°36′29.4″ N 42°50′32.2″	74
						Ao	1~2			无结构												
						A₁	2~7	暗棕色	壤土	无结构												
						A₂	7~19	灰棕色	砂质壤土	无结构												
						A₂B	19~26	黄棕色	砂质壤土	无结构												
						C₁	26~80	灰白色	粉砂土	无结构												
						C₂	80~90	棕黄色	稻砂土													
剖2	半水成土	草甸土	草甸土	岗川草甸土	薄层岗川草甸土	Aa	0~15	浅灰棕色	砂质壤土	团块状	6.4	20.8	1.00	0.45	6.6	70	1.1	64			E 128°55′09.5″ N 42°52′18.8″	75
						A	15~103	黑色	壤土	粒状	6.4	20.8	1.00	0.45	6.6	70	1.1	64				
						C	103~123	棕黄色	砂质壤土	无结构	6.6	19.2	0.73	0.48	4.3	58	3.0	83				
剖3	淋溶土	暗棕壤	暗棕壤	砂岩暗棕壤	薄层砂岩暗棕壤	1	0~13				5.1	4.3	1.00	0.21	16.4	90	4.7	209		砂岩风化物	E 128°54′22.7″ N 42°51′07.6″	74
						2	13~19				5.1	21.4	0.98	0.22	15.1	96	5.3	199				
						3	19~64				5.7	9.8	0.44	0.21	13.7	44	6.5	153				
						4	64~81				4.8	6.6	0.35	0.20	15.8	30	11.6	113				
						5	81~120															
剖4	淋溶土	暗棕壤	暗棕壤	麻砂质暗棕壤	薄层酸性岩暗棕壤	Aa	0~22	灰棕色	砂壤土	粒状	6.4	27.9	1.23	0.29	18.2	102	10.1	179	20.3	酸性岩风化物	E 128°43′48.0″ N 42°49′10.9″	74
						AB	22~44	暗棕色	粉砂质壤土	块状	6.5	13.6	0.58	0.27	17.3	72	5.8	123	24.1			
						B	44~90	黄棕色	砂质壤土	块状	6.0	13.3	0.38	0.33	16.1	54	12.0	178	32.0			
						C	90~120	暗灰色	重黏土	状状	6.2	9.6	0.19	0.32	13.7	28	16.3	123				
剖5	淋溶土	暗棕壤	暗棕壤	砂岩暗棕壤	薄层砂岩暗棕壤	1	0~13				5.8	33.2	1.77	0.29	18.3	154	8.3	305		砂岩、石英岩等残积物	E 128°32′56.4″ N 42°47′59.6″	74
						2	13~37				5.1	13.7	0.48	0.21	15.5	52	0.9	179				
						3	37~67				5.0	7.4	0.27	0.23	16.9	36	4.4	157				
						4	37~146				5.2	2.6	0.42	0.24	18.3	18	8.1	80				
剖6	淋溶土	暗棕壤	暗棕壤	硅质暗棕壤	砂石红土	A₁	0~17	灰棕色	多砾砂壤土	粒状	6.0	22.2	0.67	0.10	24.7	57	1.9	95			E 128°38′56.8″ N 42°47′19.0″	85
						AB	17~33	油橙色	多砾砂质壤土	小棱块状	5.7	9.5	0.57	0.10	18.4	52	0.9	150				
						BC	33~92	油橙色	多砾砂质壤土	小棱块状	5.7	7.2	0.28	0.10	16.2	33	3.1	111				
						C	92~119	橙色	少砾砂质壤土	无结构	6.3	7.1	0.15	0.11	15.2	15		19				
剖7	淋溶土	暗棕壤	暗棕壤	砂岩暗棕壤	薄层砂岩暗棕壤	1	0~19	暗棕色	砂质壤土											砂岩风化物	E 128°44′32.4″ N 42°45′29.7″	74
						2	19~50	暗棕色	砂质壤土													
剖8	淋溶土	暗棕壤	暗棕壤	酸性岩暗棕壤	中层酸性岩暗棕壤	Aoo	0~3	浅黄色	砂质壤土	小粒状	5.4	155.5	6.60	0.29	11.6	531	4.3	352		酸性岩风化物	E 128°42′51.9″ N 42°45′18.6″	73
						A₁	3~9	黑灰色	粉砂质壤土	粒状	5.4	45.9	2.18	0.20	15.0	239	0.8	216				
						A₂	9~20	灰棕色	粉砂质壤土	粒状	5.0	13.9	0.76	0.13	9.3	110	0.3	68				
						BC	20~50	暗棕色	砂质壤土	块状	5.3	6.8	0.35	0.15	9.0	56	5.6	105				
						C	50~105	暗棕色	砂质壤土	块状	6.4	11.1	0.64	0.26	17.0	56	1.4	117				
剖9	淋溶土	暗棕壤	暗棕壤	中性岩暗棕壤	薄层中性岩暗棕壤	Aa	0~18	暗棕色	砂质壤土	小棱块状	6.6	6.5	0.36	0.27	12.4	40	1.2	120		中性岩风化物	E 128°42′58.1″ N 42°41′21.2″	73
						A₁	18~31	红棕色	砂质壤土	棱块状	6.6	6.7	0.46	0.27	18.8	38	1.1	166				
						AB	31~51	红棕色	砂质壤土	棱块状	6.3	3.7	0.26	0.26	12.2	30	7.4	123				
						B	51~70	灰棕色	黏壤土	小棱块状	6.1	2.4	0.12	0.27	17.9	14	5.9	69				
						C	70~120	黄棕色	砂土	无结构												
剖10	半水成土	草甸土	草甸土	平川草甸土	厚层平川草甸土	1	0~47				5.8	25.9	1.09	0.42	13.3	100	2.2	74			E 128°56′54.2″ N 42°42′41.0″	95
						2	47~114				6.3	8.9	0.31	0.48	11.5	32	0.9	83				

续表 Continued

剖面号 Soil profile	土纲 Soil order	土类 Soil great group	亚类 Soil subgroup	土属 Soil genus	土种 Soil species	土层代码 Layer code	土层厚度 Depth/cm	颜色 Soil color	质地 Soil texture	土壤结构 Soil structure	pH	有机质 OM/(g/kg)	全氮 TN/(g/kg)	全磷 TP/(g/kg)	全钾 TK/(g/kg)	碱解氮 AN/(mg/kg)	有效磷 AP/(mg/kg)	速效钾 AK/(mg/kg)	阳离子交换量 CEC/(cmol/kg)	土壤母质 Parent material	剖面点坐标 Profile coordinate	匹配指数 Matching index/%
剖11	淋溶土	暗棕壤	暗棕壤	砂岩暗棕壤	薄层砂岩暗棕壤	1	0~15													砂岩风化物	E 128°52′30.0″ N 42°42′23.0″	74
						2	15~35															
						3	35~75															
剖12	淋溶土	白浆土	黄白浆土	冲积黄白浆土	中层冲积黄白浆土	Aa	0~18	黑灰色	粉砂质壤土	粒状	6.4	40.7	1.59	0.39	17.1	142	21.6	341	38.3	冲积物	E 129°04′47.3″ N 42°45′24.1″	95
						A₁	18~79	灰黑色	壤土	团粒状	6.2	31.2	1.14	0.34	16.0	102	10.2	193	35.8			
						AB	79~108	暗黑色	粉砂质壤土	棱块状	6.3	27.5	0.90	0.35	16.4	72	24.0	230	42.1			
						B	108~140	暗棕色	粉砂质壤土	块状	6.1	17.1	0.77	0.29	14.0	70	17.0	282	44.3			
剖13	人为土	水稻土	冲积土型水稻土	冲积土型水稻土	砂砾底砂质渗育冲积型水稻土	1	0~28				6.5	19.2	0.80	0.38	12.0	72	1.0	41			E 129°12′30.2″ N 42°44′45.6″	95
						2	28~45				6.9	27.0	1.30	0.42	12.2	140	1.7	71				
						3	45~80															
						4	80~											45				
剖14	淋溶土	暗棕壤	暗棕壤	酸性岩暗棕壤	厚层酸性岩暗棕壤	Aoo	0~2					230.2	10.18	0.72	14.4	826	9.0	149		花岗岩风化物	E 129°01′54.8″ N 42°43′39.0″	74
						Ao	2~6					111.0	5.91	0.70	16.9	416	0.5	45				
						A₁	6~25	灰黑色	壤土	粒状	5.2	50.6	2.78	0.54	13.8	288	2.0	52				
						A₂	25~29	浅灰色	黏壤土	粒状	5.3	27.1	1.06	0.57	12.4	116	11.8	66				
						BC	29~52	浅黄色	砂质壤土	团块状	5.3	27.1	1.06	0.57	12.4	116	11.8	66				
						C	52~	浅黄色	粉砂质壤土	团块状	5.4	5.6	0.23	1.10	9.2	68	22.2	30				
剖15	淋溶土	暗棕壤	暗棕壤	火山岩砂暗棕壤	薄层火山砂砾底暗暗棕壤	Aa	0~18	暗棕色	壤质黏壤土	粒状	6.0	23.2	0.91	0.48	11.8	80	7.2	85			E 129°14′20.4″ N 42°42′03.6″	95
						B	18~74	暗棕色	黏壤土	块状	6.1	11.3	0.53	0.46	9.0	42	9.9	100				
						C	74~98	黄棕色	黏土	团块状	5.7	11.1	0.37	0.47	9.1	30	1.6	54				
剖16	淋溶土	暗棕壤	暗棕壤	砂岩暗棕壤	中层砂岩暗棕壤	1	0~22				6.4	31.3	1.32	0.28	15.4	130	2.4	1		砂岩风化物	E 129°10′51.8″ N 42°40′18.0″	92
						2	22~36				6.3	10.1	0.47	0.17	14.7	54	0.5	78				
						3	36~87				6.0	4.6	0.22	0.24	11.5	26	2.9	76				
						4	87~116				5.7	4.5	0.18	0.26	10.1	20	6.1	106				
剖17	淋溶土	暗棕壤	暗棕壤	中性岩暗棕壤	薄层中性岩暗棕壤	Aoo	0~3	灰黑色	壤土	小粒状										中性岩风化物	E 129°19′46.6″ N 42°46′50.9″	74
						A₁	3~11	浅ılms棕色	砂质壤土													
						A₂	11~20	浅白色	黏质壤土	团块状												
						A₂B	20~30	深灰色	砂质壤土	块状												
						BC	30~55				6.6	20.8	0.75	0.41	11.9	100	1.7	42				
剖18	人为土	水稻土	冲积土型水稻土	冲积土型水稻土	砂砾底砂质渗育冲积型水稻土	1	0~34	黑灰色	粉砂质壤土	小粒状	5.8	50.8	2.16	0.45	17.3	188	25.3	158			E 129°17′09.6″ N 42°45′51.1″	95
						2	34~104	暗棕色	砂质壤土	粒状	5.8	18.3	0.96	0.34	12.9	76	6.9	95				
						3	104~															
剖19	淋溶土	暗棕壤	暗棕壤	砂岩暗棕壤	薄层砂岩暗棕壤	A		暗棕色	砂质壤土	粒状	6.0	20.2	6.67	0.10	24.6	57	1.8	95	12.1	砂岩风化物	E 129°19′23.0″ N 42°43′38.0″	92
						B		暗棕色	黏质壤土	块状	5.7	9.5	0.57	0.10	18.3	52	0.8	150	26.7			
						C		浅棕色	砂质壤土	块状	5.7	7.2	0.28	0.10	16.2	33	3.1	111				
剖20	淋溶土	暗棕壤	暗棕壤	基性岩暗棕壤	薄层基性岩暗棕壤	A₁A₂	0~16	黑灰色	壤土	粒状	6.0	20.2	6.67	0.10	24.6	57	1.8	95	12.1	基性岩风化物	E 129°16′41.9″ N 42°43′36.5″	74
						A₂B	16~36	暗棕色	砂质壤土	块状	5.7	9.5	0.57	0.10	18.3	52	0.8	150	26.7			
						BC	36~55	浅棕灰色	黏质壤土	块状	5.7	7.2	0.28	0.10	16.2	33	3.1	111				
剖21	淋溶土	暗棕壤	暗棕壤	砂岩暗棕壤	中层砂岩暗棕壤	A₁	0~17	黑棕色	砂质壤土	粒状	6.0	20.2	6.67	0.10	24.6	57	1.8	95	12.1	砂岩风化物	E 129°21′57.6″ N 42°41′47.4″	73
						A₁B	17~33	暗棕色	砂质壤土	块状	5.7	9.5	0.57	0.10	18.3	52	0.8	150	26.7			
						B	33~92	暗棕色	黏质壤土	块状	5.7	7.2	0.28	0.10	16.2	33	3.1	111	35.2			
						C	92~119	黄棕色	砂质壤土	无结构	6.3	7.4	0.15	0.14	15.2	15	25.6	69				
剖22	淋溶土	暗棕壤	暗棕壤	中性岩暗棕壤	中层中性岩暗棕壤	Aa	0~20	灰棕色	壤土	粒状	6.4	27.9	1.23	0.29	18.2	102	10.1	179	20.3	中性岩风化物	E 129°18′35.5″ N 42°41′40.8″	74
						AB	20~66	棕灰色	粉砂质壤土	粒状	6.5	13.6	0.58	0.27	17.3	72	5.8	123	24.1			
						B	66~92	暗棕色	砂质壤土	粒状	6.0	13.3	0.38	0.33	16.1	54	12.0	178	32.0			
						C	92~110	棕黄色	砂质黏土	块状	6.2	9.6	0.19	0.32	13.7	28	16.3	123				

续表 Continued

剖面号 Soil profile	土纲 Soil order	土类 Soil great group	亚类 Soil subgroup	土属 Soil genus	土种 Soil species	土层码 Layer code	土层厚度 Depth/cm	颜色 Soil color	质地 Soil texture	土壤结构 Soil structure	pH	有机质 OM/(g/kg)	全氮 TN/(g/kg)	全磷 TP/(g/kg)	全钾 TK/(g/kg)	碱解氮 AN/(mg/kg)	有效磷 AP/(mg/kg)	速效钾 AK/(mg/kg)	阳离子交换量 CEC/(cmol/kg)	土壤母质 Parent material	剖面点坐标 Profile coordinate	匹配指数 Matching index/%
剖23	淋溶土	暗棕壤	暗棕壤	酸性岩暗棕壤	中层酸性岩暗棕壤	1	0—24													酸性岩风化物	E 128°44′02.1″ N 42°34′02.2″	73
						2	24—53															
						3	53—76															
剖24	半水成土	草甸土	草甸土	平川草甸土	薄层平川草甸土	Aa	0—2	棕色	壤土	粒状	6.1	29.4	1.32	0.18	22.0	130	13.7	173			E 128°50′41.6″ N 42°35′37.7″	95
						A	21—85	黑棕色	黏土	块状	6.7	22.9	0.90	0.13	20.6	60	3.5	197				
						A_1	85—110	灰黑色	黏土	块状	6.5	14.9	0.76	0.14	20.3	43	4.0	240				
剖25	人为土	水稻土	暗棕壤型水稻土	暗棕壤型水稻土	厚层淹育暗棕壤型水稻土	Aa	0—13	灰褐色	壤质黏土	团块状	5.6	36.9	1.68	0.21	13.5	120	1.3	152			E 128°59′53.2″ N 42°33′30.2″	75
						A_1	13—22	灰褐色	黏质壤土	团块状	5.6	36.9	1.68	0.21	13.5	120	1.3	152				
						B	22—77	暗棕色	黏土	粒状	5.9	15.3	0.62	0.22	12.1	52	2.1	132				
						C	77—	灰棕色	重黏土	粒状	6.8	10.6	0.63	0.13	13.5	60	2.0	219				
剖26	半水成土	草甸土	草甸土	山川草甸土	深厚层山川草甸土	Aa	0—26	暗棕色	砂砾壤	小粒状	5.0	32.5	1.36	0.26	12.2	146	5.1	116			E 128°45′09.1″ N 42°31′38.8″	75
						A_1	26—52	灰棕色	粉砂质壤土	粒状	5.4	61.6	3.05	0.33	11.9	208	4.9	68				
						BC	52—73		粉砂质壤土	柱状	5.5	14.0	0.70	0.21	15.1	81	3.3	82				
						C	73—86		砂土													
剖27	半水成土	草甸土	草甸土	山川草甸土	厚层山川草甸土	Aa	0—14	黑色	砂壤土	粒状	5.7	88.7	3.57	0.52	18.8	361		305	36.8		E 128°57′35.3″ N 42°31′13.8″	75
						A_1	14—32	棕褐色	黏质壤土	粒状	6.1	60.2	2.52	0.42	17.0	183	0.6	321	23.2			
						Bg	32—105	棕灰色	砂壤土	粒状	5.5	19.0	0.64	0.44	16.3	44	0.9	102	18.9			
剖28	淋溶土	暗棕壤	暗棕壤	砂岩暗棕壤	厚层砂岩暗棕壤	1	0—36				5.6	19.9	1.04	0.25	10.0	90	0.6	105		砂岩风化物	E 129°14′53.4″ N 42°37′58.4″	74
						2	36—86				5.0	19.3	0.56	0.21	13.1	44	0.6	162				
						3	86—106				5.8	4.9	0.38	0.28	11.9	28	2.4	127				
剖29	人为土	水稻土	冲积土型水稻土	冲积土型水稻土	砂砾底黏壤质渗育冲积型水稻土	1	0—25	暗棕色		粒状	7.1	32.6	1.33	0.42	16.3	166	0.3	86			E 129°02′11.8″ N 42°37′52.3″	95
						2	25—69	灰棕色		小粒状	6.1	7.2	0.46	0.17	18.8	86	1.3	1				
						3	69—109	浅棕色		小粒状	6.4	11.5	0.52	0.18	19.8	96	0.9	110				
						4	109—	黄褐色		大团块状		5.2	0.30	0.17	20.5	62	2.4	78				
剖30	淋溶土	暗棕壤	暗棕壤	酸性岩暗棕壤	薄层酸性岩暗棕壤	Aa	0—16	棕黑色	壤土	粒状	6.5	68.5	3.11	0.45	16.1	243	4.5	150	26.2	酸性岩风化物	E 129°07′48.4″ N 42°37′19.4″	74
						A_2	16—49	灰白色	砂壤土	无结构	6.5	10.8	0.47	0.23	11.3	49	4.1	120	31.4			
						BC	49—105	青黄色	黏土	块状	6.7	8.6	0.37	26.42	8.6	31	4.7	122	38.7			
						C	105—120	灰褐色	壤质砂土													
剖31	淋溶土	暗棕壤	暗棕壤	页岩暗棕壤	薄层页岩暗棕壤	Ao	0—3	暗棕色	砂土	粒状										页岩风化物	E 129°03′14.4″ N 42°36′05.8″	92
						A_1A_2	3—8	灰棕色	砂壤土	小粒状	5.0	66.0	2.88	0.35	13.6	259	2.6	89				
						A_2B	8—13	浅棕色	壤砂质砂土	小粒状	5.8	35.8	1.61	0.38	27.4	126	19.5	140				
						BC	13—20	褐灰色	壤质砂土	小粒状	4.7	14.9	0.67	0.20	9.2	71	1.2	92				
						C	20—38	浅棕色	砂壤土	无结构	4.7	15.0	0.63	0.21	16.1	63	1.0	94				
剖32	半水成土	草甸土	草甸土	岗川草甸土	厚层岗川草甸土	Aa	0—18	灰棕色	黏壤土	小粒状	6.0	56.7	2.69	0.58	10.7	251	5.4	97			E 129°07′11.3″ N 42°34′14.2″	95
						A_1	18—50	黑灰色	壤土	粒状	6.4	6.3	0.46	0.29	12.0	45	5.3	109				
						Bg_1	50—75	浅灰色	壤土	片状	6.0	4.0	0.41	0.28	12.1	41	3.8	90				
						Bg_2	75—90	褐灰色	黏土	块状												
剖33	淋溶土	白浆土	山地白浆土	砂岩山地白浆土	薄层砂岩山地白浆土	Aa	0—32	灰棕色	砂土	无结构										砂岩风化物	E 129°14′11.8″ N 42°33′31.3″	75
						A_2	32—70	黄褐色	重黏土	片状												
						B	70—110	棕褐色	重黏土	块状												
						C	110—172		砂土	棱块状	5.8		0.32	0.22	11.5		2.8	51				

续表 Continued

剖面号 Soil profile	土纲 Soil order	土类 Soil great group	亚类 Soil subgroup	土属 Soil genus	土种 Soil species	土层码 Layer code	土层厚度 Depth/cm	颜色 Soil color	质地 Soil texture	土壤结构 Soil structure	pH	有机质 OM/(g/kg)	全氮 TN/(g/kg)	全磷 TP/(g/kg)	全钾 TK/(g/kg)	碱解氮 AN/(mg/kg)	有效磷 AP/(mg/kg)	速效钾 AK/(mg/kg)	阳离子交换量 CEC/(cmol/kg)	土壤母质 Parent material	剖面点坐标 Profile coordinate	匹配指数 Matching index/%
剖34	淋溶土	白浆土	山地白浆土	砂岩山地白浆土	薄层砂岩山地白浆土	1	0—9				5.7	33.7	1.37	0.26	17.0	128	3.6	147		砂岩风化物	E 129°02′55.6″ N 42°33′21.6″	75
						2	9—16				6.2	32.7	1.41	0.26	9.0	112	3.4	128				
						3	16—35				5.7	11.2	0.58	0.21	6.8	56	1.7	78				
						4	35—50				5.8	11.3	0.50	0.24	15.8	54	3.5	105				
						5	50—100				5.9	7.6	0.33	0.18	15.8	36	5.4	86				
						6	100—140				5.8	9.3	0.45	0.43	14.4	40	7.1	94				
剖35	淋溶土	白浆土	台地白浆土	黄土质台地白浆土	中层台地白浆土	1	0—12				5.4	32.1	1.40	0.25	14.1	154	5.0	115		黄土母质	E 129°02′32.1″ N 42°30′40.7″	75
						2	12—16	黄灰色	粉砂质壤土	小粒状	5.5	31.5	1.32	0.25	16.9	158	2.7	81				
						3	16—27	灰黄色	黏壤土	片状	5.7	26.2	0.12	0.25	16.7	138	2.1	62				
						4	27—74	灰棕色	黏壤土	块状	5.9	8.1	0.66	0.20	15.0	64	5.2	62				
						5	74—89	黄棕色	壤质黏土	块状	5.8	52.7	0.54	0.14	15.7	50	3.4	91				
剖36	淋溶土	白浆土	台地白浆土	黄土质台地白浆土	厚层台地白浆土	Aa	0—22	黄褐色	砂壤土	小粒状	6.1	22.3	1.11	0.22	17.2	119	1.9	85		黄土母质	E 129°16′02.6″ N 42°33′32.4″	75
						A_2	22—43	黄灰色	壤土	核状	6.2	6.7	0.51	0.18	20.0	59	1.7	112				
						B	43—86	黄白相间	黏质壤土	块状	6.5	9.3	0.43	0.23	17.3	59	2.5	139				
						C	86—118	红棕色	黏质黏土	块状	6.5	5.2	0.35	0.28	16.8	45	4.7	154				
剖37	淋溶土	棕色针叶林土	棕色针叶林土			Ao	0—6					283.2	11.16	0.14	13.5	721	19.2	835	27.0		E 128°41′25.1″ N 42°28′30.0″	74
						A	6—17				5.1	124.9	5.43	0.57	14.7	137	2.9	299	31.2			
						B	17—46				5.5	40.4	2.04	0.60	14.4	220	0.7	115				
						AB	46—74				5.4	27.0	1.21	0.52	12.9	160		180				
						C	74—91				5.2	21.6	0.84	0.71	13.3	129	0.3	178	20.6			
剖38	淋溶土	棕色针叶林土	棕色针叶林土			1	0—2					537.2	12.8	0.28	7.0	776	14.0	79			E 128°46′58.1″ N 42°28′54.5″	74
						2	2—4					126.5	4.40	0.24	14.1	390	1.2	196				
						3	4—18				5.8	90.6	3.38	0.21	17.3	332	0.2	149				
						4	18—29				5.9	33.7	1.41	0.17	8.4	202		148				
						5	29—46				6.1	18.4	0.99	0.14	20.4	96	2.4	89				
剖39	淋溶土	暗棕壤	暗棕壤	砂岩暗棕壤	厚层砂岩暗棕壤	Aa	0—22	暗灰棕色	粉砂质壤土	小粒状	6.2	8.5	0.53	0.12	15.3	66	0.8	117		砂岩风化物	E 128°48′27.0″ N 42°24′08.3″	92
						AB	22—43	红棕色	黏土	小粒状	6.1	6.7	0.31	0.17	7.9	48	2.9	105				
						B	43—58	红红色	壤质黏土	粒状	5.9	1.2	0.29	0.20	12.1	29	10.7	76				
						C	58—75	红黄色	砂土	无结构	4.7	113.6	5.97	2.39	17.1	499	16.7	271				
剖40	半水成土	草甸土	草甸土	山川草甸土	覆泥山川草甸土	A	0—9	黄黑色	壤土	粒状	4.9	66.2	3.74	2.15	19.1	318	6.1	175			E 128°59′11.3″ N 42°23′14.8″	75
						AC	9—49	黄棕色	粉砂质壤土	粒状	4.7	48.9	2.58	1.61	16.8	244	3.0	120				
						C	49—60	浅黄棕色	壤质黏土	块状	5.4	41.8	2.21	1.17	18.0	236	2.5	124				
						4	60—				5.4	41.4	1.83	0.31	10.8	186	3.8	224				
剖41	淋溶土	白浆土	台地白浆土	黄土质台地白浆土	中层台地白浆土	1	0—12	暗灰色	粉砂质壤土	团块状	5.5	41.4	0.73	0.31	17.3	68	1.0	78		黄土母质	E 128°47′41.6″ N 42°22′03.7″	75
						2	12—16		壤质黏土	粒状	5.7	14.2	0.67	0.24	17.3	60	2.0	61				
						3	16—27		砂质黏土	粒状	5.4	14.6	0.53	0.31	17.1	52	4.4	88				
						4	27—74		粉砂质壤土	粒状	5.8	10.4	0.52	0.30	16.1	42	1.0	110				
						5	74—89				5.3	10.0	2.00	0.62	10.0	176	43.5	80				
剖42	半水成土	草甸土	草甸土	山川草甸土	薄层山川草甸土	Ase	0—25	暗灰色	粉砂质壤土	团块状	5.3	40.7	2.00	0.62	10.0	176	43.5	80			E 128°49′20.5″ N 42°20′58.6″	75
						A_1	25—85	黑色	壤质黏土	粒状	6.0	35.2	1.10	0.21	11.1	74	2.0	86				
						Bg	85—104	浅棕色	砂质黏土	粒状	6.4	13.9	0.66	0.29	11.1	48	1.4	136				
剖43	人为土	水稻土	冲积土型水稻土	冲积土型水稻土	夹砂壤质潴育冲积型水稻土	Aa	0—16	棕灰色	粉砂质壤土	棱块状											E 129°00′26.5″ N 42°29′03.3″	95
						Ase	16—56	棕灰色	粉砂土													
						C_1	56—100	灰棕色	砂土													
						C_2	100—	棕黄色														

续表 Continued

剖面号 Soil profile	土纲 Soil order	土类 Soil great group	亚类 Soil subgroup	土属 Soil genus	土种 Soil species	土层码 Layer code	土层厚度 Depth/cm	颜色 Soil color	质地 Soil texture	土壤结构 Soil structure	pH	有机质 OM/(g/kg)	全氮 TN/(g/kg)	全磷 TP/(g/kg)	全钾 TK/(g/kg)	碱解氮 AN/(mg/kg)	有效磷 AP/(mg/kg)	速效钾 AK/(mg/kg)	阳离子交换量CEC/(cmol/kg)	土壤母质 Parent material	剖面点坐标 Profile coordinate	匹配指数 Matching index/%
剖44	半水成土	草甸土	草甸土	山川草甸土	厚层山川草甸土	1	0—20		粉砂质壤土		6.2	41.7	1.78	0.48	5.2	140	9.4	173	26.1		E 129°13′57.9″ N 42°28′11.7″	75
						2	20—30		壤土		5.7	34.6	1.39	0.40	9.6	126	24.3	131	26.9			
						3	30—85		壤土		6.5	38.3	1.34	0.29	11.1	116	2.9	109	34.0			
						4	85—107		壤土		6.2	15.0	0.65	0.34	10.1	52	4.1	69	30.0			
						5	107—117		砂土		6.9	11.0	0.64	0.36	12.5	46	4.4	71	27.0			
剖45	半水成土	草甸土	草甸土	平川草甸土	中层平川草甸土	Aa	0—15	黑灰色	黏壤土	粒状											E 129°11′27.9″ N 42°26′37.4″	95
						AB	15—80	棕灰色	砂质壤土	粒状												
						Bg	80—95	棕灰色	黏土	块状												
剖46	半水成土	草甸土	山川草甸土	中层山川草甸土		Aa	0—22	棕灰色	粉砂质壤土	粒状	6.0	93.1	3.73	0.60	13.1	328	2.0	133			E 129°16′53.1″ N 42°29′28.3″	75
						Bg	22—46	棕黄色	砂质黏壤土	块状	6.6	26.4	0.92	0.35	12.6	114	0.9	58				
						C	46—75	青灰色	砂土	无结构		9.6	0.25	0.47	6.7	28	1.8	42				
剖47	水成土	沼泽土	腐泥沼泽土			Aoo	0—5	灰黄色													E 128°34′16.0″ N 42°11′17.9″	95
						Ao	5—6	黑黄色														
						A	6—32	黑色	壤土	无结构	5.5	103.9	4.54	0.55	13.6	307	0.3	170	32.9			
						Bg	32—120	暗棕色	砂质壤土	粒状	5.9	46.4	2.04	0.48	17.1	141	0.6	130	24.9			
剖48	半水成土	草甸土	草甸土	岗川草甸土	深厚层岗川草甸土	Aa	0—18	灰棕色	黏壤土	粒状	5.9	22.4	0.97	0.20	16.9	107	1.4	59			E 128°49′01.2″ N 42°19′29.6″	75
						A	18—35	暗棕色	壤质黏土	棱块状	6.0	21.2	0.85	0.21	16.7	93	1.3	77				
						A₁	35—65	深灰色	黏质壤土	小粒状	5.7	17.4	0.48	0.23	15.9	38	2.8	105				
						Bg	65—96	灰黄色	黏土	块状	5.7	12.1	0.17	0.24	13.4	17	4.2	95				
剖49	半水成土	草甸土	草甸土	平川草甸土	厚层平川草甸土	Aa	0—12	浅灰色	黏壤土	棱块状											E 128°54′29.5″ N 42°14′55.7″	75
						A₁	12—30	浅灰色	砂质壤土	片状												
						Ag	30—43	黑色		粒状												
						G	43—92															
剖50	半水成土	草甸土	草甸土	山川草甸土	厚层山川草甸土	1	0—21				6.1	47.9	1.88	0.44	14.4	158	39.8	314			E 128°48′47.2″ N 42°12′41.8″	95
						2	21—35				6.4	27.7	1.17	0.30	14.1	82	5.9	274				
						3	35—80				6.7	25.5	1.08	0.33	14.4	78	7.1	484				
						4	80—120				6.9	30.5	0.76	0.39	16.6	46	7.7	223				
剖51	人为土	水稻土	暗棕壤型水稻土	暗棕壤型水稻土	中层潜育暗棕壤型水稻土	1	0—20				6.0	35.8	1.38	0.20	15.1	76	0.3	103			E 129°03′36.3″ N 42°11′58.6″	75
						2	20—30				6.0	12.1	0.49	0.17	15.9	66	1.1	71				
						3	30—84				6.0	14.5	0.53	0.19	14.6	60	0.6	106				
						4	84—				6.1	9.6	0.42	0.19	14.6	54	1.6	110				
剖52	人为土	水稻土	白浆土型水稻土	台地白浆型水稻土	薄层潜育平地白浆型水稻土	1	0—25				6.4	34.4	1.58	0.31	15.0	132	0.8	170			E 129°07′26.4″ N 42°10′36.1″	95
						2	25—85				6.3	22.0	0.84	0.28	12.2	72	5.8	207				
						3	85—115				6.9	10.5	0.42	0.30	7.1	44	5.6	175				
						4	115—				7.0	8.2	0.47	0.34	13.6	40	7.6	158				
剖53	淋溶土	白浆土	台地白浆土	黄土质台地白浆土	中层台地白浆土	1	0—17		壤土										18.2	黄土母质	E 128°57′48.6″ N 42°06′38.9″	75
						2	17—30		粉砂质壤土										15.2			
						3	30—68		粉砂质壤土										22.9			
						4	68—118		粉砂质壤土										33.7			
剖54	淋溶土	白浆土	台地白浆土	黄土质台地白浆土	中层台地白浆土	1	0—23		粉砂质壤土											黄土母质	E 128°52′34.0″ N 42°02′41.3″	75
						2	23—50		粉砂质壤土													
						3	50—64		粉砂质壤土													
						4	64—110															

汪 清 县

主要土类说明

暗棕壤是汪清县主要土壤类型，占本县地域面积的 62%。暗棕壤具有湿润的土壤水分状况和冷凉的土壤温度状况，腐殖质层厚 20cm 左右，无或仅有不明显的浅色亚表层。淀积层多呈黄棕色，有机铁铝络合物淀积特征小于规定指标。地表以下 50—100cm 深度内无锈斑特征，地表以下 50cm 深度内无基岩层。本县暗棕壤分为暗棕壤、暗棕壤性土、白浆化暗棕壤、草甸暗棕壤四个亚类，其中，暗棕壤亚类面积最大。

草甸土是汪清县第二大土壤类型，占本县地域面积的 17%。草甸土是由沉积作用并伴随腐殖质积累过程形成的富含腐殖质的土壤，分布在远河低平处或台地间洼地。其主要特征是土壤腐殖质含量较高，有明显的粒状结构。草甸土广泛分布在本县各地，土壤质地良好，肥力较高，适耕性强，在农业生产上占重要地位。

沼泽土是汪清县第三大土壤类型，占本县地域面积的 4%，主要分布在罗子沟、复兴、东光等地。沼泽土是发育于低洼处湖积物或冲积物，通过潜育化和泥炭化过程形成的土壤。该土壤长期地表积水，生长喜湿性植物，通体有潜育现象。本县沼泽土分为泥炭沼泽土、草甸沼泽土等亚类。

小于本县地域面积 3% 的土壤面积有棕色针叶林土、白浆土、水稻土等。

本区域中心区气候特征

本区域中心区气候特征值
Regional climate characteristics in central area of the region

气候带：中温带亚干旱气候 Climate region: Mid temperate subarid climate	
年平均气温 /℃ Annual average temperature /℃	4.5
年平均最高气温 /℃ Annual average maximum temperature /℃	11.1
年平均最低气温 /℃ Annual average minimum temperature /℃	−1.2
年降水量 /mm Annual precipitation /mm	537
≥ 10℃的积温 /℃ Daily temperature accumulated in a year（≥ 10℃）/℃	1663
年日照时数 /h Annual sunshine /h	2327
年平均相对湿度 /% Annual average relative humidity /%	66
干燥度 Dryness	0.52

本区域中心区月平均气温与月平均降水量
Monthly temperature and precipitation in central area of the region

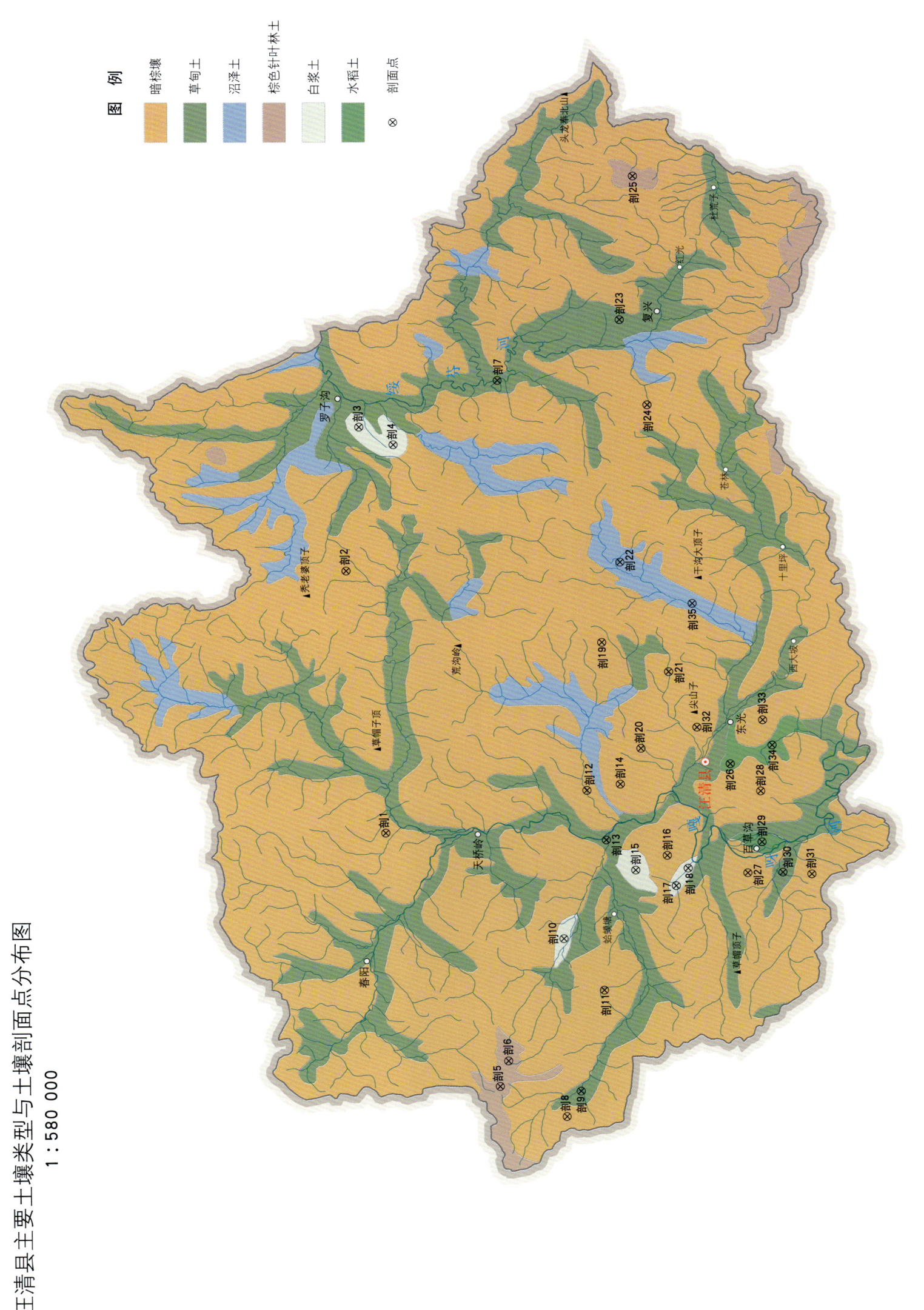

汪清县主要土壤类型与土壤剖面点分布图
1:580 000

汪清县土壤剖面理化性状表

剖面号 Soil profile	土纲 Soil order	土类 Soil great group	亚类 Soil subgroup	土属 Soil genus	土种 Soil species	土层码 Layer code	土层厚度 Depth/cm	颜色 Soil color	质地 Soil texture	土壤结构 Soil structure	pH	有机质 OM/(g/kg)	全氮 TN/(g/kg)	全磷 TP/(g/kg)	全钾 TK/(g/kg)	碱解氮 AN/(mg/kg)	有效磷 AP/(mg/kg)	速效钾 AK/(mg/kg)	土壤母质 Parent material	剖面点坐标 Profile coordinate	匹配指数 Matching index/%
剖1	淋溶土	暗棕壤	暗棕壤	砂岩暗棕壤	薄层砂岩暗棕壤	1	0—18	暗棕色	少砾质壤土	粒状	6.9	24.5	1.13	0.48	21.7	91	13.1	197	砂岩风化物	E 129° 38′ 02.0″ N 43° 41′ 07.1″	92
						2	18—34	棕色	少砾质壤土	粒状	6.8	14.9	0.71	0.31	15.7	44	5.3	147			
						3	34—57	暗棕色	多砾质壤土	棱块状	6.9	11.6	0.52	0.36	13.4	39	4.2	156			
						4	57—68	棕色	多砾质壤土	块状	6.9	11.2	0.52	0.44	15.1	4	6.2	155			
						5	68—112	暗棕色	多砾质黏壤土	无结构	7.0	10.2	0.48	0.59	14.4	36	6.3	155			
剖2	淋溶土	暗棕壤	暗棕壤	酸性岩暗棕壤	薄层酸性岩暗棕壤	1	0—18	黄棕色	黏质壤土	粒状	5.7	30.7	0.99	0.38	20.4	113	16.2	90	酸性岩风化物	E 130° 03′ 45.0″ N 43° 43′ 31.4″	85
						2	18—28	黄棕色	砾质壤土	小块状	5.6	11.0	0.35	0.28	21.4	47	4.8	111			
						3	28—50	红棕色	砾质壤土	块状	5.6	6.1	0.29	0.41	17.3	49	13.0	112			
						4	50—100	红棕色	少砾质壤土	无结构	6.3	4.6	0.09	0.31	11.4	15	6.8	46			
剖3	淋溶土	白浆土	山地白浆土	砂岩山地白浆土	露黄砂岩山地白浆土	1	0—12	灰白色	黏土	粒状	6.5	29.5	1.16	0.23	20.9	120	6.1	76	砂岩风化物	E 130° 17′ 46.3″ N 43° 42′ 28.1″	75
						2	12—25	灰白色	黏土	片状	6.8	5.4	0.34	0.13	18.2	36	2.1	111			
						3	25—50	棕色	黏土	棱块状	5.8	5.6	0.45	0.38	17.3	34	6.4	173			
						4	50—90	棕色	黏土	无结构	6.6	3.2	0.24	0.38	5.1	15	3.4	55			
剖4	淋溶土	白浆土	山地白浆土	砂岩山地白浆土	薄层砂岩山地白浆土	1	0—12	灰深色	多砾质黏壤土	粒状	5.7	54.0	2.22	1.11	21.7	162	47.1	93	砂岩风化物	E 130° 15′ 59.3″ N 43° 40′ 09.3″	75
						2	12—35	灰白色	砾质壤土	片状	5.9	13.9	0.74	0.35	23.3	66	6.8	51			
						3	35—64	棕色	少砾质壤土	块状	5.5	6.4	0.36	0.36	22.1	36	15.0	112			
						4	64—85	棕色	多砾质壤土	无结构	5.8	4.4	0.44	0.41	20.9	41	15.6	111			
剖5	淋溶土	棕色针叶林土	灰化棕色针叶林土	酸性岩针叶林灰化土	薄层酸性岩针叶林灰化土	1	0—14	暗棕色	砾质黏壤土	团粒状	4.0	201.4	5.59	0.71	10.5	434	20.7	209	酸性岩风化物	E 129° 13′ 18.6″ N 43° 33′ 31.2″	74
						2	14—22	灰白色	多砾质黏壤土	粒状	4.1	101.8	2.69	0.39	13.4	221	5.5	163			
						3	22—35	黄棕色	砾质黏壤土	无结构	4.3	101.8	2.20	0.38	15.0	205	4.8	129			
						4	35—45	黄棕色	少砾质黏壤土	无结构	4.3		2.33	0.45	11.8	182	6.3	121			
剖6	淋溶土	棕色针叶林土	灰化棕色针叶林土	中性岩针叶林灰化土	薄层中性岩针叶林灰化土	1	0—18	暗棕色	砾质黏壤土	团粒状	4.1	189.2	5.32	0.70	10.6	554	7.0	183	中性岩风化物	E 129° 15′ 46.1″ N 43° 32′ 56.1″	74
						2	18—29	灰色	砾质壤土	粒状	4.7	175.6	4.68	0.79	7.6	222	1.5	184			
						3	29—38	黄棕色	多砾质壤土	小块状											
						4	53—78	棕色	砾石土	无结构	4.9		3.53	0.51	5.4	203	1.4	269			
剖7	半水成土	草甸土	草甸土	山川草甸土	薄层山川草甸土	1	0—21	黑色	黏壤土	团粒状	4.8	141.2	5.94	1.81	9.5	491	11.9	116		E 130° 22′ 05.0″ N 43° 32′ 56.5″	95
						2	21—63	红棕色	黏壤土	小块状	5.2	32.6	1.46	1.10	10.1	141	1.4	87			
						3	63—80	黄棕色	黏壤土	块状	5.7	10.7	0.59	0.72	12.4	30	4.2	61			
剖8	淋溶土	暗棕壤	暗棕壤	片岩暗棕壤	薄层片岩暗棕壤	1	0—12	红棕色	砾石土	粒状	6.2	33.2	1.46	0.46	21.2	144	9.4	161	片岩风化物	E 129° 10′ 19.9″ N 43° 28′ 58.4″	74
						2	12—44	红棕色	砾石土	棱块状	5.6	10.5	0.63	0.30	17.3	77	1.4	137			
						3	44—75	红棕色	砾石土	无结构	5.4	8.2	0.70	0.38	17.2	52	9.0	128			
						4	75—101	黄棕色	砾石土	无结构	5.7	4.9	0.40	0.14	18.9	37	22.4	136			
剖9	半水成土	草甸土	草甸土	岗川草甸土	薄层岗川草甸土	1	0—21	黑褐色	少砾质黏壤土	核状	6.2	53.6	2.15	0.64	16.7	199	9.6	103		E 129° 12′ 47.2″ N 43° 27′ 59.4″	75
						2	21—64	棕灰色	多砾质黏壤土	小块状	6.5	24.2	1.09	0.83	15.7	101	7.5	86			
						3	64—120	棕灰色	黏壤土	块状	6.4	12.2	0.63	0.67	16.7	68	4.9	156			
						4	120—														
剖10	淋溶土	白浆土	台地白浆土	台地白浆土	中层台地白浆土	1	0—26	灰棕色	粉砂质壤土	粒状	5.8	29.0	1.70	0.56	3.8	148	6.1	76		E 129° 27′ 30.6″ N 43° 29′ 02.8″	75
						2	26—50	灰白色	黏壤土	片状	5.7	5.9	0.28	0.35	11.8	17	1.9	34			
						3	50—73	棕色	多砾质壤土	块状	5.9	4.8	0.27	0.26	19.2	30	6.1	59			
						4	73—100	棕色	少砾质壤土	块状	5.7	6.5	0.40	0.42	14.4	35	10.9	85			
剖11	淋溶土	暗棕壤	暗棕壤	基性岩暗棕壤	薄层基性岩暗棕壤	1	0—17	暗棕色	砾砂壤土	粒状	6.6	29.5	1.34	1.16	11.7	126	42.1	257	基性岩风化物	E 129° 22′ 30.0″ N 43° 26′ 19.3″	76
						2	17—38	棕色	砾质黏土	棱块状	6.5	18.7	0.96	1.19	10.9	92	7.2	249			
						3	38—70	棕灰色	多砾质壤土	块状	6.7	11.1	0.50	2.42	20.0	58	5.6	236			

续表 Continued

剖面号 Soil profile	土纲 Soil order	土类 Soil great group	亚类 Soil subgroup	土属 Soil genus	土种 Soil species	土层码 Layer code	土层厚度 Depth/cm	颜色 Soil color	质地 Soil texture	土壤结构 Soil structure	pH	有机质 OM/(g/kg)	全氮 TN/(g/kg)	全磷 TP/(g/kg)	全钾 TK/(g/kg)	碱解氮 AN/(mg/kg)	有效磷 AP/(mg/kg)	速效钾 AK/(mg/kg)	土壤母质 Parent material	剖面点坐标 Profile coordinate	匹配指数 Matching index/%
剖12	淋溶土	暗棕壤	暗棕壤性土	酸性岩暗棕壤性土	薄层酸性岩暗棕壤性土	1	0—18	黑色	壤土	粒状	7.0	91.5	3.77	1.73	15.0	329	41.6	225	酸性岩风化物	E 129°41′60.0″ N 43°27′18.7″	78
						2	18—50	灰棕色	砾石土	无结构	5.1	139.5	5.62	1.53	14.6	479	25.0	321			
剖13	半成成土	草甸土	草甸土	山川草甸土	中层山川草甸土	1	0—12	黑色	黏壤土	团粒状	5.6	98.7	3.56	1.16	15.8	394	7.4	187		E 129°37′06.6″ N 43°26′02.8″	95
						2	12—38	黑棕色	粉砂质黏土	块状	6.1	17.3	0.83	0.95	15.9	72	18.9	203			
						3	38—110	灰棕色	黏壤土	粒状	6.1	21.6	1.13	1.20	15.7	93	20.5	222			
						4	110—130	灰蓝色	黏壤土	块状											
						5	130—														
剖14	淋溶土	暗棕壤	暗棕壤性土	中性岩暗棕壤	薄层中性岩暗棕壤性土	1	0—17	暗棕色	壤土	粒状	6.6	103.2	3.76	1.11	12.9	257	42.0	288	中性岩风化物	E 129°42′34.9″ N 43°25′01.6″	95
剖15	淋溶土	白浆土	台地白浆土	台地白浆土	薄层台地白浆土	1	0—15	灰棕色	黏壤土	粒状	6.6	41.9	1.74	0.66	14.6	178	16.2	163		E 129°34′07.7″ N 43°24′04.0″	75
						2	15—41	灰白色	黏壤土	片状	6.0	21.2	0.98	0.52	11.0	121	5.0	77			
						3	41—75	黄棕色	黏土	团块状	5.6	11.3	0.67	0.42	13.3	71	2.3	111			
						4	75—100	棕色	黏土	块状	5.8	5.2	0.38	0.68	15.8	40	5.7	160			
						5	100—120	棕色	黏土	块状	5.9	4.4	0.26	0.64	3.4	34	7.6	164			
剖16	淋溶土	暗棕壤	基性岩暗棕壤	基性岩暗棕壤	薄层基性岩暗棕壤	1	0—10	暗棕色	多砾黏壤土	粒状	5.5	83.4	3.03	0.92	15.8	331	6.2	154	基性岩风化物	E 129°35′31.9″ N 43°21′53.6″	85
						2	10—32	黄棕色	黏壤土	小块状	5.2	21.5	0.93	0.46	15.1	96	1.4	60			
						3	32—		少砾黏壤土	块状	5.1	17.7	0.71	0.48	16.9	85	1.4	77			
剖17	淋溶土	白浆土	台地白浆土	台地白浆土	露黄台地白浆土	1	0—10	灰白色	黏壤土	粒状	5.4	18.3	0.84	0.24	5.6	78	3.6	72		E 129°32′33.4″ N 43°21′18.0″	75
						2	10—28	灰白色	黏土	片状	6.4	7.5	0.33	0.19	17.0	34	3.3	77			
						3	28—50	棕色	黏土	棱块状	5.6	8.1	0.33	0.27	17.7	49	5.0	247			
						4	50—90	棕色	黏壤土	棱块状	5.4	5.6	0.37	0.34	20.2	34	25.3	261			
						5	90—120	灰棕色	黏壤土	棱块状											
剖18	淋溶土	白浆土	山地白浆土	页岩山地白浆土	薄层页岩山地白浆土	1	0—12	灰棕色	砾质黏壤土	粒状	6.6	56.2	2.07	0.69	22.4	212	27.4	102	页岩风化物	E 129°34′15.1″ N 43°20′28.3″	75
						2	12—33	灰白色	砾质黏壤土	片状	6.4	14.6	0.50	0.52	20.9	85	22.8	85			
						3	33—93	棕色	多砾黏壤土	棱块状	6.1	13.1	0.78	0.88	21.7	72	11.7	217			
						4	93—120	黄棕色	黏壤土	块状	6.1	15.6	1.09	1.14	14.5	58	51.8	236			
剖19	淋溶土	暗棕壤	暗棕壤	砂岩暗棕壤	中层砂岩暗棕壤	1	0—12	暗棕色	少砾黏壤土	粒状	6.4	39.5	1.62	0.41	16.0	165	38.2	358	砂岩风化物	E 129°32′33.4″ N 43°26′23.6″	76
						2	12—26	暗棕色	少砾黏壤土	块状	6.6	41.2	1.78	0.39	16.8	185	16.7	227			
						3	26—42	棕色	粉砂质壤土	棱块状	6.1	14.1	0.68	0.23	6.4	89	9.2	177			
						4	42—75	棕色	粉砂质黏壤土	棱块状	6.1	9.5	0.32	0.33	6.6	51	11.2	124			
						5	75—90	棕色	黏壤土	棱块状	6.3	4.1	0.21	0.37	11.9	31	9.2	102			
						6	90—120	暗棕色	黏壤土	粒状	6.3	5.3	0.15	0.29	8.0	31	11.4	90			
剖20	淋溶土	暗棕壤	暗棕壤	砂岩暗棕壤	薄层砂岩暗棕壤	1	0—15	暗棕色	多砾黏壤土	片状	5.6	63.9	3.98	0.34	11.8	369	15.2	183	砂岩风化物	E 129°34′01.7″ N 43°23′35.1″	85
						2	15—34	灰白色	多砾壤土	无结构	4.8	29.8	0.95	0.41	11.5	119	19.7	163			
						3	34—50	灰白色	多砾壤土	无结构	4.8	18.9	0.70	0.28	15.3	62	6.3	61			
						4	50—75	棕色	砾石土	无结构	5.5	7.7	0.39	0.30	14.1	38	7.6	27			
剖21	淋溶土	暗棕壤	暗棕壤	片岩暗棕壤	薄层片岩暗棕壤	1	0—15	暗黄色	砾石土	粒状	5.4	61.6	3.36	0.79	6.1	239	9.6	95	片岩风化物	E 129°56′23.6″ N 43°26′08.2″	85
						2	15—25	灰黄色	砾石土	块状	5.4	37.1	1.49	0.61	24.6	140	6.1	56			
						3	25—40	灰棕色	砾石土	块状	5.4	11.6	0.48	0.30	17.1	45	6.8	34			
						4	40—60	红棕色	砾石土	块状	6.2	9.3	0.42	0.25	20.1	40	2.8	34			
剖22	水成土	沼泽土	腐泥沼泽土	腐泥沼泽土	腐泥沼泽土	1	0—16	黑棕色	黏壤土	粒状	5.0	256.7	9.23	2.66	8.6	652	2.9	167		E 130°04′13.0″ N 43°24′47.5″	95
						2	16—35	灰棕色	黏壤土	块状	5.0	198.6	6.87	1.89	10.5	381	2.2	134			
						3	35—54	黄棕色	黏壤土	块状	4.8	28.7	1.15	0.78	12.6	121	0.8	105			
						4	54—70	红棕色	黏砂质壤土	块状	4.6	16.3	0.95	0.98	12.7	81	1.3	77			

续表 Continued

剖面号 Soil profile	土纲 Soil order	土类 Soil great group	亚类 Soil subgroup	土属 Soil genus	土种 Soil species	土层码 Layer code	土层厚度 Depth/cm	颜色 Soil color	质地 Soil texture	土壤结构 Soil structure	pH	有机质 OM/(g/kg)	全氮 TN/(g/kg)	全磷 TP/(g/kg)	全钾 TK/(g/kg)	碱解氮 AN/(mg/kg)	有效磷 AP/(mg/kg)	速效钾 AK/(mg/kg)	土壤母质 Parent material	剖面点坐标 Profile coordinate	匹配指数 Matching index/%
剖23	半水成土	草甸土	草甸土	山川草甸土	覆砂山川草甸土	1	0—36	黄棕色	砂土	无结构	5.2	9.2	0.45	0.71	13.3	73	3.0	8		E 130°27′50.4″ N 43°24′30.2″	95
						2	36—66	暗棕橙色	黏质壤土	粒状	5.2	65.6	3.00	1.09	12.9	270	5.5	61			
						3	66—92	灰色	黏质壤土	粒状	5.4	12.6	0.72	0.69	13.0	86	5.4	42			
						4	92—120	灰黄橙色	石砾	块状	5.2	31.6	1.40	1.03	12.9	134	3.1	51			
剖24	淋溶土	暗棕壤	暗棕壤	暗山泥土	暗山泥土	0	0—2												粗面岩风化物	E 130°19′28.2″ N 43°22′44.0″	95
						Ah	2—9	黑棕色	黏壤土	团粒状	4.6	144.9	6.75	1.14	20.5	606	19.0	232			
						AhB	9—37	浊黄橙色	粉砂质黏土	块状	4.9	52.9	2.85	1.17	11.5	292	7.9	257			
						B	37—77	浊黄橙色	壤质黏土	粒状	4.9	36.4	1.99	1.11	17.9	209	9.8	235			
						C	77—140	浊黄橙色	壤质黏土	块状	5.6	23.7	1.40	1.26	1.9	140	12.5	120			
剖25	淋溶土	棕色针叶林土	灰化棕色针叶林土	基性岩针叶林灰化土	薄层基性岩针叶林灰化土	1	0—11	暗棕色	黏壤土	粒状	4.6	209.8	7.70	1.19	11.3	528	38.4	378	基性岩风化物	E 130°41′46.7″ N 43°23′23.3″	74
						2	11—48	灰黄色	粉砂质黏土	小块状	4.9	29.3	1.12	0.70	10.5	132	2.1	121			
						3	48—90	黄棕色	粉砂质黏土	小块状	4.9	8.8	0.52	0.76	9.5	50	1.3	122			
剖26	水稻土	草甸土型水稻土	潜育草甸型水稻土	薄层潜育草甸型水稻土		1	0—14	棕灰色	黏壤土	块状	5.6	40.8	1.62	0.57	17.2	139	1.4	77		E 129°44′24.4″ N 43°17′30.1″	75
						2	14—24	棕灰色	黏壤土	粒状	6.6	21.5	1.06	0.64	17.3	116	4.1	119			
						3	24—38	灰棕色	黏壤土	块状		15.8	0.71	0.62	17.1	74	4.1	120			
						4	38—72	灰棕色	黏土	粒状		9.7	0.46	0.90	16.7	47	5.5	85			
						5	72—120	黄棕色	砂土	无结构		2.5	0.08	0.86	18.8	14	7.4	25			
剖27	淋溶土	暗棕壤	暗棕壤	暗矿质暗棕壤	黑石红土	A₁₁	0—17	暗棕色	粉砂质壤土	粒状	6.6	29.5	13.40	6.30	14.1	126	7.1	210	玄武岩风化坡积物	E 129°33′44.6″ N 43°16′23.5″	95
						AB	17—38	棕色	砾质壤土	块状	6.5	18.7	9.60	7.30	13.1	92	7.0	200			
						BC	38—70	棕灰色	多砾质壤土	棱块状	6.6	11.1	5.60	5.50	14.1	58	5.6	184			
						C	70—														
剖28	淋溶土	暗棕壤	暗棕壤	中性岩暗棕壤	薄层中性岩暗棕壤	1	0—18	暗棕色	少砾质黏壤土	粒状	6.0	53.2	3.30	0.46	10.9	412	10.9	272	中性岩风化物	E 129°41′43.1″ N 43°15′26.3″	85
						2	18—31	灰白色	多砾质黏壤土	无结构	5.3	29.2	1.29	0.79	11.6	133	6.1	76			
						3	31—46	灰棕色	砾质壤土	无结构	5.3	21.6	1.06	0.56	12.8	111	8.1	76			
						4	46—80	暗棕色	砾质壤土	块状	5.8	12.8	0.75	0.43	10.1	69	8.3	55			
剖29	水稻土	冲积土型水稻土	冲积土型水稻土	冲积土型水稻土	夹砂壤质渗育冲积型水稻土	1	0—19	暗棕色	粉砂质壤土	粒状	5.9	20.6	0.83	1.12	17.8	95	3.4	51		E 129°36′45.0″ N 43°15′24.1″	95
						2	19—29	灰棕色	砂质壤土	核状	6.7	6.8	0.24	0.96	20.1	27	9.9	33			
						3	29—60	灰棕色	多砾质壤土	无结构	6.5	11.0	0.37	0.40	15.4	64	10.7	55			
						4	60—90	黄棕色	砾质壤土	粒状	6.7	6.7	0.32	1.07	19.2	22	17.3	33			
剖30	半水成土	草甸土	草甸土	山川草甸土	厚层山川草甸土	1	0—15	暗棕色	黏壤土	粒状	6.0	44.5	1.88	1.29	16.8	188	123.4	173		E 129°33′45.0″ N 43°14′00.2″	95
						2	15—64	黑棕色	黏壤土	粒状	6.5	28.0	1.31	0.85	16.2	154	29.6	122			
						3	64—76	黑色	黏壤土	无结构	6.5	26.6	1.28	0.65	16.9	105	27.9	121			
						4	76—88	暗棕色	黏壤土	粒状	6.4	16.7	0.85	0.59	16.9	83	27.6	129			
						5	88—120	黄棕色	黏壤土	块状	6.3	9.5	0.50	0.62	15.7	63	24.9	139			
剖31	淋溶土	暗棕壤	暗棕壤	石英岩暗棕壤	薄层石英岩暗棕壤	1	0—19	暗棕色	黏壤土	粒状	6.1	101.0	4.69	0.70	13.7	363	137.2	390	石英岩风化物	E 129°33′33.1″ N 43°12′02.2″	95
						2	19—47	灰棕色	黏壤土	小块状	5.8	53.1	1.56	0.96	11.9	127	43.6	179			
						3	47—75	灰色		无结构	5.7	21.2	0.88	0.76	20.2	86	18.2	76			
剖32	淋溶土	暗棕壤	暗棕壤	酸砂岩暗棕壤	薄层酸性岩暗棕壤	1	0—12	黄灰色	砾质壤土	粒状	5.4	77.1	2.13	0.63	21.1	191	7.3	76	酸性岩风化物	E 129°48′01.3″ N 43°19′43.6″	85
						2	12—24	黄灰色	多砾质壤土	小块状	5.8	11.0	0.37	0.21	20.1	44	2.0	84			
						3	24—41	黄棕色	多砾质壤土	小块状	5.6	9.2	0.51	0.25	22.2	43	2.8	85			
						4	41—62	黄棕色	砾质壤土	无结构	5.5	12.9	0.51	0.35	28.3	52	3.5	94			
						5	62—	棕色	砾石土	粒状	5.3	14.4	0.68	0.20	23.9	64	4.8	85			
剖33	淋溶土	暗棕壤	暗棕壤	页岩暗棕壤	薄层页岩暗棕壤	1	0—16	灰棕色	粉砂质黏壤土	粒状	5.3	45.7	1.85	0.46	15.8	245	15.1	275	页岩风化物	E 129°48′38.6″ N 43°15′13.6″	85
						2	16—28	黄白相间	粉砂质黏壤土	片状	5.0	16.7	0.85	0.31	24.9	82	4.2	164			
						3	28—70	棕色	粉砂质黏壤土	块状	4.8	12.4	0.61	0.42	24.6	63	21.6	193			
						4	70—100	棕色	砾石土	无结构	5.0	8.7	0.41	0.71	18.8	32	35.2	184			

续表 Continued

剖面号 Soil profile	土纲 Soil order	土类 Soil great group	亚类 Soil subgroup	土属 Soil genus	土种 Soil species	土层码 Layer code	土层厚度 Depth/cm	颜色 Soil color	质地 Soil texture	土壤结构 Soil structure	pH	有机质 OM/(g/kg)	全氮 TN/(g/kg)	全磷 TP/(g/kg)	全钾 TK/(g/kg)	碱解氮 AN/(mg/kg)	有效磷 AP/(mg/kg)	速效钾 AK/(mg/kg)	土壤母质 Parent material	剖面点坐标 Profile coordinate	匹配指数 Matching index/%
剖34	人为土	水稻土	草甸土型水稻土	潴育草甸型水稻土	中层潴育草甸型水稻土	1	0—14	黄棕色	黏壤土	块状	5.6	48.2	1.73	1.26	14.8	217	1.8	78		E 129°46′11.6″ N 43°14′36.2″	95
						2	14—22	黄棕色	少砾壤土	块状	6.1	43.1	1.83	0.97	15.4	166	5.6	78			
						3	22—46	黑棕色	粉砂质壤土	粒状	6.4	68.5	2.96	1.32	14.6	310	4.2	123			
						4	46—69	黄棕色	砾石土	无结构	6.6	26.3	1.31	0.97	16.6	126	8.9	95			
						5	69—81	黄棕色	砾石土	无结构	6.7	21.2	1.00	1.02	15.8	80	8.2	68			
剖35	水成土	沼泽土	泥炭沼泽土	泥炭沼泽土	泥炭沼泽土	1	0—50	黑棕色		无结构		597.2	19.45	1.31	7.4	1227	5.5	197		E 130°00′04.8″ N 43°19′54.5″	75
						2	50—80	灰蓝色	砂土	无结构	5.7	9.5	0.12	0.38	14.7	33	5.4	51			

安图县

主要土类说明

暗棕壤是安图县主要土壤类型，占本县地域面积的54%。暗棕壤地处温带湿润区，冬季长而寒冷，土壤冻结期长，冻结深度为1—2m；夏季受东南海洋季风控制，温热多雨。暗棕壤具有明显的有机质富集和弱酸性淋溶特征，剖面构型为O-A-B-C。该土壤盐基饱和度为70%—80%，地表以下50cm深度内无基岩层，有机铁铝络合物淀积特征小于规定指标。本县暗棕壤分为暗棕壤、暗棕壤性土、灰化暗棕壤、白浆化暗棕壤四个亚类，其中，暗棕壤亚类面积最大，占本土类面积的75%。

草甸土是安图县第二大土壤类型，占本县地域面积的19%。草甸土是本县广泛分布的隐域性土壤，分布在河流两岸的河漫滩、一级阶地以及山间、台地间低地。其形成过程主要是远河静水沉积过程，并伴随草甸沼泽植被腐殖质积累过程。其主要特征是土壤腐殖质含量较高，有明显的粒状结构。草甸土土壤质地良好，肥力高，适耕性强，在农业生产上占重要地位。但其质地变化较大，有砂有黏或砂黏相间，各地土壤肥力差异也较大。本县草甸土仅有草甸土一个亚类。

白浆土是安图县第三大土壤类型，占本县地域面积的13%。白浆土是本县的主要耕地土壤，在本县分布较广泛，分布在熔岩台地、山前台地、岗台地和高阶地。母质多为河湖相沉积黏土或黄土状黏土。白浆化是白浆土的主要成土过程，腐殖化是白浆土形成的基础。白浆土是在温带湿润地区平缓岗地森林草原下发育的土壤，一般具有A_1、A_2、B、C四个基本发育层次，还具有发育完善的B_3层，在森林覆被下可见Aoo层和Ao层。因此，白浆土是本县高度发育的老年土壤之一。该土壤酸性较强，盐基不饱和，土体紧实，耕层薄，透水性差，易涝易旱，土壤肥力低。有机质和各种营养元素一般集中在表层，表层以下养分含量明显降低。根据分布地形等因素的不同，本县白浆土分为山地白浆土、台地白浆土、潜育白浆土三个亚类。

沼泽土占本县地域面积的6%，主要分布在沟谷低平地、台地间洼地和河流两岸低洼地。沼泽土是在长期积水或季节性积水条件下，在沼泽植被下发育形成的土壤，通体有潜育现象，泥炭层厚度小于50cm。自然植被有芦苇、水葱等水生植物，生长繁茂。其形成条件是气温低、降水集中、母质黏重。季节性冻层的存在有利于土壤水分聚积，地形平坦处又常因降雨和汇水而聚水成泽，加之沼泽植被生长繁茂，大量植物残体聚积，使土壤进行潜育化、泥炭化和泥炭腐殖化过程。其剖面基本层次有泥炭化草根板结层和潜育层。本县沼泽土分为泥炭沼泽土、草甸沼泽土等亚类。

小于本县地域面积3%的土壤类型有棕色针叶林土、泥炭土、水稻土、火山灰土、黑毡土、粗骨土等。

本区域中心区气候特征

本区域中心区气候特征值
Regional climate characteristics in central area of the region

气候带：中温带亚干旱气候 Climate region: Mid temperate subarid climate	
年平均气温 /℃ Annual average temperature /℃	5.3
年平均最高气温 /℃ Annual average maximum temperature /℃	12.1
年平均最低气温 /℃ Annual average minimum temperature /℃	−0.4
年降水量 /mm Annual precipitation /mm	622
≥10℃的积温 /℃ Daily temperature accumulated in a year（≥10℃）/℃	1928
年日照时数 /h Annual sunshine /h	2291
年平均相对湿度 /% Annual average relative humidity /%	67
干燥度 Dryness	0.54

本区域中心区月平均气温与月平均降水量
Monthly temperature and precipitation in central area of the region

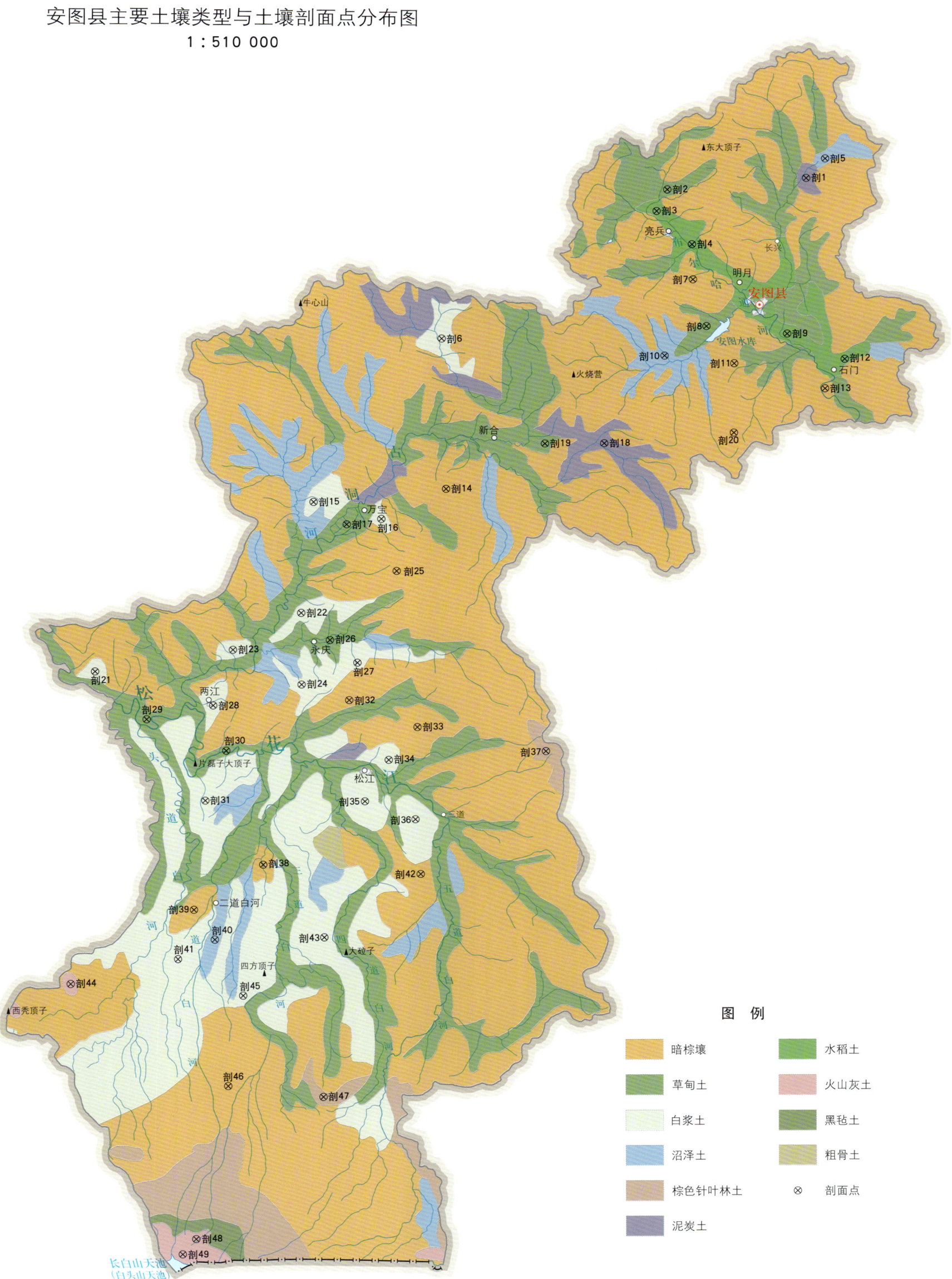

安图县土壤剖面理化性状表

剖面号 Soil profile	土纲 Soil order	土类 Soil great group	亚类 Soil subgroup	土属 Soil genus	土种 Soil species	土层码 Layer code	土层厚度 Depth/cm	颜色 Soil color	质地 Soil texture	土壤结构 Soil structure	pH	有机质 OM/(g/kg)	全氮 TN/(g/kg)	全磷 TP/(g/kg)	全钾 TK/(g/kg)	碱解氮 AN/(mg/kg)	有效磷 AP/(mg/kg)	速效钾 AK/(mg/kg)	阳离子交换量CEC/(cmol/kg)	土壤母质 Parent material	剖面点坐标 Profile coordinate	匹配指数 Matching index/%
剖1	水成土	泥炭土	泥炭土	泥炭土	厚层泥炭土	P₁	0—15	黑棕色	壤土	屑粒状	5.8	186.1	7.50	2.31	9.6		21.9	447		冲积物	E 128°58′53.5″ N 43°15′12.3″	75
						P₂	15—75	暗棕色	壤土	屑粒状	5.8	180.1	8.05	3.50	7.0		5.6	374				
						P₃	75—120	棕色	壤土	屑粒状		192.2	7.30	2.66	4.6			401				
剖2	半水成土	草甸土	草甸土	山川草甸土	厚层山川草甸土	Aa	0—14	黑灰色	砂壤土	团粒状	6.4									沉积物	E 128°46′27.5″ N 43°14′21.8″	95
						A₁	14—52	棕灰色	壤土	小块状	6.4											
						A₁B	52—62	黑灰色	黏质壤土	小块状	6.4											
						Bg	62—100	黄灰色	黏壤土	小块状												
						G	100—120	黄灰色	黏壤土	小块状												
剖3	人为土	水稻土	白浆土型水稻土	台地白浆型水稻土	薄层台地白浆型水稻土	Ha	0—19	暗棕色	黏壤土	小块状	5.4	40.7	2.10	1.19	16.0	846	12.4	103		黄土母质	E 128°45′30.7″ N 43°12′53.8″	75
						A₂	19—37	灰色	黏土	片状	6.1	23.4	0.97	1.12	18.0	415	4.8	111				
						A₂B	37—56	浅棕色	黏土	棱块状	5.8	18.6	0.54	1.05	13.0	364	2.7	110				
						B	56—78	浅棕色	粉质黏壤	棱块状	5.5	21.9			8.0	457	5.1	97				
						BC	78—110	灰棕色	砂土	块状												
剖4	人为土	水稻土	冲积土型水稻土	冲积土型水稻土	砂砾底砂质冲积型水稻土	Ha	0—15	黑棕色	壤土	块状										冲积物	E 128°48′41.3″ N 43°10′37.6″	96
						Ap	15—27	暗棕色	黏质壤土													
						C₁	27—67	暗棕色	壤质砂壤													
						C₂	67—120	浅红棕色	壤质砂壤													
剖5	水成土	沼泽土	泥炭沼泽土	泥炭沼泽土	泥炭沼泽土	P	0—10	暗红棕色	壤质砂壤		6.0	42.2	2.82	1.15	14.6	329	6.4	254		冲积物	E 129°00′36.5″ N 43°16′31.8″	75
						G₁	10—18	灰白色	粉砂质壤土		5.6	66.0	5.62	2.59	11.8	407	10.6	120				
						PgB₂	18—47	黑棕色	粉砂质壤土		5.9	72.3			14.4	527	7.3	110				
						G₃	47—	灰黄色														
剖6	淋溶土	白浆土	山地白浆土	基性岩山地白浆土	中层基性岩山地白浆土	Aa	0—28	暗棕色	粉砂质壤土	团粒状	5.9	35.4	2.38	2.31	18.8	114	1.8	61	20.4	玄武岩坡积物	E 128°26′20.2″ N 43°04′03.9″	95
						A₂	28—41	棕色	黏土	片状	5.9	21.9	1.05	1.19	15.2	119	1.5	55	13.6			
						B	41—51	黄棕色	黏土	棱状	5.7	16.6	0.60	2.31	14.6	117	1.5	52	9.7			
						BC	51—85	浅黄色	黏土	棱状	5.7	15.1	0.58	1.05	22.8	118	1.2	52	10.9			
剖7	淋溶土	暗棕壤	暗棕壤	酸性岩暗棕壤	薄层酸性岩暗棕壤	1	0—15	暗棕色			6.5	90.5	4.40	3.01	27.8	249	7.1	448		酸性岩风化物	E 128°48′47.2″ N 43°08′14.6″	95
						2	15—35	棕色			6.3	15.4	3.98	2.24	21.4	202	5.7	154				
						3	35—45				6.1		0.94	0.77	11.6	144	2.0	215				
剖8	半水成土	草甸土	草甸土	山川草甸土	厚层山川草甸土	1	0—23	暗棕色	黏土	块状	6.1	49.3	2.78	3.36	16.6	252	10.6	131			E 128°50′00.6″ N 43°05′03.5″	95
						2	23—55	棕色	黏土	棱块状	6.4	25.5	2.99	4.13	19.4	100	3.7	115				
						3	55—63	棕色	黏土	棱状	6.4	21.6	1.58	3.36	16.6	91	4.6	100				
剖9	人为土	水稻土	白浆土型水稻土	台地白浆型水稻土	中层台地白浆型水稻土	Ha	0—21	浅灰色	黏土	块状	5.4	33.3	2.58	1.19	25.0	673	9.3	148		黄土母质	E 128°57′13.7″ N 43°04′34.3″	95
						A₂	21—33	灰黄色	黏土	棱块状	6.0	19.6	1.30	1.40	24.0	348	3.1	154				
						B	33—50	黄棕色	黏土	大棱块状	5.7	18.4	0.74	1.05	24.2	341	4.8	153				
						BC	50—68	棕黄色	黏壤土	小棱块状	5.1	16.9	0.79	0.84	25.8	452	8.6	134				
剖10	水成土	沼泽土	高位沼泽土	泥炭高位沼泽土	泥炭高位沼泽土	Aoo	0—3	暗棕色			5.9									冲积物	E 128°46′16.8″ N 43°03′01.7″	95
						P	3—47	黑色	砂壤土		5.5											
						G₁	47—92	暗棕色	砂壤土		5.5											
						G₂	92—120	暗棕色	壤质砂土													

续表 Continued

剖面号 Soil profile	土纲 Soil order	土类 Soil great group	亚类 Soil subgroup	土属 Soil genus	土种 Soil species	土层码 Layer code	土层厚度 Depth/cm	颜色 Soil color	质地 Soil texture	土壤结构 Soil structure	pH	有机质 OM/(g/kg)	全氮 TN/(g/kg)	全磷 TP/(g/kg)	全钾 TK/(g/kg)	碱解氮 AN/(mg/kg)	有效磷 AP/(mg/kg)	速效钾 AK/(mg/kg)	阳离子交换量CEC/(cmol/kg)	土壤母质 Parent material	剖面点坐标 Profile coordinate	匹配指数 Matching index/%
剖11	淋溶土	暗棕壤	暗棕壤土	基性岩暗棕壤性土	砂砾底砂砾质冲积水稻土	Ao	0~2	灰黑色	壤土	粒状	6.4	100.9	3.74	1.19	14.6	544	9.1	202		玄武岩风化物	E 128°52′30.7″ N 43°02′32.3″	85
						A₁	2~13	棕黑色	壤土	粒状	5.4	9.3	0.47	1.12	24.8	198	5.6	163				
						A₁A₂	13~25	棕色	壤土	小块状	5.4	11.8	0.50	0.35	22.0	83	1.0	133				
						BC	25~45		砂砾壤土													
						C	45															
剖12	人为土	水稻土	冲积土型水稻土	冲积土型水稻土		1	0~19	暗棕色	砂壤土		5.4	32.5	1.27	1.12	12.6	314	41.9	129			E 129°02′22.2″ N 43°02′52.1″	96
						2	19~30	暗棕色	多砾砂壤土		5.9	29.0	1.30	0.14	15.4	297	12.6	121				
						3	30~40	棕色	多砾砂壤土		6.0	20.2	0.67	0.98	9.0	292	6.5	108				
剖13	淋溶土	暗棕壤	暗棕壤性土	中性岩山地暗棕壤		Ao	0~3	暗棕色	壤土	块状	5.8	99.1	4.17	1.19	25.8	382	3.4	434		中性岩风化物	E 129°00′38.5″ N 43°00′51.5″	85
						A₁	3~6	浅黄色	黏壤土	块状	5.5	29.0	1.62	0.67	26.2	319	1.7	248				
						BC	6~29															
						C	29															
剖14	淋溶土	暗棕壤	暗棕壤	酸岩岩暗棕壤	薄层酸性岩暗棕壤	AooAo	0~1			小团块状										花岗岩风化物	E 128°26′51.0″ N 42°53′50.3″	76
						A₂	1~10	灰黑色	壤土	小粒状												
						BC	10~15	灰黄色	黏壤土	小粒状												
						C	15~40	棕黄色	黏砾砂土													
剖15	淋溶土	白浆土	山地白浆土	酸性岩山地白浆土	薄层酸性岩山地白浆土	C	40~65		砂土											酸性岩风化物	E 128°15′02.5″ N 42°52′52.1″	75
						1	0~13		砂壤土		5.6	50.5	2.48	1.68	16.4	358	2.8	310				
						2	13~23		多砾砂壤土		5.1	18.7	1.19	0.98	22.4	214	0.3	117				
						3	23~41		粉砂壤土		5.0	11.1	2.90	2.10	17.6	235	0.4	110				
剖16	淋溶土	白浆土	山地白浆土	酸性岩山地白浆土	薄层酸性岩山地白浆土	1	0~20		黏壤土											酸性岩风化物	E 128°21′06.1″ N 42°51′45.4″	75
						2	20~38	暗棕色	多砾砂壤土	粒状	6.2	33.8	2.50	1.54	14.2	142	5.0	133				
						3	38~76	黑色	砂壤土	粒状	6.3	57.2	4.81	3.57	21.2	195	9.4	181				
						4	76~110	棕灰色	多砾质壤土	屑粒状	6.3	24.8	1.62	1.82	17.8	235	11.8	123				
						5	110~120	灰白色	黏土													
剖17	半水成土	草甸土	草甸土	山川草甸土	覆泥薄层山川草甸土	Ao	0~2	暗棕色	砂土		5.8									冲积物	E 128°18′01.8″ N 42°51′21.6″	95
						P₁	2~18	黑色	黏壤土	粒状	5.7											
						P₂	18~52	棕灰色	黏壤土	粒状	5.5											
						G₁	52~110	灰白色	黏土	小块状												
						G₂	110~120	灰白色	细砂													
剖18	水成土	泥炭土	泥炭土	泥炭土	泥炭土	Aa	0~12	灰棕色	黏壤土	粒状	6.2	18.9	0.55	0.49	13.2	117	1.1	95		冲积物	E 128°40′55.6″ N 42°57′03.3″	75
						AB	12~43	暗红棕色	黏壤土	粒状	6.0	15.6	0.50	0.77	16.8	150	1.7	174				
剖19	半水成土	草甸土	草甸土	岗川草甸土	马牙砂	B	43~75	暗红色	黏红棕土	小块状										沉积物	E 128°35′37.7″ N 42°56′59.6″	95
						0	0~2															
剖20	淋溶土	暗棕壤	暗棕壤性土	麻砂质暗棕壤性土		A₁	2~15	灰棕色	多砾砂壤土	块状										花岗岩残积物	E 128°52′30.0″ N 42°57′50.0″	95
						AC	15~35	棕色	多砾砂壤土	无结构												
						C	35~															
剖21	淋溶土	白浆土	台地白浆土	台地白浆土	中层台地白浆土	Aa	0~23	黑灰色	壤土	小块状	6.0									黄土母质	E 127°55′46.6″ N 42°41′11.4″	75
						A₂B	23~49	灰白色	壤土	片状	5.6											
						A₂B	49~59	黄灰色	黏红壤土	棱块状	5.6											
						B	59~120	棕灰色	黏壤土	棱块状	5.2											

续表 Continued

剖面号 Soil profile	土纲 Soil order	土类 Soil great group	亚类 Soil subgroup	土属 Soil genus	土种 Soil species	土层码 Layer code	土层厚度 Depth/cm	颜色 Soil color	质地 Soil texture	土壤结构 Soil structure	pH	有机质 OM/(g/kg)	全氮 TN/(g/kg)	全磷 TP/(g/kg)	全钾 TK/(g/kg)	碱解氮 AN/(mg/kg)	有效磷 AP/(mg/kg)	速效钾 AK/(mg/kg)	阳离子交换量CEC/(cmol/kg)	土壤母质 Parent material	剖面点坐标 Profile coordinate	匹配指数 Matching index/%
剖22	淋溶土	白浆土	台地白浆土	台地白浆土	中层台地白浆土	1	0~30		砂壤土		6.1	44.0	1.80	1.96	17.0	316	13.4	217	18.2	黄土状沉积物	E 128°14′02.4″ N 42°45′19.1″	75
						2	30~40		壤土		5.6	9.0	0.45	0.63	20.4	192	2.4	119	7.3			
						3	40~80		粉砂质壤土		5.5	35.6	0.50	0.77	26.8	359	2.2	95	11.3			
剖23	淋溶土	白浆土	山地白浆土	酸性岩山地白浆土	中层酸性岩山地白浆土	1	0~28		砂壤土		6.3	23.5	1.10	0.91	15.8	115	3.0	90	10.8		E 128°08′00.2″ N 42°42′47.2″	75
						2	28~33		砂质黏壤土		5.9	13.8	0.51	0.70	22.0	118	1.3	97	15.3			
						3	33~83		砂质黏壤土		5.6	12.3	0.19	0.77	9.0	114	3.4	97	28.8			
剖24	淋溶土	白浆土	台地白浆土	台地白浆土	薄层台地白浆土	1	0~17		砂壤土		5.5	13.6	3.93	3.08	27.8	285	4.1	160			E 128°14′07.8″ N 42°40′26.4″	75
						2	17~38				5.2	13.1	1.20	1.47	25.2	185	1.4	102				
						3	38~56				5.1	11.1	0.72	1.08	29.0	129	0.6	83				
						4	56~115				5.2			1.12	35.4	185	2.3	118				
剖25	淋溶土	暗棕壤	暗棕壤	酸性岩山地暗棕壤	中层酸性岩暗棕壤	Aa	0~21	暗棕色	砂壤土	小块状	5.9	41.9	1.58	1.12	18.0	121	5.0	153		花岗岩坡积物	E 128°22′29.6″ N 42°48′13.7″	85
						B	21~60	棕色	粉砂质壤土	粒状	5.8	13.8	0.53	1.05	16.8	84	8.8	149				
						C	60~102	黑棕色	砂砾壤	粒状	5.8	13.1	0.52	1.02	20.4	72	6.9	107				
剖26	半水成土	草甸土	草甸土	山川草甸土	中层山川草甸土	1	0~17		砂壤土		6.0	73.4	7.30	5.18	14.6	573	26.1	203			E 128°16′37.1″ N 42°43′30.6″	95
						2	17~38		砂壤土		6.1	4.77		1.40	5.6	154	3.3	162				
						3	38~76		砂壤土		6.1	22.1	0.84	1.82	16.8	172	7.1	144				
						4	76~120		砂壤土		6.2	23.1	0.57	2.10	12.6	308	8.3	178				
剖27	淋溶土	白浆土	山地白浆土	砂岩山地白浆土	薄层砂岩山地白浆土	Aa	0~15	黑棕色	砂壤土	粒状										砂岩坡积物	E 128°19′04.8″ N 42°41′57.8″	95
						A₂	15~35	灰黄色	砂壤土	粒状												
						B	35~82	棕黄色	砂壤土	棱块状												
						BC	82~120	黄灰色	砂砾壤	棱块状												
剖28	淋溶土	白浆土	山地白浆土	页岩山地白浆土	薄层页岩山地白浆土	Aa	0~14	黑灰色	黏土	小团粒状	5.6	34.8	1.12	1.12	10.4		8.2	85		页岩坡积物	E 128°06′17.6″ N 42°38′58.2″	95
						A₂	14~29	灰白色	黏土	片状	5.1	12.6	0.40	0.98	21.2	56	7.1	82				
						A₂B	29~60	黄灰色	壤土	棱块状		11.8	0.49	2.31	27.6		14.5	119				
						BC	60~120		壤土	棱块状												
剖29	半水成土	草甸土	草甸土	山川草甸土	薄层山川草甸土	A₁	0~14	黑灰色	黏壤土	块状	6.4	66.9	4.48	2.87	18.4	385	3.5	137		冲积物	E 128°00′24.3″ N 42°37′58.6″	95
						AB	14~33	黑灰色	黏壤土	块状	6.2	18.6	1.73	1.61	18.4	182	1.3	80				
						Bg	33~90	浅灰色	黏土	块状	6.2	17.9	0.70	1.75	14.8	177	1.4	61				
						G	90~110	棕色	黏土		6.0											
剖30	半水成土	草甸土	草甸土	岗川草甸土	薄层岗川草甸土	1	0~18	棕灰色	壤质黏土	粒状											E 128°07′30.0″ N 42°35′54.2″	75
						2	18~27	暗黄色	黏壤土	鳞片状												
						3	27~47	黄棕色	粉砂质黏土	大棱块状												
剖31	淋溶土	白浆土	山地白浆土	酸性岩山地白浆土	中层酸性岩山地白浆土	Aa	0~20	灰棕色	粉砂质黏土	大棱块状										花岗岩风化物		
						A₂B	35~47	灰白色	黏土	棱块状												
						B₁	47~67		黏土	棱块状												
						B₂	67~120		黏土													
剖32	淋溶土	白浆土	白浆化暗棕壤	白浆化细矿质暗棕壤	白砂灰化红土	O	0~10	黑棕色	壤土	小团块状	5.3	117.0	6.44	2.32	17.5	459	10.9	105			E 128°18′23.0″ N 42°39′24.5″	82
						A₁	10~20	暗棕色	黏壤土	粒状	6.1	13.1	0.77	0.93	19.4	52	1.9	8				
						E	20~35	黄棕色	粉砂质黏壤	粒状	6.2	10.4	0.69	0.97	19.4	52	8.6	11				
						Bt	35~55	灰棕色	粉砂质黏壤	粒状	6.6	9.0	0.66	1.01	19.6	43	10.0	101				
						BC	55~83	黑棕色	壤土													
剖33	淋溶土	暗棕壤	暗棕壤	酸性岩暗棕壤	中层酸性岩暗棕壤	Aa	0~22	灰棕色	砂壤土	粒状	5.8									花岗岩坡积物	E 128°24′26.6″ N 42°37′36.5″	85
						A₂	22~67	黑棕色	黏壤土	粒状	6.0											
						BC	67~78	灰黄色	黏壤土		6.4											

续表 Continued

剖面号 Soil profile	土纲 Soil order	土类 Soil great group	亚类 Soil subgroup	土属 Soil genus	土种 Soil species	土层码 Layer code	土层厚度 Depth/cm	颜色 Soil color	质地 Soil texture	土壤结构 Soil structure	pH	有机质 OM/(g/kg)	全氮 TN/(g/kg)	全磷 TP/(g/kg)	全钾 TK/(g/kg)	碱解氮 AN/(mg/kg)	有效磷 AP/(mg/kg)	速效钾 AK/(mg/kg)	阳离子交换量 CEC/(cmol/kg)	土壤母质 Parent material	剖面点坐标 Profile coordinate	匹配指数 Matching index/%
剖34	淋溶土	白浆土	山地白浆土	砂岩山地白浆土	中层砂岩山地白浆土	Aa	0—18	灰棕色	砂壤土	砂状	6.0	53.6	0.49	0.63	19.2	258	9.5	97		砂岩风化物	E 128°21′55.1″ N 42°35′22.6″	95
						A_1	18—28	黑棕色	砂壤土	块状	6.1	53.1	3.22	2.10	20.0	320	2.0	76				
						A_2	28—50	黄白相间	砂壤土	粒状	5.4	11.3	0.40	0.63	15.4	131	0.4	66				
						BC	50—82	红棕色	粉砂质壤土	粒状	5.4	10.1	0.68	1.12	38.2	156	0.7	103				
剖35	淋溶土	白浆土	山地白浆土	基性岩山地白浆土	薄层基性岩山地白浆土	Aa	0—15	浅灰黄色	砂质黏壤土	粒状	5.9	74.6	3.52	2.73	16.8	251	6.0	113		玄武岩风化物	E 128°19′49.4″ N 42°32′32.3″	95
						A_2	15—46	棕色	砂质黏壤土	粒状	4.9	11.6	0.68	2.03	11.4	164	3.5	99				
						A_2B	46—63	棕色	多砾质黏壤土	粒状	4.6	10.3	0.44	14.48	17.6	151	1.1	89				
						BC	63—82	浅棕色	砂土													
						C	82—120	棕色														
剖36	淋溶土	白浆土	山地白浆土	砂岩山地白浆土	薄层砂岩山地白浆土	1	0—13		粉砂质壤土		6.1	12.6	0.70	2.31	15.0	135	2.9	66	17.5	砂岩风化物	E 128°24′19.4″ N 42°31′19.6″	95
						2	13—25		砂壤土		6.1	12.6	0.70	2.31	15.0	135	2.9	66	17.5			
						3	25—60		砂壤土		6.9	13.6	0.31	1.19	20.8	59	0.8	64	15.3			
						4	60—76		砂壤土		6.8	10.6	0.39	0.49	18.2	72	0.9	98	22.7			
						5	76—100		砂砾质黏壤土		6.8	11.6	0.39	0.56	23.8	79	0.9	117	31.1			
剖37	淋溶土	棕色针叶林土	棕色针叶林土	火山灰棕色针叶林土	长白棕松土	0	0—8	棕黑色			4.6	453.0	9.23	0.63	10.9	887	90.8	584		黑色浮岩碎屑及玄武岩风化物	E 128°35′51.0″ N 42°36′02.9″	75
						A	8—15	浊黄棕色	多砾砂壤土	团块状	4.4	64.2	1.41	0.19	36.3	161	10.9	188				
						B	15—40	浊黄棕色	多砾砂壤土	弱发育块状	5.9	6.2	0.25	0.24	43.2	56	3.5	71				
						C_1	40—72	棕色	多砾砂壤土	无结构	6.3	2.5	0.12	0.25	37.9	35	2.4	63				
						C_2	72—120		砂砾土		6.0	2.1	0.12	0.23	40.5	32	1.9	63				
剖38	淋溶土	暗棕壤	暗棕壤	火山砂砾暗棕壤性土		AooAo	0—1.5													火山砂砾	E 128°10′52.3″ N 42°28′09.8″	76
						B	1.5—4.5	棕黄色	砂壤土	块状												
							4.5—	灰棕色														
剖39	淋溶土	暗棕壤	片岩暗棕壤		薄层片岩暗棕壤	Aa	0—15	暗棕色	壤土	块状										片岩风化物	E 128°04′46.2″ N 42°25′03.4″	76
						BC	15—21	灰白色	黏壤土	块状												
						C	21—70	灰黄色	砂壤土	块状												
							70—80	浅黄色	黏砾土													
剖40	水成土	沼泽土	腐泥沼泽土	腐泥高位沼泽土	腐泥高位沼泽土	Aoo	0—0.5													冲积物	E 128°06′37.1″ N 42°23′02.0″	95
						A_1	0.5—23	黑黑色	砂质黏壤土	团粒状	5.9	90.0	5.89	2.80	23.2	722	7.7	269	48.3			
						G_1	23—49	灰白色	黏壤土	小块状	5.7	19.7	2.91	3.43	33.0	200	15.3	102	15.3			
						G_2	49—64	浊棕色	黏壤土	粒状	5.8	16.9	3.42	0.56	33.6	123	24.3	151	24.8			
						G_3	64—93	黄黄色	黏壤土	小块状	5.8	19.9	1.78	0.70	25.8	182	11.8	110	12.5			
剖41	淋溶土	白浆土	台地白浆土	基性岩台地白浆土	薄层基性岩台地白浆土	1	0—6		砂壤土											基性岩残积物	E 128°03′23.4″ N 42°21′43.2″	95
						2	6—15		壤土													
						3	15—56															
剖42	淋溶土	暗棕壤	白浆化暗棕壤	白浆泥暗山泥土	白馅暗山泥土	0	0—5													安山岩残积物	E 128°24′49.1″ N 42°27′36.4″	85
						Ah	5—20	黑棕色	壤质黏土	团粒状	5.3	117.0	6.44	2.32	17.5	459	10.9	105				
						Ae	20—35	浅灰色	黏质黏土	鳞片状	6.1	13.1	0.77	0.93	19.4	52	1.9	88				
						B	35—55	浊棕色	砂砾质黏土	棱块状	6.2	10.4	0.69	0.97	19.4	52	8.6	71				
						BC	55—83	浊棕色	黏壤土	块状	6.6	9.0	0.66	1.01	19.6	43	10.0	101				
剖43	淋溶土	白浆土	山地白浆土	酸岩山地白浆土	薄层酸性岩山地白浆土	Aa	0—15	灰棕色	砂壤土	粒状										花岗岩坡积物	E 128°16′17.4″ N 42°23′13.9″	95
						A_2	15—36	暗棕色	砂壤土	块状	4.7	38.1	1.98	1.54	10.0	185	10.7	271				
						B_1	36—95	棕色	砂砾土		5.3	10.8	0.27	0.28	13.2	163	7.2	293				
						BC	95—115	褐色	砂砾土													
剖44	初育土	火山灰土	暗火山灰土			Aoo	0—15	浅灰色	砂壤土	块状											E 127°53′54.8″ N 42°19′58.3″	75
						A_1	15—18	暗黄棕色	砂壤土													
						C	18—															

续表 Continued

剖面号 Soil profile	土纲 Soil order	土类 Soil great group	亚类 Soil subgroup	土属 Soil genus	土种 Soil species	土层码 Layer code	土层厚度 Depth/cm	颜色 Soil color	质地 Soil texture	土壤结构 Soil structure	pH	有机质 OM/(g/kg)	全氮 TN/(g/kg)	全磷 TP/(g/kg)	全钾 TK/(g/kg)	碱解氮 AN/(mg/kg)	有效磷 AP/(mg/kg)	速效钾 AK/(mg/kg)	阳离子交换量 CEC/(cmol/kg)	土壤母质 Parent material	剖面点坐标 Profile coordinate	匹配指数 Matching index/%
剖45	淋溶土	白浆土	台地白浆土	台地白浆土	薄层台地白浆土	Aa	0—17	黑灰色	壤土	粒状	6.0									黄土母质	E 128°09′09.7″ N 42°19′17.8″	95
						A₂	17—26	灰色	黏土	片状	6.0											
						A₂B	26—33	灰色	黏壤土	棱块状												
						B	33—120	棕灰色	黏土	棱块状												
剖46	淋溶土	暗棕壤	暗棕壤	页岩暗棕壤	薄层页岩暗棕壤	Aa	0—20	暗棕色	少砾砂壤土	粒状	6.3	38.9	1.99	1.40	14.4	241	0.6	129		页岩风化物	E 128°07′54.1″ N 42°13′13.1″	79
						A₂	20—26	棕色	多砾砂壤土	粒状	5.6	14.6	0.83	0.98	24.2	184	0.3	146				
						BC	26—40	棕色	多砾砂壤土		5.6	12.8	0.80	1.26	29.8	189	0.9	219				
						C₁	40—54	棕色	多砾砂壤土													
						C₂	54—72	黄棕色	多砾砂壤土													
剖47	淋溶土	棕色针叶林土	灰化棕色针叶林土	基性岩针叶林灰化土		A₁	0—20	暗灰色	壤土	团块状										玄武岩风化物	E 128°16′18.4″ N 42°12′31.7″	74
						A₂	20—	灰黄色	黏壤土	团块状												
剖48	初育土	火山灰土	暗火山灰土	碎屑暗火山灰土	黑火山灰土	As	0—9													火山喷出物	E 128°05′11.5″ N 42°02′53.2″	75
						A₁	9—20	黑色	少砾砂壤土	无明显结构	5.0	147.7	4.13	0.47	31.2	408	13.7	190				
						C₁	20—46	浅灰棕色	砾石土		6.1	24.9	0.82	0.16	36.5	102	3.5	102				
						C₂	46—73	浅黄棕色	砾石土		6.1	14.6	0.56	0.30	35.4	75	4.9	75				
						C₃	73—100		砾石土		6.2	6.9	0.36	0.43	26.4	84	6.1	86				
						C₄	100—115		砾石土		6.0	5.7	0.34	0.41	36.5	59	6.3	81				
剖49	初育土	火山灰土	火山灰土			AoAo	0—15	棕色												火山喷出物	E 128°04′01.2″ N 42°01′50.5″	99
						AC	15—20	棕色	少砾砂壤土													
						C	20—45	灰黄色	砾石土													

附 录

附录1 吉林省县级行政区及分县主要土壤类型与土壤剖面点分布图地域名对照表

地级行政区划	县级行政区划[1]	分县主要土壤类型与土壤剖面点分布图地域名[2]	地级行政区划	县级行政区划[1]	分县主要土壤类型与土壤剖面点分布图地域名[2]
长春市	南关区	市辖区*	四平市	铁西区	市辖区*
	宽城区			铁东区	
	朝阳区			梨树县	梨树县
	二道区			伊通满族自治县	
	绿园区			双辽市	双辽市
	双阳区		辽源市	龙山区	市辖区*
	九台区	九台区		西安区	
	农安县	农安县		东辽县	
	榆树市	榆树市		东丰县	东丰县
	德惠市	德惠县	通化市	东昌区	
	公主岭市	公主岭市		二道江区	
吉林市	昌邑区	市辖区*		通化县	
	龙潭区			辉南县	辉南县
	船营区			柳河县	柳河县
	丰满区			梅河口市	
	永吉县	永吉县		集安市	
	蛟河市	蛟河市	白山市	浑江区	市辖区*
	桦甸市	桦甸市		江源区	
	舒兰市	舒兰市		抚松县	抚松县
	磐石市	磐石市		靖宇县	靖宇县
				长白朝鲜族自治县	长白朝鲜族自治县
				临江市	

续表

地级行政区划	县级行政区划[1]	分县主要土壤类型与土壤剖面点分布图地域名[2]	地级行政区划	县级行政区划[1]	分县主要土壤类型与土壤剖面点分布图地域名[2]
松原市	宁江区		延边朝鲜族自治州	延吉市	延吉市
	前郭尔罗斯蒙古族自治县	前郭尔罗斯蒙古族自治县		图们市	图们市
	长岭县	长岭县		敦化市	敦化市
	乾安县	乾安县		珲春市	珲春市
	扶余市	扶余市		龙井市	龙井市
白城市	洮北区	市辖区*		和龙市	和龙市
	镇赉县	镇赉县		汪清县	汪清县
	通榆县	通榆县		安图县	安图县
	洮南市	洮南市			
	大安市	大安市			

注：1）为民政部于2022年3月发布的《2021年中华人民共和国行政区划代码》中的县级行政区名称。该名称也作为本数据集分县目录。分县排序按《2021年中华人民共和国行政区划代码》中的地级、县级行政区排列。

2）分县主要土壤类型与土壤剖面点分布图地域名是全国第二次土壤普查中分县采样调查、制图的县级行政区名称。分县主要土壤类型与土壤剖面点分布图采用的县级行政域是从国家测绘局获取的1∶25万DLG（公众版）数据（使用许可协议编号：非2011—1011）。附录1显示了全国第二次土壤普查时的县行政区域名与《2021年中华人民共和国行政区划代码》中的县级行政区名称之间的关联。附录1仅有《2021年中华人民共和国行政区划代码》中的县级行政区名称，而没有对应的分县主要土壤类型与土壤剖面点分布图地域名的分县，表示该县级行政区无土壤剖面数据，未纳入分县目录。

* 在附录1中，凡分县主要土壤类型与土壤剖面点分布图地域名表示为"市辖区"的地域，均指在全国第二次土壤普查中，在城市中心区及近郊区完成的采样调查和制图。此时，县级行政区名称与分县主要土壤类型与土壤剖面点分布图地域名不是完全的对应关系。如长春市市辖区（部分）主要土壤类型与土壤剖面点分布图代表土壤调查中长春市城区及近郊区的土壤分布状况。此时将"市辖区"作为这一节的标题。

附录2　专题图基础地理要素图例

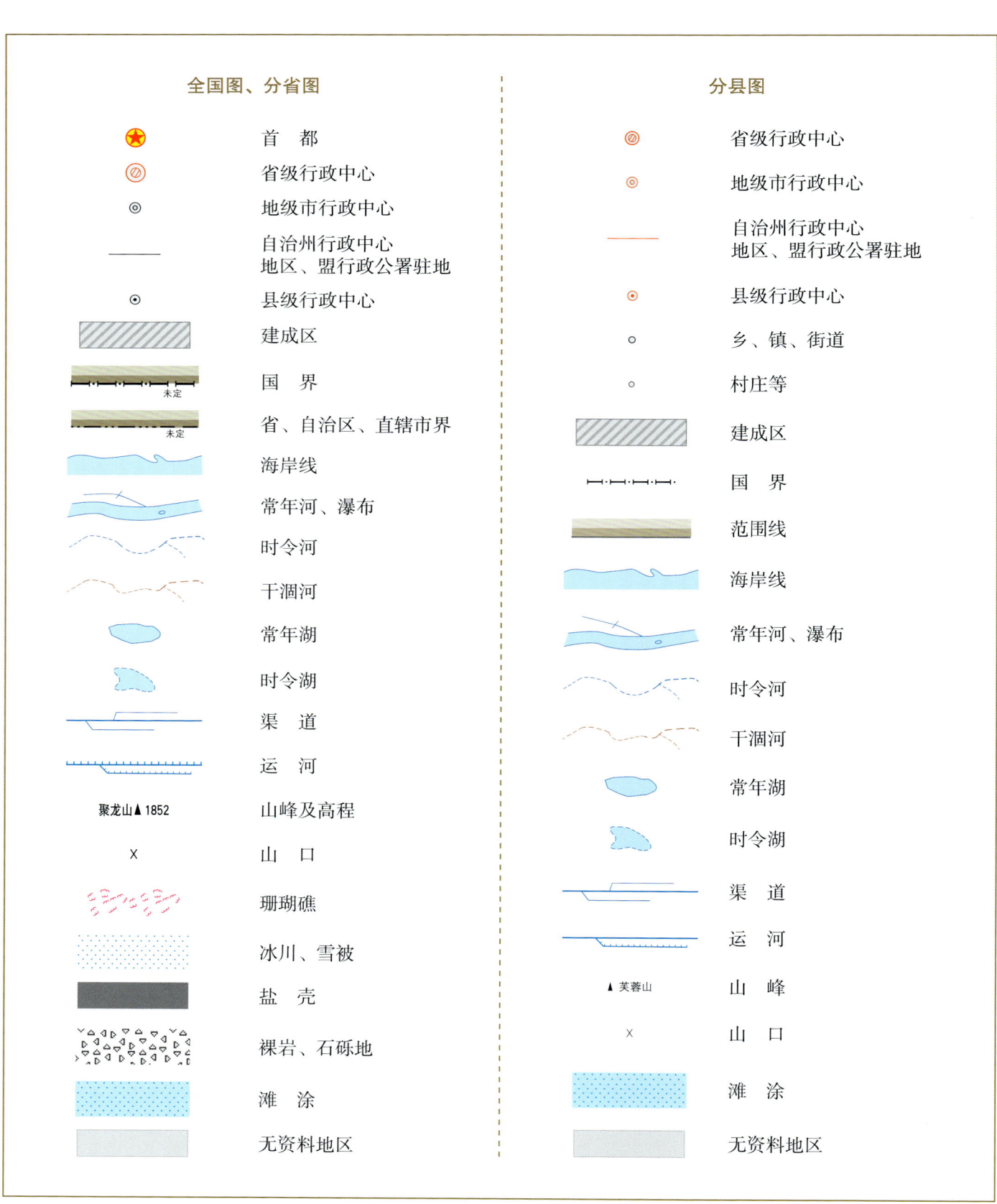

附录3 土壤图土类图例

图例	土类名	色码（RGB）	色码（CMYK）	图例	土类名	色码（RGB）	色码（CMYK）
	砖红壤	253, 139, 149	0, 56, 26, 0		棕钙土	250, 221, 212	2, 17, 13, 0
	赤红壤	253, 160, 170	0, 47, 17, 0		灰钙土	230, 214, 165	11, 15, 40, 1
	红　壤	252, 199, 209	1, 29, 6, 0		灰漠土	246, 237, 182	4, 6, 36, 0
	黄　壤	250, 238, 14	2, 5, 92, 0		灰棕漠土	232, 207, 118	8, 19, 62, 1
	黄棕壤	247, 231, 171	3, 9, 40, 0		棕漠土	238, 220, 86	5, 12, 76, 1
	黄褐土	249, 236, 121	2, 5, 64, 0		黄绵土	249, 223, 2	1, 13, 93, 0
	棕　壤	238, 218, 147	6, 14, 50, 1		红黏土	247, 149, 143	1, 52, 33, 0
	暗棕壤	226, 181, 98	9, 33, 68, 2		新积土	184, 199, 156	30, 11, 44, 2
	白浆土	223, 226, 205	15, 7, 22, 0		龟裂土	254, 252, 55	0, 7, 86, 0
	棕色针叶林土	206, 169, 142	18, 35, 40, 4		风沙土	242, 242, 180	6, 2, 39, 0
	灰化土	183, 169, 182	31, 31, 16, 4		石灰（岩）土	176, 175, 85	28, 21, 75, 9
	漂灰土*	220, 219, 162	15, 9, 44, 1		火山灰土	223, 167, 170	11, 41, 19, 2
	燥红土	250, 161, 9	0, 46, 95, 0		紫色土	199, 177, 221	28, 31, 0, 0
	褐　土	225, 201, 153	12, 21, 43, 1		磷质石灰土	240, 250, 156	7, 1, 51, 0
	灰褐土	228, 219, 186	12, 12, 30, 0		石质土	171, 181, 150	35, 18, 43, 5
	黑　土	142, 164, 151	46, 21, 38, 8		粗骨土	196, 187, 132	23, 21, 53, 4
	灰色森林土	162, 178, 175	40, 19, 27, 4		草甸土	128, 171, 117	51, 14, 63, 7

续表

图例	土类名	色码（RGB）	色码（CMYK）	图例	土类名	色码（RGB）	色码（CMYK）
	黑钙土	230, 188, 50	6, 30, 88, 1		潮　土	169, 219, 118	34, 1, 68, 0
	栗钙土	214, 195, 161	17, 22, 37, 2		砂姜黑土	191, 202, 188	29, 13, 26, 1
	栗褐土	240, 213, 157	5, 18, 43, 1		林灌草甸土	171, 191, 44	31, 12, 93, 5
	黑垆土	201, 204, 125	22, 12, 60, 3		山地草甸土	132, 184, 161	52, 9, 42, 3
	沼泽土	144, 183, 212	49, 14, 8, 2		灌漠土	158, 184, 110	39, 12, 67, 6
	泥炭土	150, 140, 173	46, 41, 10, 6		草毡土	150, 172, 169	45, 20, 29, 6
	草甸盐土	222, 145, 201	21, 49, 0, 0		黑毡土	129, 157, 106	48, 19, 63, 14
	滨海盐土	232, 206, 217	10, 22, 5, 0		寒钙土	198, 214, 203	26, 8, 21, 1
	酸性硫酸盐土	187, 159, 184	29, 38, 9, 3		冷钙土	194, 194, 96	23, 15, 72, 5
	漠境盐土	209, 130, 159	16, 58, 11, 3		冷棕钙土	183, 186, 169	31, 20, 32, 3
	寒原盐土	187, 159, 184	29, 38, 9, 3		寒漠土	235, 223, 181	9, 12, 33, 0
	碱　土	227, 211, 211	13, 18, 11, 0		冷漠土	223, 197, 102	11, 22, 68, 2
	水稻土	107, 176, 107	59, 9, 72, 3		寒冻土	196, 171, 79	19, 29, 77, 8
	灌淤土	136, 146, 47	38, 24, 90, 21				

注：*漂灰土，《中国土壤分类与代码》（GB/T 17296—2009）中无此土类，在全国第二次土壤普查中完成的中国1∶100万土壤图和分县土壤图中含漂灰土，主要分布于西藏自治区南部，总面积约为112 km²。

附录 4　中国主要土壤类型简表

土纲名[1]	土类名[2]	主要成土条件及特征[3]	分布区域	WRB 土组名[4]	MR[5]/%	百分比[6]/%
铁铝土纲 Ferrallisols	砖红壤 Latosols	热带雨林或季雨林下，强烈脱硅富铝化，游离铁占全铁的 80%，土壤呈砖红色，具 A–Bs–Bv–C 剖面构型	海南、广东等	Acrisols	29	0.46
	赤红壤 Latosolic red soils	南亚热带季雨林下，脱硅富铝化程度次于砖红壤、强于红壤，铁的游离度介于二者之间，土壤呈赤红色，具 A–Bs–C 剖面构型	广东、云南、广西、福建等	Acrisols	40	2.23
	红壤 Red soils	中亚热带常绿阔叶林下，中度脱硅富铝化，具有深厚红色土层，具 A–Bs–Bv 或 A–Bs–C 剖面构型	南部的江西、福建、湖南等	Cambisols	35	6.79
	黄壤 Yellow soils	亚热带湿润气候条件下，多见于海拔 700—1200m 的山区，中度富铝化，土壤有机质累积较多，土壤呈黄色，具 O–A–AB–B–C 剖面构型	贵州、四川、云南、西藏、台湾等	Cambisols	45	2.65
淋溶土纲 Alfisols	黄棕壤 Yellow-brown soils	北亚热带暖湿落叶阔叶林下，弱度富铝化，母质多为砂页岩及花岗岩风化物，黏化特征明显，土壤呈黄棕色，具 A–B–C 或 A–(B)–C 剖面构型	长江中下游沿江低山丘陵区，以及云南、贵州、四川、陕西、西藏等	Cambisols	39	2.37
	黄褐土 Yellow-cinnamon soils	北亚热带地区，黄土状母质，无游离碳酸钙，黏化淀积明显，土壤呈灰黄棕色，具 A–B–C 或 A–Bt–C 剖面构型	河南、安徽面积最大，陕南、鄂北、江苏、川东北、江西等地也有分布	Luvisols	58	0.59
	棕壤 Brown soils	湿润暖温带地区，处于硅铝风化阶段，盐基已淋失，土体见黏粒淀积，土壤呈棕色，具 O–A–Bt–C 剖面构型	辽东至苏北低山丘陵，以及内蒙古、河南、西藏、云南、湖北等地的山地垂直带	Luvisols	51	2.73
	暗棕壤 Dark brown soils	湿润温带地区，针阔叶混交林下，弱酸性淋溶，有机质富集明显，土体 B 层呈棕色，具 O–A–B–C 剖面构型	黑龙江、吉林、内蒙古等	Cambisols	48	4.12

续表

土纲名[1]	土类名[2]	主要成土条件及特征[3]	分布区域	WRB 土组名[4]	MR[5]/%	百分比[6]/%
淋溶土纲 Alfisols	白浆土 Bleached baijiang soils	湿润温带平缓岗地森林草原下，上层土壤周期性滞水，还原铁、锰，漂洗形成灰黄色至灰白色白浆土层 E，具 Ah–E–Bt–C 剖面构型	黑龙江、吉林等	Luvisols	46	0.49
	棕色针叶林土 Brown coniferous forest soils	寒温带针叶林下，酸性淋溶，表层盐基饱和度降低，B 层呈棕色，具 O–A–AB–B–C 剖面构型	内蒙古、黑龙江、四川、云南、吉林、新疆等	Cambisols	47	1.15
	灰化土 Podzolic soils	寒冷湿润针叶林下，表层有机质层深厚，强烈淋溶和 SiO_2 淀积形成灰化层 A_2，具 A_1–A_2–B–BC 剖面构型	西藏	Podzols	100	< 0.01
半淋溶土纲 Semi-alfisols	燥红土 Torrid red soils	热带、亚热带干旱河谷与雨区稀树草原下形成的盐基饱和的红色土壤，具 A–B–C（D）剖面构型	海南、贵州、云南、四川等	Luvisols	100	0.08
	褐土 Cinnamon soils	暖温带半湿润，黏化与钙质淋移淀积，盐基饱和，B 层呈棕褐色，具 A–B–Bk–C 剖面构型	河北、山西、北京等	Cambisols	48	2.88
	灰褐土 Gray-cinnamon soils	温带干旱、半干旱山地云冷杉下，腐殖质累积与钙积作用明显，弱黏淀特征，具 Ao–A–B–C 剖面构型	甘肃、内蒙古、新疆、西藏、青海、宁夏等地的山地垂直带	Cambisols	43	0.65
	黑土 Black soils	温带半湿润草甸草原下，具深厚的腐殖质层，无石灰性的黑色土壤，底层轻度淋溶，具 A–ABh–BhC–C 剖面构型	东北平原	Phaeozems	31	0.68
	灰色森林土 Gray forest soils	温带森林植被下，腐殖质层深厚，弱度淋溶，剖面下部见硅粉，具 O–A–AB 或（B）–BC–C 剖面构型	内蒙古、新疆、河北	Phaeozems	77	0.34
钙层土 Pedocals	黑钙土 Chernozems	温带半湿润草甸草原下，具深厚的腐殖质层、碳酸钙淋溶淀积层	内蒙古、新疆、吉林、黑龙江、青海、甘肃	Chernozems	50	1.51
	栗钙土 Castanozems	温带半干旱草原下，具有栗色腐殖质层和灰白色钙积层	内蒙古、新疆、河北、山西、吉林等	Kastanozems	61	4.18
	栗褐土 Castano-cinnamon soils	暖温带半干旱草原及灌木下，弱度黏化和弱度淋溶，通体有石灰反应	山西、内蒙古、河北	Cambisols	40	0.47
	黑垆土 Dark loessial soils	黄土高原上，由黄土母质发育，有机质含量低，腐殖质层深厚，无明显黏化层	甘肃面积最大，其次为陕北和宁南地区	Cambisols	59	0.21
干旱土 Aridisols	棕钙土 Brown caliche soils	温带干旱草原向荒漠过渡区，具浅棕色薄腐殖质层、灰白色薄钙积层，钙积层接近地表	内蒙古、甘肃、青海、新疆	Cambisols	36	2.81
	灰钙土 Sierozems	暖温带干旱草原下，母质多为黄土，低腐殖质、弱淋溶，具腐殖质层和钙积层	甘肃、宁夏、新疆、青海、内蒙古、陕西	Cambisols	63	0.50

续表

土纲名[1]	土类名[2]	主要成土条件及特征[3]	分布区域	WRB 土组名[4]	MR[5]/%	百分比[6]/%
漠土 Desert soils	灰漠土 Gray desert soils	温带干旱漠境边缘区	宁夏、内蒙古、甘肃、新疆等	Cambisols	44	0.72
	灰棕漠土 Gray-brown desert soils	温带干旱中心	新疆、内蒙古等	Cambisols	78	3.11
	棕漠土 Brown desert soils	暖温带极干旱漠境中心	新疆、甘肃等	Cambisols	65	2.69
初育土 Amorphic soils	黄绵土 Loessial soils	黄土高原上，由黄土母质直接翻耕形成，具 A-C 剖面构型	陕西、甘肃、山西、宁夏等	Cambisols	33	1.97
	红黏土 Red primitive soils	由第三纪红色黏土及部分第四纪老黄土发育	陕西、甘肃、河南、山西、辽宁等	Regosols	48	0.07
	新积土 Neo-alluvial soils	新近冲积、洪积、坡积、塌积或人工堆垫，具 A-C 或（A）-C 剖面构型	全国各地，以吉林、陕西面积最大，其次为黑龙江、宁夏、四川等	Fluvisols	51	0.57
	龟裂土 Takyr	干旱、漠境地区山前细土洪积微弱发育，表层为不规则龟裂结皮	新疆、甘肃、内蒙古、宁夏	Cambisols	72	0.06
	风沙土 Aeolian soils	半干旱、干旱及滨海地区，由风成沙性母质发育	新疆、内蒙古、甘肃、青海等	Arenosols	75	7.03
	石灰（岩）土 Limestone soils	由热带、亚热带石灰岩母质发育	贵州、广西、四川、湖南等	Cambisols	80	1.73
	火山灰土 Volcanic ash soils	由火山喷发碎屑、粉尘状堆积物发育，具 A-C 剖面构型	黑龙江、江苏、海南等	Andosols	53	0.04
	紫色土 Purplish soils	由热带、亚热带紫红色岩层侵蚀发育，土层浅薄，具 A-C 剖面构型	四川、云南、湖南、贵州、广西等	Cambisols	68	2.44
	磷质石灰土 Phospho-calcic soils	热带珊瑚岛礁上，由海鸟粪与珊瑚礁风化物形成	南海的西沙、南沙、东沙、中沙诸岛	Arenosols	81	<0.01
	石质土 Lithosols	石质山地岩石风化残积物，风化层厚度一般小于 10cm，具 A-R 剖面构型	西北和华北山地	Leptosols	100	1.87
	粗骨土 Skeletal soils	基岩风化残积物、坡积物，属于 A-C 或（A）-C 剖面构型	辽宁、内蒙古、山东、浙江等地的河谷阶地、丘陵、低山和中山	Regosols	93	1.76
水成土 Aqueous soils	沼泽土 Bog soils	所处地势低洼，长期地表积水，还原作用形成潜育层 G，泥炭层或腐泥层厚度小于 50cm，具 H-G 剖面构型	黑龙江、青海、内蒙古等地的沟谷、平原河湖滨低洼地区均有分布，主要分布于东北	Gleysols	53	1.53
	泥炭土 Peat soils	泥炭层 H 厚度大于 50cm，其下为潜育层 G，具 H-G 剖面构型	青海、四川、黑龙江、吉林等	Histosols	48	0.06

续表

土纲名[1]	土类名[2]	主要成土条件及特征[3]	分布区域	WRB 土组名[4]	MR[5]/%	百分比[6]/%
半水成土 Semi-aqueous soils	草甸土 Meadow soils	冷湿条件下受地下水浸润并在草甸植被下发育，有明显腐殖质累积，铁、锰氧化还原形成锈纹层 Cu，具 A-Cu 或 A-C-Cu 剖面构型	黑龙江、内蒙古、新疆、四川等	Cambisols	92	3.54
	潮土 Fluvo-aquic soils	河流冲积平原或低平阶地耕作土壤，地下水位高，底土氧化还原交替形成锈纹层 Cu，具 A_{11}-A_{12}-Cu 或 A_{11}-C-Cu 剖面构型	主要分布于黄淮海平原，内蒙古、辽宁、湖北等地的河谷平原，滨湖低地与山间谷地也有分布	Cambisols	85	3.71
	砂姜黑土 Lime concretion black soils	河湖沉积物经脱沼与长期耕作形成，底土见砂姜	主要分布于安徽、河南、山东、江苏等，河北、湖北、广西等地也有分布	Cambisols	79	0.54
	林灌草甸土 Shrubby meadow soils	漠境河谷平原沿河一带的胡杨林下发育，有交替氧化还原作用，具 Ao-AC-C 剖面构型	新疆、内蒙古、甘肃等	Cambisols	87	0.24
	山地草甸土 Mountain meadow soils	中海拔山顶平台草甸植被下发育的薄层土壤，草皮层 As 下见铁锰锈纹、胶膜，具 As-A-C-D 剖面构型	除青藏高原及西北高山区以外，各省、自治区、直辖市均有分布，以西部为多，西南部次之	Cambisols	60	0.04
盐碱土 Alkali-saline soils	草甸盐土 Meadow solonchaks	草甸土、潮土、沼泽土地区，盐分累积量大于 6g/kg，有盐化表土层 Az，具 Az-C 剖面构型	从长江口到松辽平原均有分布	Solonchaks	55	1.21
	滨海盐土 Coastal solonchaks	母质为滨海沉积物，盐分来自海水和高矿化潜水，通常含盐量为 10g/kg，具 Az-Cz 剖面构型	山东、浙江、福建等沿海地区	Solonchaks	47	0.31
	酸性硫酸盐土 Acid sulphate soils	热带、南亚热带滨海低平原的海潮可及处，红树林残体形成的硫化物经氧化形成硫酸，土壤呈强酸性	海南、广东、广西、福建、台湾等	Solonchaks	36	<0.01
	漠境盐土 Desert solonchaks	极端干旱的漠境条件，含盐量通常在 100g/kg 以上	新疆、青海、甘肃等	Solonchaks	50	0.31
	寒原盐土 Frigid plateau solonchaks	青藏高寒地区退缩内陆湖盆、河间洼地	西藏	Solonchaks	88	0.10
	碱土 Solonetzes	碱化度（交换性钠占阳离子交换量百分比）大于 20%	零星分布于东北、华北、西北的内陆地区	Solonetz	50	0.06
人为土 Anthrosols	水稻土 Paddy soils	长期季节性淹灌、排水，水下翻耕，氧化还原交替，形成多种发生层分异：淹育层 Aa、犁底层 Ap、渗育层 P、潴育层 W 与潜育层 G	全国各地，以四川、江西、湖南等地面积为大	Anthrosols	83	4.93
	灌淤土 Irrigated warped soils	引用高泥沙含量灌溉水淤灌，加厚土层大于 50cm	新疆、宁夏、甘肃、河北、青海、西藏等	Anthrosols	70	0.22

续表

土纲名[1]	土类名[2]	主要成土条件及特征[3]	分布区域	WRB 土组名[4]	MR[5]/%	百分比[6]/%
人为土 Anthrosols	灌漠土 Irrigated desert soils	干旱荒漠地区，坎儿井水长期耕灌	新疆、甘肃、宁夏、青海等地的荒漠绿洲地带	Anthrosols	68	0.12
高山土 Alpine soils	草毡土 Felty soils	高寒区平缓高原面上，强度生草腐殖质累积与弱度氧化还原形成草毡层	青海、西藏、四川、新疆等	Cambisols	69	5.46
	黑毡土 Dark felty soils	高寒区略较温湿的原面上，草毡层初步分解，色泽较暗，有机质含量较高	西藏、四川、新疆、甘肃等	Cambisols	61	2.73
	寒钙土 Frigid calcic soils	高寒半干旱区，弱度腐殖质累积，底层积钙	西藏、青海、新疆、甘肃等	Calcisols	70	7.88
	冷钙土 Cold calcic soils	高寒区冷凉半干旱原面下，具弱腐殖质累积与钙积特征	新疆、西藏、甘肃等	Cambisols	45	1.43
	冷棕钙土 Cold brown calcic soils	高寒区温凉的半干旱河谷处，土壤弱腐殖质累积，弱度淋溶与积钙	西藏	Cambisols	67	0.09
	寒漠土 Frigid desert soils	高寒干旱条件下成土	青藏高原西北部海拔4000m以上地区，涉及新疆、四川、西藏、青海等	Cryosols	87	0.29
	冷漠土 Cold desert soils	亚高山冷凉干旱条件下成土	西藏海拔4500m以下的湖盆、河谷及山地中下部	Cambisols	42	0.03
	寒冻土 Frigid frozen soils	高山冰川冰缘地带条件下，以物理风化为主	青藏高原冰缘地区，涉及新疆、西藏、甘肃等	Leptosols	100	3.23

注：1）中国土壤分类系统中土纲名及土纲英译名。
2）中国土壤分类系统中土类名及土类英译名。
3）本栏所用土层及后缀代码释义。
　　自然土壤：A 表土层，As 草根层、草毡层，A_2 灰化层，B 母质特征消失的表下层，C 受成土作用少的母质层，D 未受成土作用影响的碎屑层，R 坚硬岩石层，E 漂白层、白浆层，H 泥炭状有机质层，Hi 纤维状泥炭层，He 半分解泥炭层，O 凋落物有机质层。
　　旱地土壤：A_{11} 旱耕层，A_{12} 亚耕层，C_1 心土层，C_2 底土层。
　　水田土壤：Aa 耕作层（淹育层），Ap 犁底层（淹育层），P 渗育层，W 潴育层，G 潜育层，Gw 脱潜层，M 腐泥层。
　　土层后缀代码：d 漂灰特征，c 铁聚核或硬聚核，f 冰冻特征，h 有机质淀积，k 石灰聚积，n 碱化特征，q 硅聚积，t 黏粒淀积，v 网纹特征，x 脆盘，z 易溶盐聚积，su 硫化物聚积，b 埋藏或重叠，e 漂洗特征，g 潜育特征，i 弱分解有机质，m 胶结或固结，p 人工扰动，s 三氧化二物聚积，u 锈色斑纹，w 色泽或结构发育，y 石膏聚积，mo 铁锰胶膜。
4）世界土壤资源参比基础（world reference base for soil resources, WRB）工作组发布土组名，WRB 土组划分原则与中国土壤分类系统中土纲接近。
5）WRB 土组对中国土壤分类系统中各土类的最大可参比性（maximum referencibility，MR）。
6）该土类面积占各土类总面积的百分比。

附录 5　吉林省主要土壤类型表

土纲名[1]	土类名[2]	WRB 土组名[3]	MR[4]/%	百分比[5]/%
淋溶土纲 Alfisols	棕壤 Brown soils	Luvisols	51	0.5
	暗棕壤 Dark brown soils	Cambisols	48	34.9
	白浆土 Bleached baijiang soils	Luvisols	46	9.4
	棕色针叶林土 Brown coniferous forest soils	Cambisols	47	1.1
半淋溶土纲 Semi-alfisols	黑土 Black soils	Phaeozems	31	5.5
钙层土 Pedocals	黑钙土 Chernozems	Chernozems	50	12.7
	栗钙土 Castanozems	Kastanozems	61	1.0
初育土 Amorphic soils	新积土 Neo-alluvial soils	Fluvisols	51	0.2
	风沙土 Aeolian soils	Arenosols	75	5.1
	火山灰土 Volcanic ash soils	Andosols	53	0.1
	石质土 Lithosols	Leptosols	100	0.1
水成土 Aqueous soils	沼泽土 Bog soils	Gleysols	53	1.6
	泥炭土 Peat soils	Histosols	48	0.3
半水成土 Semi-aqueous soils	草甸土 Meadow soils	Cambisols	92	21.3
	潮土 Fluvo-aquic soils	Cambisols	85	0.2
盐碱土 Alkali-saline soils	草甸盐土 Meadow solonchaks	Solonchaks	55	0.3
	碱土 Solonetzes	Solonetz	50	1.8
人为土 Anthrosols	水稻土 Paddy soils	Anthrosols	83	2.9
高山土 Alpine soils	黑毡土 Dark felty soils	Cambisols	61	0.1

注：1）中国土壤分类系统中土纲名及土纲英译名。
　　2）中国土壤分类系统中土类名及土类英译名。
　　3）世界土壤资源参比基础（world reference base for soil resources，WRB）工作组发布土组名，WRB 土组划分原则与中国土壤分类系统中土纲接近。
　　4）WRB 土组对中国土壤分类系统中各土类的最大可参比性（maximum referencibility，MR）。
　　5）该土类面积占吉林省省域面积百分比，土类面积不足本省省域面积 0.05% 的土类未列入本表。

附录 6　分省土壤有机质含量图有机质含量分级图例

图例	分级序号	色码（CMYK）	色码（RGB）	图例	分级序号	色码（CMYK）	色码（RGB）
	1	2, 2, 17, 0	255, 255, 220		8	38, 0, 74, 0	157, 218, 104
	2	4, 1, 35, 0	248, 255, 190		9	42, 0, 80, 0	146, 210, 90
	3	8, 0, 47, 0	238, 255, 165		10	48, 1, 85, 0	132, 200, 80
	4	17, 0, 53, 0	220, 249, 150		11	52, 4, 89, 1	123, 190, 70
	5	23, 0, 60, 0	203, 242, 135		12	54, 11, 94, 3	115, 175, 55
	6	28, 0, 62, 0	185, 235, 130		13	61, 18, 98, 7	92, 158, 37
	7	34, 0, 68, 0	169, 225, 118		14	64, 24, 100, 15	70, 138, 20

附录 7　吉林省典型剖面 0—20cm 土层土壤理化性状中位数与平均数

土壤理化性状[1]	吉林省[2]			东北地区[3]			全国[4]		
	中位数	平均数	样本量*	中位数	平均数	样本量*	中位数	平均数	样本量*
有机质 / (g/kg)	24.6	41.0	1545	19.3	32.3	3813	18.6	25.4	53243
pH	6.6	6.8	1601	6.8	6.9	3624	6.8	6.8	54014
全氮 / (g/kg)	1.35	1.91	1551	1.17	1.73	3395	1.06	1.37	49409
全磷 / (g/kg)	0.46	0.70	1510	0.60	0.85	3329	0.60	0.78	50185
全钾 / (g/kg)	21.5	21.5	1358	22.4	22.3	2763	18.0	17.5	29736
碱解氮 / (mg/kg)	125	168	1532	127	168	1821	90	114	19316
有效磷 / (mg/kg)	5.6	10.2	1517	5.9	10.1	2062	4.4	7.5	23100
速效钾 / (mg/kg)	110	123	1452	110	127	1915	90	110	23841
阳离子交换量 / (cmol/kg)	21.6	22.7	469	20.1	21.4	626	13.1	14.8	22361

注：1）土壤全氮、全磷、全钾、碱解氮、有效磷、速效钾含量均以 N、P、K 纯养分量计。
　　2）本卷收录的吉林省典型土壤剖面共计 1988 个。通过对剖面数据的土层厚度转换，附录 7 给出了这些典型剖面 0—20cm 土层土壤理化性状中位数与平均数。全国第二次土壤普查剖面采样为典型土类采样，而非网格化采样。0—20cm 土层土壤理化性状中位数与平均数不代表本省土壤理化性状平均状况。但全国第二次土壤普查是我国最早的大样本量调查，附录 7 所示的 0—20cm 土层土壤理化性状中位数与平均数对了解吉林省 20 世纪 80 年代土壤肥力性状量化指标具有一定参考价值。
　　3）东北地区包括黑龙江、吉林和辽宁 3 个省，本数据集收录该地区的剖面共计 4906 个。
　　4）本数据集全集收录的剖面共计 63792 个。
　　*　样本量的单位为"个"。

附录 8　吉林省主要土地利用类型 0—30cm 土层土壤有机质含量[1]

土地利用类型	吉林省		东北地区[2]		全国	
	占省域面积百分比[3]/%	有机质/(g/kg)	占地域面积百分比/%	有机质/(g/kg)	占地域面积百分比/%	有机质/(g/kg)
耕地	39.28	20.77	19.51	25.91	13.52	18.65
园地	0.40	25.78	1.93	14.56	2.13	16.68
林地	45.89	35.97	24.52	35.78	30.04	26.96
草地	3.53	14.73	32.56	26.52	27.97	19.18
湿地	1.21	17.20	2.36	26.36	2.48	17.56

注：1）各土地利用类型 0—30cm 土层土壤有机质含量由本卷编制的吉林省土壤有机质含量图和自然资源部土地科学数据中心编制的 2019 年 1∶100 万比例尺全国土地利用缩编图通过叠加、计算生成。其中，耕地包括水田、水浇地和旱地；园地包括果园、茶园和其他园地；林地包括有林地、灌木林地和其他林地；草地包括天然牧草地、人工牧草地和其他草地；湿地包括沼泽地、沿海滩涂和内陆滩涂。
2）东北地区包括黑龙江、吉林和辽宁 3 个省。
3）土地利用类型占省域面积百分比根据第三次全国国土调查发布的 2019 年土地利用现状分类面积汇总数据计算生成。

附录9　吉林省耕地、园地、林地和草地中主要土壤类型占比[1]

吉林省								东北地区[2]								全国							
耕地		园地		林地		草地		耕地		园地		林地		草地		耕地		园地		林地		草地	
土类名	占比/%	土类名	占比/%	土类名	占比/%	土类名	占比/%	土类名	占比/%	土类名	占比/%	土类名	占比/%	土类名	占比/%	土类名	占比/%	土类名	占比/%	土类名	占比/%	土类名	占比/%
草甸土	27.4	暗棕壤	39.3	暗棕壤	67.4	草甸土	36.3	草甸土	30.9	棕壤	59.0	暗棕壤	49.3	草甸土	44.3	水稻土	14.9	水稻土	14.3	红壤	16.7	寒钙土	21.8
黑钙土	22.5	草甸土	22.8	草甸土	12.4	黑钙土	27.0	黑土	13.3	草甸土	19.0	棕色针叶林土	12.3	沼泽土	12.7	潮土	14.3	红壤	13.1	暗棕壤	10.3	草毡土	14.4
暗棕壤	11.0	白浆土	17.8	白浆土	11.0	碱土	19.3	黑钙土	11.1	粗骨土	9.5	棕壤	9.9	黑钙土	9.3	草甸土	9.1	砖红壤	11.5	黄壤	7.0	栗钙土	9.7
黑土	9.9	黑钙土	11.7	棕色针叶林土	2.4	风沙土	7.3	暗棕壤	10.1	潮土	4.1	草甸土	9.7	暗棕壤	8.7	褐土	6.1	褐土	10.5	黄棕壤	6.3	棕钙土	7.4
白浆土	8.9	沼泽土	4.0	沼泽土	2.3	沼泽土	2.4	白浆土	8.4	褐土	2.8	沼泽土	6.7	粗骨土	5.5	紫色土	4.8	赤红壤	9.6	棕壤	5.8	寒冻土	5.3
风沙土	8.9	水稻土	1.7	水稻土	1.4	栗钙土	1.8	棕壤	6.0	暗棕壤	2.4	白浆土	4.2	碱土	4.4	红壤	4.7	紫色土	5.6	赤红壤	5.1	风沙土	4.8
水稻土	4.4	风沙土	1.0	风沙土	0.7	草甸盐土	1.6	沼泽土	4.8	白浆土	0.6	粗骨土	3.8	风沙土	3.7	黑土	3.4	粗骨土	5.0	褐土	4.6	灰棕漠土	4.4
碱土	1.9	棕壤	0.6	棕壤	0.4	火山灰土	1.0	水稻土	3.5	水稻土	0.6	褐土	1.2	褐土	2.2	黑钙土	3.2	潮土	4.8	紫色土	4.5	黑毡土	4.0
合计	94.9	合计	98.9	合计	98.0	合计	96.7	合计	88.1	合计	98.0	合计	97.1	合计	90.8	合计	60.5	合计	74.4	合计	60.3	合计	71.8

注：1）耕地、园地、林地和草地中主要土壤类型占比由本表编制的吉林省土壤图和自然资源部土地科学数据中心编制的2019年1∶100万比例尺全国土地利用编绘图通过叠加、计算生成。其中，耕地包括水田、水浇地和旱地；林地包括有林地、灌木林地和其他林地；草地包括天然牧草地、人工牧草地和其他草地。当某省、自治区、直辖市中某土地利用类型所含土壤类型较多时，本表仅列出占比较大的土壤类型。
2）东北地区包括黑龙江、吉林和辽宁3个省。

附录10 《中国土壤剖面数据集》参编单位

国家科技基础性工作专项重点项目"我国1:5万土壤图籍编撰及高精度数字土壤构建"主持与参加单位	
中国农业科学院农业资源与农业区划研究所	湖南农业大学
中国科学院南京土壤研究所	西北农林科技大学
中国农业科学院农业环境与可持续发展研究所	沈阳大学
中国科学院地理科学与资源研究所	山东省国土测绘院
国家基础地理信息中心	辽宁省基础测绘院
全国农业技术推广服务中心	黑龙江省农业科学院土壤肥料与环境资源研究所
中国农业大学	海南省农业科学院
华中农业大学	上海市农业科学院生态环境保护研究所
中国地质大学（北京）	城信迪赛（北京）科技有限公司
参加数据集各分卷审核和修订工作的单位	
北京市农林科学院植物营养与资源研究所	广西农业科学院农业资源与环境研究所
河北省农林科学院农业资源环境研究所	重庆市农业技术推广总站
山西省农业科学院农业环境与资源研究所	贵州省农业科学院土壤肥料研究所
辽宁省农业科学院植物营养与环境资源研究所	云南省农业科学院农业环境资源研究所
吉林省农业科学院农业资源与环境研究所	甘肃省农业科学院土壤肥料与节水农业研究所
江苏省农业科学院农业资源与环境研究所	青海省农林科学院土壤肥料研究所
福建省农业科学院	宁夏农林科学院农业资源与环境研究所
江西省土壤肥料技术推广站	新疆农业科学院土壤肥料与农业节水研究所
山东省农业科学院农业资源与环境研究所	西藏自治区农牧科学院
湖南省土壤肥料研究所	

续表

参加分县大比例尺纸质土壤图与土种志收集的单位	
北京市耕地建设保护中心	福建省农田建设与土壤肥料技术总站
天津市农田建设管理处	山东省土壤肥料总站
河北省土壤肥料总站	河南省土壤肥料站
山西省耕地质量监测保护中心	湖北省耕地质量与肥料工作总站（湖北省土壤肥料调查测试中心）
内蒙古自治区土壤肥料和节水农业工作站	湖南省土壤肥料工作站
辽宁省土壤肥料总站	广东省农业科学院农业资源与环境研究所
吉林省土壤肥料总站	河池市土壤肥料工作站
黑龙江八一农垦大学	成都土壤肥料测试中心
上海市农业技术推广服务中心	云南省土壤肥料工作站
江苏省农业科学院	陕西省耕地质量与农业环境保护工作站
扬州市土壤肥料站	甘肃省耕地质量建设保护总站
安徽省土壤肥料总站	

注：表中各参编单位仅出现一次，参与多项工作的单位不重复列出。

参考文献

[1] 张维理，徐爱国，张认连，等.土壤分类研究回顾与中国土壤分类系统的修编[J].中国农业科学，2014，47（16）：3214-3230.

[2] 张维理，KOLBE H，张认连，等.世界主要国家土壤调查工作回顾[J].中国农业科学，2022，55（18）：3565-3583.

[3] MCBRATNEY A B，MENDONÇA SANTOS M L，MINASNY B. On digital soil mapping[J]. Geoderma，2003（117）：3-52.

[4] USDA. Natural Resources Conservation Service[EB/OL]. Soils National Soil Information System（NASIS）[2021-12-01]. http://www.nrcs.usda.gov/wps/portal/ nrcs/detail/soils/survey/cid=nrcs142p2_053552.

[5] CSIRO Land and Water. Australian Soil Resource Information System（ASRIS）[EB/OL].[2021-12-01]. http://www.asris.csiro.au/asris.

[6] European Soil Data Centre[EB/OL].[2021-12-01]. http://eusoils.jrc.ec.europa.eu/.

[7] 全国土壤普查办公室.全国第二次土壤普查暂行技术规程[M].北京：农业出版社，1979.

[8] 张维理，张认连，徐爱国，等.中国1∶5万比例尺数字土壤的构建[J].中国农业科学，2014，47（16）：3195-3213.

[9] 张维理，傅伯杰，徐爱国，等.中国土壤调查结果的地统计特征[J].中国农业科学，2022，55（13）：2572-2583.

[10] 张维理.海量空间数据提取、整合与制图表达方法概要[J].中国农业科学，2014，47（16）：3231-3249.

[11] 张维理.智能化海量空间信息分析与地图制图软件包IMAT设计及构建[J].中国农业科学，2014，47（16）：3250-3263.

[12]《第一次全国地理国情普查地图集》编纂委员会.第一次全国地理国情普查地图集[M].北京：中国地图出版社，2019.

[13] 中国地图出版社.中国地图集[M].3版.北京：中国地图出版社，2022.

[14] 全国土壤质量标准化技术委员会.土壤制图 1∶25 000　1∶50 000　1∶100 000 中国土壤图用色和图例规范：GB/T 36501—2018[S].北京：中国标准出版社，2018.

[15] 张维理，KOLBE H，张认连.土壤有机碳作用及转化机制研究进展[J].中国农业科学，2020，53（2）：317-331.

[16] 周北燕，石家星.中华人民共和国地形图[M].北京：中国地图出版社，2009.

[17]《中华人民共和国气候图集》编委会.中华人民共和国气候图集[M].北京：气象出版社，2002.

[18] 中国标准化与信息分类编码研究所，全国农业技术推广服务中心.中国土壤分类与代码：GB/T 17296—1998[S].

[19] 中国标准研究中心.中国土壤分类与代码：GB/T 17296—2000[S].

[20] 全国信息分类编码标准化技术委员会.中国土壤分类与代码：GB/T 17296—2009[S].北京：中国标准出版社，2009.

[21] ISSS，ISRIC，FAO. World Reference Base for Soil Resources. Wageningen/Rome，1998.